Wirtschaft, Wissenschaft und Weltgeltung

Zivilisationen & Geschichte

Herausgegeben von
Ina Ulrike Paul und Uwe Puschner

Band 66

Zu Qualitätssicherung und Peer Review der vorliegenden Publikation

Die Qualität der in dieser Reihe erscheinenden Arbeiten wird vor der Publikation durch einen Herausgeber der Reihe geprüft.

Notes on the quality assurance and peer review of this publication

Prior to publication, the quality of the work published in this series is reviewed by one of the editors of the series.

Katja Kaiser

Wirtschaft, Wissenschaft und Weltgeltung

Die Botanische Zentralstelle für die deutschen Kolonien am Botanischen Garten und Museum Berlin (1891–1920)

PETER LANG

Bibliografische Information der Deutschen Nationalbibliothek
Die Deutsche Nationalbibliothek verzeichnet diese Publikation in der Deutschen Nationalbibliografie; detaillierte bibliografische Daten sind im Internet über http://dnb.d-nb.de abrufbar.

Zugl.: Berlin, Freie Univ., Diss., 2019

Umschlagabbildung:
Die von Georg Zenker gebaute Villa auf dem Bipindihof
(Bipindi, Kamerun, 2017), © Yana Wernicke und Jonas Feige

Umschlaggestaltung:
© Olaf Gloeckler, Atelier Platen, Friedberg

D 188
ISSN 1867-092X
ISBN 978-3-631-84401-4 (Print)
E-ISBN 978-3-631-84402-1 (E-Book)
E-ISBN 978-3-631-84403-8 (EPUB)
E-ISBN 978-3-631-84404-5 (MOBI)
DOI 10.3726/b18289

Peter Lang – Berlin · Bern · Bruxelles ·
New York · Oxford · Warszawa

Diese Publikation wurde begutachtet.

www.peterlang.com

Zusammenfassung

Die Arbeit untersucht die Beziehungen zwischen Wissenschaften und Kolonialismus am Beispiel der Berliner botanischen Einrichtungen während der Kolonialexpansion des Deutschen Kaiserreiches. Im Fokus steht dabei die dem Botanischen Garten und Museum angegliederte Botanische Zentralstelle für die deutschen Kolonien. Sie wurde zum 1. April 1891 auf Initiative des Auswärtigen Amtes durch einen Vertrag mit dem Preußischen Kultusministerium, dem die botanischen Einrichtungen unterstanden, gegründet und von beiden Ministerien anteilig finanziert. Ausführliche Betrachtung finden die komplexen Verknüpfungen von wirtschaftlichen, wissenschaftlichen und kolonialpolitischen Interessen, die in den Folgejahren die Arbeit der Botanischen Zentralstelle bestimmten.

Dafür werden zunächst die Kontexte ihrer Gründung sowie die Motive der Hauptakteure beleuchtet, namentlich des Auswärtigen Amtes, des Kultusministeriums sowie der Leitung des Botanischen Gartens und Museums. Es wird geprüft, ob ein Zusammenhang zwischen der Verlegung der Institution von Schöneberg innerhalb Berlins auf ein größeres Gelände auswärts in Dahlem und der Zuweisung auf die Kolonien bezogener Aufgaben bestand. Von Interesse ist zudem die Rolle und Funktion dieser Tätigkeitsfelder im Rahmen der Gesamtinstitution. Die anschließende Analyse der Aufgabenbereiche der Botanischen Zentralstelle legt ihren Schwerpunkt auf die Institutionalisierungspraxis und Entwicklung der einzelnen Arbeitsfelder. Dabei werden die globalen Netzwerke, in denen die Botanische Zentralstelle operierte, nachgezeichnet und die Zirkulation von Pflanzenmaterial, botanischem Wissen und Fachpersonal beschrieben.

Die Erforschung insbesondere interimperialer Wissenstransfers leistet einen Beitrag zu neueren transimperialen Ansätzen der Kolonialgeschichtsschreibung. Noch vertieft wird dies durch den punktuellen Vergleich des Berliner Botanischen Gartens und Museums samt der Botanischen Zentralstelle mit den Royal Botanic Gardens Kew. Exemplarische Objekt- und Sammlerbiographien widmen sich außerdem eingehender wissenschaftsgeschichtlichen Aspekten und der Aufarbeitung von Provenienzen kolonialer Sammlungen. Somit kennzeichnet eine methodisch vielfältige Herangehensweise diese Studie zur Institutionen-, Kolonial- und Wissenschaftsgeschichte des Botanischen Gartens und Museums.

Abstract

This study investigates the relationship of science with empires by examining Berlins Botanic Garden and Botanical Museum in the era of the German's Reich colonial expansion. It focuses on the Botanical Research Centre for the German Colonies (Botanische Zentralstelle für die deutschen Kolonien), which was founded on 1 April 1891 at this institution. The Foreign Office had taken the initiative for the establishment of the Botanical Research Centre and funded it jointly with the Prussian Ministry of Education, to which the Botanic Garden and the Botanical Museum were affiliated. The complex conjunctions of economic, scientific and political interests that shaped the activities of the Botanical Research Centre are discussed in detail.

Therefore, the study first considers the historical contexts of the founding and then concentrates on the motives of the key actors, namely the Foreign Office, the Prussian Ministry of Education and the director of the Botanic Garden and Botanical Museum. Furthermore, possible connections between the relocation of the botanical institution from the inner city district of Schöneberg to a more spacious location at Berlins outskirts in Dahlem and its newly assigned colonial tasks are investigated. Also of interest are the role and function of the colonial fields of activity within the botanical institutions as a whole. Then, the colonial tasks of the Botanical Research Centre are examined in detail, focussing on how they were institutionalised and how they developed. Thereby, the global networks in which the Botanical Research Centre operated become visible and the circulation of plant material, botanical knowledge and scientific staff is documented.

With the analysis of knowledge transfers, especially between empires, the study contributes to transimperial approaches within the historiography of colonialism. The punctual comparison of the Botanic Garden and Botanical Museum including the Botanical Research Centre with the Royal Botanic Gardens Kew deepens this perspective. Exemplary biographies of objects and collectors concentrate on aspects related to the history of science and to provenance research on colonial collections. Thus, a methodologically broad approach characterises the present study into the Botanic Garden's and Botanical Museum's institutional history and history of science as it relates to colonialism.

Résumé

Cette étude examine les relations entre le monde scientifique et le colonialisme en utilisant l'exemple des institutions botaniques de Berlin pendant l'expansion coloniale de l'Empire allemand. L'accent est mis sur le Bureau central botanique pour les colonies allemandes (Botanische Zentralstelle für die deutschen Kolonien), qui était affilié au Jardin et au Musée botaniques. Il a été fondé le 1er avril 1891 à l'initiative du ministère des Affaires étrangères en coopération avec le ministère prussien de l'Éducation et des Affaires culturelles, auquel les institutions botaniques étaient subordonnées, et a été financée proportionnellement par les deux ministères. Les rapports complexes entre les intérêts économiques, scientifiques et politiques qui ont déterminé le travail du Bureau central botanique dans les années suivantes sont étudiés en détail.

A cette fin, il est d'abord question des contextes de sa création et des motivations des principaux acteurs, nommément le ministère des Affaires étrangères, le ministère de l'Éducation et des Affaires culturelles et la direction du Jardin et du Musée botaniques. En outre, les liens possibles entre les nouvelles tâches coloniales de l'institution botanique et son déménagement de Schöneberg, à l'intérieur de la ville, vers un site plus spacieux à la périphérie de Berlin à Dahlem sont examinés. Dans ce contexte, il convient également de considérer l'importance et la fonction des domaines d'activité liés aux colonies au sein de l'institution globale. Il s'ensuit une analyse approfondie des domaines d'activité du Bureau central botanique, qui se concentre sur la pratique de l'institutionnalisation et le développement des différents domaines de travail. Les réseaux internationaux dans lesquels le Bureau central botanique a opéré sont tracés et la circulation du matériel végétal, des connaissances botaniques et du personnel scientifique est documentée.

Avec l'analyse des transferts de connaissances, en particulier entre les empires coloniaux, l'étude contribue aux approches trans-impériales au sein de l'historiographie du colonialisme. La comparaison ponctuelle du Jardin botanique et du Musée botanique, y compris le Bureau central botanique, avec les Jardins botaniques royaux de Kew, approfondit cette perspective. De plus, des biographies exemplaires d'objets et de collectionneurs sont consacrées à des aspects liés à l'histoire des sciences et à la recherche de provenance des collections coloniales. Cette étude de l'histoire institutionnelle et scientifique du Jardin et du Musée botanique se caractérise ainsi par une approche méthodologique diversifiée.

Inhalt

Vorwort

Dieses Buch basiert auf meiner im Sommer 2019 am Fachbereich Geschichts- und Kulturwissenschaften der Freien Universität angenommenen Dissertation. Für die Drucklegung erfolgte eine geringfügige Überarbeitung. Allen voran danke ich ganz herzlich meinen Betreuern, insbesondere Prof. Dr. Uwe Puschner, dessen Ermutigung der Idee zu dieser Arbeit den entscheidenden Anstoß zu ihrer Umsetzung gab und der meine historischen Forschungen von Beginn an mit großer Freundlichkeit und Interesse sowie mit wichtigen inhaltlichen Hinweisen begleitet hat. Zudem unterstützte er vorbehaltlos meine gleichzeitige Mitarbeit in Ausstellungs- und weiteren Forschungsprojekten. Prof. Dr. Sebastian Conrad hat als Zweitbetreuer die Genese des Textes aufmerksam verfolgt sowie mit kritischen Nachfragen und Diskussionen die Anbindung an aktuelle Methoden und Debatten gefördert.

Mein Vorhaben erhielt außerdem vielfältige Unterstützung von Wissenschaftlern am Botanischen Garten und Botanischen Museum Berlin (BGBM). Prof. Dr. Hans Walter Lack, der sich über Jahre mit Publikationen und Ausstellungen der Geschichte der Institution gewidmet hat, bestärkte mich darin, deren koloniale Vergangenheit umfassend zu untersuchen. Er bereicherte mit zahlreichen Auskünften zur Institutionen- und Disziplinengeschichte wie auch zur Arbeitspraxis der Botanik diese Studie maßgeblich. Den ehemaligen Mitarbeitern am BGBM, Prof. Dr. Bernhard Zepernick (†) und Prof. Dr. Paul Hiepko (†), danke ich für Hinweise zu Quellen und Sammlungen und dafür, dass sie ihre Einblicke als Zeitzeugen der Entwicklungen der Institution insbesondere in den 1970er- und 1980er-Jahren mit mir geteilt haben. Darüber hinaus brachte Dr. Robert Vogt viel Interesse und Geduld auf, um mir in unzähligen Stunden im Herbariumkeller sowie in der Holz- und Alkoholsammlung Kenntnisse zu Arbeitsabläufen und Ordnungskriterien in den Sammlungen zu vermitteln und ausgewählte Objekte herauszusuchen. Ein Glücksfall war überdies die Unterstützung, die ich durch Dr. Patricia Rahemipour als Leiterin der Abteilung Wissenskommunikation am BGBM erfuhr. Mit großem Tatendrang hat sie die Präsentation erster Ergebnisse in verschiedenen Formaten ermöglicht sowie im Rahmen des von ihr initiierten Forschungsverbundes KOSMOS Berlin – Forschungsperspektive Sammlungen die institutionenübergreifende und interdisziplinäre Weiterbeschäftigung mit den kolonialen Sammlungen des BGBM gefördert. Sie hat ebenso wie Kathrin Grotz und Dr. Nils Köster Teile der Dissertation gelesen und sachkundig kommentiert. Kathrin Grotz danke ich außerdem für die Bereitstellung von Abbildungsvorlagen und die Erteilung der Druckgenehmigung. Prof. Dr. Thomas Borsch verfolgte als Direktor des BGBM die Arbeit interessiert. Mein Dank gebührt schließlich Dr. Norbert Kilian und allen Mitarbeiterinnen der Bibliothek am Botanischen Museum für ihre Hilfe bezüglich der Einsicht in Archivunterlagen und Spezialliteratur.

Ein unvergessliches Erlebnis war die Archivreise nach Herrnhut. Dank des großzügigen Austauschs mit dem ehemaligen Leiter des Unitätsarchivs, Dr. Rüdiger Kröger, der eigene Studien zu einem in dieser Arbeit in Zusammenhang mit einer Objektbiographie näher betrachteten Missionar der Brüdergemeine betrieben hatte, konnte ich zahlreiche wichtige Photographien und Schriftquellen im Unitätsarchiv ausfindig machen. Dabei unterstützte mich auch der stellvertretende Archivleiter Olaf Nippe. Für inhaltliche Hinweise zu einem weiteren für die Untersuchung zentralen Sammler, Georg Zenker, danke ich Tristan Oestermann, Jonathan Fine und Dr. Matthias Schultz vom Botanischen Garten in Hamburg. Die Zusammenarbeit mit Prof. Dr. Matthias Glaubrecht im DFG-Forschungsprojekt zu den Schriften und Sammlungen des Dichters und Naturforschers Adelbert von Chamissos hat mein Verständnis für naturkundliches Sammeln in kolonialen Kontexten und zur Wissenschaftsgeschichte der Botanik weiter vertieft.

Sehr wertvoll waren die Diskussionen im Kolloquium zur Geschichte des Wissens bei Prof. Dr. Anke te Heesen und mit verschiedenen KollegInnen, genannt seien hier insbesondere Dr. Johannes Zechner, Stefan Noack, Dr. Minakshi Menon und Gabriele Kranz. Zu Dank verpflichtet bin ich all jenen, die das Manuskript gelesen und mit inhaltlichen sowie stilistischen Anmerkungen verbessert haben: speziell Dr. Johannes Zechner, Dr. Arnulf Scriba, Dr. Franka Bindernagel, Petra Heise, Imke Barfknecht wie auch Birte und Dirk Reppin. Die Übersetzung des Abstracts ins Französische hat dankenswerterweise Eva Zimmermann übernommen. Ein besonderer Dank gilt dem Evangelischen Studienwerk Villigst e. V. für die Gewährung eines Promotionsstipendiums und die herzliche Betreuung. Bei den Herausgebern bedanke ich mich für die Aufnahme in die Reihe Zivilisationen und Geschichte.

Berlin, im August 2020 Katja Kaiser

Zur Abbildung auf dem Umschlag

Die zum Photoprojekt „Zenkeri" von Yana Wernicke und Jonas Feige gehörende Aufnahme zeigt das Wohnhaus der Familie Zenker im Urwald bei Bipindi in Kamerun. Der aus Leipzig stammende Gärtner Georg Zenker begleitete 1889 als Präparator für geologische, zoologische und botanische Zwecke eine vom Auswärtigen Amt initiierte Expedition ins Inland von Kamerun und übernahm dort die Leitung der erst kurz zuvor gegründeten Station Jaunde. Er legte umfangreiche naturkundliche und ethnologische Sammlungen an, die er an das Berliner Botanische Museum, das Museum für Naturkunde und das Ethnologische Museum schickte. Auch nach seinem Ausscheiden aus dem Kolonialdienst 1895 sammelte Zenker weiter für die Berliner Museen und führte eine Plantage für Kaffee, Kakao und Kautschuk in Bipindi in der Nähe von Kribi an der Straße nach Jaunde. Sein Haus beschrieben zeitgenössische Berichte als Museum voller Ethnographica, Herbarien, Tierfelle, Schädel, Photographien und Aquarellskizzen. Heute leben dort seine Nachfahren.

Georg Zenker sammelte über einen außergewöhnlich langen Zeitraum von mehr als 20 Jahren in Kamerun und im Zuge der Beschäftigung mit kolonialen Sammlungen ist Zenker heute von besonderem Interesse als einer der wichtigsten Sammler in Westafrika zur Zeit der deutschen Kolonialexpansion sowohl für aktuelle Forschungen am Berliner Botanischen Museum wie auch am Museum für Naturkunde und am Ethnologischen Museum. In diesen drei Häusern haben sich verschiedene Spuren seiner Sammeltätigkeit erhalten wie Objekte, Zeichnungen und Korrespondenzen. Im Kapitel zur Forschung am Botanischen Museum wird näher auf Zenkers Biographie und seine botanischen Sammlungen eingegangen.

Die Photographen Yana Wernicke und Jonas Feige arbeiten seit 2013 an dem Photoprojekt „Zenkeri" und sehen Georg Zenker als eine ambivalente Person in der Geschichte des deutschen Kolonialismus. Sie reisten mehrmals nach Kamerun, um in Bipindi Zenkers Nachfahren zu treffen. Mit Photographien und Interviews dokumentierten sie die Lebensumstände der Familie Zenker, für die ihr deutsches Erbe zwiespältige Gefühle und Erfahrungen mit sich bringt. Das umfasst sowohl ein ständiges Infragestellen der eigenen Identität wie auch die Sorge um den Erhalt der durch Zenker im Kolonialstil erbauten Villa, in dem ein Teil der Familie weiterhin lebt. Weitere Reisen zu Nachfahren von Georg Zenker in Deutschland, Belgien und den Niederlanden vervollständigten das Photoprojekt, das durch Aufnahmen aus den Sammlungen der Berliner Museen und von Teilen des im Familienbesitz befindlichen Nachlasses in Form von Tagebüchern und Korrespondenzen zudem einen umfassenden Begriff vom „kolonialen Erbe“ vermittelt. Ein ausführlicher Photoband erscheint voraussichtlich im Frühjahr 2021 beim Schweizer Kunstbuchverlag Edition Patrick Frey.

Ich danke Yana Wernicke und Jonas Feige für ihre Zustimmung, die Photographie des Wohnhauses für den Umschlag des vorliegenden Bandes verwenden zu dürfen und für ihre fortdauernde Unterstützung dabei, die Berliner Museen und die Familie Zenker für die Planung eines Forschungsprojektes und gemeinsame Überlegungen zum Erhalt des Hauses in Bipindi zusammenzubringen.

Abb. 1 Exponate der Kaffee-Ausstellung im Botanischen Museum Berlin

I. Einleitung

Als eine Sonderausstellung „ganz im Zeichen des beliebtesten Getränks der Deutschen"[1] pries eine hauseigene Vorankündigung die Schau „Kaffee. Ein globaler Erfolg" an, die von Mai 2013 bis Februar 2014 im Botanischen Museum Berlin sowie in den Gewächshäusern und im Freiland des Botanischen Gartens stattfand. Präsentiert wurden dort unter anderem zwei in Alkohol konservierte Zweige von Kaffeepflanzen, in deren Früchten – Kirschen genannt – sich als Samen die Kaffeebohnen befinden (Abb. 1).[2] Auf der Objektbeschriftung war zu lesen, dass es sich bei den Nasspräparaten um *Coffea canephora* und *Coffea liberica* handelte. Diese zwei Arten aus der Gattung *Coffea* propagierten Botaniker Ende des 19. Jahrhunderts als Alternative zu dem bis dahin weit verbreiteten *Coffea arabica*. Dem Ausstellungskatalog zufolge kam der Arabica-Kaffee ursprünglich aus dem Hochland Äthiopiens und wurde bis 1699 nur im Jemen kommerziell angebaut, bevor die niederländische Ostindien-Kompanie die Monopolstellung der dortigen Kaffeebauern brach und den Anbau von *Coffea arabica* auf Plantagen in Java begann.[3] Später erwies sich *Coffea canephora* aus Afrika – auch Robusta- oder Tiefland-Kaffee genannt – als besser geeignet für die niedrig gelegenen Plantagen in Asien. Die 1897 beschriebene Art wurde überdies dem kurz zuvor gefundenen, im westafrikanischen Flachland wachsenden Liberica-Kaffee vorgezogen. Wie die Objektbeschriftung erläuterte, zeichnet sich der Robusta-Kaffee durch ein schnelleres Wachstum der in größerer Zahl ausgebildeten Früchte sowie eine bessere Widerstandsfähigkeit gegenüber Hitze, hoher Luftfeuchtigkeit und Krankheiten aus. Heute trägt der in Südostasien, Westafrika und Brasilien angebaute Robusta-Kaffee etwa ein Drittel zur Welternte bei und Arabica-Kaffee zwei Drittel, der Liberica-Kaffe ist hingegen nur noch von geringer wirtschaftlicher Bedeutung.

Die Ausstellung konzentrierte sich auf wissenschaftliche Fragestellungen der Botanik und attraktive Inszenierungen kulturhistorischer Phänomene wie traditionelle Zeremonien der Kaffeezubereitung und des Kaffeegenusses. Sie

---

1 https://www.bgbm.org/sites/default/files/documents/pr/kaffeeausstellung.pdf

2 Die Objekte und der Ausstellungstext finden sich in Lack/Grotz/Gole (Hgg.), Kaffee (2013), S. 103.

3 Vgl. Grotz, Coffea (2013). Zur Entwicklung des Kaffeeanbaus sowie zum Kaffeehandel und -konsum im Deutschen Kaiserreich vgl. auch Rischbieter, Mikro-Ökonomie (2011), insbes. S. 32–59.

thematisierte zudem den Aspekt von Kaffee als „Kolonialprodukt" und deutete den Kontext von Welthandel und Imperialgeschichte an. Wie es an Hand der „modernen britischen Tasse Tee"[4] bereits mehrfach eindrücklich vorgeführt wurde, ließ sich hier auch am Beispiel des Kaffees „die erfolgreiche Umdeutung eines exotischen Erzeugnisses"[5] zu einem Symbol der nationalen Kultur nachvollziehen. Eine Erläuterung der in der vorliegenden Studie untersuchten Beteiligung des Berliner Botanischen Gartens und Museums an der Erforschung tropischer Nutzpflanzen wie *Coffea* und an Pflanzentransfers in die Kolonien fehlte allerdings, obwohl sie beispielsweise an den beiden Alkoholpräparaten darstellbar gewesen wäre. Nur am Rande wurde außerdem auf die damals wie heute negativen sozialen und ökologischen Folgen der Kaffeeproduktion eingegangen. Diese wird weiterhin von den ehemaligen Kolonialmächten dominiert und während westliche Konzerne mit Kaffeeprodukten hohe Gewinne erzielen, verarmen die Rohkaffee liefernden Kleinbauern in den Herkunftsregionen. Ausgedehnte Plantagen mit Monokulturen ohne Schattenbäume belasten die Böden, die weniger vor Erosion geschützt sind, und führen zur Abnahme der Artenvielfalt insbesondere von Vögeln und Insekten.[6] Die Katalog- und Ausstellungstexte wiesen ferner am Beispiel des Kaffees auf den globalen Transfer tropischer Nutzpflanzen hin, der im Zuge der europäischen Kolonialexpansion in einem neuen Ausmaß stattfand. Gelenkt wurde die Verbreitung gewinnversprechender Arten durch die ökonomischen Interessen der Kolonialmächte.

Zu ergänzen ist aus einer breiteren Perspektive, dass das Wissen um die Schätze der Pflanzenwelt, das „grüne Gold", generell als der Schlüssel zu Reichtum und Macht galt. Wissenschaftliche Untersuchungen begleiteten die kommerziellen Unternehmungen, sodass bei der botanischen Erforschung der Kolonialgebiete „big science and big business"[7] von Beginn an zusammenwirkten. Nutzpflanzen besaßen eine zentrale Bedeutung für die ökonomische und politische Expansion der europäischen Kolonialmächte und die Botanik lieferte wichtige Kenntnisse, um profitable *Cash Crops* anzubauen, die nicht für den lokalen Verbrauch, sondern für die Befriedigung der Bedürfnisse des Westens bestimmt waren.[8] Die

---

4 MacGregor, Geschichte (2014), S. 687.

5 Pleßke, Konsumieren (2016), S. 158.

6 Vgl. Lack/Grotz/Gole, Kaffee (2013); Gole/Teketay/Kelbessa, Kaffee (2013), S. 12.

7 Schiebinger, Plants (2004), S. 5; vgl. außerdem Stadt Frankfurt am Main (Hg.), Grünes Gold (2001).

8 Vgl. Schiebinger/Swan (Hgg.), Colonial Botany (2005); Schiebinger, Plants (2004); Brockway, Science (2002); Headrick, Tentacles (1988), insbes. S. 231–247.

in der Kaffee-Ausstellung im Botanischen Garten und Museum präsentierten Pflanzentransfers und Forschungen standen fast am Ende einer langen Reihe politisch wie wirtschaftlich bedeutender Einführungen von Pflanzen während der europäischen Kolonialexpansion. So waren beispielsweise 1854 Samen und junge Lebendexemplare von Chinarindenbäumen und 1876 Saatgut der Kautschukpflanze *Hevea* aus ihren südamerikanischen Herkunftsregionen zunächst nach Europa gebracht worden, um dann für den Anbau auf Plantagen in den britischen und niederländischen Kolonien in Asien genutzt zu werden. Die dortige massenhafte Anpflanzung der zuvor nur im Hochwald der Anden vorkommenden Chinarindenbäume verschaffte den Kolonialmächten Kontrolle über die Gewinnung von Chinin aus der Rinde der Bäume und ermöglichte die billigere Herstellung dieses bis zum Beginn des Zweiten Weltkriegs einzigen bekannten Wirkstoffes zur Behandlung von Malaria. Damit war die Voraussetzung geschaffen für die Erschließung von Gebieten, die bis dahin als „white man's grave" galten, und so konnten sich zunehmend Europäer in den Tropen ansiedeln. Im Fall des Kautschuks, der eine große Rolle in der wachsenden Industrie spielte, sollten die Transfers verschiedener Arten sowie die Erforschung von Zapf- und Verarbeitungsmethoden des pflanzlichen Milchsaftes die Unabhängigkeit von teuren Exporten aus den schrumpfenden wilden Beständen sicherstellen. Die zunächst vorherrschenden präindustriellen landwirtschaftlichen Modelle wie die Ausbeutung natürlicher Vorkommen durch einheimische Sammelwirtschaft reichten nicht aus, um den steigenden Bedarf an Nahrungs- und Genussmittel liefernden Arten oder solchen, die sich für medizinische und technische Zwecke einsetzen ließen, zu decken. Kapital, Wissen und Technologien aus Europa trieben daher in den Kolonialgebieten den Aufbau einer profitablen Plantagenwirtschaft voran.[9]

Botanische Gärten in Europa und in den Kolonien bildeten zentrale Knotenpunkte in den globalen Netzwerken des Pflanzen- und Wissenstransfers. Botaniker forschten an den als koloniale Archive dienenden Sammlungen in den Metropolen wie auch an Versuchseinrichtungen in den Tropen zur Flora der in Besitz genommenen Gebiete und suchten nach Nutzpflanzen. Sammeln, Beschreiben und Klassifizieren bestimmte die auf aufklärerischen Idealen beruhende naturwissenschaftliche Praxis und mit der Durchsetzung der auf Carl von Linné zurückgehenden binären Nomenklatur erfolgte die Standardisierung botanischen und zoologischen Wissens, das einen universellen Anspruch

9 Vgl. Headrick, Tentacles (1988), insbes. S. 231–247; Brockway, Science (2002), S. 32–34 u. S. 102–165; Goss, Floracrats (2011), S. 33–58; Hobhouse, Seeds (2006), S. 3–52.

vertrat. Motivation und Auftrag der Botaniker war es, die Pflanzenwelt der Kolonialreiche zu ordnen, zu beherrschen und nutzbar zu machen. Dafür galt es als notwendig, möglichst viel Material für die systematische Forschung und das auf Vergleich basierende Begründungsverfahren vorzuhalten und ein Vollständigkeitsparadigma leitete dementsprechend die Erweiterungen der Sammlungen.[10] Die Aneignung von Dingen, Menschen und Orten zeigte sich gerade auch im Bereich der Botanik als inhärentes Merkmal der Kolonialexpansion und die während dieser Epoche zusammengetragenen Objekte bilden bis heute die Basis wissenschaftlicher Forschungen.[11]

Untersuchungsgegenstand

In der Kaffee-Ausstellung im Botanischen Garten und Museum erfuhren die Besucher nur wenig über diese Zusammenhänge und erhielten keine Informationen zur Rolle der Einrichtung – zu der Zeit Königlicher Botanischer Garten und Botanisches Museum genannt[12] – im Rahmen der Kolonialexpansion des Deutschen Reiches. Dabei gehörten Nutzpflanzentransfers und -forschungen zu den Aufgaben der am Berliner Botanischen Garten und Museum ab 1891 angesiedelten Botanischen Zentralstelle für die deutschen Kolonien, die im Fokus der vorliegenden Untersuchung steht. Ihren Jahresberichten zufolge versandte die Botanische Zentralstelle Kaffee- und Kautschukpflanzen, Chinarindenbäume und unzählige weitere Nutzgewächse als Lebendexemplare oder Saatgut an botanische Gärten, Forschungsstationen, private Pflanzungsunternehmen und Missionsstationen in den deutschen Kolonien und erhielt von dort sowie aus botanischen Einrichtungen anderer europäischer Kolonialmächte Pflanzenmaterial zur wissenschaftlichen Bearbeitung, Vermehrung und Weitergabe.

Die Botanische Zentralstelle wurde vom Deutschen Reich mitfinanziert und fungierte im Auftrag des Auswärtigen Amtes als primäre Vermittlungsstelle für

---

10 Vgl. Goss, Floracrats (2011), S. 5 f.; Bonneuil, Manufacture (2002); Klemun, Wissenswandel (2013), S. 11 ff.; Klemun, Introduction (2012); Müller-Wille, Botanik (1999), S. 161–172; McCracken, Gardens (1997); Köstering, Natur (2003); Penny, Objects (2002).

11 Vgl. Pleßke, Konsumieren (2016), S. 156 f. mit weiteren Angaben; Boomgard, Introduction (2013), S. 13.

12 Zur Schreibweise: Die Namen von Institutionen werden bei der ersten Nennung vollständig angegeben und in der Folge abgekürzt. Es wird stets die in der betrachteten Zeit gültige Bezeichnung benutzt. Bei Ortsnamen werden bei deutlichen Abweichungen der Schreibweise die damalige und die heutige Version vermerkt.

die globale Zirkulation von Pflanzenmaterial aus den Kolonialgebieten sowie von botanischem Wissen zur Flora dieser Regionen. Der Berliner Botanische Garten und das Botanische Museum hatten damit eine herausgehobene Stellung unter den deutschen botanischen Einrichtungen inne. Dieser Teil der Institutionen- und Sammlungsgeschichte ist auch in die Biographien der ausgestellten Kaffee-Objekte eingeschrieben. So geben die vergilbten Etiketten auf den Gläsern mit den Kaffeezweigen ihre Herkunft von zwei der wichtigsten tropischen Forschungsinstitute an, mit denen die Botanische Zentralstelle in regem Austausch stand: Der Zweig von *Coffea canephora* war 1907 am Kaiserlichen Biologisch-Landwirtschaftlichen Institut Amani in der Kolonie Deutsch-Ostafrika aufgesammelt worden und der von *Coffea liberica* 1902 im Botanischen Garten Buitenzorg/Bogor in der niederländischen Kolonie Java. Das Forschungsinstitut Amani war 1902 in den Usambara-Bergen vor dem Hintergrund von Schwierigkeiten deutscher Kaffeeplantagen gegründet worden, um Anbau, Ernte, Krankheiten und Schädlinge der Kaffeepflanzen zu studieren und damit den Pflanzungen zu Gewinnen zu verhelfen. Darüber hinaus umfasste das Aufgabenspektrum der Einrichtung die Förderung weiterer Plantagenkulturen wie Kautschuk, Sisal und Baumwolle. Als Grundstock hatte Amani von der Botanischen Zentralstelle Lebendpflanzen und Saatgut erhalten und die regelmäßigen Sendungen von Pflanzenmaterial in beide Richtungen hielten bis zu Beginn des Ersten Weltkriegs an.[13] Als Vorbild für Amani galt der Botanische Garten Buitenzorg/Bogor auf Java, der sich unter der Leitung von Melchior Treub ab 1880 zu einem international angesehenen Forschungsinstitut entwickelt hatte, an dem zahlreiche deutsche Botaniker hospitierten und von dem die Botanische Zentralstelle tropische Pflanzen und Saatgut bezog.[14]

Noch bis vor Kurzem war es für den Umgang des Berliner Botanischen Gartens und Museums mit der eigenen – bislang wenig erforschten – kolonialen Vergangenheit symptomatisch, sich kaum oder nur aus einer fachwissenschaftlichen Perspektive damit auseinanderzusetzen und insbesondere politische Aspekte auszublenden. Die wenigen Publikationen aus den Reihen von Mitarbeitern zur Geschichte des Hauses kennzeichnet durchgängig eine unkritische Haltung zur Einbindung in das koloniale Projekt. Sie stellen aus botanischer Sicht die

---

13 Vgl. Bald/Bald, Forschungsinstitut (1972), insbes. S. 34–41 u. S. 70 ff.; Conte, Science (2002) sowie die Jahresberichte der Botanischen Zentralstelle ab 1901/02.

14 Vgl. Bald/Bald, Forschungsinstitut (1972), S. 44–48; Goss, Floracrats (2011) mit weiteren Angaben; Cittadino, Nature (1990), S. 135 f.; Headrick, Tentacles (1988), S. 219–223.

wissenschaftlichen und praktischen Beiträge der Institution zu Unternehmungen in den Kolonien heraus und beschreiben die koloniale Ära in erster Linie als Zeit eines „grenzenlosen Wachstums“[15], in der die Sammlungen einen bedeutenden Zuwachs erfuhren. In seiner Untersuchung des Botanischen Gartens und Museums Berlin als Schauplatz der kolonialen Umweltgeschichte konstatiert der Historiker Lars Kreye ebenfalls, dass „die ‚hauseigene‘ Geschichtsschreibung bis heute kein kritisches Verhältnis zur kolonialen Epoche der Institution entwickelt hat.“[16] Gerade vor dem Hintergrund der seit einigen Jahren an Museen und Universitäten geführten Debatten hauptsächlich über ethnologische Museen und ihre kolonialen Sammlungen, die sich längst auf andere Museumstypen und eine breitere Öffentlichkeit ausgeweitet haben, erscheint eine kritische Auseinandersetzung mit den kolonialen Verflechtungen des Berliner Botanischen Gartens und Museums überfällig und wird inzwischen von der Leitungsebene der Institution auch angestrebt. Das von der Forschung als „colonial durability“[17] wahrgenommene Fortbestehen von Strukturen, Symbolen und Repräsentations- sowie Blickweisen hat derweil zur öffentlichen Forderung geführt, Museen zu „dekolonisieren“. Voraussetzung dafür ist die Untersuchung der kolonialen Institutionen- und Sammlungsgeschichte dieser Häuser, um zukünftig darauf basierend in verantwortlicher Weise die originären Aufgaben von Museen wahrzunehmen: Sammeln, Bewahren, Forschen und Ausstellen.[18]

---

15 Lack (Hg.), Erben (2010), S. 88. Vgl. außerdem Zepernick, Zentralstelle (2002); Timler/Zepernick, Garten (1978); Timler/Zepernick, Botany (1987).

16 Kreye, Garten (2009), S. 136.

17 Ankündigung der Konferenz Reckoning with History: Colonial Pasts, Museum Futures, and Doing Justice in the Present, Leiden, 30. November bis 1. Dezember 2017, http://materialculture.nl/en/events/reckoning-with-history. Die Veranstalter bezogen sich auf Ann Stolers Konzept von „Imperial Durability in Our Times“, so der Untertitel der Studie Stoler, Duress (2016). Einblicke in die Diskussion zu kolonialen Sammlungen geben u.a. die Tagungsbände Förster u.a. (Hgg.), Provenienzforschung (2018) sowie Deutscher Museumsbund e.V., Positioning (2016).

18 Als Beispiel für eine selbstreflektierte institutionen- und sammlungsgeschichtliche Darstellung einer als Kolonialmuseum gegründeten Institution vgl. Dijk/Legêne (Hgg.), Netherlands East Indies (2011). Zur Untersuchung kolonialer Sammlungen und der Kolonialvergangenheit von Museen und Forschungseinrichtungen in Deutschland vgl. u.a. Förster/Stoecker (Hgg.), Haut (2016); Splettstösser, Kulturerbe (2015); Stoecker/Schnalke/Winkelmann (Hgg.), Sammeln (2013) sowie einzelne Beiträge in Heyden/Zeller (Hgg.), Kolonialismus (2007); Honold/Scherpe (Hgg.), Deutschland (2004); Heyden/Zeller (Hgg.), Kolonialmetropole (2002) sowie die Monographien Laukötter, “Kultur” (2007); Ruppenthal, Kolonialismus (2007); Penny, Objects (2002).

Die vorliegende Arbeit setzt hier an und widmet sich der Kolonialgeschichte des Botanischen Gartens und Museums Berlin. Den Ausgangspunkt der Untersuchung bildet dabei die Botanische Zentralstelle für die deutschen Kolonien, die der Einrichtung von 1891 bis 1920 angegliedert war. Ihre offizielle Gründung markierte ein Vertrag zwischen dem Preußischen Kultusministerium (zu der Zeit Ministerium der geistlichen, Unterrichts- und Medizinalangelegenheiten genannt), dem der Botanische Garten und das Botanische Museum als wissenschaftliche Einrichtungen der Friedrich-Wilhelms-Universität unterstanden, und dem Auswärtigen Amt, das für kolonialpolitische Belange ab 1890 eine Kolonialabteilung unter direkter Verantwortlichkeit des Reichskanzlers besaß, die für die Verwaltung der deutschen Kolonien zuständig war – mit Ausnahme des dem Reichsmarineamt unterstellten Pachtgebiets Kiautschou/Jiaozhou in China.[19] Zu den Hauptaufgaben der von diesen beiden Ministerien finanzierten Botanischen Zentralstelle zählten die Beschaffung, Anzucht und Vermehrung von Nutzpflanzen sowie deren Versand an botanische Versuchseinrichtungen, Gouvernementsgärten, Missionsstationen und Plantagengesellschaften in den deutschen Kolonien. Die Beamten am Botanischen Museum übernahmen außerdem die wissenschaftliche Bearbeitung der aus den Kolonien eingesandten Pflanzen, die überwiegend im getrockneten und gepressten Zustand als Herbarbelege in Berlin eintrafen. Sie verglichen diese mit den in den Sammlungen bereits vorhandenen Belegen, bestimmten und beschrieben sie und führten Forschungen zur Systematik, Pflanzengeographie und angewandten Botanik durch, deren Ergebnisse sie in Periodika und Monographien veröffentlichten. Einige Proben von Nutzpflanzen wie Holzscheiben, Früchte und Milchsäfte durchliefen weitergehende Untersuchungen, um die chemischen Eigenschaften und den wirtschaftlichen Wert zu ermitteln. Die Botanische Zentralstelle gab Informationen zu Nutzpflanzen und Auskünfte zur kolonialen Landwirtschaft weiter an Kolonialbehörden sowie an botanische Gärten und Versuchsstationen in den Kolonien, ferner an Kolonial-, Missions- oder Pflanzungsgesellschaften, Firmen und Privatpersonen. Sie schulte außerdem Gärtner für den Kolonialdienst und verteilte Sammelausrüstungen an Wissenschaftler und Reisende. Im

19 Vgl. McClelland, Berlin (2016); vom Bruch/Kaderas (Hgg.), Wissenschaften (2002), S. 201; Sippel, Kolonialabteilung (2002); Speitkamp, Kolonialgeschichte (2005), S. 42–45. Im Mai 1907 erfolgte die Aufwertung der Kolonialabteilung des Auswärtigen Amtes zu einer Reichsbehörde, dem Reichskolonialamt. Vgl. Sippel, Kolonialabteilung (2002). In der vorliegenden Studie ist dementsprechend für die Zeit bis Mai 1907 vom Auswärtigen Amt, ab 1907 vom Reichskolonialamt die Rede.

Botanischen Garten und Museum schließlich trugen spezielle Ausstellungsbereiche zur Popularisierung der Kenntnisse über die Pflanzenwelt der Kolonien und deren landwirtschaftliche Nutzung bei.[20]

Obwohl das Augenmerk der Studie hauptsächlich auf der Botanischen Zentralstelle liegt, lässt sich deren Tätigkeit – wie die Aufzählung der Aufgabengebiete bereits andeutet – nicht immer klar von den Arbeitsbereichen des Botanischen Gartens und Museums trennen. Der primär institutionengeschichtliche Ansatz der Untersuchung erlaubt es, die Einbettung der Tätigkeitsfelder und Funktionen der Botanischen Zentralstelle in das Gesamtgefüge der Einrichtung nachzuvollziehen. Damit werden die Institutionalisierungspraxis auf die Kolonien bezogener Aufgaben am Botanischen Garten und Museum und die wesentlichen Festlegungen zur Einbindung einer preußischen universitären Einrichtung in kolonialwirtschaftliche und -politische Vorhaben auf Reichsebene beleuchtet. Rechtliche Rahmenbedingungen wie der Vertrag über die Gründung der Botanischen Zentralstelle zwischen dem Auswärtigen Amt und dem Preußischen Kultusministerium finden dafür eine detaillierte Betrachtung ebenso wie die nachfolgenden Verhandlungen über Umfang und Zweckgebundenheit der durch die Ministerien bewilligten Finanzierung sowie über die Ausgestaltung der Aufgabenbereiche der Botanischen Zentralstelle. Als Teil des Institutionalisierungsprozesses wird zudem die praktische Organisation der Tätigkeiten der Botanischen Zentralstelle erörtert. Von Bedeutung für das Forschen und Sammeln am Botanischen Museum war des Weiteren ein Bundesratsbeschluss aus dem Jahr 1889, der die Zentralisierung der aus den deutschen Kolonien stammenden wissenschaftlichen Sammlungen von auf Reichskosten ausgerüsteten Expeditionen an drei Berliner Museen festlegte: dem Botanischen Museum, dem Museum für Naturkunde und dem Museum für Völkerkunde. Die erstmalige umfassende Auswertung dieser Regelung und der mit ihr verbundenen Sonderstellung dieser Museen beim Zusammentragen und Erforschen von Objekten aus den Kolonien verspricht Ergebnisse, die über den Botanischen Garten und das Botanische Museum hinausgehen und die Rolle der Wissenschaften in der Reichshauptstadt und Kolonialmetropole Berlin breiter erfassen.[21]

---

20 Zur Botanischen Zentralstelle vgl. Kaiser, Exploration (2015); Kreye, Garten (2009); Kaiser/Hartmann, Berlin (2007); Zepernick, Zentralstelle (2002); Timler/Zepernick, Botany (1987).

21 Studien zum Berliner Museum für Naturkunde und dem Völkerkundemuseum erwähnen zwar den Bundesratsbeschluss, geben allerdings nur wenige Hinweise auf die Auswirkungen dieser Festlegung. Vgl. Köstering, Natur (2003), S. 198 f.; Kretschmann, Räume (2006), S. 180 f.; Hoffmann, Museumsobjekt (2012), S. 157 ff. Zu Berlin als

Der Frage nach dem Verhältnis von Wissen(schaften) und Kolonialismus sind in den letzten vier Jahrzehnten und verstärkt im Zuge der breiten Rezeption der Ansätze der *postcolonial studies* eine große Zahl von Studien nachgegangen.[22] Brett M. Bennet und Joseph M. Hodge haben einführend zu dem von ihnen herausgegebenen Sammelband zutreffend bemerkt: „The history of science and empire is a burgeoning field that continues to expand yearly."[23] Diese Einleitung bietet einen breiten Überblick über die Vielzahl der Methoden und Themen der Forschung, die sich insbesondere mit der Rolle des kolonialen Wissens und der Wissenschaften für die Inbesitznahme, Erschließung und Kontrolle der Kolonialgebiete sowie mit der Herausbildung und Etablierung einzelner wissenschaftlicher Disziplinen im Kontext der Kolonialexpansion auseinandergesetzt hat. Grundlegend dafür waren und sind die Studien Edward Saids und Michel Foucaults. Said beschrieb die westliche Wissensordnung und hegemoniale Diskurse als Voraussetzung und konstitutives Element kolonialer Herrschaft, während sich Foucault dem Zusammenhang von Wissen und Macht mit Blick auf den europäischen Raum widmete.[24] In den vergangenen Jahrzehnten erhielt der Charakter von Wissen(schaften) als Herrschaftsinstrument für koloniale Kontrolle und Ausbeutung große Aufmerksamkeit und wurde für einzelne Disziplinen und Kolonialreiche dargelegt.[25] Veröffentlichungen zur Botanik insbesondere im *British Empire* folgten dieser Ausrichtung, konzentrierten sich dabei jedoch zusätzlich auf die Bedeutung von Netzwerken, transnationalen Wissenstransfers und Wechselwirkungen zwischen Kolonien und Metropole.[26]

Kolonialmetropole vgl. Ruppenthal, Kolonialismus (2007), S. 63–83; Heyden/Zeller (Hgg.), Kolonialmetropole (2002).

22 Zu den für den wissen(schaft)shistorischen Ansatz wichtigen Konzepten vgl. Heé, Ansätze (2017); allgemeiner außerdem Conrad/Randeria, Einleitung (2002), S. 22–27; als Einführungen zudem Ashcroft/Griffiths/Tiffin, Post-Colonial Studies (2007); Ashcroft/Griffiths/Tiffin, Post-Colonial Studies (2006).

23 Bennett/Hodge (Hgg.), Science (2011), S. XI.

24 Vgl. Said, Orientalism (1978); Foucault, Geschichte (2004a); Foucault, Geschichte (2004b); Foucault, Ordnung (2003). Ausführlicher zur Auseinandersetzung mit diesen Texten auch Heé, Ansätze (2017).

25 Vgl. Hodge, Science (2011), S. 5. Grundlegend dazu Adas, Machines (1989); Cohn, Colonialism (1996). Einen ausführlichen Forschungsüberblick gibt zudem MacLeod, Introduction (2000); pointiert Roy, Science (2012); speziell zum Einfluss der *postcolonial studies* Roque/Wagner, Introduction (2012).

26 Vgl. Schiebinger/Swan (Hgg.), Botany (2005); Schiebinger, Plants (2004); Brockway, Science (2002); Drayton, Government (2000); McCracken, Gardens (1997).

Diese Aspekte erkunden verstärkt auch neuere Arbeiten zum Bereich Wissen(schaften) und Kolonialismus und fragen überdies danach, wie einzelne Wissenschaften von der Kolonialexpansion profitierten und durch sie geprägt wurden.[27] Es bedarf darüber hinaus weiterhin einer eingehenden Analyse, welche Motive die beteiligten Wissenschaftler leiteten und wie sich die Inbesitznahme von Kolonialgebieten auf Forschungsfelder und Arbeitsschwerpunkte von wissenschaftlichen Einrichtungen – zu denen auch die naturkundlichen und ethnologischen Museen als Orte der Wissensproduktion und Vermittlung zählten – auswirkten. Dies soll hier am Beispiel des Botanischen Gartens und Museums mitsamt der Botanischen Zentralstelle erfolgen. Dabei gerät mit der Botanik eine Disziplin in den Blick, die im Rahmen der deutschen Kolonialgeschichte noch kaum Beachtung gefunden hat.[28] Neben den Regularien und Mechanismen der Institutionalisierung von auf die Kolonien bezogenen Aufgaben stehen die Interessen der wichtigsten Akteure – der Direktion des Botanischen Gartens und Museums, des Preußischen Kultusministeriums und des Auswärtigen Amtes – im Mittelpunkt der Studie. Welche Erwartungen, Ansprüche, Ziele verbanden sie mit der Erforschung der kolonialen Pflanzenwelt und mit landwirtschaftlichen Versuchen? Das Ausloten der jeweiligen Interessenlagen erweitert die einseitige Auffassung von Wissenschaften und Technik als Zulieferer von Erkenntnissen für Staat und Wirtschaft, wie sie beispielsweise Jens Ruppenthal mit seiner Arbeit zum Hamburger Kolonialinstitut in Anlehnung an Wolfgang Mommsen vertritt. Dafür werden die wissenschaftlichen und wissenschaftspolitischen Ambitionen aufzeigt, die den Berliner Botanikern und dem Preußischen Kultusministerium eine Unterstützung kolonialer Vorhaben attraktiv erscheinen ließen.[29] Darüber hinaus sollen das Selbstverständnis

---

27 Zum Ausgangspunkt der Diskussion vgl. MacLeod, Introduction (2000), S. 4 mit weiteren Angaben; außerdem Drayton, Science (1995). Zur Botanik im Kontext der niederländischen Kolonialexpansion Goss, Floracrats (2011) und zur Botanik im Deutschen Kaiserreich Cittadino, Nature (1990).

28 Zu naturkundlichen Museen als Orte der Forschung und Wissenspopularisierung vgl. Nyhart, Nature (2009); Kretschmann, Räume (2006); Köstering, Natur (2003). Zum Einfluss des kolonialen Kontextes speziell auf die Botanik benennen folgende Studien einzelne Aspekte: Conte, Sanctuary (2004), insbes. S. 55–62; Conte, Science (2002); Cittadino, Nature (1990); Zepernick, Zentralstelle (2002); Timler/Zepernick, Botany (1987).

29 Vgl. Ruppenthal, Kolonialismus (2007), S. 11; Mommsen, Kultur (1997). Zur Erweiterung der Wahrnehmung verschiedener Disziplinen als Instrumente der Kolonialexpansion vgl. Cooper/Stoler (Hgg.), Tensions (1997), S. 14.

einzelner Wissenschaftler am Botanischen Garten und Museum und ihre Wahrnehmung der Rolle ihrer Institution im Zuge der Kolonialexpansion des Deutschen Reiches erhellt werden.

Zahlreiche Aufgabenbereiche der Botanischen Zentralstelle und des Botanischen Museums beruhten auf Austauschbeziehungen zu botanischen Institutionen weltweit und zu weiteren Partnern in Übersee und im Deutschen Reich. Dazu gehörten unter anderen Missionare, Pflanzungsunternehmen, koloniale Interessenvereine, Forschungsreisende, kommerzielle Sammler und die Kolonialverwaltung. Die lokalen, nationalen und globalen Netzwerke, in denen die Berliner botanischen Einrichtungen operierten und in denen Pflanzenmaterial, botanisches und technisches Wissen sowie Praktiken und Personal zirkulierten, bilden einen zweiten Schwerpunkt der Untersuchung. Die meisten professionellen Beziehungen kennzeichneten kooperative Austauschprozesse, doch es fand auch eine vielfältige Auseinandersetzung mit tatsächlichen oder vermeintlichen Konkurrenten statt. Die Arbeit ermittelt die wichtigsten Akteure in diesen Beziehungsgeflechten, beschreibt Häufigkeit und Charakter der Kontakte und bestimmt die Art und Menge der transferierten Materialien sowie die Inhalte und Medien von Wissenstransfers. Bei Letzteren geht es zudem nicht allein um die Rezeption von botanischem und landwirtschaftlichem Fachwissen europäischer Experten, sondern auch um die Integration indigener Wissensbestände. Innerhalb einer sich international verstehenden *scientific community* verliefen die Transfers von Wissen, Praktiken und Materialien transnational und interimperial. Eine internationale Zusammenarbeit wurde zeitgenössisch als inhärentes Merkmal wissenschaftlicher Arbeit und wissenschaftlichen Fortschritts gesehen.[30]

Daraus resultierten zahlreiche interimperiale Wissenstransfers, für die sich wesentliche Anregungen aus der Vorbildwirkung botanischer Einrichtungen anderer europäischer Kolonialmächte und der Beobachtung ihrer Aktivitäten ergaben. Bestimmend für die Berliner Institutionen waren dabei die Royal Botanic Gardens Kew bei London[31] und der niederländische Botanische Garten Buitenzorg/Bogor auf Java. Ulrike Lindner hat das Vergleichen der Kolonialmächte untereinander als „imperiale Strategie“[32] bezeichnet, die für die

30 So Tilley, Africa (2009), S. 9; außerdem Stuchtey, Introduction (2005), S. 16 f. mit weiteren Angaben.

31 Heute umschließt die Stadt London die Gartenanlage.

32 Vgl. Lindner, Begegnungen (2011). Zum internationalen Austausch unter Experten auch Tilley, Africa (2009), S. 9.

Ausformung der eigenen Kolonialherrschaft entscheidend wirkte, wobei Großbritannien als erfahrene Kolonialmacht zumeist den Bezugspunkt für den „Nachzügler" Deutsches Reich bildete.[33] Inwiefern dieser formende Einfluss des *British Empire* auch für den Bereich der auf die Kolonialgebiete ausgerichteten Botanik zutrifft, wird am Beispiel der Berliner Einrichtungen eruiert und damit ein Beitrag zu einem sich erst entwickelnden Forschungsfeld erbracht, das unter transimperialer Perspektive Kolonialreiche vergleicht sowie Interaktionen und Austauschprozesse zwischen europäischen Akteuren unterschiedlicher Imperien untersucht, beispielsweise interimperiale Kooperationen oder Konkurrenz. Den Vergleich zwischen Berlin und Kew nutzt die Untersuchung zudem als Analyseinstrument, um die mit der Botanischen Zentralstelle verbundenen kolonialen Unternehmungen zu denen von Kew als erklärtem Modell in Bezug zu setzen. Dadurch treten Unterschiede und Gemeinsamkeiten in der Organisationsform der Einrichtungen und ihrer Arbeit zu Tage und es lassen sich Aussagen darüber treffen, wie beispielsweise Befugnisse, Budget oder Umfang des Pflanzentransfers einzuordnen und zu bewerten sind.

Schlagwortartig zusammengefasst ergeben sich somit als leitende Aspekte der Untersuchung: Institutionalisierungspraxis – Interessen der Akteure – Netzwerke – Pflanzen- und Wissenstransfers – transimperiale Vergleiche. Eingegrenzt wird die Studie auf den Zeitraum des Bestehens der Botanischen Zentralstelle zwischen ihrer Gründung 1891 und ihrer Auflösung 1920. Über die genannten Eckdaten hinaus schärft ein einführendes, auf den Berliner Botanischen Garten und das Botanische Museum heranzoomendes Kapitel den Blick für den breiteren Hintergrund der botanischen Unternehmungen der europäischen Kolonialmächte einschließlich der wissenschaftlichen Arbeitsweisen, Praktiken und Funktion botanischer Gärten und Museen. Die Kolonialexpansion des Deutschen Reiches und weitere bestimmende Faktoren werden knapp umrissen, um einer eindimensionalen Argumentation und Wahrnehmung entgegenzutreten, die Entwicklung des Botanischen Gartens und Museums vom Ende des 19. Jahrhunderts bis zum Ersten Weltkrieg lasse sich allein aus dem kolonialen Kontext heraus erklären.[34] Spiegelbildlich dazu analysiert ein herauszoomendes Kapitel inhaltliche, personelle und strukturelle Kontinuitäten nach der Schließung der Botanischen Zentralstelle. Ein Ausblick verortet die Auseinandersetzung mit

33 Vgl. zur Vorstellung von „Pionier" und „Nachzügler" Berghoff/Ziegler, Pionier (1995).

34 Dies arbeitet Glenn Penny auch im Bezug auf die Völkerkundemuseen im Kaiserreich heraus: Penny, Objects (2002). Zu den Funktionen von Botanischen Gärten in urbanen Räumen Standler (Hg.), Garten (2013).

der kolonialen Vergangenheit der Institution in gesamtgesellschaftlichen Erinnerungsdiskursen und aktuellen Diskussionen.

Methode

Die Institutionen-, Kolonial- und Wissenschaftsgeschichte des Botanischen Gartens und Museums nimmt diese Studie als Basis für eine methodisch vielfältige Herangehensweise. Bestimmend ist dabei eine transnationale und transimperiale Perspektive. Die wissenschaftliche Praxis der Botanik basierte auf einem Austausch von Pflanzenmaterial und Wissen innerhalb einer internationalen *scientific community* und die Wissensproduktion insbesondere zur tropischen Flora und Landwirtschaft stützte sich auf den Austausch von Kenntnissen zwischen den Kolonialmächten. Interimperiale Transfers und Kooperationen innerhalb globaler Netzwerke prägten wesentlich die Arbeitsweise der Berliner Einrichtungen und erfahren deshalb besondere Aufmerksamkeit. In der Geschichtswissenschaft haben transnationale Ansätze die zuvor dominante Ausrichtung am Nationalstaat seit längerem durchbrochen.[35] Untersuchungen zum Deutschen Kaiserreich verweisen auf dessen transnationale und globale Bezüge gerade in der Zeitspanne von 1880 bis zum Ersten Weltkrieg, die als Hochphase von Globalisierung und Imperialismus bezeichnet wird. Neue Transport- und Kommunikationsmittel sorgten für einen beschleunigten Austausch von Informationen und Waren. Dieser durch die Ausweitung der globalen Vernetzung und ökonomischen Verdichtung gekennzeichnete Globalisierungsschub ist als Kontext für die Betrachtung der Berliner botanischen Einrichtungen in dieser Zeit ebenso wesentlich wie die Einbettung der deutschen Kolonialexpansion in den europäischen Imperialismus.[36]

Erst in letzter Zeit ist durch den Einfluss der transnationalen Geschichte, insbesondere der *new imperial history* und der Globalgeschichte, ein verstärktes

---

35 Einen Überblick über transnationale Ansätze, u.a. Transfergeschichte, Histoire croisée und Verflechtungsgeschichte gibt Pernau, Geschichte (2011). Zur Globalgeschichte vertiefend Duara/Murthy/Sartori, Companion (2014); Osterhammel, Transformation (2014); Conrad, Globalgeschichte (2013); Conrad/Eckert/Freitag (Hgg.), Globalgeschichte (2007); zur Einbettung des deutschen Kolonialismus in globale Entwicklungen Naranch/Eley (Hgg.), Colonialism (2014). Für eine transnationale Geschichte des Kaiserreichs außerdem Conrad/Osterhammel (Hgg.), Kaiserreich (2004); zu Globalisierung und Nation im Kaiserreich Conrad, Globalisierung (2006).

36 Lindner, Orientierung (2016); Lindner, Begegnungen (2011); Conrad/Osterhammel, Einleitung (2004); Conrad, Globalisierung (2006).

Interesse an der Erforschung von Verbindungen zwischen Imperien zu beobachten, vornehmlich zu Kooperationen und Konkurrenzen.[37] Einzelne Studien haben gezeigt, dass es trotz nationaler Rivalitäten eindrückliche Beispiele für interimperiale Kooperationen gab. Interaktionen und Austauschprozesse zwischen europäischen Akteuren aus unterschiedlichen Imperien wurden zuletzt verstärkt untersucht und der europäische Imperialismus als kooperatives, internationales Phänomen diskutiert, gerade mit Blick auf den Bereich der Wissenschaften.[38] Der transimperiale Ansatz ermöglicht es, die für die Gründung und Tätigkeit der Botanischen Zentralstelle wesentliche Rezeption von Erfahrungen und Praktiken anderer Kolonialmächte im Bereich der tropischen Nutzpflanzenforschung und Landwirtschaft sowie die Verbindungen zu deren botanischen Einrichtungen für den Austausch von Pflanzenmaterial und Wissen aufzuzeigen. Für die Analyse des Wissens- und Wissenschaftstransfers wird insgesamt ein breites Verständnis von Wissen zu Grunde gelegt. Einbezogen werden neben Fachwissen und theoretischem Wissen auch praktisches Wissen, das beispielsweise in Werkstätten oder Sammlungen gewonnen wurde, ebenso wie Alltagswissen und indigene Wissenssysteme. In Abgrenzung zu George Basallas Diffusionsmodell, das eine stufenweise Verbreitung westlicher „moderner" Wissenschaft von Europa als Zentrum aus in außereuropäische Regionen beschreibt, geht die Studie in Anlehnung an neuere postkoloniale Ansätze zudem von vielfältigen Verflechtungen von Wissensformen und -systemen aus.[39]

---

37 Mehrere Tagungen beschäftigten sich mit diesem Ansatz: In-Between Empires: Transimperial History in a Global Age, 15.09.–16.09.2017 Berlin, in: H-Soz-Kult, 19.02.2018, https://www.hsozkult.de/conferencereport/id/tagungsberichte-7560; Zwischen nationaler Rivalität und interimperialer Kooperation: Europäische Begegnungen in der Welt, 1870-1919, 06.10.2017–07.10.2017 Basel, in: H-Soz-Kult, 07.04.2017, https://www.hsozkult.de/event/id/termine-33793; Transimperial Cooperation and Transfers in the Age of Colonial Globalization: Towards a Triangular History of Colonialism?, 22.03.2018–24.03.2018, Gotha/Erfurt, in: H-Soz-Kult, 03.05.2018, https://www.hsozkult.de/conferencereport/id/tagungsberichte-7679; außerdem Kamissek/Kreienbaum, Cloud (2016), S. 164 f.

38 Vgl. Kamissek/Kreienbaum, Cloud (2016), S. 165; Barth/Cvetkovski (Hgg.), Co-Operation (2015); Coghe, Learning (2015); Lindner, Orientierung (2016); Neill, Networks (2012); Lindner, Begegnungen (2011); Böttger, Bienvenue (2005); Laak, Kolonien (2004), S. 257; Stuchtey, Introduction (2005), S. 16.

39 Vgl. zur Debatte um begriffliche Probleme Lipphart/Ludwig (2011), dort auch weitere Angaben zum Forschungsfeld. Zum inzwischen mehrheitlich abgelehnten Diffusionsmodell vgl. Basalla, Spread (1967).

Für das *British Empire* sind Wissenstransfers und wissenschaftliche Netzwerke bereits eingehender analysiert worden und der Ansatz einer „networked conception of empire“[40] hat wichtige neue Einblicke in die Funktionsweise der zunächst informellen, dann immer stärker institutionalisierten und zentralisierten Beziehungsgeflechte vermittelt. Wegweisend für die vorliegende Untersuchung ist das von David Chambers und Richard Gillespie vorgeschlagene Modell, koloniale wissenschaftliche Beziehungen als „polycentric communication networks“[41] zu begreifen. In Hinblick auf diese Konzepte wird der Charakter der für die botanischen Einrichtungen in Berlin und die Erforschung der Flora der deutschen Kolonialgebiete wesentlichen (inter)imperialen und internationalen Netzwerke genauer untersucht. Der Austausch von Materialien, Wissen, Praktiken und wissenschaftlichem Personal wird nachgezeichnet und die Intensität von Austauschbeziehungen ermittelt, indem regelmäßige und fortdauernde Verbindungen von sporadischen Kontakten unterschieden werden.[42] Aufgezeigt werden dabei nicht nur interimperiale und internationale Verflechtungsstrukturen von Institutionen und einzelnen Akteuren, sondern auch Beziehungsgeflechte auf nationaler und lokaler Ebene, die den Botanischen Garten und das Botanische Museum mit wissenschaftlichen Einrichtungen, kolonialen Interessenvereinen sowie Akteuren der Kolonialpolitik und -verwaltung verbanden.[43]

Neben der Vorstellung von (interimperialen) Wissenstransfers in Netzwerken ist als weiteres Modell, das begrifflich an die digitale Gegenwart angelehnt ist, eine „imperial cloud“ als „shared reservoir of knowledge“[44] der Kolonialmächte diskutiert worden. Damit sollen geteiltes Wissen und Praktiken beschrieben werden, auch wenn in den Quellen keine direkten Verbindungen zwischen

---

40 Vgl. Hodge, Science (2011), S. 16–21; s.a. die weiteren Beiträge in Bennett/Hodge (Hgg.), Science (2011). Zu botanischen Netzwerken Spary, Networks (2008), speziell zu den für die Botanik im *British Empire* relevanten Netzwerken Bennett, Network (2011); McCracken, Fraternity (2005); McCracken, Gardens (1997); zu kolonialen Netzwerken außerdem Ballantyne, Webs (2012); Neill, Networks (2012).

41 Chambers/Gillespie, Locality (2000), S. 223. Zu ähnlichen Ansätzen Hodge, Science (2011), S. 19. Grundlegend dazu Latour, Science (1987).

42 Vgl. Hodge, Science (2011), S. 16.

43 Hierbei wird keine umfassende sozialwissenschaftliche Netzwerkanalyse angestrebt, sondern als ein Schwerpunkt der Fragestellung die Beziehungsgeflechte der Berliner botanischen Einrichtungen beschrieben. Zur Integration von Methoden und Theorien sozialwissenschaftlicher und naturwissenschaftlicher Netzwerkforschung in die Geschichtswissenschaft vgl. Düring u.a. (Hgg.), Handbuch (2016).

44 Kamissek/Kreienbaum, Cloud (2016), S. 166.

den Imperien erkennbar sind. Im Fall der Berliner botanischen Einrichtungen gehen Transfers und Netzwerke zwar zumeist explizit aus den Quellen hervor, womit für die Sammlungen von Wissen und Objekten an den Museen in Berlin wie auch in anderen Kolonialmetropolen das Konzept des kolonialen Archivs passender erscheint.[45] Der Cloud-Ansatz liefert dennoch wichtige ergänzende Anregungen: So ist es sinnvoll, genauer auf die tatsächlich erkennbaren Akteure, Objekte und Medien interimperialer Wissenstransfers zu schauen und die Bewegungen von Wissenschaftlern und Wissensdingen zwischen den Imperien sowie die Herstellung eines „common pool of imperial knowledge“[46] zu erkunden. Welches Wissen wurde rezipiert? Von welchen Vorbildern wurden Wissen und Praktiken übernommen? Bestimmten das Prestige einer Kolonialmacht und ihrer botanischen Aktivitäten auch die Orientierung der Berliner Einrichtung an deren Musterinstitutionen? Sind vollständige oder partielle Übernahmen zu beobachten? Diese Fragen versprechen fruchtbare Ergebnisse auch hinsichtlich der Untersuchung von Wegen und Wirkmechanismen interimperialer Wissenstransfers.

Der Beitrag der Studie zum neueren Feld der transimperialen Geschichte wird durch den punktuellen Vergleich des Berliner Botanischen Gartens und Museums samt der Botanischen Zentralstelle mit den Royal Botanic Gardens Kew noch vertieft. Beide Institutionen waren – wenn auch mit noch darzulegenden Unterschieden – im Bereich der Botanik als nationale Zentren der auf die Kolonien bezogenen Forschung und Praxis konzipiert worden, sodass sich an ihnen beispielhaft die Unternehmungen Großbritanniens und des Deutschen Reiches vergleichen lassen. Komparative Kolonialismusstudien sind bislang nur vereinzelt erschienen und auch in den bisherigen Veröffentlichungen zur Botanik treten Verbindungen zwischen dem britischen, französischen, niederländischen und deutschen Kolonialreich in den Hintergrund gegenüber den Verflechtungen und Netzwerken innerhalb der einzelnen Imperien, vorrangig zwischen Metropole und Kolonien.[47] Für die Berliner Einrichtungen wird kein

45 Zur Forschungsdebatte über koloniale Archive vgl. Masemann, Power (2008) und Stoler, Archives (2002), außerdem Roque/Wagner (Hgg.), Knowledge (2012). Grundlegend ist Foucault, Archéologie (1969). Zu den „Archives of Michel Foucault“ vgl. Eliassen, Archives (2010). Außerdem grundlegend auch Derrida, Archive (1995); Richards, Archive (1993). Nyhart, Nature (2009), S. 239 und MacKenzie, Museums (2010), S. 8 verweisen auf den Archivcharakter des Museums. Ausführlich dazu auch Kap. IV.2.

46 Kamissek/Kreienbaum, Cloud (2016), S. 178.

47 Mehrere Studien vereint der Sammelband Conrad/Heé/Schaper (Hgg.), World (2009). Lindner, Begegnungen (2011), S. 11 weist auf dieses Desiderat hin, ebenso Laak,

durchgängiger Vergleich sämtlicher Aspekte der auf die Kolonien bezogenen Aufgaben und ihrer Institutionalisierung vorgenommen. Vielmehr wird zum einen den zeitgenössischen Hinweisen zur Vorbildfunktion von Kew gefolgt, zum anderen erlaubt die punktuelle Gegenüberstellung ausgewählter Aspekte die Einordnung der Ergebnisse vergleichend mit der erklärten Musterinstitution, beispielsweise zu Organisationsstruktur und Finanzierung der Botanischen Zentralstelle sowie zu Inhalt und Ausgestaltung ihrer Tätigkeitsfelder. Ähnlichkeiten, Unterschiede und Übernahmen lassen sich mittels dieses asymmetrischen Vergleichs herausstellen, wobei auf die bereits vorhandene Forschung zu Kew zurückgegriffen werden kann. Dabei wird zudem die Rolle des *British Empire* als alleiniges Modell hinterfragt und nach weiteren Vorbildern gesucht sowie nach Praktiken oder Diskursen der Abgrenzung von Kew oder anderen Institutionen. Im Vordergrund steht insgesamt die eingehende Analyse der Berliner botanischen Einrichtungen zur Zeit der Kolonialexpansion des Deutschen Reiches, auch um angesichts bisher fehlender grundlegender Forschungsarbeiten die Basis für zukünftige komparative Untersuchungen zu schaffen.

Mittels eines transimperialen Zugangs lässt sich zugleich ein weiteres, von Helen Tilley aufgezeigtes Desiderat bearbeiten: Tilley sieht in der bisherigen Forschungsliteratur die Prämisse vertreten, hinsichtlich transnationaler Verbindungen und Praktiken von Wissenschaft vornehmlich von Spannungen zwischen nationalen Interessen und internationalen Kooperationen auszugehen. Sie spricht sich demgegenüber dafür aus, eine dreigeteilte Struktur der Wissensproduktion anzunehmen: national, imperial und international. Wie Tilly richtig feststellt, haben Arbeiten zu nationalen und internationalen Aspekten von Wissenschaft bislang zumeist die imperiale Dimension vernachlässigt, während die Fokussierung auf transimperiale Orientierungen und Transfers den Charakter internationaler wissenschaftlicher Netzwerke nicht vollständig erfasste.[48] Am Beispiel des Botanischen Gartens und Museums Berlin samt der Botanischen Zentralstelle soll daher genauer untersucht werden, welche nationalen Anliegen die Erforschung der Flora der Kolonien antrieb, inwiefern internationale Austauschbeziehungen zu botanischen Einrichtungen weltweit die Transfers von Pflanzenmaterial und Wissen bestimmten und in welcher Hinsicht eine imperiale beziehungsweise interimperiale Komponente zum Tragen kam. Dabei ist

Kolonien (2004), S. 257. Zur Komparatistik Kocka, Comparison (2003); Kaelble, Vergleich (1999).

48 Vgl. Tilley, Africa (2009), S. 9 f. mit weiteren Angaben; außerdem Cooper/Stoler (Hgg.), Tensions (1997), S. 13.

zu beachten, dass internationale Beziehungen schon vor der Kolonialexpansion des Deutschen Reiches bestanden und bis heute die wissenschaftliche Praxis der Botanik prägen. Angesichts vielfältiger Überlagerungen wird es nicht immer möglich sein, die genannten Aspekte eindeutig zu unterscheiden.

Gerade dies unterstützt allerdings ein weiteres Anliegen der Studie – ebenfalls anknüpfend an Tilley – die Abgrenzung der sogenannten kolonialen Wissensproduktion und der sogenannten Kolonialwissenschaften oder gar „colonial forms of knowledge" im Gegensatz zu „proper" oder „real science" aufzubrechen.[49] Es wird davon ausgegangen, dass Kolonien und Metropole untrennbar miteinander verbunden waren und die Botanik in Berlin durch die Kolonialexpansion des Deutschen Reiches einen Einfluss auf ihre Arbeitsfelder, Methoden sowie Wissensinhalte und Wissensrepräsentationen erfuhr, wie auch von Berlin ausgehende Transfers von Pflanzen, Praktiken und Kenntnissen die Kolonialgebiete prägten. Kolonien und Metropole werden Frederick Cooper und Ann Stoler folgend daher als sich wechselseitig konstituierende Größen sowie als ein und dasselbe analytische Feld betrachtet.[50] Wie Dirk van Laak anmerkte, sind die Forschungs- und Arbeitspraxis der Kolonialzeit überdies als wesentlicher inhärenter Teil der Fachgeschichte zu verstehen, die auch aus wissenschaftsgeschichtlicher Perspektive mehr Beachtung verdienen.[51] Missverständliche Begriffe und Konzepte, die eine klare Trennung der auf die Kolonien bezogenen Forschungen von anderen Arbeitsbereichen der Botanik suggerieren, werden daher vermieden, um die bis heute bestehenden Verbindungen nicht zu verschleiern. So dienten und dienen aus den Kolonien stammende Sammlungen pflanzlichen Materials als Grundlage vieler Zweige der Botanik. Überdies haben sich Schauplätze und Akteure der deutschen Kolonialgeschichte durch die Benennung von Pflanzen unauslöschlich in die botanische wie auch die zoologische Nomenklatur eingeschrieben. Im Folgenden wird der Begriff Kolonialbotanik vermieden und nur in Ausnahmefällen verwendet, um Forschungsfelder zu bezeichnen, die sich der Pflanzenwelt tropischer Regionen und insbesondere den deutschen Kolonien widmeten, um diese von Untersuchungen anderer Gebiete – die zeitgleich stattfanden – zu unterscheiden. Dies entspricht auch tendenziell der

---

49 Vgl. Tilley, Africa (2009), S. 11 f.

50 Vgl. Cooper/Stoler (Hgg.), Tensions (1997), hier insbes. S. 4.

51 Vgl. Laak, Kolonien (2004), S. 277. So auch Drayton, Science (1995), S. 508. Postkoloniale Forschungsansätze und die Betrachtung der Implikationen von Imperialismus und Kolonialismus haben inzwischen Eingang in ein Handbuch zur Wissenschaftsgeschichte gefunden: Sommer/Müller-Wille/Reinhardt (Hgg.), Handbuch (2017).

Verwendung des Begriffes Kolonialbotanik durch die zeitgenössischen Botaniker, die darunter beispielsweise nicht nur auf die angewandte Botanik beschränkte Unternehmungen verstanden, sondern ebenso systematische und pflanzengeographische Untersuchungen. Dass selbst unter Zeitgenossen diese Auffassung und das Verhältnis von Grundlagenforschung und angewandter Wissenschaft durchaus umstritten waren, zeigen die in den nachfolgenden Kapiteln eingehend untersuchten Auseinandersetzungen insbesondere zwischen Botanikern und Akteuren aus Politik und Verwaltung wie dem Auswärtigen Amt und den Gouvernements in den Kolonien.[52]

Zu den vielfältigen wechselseitigen Beziehungen zwischen Kolonien und Metropole, die der Perspektive der *entangled history* folgend hier von Interesse sind, gehört neben den Transfers von neuen Pflanzen und Wissensbeständen aus Europa in die Kolonien auch die Einspeisung in den Kolonien vorkommender Pflanzen in die weltweite Zirkulation von Pflanzenmaterial sowie die Aneignung indigenen Wissens durch deutsche Botaniker.[53] Mit Bezug auf ein Beispiel aus der frühneuzeitlichen Botanik argumentiert Kapil Raj dafür, das Dogma des westlichen Ursprungs moderner Wissenschaft zu überwinden und lokale Informanten nicht als passive Helfer zu beurteilen, sondern vielfach von einer Koproduktion von Wissen durch Europäer und die lokale Bevölkerung in den Kolonien auszugehen.[54] Die vorliegende Arbeit nimmt diese Anregung auf und sucht nach Hinweisen hierfür sowie nach anderen Formen der Übernahme von indigenem Wissen.

Kulturelle Spuren der Kolonialherrschaft lassen sich in Europa nicht nur durch die Integration einheimischer Wissensbestände oder in Form von Objekten aus den Kolonien in den Sammlungen von Museen, Universitäten und Privatpersonen ausmachen. Die Auswertung zeitgenössischer Wissenspräsentationen in Museen und anderen Ausstellungskontexten zeigt, wie koloniale

52 Vgl. zum zeitgenössischen Gebrauch der Bezeichnung Kolonialwissenschaft oder Kolonialwissenschaften Ruppenthal, Kolonialismus (2007), S. 9 f. Helen Tilley beschreibt in ihrer Studie zu britischen Wissenschaftlern in den 1870er- bis 1950er-Jahren in Afrika deren ständige Bemühungen um eine Abgrenzung von ‚pure' and ‚applied' science'" ebenfalls als auffälliges Merkmal. Tilley, Africa (2009), S. 6.

53 Zur Verflechtungsgeschichte (*entangled history*) grundlegend Conrad/Randeria, Einleitung (2002), S. 17–22; Randeria, Geschichte (1999); zu aktuelleren Diskussionen Epple/Kaltmeier/Lindner, Histories (2011); zu indigenem Wissen Fischer-Tiné, Pidgin-Knowledge (2013); Seth, Knowledge (2009); Chambers/Gillespie, Locality (2000).

54 Raj, Postcolonialism (2013). Zur Rolle Kolonisierter als *intermediaries* auch Habermas, Intermediaries (2013); Schaffer u.a. (Hgg.), World (2009).

Machtverhältnisse und Diskurse die Ordnung und die Präsentation kolonialer Sammlungen durchdrangen und zugleich in der Zurschaustellung bekräftigt beziehungsweise fortgeschrieben wurden.[55] Der Botanische Garten und das Botanische Museum wirkten nicht allein als wissenschaftliche Einrichtungen, sondern waren auch Bestandteil der urbanen Unterhaltungskultur des Kaiserreiches. Sie wollten ein größeres Publikum ansprechen und koloniale Bilderwelten mitgestalten. Die Untersuchung dieser Aspekte ermöglicht es, dem Anspruch der *new imperial history* gemäß, die Prägungen kolonisierter Gesellschaften wie auch der Metropole durch die koloniale Erfahrung zu erfassen.[56] Dementsprechend wird die Wissenspräsentation in der Kolonialabteilung des Botanischen Museums und die Beteiligung der Institution an Kolonial- und Gewerbeausstellungen daraufhin analysiert, mit welchen Mitteln und Inhalten die Berliner Einrichtungen an der Popularisierung von Wissen über die Kolonialgebiete und an der Konstruktion wirkmächtiger Vorstellungen von tropischen Regionen und vom kolonialen „Anderen" teilhatten. Dabei kann auf neuere Arbeiten am Schnittpunkt von *postcolonial studies* und *museum studies* zurückgegriffen werden, die sich mit kolonialen Sammlungen wie auch mit damaligen und heutigen Ausstellungspraktiken beschäftigen.[57]

Die Studie versucht möglichst genau die Akteure der untersuchten Transfers und Verflechtungen anzugeben, auch wenn die Quellenlage häufig nur Aussagen auf institutioneller Ebene erlaubt. Die Hauptpersonen der Untersuchung werden durch biographische Skizzen eingeführt: insbesondere Adolf Engler, der im gesamten Untersuchungszeitraum Direktor des Botanischen Gartens und Museums samt der Botanischen Zentralstelle war, sowie Georg Volkens, der über viele Jahre als Kustos die Aufgaben der Botanischen Zentralstelle organisierte. Die

---

55 Vgl. Hartmann, Sammlungen (2016); Honold, Ausstellung (2004); Ciarlo, Rasse (2003); Thode-Arora, Völkerschauen (2002); Barringer, Museum (1998). Die Verwendung des Begriffes der „Wissenspräsentation" erfolgt in Anlehnung an Susanne Kösterings Definition im Zusammenhang mit der Herstellung naturkundlicher Schausammlungen als Bezeichnung für das Resultat eines Produktionsprozesses wie auch für den Prozess des Repräsentierens.

56 Vgl. Cooper/Stoler (Hgg.), Tensions (1997); Conrad/Randeria, Einleitung (2002), S. 18 und die Einführung in die *new imperial histories* in Howe (Hg.), Histories (2010).

57 Vgl. u.a. MacKenzie, Museums (2010); Kazeem/Martinz-Turek/Sternfeld (Hgg.), Unbehagen (2009); Barringer/Flynn (Hgg.), Colonialism (1998); Walch, Urwald (2016); Beaven, Visions (2012); Driver/Martin (Hgg.), Visions (2005); Stepan, Nature (2001). Zu den Tropen als „environmental other" speziell auch Clayton/Bowd, Geography (2006).

Arbeit geht ebenfalls näher auf Friedrich Althoff, Universitätsreferent und später Ministerialdirektor im Preußischen Kultusministerium ein, der einen wesentlichen Anteil an der Verlegung der botanischen Einrichtungen von Schöneberg nach Dahlem hatte, sowie auf den Sammler Georg Zenker, der tausende Objekte aus Kamerun an das Botanische Museum sandte, außerdem auch auf einige an der Botanischen Zentralstelle ausgebildete Gärtner für den Kolonialdienst. Ziel ist es, die Interessen und Handlungen von Schlüsselpersonen breit auszuleuchten und andere Akteursgruppen erstmals sichtbar zu machen. Die zumindest streckenweise Skizzierung von Lebenswegen soll zudem exemplarisch zum Gesamtverständnis des historischen Kontextes beitragen. Für die Beschäftigung mit Botanikern wie Georg Volkens oder Sammlern wie Georg Zenker sowie den an der Botanischen Zentralstelle ausgebildeten Gärtnern für den Kolonialdienst liefert das Konzept der „imperialen Biographien" wichtige Impulse, das den Zusammenhang von imperialen Kontexten und individuellen Lebensläufen untersucht. Die professionellen Karrieren und Lebenswege dieser Akteure erlebten einen entscheidenden Einfluss durch die Kolonialexpansion, sie waren in die Reichsstrukturen eingebunden und bewegten sich oftmals in verschiedenen Kolonien und Kolonialreichen.[58] Die kurze Aufzählung von Akteuren zeigt bereits, dass hauptsächlich Männer die Geschicke der Berliner botanischen Institutionen lenkten und ebenso das Sammeln und Forschen in den Kolonien bestimmten. Frauen treten nur selten in Erscheinung. Die wenigen als Sammlerinnen namentlich genannten Frauen hatten zumeist ihre Ehemänner in die deutschen Kolonien begleitet.

Einzelnen Abschnitten der Studie sind zudem Biographien von Objekten aus den Sammlungen des Botanischen Gartens und Botanischen Museums vorangestellt, so zu Beginn der Einleitung bereits in Kurzform die der Nasspräparate von Kaffeezweigen. Objekt- oder Dingbiographien erleben seit Längerem im Zuge der theoretisch-methodischen Hinwendung der Geschichtswissenschaft zu den Dingen (*material turn*) einen regelrechten Boom. Ausgangspunkt ist dabei die Überlegung, dass materielle Artefakte zwischen Herstellung und Verfall verschiedene Stadien durchlaufen. Sie können eine Handlungsmacht (*agency*) oder Widerständigkeit besitzen, ihre Funktion und Bedeutung verändern oder eine Mobilität in Zeit, Raum und sozialen Sphären aufweisen. An Hand von Objektbiographien lassen sich komplexe Geschichten sichtbar machen.[59] Neben der

58 Rolf, Einführung (2014).

59 Vgl. als Einführung Braun/Klinger/Wietschel, Objektbiographie (2015); grundlegend dazu Appadurai, Introduction (1986); Kopytoff, Biography (2011); des Weiteren Hahn/Weiss (Hgg.), Mobility (2013); speziell zu Museumsobjekten außerdem Alberti,

Materialisierung des Kulturbegriffs führten neuere Zugänge der Wissens- und Wissenschaftsgeschichte zu einem verstärkten Interesse an wissenschaftlichen Sammlungen in Universitäten und Museen. Für Objekte in naturkundlichen Sammlungen ist insbesondere ihre epistemische Funktion und deren Wandel in unterschiedlichen Kontexten betont worden. Je nach Fragestellung können die Objekte naturwissenschaftlich untersucht oder kulturhistorisch und politisch interpretiert werden.[60]

Die exemplarische Auswahl von Dingen aus den Sammlungen des Botanischen Gartens und Museums und ihre Vorstellung in Objektbiographien erfolgt zum einen, weil sich die Sammlungen der Institution und insbesondere die Zugänge aus der Kolonialzeit schon auf Grund der Fülle von Objekten nicht systematisch untersuchen ließen. Allein das Herbarium umfasst 3,8 Millionen Pflanzenbelege, dazu kommen tausende Alkoholpräparate sowie die Lebendsammlungen in den Gewächshäusern und im Garten. Die Eingänge zwischen 1884 und 1914 sind nicht lückenlos dokumentiert, viele Unterlagen und Objekte verbrannten durch Bombentreffer im Zweiten Weltkrieg. Auf Grundlage der Jahresberichte des Botanischen Gartens und Museums und denen der Botanischen Zentralstelle, die allerdings die Sammlungszuwächse nicht in einem einheitlichen Format angeben, ist es zumindest möglich, einen schätzungsweisen Überblick über die Zusendungen von getrockneten und lebenden Pflanzen, Früchten, Hölzern und anderen Materialien zu geben. Neben diesen pragmatischen Überlegungen bieten die Objektbiographien zum anderen exemplarisch einen Einblick in Herkunft, Funktion und Bedeutung einzelner Sammlungsgegenstände und dienen der Vertiefung wissenschafts- und wissensgeschichtlicher Ansätze ergänzend zur institutionengeschichtlichen Perspektive der Hauptkapitel, denen sie vorangestellt sind. Bewusst wurden sehr unterschiedliche Objektgattungen ausgewählt, um auch Bereiche der Sammlungen zu präsentieren, die bislang nur wenig Beachtung gefunden haben wie etwa das Bildarchiv des

---

Objects (2005) sowie als äußerst populäres Beispiel MacGregor, Geschichte (2014). Zur Kritik an MacGregors Ansatz: https://www.forum-transregionale-studien.de/veranstaltungen/details/100-histories-of-100-worlds-in-one-object.html

60 Vgl. u.a. Seidl/Steinheimer/Weber (Hgg.), Kultur (2017); Vogel/Bauche, Objekte (2016); Gerritsen/Riello, Introduction (2015); Hermannstädter/Heumann/Pannhorst (Hgg.), Wissensdinge (2015); Georg-August-Universität Göttingen, Dinge (2012); Latour, Things (2006); Rheinberger, Epistemologica (2005); Daston, Things (2004); Daston, Biographies (2000); speziell zu kolonialen Sammlungen Brahm/Brockmeyer, Editorial (2018); Cooper (Hg.), Lives (2015); Förster/Stoecker (Hgg.), Haut (2016); Stoecker/Schnalke/Winkelmann (Hgg.), Sammeln (2013).

Botanischen Museums. Beispielhaft wird damit ein Beitrag zur Provenienzforschung erbracht, die in Hinblick auf die eingangs geschilderten Diskussionen zu kolonialen Sammlungen noch auszubauen ist.[61] Insgesamt soll mittels der Vielfältigkeit der gewählten methodischen Einflüsse der Untersuchungsgegenstand in einem breiten thematischen Spektrum erfasst werden.

Zuletzt sei noch auf einige verwendete Begriffe eingegangen. Zeitgenössische rassistische Konzepte beeinflussten die Wahrnehmung der kolonisierten Bevölkerung und prägten auch die Vorstellungen von Kolonialbeamten und Botanikern, die sie insbesondere hinsichtlich der Rolle der Bevölkerung der afrikanischen Kolonien bei der landwirtschaftlichen Nutzung dieser Gebiete für deutsche Interessen hatten. In den Quellenzitaten finden sich Begriffe, die im damaligen Sprachgebrauch üblich waren, auf Grund ihrer pejorativen Bedeutung im Folgenden jedoch vermieden oder im Fall von Zuschreibungen oder sozialen Konstruktionen wie „weiß" oder „schwarz" mit Anführungszeichen gekennzeichnet werden.[62] Ebenso sind zeitgenössische Konzepte von einer „Inwertsetzung" der Kolonien durch den Einsatz von Wissenschaft und Technik für eine systematische „Entwicklung" der Kolonien zu hinterfragen und eine kritische Distanz dazu anzuzeigen. Die damaligen Überzeugungen von einer „Inwertsetzung" der Kolonien zum Wohle von Europas Handel und Industrie wie auch der „Hebung" des moralischen und materiellen Lebensstandards der lokalen Bevölkerung hat Joseph Hodge überzeugend als Ideologie und Doktrin beschrieben, bei der es weniger um die „Modernisierung" der Kolonien und ihrer Bewohner ging. Vielmehr sollten Ausbeutung und Unterentwicklung zu einer vermeintlich positiven „Zivilisierungsmission" umgedeutet werden.[63] Juhani Koponen hat dies mit dem Titel seiner Studie „Development for Exploitation" treffend auf den Punkt gebracht.[64]

---

61 Vgl. Förster u.a. (Hgg.), Provenienzforschung (2018).

62 Vgl. Geulen, Geschichte (2007).

63 Vgl. Barth/Osterhammel, Zivilisierungsmissionen (2005); Hodge, Triumph (2007), S. 7 u. Tilley, Africa (2009). Zur Kritk am an Europa orientierten diffusionistischen Moderne-Konzept und mit Betonung globaler Verflechtungen sowie als Einstieg in die Diskussion Stråth/Wagner, Modernity (2017); des Weiteren Chakrabarty, Europe (2008), S. 3–26; Cooper, Colonialism (2005); Mitchell, Stage (2000).

64 Vgl. Koponen, Development (1995).

Forschungsstand

Einleitend wurde bereits auf wesentliche Entwicklungen verschiedener Forschungsfelder eingegangen, von denen die Arbeit insbesondere in methodischer Hinsicht Anregungen aufnimmt. Sie sollen daher an dieser Stelle nicht noch einmal diskutiert werden, sondern vornehmlich die Verortung der Untersuchung zur Botanischen Zentralstelle innerhalb der von englischsprachigen Studien dominierten und daher unter dem Begriffspaar *Science and Empire* zusammengefassten Forschungen zum Verhältnis von Wissenschaft und Kolonialismus erfolgen. Die Zahl der Einzelstudien ist inzwischen kaum mehr zu überblicken und es sind bereits mehrere Einführungen erschienen, die einen Überblick über die Ausdifferenzierung dieses Forschungszweiges vermitteln.[65] Im Fokus der Untersuchungen standen lange Zeit einzelne Kolonien oder Kolonialreiche sowie einzelne Disziplinen. Forschungen zum *British Empire* dominieren fortgesetzt diesen Bereich, gefolgt von Arbeiten zum niederländischen und französischen Kolonialreich.[66] Neben Medizin, Geographie, Kartographie, Anthropologie und Ethnographie ist stets auch die Botanik betrachtet worden, wenngleich weniger intensiv. Gleichwohl liegen zahlreiche Studien vor mit unterschiedlichen zeitlichen, geographischen und thematischen Schwerpunkten. Sie widmen sich unter anderen den frühneuzeitlichen botanischen Unternehmungen Spaniens[67] und Frankreichs[68] sowie übergreifenden und grundlegenden Aspekten des Zusammenspiels der Botanik mit wirtschaftlichen und politischen Interessen im Zuge der Kolonialexpansion sowie der Repräsentation tropischer Natur[69] und nicht

---

65 Vgl. dazu mit weiteren Angaben Brahm, Imperialismus (2017); Hodge, Science (2011); MacLeod, Introduction (2000).

66 Vgl. den Überblick bei Hodge, Science (2011); Heé, Ansätze (2017), S. 84. Mehrere Sammelbände vereinen Studien zu verschiedenen Imperien und Disziplinen: Vlahakis u.a. (Hgg.), Imperialism (2006); Stuchtey (Hg.), Science (2005); MacLeod (Hg.), Nature (2000); Petitjean u.a. (Hgg), Science (1992); Reingold/Rothenberg (Hgg.), Colonialism (1987), darin grundlegend zur Struktur imperialer Wissenschaft und den Phasen ihrer Entwicklung MacLeod, Reflections (1987). Eine gute Einführung bietet überdies Boomgard, Introduction (2013).

67 Bleichmar, Competitions (2008).

68 Vgl. das Kapitel zur Botanik in McClellan, Colonialism (1992) sowie Spary, Utopia's Garden (2000), insbes. S. 61 f. Für das 19. Jahrhundert Osborne, Nature (1994).

69 Bleichmar, Empire (2012); Schiebinger/Swan (Hgg.), Colonial Botany (2005); Drayton, Nature's Government (2000), außerdem Walch, Urwald (2016); Beaven, Visions (2012); Miller/Reill (Hgg.), Visions (1996); Driver/Martin (Hgg.), Visions (2005); Stepan, Nature (2001).

zuletzt der Bioprospektion in den Kolonialgebieten, das heißt der Untersuchung von Biodiversität und lokalem Wissen hinsichtlich kommerziell wertvoller genetischer und biochemischer Ressourcen.[70] Schließlich sind eingehende Studien zu wichtigen Institutionen wie den Royal Botanic Gardens Kew[71] und dem Botanischen Garten Buitenzorg/Bogor[72] auf Java erschienen nebst Veröffentlichungen zu ihren Leitern und bedeutenden Sammlern dieser Einrichtungen.[73] Die umfassenden Arbeiten insbesondere zu Kew – wie auch zu Buitenzorg/Bogor – erlauben es, für den Vergleich mit den Berliner botanischen Einrichtungen auf diese Abhandlungen zurückzugreifen.

Gemeinsam ist den vorgenannten Veröffentlichungen, dass sie die enge Verbindung von wissenschaftlichen Ambitionen, wirtschaftlichen Interessen und politischen Absichten betonen. Die wissenschaftliche Erforschung der Flora der Kolonien wird als Grundlage für die Inbesitznahme und wirtschaftliche Ausbeutung dieser Gebiete beschrieben und die Bedeutung der wissenschaftlichen Untersuchung tropischer Nutzpflanzen für die Kolonialexpansion hervorgehoben. Die Botanik profitierte im Gegenzug von verbesserten Zugangsmöglichkeiten zu Gegenden, die von europäischen Wissenschaftlern noch unerforscht waren, und von einem stetigen Zufluss botanischen Vergleichsmaterials aus aller Welt, das die Taxonomie wie auch die angewandte Forschung vorantrieb und die europäischen botanischen Gärten zu den führenden Einrichtungen der Standardisierung und universellen Verbreitung botanischen Wissens machte. Botaniker sind in diesem Zusammenhang ebenso wie andere Wissenschaftler als „tentacles of colonial power“[74] bezeichnet worden und es verwundert daher nicht, dass Daniel Headrick in seinem einflussreichen, nahezu namensgleichen Werk *The tentacles of progress*[75] auf die botanischen Unternehmungen verschiedener Kolonialmächte eingeht. Die Botanik ist zudem wie andere Wissenschaften als „tool

70 Schiebinger, Plants (2004); Shiva, Biopiraterie (2002); Merson, Bio-Prospecting (2000); Flitner, Sammler (1995).

71 Cornish, Science (2013); Desmond, History (2007); Brockway, Science (2002); Bonneuil, Manufacture (2002); Drayton, Science (1993); zu Kews Netzwerken ausführlich McCracken, Gardens (1997) und in knapper Form McCracken, Fraternity (2005).

72 Goss, Floracrats (2011).

73 Zeijlstra, Treub (1959); außerdem Goss, Floracrats (2011); Fara, Sex (2004); Gascoigne, Banks (1994) und mehrere Beiträge in Miller/Reill (Hgg.), Visions (1996).

74 Goss, Floracrats (2011), S. 5.

75 Headrick, Tentacles (1988), S. 209–249.

of the state“[76] geschildert worden und es heißt beispielsweise: „British colonial botanic gardens were as much a part of British imperialism as were the fleets of the Royal Navy or the soldiers of the queen”[77]. Weiterhin wird festgestellt: „the state has absorbed science, scientists and scientific scholarship“[78] und in Bezug auf Kew: „Britain was marshalling all its institutions and scientific expertise toward the imperial goal, and British botanical science energetically furthered British expropriation of the world's plant resources.“[79]

Wie sah dies nun für den deutschen Kolonialismus aus? In welchem Maße und mit welchen Zielen wurde die Botanik in die Kolonialexpansion eingebunden, wie und wo erfolgte die Institutionalisierung der botanischen Erforschung der Pflanzenwelt der deutschen Kolonien? Diese Fragen werden im Folgenden erstmals umfassend an Hand der Berliner botanischen Einrichtungen untersucht. Die Studie erweitert dabei die Perspektive von der zwar zutreffenden, aber oftmals eindimensionalen und pauschalen Darstellung „der Botanik“ wie auch anderer Wissenschaften als „Steigbügelhalter für koloniale Expansion und Ausbeutung“[80]. Zu diesem Zweck werden konkrete Akteure in den Blick genommen und das Selbstverständnis führender Botaniker in Bezug auf die Erforschung der kolonialen Flora untersucht, um zu ergründen, welche persönlichen Motive wie beispielsweise die Beförderung ihrer wissenschaftlichen Karrieren oder institutionengebundene Absichten wie die Vermehrung des wissenschaftlichen Ansehens als treibende Kräfte gelten können. Bislang haben nur wenige Studien diskutiert, inwiefern der Wandel von Tätigkeitsfeldern und Methoden der Botanik und von Karrieremöglichkeiten in diesem Fach die Mitwirkung am kolonialen Projekt für Botaniker attraktiv erscheinen ließ.[81] Diese Vorarbeiten werden hier ebenso berücksichtigt wie wissenschaftshistorische Arbeiten zu Gärten und Sammlungen.[82] In den letzten Jahren sind zudem vermehrt umwelthistorische Studien erschienen, die sich mit den Auswirkungen der Eingriffe der Kolonialmächte in Pflanzenwelt, Landschaften, Wirtschaftsformen und Landwirtschaft

---

76 Goss, Floracrats (2011), S. 12. Die Bezeichnung weckt Assoziationen zu einem weiteren Werk Headricks mit dem Titel *Tools of Empire*, das auf die Bedeutung verschiedener Technologien und technischer Fortschritte für die Kolonialexpansion eingeht. Headrick, Tools (2009).

77 McCracken, Gardens (1997), S. X.

78 Goss, Floracrats (2011), S. 12.

79 Brockway, Science (2002), S. 196.

80 Brahm, Imperialismus (2017), S. 287.

81 Vgl. Goss, Floracrats (2011); Nyhart, Nature (2009); Cittadino, Nature (1990).

82 Vgl. Klemun, Gärten (2017) mit weiteren Angaben.

der Kolonialgebiete auseinandersetzen.[83] Sie können für die Bewertung der kurz- und langfristigen Folgen der von den Berliner botanischen Einrichtungen ausgehenden Aktivitäten in den deutschen Kolonien herangezogen werden. Gerade der Bereich der landwirtschaftlichen Interventionen der Kolonialmächte ist für die britischen Kolonien in Afrika bereits intensiver beleuchtet worden,[84] aber auch für die deutschen Kolonien gibt es einzelne Studien, die sich neben landwirtschaftlichen Projekten und botanischen Institutionen auch den Einflüssen auf lokale Wirtschafts- und Sozialverhältnisse widmen.[85]

Überhaupt hat sich die Forschung zu einzelnen wissenschaftlichen Disziplinen im Kontext des deutschen Kolonialismus verstärkt, wie auch generell seit den 1990er-Jahren ein gestiegenes Interesse an der Kolonialgeschichte des Deutschen Kaiserreiches zu verzeichnen ist. Die Rezeption postkolonialer Ansätze förderte die Auseinandersetzung mit der Rolle der Wissenschaften und Formen des Wissens im Rahmen der Kolonialexpansion.[86] Vorgelegt wurden Untersuchungen zur kolonialen Medizingeschichte[87] und Geographie,[88] Ethnologie,[89] Rechtsethnologie[90] und Eugenik.[91] Zudem sind wissenschaftliche Institutionen wie das Hamburger Kolonialinstitut,[92] das Seminar für Orientalische Sprachen an der Berliner Friedrich-Wilhelms-Universität[93] und Ethnologische Museen[94] betrachtet worden. Ferner widmeten sich knappe Artikel in Sammelbänden zur

83 Vgl. insbesondere Boomgaard/Hart (Hgg.), Globalization (2010); außerdem Murphy, Environment (2009); Conte, Science (2002); Radkau, Natur (2000), insbes. S. 183–225; Drayton, Government (2000); Grove, Imperialism (1995); außerdem zur Tierwelt in der Kolonie Deutsch-Ostafrika Gissibl, Nature (2016).

84 Vgl. Tilley, Africa (2009); Hodge, Triumph (2007).

85 Vgl. Zimmerman, Africa (2014); Zimmermann, Alabama (2012); Eckert, Grundbesitz (1999); Sunseri, Famine (1997); Bald/Bald, Forschungsinstitut (1972).

86 Einen breiten Überblick über die Entwicklung des Forschungsfeldes zur deutschen Kolonialgeschichte gibt ausführlich mit weiteren Angaben Kundrus, Peripherie (2009) und zusammenfassend Conrad, Kolonialgeschichte (2008), S. 8–14; zu aktuellen Perspektiven Berman/Mühlhahn/Nganang, Colonialism (2014).

87 Vgl. Bauche, Medizin (2017); Eckart, Medizin (1997).

88 Vgl. Gräbel, Erforschung (2015); Sandner, Identity (1994); Schulte-Althoff, Studien (1971).

89 Vgl. Zimmerman, Anthropology (2001); Smith, Anthropology (1987).

90 Vgl. Schaper, Verhandlungen (2012).

91 Vgl. Grosse, Kolonialismus (2000).

92 Vgl. Ruppenthal, Kolonialismus (2007).

93 Vgl. Burchardt, School (2005); Morgenroth, Seminar (1990).

94 Vgl. Laukötter, "Kultur" (2007); Penny, Objects (2002).

deutschen Kolonialgeschichte und zu kolonialen Erinnerungsorten wissenschaftlichen Einrichtungen, Museen und weiteren Formaten der Wissenspräsentation wie Völkerschauen und Gewerbeausstellungen.[95] Koloniale wissenschaftliche Netzwerke bildete ein Sammelband ab, der insbesondere globale Verbindungen und das breite Spektrum verschiedenster Akteure – neben Wissenschaftlern auch Kaufleute, Missionare und *intermediaries* – herausstellte.[96] Zuletzt haben koloniale Sammlungen in Museen und Universitäten große Aufmerksamkeit erfahren, wobei ethnologische Objekte und *human remains* im Mittelpunkt standen.[97]

Komparative und transimperiale Studien zu einzelnen Disziplinen und wissenschaftlichen Einrichtungen während der kolonialen Ära fehlen allerdings bislang weitgehend[98] und die Botanik sowie speziell die Berliner Einrichtungen sind für den Zeitraum der deutschen Kolonialexpansion noch nicht systematisch untersucht worden. Zwar thematisierten einzelne kulturwissenschaftlich inspirierte Publikationen und Ausstellungskataloge die „Pflanzenjagd" für wissenschaftliche Institutionen und private Sammler, ohne allerdings die kolonialen Verflechtungen in der Tiefe abzubilden.[99] Christoph Conte und Eugene Cittadino leisten dies in ihren wissenschafts- und umweltgeschichtlichen Studien, gehen dabei aber nur knapp auf die Botanische Zentralstelle und einzelne botanische Forschungseinrichtungen in der Kolonie Deutsch-Ostafrika ein, ohne die stetige Verbindung der letzteren mit den Berliner botanischen Institutionen detaillierter herauszuarbeiten.[100]

---

95 Vgl. Heyden/Zeller (Hgg.), Kolonialismus (2007); Conrad/Osterhammel (Hgg.), Kaiserreich (2004); Honold/Scherpe (Hgg.), Deutschland (2004); Heyden/Zeller (Hgg.), Kolonialmetropole (2002).

96 Vgl. Habermas/Przyrembel (Hgg.), Käfern (2013). Zu Missionaren als *global players* auch Habermas/Hölzl, Mission (2014); Heyden/Feldtkeller (Hgg.), Missionsgeschichte (2012).

97 Vgl. Förster u.a. (Hgg.), Provenienzforschung (2018); Förster/Stoecker (Hgg.), Haut (2016); Förster, Provenienzen (2016); Stoecker/Schnalke/Winkelmann (Hgg.), Sammeln (2013); Stoecker, Knochen (2013); Berner/Hoffmann/Lange (Hgg.), Sammlungen (2011).

98 Als Ausnahmen u.a. Neill, Networks (2012); McCracken, Fraternity (2005). Hinweise auf Wissenstransfers im Bereich Botanik und Landwirtschaft geben Zimmerman, Africa (2014); Tilley, Africa (2009), S. 127 f.; Lack, Kew (2007); Laak, Kolonien (2004), S. 273.

99 Vgl. Flitner, Sammler (1995); Hielscher/Hücking, Pflanzenjäger (2003); Stadt Frankfurt am Main (Hg.), Grünes Gold (2001).

100 Vgl. Conte, Sanctuary (2004); Conte, Science (2002); Cittadino, Nature (1990).

In hauseigenen Publikationen zur Geschichte des Botanischen Gartens und Museums wurde die Kolonialzeit bislang unkritisch und kursorisch abgehandelt.[101] Fachwissenschaftliche Aspekte unter der Vernachlässigung der breiteren Kontexte dominierten diese Veröffentlichungen wie auch den 1987 erschienenen kurzen Artikel zweier Wissenschaftler des Hauses zur Botanischen Zentralstelle und zu botanischen Forschungen in den deutschen Kolonien.[102] Zuletzt gingen Beiträge in Sammelbänden zu Erinnerungsorten der Kolonialgeschichte beziehungsweise zu Schauplätzen kolonialer Umweltgeschichte auf die vielfältige Einbindung der Berliner botanischen Institutionen in das koloniale Projekt ein.[103] Die Grundlage dieser Artikel bildeten überwiegend die publizierten Berichte zur Botanischen Zentralstelle und zum Botanischen Museum, die von deren damaliger Leitungsebene verfasst wurden und mehrheitlich als positive Selbstdarstellungen zu charakterisieren sind.[104] Die für diese Studie erstmals vorgenommene Auswertung eines breiten Bestandes von Archivmaterial fördert zahlreiche neue Erkenntnisse zu Tage und belegt, dass gerade die Institutionalisierung auf die Kolonien bezogener Aufgabengebiete an den Berliner Einrichtungen keineswegs reibungslos verlief, sondern vielmehr aufschlussreiche Konflikte zwischen Auswärtigem Amt, dem Preußischen Kultusministerium und der Leitung des Botanischen Gartens und Museums diesen Prozess begleiteten. Insbesondere die Korrespondenzen dieser zentralen Akteure geben einen Einblick in Erwartungen und Ansprüche, die Botaniker sowie Wissenschafts- und Kolonialpolitiker mit der Erforschung der Pflanzenwelt der Kolonien verbanden. Sie benennen Vorbildinstitutionen und Wege von Wissenstransfers, zusätzlich treten Netzwerke und Verflechtungen zu Tage. Daher bilden sie einen wichtigen Bestandteil der Quellengrundlage dieser Studie.

Quellen

Für die Bearbeitung wurde eine Vielzahl von Archivbeständen, gedruckten Quellen und anderen Materialien herangezogen. Da das Botanische Museum bei Luftangriffen im Zweiten Weltkrieg stark beschädigt wurde und große

101 Vgl. Lack (Hg.), Erben (2010); Timler/Zepernick, Garten (1978).

102 Vgl. Timler/Zepernick, Botany (1987).

103 Vgl. Kaiser, Exploration (2015); Kreye, Garten (2009); Kaiser/Hartmann, Garten (2007); Zepernick, Zentralstelle (2002); Lack, Handbücher (2002). Derzeit wird zudem die Kolonialgeschichte des Hamburger Botanischen Museums erforscht, vgl. dazu Kranz, Museum (2016).

104 Insbesondere Urban, Geschichte (1916); Volkens, Zentralstelle (1907).

Teile der Sammlungen und der Bibliothek mitsamt wichtigen Dokumenten verbrannten, finden sich dort heute nur wenige relevante Archivalien. Erhalten geblieben sind eine kleine Zahl von Zeugnissen der Sammlungsdokumentation des Botanischen Museums im Untersuchungszeitraum wie sogenannte Eingangsbücher für Samen und Lebendpflanzen oder Aufzeichnungen über die von einzelnen Sammlern zugesandten Herbarbelege. Daneben verfügt die Bibliothek über Sonderdrucke von Veröffentlichungen des damaligen Direktors Adolf Engler und seine Redemanuskripte sowie sämtliche Ausgaben der seit 1895 herausgegebenen hauseigenen Publikation *Notizblatt,* die der Information eines breiteren Publikumskreises und dem Schriftentausch mit botanischen Einrichtungen weltweit diente. Der vollständige Titel lautete *Notizblatt des Königl. botanischen Gartens und Museums zu Berlin*, von 1900–1920 ergänzt durch den Zusatz *sowie der botanischen Centralstelle für die deutschen Kolonien*. Das *Notizblatt* führte unter anderem sporadisch die Zugänge von Pflanzen, Samen und Museumsobjekten für die Einrichtung auf und widmete sich insbesondere den Pflanzentransfers in die deutschen Kolonien, wofür Auszüge aus den Jahresberichten der Botanischen Zentralstelle und Schreiben von Mitarbeitern botanischer Versuchseinrichtungen in Übersee Abdruck fanden. Diese Bestände wurden systematisch und vollständig gesichtet, ebenso die im Bildarchiv des Botanischen Museum verwahrten Photographien aus der Zeit von etwa 1840 bis 1960. Einen Zugang zu den botanischen Sammlungen ermöglichte in einem ersten Schritt die Online-Datenbank der Institution,[105] in einem weiteren Schritt erfolgte die Recherche im Herbarium sowie in der Nasspräparate- und der Holzsammlung.

Die weitaus bedeutenderen und umfangreicheren Archivbestände ließen sich verstreut in Berliner Archiven ausmachen. Die im Geheimen Staatsarchiv Preußischer Kulturbesitz befindlichen Akten des Preußischen Kultusministeriums, dem der Botanische Garten und das Botanische Museum unterstellt waren, enthalten wichtige administrative Quellen wie Erlasse und Verträge zur Einrichtung der Botanischen Zentralstelle, dazu Gutachten und Korrespondenzen.[106] Umfangreich ist ebenfalls der Bestand zum Botanischen Museum und

105 http://search.biocase.org/bgbm/

106 Als Zitierweise für die Briefe wurde als verkürzte Form für den Absender bzw. Empfänger das Preußische Kultusministerium stets als „Kultusministerium“, der Berliner Botanische Garten und das Botanische Museum als „Botanischer Garten und Botanisches Museum“ angegeben.

zur Verlegung der Gesamtinstitution von Schöneberg nach Dahlem. Überliefert sind hier außerdem verschiedene Dokumente zur Organisation der Zentralisierung der naturwissenschaftlichen und ethnologischen Sammlungen aus den Kolonien an den drei großen Berliner Museen, dem Botanischen Museum, dem Museum für Naturkunde und dem Museum für Völkerkunde. Des Weiteren wurden die Akten kolonialer Interessenverbände wie dem Kolonialwirtschaftlichen Komitee auf dokumentierte Verbindungen zur Botanischen Zentralstelle geprüft. Dazu kamen Aktenbestände des Reichskolonialamtes im Bundesarchiv Berlin-Lichterfelde. Zum einen ergänzen sie die Dokumente zur Botanischen Zentralstelle im Geheimen Staatsarchiv, zum anderen finden sich hier Berichte und Korrespondenzen zu wissenschaftlichen Expeditionen und Stationen in den deutschen Kolonien, insbesondere zur Jaunde-Station in Kamerun und deren Leiter Georg Zenker, der als Sammler für die Berliner botanischen Einrichtungen ausführlich betrachtet wird. Zu einem weiteren Sammler, dem Missionar Adolf Stolz, wurden Dokumente und Photographien im Unitätsarchiv Herrnhut gesichtet.

Das Interesse in Bezug auf veröffentlichte Quellen galt neben der bereits erwähnten Zeitschrift *Notizblatt* in erster Linie weiteren Publikationen der Berliner botanischen Einrichtungen, vorwiegend solchen zur Geschichte der Institution und ihrer Sammlungen. Vieles davon stammt aus der Feder von Ignatz Urban, Botaniker und Unterdirektor der Einrichtung im Untersuchungszeitraum. Urban verstand sich als Hauschronist und lieferte wertvolle Ein- und Überblicke, die insgesamt aber einer Erfolgsgeschichte der Institution verpflichtet waren und stellenweise Probleme und Konflikte übergingen, beispielsweise wenn es um die Gründung und Arbeit der Botanischen Zentralstelle ging. An anderer Stelle hoben sie Meinungsverschiedenheiten hervor, unter anderem wenn Urbans Ansehen davon im Nachhinein profitierte, wie in der Debatte um den Standortwechsel. Daher war es notwendig, ein möglichst breites Spektrum von zusätzlichen Quellen einzubeziehen, um Angaben zu verifizieren oder Widersprüche aufzudecken. So wurden etwa zur Verlegung des Botanischen Gartens und Museums samt der Botanischen Zentralstelle von Schöneberg nach Dahlem neben Urbans Schilderungen und den erwähnten Akten im Geheimen Staatsarchiv Preußischer Kulturbesitz die Protokolle von Sitzungen des Preußischen Abgeordnetenhauses sowie die Diskussion in der Tagespresse exemplarisch ausgewertet.

Ebenso sind die in den Akten des Preußischen Kultusministeriums überlieferten Tätigkeitsberichte der Botanischen Zentralstelle mit einer erhöhten quellenkritischen Sorgfalt zu betrachten. Diese Darstellungen sind als

Rechenschaftsberichte gegenüber den Geldgebern – dem Auswärtigen Amt und dem Preußischen Kultusministerium – zu sehen und waren jeweils an ein Rechnungsjahr gekoppelt, das mit dem 1. April, dem Datum der Gründung der Einrichtung im Jahr 1891, begann.[107] Die Reporte richteten sich – um nur ein Beispiel zu nennen – bei der Reihenfolge der Auflistung der erledigten Aufgaben eher nach deren Bedeutung für die Zuwendungsgeber und nicht unbedingt nach den an den botanischen Einrichtungen gesetzten Prioritäten oder der tatsächlichen mit einzelnen Tätigkeitsbereichen verbundenen Arbeitslast. Interessant ist daher, wie die Leitung von Botanischem Garten und Museum sich in anderen Kontexten zu den mit den Kolonien verbundenen Aufgaben äußerte. Die Jahresberichte erschienen in geänderter oder gekürzter Form in unregelmäßigen Abständen auch im *Notizblatt* und fortlaufend in anderen Reihen wie der Chronik der Friedrich-Wilhelms-Universität[108] oder den *Denkschriften über die Verwendung des Afrikafonds*, die Bestandteil der *Denkschrift über die Entwicklung der deutschen Schutzgebiete in Afrika und der Südsee* waren. Bei Lücken in den Aktenbeständen wurden diese Veröffentlichungen genutzt. Weitere Darstellungen der Tätigkeit der Berliner botanischen Einrichtungen im Zusammenhang mit der Erforschung der Flora der Kolonialgebiete erreichten eine breite Öffentlichkeit, etwa in Publikationen zu Großveranstaltungen wie Gewerbe- und Kolonialausstellungen oder Kolonialkongressen sowie darüber hinaus in illustrierten Wochenzeitungen wie *Kolonie und Heimat*. Diese Veröffentlichungen dienten der Bekanntmachung wissenschaftlicher Erfolge, die gleichzeitig als ökonomische und kolonialpolitische Leistungen gefeiert wurden, und lassen einen Einblick in die intendierte Außenwahrnehmung der Institution zu. Darüber hinaus nutzten sie die Mitarbeiter der Berliner Einrichtungen für die Vermittlung von botanischem und praktischem Wissen über die tropische Pflanzenwelt und Landwirtschaft. Zu diesem Zweck publizierten sie Forschungsergebnisse und praktische Anleitungen überdies in den Zeitschriften institutionell und inhaltlich nahestehender kolonialer Interessenvereine, beispielsweise in *Der Tropenpflanzer*, dem Organ des Kolonialwirtschaftlichen Komitees. Fachzeitschriften

107 Als Teil der Korrespondenz haben die Tätigkeitsberichte der Botanischen Zentralstelle teilweise keinen Titel oder keine aussagekräftige Bezeichnung, zudem fehlt häufig der Hinweis auf das zugehörige Rechnungsjahr. Für die Quellenzitate sind sie einheitlich als „Bericht Botanische Zentralstelle" mit Rechnungsjahr benannt worden, um die Zuordnung zu erleichtern.

108 Die Jahresberichte der Botanischen Zentralstelle sind in der Chronik denen des Botanischen Gartens und Museums zugeordnet und werden im Folgenden unter Angabe des Autors, Adolf Engler, verkürzt als Berichte BGBM geführt.

und Fachpublikationen des Botanischen Museums wurden nicht systematisch berücksichtigt, zu einzelnen Fragestellungen jedoch analysiert, darunter die *Botanischen Jahrbücher für Systematik, Pflanzengeschichte und Pflanzengeographie* und Monographien zur Flora Afrikas.

Für die zukünftige Forschung gilt es, die vorliegende Untersuchung um die Perspektive der von den botanischen und landwirtschaftlichen Maßnahmen betroffenen lokalen Bevölkerung in den deutschen Kolonien zu erweitern sowie verstärkt nach Quellen zu suchen, die über die einheimischen Arbeiter an botanischen Versuchseinrichtungen und die lokale Mitarbeit beim Zusammentragen wissenschaftlicher Sammlungen Auskunft geben. Hierzu schriftliche Zeugnisse zu finden, hat sich bislang – nicht nur für die deutschen Kolonien – als schwierig erwiesen. Photographien, die einheimische Hilfskräfte bei den ihnen zugewiesenen Aufgaben zeigen, können zumindest erste Hinweise liefern.[109] Weitere Informationen lassen sich in privaten Aufzeichnungen in den Kolonien tätiger europäischer Wissenschaftler vermuten. Es ist daher unter anderem geplant, die Tagebücher und Briefe des Sammlers Georg Zenker, die sich im Besitz seiner Nachfahren in Kamerun und Deutschland befinden, in einem interdisziplinären Forschungsprojekt zu erschließen.[110]

Vorgehen

Die Studie verfolgt als grundlegende Vorgehensweise eine schrittweise Annäherung an den Untersuchungsgegenstand, indem zunächst die botanischen Unternehmungen im Zuge der Expansion der europäischen Kolonialmächte und die Rolle botanischer Gärten beleuchtet werden. Darauf folgt die eingehende Darstellung der Hintergründe für die Einrichtung der Botanischen Zentralstelle für die deutschen Kolonien und eine Analyse der Funktion und Institutionalisierung ihrer auf die deutschen Kolonien bezogenen Aufgaben im Rahmen der Gesamtinstitution des Botanischen Gartens und Museums. Anschließend werden die einzelnen Tätigkeitsbereiche der Botanischen Zentralstelle ausführlich untersucht, bevor – wieder zurückkehrend zu einer breiteren Perspektive – die Berliner botanischen Einrichtungen in ihren lokalen, nationalen und internationalen Netzwerken verortet werden und die Kontinuitäten wie auch Brüche in der Beschäftigung der Institution mit ihrer Kolonialvergangenheit Betrachtung finden.

---

109 Vgl. dazu auch Goss, Floracrats (2011), S. 72.

110 http://www.forschungsperspektive-sammlungen.de/

Zu Beginn vermittelt die Objektbiographie eines am Berliner Botanischen Garten hergestellten Wardschen Kastens – einem Transportbehälter für Lebendpflanzen – den Einstieg in den historischen Kontext. Die Verwendung der Wardschen Kästen als mobile Gewächshäuser am Botanischen Garten und Museum markiert die Einbindung der Institution in die Kolonialexpansion des Deutschen Reiches und war an die Gründung der Botanischen Zentralstelle gekoppelt. Die botanischen Gärten insbesondere in den europäischen Metropolen hatten sich im Zuge der Erforschung der Flora der Kolonialgebiete seit der Frühen Neuzeit als Schnittpunkte von Pflanzen- und Wissenstransfers in weltumspannenden Netzwerken etabliert. Im 19. Jahrhundert wandelten sie sich zunehmend zu öffentlichen Bildungsinstitutionen und die internationale Ausrichtung der preußischen Wissenschaftspolitik stellte ebenfalls Ansprüche an die Berliner botanischen Einrichtungen als Forschungsinstitution. Mit der Inbesitznahme von Kolonialgebieten durch das Deutsche Reich sollte der Berliner Botanische Garten schließlich als Vermittlungsstelle für Nutzpflanzentransfers und -forschungen nach britischem Vorbild den Aufbau einer rentablen Plantagenwirtschaft in den Kolonien unterstützen. Die hier umrissenen und später vertieften disziplinen- und institutionengeschichtlichen sowie wissenschafts- und kolonialpolitischen Aspekte sind in ihrer Gesamtheit zu berücksichtigen, um die im Verlauf der Studie analysierten Interessen des Auswärtigen Amtes, des Preußischen Kultusministeriums und der Direktion des Botanischen Gartens und Museum an den der Botanischen Zentralstelle zugewiesenen Arbeitsbereichen einzuordnen und eine Verengung auf rein kolonialgeschichtliche Begründungszusammenhänge zu vermeiden.

Die beiden folgenden Hauptkapitel bilden den Schwerpunkt der Untersuchung. Kapitel III beschäftigt sich eingehend mit der Gründungsphase der Botanischen Zentralstelle ab 1888. Um die Interessen der Hauptakteure herauszuarbeiten und die Eingliederung des Botanischen Gartens und Museums in das koloniale Projekt nachzuzeichnen, werden detailliert untersucht: Gutachten, Vertragsentwürfe, der endgültige Vertrag im Jahr 1891 zwischen Auswärtigem Amt und Preußischem Kultusministerium sowie die Nachverhandlungen und Konflikte in den ersten Jahren des Bestehens der Botanischen Zentralstelle über deren Finanzierung wie auch über Zuständigkeiten und das Verhältnis von „reiner" und angewandter Wissenschaft. Zudem wird ein Vergleich mit der Musterinstitution Kew auf institutioneller Ebene vorgenommen: Wie unterschied sich die Botanische Zentralstelle als Einrichtung des Deutschen Reiches an einer preußischen Forschungsinstitution von den als nationaler Einrichtung etablierten Kew Gardens hinsichtlich Organisation, Budget, Einfluss und Handlungsspielräumen der Direktoren? Anschließend wird die in der Literatur häufig anzutreffende Behauptung geprüft, dass die nahezu zeitgleich mit der Einrichtung der Botanischen Zentralstelle angeregte Verlegung des Botanischen Gartens und Museums von Schöneberg nach Dahlem auf Grund der mit den zusätzlichen auf die Kolonien bezogenen Aufgaben der Institution stattfand. Schließlich wird gezeigt, wie die Neuanlage geprägt war von innerwissenschaftlichen Neuausrichtungen, dem Einfluss des Museumsreformdiskurses, Wissenstransfers zur Gesamtkonzeption und insbesondere zu technischen Innovationen und nicht zuletzt von den neuen Aufgabenbereichen der Erforschung der Flora der Kolonialgebiete und der Präsentation ihrer Pflanzenwelt im Garten und Museum.

Dem zweiten Hauptkapitel ist die Objektbiographie eines Herbarbelegs vorangestellt, den ein an der Botanischen Zentralstelle ausgebildeter Gärtner im Umfeld einer Regierungsstation in Kamerun aufsammelte. Neben einem wissenschaftsgeschichtlichen Zugriff auf den Aufbau von Sammlungen geben diese Objekt- und Sammlerbiographie einen ersten exemplarischen Einblick in die koloniale Sammelpraxis und das breite Spektrum von Akteuren, die mit der Botanischen Zentralstelle in Kontakt standen. Sie verweisen damit auf die Netzwerke der Institution sowie die Bedeutung kolonialer Infrastrukturen wie Forschungsstationen. Diese Punkte vertiefen die folgenden Ausführungen in Kapitel IV zu den Aufgaben der Botanischen Zentralstelle. Darüber hinaus wird danach gefragt, wie die einzelnen Tätigkeitsbereiche auf der praktischen Ebene institutionalisiert waren: Wer übernahm konkret welche Aufgaben? Wie sahen die Abläufe im Arbeitsalltag der Institution aus?

Die Ausführungen zur erklärten Hauptaufgabe, dem Pflanzentransfer, erfassen nicht nur den Austausch von Pflanzen und Saatgut zwischen Botanischer Zentralstelle und Kolonien, sondern auch die Zirkulation in weltweiten Netzwerken, die sich im Untersuchungszeitraum ausweiteten und verdichteten. Gesonderte Aufmerksamkeit wird den Hauptempfängern von Pflanzenmaterial aus Berlin zuteil: den botanischen Forschungsinstituten in den Kolonien, die nach dem Vorbild des Botanischen Gartens Buitenzorg/Bogor auf Java entstanden. Sie hatten die Förderung des europäischen Plantagensystems zum Ziel und hinterließen bleibende Spuren in Landschaften und Ökosystemen sowie in lokalen Wirtschafts- und Sozialstrukturen. Der zweite vertraglich definierte Aufgabenbereich der Grundlagenforschung und angewandten Forschung zu Pflanzen aus den Kolonialgebieten erhält eine Ergänzung durch die Betrachtung des Sammelns, das hier als Grundlage des Forschens verstanden wird, obwohl diesbezüglich Uneinigkeit zwischen den zeitgenössischen Akteuren herrschte. Wesentliche sammlungspolitische Rahmenbedingungen definierte neben den Vereinbarungen im Vertrag zur Botanischen Zentralstelle ein Bundesratsbeschluss, der dem

Berliner Botanischen Museum die botanischen Sammlungen aus den Kolonien zuwies. Aufschlussreich für die Sammelpraxis in den Kolonien ist das Beispiel von Georg Zenker, der zuerst als Kolonialbeamter und dann als Privatmann Objekte einsandte. Seine Sammlerbiographie gibt Hinweis auf seine wechselnden Motive für das Sammeln, dessen Organisation vor Ort und die Einbindung einheimischer Mitarbeiter. Zuletzt wird die Vermittlung und Popularisierung von Wissen zur Pflanzenwelt der Kolonien durch unterschiedliche Formate untersucht: etwa die Ausbildung von Gärtnern zum Kolonialdienst, Vorträge, Gutachten, Auskünfte und Schriftentausch sowie die Wissenspräsentation in Garten und Museum wie auch auf Gewerbe- und Kolonialausstellungen. Zu beobachten ist bei dieser vielgestaltigen Wissensvermittlung an ein heterogenes Publikum die Vermischung von wissenschaftlichen Inhalten und auf die Praxis zielendem Wissen wie auch von Bildungsbestrebungen und propagandistischen Absichten, welche die Institution selbst und die Kolonialpolitik des Deutschen Reiches aufwerten und fördern sollten.

Mit der Objektgeschichte einer durch den Missionar Adolf Stolz angefertigten Photographie, die auf den von ihm in Auftrag der Herrnhuter Mission betriebenen Plantagen in der Kolonie Deutsch-Ostafrika angebaute Nutzpflanzen und afrikanische Arbeiter zeigt, wird die Interpretation von Bildquellen und Aufbewahrungszusammenhängen exemplarisch erörtert. Die Missionen beziehungsweise einzelne Missionare als Sammler und Informanten der Botanischen Zentralstelle finden als spezifischer Teil der Netzwerke noch einmal eine genauere Betrachtung, bevor die Beziehungsgeflechte auf internationaler, nationaler und lokaler Ebene zusammenfassend dargestellt und einzelne Verbindung näher charakterisiert werden. Dazu zählt unter anderen das Konkurrenzverhältnis zum Botaniker Otto Warburg am Seminar für Orientalische Sprachen, der nicht nur durch das Einfordern von botanischen Sammlungen aus den Kolonien für seine Einrichtung in Gegensatz zur Botanischen Zentralstelle geriet, sondern auch eine Orientierung an französischen Vorbildern empfahl statt an britischen und niederländischen Musterinstitutionen.

Der Erste Weltkrieg bedeutete zwar eine kurzzeitige Unterbrechung der Aktivitäten der Botanischen Zentralstelle, doch inhaltliche, personelle und strukturelle Kontinuitäten wirkten nach ihrer Schließung fort und begünstigten ihre kurzzeitige Wiederbelebung Anfang der 1940er-Jahre. Ein Ausblick schildert den Zweiten Weltkrieg als Zäsur, die durch den Wiederaufbau der größtenteils zerstörten Gebäude und Sammlungen des Botanischen Gartens und Museums und die inhaltliche Neuausrichtung der Institution die Relikte der Kolonialzeit aus der öffentlichen Wahrnehmung verdrängte. Die darauf folgende, als Oszillieren zwischen Erinnern und Vergessen zu beschreibende

Auseinandersetzung mit der kolonialen Vergangenheit der Institution wird im Zusammenhang gesamtgesellschaftlicher Erinnerungsdiskurse und aktueller Debatten zu kolonialen Sammlungen dargestellt. Die Schlussbemerkungen nehmen einzelne Ergebnisse der Analyse noch einmal auf und diskutieren sie in Hinblick auf die übergreifende Frage nach dem Zusammenhang von Kolonialismus und Wissenschaften.

II. Zooming in: Botanik und Kolonialexpansion Dachbodenfund 1 – Wardscher Kasten

Abb. 2 Wardscher Kasten im Botanischen Museum Berlin

Im Frühjahr 2010 entdeckten Mitarbeiter des Botanischen Gartens und Museums Berlin auf dem dortigen Dachboden zwischen Samenstube und Gärtnerwohnung mehrere Wardsche Kästen gleicher Bauart: Ein rechteckiges, auf vier Füßen stehendes hölzernes Bodenstück, 1,20 Meter lang und 64,5 Zentimeter breit, geht nach etwa 30 Zentimetern Höhe in einen spitzwinkligen, giebeldachartigen Aufbau über. Dieser ist an den Längsseiten fast vollständig mit Glasflächen versehen, die sorgfältig in die Holzumfassung eingekittet wurden und durch schmale hölzerne Leisten zusätzlich geschützt sind. Die Gesamthöhe eines Kastens beträgt 87 Zentimeter. Das Holz ist mit einer grauen Farbe gestrichen, um die Widerstandsfähigkeit gegen das Salzwasser auf Seereisen zu stärken und damit die im Innenraum der Kästen transportierten Lebendpflanzen zu schützen. Das Grundprinzip der zu Beginn der 1830er-Jahre von dem britischen Arzt und Botaniker Nathaniel Ward popularisierten mobilen Gewächshäuser war die Schaffung eines geschlossenen Systems, in dem Pflanzen über längere Zeit unter widrigen Außenbedingungen überleben konnten. Dafür sorgte ein stabiles Mikroklima in den fest verschlossenen Kästen, in deren mit feuchter Erde gefüllten Bodenstücken für den Überseetransport vorgesehene Pflanzen eingesetzt wurden. Die während des Tages abgegebene Feuchtigkeit kondensierte an den Glasscheiben und lief von dort wieder in die Erde ab. Dadurch bedurften die Pflanzen über Monate keiner Pflege. Ward beauftragte Schiffskapitäne und Reisende, die von ihm konzipierten Behältnisse auf Seereisen an Deck zu testen. Nachdem die mobilen Gewächshäuser ihre Bewährungsproben bestanden hatten und Berichte über erfolgreiche Überführungen selbst empfindlicher Pflanzen aus Asien, Amerika, Afrika und Australien erschienen waren, setzten sich die Wardschen Kästen als Transportbehälter durch und wurden an botanischen Gärten noch bis 1960 verwendet. Die Kästen konnten dabei in Größe und Aussehen differieren, häufig bestand der Aufsatz im Gegensatz zu dem Berliner Modell vollständig aus Glas. Heute sind nur noch wenige Exemplare erhalten.[111]

Die Etablierung der Wardschen Kästen revolutionierte und beschleunigte die Pflanzentransfers, die aus den Kolonialgebieten nach Europa und umgekehrt sowie zwischen den Kolonien stattfanden. Zuvor hatten nur wenige Lebendexemplare die monate- oder jahrelangen Seereisen überstanden, obwohl bereits seit Mitte des 18. Jahrhunderts gläserne oder vergitterte Versandbehältnisse Einsatz fanden. Diese wurden allerdings nicht nach dem von Ward beobachteten Prinzip als abgeschlossene Räume verwendet. Nur an Deck erhielten die Pflanzen genügend Licht, um zu gedeihen. Dort waren sie allerdings dem wechselnden Klima, der salzigen Gischt, der Sonneneinstrahlung und den Tieren an Bord ausgesetzt. Zudem konnten Kapitäne und Besatzung häufig nicht davon überzeugt werden, das streng rationierte Trinkwasser zur Versorgung der Pflanzen

111 Zum Objekt vgl. Abb. 2 und Lack/Grotz, Kästen (2010); außerdem Kaiser, Kasten (2016); Keogh, Case (2017) mit Abbildungen verschiedener Modelle. Zur Entwicklung mobiler Gewächshäuser vgl. Klemun, Plants (2012), insbes. S. 33 ff.; ferner Darby, History (2007); McCracken, Gardens (1997), S. 102–109; Ward, Growth (1842). Allen, Fern (1969) weist zu Recht darauf hin, dass Ward nicht als Erfinder gläserner Pflanzenkästen gelten kann. Es gab schon zuvor ähnliche Transportbehälter, die aber nicht in der von Ward erforschten Form als geschlossenes System eingesetzt wurden, wie auch Klemun, Plants (2012), S. 34 anführt.

zu verwenden und sie vor den widrigen Umständen an Bord zu schützen. Auch Saatgut verdarb auf den weiten, oft mehrfachen Seereisen – beispielsweise von einer Kolonie im Pazifik mit Zwischenstation in Europa weiter in die afrikanischen Kolonien – oder es verlor seine Keimkraft. Im selbsterhaltenden System der Stoffkreisläufe in den Wardschen Kästen hingegen überlebten die meisten Pflanzen, wodurch sich die Erfolgsquote der Transporte signifikant erhöhte und ein massenhafter Versand von Lebendpflanzen möglich wurde.[112]

Seit dem Beginn der Kolonialexpansion wurden exotische Pflanzen aus den überseeischen Besitzungen in die wissenschaftlichen und politischen Zentren Europas gebracht sowie zwischen den Kolonialgebieten ausgetauscht. Ziel war es, neu entdeckte Pflanzenarten zu studieren und den Anbau von gewinnversprechenden Nutzpflanzen in verschiedenen Regionen zu erproben. Gewürze, Tee, Kaffee, Zuckerrohr sowie weitere Nahrungs- und Genussmittel liefernde Arten oder solche, die sich für technische und medizinische Zwecke einsetzen ließen, sollten in den Kolonien unter Ausnutzung der billigen Arbeitskraft der kolonisierten Bevölkerung auf Plantagen im großen Stil produziert werden. Für die ökonomische und politische Expansion der westeuropäischen Staaten hatten Pflanzen – wie Wissenschaftshistoriker betonen – eine enorme Bedeutung, denn an ihre Nutzung und den weltweiten Handel mit Pflanzenprodukten banden sich Reichtum und Macht. Die Einführung zahlreicher wirtschaftlich wichtiger Pflanzen fand mit Hilfe von Wardschen Kästen statt.[113]

Die Zirkulation naturhistorischer Objekte im 18. und 19. Jahrhundert stand in enger Verbindung zur wachsenden Wissensproduktion in diesem Bereich und der Gründung wissenschaftlicher Einrichtungen wie Naturalienkabinette, botanische Gärten und Naturkundemuseen.[114] Während bis zum 18. Jahrhundert Pflanzentransfers undokumentiert und experimentell verlaufen waren, erfolgten zunehmend gezielte staatlich finanzierte Expeditionen zur Erkundung von Nutzpflanzen und umfangreiche Sammlungen kamen in den europäischen

---

112 Vgl. Klemun, Plants (2012); Magnalia/Mosseti/Dröscher, Seeds (2012); Lack/Grotz, Kästen (2010); Darby, History (2007). Zu Pflanzentransfers zwischen den Kontinenten im Zuge des *Columbian Exchange* grundlegend Crosby, Exchange (2003).

113 Vgl. Klemun, Plants (2012), S. 30 f.; Headrick, Tentacles (1988), S. 209 ff.; Bleichmar, Competitions (2008); Brockway, Science (2002); Schiebinger, Plants (2004), S. 5 mit weiteren Angaben zu wissenschaftshistorischen Untersuchungen; Keogh, Case (2017), S. 9.

114 Vgl. Klemun, Introduction (2012), S. 9; Heesen/Spary, Sammeln (2001); Jardine/Secord/Spary, Cultures (1996).

Wissenschaftszentren an.[115] Damit einher ging die Etablierung der systematischen Botanik, gekennzeichnet durch Vereinheitlichung von Nomenklatur und Taxonomie. Die Botanik löste sich von der Medizin ab und global agierende Botaniker übernahmen eine größere Rolle bei den zuvor durch Reisende, Missionare oder Händler bestimmten Aufsammlungen und Transfers von Pflanzen. Pflanzensystematische Forschungen und angewandte Botanik blieben in einem Wechselverhältnis miteinander verbunden, denn botanisches Wissen fand im Gegenzug wieder Anwendung bei der Identifikation von Pflanzen und der Erforschung der Biodiversität auf der Suche nach kommerziell wertvollen Ressourcen.[116] Die Verknüpfung wirtschaftlicher, staatlicher und wissenschaftlicher Interessen führte somit zur Entwicklung planmäßiger Abläufe sowie von Dokumentations- und Ordnungssystemen. Bereits im 18. Jahrhundert kennzeichneten starke kompetitive Züge das Bestreben europäischer Akteure, Monopole für den Bezug natürlicher pflanzlicher Rohstoffe zu errichten beziehungsweise zu brechen. Gleichzeitig verlangte das wissenschaftliche Selbstverständnis Gegenseitigkeit beim Austausch von Herbarbelegen, Lebendpflanzen, Beschreibungen und Abbildungen. Die wissenschaftliche Praxis beruhte somit auf Kooperation und Konkurrenz zugleich.[117]

Als Knotenpunkte der Pflanzentransfers dienten botanische Gärten. Ursprünglich seit dem 16. Jahrhundert in Europa als *hortus medicus* zur Demonstration von Heilpflanzen gegründet, erfuhren die häufig Universitäten angegliederten Einrichtungen eine Transformation zu Experimentier- und Wissensräumen. Sie vereinten Pflanzen aus verschiedenen Gebieten und

---

115 Vgl. Miller, Introduction (1996), S. 1 ff. David Miller spricht sich dagegen aus, bei der Beschreibung der Absichten frühneuzeitlicher Reisen zwischen Neugierde und Wissenschaft einerseits, Nützlichkeit und Macht andererseits zu unterscheiden, da diese Trennung nicht dem zeitgenössischen Verständnis sprach. Zur Verbindung von wissenschaftlichen und politischen Motiven: Boomgard, Introduction (2013), S. 4 ff.; MacLeod, Reflections (1987); zu den europäischen „centres of calculation" Latour, Science (1987), S. 215–245. Zum frühneuzeitlichen Sammeln Easterby-Smith, Seeds (2019); MacGregor, Curiosities (2018); Delbourgo, World (2017); Neumann, Präsenz (2015); Angster, Erdbeeren (2012).

116 Vgl. Schiebinger, Plants (2004), S. 5 ff.; Headrick, Tentacles (1988), S. 211; Klemun, Wissenswandel (2013), S. 11 u. Klemun, Gärten (2000), S. 334. Allgemein zur Ausdifferenzierung der Disziplinen im 19. Jahrhundert Schröder, Disziplinen (2013); speziell zur Botanik im Deutschen Reich Cittadino, Nature (1990).

117 Vgl. Boomgard, Introduction (2013), S. 17; Klemun, Plants (2012), S. 31; Figueroa, Techniques (2012); Bleichmar, Competitions (2008); Spary, Networks (2008).

erleichterten die Vergleichbarkeit ihrer Merkmale. Als Voraussetzung für das auf Vergleich basierende Begründungsverfahren für die Benennung und damit Einordnung ins System des Pflanzenreiches galten der größtmögliche Artenreichtum eines botanischen Gartens und die gleichzeitige Verfügbarkeit von Pflanzen in vier Repräsentationsformen: Lebendexemplar, Herbarblatt, Abbildung und Beschreibung. Die gegenseitige Beglaubigung sicherte die Akzeptanz neuer Arten ab, sodass in den botanischen Netzwerken außer den Repräsentationsformen ebenso Briefe zirkulierten. Herbarium und Bibliothek ergänzten die Gärten, zu deren Kernaufgaben der Benennung und Beglaubigung überdies die Lehre kam.[118]

Der Berliner Botanische Garten geht auf eine 1679 in Schöneberg bei Berlin als Hof- und Küchengarten von Kurfürst Friedrich Wilhelm von Brandenburg begründete Anlage zurück, die 1810 zum wissenschaftlichen Institut der Friedrich-Wilhelms-Universität erklärt wurde und damit dem Preußischen Kultusministerium unterstand. Der ehemalige Nutzgarten erhielt zunehmend einen wissenschaftlichen Charakter und agierte in globalen Netzwerken, die der Einrichtung einen Zustrom von neuen Arten aus Europa, Nord- und Südamerika, Asien und Afrika bescherten.[119] Diese Netzwerke von Institutionen erklären David Chambers und Richard Gillespie zu einem Merkmal „moderner" Wissenschaft.[120]

In den Kolonien hatte die dort eingeführte Institution des botanischen Gartens eine besondere Bedeutung für kommerzielle Zwecke. Die Gärten in den Tropen sollten frische Früchte für europäische Siedler und Schiffsbesatzungen zur Verfügung stellen, aussichtsreiche Nutzpflanzen testen und verbreiten sowie Akklimatisationsversuche vornehmen. Sie dienten als Stationen für das botanische Sammeln in Übersee und versorgten die Mutterinstitute in Europa mit Pflanzenmaterial oder übernahmen den Austausch von Saatgut und Pflanzen zwischen den Versuchseinrichtungen in verschiedenen Kolonien. Marianne Klemun charakterisiert sie treffend als „ressourcenkonzentrierte Kalkulationszentren des Imperialismus"[121]. Die Produktion von botanischem Wissen fand auch in den Kolonien statt, doch es waren die europäischen Zentren, die als

118 Vgl. Klemun, Gärten (2017); Klemun, Wissenswandel (2013), S. 11–13; außerdem Klemun, Gärten (2000), S. 332–336; Müller-Wille, Botanik (1999), S. 161–172.

119 Zur Geschichte der Institution vgl. Timler/Zepernick, Garten (1978) sowie Timler/Zepernick, Grundlagen (1979); zum 19./20. Jahrhundert Lack (Hg.), Erben (2010). Ausführlicher dazu auch Kap. III.

120 Vgl. Chambers/Gillespie, Locality (2000), S. 222.

121 Klemun, Gärten (2017), S. 241.

Vermittlungsstellen von Pflanzen, Saatgut, Fachkenntnissen, wissenschaftlichem Personal und Gärtnern die Arbeit der Satellitengärten steuerten. Zu den wichtigsten dieser Versuchsgärten und Transferstützpunkte zählten die französischen Gründungen auf Mauritius (1735) und auf der Insel Bourbon/Réunion (1769), in den britischen Kolonien unter anderem Saint Vincent und Saint Thomas (1764), Kalkutta/Kolkata (1768), Jamaika (1763), Ceylon/Sri Lanka (1810) und Peradeniya (1821) sowie der niederländische Garten Buitenzorg/Bogor auf Java (1817).[122]

Die Entwicklung der Wardschen Kästen stand jedoch weniger im Zusammenhang mit wissenschaftlich, wirtschaftlich oder machtpolitisch motivierten Expeditionen und Pflanzentransfers. Vielmehr entsprang sie der Sphäre des privaten Gärtnerns, denn Ward hatte nach einer Möglichkeit gesucht, in London trotz hoher Luftverschmutzung Farne zu ziehen. Der im viktorianischen Großbritannien weit verbreitete *fern craze* ging über in einen breiteren *plant craze*. Die bekannte Import- und Handelsgärtnerei Loddiges Nurseries in Hackney nutzte Wards mobile Gewächshäuser, um beliebte exotische Pflanzen wie Orchideen nach Europa zu transportieren, die sich ebenso wie amerikanische Gehölze einer großen Popularität erfreuten. In bürgerlichen und adligen Häusern fanden die Wardschen Kästen als Gewächshäuser für die Innenräume Verwendung und schützten die selbst angelegten künstlichen Paradiese.[123]

Die Begeisterung für kostbare Pflanzen aus fernen Erdteilen blieb nicht auf die britischen Eliten beschränkt, sondern ergriff ebenso deutsche Adlige, Kaufleute und Industrielle, deren Pflanzensammlungen und Gewächshausbauten als Status- und Luxussymbole die der botanischen Gärten oftmals übertrafen. Eine solche Wettbewerbssituation veranschaulicht eindrücklich das Beispiel der Einführung der Riesenseerose *Victoria amazonica*, um die sich botanische Gärten und Hobbygärtner bemühten. Das Wettrennen gegen die Royal Botanic Gardens Kew, *Victoria amazonica* erstmals in Europa zum Blühen zu bringen, gewann der Duke of Devonshire, dessen Gärtner und Gewächshausarchitekt Joseph Paxton 1849 die erste Blüte präsentierte. In Berlin konnte eine blühende *Victoria amazonica* zuerst im Warmhaus von August Borsig neben seinem Eisenwerk von der Öffentlichkeit bestaunt werden, bevor sie 1853 auch im eigens für diese

---

122 Vgl. Klemun, Wissenswandel (2013), S. 13; Klemun, Plants (2012), S. 44; Headrick, Tentacles (1988), S. 212; McCracken, Gardens (1997).

123 Vgl. Darby, History (2007), S. 636 u. S. 641; Klemun, Plants (2012), S. 33; Allen, Fern (1969); Solman/Douglas/Straker, Loddiges (1995); Hielscher/Hücking, Pflanzenjäger (2003), S. 10 f.

Pflanzenart errichteten Gewächshaus im Botanischen Garten blühte. Britische und deutsche Zeitungen feierten die Sensationen und bescherten den Glashäusern und Gärten einen Publikumsansturm.[124]

Die botanischen Gärten und Museen verstanden sich jedoch weniger als Vergnügungseinrichtungen für ein Massenpublikum, denn als Forschungsinstitute. Unter dem Eindruck der wahrgenommenen „Allmacht der Naturwissenschaft“[125] und ihrer Popularisierung im 19. Jahrhundert kam den Naturkundemuseen und botanischen Gärten jedoch eine größere Bedeutung als öffentliche Bildungsinstitutionen zu und sie stimmten ihre Wissenspräsentationen zunehmend auf ein breiteres Publikum ab. Mit der Zurschaustellung von Objekten aus aller Welt fungierten botanische Gärten und Museen ebenso wie zoologische und ethnologische Museen auch als Vermittlungsorte von Kolonialismus und Imperialismus.[126]

Dieses einführende Kapitel nimmt die Objektbiographie der am Berliner Botanischen Museum entdeckten Wardschen Kästen als Ausgangspunkt, um den zeithistorischen Kontext der Gründung der Botanischen Zentralstelle für die deutschen Kolonien darzulegen. Wissenschafts- und institutionengeschichtliche Aspekte erfahren dabei ebenso Aufmerksamkeit wie kolonial- und kulturpolitische Zusammenhänge. Vor diesem Hintergrund lassen sich die im Verlauf der Studie analysierten Interessen des Auswärtigen Amtes, des Preußischen Kultusministeriums und der Direktion des Botanischen Gartens und Museums an den der Botanischen Zentralstelle zugewiesenen Aufgaben einordnen. Im Mittelpunkt der Betrachtung stehen die vielfältigen Verbindungen zwischen Wissenschaft – hier Botanik – und Wirtschaft sowie Kolonialpolitik, außerdem transimperiale Transfers von Wissen, Praktiken, Personen und Objekten. Einem Heranzoomen ähnlich, verengt sich der Fokus vom breiteren Kontext auf die Berliner botanischen Institutionen am Ende des 19. Jahrhunderts. Die weiteren Kapitel bieten eine vertiefende Darstellung und Diskussion der hier skizzierten Schwerpunkte der Untersuchung.

---

124 Vgl. Desmond, History (2007), S. 179; Seiler, Garten (1981); Timler/Zepernick, Garten (1978), S. 32; McCracken, Gardens (1997), S. 127.

125 Hugo Schauinsland, Direktor des Bremer Museum für Natur-, Völker- und Handelskunde bei dessen Einweihung 1896, zit. nach Kretschmann, Räume (2006), S. 7. Carsten Kretschmann (ebd.) widmet sich ausführlich dem Massenpublikum und dem Wandel der Museen, ebenso Nyhart, Nature (2009); Köstering, Natur (2003).

126 Vgl. Klemun, Wissenswandel (2013), S. 11; außerdem Kretschmann, Räume (2006); Nyhart, Nature (2009); Köstering, Natur (2003). Ausführlicher dazu auch Kap. III.3 und Kap. IV.3.

Als Entstehungsort und -zeit der eingangs beschriebenen Wardschen Kästen gelten nach Angaben der besitzenden Institution die Tischlerwerkstätten des Berliner Botanischen Museums um 1900.[127] In den Akten zur Botanischen Zentralstelle finden sich Hinweise darauf, dass im Zusammenhang mit den Planungen zu deren Einrichtung am Berliner Botanischen Garten und Museum bereits Ende des Jahres 1888 die Verwendung von Wardschen Kästen für den Pflanzenversand in die deutschen Kolonien vorgeschlagen wurde.[128] Schon die erste Lieferung von 261 Lebendpflanzen des Berliner Botanischen Gartens als Grundstock für den Versuchsgarten Victoria in Kamerun im Juli 1889 war in zehn solcher Kästen untergebracht.[129] Die Ausgaben-Übersichten der offiziell zum 1. April 1891 eingerichteten Botanischen Zentralstelle enthielten ab dem Rechnungsjahr 1892/93 mehrfach Zahlungen für „Pflanzenkästen" an die Firma Liebenow und Jarius in Rixdorf, die Gewächshausbauten herstellte.[130] Mit großer Wahrscheinlichkeit handelte es sich dabei um Wardsche Kästen. Dafür sprechen neben dem Produktspektrum der Firma auch der vergleichsweise hohe Preis von durchschnittlich 17 Mark pro Kasten, sodass jährlich zwischen 60 und 200 Mark dafür zusammenkamen.[131] Die

---

127 Vgl. Lack/Grotz, Kästen (2010).

128 Sämtliche als Gutachter für die Einrichtung der Botanischen Zentralstelle zu Rate gezogene Direktoren preußischer botanischer Gärten empfahlen Wardsche Kästen als Transportbehälter für Lebendpflanzen: Botanischer Garten Breslau, Engler an Kultusministerium, von Gossler, 27. Dezember 1888, GStA PK I. HA Rep. 76, Va, Sekt. 2, Tit. X, Nr. 89 B, Bd. 1, Bl. 26–29, hier Bl. 26; Botanischer Garten Marburg, Goebel an Kultusministerium, von Gossler, 26. Dezember 1888, GStA PK I. HA Rep. 76, Va, Sekt. 2, Tit. X, Nr. 89 B, Bd. 1, Bl. 30–35, hier Bl. 32; Botanischer Garten und Botanisches Museum Berlin, Urban an Kultusministerium, von Gossler, 25. Dezember 1888, GStA PK I. HA Rep. 76, Va, Sekt. 2, Tit. X, Nr. 89 B, Bd. 1, Bl. 56–62, hier Bl. 62; Universität Halle, Kühn an Kultusministerium, von Gossler, 30. Dezember 1888, GStA PK I. HA Rep. 76, Va, Sekt. 2, Tit. X, Nr. 89 B, Bd. 1, Bl. 36–55, hier Bl. 37.

129 Vgl. Volkens, Zentralstelle (1907), S. 5 und Germania, Nr. 173, 1. Aug. 1889, in: GStA PK I. HA Rep. 76, Va, Sekt. 2, Tit. X, Nr. 89 B, Bd. 1, Bl. 86.

130 Vgl. Adressbuch Berlin (1902). Rixdorf wurde 1912 umbenannt in Neukölln und ist heute Teil des Berliner Bezirks Neukölln.

131 Vgl. Zusammenstellung Ausgaben Botanische Zentralstelle 1892/93, GStA PK I. HA Rep. 76, Va, Sekt. 2, Tit. X, Nr. 89 B, Bd. 1, Bl. 258; Zusammenstellung Ausgaben Botanische Zentralstelle 1895/96, GStA PK I. HA Rep. 76, Va, Sekt. 2, Tit. X, Nr. 89 B, Bd. 2, Bl. 38; Zusammenstellung Ausgaben Botanische Zentralstelle 1898/99, GStA PK I. HA Rep. 76, Va, Sekt. 2, Tit. X, Nr. 89 B, Bd. 2, Bl. 212 sowie Zahlungen für Wardsche Kästen an Paul Kuppler, dessen Fabrik Gewächshausbauten herstellte: Zusammenstellung Ausgaben Botanische Zentralstelle 1906, BArch R 1001/8601, Bl. 92–93;

„Kostspieligkeit“[132] dieser Versandart beklagte die Direktion des Botanischen Gartens wiederholt, um eine Anhebung des Budgets der Botanischen Zentralstelle zu erreichen.

Da die Kästen aus den Kolonien nach Berlin zurückkamen – gefüllt mit tropischen Pflanzen für die Untersuchung oder Vermehrung – verfügte der Botanische Garten um 1900 über einen größeren Bestand an mobilen Gewächshäusern, dessen genauer Umfang jedoch nicht angegeben wurde.[133] Die Zahl der pro Jahr versandten Kästen erhöhte sich von durchschnittlich vier in den Jahren 1889 bis 1899 auf im Mittel 24 in den darauf folgenden Jahren bis 1906/07 und es konnte eine lange Zeit dauern, bevor in die Kolonien verschickte Behälter wieder in Berlin ankamen.[134] Somit ist es denkbar, dass die Bestellungen bei Spezialfirmen nicht ausreichten und für die Herstellung von Wardschen Kästen auch die hauseigenen Tischlerwerkstätten in Dahlem genutzt wurden, nachdem die Institution von Schöneberg auf ein größeres Gelände dorthin umgezogen war.

Den Versand der Lebendexemplare in die Kolonien überwachten der Kustos der Botanischen Zentralstelle, Georg Volkens, und der technische Leiter sowie Garteninspektor, Wilhelm Perring. Vorträge von Perring im Rahmen der Ausbildung von Gärtnern für den Kolonialdienst an der Botanischen Zentralstelle vermittelten Wissen zum Verpacken und zum Transfer von Nutzpflanzen, da unter anderem der Pflanzabstand und der Feuchtigkeitsgehalt der Erde in den Kästen die Pflanzensterblichkeit beeinflussten. Obwohl die Wardschen Kästen auf dem Weg in die Kolonien meist von ausreisenden Gärtnern oder Kolonialbeamten begleitet und überwacht wurden und die Überführungen zumeist erfolgreich abliefen, gab es immer wieder auch Rückschläge. Insbesondere der Transport von Lebendpflanzen in die deutschen Kolonialgebiete im Pazifik erwies sich auf Grund der langen Reisezeiten als schwierig. Ein häufiges Umladen der Kästen auf verschiedene Schiffe gefährdete die Fracht ebenfalls und sollte vermieden

---

Zusammenstellung Ausgaben Botanische Zentralstelle 1907, BArch R 1001/8601, Bl. 125–127, hier Bl. 125.

132 Botanischer Garten und Botanisches Museum, Engler, an Kultusministerium, 24. Oktober 1892, GStA PK I. HA Rep. 76, Va, Sekt. 2, Tit. X, Nr. 89 B, Bd. 1, Bl. 213–230, hier Bl. 218.

133 Bericht Botanische Zentralstelle 1896/97, in: Jahresbericht Schutzgebiete (1898), S. 147–150, hier S. 149; Bericht Botanische Zentralstelle 1899/1900, GStA PK I. HA Rep. 76, Va, Sekt. 2, Tit. X, Nr. 89 B, Bd. 2, Bl. 216–225, hier Bl. 218; Botanischer Garten und Botanisches Museum, Engler an Kultusministerium, 17. Mai 1901, GStA PK I. HA Rep. 76, Va, Sekt. 2, Tit. X, Nr. 89 B, Bd. 2, Bl. 234–241, hier Bl. 236.

134 Vgl. die entsprechenden Jahresberichte der Botanischen Zentralstelle.

werden, denn vor der Seereise in die Kolonien mussten die Pflanzen ohnehin zunächst per Bahn nach Hamburg befördert werden und in den Kolonien oftmals weite Wege per Träger überwinden. Gleiches galt für Pflanzentransfers aus den Kolonien nach Berlin.[135]

Die Mobilisierung von Saatgut und Pflanzen verlangte Kenntnisse über die geeigneten Wachstums- und Transportbedingungen. Misserfolge waren kostspielig und verzögerten die Einführung neuer Arten oftmals um Jahre. So brauchte es mehrere Anläufe und Tests mit unterschiedlichen Verpackungsmethoden, um die Samen der bereits vorgestellten Riesenseerose *Victoria amazonica* keimfähig nach England zu bringen und aus ihr Pflanzen zu ziehen. Aus den 1846 in Kew eingetroffenen, in feuchtem Ton gelagerten Samen wuchsen zwar Keimlinge, die aber gleich abstarben. In Wardschen Kästen eingepflanzte Wurzeln, getrocknete Samen oder in Flusswasser gelagertes Saatgut von weiteren Sendungen aus Südamerika 1848 brachten ebenfalls keine guten Ergebnisse. Erst 1849 entwickelten sich aus in Phiolen mit klarem Wasser verschickten Samen überlebensfähige Pflanzen. Ähnlich schwierig gestaltete sich der Versuch, kautschukliefernde Pflanzen aus Brasilien über Kew in die Kolonialgebiete in Indien, Ceylon/Sri Lanka und Singapur zu bringen. Aus den tausenden 1873 beschafften Samen wuchsen in Kew nur wenige Pflanzen, von denen sechs die Reise nach Kalkutta/Kolkata überstanden, dort aber eingingen. Drei Jahre später konnten aus 70.000 nach Kew gebrachten *Hevea* Samen 2.700 Jungpflanzen aufgezogen und nach Ceylon gesandt werden. Etwa 2.000 Pflanzen trafen dort lebend ein und bildeten den Anfangsbestand der Kautschukplantagenkultur in dieser Region.[136]

Der Prozess der Mobilisierung war epistemisch außerordentlich produktiv, weil dadurch das Erforschen der Beziehungen zwischen Organismus und Umwelt vorangetrieben wurde. Die auf zahlreichen Experimenten aufbauenden, von Ward entwickelten mobilen Gewächshäuser stellten eine aussichtsreiche neue Methode dar, deren Erfolg mittels genauer Instruktionen und der Begleitung der Kästen durch geschultes Personal abgesichert werden sollte. Diesem Ansatz

---

135 Vgl. Bericht Botanische Zentralstelle 1902/03, GStA PK I. HA Rep. 76, Va, Sekt. 2, Tit. X, Nr. 89 B, Bd. 2, Bl. 295–309, hier Bl. 297; zu den Vorträgen im Rahmen der Gärtnerausbildung Notizblatt, Bd. 1, Nr. 4 (Jun. 1896), S. 157 ff.; zu den Transportwegen Botanischer Garten und Botanisches Museum Berlin, Urban an Kultusministerium, von Gossler, 25. Dezember 1888, GStA PK I. HA Rep. 76, Va, Sekt. 2, Tit. X, Nr. 89 B, Bd. 1, Bl. 56–62, hier Bl. 61–62; außerdem McCracken, Gardens (1997), S. 108.

136 Vgl. Desmond, History (2007), S. 178 f.; Brockway, Science (2002), S. 141–160.

folgte auch die Botanische Zentralstelle, wie das Kapitel zum Pflanzentransfer eingehender erörtert.[137] Doch nicht nur die Erprobung der Behältnisse trug zur Wissensproduktion bei: Wie Marianne Klemun betont, verschaffte den Naturobjekten erst ihre Mobilisierung wissenschaftliche, kulturelle und ökonomische Bedeutung. Welchen Bedeutungswandel von ihrem Naturzusammenhang getrennte naturhistorische Objekte als Wissensdinge in verschiedenen Kontexten erfuhren und erfahren, beleuchtet die dem Kapitel zu den Aufgaben der Botanischen Zentralstelle vorangestellte Objektbiographie einer Herbarpflanze.[138]

Der Einsatz von Wardschen Kästen am Botanischen Garten Berlin, der mit dem Aufbau der Botanischen Zentralstelle zusammenfiel, markiert eine Zäsur in der Geschichte der zur Berliner Universität gehörenden Forschungseinrichtung. Gemäß Vertrag zwischen dem Preußischen Kultusministerium und dem Auswärtigen Amt über die Gründung der Botanischen Zentralstelle stellten der Botanische Garten und das Botanische Museum einen Teil ihrer räumlichen und personellen Kapazitäten für Aufgaben der angewandten Botanik zur Verfügung.[139] Unter dem damaligen Direktor, Adolf Engler, verlagerte sich zudem der Schwerpunkt der Forschungstätigkeit und Wissenschaftspopularisierung auf die Kolonien. Die Zeit der „spektakulären"[140] Transfers von Nutzpflanzen war allerdings bereits vorbei, als das Deutsche Reich Kolonien in Besitz nahm. Kautschuk und Chinarinde beispielsweise waren lange zuvor auf abenteuerlichen Wegen und verbunden mit dem Aufbrechen von Monopolen in die britischen und niederländischen Kolonien gelangt und am weltwirtschaftlich folgenreichen Transfer von Sisal aus Mittelamerika durch den Deutschen Richard Hindorff in die Kolonie Deutsch-Ostafrika hatte der Berliner Botanische Garten keinen direkten Anteil.[141] Die Bedeutung der Nutzpflanzentransfers mit Hilfe von Wardschen Kästen durch die Botanische Zentralstelle ist darin zu sehen, dass innerhalb eines kurzen Zeitraumes diese Versandmethode etabliert, ausgebaut und optimiert wurde und ein massenhafter Transfer von Lebendexemplaren stattfand: Zwischen 1889 und 1907 gingen nach eigenen Angaben der Institution 252 Wardsche Kästen mit etwa 16.700 Lebendpflanzen hauptsächlich

137 Vgl. Klemun, Plants (2012), S. 37 u. S. 46; Keogh, Case (2017), S. 4.

138 Zu den Bewegungen und Transformationen mobiler Objekte vgl. Klemun, Introduction (2012), S. 12; Rheinberger, Epistemologica (2005), S. 65; Vogel/Bauche, Mobile Objekte (2016); Hermannstädter/Heumann/Pannhorst (Hgg.), Wissensdinge (2015).

139 Zum Vertrag vgl. Volkens, Zentralstelle (1907), S. 3 f.

140 Lack, Kew (2007), S. 185.

141 Vgl. Lack, Kew (2007), S. 185 und Sabea, Pioneers (2014); außerdem Brockway, Science (2002), S. 103–184; Headrick, Tentacles (1988), S. 232–247.

an botanische Versuchseinrichtungen in den deutschen Kolonien.[142] Der Anbau neuer Arten wurde dort getestet und erfolgversprechende Nutzpflanzen für die Weitergabe an private Plantagengesellschaften, Pflanzer und Siedler vermehrt. Der Pflanzentransfer galt zunächst als Kernaufgabe der Botanischen Zentralstelle und als Dreh- und Angelpunkt der Bestrebungen, in den deutschen Kolonien eine rentable Landwirtschaft aufzubauen.

Als Vorbild für die Verwendung von Wardschen Kästen wurden die Royal Botanic Gardens Kew genannt. Adolf Engler – im Jahr 1888 noch Direktor des Breslauer Botanischen Gartens, bevor er nach Berlin wechselte – gab in seinem Gutachten betreffend die Unterstützung der Landwirtschaft in den deutschen Kolonien durch Nutzpflanzentransfers an, Kew würde nur mit Wardschen Kästen arbeiten.[143] Headricks Forschungsergebnisse bestätigen Englers Eindruck, dass Kew als erstes diese neue Methode des Pflanzentransfers umfassend einsetzte.[144] Stellungnahmen der neben Engler angefragten Gutachter belegen ebenfalls eine intensive Auseinandersetzung mit Kew als Musterinstitution, deren über einen langen Zeitraum erprobte Arbeitsweise als Vermittlungsstelle von Pflanzen und botanischem Wissen mit Bezug auf die Kolonien am Berliner Botanischen Garten und Museum übernommen werden sollte.[145] Die Nutzung von Wardschen Kästen an britischen, niederländischen, französischen und schließlich deutschen botanischen Gärten beschreibt Luke Keogh als Beispiel eines weit wirkenden Technologietransfers mit dem Ergebnis einer „unified transport technology in a time when the world was becoming increasingly connected."[146]

---

142 Vgl. Volkens, Zentralstelle (1907), S. 5. Die in den Jahresberichten der Botanischen Zentralstelle leider nicht durchgängig angeführten Zahlen bestätigen die Angaben von Volkens. Nach 1907 wurden etwa 20 weitere Wardsche Kästen versandt, sodass die Gesamtzahl bei ca. 272 lag.

143 Botanischer Garten Breslau, Engler an Kultusministerium, von Gossler, 27. Dezember 1888, GStA PK I. HA Rep. 76, Va, Sekt. 2, Tit. X, Nr. 89 B, Bd. 1, Bl. 26–29, hier Bl. 26.

144 Vgl. Headrick, Tools (2009), S. 212; Brockway, Science (2002), S. 87; McCracken, Gardens (1997), S. 102 ff.

145 Botanischer Garten Marburg, Goebel an Kultusministerium, von Gossler, 26. Dezember 1888, GStA PK I. HA Rep. 76, Va, Sekt. 2, Tit. X, Nr. 89 B, Bd. 1, Bl. 30–35, hier Bl. 32; Botanischer Garten und Botanisches Museum Berlin, Urban an Kultusministerium, von Gossler, 25. Dezember 1888, GStA PK I. HA Rep. 76, Va, Sekt. 2, Tit. X, Nr. 89 B, Bd. 1, Bl. 56–62, hier Bl. 62; Universität Halle, Kühn an Kultusministerium, von Gossler, 30. Dezember 1888, GStA PK I. HA Rep. 76, Va, Sekt. 2, Tit. X, Nr. 89 B, Bd. 1, Bl. 36–55, hier Bl. 37.

146 Keogh, Case (2017), S. 7.

Da das Deutsche Reich erst Ende des 19. Jahrhunderts Kolonialgebiete in Besitz nahm, spielte in der Botanik ebenso wie in anderen Bereichen die Orientierung an den Erfahrungen Großbritanniens und der Niederlande eine große Rolle, denn diese waren seit mehreren hundert Jahren Kolonialmächte. Die Musterinstitution für die geplante Botanische Zentralstelle für die deutschen Kolonien bildeten die Royal Botanic Gardens Kew bei London, für die botanischen Forschungsinstitutionen in den deutschen Kolonien der niederländische Garten Buitenzorg/Bogor auf Java. Die botanischen Einrichtungen in Paris und in den französischen Kolonien schätzte ein zeitgenössischer Berichterstatter an das Preußische Kultusministerium hingegen als weit „zurückgeblieben“ ein.[147] Daniel Headrick konstatiert ebenfalls für die zweite Hälfte des 19. Jahrhunderts ein Zurückfallen der französischen botanischen Institute, die der deskriptiven Botanik verhaftet blieben und sich kaum mit experimentellen Methoden und der angewandten Botanik auseinandersetzten, die als moderne Wege des Erkenntnisgewinns propagiert wurden.[148] In Paris wurde erst 1899 der Jardin d'Agronomie Tropicale gegründet, dessen auf die tropische Landwirtschaft ausgerichtete Aufgaben – insbesondere der Transfer tropischer Nutzpflanzen – denen von Kew und der Botanischen Zentralstelle glichen.[149]

Wissenstransfers verliefen nicht einseitig: Unter dem Deutschen Dietrich Brandis als Generalforstinspektor wurden weitere deutsche Experten im Forstdienst in Britisch-Indien beschäftigt und die Ausbildung zukünftiger britischer Beamter an deutschen und französischen Forstwirtschaftsschulen angestrebt. Das 1902 in der Kolonie Deutsch-Ostafrika gegründete Biologisch-Landwirtschaftliche Institut Amani fungierte wie der Botanische Garten Buitenzorg/Bogor als internationale Stätte der Kooperation und auch die Integration indigener Wissensbestände kennzeichnete die botanische Forschung.[150] Als Merkmale der deutschen auf die Kolonien bezogenen botanischen Bestrebungen

147 Nadbyl an Kultusministerium, 1. Juni 1891, GStA PK I. HA Rep. 76, Va, Sekt. 2, Tit. X, Nr. 89 B, Bd. 1, Bl. 177–180, hier Bl. 177. Der Report ist überschrieben mit „Die Leistungen des französischen Staates für den versuchsweisen Anbau von Nutzpflanzen aus den Tropen und die Beschaffung von Material für seine Kolonien“. Er gehört zu mehreren vom Kultusministerium angeforderten Berichten über die botanischen Aktivitäten anderer Kolonalmächte.

148 Vgl. Headrick, Tentacles (1988), S. 222–231; außerdem Goss, Floracrats (2011), S. 5; Hodge, Triumph (2007), S. 57 f.; Cittadino, Nature (1990), S. 134.

149 Vgl. Lévêque/Pinon/Griffon, Jardin (2005).

150 Vgl. Bennett, Network (2011); Lindner, Begegnungen (2011), S. 139; Laak, Kolonien (2004), S. 273; Raj, Science (2007); Schiebinger, Plants (2004).

treten der Vergleich mit anderen Kolonialmächten und deren Institutionen sowie die Übernahme der beobachteten „best practice" hervor. Botanisches Wissen und entsprechende Praktiken zirkulierten in Kommunikationsnetzwerken, deren Zentren in Europa ebenso wie in den Kolonien lagen.[151] Diese vielfältigen Wissenstransfers werden in der vorliegenden Studie nicht als Alleinstellungsmerkmal der auf die Kolonien bezogenen Botanik oder der sogenannten Kolonialwissenschaften verstanden. Der wissenschaftliche Austausch hatte eine lange Tradition und gehörte zum Selbstverständnis der Botaniker. So existierten die transnationalen und transimperialen Expertennetzwerke, in denen Forschungsergebnisse und Pflanzenmaterialien zirkulierten, nicht allein für die Produktion kolonialen Wissens, sondern waren Bestandteil einer breiteren wissenschaftlichen und wissenschaftspolitischen Praxis, die gleichwohl kolonialexpansionistischen, ökonomischen und staatlichen Zielen nutzbar gemacht werden konnte.[152]

Wichtige Wege – insbesondere transimperialer Wissenstransfers – waren neben publizierten Berichten botanischer Institutionen und Reisender sowie Schriftstücken, die den Pflanzentransfer begleiteten oder Teil der wissenschaftlichen und privaten Korrespondenz waren, ebenso auf Reisen oder durch Hospitationen gewonnene persönliche Eindrücke. Der Marburger Gartendirektor Karl von Goebel beispielsweise hatte mittels eines Stipendiums der Preußischen Akademie der Wissenschaften von 1885 bis 1886 Britisch-Indien und Ceylon/Sri Lanka bereist sowie in Niederländisch-Indien auf Java Melchior Treub, den Direktor des Botanischen Garten Buitenzorg/Bogor, besucht. Für die Planungen deutscher auf die Kolonien bezogener botanischer Unternehmungen teilte er seine Beobachtungen mit, wie auch Dietrich Brandis seine Eindrücke als Generalforstinspektor der indischen Staatsforste weitergab.[153]

151 Vgl. zur Orientierung an den Erfolgsmodellen prestigeträchtiger Kolonialmächte Coghe, Learning (2015); zur Beschreibung kolonialer Beziehungen als „polycentric communication networks" Chambers/Gillespie, Locality (2000).

152 Vgl. zu den „networks of circulation" Delbourgo/Dew, Introduction (2008), S. 15 und zur besonderen Rolle der Zirkulation für die Wissensproduktion Raj, Postcolonialism (2013). Zu transnationalen Experten-Gemeinschaften außerdem Rodogno/Struck/Vogel (Hgg.), Sphere (2014). Lindner, Begegnungen (2011) untersucht transimperiale Vergleiche und Wissenstransfers vorrangig als Merkmal der kolonialen Wissensproduktion.

153 Botanischer Garten Marburg, Goebel an Kultusministerium, von Gossler, 26. Dezember 1888, GStA PK I. HA Rep. 76, Va, Sekt. 2, Tit. X, Nr. 89 B, Bd. 1, Bl. 30–35, hier Bl. 30; Brandis an unbekannten Empfänger, 17. Juli 1889, GStA PK I. HA Rep. 76, Va, Sekt. 2, Tit. X, Nr. 89 B, Bd. 1, Bl. 72–74.

Der deutsche Gärtner und Botaniker Richard Schomburgk hatte 1837 auf einer Reise durch Britisch-Guayana im Auftrag der Royal Geographical Society Exemplare der Riesenseerose *Victoria amazonica* gesammelt und zur Beschreibung an Kew gesandt. Er veröffentlichte seine Erlebnisse als Teilnehmer einer späteren preußisch-britischen Expedition durch Britisch-Guayana und Brasilien in einem dreibändigen Werk. Naturalien und Ethnographica, die er auf dieser Reise und in seiner neuen Heimat Australien zusammentrug, gelangten an das Botanische Museum und das Museum für Naturkunde in Berlin. Schomburgk tauschte sich als Kustos am Botanischen Garten Adelaide unter anderem mit dem aus Rostock stammenden Ferdinand von Müller aus, der ebenfalls nach Australien ausgewandert war und den Botanischen Garten Melbourne leitete.[154] Wie zahlreiche weitere im Dienst anderer Länder stehende Botaniker oder Expeditionsteilnehmer schickte auch Müller Pflanzen an das Botanische Museum in Berlin. Deutsche Botaniker und Gärtner fanden überdies in Kew oder in den britischen tropischen Gärten einen Ausbildungs- oder Arbeitsplatz.[155] Es ließen sich noch viele andere Namen nennen, doch die Beispiele von Brandis, Schomburgk und Müller verdeutlichen bereits anschaulich die vielfältigen Verflechtungen deutscher Wissenschaftler mit sowohl ausländischen als auch deutschen Institutionen. Festzustellen ist dabei, dass die koloniale Erkundung und Erschließung anfangs ein „männliches" Projekt war und es überwiegend auch blieb.[156]

Schon bevor das Kaiserreich Kolonien besaß, hatten deutsche Wissenschaftler und Institutionen somit Anteil an der Erforschung überseeischer Gebiete. Die ab den 1870er-Jahren nach europäischen Vorbildern entstehenden geographischen Gesellschaften bildeten im Deutschen Reich zunächst die institutionelle Basis für mit den Kolonien verbundene wissenschaftliche Projekte und bereiteten praktisch wie ideell die deutsche Kolonialexpansion vor. So gab es große

154 Vgl. Desmond, History (2007), S. 178; Holway, Flower (2013).

155 In der Forschungsliteratur finden sich zahlreiche Beispiele und Hinweise: Vgl. Boomgard, Introduction (2013), S. 14; Stadt Frankfurt am Main (Hg.), Gold (2011); Desmond, History (2007), S. 199; Ruppenthal, Kolonialismus (2007), S. 19 f.; Kirschberger, Naturwissenschaftler (2000); Gründer, Geschichte (2000), S. 39; Brockway, Science (2002), S. 85; McCracken, Gardens (1997), S. 33 u. S. 43; Essner, Afrikareisende (1985).

156 Vgl. auch Laak, Infrastruktur (2004), S. 53. Bekannte Ausnahmen sind Sybilla Merian und Amalie Dietrich. Dazu Roth/Sonnabend (Hgg.), Merian (2017); Hücking, „Frau Naturforscherin" (2003). Zur Beteiligung deutscher Frauen am kolonialen Projekt vgl. Wildenthal, Women (2001); Kundrus, Imperialisten (2003).

Übereinstimmungen zwischen den Zielen der 1873 in Berlin gegründeten Deutschen Gesellschaft zur Erforschung des äquatorialen Afrikas und den Kolonialinteressen von Wirtschaft, Politik und Interessenverbänden.[157] Das Streben nach nationalem Prestige sowie nationalökonomischen und privatunternehmerischen Gewinnen stellten dominierende Argumente der Kolonialbewegung in der Diskussion über die imperiale Expansion des Deutschen Reiches dar. Dazu kam die Hoffnung, durch den Besitz eigener Kolonien den auf Grund des starken Bevölkerungswachstums im Zuge der Industriellen Revolution ausgelösten Auswanderungswellen neue Gebiete zur Verfügung zu stellen sowie die Kolonien als Ventil für innere Konflikte und soziale Spannungen nutzen zu können. Nicht zuletzt legitimierten Vorstellungen von einer zivilisatorischen Mission der europäischen Mächte die Kolonialexpansion und sprachen auch Kreise an, die dem kolonialen Projekt skeptisch gegenüberstanden.[158]

Die organisierte Kolonialbewegung umfasste indes nur eine kleine Minderheit der Bevölkerung und die zersplitterten geographischen Gesellschaften versuchten durch Zusammenführungen ihre finanziellen und personellen Kräfte zu bündeln. Gleichwohl übten die kolonialen Interessenverbände einen großen Einfluss aus und drangen auf eine aktive Kolonialpolitik. Wissenschaftliche Einrichtungen profitierten von den zahlreichen Expeditionen geographischer Gesellschaften durch das Überlassen von Objekten für die Sammlungen. Koloniale Interessenverbände, darunter die Deutsche Kolonialgesellschaft oder das Kolonialwirtschaftliche Komitee, unterstützen später auch die Botanische Zentralstelle.[159] Anschließend an die wissenschaftliche Differenzierung in der zweiten Hälfte des 18. Jahrhunderts erlebte die Akkumulation von Wissen über die außereuropäische Welt während des letzten Viertels des 19. Jahrhunderts im Deutschen Reich eine Professionalisierung und Zusammenführung in Form der geographischen Gesellschaften, deren Fokus auf dem afrikanischen Kontinent lag.[160]

Auf Afrika richteten sich seit den 1870er-Jahren die kolonialen Expansionspläne fast aller europäischen Mächte. Bis 1914 kam es im Zuge des sich über mehrere Dekaden zuspitzenden „Wettlaufs um Afrika" zur Aufteilung fast des

157 Vgl. Ruppenthal, Kolonialismus (2007), S. 21 f.; Schulte-Althoff, Studien (1971).

158 Vgl. Conrad, Kolonialgeschichte (2008), S. 23 ff.; Gründer, Geschichte (2000), S. 26–33; Barth/Osterhammel, Zivilisierungsmissionen (2005).

159 Vgl. Conrad, Kolonialgeschichte (2008), S. 24; Ruppenthal, Kolonialismus (2007), S. 22; Urban, Geschichte (1916), S. 162 f. u. S. 171 f. u. Kap. III.1, Kap. IV.1.

160 Vgl. Ruppenthal, Kolonialismus (2007), S. 9; Schulte-Althoff, Studien (1971).

gesamten Kontinentes. Die Kolonialexpansion des Deutschen Reiches erfolgte in der Phase des Hochimperialismus ab den 1880er-Jahren, die durch einen Globalisierungsschub sowie eine verschärfte weltwirtschaftliche und imperiale Konkurrenz gekennzeichnet war. Neue Transport- und Kommunikationsmittel führten zur Beschleunigung von Warenverkehr und Informationsaustausch; Wirtschaft und Handel trieben die globale Vernetzung voran. In diesem Kontext von Globalisierung, „Weltpolitik" und dem Streben nach Weltgeltung erwarb das Deutsche Reich 1884/85 erste koloniale Besitzungen in Afrika. Zu den Gebieten in Togo, Kamerun, Ostafrika und Südwestafrika kamen 1885 Territorien im Pazifik und bis zum Ende des 19. Jahrhunderts das Pachtgebiet Kiautschou/Jiaozhou in China sowie weitere Pazifikinseln.[161]

Aus botanischer und wirtschaftlicher Sicht ließen die Kolonien in Afrika besonderes Potential vermuten, speziell Kamerun, Ostafrika und Togo. In Kamerun entstanden in der Zeit der deutschen Kolonialherrschaft an den fruchtbaren Hängen des vulkanischen Kamerunberges zahlreiche Plantagen und der dichte tropische Regenwald in den Südbezirken wurde ebenfalls wirtschaftlich genutzt. Die vielfältigen Klima- und Vegetationszonen boten ein reiches Feld für botanische Forschungen. Kamerun entwickelte sich zur größten Plantagenkolonie in Westafrika und insbesondere beim Export von Kakao verzeichneten die europäischen Unternehmen deutliche Steigerungen, während Anbauversuche mit Kaffee, Tee und Tabak erfolglos verliefen. Der Großteil der Exporte von Produkten wie Kautschuk und Palmkernen stammte jedoch aus der einheimischen Wirtschaft. In der westafrikanischen Kolonie Togo ließen sich auf Grund des als ungünstig geltenden Klimas nur wenige Europäer nieder und das Gebiet war eine typische Handelskolonie. Togo besaß in den höheren Regionen ebenfalls tropischen Regenwald, ansonsten bestimmten den Norden Grasland und den Süden Savanne. Versuche mit Baumwolle und Kautschuk auf den wenigen deutschen Plantagen blieben gegenüber dem Export von aus einheimischer Sammelwirtschaft stammenden Palmprodukten, Kautschuk, Kakao, Kaffee und Baumwolle marginal.

Die flächenmäßig größte Kolonie, Deutsch-Ostafrika (heute Tansania, Burundi und Ruanda), wies schon zu Beginn der 1890er-Jahre im nordöstlichen vulkanischen Gebiet am Kilimandscharo und in der Region Usaramo eine

161 Vgl. Lindner, Orientierung (2016), S. 16 ff.; Osterhammel/Jansen, Kolonialismus (2012); Speitkamp, Kolonialgeschichte (2005), S. 27 ff.; Conrad, Kolonialgeschichte (2008), S. 26; Conrad/Osterhammel, Einleitung (2004); Hildebrandt, Reich (1995), S. 173–442.

wirtschaftliche Nutzung durch Handel, Plantagen und europäische Farmen auf. Beim Baumwoll-, Kaffee- und Kautschukanbau lagen europäische Plantagen und einheimische Produzenten oftmals gleichauf, allein beim Export der aus Florida eingeführten Sisalagave dominierten deutsche Unternehmen. Die Kolonie Deutsch-Ostafrika kam ebenfalls nicht als Siedlerland in Frage, ebenso wenig die Stützpunktkolonien im Pazifik und das Pachtgebiet in China. Die pazifischen Kolonien Deutsch-Samoa und Deutsch-Neuguinea verfügten auf den größeren Inseln über tropischen Regenwald und an ihren Küsten speziell auf den kleineren Inseln über Kokosnusspalmen, deren Anbau auf von Europäern und Einheimischen betriebenen Plantagen durch die Kolonialverwaltung gefördert wurde. Das nur 552 km^2 umfassende Pachtgebiet in China an der südlichen Küste der Halbinsel Schantung/Shandong diente hauptsächlich als Marine- und Handelsstützpunkt. Es lag in der warm gemäßigten Klimazone, sodass sich die Temperaturen nicht sehr von denen im Deutschen Reich unterschieden, nur dass die Sommer etwas heißer waren und es eine deutlich feuchtere Regenperiode gab. Die dortige Flora wurde ebenfalls umfassend erforscht. Während die chinesische Bevölkerung die Gegend um die Kolonialstadt Tsingtau/Qingdao intensiv landwirtschaftlich nutzte, konzentrierten sich die Maßnahmen der deutschen Verwaltung auf die Aufforstung der dortigen Höhenzüge.

Allein Deutsch-Südwestafrika (heute Namibia) galt als Siedlerkolonie. Die großflächigen Wüstengebiete eigneten sich für die Viehzucht und der Abbau von Kupfer und Diamanten brachte ab 1907/08 einigen Konzessionsgesellschaften größere Gewinne. Für landwirtschaftliche Unternehmungen spielte die Kolonie kaum eine Rolle, sie war jedoch Gegenstand der botanischen Erforschung. Umso wichtiger schien der Aufbau einer rentablen Landwirtschaft in Kamerun, Togo und Deutsch-Ostafrika. Letztlich blieben trotz einzelner Erfolge und teilweiser Aufwärtstrends bei der Produktion von deutschen Plantagen und Farmern die Bilanzen insgesamt weit hinter den Erwartungen zurück und die Kolonien angesichts hoher Zuschüsse durch das Deutsche Reich für dieses ein Verlustgeschäft.[162]

Die geläufige Periodisierung der deutschen Kolonialherrschaft ist im Hinblick auf den Untersuchungsgegenstand nur teilweise von Bedeutung. Die erste Phase kennzeichnete das Ausstellen von sogenannten Schutzbriefen durch das

162 Zu den deutschen Kolonialgebieten vgl. als Überblick Conrad, Kolonialgeschichte (2008), S. 28 ff.; Speitkamp, Kolonialgeschichte (2005), S. 84 ff.; Gründer, Geschichte (2000), S. 111–211; Timler/Zepernick, Botany (1987), S. 145 ff.; Denzel, Bilanz (2017); Zimmermann, Alabama (2012); Lü, Tsingtau (2013).

Deutsche Reich für Gebiete, die deutsche Handelshäuser, Unternehmer und Abenteurer sowie Kolonialgesellschaften durch Verträge mit einheimischen Autoritäten in Afrika und im pazifischen Raum in Besitz genommen hatten. Hoheitsrechte wurden deutschen Privatpersonen und Gesellschaften übertragen, die das Deutsche Reich kaum kontrollieren konnte. Eine systematische Erschließung von Absatzmärkten oder möglichen Siedlungsgebieten fand nicht statt, vielmehr bestimmten das Streben nach Gewinnen und Ruhm die oftmals durch Gewalt oder Täuschung erzielten Vertragsabschlüsse und Gebietsaneignungen. In dieser Zeit liefen am Botanischen Garten und Museum zwar Aufsammlungen aus Expeditionen ein, es gab jedoch keine planmäßige Bearbeitung der Materialien und keine Ansätze, botanische oder landwirtschaftliche Projekte in den Kolonien zu initiieren. Der Widerstand der einheimischen Bevölkerung, gewaltsame Konflikte und internes Missmanagement führten schließlich zum Scheitern der Kolonialgesellschaften und des Schutzbriefsystems. In Kamerun und Togo kam es bereits seit Mitte der 1880er-Jahre zum Ausbau formeller Kolonialherrschaft und zur Übernahme der „Schutzgebiete" in deutsche Verwaltung. Die Kolonien Deutsch-Südwestafrika und Deutsch-Ostafrika folgten zum Ende der 1880er-Jahre und danach Stück für Stück die von der Neuguinea-Kompanie angeeigneten Gebiete. Erst ab diesem Zeitpunkt lassen sich Überlegungen nachweisen, die Berliner botanischen Einrichtungen für kolonialwirtschaftliche Zwecke zu nutzen, angeregt durch die koloniale Administration in Kamerun und unterstützt vom Auswärtigen Amt.[163]

Die zweite Phase dominierte eine Wirtschaftspolitik, die auf die Förderung des Handels und den Aufbau einer Plantagenwirtschaft abzielte. In diesem Zeitraum entfaltete die Botanische Zentralstelle in dem ihr zugewiesenen hauptsächlichen Arbeitsbereich des Nutzpflanzentransfers in die Kolonien ihre größte Wirkung. Eine vollständige Kontrolle und Durchdringung der Kolonialgebiete ließ sich jedoch oftmals nicht durchsetzen, vielmehr gab es „Inseln von Herrschaft",[164] wie Regierungsstationen, die zumindest über einen längeren Zeitraum die Kolonialmacht vor Ort repräsentierten. Für die botanische Sammel- und Forschungstätigkeit sowie für Anbauversuche mit Nutzpflanzen waren ausgewählte Stationen ebenso wichtig wie weitere zur gleichen Zeit ausgebaute koloniale Infrastrukturen, namentlich Eisenbahn- und Dampfschiffverbindungen,

---

163 Vgl. Conrad, Kolonialgeschichte (2008), S. 35 ff.; Speitkamp, Kolonialgeschichte (2005), S. 25–35; Gründer, Geschichte (2000), S. 79–100; Urban, Geschichte (1916), S. 163 ff. Ausführlich hierzu Kap. III.1.

164 Vgl. Pesek, Herrschaft (2005), S. 190 u. S. 244–259.

außerdem die Unterstützung durch Kolonialverwaltung und Militär beim Sammeln von Pflanzenmaterial und Informationen. Die Erschließung der Kolonialgebiete und der Aufbau kolonialer Infrastrukturen erleichterte die Zugangs- und Arbeitsmöglichkeiten für die Botanik wie auch für andere Wissenschaften erheblich.[165] Indes stießen die Förderung des Plantagensystems und die Eingriffe in lokale Wirtschafts- und Sozialstrukturen sowie Eigentumsverhältnisse verbreitet auf den Widerstand der einheimischen Bevölkerung. Landenteignungen, Arbeitszwang und der dekretierte Anbau von Exportkulturen gehörten zu den Gründen für Konflikte in mehreren Kolonialgebieten sowie für Kriege in Deutsch-Südwestafrika (1904–1907) und Deutsch-Ostafrika (1905–1908).[166]

In Reaktion auf diese Kriege und vorangegangene Skandale, durch die Probleme der deutschen Kolonialpolitik offensichtlich geworden waren und sich die Kritik an der bisherigen Form der Kolonialherrschaft im Reichstag verstärkt hatte, erfolgte eine Reorganisation der Kolonialadministration. Die Kolonialabteilung wurde aus dem Auswärtigen Amt ausgegliedert und der linksliberale Bankier Bernhard Dernburg übernahm die Leitung des im Mai 1907 neu geschaffenen Reichskolonialamtes, dem alle überseeischen Besitzungen unterstellt wurden – ausgenommen das Pachtgebiet Kiautschou/Jiaozhou, das weiterhin vom Reichsmarineamt verwaltet wurde. Dernburg trat für Reformen ein und sprach sich für eine rationale, systematische wissenschaftliche Erschließung der Kolonien mit dem Ziel der „Inwertsetzung" aus. Bodenschätze, Flora, Fauna und einheimische Bevölkerung der Kolonialgebiete sollten nach den Vorstellungen Dernburgs für die kolonisierende Nation „nutzbar" gemacht werden, die zuvor betriebene Ausbeutung jedoch durch Praktiken ersetzt werden, die dem Erhalt dieser als wirtschaftlich bedeutend verstandenen „Reichtümer" dienten. Wissenschaftliche Seriosität und wirtschaftliche Effizienz erklärte Dernburg zu den Leitlinien seiner Modernisierungsbestrebungen.[167] Die „Ära Dernburg" lässt sich allerdings für die Arbeit der Botanischen Zentralstelle nicht als Zäsur ausmachen, wie die Untersuchung belegt. Vielmehr bestimmte eine planvolle, wissenschaftliche Begleitung der kolonialen Landwirtschaft die Zielsetzung und

165 Vgl. Zepernick, Zentralstelle (2002), S. 107; Förster, Provenienzen (2016), S. 155; Laak, Infrastruktur (2004).

166 Vgl. Conrad, Kolonialgeschichte (2008), S. 28–34; Conte, Science (2002), S. 256 ff; Gründer, Geschichte (2000), S. 127–165; Eckert, Grundbesitz (1999), S. 75; Sunseri, Famine (1997), S. 235–259.

167 Zur „Ära Dernburg" vgl. Schiefel, Dernburg (1974); außerdem Ruppenthal, Kolonialismus (2007), S. 53–61; Speitkamp, Kolonialgeschichte (2005), S. 140 ff.

Arbeitsweise der Botanischen Zentralstelle seit ihrer Gründung im Jahr 1891. Zu Recht nennt Dirk van Laak die Botanische Zentralstelle zusammen mit weiteren Institutionen wie dem 1887 gegründeten Seminar für Orientalische Sprachen in Berlin und der 1899 geschaffenen Deutschen Kolonialschule in Witzenhausen als Beispiele für ein frühes Interesse an wissenschaftlichen Informationen und erkennt hierin einen „institutionellen Vorlauf zur ‚Wende' von 1907".[168]

Die Reformdiskussion unter den europäischen Kolonialmächten reichte bereits in die späten 1890er-Jahre zurück und es war auch in den anderen Metropolen zu einer engeren Verbindung von Kolonialpolitik und Wissenschaft durch neu gegründete Institutionen gekommen. Während Dernburg britische und niederländische Reformprogramme und wissenschaftliche Einrichtungen beobachtet hatte, galt im Gegenzug die Neuausrichtung der deutschen Kolonialpolitik Dernburgs Amtskollegen Joseph Chamberlain in Großbritannien als vorbildlich. Nicht nur im Bereich der Kolonialverwaltung, sondern insbesondere auch im Hinblick auf landwirtschaftliche Experimente in den Kolonien ist ein wechselseitiger Vergleich der konkurrierenden Kolonialmächte als „imperiale Strategie"[169] erkennbar, wie Ulrike Lindner es zudem für weitere Felder beschreibt. Die Kolonien fungierten unter anderem als Labor für botanische und landwirtschaftliche Forschungen und Versuche, die von den Kolonialmächten genauestens beobachtet und ausgewertet wurden.[170]

Obwohl die deutsche Kolonialexpansion für die Einrichtung der Botanischen Zentralstelle und ihre Tätigkeit bis 1914 den entscheidenden Faktor darstellte, bestimmten zusätzliche Einflüsse ihre Ausgestaltung ebenso wie die des Botanischen Gartens und Museums. Neben imperialen Wirkungszusammenhängen spielten internationale, nationale, bundesstaatliche und städtische Kontexte eine Rolle für Funktion und inhaltliche Schwerpunkte des Botanischen Gartens und Museums, wie das Heranzoomen auf Preußen, Berlin und die dortigen botanischen Institutionen zeigt. Diese für das Verständnis der Gründung der Botanischen Zentralstelle und des Ausbaus der botanischen Institutionen um 1900 wesentlichen Hintergründe sollen daher abschließend kurz benannt werden und erfahren in den folgenden Kapiteln eine eingehendere Betrachtung.

---

168 Laak, Infrastruktur (2004), S. 130.

169 Lindner, Begegnungen (2011), S. 8. Zur europäischen Reformdiskussion vgl. Hodge, Triumph (2007), S. 42 ff.; Ruppenthal, Kolonialismus (2007), S. 59; Laak, Infrastruktur (2004), S. 130 ff.

170 Vgl. ausführlicher Kap. IV.1, außerdem Tilley, Africa (2009). Zur Forschungsdiskussion über Kolonien als Laboratorien der Moderne vgl. Laak, Kolonien (2004).

Im Deutschen Reich hatte das Königreich Preußen die Position als Hegemonialmacht inne. Es dominierte die Reichspolitik und war auf der Ebene von Ämtern und Behörden auf das Engste mit dem Reich verbunden. Die Personalunion von Deutschem Kaiser und König von Preußen sowie die von Reichskanzler und preußischem Ministerpräsidenten sind hierfür Beispiele, auch war das Auswärtige Amt aus dem Preußischen Außenministerium hervorgegangen. Hinsichtlich des Territoriums, der Bevölkerung, der militärischen Stärke und der Wirtschaftskraft war Preußen als Kernland der Industrialisierung innerhalb des Kaiserreiches führend.[171] Die preußische Wissenschaft sollte ebenfalls prägend für das Deutsche Reich wirken, internationale Anerkennung erringen und die Machtstellung des Reiches untermauern.[172] Wissenschaft und Bildung galten neben Boden, Kapital und Arbeit zunehmend als Produktionsfaktor und wurden Gegenstand einer gezielten Politik. Die preußische Wissenschaftspolitik lenkte ab Beginn der 1880er-Jahre mehr als zwei Dekaden Ministerialdirektor Friedrich Althoff.[173] Er orientierte sich bei seinen Reformplänen für den Ausbau des Hochschulwesens, die Gründung selbständiger Forschungsinstitute und die Verlegung von Teilen der Berliner Universität an den Stadtrand nach Dahlem vielfach an britischen und amerikanischen Vorbildern. Obwohl in den Bereichen Wissenschaft und Technik ein Streben nach Weltgeltung und Konkurrenz insbesondere mit Großbritannien und Amerika vorherrschte, förderte Althoff zugleich den internationalen wissenschaftlichen Austausch.[174] Der Wettbewerb von Wissenschaft und Technik ist zu den „hallmarks of modernity"[175] erklärt worden und gilt als ein wesentlicher Faktor für die Entwicklung von Universitäten und Museen als Forschungsinstitute.

Eine internationale Ausrichtung und einen ausgeprägten Wettbewerbsgedanken konstatiert Glenn Penny in seiner Studie zu den Völkerkundemuseen der Kaiserzeit zudem generell für die deutschen Großstädte, die sich unablässig mit anderen „Weltstädten" verglichen. Gerade für den Ausbau der Museen und wissenschaftlichen Institutionen in der Reichshauptstadt Berlin spielte die Bezugnahme auf London oder Paris eine wichtige Rolle. Investitionen in eindrucksvolle Museumsneubauten und wissenschaftliche Prestigeprojekte befriedigten das

---

171 Vgl. Born, Preußen (2001), S. 25–29.

172 Vgl. Engel, Geschichte (1984), S. 97.

173 Vgl. Vom Brocke, Althoff (1991), S. 17.

174 Vgl. Vom Brocke, Hochschul- und Wissenschaftspolitik (1980), S. 65–69.

175 Penny, Objects (2002), S. 10 mit Verweis auf die Argumentation von Beyerchen, Stimulation (1988).

Repräsentationsbedürfnis der Hauptstadt, die sich durch den Sitz von Behörden und kolonialen Interessenvereinen sowie durch koloniale Ausstellungen in Museen und im Rahmen temporärer Veranstaltungen als Kolonialmetropole etablierte.[176] Der Vergleich als Strategie und Motor von Modernisierung war demnach nicht auf das Feld der Kolonialexpansion oder der sogenannten Kolonialwissenschaften beschränkt, sondern trieb ebenso den internationalen Wettbewerb zwischen Städten und Institutionen wie Museen und Universitäten an. Überdies hatte der Botanische Garten eine städtebauliche Relevanz und war Bestandteil der Unterhaltungskultur der Metropole, wenngleich die Direktion stets den wissenschaftlichen Charakter der Einrichtung betonte.[177]

Von Zeitgenossen wurde die zweite Hälfte des 19. Jahrhunderts als Phase des beschleunigten Umbruchs wahrgenommen und von den Wissenschaften Anstöße für ökonomische und technische Innovationen sowie neue Erklärungsmuster erwartet. In Preußen hatte die Vereinnahmung der Wissenschafts- und Bildungspolitik für innen-, außen- und wirtschaftspolitische Ziele eine lange Tradition. So hatte der Rektor der Universität Berlin und Präsident der Preußischen Akademie der Wissenschaften Emil Du Bois-Reymond 1870 in einer Rede die Berliner Universität als „geistiges Leibregiment"[178] des Hauses Hohenzollern bezeichnet. Die Verstaatlichung und Bürokratisierung unter Friedrich Althoff verstärkte die Indienstnahme der Universitätsinstitute – zu denen auch der Botanische Garten gehörte – für außerwissenschaftliche Zwecke. Wissenschaftliche, wirtschaftliche und politische Interessen waren miteinander verflochten. Trotz des Aufkommens der chemischen Industrie und neuer Technologien verwendete die Wirtschaft weiterhin zum Großteil natürliche Materialien, sodass der Botanik und dem Auffinden neuer Nutzpflanzen eine besondere Bedeutung in Zeiten der Hochindustrialisierung und des Hochimperialismus zukam. Zu denken ist dabei an Produkte wie Palmöl, Gummi, Sisal, Nutzhölzer, Baumwolle, Kaffee und Kakao, die in der europäischen industriellen Produktion Verwendung fanden, sei es in den Fabriken, für Bau und Funktion von Maschinen, als Kleidung oder als Nahrungs- und Genussmittel.[179]

---

176 Vgl. Penny, Objects (2002), S. 10; Kretschmann, Räume (2006), S. 37 f.; Ruppenthal, Kolonialismus (2007), S. 64 ff.

177 Vgl. Standler, Garten (2013), S. 7; Morat u.a., Weltstadtvergnügen (2016).

178 Du Bois-Reymond, Krieg (1870), S. 45.

179 Vgl. Schwarz, Bilden (2003), insbes. S. 225; Vom Brocke, Hochschul- und Wissenschaftspolitik (1980), S. 93 ff.; Brockway, Science (2002), S. 78.

Die Naturwissenschaften entwickelten sich darüber hinaus zu einer wichtigen gesellschaftlichen Kraft und die Naturkundemuseen der Kaiserzeit erlangten eine einflussreiche Stellung als Orte der Wissensproduktion und -vermittlung. Volksbildungsbewegung und Museumsreform wollten die bürgerliche Bildungsinstitution einem breiteren Publikum zugänglich machen. Während sich die Naturkundemuseen seit ihrer Gründungszeit als Forschungs- und Vermittlungsanstalten verstanden, die naturkundliche Objekte sammelten, aufbewahrten und erforschten, waren das Berliner Naturkundemuseum und der Botanische Garten mit dem Botanischen Museum als Universitätsinstitute zudem der Lehre verpflichtet. Die Öffnung für ein Massenpublikum verlief daher nicht ohne Konflikte.[180] Innerwissenschaftliche und gesellschaftliche Veränderungen sowie der Einfluss der internationalen Museumsreform führten zu einem Wandel der Museumspräsentationen für ein verändertes Publikum. Zur Professionalisierung der Wissenschaften und der Museumsarbeit kam die Ausdifferenzierung neuerer wissenschaftlicher Perspektiven. Diese Prozesse betrafen neben den Naturkundemuseen auch die Völkerkundemuseen und den Botanischen Garten sowie das Botanische Museum in Berlin.[181] An letzteren erlangten die Kolonialgebiete sowohl im Bereich der Forschung wie auch der Wissensvermittlung eine herausragende Bedeutung. Das Botanische Museum, das Museum für Naturkunde und das Museum für Völkerkunde in Berlin profitierten zudem von einer privilegierten Stellung bei der Verteilung der kolonialen Sammlung von Reichsexpeditionen und der damit verbundenen Vorrangstellung preußischer Institutionen bei der Erforschung der deutschen Kolonien.[182] Als politische und wirtschaftliche Interessen an der Erforschung der Flora in den Kolonien und am Aufbau einer rentablen Landwirtschaft in diesen Gebieten erwachten und die Einbindung des Berliner Botanischen Gartens und Museums für diese Ziele diskutiert wurde, begegneten das Preußische Kultusministerium und die Direktion der Einrichtung dem Vorstoß mit Entgegenkommen, knüpften sie doch eigene Ziele an die Unterstützung des kolonialen Projektes.

---

180 Vgl. Schwarz, Bilden (2003), S. 225; Köstering, Natur (2003), S. 1; Kretschmann, Räume (2006), S. 32 u. S. 72.

181 Vgl. Nyhart, Nature (2009); Kretschmann, Räume (2006); Köstering, Natur (2003); Penny, Objects (2002).

182 Vgl. Lack, Handbücher (2002), S. 112.

III. Die Botanische Zentralstelle am Botanischen Garten und Museum Berlin

III.1 Gründung und Entwicklung der Botanischen Zentralstelle

Die „Nutzbarmachung des botanischen Gartens und des botanischen Museums hierselbst für kolonialwirtschaftliche Zwecke“[1] wurde der Institution von Seiten des Auswärtigen Amtes angetragen und durch das Preußische Kultusministerium per Erlass 1889 als neuer Tätigkeitsbereich zugewiesen. Der Direktor des Berliner Botanischen Gartens und Museums erstellte daraufhin einen Aufgabenkatalog, in welchem er als Maßnahmen zur direkten Förderung der Landwirtschaft in den deutschen Kolonien die Anzucht und den Versand tropischer Nutzpflanzen dorthin vorschlug sowie die Bestimmung des Nutzwertes aus den Kolonien eingesandter Pflanzen. Er orientierte sich dabei an den Royal Botanic Gardens Kew bei London, die als „Vermittlungsstelle“ für Pflanzen, Saatgut, botanisches Wissen und Fachpersonal im *British Empire* fungierten sowie mittels eines Netzwerkes von Satellitengärten in den Kolonien die dortige Landwirtschaft unterstützten. Die Aufstellung des Direktors des Berliner Gartens beinhaltete außerdem die wissenschaftliche Bearbeitung der Sammlungen aus den Kolonien als Grundlage für die Forschungstätigkeit am Botanischen Museum und schließlich – als indirekte Förderung der Kolonialwirtschaft – die Popularisierung von Wissen zu tropischen Nutzpflanzen und ihren Produkten. In ihrer Vereinbarung über die Gründung der Botanischen Zentralstelle für die deutschen Kolonien berücksichtigten die Vertragspartner – das Auswärtige Amt und das Preußische Kultusministerium – aber zunächst nur die beiden erstgenannten Arbeitsbereiche. In langjährigen Auseinandersetzungen konnte die Direktion des Berliner Gartens und Museums jedoch ihre umfassendere Auffassung von den an die Kolonialexpansion des Deutschen Reiches gekoppelten Aufgabenfeldern ihrer Institution durchsetzen.

Das Kapitel zeichnet die mit der Gründung der Botanischen Zentralstelle verbundenen Interessen der Hauptakteure nach. Es beschreibt die Absprachen zur Einbindung der Institution in das koloniale Projekt und die Regelungen der

---

1 Kultusministerium an Botanischer Garten Breslau, Engler, 19. August 1889, GStA PK I. HA Rep. 76, Va, Sekt. 2, Tit. X, Nr. 89 B, Bd. 1, Bl. 90.

Zuständigkeiten sowie der Finanzierung. Schwerpunkte der Analyse sind neben der Institutionalisierungspraxis die Inhalte und Medien der beim Aufbau der Botanischen Zentralstelle zu beobachtenden Wissenstransfers im Zusammenhang mit dem Vorbild Kew. Des Weiteren wird nach dem Selbstverständnis der beteiligten Wissenschaftler gefragt, vornehmlich des Direktors des Botanischen Gartens und Museums. Beleuchtet werden sein Handlungsspielraum und seine Strategie, die Berliner botanischen Einrichtungen als Zentrum der auf die Kolonien bezogenen Botanik im Deutschen Reich zu etablieren.

Anlass

Den Anstoß zur Gründung der Botanischen Zentralstelle für die deutschen Kolonien gab im August 1888 ein Brief des Gouverneurs von Kamerun, Julius von Soden, an den Reichskanzler Otto von Bismarck. Von Soden erbat darin Unterstützung bei der Beschaffung von tropischen Nutzpflanzen, deren Anbau er als „für die Zukunft des hiesigen Schutzgebietes […] von der größten Wichtigkeit"[2] einschätzte. Als erster Gouverneur Kameruns verfolgte von Soden in seiner Amtszeit (1885–1891) die Steigerung des wirtschaftlichen Nutzens der Kolonie für das Deutsche Reich. Priorität hatten dabei der Aufbau eines rentablen Plantagensystems – hierfür sollten die angefragten Nutzpflanzen probeweise gezogen werden – und die Förderung der Interessen deutscher Handelshäuser.[3] Von Soden konnte nicht nur handels- und wirtschaftspolitische Erfahrungen vorweisen, die er durch das Studium der Rechtswissenschaften, Konsulatsposten auf verschiedenen Kontinenten und lange Seereisen erworben hatte, sondern er war auch an Botanik sowie Gartenbau und Plantagenwirtschaft interessiert. Seinem Schreiben legte er gleich eine Liste von Pflanzen bei, die in Kamerun probeweise angebaut werden sollten: namentlich Kakao, Tabak, Vanille und Mais sowie verschiedene Baumarten, darunter Muskatnuss, Zimt, Kapern und Chinarinde.[4] Seine Auflistung enthält damit einige „Klassiker" der in den überseeischen

---

2 Gouvernement Kamerun, von Soden an Auswärtiges Amt, von Bismarck, 30. August 1888, GStA PK I. HA Rep. 76, Va, Sekt. 2, Tit. X, Nr. 89 B, Bd. 1, Bl. 4–6, hier Bl. 4.

3 Zu den deutschen Kolonialgebieten vgl. Kap. II; zu von Soden Reuß, Freiherr (1928); Schnee, Kolonial-Lexikon (1920), Bd. 3, S. 369. Zur Kolonie Kamerun in von Sodens Amtszeit Gründer, Geschichte (2000), S. 138 f.

4 Gouvernement Kamerun, von Soden an Auswärtiges Amt, von Bismarck, 30. August 1888, GStA PK I. HA Rep. 76, Va, Sekt. 2, Tit. X, Nr. 89 B, Bd. 1, Bl. 4–6. Zu von Sodens botanischem und landwirtschaftlichem Interesse vgl. Zepernick, Zentralstelle (2002), S. 108. Von Soden hatte schon 1887 Land in Kamerun erworben und war in die 1897

Gebieten der europäischen Kolonialmächte kultivierten Nahrungs-, Futter- und Genussmittel wie auch Gewürz- und Arzneipflanzen: Kakao, das „braune Gold" der Neuen Welt, aus Mittelamerika in die europäischen Kolonien in Südamerika und später in die Karibik und auf Inseln an der Küste Westafrikas eingeführt, dazu Muskatnuss, schon im 16. Jahrhundert als „Gold Ostindiens" bezeichnet und Gegenstand blutiger Auseinandersetzungen zwischen Briten, Spaniern, Niederländern und Portugiesen um das Handelsmonopol dafür, und schließlich Chinarindenbaum, aus Südamerika stammend und von den Briten, Belgiern und Niederländern in Indien, dem Kongobecken und auf Java angebaut, um aus der Baumrinde Chinin zur Bekämpfung von Malaria und Fieber zu gewinnen.[5] Die Erwartung finanzieller Gewinne, welche der Export der begehrten Pflanzenprodukte versprach, gab damit – das lässt sich aus dieser Aufstellung herauslesen – den Anreiz für die Kulturversuche mit nicht einheimischen tropischen Nutzpflanzen in Kamerun. Im Falle des Chinins, das zur Behandlung und Prophylaxe für die in den meisten deutschen Kolonien auftretende Malaria aus den britischen und niederländischen Gebieten eingeführt werden musste, ließ eine erfolgreiche Gewinnung auf die Unabhängigkeit von der ausländischen Produktion und den Ende des 19. Jahrhunderts noch hohen Weltmarktpreisen hoffen.[6]

Bismarck, der von Soden persönlich gut kannte, erklärte sich bereit, dessen Vorhaben zu unterstützen.[7] Dafür, so verlangte er in seinem Schreiben an das Preußische Kultusministerium und das Preußische Ministerium für Landwirtschaft, Domänen und Forsten, sollten die bisher gemachten Erfahrungen mit tropischen Pflanzen genutzt werden, auch hinsichtlich praktischer Aspekte wie deren Transport. Die beiden Ministerien erhielten daher die Anweisung,

---

gegründete Westafrikanische Plantagengesellschaft involviert. Dazu Eckert, Grundbesitz (1999), S. 72; Ardener, Kingdom (1996), S. 124.

5 Vgl. Hobhouse, Seeds (2006); Vaupel, Gewürze (2002); Headrick, Tentacles (1988), S. 209–258.

6 Der Einsatz von Chinin machte eine ausgedehnte Ansiedlung von Europäern in tropischen Gebieten möglich. Vgl. Headrick, Tentacles (1988), S. 231–237; zu den ab 1880 langsam sinkenden Preisen für Chinin ebd., S. 235. Außerdem Hobhouse, Seeds (2006), S. 3–52; Brockway, Science (2002), S. 103–140. Auf das Deutsche Reich und seine Kolonien bezogen Schnee, Kolonial-Lexikon (1920), Bd. 2, S. 483 ff.; Grüntzig/Mehlhorn, Expeditionen (2006).

7 Von Soden hatte sich zuvor auf Erholungsurlaub im Deutschen Reich aufgehalten, unter anderem für längere Zeit bei Bismarck in Friedrichsruh. Reuß, Freiherr (1928), S. 170.

die ihnen unterstellten Behörden und Beamten – unter anderem die Direktoren preußischer botanischer Gärten – aufzufordern, die diesbezüglich aus der Literatur oder Praxis gewonnenen Kenntnisse in Gutachten mitzuteilen.[8] Bismarcks Aufforderung belegt nicht nur die Selbstverständlichkeit der von Wolfgang Mommsen als veränderte Aufgabe der Wissenschaften im Deutschen Kaiserreich konstatierten Funktion, „Handreichungen"[9] für die Staatspolitik zu liefern. Das Schreiben zeigt darüber hinaus konkret, wie die Wissenschaften – hier die Botanik – für die Kolonialexpansion des Deutschen Reiches in Anspruch genommen wurden, indem das Auswärtige Amt die Bereitstellung der zur Inbesitznahme und „Nutzbarmachung" der überseeischen Gebiete benötigten Kenntnisse direkt einforderte. Schließlich ist bemerkenswert, dass im Bereich der kolonialen Landwirtschaft von Anfang an ein planvolles, wissenschaftlich begleitetes Vorgehen angestrebt wurde und nicht erst ab 1907, als in der „Ära Dernburg" verstärkt ein wissenschaftlicher Kolonialismus propagiert wurde.[10] Vielmehr sollten die bisherigen Kenntnisse deutscher Botaniker wie auch die langjährigen Erfahrungen der anderen Kolonialmächte unverzüglich genauestens verfolgt und ausgewertet werden. Als kolonialer „latecomer" konnte sich das Deutsche Reich bei den langwierigen Kulturversuchen erst recht keine Misserfolge leisten. Diese Ansicht vertrat schon der 1887 zu den Botanischen Gärten in Paris, Kew und Leyden entsandte Botaniker Karl Schumann, Kustos am Berliner Botanischen Museum. Er plädierte angesichts der Aktivitäten der besuchten Gärten für eine Mitwirkung des Berliner Botanischen Gartens bei der Verbreitung von Nutzpflanzen für die Plantagenwirtschaft, denn durch die wissenschaftliche Begleitung von Anbauversuchen könne man „manche Enttäuschungen und Mißerfolge vermeiden und den Kolonisten Zeit und Geld sparen"[11]. Schumann zufolge galt es, insbesondere den britischen und

8 Auswärtiges Amt an Kultusministerium und Ministerium für Landwirtschaft, Domänen und Forsten, 6. Dezember 1888, GStA PK I. HA Rep. 76, Va, Sekt. 2, Tit. X, Nr. 89 B, Bd. 1, Bl. 2–3.

9 Mommsen, Kultur (1997), S. 31; dazu auch Ruppenthal, Kolonialismus (2007), S. 11.

10 Zur „Ära Dernburg" vgl. Schiefel, Dernburg (1974); außerdem Ruppenthal, Kolonialismus (2007), S. 53–61; Conrad, Kolonialgeschichte (2008), S. 36 f.; Speitkamp, Kolonialgeschichte (2005), S. 140 ff.

11 Botanischer Garten und Botanisches Museum, Schumann an Kultusministerium, von Gossler, 30. September 1887, GStA PK I. HA Rep. 76, Va, Sekt. 2, Tit. X, Nr. 89 B, Bd. 1, Bl. 120–127, hier Bl. 125. Zu den Reisezielen auch Kultusministerium, von Gossler an Botanischer Garten Breslau, Engler, 10. September 1889, GStA PK I. HA Rep. 76, Va, Sekt. 2, Tit. X, Nr. 89 B, Bd. 1, Bl. 95.

niederländischen Beispielen zu folgen, die genauestens beobachtet wurden, auch hinsichtlich der erfolgreichen Kultivierung einzelner Pflanzen.[12] Interimperialen Wissenstransfers kam damit von Beginn an eine zentrale Bedeutung zu und wesentlich war dabei die Orientierung an britischen und niederländischen Einrichtungen sowie Unternehmungen.

So bezogen sich sämtliche der vom Preußischen Kultusministerium angeforderten Gutachten zu von Sodens Anfrage, den Anbau von Nutzpflanzen in Kamerun zu fördern, wie angewiesen auf die Praxis anderer Kolonialmächte beim Anbau und Transport tropischer Nutzpflanzen.[13] Mehrheitlich wurden dabei die Royal Botanic Gardens Kew bei London mit ihren umfangreichen Pflanzentransfers innerhalb eines weltumspannenden Netzwerkes von botanischen Gärten und Versuchsstationen als Vorbild für eine im Deutschen Reich einzurichtende „Vermittlungsstelle"[14] genannt. Diese sollte sowohl für die deutschen Kolonien geeignete Pflanzen aufziehen und ausliefern als auch den Bezug von tropischen Nutzpflanzen aus den Gärten der Briten, Franzosen und Niederländer in Übersee organisieren. Ferner war als ihre Aufgabe vorgesehen, den Aufbau von Versuchsgärten in den deutschen Kolonien anzuleiten und im Austausch mit Kew sowie den kolonialen Gärten neben Samen und Pflanzen das erforderliche Wissen zusammenzuführen für landwirtschaftliche Projekte in den Kolonialgebieten.

Als Standort für die Vermittlungsstelle schlugen der Kustos des Berliner Botanischen Gartens und Museums, Ignatz Urban, und der Direktor des Botanischen

12 Botanischer Garten und Botanisches Museum, Schumann an Kultusministerium, von Gossler, 30. September 1887, GStA PK I. HA Rep. 76, Va, Sekt. 2, Tit. X, Nr. 89 B, Bd. 1, Bl. 120–127, hier Bl. 120–121. Die französischen Bemühungen auf diesem Gebiet galten als rückständig. Dazu auch Nadbyl an Kultusministerium, 1. Juni 1891, GStA PK I. HA Rep. 76, Va, Sekt. 2, Tit. X, Nr. 89 B, Bd. 1, Bl. 177–180; außerdem mit gleichlautendem Urteil Headrick, Tentacles (1988), S. 222–231.

13 Die Gutachten waren an den Kultusminister, von Gossler, gerichtet: Botanischer Garten Breslau, Engler, 27. Dezember 1888, GStA PK I. HA Rep. 76, Va, Sekt. 2, Tit. X, Nr. 89 B, Bd. 1, Bl. 26–29; Botanischer Garten Marburg, Goebel, 26. Dezember 1888, GStA PK I. HA Rep. 76, Va, Sekt. 2, Tit. X, Nr. 89 B, Bd. 1, Bl. 30–35; Universität Halle, Kühn, 30. Dezember 1888, GStA PK I. HA Rep. 76, Va, Sekt. 2, Tit. X, Nr. 89 B, Bd. 1, Bl. 36–55; Botanischer Garten und Botanisches Museum, Urban, 25. Dezember 1888, GStA PK I. HA Rep. 76, Va, Sekt. 2, Tit. X, Nr. 89 B, Bd. 1, Bl. 56–62.

14 Die Benennung weist ebenfalls Ähnlichkeiten zu Kews Selbst- und Fremdbezeichnung als „a sort of botanical clearing house or exchange for the empire" auf. Thiselton-Dyer, Enterprise (1879), S. 278. William Turner Thiselton-Dyer war zu der Zeit Assistant Director und hatte von 1885–1905 die Leitung von Kew inne.

Gartens Marburg, Karl Goebel, die Berliner Einrichtung vor, ohne ihren Vorschlag genauer zu begründen. Wie Goebel jedoch zumindest andeutete, genoss zu der Zeit nur diese als bedeutendster Garten des Deutschen Reiches und nach Kew und St. Petersburg artenreichster botanischer Garten Europas in den Fachkreisen das Ansehen, um auf Augenhöhe den Austausch von Pflanzen und Wissen zu intensivieren. Der Berliner Botanische Garten hatte bereits seit Beginn des 19. Jahrhunderts durch Kontakte zu anderen botanischen Gärten und von deutschen Forschungsreisenden lebende Pflanzen und anderes Pflanzenmaterial aus tropischen Gebieten erhalten, dieses wissenschaftlich bearbeitet und Gewächshäuser errichtet.[15] Damit verfügte man über Kenntnisse der afrikanischen Pflanzenwelt und derjenigen der pazifischen Inseln sowie über geeignete Treibhäuser für die Vermehrung tropischer Pflanzen nebst einigen Exemplaren erfolgversprechender Arten für die Verschiffung in die Kolonien. Die beiden letzten Punkte hob Urban in seinem Schreiben hervor und sprach sich gleichzeitig – wie auch Goebel – gegen Hamburg als Standort der Vermittlungsstelle aus.[16] Der Hamburger Botanische Garten wäre auf Grund seiner günstigen Lage nahe des Überseehafens in Betracht gekommen, denn so hätte das für das Überleben der Pflanzen risikoreiche Umladen und der Bahntransport der für die Verschiffung vorgesehenen Exemplare nach Hamburg wie auch der aus den Kolonien eingehenden Sendungen nach Berlin vermieden werden können.[17] Doch Goebel hielt die Leitung des Hamburger Gartens aus nicht weiter erläuterten Gründen für

15 Vgl. Zepernick, Zentralstelle (2002), S. 108; Timler/Zepernick, Grundlagen (1979), S. 28–36 sowie Samen- und Pflanzeneingangsbücher (BGBM-Archiv).

16 Botanischer Garten und Botanisches Museum, Urban an Kultusministerium, von Gossler, 25. Dezember 1888, GStA PK I. HA Rep. 76, Va, Sekt. 2, Tit. X, Nr. 89 B, Bd. 1, Bl. 56–62, hier Bl. 60–61; Botanischer Garten Marburg, Goebel an Kultusministerium, von Gossler, 26. Dezember 1888, GStA PK I. HA Rep. 76, Va, Sekt. 2, Tit. X, Nr. 89 B, Bd. 1, Bl. 30–35, hier Bl. 32.

17 Zu Hamburg als „zweiter Stadt des Empire" vgl. Ruppenthal, Kolonialismus (2007), S. 63–83, hier S. 83. Berlin galt mit dem Sitz der Regierung, der Kolonialbehörden und Kolonialvereine sowie als Austragungsort der Kolonialkongresse, der Kolonialausstellung 1896 u.a.m. als die führende deutsche Kolonialmetropole. Hamburg hingegen war hauptsächlich über den Handel mit den Kolonien verbunden. Zwischen beiden Städten bestand ein Konkurrenzverhältnis. Vgl. Ruppenthal, Kolonialismus (2007), S. 173–181. Zum Hamburger Botanischen Garten während der Kolonialzeit vgl. Kranz, Museum (2016). Zu *Imperial Cities* vgl. Driver/Gilbert, Cities (1999).

ungeeignet, ein so umfassendes Unternehmen wie die geplante Vermittlungsstelle zu bewältigen.[18]

Eine genauere Betrachtung der Gutachten erlaubt Einblicke in die spezifischen Vorstellungen der befragten Botaniker von der Zielsetzung der anfangs in den Schreiben stets als Vermittlungsstelle bezeichneten Einrichtung, die später den Namen Botanische Zentralstelle für die deutschen Kolonien erhielt. Die Gutachten geben zudem Auskunft über die Beurteilung der botanischen Aktivitäten anderer Kolonialmächte durch die deutschen Botaniker und ihre Kontakte zu europäischen und überseeischen Gärten. Es äußerten sich führende Botaniker sowie Land- und Forstwirtschaftsexperten der Zeit, wie die Direktoren wichtiger botanischer Gärten Preußens in Berlin, Breslau und Marburg, ferner der Landwirtschaftsprofessor Julius Kühn aus Halle und der ehemalige Berater der Zentralregierung in Kalkutta/Kolkata und Generalforstinspektor der indischen Staatsforste, Dietrich Brandis. Mit ihren Darlegungen verbanden sich teilweise auch auf ihre Person oder die von ihnen geleitete Institution bezogene Interessen.

Zur grundsätzlichen Ausrichtung der Vermittlungsstelle schrieb Brandis, der ursprünglich aus Bonn stammte und als vormals leitender Forstbeamter in britischen Diensten mit Kew und dessen Netzwerk bestens vertraut war:

> „Man muss sich von der Idee losmachen, daß der erste Zweck eines solchen Gartens, eines solchen Herbariums und mit seiner Bibliothek und eines solchen botanischen Museums der sein muß, den Ausbau der reinen Wissenschaft zu fördern. Die Beamten an einem solchen Institut, und deren Anzahl muß eine ziemlich große sein, müßten ihre Befriedigung darin finden, dasselbe den großen praktischen Zwecken dienstbar zu machen und nicht in erster Linie danach streben, sich durch wissenschaftliche Entwicklungen einen Namen zu machen.“[19]

Die Vermittlungsstelle sollte somit dem britischen Vorbild folgend „praktischen“, das heißt ökonomischen Zwecken dienen. Adolf Engler, zu dieser Zeit noch Direktor des Botanischen Gartens Breslau, der sich in seinem Gutachten bestens informiert über die Tätigkeiten von Kew und den Satellitengärten zeigte, betonte ebenfalls den Vorrang „merkantiler“[20] vor wissenschaftlichen

---

18 Botanischer Garten Marburg, Goebel an Kultusministerium, von Gossler, 26. Dezember 1888, GStA PK I. HA Rep. 76, Va, Sekt. 2, Tit. X, Nr. 89 B, Bd. 1, Bl. 30–35, hier Bl. 32.

19 Brandis an nicht genannten Empfänger, 17. Juli 1889, GStA PK I. HA Rep. 76, Va, Sekt. 2, Tit. X, Nr. 89 B, Bd. 1, Bl. 72–74, hier Bl. 73.

20 Botanischer Garten Breslau, Engler an Kultusministerium, von Gossler, 27. Dezember 1888, GStA PK I. HA Rep. 76, Va, Sekt. 2, Tit. X, Nr. 89 B, Bd. 1, Bl. 26–29, hier Bl. 26. Englers Kenntnisse von Kew beruhten zu diesem Zeitpunkt offenbar auf gedruckten

Interessen. Engler sollte den von Brandis angedeuteten Interessenkonflikt, dass die für eine Vermittlungsstelle nach dem Vorbild Kew arbeitenden Botaniker ihren wissenschaftlichen Ehrgeiz der wirtschaftlichen Ausrichtung des Institutes unterordnen müssten, später in seiner Position als Direktor des Berliner Botanischen Gartens und Museums samt der Botanischen Zentralstelle selbst erleben. Von seiner bevorstehenden Berufung nach Berlin wusste er aber offenbar erst etwa ein halbes Jahr nach dem Verfassen seines Gutachtens im Dezember 1888. Während er im Dezember noch keine konkreten Vorschläge zum Standort der Vermittlungsstelle machte, sondern sich ohne Bezugnahme auf den Botanischen Garten Breslau persönlich ins Gespräch brachte, um Auskünfte zu den aus den Kolonien eintreffenden Pflanzen zu erteilen, schrieb er im Juli 1889 „als zukünftiger Direktor des Königlichen Botanischen Gartens und Museums zu Berlin":[21] „Es kann nur im Interesse des botanischen Gartens zu Berlin liegen, wenn er in ähnlicher Weise wie der botanische Garten in Kew mit den Kolonien in Verbindung tritt".[22] Dass Engler die auf die Kolonien bezogene Botanik als Sprungbrett erkannte, um die Geltung der von ihm zu leitenden Institution und damit auch seiner Person zu steigern, liegt auf der Hand und zeigte sich deutlich in den folgenden Jahren.

Der Marburger Gartendirektor Karl Goebel beschrieb sich als „durch eigene Anschauung [...] mit der tropischen Agrikultur einigermaßen vertraut"[23]. Er hatte mittels eines Stipendiums der Preußischen Akademie der Wissenschaften von 1885 bis 1886 Britisch-Indien und Ceylon/Sri Lanka bereist und war in Niederländisch-Indien auf Java Gast von Melchior Treub, dem Direktor des Botanischen Gartens Buitenzorg, gewesen. Er hob besonders die Bedeutung des Wissenstransfers zwischen der Vermittlungsstelle und den Versuchsstationen

---

Berichten und Informationen aus Schriftwechseln. Es gibt keine Hinweise darauf, dass Engler zu dieser Zeit Kew aus eigener Anschauung kannte, wohl aber unterhielt er für seine wissenschaftlichen Arbeiten Kontakte dorthin. Diels führt an, dass Engler schon seit seiner Stellung in München von 1871 bis 1878 für seine Forschungsarbeit an tropischen Pflanzen im Austausch mit botanischen Gärten stand, die über tropische Herbarien und Warmhäuser verfügten. Vgl. Diels, Gedächtnis (1931), S. 10; außerdem Lack, Kew (2007), S. 184.

21 Botanischer Garten Breslau, Engler an Kultusministerium, 17. Juli 1889, GStA PK I. HA Rep. 76, Va, Sekt. 2, Tit. X, Nr. 89 B, Bd. 1, Bl. 80–82, hier Bl. 80.

22 Ebd.

23 Botanischer Garten Marburg, Goebel an Kultusministerium, von Gossler, 26. Dezember 1888, GStA PK I. HA Rep. 76, Va, Sekt. 2, Tit. X, Nr. 89 B, Bd. 1, Bl. 30–35, hier Bl. 30.

in den Kolonien hervor, die über ihre in der Praxis gewonnenen Erkenntnisse ausführlich zu berichten hätten. Großbritannien mit Kew böte insgesamt ein Muster, das „in jeder Hinsicht nachahmenswert“[24] sei.

Die Vorbildfunktion Kews reichte denn auch bis hin zu Details bei der Beschaffung von geeigneten Pflanzen und deren Transport. Es wurde geraten, das Saatgut für die in den deutschen Kolonien anzulegenden Versuchsgärten „entsprechend englischer Erfahrungen nicht aus deutschen Samenhandlungen, sondern aus englischen botanischen Gärten und Versuchsstationen“[25] zu beziehen. Dafür sollten die deutschen Konsulate in den tropischen Regionen die Anfragen an die dortigen botanischen Gärten übernehmen. Von Soden hatte dieses Vorgehen vorgeschlagen, denn als ehemaliger Konsul verfügte er über hilfreiche Kontakte und konnte konkret einige Konsulate für den Bezug bestimmter Pflanzen benennen.[26] Engler und Urban unterstützten seine Überlegung: Ihrer Einschätzung nach versprach die indirekte Beschaffung von Pflanzen und Samen über die deutschen Konsulate einen größeren Erfolg als direkte Anfragen des Berliner Gartens, „da England die Kolonialbestrebungen Deutschlands nicht gern sieht“[27]. Doch selbst den Konsuln, so Englers Meinung, würden die Verwaltungen der britischen Versuchsgärten „nicht immer aufrichtig und willig entgegenkommen.“[28] Urban riet zusätzlich dazu, als Bestimmungsort der Pflanzen den Botanischen Garten und das Botanische Museum Berlin anzugeben und damit die britischen Gärten hinsichtlich der beabsichtigten Verwendung der Pflanzen

24 Ebd., Bl. 31.

25 Botanischer Garten Breslau, Engler an Kultusministerium, von Gossler, 27. Dezember 1888, GStA PK I. HA Rep. 76, Va, Sekt. 2, Tit. X, Nr. 89 B, Bd. 1, Bl. 26–29, hier Bl. 26. Diese Meinung vertraten auch Goebel und Urban: Botanischer Garten Marburg, Goebel an Kultusministerium, von Gossler, 26. Dezember 1888, GStA PK I. HA Rep. 76, Va, Sekt. 2, Tit. X, Nr. 89 B, Bd. 1, Bl. 30–35, hier Bl. 32; Botanischer Garten und Botanisches Museum, Urban an Kultusministerium, von Gossler, 25. Dezember 1888, GStA PK I. HA Rep. 76, Va, Sekt. 2, Tit. X, Nr. 89 B, Bd. 1, Bl. 56–62, hier Bl. 57.

26 Gouvernement Kamerun, von Soden an Auswärtiges Amt, von Bismarck, 30. August 1888, GStA PK I. HA Rep. 76, Va, Sekt. 2, Tit. X, Nr. 89 B, Bd. 1, Bl. 4; Gouvernement Kamerun, von Soden, 6. April 1889, GStA PK I. HA Rep. 76, Va, Sekt. 2, Tit. X, Nr. 89 B, Bd. 1, Bl. 64. Zur Einbeziehung der Konsulate in die Beschaffung von Saatgut vgl. außerdem die Korrespondenz zwischen Auswärtigem Amt und verschiedenen Konsuln: R 1001/8596, Bl. 152–204.

27 Botanischer Garten Breslau, Engler an Kultusministerium, von Gossler, 27. Dezember 1888, GStA PK I. HA Rep. 76, Va, Sekt. 2, Tit. X, Nr. 89 B, Bd. 1, Bl. 26–29, hier Bl. 27.

28 Ebd.

zu täuschen.[29] Beide gingen demnach davon aus, dass die britischen Gärten bei der Bereitstellung von Samen und Pflanzen kooperieren würden, wenn sie von einer Nutzung der Pflanzen für wissenschaftliche Zwecke ausgingen. Jedoch schien die Unterstützung deutscher landwirtschaftlicher Bestrebungen in den Kolonialgebieten, die britischen Wirtschaftsinteressen zuwiderlaufen konnten, ausgeschlossen. Offenbar wurde befürchtet, dass sich auf wirtschaftlicher Ebene ein Konkurrenzdenken stärker bemerkbar machen würde als im wissenschaftlichen Bereich, in dem der Austausch von Pflanzenmaterial und Wissen die Arbeitspraxis prägte.

Hinsichtlich des Transports der Pflanzen waren dagegen keine Täuschungsmanöver nötig, denn für den Seetransport von tropischen Pflanzen hatte sich mit den Wardschen Kästen die Erfindung eines Engländers längst auch an den botanischen Gärten im Deutschen Reich etabliert. Engler, Goebel, Urban und Kühn empfahlen diese mobilen Gewächshäuser, die wie Engler bemerkte für Kews Versand Standard waren, und berichteten von eigenen positiven Erfahrungen damit.[30] In den Kolonien angekommen, mussten den Gutachtern zufolge die Pflanzen dann unter sachkundiger Anleitung aufgezogen werden, in Versuchsgärten nach britischem Vorbild. Dazu äußerte sich ausführlich Julius Kühn, Professor für Landwirtschaft und Begründer des zu dieser Zeit bedeutendsten agrarwissenschaftlichen Lehr- und Forschungsinstituts in Halle. Er griff dabei auf eigene Beobachtungen in dem von ihm angelegten landwirtschaftlich-botanischen Versuchsgarten zurück und – noch wichtiger – auf die Erfahrungen Ferdinand Wohltmanns, seines Assistenten.[31] Wohltmann hatte die Westküste Afrikas und die kanarischen Inseln bereist und habilitierte sich 1891 mit einer Arbeit zur tropischen Landwirtschaft. Er wirkte später prägend auf

29 Botanischer Garten und Botanisches Museum, Urban an Kultusministerium, von Gossler, 25. Dezember 1888, GStA PK I. HA Rep. 76, Va, Sekt. 2, Tit. X, Nr. 89 B, Bd. 1, Bl. 56–62, hier Bl. 59.

30 Die Schreiben waren an den Kultusminister von Gossler gerichtet: Botanischer Garten Breslau, Engler, 27. Dezember 1888, GStA PK I. HA Rep. 76, Va, Sekt. 2, Tit. X, Nr. 89 B, Bd. 1, Bl. 26–29, hier Bl. 26; Botanischer Garten Marburg, Goebel, 26. Dezember 1888, GStA PK I. HA Rep. 76, Va, Sekt. 2, Tit. X, Nr. 89 B, Bd. 1, Bl. 30–35, hier Bl. 32; Botanischer Garten und Botanisches Museum, Urban, 25. Dezember 1888, GStA PK I. HA Rep. 76, Va, Sekt. 2, Tit. X, Nr. 89 B, Bd. 1, Bl. 56–62, hier Bl. 62; Universität Halle, Kühn, 30. Dezember 1888, GStA PK I. HA Rep. 76, Va, Sekt. 2, Tit. X, Nr. 89 B, Bd. 1, Bl. 36–55, hier Bl. 37. Zu Wardschen Kästen vgl. Kap. II.

31 Zu Wohltmann, der 1888 die Westküste Afrikas bereist hatte, vgl. Schnee, Kolonial-Lexikon (1920), Bd. 3, S. 724-725.

diesem Gebiet, insbesondere durch die Veröffentlichung zahlreicher auf seinen Reisen in die deutschen Kolonien beruhender wissenschaftlicher Publikationen und seine führende Position in kolonialwirtschaftlichen Vereinen und Kolonialunternehmen.

Die Rezeption der Publikationen Kews sowie der botanischen Gärten in den britischen und niederländischen Kolonien spielten demnach für Wissenstransfers zur institutionellen Arbeitspraxis botanischer Vermittlungsstellen und zu Kulturversuchen mit tropischen Nutzpflanzen eine wichtige Rolle, daneben weitere Wege des wissenschaftlichen Austauschs mit ausländischen Gärten wie Forschungsreisen und Hospitationen. Insgesamt belegen die Gutachten, dass die Richtung des Wissenstransfers die Orientierung an der als am erfolgreichsten arbeitenden Einrichtung, den Royal Botanic Gardens Kew, bestimmte, deren *best practice* übernommen werden sollte. Den Verweis auf das bekannte Beispiel Kew zogen die Gutachter zur Unterstützung ihrer Argumentation heran. Ihre Kenntnisse dieser Institution sollten – so der Eindruck bei der Quellenlektüre – ihnen größere Überzeugungskraft verleihen. Für den angestrebten Pflanzentransfer in die deutschen Kolonien erwiesen sich darüber hinaus weltweite persönliche Kontakte zu den Direktoren von botanischen Gärten, deutschen Plantagenbesitzern im Ausland und Forschungsreisenden als hilfreich. Neben von Soden bot beispielsweise auch der Berliner Kustos Urban an, sich für den Bezug von Pflanzen direkt an einige Gartendirektoren, Botaniker und Besitzer von Pflanzungsunternehmen zu wenden, mit denen er „in freundlicher Verbindung“[32] stehe.

Der übereinstimmende Rat der Experten überzeugte das Preußische Kultusministerium, dem der Botanische Garten und das Botanische Museum als wissenschaftliche Institute der Friedrich-Wilhelms-Universität unterstanden, sowie das kofinanzierende Auswärtige Amt, dem Vorbild Kews folgend an der Berliner botanischen Einrichtung eine Vermittlungsstelle für den Transfer tropischer Nutzpflanzen und botanischen wie auch landwirtschaftlichen Wissens mit Bezug auf die Kolonialgebiete einzurichten. Das Auswärtige Amt wies sogleich eine erste Probesendung von Pflanzen an: Sie sollte im Sommer 1889 von Berlin nach Kamerun gehen und dort den Grundstock für einen Versuchsgarten bilden. Gleichzeitig wurde von Soden beauftragt, Pflanzen von den portugiesischen Inseln und aus dem Versuchsgarten der benachbarten britischen Kronkolonie Lagos zu besorgen, um Kosten zu sparen. Der Pflanzentransfer

32 Botanischer Garten und Botanisches Museum Berlin, Urban an Kultusministerium, von Gossler, 25. Dezember 1888, GStA PK I. HA Rep. 76, Va, Sekt. 2, Tit. X, Nr. 89 B, Bd. 1, Bl. 56–62, hier S. 61.

konnte somit von Beginn an auch dezentral – ohne Umweg über die Metropole und den Berliner Garten – direkt zwischen verschiedenen Kolonien erfolgen. Für die Probesendung stellte das Auswärtige Amt aufgrund knapper Mittel nur 200 Mark zur Verfügung. Die im Juli 1889 am Botanischen Garten Berlin in Wardsche Kästen verpackten Pflanzen konnten zudem nur bis Hamburg durch einen Gärtner begleitet werden und nicht, wie in den Gutachten angeregt, bis in die Kolonien. Die fachkundige Überwachung der Pflanzen während der etwa sechswöchigen Fahrt, der für den Erfolg der Transfers eine große Bedeutung beigemessen wurde, übernahm ab Hamburg die Mannschaft des Woermannschen Dampfers.[33] Der Reedereibesitzer Adolph Woerman hatte sich bereit erklärt, die Probesendung kostenlos mitzunehmen, da das Vorhaben „gemeinnützigen und wissenschaftlichen Zwecken"[34] diene.

Woermann handelte dabei keinesfalls selbstlos: Der Hamburger Kaufmann und Reeder, dessen Firma schon seit der vorigen Generation Handelsgeschäfte mit Afrika verbanden, hatte als entschiedener Befürworter deutscher Kolonien deren Erwerb vorangetrieben. Er nahm auch in den darauffolgenden Jahren als Reichstagsabgeordneter, Delegierter der Berliner Afrika-Konferenz und Mitglied des Kolonialrates – einem Beratungsgremium der Kolonialabteilung des Auswärtigen Amtes – Einfluss auf die Kolonialpolitik des Deutschen Reiches. Mit seinen Dampfschiffen unterhielt Woermann schon seit Beginn der 1880er-Jahre regelmäßige Verbindungen nach Nigeria und Kamerun. Die Woermannsche Reederei hatte eine Monopolstellung im Transport von Passagieren, Fracht und Post zwischen den afrikanischen Kolonien und dem Deutschen Reich inne durch Verträge mit der Deutschen Reichspost (1882) über die Beförderung aller Postsendungen nach Afrika sowie mit der Deutschen Siedlungsgesellschaft (1896) und der deutschen Kolonialverwaltung (1901) über die Mitnahme deren

33 Vgl. Ministerium für Landwirtschaft, Domänen und Forsten, Lucius und Kultusministerium, von Gossler an Auswärtiges Amt, von Bismarck, 8. Januar 1889, GStA PK I. HA Rep. 76, Va, Sekt. 2, Tit. X, Nr. 89 B, Bd. 1, Bl. 12–13; Auswärtiges Amt an Kultusministerium und Ministerium für Landwirtschaft, Domänen und Forsten, 10. April 1889 GStA PK I. HA Rep. 76, Va, Sekt. 2, Tit. X, Nr. 89 B, Bd. 1, Bl. 15–18. Zu den Kosten der Probesendung vgl. GStA PK I. HA Rep. 76, Va, Sekt. 2, Tit. X, Nr. 89 B, Bd. 1, Bl. 92. Zur Fahrtdauer der Dampfschiffe vgl. Woermann an Auswärtiges Amt, 31. Mai 1889, GStA PK I. HA Rep. 76, Va, Sekt. 1, Tit. 10, Nr. 24, Bd. 1, Bl. 24. Zur Probesendung außerdem weitere Schreiben: BArch R1001/8596, Bl. 64–128.

34 Auswärtiges Amt an Kultusministerium und Ministerium für Landwirtschaft, Domänen und Forsten, 10. April 1889, GStA PK I. HA Rep. 76, Va, Sekt. 2, Tit. X, Nr. 89 B, Bd. 1, Bl. 15–18, hier Bl. 17.

gesamter Fracht, dazu kam die Beteiligung an der vom Reich subventionierten Deutschen Ostafrika-Linie. Der in Anspielung auf seine herausgehobene wirtschaftliche und politische Stellung als „königlicher Kaufmann“[35] titulierte Adolph Woermann war dabei zeitgenössisch durchaus umstritten, insbesondere wegen des Handels mit Branntwein und Waffen, die sein Handelshaus in Westafrika gegen Palmöl und Kautschuk tauschte.[36] Zu seinen kolonialen Unternehmungen gehörten neben den Schifffahrtslinien und dem Handel auch eigene Faktoreien in Kamerun sowie Plantagen, auf denen unter anderem Kakao und Kautschuk angebaut wurde.[37] Die Mitnahme der Probesendung von Pflanzen aus dem Botanischen Garten Berlin war für Woermann daher zum einen vor diesem Hintergrund interessant, gab es doch die Möglichkeit, als Plantagenbesitzer von den geplanten Anbauversuchen zu profitieren. Zum anderen ließ er sich für die folgenden Lieferungen von Pflanzenmaterial in die Kolonien und für den Transport botanischer, zoologischer und ethnologischer Sammlungen von dort ins Deutsche Reich die Frachtkosten sehr wohl bezahlen.[38]

Albert Gouaffo weist in seiner Untersuchung des Wissens- und Kulturtransfers im kolonialen Kontext zu Recht auf die Bedeutung von Schifffahrtsgesellschaften wie der Woermann-Linie AG hin, die er als „Träger des Wissenstransfers“[39] beschreibt. Die Schiffe transportierten Artefakte, botanische, zoologische und geologische Funde sowie andere Objekte für Sammlungs- und Forschungszwecke aus den Kolonien ins Deutsche Reich. Kolonialbeamte, Militärangehörige, Missionare, Forscher und vereinzelt deren ebenfalls sammelnde, forschende und berichtende Ehefrauen wurden in beide Richtungen befördert. Diese Personengruppe wird bei Gouaffo als „Mittler des Transfers“[40] beschrieben. Im

35 Hücking/Launer, Menschen (1986), S. 174.

36 Der Tauschhandel mit Branntwein und Woermann als Hauptvertreter der Branntweinexporteure wurden von den Missionsgesellschaften in Togo sowie in Kamerun heftig kritisiert und die Einschränkung des Handels mit Spirituosen auch im Reichstag diskutiert. Vgl. dazu Gründer, Geschichte (2000), S. 132; Möhle, Branntwein (1999), S. 42 ff.

37 Zu Woermann siehe überblicksartig Möhle, Branntwein (1999), S. 39–45; umfassend mit Quellenbelegen Hücking/Launer, Menschen (1986), dort S. 170 auch ein Überblick über Schiffslinien der Woermann Reederei; auf wirtschaftliche und unternehmensgeschichtliche Aspekte konzentriert zudem Bavendamm, Wagnis (1987).

38 Zu den Frachtkosten vgl. bspw. Bericht Botanische Zentralstelle 1894/95, GStA PK I. HA Rep. 76, Va, Sekt. 2, Tit. X, Nr. 89 B, Bd. 2, Bl. 4–7 und die Aufstellungen in I. HA Rep. 76, Va, Sekt. 1, Tit. X, Nr. 24, Bd. 1–3 sowie R 1001/8601.

39 Gouaffo, Wissens- und Kulturtransfers (2007), S. 32 u. S. 50.

40 Ebd., S. 52.

Falle des Reeders, Händlers, Plantagenbesitzers und Kolonialpolitikers Woermann überschnitten sich verschiedene Interessen an diesen Transfers. Mit der Beförderung von Personen und Objekten auf seinen Dampfschiffen verfolgte er profitorientierte Absichten, sei es in Form von Einnahmen durch Frachtkosten oder durch den Anbau gewinnbringender Nutzpflanzen. In seiner Position als Politiker und Berater der Regierung gab er seine durch die Unternehmungen in Westafrika gewonnenen Kenntnisse weiter, auch um politische Entscheidungen herbeizuführen, die seine wirtschaftlichen Ambitionen begünstigten. So war er im Zusammenhang mit der Anlage des Versuchsgartens in Kamerun unter anderem um seinen Rat bezüglich des Erwerbs von geeignetem Saatgut gefragt worden.[41]

Die Nachricht von der Probesendung nach Kamerun und den geplanten Kulturversuchen von Sodens mit tropischen Nutzpflanzen fand schnell ihren Weg in eine breitere Öffentlichkeit. Die zentrumsnahe Berliner Zeitung *Germania* berichtete ausführlich darüber und teilte mit, dass zehn Wardsche Kästen und ein großer Kastenkorb unter anderem mit Gummibaum, kautschukliefernden Pflanzen und Patschuli mit der Woermann-Linie nach Victoria verschickt worden waren. Sie lobte außerdem die erfolgreichen Pflanzungen Woermanns in Kamerun.[42] In den folgenden Jahren informierten die im *Notizblatt*[43] des Botanischen Gartens veröffentlichten Tätigkeitsberichte der Botanischen Zentralstelle und Mitteilungen der Versuchsgärten in den Kolonien über die Arbeit dieser Einrichtungen und es erschienen unzählige Artikel zu Kulturversuchen mit tropischen Nutzpflanzen.[44] Die Jahresberichte der Botanischen Zentralstelle wurden auch im Amtsblatt für die Schutzgebiete, dem *Kolonialblatt*, abgedruckt, sie lagen als Bestandteil der *Denkschriften über die Verwendung des Afrikafonds* vor und wurden neben der *Germania* in weiteren Tageszeitungen auszugsweise zitiert. Die liberale *Vossische Zeitung* etwa hob unter anderem die Bedeutung der Anbauversuche für die Plantagenwirtschaft hervor und schilderte die Kooperation mit überseeischen botanischen Gärten bei der Beschaffung von Samen und Pflanzen, das Ziehen von Sämlingen am Botanischen Garten Berlin und

41 Auswärtiges Amt an Kultusministerium und Ministerium für Landwirtschaft, Domänen und Forsten, 6. Dezember 1888, GStA PK I. HA Rep. 76, Va, Sekt. 2, Tit. X, Nr. 89 B, Bd. 1, Bl. 2–3. Zu Woermanns politischen Aktivitäten und Kontakten vgl. Hücking/Launer, Menschen (1986), S. 176.

42 Germania, Nr. 173, 1. Aug. 1889, in: GStA PK I. HA Rep. 76, Va, Sekt. 2, Tit. X, Nr. 89 B, Bd. 1, Bl. 86.

43 Zum Notizblatt vgl. ausführlicher Kap. IV.3.

44 Zu den tropischen Versuchsgärten und Forschungseinrichtungen vgl. Kap. IV.1.

den Transport der weiter entwickelten Pflanzen in die Kolonien.[45] Von Beginn an erreichten damit detaillierte Informationen zu den auf die Kolonien bezogenen Aktivitäten am Botanischen Garten Berlin eine größere Leserschaft über das Fachpublikum sowie Regierungs- und Kolonialkreise hinaus.

Auffallend ist die kurze Zeitspanne, die zwischen der Anfrage von Sodens Ende August 1888 bis zur ersten Pflanzenlieferung Ende Juli 1889 lag. In weniger als einem Jahr wurden Gutachten der maßgeblichen Experten eingeholt, geeignete Pflanzen ausgesucht, die erste Probesendung verschickt und Einigkeit über die Einrichtung einer botanischen Vermittlungsstelle nach dem Muster der Kew Gardens erreicht. Das zügige Einleiten konkreter Schritte spricht dafür, dass alle Beteiligten – von Soden, das Auswärtige Amt unter Bismarck, das Preußische Kultusministerium und die beratenden Botaniker, darunter der spätere Unterdirektor des Berliner Botanischen Gartens Ignatz Urban sowie dessen designierter neuer Direktor Adolf Engler – der Angelegenheit eine große Bedeutung zumaßen und sich grundsätzlich darin einig waren, die wirtschaftliche Nutzung der Kolonien voranzutreiben durch den staatlich geförderten, wissenschaftlich begleiteten Aufbau einer rentablen Landwirtschaft. Dafür sollte die wissenschaftliche Expertise in Form einer Vermittlungsstelle am Botanischen Garten und Museum sowie durch botanische Versuchseinrichtungen in den Kolonien institutionalisiert werden. Sowohl am Beispiel der Botanischen Zentralstelle wie auch von Forschungseinrichtungen in den Kolonien zeigt sich, dass konkrete Probleme beziehungsweise Aufgabenstellungen, zu deren Lösung die Hilfe von Wissenschaftler ratsam schien, zur Gründung dieser Institutionen führte. So fasste es auch Georg Volkens, Kustos der Botanischen Zentralstelle, zusammen, wenn er angab, diese hätte sich „aus einem Bedürfnis der Praxis heraus entwickelt."[46]

Erwähnt sei in diesem Zusammenhang noch, dass auch die Deutsche Kolonialgesellschaft (DKG) das Anliegen vertrat, den Versand und die Erforschung tropischer Nutzpflanzen auszuweiten. Die DKG wandte sich just in der Sondierungsphase bezüglich der Einrichtung der Botanischen Zentralstelle an das Preußische Kultusministerium mit der Bitte, der Berliner Botanische Garten möge im Interesse der Entwicklung der Kolonien und des Handels mitwirken an

45 Vossische Zeitung, 17. August 1892, in: GStA PK I. HA Rep. 76, Va, Sekt. 2, Tit. X, Nr. 89 B, Bd. 1 Bl. 204; Vossische Zeitung, 1. Oktober 1892, in: GStA PK I. HA Rep. 76, Va, Sekt. 2, Tit. X, Nr. 89 B, Bd. 1, Bl. 270.

46 Volkens, Zentralstelle (1907), S. 2.

der „Ausbreitung wertvoller Pflanzen“[47] in den deutschen Kolonialgebieten. Die Berliner Einrichtung solle zudem kostenlose Untersuchungen von tropischen Nutzpflanzen übernehmen und Reisende informieren. Beklagt wurde außerdem, dass bedeutende botanische Sammlungen von Deutschen an Kew gingen, da es keine vergleichbare Institution im Deutschen Reich gäbe.[48] Die DKG war erst ein Jahr zuvor aus dem Zusammenschluss des Deutschen Kolonialvereins mit der Gesellschaft für deutsche Kolonisation hervorgegangen. Als „koloniale pressure group“[49] war sie so einflussreich wie elitär mit angesehenen Vertretern aus dem Adel, der Politik, dem Militär, der Industrie, dem Handel und dem Bankenwesen an ihrer Spitze und einer breiten Mitgliederschaft aus dem gehobenen Mittelstand, insbesondere dem Bildungsbürgertum und der Beamtenschaft. Die DKG widmete sich vorwiegend der Propaganda für die deutschen Kolonien, um sowohl auf die öffentliche Meinung einzuwirken als auch den Reichstag, die Regierung und die Verwaltungsbehörden in ihren Entscheidungen zu beeinflussen. Sie finanzierte außerdem ausgewählte Projekte zum Ausbau der wirtschaftlichen, sozialen und politischen Infrastruktur in den Kolonien.[50]

Interessant an dem Schreiben der DKG ist, dass sich die hier vorgeschlagenen Funktionen der botanischen Zentralstelle in deren späterem Aufgabenkatalog wiederfinden. Dies ist zum einen damit zu erklären, dass sich die Forderungen der DKG an der Arbeitsweise von Kew orientierten, das auch den zum Nutzpflanzenanbau in Kamerun angefragten Gutachtern allgemein als Vorbild diente. Zum andern lag das Gesuch der DKG dem späteren Direktor des Botanischen Gartens und Museums Adolf Engler vor, der die Konzeption der Aufgaben der Botanischen Zentralstelle übernahm. Er hatte es zusammen mit der Bitte um eine Stellungnahme vom Preußischen Kultusministerium erhalten.[51] Nachdem Engler am 17. Juli 1889 in Erwiderung auf den Vorstoß der DKG seine Zustimmung signalisiert hatte, an seiner zukünftigen Wirkungsstätte in Berlin

47 Deutsche Kolonialgesellschaft, zu Hohenlohe-Langenburg an Kultusministerium, 22. Januar 1889, GStA PK I. HA Rep. 76, Va, Sekt. 2, Tit. X, Nr. 89 B, Bd. 1, Bl. 76–79, hier Bl. 76.

48 Ebd., Bl. 76–79.

49 Gründer, Geschichte (2000), S. 42.

50 Zur DKG vgl. auch Demhartd, Kolonialgesellschaft (2002); Bendikat, Kolonialbewegung (1984), S. 133–145; Pierard, Society (1987), hier insbes. S. 24–29.

51 Botanischer Garten Breslau, Engler an Kultusministerium, 17. Juli 1889, GStA PK I. HA Rep. 76, Va, Sekt. 2, Tit. X, Nr. 89 B, Bd. 1, Bl. 80–82. Auf diesem Schreiben ist am Rand (wohl durch das Preußische Kultusministerium) vermerkt worden, dass Engler als Sekretär der Sektion Breslau der DKG fungierte.

eine wie Kew operierende botanische Vermittlungsstelle einzurichten,[52] folgte nach Rücksprache mit dem Auswärtigen Amt am 19. August 1889 ein Erlass des Preußischen Kultusministeriums, der die Nutzung des Botanischen Gartens und Museums für – wie es hieß – kolonialwirtschaftliche Zwecke bestimmte.[53] Der Vorstoß der DKG scheint damit beschleunigend auf die bereits laufenden Vorbereitungen gewirkt zu haben.[54] Gleichwohl sollte die DKG nach Auffassung des Auswärtigen Amtes aus der Causa Zentralstelle herausgehalten werden: Es sei besser zu vermeiden, in einer Frage, in der die Regierung bereits vor dem Schreiben der DKG die Initiative ergriffen hatte, dieser eine offizielle Mitwirkung in Aussicht zu stellen, hieß es. Ihr sollte – wenn überhaupt – nur eine beratende Rolle zugestanden werden.[55]

In den folgenden Jahren war die vielfältige Unterstützung der DKG, genauer des Kolonialwirtschaftlichen Komitees (KWK) als eine ihrer Unterabteilungen, jedoch äußerst willkommen.[56] Das KWK war 1896 als Zusammenschluss von wirtschaftlichen und wissenschaftlichen Institutionen sowie kolonialinteressierten Privatleuten von dem Fabrikbesitzer Karl Supf gegründet worden und hatte zum erklärten Ziel, die Erschließung der deutschen Kolonien voranzutreiben. Im Jahr 1902 wurde es als „wirtschaftlicher Ausschuss" der Deutschen Kolonialgesellschaft angegliedert. Das KWK finanzierte unter anderem wirtschaftlich und wissenschaftlich ausgerichtete Expeditionen in die deutschen und andere Kolonialgebiete sowie – und das ist hier von besonderem Interesse – Pflanzen- und Saatguttransfers.[57]

---

52 Ebd.

53 Kultusministerium an DKG und Botanischer Garten Breslau, Engler, 19. August 1889, GStA PK I. HA Rep. 76, Va, Sekt. 2, Tit. X, Nr. 89 B, Bd. 1, Bl. 90.

54 Bei Kreye, Garten (2009), S. 130 heißt es, das Gesuch der DKG habe zur Gründung der Botanischen Zentralstelle geführt. Die hierzu zitierte Quelle, eine spätere Darstellung des Kustos der Botanischen Zentralstelle Georg Volkens, der sich als Mitglied der DKG für deren Ziele einsetzte, muss angesichts der Aktenlage als nachträgliche Aufwertung der Rolle der DKG bei den Verhandlungen gewertet werden.

55 Auswärtiges Amt an Kultusministerium, von Gossler, 8. August 1889, GStA PK I. HA Rep. 76, Va, Sekt. 2, Tit. X, Nr. 89 B, Bd. 1, Bl. 87–89, hier Bl. 87.

56 Beispiele für Kooperationen der Botanischen Zentralstelle mit dem KWK finden sich u.a. in Kap. IV.1, Kap. IV.3 u. Kap. V. Dazu auch Timler/Zepernick, Botany (1987), S. 150.

57 Zum KWK vgl. Laak, Infrastruktur (2004), S. 122 f.; Pierard, Case (1968); außerdem den Bestand GStA PK I. HA Rep. 76, Vc, Sekt.1, Tit. XI, Teil 1, Nr. 41, Bd. 1.

Zusammenfassend ist festzuhalten, dass in der Diskussion über die Einrichtung einer botanischen Vermittlungsstelle von Beginn an Aspekte hervortraten, die für die weitere Entwicklung bestimmend sein sollten. Dazu gehörte, dass wirtschaftliche Überlegungen die Debatte über die Gründung einer Vermittlungsstelle und ihre Zielsetzung leiteten. Die vom Auswärtigen Amt initiierte und vom Kultusministerium per Erlass angeordnete Indienstnahme des Berliner Botanischen Gartens und Museums für kolonialwirtschaftliche Ziele ließ sich, wie die folgenden Kapitel zeigen, allerdings nicht problemlos umsetzen. Beide Ministerien und die Direktion des Botanischen Gartens und Museums verbanden mit der Vermittlungsstelle unterschiedliche Interessen und erst nach jahrelangen Verhandlungen konnte ein Ausgleich herbeigeführt werden. Prägend für die Arbeit der Botanischen Zentralstelle wurde außerdem die vorgegebene und sogleich umgesetzte Orientierung an den Erfahrungen anderer Kolonialmächte. Insbesondere das Vorbild Kew bestimmte sowohl den Aufbau der Botanischen Zentralstelle als auch ihre Aufgaben. Die in der Anfangsphase schon zu beobachtenden transimperialen Wissenstransfers blieben ein wesentliches Element der Arbeitspraxis der Botanischen Zentralstelle. Kew sowie die Versuchsgärten in den britischen und niederländischen Kolonien bildeten von Anfang an bevorzugte Institutionen für den Austausch von Pflanzen und Wissen in den sich noch erweiternden globalen Netzwerken.

Es dauerte trotz der schnellen Einigung zwischen dem Auswärtigen Amt und dem Preußischen Kultusministerium, die Berliner botanische Einrichtung für die Kolonialwirtschaft zu nutzen, und ungeachtet des bereits im Sommer 1889 aufgenommenen Pflanzentransfers in den Kameruner Versuchsgarten noch fast zwei weitere Jahre, bis im April 1891 die offizielle Gründung der Botanischen Zentralstelle erfolgte. Die Ausarbeitung ihrer Aufgaben sowie die Klärung der Finanzierung und Zuständigkeiten waren die wichtigsten Diskussionspunkte der bis dahin laufenden Verhandlungen.

Vertrag

Während das Auswärtige Amt als Initiator auch im weiteren Verlauf die treibende Kraft blieb, um den Versand von Pflanzen in die Kolonien und die Einrichtung einer Vermittlungsstelle auf den Weg zu bringen, machte das Preußische Kultusministerium die nächsten Schritte von dem Amtsantritt Adolf Englers als neuer Direktor des Berliner Botanischen Gartens und Museums sowie dem von ihm auszuarbeitenden Konzept für die geplante neue Einrichtung abhängig. Das Auswärtige Amt hatte gleich im Anschluss an die Probesendung nach Kamerun die Absicht geäußert, im darauffolgenden Jahr bedeutend mehr Pflanzen dorthin senden zu wollen und drängte darauf, für deren rechtzeitige Beschaffung und die Einstellung der Gelder in die entsprechenden Etats die Vorgänge zu beschleunigen. Gleichwohl musste es zur Kenntnis nehmen, dass ohne detaillierte Ausarbeitungen Englers zu den Aufgaben der Vermittlungsstelle und den zu erwartenden Kosten keine weiterreichenden Schritte erfolgen konnten.[58]

Im Hintergrund begannen beide Ministerien jedoch schon zu erkunden, aus welchen Etats die Finanzierung der geplanten Vermittlungsstelle erfolgen konnte. Das Preußische Kultusministerium erhielt auf die im Juni 1889 beim Finanzminister beantragte Erhöhung der Zuwendungen für den Botanischen Garten allerdings die Antwort, die Übernahme der Kosten für dessen kolonialwirtschaftliche Nutzung, insbesondere für den Pflanzenversand, müsse aus Reichsmitteln geschehen.[59] Damit zeichnete sich bereits der in den folgenden Jahren wiederholt aufflammende Konflikt ab, dass Aufwendungen, welche im Zusammenhang mit den als Reichsangelegenheit betrachteten Kolonien standen, aus Reichsmitteln finanziert werden sollten und nicht aus dem Budget einer preußischen Institution wie dem Botanischen Garten und Museum. Nach Englers Dienstantritt im Oktober 1889 setzte das Preußische Kultusministerium schließlich eine Kommission ein, in die Adolf Engler und Friedrich Althoff[60] für das Kultusministerium und noch zwei Vertreter des Auswärtigen Amtes berufen wurden, um die Vorverhandlungen zur Gründung der Vermittlungsstelle durchzuführen.[61] Das Auswärtige Amt mahnte mehrfach an, einen Termin für

---

58 Auswärtiges Amt an Kultusministerium, von Gossler, 8. August 1889, GStA PK I. HA Rep. 76, Va, Sekt. 2, Tit. X, Nr. 89 B, Bd. 1, Bl. 87–89.

59 Kultusministerium, von Gossler an Auswärtiges Amt, von Bismarck, 19. Oktober 1889, GStA PK I. HA Rep. 76, Va, Sekt. 2, Tit. X, Nr. 89 B, Bd. 1, Bl. 98; Finanzministerium an Kultusministerium, von Gossler, 10. April 1890, GStA PK I. HA Rep. 76, Va, Sekt. 2, Tit. X, Nr. 89 B, Bd. 1, Bl. 110.

60 Der spätere Ministerialdirektor Friedrich Althoff war zum Zeitpunkt der Verhandlungen als Universitätsreferent im Preußischen Kultusministerium tätig. Er gilt als einflussreiche, maßgeblich die preußische Hochschulpolitik gestaltende Persönlichkeit. Althoff war Mitglied in verschiedenen Kommissionen und offenkundig in das Projekt der Botanischen Zentralstelle involviert. Er hatte Kenntnis über den entsprechenden Schriftverkehr, wie Aktenvermerke zeigen. Eine spezifische Haltung Althoffs hierzu lässt sich nicht herausarbeiten – im Gegensatz zum Vorhaben der Verlegung des Botanischen Gartens, bei der Althoff erfolgreich eigene Pläne verfolgte. Vgl. dazu Kap. III.2.

61 Kultusministerium an Auswärtiges Amt, von Bismarck, 19. Oktober 1889, GStA PK I. HA Rep. 76, Va, Sekt. 2, Tit. X, Nr. 89 B, Bd. 1, Bl. 98; Auswärtiges Amt an

das erste Zusammentreffen der Kommission zu finden, doch selbst ein halbes Jahr später stand noch kein Datum dafür fest.[62] Die Vorverhandlungen verloren offenbar an Tempo, weil sich die Klärung der Finanzierung in die Länge zog. Der lang erwartete Entwurf Englers zur Vermittlungsstelle als Beratungs- und Verhandlungsgrundlage lag hingegen schon seit Januar 1890 vor.

Bevor dieser Entwurf vorgestellt wird, ist es sinnvoll, sich der Biographie Englers zuzuwenden.[63] Die Skizzierung seines Werdegangs sowie seiner wissenschaftlichen und politischen Interessen soll eine Vorstellung davon vermitteln, für wen sich das Preußische Kultusministerium als neuen Direktor des Botanischen Gartens und Museums entschieden hatte, insbesondere vor dem Hintergrund der großen anstehenden Neuerungen. Denn neben dem Aufbau der Vermittlungsstelle stand die Verlegung der Gesamtinstitution nach Dahlem an und fand dann in Englers Amtszeit statt. Er prägte damit die Institution in dieser Zeit entscheidend und die 22 Jahre seines Direktorats umfassen mit den Jahren von 1889 bis 1921 gleichzeitig den hauptsächlichen Untersuchungszeitraum der vorliegenden Studie.[64]

Adolf Engler, 1844 in der preußischen Provinz Schlesien geboren, wuchs in bescheidenen Verhältnissen bei seiner alleinerziehenden Mutter auf. Das Studium der Naturwissenschaften in Breslau schloss er 1866 mit der Promotion ab und trat ebenfalls in Breslau eine Stelle als Gymnasiallehrer für Naturwissenschaften und Mathematik an.[65] Durch die Veröffentlichung von Berichten über

Kultusministerium, von Gossler, 30. Dezember 1889, GStA PK I. HA Rep. 76, Va, Sekt. 2, Tit. X, Nr. 89 B, Bd. 1, Bl. 104.

62 Auswärtiges Amt an Kultusministerium, von Gossler, 30. Dezember 1889, GStA PK I. HA Rep. 76, Va, Sekt. 2, Tit. X, Nr. 89 B, Bd. 1, Bl. 104; Auswärtiges Amt an Kultusministerium, von Gossler, 10. April 1890, GStA PK I. HA Rep. 76, Va, Sekt. 2, Tit. X, Nr. 89 B, Bd. 1, Bl. 111.

63 Eine umfassende Biographie Englers liegt bislang nicht vor. Aufschluss über Englers Leben und Werk geben zum einen der Nachruf von Ludwig Diels – Diels, Gedächtnis (1931) – und die biographischen Skizzen Stafleu, Engler (1981) sowie Lack, Engler (2000). Diels war ein Schüler und Mitarbeiter Englers und sein Nachfolger als Direktor des Botanischen Gartens und Museums, der ebenso wie Hans Walter Lack, ehem. Professor am Botanischen Garten und Museum, besonders Englers Verdienste aufzeigt. Zu Engler ferner Markgraf, Engler (1959).

64 Die Anlagen in Dahlem sind trotz Zerstörungen im Zweiten Weltkrieg noch heute im Wesentlichen so wie von Engler konzipiert erhalten. Vgl. Lack, Engler (2000), S. 4. Zur Gewichtung Englers in der vorliegenden Studie s.a. die Anmerkungen im Methodenteil der Einleitung.

65 Nach dem Studium zum Gelderwerb als Lehrer zu unterrichten, war nicht ungewöhnlich für promovierte Naturwissenschaftler zu der Zeit. Auch Ignatz Urban arbeitete

botanische Exkursionen und mit seiner Dissertation über Steinbreche (Saxifraga) konnte er sich als Botaniker profilieren und erhielt den Auftrag, für das renommierte Großprojekt der *Flora Brasiliensis* mit den Steinbrechen verwandte Pflanzenfamilien zu bearbeiten.[66] Frans Stafleu spricht von der *Flora Brasiliensis* als „dem ersten wirklich internationalen botanischen Gemeinschaftsprojekt" und „der größten tropischen Flora aller Zeiten".[67] Der Fokus von Englers wissenschaftlicher Beschäftigung mit tropischen Pflanzen lag somit zuerst auf Brasilien, in seinen Berliner Jahren dann auf Afrika. Die Mitarbeit an der *Flora Brasiliensis* regte Engler dazu an, in „großen geographischen Räumen zu denken und zu arbeiten"[68], überhaupt zieht sich die Frage nach der „Verbreitung der Pflanzen in Raum und Zeit"[69] leitmotivisch durch seine wissenschaftlichen Forschungen und Publikationen. Dies fand seinen Niederschlag auch in der Konzeption der pflanzengeographischen Anlagen der durch ihn um- oder neugestalteten botanischen Gärten.

Englers erste Berufung erfolgte 1871 als Herbarkustos nach München. Er habilitierte sich an der dortigen Universität und erwarb sich den Ruf eines hervorragenden botanischen Systematikers. In den sieben Jahren in München arbeitete Engler hauptsächlich weiter für die *Flora Brasiliensis*, seine dort veröffentlichte Monographie zur Gattung Steinbrech zeugte auch davon, dass sich Engler nach langen kritischen Auseinandersetzungen mit den Gedanken Darwins dessen Ideen zur Artbildung gänzlich anschloss.[70] Als ordentlicher Professor und Direktor des Botanischen Gartens an der Universität Kiel ab 1878 gestaltete er diesen neu und baute ein botanisches Institut auf. In Breslau schuf Engler als Professor und Direktor des Botanischen Gartens in den Jahren von 1884 bis 1889 bei dessen Umgestaltung mit einer pflanzengeographischen Anlage „erstmals ein[en] Garten, in dem sich die Welt widerspiegelte"[71]. Zusätzlich

---

nach dem Studium zunächst als Lehrer. Karl August Möbius, Direkter des Berliner Museums für Naturkunde, betätigte sich vor Beginn seines Studiums als Volksschullehrer. Vgl. Köstering, Natur (2003), S. 28 u. S. 135.

66 Vgl. Lack, Engler (2000), S. 12. *Flora Brasiliensis*, vom deutschen Botaniker Carl Philipp von Martius und seinen Mitarbeitern (darunter August Wilhelm Eichler, Ignatz Urban, Adolf Engler) sowie Nachfolgern bearbeitet, erschien zwischen 1840 und 1906 in 40 Bänden und wird von Botanikern bis heute als Standardwerk zur Flora Brasiliens anerkannt.

67 Stafleu, Engler (1981), S. 24.

68 Lack, Engler (2000), S. 12.

69 Ebd., S. 10.

70 Vgl. Stafleu, Engler (1981), S. 23 f.

71 Lack, Engler (2000), S. 19.

baute er das dortige Botanische Museum aus und erweiterte das Botanische Institut. Auch brachte er mit der Herausgabe der ab 1881 erscheinenden, durch ihn gegründeten Zeitschrift *Botanische Jahrbücher für Systematik, Pflanzengeschichte und Pflanzengeographie* und des vielbändigen Handbuches *Die natürlichen Pflanzenfamilien* ab 1887 wesentliche neue Impulse in die hierin behandelten Forschungsbereiche ein, die den Schwerpunkten seiner Arbeit entsprachen. Die *Botanischen Jahrbücher* realisierte Engler von Beginn an als internationales Projekt und warb erfolgreich um Beiträge von Botanikern aus dem Ausland, ebenso wie für *Die natürlichen Pflanzenfamilien*, einem Gemeinschaftswerk, an dem sich Botaniker aus verschiedenen Ländern beteiligten. Mit den *Pflanzenfamilien* wollte Engler eine moderne Übersicht schaffen nebst Angaben aus Anatomie, Embryologie und Physiologie, die auf den Theorien der phylogenetischen Entwicklung beruhten und durch tatsächliche Beobachtungen belegt werden sollten.[72]

Adolf Engler trat somit durch seine wissenschaftlichen Forschungen hervor.[73] Er hatte bei der Begründung und Leitung internationaler Publikationsprojekte sowie der Umgestaltung zweier botanischer Gärten nebst dem Ausbau von botanischen Instituten und dem Breslauer Botanischen Museum überdies bewiesen, dass er über innovative Ideen sowie Organisationstalent verfügte und komplexe, langwierige Vorhaben erfolgreich umzusetzen wusste. Damit empfahl er sich ohne Frage für den seit 1887 vakanten Direktionsposten am Berliner Botanischen Garten und Museum, gerade angesichts der bevorstehenden Gründung der Botanischen Zentralstelle und des schon vor Englers Amtsantritt angeregten Umzugs der Institution.

Als weiterer aussichtsreicher Kandidat für den Posten galt der am Berliner Botanischen Garten und Museum bereits tätige Kustos Ignatz Urban.[74] Er hatte

---

72 Vgl. Stafleu, Engler (1981), S. 25 ff. Die Berücksichtigung nicht nur der äußerlichen, sondern auch der anatomischen Merkmale für die Charakterisierung verwandter Formen und die systematische Gruppierung waren noch nicht selbstverständlich. Anatomische Eigenarten wurden von Botanikern lange wenig beachtet und Anatomen verzweifelten teilweise daran, dass die auf anatomischen Befunden beruhende Einteilung einer Pflanzengruppe oft nicht mit der künstlichen Gruppierung der Systematiker übereinstimmte. Vgl. Engler, Antrittsrede (1890), S. 775.

73 Vgl. Lack, Engler (2000), S. 19. In der Fachwelt wird Englers wissenschaftliches Werk bis heute mit Superlativen bedacht. Der durch Engler neu begründete Garten in Dahlem wurde unter pflanzengeographischen Gesichtspunkten Vorbild für botanische Gärten weltweit. Dazu Lack, Engler (2000), S. 6; Markgraf, Engler (1959).

74 Zur Biographie Urbans vgl. den Nachruf Loesener, Urban (1931); außerdem Lack, Engler (2000), S. 21; Stafleu, Engler (1981), S. 29–32.

ebenfalls an der *Flora Brasiliensis* mitgearbeitet und ab 1887 deren Herausgabe übernommen. Urban genoss dadurch in der Fachwelt großes Ansehen und widmete sich neben botanisch-systematischen und morphologischen Studien auch biographischen und historiographischen Arbeiten wie zur Geschichte der Berliner botanischen Einrichtung. Da eine Hausberufung abgelehnt wurde, fand das Preußische Kultusministerium eine Lösung, die beide renommierten Wissenschaftler an Berlin band: die Berufung Englers zum Professor für Botanik an der Friedrich-Wilhelms-Universität und Direktor des Botanischen Gartens und Museums, dem der ebenfalls zum Professor berufene Urban als Unterdirektor zur Seite gestellt wurde.[75] Engler und Urban werden in der Forschung als „ebenbürtig"[76] bezeichnet, ihre Zusammenarbeit als ein Neben- und Miteinander gesehen und der Aufstieg des Botanischen Gartens und Museums als eine von beiden getragene Entwicklung gewertet. Dass Engler als Leiter der Institution in der Überlieferung stärker hervortritt, ist nicht verwunderlich und durchaus berechtigt, auch wenn Urban insbesondere im Zusammenhang mit der Verlegung des Botanischen Gartens und Museums eine größere Bedeutung zugestanden werden muss, als dies bisher geschehen ist.[77] Nicht vollständig zutreffend ist daher die Charakterisierung der beiden Persönlichkeiten: einerseits der arbeitswütige und organisatorisch begabte Engler, der durch die Konzentration auf die Erforschung der Flora Afrikas und mit der Neuanlage in Dahlem seine Institution auf einer führenden Position neben Kew etablierte, sowie andererseits Urban als „Gegengewicht"[78], der seine „stille Arbeit"[79] und Forschungen auf die Beschreibung der Pflanzenwelt Brasiliens und der Antillen konzentrierte. Wie die folgenden Kapitel zeigen, spielte Urban die aktivere Rolle beim Umzug der Einrichtung nach Dahlem, selbst wenn die Neuanlage dann Englers Schöpfung war.[80] Zudem äußerte sich Urban in seinen Schriften zur Geschichte der Institution und in Schreiben an das Preußische Kultusministerium durchaus

---

75 Zur Verbindung der Direktion des Botanischen Gartens und Museums mit einer Professur in Botanik und den daraus erwachsenden Pflichten in Forschung, Lehre und Verwaltung vgl. Lack, Opera (1990), S. 270 f.

76 Lack, Engler (2000), S. 21.

77 Vgl. Stafleu, Engler (1981), S. 29 f. In Bezug auf die Botanische Zentralstelle tritt Urban nur durch sein Gutachten und wenige weitere Schreiben in Erscheinung.

78 Mildbraed, Engler (1931), S. 101.

79 Ebd. Siehe dazu außerdem Loesener, Urban (1931).

80 So auch beschrieben von Zeitgenossen wie Mildbraed, Engler (1931), S. 101 und Urban in Urban, Vorgeschichte (1901); gleichlautend die Forschung: u.a. Lack (Hg.), Erben (2010), S. 42; Lack, Engler (2000), S. 21.

auch kritisch in Bezug auf Engler, beispielsweise im Zusammenhang mit dessen Verhalten in der Verlegungsfrage und dessen Konzeption des Schaumuseums.[81]

Zu Englers Ämtern kam ferner noch die Mitgliedschaft in der Königlich Preußischen Akademie der Wissenschaften hinzu, die ihn kurz nach seinem Dienstantritt in Berlin zum ordentlichen Mitglied wählte. Die Aufnahme in die Akademie bedeutete eine wichtige Anerkennung seiner wissenschaftlichen Leistungen und in seiner Antrittsrede im Juli 1890 stellte er sich als Vertreter der Systematik und Pflanzengeographie vor, die er als Disziplinen weiter voranbringen wollte. Als zweiten Schwerpunkt seiner Tätigkeit beabsichtigte er, die Sammlungen des Botanischen Gartens und Museums für vergleichend-anatomische und pflanzengeographische Untersuchungen zu erweitern.[82] In ihrer Gesamtheit verschafften Englers Ämter ihm eine einflussreiche Position.[83] Diesen Umstand wusste er allerdings erst nach und nach zu nutzen, wie die späteren Auseinandersetzungen über die Botanische Zentralstelle und die Verlegung des Gartens und Museums zeigen. Während er sich in seinen Schreiben an das Preußische Kultusministerium zunächst äußerst höflich und sachorientiert gab, trat er später weitaus fordernder auf und verstand es, mit Nachdruck seine Interessen und die des Botanischen Gartens zu vertreten. Sowohl das Preußische Kultusministerium als auch das Auswärtige Amt schätzten sein Expertenwissen und folgten zumeist seinen Vorschlägen und Einschätzungen, wie im Zusammenhang mit der Gründung und dem Aufbau der Botanischen Zentralstelle noch genauer dargelegt wird. Engler lässt sich damit zu dem von Carsten Kretschmann am Beispiel von Direktoren naturkundlicher Museen beschriebenen Typus von Männern zählen, die „ihr spezielles Können und Wissen als Chance sozialen Aufstiegs begriffen und diese Chance – als Direktoren großer Häuser – geschickt nutzten.“[84] Hans Walter Lack spricht ebenfalls von einer „kometenhaften Karriere“[85] des „aus kleinsten Verhältnissen“[86] stammenden Engler.

---

81 Vgl. Kap. III.2 u. Kap. III.3.

82 Engler, Antrittsrede (1890).

83 Vgl. Lack, Engler (2000), S. 5 u. S. 22. Dazu kamen im Laufe seines Lebens Auszeichnungen wie der Rote Adlerorden 2. Klasse mit Eichenlaub und die Ernennung zum Geheimen Ober-Regierungsrat, Ehrendoktorschaften und Mitgliedschaften in internationalen Gesellschaften und Vereinigungen wie der Royal Horticultural Society, der Linnean Society of London und der British Association for the Advancement of Science, um nur einige zu nennen. Ausführlich dazu Lack, Engler (2000), S. 43 ff.

84 Kretschmann, Räume (2009), S. 91.

85 Lack, Engler (2000), S. 22.

86 Ebd.

Zu Englers politischen Ansichten gibt es – abgesehen von noch heute am Botanischen Garten und Museum kursierenden Anekdoten – keine objektive Überlieferung.[87] In seinem Nachruf auf Adolf Engler schrieb sein Schüler und späterer Nachfolger als Direktor, Ludwig Diels: „Politiker war er nie gewesen, und noch weniger Chauvinist."[88] Er bescheinigte ihm einen „unkomplizierten Patriotismus"[89], ohne diesen näher zu kennzeichnen. Es gibt Hinweise auf Englers Mitgliedschaft in der Breslauer Abteilung der Deutschen Kolonialgesellschaft (DKG)[90] und Belege für seine Mitgliedschaft in deren Abteilung Berlin-Charlottenburg.[91] Allgemeine Äußerungen Englers zur Kolonialfrage lassen sich nicht finden, wohl aber zur Rolle der Botaniker bei der Erschließung der neuen überseeischen Besitzungen. In seiner Antrittsrede vor der Akademie der Wissenschaften verwies er auf die Aufgabe des Botanischen Museums, das Material zu liefern für pflanzengeographische Arbeiten, und ergänzte auf die deutschen Kolonien anspielend: „zu dessen Vervollständigung wir jetzt um so mehr verpflichtet sind, als grosse, botanisch noch völlig unerforschte Gebiete nunmehr von Deutschen nach allen Richtungen hin durchreist werden."[92] Im Januar 1891 schrieb Engler, die Bearbeitung der in Berlin eingegangenen Pflanzensammlungen aus Afrika werde von ihm „als eine notwendige und auch als eine nunmehr den deutschen Botanikern zur Pflicht gewordene [Arbeit] anerkannt".[93] Ohne nationales Pathos oder explizite Begeisterung für die Kolonialexpansion verstand Engler die auf die Kolonien bezogenen Aufgaben demnach in erster Linie als Pflicht für ihn wie für alle deutschen Botaniker. Bemerkenswert ist hierbei, dass er allein die wissenschaftliche Nutzung des Pflanzenmaterials

---

87 Lack, Engler (2000), S. 6 sieht eine „erzkonservative politische Grundeinstellung" Englers.

88 Diels, Gedächtnis (1931), S. XXXVIII.

89 Ebd.

90 Auf dem Rand eines Schreibens wurde wohl durch das Preußische Kultusministerium vermerkt, dass Engler als Sekretär der Sektion Breslau der DKG wirkte. Botanischer Garten Breslau, Engler an Kultusministerium, 17. Juli 1889, GStA PK I. HA Rep. 76, Va, Sekt. 2, Tit. X, Nr. 89 B, Bd. 1, Bl. 80–82.

91 Vgl. das Verzeichnis der Mitglieder der Abteilung Berlin-Charlottenburg der Deutschen Kolonial-Gesellschaft, in: GStA PK I. HA Rep. 76, Vc, Sekt. 1, Tit. XI, Teil 1, Nr. 41, Bd. 2, Bl. 113–139, hier Bl. 119.

92 Engler, Antrittsrede (1890), S. 778; vgl. dazu auch Lack, Engler (2000), S. 22.

93 Botanischer Garten und Botanisches Museum, Engler an Kultusministerium, von Gossler, 21. Januar 1891, GStA PK I. HA Rep. 76, Va, Sekt. 2, Tit. X, Nr. 89 B, Bd. 1, Bl. 144–147, hier Bl. 145.

aus den deutschen Kolonien ansprach. Angewandte botanische Forschung oder andere wirtschaftlichen Interessen dienende Aufgaben erwähnt er nicht. Gleichwohl hatte Engler gegenüber dem Preußischen Kultusministerium angeführt, dass er im Breslauer Kolonialverein schon 1886 für Anbauversuche mit tropischen Nutzpflanzen in den Kolonien eingetreten war, das heißt zwei Jahre bevor das Auswärtige Amt und das Kultusministerium den gleichlautenden Vorschlag von Sodens aufgriffen.[94]

Zusammenfassend ist zur Person Englers festzuhalten: Wesentlich für sein Verständnis seiner Aufgabe als Wissenschaftler und Leiter des Botanischen Gartens und Museums – auch hinsichtlich der auf die Kolonien bezogenen Tätigkeitsfelder – ist seine in der Antrittsrede vor der Akademie der Wissenschaften vorgestellte Agenda des Ausbaus der systematischen und pflanzengeographischen Forschung sowie der dafür notwendigen wissenschaftlichen Sammlungen, insbesondere durch Material aus den Kolonialgebieten. Wie im Folgenden noch mehrfach gezeigt werden wird, hatten die wissenschaftliche Forschung sowie die Vermehrung und Zentralisierung der kolonialen Sammlungen an seinem Haus für Engler stets oberste Priorität. Angewandte Forschung lehnte er nicht ab, betrachtete sie aber als zweitrangig.[95] Gleichwohl erkannte er, welche Vorteile die geplante Vermittlungsstelle für den Berliner Botanischen Garten und das Botanische Museum bringen würde, allein in Hinsicht auf den intensivierten Zufluss von wissenschaftlich wertvollem Material und von zusätzlichen finanziellen Mitteln. Insgesamt sind Englers Schreiben und Veröffentlichungen frei von nennenswerten nationalistischen oder kolonialenthusiastischen Phrasen, gerade auch im Vergleich zu Fachkollegen wie beispielsweise Otto Warburg.[96] Englers Schriften kennzeichnen vielmehr Sachlichkeit, Gründlichkeit und Pragmatismus.

Dementsprechend war auch Englers Konzept für die „Nutzbarmachung des botanischen Gartens und des botanischen Museums hierselbst für kolonialwirtschaftliche Zwecke"[97] eine sachliche Auflistung der Aufgaben, der benö-

94 Botanischer Garten Breslau, Engler an Kultusministerium, von Gossler, 27. Dezember 1888, GStA PK I. HA Rep. 76, Va, Sekt. 2, Tit. X, Nr. 89 B, Bd. 1, Bl. 26–28, hier Bl. 26.

95 Englers sah die von ihm geleitete Institution in erster Linie als wissenschaftliche Einrichtung. Hinsichtlich wissenschaftlicher Leistungen, insbesondere der Bearbeitung von Pflanzenmaterial, bewertete Engler das Botanische Museum sogar als dem Vorbild Kew überlegen. Vgl. Kap. III.3 u. Kap. IV.2.

96 Zu Warburg vgl. ausführlicher Kap. V.

97 Botanischer Garten und Botanisches Museum, Engler an Kultusministerium, von Gossler, 7. Januar 1890, GStA PK I. HA Rep. 76, Va, Sekt. 2, Tit. X, Nr. 89 B, Bd. 1,

tigten Räumlichkeiten, der Ausstattung, des erforderlichen Personals und der anfallenden Kosten. Für seine Ausarbeitung lag Engler unter anderem der oben erwähnte Brief der DKG vor mit der Aufstellung der ihrerseits als wichtig erachteten Funktionen einer botanischen Vermittlungsstelle für die Kolonien.[98] Das Preußische Kultusministerium hatte Engler zusätzlich den ebenfalls schon erwähnten Bericht zukommen lassen, den Karl Schumann, Kustos am Berliner Botanischen Museum, über seine Reise 1887 nach Kew, Leyden und Paris erstellt hatte.[99] Schumann hatte anhand seiner Beobachtungen der britischen, niederländischen und französischen Aktivitäten bezüglich der botanischen Erforschung ihrer Kolonien und der Förderung der dortigen Landwirtschaft Empfehlungen ausgesprochen, was der Berliner Garten im Einzelnen leisten müsste, um in ähnlicher Weise die Plantagenwirtschaft in den deutschen Kolonien zu unterstützen.[100] Damit lagen Engler zum einen ausführliche Beschreibungen vergleichbarer europäischer Einrichtungen vor, über die er ohnehin gut informiert war, wie sein erstes Gutachten zum Versand tropischer Nutzpflanzen nach Kamerun erkennen lässt.[101] Zum anderen galt es den Forderungskatalog der DKG zu berücksichtigen, welche die „professionellen Überseeinteressen"[102] vertrat, denen die Vermittlungsstelle nach Ansicht aller befragten Sachverständigen und der auftraggebenden Ministerien dienen sollte. Die Orientierung an europäischen Vorbildern, in erster Linie Kew, sowie an den Bedürfnissen von Handel und Wirtschaft bestimmten dementsprechend Englers Ausarbeitung. Diese bildete „für alle späteren Verhandlungen die Grundlage"[103], bemerkte der Kustos der Botanischen Zentralstelle rückblickend. Die Gesamtheit der Quellen bestätigt diese Einschätzung, sodass Englers „Programm"[104] hier ausführlich vorgestellt werden soll.

Bl. 112–118, hier Bl. 112. Im Folgenden wird dieses Schreiben als Entwurf Botanische Zentralstelle geführt.

98 Vgl. Botanischer Garten Breslau, Engler an Kultusministerium, 17. Juli 1889, GStA PK I. HA Rep. 76, Va, Sekt. 2, Tit. X, Nr. 89 B, Bd. 1, Bl. 80–82.

99 Kultusministerium an Botanischer Garten Breslau, Engler, 10. September 1889, GStA PK I. HA Rep. 76, Va, Sekt. 2, Tit. X, Nr. 89 B, Bd. 1, Bl. 119.

100 Botanischer Garten und Botanisches Museum, Schumann an Kultusministerium, von Gossler, GStA PK I. HA Rep. 76, Va, Sekt. 2, Tit. X, Nr. 89 B, Bd. 1, Bl. 120–127.

101 Botanischer Garten Breslau, Engler an Kultusministerium, 27. Dezember 1888, GStA PK I. HA Rep. 76, Va, Sekt. 2, Tit. X, Nr. 89 B, Bd. 1, Bl. 26–29.

102 Gründer, Geschichte (2000), S. 42.

103 Volkens, Zentralstelle (1907), S. 2.

104 Ebd.

Englers Entwurf[105] sah drei Aufgabenbereiche für die Zentralstelle vor: I. den Versuchsstationen in den Kolonien Samen und tropische Nutzpflanzen zur Anzucht zu liefern, II. den Nutzen der in den Kolonien vorkommenden Pflanzen zu bestimmen, III. im Botanischen Garten und Museum tropische Nutzpflanzen sowie ihre Existenzbedingungen und Produkte einem größeren Publikum bekannt zu machen. Die Punkte I und II verstand Engler als direkte Maßnahmen zur Förderung der Kolonialwirtschaft, Punkt III als indirekte Maßnahme mit demselben Ziel. Somit hatte Engler die vom Auswärtigen Amt und dem Preußischen Kultusministerium ursprünglich angedachte Hauptaufgabe der Botanischen Zentralstelle – die Beschaffung von Nutzpflanzen für die Kolonien – um zwei weitere Aufgaben erweitert, die sich auch in den Schreiben der DKG und des Kustos Karl Schumann finden. Englers originärer Beitrag bestand darin, zu ermitteln und darzulegen, wie der Berliner Botanische Garten und das Botanische Museum diese Aufgaben erfüllen konnten und welche Anpassungen zu welchen Kosten dafür notwendig waren. Zur Institutionalisierungspraxis der auf die Kolonien bezogenen Tätigkeitsbereiche machte er konkrete Vorschläge. So beabsichtigte er, die für den Versand in die Kolonien vorgesehenen Samen durch Kauf zu erwerben, da dies „einfacher und billiger"[106] war als andere Bezugsmöglichkeiten. Um zusätzlich am Berliner Botanischen Garten eine größere Anzahl von Pflanzen für die Kolonien aufzuziehen, waren seiner Ansicht nach zudem der Neubau eines sogenannten Vermehrungshauses und die Anlage eines Mistbeetes nötig. Ein Gärtner und ein Gartenarbeiter mussten für die Pflege dieser Pflanzen eingestellt werden. Bodenproben aus Kamerun sollten eingesendet werden „im Gewicht von mindestens 50 Kilogramm jeder Bodenart"[107], um die Beschaffenheit des dortigen Bodens zu ermitteln und Pflanzen auszuwählen, die optimale Anbauerfolge versprachen. Die am Botanischen Garten gezogenen Pflanzen bedurften ferner einer sachgemäßen Verpackung, um den Transport in die Kolonien anzutreten. Die jährlichen Kosten für diesen gesamten Aufgabenbereich der Botanischen Zentralstelle schätzte Engler auf 3.000 Mark, die Kosten der Neuanlage von Gewächshaus und Beet auf 3.500 Mark. Hinzu kamen Transportkosten in unbestimmter Höhe. Engler machte außerdem zur Vorbedingung, dass die Leiter botanischer Versuchstationen in den deutschen

105 Entwurf Botanische Zentralstelle, Botanischer Garten und Botanisches Museum, Engler an Kultusministerium, von Gossler, 7. Januar 1890, GStA PK I. HA Rep. 76, Va, Sekt. 2, Tit. X, Nr. 89 B, Bd. 1, Bl. 112–118.

106 Ebd., Bl. 113.

107 Ebd., Bl. 114.

Kolonien – Engler bezog sich hier zunächst nur auf Kamerun – Berichte über die Entwicklung der Pflanzen nach Berlin sandten. Proben von Pflanzen und Hölzern sollten ebenfalls eingesandt werden, ohne dass dem Botanischen Garten hierfür Kosten entstanden. Für die wissenschaftliche Bearbeitung der eintreffenden Proben und Herbarbelege hielt Engler die zusätzliche Anstellung eines Hilfskustos und eines Assistenten für nötig. Schließlich hatte er vor, für die unter Punkt III beschriebene Verbreitung von Kenntnissen zu tropischen Nutzpflanzen in weiten Kreisen der Bevölkerung – mit einem besonderen Augenmerk auf in die Kolonien zu entsendende Verwaltungsbeamte oder Siedler – die bisher über den gesamten Garten und die Gewächshäuser in Schöneberg verstreuten tropischen Nutzpflanzen eindrücklich auf einer Freifläche und in einem neu zu bauenden Gewächshaus zusammenzufassen. Ergänzend plante er für das Museum zwei neue Abteilungen, in denen einerseits tropische Nutzpflanzen und ihre Produkte und andererseits die für verschiedene Vegetationsgebiete typischen Pflanzen vorgestellt werden sollten. Die Kosten für diesen zweiten Gewächshausneubau und die Veränderungen im Museum bezifferte er auf einmalig 4.800 Mark.[108]

Das Preußische Kultusministerium und das Auswärtige Amt folgten Englers Empfehlungen weitgehend in ihrem gemeinsam erarbeiteten Vertragsentwurf über die Einrichtung der „Centralstelle"– wie es jetzt hieß – datiert auf den 1. Juli 1890.[109] Im Einzelnen wurde festgehalten: „1. Die botanischen Anstalten in Berlin, der botanische Garten und das botanische Museum werden eine botanische Centralstelle für die Kolonien einrichten, welche die Aufgabe hat, denselben die erforderlichen Sämereien und Pflanzen zur Anzucht zu liefern, den Nutzwert der daselbst eingegangenen Pflanzen und Früchte zu bestimmen und sich überhaupt für die botanische Entwicklung der Kolonien nach besten Kräften einzusetzen."[110] Punkt 2 regelte die Verteilung der Kosten: Die botanischen Einrichtungen übernahmen die Bereitstellung des Geländes und des zusätzlichen wissenschaftlichen Personals in Form eines Hilfskustos und eines Assistenten. Das Auswärtige Amt trug die Kosten „für einen Gärtner und einen Gartenarbeiter, für die Beschaffung von Sämereien, für Betriebsmaterialien sowie Verpackung und Transport"[111] in Form einer jährlichen Pauschale von

108 Ebd., Bl. 114–118
109 Vertragsentwurf, 1. Juli 1890, GStA PK I. HA Rep. 76, Va, Sekt. 2, Tit. X, Nr. 89 B, Bd. 1, Bl. 130.
110 Ebd.
111 Ebd.

3.000 Mark mit der Zusicherung, wenn Kosten über 4.500 Mark anfielen, diese nachträglich zu erstatteten. Die einmalige Aufwendung von 3.500 Mark für das Vermehrungshaus und -beet beglich ebenfalls das Auswärtige Amt. Unter 3. wurde bekundet, dass die Kolonialbehörden bereitwillig der Zentralstelle gute Herbarexemplare mit Blüten und Früchten, Alkoholpräparate und Holzscheiben unentgeltlich gegen Übernahme der Verpackung und Transportkosten liefern würden.[112] Ferner sollte der Kontakt zwischen den Behörden in den Kolonien und dem Botanischen Garten direkt erfolgen, das heißt nicht über das Preußische Kultusministerium oder das Auswärtige Amt. Die beiden Ministerien vereinbarten zudem, jeweils einen Kommissar abzustellen für alle zukünftig die Zentralstelle betreffenden Angelegenheiten. Als Datum für das Inkrafttreten des Vertrages wurde der 1. April 1891 festgelegt. Der Vertrag konnte von jeder Seite vor Beginn eines neuen Rechnungsjahres gekündigt werden.

An dieser Vereinbarung sind mehrere Aspekte bemerkenswert. Den botanischen Anstalten oblag die Einrichtung der Zentralstelle auf ihrem Gelände und in ihren Räumlichkeiten. Die Zentralstelle war damit dem Botanischen Garten und Museum angegliedert und konnte auf deren Ressourcen zurückgreifen, seien es die Gewächshäuser, die Schauräume des Museums, die wissenschaftlichen Sammlungen oder das Personal. Zwar stellte das Auswärtige Amt die Mittel bereit für alle in direktem Zusammenhang mit der Aufzucht und dem Versand von Pflanzen in die Kolonien stehenden Aufwendungen, wie die Beschaffung von Saatgut, Arbeitsmaterialien oder Verpackungen für den Transport der Pflanzen, außerdem für die Neuanlage eines Vermehrungshauses und -beetes sowie für einen Gärtner und Gartenmitarbeiter. Wie sich zeigen sollte, reichte der Zuschuss jedoch bei Weitem nicht aus, um die Erfüllung aller der Zentralstelle zugedachten Aufgaben zu gewährleisten. Dass Engler die laufenden Kosten der Zentralstelle mit 3.000 Mark ohnehin zu knapp berechnet hatte und sich die tatsächlichen Ausgaben nur schwer eindeutig von denen des Botanischen Gartens und Museums trennen ließen, stellte in den folgenden Jahren einen wiederkehrenden Anlass für Konflikte dar, wie im Folgenden noch eingehend erörtert wird. Zudem beschäftigte das Preußische Kultusministerium zunächst kein zusätzliches wissenschaftliches Personal speziell für die Zentralstelle, wie von Engler vorgeschlagen und im Vertragsentwurf festgehalten.[113] Stattdessen

112 Ebd.

113 Mehrfach wird Paul Hennings ab 1890 als Hilfskustos und ab 1891 als Kustos der Botanischen Zentralstelle angegeben. Zur Biographie von Paul Hennings vgl. Timler/Zepernick, Grundlagen (1979), S. 59; zu Hennings als Kustos der Botanischen Zentralstelle Zepernick, Zentralstelle (2002), S. 110; Flitner, Sammler (1995), S. 26.

wurden die Beamten des Gartens und Museums – Engler eingeschlossen – für alle anfallenden Arbeiten herangezogen. Bezeichnenderweise ignorierten zudem beide Ministerien die von Engler veranschlagten Mittel von fast 5.000 Mark für Umbauten im Museum und für den Bau eines weiteren Gewächshauses. Offenkundig wurde die von Engler als indirekte Förderung der wirtschaftlichen Interessen deklarierte Popularisierung der Kenntnisse zu tropischen Nutzpflanzen und deren Produkten nicht als wichtig erachtet. Englers Festhalten an seinen diesbezüglichen Planungen war eine weitere Quelle für bürokratische Auseinandersetzungen.

Insgesamt zeigt der Vertragsentwurf – der vom Vorgenannten abgesehen Englers Ausarbeitung folgte – das Vertrauen beider Ministerien in seine Expertise. Die Bevollmächtigung Englers zum direkten Austausch mit den Behörden in den Kolonien kann ebenfalls als Vertrauensbeweis gelten und sicherte ihm weitreichende Entscheidungsfreiheit und Machtbefugnisse. Gleiches gilt für seinen Spielraum beim Aufbau der Zentralstelle, denn die Umsetzung lag im Wesentlichen in Englers Hand. Er hatte sich dabei allerdings mit den vom Auswärtigen Amt und dem Kultusministerium bestimmten Kommissaren „fortlaufend in Einvernehmen"[114] zu setzen. Durch das Abstellen zweier Kommissare für die Bearbeitung aller mit der Zentralstelle in Zusammenhang stehenden Anliegen bekundeten das Preußische Kultusministerium und das Auswärtige Amt schließlich, sich auch nach der Gründung der Zentralstelle austauschen zu wollen.[115] Eine gleichrangige Position der Ministerien versprach zudem die beiden Seiten zugestandene Option, den Vertrag zu kündigen. Letztlich, das stellte sich bei der späteren Eskalation der Konflikte heraus, konnte das Auswärtige Amt im Ernstfall aber mittels der Androhung des Entzugs der finanziellen Unterstützung oder von Sammlungsobjekten aus den deutschen Kolonien

---

Das widerspricht den Angaben in den Akten, wonach diese Kustodenstelle erst zum 1. April 1898 geschaffen wurde. Vgl. Auswärtiges Amt, Kolonialabteilung an Kultusministerium, 8. Juni 1898, GStA PK I. HA Rep. 76, Va, Sekt. 2, Tit. X, Nr. 89 B, Bd. 2, Bl. 179–181; außerdem Volkens, Zentralstelle (1907); Urban, Geschichte (1916), S. 168.

114 Kultusministerium an Botanischer Garten und Botanisches Museum, Engler, 1. Mai 1891, GStA PK I. HA Rep. 76, Va, Sekt. 2, Tit. X, Nr. 89 B, Bd. 1, Bl. 161.

115 Das ist insofern der Erwähnung wert, als das Auswärtige Amt später – beispielsweise bei der Gründung des Kolonialinstituts in Hamburg 1908 – nur noch die „gewünschte Entwicklung" anstieß, sich an der Umsetzung der Planungen und dem laufenden Betrieb aber kaum beteiligte, auch nicht in finanzieller Hinsicht. Vgl. Ruppenthal, Kolonialismus (2007), hier S. 138, außerdem S. 153.

derartig Druck ausüben, dass dem Kultusministerium eine Aufkündigung des Abkommens äußerst nachteilig erscheinen musste. Der Passus zur Kündigung des Abkommens verdeutlicht darüber hinaus die den Planungen für die Zentralstelle zu Grunde liegende und sich bald als problematisch erweisende Annahme, es handle sich erst einmal um ein Provisorium.[116]

Generell ist zu konstatieren, dass alle Beteiligten zu diesem Zeitpunkt unterschätzten, wie schnell und in welchem Umfang die Arbeit der Zentralstelle zunehmen würde. Reichlich Konfliktpotential bargen die Fehlplanungen hinsichtlich der finanziellen Ausstattung, das lange Zeit fehlende zusätzliche wissenschaftliche Personal und die vergleichsweise schematischen Regelungen der Zuständigkeiten, die der zunehmenden Komplexität der Aufgaben und Abläufe nicht gerecht wurden. Im folgenden Unterkapitel werden die Auseinandersetzungen zwischen der zum 1. April 1890 neu gegründeten Kolonialabteilung des Auswärtigen Amtes, dem Preußischen Kultusministerium und Engler in den Anfangsjahren der Botanischen Zentralstelle sowie die dafür verantwortlichen unterschiedlichen Interessenlagen der Beteiligten ausführlicher besprochen. Zuvor lohnt noch ein Blick auf die Gründe für die weiteren Verzögerungen beim Vertragsabschluss sowie auf das Vorbild Kew für einen Vergleich der Organisation, der Finanzierung und des Budgets der Berliner Botanischen Zentralstelle. Diese wurde in den Korrespondenzen zunächst wie angegeben als „Vermittlungsstelle", sporadisch als „zentrale Vermittlungsstelle"[117], dann als „Zentralstelle"[118], teilweise auch als „Centralstelle für Kolonialbotanik"[119] und schließlich offiziell als „Botanische Centralstelle für die deutschen Kolonien"[120] bezeichnet,

116 Zur Auffassung vom anfänglichen Versuchscharakter der Botanischen Zentralstelle vgl. Auswärtiges Amt, Kolonialabteilung, von Richthofen an Reichsschatzamt, von Posadowsky, 23. Juni 1897, GStA PK I. HA Rep. 76, Va, Sekt. 2, Tit. X, Nr. 89 B, Bd. 2, Bl. 137–138.

117 Kultusministerium, von Gossler an Auswärtiges Amt, von Bismarck, 19. Oktober 1889, GStA PK I. HA Rep. 76, Va, Sekt. 2, Tit. X, Nr. 89 B, Bd. 1, Bl. 98.

118 Insbesondere seit dem Vertragsentwurf zur Einrichtung der Botanischen Zentralstelle, 1. Juli 1890, GStA PK I. HA Rep. 76, Va, Sekt. 2, Tit. X, Nr. 89 B, Bd. 1, Bl. 130.

119 Botanischer Garten und Botanisches Museum, Engler an Kultusministerium, von Zedlitz-Trützschler, 23. Juli 1891, GStA PK I. HA Rep. 76, Va, Sekt. 2, Tit. X, Nr. 89 B, Bd. 1, Bl. 188–197, hier Bl. 189.

120 So im Titel der hauseigenen Reihe *Notizblatt*: Der vollständige Titel lautete: Notizblatt des Königl. botanischen Gartens und Museums zu Berlin, von 1900–1920 ergänzt durch den Zusatz: sowie der botanischen Centralstelle für die deutschen Kolonien.

auch wenn dieser Name nicht immer vollständig angegeben wurde.[121] Im Folgen wird abgekürzt stets von der Botanischen Zentralstelle die Rede sein.

Der Abschluss des Vertrags zog sich weitere acht Monate hin, bis das Auswärtige Amt die Übernahme der festgelegten Kosten für die Einrichtung der Botanischen Zentralstelle zusagen konnte. Erst nachdem der Reichstag Anfang 1891 einer Erhöhung des Afrikafonds auf insgesamt 200.000 Mark zugestimmt hatte, konnte es vermelden: „dem Abschluss eines Vertrages zwischen den beiderseitigen Ressorts dürfte nun nichts mehr im Wege stehen“[122]. Der vom Auswärtigen Amt verwaltete Afrikafonds stellte Gelder für wissenschaftliche Vorhaben zur Erschließung bereit, darunter fielen unterschiedliche Projekte wie Expeditionen, Publikationen und wissenschaftliche Einrichtungen in den Kolonien. Neben der Botanischen Zentralstelle erhielten zum Beispiel botanische und andere Forschungsstationen in den Kolonien Zuwendungen sowie in Berlin das Museum für Völkerkunde, das Zoologische Museum und der Zoologische Garten, letztere zumeist offenbar für die Finanzierung von Neuerwerbungen.[123]

Vor der Vertragsunterzeichnung versuchte das Auswärtige Amt noch eine Änderung der Kostenverteilung zu erreichen, indem es die Streichung des Passus beantragte, demzufolge es die Mehrkosten bei den jährlichen Ausgaben ab 4.500 Mark tragen würde.[124] Offenbar war dem Auswärtigen Amt an der Planbarkeit und Begrenzung der Gesamtaufwendungen gelegen. Doch hierauf ließ sich das Kultusministerium nicht ein, wohl auf Grund der sich als durchaus berechtigt erweisenden Sorge, selbst für die Mehrkosten aufkommen zu müssen. Schließlich wurde ein Kompromiss gefunden in Form der Festlegung, jährliche Mehrkosten oder geringere Ausgaben nachträglich zu erstatten, wenn – so der neue Zusatz – „darüber vorher eine Verständigung stattgefunden hat“.[125] Beide Seiten versuchten, sich so hinsichtlich der noch nicht abzuschätzenden

121 In der Darstellung der Geschichte und Aufgaben der Botanischen Zentralstelle durch ihren Kustos Georg Volkens wird die Einrichtung beispielsweise nur als „Botanische Zentralstelle für die Kolonien“ bezeichnet. Vgl. Volkens, Zentralstelle (1907).

122 Auswärtiges Amt, Kolonialabteilung an Kultusministerium, von Zedlitz-Trützschler, 16. März 1891, GStA PK I. HA Rep. 76, Va, Sekt. 2, Tit. X, Nr. 89 B, Bd. 1, Bl. 153.

123 Zum Afrikafonds vgl. Schulte-Althoff, Studien (1971), S. 124 mit Hinweisen auf Archivbelege; außerdem Schnee, Koloniallexikon (1920), Bd. 1, S. 21 f. sowie die Denkschriften zur Verwendung des Afrikafonds.

124 Auswärtiges Amt, Kolonialabteilung an Kultusministerium, von Zedlitz-Trützschler, 16. März 1891, GStA PK I. HA Rep. 76, Va, Sekt. 2, Tit. X, Nr. 89 B, Bd. 1, Bl. 154.

125 Auswärtiges Amt, Kolonialabteilung an Kultusministerium, von Zedlitz-Trützschler, 4. April 1891, GStA PK I. HA Rep. 76, Va, Sekt. 2, Tit. X, Nr. 89 B, Bd. 1, Bl. 159–160.

finanziellen Belastung abzusichern. Ansonsten folgte der Wortlaut des endgültigen Vertrages dem vorgestellten Vertragsentwurf. Er konnte gerade noch rechtzeitig zum geplanten offiziellen Gründungstermin der Botanischen Zentralstelle am 1. April 1891 in Kraft treten.[126]

Nach Vertragsabschluss drängte das Auswärtige Amt auf den zügigen Aufbau der Botanischen Zentralstelle.[127] Das Kultusministerium gab die Aufforderung in geradezu scharfem Ton an Engler weiter und forderte, er solle die Bestimmungen des Vertrags „schleunigst zur Ausführung bringen" und der Zentralstelle „besondere Aufmerksamkeit" zuwenden, damit sie „in den Stand kommen wird, ihren Aufgaben nach allen Richtungen hin vollständig zu entsprechen".[128] Beide Ministerien hatten mit dem Vertrag die äußeren Rahmenbedingungen geschaffen und nun lag es an Engler, dafür zu sorgen, dass die Botanische Zentralstelle ohne weiteren Zeitverzug ihre Arbeit aufnehmen konnte. Bereits nach einem Vierteljahr, in welchem sich Engler offensichtlich mit ganzer Kraft der Umsetzung aller Vorarbeiten gewidmet hatte, konnte er die erfolgreiche Einrichtung der Botanischen Zentralstelle bekanntgeben. Die Vermehrungsabteilung bestand aus einem Beet und dem neu gebauten Vermehrungshaus. Als Lehrabteilung waren eine Freifläche und ein Glaskasten mit tropischen Kulturpflanzen und wildwachsenden Nutzpflanzen bestückt und mit ausführlicheren Erläuterungen zum Anbau und zur Verwendung versehen worden, ebenso erhielten ausgewählte Pflanzen, die in den Warmhäusern schon vorhanden waren, neue Schilder. Das Englers erstem ausführlichen Bericht zur Botanischen Zentralstelle beigefügte Verzeichnis der kultivierten Pflanzen belegte die Fülle beider Abteilungen.[129]

Ein Vergleich der Botanischen Zentralstelle mit Kew Gardens auf institutioneller Ebene deckt neben Übereinstimmungen hinsichtlich der den beiden Einrichtungen zugedachten Aufgaben deutliche Unterschiede auf, die hauptsächlich den Charakter der Institutionen und ihr Budget betreffen. Kew war 1841 nach beinahe zwei Jahrzehnten des Verfalls – dem Tod des berühmten Direktors Joseph Banks folgend – von einem königlichen Garten in eine staatliche Einrichtung

126 Der Vertrag ist abgedruckt in Volkens, Zentralstelle (1907), S. 3 f.

127 Auswärtiges Amt, Kolonialabteilung an Kultusministerium, von Zedlitz-Trützschler, 4. April 1891, GStA PK I. HA Rep. 76, Va, Sekt. 2, Tit. X, Nr. 89 B, Bd. 1, Bl. 159.

128 Alle Zitate: Kultusministerium, von Zedlitz-Trützschler an Botanischer Garten und Botanisches Museum, Engler, 1. Mai 1891, GStA PK I. HA Rep. 76, Va, Sekt. 2, Tit. X, Nr. 89 B, Bd. 1, Bl. 161.

129 Bericht Botanische Zentralstelle 1890/91, GStA PK I. HA Rep. 76, Va, Sekt. 2, Tit. X, Nr. 89 B, Bd. 1, Bl. 188–198.

umgewandelt worden. Diese Entscheidung beruhte auf einem Bericht, welcher auf die Gründung eines „National Botanic Garden" gedrungen hatte. Ein solcher Garten sollte als Verbindungsglied dienen zu allen botanischen Gärten in den britischen Kolonien und als Vermittlungsstelle für den Transfer von Pflanzen, botanischem Wissen und botanischer Ausrüstung. Zu seinen Aufgaben zählte außerdem, Informationen für die landwirtschaftliche Entwicklung der Kolonialgebiete bereitzustellen nebst den dafür geeigneten Pflanzen.[130] Eben jener Gründungsauftrag galt auch für die Botanische Zentralstelle. In einem Nachruf auf Adolf Engler schrieb sein Schüler und späterer Nachfolger, Ludwig Diels, zur Rolle der Einrichtung: „Zudem fing man an, ihm [dem Botanischen Garten, Anm. d. Verf.] bei den zunehmenden überseeischen Interessen des Deutschen Reiches ähnliche Aufgaben zuzuweisen, wie sie Kew Gardens für das britische Reich seit langem erfolgreich löste."[131] Betont wurde die Vorbildfunktion Kews und der dortige Erfahrungsschatz, den es zu nutzen galt. Beide Institutionen arbeiteten zudem mit staatlichem Auftrag. Doch war die Botanische Zentralstelle insofern nicht mit Kew als nationaler Einrichtung vergleichbar, als sie Teil einer preußischen Institution war durch die Angliederung an den Botanischen Garten und das Botanische Museum, die zur Friedrich-Wilhelms-Universität gehörten. Unter anderem waren daher die Zuständigkeiten und die Finanzierung nicht so einfach geregelt wie im Fall von Kew, welches nur einer entscheidenden Instanz unterstand und seine jährlichen Haushaltsmittel durch das Parlament zugeteilt bekam.[132] Die Botanische Zentralstelle, in der Forschung als „Mischinstitution"[133] bezeichnet, erhielt laut Vertrag hingegen einen jährlichen Zuschuss zu den laufenden Kosten aus dem vom Reichstag zu bewilligenden Afrikafonds des Auswärtigen Amtes. Die Räumlichkeiten, Sammlungen und das wissenschaftliche Personal am Garten und Museum finanzierte das Preußische Kultusministerium.

Die zeitgenössischen Aussagen zum institutionellen Status der Botanischen Zentralstelle waren nicht eindeutig. Ihr Kustos, Georg Volkens, sprach von einem

---

130 Zum Bericht der Treasury Commission unter dem Botaniker John Lindley vom Februar 1838 vgl. Desmond, History (2007), S. 141–144, hier S. 142; Brockway, Science (2002), S. 80. Grundlegend zur Geschichte Kews Desmond, History (2007); Brockway, Science (2002); Drayton, Government (2000).

131 Diels, Gedächtnis (1931), S. XVIII.

132 Vgl. Brockway, Science (2002), S. 80 u. S. 85; McCracken, Gardens (1997), S. 74. Kew war erst dem Commissioner of Woods and Forests, später dem Commissioner of Works zugeordnet.

133 Kreye, Garten (2009), S. 130.

„Zwittercharakter als eine vom Reiche unterstützte, aber dem preußischen Kultusministerium unterstellte Anstalt“[134] und merkte an: „In der Tatsache, dass sie dem Reiche ihre Dienste leistet, ihre Beamten aber preußische sind, liegt eine gewisse Unstimmigkeit“.[135] Letztlich hielt er „die Frage, ob Reichsinstitut oder durch Reichseinflüsse beherrschtes preußisches Institut“[136], für eine formale, vertraglich zu lösende. Friedrich von Lindequist bezeichnete später in seiner Funktion als Staatssekretär und Leiter des Reichskolonialamtes die Botanische Zentralstelle explizit als Reichsinstitution.[137] Eine diesbezügliche Neuregelung oder Änderung des Vertrages über die Gründung der Botanischen Zentralstelle ist nicht überliefert.

Der Etat des Berliner Gartens und Museums mit der Botanischen Zentralstelle nahm sich im Vergleich zu Kews Budget bescheiden aus. Kew konnte anfänglich über jährlich 10.000 Pfund verfügen, bis zum Ende des 19. Jahrhunderts stiegen die Zuweisungen auf 29.000 Pfund an.[138] In der Gründungszeit der Botanischen Zentralstelle war Kews Budget damit nach einer Einschätzung Adolf Englers dreimal höher als das seiner Einrichtung.[139] Von den zusätzlich für die Botanische Zentralstelle vom Auswärtigen Amt bereitgestellten 3.000 Mark ließen sich deren Aufgaben nur in geringem Umfang realisieren: Die Tätigkeitsberichte und die Ausgabenaufstellungen für die ersten beiden Jahre zeigen beispielsweise, dass mit 1.100 Mark im Jahr 1891/92 und 1.600 Mark im Rechnungsjahr 1892/93 ein beträchtlicher Teil der finanziellen Mittel als Lohn an die Gärtner und Gartenarbeiter ausgezahlt wurde. Mit dem verbleibenden Geld konnten im ersten Jahr Pflanzen und Saatgut im Wert von etwa 600 Mark beschafft werden, 86 Mark entfielen auf Frachtkosten, der Rest hauptsächlich auf Arbeitsmaterialien wie Bretter, Etiketten, Samenkästen und Gießkannen. Als im darauffolgenden Jahr die Versendung von Pflanzen und Samen in die Kolonien zunahm, stiegen die Frachtkosten auf 246 Mark, für Pflanzen und Saatgut

134 Volkens, Zentralstelle (1907), S. 17.
135 Ebd.
136 Ebd., S. 18.
137 Vgl. Runderlass die naturwissenschaftlichen und ethnologischen Sammlungen aus den Kolonien betreffend, Reichskolonialamt, von Lindequist, 25. August 1911, GStA PK I. HA Rep. 76, Va, Sekt. 1, Tit. X, Nr. 24, Bd. 3, Bl. 297.
138 Vgl. McCrackens, Gardens (1997), S. 74 u. S. 78.
139 Vgl. Engler, Gutachten (1897), S. 300. Das Budget der Berliner botanischen Einrichtungen um 1891 entsprach demzufolge dem von Kew Anfang der 1840er-Jahre. Volkens, Zentralstelle (1907), S. 17 gab den Etat des Gartens und Museums mit circa 200.000 Mark an.

wurden 490 Mark ausgegeben, die verbleibenden knapp 650 Mark fanden Verwendung für Arbeitsmaterialien, Handwerkerleistungen und Gerätschaften.[140] Auf dieser Grundlage konnten anfangs nur zwei bis drei Wardsche Kästen mit jeweils etwa 100 Exemplaren lebender tropischer Nutzpflanzen pro Jahr in die Kolonien verschickt werden. Kew versandte hingegen schon in den Jahren 1870–1880 im Durchschnitt 39 Wardsche Kästen jährlich. Die Botanische Zentralstelle blieb wohl auch mit der Lieferung von Saatgut von europäischem Gemüse und tropischen Nutzpflanzen an Stationen in den Kolonien zu Beginn hinter Kew zurück, doch liegen hierzu nicht lückenlos konkrete Angaben vor.[141] Engler führte die geringeren Leistungen der Botanischen Zentralstelle insbesondere beim Versand lebender Pflanzen ausdrücklich auf die unzureichenden Etatmittel und die beschränkten Räumlichkeiten in den ersten Jahren zurück.[142]

Ein weiterer Nachteil gegenüber Kew, der sich auch auf die Konstellation der Botanischen Zentralstelle als Einrichtung an einer preußischen Universität zurückführen lässt, war der Umstand, dass die Botanische Zentralstelle vergleichsweise weniger Autorität besaß, insbesondere gegenüber den Leitern der botanischen Gärten und Versuchsstationen in den deutschen Kolonien, auf die Berlin für Pflanzen- und Wissenstransfers angewiesen war. Kew genoss als nationale staatliche Einrichtung mit einer langen Tradition des Austauschs mit botanischen Einrichtungen der britischen Kolonien großes Ansehen. Die Direktoren dieser Institutionen hatten oftmals enge Bindungen an Kew durch frühere Anstellungen oder eine dortige Ausbildung. Die Botanische Zentralstelle musste dagegen auf die vertraglich zugesicherte Bereitschaft der Kolonialbehörden hoffen, die laut Gründungsvertrag zur Unterstützung verpflichtet waren, sei es in Form von Zusendungen lebender oder getrockneter Pflanzen oder von anderem Pflanzenmaterial wie Früchten und Holzproben sowie durch Berichte über die Anbauversuche in den überseeischen Gärten. Als Leiter einer preußischen

140 Vgl. Zusammenstellung Ausgaben Botanische Zentralstelle 1891/92, GStA PK I. HA Rep. 76, Va, Sekt. 2, Tit. X, Nr. 89 B, Bd. 1 Bl. 211 und Zusammenstellung Ausgaben Botanische Zentralstelle 1892/93, GstA PK I. HA Rep. 76, Va, Sekt. 2, Tit. X, Nr. 89 B, Bd. 1, Bl. 258. Die Frachtkosten bezogen sich auf die Transporte von Berlin nach Hamburg.

141 Vgl. Bericht Botanische Zentralstelle 1891/92, GstA PK I. HA Rep. 76, Va, Sekt. 2, Tit. X, Nr. 89 B, Bd. 1, Bl. 212–230, hier Bl. 216–217 und Volkens, Zentralstelle (1907), S. 5, der auf fehlende detaillierte Informationen hierzu verweist. Zu Kew McCracken, Gardens (1997), S. 85 und zu den Pflanzentransfers ausführlicher Kap. IV.1.

142 Vgl. Bericht Botanische Zentralstelle 1891/92, GStA PK I. HA Rep. 76, Va, Sekt. 2, Tit. X, Nr. 89 B, Bd. 1, Bl. 212–230, hier Bl. 225.

Institution und preußischer Beamter besaß Engler weder das Ansehen noch die Autorität, dieses Anliegen bei den Kolonialbeamten durchzusetzen, die aus allen deutschen Ländern stammen konnten und sich möglicherweise eher Sammlungsinstitutionen in ihren Herkunftsregionen verpflichtet fühlten sowie häufig bestenfalls interessierte Laien auf dem Gebiet der Botanik waren.[143] Erst nach und nach konnten durch die Besetzung der Direktionsposten der botanischen Versuchsstationen mit Berlin zugetanen Botanikern und durch die Aussendung in Berlin ausgebildeter Gärtner ähnlich fruchtbare Verbindungen zu den Kolonien aufgebaut werden, wie Kew sie schon lange besaß.[144] Durch die Unterstützung des Auswärtigen Amtes und des Reeders Woermanns beim Transport von Pflanzen und spätere Vereinbarungen mit weiteren Reedern verfügte die Botanische Zentralstelle über Arrangements, die ihre Arbeit begünstigten, so wie Kew Kooperationsabsprachen mit dem *Colonial Office*, dem *India Office* und der *Navy* getroffen hatte.[145]

Ähnlichkeiten gab es auch hinsichtlich der Handlungsspielräume der Direktoren in Kew und Berlin. Sie mussten zwar jährlich Rechenschaft ablegen in Form von Tätigkeitsberichten, die sich an das britische Parlament beziehungsweise an das Auswärtige Amt und das Preußische Kultusministerium sowie als Teil der *Denkschriften über die Verwendung des Afrikafonds* an den Reichstag richteten.[146] Zudem hatten die Direktoren grundsätzlich den Anweisungen der Ministerien, denen sie unterstellt waren, Folge zu leisten. Die Direktoren in Kew

---

143 Hinweise auf solche Fälle, die gegen einen Bundesratsbeschluss verstießen, demzufolge alle von auf Reichskosten ausgesandten Expeditionen und von Aufsammlungen durch Kolonialbeamte stammenden Objekte dem Berliner Botanischen Museum bzw. dem Museum für Naturkunde oder dem Museum für Völkerkunde zuzusenden waren, finden sich in den Akten GStA PK I. HA Rep. 76, Va, Sekt. 1, Tit. X, Nr. 24, Bd. 1–3. Zum Bundesratsbeschluss vgl. die Ausführungen zur Sammlungspolitik in Kap. IV.2.

144 Vgl. dazu die Ausführungen zur Gärtnerausbildung in Kap. IV.3.

145 Die *Royal Mail Steam Packet Company* beförderte beispielsweise an Kew adressierte Lieferungen aus verschiedensten Teilen des Empires kostenfrei auf ihren Schiffen. Vgl. Brockway, Science (2002), S. 83. Zu den für die Botanische Zentralstelle geltenden Regelungen vgl. Kap. IV.2.

146 Die Berichte dienten als Beschlussvorlagen. Kew bekam seine Gelder durch das Parlament zugewiesen. Die Mittel für den Afrikafonds mussten von Reichstag und Bundesrat bewilligt werden. Auch der Kolonialetat, aus welchem die Botanische Zentralstelle später über das Auswärtige Amt direkt ihre Zuwendungen bezog, bedurfte der Zustimmung des Reichstags. Vgl. Schnee, Koloniallexikon (1920), Bd. 1, S. 21 f., außerdem Schnee, Koloniallexikon (1920), Bd. 3, S. 150 ff.

hatten jedoch „a remarkable freedom of action“[147] und gleiches lässt sich für Engler konstatieren. Bis auf die implizite Direktive, die festgelegten Ausgaben nicht zu überschreiten und alle zugewiesenen Aufgaben bestmöglich zu erfüllen, gab es von Seiten des Preußischen Kultusministeriums oder des Auswärtigen Amtes keine nennenswerten inhaltliche Vorgaben oder Einschränkungen von Englers Entscheidungsfreiraum, zumindest die Botanische Zentralstelle betreffend.[148] Die Feststellung über den Direktor Joseph Hooker in Kew – „that, in all scientific matters, Hooker was master in his own house“[149] – traf ebenso für Engler zu. Mehr noch: in den auf die Gründung der Botanischen Zentralstelle folgenden Jahren verstand dieser es zunehmend, die Aufmerksamkeit und Bedeutung, die der auf die Kolonien bezogenen Botanik zugemessen wurden, zu nutzen. Er konnte dadurch sowohl seiner Institution als auch seiner Person mehr Geltung verschaffen und sich in Auseinandersetzungen mit dem Preußischen Kultusministerium und dem Auswärtigen Amt durchsetzen sowie Einfluss auf Entscheidungen nehmen, die über wissenschaftliche Fragen hinausgingen. Die nachfolgenden Ausführungen zeichnen diese Entwicklung nach und dokumentieren anhand der wesentlichen Konflikte in der Anfangszeit der Botanischen Zentralstelle die Interessenlage der Hauptakteure.

Interessenkonflikte

Die Auseinandersetzungen zwischen der Direktion des Botanischen Gartens und Museums, dem Auswärtigen Amt und dem Preußischen Kultusministerium entzündeten sich hauptsächlich an Fragen der Finanzierung der Botanischen Zentralstelle sowie an der Klärung von Zuständigkeiten und Befugnissen. Insbesondere die Meinungsverschiedenheiten bezüglich der Finanzierung eskalierten schnell, denn Englers Fehlkalkulation der benötigten Mittel gab von Beginn an stetigen Anlass zu Nachforderungen an das Auswärtige Amt. Bereits im Tätigkeitsbericht für das erste offizielle Geschäftsjahr beklagte Engler die „kleinen Etatmittel“,[150] wodurch wegen „der Kostspieligkeit der Versendung in

---

147 Brockway, Science (2002), S. 80.

148 Bei der Verlegung des Botanischen Gartens und Museums von Schöneberg nach Dahlem musste sich Engler allerdings den Plänen Friedrich Althoffs und den daraus resultierenden Sachzwängen beugen. Vgl. hierzu das folgende Kapitel.

149 Brockway, Science (2002), S. 96. Zur sogenannten Ayrton-Kontroverse und dem Versuch, die Entscheidungsgewalt des Direktors in Kew einzuschränken, vgl. ebd., S. 96 f.

150 Botanischer Garten und Botanisches Museum, Engler an Kultusministerium, 24. Oktober 1892, GStA PK I. HA Rep. 76, Va, Sekt. 2, Tit. X, Nr. 89 B, Bd. 1, Bl. 213–230, hier Bl. 218.

Wardschen Kästen“[151] immer nur eine begrenzte Menge lebender Pflanzen in die Kolonien geschickt werden konnte. Keine drei Monate später wurde er in einem Schreiben an das Preußische Kultusministerium deutlich: „Soll die Zentralstelle ihren Zweck erfüllen, muss die Versendung von Samen und Pflanzen noch mehr gesteigert werden.“[152] Dafür reichte allerdings der jährliche Zuschuss des Auswärtigen Amtes nicht aus und da es sich auf Anfrage geweigert hatte, für Ausgaben aufzukommen, die über der vereinbarten Pauschale von 3.000 Mark – aber unter 4.500 Mark – lagen und somit vertraglich dem Preußischen Kultusministerium zufielen, wandte sich Engler nun an letzteres, um eine Genehmigung für zusätzliche Ausgaben zu erhalten.[153] In Anbetracht der dauerhaft zu erwartenden Mehrkosten zu Lasten des Kultusministeriums schlug er außerdem vor, die pflanzengeographische oder kolonialbotanische Abteilung des Botanischen Museums als Teil der Botanischen Zentralstelle zu verstehen und mit dem Auswärtigen Amt eine neue Pauschale von jährlich 4.500 Mark auszuhandeln, um die „ganz erheblichen Mehrbelastungen“[154] unter anderem für die Herstellung von Pflanzen- und Alkoholpräparaten mitsamt neuen Schränken auszugleichen.[155] Hierdurch hätten nicht nur insgesamt mehr finanzielle Mittel für die Arbeit der Botanischen Zentralstelle zur Verfügung gestanden, sondern auch Englers ursprüngliche Pläne Verwirklichung gefunden, welche zwei Abteilungen des Botanischen Museums als Bestandteil der Botanischen Zentralstelle mit entsprechender finanzieller Ausstattung vorgesehen hatten.[156]

Die Reaktion des Preußischen Kultusministeriums fiel heftig und wohl unerwartet aus. In einem gleichzeitig an Engler und das Auswärtige Amt gerichteten

---

151 Ebd.

152 Botanischer Garten und Botanisches Museum, Engler an Kultusministerium, Bosse, 4. Januar 1893, GStA PK I. HA Rep. 76, Va, Sekt. 2, Tit. X, Nr. 89 B, Bd. 1, Bl. 240–242, hier Bl. 240.

153 Ebd. Siehe dazu auch Auswärtiges Amt, Kolonialabteilung, an Botanischer Garten und Botanisches Museum, Engler, 25. März 1892, GStA PK I. HA Rep. 76, Va, Sekt. 2, Tit. X, Nr. 89 B, Bd. 1, Bl. 245.

154 Botanischer Garten und Botanisches Museum, Engler an Kultusministerium, Bosse, 4. Januar 1893, GStA PK I. HA Rep. 76, Va, Sekt. 2, Tit. X, Nr. 89 B, Bd. 1, Bl. 240–242, hier Bl. 240.

155 Ebd., Bl. 241.

156 Botanischer Garten und Botanisches Museum, Engler an Kultusministerium, von Gossler, 7. Januar 1890, GStA PK I. HA Rep. 76, Va, Sekt. 2, Tit. X, Nr. 89 B, Bd. 1, Bl. 112–118, hier Bl. 118.

Schreiben teilte es mit, dass „für koloniale Zwecke“[157] keine weiteren Mittel zur Verfügung stünden und es die Schließung der Botanischen Zentralstelle in Erwägung ziehe, sollten dem Botanischen Garten ständig Mehrkosten entstehen. Da sämtliche zusätzliche Ausgaben aus dem regulären Fond des Botanischen Gartens bestritten werden müssten, könnten die Aufgaben der Botanischen Zentralstelle nur in dem Maße erfüllt werden, wie sie keine „Schädigung der sonstigen Zwecke des Gartens“[158] bedeuteten. Das Kultusministerium verstieß hiermit gegen die festgelegte Kostenverteilung. Dahinter stand die Auffassung, die Botanische Zentralstelle müsse in einem stärkeren Maße durch das Deutsche Reich finanziert werden, denn sie diene den Kolonien und damit Reichsinteressen.[159] Mehr noch: das Preußische Kultusministerium sah den Botanischen Garten und das Botanische Museum als vorrangig wissenschaftliche Einrichtungen und bewilligte für solche Anliegen auch anstandslos Gelder. Während es sich noch wegen 300 Mark für zusätzliche Pflanzentransporte mit Engler und dem Auswärtigen Amt stritt, unterstützte es beispielsweise einen Pflanzensammler in Deutsch-Ostafrika, dessen Tätigkeit den Sammlungen des Botanischen Museums zu Gute kam, mit 600 Mark.[160]

Die Erweiterung der Sammlungen für botanische Forschungen war sowohl dem Kultusministerium als auch Engler wichtig, ebenso der Erhalt der privilegierten Stellung des Botanischen Museums bei der Zuteilung von Neuzugängen aus Reichsexpeditionen, die es auf Grund eines Bundesratsbeschlusses innehatte. Der Bundesratsbeschluss vom 21. Februar 1889 wies dem Museum für Naturkunde, dem Museum für Völkerkunde und dem Botanischen Museum sämtliche Unikate der naturwissenschaftlichen und ethnographischen Sammlungen von auf Reichskosten ausgesandten Expeditionen zu.[161] Wohl deshalb agierten Engler

---

157 Kultusministerium, Bosse an Auswärtiges Amt, Kolonialabteilung, von Caprivi, und an Botanischer Garten und Botanisches Museum, Engler, 27. Januar 1893, GStA PK I. HA Rep. 76, Va, Sekt. 2, Tit. X, Nr. 89 B, Bd. 1, Bl. 246–247, hier Bl. 246.

158 Ebd.

159 Im weiteren Verlauf der Verhandlungen über das Budget der Botanischen Zentralstelle hielt die Kolonialabteilung fest, dass das Kultusministerium schon „länger und dringend“ derart argumentierte. Auswärtiges Amt, Kolonialabteilung, von Richthofen an Reichsschatzamt, von Posadowsky, 23. Juni 1897, GStA PK I. HA Rep. 76, Va, Sekt. 2, Tit. X, Nr. 89 B, Bd. 2, Bl. 137.

160 Kultusministerium an Universitätskasse, 20. Mai 1893, GStA PK I. HA Rep. 76, Va, Sekt. 2, Tit. X, Nr. 89 B, Bd. 1, Bl. 267.

161 Anweisung, betreffend die Behandlung der aus den Deutschen Schutzgebieten eingehenden wissenschaftlichen Sammlungen, Berlin, 3. August 1889, abgedr. in Centralblatt für die gesamte Unterrichtsverwaltung in Preußen 32 (1890), H. 10/11,

und das Preußische Kultusministerium deutlich zurückhaltender, nachdem das Auswärtige Amt ihren Vorstoß für dauerhaft höhere Zuschüsse – speziell für den Mehraufwand des Botanischen Museums durch Eingänge aus den Kolonien – mit der Bemerkung gekontert hatte, eine Entlastung könne nur erfolgen, indem nicht nur wie im Bundesratsbeschluss festgehalten Dubletten, sondern auch Unikate an andere Museen abgegeben würden.[162] Nach Ansicht des Auswärtigen Amtes stand die wissenschaftliche Bearbeitung der Materialzugänge nicht im Zusammenhang mit der Botanischen Zentralstelle. Die Vereinbarungen zur Botanischen Zentralstelle gingen in der Tat nicht auf die Sammlungen des Botanischen Museums ein, obwohl sie eine unverzichtbare Arbeitsgrundlage für die Forschungsarbeit darstellten, einschließlich der vertraglich vorgesehenen Nutzwertbestimmung des Pflanzenmaterials. Das Auswärtige Amt fokussierte seine Aufmerksamkeit jedoch anfangs ausschließlich auf den Versand von Pflanzen für Anbauversuche in den Kolonien, den es offenbar als einen von den anderen Aufgaben der Institution abgekoppelten Auftrag ansah. Es kritisierte das vertragsbrüchige Verhalten des Preußischen Kultusministeriums, vor allem aus der berechtigten Sorge heraus, die Pflanzentransporte müssten beschränkt werden, so lange Engler dafür nur die Pauschale von 3.000 Mark zur Verfügung stand.[163]

Dem Preußischen Kultusministerium gelang es geschickt, sich weiterer Kritik zu entziehen, ohne von seiner Position abzurücken. Es verwies darauf, dass es normalerweise nicht in Englers Entscheidungen über die Verwendung des Institutsfonds eingriff und er daher keiner Ermächtigung bedürfe, wenn er daraus Gelder für die Botanische Zentralstelle entnehmen wollte: „Es muss dem pflichtgemäßem Erwägen des Direktors überlassen bleiben, ob Mehrausgaben mit den Aufgaben des Gartens und den vorhandenen Fonds vereinbar sind."[164] Zusätzliche Mittel für die der Botanischen Zentralstelle zugerechneten Aufgaben verweigerte das Preußische Kultusministerium aber weiterhin.[165] So vorteilhaft derart große Entscheidungsspielräume für Engler sein mochten, so

---

S. 644–645, in: GStA PK I. HA Rep. 76, Va, Sekt. 1, Tit. X, Nr. 24, Bd. 1, Bl. 126–128. Ausführlich hierzu Kap. IV.2.

162 Auswärtiges Amt, Kolonialabteilung, von Caprivi an Kultusministerium, Bosse, 10. Februar 1893, GStA PK I. HA Rep. 76, Va, Sekt. 2, Tit. X, Nr. 89 B, Bd. 1, Bl. 249–251.

163 Ebd.

164 Kultusministerium, Bosse an Auswärtiges Amt, Kolonialabteilung, von Caprivi, 18. März 1893, GStA PK I. HA Rep. 76, Va, Sekt. 2, Tit. X, Nr. 89 B, Bd. 1, Bl. 252–253, hier Bl. 252.

165 Ebd.

schwierig gestaltete sich doch die Lage, in die ihn das Kultusministerium durch das Zuweisen der alleinigen Verantwortung für die Ausgaben gebracht hatte. Als Direktor des Botanischen Gartens und Museums war er gegenüber dem Preußischen Kultusministerium als Aufsichtsbehörde und Arbeitgeber verpflichtet, die Gesamtsituation der Institution im Blick zu haben. Zugleich lag ihm aber an einem erfolgreichen Arbeiten der Botanischen Zentralstelle, zum einen, weil er deren Aufgaben als zu erfüllende Pflicht verstand.[166] Zum anderen zeichnete sich ab, dass der Botanische Garten und das Botanische Museum in vielerlei Hinsicht davon profitierten, dass ihnen die Botanische Zentralstelle angegliedert war, vor allem durch den verstärkten Zufluss von Sammlungen aus den Kolonialgebieten. Mit den vorhandenen Mitteln allen Anforderungen gerecht zu werden, konnte jedoch nicht gelingen, zumal das Arbeitsvolumen der Botanischen Zentralstelle beständig anwuchs. Zu deren Arbeitsbereich zählte Engler in den Tätigkeitsberichten ausdrücklich – und abweichend vom Standpunkt des Auswärtigen Amtes – auch die wissenschaftliche Bearbeitung der aus den Kolonien eingehenden getrockneten Pflanzen und Objekte, mit welcher die Beamten des Gartens und Museums seinen Angaben zufolge „fast ausschließlich“[167] beschäftigt waren. Er nutzte seine Berichte in den darauffolgenden Jahren, um das Preußische Kultusministerium und das Auswärtige Amt wieder und wieder darauf hinzuweisen, „daß neben direkten, aus dem Zuschusse des Auswärtigen Amtes bestrittenen Aufwendungen, indirekt noch erheblich mehr von den Beamten des Gartens und Museums für die botanische Centralstelle geleistet wird“[168] und teilweise die Pauschale nicht einmal für elementare Dinge reichte, wie beispielsweise die Heizkosten für das Vermehrungshaus.[169] Generell bemühte sich Engler in den Jahren von 1892 bis 1898, möglichst den vorgegebenen Kostenrahmen nicht zu überschreiten. Eine erneute Diskussion über die finanzielle Ausstattung der Botanischen Zentralstelle vermieden er und das Preußische Kultusministerium offensichtlich zunächst.

Mit zunehmendem Druck durch das Anwachsen der Ausgaben für die Botanische Zentralstelle erschien indes eine Neuregelung der Finanzierung

---

166 Vgl. die Ausführungen zur Biographie Englers.

167 Bericht Botanische Zentralstelle 1893/94, GStA PK I. HA Rep. 76, Va, Sekt. 2, Tit. X, Nr. 89 B, Bd. 1, Bl. 295–297, hier Bl. 297.

168 Bericht Botanische Zentralstelle 1895/96 GStA PK I. HA Rep. 76, Va, Sekt. 2, Tit. X, Nr. 89 B, Bd. 2, Bl. 89–94, hier Bl. 89.

169 Zusammenstellung Ausgaben Botanische Zentralstelle 1892/3, GStA PK I. HA Rep. 76, Va, Sekt. 2, Tit. X, Nr. 89 B, Bd. 1, Bl. 257 u. Bericht Botanische Zentralstelle 1892/93, GStA PK I. HA Rep. 76, Va, Sekt. 2, Tit. X, Nr. 89 B, Bd. 1, Bl. 259–263, hier Bl. 259.

unumgänglich.[170] Das Preußische Kultusministerium reichte zwei diesbezügliche Anträge Englers im Februar 1896 an das Auswärtige Amt weiter.[171] Hierin forderte er die Bezahlung einer Kustodenstelle für die Botanische Zentralstelle und die Erstattung eines größeren Teils der Transportkosten für Pflanzensendungen in die Kolonien aus Reichsmitteln. Zur Unterstützung Englers wies das Preußische Kultusministerium in seinem Anschreiben abermals auf die Mehrarbeit der Beamten des Gartens und Museums durch die Botanische Zentralstelle hin. Weil deren Aufgaben „nicht immer nur denen der Universität und Wissenschaft"[172] entsprächen, sollte das Auswärtige Amt für die Besoldung eines neu einzustellenden Kustos aufkommen. In seiner Argumentation grenzte das Preußische Kultusministerium so erneut seinen eigenen Interessen- und Zuständigkeitsbereich ab, der nur die Belange des Botanischen Gartens und Museums als preußische wissenschaftliche Einrichtung umfasste.

Das Auswärtige Amt reagierte beinahe ein Jahr lang trotz einer Nachfrage des Preußischen Kultusministeriums nicht auf dessen Gesuch.[173] Ob dabei Verärgerung über die erneute versuchte Vertragsbrüchigkeit eine Rolle spielte, kann nur vermutet werden. Der Vertrag zur Botanischen Zentralstelle sah jedenfalls eine Erhöhung der Wissenschaftlerstellen auf Kosten der botanischen Anstalten vor.[174] Erst nachdem das Preußische Kultusministerium erneut auf die wachsende Dringlichkeit der Neuordnung der finanziellen Ausstattung der Botanischen Zentralstelle hingewiesen hatte,[175] regte das Auswärtige Amt das Zusammentreffen einer Kommission zur Beratung der Problematik an, dem

---

170 Engler bezifferte die Gesamtsumme der Zuschüsse des Kultusministeriums für die Botanische Zentralstelle in der Zeit von Februar 1893 bis April 1896 auf etwa 12.000 Mark, dazu kamen weitere nicht näher angegebene Zuwendungen aus dem Etat des Gartens. Botanischer Garten und Botanisches Museum, Engler an Kultusministerium, Naumann, 2. August 1897, GStA PK I. HA Rep. 76, Va, Sekt. 2, Tit. X, Nr. 89 B, Bd. 2, Bl. 140–145, hier Bl. 144.

171 Vgl. Kultusministerium, Bosse an Auswärtiges Amt, Kolonialabteilung, Hohenlohe-Schillingfürst, 20. Februar 1896, GStA PK I. HA Rep. 76, Va, Sekt. 2, Tit. X, Nr. 89 B, Bd. 2, Bl. 20.

172 Ebd.

173 Siehe dazu Kultusministerium, Bosse an Auswärtiges Amt, Kolonialabteilung, Hohenlohe-Schillingfürst, 29. September 1896, GStA PK I. HA Rep. 76, Va, Sekt. 2, Tit. X, Nr. 89 B, Bd. 2, Bl. 83.

174 Vgl. Vertragsentwurf, 1. Juli 1890, GStA PK I. HA Rep. 76, Va, Sekt. 2, Tit. X, Nr. 89 B, Bd. 1, Bl. 130 und den Vertrag, abgedr. in Volkens, Zentralstelle (1907), S. 3.

175 Kultusministerium an Auswärtiges Amt, Kolonialabteilung, Hohenlohe-Schillingfürst, 10. Februar 1897, GStA PK I. HA Rep. 76, Va, Sekt. 2, Tit. X, Nr. 89 B, Bd. 2, Bl. 99.

auch Engler beiwohnen sollte.[176] Nach dieser Besprechung am 3. Mai 1897 stellte das Auswärtige Amt in Aussicht, die Pauschale erheblich anzuheben, unter der Voraussetzung der Aufstockung des Personals der Botanischen Zentralstelle durch das Preußische Kultusministerium.[177] Als Begründung für die beantragte Erhöhung der Ausgaben nannte das Auswärtige Amt unter anderem das erfolgreiche Arbeiten der Botanischen Zentralstelle, welche als „dauernde bewährte Einrichtung“[178] und nicht mehr als im „Versuchsstadium“[179] befindlich anzusehen sei. Allerdings sollten die zusätzlichen Mittel nicht mehr aus dem angeblich überbelasteten Afrikafonds kommen, sondern durch das Reichsschatzamt dem Auswärtigen Amt zugewiesen werden.[180] Engler bezeichnete in seiner Darlegung des Mehrbedarfs eine weitere Beanspruchung des Afrikafonds zu Gunsten der Botanischen Zentralstelle ebenfalls als „nicht gerechtfertigt“[181], da sie nicht „rein wissenschaftlichen Fragen“[182] diene, wie es dessen Zweckbestimmung vorsah. Im Gegensatz zu den langwierigen Verhandlungen mit dem Reichsschatzamt fand der Antrag des Preußischen Kultusministeriums auf Erhöhung der

176 Auswärtiges Amt, Kolonialabteilung, Hohenlohe-Schillingfürst an Kultusministerium, Bosse, 15. Februar 1897, GStA PK I. HA Rep. 76, Va, Sekt. 2, Tit. X, Nr. 89 B, Bd. 2, Bl. 104; Kultusministerium, Bosse an Auswärtiges Amt, Kolonialabteilung, Hohenlohe-Schillingfürst, 23. Februar 1897, GStA PK I. HA Rep. 76, Va, Sekt. 2, Tit. X, Nr. 89 B, Bd. 2, Bl. 105. Zu den vom Kultusministerium für die Beratungen abgestellten Kommissaren gehörte dem Schreiben zufolge auch Friedrich Althoff. Zu Althoff vgl. Kap. III.2.

177 Auswärtiges Amt, Kolonialabteilung, Hohenlohe-Schillingfürst an Kultusministerium, Bosse, 3. Mai 1897, GStA PK I. HA Rep. 76, Va, Sekt. 2, Tit. X, Nr. 89 B, Bd. 2, Bl. 123.

178 Auswärtiges Amt, Kolonialabteilung, von Richthofen an Reichsschatzamt, von Posadowsky, 23. Juni 1897, GStA PK I. HA Rep. 76, Va, Sekt. 2, Tit. X, Nr. 89 B, Bd. 2, Bl. 137–138, hier Bl. 138.

179 Ebd.

180 Ebd. Das Reichsschatzamt teilte die Meinung des Auswärtigen Amtes zunächst nicht und beharrte auf der Nutzung des seiner Berechnung nach nicht ausgeschöpften Afrikafonds sowie auf einer ausführlichen Begründung des Preußischen Kultusministeriums für die hohen Ausgaben der Botanischen Zentralstelle. Reichsschatzamt an Auswärtiges Amt, Kolonialabteilung, 10. Juli 1897, GStA PK I. HA Rep. 76, Va, Sekt. 2, Tit. X, Nr. 89 B, Bd. 2, Bl. 139.

181 Botanischer Garten und Botanisches Museum, Engler an Kultusministerium, Naumann, 2. August 1897, GStA PK I. HA Rep. 76, Va, Sekt. 2, Tit. X, Nr. 89 B, Bd. 2, Bl. 140–145, hier Bl. 143.

182 Ebd.

Mittel für die Botanische Zentralstelle schnellen Zuspruch beim Preußischen Finanzministerium.[183]

Ab dem neuen Rechnungsjahr, beginnend mit dem 1. April 1898, konnte die Botanische Zentralstelle schließlich über eine beträchtliche Summe verfügen. Das Auswärtige Amt gab mit dem Betrag von 9.000 Mark pro Jahr das dreifache der ursprünglichen Pauschale – ab 1902 wurde der Zuschuss sogar auf 10.000 Mark erhöht – und das Preußische Finanzministerium gewährte für die Botanische Zentralstelle jährlich sogar 13.370 Mark mehr als zuvor.[184] Aufschlussreich ist die Verteilung der Gelder: Auf die Einrichtung und den Erhalt der botanischen Sammlungen entfielen 1.860 Mark, auf die Vermehrung der Sammlungen 3.200 Mark, auf Heizung, Beleuchtung und „Grundbedürfnisse" des Museums 2.600 Mark, jeweils zur Hälfte von beiden Ministerien getragen. Für einen Präparator stellte das Kultusministerium 1.744 Mark zur Verfügung, das Auswärtige Amt 1.700 Mark für Präparierarbeiten. Damit war etwa die Hälfte der Aufwendungen den Sammlungen und anderen, dem Museum zugeordneten Aufgabenbereichen, zugedacht. Hieraus lässt sich eine Neugewichtung der Bedeutung der wissenschaftlichen Sammlungen und der Museumsarbeit ableiten. Schlussendlich Unterstützung fanden hierdurch Englers ursprüngliche Pläne, das Museum als Forschungs- und Vermittlungsort für Wissen über die tropische Pflanzenwelt zu etablieren, deren Umsetzung er gegen alle Widerstände vorangetrieben hatte. Für die Vermehrung und den Transport von Pflanzen, den zweiten großen Aufgabenbereich der Botanischen Zentralstelle, standen 5.000 Mark für allgemeine „sächliche Ausgaben" zur Verfügung sowie

183 Kultusministerium, Naumann an Finanzministerium, von Miquel, 19. August 1897, GStA PK I. HA Rep. 76, Va, Sekt. 2, Tit. X, Nr. 89 B, Bd. 2, Bl. 134–135. Der preußische Finanzminister Johannes von Miquel gehörte 1882 zu den Gründungsmitgliedern des Deutschen Kolonialvereins. Er stand somit den deutschen Kolonialbestrebungen befürwortend gegenüber. Das mag ein Grund für die umgehende und großzügige Bewilligung von Zuschüssen für die Botanische Zentralstelle gewesen sein.

184 Vgl. Volkens, Zentralstelle (1907), S. 4; Urban, Museum (1916), S. 168. Genauere Zahlen in Auswärtiges Amt, Kolonialabteilung an Kultusministerium, 8. Juni 1898, GStA PK I. HA Rep. 76, Va, Sekt. 2, Tit. X, Nr. 89 B, Bd. 2, Bl. 179–181; Kultusministerium, Naumann an Generalkasse des Kultusministeriums, 14. April 1898, GStA PK I. HA Rep. 76, Va, Sekt. 2, Tit. X, Nr. 89 B, Bd. 2, Bl. 173. Wie hoch die Ausgaben des Preußischen Kultusministeriums für die Botanische Zentralstelle insgesamt waren, ist nicht angegeben und lässt sich schwer ermitteln, da ihr viele Tätigkeiten der Beamten des Botanischen Gartens und Museums zu Gute kamen, ohne extra abgerechnet zu werden.

speziell für Frachtkosten 1.400 Mark. Von den verbleibenden Mitteln sollte der neu einzustellende Kustos der Botanischen Zentralstelle ein jährliches Gehalt von 3.600 Mark erhalten, ein Assistent 1.200 Mark.[185] Die Neuverteilung der Zuschüsse hielt eine nur zu den entsprechenden Punkten überarbeitete Version des ursprünglichen Vertrages fest[186] und Kultusministerium und Auswärtiges Amt gaben abschließend Engler gegenüber der Erwartung Ausdruck, „daß die botanischen Anstalten in Hinblick auf die Bereitstellung der erhöhten Mittel sich die Pflanzen der Kolonialbotanik besonders angelegen sein lassen werden."[187]

Mit einem Kompromiss endete somit letztlich der Streit zwischen den beiden Ministerien über die Finanzierung der Botanischen Zentralstelle, in dem es auch darum ging, wie das Verhältnis zwischen Grundlagenforschung und angewandter Forschung zu verstehen sei und in wessen Zuständigkeitsbereich die jeweils damit verbundenen Aufgaben und Kosten fielen: Das Auswärtige Amt erkannte die wissenschaftlichen Sammlungen und das Museum als Teil der Botanischen Zentralstelle durch eine entsprechende finanzielle Berücksichtigung an und es gab seine Fokussierung allein auf Anbauversuche mit tropischen Nutzpflanzen und deren Einführung in die deutschen Kolonien auf. Das Preußische Kultusministerium rückte im Gegenzug von seiner Auffassung des Botanischen Gartens und Museums als rein wissenschaftlicher Einrichtung ab und befürwortete sogar, die auf die Kolonien bezogenen Aufgaben zum Arbeitsschwerpunkt der gesamten Institution zu machen. Akzeptiert wurden damit letztlich Gegebenheiten, die sich in der Arbeitswirklichkeit des Botanischen Gartens und Museums längst durchgesetzt hatten. In seinem nächsten Bericht betonte Engler denn auch auf die an ihn gerichteten Ansprüche erwidernd, in „welch umfassender Weise"[188] alle Kräfte seines Hauses „sich die Pflege der Kolonialbotanik

185 Vgl. Auswärtiges Amt, Kolonialabteilung an Kultusministerium, 8. Juni 1898, GStA PK I. HA Rep. 76, Va, Sekt. 2, Tit. X, Nr. 89 B, Bd. II, Bl. 179–181; Kultusministerium, Naumann an Generalkasse des Kultusministeriums, 14. April 1898, GStA PK I. HA Rep. 76, Va, Sekt. 2, Tit. X, Nr. 89 B, Bd. 2, Bl. 173.

186 Vgl. dazu Auswärtiges Amt, Kolonialabteilung an Kultusministerium, 8. Juni 1898, GStA PK I. HA Rep. 76, Va, Sekt. 2, Tit. X, Nr. 89 B, Bd. 2, Bl. 179–181.

187 Kultusministerium an Botanischer Garten und Botanisches Museum, 7. Juli 1898, GStA PK I. HA Rep. 76, Va, Sekt. 2, Tit. X, Nr. 89 B, Bd. 2, Bl. 182.

188 Botanischer Garten und Botanisches Museum, Engler an Kultusministerium, 6. November 1898, GStA PK I. HA Rep. 76, Va, Sekt. 2, Tit. X, Nr. 89 B, Bd. 2, Bl. 195–203, hier Bl. 195.

besonders angelegen sein lassen"[189] und dass die Botanische Zentralstelle „dank der erhöhten Mittel ihre Tätigkeit viel umfassender gestalten [konnte]."[190]

Englers Ambitionen galten indes nicht allein der Durchsetzung seiner Vorstellungen von der Organisation, den Aufgaben und der finanziellen sowie personellen Ausstattung der Botanischen Zentralstelle. Er verfolgte daneben die Absicherung und Erweiterung der bevorzugten Stellung seiner Institution – sei es die Verteilung von botanischen Sammlungen aus den Kolonien oder die Lehrkompetenz zur Flora und Landwirtschaft der deutschen Kolonialgebiete betreffend. Dabei baute er seine einflussreiche Position als beratender Experte kontinuierlich aus, wie weitere Streitfragen zeigen, in denen Engler entschieden seine Interessen verteidigte.

Deutlich zu Tage traten Englers Bemühungen, den privilegierten Status der von ihm geleiteten Einrichtung hinsichtlich des Erwerbs von Objekten aus den Kolonien und deren wissenschaftlicher Bearbeitung auszubauen, in der ersten hier zu schildernden Kontroverse, die sich um die angedachte Gründung eines Kolonialmuseums entspann. Durch den erwähnten Bundesratsbeschluss und den Vertrag über die Gründung der Botanischen Zentralstelle fielen dem Botanischen Museum bereits sämtliche botanische Sammlungen aus Reichsexpeditionen und alle von Kolonialbeamten gesammelten, für die Botanik interessanten Materialien zu.[191] Den Ausgangspunkt der in einer breiteren Öffentlichkeit geführten Diskussion bildete nun die Frage, auf welche Weise eine Sammlung zumeist pflanzlicher Rohprodukte und der aus ihnen hergestellten Waren, die im Rahmen der Berliner Gewerbeausstelllung 1896 in Treptow auf der 1. Kolonialausstellung gezeigt worden war, erhalten bleiben konnte. Dazu kursierten bereits während der Laufzeit der Schau die Anträge verschiedener Interessengruppen, welche die Exponate entweder als Grundstock eines neu zu gründenden Berliner Kolonialmuseums oder als Zugewinn für die Lehrsammlung des Seminars für Orientalische Sprachen vorschlugen.[192] Engler sprach sich sofort energisch gegen solche Pläne aus: Durch ein neu geschaffenes Kolonialmuseum, so seine Argumentation, würden den bestehenden Museen wertvolle Sammlungsstücke entgehen.[193] Noch kritischer beurteilte er die Idee, die Objekte der

---

189 Ebd.

190 Ebd., hier Bl. 196.

191 Vgl. hierzu die Ausführungen zur Sammlungspolitik in Kap. IV.2.

192 Vgl. die Schreiben in GStA PK I. HA Rep. 76, Va, Sekt. 2, Tit. X, Nr. 89 B, Bd. 2, Bl. 1–172.

193 Botanischer Garten und Botanisches Museum, Engler an Kultusministerium, 8. Juli 1896, GStA PK I. HA Rep. 76, Va, Sekt. 2, Tit. X, Nr. 89 B, Bd. 2, Bl. 44. Zum

Kolonialausstellung dem Seminar für Orientalische Sprachen zu überlassen.[194] Die Zusammenstellung erhielte seiner Ansicht nach dadurch einen wissenschaftlichen Charakter und es entstünde eine „Konkurrenzanstalt"[195] für das Botanische Museum, durch welche eine einheitliche Bearbeitung der aus den Kolonien eingehenden Materialien in der Folge behindert würde.[196] Das Seminar für Orientalische Sprachen war 1887 eröffnet worden, um Kandidaten für den Dolmetscherdienst und anderen Interessierten Fremdsprachen und Landeskenntnisse zu vermitteln. Getragen wurde das der Friedrich-Wilhelms-Universität assoziierte Seminar vom Preußischen Kultusministerium und dem Auswärtigen Amt, das die Einrichtung für die Ausbildung seiner Beamten nutzte. Ab dem Wintersemester 1892 wurden hier vom Botaniker Otto Warburg Vorlesungen über tropische Nutzpflanzen angeboten. Dieser geriet auf Grund seines wiederholt geäußerten Vorschlags, eine koloniallandwirtschaftliche Staatsinstitution zu gründen, in Gegensatz zu den Berliner botanischen Einrichtungen.[197]

Die Direktoren führender Berliner Forschungssammlungen – namentlich des Museums für Völkerkunde und des Museums für Naturkunde sowie die Leiter einzelner Universitätssammlungen – teilten Englers Befürchtungen in Bezug auf ein Kolonialmuseum. In einem gemeinschaftlich verfassten Schreiben[198] griffen sie Englers Einwände auf und sprachen sich dafür aus, alle aus den Kolonien eintreffenden Materialien weiterhin – das hieß den Regelungen des Bundesratsbeschluss von 1889 entsprechend – den wissenschaftlichen Museen zu überlassen.

Kolonialmuseum vgl. ausführlicher Zeller, Interesse (2002); Gouaffo, Wissens- und Kulturtransfers (2007), S. 45–48. Außerdem Short, Lantern (2012); Hiller von Gaertringen/Hiller von Gaertringen, Geschichte (2014), S. 151 ff. mit weiteren Angaben.

194 Zum Seminar für Orientalische Sprachen vgl. Burchardt, School (2005); Ruppenthal, Kolonialismus (2007), S. 37–43; Besser, Organisation (2004), S. 272 ff.; Stoecker, Seminar (2002); Morgenroth, Seminar (1990); Sachau, Denkschrift (1912).

195 Botanischer Garten und Botanisches Museum, Engler an Kultusministerium, 8. Juli 1896, GStA PK I. HA Rep. 76, Va, Sekt. 2, Tit. X, Nr. 89 B, Bd. 2, Bl. 44.

196 Ebd.

197 Zur Konkurrenz mit dem Seminar für Orientalische Sprachen vgl. Kap. V.

198 Das Schreiben der Gruppe war an das Auswärtige Amt gerichtet und wurde dem Kultusministerium in Abschrift durch Engler zugesandt: Botanischer Garten und Botanisches Museum, Engler an Kultusministerium, Bosse, 3. August 1896, GStA PK I. HA Rep. 76, Va, Sekt. 2, Tit. X, Nr. 89 B, Bd. 2, Bl. 46–49. Zu den Unterzeichnern gehörten neben Engler und den Direktoren des Völkerkunde- und Naturkundemuseums u.a. der Direktor der Geologischen Landesanstalt und Bergakademie und führende Mitarbeiter der mineralogischen Sammlung der Friedrich-Wilhelms-Universität sowie der Landwirtschaftlichen Hochschule in Berlin.

Deren „reiche Sammlungen“[199] als Grundlage der wissenschaftlichen Arbeit sollten nicht „zum Schaden der deutschen Wissenschaft“[200] gefährdet werden, wollte man nicht „wieder die Erforschung Afrikas und Neu-Guineas den Museen anderer Nationen überlassen“[201]. Diese Argumentation weist Begründungsmuster auf, die in zahlreichen weiteren Schreiben der Direktoren der vom Bundesratsbeschluss begünstigten Berliner Museen und Sammlungen zu finden sind, insbesondere das Festhalten an einer Zentralisierung der Sammlungen aus den Kolonien und ihrer wissenschaftlichen Bearbeitung an diesen Einrichtungen. Denn ein neues Kolonialmuseum – so die Begründung weiter – verfüge weder über das nötige wissenschaftliche Personal noch über Vergleichsmaterial für eine adäquate Bearbeitung der Objekte. Ferner böten die bestehenden Museen mit Schauschränken zu Kolonialprodukten bereits geeignete Informationsmöglichkeiten für Laien und Fachleute. Somit ermöglichte die etablierte wissenschaftliche Position des Museums für Naturkunde, des Museum für Völkerkunde und des Botanischen Museums diesen Häusern, den Status quo zu verteidigen und sich weiterhin eine bevorzugte Stellung bei der Zuteilung von Objekten zu sichern. Der Verweis auf die britische, niederländische und französische Konkurrenz wirkte ebenso in vielen anderen Fällen als Druckmittel. Auch wurde zu bedenken gegeben, dass die beträchtlichen Kosten für ein Kolonialmuseum durch das Auswärtige Amt eingespart und stattdessen für die Erforschung der Eingänge aus den Kolonien an den vorhandenen Museen verwendet werden könnten.[202]

Obwohl das Schreiben vordergründig die Interessen der Wissenschaft verteidigte und aus dieser Perspektive nachvollziehbare Vorbehalte anbrachte, ging es den Unterzeichnern grundsätzlich darum, weiterhin uneingeschränkt von den enormen Materialeingängen aus den Kolonien zu profitieren. Durch die Akkumulation von Objekten unter der Prämisse eines enzyklopädischen, das heißt Vollständigkeit anstrebenden Sammelns ergaben sich nicht nur günstige Voraussetzungen für die auf Vergleich basierende Forschung, sondern die publizierten Ergebnisse der wissenschaftlichen Arbeit verschafften den Museen zusammen mit der schieren Größe ihrer Sammlungen nationales und internationales Renommee. Engler beispielsweise verglich seine Institution nur mit den größten botanischen Gärten und Museen seiner Zeit, insbesondere Kew und

199 Ebd., Bl. 47.
200 Ebd., Bl. 48.
201 Ebd.
202 Ebd.

St. Petersburg.[203] Zudem erhofften sich die Museumsdirektoren und Sammlungsleiter offenbar, durch das Verhindern einer Konkurrenzinstitution in Hinblick auf Exponate, Gelder und Besucher selbst weitere zusätzliche finanzielle Mittel für die wissenschaftliche Bearbeitung ihrer kolonialen Sammlungen zu erhalten. Im Oktober 1899 eröffnete zwar schließlich ein Kolonialmuseum in Berlin, doch es verfolgte ausdrücklich keinen wissenschaftlichen Anspruch und wandte sich stattdessen an ein breites Publikum. Da die Deutsche Kolonialgesellschaft dieses Museum führte und finanzierte, entstand den etablierten Museen keine nennenswerte Konkurrenz um staatliche finanzielle Zuwendungen und sie konnten ihre privilegierte Position behaupten.

Englers ehrgeizige Strategie ging indes über den Erhalt des Status quo hinaus und zielte darauf ab, einzig die Botanische Zentralstelle dauerhaft als „Sammelpunkt für alle aus den Kolonien eingehenden pflanzlichen Objekte“[204] und als Ausbildungsort für Kolonialbeamte im Bereich Tropenbotanik zu etablieren. Daher ging er entschlossen gegen das Vorhaben des Berliner Universitätsdozenten Louis Lewin vor, ein Laboratorium für die chemische Analyse der aus den Kolonien kommenden Pflanzen zu gründen.[205] Lewin konnte hierfür das Interesse des Auswärtigen Amtes gewinnen,[206] doch Engler nutzte in vom

---

203 Engler, Gutachten Verlegung, 23. November 1891, GStA PK I. HA Rep. 76, Va, Sekt. 2, Tit. XIX, Nr. 49, Bd. 1, Bl. 118–148, abgedr. in Notizblatt, Bd. 2, Nr. 10 (Sept. 1897), S. 295–314, hier S. 300. Dazu auch Lack, Kew (2007), S. 184. Mit ähnlichen Befunden zum Berliner Museum für Völkerkunde Penny, Objects (2002).

204 Botanischer Garten und Botanisches Museum, Engler an Kultusministerium, Bosse, 3. August 1896, GStA PK I. HA Rep. 76, Va, Sekt. 2, Tit. X, Nr. 89 B, Bd. 2, Bl. 76–79, hier Bl. 79.

205 Es handelte sich bei dem Antragsteller offenbar um den Pharmakologen und Toxikologen Louis Lewin (1850–1929). Lewin promovierte 1875, lehrte ab 1878 als Privatdozent am Institut für Pharmakologie der Friedrich-Wilhelms-Universität und erhielt 1894 den Professorentitel. Dies deckt sich mit den Hinweisen in der Korrespondenz, in der sich auch die Schreibweise Levin findet. Zur Biographie Lewins vgl. Engel, Lewin (1985).

206 Auswärtiges Amt, Kolonialabteilung, von Caprivi an Kultusministerium, Bosse, 17. Dezember 1893, GStA PK I. HA Rep. 76, Va, Sekt. 2, Tit. X, Nr. 89 B, Bd. 1, Bl. 289. Das Auswärtige Amt gab die Anfrage Lewins an das Preußische Kultusministerium weiter, welches die Finanzierung des Laboratoriums übernehmen sollte. Das Kultusministerium teilte mit, dass es „die Einrichtung eines derartigen Laboratoriums aus wissenschaftlichen Gründen“ nicht für notwendig erachte und Engler sich weiter mit der Angelegenheit befassen solle. Kultusministerium, Bosse an Auswärtiges Amt, Kolonialabteilung, von Caprivi, 31. Mai 1894, GStA PK I. HA Rep. 76, Va, Sekt. 2, Tit. X, Nr. 89 B, Bd. 1, Bl. 291.

Auswärtigen Amt angefragten Expertisen seine Autorität als Fachmann, um dafür zu plädieren, dass die Botanische Zentralstelle ausnahmslos die aus den Kolonien eingehenden Pflanzenmaterialien erhalten und über deren weitere Untersuchung entscheiden sollte. Er berief sich dabei ausdrücklich auf das Vorbild Kew, „welches für alle Kolonien Englands allein die Zentralstelle ist, von der aus nach Maßgabe der dort wirkenden Botaniker die technisch und chemisch zu untersuchenden Objekte verteilt werden.“[207] Engler erhob demnach den Anspruch, der Botanischen Zentralstelle und ihm als deren Leiter die Funktion der bestimmenden und kontrollierenden Instanz hinsichtlich der aus den Kolonien eingehenden botanischen Sammlungen zuzugestehen. Er sprach sich gegen eine Einmischung von Fachfremden oder Behörden aus und dafür, dass die Wissenschaftler am Botanischen Museum eigenständig auf Grund ihrer Kenntnisse und Beurteilungen „Objekte, die einer chemischen Prüfung bedürfen, an Chemiker, die mit diesen vertraut sind“[208], weitergeben. Diese Forderung ist äußerst aufschlussreich im Hinblick auf das wissenschaftliche Selbstverständnis Englers, der sich hier für eine große Freiheit und Handlungskompetenz der Botaniker seines Hauses einsetzte.

In der sich über zwei Jahre erstreckenden Diskussion gelang es Engler – der wie die Schreiben belegen das Vertrauen und die Unterstützung des Preußischen Kultusministeriums hatte – das Auswärtige Amt ebenfalls zu überzeugen, von den Laboratoriumsplänen Abstand zu nehmen. Er schreckte dabei nicht davor zurück, seinen Konkurrenten Lewin zu diffamieren: „Professor Lewin, dessen Leistungen von Mitgliedern der medizinischen Fakultät nicht immer günstig beurteilt werden, dürfte nicht diejenige Persönlichkeit sein, welchem ohne Weiteres alle chemisch zu untersuchenden Pflanzenprodukte unserer Kolonien zu überweisen wären.“[209]

Ebenfalls zu diskreditieren versuchte er seinen Rivalen um die im Zusammenhang mit der Diskussion über die Gründung des Kolonialmuseums bereits erwähnte Sammlung von Pflanzenprodukten, den am Seminar für Orientalische Sprachen lehrenden Botaniker Otto Warburg. So behauptete er, „absolut

207 Botanischer Garten und Botanisches Museum, Engler an Kultusministerium, Bosse, 3. August 1896, GStA PK I. HA Rep. 76, Va, Sekt. 2, Tit. X, Nr. 89 B, Bd. 2, Bl. 76–79, hier Bl. 79. Kew erhielt seit 1854 alle auf Staatskosten zusammengetragenen botanischen Sammlungen. Vgl. hierzu Drayton, Government (2000), S. 201.

208 Botanischer Garten und Botanisches Museum, Engler an Kultusministerium, Bosse, 3. August 1896, GStA PK I. HA Rep. 76, Va, Sekt. 2, Tit. X, Nr. 89 B, Bd. 2, Bl. 76–79, hier Bl. 77.

209 Ebd.

nichts“[210] gegen Warburg als Lehrer zu haben, obwohl seiner Meinung nach mehrere Wissenschaftler am Botanischen Garten und Museum „ebenfalls die für den kolonialbotanischen Unterricht nothwendigen Kenntnisse besitzen, in manchen Spezialitäten auch noch besser unterrichtet sind als Dr. Warburg.“[211] Englers Bestreben, die Botanische Zentralstelle zum Empfänger aller botanischer Sammlungen aus den Kolonien zu machen, richtete sich wiederholt ausdrücklich gegen Warburg, dem er vorwarf, ein Konkurrenzinstitut für Tropenbotanik aufbauen zu wollen.[212] In dem Streit über die Sammlung von Rohprodukten und verarbeiteten Materialien spielte Engler seine Position aus, welche ihn seiner Wahrnehmung nach als ordentlichen Professor sowie Leiter der botanischen Anstalten und der Botanischen Zentralstelle zur unbestrittenen Autorität im Bereich der auf die Kolonien bezogenen Forschung und Lehre machte. Er behauptete, dass wenn Warburg die Sammlung erhalte, würde er vor Engler und anderen Professoren der Botanik „ganz besonders bevorzugt“[213] und es wäre nur der „Gerechtigkeit entsprechend“[214], eine ordentliche Professur – nämlich die seine – und die Botanische Zentralstelle zu begünstigen. Hier kam ein Aspekt zum Tragen, der für Berlins großes Vorbild Kew treffend formuliert worden ist: „Kew was not prepared to share the imperial burden – nor the glory carried with it.“[215] Engler beanspruchte ebenfalls den ungeteilten Ruhm, welcher ihm und seiner Einrichtung für ihr Engagement im kolonialen Projekt zufiel. Der Entschluss des Preußischen Kultusministeriums, sich in dieser Auseinandersetzung hinter Engler zu stellen, zeugt von dessen Einfluss und Wertschätzung

---

210 Botanischer Garten und Botanisches Museum, Engler an Kultusministerium, 20. März 1897, GStA PK I. HA Rep. 76, Va, Sekt. 2, Tit. X, Nr. 89 B, Bd. 2, Bl. 107–110, hier Bl. 110.

211 Ebd.

212 Ebd., Bl. 108.

213 Ebd., Bl. 110. Zu Otto Warburg vgl. Leimkugel, Zionismus (2005). Obwohl Warburg wie Lewin der jüdischen Konfession angehörte, lässt nichts darauf schließen, dass Englers Vorgehen antisemitisch motiviert war. In der Korrespondenz finden sich hauptsächlich negative Urteile über die fachliche Kompetenz, die geringere Stellung oder das als unangemessen kolportierte Verhalten der Konkurrenten. Zum Verhältnis zwischen Warburg und dem Botanischen Garten und Museum vgl. ausführlicher Kap. V.

214 Botanischer Garten und Botanisches Museum, Engler an Kultusministerium, Schmidt, 31. Juli 1896, GStA PK I. HA Rep. 76, Va, Sekt. 2, Tit. X, Nr. 89 B, Bd. 2, Bl. 68–70, hier Bl. 69.

215 McCrackens, Gardens (1997), S. 78.

im Ministerium. Er wusste seine durch die Botanische Zentralstelle begründete herausgehobene Stellung zu verteidigen und sich für die von ihm geleitete Institution einzusetzen.

In diesen Kontext gehörte zuletzt Englers Ansinnen, die tropenbotanische Ausbildung von Kolonialbeamten der Botanischen Zentralstelle zuzuweisen. Er begründete sein Gesuch an das Preußische Kultusministerium folgendermaßen: Es sei „für das Ansehen des botanischen Gartens und des Museums in weiteren Kreisen gerade von der größten Bedeutung, daß die Unterweisung der künftigen Kolonialbeamten in Tropenbotanik am botanischen Garten und dessen Museum erfolgt."[216] Zudem würde für die wachsenden Ausgaben seiner Einrichtung „eine Unterstützung von Seiten des Reiches anzustreben sein und derartige Bestrebungen werden mehr Aussicht auf Erfolg haben, wenn unsere Institute auch dem Unterricht der künftigen Kolonialbeamten dienen."[217] Seine Überlegungen waren beeinflusst von der Annahme, die Nachfrage nach der vom Reich finanzierten Vermehrung und Versendung von Pflanzen in die deutschen Kolonien würde „wahrscheinlich nicht mehr allzu lange vorhanden sein, da wir bereits sowohl nach Ost- wie nach Westafrika sehr viel Pflanzen geliefert haben und diese dort leichter vermehrt werden können als hier."[218] Englers Antrag hatte somit die Zukunft seiner Einrichtung im Blick, welche durch die Ausbildung von Kolonialbeamten zusätzliches Prestige, weitere Zuschüsse des Reiches und damit ein „zweites Standbein" neben dem Pflanzentransfer erhalten sollte. Englers Vorschlag fand offenbar die Zustimmung des Auswärtigen Amtes, denn von Seiten des Preußischen Kultusministeriums hieß es kurz darauf, dass eine „engere Verbindung des botanischen Seminarunterrichts für den Kolonialdienst mit der Zentralstelle in Aussicht genommen worden ist."[219] Zunächst beschränkte sich dies auf die vom Auswärtigen Amt angeregte Aufnahme eines Vermerks in das Vorlesungsverzeichnis des Seminars für Orientalische Sprachen, der – direkt

216 Botanischer Garten und Botanisches Museum, Engler an Kultusministerium, 20. März 1897, GStA PK I. HA Rep. 76, Va, Sekt. 2, Tit. X, Nr. 89 B, Bd. 2, Bl. 107–110, hier Bl. 107–108.

217 Ebd., Bl. 108.

218 Ebd.

219 Kultusministerium, Bosse an Seminar für Orientalische Sprachen, Sachau, 8. Juli 1897, GStA PK I. HA Rep. 76, Va, Sekt. 2, Tit. X, Nr. 89 B, Bd. 2, Bl. 129. Die Entscheidung fiel dem Schreiben zufolge in einer Sitzung der Kommission zur Botanischen Zentralstelle, die auch über deren Finanzierung beriet und aus Abgesandten des Auswärtigen Amtes, des Preußischen Kultusministeriums und Engler bestand.

unter den Angaben zu den Vorlesungen des Konkurrenten Warburg – auf die Botanische Zentralstelle aufmerksam machte.[220]

Festzuhalten ist demzufolge: Engler nutzte die sich mit der Angliederung der Botanischen Zentralstelle ergebenden Chancen, um das Prestige seiner Institution sowie das seiner Person und seine Kompetenzen zu vermehren. Er befürwortete die Zentralisierung der aus den Kolonien ins Deutsche Reich gelangenden Sammlungen und der auf diese Gebiete ausgerichteten Tätigkeitsfelder an der von ihm geleiteten Einrichtung. Dies kam seinem Ziel der Sammlungserweiterung insbesondere in Hinblick auf Objekte aus den deutschen Kolonien entgegen, an deren Bearbeitung sich wissenschaftliche Ziele Englers knüpften.[221] Mit der Institutionalisierung auf die Kolonien bezogener Aufgaben am Botanischen Garten und Museum verband Engler zudem fortlaufend Forderungen nach zusätzlichen finanziellen Mitteln und wissenschaftlichen Beamten, die er teilweise auch durchsetzen konnte.[222] Richard Drayton zufolge hatte in den 1840er-Jahren der damalige Direktor von Kew in der Erwartung stärkerer staatlicher Unterstützung seine Institution bewusst für wirtschaftliche Zwecke geöffnet.[223] Im Fall der Berliner Botanischen Zentralstelle hingegen ging die Initiative für den Aufbau einer botanischen Vermittlungsstelle auf den Gouverneur von Kamerun zurück, der für sein Vorhaben die Unterstützung des Auswärtigen Amtes erhielt. Gleichwohl erkannte Engler die Möglichkeiten, die sich für die Berliner botanischen Einrichtungen damit verbanden. In den auf die Gründung der Botanischen Zentralstelle folgenden Jahren baute er die privilegierte Stellung seines Hauses aus und verteidigte sie gegenüber tatsächlicher oder vermeintlicher Konkurrenz.

Gleichzeitig empfand er die sich mit der Botanischen Zentralstelle ergebenden Verpflichtungen und das Pensum der mit den Kolonien verbundenen Aufgaben für die Gesamtinstitution oftmals als nachteilig. Dem eingangs bereits in einem der Gutachten zur Einrichtung der Botanischen Zentralstelle vorausgesagten Interessenkonflikt zwischen „praktischen" Ansprüchen und wissenschaftlicher

---

220 Auswärtiges Amt, Kolonialabteilung, Hohenlohe-Schillingfürst an Seminar für Orientalische Sprachen, Sachau, 11. Mai 1898, GStA PK I. HA Rep. 76, Va, Sekt. 2, Tit. X, Nr. 89 B, Bd. 2, Bl. 172. Der Vermerk findet sich ab dem Wintersemester 1898 bis zum Sommersemester 1922. Vgl. Friedrich-Wilhelms-Universität, Seminar für Orientalische Sprachen (Hg.), Verzeichnis (1887–1936).

221 Vgl. Kap. IV.2.

222 Vgl. die Akten zum Botanischen Museum: GStA PK I. HA Rep. 76, Va, Sekt. 2, Tit. X, Nr. 90, Bd. 15–17.

223 Vgl. Drayton, Government (2000), S. 192.

Arbeit konnte sich auch Engler nicht entziehen. Gerade in den unterfinanzierten Anfangsjahren meinte er:

> „Der botanische Garten würde, wenn er sich nicht mit massenhafter Aufzucht von längst bekannten tropischen Nutzpflanzen befasste denselben Raum [...] zur Anzucht von interessanten Novitäten und Zierpflanzen aus allen möglichen Gebieten längst ausnutzen und ebenso würden die Beamten die Zeit, die sie auf Auskünfte über die aus Kolonien eingesandten Produkte verwenden, sehr wohl zur Bearbeitung anderen in reichen Maße zuströmenden Pflanzenmaterials gebrauchen."[224]

Im Nachruf auf Engler schrieb sein langjähriger Weggefährte Ludwig Diels bezogen auf dessen Position als Direktor des Berliner Botanischen Gartens und Museums: Engler sah sich

> „vor vielseitig erweiterten Möglichkeiten, wissenschaftlich zu wirken; gleichzeitig musste er aber erkennen, wie viele mehr praktische Verpflichtungen ihm aus seiner neuen Stellung erwuchsen. Es ist bewundernswert, in welch hohem Maße er es verstand, die oft widerstreitenden Anforderungen beider Tätigkeitsfelder miteinander zu vereinen."[225]

Englers Hauptinteresse galt weiterhin der „reinen" Wissenschaft, das heißt „pure plant systematics and plant geography"[226], wie Eugene Cittadino schreibt. Für ihn bewirkte die Einstellung eines Kustoden für die Botanische Zentralstelle als ein Ergebnis der Verhandlungen über die Aufstockung der Zuschüsse eine zumindest teilweise Befreiung aus dem Dilemma, wissenschaftlichen und praktischen Ansprüchen zugleich gerecht werden zu müssen. Die Verpflichtung eines erfahrenen und mit den Verhältnissen in den Kolonien vertrauten Botanikers sollte – so Englers Vorstellung – die nahezu selbständige Leitung der Botanische Zentralstelle durch ihren Kustos garantieren und ihn entlasten.[227]

---

224 Botanischer Garten und Botanisches Museum, Engler an Kultusministerium, Naumann, 2. August 1897, GStA PK I. HA Rep. 76, Va, Sekt. 2, Tit. X, Nr. 89 B, Bd. 2, Bl. 140–145, hier Bl. 143.

225 Diels, Gedächtnis (1931).

226 Cittadino, Nature (1990), S. 137

227 Kultusministerium, Naumann an Finanzministerium, von Miquel, 19. August 1897, GStA PK I. HA Rep. 76, Va, Sekt. 2, Tit. X, Nr. 89 B, Bd. 2, Bl. 134–135, hier Bl. 134. Zu den Anforderungen und möglichen weiteren Kandidaten auch Engler an Kultusministerium, 8. Mai 1898, GStA PK I. HA Rep. 76, Va, Sekt. 2, Tit. X, Nr. 89 A, Bd. 3, Bl. 23–35, hier Bl. 29 und GStA PK I. HA Rep. 76, Va, Sekt. 2, Tit. X, Nr. 89 B, Bd. 2, Bl. 31.

Als geeigneter Kandidat erwies sich Georg Volkens, der offiziell ab 1898 – durch Reisen anderweitig gebunden aber tatsächlich erst nach 1902 dauerhaft – als Kustos der Botanischen Zentralstelle einen großen Teil der praktischen auf die Kolonien bezogenen Aufgaben übernahm. Volkens, 1855 in Berlin geboren, studierte an der dortigen und der Würzburger Universität Naturwissenschaften. Nach seiner Promotion 1882 unternahm er im Auftrag der Preußischen Akademie der Wissenschaften eine Forschungsreise in Wüstenregionen Ägyptens und Arabiens. Er habilitierte sich 1887 und lehrte als Privatdozent für Botanik an der Berliner Friedrich-Wilhelms-Universität. Ab 1892 hielt er sich im Auftrag der Akademie der Wissenschaften und unterstützt vom Auswärtigen Amt für zwei Jahre in Ostafrika auf, um am Kilimandscharo eine Forschungsstation aufzubauen. Seit 1895 Professor, war er ab dem 1. April 1897 als außerordentlicher Hilfsarbeiter am Berliner Botanischen Garten beschäftigt, ein Jahr später wurde er Kustos der Botanischen Zentralstelle.[228] Dazu heißt es: „Als solcher stand er in erster Linie dem Direktor bei der Verwaltung der Botanischen Zentralstelle für die Kolonien zur Seite".[229] Etwas genauer sind seine Aufgaben im von Volkens auf sich selbst verfassten Nachruf aufgelistet:

> „V.'s Tätigkeit umfaßte die mehr auf die Praxis gerichteten Ziele der Zentralstelle. Er unterhielt den schriftlichen Verkehr einerseits mit dem Kolonialamt; anderseits mit den in den Kolonien wirkenden Behörden und Privatpersonen, arbeitete die erforderlichen Vorschläge und Gutachten aus, beschaffte und verteilte Sämereien und lebende Pflanzen all der zahlreichen Nutzgewächse, von denen eine lohnende Kultur in diesem oder jenem unserer Schutzgebiete erhofft werden konnte."[230]

Nach nur etwas mehr als einem Jahr in dieser Position nahm Volkens an einer Expedition teil, die den Flaggenwechsel auf den Karolinen anlässlich der Übernahme der Verwaltung Deutsch-Neuguineas durch das Deutsche Reich vollziehen sollte. Sein Auftrag war dabei die Untersuchung des wirtschaftlichen Wertes der Inselgruppe. Anschließend verbrachte er mehrere Monate am Botanischen

---

228 Für die Stellenbesetzung war Engler vom Kultusministerium um Vorschläge gebeten worden. Kultusministerium, Bosse an Botanischer Garten und Botanisches Museum, Engler, 12. Juni 1897, GStA PK I. HA Rep. 76, Va, Sekt. 2, Tit. X, Nr. 89 B, Bd. 2, Bl. 124. Schon seit der von Engler ins Gespräch gebrachten Besetzung einer Kustodenstelle aus Reichsmitteln zu Beginn des Jahres 1896 wurde Volkens als geeigneter Kandidat diskutiert. Siehe dazu ein Empfehlungsschreiben des Botanikers Georg Schweinfurth: Schweinfurth an Kultusministerium, Althoff, 8. Januar 1896, GStA PK I. HA Rep. 76, Va, Sekt. 2, Tit. X, Nr. 89 B, Bd. 2, Bl. 33.

229 Notizblatt, Bd. 7, Nr. 64 (Sept. 1917), S. 117–118, hier S. 117.

230 Volkens, Nachruf (1917), S. 6.

Garten Buitenzorg/Bogor auf Java, um geeignete Pflanzen für den Transfer in die deutschen Kolonien auszuwählen.[231] Finanziert wurde der Aufenthalt durch das Buitenzorgstipendium des Deutschen Reiches.[232] Erst nach seiner Rückkehr im Herbst 1902 konnte er sich hauptsächlich den Aufgaben der Botanischen Zentralstelle widmen. Im Gegensatz zu Engler, der 1902 mit einer Reise nach Südafrika und in die deutsche Kolonie Ostafrika zum ersten Mal Europa verließ, verfügte Volkens damit über in verschiedenen tropischen Regionen gesammelte Erfahrungen und genoss den Ruf, ein „guter praktischer Botaniker"[233] zu sein.

Die Forschung charakterisiert ihn überdies als „enthusiastic proponent of colonial development".[234] Er warb als aktives Mitglied der Deutschen Kolonialgesellschaft auf Vortragstouren für die Förderung der ökonomischen Interessen in den deutschen Kolonien.[235] Im Vergleich zu Englers wissenschaftlich-sachlichen Publikationen zur Botanischen Zentralstelle oder den botanischen Versuchseinrichtungen in den Kolonien kennzeichnet die Veröffentlichungen von Volkens dazu ein stärkerer Bezug auf wirtschaftliche und politische Aspekte sowie auf Vorbildeinrichtungen anderer europäischer Kolonialmächte wie den Garten und die Forschungseinrichtungen in Buitenzorg/Bogor, die er eingehend diskutierte.[236] Seine Position hatte seiner Ansicht nach allerdings auch negative Aspekte, wie er schrieb:

> „So erhielt V., als er am 1. April 1898 dem Direktor des Berliner Botanischen Museums als Kustos der Zentralstelle untergeordnet wurde, zwar Titel und Charakter eines preußischen Beamten, war aber durch Ministerialreskript verpflichtet, seine Dienste ausschließlich Reichsangelegenheiten zu widmen. Er hat es in der Folge immer beklagt, daß ihm durch diese Zwitterstellung die Möglichkeit genommen wurde, eigenen Ideen zu folgen. Er sollte nur „Handlanger" sein, und da er keine Natur war, die sich im Kampfe mit feindlichen Mächten um jeden Preis und mit jedem Mittel durchzusetzen wußte, so hat ihm die Art, in der er sein Amt auszuüben genötigt war, nie die rechte Befriedigung gewährt. Trotzdem bemühte er sich, sein Wirken für die wirtschaftliche Entwickelung der deutschen Kolonien, die damals erst eigentlich begann, nach Kräften nutzbar zu machen."[237]

---

231 Ebd. Vgl. außerdem Cittadino, Nature (1990), S. 136 f.

232 Zum Tropen- oder Buitenzorgstipendium des Deutschen Reiches vgl. ausführlicher Kap. IV.1.

233 Empfehlungsschreiben Reinhardt an Kultusministerium, GStA PK I. HA Rep. 76, Va, Sekt. 2, Tit. X, Nr. 89 B, Bd. 2, Bl. 31.

234 Cittadino, Nature (1990), S. 136.

235 Ebd. und Volkens, Nachruf (1917), S. 6.

236 Vgl. Volkens, Garten (1903); Volkens, Zentralstelle (1907).

237 Volkens, Nachruf (1917), S. 6.

Offenbar versuchte Volkens zumindest eine Erweiterung seines Handlungsspielraums herbeizuführen, indem er vorschlug, die Schausammlung des Botanischen Museums der Botanischen Zentralstelle anzugliedern.[238] Doch Engler wollte sich diesen Aufgabenbereich nicht aus der Hand nehmen lassen: Er begründete dies damit, dass hauptsächlich das Preußische Kultusministerium die Kosten für das Schaumuseum trug und eine Angliederung an die Botanische Zentralstelle daher nicht möglich war. Hier kam noch einmal der Konflikt zwischen den wissenschaftlichen Aufgaben des Museums als universitärer Institution und den vom Auswärtigen Amt zugewiesenen und mitfinanzierten praktischen Tätigkeiten zum Tragen. Außerdem behauptete Engler, es sei ein „besonders Vergnügen"[239] für ihn, sich mit der Einrichtung der Nutzpflanzen- und Kolonialpflanzenabteilung des Museums zu beschäftigen. Der eigentliche Beweggrund seiner Intervention wird in den kurz darauf folgenden Sätzen seines Schreibens deutlich: „die Leitung des Ganzen behalte ich in meinen Händen"[240]. Auch sei es für ihn und seine Nachfolger wichtig, „in die kolonialen Angelegenheiten, soweit sie Garten und Museum betreffen, selbst mit einzugreifen, denn es gewährt eine große Befriedigung, neben den rein wissenschaftlichen Arbeiten auch mit Dingen zu tun zu haben, die für das Vaterland und unsere Kolonien von Nutzen sind."[241] Angesichts Englers Position und Auftreten in den bereits beleuchteten Streitfällen liegt es nahe davon auszugehen, dass es Engler hauptsächlich darum ging, weiterhin die Kontrolle zu haben.

Denn seit den ersten konfliktreichen Jahren des Bestehens der Botanischen Zentralstelle prägte Engler mit seinen Vorstellungen die wesentlichen Aspekte der Institutionalisierung der auf die Kolonien bezogenen Aufgabenbereiche am Botanischen Garten und Museum. Er war die dominierende Persönlichkeit beim Aufbau der Botanischen Zentralstelle: Die Ausgestaltung und Organisation ihrer Tätigkeitsfelder beruhte auf seinen Plänen, die er auch gegen den teilweisen Widerstand des Auswärtigen Amtes durchzusetzen vermochte. Als Leiter der Botanischen Zentralstelle und der Gesamtinstitution blieb er Verhandlungspartner und Berater der involvierten Ministerien. In den Anfangsjahren handelten das Auswärtige Amt, das Preußische Kultusministerium und Engler die

238 Botanische Zentralstelle, Volkens an Auswärtiges Amt, Kolonialabteilung, 28. Mai 1906, BArch R1001/8601, Bl. 28–29.

239 Botanischer Garten und Botanisches Museum, Engler an Kultusministerium, 23. Juli 1906, BArch R1001/8601, Bl. 32–33, hier Bl. 32.

240 Ebd., Bl. 33.

241 Ebd.

grundlegenden Konditionen für die Einrichtung, Finanzierung und inhaltliche Ausrichtung der Botanischen Zentralstelle aus. Dabei musste vor allem geklärt werden, wie die politischen Interessen des Deutschen Reiches und die wissenschaftlichen Ambitionen der Direktion der botanischen Einrichtungen sowie die wissenschaftspolitischen Zielsetzungen des Preußischen Kultusministeriums miteinander verbunden werden konnten und die Zuständigkeiten nebst Finanzierung entsprechend aufgeteilt werden sollten. Dies schloss auch die Diskussion des Verhältnisses von „reiner" Wissenschaft und angewandter Forschung ein, als deren Ergebnis schließlich auch die Grundlagenforschung aus Reichsmitteln bezuschusst wurde. Zudem gelang es Engler, die privilegierte Position des Botanischen Gartens und Museums samt Botanischer Zentralstelle bei der Zentralisierung der Sammlungen aus den Kolonien und ihrer wissenschaftlichen Bearbeitung zu festigen. Für die folgenden Jahre finden sich keine Belege für neue grundsätzliche Konflikte. Es scheint, dass nach den Auseinandersetzungen der Anfangszeit Zuständigkeiten und Handlungsspielräume abgesteckt waren und der Ausgleich der Interessen akzeptiert wurde. Schon 1897 erklärte das Auswärtige Amt, die Botanische Zentralstelle habe die Erwartungen „in vollstem Maße"[242] gerechtfertigt. Im Jahr 1903 bescheinigte es dann dem Preußischen Kultusministerium, alle vorhandenen Schwierigkeiten – gerade auch hinsichtlich der wissenschaftlichen Bearbeitung der aus den Kolonien eintreffenden Sammlungen – seien „durch die glückliche und erfolgreiche Anpassung des Königlichen Botanischen Gartens an die praktischen Ziele und Aufgaben der Kolonialverwaltung überwunden."[243]

Bevor in Kapitel IV an Hand der einzelnen Aufgaben der Botanischen Zentralstelle die Einbindung des Botanischen Gartens und Museums in das koloniale Projekt und die Institutionalisierungspraxis der auf die Kolonien bezogenen Tätigkeitsfelder genauer analysiert wird, geht es im Folgenden zunächst darum zu klären, welchen Stellenwert die auf die Kolonien bezogenen Aufgaben in Hinblick auf die Gesamtinstitution hatten. Inwieweit stand der Umzug des Botanischen Gartens und Museums von Berlin-Schöneberg nach Dahlem in Zusammenhang mit den neuen Tätigkeiten? Welche Interessen bestimmten den Standortwechsel und die Neukonzeption der Einrichtung? Welche Rolle spielten die Flora der deutschen

242 Auswärtiges Amt, Kolonialabteilung, von Richthofen an Reichsschatzamt, von Posadowsky, 23. Juni 1897, GStA PK I. HA Rep. 76, Va, Sekt. 2, Tit. X, Nr. 89 B, Bd. 2, Bl. 137–138.

243 Auswärtiges Amt, Kolonialabteilung, an Kultusministerium, 27. Mai 1903, GStA PK I. HA Rep. 76, Va, Sekt. 1, Tit. X, Nr. 24, Bd. 3, Bl. 180–187, hier Bl. 181.

Kolonialgebiete, insbesondere ihre wissenschaftliche Erforschung und wirtschaftliche Nutzung im Freiland, den Gewächshäusern und dem Museum der Neuanlage? Orientierte sich die Neuanlage wie schon die Botanische Zentralstelle an den Royal Botanic Gardens Kew? Welche Wissenstransfers sind zu beobachten? An die Beantwortung dieser Fragen ist eine vertiefende Untersuchung der Interessen insbesondere von Adolf Engler und dem Preußischen Kultusministerium geknüpft, um die Funktion der auf die deutschen Kolonien bezogenen Arbeitsbereiche für die Ziele dieser beiden Akteure genauer einschätzen zu können.

III.2 Debatte um den Standortwechsel des Botanischen Gartens und Museums

Das Großprojekt der Verlegung des Botanischen Gartens und Museums zog sich über 20 Jahre hin: Ab 1888 intensivierte sich die Diskussion über einen Umzug der Institution, die offizielle Eröffnung der Neuanlage erfolgte dann 1910. Die folgenden Ausführungen sollen vor allem klären, ob ein Zusammenhang zwischen dem Umzug und den anwachsenden auf die Kolonien bezogenen Aufgaben der Einrichtung bestand. Außerdem gilt es zu untersuchen, in welchem Maße sich entsprechende Begründungen in der Korrespondenz zwischen der Gartenleitung und den involvierten Ministerien, in der Presse oder in den Debatten des Preußischen Abgeordnetenhauses wiederfinden. Damit soll erstmals auf einer breiten Quellengrundlage die in der Forschungsliteratur zu findende Darstellung überprüft werden, die Institution sei letztlich auf Grund der beengten Verhältnisse in Schöneberg, die insbesondere den auf die Kolonien ausgerichteten Tätigkeitsfeldern zu wenig Platz ließen, nach Dahlem umgezogen.[244]

Argumente

In der Auseinandersetzung über die geplante Verlegung gehörte zu den wichtigsten Argumenten der Umzugsgegner der Verweis auf die lange Tradition des Gartens in Schöneberg und auf seine wertvollen, schon lange dort wachsenden Pflanzen. Die Befürworter einer Neuanlage führten hingegen hauptsächlich den schlechten Zustand und die unzureichenden Kapazitäten der von ihnen als veraltet betrachteten Einrichtung an. Einleitend werden daher die Geschichte der Schöneberger Anlage und die dortigen Verhältnisse zu Beginn der Diskussion

244 Vgl. Lack (Hg.), Erben (2010), S. 42; Kreye, Garten (2009), S. 129; Timler/Zepernick, Garten (1978), S. 43.

über den Standortwechsel erörtert und anschließend weitere Begründungen der unterschiedlichen Lager und der Verlauf der Verlegungs-Debatte beleuchtet.

Der Berliner Botanische Garten war 1679 als Hof- und Küchengarten von Friedrich Wilhelm von Brandenburg, dem Großen Kurfürsten, angelegt worden. Als Fläche für den von ihm vorgesehenen Mustergarten, der den Hof versorgen, aber auch dem Studium der Pflanzenwelt dienen sollte, hatte er ein etwa sieben Hektar umfassendes Gelände nahe des südwestlich vor Berlin gelegenen Dorfes Schöneberg ausgewählt.[245] Dorthin wurden auch „seltene kostbare Gewächse“[246] aus dem seit 1573 bestehenden Lustgarten am Berliner Schloss überführt. Exotische Pflanzen erhielt der Kurfürst insbesondere durch seine Verbindungen mit den Niederlanden, denen seine erste Ehefrau entstammte.[247] Neben tropischen Gewächsen kamen aus den Niederlanden, die sich ab Beginn des 17. Jahrhunderts als Kolonialmacht an den Küsten der Amerikas sowie in Afrika und Asien etablierten, zudem neue Ansätze im Gartenbau und der Landwirtschaft, die der Große Kurfürst in seinem Schöneberger Garten anwenden lassen wollte.[248] Der Nutzgarten mit seiner unspektakulären Gestaltung – regelmäßig angeordnete rechteckige Beete und wenige Gebäude an einer Schmalseite[249] – erlebte im 18. Jahrhundert unter der Verwaltung durch die Akademie der Wissenschaften[250] und geleitet von bekannten Botanikern einen moderaten Ausbau: Zum einen mit der Errichtung neuer Gewächshäuser, die größtenteils den seit der Gründungszeit zum Bestand gehörenden tropischen Pflanzen vorbehalten waren, zum anderen durch die Vermehrung der im Freiland und in den Warmhäusern kultivierten Arten sowie den Aufbau eines Arboretums, einer auf den Außenanlagen wachsenden Gehölzsammlung.[251]

245 Zur Geschichte der Institution vgl. insbes. Lack (Hg.), Erben (2010); Timler/Zepernick, Grundlagen (1979); Timler/Zepernick, Garten (1978); Urban, Geschichte (1916); Urban, Vorgeschichte (1901).

246 Timler/Zepernik, Garten (1978), S. 12.

247 Vgl. Timler/Zepernik, Garten (1978), S. 5. Zum Lustgarten gehörte neben einem Küchengarten ein Bereich, der exotischen Pflanzen vorbehalten war, die in einem „Pomeranzenhaus“ genannten Gewächshaus überwinterten. Ebd., außerdem Elsholtz, Hortus (2010), S. 27.

248 Vgl. Timler/Zepernik, Garten (1978), S. 10. Zu botanischen Gärten als Zentren der Medizin und Botanik sowie als Mittel der Herrschaftspräsentation und Machtdemonstration vgl. Klemun, Gärten (2000), S. 331 f.

249 Vgl. den Gartenplan in Timler/Zepernik, Garten (1978), S. 11.

250 Der Akademie unterstand der Garten von 1718 bis 1810. Vgl. Timler/Zepernick, Grundlagen (1979), S. 7.

251 Vgl. ebd., S. 16.

Zu einer botanischen Einrichtung mit größerer wissenschaftlicher Bedeutung entwickelte sich der Garten erst seit Anfang des 19. Jahrhunderts unter der Direktion des Botanikers Carl Ludwig Willdenow und seiner Nachfolger. Die Berliner Institution erwarb mit Hilfe von weltweiten Beziehungen zu Botanikern und Forschungsreisenden sowie durch den Tausch von Saatgut mit anderen botanischen Gärten Pflanzenmaterial aus verschiedensten Gebieten Europas, aus Nord- und Südafrika, Ostindien, Nordamerika und anderen Gegenden. Mit der im Generalkatalog von 1846 angegebenen Gesamtzahl von 16.000 kultivierten Pflanzenarten stieg der Berliner Botanische Garten zum artenreichsten in Europa auf und nahm 1889 mit 19.000 Arten den dritten Platz hinter Kew und St. Petersburg ein.[252] Unter den Neuzugängen befand sich eine steigende Zahl von Pflanzen aus tropischen Regionen, für deren Präsentation die vorhandenen kleinen Gewächshäuser nicht mehr ausreichten. Ab den 1820er-Jahren entstanden deshalb in dem unter Willdenow bis 1812 grundlegend umgestalteten Garten, der nun eher einem Landschaftspark mit abwechslungsreich verschlungenen Wegen ähnelte, mehrere neue Gebäude wie ein Winter- und ein Palmenhaus. Letzteres wurde 1858 durch einen monumentalen Neubau auf einem angrenzenden, zusätzlich erworbenen Grundstück ersetzt. Die Liste der wichtigsten sukzessiven Neubauten im Schöneberger Garten ergänzen ein Gewächshaus für den Publikumsmagneten, die tropische Riesenseerose *Victoria amazonica*, ein Orchideen- und ein Farnhaus und das 1880 fertiggestellte Botanische Museum.[253] Diese Investitionen ermöglichten der ständig steigende Etat und die Aufwertung des Gartens durch die Anbindung als wissenschaftliches Institut an die neu gegründete Friedrich-Wilhelms-Universität ab 1810.[254]

Der kurze historische Abriss mag als reine Erfolgsgeschichte erscheinen, aber tatsächlich standen die Verhältnisse am Botanischen Garten seit den 1860er-Jahren in der öffentlichen Kritik. Sie waren 1861 Gegenstand einer Debatte im Preußischen Abgeordnetenhaus, in der ein Abgeordneter den Verfall der Einrichtung anprangerte und seine Befürchtungen bezüglich eines

---

252 Vgl. ebd., S. 26–39; Ministerium der geistlichen, Unterrichts- und Medizinalangelegenheiten, Garten (1909), S. 14.

253 Vgl. Timler/Zepernik, Garten (1978), S. 26–39. Im Jahr 1832 verfügte der Garten über insgesamt 18 Gewächshäuser. Ebd. S. 18 und S. 24 sowie S. 40 Gartenpläne aus dieser Zeit. Außerdem Lack (Hg.), Erben (2010), S. 12–17. Zu *Victoria amazonica* in Berlin auch Kap. II.

254 Vgl. zum Etat Timler/Zepernik, Garten (1978), S. 26 f. Zur Verbindung der Direktion des Botanischen Gartens und Museums mit einer Professur in Botanik vgl. Lack, Opera (1990), S. 270 f.

damit einhergehenden Verlustes des wissenschaftlichen Renommees äußerte. Als Hautkritikpunkte nannte er die unsystematische Anordnung der Pflanzen im Freiland und in den überfüllten Gewächshäusern.[255] Der zuständige Regierungskommissar im Kultusministerium musste daraufhin eingestehen, dass die Regierung schon bei Etatverhandlungen im Vorjahr hatte „anerkennen müssen, dass der botanische Garten nicht allen Anforderungen entspreche"[256]. Er räumte ein, dass die Häuser veraltet und „nicht zweckmäßig gebaut"[257] seien, da sie nach und nach mit unterschiedlichem Wissens- und Erfahrungsstand errichtet worden waren. Sie sollten allmählich ersetzt und nur noch mit ausgewählten Pflanzen bestückt werden. Die Verwaltung des Gartens hatte zudem die Aufforderung erhalten, ein aktuelles Verzeichnis der Pflanzen zu erstellen. Auf dessen Grundlage sollte sie einen Gartenführer ausarbeiten und eine systematische Ordnung der Pflanzen in allen Bereichen der Einrichtung vorbereiten, damit der Garten und die Gewächshäuser den Ansprüchen der Wissenschaft und der Besucher gerecht werden konnten.[258] Wie oben geschildert, entstanden bis Anfang der 1880er-Jahre einige neue Gewächshausbauten, aber der schlechte Zustand der Mehrzahl der Häuser blieb ein Problem, das in der späteren Debatte über die Verlegung der Institution eine wesentliche Rolle spielen sollte.

Ein zentrales Argument der in den 1880er-Jahren wieder auflebenden Diskussion über die Situation des Botanischen Gartens stellte zudem die wachsende angrenzende Bebauung des Areals dar. Im Jahr 1860 war der Garten mit einem Teil Schönebergs in die Stadt Berlin eingemeindet worden. Die an der Ost- und Südseite bereits erfolgte, an der Nordseite begonnene und für die Westseite geplante Bebauung mit mehrgeschossigen Häusern galt als Gefahr für die Pflanzen des Außengeländes. Es wurden eine Hemmung der Luftzirkulation, die Entziehung des direkten Sonnenlichts und rußige Niederschläge aus benachbarten Schornsteinen befürchtet.[259]

---

255 Haus der Abgeordneten, 50. Sitzung am 14. Mai 1861, in: Stenogr. Berichte Haus der Abgeordneten, Bd. 2 (36) (1861), S. 1208.

256 Ebd., S. 1209.

257 Ebd.

258 Ebd.

259 Botanischer Garten und Botanisches Museum, Urban an Kultusministerium, von Gossler, 14. Dezember 1888, GStA PK I. HA Rep. 76, Va, Sekt. 2, Tit. XIX, Nr. 49, Bd. 1, Bl. 31–34, hier Bl. 31. Zur Umbauung auch Urban, Vorgeschichte (1901), S. 3; Späth, Gutachten zur Verlegung des Botanischen Gartens, 3. Dezember 1888, GStA PK I. HA Rep. 76, Va, Sekt. 2, Tit. XIX, Nr. 49, Bd. 1, Bl. 53–57, hier Bl. 53.

Geteilt wurde diese Einschätzung Ignatz Urbans, zu dieser Zeit Kustos und später Unterdirektor des Botanischen Gartens und Museums, durch weitere „Autoritäten des Gartenbaus“[260], die er im Auftrag von Friedrich Althoff, Universitätsreferent im Preußischen Kultusministerium, im Herbst 1888 zu einem Gutachten aufforderte „zur Frage, ob der Kgl. botanische Garten zu Berlin für die Zukunft in seinem jetzigen Zustand erhalten werden kann“[261]. Allen Befragten erschien eine Verlegung des Gartens als die beste Option, da die Sachverständigen – wie Urban es in seiner Mitteilung der gutachterlichen Ergebnisse an das Kultusministerium zusammenfasste – für einige Pflanzen ein „kränkliches Aussehen“[262] konstatierten und deren weiteren Erhalt bei fortschreitender Bebauung ausschlossen sowie den Zustand des Arboretums auf Grund der „Verkrüppelung und Verkümmerung“[263] der Bäume als „traurig“[264] bezeichneten und hier ebenfalls eine Verschlimmerung voraussahen.[265] Urban bekräftigte die Notwendigkeit eines Standortwechsels noch, indem er einen bedeutenden Rückgang der Freilandkulturen prognostizierte und damit einhergehend den Abstieg des Berliner Gartens in die Kategorie der „besseren Universitätsgärten“[266].

---

260 Botanischer Garten und Botanisches Museum, Urban an Kultusministerium, von Gossler, 14. Dezember 1888, GStA PK I. HA Rep. 76, Va, Sekt. 2, Tit. XIX, Nr. 49, Bd. 1, Bl. 31–34, hier Bl. 31 und Urban, Vorgeschichte (1901), S. 4. Die Gutachten stammten von Ferdinand Jühlke, Hofgartendirektor des Kaisers und Königs; Heinrich Gaerdt, königlicher Gartenbaudirektor; Franz Späth, Gärtner, Botaniker und Baumschulenbesitzer, der um 1900 eine der weltweit größten Baumschulen in Berlin Britz besaß, sowie von Wilhelm Perring, Inspektor (technischer Gartenleiter) am Berliner Botanischen Garten.

261 Botanischer Garten und Botanisches Museum, Urban an Kultusministerium, von Gossler, 14. Dezember 1888, GStA PK I. HA Rep. 76, Va, Sekt. 2, Tit. XIX, Nr. 49, Bd. 1, Bl. 31–34, hier Bl. 31; Urban, Vorgeschichte (1901), S. 4.

262 Botanischer Garten und Botanisches Museum, Urban an Kultusministerium, von Gossler, 14. Dezember 1888, GStA PK I. HA Rep. 76, Va, Sekt. 2, Tit. XIX, Nr. 49, Bd. 1, Bl. 31–34, hier Bl. 32.

263 Ebd.

264 Ebd.

265 Dazu auch Jühlke, Gutachten Verlegung, 14. November 1888, GStA PK I. HA Rep. 76, Va, Sekt. 2, Tit. XIX, Nr. 49, Bd. 1, Bl. 36–44; Gaerdt, Gutachten Verlegung, GStA PK I. HA Rep. 76, Va, Sekt. 2, Tit. XIX, Nr. 49, Bd. 1, Bl. 45–51; Perring, Gutachten Verlegung, GStA PK I. HA Rep. 76, Va, Sekt. 2, Tit. XIX, Nr. 49, Bd. 1, Bl. 58–64.

266 Botanischer Garten und Botanisches Museum, Urban an Kultusministerium, von Gossler, 14. Dezember 1888, GStA PK I. HA Rep. 76, Va, Sekt. 2, Tit. XIX, Nr. 49, Bd. 1, Bl. 31–34, hier Bl. 34.

Die durch die eingeschränkten räumlichen Verhältnisse im Schöneberger Garten ungünstigen Wachstumsbedingungen – insbesondere für den Baumbestand – legten für die Gutachter nahe, die angedachte Verlegung des Botanischen Gartens mit der zu der Zeit schon seit mehr als 15 Jahren diskutierten Schaffung eines Arboretums zu verbinden.[267] Die Forderungen nach einer eigenständigen, auch als dendrologischer Garten bezeichneten Sammlung von Bäumen und Gehölzen gingen darauf zurück, dass die beengten Gegebenheiten in Schöneberg nicht ausreichend Platz für eine solche Anlage boten.[268] Bevor ein Umzug des Botanischen Gartens in Erwägung gezogen wurde, stand unter anderem die Erweiterung des Treptower Parks durch eine dendrologische Anlage zur Diskussion.[269] Urbans Planungen trugen dieser vorangegangenen Debatte Rechnung und sahen ein Arboretum als Ausgangspunk des neuen Gartens vor. Er favorisierte aber von Beginn an ein Gelände in Dahlem für die Neuanlage – dort wurde sie schließlich auch verwirklicht.[270] Treptow blieb indessen aus verschiedenen Gründen als alternativer Standort weiter im Gespräch und wurde auch noch 1897 in den Beratungen im Preußischen Abgeordnetenhaus über den Gesetzesentwurf zur Verlegung des Botanischen Gartens genannt.[271] Die von Urban im Herbst 1888 eingeholten Gutachten machten darüber hinaus erneut darauf aufmerksam, dass die Gewächshäuser in Schöneberg „mit veralteter

267 Vgl. Urban, Vorgeschichte (1901), S. 5.

268 Engler, Gutachten Verlegung, 23. November 1891, GStA PK I. HA Rep. 76, Va, Sekt. 2, Tit. XIX, Nr. 49, Bd. 1, Bl. 118–148, abgedr. in Notizblatt, Bd. 2, Nr. 10 (Sept. 1897), S. 295–314, hier S. 302. Späth, Gutachten dendrologischer Garten, 12. Dezember 1887, GStA PK I. HA Rep. 76, Va, Sekt. 2, Tit. XIX, Nr. 49, Bd. 1, Bl. 20–27.

269 Vgl. Späth, Gutachten dendrologischer Garten, 12. Dezember 1887, GStA PK I. HA Rep. 76, Va, Sekt. 2, Tit. XIX, Nr. 49, Bd. 1, Bl. 20–27, hier Bl. 20. Die damalige Landgemeinde Treptow, südöstlich von Berlin gelegen, war auf Grund des Ende der 1870er-Jahre angelegten Parks ein beliebtes Ausflugsziel. Neben dem Park prägten Gärtnereien und einige Industrieanlagen das Erscheinungsbild Treptows. Vgl. Uhlig, Treptow (1995).

270 Vgl. Urban, Gutachten Domäne Dahlem, 26. Oktober 1888, GStA PK I. HA Rep. 76, Va, Sekt. 2, Tit. XIX, Nr. 49, Bd. 1, Bl. 19; Urban, Vorgeschichte (1901), S. 6 f. Der heutige Berliner Ortsteil Dahlem befand sich Ende der 1880er-Jahre noch vor der Stadt in südwestlicher Lage.

271 Vgl. Haus der Abgeordneten, 66. Sitzung am 6. April 1897, in: Stenogr. Berichte Haus der Abgeordneten, Bd. 4 (236) (1897), S. 2087–2097, hier S. 2088. Engler hatte sich als Direktor des Botanischen Gartens schon 1893 in einem Gutachten negativ über das Treptower Gelände geäußert. Engler, Gutachten Treptow, 9. Dezember 1893, GStA PK I. HA Rep. 76, Va, Sekt. 2, Tit. XIX, Nr. 49, Bd. 1, Bl. 203–204.

Konstruktion und äußerst mangelhaften Heizungseinrichtungen"[272] „für die wissenschaftlichen und praktischen Kulturbedürfnisse [...] im höchsten Grade ungenügend"[273] seien und schnell ersetzt werden müssten. Auch einer etwas späteren Bestandsaufnahme Urbans zufolge waren Neubauten unumgänglich.[274]

Es lässt sich bis hierhin festhalten: Die schon länger diskutierten Probleme der unzureichenden Verhältnisse in Schöneberg – vor allem die veralteten Gewächshäuser und der fehlende Platz für ein Arboretum – erhielten mit fortschreitender Umbauung des Gartens eine neue Dringlichkeit. Zum einen gab es keine Möglichkeit mehr, die Schöneberger Anlage zu erweitern, zum anderen erforderte die zunehmende Schädigung des Pflanzenbestandes ein schnelles Handeln.

Als Konsequenz aus den Vorgesprächen und den gutachterlichen Einschätzungen beantragte Urban Ende Dezember 1888 beim Preußischen Kultusminister die Verlegung des Botanischen Gartens und den Erwerb einer 40 Hektar umfassende Fläche der Domäne Dahlem.[275] Sein ausführliches Schreiben begründete die Notwendigkeit des Umzugs und die Geländeauswahl, enthielt eine Skizze der Neuanlage und beinhaltete den Vorschlag, den größten Teil des Schöneberger Gartens als Park für die Anwohner zu erhalten, das übrige Grundstück aber zur Deckung aller Unkosten des Standortwechsels als Bauland

---

272 Botanischer Garten und Botanisches Museum, Urban an Kultusministerium, von Gossler, 14. Dezember 1888, GStA PK I. HA Rep. 76, Va, Sekt. 2, Tit. XIX, Nr. 49, Bd. 1, Bl. 31–34, hier Bl. 32.

273 Jühlke, Gutachten Verlegung, 14. November 1888, GStA PK I. HA Rep. 76, Va, Sekt. 2, Tit. XIX, Nr. 49, Bd. 1, Bl. 36–44, hier Bl. 44. Ferner Gaerdt, Gutachten Verlegung, GStA PK I. HA Rep. 76, Va, Sekt. 2, Tit. XIX, Nr. 49, Bd. 1, Bl. 45–51; Perring, Gutachten Verlegung, GStA PK I. HA Rep. 76, Va, Sekt. 2, Tit. XIX, Nr. 49, Bd. 1, Bl. 58–64.

274 Botanischer Garten und Botanisches Museum, Urban an Kultusministerium, von Gossler, 14. Dezember 1888, GStA PK I. HA Rep. 76, Va, Sekt. 2, Tit. XIX, Nr. 49, Bd. 1, Bl. 31–34, hier Bl. 32; Perring, Gutachten Verlegung, GStA PK I. HA Rep. 76, Va, Sekt. 2, Tit. XIX, Nr. 49, Bd. 1, Bl. 58–64, hier Bl. 64; Urban, Gründe Verlegung, 2. April 1891, GStA PK I. HA Rep. 76, Va, Sekt. 2, Tit. XIX, Nr. 49, Bd. 1, Bl. 83.

275 Botanischer Garten und Botanisches Museum, Urban an Kultusministerium, von Gossler, 22. Dezember 1888, abgedr. in Urban, Vorgeschichte (1901), S. 5–11. Der hier abgedruckte ausführliche Antrag findet sich nicht in den Akten des Preußischen Kultusministeriums im GStA PK. Es gibt keinen Grund, an der korrekten Wiedergabe des Schreibens zu zweifeln, da Urban auch andere nachprüfbare Vorgänge wahrheitsgemäß dargestellte. Zu Vorverhandlungen und von Althoff mündlich erteilten Aufträgen an Urban im Zusammenhang mit der Bearbeitung der Verlegungsfrage vgl. Urban, Vorgeschichte (1901), S. 4 f.

zu verkaufen. Auf Urban geht somit nicht nur die Initiative für das Großprojekt der Verlegung zurück, sondern er erarbeite auch dessen wesentliche Grundzüge bis hin zur Finanzierung und Standortauswahl.[276]

Nach Urbans Auffassung stellten die mit Erwerb der deutschen Kolonien dem Berliner Garten zufallenden Aufgaben ein weiteres Argument für einen Standortwechsel dar. Im Gegensatz zum bis 1887 tätigen Direktor des Botanischen Gartens, August Eichler, vertrat er die Meinung, dass der Botanische Garten für die deutschen Kolonien „in ähnlicher Weise thätig sein konnte, wie der von Kew für die englischen Besitzungen."[277] In seinem Antrag an das Preußische Kultusministerium schrieb er anfangs stets von einem Arboretum sowie einem Kolonial- und Akklimatisationsgarten als Bestandteil der neuen Anlage.[278] Er stellte damit zwei Aufgabengebiete in den Mittelpunkt seiner Neuplanung, die bisher in Schöneberg keine angemessene Erfüllung erfahren hatten. Die mit der Verlegung des Gartens beantragte „Erweiterung der Ziele"[279] bezieht sich daher vermutlich auf eben diese Arbeitsbereiche. In der Begründung seiner Entscheidung für das Dahlemer Gelände betonte Urban überdies dessen geschützte Lage, durch welche „das Terrain in ausgezeichneter Weise Acclimatisationszwecken dienen kann."[280] Sein Einsatz für einen neuen Garten, der sich stärker den

276 Urban beschreibt sich selbst rückblickend als Initiator des Standortwechsels. Er habe Althoff zu Anfang die Gründe dargelegt, „welche eine Verlegung des Botanischen Gartens notwendig und zeitgemäß erschienen ließen". Urban, Vorgeschichte (1901), S. 4.

277 Ebd., S. 5. Eichlers Haltung schätzte Urban folgendermaßen ein: „Der kolonialen Bewegung gegenüber verhielt sich Eichler ziemlich reserviert, hauptsächlich aus dem Grund, weil die an beiden Anstalten vorhandenen Arbeitskräfte bei weitem nicht ausreichten, um das vorhandene Material in Ordnung zu bringen, geschweige denn neue Eingänge wissenschaftlich zu bearbeiten." Urban, Geschichte (1909), S. 19.

278 Urban, Gutachten zur Domäne Dahlem, 26. Oktober 1888, GStA PK I. HA Rep. 76, Va, Sekt. 2, Tit. XIX, Nr. 49, Bd. 1, Bl. 19 und Botanischer Garten und Botanisches Museum, Urban an Kultusministerium, von Gossler, 22. Dezember 1888, abgedr. in Urban, Vorgeschichte (1901), S. 5–11, hier S. 6, 7, 9.

279 Botanischer Garten und Botanisches Museum, Urban an Kultusministerium, von Gossler, 22. Dezember 1888, abgedr. in Urban, Vorgeschichte (1901), S. 5–11, hier S. 10.

280 Urban, Vorgeschichte (1901), S. 5–11, hier S. 7. Akklimatisation bezeichnet die physiologische Anpassung eines Organismus an sich verändernde Umweltfaktoren. Zur Bedeutung der Akklimatisationsfrage im Rahmen der Kolonialexpansion der europäischen Staaten vgl. Osborne, World (2000). Zur Akklimatisation von Menschen, Pflanzen und Tieren aus zeitgenössischer Sicht Schnee, Kolonial-Lexikon (1920), Bd. 1, S. 27 ff.

Kolonien widmen konnte, fiel mit der Anfrage des Auswärtigen Amtes zusammen, Anbauversuche mit tropischen Nutzpflanzen in Kamerun zu unterstützen. Wie geschildert, führten die dazu seit Dezember 1888 getätigten gutachterlichen Erörterungen und Verhandlungen zur Einrichtung der Botanischen Zentralstelle für die deutschen Kolonien am Botanischen Garten und Museum Berlin im Jahr 1891.[281] Die beinahe zeitgleich einsetzenden Beratungen über die Gründung der Botanischen Zentralstelle bestärkten möglicherweise Urban in seinen Vorhaben zu Umzug und Vergrößerung des Gartens sowie zur Erweiterung seiner Aufgaben und mögen eine positive Resonanz des Preußischen Kultusministeriums darauf begünstigt haben.[282]

Die auf die Kolonialgebiete bezogenen neuen Aufgaben erfuhren allerdings nur in den ersten beiden frühen Stellungnahmen Urbans eine derart starke Gewichtung. Im weiteren Verlauf der Debatte wurden sie als Argument für die Verlegung der Institution nicht wieder prominent betont.[283] Das Preußische Kultusministerium stellte zu keinem Zeitpunkt in der Korrespondenz oder in den Debatten im Preußischen Abgeordnetenhaus einen Zusammenhang zwischen dem Standortwechsel und den anwachsenden kolonialen Aufgaben des Gartens her. In den Verhandlungen zur Botanischen Zentralstelle findet sich ebenfalls kein Hinweis darauf, dass ihr umfangreiches Aufgabenspektrum und ein daraus möglicherweise resultierender erhöhter Platzbedarf als Grund für den Umzug eine Rolle spielten.

---

281 Die an Urban und andere preußische Gartendirektoren adressierte Aufforderung des Preußischen Kultusministeriums, sich zu der Anfrage des Auswärtigen Amtes zur äußern, ist auf den 20. Dezember 1888 datiert. Urban spricht bereits im Oktober 1888 von einem geplanten Kolonial- und Akklimatisationsgarten. Vgl. Urban, Gutachten zur Domäne Dahlem, 26. Oktober 1888, GStA PK I. HA Rep. 76, Va, Sekt. 2, Tit. XIX, Nr. 49, Bd. 1, Bl. 19.

282 Zwischen Urbans Antrag auf Verlegung und Vergrößerung des Gartens vom 22. Dezember 1888 und seinem Gutachten zur Förderung der Anbauversuche in Kamerun vom 25. Dezember 1888 liegen nur drei Tage. Auch die Gutachten Englers, Kühns und Goebels zur dieser Frage stammen von Ende Dezember 1888 (vgl. Kap. III.1), sodass diese Schreiben, welche die Gründung einer zentralen botanischen Vermittlungsstelle für koloniale Zwecke am Berliner Botanischen Garten vorschlugen, Ende des Jahres 1888 im Preußischen Kultusministerium vorlagen.

283 Auch der Begriff Kolonial- und Akklimatisationsgarten taucht im Folgenden nicht mehr auf. Urbans Wortwahl erinnert an gleichnamige Einrichtungen anderer Kolonialmächte in den europäischen Metropolen wie den 1860 gegründeten Pariser Jardin d'Acclimatation.

Die Berliner und überregionale Presse interessierte sich für diese Aspekte kaum, sondern diskutierte vielmehr ausführlich die negativ erscheinenden Aspekte des Umzugsprojektes. Als solche benannte sie an erster Stelle die befürchtete Veräußerung des Schöneberger Grundstücks an „Bauspekulanten“[284]. An zweiter Stelle argumentierte sie mit der Tradition der Schöneberger Anlage für deren Erhalt am alten Standort. Sie erinnerte dabei an den „kurfürstlichen Ursprung“[285] des Gartens und unterstützte den auf einer Sitzung des Vereins für die Geschichte Berlins[286] publikumswirksam geäußerten Wunsch, „der Botanische Garten möge dem Westen erhalten bleiben“[287]. Diese Formulierung spielte offenbar darauf an, dass mit der Verlegung des Gartens in eine andere, weiter entfernte Gegend ein Besuch für die wohlhabenden und gebildeten Besucher aus der bisherigen Nachbarschaft der Einrichtung weniger attraktiv würde. Dieses Argument wurde häufiger in der Diskussion angeführt. Insgesamt zeigte sich die Presse stets gut informiert über die aktuellen Entwicklungen: Sie berichtete seit November 1888 fortdauernd über die Verlegungspläne, gab die Namen der angefragten Gutachter und den Grundtenor der Stellungnahmen an und setzte ihre Leser auch über die Absicht in Kenntnis, den alten Garten in Schöneberg als Park zu erhalten.[288] Da die Umzugspläne wohl mangels Neuigkeiten Anfang Januar 1889 schließlich als Gerücht eingestuft wurden, legte sich in der Presse die erste Aufregung vorübergehend.[289]

Tatsächlich passierte in der Verlegungsfrage für zwei Jahr nichts Entscheidendes, weil Urban zufolge abzuwarten war, wie sich Adolf Engler als neuer Direktor

---

284 Deutsches Tageblatt, 9. Dezember 1888, in: GStA PK I. HA Rep. 76, Va, Sekt. 2, Tit. XIX, Nr. 49, Bd. 1, Bl. 14; ähnlich Berliner Tageblatt, 24. November 1888, in: GStA PK I. HA Rep. 76, Va, Sekt. 2, Tit. XIX, Nr. 49, Bd. 1, Bl. 10.

285 National-Zeitung, 19. Dezember 1888, in: GStA PK I. HA Rep. 76, Va, Sekt. 2, Tit. XIX, Nr. 49, Bd. 1, Bl. 15.

286 Der bis heute aktive Verein gründete sich 1865. Zu seinen Anliegen zählte in der Gründungszeit insbesondere der Erhalt historischer Zeugnisse zur Stadtgeschichte. Vgl. http://www.diegeschichteberlins.de/verein/geschichte.html.

287 National-Zeitung, 19. Dezember 1888, in: GStA PK I. HA Rep. 76, Va, Sekt. 2, Tit. XIX, Nr. 49, Bd. 1, Bl. 15.

288 Norddeutsche Allgemeine Zeitung, 8. Dezember 1888, in: GStA PK I. HA Rep. 76, Va, Sekt. 2, Tit. XIX, Nr. 49, Bd. 1, Bl. 12; Berliner Tageblatt, 9. Dezember 1888, in: GStA PK I. HA Rep. 76, Va, Sekt. 2, Tit. XIX, Nr. 49, Bd. 1, Bl. 13.

289 National-Zeitung, 8. Januar 1889, in: GStA PK I. HA Rep. 76, Va, Sekt. 2, Tit. XIX, Nr. 49, Bd. 1, Bl. 17; Deutsches Tageblatt, 4. Januar 1889, in: GStA PK I. HA Rep. 76, Va, Sekt. 2, Tit. XIX, Nr. 49, Bd. 1, Bl. 18.

des Botanischen Gartens und Museums „zu ihr stellen würde."[290] Engler setzte nach seinem Amtsantritt im Oktober 1889 allerdings andere Prioritäten: Neben Umgestaltungen im Garten wandte er sich dem Aufbau der Botanischen Zentralstelle für die deutschen Kolonien zu.[291] Erst im Februar 1891 sandte er dem Preußischen Kultusministerium eine Kostenberechnung für einen Umzug des Gartens und Museums – jedoch mit der Bemerkung, dass „jede noch größere Entfernung"[292] der Institution von der Universität in der Stadtmitte ihren Nutzen für Studierende, Lehrer, Gelehrte und Laienpublikum einschränke. Die große Distanz zwischen der Universität und Dahlem blieb bis zuletzt eines von Englers Hauptbedenken gegen einen Standortwechsel, denn für Studenten sei der Weg zwischen beiden Lehrorten zu beschwerlich und teuer. Sie kämen dadurch nicht so häufig wie nötig in den Garten und das Museum, um lebende Pflanzen und deren Produkte zu betrachten und die Institution verlöre damit ihre wissenschaftliche Stellung, so seine düstere Prognose weiter.[293]

Sein erstes Gutachten vom November 1891[294] verstand Engler in erster Linie als eine Evaluation der „Aufgaben und Bedürfnisse"[295] des Botanischen Gartens. Nur zwei kurze Passagen widmeten sich dem Für und Wider eines Umzugs der Institution. Nach Englers Einschätzung sprach für eine Verlegung erstens der

290 Urban, Vorgeschichte (1901), S. 12.

291 Urban, Geschichte (1909), S. 17 f. Dass die Einrichtung der Botanischen Zentralstelle für Engler Vorrang hatte, verdeutlicht ein Vergleich der Anzahl seiner erhaltenen Schreiben an das Preußische Kultusministerium zu beiden Projekten: Zur Botanischen Zentralstelle verfasste er von Mitte 1889 bis Ende 1891 sechs Schreiben, drei davon umfangreiche Berichte oder Gutachten. Zur Verlegung waren es im gleichen Zeitraum lediglich eine Kostenaufstellung und ein Gutachten.

292 Botanischer Garten und Botanisches Museum, Engler an Kultusministerium, 11. Februar 1889, GStA PK I. HA Rep. 76, Va, Sekt. 2, Tit. XIX, Nr. 49, Bd. 1, Bl. 79–80, hier Bl. 79.

293 Vgl. Engler, Gutachten Verlegung oder Neu-Organisation, 24. Dezember 1893, GStA PK I. HA Rep. 76, Va, Sekt. 2, Tit. XIX, Nr. 94, Bd. 1, Bl. 1–139, hier Bl. 28–29, 36, 45, 139. Engler nennt den Zeit- und Kostenaufwand für den Weg nach Dahlem „eine Zumutung" für die Studenten. Ebd., Bl. 36. Außerdem: Engler, Gutachten Verlegung, 23. November 1891, GStA PK I. HA Rep. 76, Va, Sekt. 2, Tit. XIX, Nr. 49, Bd. 1, Bl. 118–148, abgedr. in Notizblatt, Bd. 2, Nr. 10 (Sept. 1897), S. 295–314, hier S. 313.

294 Engler, Gutachten Verlegung, 23. November 1891, GStA PK I. HA Rep. 76, Va, Sekt. 2, Tit. XIX, Nr. 49, Bd. 1, Bl. 118–148, abgedr. in Notizblatt, Bd. 2, Nr. 10 (Sept. 1897), S. 295–314.

295 Engler, Gutachten Verlegung oder Neu-Organisation, 24. Dezember 1893, GStA PK I. HA Rep. 76, Va, Sekt. 2, Tit. XIX, Nr. 94, Bd. 1, Bl. 1–139, hier Bl. 1.

Umstand, dass am alten Standort der Platz fehlte, um allen Anforderungen zu genügen. Er nannte speziell das Arboretum und ausgedehnte pflanzengeographische Anlagen, für die eine größere Fläche benötigt wurde. Als zweites führte er das ebenfalls schon bekannte Argument der Schädigung des Pflanzenbestandes in Schöneberg durch die Umbauung und die „gänzlich veralteten und kaum noch zu reparierenden Gewächshäuser“[296] an. Als dritten Punkt, der „in hohem Grade“[297] für eine Neuanlage spräche, erwähnte Engler den großen Andrang Erholungssuchender, „einem alle Bänke in Beschlag nehmenden und die Gartenordnung gering schätzenden Publikum“[298]. Dieses setzte sich laut Engler folgendermaßen zusammen: „Etwa 100 Mütter mit einem Kindermädchen und je 1 bis 3 Kindern, dann noch etwa 200 Backfische und Jünglinge in dem schönen Alter von 12–17 Jahren, welche sich von den Sorgen der Schule entweder durch Herumwildern oder gegenseitiges Anschmachten erholen.“ Für die anderen Besucher, „ein viel kleinerer Teil von älteren Herren, von Familien und von Studierenden“, mache sich das „große Publikum“ „in lästiger Weise bemerkbar“, da sie überall „durch Kinder und das Geschwätz der Kinderfrauen gestört werden“. Der „bessere Teil des Publikums“ verlasse „missmutig“ den Garten, da viele sehenswerte Abteilungen des Gartens nicht zugänglich waren, weil die Direktion sie vor den „unberufenen Besuchern“ schützen musste.[299] Engler urteilte abschließend: „Dieser Zustand ist nachgerade unerträglich geworden.“[300] Er sei „kaum noch haltbar und eines wissenschaftlichen Institutes vollkommen unwürdig.“[301]

Der Besucheransturm schien aus Sicht der Gartenleitung ein schwerwiegendes Problem darzustellen. Auch Urban hatte zuvor schon auf einer Liste mit Gründen für einen Umzug des Gartens die Besucherzahl an Sommertagen auf mehr als 10.000 Menschen geschätzt, darunter überwiegend Kinder.[302] Engler vertrat sogar die Ansicht, der Berliner Garten hätte weltweit die meisten Gäste,

296 Engler, Gutachten Verlegung, 23. November 1891, GStA PK I. HA Rep. 76, Va, Sekt. 2, Tit. XIX, Nr. 49, Bd. 1, Bl. 118–148, abgedr. in Notizblatt, Bd. 2, Nr. 10 (Sept. 1897), S. 295–314, hier S. 311.

297 Ebd.

298 Ebd., S. 303.

299 Alle Zitate ebd., S. 304.

300 Ebd.

301 Ebd., S. 312.

302 Urban, Gründe Verlegung, 2. April 1891, GStA PK I. HA Rep. 76, Va, Sekt. 2, Tit. XIX, Nr. 49, Bd. 1, Bl. 83; Urban an Kultusministerium, von Gossler, 22. Dezember 1888, abgedr. in Urban, Vorgeschichte (1901), S. 5–11, hier S. 10.

an den Wochentagen sogar deutlich mehr als Kew.[303] In der Forschung ist dies als eine Übertreibung bewertet worden.[304] Die als übermäßig empfundene Nutzung des Gartens durch ein nicht-wissenschaftliches Publikum etablierte sich fest in der Debatte als Argument für eine Verlegung des Gartens und fand sich später in der Begründung zum Gesetzesentwurf an zweiter Stelle hinter der Umbauung. Susanne Köstering verweist darauf, dass es in der Museumsgeschichte zahlreiche Beispiele für die Angst seitens der Sammlungsleiter vor einem Ansturm des Publikums und insbesondere vor Besuchern aus den unteren sozialen Schichten der Gesellschaft gab sowie Bemühungen, die wissenschaftlichen Sammlungen vor den „Massen“ zu schützen. Die Direktion des Botanischen Gartens war mit ihren Befürchtungen und ihrer abwehrenden Haltung demnach nicht allein und auch das Preußische Kultusministerium kannte diese Diskussion schon, da sie ähnlich in den 1870er-Jahren im Zusammenhang mit der Planung des Berliner Museums für Naturkunde geführt worden war.[305]

Als letzten für einen Umzug sprechenden Grund gab Engler dringend notwendige Neubauten an, vorrangig Gewächshäuser und ein größeres Museum. Während Urban noch von einer „bald in Frage kommenden Vergrößerung des botanischen Museums“[306] ausging, hielt Engler dies für überfällig. Der Museumsneubau hatte für ihn somit eine stärkere Dringlichkeit. Da die Mittel für die Bauten sowohl am alten wie auch am neuen Standort aufgebracht und werden mussten, erschien Engler die Verlegung sinnvoller.[307]

Englers Argumentation für einen Standortwechsel in seinem Gutachten von 1891 deckt sich insgesamt mit Urbans im Dezember 1888 beim Preußischen Kultusministerium eingereichter Begründung. Graduelle Unterschiede lassen sich nur hinsichtlich der Wahrnehmung der Besucherproblematik und der Wichtigkeit eines Museumsneubaus erkennen. Engler empfand die diesbezüglich herrschenden Zustände wohl als belastender und hatte als neu nach Berlin

303 Engler, Gutachten Verlegung, 23. November 1891, GStA PK I. HA Rep. 76, Va, Sekt. 2, Tit. XIX, Nr. 49, Bd. 1, Bl. 118–148, abgedr. in Notizblatt, Bd. 2, Nr. 10 (Sept. 1897), S. 295–314, hier S. 303.

304 Vgl. Lack, Kew (2007), S. 183.

305 Vgl. Köstering, Natur (2003), S. 62.

306 Urban an Kultusministerium, von Gossler, 22. Dezember 1888, abgedr. in Urban, Vorgeschichte (1901), S. 5–11, hier S. 10.

307 Engler, Gutachten Verlegung, 23. November 1891, GStA PK I. HA Rep. 76, Va, Sekt. 2, Tit. XIX, Nr. 49, Bd. 1, Bl. 118–148, abgedr. in Notizblatt, Bd. 2, Nr. 10 (Sept. 1897), S. 295–314, hier S. 312.

berufener Direktor der Institution offensichtlich eine andere Sicht auf die Gegebenheiten als Urban.

Im Unterschied zu Urban machte Engler jedoch auch zwei Argumente gegen einen Umzug geltend: Zum einen wies er darauf hin, dass viele Bäume des alten Gartens gar nicht oder nur mit großem Risiko verpflanzt werden und auch die Warmhauspflanzen Schäden durch eine Überführung erleiden konnten. Im neuen Garten würde es zudem lange Zeit keine hohen Bäume geben, die vor Wind schützten. Zum anderen kam er auf die Erreichbarkeit der Neuanlage zurück, die seinem Urteil nach weder mehr als eine halbe Stunde von der Universität entfernt liegen durfte noch außerhalb des westlichen Umlandes, um das Bildungsbürgertum und zahlreiche im Westen lebende Botaniker als Besucher und Benutzer nicht zu verlieren. Für Engler wogen diese Einwände schwer: In seinem Resümee empfahl er eine Verlegung nur unter der Bedingung, dass ein ausreichend großes, günstig gelegenes Gelände für den Garten gefunden würde. Hinzu kam sein Vorschlag, in unmittelbarer Nähe des Gartens ein pharmazeutisches Institut zu errichten und so den Pharmaziestudenten die Möglichkeit zu geben, im Botanischen Garten an Vorlesungen und praktischen mikroskopischen Untersuchungen von Pflanzen teilzunehmen und daneben chemische Studien durchzuführen.[308]

An einer Verbindung zwischen Botanischem Garten und Pharmazeutischem Institut musste Engler auch in Hinsicht auf die Arbeit der Botanischen Zentralstelle gelegen sein. Im Juli 1889 hatte er festgehalten, dass im Gegensatz zu Kew der Berliner Garten keine chemischen Analysen des aus den Kolonien eintreffenden Pflanzenmaterials vornehmen konnte, sondern ein pharmazeutisches Institut diese übernehmen müsse.[309] Eine räumliche Nähe war daher vorteilhaft. Insgesamt kamen die auf die Kolonien bezogenen Aufgaben des Gartens in Englers Gutachten von 1891 eher indirekt zur Sprache. Nur in einem Absatz ging es ausdrücklich um die Notwendigkeit, dass der Botanische Garten ähnlich wie Kew als Zentralstelle den „botanischen Interessen der Kolonien“[310] dienen

---

308 Engler, Gutachten Verlegung, 23. November 1891, GStA PK I. HA Rep. 76, Va, Sekt. 2, Tit. XIX, Nr. 49, Bd. 1, Bl. 118–48, abgedr. in Notizblatt, Bd. 2, Nr. 10 (Sept. 1897), S. 295–314, hier S. 312–314.

309 Botanischer Garten und Botanisches Museum, Engler an Kultusministerium, 17. Juli 1889, GStA PK I. HA Rep. 76, Va, Sekt. 2, Tit. X, Nr. 89 B, Bd. 1, Bl. 80–82, hier Bl. 80.

310 Engler, Gutachten Verlegung, 23. November 1891, GStA PK I. HA Rep. 76, Va, Sekt. 2, Tit. XIX, Nr. 49, Bd. 1, Bl. 118–48, abgedr. in Notizblatt, Bd. 2, Nr. 10 (Sept. 1897), S. 295–314, hier S. 301.

sollte, indem er im Freigelände und im Museum Informationen über tropische Nutzpflanzen und ihre Produkte anbot sowie die Prüfung aus den Kolonien stammender Pflanzen auf ihren Nutzwert übernahm und Jungpflanzen für die Kolonialgebiete aufzog. Diese Funktion des Gartens nahm allerdings nur den vierten Platz unter den sechs von Engler aufgelisteten Aufgaben ein, ihr wurde somit keine herausgehobene Rolle zugeschrieben.

Tropische Pflanzen allgemein – das heißt nicht nur Nutzpflanzen aus den Kolonialgebieten – fanden hingegen auffallend oft Erwähnung. Auf das Erfordernis ihrer Kultivierung im Garten und in den Gewächshäusern für Studienzwecke und zur Wissensvermittlung an ein größeres Publikum ging Engler mehrfach explizit ein. Er verwies auf den Anspruch des Laienpublikums, exotische Zierpflanzen zu sehen, die auch in Privatgärten und öffentlichen Anlagen an Bedeutung gewannen. Engler bedauerte diesbezüglich die schlechten Voraussetzungen für die Aufzucht und wissenschaftliche Bearbeitung tropischer Pflanzen durch die unzureichenden Gewächshäuser und den Mangel an Fachkräften.[311] Eine globale Ausrichtung des Gartens gehörte offensichtlich zu seinen Grundsätzen. Daher sah er es mit Sorge, dass der Berliner Garten auf dem Forschungsfeld der tropischen Pflanzenwelt abgehängt werden könnte und für ein breites Publikum auf Grund des Fehlens ansprechend präsentierter exotischer Pflanzen weniger attraktiv erschien.

Während Englers Beurteilung von 1891 eher als erste Stellungnahme und Bestandsaufnahme nach seinem Dienstantritt zu werten ist, brachte sein nächstes Gutachten vom Dezember 1893 Bewegung in die Verlegungsfrage.[312] Indem er detailliert die Berliner Institution mit anderen europäischen botanischen Gärten und Museen verglich – vorrangig hinsichtlich der Anzahl der kultivierten Arten, dem Wert der wissenschaftlichen Sammlungen, der Gewächshausbauten und der Kosten für die Unterhaltung – zeigte Engler die Schwachpunkte der alten Anlage auf. Seine hier formulierten und an den europäischen Vorbildern orientierten Überlegungen zu einem neuen Garten und Museum bildeten die Grundlage für die anschließend aufgenommenen Planungen der Neuanlage.[313] Bemerkenswert sind dabei nicht nur Englers erneut zu Tage tretenden guten Kenntnisse der europäischen Referenzinstitutionen und seine kritisch

---

311 Ebd., insbes. S. 296–308.

312 Engler, Gutachten zur Verlegung oder Neu-Organisation des botanischen Gartens, 24. Dezember 1893, GStA PK I. HA Rep. 76, Va, Sekt. 2, Tit. XIX, Nr. 94, Bd. 1, Bl. 1–139.

313 Siehe dazu auch Urban, Geschichte (1909), S. 18.

abwägende Beurteilung, von welchen der dortigen Gegebenheiten Berlin lernen und profitieren könne, sondern auch seine klar formulierte Ambition, der neue Berliner Garten müsse nach Kew die zweite Stelle weltweit unter den botanischen Instituten einnehmen. Dafür machte er ein großes Gelände zur Vorbedingung, auf welchem alle von ihm vorgesehenen Anlagen realisierbar waren, wie ein um die doppelte Fläche erweitertes Museum und „große Gewächshäuser, die den Gewächshausbauten anderer Großstädte nicht nachstehen."[314] Hier kam zusätzlich die Konkurrenz zu anderen „Weltstädten" zum Tragen.[315] Zudem forderte er eine generelle Erhöhung des Etats für den Unterhalt von Garten und Museum.[316]

Engler legte sich dabei nach wie vor nicht auf einen Standortwechsel fest. Sein Gutachten widmete sich vielmehr der Frage nach einer „Verlegung oder Neu-Organisation" des Botanischen Gartens und verwies neben „ins Auge springenden Vorteilen" auf „mehrere recht schwerwiegende Bedenken dagegen"[317]. Engler führte in seinen Schreiben aus, in welcher Form den festgestellten Mängeln am alten oder am neuen Standort abzuhelfen sei und kam zu dem Schluss, dass aus wissenschaftlicher Sicht kein Umzug nötig sei.[318] Sollte trotzdem eine Verlegung vorgenommen werden, bestand er darauf, den daraus resultierenden Schaden, den er weiterhin in dem Verlust der wissenschaftlichen Bedeutung der Institute durch ihre Entfernung zur Universität und der Zerstörung von Pflanzen bei der Überführung sah, auszugleichen. Dafür verlangte er die Erfüllung seiner oben genannten Vorbedingungen und weitere Zugeständnisse an die Institution und ihre Angestellten, um beste Voraussetzungen für die Schaffung einer hervorragend arbeitenden Einrichtung zu garantieren.[319] Eine Verlegung des Gartens kam demnach für Engler nur in Frage, wenn in Dahlem eine erstklassige Anlage entstand. Davon sollten nicht nur die botanischen Anstalten profitieren – insbesondere hinsichtlich besserer Arbeitsmöglichkeiten, gesteigerter wissenschaftlicher Leistungen und einer Aufwertung des Ansehens –, sondern auch Engler konnte auf eine größere Anerkennung als Direktor einer modernen, wissenschaftlich herausragenden Einrichtung hoffen.

314 Engler, Gutachten Verlegung oder Neu-Organisation, 24. Dezember 1893, GStA PK I. HA Rep. 76, Va, Sekt. 2, Tit. XIX, Nr. 94, Bd. 1, Bl. 1–139, hier S. 49.

315 Vgl. Penny, Objects (2002), S. 10.

316 Engler, Gutachten Verlegung oder Neu-Organisation, 24. Dezember 1893, GStA PK I. HA Rep. 76, Va, Sekt. 2, Tit. XIX, Nr. 94, Bd. 1, Bl. 1–139, hier S. 125 und 139.

317 Alle Zitate ebd., S. 1–2.

318 Ebd., S. 47.

319 Ebd., S. 47–50.

Das zweite Gutachten unterschied sich nicht nur in seiner Ausführlichkeit vom ersten, sondern auch der Tonfall war deutlich schärfer. Im Gegensatz zu den meist sachlichen Formulierungen in seiner ersten Stellungnahme, schilderte Engler die von ihm wahrgenommenen Missstände nun recht drastisch.[320] Über die Schöneberger Gewächshäuser schrieb er beispielsweise, sie sprächen „allen Anforderungen der Pflanzenkulturen Hohn" und seien hinsichtlich der Wachstumsbedingungen „Mördergruben".[321] Andere Gärten hätten solche „Schandflecke"[322] nicht aufzuweisen. Englers gereizte Ausdrucksweise lässt sich aus mehreren Umständen erklären: Zum einen hatte er bis 1893 länger Gelegenheit gehabt, die Verhältnisse in Schöneberg zu beobachten und einzuschätzen. Zum Zeitpunkt seiner ersten Meinungsäußerung zur Verlegungsfrage nur zwei Jahre nach seinem Amtsantritt mag er die Zustände noch weniger dramatisch wahrgenommen haben. Auch war er als neuer Direktor zunächst zurückhaltender aufgetreten, wie sich ebenfalls an seinen Schreiben zur Botanischen Zentralstelle aus dieser Zeit feststellen lässt. Dazu kam, dass viele für den Schöneberger Garten geplante Verbesserungsmaßnahmen auf Eis lagen, solange nicht endgültig über einen Standortwechsel entschieden war. Neue Gewächshäuser und größere Räumlichkeiten für die Museumssammlungen, das Herbar und die Bibliothek – seit Jahren anstehende Vorhaben – seien „in Folge der unglücklichen Verlegungsfrage"[323] liegen geblieben, beschwerte sich Engler.

Im Preußischen Abgeordnetenhaus schätze ein Redner die Situation im Jahr 1892 genauso ein: Als „Folgen dieses ungewissen Zustandes"[324] sei eine „gewisse Krisis"[325] eingetreten. Angeregt wurde eine schnelle Entscheidung bezüglich des

---

320 Zum Vergleich: Englers Gutachten von 1891 umfasste 30 Blätter, das aus dem Jahr 1893 beinahe 140 Blätter. Engler, Gutachten Verlegung, 23. November 1891, GStA PK I. HA Rep. 76, Va, Sekt. 2, Tit. XIX, Nr. 49, Bd. 1, Bl. 118–148 und Engler, Gutachten Verlegung oder Neu-Organisation, 24. Dezember 1893, GStA PK I. HA Rep. 76, Va, Sekt. 2, Tit. XIX, Nr. 94, Bd. 1, Bl. 1–139.

321 Engler, Gutachten Verlegung oder Neu-Organisation, 24. Dezember 1893, GStA PK I. HA Rep. 76, Va, Sekt. 2, Tit. XIX, Nr. 94, Bd. 1, Bl. 15.

322 Ebd. Er nannte namentlich die botanischen Gärten in Breslau, Bonn, Leipzig, München, Heidelberg, Lüttich, Antwerpen, Utrecht, Kopenhagen, Brüssel, Leiden, Paris und Rom.

323 Engler, Gutachten Verlegung oder Neu-Organisation, 24. Dezember 1893, GStA PK I. HA Rep. 76, Va, Sekt. 2, Tit. XIX, Nr. 94, Bd. 1, Bl. 1–139, hier Bl. 26.

324 Haus der Abgeordneten, 27. Sitzung am 8. März 1892, in: Stenogr. Berichte Haus der Abgeordneten, Bd. 2 (196) (1892), S. 733.

325 Ebd.

Umzugs, um die notwendigen Verbesserungen nicht weiter aufzuschieben.[326] Davon abgesehen pries der Abgeordnete den Berliner Garten als „ein Bild der musterhaften Ordnung und völligen Zweckmäßigkeit“[327]. Außerdem hob er das mit Hilfe des Auswärtigen Amtes für die Botanische Zentralstelle errichtete Vermehrungshaus hervor und betonte daran anschließend, dass im Ganzen „außerordentlich Verdienstliches“[328] im Botanischen Garten geleistet würde. Der Beitrag ist der einzige im Rahmen der gesamten Verlegungsdebatte im Abgeordnetenhaus, der auf die Aktivitäten des Gartens in Verbindung mit den deutschen Kolonien eingeht, ohne diese aber als Begründung für einen Umzug anzuführen.

Auch Engler benutzte die aus dem deutschen Kolonialbesitz resultierenden Aufgaben für den Botanischen Garten nicht als Argument für die Verlegung, selbst wenn er sich in seinem Gutachten 1893 häufiger und expliziter darauf bezog als in seinem Gutachten von 1891. Er urteilte, dass die Gewächshäuser zufriedenstellend seien und allein das Museum es nicht vermöge, die Massen der aus den Kolonien zufließenden Sammlungen unterzubringen.[329] Da das Museumsgebäude aber generell unzureichend war, stellten die fehlenden Unterbringungsmöglichkeiten für die kolonialen Sammlungen nicht den einzigen und ausschlaggebenden Grund für den gewünschten Neubau dar.

Englers überlieferte Äußerungen und Urbans retrospektive Berichte lassen somit an keiner Stelle erkennen, dass der steigende Platzbedarf der Botanischen Zentralstelle durch ihre auf die Kolonien bezogenen Aufgabenbereiche als wichtige Motivation für eine Befürwortung der Verlegung des Gartens und Museums durch Engler zu werten sind. Daher ist der bisherigen Forschungsliteratur zu widersprechen, welche die Hintergründe des Standortwechsels auf Grund fehlender Einsicht in die überlieferten Dokumente oftmals anders darstellte.[330]

326 Ebd., S. 734.
327 Ebd. S. 733.
328 Ebd.
329 Engler, Gutachten Verlegung oder Neu-Organisation, 24. Dezember 1893, GStA PK I. HA Rep. 76, Va, Sekt. 2, Tit. XIX, Nr. 94, Bd. 1, Bl. 1–139, hier Bl. 107–113.
330 Bspw. Lack (Hg.), Erben (2010), S. 42: „Schließlich ließ sich auch Engler überzeugen: sein ehrgeiziges Projekt einer „Botanischen Zentralstelle für die Kolonien“ brauchte Platz.“ Außerdem Kreye, Garten (2009), S. 129: „Dabei wurde schnell klar, dass die Kapazitäten des Gartens in Berlin-Schöneberg nicht ausreichten, um der neuen Aufgabe gerecht zu werden. Deshalb zogen der botanische Garten und das botanische Museum […] nach Dahlem um.“ Ausgewogener Lack, Engler (2000), S. 30 und Timler/Zepernick, Garten (1978), S. 42 mit einer komplexeren Beschreibung der Hintergründe des Umzugs. Stafleu betont zudem, dass nicht Engler den Beschluss zum Umzug gefasst hatte. Stafleu, Engler (1981), S. 33.

Obwohl sich durch den Umzug die Arbeitsbedingungen der Botanischen Zentralstelle nachweisbar verbesserten, wie noch gezeigt wird, führte Engler weder diese Perspektive als Argument für einen Neuanlage an, noch gab er in seinen Schreiben den auf die Kolonien bezogenen Aufgaben des Gartens und Museums Vorrang vor ihren anderen Zwecken. Er betrachtete stets die Institution als Ganzes und bemühte sich, eine Lösung zu finden, die allen offenkundigen Problemen gerecht wurde.

Verhandlungen

In den folgenden Jahren äußerte Engler wiederholt und vehement Zweifel an der Zweckmäßigkeit eines Umzugs des Botanischen Gartens und Museums. Ab Mai 1895 steigerte sich sein Widerstand gegen das Projekt soweit, dass er sich von den Planungen distanzierte und mit negativen Einschätzungen des Vorhabens an die Presse ging. In einem Schreiben an das Preußische Kultusministerium wandte er sich gegen eine „Vernichtung“[331] der Schöneberger Anlage und bat kurz darauf, ihn von den Verhandlungen mit dem Finanzminister über den Standortwechsel zu entbinden, da er sonst dort seine Einwände äußern müsste.[332] Er schätzte erneut das Botanik-Studium, die Förderung des Interesses der Bevölkerung und die umzusetzenden Pflanzen als erheblich gefährdet ein. Daher entschied er, „dass ich jede Verantwortung für den Beschluss der Verlegung ablehnen muss“, und bat, ihn „mit den Anträgen auf Verlegung des Gartens nicht in Verbindung zu bringen.“[333] Im Januar 1896 zitierte ihn die *Vossische Zeitung* mit der abschätzigen Bemerkung, es sei fraglich, ob der Landtag einem Umzug der Einrichtung aufs „Dorf“[334] zustimme. Im Juni 1896 unternahm Engler letztmalig einen Versuch, das Unternehmen zu stoppen – allerdings mit unrealistischen Plänen, die sein Aufbegehren als verzweifelt erscheinen ließen.[335]

331 Botanischer Garten und Botanisches Museum, Engler an Kultusministerium, Bosse, 6. Mai 1895, GStA PK I. HA Rep. 76, Va, Sekt. 2, Tit. XIX, Nr. 49, Bd. 1, Bl. 413–414, hier Bl. 414.

332 Botanischer Garten und Botanisches Museum, Engler an Kultusministerium, Althoff, 14. Mai 1895, GStA PK I. HA Rep. 76, Va, Sekt. 2, Tit. XIX, Nr. 49, Bd. 1, Bl. 410–411.

333 Ebd., Bl. 411.

334 Vossische Zeitung, Extra-Beilage, 17. Januar 1896, in: GStA PK I. HA Rep. 76, Va, Sekt. 2, Tit. XIX, Nr. 49, Bd. 2 (unpag.).

335 Vgl. Botanischer Garten und Botanisches Museum, Engler an Kultusministerium, 8. Juni 1896, GStA PK I. HA Rep. 76, Va, Sekt. 2, Tit. XIX, Nr. 49, Bd. 2 (unpag.).

Englers Gegenwehr beruhte nicht nur auf seinen schon erwähnten Bedenken, sondern es trieben ihn zusätzlich persönliche Ängste an, die sein zum Teil irrationales Verhalten erklären helfen. Er wollte sich, wie er schrieb, zum einen nicht den „Vorwürfen seiner Kollegen aussetzen", die große Entfernung des Gartens von der Universität ohne Protest hingenommen zu haben.[336] Diesen „Makel" könne er nicht „auf sich sitzen lassen" und er wünsche sich „gegen seine Kollegen und Nachfolger zu sichern."[337] Zum anderen fürchtete er, Professoren oder Privatdozenten an der Berliner Universität könnten versuchen, sämtliche Studenten der Naturwissenschaften, der Pharmazie und der Medizin mittels ihres Standortvorteils an sich zu binden, um damit ihn als Professor in Dahlem „lahm zu legen"[338]. Für Engler hingen sein wissenschaftlicher Ruf und Wirkungsbereich sowie sein Nachruhm von einem positiven Ausgang des Standortwechsels ab. Das drängte ihn offenbar dazu, seine Vorbehalte unnachgiebig zu äußern und sich gegen Konkurrenten und Kritiker zu schützen.

Durch sein Verhalten galt er im Preußischen Kultusministerium wohl nicht als zuverlässiger Partner bei den Umzugsplanungen. Engler war sich dessen durchaus bewusst: So bemerkte er in einem Schreiben eingangs, man möge im Kultusministerium „hoffentlich nicht unwillig sein über seine Zeilen"[339]. Als Verbündeter des Kultusministeriums fungierte stattdessen Ignatz Urban, der rückblickend über die Verhandlungen mit Friedrich Althoff als Vertreter des Preußischen Kultusministeriums schrieb:

> „Die weiteren Schritte tat er [Althoff] bei der ablehnenden Haltung Englers hauptsächlich dann, wenn dieser auf Urlaub und ich sein Vertreter war, sodass meine Person dabei mehr in den Vordergrund trat, als bei meiner Stellung als Unterdirektor zu erwarten gewesen wäre. Ohne Kenntnis dieser Verhältnisse würde man es z.B. nicht verstehen, dass Althoff eine so wichtige Urkunde wie die Zustimmung zur Wahl des Dahlemer Gebietes vom 30. August 1895 nicht vom Direktor, sondern von mir unterzeichnen ließ."[340]

---

336 Botanischer Garten und Botanisches Museum, Engler an Kultusministerium, Bosse, 6. Mai 1895, GStA PK I. HA Rep. 76, Va, Sekt. 2, Tit. XIX, Nr. 49, Bd. 1, Bl. 413–414, hier Bl. 413.

337 Ebd.

338 Engler, Gutachten Verlegung oder Neu-Organisation, 24. Dezember 1893, GStA PK I. HA Rep. 76, Va, Sekt. 2, Tit. XIX, Nr. 94, Bd. 1, Bl. 1–139, hier Bl. 41.

339 Vgl. Botanischer Garten und Botanisches Museum, Engler an Kultusministerium, 8. Juni 1896, GStA PK I. HA Rep. 76, Va, Sekt. 2, Tit. XIX, Nr. 49, Bd. 2 (unpag.).

340 Urban, Geschichte (1916), S. 227.

Urban kommt damit eine weitaus größere Bedeutung für das Verlegungsprojekt zu, als Publikationen zur Geschichte des Botanischen Gartens bisher anerkennen.[341] Selbstverständlich erfolgten die Konzeption und Errichtung der Neuanlage unter der Verantwortung Englers, doch wie gezeigt, hatte Urban einen wesentlichen Anteil daran, dass es überhaupt zur Erörterung eines Umzuges kam. Darüber hinaus bauten Englers Planungen auf Urbans Vorarbeiten auf und letzterer blieb weiter in erheblichem Umfang und mit außerordentlichen Befugnissen in das Projekt involviert.[342] Obwohl Engler sich letzten Endes doch für einen Standortwechsel und das Dahlemer Gelände aussprach,[343] erarbeitete Urban nach eigenen Angaben das finale Gutachten als Grundlage für die Begründung des 1897 eingebrachten Gesetzesentwurfes zur Verlegung.[344]

Englers Vorbehalte hätten das Umzugsvorhaben ohnehin nicht mehr zu stoppen vermocht. Das war ihm auch klar, wenn er äußerte, überzeugt davon zu sein, „dass sich die Verlegung des Gartens aus finanziellen Gründen nicht mehr aufhalten lässt."[345] Er spielte damit auf die Verknüpfung des Standortwechsel des Botanischen Gartens mit dem Vorhaben der Reorganisation des Berliner Charité-Krankenhauses an, wobei der Erlös aus dem Verkauf des Geländes des alten Schöneberger Gartens die Kosten für beide Projekte decken sollte. Durch

---

341 Im Zusammenhang mit dem Umzug der Institution wird meist nur Engler genannt und ihm auch der Erfolg des Unternehmens zugeschrieben. Urban wird nur selten zumindest als Initiator der Verlegung erwähnt. Vgl. u.a. Lack (Hg.), Erben (2010), S. 42; Lack, Engler (2000), S. 4 u. S. 30; Timler/Zepernick, Garten (1978), S. 42 ff.

342 Urban gehörte der Kommission für die Auswahl eines geeigneten Grundstückes an und verfasste weitere Gutachten zu möglichen Standorten. Urban, Geschichte (1916), S. 221. Er sah sich als Hauschronist des Botanischen Gartens und Museums und sammelte bspw. die Sitzungsprotokolle der Verhandlungen – wie er angab für seine botanisch-historischen Studien, aber wohl auch, um über alle Aspekte informiert zu bleiben: Botanischer Garten und Botanisches Museum, Urban an Kultusministerium, 31. August 1895, GStA PK I. HA Rep. 76, Va, Sekt. 2, Tit. XIX, Nr. 49, Bd. 1, Bl. 424.

343 Ein Umschwung in der Haltung Englers ist ab Juli 1896 erkennbar, als er in der Presse positiv zur Verlegung zitiert wurde. Vgl. Berliner Neueste Nachrichten, 21. Juli 1896, in: GStA PK I. HA Rep. 76, Va, Sekt. 2, Tit. XIX, Nr. 49, Bd. 2 (unpag.). In seiner letzten Aufstellung der Gründe für einen Umzug nahm er seine Bedenken bezüglich der Entfernung Dahlems von der Universität zurück. Botanischer Garten und Botanisches Museum, Engler, 19. Oktober 1896, GStA PK I. HA Rep. 76, Va, Sekt. 2, Tit. XIX, Nr. 49, Bd. 3 (unpag.).

344 Vgl. Urban, Vorgeschichte (1901), S. 15.

345 Botanischer Garten und Botanisches Museum, Engler an Kultusministerium, 8. Juni 1896, GStA PK I. HA Rep. 76, Va, Sekt. 2, Tit. XIX, Nr. 49, Bd. 2 (unpag.).

die Verbindung der beiden Unternehmungen entwickelte sich eine Eigendynamik, die sich maßgeblich auf den Prozess der Entscheidungsfindung bezüglich der Gartenverlegung auswirkte. Dieser Hintergrund und damit zusammenhängend die Bedeutung der Neuanlage des Botanischen Gartens als Ausgangspunkt für die Entwicklung des Wissenschaftsstandortes Dahlem verlangen daher gleichfalls eine knappe Betrachtung.

Die Zusammenführung der Verlegung des Botanischen Gartens mit dem Neu- und Umbau der Charité lässt sich in das Jahr 1891 zurückverfolgen. Initiator und lenkende Persönlichkeit dieser Unternehmung war Friedrich Althoff, Universitätsreferent im Preußischen Kultusministerium.[346] Er wirkte auf die betroffenen Institute, die Presse und die Ministerien ein, um seine weitreichenden Pläne durchzusetzen. Zu Althoffs Aufgabengebiet gehörten sämtliche Angelegenheiten der preußischen Universitäten und wissenschaftlichen Anstalten. Daher war er nicht nur in die Verhandlungen über den Botanischen Garten involviert, sondern beschäftigte sich zeitgleich mit der Erneuerung des Charité-Krankenhauses. Die 1710 gegründete Charité diente zuerst als Ausbildungsstätte für Militärärzte, durch die Verbindung mit der Universität erhielt sie im Laufe der Zeit zusätzliche Aufgaben und es entstanden weitere Klinikgebäude auf ihrem Gelände. In den 1880er-Jahren galten die zum Teil noch aus dem 18. Jahrhundert stammenden Gebäude für die hygienischen und räumlichen Bedürfnisse sowie für den wissenschaftlichen und praktischen Unterricht als unzureichend. Althoff setzte sich zwar seit 1888 für die Reorganisation und den Umbau der Charité ein, allerdings scheiterte die Verwirklichung seiner Absichten zunächst an den auf zehn Millionen Mark veranschlagten Kosten.[347]

Seinem Mitarbeiter und Biographen Arnold Sachse zu Folge kam Althoff dann selbst die Idee, die aus dem Verkauf des Schöneberger Gartens erzielten Mittel für die Finanzierung beider Großprojekte einzusetzen und auf diese

---

346 Einen umfassenden Überblick über die Literatur zu Friedrich Althoff bieten Rebenich/ Franke, Einleitung (2012), S. 4. Hier wird „eine modernen Ansprüchen genügende Biografie" als dringendes Desiderat bezeichnet. Zu den Schwierigkeiten der Erstellung einer Biographie Althoffs vgl. Vom Brocke, Althoff (1991), S. 25–42. Die Veröffentlichung von Arnold Sachse – einem Mitarbeiter Althoffs – verstand sich nur als Vorarbeit für eine wissenschaftliche Biographie. Vgl. Sachse, Althoff (1928), S. VII. Sachses Angaben lassen sich auf Grund fehlender Quellenverweise schwer verifizieren. Dazu auch Vom Brocke, Hochschul- und Wissenschaftspolitik (1980), S. 17.

347 Hierzu ausführlicher Lischke, Althoff (1990), S. 72–82; Sachse, Althoff (1928), S. 246 f.

Weise sämtliche Kosten zu decken.[348] Das bedeutete, dass der Umbau der Charité nur erfolgen konnte, wenn der Botanische Garten umzog und das Schöneberger Grundstück verkauft wurde. Hierdurch entstand ein Zugzwang, den auch ein Berliner Abgeordneter später in den Beratungen über den Gesetzesentwurf kritisierte. Er erkannte zwar die Notwendigkeit der Umstrukturierung und Erneuerung der Charité an, votierte aber gegen eine Neuanlage des Botanischen Gartens.[349] Die Verknüpfung der beiden Vorhaben verstärkte außerdem den Druck, rasch eine Entscheidung zu treffen, um nicht länger die Erneuerung zweier wichtiger wissenschaftlicher Einrichtungen in Berlin zu blockieren.

Die Verlegung des Botanischen Gartens und Museums muss darüber hinaus – wie von Hans Walter Lack zutreffend charakterisiert – als „Nukleus“[350] des von Althoff betriebenen Umbaus des Vorortes Dahlem zum Wissenschaftsstandort verstanden werden. Das vormalige Rittergut Dahlem unterstand ab 1841

---

348 Vgl. dazu Sachse, Althoff (1928), S. 247. Wann Althoff der Gedanke kam, die beiden Unternehmungen miteinander zu verbinden, lässt sich nur ungefähr bestimmen. Ein Schreiben des Kultusministeriums Anfang 1891 brachte die Projekte zusammen: Kultusministerium, von Zedlitz-Trützschler an Finanzministerium, Miquel, 12. April 1891, GStA PK I. HA Rep. 76, Va, Sekt. 2, Tit. XIX, Nr. 49, Bd. 1, Bl. 85–88. Zudem Ministerium der öffentlichen Arbeiten an Kultusministerium, Bosse, 8. November 1892, GStA PK I. HA Rep. 76, Va, Sekt. 2, Tit. XIX, Nr. 49, Bd. 1, Bl. 162–165 und Finanzministerium, Miquel an Kultusministerium, von Zedlitz-Trützschler, 20. Juni 1891, GStA PK I. HA Rep. 76, Va, Sekt. 2, Tit. XIX, Nr. 49, Bd. 1, Bl. 102–105. Das Abgeordnetenhaus diskutierte im Jahr 1892 beide Problemfelder separat: Haus der Abgeordneten, 27. Sitzung 8. März 1892, in: Stenogr. Berichte Haus der Abgeordneten, Bd. 2 (196) (1892), hier S. 733–735. Die Kreuzzeitung, in der Althoff bevorzugt seine Artikel lancierte, berichtete Ende 1894 über die geplante Verwendung der Mittel aus dem Verkauf des Schöneberger Grundstücks für den Umbau der Charité und die Neuanlage des Gartens: Kreuzzeitung, 19. Dezember 1894, in: GStA PK I. HA Rep. 76, Va, Sekt. 2, Tit. XIX, Nr. 49, Bd. 1, Bl. 279; Vom Brocke, Hochschul- und Wissenschaftspolitik (1980) S. 71.

349 Haus der Abgeordneten, 2. Beratung des Gesetzesentwurfes, 85. Sitzung am 15. Mai 1897, in: Stenogr. Berichte Haus der Abgeordneten, Bd. 4 (236) (1897), S. 2743–2749, hier S. 2743–2744.

350 Lack (Hg.), Erben (2010), S. 44. Bei Michael Engel werden die Umzugspläne für den Botanischen Garten zum Anlass für die angeblich schon Ende 1888 entwickelten Pläne Althoffs für ein „deutsches Oxford“ erklärt. Engel, Geschichte (1984), S. 20. Eine derart verkürzte und zugespitzte Darstellung ist zu ungenau. Engel schildert allerdings präziser als Ralph-Jürgen Lischke Althoffs kontinuierliche Beschäftigung mit Dahlem seit dem Beginn der Verlegungsdiskussion, die auch die hier ausgewerteten Akten des Preußischen Kultusministeriums belegen. Vgl. Lischke, Althoff (1990), S. 88 f.

dem preußischen Staat als königliche Domäne, zusammen mit dem Gut Steglitz umfasste das Gelände insgesamt etwa 530 Hektar.[351] Das damals vor der Stadt gelegene Gebiet bewahrte lange seinen ländlichen Charakter mit ausgedehnten Ackerflächen, Gutshof, Dorfkrug, Mühle, Schmiede und Arbeiterwohnungen. Im Jahr 1895 zählte Dahlem 13 Wohnhäuser mit 153 Einwohnern. Der Staat verpachtete die Domäne Dahlem mangels eigener Pläne, behielt sich im letzten, 1883 abgeschlossenen Pachtvertrag jedoch vor, jederzeit einzelne Gebiete für öffentliche Zwecke abtrennen zu können.[352] Urban regte 1888 die Abteilung einer Fläche von 40 Hektar des östlichen Teils der Domäne für den neuen Botanischen Garten an.[353] Althoff erkannte Michael Engel zufolge „die für seine Pläne hervorragende Lage des Ortes".[354] Und „mit aller Zähigkeit, deren Althoff fähig war"[355], brachte er Dahlem fortdauernd als gewünschten Standort für wissenschaftliche Institute ins Gespräch. Ursprünglich plante er 1895 noch, die gesamte Berliner Universität oder zumindest alle naturwissenschaftlichen und medizinischen Institute in Dahlem anzusiedeln. Sein Vorhaben scheiterte dann in erster Linie an den Bedenken des Finanzministeriums und außerdem am Widerstand einzelner Institute.[356]

Verwirklichung erfuhr zunächst nur die 1897 beschlossene Reorganisation der Charité und der Umzug des Botanischen Gartens nach Dahlem. Erst als nach dem Ende der Verpachtung 1901 ein Erlass die Aufteilung der Domäne Dahlem verfügte, um eine Villenkolonie zu gründen, nahm Althoff seine

---

351 Zur Geschichte der Domäne Dahlem vgl. Engel, Geschichte (1984) und Melms, Chronik (1978). Als Begrenzung der Fläche lassen sich grob angeben: Als Eckpunkte im Nordosten der heutige Breitenbachplatz, als Westgrenze etwa die Pacelliallee, östlich die Straße Unter den Eichen und der Verlauf der Eisenbahnstrecke, südlich der Bereich vom Dahlemer Weg zur Clayallee. Vgl. Engel, Geschichte (1984), S. 18, Aufteilungsplan der Domäne ebd., S. 33.

352 Engel, Geschichte (1984), S. 18–19; Melms, Chronik (1978), S. 119.

353 Urban an Kultusministerium, von Gossler, 22. Dezember 1888, abgedr. in Urban, Vorgeschichte, S. 5–11.

354 Engel, Geschichte (1984), S. 385.

355 Ebd.

356 Vgl. Engel, Geschichte (1984), S. 73; Sachse, Althoff (1928), S. 282. Die Verlegung der Columbia-University von New York auf eine größere Fläche am Hudson kann zu diesem Zeitpunkt aber kaum – wie bei Engel behauptet – als Anregung gewirkt haben, da diese erst 1896 umzog und Althoff sich laut Sachse bei seinen – offenbar späteren – Konzeptionen für Dahlem auf Mitteilungen stützte, welche über die positiven Wirkungen des Umzugs der Columbia University berichteten, der damit schon eine Weile zurückgelegen haben musste. Vgl. Sachse, Althoff (1928), S. 282.

Planungen zur Ansiedlung weiterer wissenschaftlicher Institute in Dahlem wieder auf und setzte sich für die Reservierung größerer Flächen für staatliche und wissenschaftliche Zwecke ein.[357] In Dahlem wollte er nicht nur die Erweiterung zahlreicher Universitätsinstitute umsetzen, sondern zusätzlich innovative, lehrunabhängige Forschungseinrichtungen schaffen.[358] Dabei wirkten die zu diesem Zeitpunkt bereits bestehende Neuanlage des Botanischen Gartens (1899) und andere Einrichtungen wie das Pharmazeutische Institut (1902), die Gärtnerlehranstalt (1903), das Materialprüfungs- und das Gesundheitsamt (beide 1904) sowie die Biologische Anstalt für Land- und Forstwirtschaft (1905)[359] als Anziehungspunkte für Neugründungen. Insbesondere die Universität bestand darauf, ihre Erweiterungsbauten in der Nähe des Botanischen Gartens errichten zu können.[360]

Als Ergebnis schwebte Althoff ein „deutsches Oxford" vor, „die Begründung einer in ihrem Charakter durch hervorragende Wissenschaftsstätten bestimmten vornehmen Kolonie"[361]. Hier zeigen sich einmal mehr die Vorbildfunktion insbesondere britischer Institutionen und die internationale Ausrichtung der preußischen Wissenschaftspolitik in der Ära Althoff mit dem Anspruch auf eine führende Stellung des Deutschen Reiches in Forschung und Lehre. Das betraf vor allem die Naturwissenschaften mit Blick auf die Anwendbarkeit ihrer

357 Zu den diesbezüglichen langwierigen Verhandlungen und dem Ausbau der Domäne Dahlem zu einer Villenkolonie vgl. Lischke, Althoff (1990), S. 88–112; Engel, Geschichte (1984), S. 29–41.

358 Dazu Lischke, Althoff (1990), S. 21 f. u. S. 92.

359 Vgl. Lischke, Althoff (1990), S. 99. Zur Entwicklung Dahlems auch Engel, Geschichte (1984), S. 94; Melms, Chronik (1978), S. 121–140.

360 Vgl. Lischke, Althoff (1990), S. 91.

361 So beschrieben in der von Kaiser Wilhelm II. in Auftrag gegebenen und vom späteren Kultusminister Friedrich Schmitt-Ott nach dem Tode Althoffs 1908 zusammengestellten Denkschrift. Siehe dazu: Althoffs Pläne für Dahlem. Denkschrift für Kaiser Wilhelm II. (1909), abgedr. in: Weischedel, Idee (1960), S. 487–503. Diese Formulierung findet sich auch bei seinem Biographen Sachse, Althoff (1928), S. 282. Die in der Literatur häufig vorgenommene Zuordnung dieser Formulierung und der Dahlem-Pläne Althoffs in ihrer Gesamtheit in das Jahr 1897 ist angesichts der ihm offensichtlich erst später zugeschriebenen Äußerung und der vielfachen Überformung der Pläne für Dahlem irreführend. Zur Aufnahme der Althoffschen Dahlem-Pläne Weischedel, Idee (1960), S. 504–525; Lischke, Althoff (1990), S. 89–112.

Ergebnisse in der industriellen Technik.[362] Deutlich wird ebenfalls, dass sich die Orientierung an der europäischen und zum Teil auch an der amerikanischen Konkurrenz nicht auf das Gebiet der als Kolonialwissenschaften verstandenen Disziplinen beschränkte. Gleichwohl sollte die wissenschaftliche Forschung neben fachinternen Anforderungen den ökonomischen Bedürfnissen des durch Hochindustrialisierung und Kolonialexpansion geprägten Deutschen Reiches dienen. Wenig überraschend ist daher die Beobachtung, dass ein Großteil der in Dahlem begründeten Einrichtungen „in erheblichem Umfang Aufgaben im Rahmen der Kolonialpolitik“[363] des Kaiserreiches erfüllten, etwa mittels Grundlagenforschung und angewandter Forschung in Botanik, Pflanzenphysiologie, Pflanzenschutz- und Pflanzenbau, Bakteriologie und Hygiene sowie pharmazeutischer Chemie. Die zahlreichen repräsentativen Staatsinstitute, zu denen vor dem Ersten Weltkrieg unter anderem noch die Neubauten der 1912 eröffneten Kaiser-Wilhelm-Institute für Chemie beziehungsweise für physikalische Chemie und Elektrochemie sowie 1913 das Pflanzenphysiologische Institut der Universität kamen, prägten das Erscheinungsbild der Villenkolonie.[364]

Die Einflussnahme Friedrich Althoffs auf die Verlegung des Botanischen Gartens[365] und auf die Schaffung eines neuen Standortes für die Berliner Wissenschaften in Dahlem lässt sich nur unter Berücksichtigung seiner besonderen Stellung im Preußischen Kultusministerium nachvollziehen. Schon von

---

362 Vgl. Lischke, Althoff (1990), S. 10–21. Für den Aufbau Dahlems und der Kaiser-Wilhelm-Institute war die Orientierung an der amerikanischen Konkurrenz wichtig. Vgl. Vom Brocke/Laitko (Hgg.), Kaiser-Wilhelm-/Max-Planck-Gesellschaft (1996).

363 Engel, Geschichte (1984), S. 95. Vgl. auch Lischke, Althoff (1990), S. 14 u. S. 111 f.

364 Engel, Geschichte (1984), S. 74 u. S. 94; Melms, Chronik (1978), S. 121–158. Die öffentlichen Bauten und Villen sollten sich auf Althoffs Wunsch einheitlich an englischen Landhäusern orientieren. Vgl. Lischke, Althoff (1990), S. 98. Vor dem Ersten Weltkrieg eröffneten in Dahlem darüber hinaus das Entomologische Museum (1912) und das Astronomische Recheninstitut (1912). Vor Kriegsbeginn wurde noch mit dem Bau des Preußischen Geheimen Staatsarchivs und des Museums für Völkerkunde begonnen. Nähere Angaben zur vom gehobenen Bürgertum dominierten Bevölkerungsstruktur Dahlems bei Engel, Geschichte (1984), S. 39 ff.

365 Auch Engler würdigte Althoff im Nachhinein ausdrücklich für seine Rolle in der Umzugsfrage: „Dass alle Bedenken und Schwierigkeiten schließlich überwunden wurden ist nur der ungewöhnlichen Energie […] des […] Dr. Althoff zu danken, der mit dem Plan der Verlegung des Botanischen Gartens auch noch weitergehende Pläne verband […].“ Engler, Vorwort, in Peters, Führer (1910), S. 3.

Zeitgenossen als „heimlicher Kultusminister“[366] wahrgenommen, schildert ihn auch die Forschung in seiner Position zunächst als Universitätsreferent und später als Ministerialdirektor als einen herausragenden und weitsichtigen Politiker, der „als autokratischer Leiter der Hochschulabteilung des Kultusministeriums unter fünf Kultusministern in einer Zeit beispielloser Entwicklung in Unterrichtswesen, Wissenschaft und Technik das Gesicht des preußischen und darüber hinaus des deutschen Hochschulwesens geprägt hat.“[367] Althoff strebte nicht die Stellung eines Ministers oder Staatssekretärs an, „obwohl er es hätte werden können“[368], sondern wirkte in seiner 25-jährigen Tätigkeit im Kultusministerium aus der zweiten Reihe heraus dank seiner „das Dienstliche weit überragenden Machtposition“[369]. Diese begründete sich neben der Kontinuität, die er unter wechselnden Ministern verkörperte, auf „ein kunstvoll aufgebaute[s] Geflecht offizieller und offiziöser persönlicher Beziehungen“ als „Hauptcharakteristikum des ‘Systems Althoff’“[370]. Neben Vertrauensleuten in Auswärtigem Amt, Finanzministerium, Parlament und den Parteien verfügte er über sehr

366 Vom Brocke, Althoff (1991), S. 20. Vom Brocke zählt Althoff zu den „großen Kulturpolitikern und Wissenschaftsadministratoren, die Preußen-Deutschland“ hervorgebracht habe. Vom Brocke, Althoff (1991), S. 16.

367 Vom Brocke, Hochschul- und Wissenschaftspolitik (1980), S. 10. Friedrich Althoff (1839–1908), studierter Jurist, sammelte zunächst 1871–1882 als Verwaltungsbeamter und Professor der Rechtswissenschaften an der Reichsuniversität Straßburg Erfahrungen im Bereich der Verwaltung und Lehre. Im Oktober 1882 wurde er zum Vortragenden Rat und Dezernenten für die Personalangelegenheiten der Universitäten im Preußischen Kultusministerium ernannt, 1897 zum Ministerialdirektor und Leiter der ersten Unterrichtsabteilung (seit 1904 außerdem Exzellenz, 1907 Wirklicher Geheimer Rat). Sein Zuständigkeitsbereich umfasste neben den wissenschaftlichen Anstalten auch Bibliotheken, Museen, die Denkmalspflege und das höheres Schulwesen sowie ab 1900 die außeruniversitäre Medizin in seiner Funktion als Vorsitzender der wissenschaftlichen Deputation für das Medizinalwesen. Als wesentliche Ergebnisse seines Wirkens sind der massive Ausbau und die umfassende Modernisierung der wissenschaftlichen Institute und Universitäten zu nennen, dazu die Gründung neuartiger Wissenschaftseinrichtungen wie Technische Hochschulen und die Kaiser-Wilhelm-Institute, die Vereinheitlichung des Universitätsrechtes sowie die Zulassung von Frauen zum Studium. Vgl. Vom Brocke, Hochschul- und Wissenschaftspolitik (1980), S. 25–35 und Vom Brocke, Althoff (1991), S. 16–20; Engel, Geschichte (1984), S. 70.

368 Vom Brocke, Althoff (1991), S. 19.

369 Engel, Geschichte (1984), S. 70.

370 Vom Brocke, Hochschul- und Wissenschaftspolitik (1980), S. 69. Zum „System Althoff“ sowie zur zeitgenössischen Kritik daran ebd., S. 14–16.

gute Verbindungen zu Wilhelm II. und verschaffte sich so Unterstützung für seine Vorhaben. Bei Projekten wie der Verlegung des Botanischen Gartens, dem Charité-Umbau und den Planungen für Dahlem pflegte er einen engen Austausch mit den Direktoren der betroffenen Institute und regte Denkschriften oder Eingaben an, die er zum Erreichen seiner Ziele einsetzte.[371] Althoff nutzte zusätzlich intensiv die Presse, um „Stimmung für seine Pläne zu machen"[372], wofür er geschickt amtliches Material lancierte.

Im Fall des Umzugs des Botanischen Gartens war sich die Presse dieser ihr zugedachten Rolle durchaus bewusst. So stellte die Nationalzeitung fest, das „Durchsickern"[373] von Nachrichten diene offenbar dazu, einen Eindruck von der Haltung einer breiteren Öffentlichkeit zur Verlegungsfrage zu gewinnen. Anfang 1889 hatte die Presse nach mehreren umzugskritischen Berichten die Verlegung zunächst als Gerücht eingestuft. In der zweiten Welle der Berichterstattung ab Ende des Jahres 1892 positionierten sich die Berliner Zeitungen weiterhin gegen den Standortwechsel. Der schon kurz nach Bekanntwerden der Verlegungspläne vorgebrachte Einwand, die traditionsreiche Schöneberger Anlage dürfe nicht finanziellen Interessen geopfert werden, dominierte auch die wieder auflebende Debatte. Insbesondere das einflussreiche *Berliner Tageblatt* und die auflagenstarke *Nationalzeitung* sorgten für die mediale Präsenz des Themas.[374] Die im *Berliner Tageblatt* veröffentlichten Artikel zogen dabei recht polemisch gegen die Umzugspläne zu Felde. Eine mögliche Bebauung des Schöneberger Geländes wurde als „Versündigung an der öffentlichen Wohlfahrt"[375] bezeichnet und der Erhalt des Botanischen Gartens verlangt mit Verweis auf dessen Tradition, seine

---

371 Dazu Vom Brocke, Hochschul- und Wissenschaftspolitik (1980), S. 35–37; S. 69–76; Lischke, Althoff (1990), S. 35 u. 74. Zu den Wissenschaftlern, auf deren Vorschläge Althoff bereitwillig einging, weil er sie als selbständig denkende und handelnde Persönlichkeiten schätzte, zählt Engel auch Engler und Urban. Vgl. Engel, Geschichte (1984), S. 98. In Vom Brockes Auflistung von Althoffs „vertrautesten Ratgebern" aus dem Kreis der Gelehrten und Professoren fehlen die beiden jedoch. Vgl. Vom Brocke, Hochschul- und Wissenschaftspolitik (1980), S. 70.

372 Vom Brocke, Hochschul- und Wissenschaftspolitik (1980), S. 70. Weitere Mittel seiner Pressepolitik waren die Übernahme und Gründung eigener Presseorgane. Vgl. ebd.

373 Nationalzeitung, 24. November 1892, in: GStA PK I. HA Rep. 76, Va, Sekt. 2, Tit. XIX, Nr. 49, Bd. 1, Bl. 159.

374 Das *Berliner Tageblatt* lässt sich als gemäßigt linksdemokratisch einordnen. Die ebenfalls in Berlin verlegte *Nationalzeitung* war ein gemäßigt liberales Blatt.

375 Berliner Tageblatt, 27. November 1892, in: GStA PK I. HA Rep. 76, Va, Sekt. 2, Tit. XIX, Nr. 49, Bd. 1, Bl. 158.

wissenschaftliche Bedeutung sowie seinen ästhetischen und gesundheitlichen Wert für Anwohner und Besucher:

> „Wenn der Direktor einer Gemäldesammlung einen Titian aus dem Rahmen schneiden wollte, um etwa einer neuen Schule Platz zu machen, würde man ihm wohl ein Halloh! zurufen. Die wundervollen Gewächse, die im botanischen Garten fallen, scheinen niemand zu interessieren. Ganz abgesehen davon, dass der botanische Garten auch eine Geschichte hat, eine reiche und bedeutsame, die respektiert zu werden verdient. [...] Aber gegen eine Zerstörung einer so herrlichen Anlage, wie es der jetzige Garten ist, protestiert die Ästhetik, die Wissenschaft, die Achtung vor der Geschichte und die Gesundheitspflege."[376]

Die *Nationalzeitung* vertrat zwar ebenfalls die Meinung, die Aufgabe des Schöneberger Gartens käme einer „Verwüstung"[377] gleich, berichtete aber insgesamt abwägender. Sie erörterte daher – zumindest nachdem der Standortwechsel beschlossen schien – auch die Vorteile des Dahlemer Geländes.[378] Als Merkmal der Äußerungen in der *Nationalzeitung* tritt der unablässige Einsatz für den Erhalt von zumindest einem Teil des alten Gartens als Parkanlage hervor, verbunden mit steten Mahnungen an die Verantwortlichen der Stadt Berlin, Verhandlungen über den Erwerb des Geländes aufzunehmen.[379] Zum Feindbild der Presse geriet blätterübergreifend „der Fiskus", der als „treibende Kraft"[380]

376 Berliner Tageblatt, 24. November 1892, in: GStA PK I. HA Rep. 76, Va, Sekt. 2, Tit. XIX, Nr. 49, Bd. 1, Bl. 161. Die Tradition des Schöneberger Gartens führten auch viele andere Zeitungen als Argument gegen einen Umzug an, u.a. Vossische Zeitung, 29. August 1895, in: GStA PK I. HA Rep. 76, Va, Sekt. 2, Tit. XIX, Nr. 49, Bd. 1, Bl. 396.

377 Nationalzeitung, 24. November 1892, in: GStA PK I. HA Rep. 76, Va, Sekt. 2, Tit. XIX, Nr. 49, Bd. 1, Bl. 159.

378 Bspw. Nationalzeitung, 3. März 1896, in: GStA PK I. HA Rep. 76, Va, Sekt. 2, Tit. XIX, Nr. 49, Bd. 2 (unpag.).

379 Vgl. u.a. Nationalzeitung, 7. August 1895, in: GStA PK I. HA Rep. 76, Va, Sekt. 2, Tit. XIX, Nr. 49, Bd. 1, Bl. 382; Nationalzeitung, 18. August 1895, in: GStA PK I. HA Rep. 76, Va, Sekt. 2, Tit. XIX, Nr. 49, Bd. 1, Bl. 391; Nationalzeitung, 22. September 1895, in: GStA PK I. HA Rep. 76, Va, Sekt. 2, Tit. XIX, Nr. 49, Bd. 1, Bl. 443.

380 Vgl. Berliner Tageblatt, 27. Juli 1895, in: GStA PK I. HA Rep. 76, Va, Sekt. 2, Tit. XIX, Nr. 49, Bd. 1, Bl. 377. Einen Eklat rief der Finanzminister Miquel mit einer Rede im Abgeordnetenhaus hervor, in welcher er anmerkte, der Staat könne nicht auf die Beschwerden der Berliner Blätter eingehen und der Stadt Berlin einen Park schenken. Dazu Vossische Zeitung, 17. Januar 1896, in: GStA PK I. HA Rep. 76, Va, Sekt. 2, Tit. XIX, Nr. 49, Bd. 2 (unpag.). Dass die öffentlichen Forderungen, das Fortbestehen des Gartens als Park zu garantieren, ihre Wirkung hatten, zeigt Miquels Bitte an das Kultusministerium, mit Verweis auf die öffentliche Diskussion die Möglichkeiten des

hinter der beabsichtigten Veräußerung des Schöneberger Geländes galt. Für ein Weiterbestehen des Schöneberger Gartens als Parkanlage setzten sich die Zeitungen zudem ein, indem sie dazu aufriefen, entsprechende Petitionen zu unterstützen.[381]

Den auf die Kolonien bezogenen Aufgaben des Gartens kam in der lokalen Presse kaum Bedeutung in der Diskussion über die Umzugspläne zu, sie fanden höchstens im Rahmen der Beschreibung der Entwürfe für die Neuanlage Erwähnung.[382] Allein ein Beitrag, der auf ein Interview mit Engler Bezug nahm, stellte einen Zusammenhang zwischen dem immer drückender werdenden Raummangel am Botanischen Garten und Museum und der Kolonialexpansion des Kaiserreiches her, ohne dies jedoch genauer auszuführen.[383] Den Beitrag der Medien in der Verlegungsdebatte beurteilte ein Blatt abschließend (selbst-)zufrieden: „Eine gewisse Klärung der Ansichten ist durch die öffentliche Behandlung der Angelegenheit in der Presse doch herbeigeführt worden."[384] Diese Einschätzung scheint durchaus zutreffend angesichts der zwar hitzigen aber letztlich unspektakulären Diskussionen im Preußischen Abgeordnetenhaus, in denen hauptsächlich die bereits bekannten Argumente erneut hervorgebracht wurden.

Als Hauptstreitpunkt in den Beratungen zum Gesetzesentwurf „betreffend das Charité-Krankenhaus und den Botanischen Garten in Berlin"[385] kristallisierte sich die Frage heraus, ob tatsächlich wissenschaftliche Gründe oder

Erhalts als Park zu prüfen. Finanzministerium, Miquel an Kultusministerium, Bosse, 6. Juni 1896, GStA PK I. HA Rep. 76, Va, Sekt. 2, Tit. XIX, Nr. 49, Bd. 2 (unpag.).

381 Bspw. die in hoher Auflage erscheinende liberal-demokratische Volkszeitung, 19. Dezember 1895, in: GStA PK I. HA Rep. 76, Va, Sekt. 2, Tit. XIX, Nr. 49, Bd. 2 (unpag.).

382 Bspw. Nationalzeitung 3. März 1896, in: GStA PK I. HA Rep. 76, Va, Sekt. 2, Tit. XIX, Nr. 49, Bd. 2 (unpag.).

383 Vossische Zeitung, 19. Januar 1896, in: GStA PK I. HA Rep. 76, Va, Sekt. 2, Tit. XIX, Nr. 49, Bd. 2(unpag.).

384 Nationalzeitung 21. März 1896, in: GStA PK I. HA Rep. 76, Va, Sekt. 2, Tit. XIX, Nr. 49, Bd. 2 (unpag.).

385 Der vom Kultusminister Bosse und Finanzminister Miquel unterzeichnete, von Wilhelm II. am 11. März 1897 zur Vorlage in beiden Häusern des Landtages bestimmte Gesetzesentwurf ist abgedruckt in: Anlagen zu den Stenogr. Berichten Haus der Abgeordneten, Bd. 3 (239) (1896/97), S. 2274–2288 (Aktenstück Nr. 149). Als Begründung für die Verlegung des Gartens führte die Vorlage die aus den Gutachten bekannten Probleme der Umbauung, der großen Besucherzahl, des zu kleinen Geländes und des schlechten Zustand der Gebäude sowie die unzureichende Platzverhältnisse im Museum an.

vielmehr – wie von der Presse und einzelnen Abgeordneten vorgeworfen – finanzielle Zwänge eine Verlegung des Botanischen Gartens nötig machten. Zwar hieß es in der Begründung des Gesetzes sachlich richtig, die Verbindung des Umbaus der Charité mit der Verlegung des Gartens diene dazu „einesteils die Universitätsstudien in Berlin noch weiter zu fördern […], andererseits aber dem Staate für die dazu erforderlichen einmaligen Aufwendungen Deckung zu verschaffen“[386]. Gleichwohl fühlte sich Althoff als Vertreter des Preußischen Kultusministeriums in der ersten beratenden Sitzung genötigt zu betonen, dass keinesfalls finanzielle, sondern wissenschaftliche Erwägungen die Entscheidung für einen Umzug des Gartens herbeigeführt hätten. Er reagierte damit auf die in der Presse und im Abgeordnetenhaus geäußerte Meinung, die traditionsreiche Schöneberger Anlage befände sich eigentlich in einem guten Zustand und würde nur geopfert, um das Charité-Projekt zu finanzieren.[387] Korrekter ist sicher eine Bewertung, die Althoff positiv zuerkennt, bei der Verfolgung seiner Pläne neben dem Nutzen für die Wissenschaft gleichzeitig die finanzielle Absicherung seiner Vorhaben im Blick gehabt zu haben, zumal auch sämtliche Fachgutachten letztlich einen Standortwechsel des Botanischen Gartens anrieten.[388] Ein großer Teil der Kritik insbesondere aus den Reihen der Berliner Abgeordneten beruhte auf dem Umstand, nicht separat über die durchweg befürwortete Reorganisation der Charité und die mit großen Bedenken betrachtete Verlegung des Botanischen Gartens abstimmen zu können.[389] Die Abstimmungen in beiden Häusern des Preußischen Landtages endeten trotz des Widerstandes der Mehrzahl der Berliner Abgeordneten mit der Billigung der Gesetzesvorlage.[390] Auch die

386 Ebd.

387 Haus der Abgeordneten, 1. Beratung des Gesetzesentwurfes, 66. Sitzung am 6. April 1897, in: Stenogr. Berichte Haus der Abgeordneten, Bd. 3 (235) (1897), S. 2087–2097; Haus der Abgeordneten, 2. Beratung des Gesetzesentwurfes, 85. Sitzung am 15. Mai 1897, in: Stenogr. Berichte Haus der Abgeordneten, Bd. 4 (236) (1897), S. 2743–2749; Haus der Abgeordneten, 3. Beratung des Gesetzesentwurfes, 88. Sitzung am 19. Mai 1897, in: Stenogr. Berichte Haus der Abgeordneten, Bd. 4 (236) (1897), S. 2834–2835. Zu den Beratungen auch Lischke, Althoff (1990), S. 80.

388 Lischke schätzt Althoffs Motivation generell ebenso ein und bezeichnet ihn als „Realpolitiker und Pragmatiker“. Lischke, Althoff (1990), S. 82. Ein realisierbares Konzept zur Finanzierung seiner Vorhaben brauchte Althoff zudem, um die Zustimmung des Finanzministeriums und Mehrheiten für seine Projekte finden zu können.

389 Dazu eindrücklich Haus der Abgeordneten, 2. Beratung des Gesetzesentwurfes, 85. Sitzung am 15. Mai 1897, in: Stenogr. Berichte Haus der Abgeordneten, Bd. 4 (236) (1897), S. 2743–2749, hier insbes. S. 2746–2749.

390 Vgl. Lischke, Althoff (1990), S. 80.

eingereichten Petitionen, die mit zahlreichen Unterschriften die Erhaltung des Botanischen Gartens in Schöneberg oder alternative Standorte verlangten, fanden keine Berücksichtigung.[391] Schon kurz nach der Unterzeichnung des Gesetzes am 26. Juni 1897 begannen die ersten Arbeiten auf dem Dahlemer Gelände für den neuen Garten. Von der Schöneberger Anlage blieb zumindest ein Teil unbebaut und konnte den Forderungen der Öffentlichkeit nachkommend als Park genutzt werden.[392]

Festzuhalten ist: Entgegen der in der Forschungsliteratur häufigen Darstellung, dass die unzureichenden Platzverhältnisse in Schöneberg für die mit den Kolonien verbundenen Aufgabenbereiche des Botanischen Gartens und Museums samt der Botanischen Zentralstelle der Grund für die Verlegung der Institution waren, zeigt die Auswertung von Gutachten, Korrespondenzen und öffentlichen Diskussionen in der Presse und im Preußischen Abgeordnetenhaus, dass diese Begründung kaum eine Rolle spielte. Sie nimmt unter den für den Umzug angeführten Argumenten eine nachgeordnete Position ein. Adolf Engler, der wie dargelegt den Aufbau der Botanischen Zentralstelle und ihrer Aufgaben vorantrieb, hielt einen Umzug nicht für nötig, vielmehr versuchte er lange Zeit, diesen zu verhindern. In der Debatte über die Standortfrage kamen die Konkurrenz zu Kew und das Bestreben, in Berlin einen ebenbürtigen modernen und wissenschaftlich hervorragenden Botanischen Garten zu haben, zur Sprache. Dabei ging es nicht vorrangig um auf die Kolonien bezogene politische oder wissenschaftliche Ambitionen, ebenso wenig bei Friedrich Althoffs Plänen, ausgehend von der Neuanlage des Botanischen Gartens und Museums in Dahlem einen Wissenschaftsstandort nach britischem und amerikanischem Vorbild zu schaffen. Diese internationale Orientierung spiegelte den Wettbewerb von Wissenschaft und Technik wider, die zu dieser Zeit allerdings eng mit der Kolonialexpansion verbunden waren.

Bei der Neuanlage des Gartens und Museums traten die auf die Kolonien ausgerichteten Arbeitsfelder der Institution deutlich in den Vordergrund, wie die folgenden Ausführungen darlegen.

---

391 Die Petitionen hatten die Budgetkommission offenbar zu spät erreicht. Vgl. Haus der Abgeordneten, 2. Beratung des Gesetzesentwurfes, 85. Sitzung am 15. Mai 1897, in: Stenogr. Berichte Haus der Abgeordneten, Bd. 4 (236) (1897), S. 2743–2749, hier S. 2749.

392 Etwa zwei Drittel des alten Gartens wurden in einen Park umgewandelt, der seit 1911 Heinrich-von-Kleist Park, heute kurz Kleistpark heißt. Vgl. Timler/Zepernick, Garten (1978), S. 51; Lack (Hg.), Erben (2010), S. 42 u. S. 56.

III.3 Neuanlage des Botanischen Gartens und Museums

In den Jahren zwischen 1897 und 1910 entstanden in Dahlem ein neuer botanischer Garten und ein neues botanisches Museum. Die Anlage rief nicht nur bei Zeitgenossen Anerkennung hervor, sondern sie ist noch heute eine wissenschaftliche Institution von internationaler Geltung und ein Gartendenkmal. Auf dem im Vergleich zum alten Schöneberger Garten viermal so großen Gelände fanden sich weitläufige Bepflanzungen sowie nach damals neuesten wissenschaftlichen und technischen Standards errichtete Gewächshäuser und ein großzügiges Museumsgebäude, das neben einem Ausstellungsbereich vielseitige Forschungs- und Lehrmöglichkeiten durch umfangreiche botanische Sammlungen, eine Fachbibliothek, Hörsäle, Arbeitsräume und Labore bot. Die Royal Botanic Gardens Kew setzten zwar seit Beginn der Planungen die Maßstäbe für die Neuanlage, doch für die konkreten Entwürfe sammelten die Verantwortlichen darüber hinaus europaweit Anregungen, um die aktuellsten Innovationen insbesondere im Gewächshausbau zu übernehmen. In allen Bereichen ließ sich die gestiegene Bedeutung der auf die Kolonien bezogenen Aufgaben der Institution ablesen und die mit der Botanischen Zentralstelle verbundenen Tätigkeitsfelder der Anzucht, Untersuchung und Präsentation tropischer Nutzpflanzen profitierten signifikant von den verbesserten Bedingungen in Dahlem. Für die Konzeption und Wahrnehmung der Gesamtinstitution am neuen Standort gab Adolf Engler als ihr Leiter eine klare Rangfolge vor, welche wissenschaftliche Leistungen zur Priorität erklärte, die angewandte Botanik auf Platz zwei verwies und schließlich die Wissensvermittlung an ein breites Publikum vorsah. Für alle diese Aufgabengebiete waren die deutschen Kolonien sowie die auf sie bezogene Wissensproduktion und -präsentation von besonderer Bedeutung.

Die folgenden Ausführungen widmen sich überblicksartig dem Gesamtkonzept der Dahlemer Anlage, wobei der Fokus auf dem Stellenwert der auf die Kolonien bezogenen Tätigkeiten liegt. Damit wird zunächst geklärt, wie die kolonialen Tätigkeiten am neuen Standort in das Gesamtprofil der Institution eingebettet waren, bevor das anschließende Kapitel die einzelnen Aufgabengebiete der Botanischen Zentralstelle vertiefend erörtert. Weiterhin sind auch die transimperialen Wissenstransfers, die einen Einfluss auf die Neugestaltung hatten, von Interesse, außerdem die Absichten der Akteure, die sie mit Funktion und Wirkung der Institution in Dahlem verbanden, speziell die Überlegungen der Direktion des Botanischen Gartens und Museums. Betrachtet werden die Vorbereitungsphase und Englers wissenschaftliche Konzeption für die Einrichtung am neuen Standort, die Umsetzung der baulichen und wissenschaftlichen Pläne, die visuellen Strategien der Wissenspräsentation und der Einsatz verschiedener

Hilfsmittel und Textsorten für die Wissensvermittlung. Berücksichtigung findet überdies die Frage, ob Ansprüche des Publikums die Neugestaltung des Gartens, der Gewächshäuser und des Museums prägten. In welchem Maße griff die Institution die Popularität exotischer Pflanzen und überseeischer Gebiete auf? Welche Bedeutung hatten die Kolonialabteilungen im Garten, Freiland und Museum für die Wissenspopularisierung? Wie lässt sich die Entwicklung der Einrichtung vor dem Hintergrund der Volksbildungsbewegung und Museumsreform bewerten und welchen Zusammenhang gab es zwischen diesen Ansätzen und der Wissenspräsentation zur Flora der deutschen Kolonialgebiete? Die Beantwortung dieser Fragen zeigt die vielfältigen Einflüsse auf, die Form und Funktion der Neuanlage bestimmten. Schließlich werden die Zugangsmöglichkeiten für verschiedene Besuchergruppen zu den einzelnen Bereichen der Einrichtung erörtert und Hinweise zur tatsächlichen Nutzung ausgewertet. Diese Aspekte lassen sich eher für die Gesamtinstitution als speziell für die auf die Kolonien bezogenen Abteilungen veranschaulichen und werden daher in einem breiteren Kontext dargelegt.

Planung

Detaillierte Planungen für das Großprojekt des Umzugs liefen bereits parallel zur Verlegungsdebatte. Gleich nach der grundsätzlichen Zustimmung des Preußischen Finanzministeriums zu Althoffs Plänen für Charité und Botanischen Garten wurde 1891 eine Kommission aus Vertretern des Preußischen Kultusministeriums und den Leitungen der beiden betroffenen Einrichtungen gegründet. Den anschließend gebildeten Subkommissionen – wie der zur Verlegung des Botanischen Gartens – oblag es, sämtliche Vorarbeiten zur Realisierung der Vorhaben voranzutreiben, beispielsweise Wertgutachten für das zu verkaufende Grundstück in Schöneberg einzuholen und für den neuen Garten in Frage kommende Flächen zu prüfen.[393] An den von Althoff angeführten Besichtigungen möglicher Terrains nahmen Engler und Urban als Direktor beziehungsweise

393 Zu der mit der Verlegung des Botanischen Gartens und dem Umbau der Charité befassten Kommission vgl. Finanzministerium, Miquel an Kultusministerium, von Zedlitz-Trützschler, 20. Juni 1891, GStA PK I. HA Rep. 76, Va, Sekt. 2, Tit. XIX, Nr. 49, Bd. 1, Bl. 102–105. Der Bericht zur Sitzung dieser Kommission am 10. Oktober 1891 erwähnt die Bildung von Subkommissionen und die Berufung von insgesamt 17 Kommissaren, darunter Engler und Althoff für die Kommission zur Verlegung des Botanischen Gartens. GStA PK I. HA Rep. 76, Va, Sekt. 2, Tit. XIX, Nr. 49, Bd. 1, Bl. 106–108.

Unterdirektor des Botanischen Gartens und Museums sowie der Garteninspektor Wilhelm Perring teil. Urban und Perring beteiligten sich ferner an der Erstellung von Englers ausführlichem Gutachten zur Verlegung vom Dezember 1893 und gaben in seiner Abwesenheit im August 1895 die offizielle Zustimmung zum Dahlemer Gelände als neuem Standort für den Botanischen Garten.[394] Einen ersten detaillierten Plan, auf dem dann die Neuanlage basierte, fertigten Engler und der Architekt Alfred Koerner 1895 an. Die Skizzen für die Freilandkulturen entwarf Engler eigenhändig, während Koerner für sämtliche Bauten zuständig war, darunter die Gewächshäuser, das Museum, Wohnhäuser und Wirtschaftsgebäude.[395] Der nach Verabschiedung des Gesetzes zur Verlegung des Gartens 1897 gegründeten Baukommission für den Botanischen Garten unter dem Vorsitz Althoffs gehörte von Seiten des Kultusministeriums auch Engler an, der für die botanischen Aspekte und die Gesamtheit der wissenschaftlichen Aufgaben zuständig war. Dazu kam Koerner, der Entwurf und Ausführung im technischen und architektonischen Bereich selbständig leitete.[396] Somit lassen sich Althoff, Engler, Urban, Perring und Koerner als entscheidende Protagonisten des Aufbaus der Institution in Dahlem benennen.[397]

Von Beginn an nahmen die Überlegungen zur Neuanlage des Botanischen Gartens ausdrücklich Bezug auf die prestigeträchtigen Royal Botanic Gardens Kew. Schon in einer der ersten Äußerungen hieß es, das Ziel müsse sein „einen der Hauptstadt des Deutschen Reiches würdigen botanischen Garten einzurichten" und dieser dürfe „hinter Kew nicht zurückstehen, er muss diesen noch

394 Vgl. Urban, Vorgeschichte (1901), S. 12 f. Perring war als Garteninspektor technischer Leiter am Botanischen Garten in den Jahren von 1881 bis 1906. Zur Kurzbiographie vgl. Timler/Zepernick, Grundlagen (1979), S. 90 f.

395 Der Plan wurde im Auftrag des Kultusministeriums und des Ministeriums der öffentlichen Arbeiten erstellt. Vgl. dazu Koerner, Bauten (1910), S. 6. Koerner, der nach eigenen Angaben seit Dezember 1893 an den Vorarbeiten beteiligt war, trug zu diesem Zeitpunkt den Titel Bauinspektor. Er wurde später Königlicher Baurat. Den endgültigen Plan für den neuen Garten genehmigte Wilhelm II. am 30. August 1899. Hierzu Urban, Vorgeschichte (1901), S. 13 ff.; Koerner, Bauten (1910), S. 6.

396 Vgl. Urban, Vorgeschichte (1901), S. 15 mit den Namen weiterer Mitglieder; Koerner, Bauten (1910), S. 6.

397 Weitere Mitwirkende bis zur Ebene der an der Ausführung beteiligten Firmen verzeichnen Koerner, Bauten (1910), S. 30; Urban, Vorgeschichte (1901), S. 14; Timler/Zepernick, Garten (1978), S. 46. Zu Engler und Urban vgl. ausführlicher Kap. III.1, zu Althoff Kap. III.2.

übertreffen".[398] Englers Gutachten zur Verlegungsfrage verglichen systematisch die Gegebenheiten in Kew und Berlin, speziell in Hinsicht auf Geländegröße, Artenreichtum, finanzielle Ausstattung und Vermittlungsfunktion für die Kolonien. Kew verkörperte in allen genannten Bereichen das Ideal, zu welchem der Berliner Garten aufschließen sollte. Engler stellte jedoch klar: Obwohl Kew „in vieler Beziehung mit Recht als Muster" gelte, könne „keine Rede davon sein, dass es in toto nachgeahmt werden müsse."[399] Unter anderem begründete er dies wie folgt: „Es ist unbestreitbar, dass mit dem in Kew vorhandenen Material noch viel mehr hätte geleistet werden können, wenn Kew mit einer Universität in Verbindung gestanden hätte".[400] In diesem Punkt sah er offenbar den mit der Friedrich-Wilhelms-Universität verbundenen Berliner Garten im Vorteil, der dadurch auf wissenschaftlichem Gebiet nach Ansicht Englers sogar erfolgreicher sein konnte als das mustergültige Kew. Engler positionierte seine Institution durchaus selbstbewusst als eine botanische Einrichtung ersten Ranges und scheute keine kritische Auseinandersetzung mit dem Vorbild Kew. Auch spätere öffentliche Äußerungen aus den Reihen der Mitarbeiter des Botanischen Gartens und Museums betonten die wissenschaftliche Bedeutung ihrer Institution im Vergleich mit der ausländischen Konkurrenz.[401] Dieses Selbstverständnis, das Wissenschaftlichkeit hervorhob, erwies sich als wegweisend für die Ausrichtung der Neuanlage in Dahlem. Ulrike Lindner hat Wissenschaftlichkeit und

---

398 Beide Zitate Späth, Gutachten Verlegung, 3. Dezember 1888, GStA PK I. HA Rep. 76, Va, Sekt. 2, Tit. XIX, Nr. 49, Bd. 1, Bl. 53–57, hier Bl. 55.

399 Engler, Gutachten Verlegung oder Neu-Organisation, 24. Dezember 1893, GStA PK I. HA Rep. 76, Va, Sekt. 2, Tit. XIX, Nr. 94, Bd. 1, Bl. 1–139, hier Bl. 10, zu Kew auch Bl. 9–14 und Bl. 20. Engler wies außerdem darauf hin, dass auf Grund der unterschiedlichen klimatischen Verhältnisse ein Vergleich der beiden Institutionen schwierig sei, da der im kühleren Berlin gelegene Garten mehr Gewächshäuser brauche und damit höhere Ausgaben habe.

400 Als weiteren Nachteil Kews wertete Engler die Lage der Einrichtung außerhalb Londons, welche die Nutzung des Gartens und Museums erschwere. Vgl. Engler, Gutachten Verlegung, 23. November 1891, GStA PK I. HA Rep. 76, Va, Sekt. 2, Tit. XIX, Nr. 49, Bd. 1, Bl. 118–148, abgedr. in Notizblatt, Bd. 2, Nr. 10 (Sept. 1897), S. 295–314, hier S. 310, zu Kew S. 300 f. u. S. 309 f.

401 Vgl. bspw. Diels, Ludwig, Das Botanische Museum in Dahlem bei Berlin, Tägliche Rundschau, Berlin, 10. Januar 1905, in: GStA PK I. HA Rep. 76, Va, Sekt. 2, Tit. X, Nr. 90, Bd. 15, Bl. 79–80 und Diels, Museum (1914), S. 287. Ludwig Diels, ein Schüler Englers, war von 1900 bis 1906 Assistent am Botanischen Garten und Museum Berlin, ab 1914 zweiter Direktor und ab 1921 Direktor der Einrichtung. Vgl. Timler/Zepernick, Grundlagen (1979), S. 40.

Gründlichkeit zudem als Merkmale der Selbst- und Fremdwahrnehmung des deutschen Kolonialismus beschrieben. Dies mag die Darstellung der Einrichtung ebenfalls beeinflusst haben.[402]

In dem Anschreiben an Wilhelm II., welches die Unterbreitung des Gesetzesentwurfs zu Charité und Botanischem Garten begleitete, führten schließlich auch der preußische Finanzminister und der preußische Kultusminister ihr Anliegen mit der Beobachtung ein, der Schöneberger Garten stehe „größenmäßig hinter anderen großen botanischen Anlagen, zum Beispiel denen in Kew“[403], und könne auf Grund der eingeschränkten Platzverhältnisse nicht allen Anforderungen gerecht werden. Sie sprachen sich daher dafür aus, „einen botanischen Garten einzurichten, der den besten Anstalten dieser Art in Europa gleichartig zur Seite steht.“[404] Der Verweis auf die britische Konkurrenz und die vom Deutschen Reich anzustrebende Führungsposition fungierte hier einmal mehr als wirkungsvolles Argument, um dem Vorhaben Unterstützung zu sichern.[405] Konsens herrschte demnach in dem Punkt, als Referenz für die Neuplanung den als weltbesten geltenden botanischen Garten Kew zu nehmen. Die Ambitionen differierten allein hinsichtlich des Anspruches, welchen Platz in der Rangfolge der neue Berliner Garten einnehmen solle – ob vor Kew, gleichauf oder an zweiter Stelle.

Um sich über Kew und andere botanische Institutionen zu informieren, standen Engler als zuverlässige und aktuelle Quellen deren hauseigene Mitteilungsblätter zur Verfügung. Sie berichteten über Neuigkeiten aus der wissenschaftlichen Forschungsarbeit, verzeichneten neueste Publikationen, Zugänge zu den Sammlungen und anderes Wissenswertes aus dem Arbeitsalltag der Einrichtungen.[406] In der Planungsphase für die Dahlemer Anlage setzte Engler

---

402 Vgl. Lindner, Begegnungen (2011), S. 8 f.

403 Finanzministerium, Miquel und Kultusministerium, Bosse an Kaiser Wilhelm II., 2. März 1897, GStA PK I. HA Rep. 76, Va, Sekt. 2, Tit. XIX, Nr. 49 B, Bd. 3 (unpag.).

404 Ebd.

405 Auch in der Diskussion über die Gründung der Botanischen Zentralstelle war der Bezug auf die britische Konkurrenz – namentlich Kew – wiederholt ein Argument, um Zustimmung und Unterstützung besonders finanzieller Art für die Einrichtung einer ähnlichen Institution im Deutschen Reich zu gewinnen. Vgl. Kap. III.1. Hinsichtlich der Entwicklung ethnologischer Museen hält Glenn Penny ebenfalls fest, dass nationale und internationale Konkurrenz ein wichtiges Motiv für die Verantwortlichen war, Neubauten oder den Ausbau der Sammlungen zu finanzieren. Penny, Objects (2002), S. 10 u. S. 47.

406 Kew publizierte seit 1887 das *Bulletin of Miscellaneous Information*, später *Kew Bulletin*. Engler gab an, sich außerdem im *Bulletin of the New York Botanical Garden*

zusätzlich darauf, an mehreren Orten Europas botanische Gärten sowie Privatgärten und Handelsgärtnereien aufzusuchen. In erster Linie wollte er sich persönlich und direkt einen Eindruck davon verschaffen, wie sich innovative Gewächshausbauten in der Praxis bewährten. Urban schrieb dazu:

> „Um für die mannichfaltigen und complicirten Constructionen der Gewächshausbauten auch das an anderen Orten Erprobte kennen zu lernen und das Beste davon im neuen Garten verwerthen zu können, machten Engler und Körner, denen sich meist auch der Inspector Perring anschloss, Studienreisen zu den botanischen Gärten, öffentlichen und privaten Gartenetablissements in Deutschland, Belgien, Holland, Kopenhagen, Russland und England; später wurden von Engler auch die Gärten von Italien und bei Gelegenheit der Pariser Weltausstellung in Gemeinschaft mit Perring die von Paris besichtigt."[407]

Beeindruckend ist die schiere Anzahl der Reiseziele, die Engler für sein Besichtigungsprogramm auflistete.[408] Er beabsichtigte, im März 1896 zusammen mit dem Architekten Koerner nach Leipzig, Erfurt und Frankfurt am Main zu fahren, im April 1896 zunächst nach Hamburg, von dort zum Botanischen Museum in Amsterdam und zum Haarlemer Kolonialmuseum, weiter zu Gärtnereien in Leiden und Brügge, dann in die botanischen Gärten von Antwerpen

---

über diesen Garten informiert zu haben. Botanischer Garten und Botanisches Museum, Engler an Kultusministerium, 10. September 1898, GStA PK I. HA Rep. 76, Va, Sekt. 2, Tit. XIX, Nr. 94, Bd. 2 (unpag.).

407 Urban, Vorgeschichte (1901), S. 14. Exkursionen im Vorfeld von Museumsneubauten waren üblich, um Architektur, Organisation und Präsentationstechniken der Konkurrenz zu studieren. So besichtigte auch August Tiede, der Architekt des 1889 fertiggestellten Museums für Naturkunde in Berlin, im Jahr 1875 naturhistorische Museen verschiedener europäischer Länder. Georg Thilenius, Direktor des Hamburger Museums für Völkerkunde, erstellte 1908 zusammen mit dem verantwortlichen Architekten Empfehlungen für einen Museumsneubau, basierend auf der Auswertung von über 100 Museen. Das Preußische Kultusministerium unterstützte die Orientierung an internationalen Standards, indem es die entsprechenden Dienstreisen finanzierte oder Umfragen zu ausgewählten Museen in Auftrag gab. Vgl. Köstering, Natur (2003), S. 50 f.; Penny, Objects (2002), S. 133. Wie eingangs zitiert, war es dem Kultusministerium auch bei der Neuplanung des Berliner Botanischen Gartens wichtig, dass die Institution internationalen Standards entsprach.

408 Botanischer Garten und Botanisches Museum, Engler an Kultusministerium, Bosse, 6. März 1896, GStA PK I. HA Rep. 76, Va, Sekt. 2, Tit. XIX, Nr. 49, Bd. 2 (unpag.) Als Quellen für die Reisen liegen zumeist Englers Anträge vor, zum Teil die dazugehörigen Genehmigungen des Kultusministeriums und die allgemeine Bestätigung einiger Reiseziele bei Urban, Vorgeschichte (1901), S. 14.

und Gent, anschließend nach Brüssel, Linden, Laaken, Lüttich, Bonn und zu den Gewächshäusern des Stahlfabrikanten Alfred Krupp in Essen. Als letzte Station der Reise war Hannover vorgesehen, um das 1879/80 errichtete Palmenhaus in Herrenhausen zu besichtigen. Der „gläserne Riesenpalast" war mit einer Höhe von knapp über 30 Metern zu dieser Zeit das höchste Gewächshaus Europas.[409] Garteninspektor Perring erhielt unterdessen den Auftrag, auf der Gartenbauausstellung in Dresden Informationen zum Gewächshausbau und zu Heizungsanlagen zu beschaffen. Ursprünglich hatte Engler als nächste Besuchsziele Paris, London und Kew vorgesehen.[410] Wie er in einem Antrag vom Juli 1896 ausführte, erschien es aber auf Grund der vergleichbaren klimatischen Verhältnisse sinnvoller, dass Koerner und er zuvor Verglasung und Beheizung der russischen Gewächshäuser studierten. Sie wollten in St. Petersburg den Botanischen Garten und den Garten der Universität aufsuchen sowie Gärten des Zaren und der Großfürsten in der Umgebung, anschließend nach Helsingford/Helsinki fahren und die dortigen Gewächshausbauten aus Glas, Holz und Eisen ansehen, mehrere Tage in Moskau verbringen, danach noch in Warschau einen Zwischenstopp einlegen und während der Allrussischen Ausstellung in Nischni-Nowgorod Pflanzen für Berlin erwerben.[411] Auf einer weiteren Reise ergab sich für Engler in Palermo erstmals die Gelegenheit, subtropische Vegetation im Freien kennenzulernen.[412] Darüber hinaus interessierten ihn die Gewächs-

---

409 Botanischer Garten und Botanisches Museum, Engler an Kultusministerium, Bosse, 2. April 1896, GStA PK I. HA Rep. 76, Va, Sekt. 2, Tit. XIX, Nr. 49, Bd. 2 (unpag.). Zum Palmenhaus in Herrenhausen vgl. König (Hg.), Herrenhausen (2006), S. 217 f., hier S. 218. Eindrucksvoll dazu auch die vergleichende Zusammenstellung verschiedener Gewächshäuser in Schmitt, Handbuch (1893), S. 407.

410 Botanischer Garten und Botanisches Museum, Engler an Kultusministerium, Bosse, 6. März 1896, GStA PK I. HA Rep. 76, Va, Sekt. 2, Tit. XIX, Nr. 49, Bd. 2 (unpag.). Da Urban später angab, Engler habe England besucht, ist davon auszugehen, dass er dort Kew besichtigte. Vgl. Urban, Vorgeschichte (1901), S. 14.

411 Botanischer Garten und Botanisches Museum, Engler an Kultusministerium, Bosse, 8. Juli 1896, GStA PK I. HA Rep. 76, Va, Sekt. 2, Tit. XIX, Nr. 49, Bd. 2 (unpag.). Die Reise sollte 24 Tage dauern und kostete mit etwa 1.000 Mark pro Person eine stattliche Summe. Koerner berichtete am Jahresende in einem Vortrag vor größerem Publikum über die auf ihren Reisen gemachten Beobachtungen. National-Zeitung, 9. Dezember 1896, in: GStA PK I. HA Rep. 76, Va, Sekt. 2, Tit. XIX, Nr. 49, Bd. 2 (unpag.). Zu Englers Russlandreise auch Lack, Engler (2017), S. 132–140.

412 Lack, Engler (2000), S. 30.

hausbauten und Parkanlagen des Fürsten von Pückler-Muskau in Branitz und Muskau.[413]

In Paris ließen sich gleich mehrere botanische Gärten begutachten[414] und auf der Pariser Weltausstellung 1900 unter anderem zwei eindrucksvolle Treibhäuser in Augenschein nehmen, „luftige Bauten aus Glas und grün gestrichenem Eisen“[415]. Ein dort zelebriertes Gartenbaufest geriet einer zeitgenössischen Beschreibung zufolge „mit den unvermeidlichen Kolonialgruppen“[416] zu einem einer „Völkerschau“ gleichenden Ereignis. Neben exotischen Pflanzen wurden in Umzug mehrere Gruppen afrikanischer sowie indo-chinesischer Erwachsener und Kinder präsentiert, die Blüten trugen und auf blumengeschmückten Wagen fuhren. In dem Bericht heißt es: „es müssen stets die dunkelhäutigen Bewohner der Gipsdörfer um den Trocadero herhalten, um der Sache den nötigen Glanz zu verleihen.“[417] Die Zurschaustellung von Pflanzen und Menschen aus fremden Ländern fand hier folglich mit ausdrücklichem Bezug auf die Kolonialgebiete statt, um sich durch die prunkvolle Vorführung des Reichtums der beherrschten Territorien und der Vielfalt ihrer Bewohner und der dortigen Flora die bewundernde Anerkennung der Besucher zu sichern.[418] Die gedankliche Verknüpfung mit Exotik und Pflanzenreichtum prägte generell die Konzeption und Wahrnehmung von Gewächshausbauten, die aufs Engste mit der europäischen Kolonialexpansion verbunden waren. Nur in ihnen ließen sich die für das Gedeihen der tropischen und subtropischen Pflanzen aus fernen Erdteilen notwendigen klimatischen Verhältnisse schaffen. Ihre „magische Wirkung“[419] verdankten die

---

413 Kultusministerium an Botanischer Garten und Botanisches Museum, Engler, 19. August 1897, GStA PK I. HA Rep. 76, Va, Sekt. 2, Tit. XIX, Nr. 94, Bd. 1 (unpag.).

414 Auch wenn Urban nur die Pariser Gärten und die Weltausstellung explizit als Reiseziele nennt, ist davon auszugehen, dass Engler ebenso das Pariser Naturhistorische Museum besichtigte, welches als „eines der großartigsten und reichhaltigsten seiner Art“ galt. Vgl. Schmitt, Handbuch (1893), S. 337 f., hier S. 337. An gleicher Stelle auch mehr zu den botanischen Gärten in Paris.

415 Malkowsky (Hg.), Weltausstellung (1900), S. 9, Photographien der Gebäude und Beete auf S. 329–331.

416 Ebd., S. 329.

417 Ebd., S. 328.

418 Zur Verbindung von Welt- und Kolonialausstellungen bzw. „Völkerschauen“ vgl. auch Kap. IV.3.

419 Eine facettenreiche und bebilderte Analyse zu Glashausbauten mit Berücksichtigung architekturgeschichtlicher, technischer und symbolischer Aspekte bieten Kohlmaier/Sartory, Glashaus (1981), hier S. 7.

Gewächshäuser zu einem großen Teil dem Effekt, eine gezähmte üppige tropische Pflanzenwelt als Kunstwerk und Illusion vorzuführen.[420]

Hinsichtlich der vielschichtigen Wechselwirkungen zwischen Weltausstellungen und Gewächshausbau seien hier drei Aspekte hervorgehoben: Zum einen fungierte der 1851 für die erste Weltausstellung in London errichtete Crystal Palace als wichtiges Vorbild für Gewächshäuser in der zweiten Hälfte des 19. Jahrhunderts.[421] In dessen Entwurf waren wiederum die Erfahrungen eingeflossen, die sein Architekt, Joseph Paxton, mit Glashausbauten für Chatsworth Garden gemacht hatte, unter anderem mit der Errichtung des viel beachteten *Great Conservatory*, des damals größten Pflanzenhauses in England.[422] Zum anderen etablierten sich die Weltausstellungen auch mit ihren Bauten „als Schauplatz neuer Triumphe des Ingenieurswesen und der Industrie“[423]. Der Kristallpalast sollte als imponierendes Symbol für den industriellen Fortschritt stehen, denn erst Neuerungen in der Eisenproduktion machten es möglich, auf tragendes Mauerwerk zu verzichten und reine Glaskonstruktionen mit Gusseisenträgern zu bauen. Die spektakulären Gebäude – seien es Ausstellungshallen oder Gewächshäuser – bedienten schließlich ebenso wie das darin Vorgeführte die Schaulust eines Massenpublikums.[424]

---

420 Zu den vielfältigen an die Schauhäuser gekoppelten Assoziationen, wie die Imagination und Inszenierung der Tropen, die Demonstration von Macht, Wissen, Kulturerfolgen und Einfluss-Sphären, außerdem Paradiesvorstellungen, Orientalismus und Natursehnsucht vgl. Kohlmaier/Sartory Glashaus (1981); Johnson, Nature (2011) und für den Berliner Botanischen Garten und die Botanische Zentralstelle genauer Kap. IV.3.

421 Ruth-Maria Ullrich belegt mit zahlreichen Beispielen die These vom Gewächshaus als Ursprung aller Glas-Eisen-Konstruktionen. Dieses Vorbild beeinflusste die architektonische Gestaltung von Ausstellungsgebäuden, Markthallen, Museen, Bibliotheken und Konzerthallen. Vgl. Ullrich, Glas-Eisenarchitektur (1989), S. 11–14 u. S. 33.

422 Joseph Paxton war zunächst als Gärtner, dann als Botaniker, Architekt und Gartenplaner tätig. Im *Great Conservatory* brachte er 1849 erstmals in Europa die Riesenseerose *Victoria amazonica* zum Blühen, die er im Auftrag des Dukes of Devonshire aus Kew nach Chatsworth gebracht hatte. Vgl. Desmond, History (2007), S. 179. Dazu auch Kap. II. Umfassende biographische Arbeiten zu Paxton, die auf einer großen Auswahl an Primär- und Sekundärquellen beruhen, hat die Journalistin Kate Colquhoun vorgelegt: Colquhoun, Man (2006); Colquhoun, Thing (2003). Zu Paxton und seinen Bauten vgl. ferner Brockway, Science (2002), S. 185 ff. Hier wird das zwischen 1844 und 1848 in Kew errichtete Palmenhaus als Vorbild für den Crystal Palace genannt.

423 Koppelkamm, Paradiese (1988), S. 22.

424 Darüber hinaus boten Weltausstellungen Museumsdirektoren die Gelegenheit, dort ausgestellte Objekte für ihre Sammlungen zu erwerben und Kontakte zu knüpfen.

Der Bau von Gewächshäusern für die erfolgreiche Aufzucht und Ausstellung tropischer und subtropischer Pflanzen bildete den Interessenschwerpunkt der Studienreisen Englers und Koerners. Sie begutachteten insbesondere die architektonischen Neuerungen anderer Kolonialmächte wie der Niederlande, Belgien und Großbritannien. Diese transimperialen Wissenstransfers überlagerten sich mit der Orientierung an internationalen Standards und wirkten sich auf die Konzeption der Gewächshäuser der Neuanlage aus. Dem Gewächshausbau kam dabei aus mehreren Perspektiven eine besondere Bedeutung zu: Die Übernahme neuester internationaler Standards verhieß eine Spitzenposition in der architektonischen und technischen Entwicklung und Anerkennung durch die Fachwelt. Zugleich sollten moderne Bauten das Bedürfnis nach Sensationen von Seiten des breiten Publikums befriedigen, das sich für exotische Gewächse und ferne Kolonialgebiete ebenso wie für die Leistungen von Industrie und Architektur begeisterte. Mit innovativen Warmhäusern gelangen zudem größere Anzuchterfolge bei tropischen Nutzpflanzen im Interesse von Wissenschaft und wirtschaftlicher Entwicklung der Kolonien.

Daneben lassen sich weitere Gründe für das umfangreiche Reiseprogramm ausmachen und vermeintliche Widersprüche aufklären: So fielen die ersten Studienreisen in die Zeit, in der Engler sich dem Umzug seiner Institution nach Dahlem heftig widersetzte. Dass er sich dennoch äußerst aufwendig und gewissenhaft mit der Planung der Neuanlage beschäftigte und die vielen, zu der Zeit nicht immer komfortablen Fahrten auf sich nahm, ist wohl auf seinen professionellen Ehrgeiz zurückführen: Wenn er sich schon den Umzugsplänen fügen musste, so wollte er zumindest – wie seine Gutachten und andere Äußerungen belegen – eine der weltweit führenden botanischen Anstalten schaffen und leiten. Er hatte überdies selbst inmitten der Querelen mit dem Kultusministerium versichert, er werde den Standortwechsel – sobald beschlossen – „mit aller Energie betreiben, wenn die nötigen Mittel und Hilfskräfte zur Verfügung gestellt werden."[425] Außerdem lässt sich fragen, ob das offensichtlich große Informationsbedürfnis zur Architektur und technischen Ausstattung zeitgemäßer Gewächshäuser nicht nur auf Englers hohe Ansprüche, sondern auch auf den

Vgl. dazu für die Völkerkundemuseen Penny, Objects (2002), S. 60. Zum Einfluss von Welt- und Gewerbeausstellungen auf die Ausstellungspraxis in Museen vgl. außerdem Heesen, Theorien (2012), insbes. S. 82–89.

425 Botanischer Garten und Botanisches Museum, Engler an Kultusministerium, Althoff, 14. Mai 1895, GStA PK I. HA Rep. 76, Va, Sekt. 2, Tit. XIX, Nr. 49, Bd. 1, Bl. 410–411, hier Bl. 411.

großen Nachholbedarf der Berliner Institution zurückzuführen war, deren veraltete Bauten schon lange in der Kritik standen.

Ein zusätzliches wichtiges Motiv für die Vielzahl der Informations- und Studienreisen deutete Koerner überdies in seiner nach der Fertigstellung der Dahlemer Anlage publizierten Besprechung der Bauten an: Die Einführung neuer Techniken im Gewächshausbau stieß auf den entschiedenen Widerstand der am Berliner Botanischen Garten beschäftigten Gärtner. Dieser richtete sich konkret gegen die von Koerner vorgeschlagene Einfachverglasung. Mangels einer leistungsstarken Zentralheizung hatten sich die Grundforderungen der Gärtner nach hohen Temperaturen, Feuchtigkeit und ausreichendem Sonnenlicht in den Pflanzenhäusern zuvor nur durch doppelte Glaswände garantieren lassen, die verhinderten, dass zu viel Wärme nach außen abgegeben wurde. Obwohl die zweite Glasschicht die Lichtzufuhr beeinträchtigte und die in den schwer zu reinigenden Zwischenräumen wachsenden Algen-, Moos- und Pilzkulturen das Innere verdunkelten, überzeugten laut Koerner die Gärtner ihren Vorgesetzten Engler, in seinem Gutachten von 1893 auch für die Warmhäuser des neuen Gartens eine Doppelverglasung in Aussicht zu nehmen. Koerner gelang es nach einer Besichtigung moderner Konstruktionen in Brieg bei Breslau 1895 zumindest, das Ministerium der öffentlichen Arbeiten und das Preußische Kultusministerium von der dort angewendeten sogenannten leichteren Bauweise zu überzeugen, die auch hinsichtlich der baulichen Instandhaltung Vorzüge bot. Die Gärtner lehnten diese jedoch ab und änderten ihre Meinung auch nicht, nachdem Engler und Koerner positiv über die in den Niederlanden und Belgien gesehenen einfach verglasten Gewächshäuser berichtet hatten; vielmehr lenkten sie erst ein, als die Russlandreise die Bestätigung erbrachte, dass selbst im dortigen Klima eine einfache Glashülle genügte.[426]

---

426 Vgl. Koerner, Bauten (1910), S. 23 f. Wie Koerner anmerkte, trafen Engler und er in den russischen Gärtnereien häufig auf deutsches Personal. Das vereinfachte die Kommunikation über technische Details und Erfahrungswerte. Zur Russlandreise auch Lack, Engler (2017), S. 132–140. Den sich zu dieser Zeit erst langsam vollziehenden Übergang von der Einfach- zur Doppelverglasung belegt das zeitgenössische Handbuch der Architektur: Es wies zwar auf die einfachen Glashüllen in Kew und in niederländischen Handelsgärtnereien hin, ging für große Gewächshäuser aber noch von doppelten Glasflächen aus. Kew hatte Vorteile durch ein milderes Klima und die niederländischen Gärtnereien verfügten über genügend Hilfskräfte, um bei Bedarf zusätzliche wärmende Schutzschichten aufzulegen. Vgl. Schmitt, Handbuch (1893), insbes. S. 405 u. S. 425.

Damit war aber nur eine erste Hürde genommen bei der Umsetzung neu gewonnener Kenntnisse im hier beispielhaft geschilderten Bereich des Gewächshausbaus. Die zweite wesentliche Voraussetzung zur Erzeugung eines für Pflanzen der Tropen und Subtropen günstigen Klimas in den Warmhäusern – eine moderne Heizanlage – erforderte ebenfalls die Akzeptanz der Gärtner und eine Anpassung ihrer Arbeitsroutinen. Koerner hatte eine leistungsstarke, mit Kohle betriebene Zentralheizungsanlage erdacht, die in allen Gewächshäusern rund um die Uhr eine gleichmäßige Temperatur entsprechend der Heizvorschriften sicherstellen sollte. Die Bauverwaltung bildete obendrein die Heizer aus und vermittelte zwischen „den Wünschen der Gärtner einerseits, sowie den Leistungen der Heizer andererseits"[427], denn nur bei einem „sachgemäßen Zusammenarbeiten der Heiztechniker und Gärtner"[428] konnten die idealen klimatischen Bedingungen in den Gewächshäusern erreicht werden und diese optimal ihren Zweck erfüllen. In einer mehrjährigen Testphase sollten sich die leichte Bauweise und die neue Heizung zunächst bewähren sowie die Gärtner die Möglichkeit erhalten, sich mit den veränderten Gegebenheiten vertraut zu machen und ihre Arbeitsgewohnheiten umzustellen. Erst dann wurden Einfachverglasung und Zentralheizung endgültig für die Dahlemer Gewächshäuser übernommen.

Dieses Beispiel für Wissenstransfers zeigt: Trotz zahlreicher Vorbildeinrichtungen, an denen insbesondere die Einfachverglasung ein schon länger erprobter Standard war, verlief die Übernahme dieser Bauweise nicht ohne Probleme. Der Weigerung der Gärtner, Neuerungen mit zu tragen, musste mit ausdauernder Überzeugungsarbeit begegnet werden. Auch deshalb kamen Engler und Koerner auf ihr beachtliches Reisepensum, denn die Impulse – hauptsächlich aus dem Ausland – bedurften mehrfacher Absicherung, um auch die Zustimmung der Gärtner zu gewinnen. Alle Verbesserungen, die Innovationen in Architektur und Technik möglich machten, konnten nur greifen, wenn die Gärtner ihre Arbeitsweise anpassten. Ihr Einfluss auf Wissenstransfers gerade im Bereich Architektur und Technik in Verbindung mit der Gestaltung der Neuanlage darf daher nicht unterschätzt werden.[429]

---

427 Koerner, Bauten (1910), S. 16.

428 Ebd., S. 23.

429 Koerner erwähnte bezüglich des Gewächshausbaus mehrfach Anregungen der Gärtner, die in die Planungen aufgenommen wurden, bspw. Koerner, Bauten (1910), S. 25 f. Als Akteure lassen sich die Gärtner auf Grund der Quellenlage nur schwer erfassen. Lebensläufe von Gärtnern finden sich in I. HA Rep. 76 Va Sekt 2 Tit. X, Nr. 89a Bd. 1–3. Zu den für den Kolonialdienst ausgebildeten Gärtnern vgl. Kap. IV.3.

Engler, Koerner und das Preußische Kultusministerium, welches die Reisen finanzierte, einte der Anspruch, dass die Neuanlage höchsten internationalen Standards entsprechen sollte.[430] Die vom Preußischen Kultusministerium betriebene internationale Ausrichtung und die Beobachtung zeitgemäßer Standards im Museumsbereich prägten auch andere Projekte wie den Neubau des Berliner Museums für Naturkunde oder des Berliner Museums für Völkerkunde. Informationen zu vorbildhaften Einrichtungen lieferten neben den Reisen auch ausführliche wissenschaftliche Besprechungen. Neben den erwähnten Mitteilungsblättern botanischer Einrichtungen war dies beispielsweise Fachliteratur wie das Architekturhandbuch, welches vergleichend deutsche, französische, britische, italienische und US-amerikanische Museums- und Gewächshausbauten in Wort und Bild vorstellte.[431]

Konzeption

Das wissenschaftliche Gesamtkonzept für den Garten und das Museum in Dahlem lag in Englers Hand. Seine „Prinzipien […], welche für die Entwürfe zu der neuen Anlage maßgebend gewesen sind“[432], hatte er bereits in seinem Gutachten von 1891 dargelegt und gab sie nach der Verabschiedung des Gesetzes zur Verlegung der Institution 1897 durch Veröffentlichung im *Notizblatt* allgemein bekannt.

Kennzeichnend für seine Vorstellungen von der Funktion der Neuanlage ist die Hervorhebung des wissenschaftlichen Charakters der Einrichtung. Forschung, universitäre Lehre, aber auch die Wissensvermittlung an ein Laienpublikum standen bei Englers Überlegungen zu den originären Aufgaben des Gartens und Museums im Vordergrund. Bezugnehmend auf die traditionelle Funktion erklärte er zur Hauptaufgabe des Gartens, Anschauungsmaterial für den botanischen Unterricht zu liefern. Zu diesem Zweck hielt er es für notwendig, verstärkt tropische Nutzpflanzen zu kultivieren, außerdem möglichst viele heimische Pflanzenarten und sämtliche heimische Baum- und Straucharten, denen von

430 Vgl.Köstering, Natur (2003), S. 51; Penny, Objects (2002), S. 47.

431 Schmitt, Handbuch (1893).

432 Engler, Gutachten Verlegung, 23. November 1891, GStA PK I. HA Rep. 76, Va, Sekt. 2, Tit. XIX, Nr. 49, Bd. 1, Bl. 118–148, abgedr. in Notizblatt, Bd. 2, Nr. 10 (Sept. 1897), S. 295–314, hier S. 295. Die überlieferten Dokumente lassen den Schluss zu, dass Engler wie auch bei seinen Planungen für die Botanische Zentralstelle die inhaltlichen Festlegungen traf, die sich allerdings an einem festgelegten finanziellen Rahmen orientieren mussten.

Seiten der Wissenschaft und der Laien besonderes Interesse zukam. Nach Englers Ansicht durfte der Botanische Garten dabei nicht bloß ein „Magazin sein für Unterrichtszwecke", sondern sollte eher „wie ein Museum Gelegenheit zur allgemeinen Belehrung bieten."[433] Darunter verstand er, dass sich neben Fachgelehrten und Studenten auch andere Besucher im Garten einen Überblick zu den damals bestimmenden wissenschaftlichen Ansätzen der Botanik verschaffen konnten.[434]

Mit der Anordnung der Pflanzen unter verschiedenen wissenschaftlichen Perspektiven ließ sich nach Englers Ansicht und der Tradition folgend am effektivsten und übersichtlichsten ein erster Eindruck für die Besucher erlangen. Neben der systematischen Abteilung, welche die Pflanzenfamilien zeigte, sah Engler je eine Sektion zu Medizinal- und Giftpflanzen sowie zu Nutzpflanzen vor, speziell auch zu jenen aus tropischen Regionen. Seine grundlegende didaktische Überzeugung formulierte er folgendermaßen: Gerade die „ausgedehnte Benutzung" der systematischen Abteilung könne die Studenten „von dem leider noch so verbreiteten und unsinnigen Auswendiglernen von Dingen abhalten, welche man durch einmalige Anschauung sich spielend einzuprägen vermag."[435] In der biologisch-morphologischen Abteilung wurde eine neuere Perspektive der Botanik, die Pflanzenbiologie, berücksichtigt. Als deren hauptsächliche Forschungsfragen benannte Engler, nicht mehr nur das Erscheinungsbild einer Pflanze als solches zu betrachten, sondern auch deren Entwicklung, die Beziehung ihrer Organe zu den zu erfüllenden Aufgaben sowie die Variationen in ihrer Gestalt zu untersuchen.[436] Anknüpfend an seine in Breslau und auf dem Schöneberger

---

433 Ebd., S. 296.

434 Ebd.

435 Ebd., S. 297. Die „Anschauung in der Natur" soll Engler neben Herbarstudien stets als unentbehrlich angesehen haben für das Studium der Formenbildung. Vgl. Diels, Gedächtnis (1931), S. 5. Zur „Aneignungsform des Schauens" Klemun, Gärten (2017), S. 236.

436 Engler, Gutachten Verlegung, 23. November 1891, GStA PK I. HA Rep. 76, Va, Sekt. 2, Tit. XIX, Nr. 49, Bd. 1, Bl. 118–148, abgedr. in Notizblatt, Bd. 2, Nr. 10 (Sept. 1897), S. 295–314, hier S. 298; außerdem Peters, Führer (1908), S. 36. In Bezug auf die wissenschaftlichen Konzeptionen Biologie, Tier- und Pflanzengeographie sowie Ökologie, die um 1900 zur taxonomischen Systematik als Grundlage der Museumsarbeit hinzutraten, wird zu diesem Zeitpunkt noch nicht von eigenständigen Disziplinen gesprochen. Die Entwicklung am Botanischen Garten und Museum ähnelt größtenteils den für andere naturkundliche Museen beschriebenen Prozessen des Wandels wissenschaftlicher Konzeptionen. Vgl. Köstering, Natur (2003), S. 75–123; Kretschmann, Räume (2006), S. 76–85; Nyhart, Nature (2009).

Gelände unternommenen Versuche mit kleineren pflanzengeographischen Anlagen, plante er für die Neuanlage zudem großflächige Nachbildungen der Pflanzenformationen einzelner Gebiete der gemäßigten Klimazone. Ein Vorbild hierfür war die am Innsbrucker Universitätsgarten als Alpenpflanzengarten verwirklichte Nachahmung der Tiroler Alpen. Die „in neuerer Zeit in botanischen Gärten vorgenommenen […] Zusammenstellungen der Pflanzen nach ihrer Heimat" hätten sich Engler zufolge nicht nur „allseitigen Beifall erworben", d.h. sowohl aus wissenschaftlichen wie breiteren Kreisen, sondern sie würden „den Besucher ganz anders anregen als die Pflanze für sich allein."[437]

Englers Ausführungen zeigen: In der Gesamtkonzeption zur Gestaltung des Gartengeländes spielten Nutzpflanzen eine wichtige Rolle. Mit der beabsichtigten Intensivierung der Anzucht gerade tropischer Nutzpflanzen ging er auf das verstärkte Interesse hieran von Seiten der Wissenschaft, der Wirtschaft und der Besucher ein. Seinen Einsatz für die einheimische Pflanzenwelt hingegen begründete er mit der „immer größeren Einschränkung der natürlichen Standorte"[438], beispielsweise durch das Wachstum der Großstädte, „deren erschreckende Ausdehnung immer mehr von den ursprünglichen, zum Studium geeigneten Pflanzenformationen vernichtet."[439] Er reagierte hiermit auf die von ihm mit Sorge betrachtete Gefährdung der Natur durch Urbanisierung und Industrialisierung.[440] Die Schaffung einer biologisch-morphologischen Abteilung trug zusätzlich dem „Paradigmenwechsel" in der Wissenspräsentation der

437 Engler, Gutachten Verlegung, 23. November 1891, GStA PK I. HA Rep. 76, Va, Sekt. 2, Tit. XIX, Nr. 49, Bd. 1, Bl. 118–148, abgedr. in Notizblatt, Bd. 2, Nr. 10 (Sept. 1897), S. 295–314, hier S. 298. Zu den pflanzengeographischen Anlagen knapp Timler/Zepernick, Garten (1978), S. 39–40; S. 51. Die von Engler vorgenommenen Gruppierungen basierten auf den seit Linné in botanischen Gärten üblichen Abteilungen des Systems, des Arboretums (Gehölzsammlung) sowie der Medizinal- und Nutzpflanzen. Neuere Bereiche waren die zu den tropischen Nutzpflanzen, die biologisch-morphologische und die pflanzengeographische Sektion. Dazu Engler, Aufgaben (1909), S. 2.

438 Engler, Gutachten Verlegung, 23. November 1891, GStA PK I. HA Rep. 76, Va, Sekt. 2, Tit. XIX, Nr. 49, Bd. 1, Bl. 118–148, abgedr. in Notizblatt, Bd. 2, Nr. 10 (Sept. 1897), S. 295–314, hier S. 296.

439 Engler, Aufgaben (1909), S. 3.

440 Vgl. Köstering, Natur (2003), S. 119. Entsprechende Ansätze schlugen sich zeitgleich in den Ausstellungen von Naturkundemuseen nieder, in denen sich Gruppen einheimischer Tiere als Signets für „Heimat" zur besonderen Attraktionen für Städtebewohner entwickelten. Zum entstehenden Heimat- und Naturschutz vgl. Schmoll, Erinnerung (2004).

Naturkundemuseen Rechnung, der sich ebenfalls um 1900 vollzog und auch als „biologische Wende" bezeichnet wird.[441] Engler verfolgte einen didaktischen Ansatz, welcher unter anderem einen Wissenserwerb durch eigene Anschauung favorisierte, erleichtert durch klare, nachvollziehbare Ordnungsprinzipien wie die genannten Abteilungen. Seine Planungen griffen darüber hinaus neuere Forschungsperspektiven und Trends wie pflanzengeographische Anlagen auf, die sowohl zu seinen persönlichen Interessenschwerpunkten gehörten wie auch ein großes Publikum anzusprechen vermochten. Die für Dahlem konzipierte Wissenspräsentation stand damit in enger Verbindung mit den wissenschaftlichen, gesellschaftlichen, technischen und wirtschaftlichen Entwicklungen und Ansprüchen der Zeit, welche Engler aufmerksam verfolgte und in ihren Konsequenzen für seine Institution reflektierte. Er öffnete den Garten für neue Aufgaben und Themen wie die auf die Kolonien bezogene Grundlagenforschung und angewandte Botanik und erweiterte damit das wissenschaftliche Profil seiner Einrichtung. Mehr noch: für den Berliner Garten beanspruchte Engler den Status der führenden wissenschaftlichen botanischen Institution in Preußen, verbunden mit einer Aufstockung der Zahl der kultivierten Pflanzen sowie des Personals, das die wissenschaftliche Bearbeitung übernehmen konnte. Das zuverlässig bestimmte Pflanzenmaterial sollte dann auch Botanikern an anderen Gärten ebenso wie an Universitäten im In- und Ausland für Studienzwecke zur Verfügung gestellt werden.[442]

Wichtig erschien ihm die Funktion des Gartens und Museums als Zentralstelle für die deutschen Kolonien. Interessierte sollten die Möglichkeit haben, sich über die Flora der Kolonialgebiete zu informieren. Außerdem sollten eingesandte Pflanzen untersucht werden sowie tropische Nutzpflanzen aufgezogen und in die Kolonien versendet werden. Abgesehen von den schon in Schöneberg realisierten Anlagen zur Anzucht tropischer Nutzpflanzen und zwei für Dahlem eingeplanten Vermehrungshäusern machte Engler in seinem Gutachten von 1891 – in dem Jahr, in welchem die Botanische Zentralstelle offiziell eingerichtet

441 Beide Begriffe Köstering, Natur (2003), S. 3. Gemeint ist damit, dass die biologische neben der taxonomisch-systematischen Perspektive zunehmend an Bedeutung gewann. Dazu kamen außerdem die Untersuchung der geographischen Verbreitung der Arten und ökologische Fragestellungen.

442 Engler, Gutachten Verlegung, 23. November 1891, GStA PK I. HA Rep. 76, Va, Sekt. 2, Tit. XIX, Nr. 49, Bd. 1, Bl. 118–148, abgedr. in Notizblatt, Bd. 2, Nr. 10 (Sept. 1897), S. 295–314, hier S. 299–300.

worden war – allerdings noch keine konkreten Angaben, wie sich diese Funktionen in der Neuanlage des Gartens widerspiegeln sollten.[443]

Relevant ist an dieser Stelle Englers strategische Forderung, an seiner Institution wesentliche botanische Aufgaben zu zentralisieren und dem Berliner Garten damit einen Zuwachs an Bedeutung, finanzieller Unterstützung und qualifiziertem Personal zu sichern. Von der neuen Stellung und den gesteigerten Kapazitäten erhoffte sich Engler bessere Bedingungen für die Verwirklichung der von ihm angestrebten Vollständigkeit der Sammlungen, sei es in Hinblick auf Lebendexemplare, Herbarbelege oder andere Materialien. Eine weltumspannende, enzyklopädische Erfassung der Pflanzenwelt hielt er für unverzichtbar für vergleichende Studien zur Ausarbeitung des Systems.[444] Trotz des Einbezugs neuer wissenschaftlicher Perspektiven wie der Biologie und der Pflanzengeographie blieben für Engler die biologische Systematik und das taxonomische Arbeiten – Beschreiben, Benennen und Klassifizieren – das grundlegende Aufgabengebiet der Botanik, des Botanischen Gartens und Museums sowie seiner persönlichen Forschung. Das Ableiten neuer Erkenntnisse aus einer vergleichenden Zusammenschau als bestimmende Arbeitspraxis erforderte den fortwährenden Ausbau der Zahl der kultivierten Arten und der anderen Sammlungen.[445]

Für die beiden von Engler in seinen Planungen abschließend behandelten Punkte – die Funktion als Ziergarten und Erholungsort – setzte er sich eingehend mit den Erwartungen des Publikums an den Garten auseinander.[446] Da in der Forschungsliteratur keine einheitlichen Begrifflichkeiten oder Definitionen zur Beschreibung der verschiedenen Besuchergruppen vorliegen, orientieren sich die folgenden Ausführungen an Englers Unterscheidungen und Bezeichnungen. Er differenzierte zwischen Fachleuten, Laien, der „Masse“ sowie Kindern und reihte sich mit seinen Beurteilungen in dominante zeitgenössische

443 Ebd., S. 301–302.

444 Ebd., S. 299–301 und S. 304 sowie Engler, Aufgaben (1909), S. 1 f.

445 Marianne Klemun begründet die „Sucht der Botaniker, die Gärten so reich zu bestücken“ und das Streben nach größeren Sammlungen mit dem Bedürfnis nach einer immer dichteren Zusammenschau. Klemun, Gärten (2000), S. 332. Der Anspruch, möglichst lückenlose Sammlungen zu besitzen, leitete generell die Sammlungsstrategien der naturkundlichen und ethnologischen Museen der Zeit. Vgl. Köstering, Natur (2003); Penny, Objects (2002).

446 Zur Funktion botanischer Gärten als Erholungsräume vgl. Meder/Standler, Garten (2013).

Diskurse ein.[447] Besonders wehrte er sich gegen die von den weniger vorgebildeten Besuchermassen an den Garten herangetragenen, von ihm als unwissenschaftlich betrachteten Anliegen. So vertrat er zwar die Auffassung, dass der Botanische Garten durchaus auch exotische Zierpflanzen kultivieren sollte, die zunehmend in Parks, Privatgärten und Wohnungen Einzug hielten. Allerdings empfand er die Ansprüche des Publikums als zu weitgehend, da sie erstens die finanziellen Mittel des Gartens überstiegen, zweitens die wissenschaftlichen Zwecke des Gartens stets Vorrang hätten und es drittens „zur allgemeinen Instruktion" schlicht nicht notwendig sei, „von jeder Zierpflanze alle Spielarten"[448] zu kultivieren, wie es auf einzelne Arten spezialisierte Gärtnereien täten. Den Wunsch des Publikums, „den botanischen Garten als Erholungsort nutzen zu dürfen", beurteilte er als „wohl berechtigt" – mit der einschränkenden Bemerkung – „umso mehr, wenn sich mit dem Streben nach Erholung auch das nach Belehrung verbindet"[449]. Daher habe er auch schon im Schöneberger Garten den Bitten der Besucher entsprochen und bei wichtigen Pflanzen Schilder mit deren deutschen Namen und zusätzlichen Informationen anbringen lassen.[450] Hingegen bezeichnete er es als „unrecht", für alle Teile des Gartens eine lustgartenähnliche Gestaltung zu verlangen:

> „Wo sich dergleichen anbringen lässt, wie in den pflanzengeographischen Anlagen, um die Gewächshäuser herum, im Arboretum, da soll es geschehen; in anderen Abteilungen, welche für wissenschaftliche Lehrzwecke oder für weitere wissenschaftliche Kontrolle bestimmt sind, ist eine nicht immer schöne, reihenweise Pflanzung unerlässlich, und ebenso hat man in den wissenschaftlichen Zwecken dienenden Abteilungen auch

447 Zu den Konsequenzen dieser Unterscheidung vgl. auch die Erörterungen zur Nutzung des Gartens und Museums im folgenden Unterkapitelt. Zur Figur der „Masse", abgrenzend konstruiert zum bildungsbürgerlichen Individuum, vgl. Wessely, Tiere (2008), S. 38 f. Die „Masse" ist ein Begriff, der sich sowohl im zeitgenössischen Diskurs wie auch in der Forschungsliteratur findet. Überlegungen zu Museen im Zeitalter der Massenkultur bei Kretschmann, Räume (2006); Penny, Objects (2002).

448 Engler, Gutachten Verlegung, 23. November 1891, GStA PK I. HA Rep. 76, Va, Sekt. 2, Tit. XIX, Nr. 49, Bd. 1, Bl. 118–148, abgedr. in Notizblatt, Bd. 2, Nr. 10 (Sept. 1897), S. 295–314, hier S. 302.

449 Alle Zitate ebd.

450 Insbesondere in der Medizinal- und Nutzpflanzenabteilung, welche für ein größeres Publikum von Interesse war, wurden die deutschen Namen der Pflanzen angegeben. Vgl. Engler, Rundgang (1892), S. V.

nicht die mindeste Rücksicht darauf zu nehmen, ob eine Pflanze schön oder hässlich ist."[451]

Englers Wortwahl lässt darauf schließen, dass einzelne Anliegen des Laienpublikums für ihn Reizthemen darstellten. Über die in seinen Augen oft zweckentfremdende Aneignung des Gartens durch diese nach Zahlen dominierende Besuchergruppe ließ er sich in derselben Stellungnahme heftig aus.[452] Die Veröffentlichung seiner Prinzipien für den Garten bot ihm die Gelegenheit, dessen vorrangig wissenschaftliche Funktion zu betonen, seine darauf ausgerichteten Bestrebungen gegenüber einer breiten Öffentlichkeit zu rechtfertigen und – offenbar erwarteter – Kritik zuvorzukommen.

Divergierende Ansichten zwischen Publikum und Direktion konnten aber auch durchaus fruchtbar sein, hatten sie doch – wie von Engler eingeräumt – im Fall des Botanischen Gartens ein gewisses Entgegenkommen an Bedürfnisse des breiten Publikums zur Folge. Glenn Pennys Befund zu den Völkerkundemuseen im Kaiserreich trifft damit ebenso für den Botanischen Garten Berlin zu: „There was a diachronic development between the museum and their audiences, a mutual transformation"[453]. Die Interessen der Besucher spielten für Engler bei der Ausarbeitung der Neukonzeption seiner Einrichtung eine wichtige Rolle. Vor Herausforderungen stellte ihn dabei nicht die kleine Gruppe der traditionellen Nutzer der Institution – Wissenschaftler, Studenten und einige wenige wissbegierige Laien –, sondern das Massenpublikum. Wiewohl er sich den „allgemeinen Bestrebungen nach Verbreitung wissenschaftlicher Kenntnisse in weiteren Volksschichten"[454] durchaus verpflichtet fühlte und den Garten entsprechend einem größeren Besucherkreis öffnen wollte, hielt er es – wie von Museumsfachleuten der Zeit empfohlen – für notwendig, zumindest einzelne Bereiche des

---

451 Engler, Gutachten Verlegung, 23. November 1891, GStA PK I. HA Rep. 76, Va, Sekt. 2, Tit. XIX, Nr. 49, Bd. 1, Bl. 118–148, abgedr. in Notizblatt, Bd. 2, Nr. 10 (Sept. 1897), S. 295–314, hier S. 303. (Verschreibung im Original)

452 Ebd., S. 303–304.

453 Penny, Objects (2002), S. 132. Ebenso Kretschmann, Räume (2006), S. 7. Auch Köstering plädiert dafür, über Foucault hinausgehend nicht nur nach den „Zurichtungen des Publikums durch das Museum" zu fragen, sondern zusätzlich nach „der Zurichtung von Wissenspräsentationen durch deren Adressaten", die sie als „Mitwirkende des Repräsentationsprozesses" versteht. Köstering, Natur (2003), S. 17; Foucault, Ordnung (2003).

454 Engler, Rundgang (1892), S. V. Kretschmann, Räume (2006). Zur Volksbildungsbewegung und den Museen als „Volksbildungsstätten" Kuntz, Museum (1996). Zur Volksbildungsbewegung allg. auch Daum, Wissenschaftspopularisierung (1998).

Gartens und Teile der Sammlungen zu schützen, den Besucherstrom zusätzlich durch die Regelung der Öffnungszeiten zu lenken und so Räume und Zeiten für ein ungestörtes wissenschaftliches Arbeiten zu schaffen.[455]

Lynn Nyhart konstatiert für die Museen in Deutschland um die Jahrhundertwende, dass ihr „turn to the public paralleled and drew on efforts in other cultural sectors to educate the masses“[456]. Die Tendenz, auch Naturkundemuseen zunehmend als Einrichtungen mit dem Auftrag der Wissensvermittlung zu verstehen, hatte Carsten Kretschmann zufolge anfangs innerwissenschaftliche Gründe, berührte sich aber mit Prozessen des sozialen Wandels, die schon vor dem Wirken der sozialreformerischen Volksbildungsbewegung das Museum als Ort der Wissenskommunikation für ein breiteres Publikum ansahen.[457] Studien zu den Naturkundemuseen und ethnologischen Museen des Kaiserreichs betonen, dass gerade das zunehmende Massenpublikum als Impulsgeber für Veränderungen der dortigen Wissenspräsentation zu sehen ist.[458] Es lässt sich hier Vergleichbares feststellen angesichts der intensiven Auseinandersetzung Englers mit den Ansprüchen der „Massen“ und der von ihm in dieser Hinsicht getroffenen Maßnahmen wie der Ausweitung der Beschilderung, die sich inhaltlich verstärkt an ein nichtwissenschaftliches Publikum richtete, und der umfänglichen Darstellung populärer neuerer wissenschaftlicher Perspektiven der Botanik wie der Pflanzengeographie oder der auf die Kolonien bezogenen Botanik. Wie noch zu zeigen ist, nutzte Engler neben den pflanzengeographischen Bereichen gerade die Abteilungen zu tropischen Nutzpflanzen im Garten, in den Gewächshäusern und im Museum für die Popularisierung botanischen Wissens. Zutreffend für den Botanischen Garten und das Botanische Museum Berlin ist allerdings auch die Feststellung, dass große Institutionen, die über eine zuverlässige Finanzierung und umfangreiche Sammlungen verfügten, sich weniger auf das Massenpublikum einlassen mussten als kleine, von Vereinen getragene und auf Eintrittsgelder angewiesene Einrichtungen.[459] Engler konnte daher abwägen, welchen Forderungen der breiten Öffentlichkeit er nachkommen und welchen er nicht nachgeben wollte, um das wissenschaftliche Profil der Einrichtung zu wahren. Ganz frei mag er in seinen diesbezüglichen Entscheidungen trotzdem nicht gewesen sein, denn das Preußische Kultusministerium verstand den

455 Zu den Bestimmungen für Besucher vgl. die Ausführungen im Unterkapitel Nutzung.
456 Nyhart, Nature (2009), S. 218.
457 Vgl. Kretschmann, Räume (2006), S. 126–132.
458 Vgl. Köstering, Natur (2003), insbes. S. 245–274; Penny, Objects (2002), S. 148 ff.
459 Vgl. Penny, Objects (2002), S. 160 f.

Botanischen Garten nicht nur als Einrichtung der Forschung und Lehre, sondern ebenfalls als „Institut der allgemeinen Volksbildung“[460]. So sah sich Engler wie viele andere Museumsdirektoren der Zeit vor dem Dilemma, allen diesen Funktionen gerecht werden zu müssen.

Eine gewisse Anpassung an das Publikum war durchaus nötig, weil der Botanische Garten im Bereich der Präsentation gerade der in breiten Kreisen beliebten exotischen Pflanzen nicht konkurrenzlos agierte. Öffentliche und private Gartenanlagen, wie beispielsweise die Vergnügungsstätte „Flora“ in Charlottenburg, wiesen weitaus prachtvollere und imposantere Pflanzenschauen und Gewächshäuser auf als der Schöneberger Botanische Garten. Zum Palmenhaus der „Flora“ hieß es selbst in der zeitgenössischen Architektur-Fachliteratur anerkennend: „Der mächtige, gärtnerisch sehr geschickt ausgestattete Raum gewährt ein Bild von überraschender Schönheit.“[461] Dahinter konnte der Botanische Garten als bedeutendste Einrichtung seiner Art im Kaiserreich nicht zurückstehen und strebte danach, den hohen Erwartungen der Öffentlichkeit zu entsprechen. In der „Flora“ umrahmten Gartenanlagen und Palmenhaus außerdem vielfältige Unterhaltungsangebote: So gab es einen großen Festsaal, eine Opernbühne, Gondelflüge und Ausstellungen. Die „Flora“ bot damit Unterhaltung und Erholung und das „neue Publikum des 19. Jahrhunderts“[462] erwartete dies auch von botanischen Gärten, die zum Bestandteil der Metropolenkultur wurden.[463] Selbst wenn Engler sich wiederholt gegen eine ähnliche Nutzung des Botanischen Gartens aussprach, musste ihm trotzdem an guten Besuchszahlen gelegen sein, die er oft genug als Beleg für die Bedeutung seiner Institution anführte. Seine Kompromissbereitschaft hatte Grenzen: Eine sowohl für Laien wie auch

460 So Diels, Gedächtnis Engler (1931), S. 18. Der Botanische Garten hatte Diels zufolge für diese Funktion seit den 1880er-Jahren Förderung erhalten.

461 Schmitt, Handbuch (1893), S. 443. Dort auch eine Beschreibung der Bauten der „Flora“ samt eines Plans. Zur „Flora“ auch Kohlmaier/Sartory, Glashaus (1981), S. 269–277. Zu öffentlichen Wintergärten als neuartige öffentliche Räume für ein breites bürgerliches Publikum zudem Scherpe, Orient (2004), S. 337. Bekannt in Berlin war überdies das Palmenhaus auf der Pfaueninsel (1880 abgebrannt). Hierzu Stichel, Pfaueninsel (1927), S. 32 ff.; Stiftung Preußische Schlösser und Gärten Berlin-Brandenburg (Hg.), Pfaueninsel (2000), S. 55 f.; Wise/Wise, Empire (2004).

462 Klemun, Gärten (2017), S. 237.

463 Vgl. Klemun, Wissenswandel (2013); zur Metropolenkultur Morat u.a., Weltstadtvergnügen (2016).

für die Fachwelt eindrucksvolle Einrichtung war ihm ein Anliegen, allerdings sollte sie ausgerichtet sein auf Belehrung statt Vergnügen.[464]

Als „notwendige Ergänzung“[465] des Botanischen Gartens bezeichnete Engler das Botanische Museum. Es sollte vornehmlich das Herbarium und weitere Sammlungen pflanzlicher Objekte aufnehmen, welche die Grundlage bildeten für vergleichende Untersuchungen und die Bestimmung von Pflanzen sowie für Nutzwertuntersuchungen pflanzlicher Produkte. Engler beabsichtigte, die Museumsabteilung mit den nicht im Herbarium einzuordnenden Sammlungen pflanzlicher Objekte wie größeren Früchten, Samen und Hölzern zu unterteilen in ein Schaumuseum für ein breites Publikum und ein Magazin für wissenschaftliche Untersuchungen. Am Schöneberger Standort ließen die räumlichen Verhältnisse seiner Ansicht nach eine Trennung nicht zu. Für das neue Botanische Museum bestand er außerdem auf einer umfassenden Bibliothek mit der für die taxonomische Arbeit unentbehrlichen Literatur. Ein Laboratorium zum Mikroskopieren sowie für chemische und pflanzenmikroskopische Experimente sollte es ebenfalls enthalten, gedacht hauptsächlich für Studierende und Doktoranden.[466]

Engler verstand das Museum wie auch den Garten vorrangig als Arbeitsstätte der Wissenschaft oder – in seinen Worten – als „Lehr- und Forschungsanstalt“[467]. Sein Verständnis von der Funktion des Botanischen Museums entsprach den traditionellen Aufgaben universitärer naturkundlicher Museen. Es sollte in erster Linie Raum bieten für die umfangreichen Sammlungen sowie

464 Engler stellte fest, der Staat sei nicht verpflichtet, für Erholung in der Stadt zu sorgen. Engler, Gutachten Verlegung, 24. Dezember 1893, GStA PK I. HA Rep. 76, Va, Sekt. 2, Tit. XIX, Nr. 94, Bd. 1, Bl. 1–139, hier Bl. 28. Es handelte sich hierbei nicht um ein spezifisches Problem des Botanischen Gartens Berlin. Auch Kews Direktor kämpfte gegen Forderungen, den Garten mehr dem Publikumsgeschmack entsprechend zu gestalten, und hielt dagegen, dass es sich immer noch um einen botanischen Garten und nicht um einen öffentlichen Park handle. Trotzdem erfolgten ab den 1850er-Jahren Anstrengungen „in prettifying Kew“, u.a. durch hunderte beim Publikum beliebte Blumenbeete. Vgl. Desmond, History Kew (2007), S. 175; McCracken, Gardens (1997), S. 76.

465 Engler, Gutachten Verlegung, 23. November 1891, GStA PK I. HA Rep. 76, Va, Sekt. 2, Tit. XIX, Nr. 49, Bd. 1, Bl. 118–148, abgedr. in Notizblatt, Bd. 2, Nr. 10 (Sept. 1897), S. 295–314, hier S. 304.

466 Ebd., S. 304–307.

467 Engler, Aufgaben (1909), S. 8.

ihre wissenschaftliche Bearbeitung und Nutzung.[468] Mit dem Ausstellen ausgewählter Objekte in einem Schaumuseum und der Trennung von öffentlicher Schausammlung und wissenschaftlichen Sammlungen beabsichtigte Engler „die Belehrung des Publikums"[469], das sich bis dahin allerdings überwiegend aus Studenten, Schülern und Fachgelehrten zusammensetzte und damit nicht weiteren Bevölkerungskreisen entstammte. Die räumliche Trennung bezweckte aus der Sicht der damaligen Museumsdirektoren zugleich den Schutz der Sammlungen vor den nichtprofessionellen Besuchern, welche von den der Forschung vorbehaltenen Räumen ferngehalten wurden.

Englers Beschreibung der Aufgaben des Botanischen Museums entsprach den herkömmlichen Tätigkeitsbereichen von naturkundlichen Museen – Sammeln, Konservieren, Ordnen, Forschen, Präsentieren, Wissensvermittlung – letzteres je nach Museumstyp an eine unterschiedlich breite Öffentlichkeit.[470] In seinen Überlegungen für einen Neubau schlugen sich jedoch auch Diskussionen nieder, die zunächst in Großbritannien, dann in weiteren europäischen Staaten, den USA und ab den 1880er-Jahren auch in Deutschland verbreitet geführt wurden. Diese drehten sich um eine Unterteilung der Museumsammlungen in wissenschaftliche Sammlungen und öffentliche Schausammlungen sowie ihre Unterbringung in Depoträumen für die Forschung einerseits und Schaumuseumsräumen für das Publikum andererseits.[471] Im Neubau des Botanischen

468 Zur grundlegenden Funktion von Museumsbauten, Raum zur Unterbringung der stetig wachsenden Sammlungen zu schaffen und diese an einem Ort für vergleichende Untersuchungen zusammenzubringen, vgl. Penny, Objects (2002), S. 26. Zur Geschichte des Museums allgemein außerdem Bennett, Birth (1995).

469 Engler, Gutachten Verlegung, 23. November 1891, GStA PK I. HA Rep. 76, Va, Sekt. 2, Tit. XIX, Nr. 49, Bd. 1, Bl. 118–148, abgedr. in Notizblatt, Bd. 2, Nr. 10 (Sept. 1897), S. 295–314, hier S. 305.

470 Vgl. Köstering, Natur (2003), S. 2; Kretschmann, Räume (2006), S. 7; Heesen, Theorien (2012), S. 48–55. In Schöneberg wurde die Museumsabteilung von Fachgelehrten, Studenten und anderen Besuchern genutzt. Letzteren war sie allerdings nur an einem Nachmittag in der Woche zugänglich. Vgl. Urban, Museum (1890), S. 18 ff. Bei Timler/Zepernick, Garten (1978), S. 38 zudem ein Holzschnitt eines Saales der Museumsabteilung mit Besuchern. Zur Nutzung der Sammlungen vgl. Engler, Museum (1910), insbes. S. 399 u. S. 401.

471 Zur Museumsreformbewegung („New Museum Idea"), die für die räumliche Trennung wissenschaftlicher und öffentlicher Sammlungen eintrat sowie für die Öffnung von Museen für ein breites Publikum vgl. Köstering, Natur (2003), insbes. S. 2 und S. 44–72; Heesen, Theorien (2012), S. 64 ff.; Nyhart, Nature (2009), S. 199 f.

Museums in Dahlem konnte eine solche Trennung realisiert werden: Forschung, Sammlung und Schaumuseum bekamen jeweils spezifische Räume zugewiesen.

Die später eingerichtete, für Zeitgenossen sehr eindrucksvolle Kolonialabteilung des Schaumuseums erwähnte Engler in seiner Erörterung von 1891 noch nicht explizit. Im Verlauf der Jahre bis zur Fertigstellung des neuen Gartens und Museums nahmen die auf die Kolonien bezogenen Tätigkeitsbereiche aber zunehmend eine dominantere Stellung im Aufgabenspektrum der Institution ein. Dies zeigte sich auch in der Gestaltung des Freilands, der Kultur- und Schauhäuser sowie der Schaumuseumsabteilungen.

Umsetzung

Die Realisierung der Neuanlage zog sich über einen Zeitraum von mehr als 13 Jahren hin, angefangen von ersten Erdarbeiten auf dem Dahlemer Gelände im Herbst 1897 bis zur offiziellen Eröffnung im Mai 1910. Einzelne Bereiche wurden jedoch nach ihrer Fertigstellung bereits vorab für das Publikum freigegeben.[472]

Zuerst konnten 1903 die pflanzengeographischen Anlagen sowie das Arboretum besichtigt werden und Studenten die systematische Abteilung nutzen. Die pflanzengeographischen Gruppen fanden schnell großen Zuspruch und erreichten als Postkartenmotive ein über die Besucher hinausgehendes Publikum. Da auch die Bepflanzung der ökonomischen, der pharmazeutischen und der biologisch-morphologischen Abteilung 1904 abgeschlossen war, wurde das Freiland im Frühjahr desselben Jahres für Besucher geöffnet.[473] Die Pflanzen für den neuen Garten kamen zum Teil aus dem alten Botanischen Garten in Schöneberg, andere wurden von Engler und seinen Mitarbeitern an ihren natürlichen Standorten gesammelt oder sie stammten aus Spenden sowie dem Tausch mit anderen botanischen Instituten oder Handelsgärtnereien aus dem In- und Ausland.[474] Entgegen Englers Befürchtungen verlief die Überführung selbst großer Palmen und alter Bäume nach Dahlem ohne größere Verluste. Sie wurden mit Fuhrwerken, die bis zu zehn Pferde zogen, durch Berlin transportiert – nachts,

472 Zum detaillierten zeitlichen Ablauf vgl. Urban, Sammlungen (1909), S. 18; Timler/Zepernick (1978), Garten, S. 51–54; Lack (Hg.), Erben (2010), S. 56 ff.

473 Engler vertrat die Meinung, dass die nach neuen wissenschaftlichen Perspektiven geordneten Gruppen neben dem System insbesondere für größere, Lehrzwecken dienende Gärten notwendig seien. Engler, Führer (1905), S. 1.

474 Vgl. Timler/Zepernick, Garten (1978), S. 51 f; Lack, Engler (2000), S. 33 f., Urban, Sammlungen (1909), S. 19 f.

um den Verkehr nicht zu behindern. Selbst einige aus der Zeit des Großen Kurfürsten stammende Pflanzen zogen mit um.[475]

Zur Abteilung der Medizinal- und Nutzpflanzen gehörte ein als Kolonialgarten bezeichneter Bereich, unmittelbar am Hauptweg gelegen und damit in direkter Nähe der später erbauten Hauptattraktion der Schaugewächshäuser.[476] Hier vereinte Engler auf einem in mehrere Beete unterteilten Freilandstück einjährige Gewächse, welche den Gartenführern zufolge eindrucksvoll im Laufe des Sommers reiften und Früchte trugen. Ein dazugehöriges, 134 Quadratmeter großes Kolonialhaus – 1902 eröffnet – versammelte insbesondere Pflanzen, die beliebte koloniale Genussmittel lieferten, wie Kaffee, Kakao, Tee, Zuckerrohr, dazu die für die Industrie bedeutsamen Kautschuk-, Guttapercha-, Baumwoll- und Jutepflanzen. Erst in Dahlem konnte Engler die Präsentation tropischer Nutzpflanzen befriedigend umsetzen. Er hatte zwar schon in Schöneberg damit begonnen, diese zuvor über den gesamten Garten und verschiedene Gewächshäuser verstreuten Pflanzen bis 1892 auf einem kleinen Beet zusammenzufassen sowie die Mehrzahl der wichtigsten Kulturpflanzen in einem Gewächshaus zu zeigen. Dessen Kapazitäten ermöglichten allerdings weder eine übersichtliche Aufstellung der Pflanzen noch ein gutes Wachstum.[477] Den in Dahlem entstandenen Kolonialgarten verwendete die Botanische Zentralstelle einerseits dazu, um die für den Anbau in den deutschen Kolonien gedachten Nutzpflanzen eingehender zu studieren, und andererseits, um „in umfassenderer Weise als bisher […] das Interesse eines größeren Publikums kolonialen Dingen zuzuwenden."[478] Dieses Anliegen erwies sich umgehend als überaus erfolgreich, wie das *Notizblatt* berichtete: „Das Haus wurde an Sonntagen, an welchen der Besuch des neuen Gartens gestattet war, von mehr als 5.000 Personen besucht."[479]

---

475 Ausführlich mit Abbildungen Timler/Zepernick, Garten (1978), S. 52. Außerdem Ledien, Führer (1910), S. 19.

476 Die Bezeichnung „Kolonialgarten" findet sich bei Koerner, Bauten (1910), S. 8, dort auch eine kurze Beschreibung, ein Lageplan von Kolonialgarten und -haus (Anlage 1, Nr. 9) sowie Abbildungen S. 10 f. und S. 16. Ausführlicher dazu: Übersicht Tätigkeit Botanische Zentralstelle, in: Notizblatt, Bd. 4, Nr. 33 (Jan. 1904), S. 99–107; Peters, Führer (1910), S. 51; Engler, Führer (1916), S. 50. Vgl. außerdem Abb. 3 am Kapitelende.

477 Bericht Botanische Zentralstelle 1891/92, GStA PK I. HA Rep. 76, Va, Sekt. 2, Tit. X, Nr. 89 B, Bd. 1, Bl. 212–230, hier Bl. 229 und Engler, Rundgang (1892), S. 39.

478 Übersicht Tätigkeit Botanische Zentralstelle, in: Notizblatt, Bd. 4, Nr. 33 (Jan. 1904), S. 99–107, hier S. 106. Zu Kolonialgarten und -haus auch Kap. IV.3.

479 Übersicht Tätigkeit Botanische Zentralstelle, in: Notizblatt, Bd. 4, Nr. 33 (Jan. 1904), S. 99–107, hier S. 107. Angesichts der für den Botanischen Garten insgesamt

Die funktional und einfach gehaltenen Kulturhäuser, welche der Vermehrung von Pflanzen für die Schaugewächshäuser und das Freiland dienten, wurden zwischen 1900 und 1903 erbaut. Es handelte sich um moderne Gewächshausbauten aus einfachem Glas, das möglichst viel Sonnenlicht durchlassen sollte. Anstelle der zuvor üblichen metallenen tragenden Teile und Sprossen des Glasdaches kam Eisen nur noch für dünne Träger zum Einsatz, die kaum Schatten warfen. Die Sprossen waren hingegen aus Holz, an denen sich im Gegensatz zu den eisernen Bauteilen kein kaltes Kondenswasser bildete, welches herabtropfend die Pflanzen gefährdete. Die „sachgemäßesten" solcher „hölzernen Kulturhäuser" verwendeten zu der Zeit belgische und niederländische Handelsgärtnereien, die Engler und Koerner auf ihren Reisen aufgesucht hatten.[480] Verschiedenartig ausgestattet – beispielsweise mit Wasserbeeten, Vermehrungsbeeten, gemauerten Erdbeeten mit Unterwärme, Schwitzkästen, Tischen und Gestellen – boten die Kulturhäuser den Pflanzen verbesserte Wachstumsbedingungen. Dem Publikum waren sie nicht zugänglich.[481]

In zwei der insgesamt zwölf Kulturhäuser nahm die Botanische Zentralstelle die Vermehrung der hauptsächlich für die deutschen Kolonialgebiete in Afrika bestimmten Pflanzen vor, in einem weiteren wurden Neueinführungen aus den Kolonien untersucht.[482] Die Botanische Zentralstelle zog gleich nach der Zuweisung der neuen Vermehrungshäuser zum April 1903 nach Dahlem um und Engler äußerte sich sehr positiv über die dortigen Bedingungen:

> „Als ein besonderer Vorzug der neuen Kulturhäuser hat sich die Beschaffung heizbarer Beete herausgestellt. Nur durch ihre umfassende Nutzung wurde es möglich, die Stecklingsvermehrung insbesondere einer Anzahl von Guttapercha und Kautschukpflanzen so zu betreiben, dass den gestellten Ansprüchen genügt werden konnte."[483]

Im Gegensatz zu den von Engler stets als ungenügend kritisierten Gewächshäusern des Schöneberger Gartens boten die in Dahlem somit erstmals optimale Bedingungen für die Vermehrung der zum Versand in die Kolonien vorgesehenen Nutzpflanzen. Dazu trugen nicht nur die durch die neue Bauweise und

---

angegebenen Besuchszahlen scheint diese Zahl nicht übertrieben. Vgl. auch das Unterkapitel Nutzung.

480 Zur Bauweise der Kulturhäuser vgl. Koerner, Bauten (1910), S. 16, S. 24. Allgemeiner Schmitt, Handbuch (1893), S. 403–412, hier S. 408.

481 Koerner, Bauten (1910), S. 9 u. S. 16; Urban, Geschichte (1909), S. 18.

482 Koerner, Bauten (1910), S. 16 u. Plan mit der Verteilung der Kulturhäuser S. 19.

483 Übersicht Tätigkeit Botanische Zentralstelle, in: Notizblatt, Bd. 4, Nr. 33 (Jan. 1904), S. 99–107, hier S. 99.

moderne Heizungen verbesserten Licht- und Temperaturverhältnisse bei, sondern insbesondere die auf einer genaueren Erforschung der Wachstumsbedingungen beruhenden und mittels technischer Neuerungen umgesetzten Beete.

Als geeigneter Platz für die ausgedehnten Schaugewächshausanlagen erwies sich die exponierte Lage am Hang des auf dem Gelände befindlichen Fichtenberges. Dort standen sie vor Wind geschützt und gleichzeitig frei der Sonne ausgesetzt. Während im Schöneberger Garten die Pflanzenschauhäuser regellos verteilt nach- und nebeneinander erbaut worden waren, bekam Dahlem einen Gewächshauskomplex, bestehend aus fünf großen und neun kleineren miteinander verbundenen Schauhäusern sowie einem separaten Kalthaus mit einer Gesamtfläche von über 5.700 Quadratmetern. Eine Ober- und Unterheizung, Lüftungsklappen, Schattendecken und Vorrichtungen zur Befeuchtung der Luft sorgten für ideale klimatische Verhältnisse in den Warmhäusern, deren Bauweise durch die Anordnung des tragenden Eisengerüstes auf der Außenseite der mit Holzsprossen durchzogenen Glasdecke eine bedeutende Innovation darstellte. Es entfielen dadurch nicht nur Probleme wie von Eisenteilen abtropfendes Kondenswasser, sondern auch die für die Instandhaltung der Eisenträger wichtige Erneuerung des Anstriches störte nun nicht mehr den Gewächshausbetrieb, zumal die Verwendung von Pflanzbeeten im Boden eine zeitweise Räumung der Häuser unmöglich machte. Zudem ergab sich ein freier Innenraum, der „ohne jede Beschränkung dem Gärtner [gehört], der seine Anlagen frei und unabhängig vom Gebäude darin einrichten, auch nach Belieben verändern kann."[484]

In Bezug auf das Große Tropenhaus, dem Mittelpunkt der Schauhausgruppe, führte Koerner weiter aus, dass der Raum über den Pflanzen „möglichst nicht durch Bauteile […] beengt werde, damit das Landschaftsbild nicht gestört werde. Es kam also darauf an, einen Glasbau über das Tropenbild zu stellen, dessen Gerüst möglichst wenig in die Erscheinung tritt."[485] Dem Besucher sollte sich die perfekte, visuell störungsfreie Inszenierung zeigen, ein „Landschaftsbild aus heißen Zonen"[486], aber zugleich mussten alle Voraussetzungen erfüllt sein, damit er „unter den Palmen und unter einer zerbrechlichen Glasdecke hoch über

484 Koerner, Bauten (1910), S. 9–28, hier S. 25; Ullrich, Glas-Eisenarchitektur (1989), S. 193 f; Koppelkamm, Paradiese (1988), S. 168–172. Zu den Warmhäusern in Kew vgl. Desmond, History Kew (2007), insbes. S. 153–158. Allgemeiner Kohlmaier/Sartory, Glashaus (1981); außerdem mit zahlreichen Abbildungen zeitgenössischer deutscher, britischer und französischer Bauten Schmitt, Handbuch Architektur (1893), S. 401–453.

485 Koerner, Bauten (1910), S. 12.

486 Ebd.

seinem Haupte unbesorgt wandeln kann."[487] Dafür wandte Koerner selbst bei den gewaltigen Maßen des Tropenhauses, das mit 29 Metern Breite, 60 Metern Länge und 26,50 Metern Höhe alle anderen Bauten überragte, die selbe Bauweise wie für die kleineren Warmhäuser an. Eine stützenfreie Stahlkonstruktion, an denen eine aus hunderten Einzelglasscheiben bestehende, von filigranen Holzsprossen getragene Glasdecke hing, überspannte eine Fläche von 1.750 Quadratmetern. Das Große Tropenhaus gilt bis heute als eines der „imposantesten und größten freitragenden Gewächshäuser der Welt."[488]

Das Große Kalt- oder Subtropenhaus fiel konventioneller aus: Mit einer langgestreckten hohen Halle, einem Mittelschiff ähnlich, und seitenschiffartigen niedrigeren Anbauten sowie zwei Glastürmen glich es einer gläsernen Kirche. Auch Naturkundemuseen beeindruckten zu der Zeit die Besucher in ihrer architektonischen Ausrichtung an christlichen Sakralbauten und indem sie beispielsweise besonders eindrucksvolle und große Objekte in hohen Eingangshallen ausstellten. Als „Cathedrals of Science" spiegelten sie sowohl das Selbstbewusstsein und das Ansehen der Naturwissenschaften um die Wende zum 20. Jahrhundert als auch nationale beziehungsweise lokale und institutionelle Geltungsansprüche wider. Das präsentierte naturwissenschaftliche Wissen erhielt damit eine sakrale Dimension.[489] Diese lässt sich auch in Hinblick auf die Schöpfung künstlicher Paradiese in den Dahlemer Gewächshäusern durch Botaniker und Gärtner entdecken.[490] Dank neuer technischer Voraussetzungen konnten in den Glashausbauten geeignete Klimabedingungen geschaffen und eindrucksvolle tropische Pflanzenwelten kreiert werden. Als Konzept lagen der Bepflanzung der Schauhäuser so weit wie möglich pflanzengeographische Gesichtspunkte zu Grunde.[491] Wissenschaftliche Forschungsinteressen und gärtnerischer Ehrgeiz fielen somit in der neuartigen Präsentation zusammen, die

---

487 Ebd.

488 http://www.bgbm.org/tropenhaussanierung/baugeschichte.htm u. Abb. 4 am Kapitelende.

489 Vgl. hierzu Stuchtey, Introduction, in ders. (Hg.), Science (2005), S. 3 f.; außerdem Sheets-Pyenson, Cathedrals (1988). Susan Sheets-Pyenson verwendet den Begriff „cathedrals of science" für koloniale naturhistorische Museen. Zur Architektur viktorianischer Naturkundemuseen auch Yanni, Museums (1999); zu US-amerikanischen Naturkundemuseen 1850–1900 Kohlstedt, Exchange (1987).

490 Zur Idee der Wiedererschaffung des Garten Edens in botanischen Gärten Prest, Garden (1981).

491 Zur pflanzengeographischen Gestaltung der Gewächshauser Ledien, Inhalt (1909), S. 89–109.

sich überdies hervorragend dazu eignete, dem Besucher moderne Forschungsperspektiven eindrücklich und attraktiv vorzuführen.

Beim Bau der Gewächshäuser ging es jedoch um mehr, als optimale Wachstumsbedingungen für tropische Pflanzen zu schaffen und Fachleuten sowie anderen Besuchern die Möglichkeit zu bieten, deren Entwicklung zu beobachten. Die imposante Konstruktion der Glaspaläste machte sie zu einem Symbol der Moderne und der neuen Machbarkeiten im Bereich der Technik mit beabsichtigter Signalwirkung an die Konkurrenz, indem internationale Standards übertroffen wurden. Engler und Koerner setzten sich mit den Bauten ein Denkmal. Besprechungen der Dahlemer Pflanzenhäuser in Architekturfachblättern und botanischen Fachzeitschriften sowie in Koerners Publikation feierten die Pionierleistungen und sollten beispielgebend wirken.[492]

Allgemein als Schauhäuser der Kolonialexpansion fungierend, signalisierten die Gewächshäuser mit der Zurschaustellung exotischer Pflanzen und der Erfolge bei ihrer Kultivierung dem Publikum und der ausländischen Konkurrenz Machtansprüche und wissenschaftliche wie gärtnerische Leistungen. Ohne administrativ explizit der Botanischen Zentralstelle zugeordnet zu sein, diente insbesondere das Große Tropenhaus dazu, Bilder der tropischen Flora vorzustellen, welche dem Besucher ausdrücklich in Bezug auf den deutschen Kolonialbesitz einen Eindruck der dortigen Vegetation vermittelten sollten. Zwei weitere Häuser, die unmittelbar zur Botanischen Zentralstelle gehörten, präsentierten eine „sehr vollzählige"[493] Sammlung tropischer Nutzpflanzen als Ergänzung zum auf die Nutzpflanzen der deutschen Kolonien beschränkten Kolonialgarten und -haus. Durch das Einsetzen in Beeten auf dem Boden entwickelten sich die Pflanzen deutlich besser und konnten „ganz andere Vorstellungen von ihrem Aussehen geben als im alten botan. Garten, wo sie ein kümmerliches Dasein bei ewiger Topfkultur führen mußten. Hier blühen sie und setzen Früchte an."[494] Botanikern und dem breiten Publikum boten sich damit neue Eindrücke von tropischen Pflanzen.

---

492 Dazu Koerner, Bauten (1910), S. 27 mit Verweis auf bereits erfolgreich realisierte Nachahmungen. Als Veröffentlichungen in Fachzeitschriften bspw. Koerner, Der neue Botanische Garten in Dahlem bei Berlin, in: Zeitschrift für Bauwesen, Jg. 59 (1909), S. 202–222, S. 335–359 und S. 478–495.

493 Ledien, Führer (1910), S. 12 u. S. 15, hier S. 15. Die beiden Schauhäuser führte Volkens als zur Botanischen Zentralstelle zugehörig an. Volkens, Zentralstelle (1907), S. 12.

494 Engler, Führer (1916), S. 24. Dazu auch Ledien, Führer (1910), S. 16 u. S. 19.

Neben wissenschaftlichen und praktischen Vorgaben folgte die Gestaltung des Gartens und der Gewächshäuser ästhetischen Ansprüchen. Wenn auch Engler wie zitiert Schönheit nicht als Maßstab für alle Bereiche des Gartens anlegen wollte, sprach er gerade den pflanzengeographischen Anlagen eine „ästhetische Bedeutung" zu und erkannte, dass eine solche Zusammenstellung den „Besuchern viel Freude bereitet".[495] Treffend ist insgesamt die Beschreibung, der neue Garten habe „Wissenschaft im ästhetischen Gewand eines Landschaftsparks" vermittelt, „der die Vorzüge des hügeligen, mit Teichen durchsetzten Geländes nutzte und nun Fachmann wie Flaneur auf sanft geschwungenen Wegen durch das Weltreich der Botanik führte"[496]: ein „Weltreich", an dessen Beherrschung der Berliner Garten einen bedeutenden Anteil hatte, wie die Dahlemer Anlage mit Pflanzen aus aller Welt demonstrieren sollte, vorgeführt in einem System der Ordnung.[497] Ob im Freiland oder in den Gewächshäusern – das Publikum erlebte „inszenierte Wissenschaft"[498]. Dabei trat weniger „Natur auf die Bühne"[499] als vielmehr ein konstruiertes Bild von Natur; Aspekte wie Wissen, Nutzen, Schönheit, Macht, Überraschung und Unterhaltung bestimmten diese Inszenierung. Sie traten besonders wirkungsvoll in der Präsentation seltener „exotischer" Pflanzen hervor. Ähnlich wie in Zoologischen Gärten erlaubte der Botanische Garten ein „fashionable strolling in a park setting" als „rational recreation"[500] und die Schauhäuser – vergleichbar mit den öffentlichen Wintergärten – „botanische Belehrung und lustvoll-exotisches Wandeln."[501] Der Botanische Garten reihte sich damit in die zeitgenössische urbane Unterhaltungs- und Konsumkultur ein, von der sich Engler gleichzeitig durch Betonung des wissenschaftlichen Anspruchs seiner Institution abzugrenzen versuchte und deren Anerkennung als Autorität im „Weltreich" der Botanik er mehren wollte. „Science, empire, and the public good"[502] bildeten in Berlin wie in Kew die bestimmenden Elemente eines

495 Engler, Aufgaben (1909), S. 3. In den Führern durch Garten und Gewächshäuser werden ästhetische Kriterien äußerst selten erwähnt, diese Schriften sind vielmehr unter einer wissenschaftlichen Perspektive verfasst.

496 Lack (Hg.), Erben (2010), S. 134.

497 So auch Klemun, Wissenswandel (2013), S. 12.

498 Lack (Hg.), Erben (2010), S. 134.

499 Klemun, Wissenswandel (2013), S. 11.

500 Nyhart, Nature (2009), S. 84 in Hinblick auf Zoologische Gärten als beliebte Orte des Bürgertums für Erholung und Belehrung.

501 Scherpe, Orient (2004), S. 337.

502 Cornish, Science (2013), S. 138.

textuellen und visuellen Narratives, das die nationale und imperiale Bedeutung dieser botanischen Institutionen hervorhob.

Auf die Eröffnung der Freilandanlagen und den Baubeginn für den Gewächshauskomplex folgte 1903 die Errichtung des Botanischen Museums. Es lag am Nordeingang des Botanischen Gartens an der repräsentativ ausgebauten Königin-Luise-Straße in direkter Nähe zum ebenfalls neu errichteten Pharmazeutischen Institut der Friedrich-Wilhems-Universität Berlin. Der Rohbau des monumentalen, dreigeschossigen Museumsgebäudes war 1905 abgeschlossen, bis April 1907 die Überführung der Sammlungen aus Schöneberg beendet und 1908 das Schaumuseum im Wesentlichen fertiggestellt, sodass es vom Publikum zunächst einmal wöchentlich besichtigt werden konnte.[503] Der viermal größere Neubau schuf Abhilfe hinsichtlich der schon lange als „unerträglich“[504] beklagten Zustände am alten Standort, die aus der dortigen Raumnot resultierten. Seit den 1890er-Jahren überstiegen die immer zahlreicheren Zugänge von Herbarpflanzen, Museumsobjekten und Büchern die Kapazitäten des Botanischen Museums in Schöneberg. Zur Entlastung nahmen andere zum Botanischen Garten gehörende Gebäude oder eigens angemietete Privatwohnungen die Sammlungen und die Bibliothek auf. Letztere verteilte sich schließlich auf 23 Räume in fünf Gebäuden. Es erschwerte das wissenschaftliche Arbeiten zusätzlich, dass „alle Winkel und Vorsprünge derartig mit Sammlungen vollgepfropft und umstellt [waren], daß für die meisten Beamten, die Volontäre und Gäste zu deren Studien kaum noch schmale Fensterplätze frei gehalten werden konnten.“[505] Auch in der Museumsabteilung reichte der Raum nicht aus, sie breitete sich aus den Schausälen bis auf den Korridor aus. Die Objekte standen dicht zusammengedrängt und der Präsentation fehlte es an Übersichtlichkeit.[506]

Der Neubau in Dahlem bot ausreichend Platz für Sammlungen und Schaumuseum sowie für Forschung und Lehre. Er ermöglichte im Vergleich zum Schöneberger Museum eine konsequentere räumliche Trennung der verschiedenen

---

503 Vgl. Koerner, Bauten (1910), S. 31; Engler, Bericht BGBM (1908), S. 10; Engler, Bericht BGBM (1909), S. 10. Zur Funktion repräsentativer Museumsbauten als Symbol städtischer, nationaler und imperialer Stärke vgl. MacKenzie, Museums (2010), S. 7.

504 Urban, Geschichte (1916), S. 228 f.

505 Engler, Museum (1910), S. 407.

506 Urban, Museum (1890), S. 18 f.; Engler, Bericht Botanische Zentralstelle 1891/92, GStA PK I. HA Rep. 76, Va, Sekt. 2, Tit. X, Nr. 89 B, Bd. 1, Bl. 214–230, hier Bl. 230. Zum Museum in Schöneberg auch Eichler, Beschreibung (1881); Urban, Garten (1891), insbes. S. 26–42; Engler, Museum (1910); Urban, Geschichte (1916), S. 228 f.; außerdem Timler/Zepernick, Garten (1978), S. 37 ff.

Aufgabenbereiche, insbesondere von öffentlicher Schausammlung einerseits und wissenschaftlichen Sammlungs- und Arbeitsbereichen andererseits. Das Gebäude bestand aus drei Flügeln mit unterschiedlichen Funktionen. Der als Arbeitsflügel bezeichnete Hauptbau an der Straßenfront nahm die Räume für die Verwaltung, die Arbeitszimmer der Direktion und der wissenschaftlichen Beamten sowie Laboratorien für Unterrichtszwecke auf. Auf der Ostseite schlossen sich die Bibliothek und der Herbariumsflügel an. Auf der Westseite ging der Arbeitsflügel in den Hörsaalanbau mit einem 232 Sitzplätze fassenden Auditorium über, weiter an der Südwestecke folgte der Schaumuseumsflügel. Die sich über zwei Stockwerke erstreckende Eingangshalle ermöglichte durch je einen separaten Treppenaufgang den Zugang zu den Arbeits- und Sammlungsräumen, zum Hörsaal und zum Schaumuseum.[507] So ließen sich die drei Nutzergruppen – Institutsangehörige, Studenten und das breite Publikum – auf separaten Wegen durch das Haus leiten, Forschung und Lehre blieben vom Publikumsverkehr ungestört.[508]

Die räumliche Unterteilung des Museums in einen nicht-öffentlichen Bereich für Sammlungen und Forschung zum einen und das der Öffentlichkeit zugängliche Schaumuseum zum anderen ist Ausdruck der Wirkung der Museumsreformdebatte.[509] Die in vielen naturkundlichen Museen zu der Zeit vorgenommene Sammlungstrennung, oft umgesetzt in entsprechenden Neubauten, begünstigte – wie Köstering ausführt – gleichzeitig eine „Zweiteilung zwischen forschungsrelevantem und volksbildendem Wissen, als auch zwischen Wissensproduzenten und Publikum."[510] Dies trifft auch für das neue Botanische Museum in Dahlem zu. Die viele naturkundliche Museen der Zeit betreffende Verlagerung der Forschungsarbeit in externe Laboratorien lässt sich hingegen

507 Vgl. zum Neubau Koerner, Bauten (1910), S. 31–37; Urban, Geschichte (1916), S. 230–242, beide mit Grundrissen und ausführlichen Erläuterungen.

508 So auch Köstering zum 1904 eröffneten Breslauer Zoologischen Museum. Köstering, Natur (2003), S. 65 f.

509 Köstering, Natur (2003), S. 44–72. Zur Museumsreform auch Heesen, Theorien (2012), S. 64 ff.; Nyhart, Nature (2009), S. 199 f. Engler setzte sich mit den Forderungen der Volksbildungsbewegung und nach einer Reform der Museen auseinander. Er bekannte rückblickend „daß die Botanischen Gärten und Museen reformbedürftig waren" und ihre Funktionen zu erweitern hatten, indem sie als „Bildungsstätten für das Volk" auch dem „Interesse der allgemeinen Volksbildung und des Schulunterrichts" dienten. Engler, Bericht (1910), hier S. 7 u. S. 9.

510 Köstering, Natur (2003), S. 61.

hier nicht beobachten.[511] Im Gegenteil betrieb das Botanische Museum als Universitätsinstitut im eigenen Haus weiterhin wissenschaftliche Forschungsarbeit auf höchstem Niveau und verstand sich wie viele naturkundliche und ethnologische Museen der Zeit als „at the forefront of knowledge“[512].

Die Verschiebung des Arbeitsschwerpunktes der Institution auf die Flora der deutschen Kolonien betraf sämtliche Bereiche des Botanischen Museums. Die Sammlungen erhielten von dort unzählige Neuzugänge, welche die eigenen Mitarbeiter und auswärtige Botaniker bearbeiteten, wobei sich die Forschung insbesondere auf die afrikanischen Kolonien konzentrierte. In erster Linie wurde das Pflanzenmaterial für taxonomisch-systematische Untersuchungen zum Ausbau des Pflanzensystems verwendet, außerdem für pflanzengeographische, morphologische, anatomische, physiologische und paläobotanische Studien. Die Forschungsergebnisse erschienen in Zeitschriften und Florenwerken. Der Fokus der angewandten Wissenschaft lag ebenfalls auf den Kolonien, genauer auf Nutzpflanzen und pflanzlichen Produkten, die unter anderem als sorgfältig bestimmte Sammlungen die Grundlage zur Beantwortung von Anfragen aus wirtschaftlichem Interesse bildeten. Im Rahmen der Lehre fanden Vorlesungen, Vorträge und Führungen zu tropenbotanischen Fragestellungen für Studenten und die an der Botanischen Zentralstelle auszubildenden Gärtner statt. Einige dieser Angebote konnten zugleich von anderen Interessierten genutzt werden wie die Vorträge im Rahmen der Gärtnerausbildung, zu denen Programmveröffentlichungen ausdrücklich Missionare oder Mitglieder von Kolonialvereinen einluden. Darüber hinaus gab es spezielle Formate für das breite Publikum.[513]

Am deutlichsten ließ sich der Bedeutungszuwachs von tropischen Nutzpflanzen und der Vegetation der deutschen Kolonialgebiete an der Einrichtung des Schaumuseums ablesen. Gleich drei Bereiche machten die Besucher mit der Pflanzenwelt der Tropen und deren wichtigsten Produkten bekannt, nämlich die pflanzengeographische Abteilung, die ökonomische Nutzpflanzenabteilung und die Kolonialabteilung. Erstere ging zur Ergänzung der Geographiekenntnisse näher auf die Vegetationszonen ein und zeigte dazu passende pflanzliche

---

511 Vgl. hierzu Kretschmann, Räume (2006), S. 36 ff., S. 75 f. Die Forschung stellt die klare Grenzziehung zwischen Museum und Labor und damit verbunden einer beschreibenden Arbeitsweise einerseits sowie einer experimentellen Herangehensweise andererseits zunehmend in Frage. Vgl. Klemun, Gärten (2017), S. 240.

512 Forgan, Architecture (1994), S. 140.

513 Vgl. Urban, Geschichte (1916), insbes. S. 157–195; Engler, Vorwort, in: Krause, Führer (1916); Engler, Museum (1910), S. 404 ff.; Urban, Geschichte (1910), S. 20–30.

Objekte. Die Nutzpflanzenabteilung stellte gesondert Pflanzen der Tropen und deren Produkte aus, die Kolonialabteilung schließlich präsentierte Pflanzen und pflanzliche Produkte geordnet nach den einzelnen deutschen Kolonien. Diese Museumsabteilungen richteten sich ausdrücklich an Forschungsreisende, zukünftige Kolonialbeamte, Studenten und Schüler.[514] Wie andere zeitgenössische Museen und Ausstellungen beteiligten sich das Botanische Museum und der Botanische Garten somit an der Produktion und Popularisierung von Wissen über das Kolonialreich.[515]

Bezüglich der wissenschaftlichen Konzeption folgte das Botanische Museum wie der Botanische Garten insgesamt dem an naturkundlichen Museen seit dem Ende des 19. Jahrhunderts zu beobachtenden Trend, von der klassischen, rein taxonomisch-systematischen Aufstellung abzurücken und neue wissenschaftliche Perspektiven zu integrieren. Eine Präsentation der Objekte, welche dem von Linné und seinen Nachfolgern konstruierten System der Natur und den Hierarchien von Klassen, Ordnungen, Familien, Gattungen und Arten folgte, war seit dem 18. Jahrhundert die übliche museale Praxis gewesen. Selbst wenn die Ordnung rudimentär blieb und die angestrebte Vollständigkeit der Sammlungen nie eintrat, erhielt die Wissenspräsentation durch diese regulative Idee eine Struktur und konnte Wissenschaftlichkeit beanspruchen.[516] Am Ende des 19. Jahrhunderts jedoch beurteilten sowohl Engler wie auch einige seiner Kollegen – beispielsweise der Direktor des Berliner Museums für Naturkunde – eine museale Präsentation als veraltet, die allein auf Vollständigkeit und auf das System der Pflanzen beziehungsweise der Tiere und deren äußere Form ausgerichtet war. Für den Aufbau neuer öffentlicher Schausammlungen sollten zusätzlich Objekte ausgewählt werden, deren Zusammenstellung aktuelle Forschungsperspektiven zu verdeutlichen beabsichtigte.[517] Engler hatte schon am Schöneberger Standort begonnen, die vorher rein taxonomisch-systematische Museumsabteilung umzugestalten und für die Vermittlungszwecke der Botanischen Zentralstelle Spezialabteilungen zu Kulturpflanzen, pflanzengeographischen Typen und Produkten von wildwachsenden Nutzpflanzen einzurichten, wovon Letztere beide

---

514 Vgl. Engler, Vorwort, in: Krause, Führer (1916), insbes. S. X–XII; Urban, Geschichte (1916), S. 238 ff.

515 Vgl. Kaiser, Exploration (2015) und detaillierter Kap. IV.3.

516 Zum Wandel der wissenschaftlichen Konzeption naturkundlicher Schausammlungen vgl. Kretschmann, Räume (2006); Köstering, Natur (2003).

517 Vgl. Engler, Aufgaben (1909), S. 2 und die obigen auf die Gestaltung des Botanischen Gartens in Dahlem bezogenen Ausführungen. Außerdem Kretschmann, Räume (2006), S. 76–86; Köstering, Natur (2003), S. 75–90.

provisorisch in Schränken auf dem Korridor untergebracht werden mussten.[518] Es waren somit die neuen, mit der Botanischen Zentralstelle verbundenen Aufgaben, die zum Aufbrechen der alten Ordnung der Schausammlung und zu ihrer Ergänzung durch zusätzliche Perspektiven führte. Im Dahlemer Museumsneubau nun nahm die systematische Abteilung zwar einen gesamten Saal im zweiten Stockwerk des Schaumuseums ein, doch auch die pflanzengeographische Abteilung breitete sich auf einem kompletten Saal im Erdgeschoss aus. Der Schaumuseumssaal im ersten Stockwerk beherbergte auf der zum Museumshof gewandten Seite die Kolonialabteilung, die andere Hälfte des Schauraums die Nutzpflanzenabteilung. Im Erdgeschoss widmeten sich kleinere Ausstellungsbereiche außerdem der Paläobotanik und der Biologie.[519]

Demnach zeigte sich der von Köstering und Kretschmann für deutsche Naturkundemuseen ausführlich beschriebene Paradigmenwechsel von der deskriptiven Darstellung des taxonomischen Systems zu vergleichend-analytischen Blickweisen ebenfalls am Botanischen Museum in Dahlem. Unter den im dortigen Schaumuseum vorgeführten neuen wissenschaftlichen Perspektiven und Forschungsfeldern stellte die auf die Kolonien bezogene Botanik – wie schon im Botanischen Garten – nur eines von mehreren Themen dar, wenn auch ein sehr prominentes. Die gerade in diesem Bereich den pflanzlichen Objekten beigefügten Photographien, Karten, Zeichnungen, Modelle und Präparate schufen neue Kontexte für die Präsentation. Sie erklärten, kommentierten und veranschaulichten die jeweiligen Zusammenhänge und sollten so den Besuchern die selbstständige Aneignung von Wissen erlauben. Der innerwissenschaftliche Wandel von Deutungsmustern veränderte die Inhalte und Darstellungsformen der Wissenspräsentation im Botanischen Museum ebenso wie in anderen naturkundlichen Museen. Die neuen wissenschaftlich fundierten – aber optisch ansprechenderen – Schausammlungen kamen damit gleichzeitig dem Interesse des anwachsenden, aus immer breiteren Schichten der Bevölkerung bestehenden Publikums entgegen. Dieses ließ sich, wie auch Engler und seine Mitarbeiter festhielten, gerade für die pflanzengeographischen und Kolonialabteilungen begeistern.[520] Zudem verfolgten diese Bereiche in Garten und Museum praktische Zwecke,

518 Engler, Museum (1910), S. 403 und Bericht Botanische Zentralstelle 1891/92, GStA PK I. HA Rep. 76, Va, Sekt. 2, Tit. X, Nr. 89 B, Bd. 1, Bl. 212–230, hier Bl. 229; Urban, Museum (1890), S. 18 f.

519 Zum Schaumuseum Krause, Führer (1916), S. 52; Urban, Geschichte (1916), S. 238 ff.; Koerner, Bauten (1910), S. 32 ff.

520 Vgl. Kretschmann, Räume (2006), S. 76–80; Köstering, Natur (2003), S. 184 u. S. 87.

indem sie in die Kolonien reisende Forscher, Beamte, Gärtner, Missionare und andere Gruppen über die dortige Flora informierten. Dies geschah nicht nur zugunsten wirtschaftlicher Interessen, sondern auch um Reisende als potentielle Sammler von Pflanzenmaterialien zu rekrutieren.

Während in vielen anderen naturkundlichen Museen die Darstellung neuer Wissenszusammenhänge und attraktive Inszenierungen der Exponate das Massenpublikum ansprechen sollten, blieb das visuelle und didaktische Konzept für das Dahlemer Botanische Museum widersprüchlich. Einerseits verstand es Engler ausdrücklich als eine „allgemeine Bildungsstätte“[521] und erklärte die musealen Umgestaltungen als „im Interesse der Belehrung der zahlreichen nicht fachmännisch ausgebildeten Benutzer“[522]. Tatsächlich unterstützen die beschriebenen neu eingerichteten Museumsabteilungen und die Bereitstellung von Schautafeln, Photographien, Modellen, Präparaten und Texten die Popularisierung von Wissen. Andererseits vermochte die ausgesprochen nüchterne und strenge Ausstellungsgestaltung nicht im Entferntesten eine ähnliche Öffentlichkeitswirksamkeit zu entfalten wie die lebendige Schau mit spektakulären Inszenierungen im Garten und in den Schauhäusern.[523] Die Museumssäle blieben größtenteils Arbeitsräume. Mittels der Ausrichtung der Schränke im Grätensystem entstanden Nischen mit Arbeitstischen. Auf ihnen konnten Gegenstände deponiert werden, beispielsweise Vergleichsmaterial aus den Schubladen des Depotteils der Holzschränke.[524] Auch die Museumsführer richteten sich mit ihren ausführlichen Texten weniger an das breite Publikum als an Fachgelehrte, Studenten und Reisende in die Kolonien.

Engler schien bei der Wissenspräsentation im Schaumuseum im Vergleich zum Garten noch mehr Mühe zu haben, sich auf die Bedürfnisse des Massenpublikums einzustellen. Das kritisierte auch der Unterdirektor des Botanischen Gartens und Museums, Ignatz Urban, gegenüber dem Kultusministerium und äußerte sich in Bezug auf die Ausstellungskonzeption vernichtend:

> „Über die Einrichtung unseres Schaumuseums bin ich allerdings ganz anderer Ansicht als Engler. Ich halte die jetzige Aufstellung für verfehlt. Eine derartige Überladenheit mit

---

521 Botanischer Garten und Botanisches Museum, Engler an Kultusministerium, von Studt, 6. Juli 1906, GStA PK I. HA Rep. 76, Va, Sekt. 2, Tit. X, Nr. 90, Bd. 15, Bl. 135–136, hier Bl. 136.

522 Engler, Aufgaben (1909), S. 5.

523 Zu den Darstellungsmitteln detaillierter und auf die Kolonialabteilungen bezogen Kap. IV.3.

524 Koerner, Bauten (1910), S. 33 f. Siehe dazu Abb. 6 am Kapitelende.

tausenden und abertausenden von Objekten in den drei großen Sälen wirkt erdrückend, entmutigend, ja auch abschreckend auf den Beschauer."[525]

Das Botanische Museum blieb somit primär ein Wissenschaftsmuseum der Universität und die Schaumuseumssammlung hauptsächlich zugeschnitten auf Fachgelehrte und Studenten, die geführt im Anschluss an Vorlesungen oder im Selbststudium an einer Vielzahl von Objekten ihr Wissen erweitern konnten.[526] Im Vergleich zum Botanischen Garten gab sich die Museumspräsentation wissenschaftlicher und seriöser, die reine Schaulust befriedigende spektakuläre Inszenierungen fanden sich hier nicht.[527] Engler sah sich einmal mehr vor dem Problem, zwar auch Bildung für eine größere Öffentlichkeit anbieten zu wollen, vor allem aber in der akademischen Forschung und Lehre nationales und internationales Ansehen für sein Institut zu erwerben. Aufschlussreich sind in diesem Zusammenhang seine Bestrebungen, das Botanische Museum durch den beantragten Namenszusatz „Institut für systematische Botanik und Pflanzengeographie, sowie für Pharmakognosie und Kolonialbotanik" noch deutlicher als Forschungs- und Lehranstalt auszuweisen. Das Kultusministerium lehnte die zusätzliche Benennung jedoch als unnötig ab.[528]

Nutzung

Die bisher herausgearbeiteten Unterschiede in Konzeption und Gestaltung von Botanischem Garten und Botanischem Museum hatten auch Konsequenzen hinsichtlich ihrer Nutzung. Diese regelten genaue Vorschriften, nachzulesen in den Führern und in weiteren Publikationen der Institution. Sie betrafen hauptsächlich den Zugang zu den einzelnen Bereichen der Einrichtung und teilten

---

525 Urban an Kultusministerium, 1. Juni 1914, GStA PK I. HA Rep. 76, Va, Sekt. 2, Tit. X, Nr. 90, Bd. 16, Bl. 92.

526 Engler, Vorwort, in: Krause, Führer (1916), S. 12.

527 Zur Abgrenzung von öffentlichen und kommerziellen Museen vgl. Nyhart, Nature (2009), S. 76 f. Für Engler spielte – wie er unablässig betonte – die Abgrenzung gegenüber auf Vergnügen und Unterhaltung ausgerichteten Institutionen sowie der wissenschaftliche Anspruch seiner Einrichtung eine entscheidende Rolle.

528 Vgl. den Briefwechsel zwischen Engler und dem Kultusministerium GStA PK I. HA Rep. 76, Va, Sekt. 2, Tit. X, Nr. 90, Bd. 16, Bl. 84–89. Interessant ist auch die von Engler für den Namenszusatz gewählte Reihenfolge der Forschungsfelder des Museums: Die taxonomische Systematik und Pflanzengeographie zählten zu den Schwerpunkten seiner Forschungstätigkeit und der des Institutes. Es fällt auf, dass die Kolonialbotanik an letzter Stelle steht.

die Besucher in verschiedene Gruppen ein, denen Öffnungszeiten vorgegeben waren und Räume zugewiesen wurden.[529] Hinsichtlich der Nutzer unterschieden die Bestimmungen zwischen einerseits Fachgelehrten, Studenten und Schülergruppen mit Lehrern und weiteren botanisch Interessierten, welche den Garten zu Studienzwecken aufsuchten, und andererseits Erwachsenen und Kindern mit davon abweichenden Besuchsinteressen.

Der Vergleich der Zugangsmöglichkeiten für die einzelnen Publikumsgruppen zeigt deutlich, welche Besucher die Leitung favorisierte. Studierende und Lehrer mit ihren Schülern konnten den Dahlemer Garten an allen Wochentagen von 7–19 Uhr besichtigen.[530] Besucher, die sich durch den Kauf einer Veröffentlichung über den Garten beim Pförtner als besonders wissensdurstig auswiesen, erwarben mit der Schrift einen Erlaubnisschein, durch den ihnen der Garten und die Gewächshäuser zu den gleichen Zeiten wie erstgenannter Gruppe offenstanden.[531] Dieses Zugeständnis kam beispielsweise den engagierten Amateuren und Sammlern entgegen, die ihr Wissen autodidaktisch erworben hatten und weiter ausbauen wollten, aber nicht an eine wissenschaftliche Institution angebunden waren.[532] Fachgelehrte aus dem In- und Ausland profitierten ebenfalls von den ausgedehnten Öffnungszeiten und weiteren Privilegien wie dem Zugang zu den Sammlungen. Gerade der Besuch ausländischer Botaniker verdeutlichte die internationale Bedeutung der Einrichtung und den wissenschaftlichen Wert

529 Besuchsbestimmungen finden sich in den Führern durch den Garten und die Gewächshäuser, Vorschriften zur Benutzung der Sammlungen in Monographien wie: Ministerium der geistlichen, Unterrichts- und Medizinalangelegenheiten (Hg.), Garten (1909) und Urban, Geschichte (1916).

530 Vgl. Peters, Führer (1910), S. 7 f. Die Zeiten galten für die Sommermonate (1. April bis 15. Oktober). Im Winter öffnete der Garten von 8 Uhr bis zur Dämmerung. Der Schöneberger Garten hatte im Sommer zunächst montags bis freitags von 8–19 Uhr geöffnet, im Winter bis zur Dämmerung. Reisende konnten den alten Garten täglich aufsuchen. Vgl. Urban, Führer (1887), S. 1. Unter Engler gab es bereits eine Ausdehnung der Öffnungszeiten auf montags bis samstags von 7–19 Uhr, eine Unterscheidung zwischen Studenten, Schülern und anderen Besuchern erfolgte noch nicht. Zusätzlich durfte der Garten im Sommer jeden zweiten Sonntag ab 14 Uhr besichtigt werden. Vergleichend zu den Bestimmungen für den Dahlemer Botanischen Garten Engler, Führer (1916), S. 51 f. Im Rechnungsjahr 1910 zählte der Garten bspw. 417 Besuche von Schulklassen. Vgl. Bericht BGBM (1911), S. 6.

531 Vgl. u.a. Engler, Führer (1916), S. 52.

532 Zum Begriff des Amateurs und der Bedeutung von Amateuren für die Botanik vgl. Kap. IV.2.

ihrer Sammlungen. Deshalb wiesen die Jahresberichte zum Botanischen Garten und Museum explizit solche Besucher aus.[533]

Für das breite Publikum, das sich unter Umständen eher vergnügen und erholen als botanisches Wissen erwerben oder vertiefen wollte, beschränkte die Direktion die Öffnungszeiten hingegen auf wöchentlich vier Nachmittage in der Zeit von 14–19 Uhr. Die wissenschaftlichen Mitarbeiter des Gartens, Studenten, Schüler und Lehrer blieben dadurch bis zum frühen Nachmittag ungestört unter sich. Die Institutsleitung reagierte damit auf die als unzumutbar beschriebenen Zustände, denen nach eigenen Angaben das wissenschaftliche Personal des Gartens und das nach Bildung strebende Publikum im Schöneberger Garten durch den Ansturm der Erholung suchenden Massen ausgesetzt gewesen waren. Im neuen Garten sollten ausdrücklich „Studienzwecke und Massenbesuch einander nicht behindern können".[534] Als eine weitere Maßnahme in diesem Zusammenhang gestatteten die Bestimmungen für den neuen Garten nur Kindern über zehn Jahren in Begleitung eines Erwachsenen den Zutritt. Den alten Garten hatten auch jüngere Kinder besuchen dürfen, allerdings auch hier erst ab 14 Jahren ohne Eltern oder Lehrer.[535] Nach Englers Amtsantritt hielten die Besuchsbestimmungen zudem ausdrücklich fest, dass Kinderspielzeug beim Pförtner abzugeben sei, Kinderwagen waren weder im Schöneberger noch im Dahlemer Garten erlaubt. Die Gartenleitung zog hier deutliche Grenzen zu öffentlichen Parks und Gartenanlagen. Verhindern ließ sich der Andrang der Massen indes nicht, sie strömten nun vorzugsweise an den Sonntagnachmittagen in den Botanischen Garten nach Dahlem. Mit den schon im Schöneberger Garten nachweislich ab 1892 geltenden Sonntagsöffnungszeiten kam die Gartenleitung dem breiten Publikum entgegen und gleichzeitig ihrem Bildungsversprechen nach. Die Sonntagsöffnungszeiten verstanden sich als Zugeständnis an die Bildungsbestrebungen breiterer Kreise der Bevölkerung und der Besuch von

---

533 Engler, Bericht BGBM (1910), S. 5. Wie viele deutsche und ausländische Botaniker den Garten besuchten, wurde nicht angegeben. Genannt wurde jedoch die Zahl der Nutzer der Sammlungen des Botanischen Museums: 123 Männer und Frauen im Jahr 1910 bspw. und für die darauffolgenden Jahre eine etwas geringere Zahl. Vgl. Engler, Bericht BGBM (1910), S. 13; Engler, Bericht BGBM (1911), S. 13; Engler, Bericht BGBM (1912), S. 13.

534 Engler, Führer (1916), S. 51. Zu den Besuchszahlen für den Schöneberger Garten und den diesbezüglichen Beschwerden von Seiten der Direktion vgl. Kap. III.2.

535 Engler, Führer (1916), S. 51. Auch die Direktoren von ethnologischen Museen und Naturkundemuseen bezogen Stellung zu der Frage, ob Kindern der Zutritt gewährt werden sollte. Vgl. Penny, Objects (2002), S. 144 ff.

Naturkundemuseen sowie von zoologischen und botanischen Gärten hatte sich um die Jahrhundertwende überdies als Bestandteil der Freizeitgestaltung gerade auch von Familien etabliert.[536] An Sommersonntagen besuchten zwischen 6.000 und 10.000 Besucher den Garten und die Gewächshäuser in Dahlem.[537]

Wie aber setzte sich das Publikum des Botanischen Gartens zusammen? Für das 19. und den Anfang des 20. Jahrhunderts liegen keine detaillierten Erhebungen zu den Besuchszahlen oder der Zusammensetzung des Publikums in Hinblick auf soziale Schicht, Alter oder Geschlecht vor, daher müssen vereinzelte Anhaltspunkte genügen.[538] So vergleicht eine zeitgenössische Studie die Besucher von Naturkundemuseen mit denen der Kunstmuseen oder der kulturhistorischen Museen und beschreibt Erstere als jünger, schlechter gebildet, weniger vermögend sowie eher dem unteren bis mittleren Bürgertum angehörend.[539] Ein ähnliches Publikum ist für den Botanischen Garten anzunehmen. Engler führte als größte Besuchergruppe des Schöneberger Gartens Mütter, Kleinkinder und Jugendliche an gegenüber einem deutlich kleineren Teil an „älteren Herren", Familien und Studenten.[540] Ob die unterbürgerlichen Schichten – und

536 Vgl. Engler, Rundgang (1892), S. V u. S. VII. Zur Diskussion von Sonntagsöffnungszeiten vgl. Köstering, Natur (2003), S. 249 u. S. 258 f.; Kretschmann, Räume (2006), S. 186–194. Bessere Löhne und kürzere Arbeitszeiten ermöglichten breiten Kreisen der Bevölkerung diese Form der bevorzugt sonntäglichen Unternehmung. Das Preußische Kultusministerium hatte 1893 eine Ausdehnung der Besuchszeiten der staatlichen Sammlungen auf Sonn- und Feiertage angeordnet. Vgl. ebd., S. 233 f.

537 Vgl. Engler, Bericht BGBM (1910), S. 6. Vgl. Köstering, Natur (2003), S. 258. Urban gab bereits 1891 mehr als 10.000 Besuche für die Sommertage an. Vgl. Urban, Auflistung, 2. April 1891, GStA PK I. HA Rep. 76, Va, Sekt. 2, Tit. XIX, Nr. 49, Bd. 1, Bl. 83. Den Berliner Zoo besuchten deutlich mehr Gäste, von zehn- bis hunderttausenden Besuchern an den Wochenenden ist die Rede. Vgl. Wessely, Tiere (2008), S. 66 f. u. S. 98. Das Berliner Museum für Naturkunde zählte im Jahr seiner Eröffnung 1890/91 hingegen nur 12.000 Gäste. Vgl. Köstering, Natur (2003), S. 246. Der Botanische Garten rangierte damit in der Beliebtheit als Ausflugsziel nur wenig hinter dem Zoologischen Garten und deutlich vor dem Museum für Naturkunde.

538 Für den Botanischen Garten und das Botanische Museum finden sich nur sporadisch Angaben zum Publikum, sodass es nicht immer möglich ist, genaue Zahlen anzugeben oder Entwicklungen zu beschreiben.

539 Biram, Industriestadt (1919), vgl. dazu auch Köstering, Natur (2003), S. 245–274, hier insbes. S. 258 f.

540 Engler, Gutachten Verlegung, 23. November 1891, GStA PK I. HA Rep. 76, Va, Sekt. 2, Tit. XIX, Nr. 49, Bd. 1, Bl. 118–148, abgedr. in Notizblatt, Bd. 2, Nr. 10 (Sept. 1897), S. 295–314, hier S. 302.

dabei vornehmlich die Arbeiterschaft – als Besuchergruppe für den Botanischen Garten in gleichem Maße relevant waren, wie es Kretschmann für naturhistorische Museen konstatiert, kann nicht mit Sicherheit gesagt werden.[541] Sowohl der Schöneberger Garten als auch die Dahlemer Institution lagen – durchaus beabsichtigt – in von einer wohlhabenden Bevölkerung bewohnten Gebieten.[542] Für viele Arbeiter wäre ein Besuch mit einem langen Weg und Kosten für die Fahrt verbunden gewesen. Gleichwohl hieß es im Jahresbericht der Botanischen Zentralstelle 1908/09: „Die Kolonialabteilung des Botanischen Museums ebenso wie die Schauhäuser und Freilandanlagen des Botanischen Gartens [...] erfreuten sich eines ungemein zahlreichen Besuchs sowohl Einzelner wie geschlossen erscheinender Vereine und Gesellschaften aus allen Schichten der Bevölkerung."[543] Die Berichte des Botanischen Gartens und Museums erwähnten ebenfalls mehrfach „im Auftrage der Zentralstelle für Volkswohlfahrt gehaltenen Vorträge"[544]. Die Zentralstelle für Volkswohlfahrt organisierte seit 1895/96 Führungen für Arbeiter durch einige Kunst- und Naturmuseen in Berlin.[545] Ab wann der Botanische Garten und das Botanische Museum an diesem Programm

541 Vgl. Kretschmann, Räume (2006), insbes. S. 126–132.

542 Vgl. dazu Perring, Gutachten Verlegung, GStA PK I. HA Rep. 76, Va, Sekt. 2, Tit. XIX, Nr. 49, Bd. 1, Bl. 150; Engler, Gutachten Verlegung, 23. November 1891, GStA PK I. HA Rep. 76, Va, Sekt. 2, Tit. XIX, Nr. 49, Bd. 1, Bl. 118–148, abgedr. in Notizblatt, Bd. 2, Nr. 10 (Sept. 1897), S. 295–314, hier S. 313.

543 Bericht Botanische Zentralstelle 1908/09, in: Denkschrift (1911), S. 378–382, hier S. 382.

544 Engler, Bericht BGBM (1911), S. 5; Engler, Bericht BGBM (1912), S. 5. Zur Zentralstelle für Volkswohlfahrt (1891 als Zentralstelle für Arbeiter-Wohlfahrts-Einrichtungen gegründet von sozialpolitischen Vereinen, Wohlfahrtsverbänden und preußischen Ministerien, 1906 umbenannt) und zu ihrem Programm im Bereich der Volksbildung vgl. Kaerger, Zentralstelle (1996).

545 Vgl. Zeitschrift der Zentralstelle für Arbeiter-Wohlfahrtseinrichtungen 3 (1896), S. 277 f.; Zeitschrift der Zentralstelle für Arbeiter-Wohlfahrtseinrichtungen 4 (1897), S. 171 f.; Köstering, Natur (2003), S. 227 f.; Kretschmann, Räume (2006), S. 234. Obwohl die Zeitschrift stets von Arbeitern als Teilnehmern der Veranstaltungen spricht, sieht Kretschmann nicht diese, sondern wohlhabendere Kreise der Bevölkerung als Publikum. Ebd. In seiner Rede zur offiziellen Eröffnung des Botanischen Gartens und Museum in Dahlem betonte Engler jedoch die Notwendigkeit, „daß auch die weniger begüterten Volksklassen Gelegenheit erhalten, durch die Freude an der Natur in ihr oft eintöniges Dasein etwas Abwechslung zu bringen." Engler, Bericht (1910), S. 14 f.

beteiligt waren, lässt sich nicht genau ermitteln.[546] In jedem Fall zählten Arbeiter nachweislich zumindest organisiert über Vereine zu den Besuchern der Einrichtung.[547] Als weitere organisierte Besuchergruppen werden „wissenschaftliche und Fachvereine"[548] genannt. Zu denken ist hier etwa an die Gesellschaft Naturforschender Freunde, den Botanischen Verein der Provinz Brandenburg oder den Verein zur Beförderung des Gartenbaues im Preußischen Staate.[549] Darüber hinaus nutzten den Botanischen Garten geführte Gruppen von Studenten anderer Hochschulen, die Teilnehmer von Aus- und Weiterbildungskursen für Lehrer oder auch Auszubildende der Königlichen Gärtnerlehranstalt.[550]

Die Besuchermassen stellten den Botanischen Garten vor einige organisatorische Herausforderungen, denen mit Vorschlägen und Vorschriften begegnet werden sollte. Obwohl beispielsweise die Schauhäuser mit breiten Wegen so konzipiert waren, „daß große Besuchermengen durch sie passieren können, ohne daß gefährliches Gedränge entsteht",[551] erwiesen sich die Bedingungen teilweise als schwierig:

> „Immerhin vollzieht sich das Passieren einer an Sonntagen oft nach Tausenden zählenden Besucherschaft durch die Häuser recht langsam, für jene, die die darin herrschende, stellenweise sehr hohe Temperatur nicht vertragen können, und wiederum zu rasch für solche, die einer besonderen Liebhaberei entsprechend, eingehende Beobachtungen anstellen möchten. Für beide Arten von Besuchern empfiehlt es sich, die stilleren Wochentage zur Besichtigung der Häuser zu wählen."[552]

---

546 Außerdem erwähnt ein Brief Englers „die für Arbeiter gehaltenen Sonntagsvorträge". Botanischer Garten und Botanisches Museum, Engler an Kultusministerium, von Studt, 6. Juli 1906, GStA PK I. HA Rep. 76, Va, Sekt. 2, Tit. X, Nr. 90, Bd. 15, Bl. 135–136, hier Bl. 135. Für das Rechungsjahr 1913/14 wird die Zahl von 150 Teilnehmern für diese Vorträge genannt. Vgl. Notizblatt, Bd. 6, Nr. 57 (Jul. 1914), S. 213–232, hier S. 230.

547 Köstering hebt als Kennzeichen des Massenpublikums hervor, dass es in Gruppen organisiert war. Dies betraf die Arbeiterschaft wie auch bürgerlich geprägte Vereine. Vgl. Köstering, Natur (2003), S. 259.

548 Engler, Bericht BGBM (1909), S. 4. Im Jahr 1910 besuchten bspw. 24 Vereine den Garten. Nähere Informationen zu den Vereinen sind hier nicht genannt. Vgl. Engler, Bericht BGBM (1910), S. 6.

549 Zu diesen Vereinen gab es personelle und inhaltliche Verbindungen.

550 Engler, Bericht BGBM (1910), S. 6; Engler, Bericht BGBM (1912), S. 5.

551 Ledien, Führer (1910), S. 9.

552 Ebd.

Dass die Schauhäuser des Dahlemer Gartens überhaupt allen Besuchern im Rahmen der Öffnungszeiten zugänglich waren, stellte eine bedeutende Neuerung dar. Engler hielt allerdings die Beaufsichtigung der Eingänge für „notwendig".[553] Seine Sorge galt dem Wohl der Pflanzen, deren Beschädigung er als „empörend"[554] bezeichnete. Im Schöneberger Garten hatte allein das Palmenhaus täglich dem Publikum offen gestanden, wenige weitere Pflanzenhäuser wurden nur „zeitweise, soweit es angeht, zugänglich gemacht."[555] Rückblickend hieß es dazu:

> „all die schönen Sammlungen der Kolonialpflanzen, die Orchideen, Araceen, Kakteen, Farne waren entweder gar nicht, oder nur durch die möglichst rein gehaltenen Glasscheiben von außen zu besichtigen."[556]

Im Schöneberger Garten hatte der Besuch der sonst verschlossenen Gewächshäuser und auch der Alpenpartie – einer pflanzengeographischen Anlage im Freiland – zudem der Begleitung eines Gärtners bedurft. Diese Vorkehrungen sollten nicht nur die Pflanzen vor einem unerlaubten Zugriff der Besucher schützen, sondern auch ein ungestörtes Arbeiten ermöglichen. Aus diesem Grund blieben im neuen Garten die Kulturhäuser verschlossen und die für Forschung und Lehre eingerichtete systematische Abteilung.[557] In den Schauhäusern jedoch

---

553 Engler, Vorwort, in: Ledien, Führer (1910), S. 7. Die Gewächshäuser in Dahlem waren Studierenden und Inhabern von Erlaubnisscheinen wochentags von 10–12 und 13–18 Uhr, im Winter von 10–12 und 13–16 Uhr geöffnet, dem allgemeinen Publikum entsprechend den Gartenöffnungszeiten. Vgl. Engler, Führer (1916), S. 52.

554 Engler, Führer (1916), S. VII.

555 Engler, Rundgang (1892), S. VII. Das Viktoriahaus und ein weiteres Haus, das Kamelien, Azaleen und ähnliche Pflanzen beherbergte, wurden jeweils zur Blütezeit dem Publikum geöffnet. Vgl. Engler, Führer (1916), S. 51. Auch die tropischen Nutzpflanzen konnten ab 1896/97 in einem der Warmhäuser in Schöneberg besichtigt werden. Vgl. Bericht Botanische Zentralstelle 1896/97, in: Jahresbericht Schutzgebiete (1898), S. 147–150, hier S. 150 und Deutsches Kolonialblatt 8 (1897), Nr. 15, S. 417.

556 Engler, Führer (1916), S. 51.

557 Vgl. Engler, Rundgang (1892), S. VII und Ledien, Führer (1910), S. 10. Die systematische Abteilung blieb bis 1926 für das Publikum gesperrt. Vgl. Lack (Hg.), Erben (2010), S. 136 und Graebner/Peters, Freiland-Anlagen (1909), S. 73. Das Absperren der für das wissenschaftliche Arbeiten wichtigen Abteilungen des Gartens (um das Massenpublikum fernzuhalten) war schon während der Debatte um die Verlegung der Anlage diskutiert worden. Vgl. Engler, Gutachten Verlegung, 23. November 1891, GStA PK I. HA Rep. 76, Va, Sekt. 2, Tit. XIX, Nr. 49, Bd. 1, Bl. 118–148, abgedr. in Notizblatt, Bd. 2, Nr. 10 (Sept. 1897), S. 295–314, hier S. 312.

boten sich dem Publikum neue Eindrücke und ein ungehinderter Blick auf tropische Pflanzen.

Das Botanische Museum wandte sich im Vergleich dazu eher an einen begrenzten Besucherkreis. Angesichts der sehr eingeschränkten Öffnungszeiten – mittwochs von 10–15 Uhr, sonntags von 11–14 Uhr, im Winter sogar nur am ersten Sonntag des Monats – kamen als Nutzer der weitläufigen und reichen Schausammlung vornehmlich Wissenschaftler, Studenten und Schulklassen in Frage. Für die arbeitende Bevölkerung und Familien waren die Öffnungszeiten ungünstig, lagen sie doch in der Arbeitszeit oder sonntags in der Mittagszeit.[558] Der Unterdirektor des Botanischen Gartens und Museums merkte diesbezüglich an, dass „der Besuch von Seiten des Publikums nur ein ganz unbedeutender ist."[559] Die Benutzung der Sammlungen erforderte eine Erlaubnis der Direktion und das Befolgen von Vorschriften, welche in erster Linie eine sorgfältige Behandlung der Pflanzen des Herbariums und die Einhaltung der Ordnung in den Schränken verlangten sowie Anweisungen zum Festhalten einer neuen Bestimmung beziehungsweise zur Verifizierung einer bereits bestehenden auf dem Herbarbogen betrafen.[560]

Die Wissensvermittlung im Garten und im Museum erfolgte auf vielfältige Weise. Der Botanische Garten verstand sich als Ort des Studiums für Fachgelehrte, Amateure und Studenten, aber auch als Ort des Lernens für ein breites Publikum. Um insbesondere Studenten und interessierten Laien die Orientierung und das Aneignen von botanischem Wissen zu erleichtern, nutzte Engler im Garten „übersichtliche Gruppierungen"[561] und „ausführlich belehrende

558 Vgl. Urban, Geschichte (1916), S. 239. Die Museumsabteilung des Botanischen Museums in Schöneberg war im Sommer Montag und Donnerstag nachmittags geöffnet gewesen. Vgl. Urban, Museum (1890), S. 20. Die neuen Sonntagsöffnungszeiten für den Standort Dahlem waren somit ein Zugeständnis an das breitere Publikum.

559 Urban an Kultusministerium, 1. Juni 1914, GStA PK I. HA Rep. 76, Va, Sekt. 2, Tit. X, Nr. 90, Bd. 16, Bl. 92. Urban hielt das angesichts der seiner Meinung nach verfehlten Ausstellungskonzeption für „kein Wunder". Ebd.

560 Vgl. Engler/Urban, Bestimmungen (1909), S. 152 f. Die Bibliothek und die Sammlungen waren von 8–15 Uhr geöffnet. Vgl. ebd., S. 152. Als Benutzer der Sammlungen des Botanischen Museums werden für 1910 angegeben: „54 Herren und Damen längere Zeit, 69 Herren und Damen vorrübergehend". Engler, Bericht BGBM (1910), S. 13. In den darauffolgenden Jahren waren es etwas weniger. Vgl. Engler, Bericht BGBM (1911), S. 13; Engler, Bericht BGBM (1912), S. 13.

561 Engler, Rundgang (1892), S. V.

Etiketten".[562] Diese Prinzipien hatte er bereits in Breslau und im Schöneberger Garten umzusetzen versucht, doch die Neuanlage in Dahlem bot ihm hierfür bessere Möglichkeiten als die Überformung oder Ergänzung bestehender Bereiche.[563] Die visuell schnell erfassbaren Gruppierungen wie die systematische, pflanzengeographische, ökonomische oder biologisch-morphologische Abteilung sollten die Wahrnehmung leiten, den gültigen Wissensstand strukturiert und geordnet abbilden, theoretisch-abstraktes Wissen veranschaulichen und einen direkten Vergleich der Pflanzen der einzelnen Gruppen erlauben.[564] Während im Schöneberger Garten große, mit verschiedenen Farben beschriftete Blechschilder auf die Unterteilung in Familien, Unterfamilien und kleinere Gruppen verwiesen hatten, übernahmen in Dahlem unterschiedlich breite Wege diese Funktion.[565] Engler ging es um das Aufzeigen des Platzes jeder einzelnen Art im System der Pflanzenfamilien sowie um Zusammenhänge wie deren geographische Verbreitung und Anpassung an die äußeren Lebensbedingungen oder die Verwendung von Arznei- und Nutzpflanzen.[566] Wie im Botanischen Museum ergänzten damit auch hier vergleichend-analytische Perspektiven den deskriptiven taxonomisch-systematischen Ansatz. Da die einzelnen Abteilungen sowohl im Garten als auch im Museum nebeneinander standen und nicht miteinander verwoben waren, gab es vielfache Wiederholungen.

---

562 Engler, Gutachten Verlegung, 23. November 1891, GStA PK I. HA Rep. 76, Va, Sekt. 2, Tit. XIX, Nr. 49, Bd. 1, Bl. 118–148, abgedr. in Notizblatt, Bd. 2, Nr. 10 (Sept. 1897), S. 295–314, hier S. 302.

563 Engler nannte als Vorbild und Mentor für diese Maßnahmen seinen Vorgänger als Direktor des Botanischen Gartens in Breslau, Heinrich Göppert, den er als Student und Doktorand an der Breslauer Universität persönlich kennengelernt hatte. Göppert wandelte den dortigen botanischen Garten in ein wissenschaftliches und didaktisches Zentrum um, letzteres insbesondere durch ausführliche, allgemein verständliche Schilder an den Pflanzen und die Zusammenstellung der Pflanzen in verschiedenen Gruppen. Vgl. Engler, Führer (1886), S. 5.

564 Vgl. dazu Klemun, Wissenswandel (2013), S. 11. Die Pflanzungen im Freiland und in den Gewächshäusern unterlagen fortlaufend „Verbesserungen und Ergänzungen", um sie wissenschaftlich zu aktualisieren. Vgl. Notizblatt, Bd. 6, Nr. 57 (Jul. 1914), S. 215; Engler, Vorwort, in: Peters, Führer (1919), S. 13.

565 Engler, Rundgang (1892), S. 2; Graebner/Peters, Freiland-Anlagen (1909), S. 73.

566 Stafleu bezeichnet Englers wissenschaftlichen Ansatz als universalistisch. Dessen Übersichtswerk zum Pflanzenreich sollte bspw. nicht nur den neuesten Stand der deskriptiven Botanik abbilden, sondern auch der angewandten Botanik nützen und Erkenntnisse der Hilfswissenschaften wie Anatomie, Physiologie u.a. enthalten. Vgl. Stafleu, Engler (1981), S. 26.

Auf teuren und haltbaren Porzellanschildern fanden sich stets die lateinischen Namen, „da diese international in der Wissenschaft gebraucht werden“[567]. Wenn vorhanden, war zusätzlich die deutsche Bezeichnung angegeben. Weil sich eine „einigermaßen stabile“[568] deutsche Nomenklatur vornehmlich bei den für ökonomische und medizinische Zwecke verwendeten Arten herausgebildet hatte, betraf das insbesondere die Nutzpflanzenabteilung, diejenige für Medizinal- und Giftpflanzen sowie zum Teil die pflanzengeographischen Anlagen. Die Angabe des Namens erlaubte es, Anschauungswissen wie das Wiedererkennen der Form einer bestimmten Art mit verbalem Wissen zu verknüpfen. Indigene Namen fanden keine Erwähnung.[569] Mittels ausführlicher Schilder wurden in den Bereichen zu tropischen Nutzpflanzen im Freien und in den Gewächshäusern Informationen zur Herkunft und Verwendung angegeben.[570] Das heißt: gerade die Nutzpflanzen und speziell die tropischen unter ihnen, welche beim breiten Publikum – wie von Engler beobachtet – auf großes Interesse stießen, ließen sich durch die Bereitstellung dieser Informationen selbstständig genauer studieren. Die Wissenspopularisierung in diesen Abteilungen richtete sich vor allem an das Massenpublikum, verstand sich aber auch als Lernangebot an Auswanderungswillige, die als Land- und Plantagenwirte in den Tropen tätig werden wollten. An letztere Gruppe wandte sich ebenso die Kolonialabteilung des Museums.[571]

Zusätzliches Wissen und Zusammenhänge vermittelten auf einer weiteren Textebene verschiedene Führer durch den Garten, die Gewächshäuser und das Museum. Sie lenkten außerdem die Besucher durch die Einrichtung und den Blick auf ausgewählte Pflanzen. Wie Christina Wessely zum Phänomen des Zoobesuches zeigt, erwiesen sich solche Begleithefte nicht nur als logistische Notwendigkeit, um ein orientierungsloses Hin- und Herlaufen der Massen zu vermeiden, sondern sie sollten zudem die „planmäßige Rezeption der Inszenierung“[572] sicherstellen. Die Führer durch den Dahlemer Garten gaben „zur

567 Botanischer Garten und Museum (Hg.), Führer (1935), S. 4. Zu den zehntausenden im Botanischen Garten verwendeten Schildern Lack, Engler (2000), S. 37. Zu den Schwierigkeiten bei der Entwicklung passender Beschriftungen in botanischen Gärten und Gewächshäusern vgl. Simmons, Information (1981), S. 82 u. S. 87.

568 o.V., Namen (o.J.), S. 2. Die kleine Broschüre mit den wichtigsten deutschen Namen der im Botanischen Garten im Freien kultivierten Pflanzen wurde dem Wunsch des Publikums folgend gedruckt. Vgl. ebd., S. 3.

569 Klemun, Wissenswandel (2013), S. 11; vgl. auch Klemun, Gärten (2017) zur eurozentrischen Praxis der Namensgebung. Außerdem hierzu Kap. IV.2.

570 Graebner/Peters, Freiland-Anlagen (1909), S. 70; Ledien, Führer (1910), S. 15; Engler, Führer (1916), S. 50.

571 Ledien, Führer (1910), S. 15. Ausführlicher dazu Kap. IV.3.

572 Wessely, Tiere (2008), S. 66 ff., hier S. 69.

leichteren Orientierung“[573] Wege vor, zusätzlich gab es Wegweiser im Gelände. Engler bezeichnete im Vorwort der Gartenführer die mit 60 Seiten recht umfänglichen Publikationen als „kurz gehalten“[574] und empfand sie daher für ein breites Publikum geeignet.

Tatsächlich sind die Texte der Begleithefte allgemein verständlich,[575] häufig werden die deutschen Pflanzennamen neben den lateinischen angegeben, zusätzlich angeführte Informationen betreffen hauptsächlich die geographische Verbreitung, die Verwendung, morphologische Auffälligkeiten und die Anpassung an den Standort. Der Spezialführer für die Nutzpflanzenabteilung beantwortete auch Fragen zur (Entwicklungs-)Geschichte und Herkunft ausgewählter Nutzpflanzen, der Führer zur biologisch-morphologischen Abteilung veranschaulichte Besonderheiten der Pflanzenorgane durch zahlreiche Zeichnungen.[576] Die Spezialführer vertrauten mit einer deutlich größeren Dichte an Informationen und bei nur selten eingefügten Erklärungen der Fachbegriffe auf ein größeres Vorwissen ihrer Leser. Auch die Museumsführer wandten sich mit der detaillierten Besprechung der Schautafeln und des Inhalts der einzelnen Schränke vorrangig an Studenten und Vorgebildete.[577] Die Begleithefte enthielten darüber hinaus Angaben zur baulichen Gestaltung der Gewächshäuser und zu den leitenden Überlegungen bei der Anlage der Freilandgruppierungen, daneben Bemerkungen zu den mit der Darstellung verbundenen Intentionen sowie zur Rezeption der verschiedenen Bereiche durch die Besucher.[578] In den Vorworten erläuterte Engler vornehmlich die Geschichte des Gartens und seine konzeptionellen Überlegungen für die Dahlemer Anlage. Insgesamt betonten

573 Peters, Führer (1910), S. 9. Dazu auch Graebner/Peters, Freiland-Anlagen (1909), S. 31.

574 Engler, Vorwort, in: Peters, Führer Freiland-Anlagen (1910), S. 7.

575 So auch die Einschätzung bei Lack (Hg.), Erben (2010), S. 136.

576 Vgl. Engler, Erläuterungen (1904); Engler, Führer (1905).

577 Krause, Führer (1916); Krause, Führer (1915). In den Führern für das Botanische Museum wurde in lehrbuchhafter Ausführlichkeit Schrank für Schrank und Schautafel für Schautafel besprochen. Zum Duktus von Museumsführern und zu ihrer an die lokale Praxis angepassten Funktion vgl. Kretschmann, Räume (2006), S. 230 ff.; Köstering, Natur (2003), S. 255 ff.

578 Solche Auskünfte wandten sich wohl eher an Fachleute aus anderen wissenschaftlichen Instituten. Die in den Führern enthaltenen Texte von Mitarbeitern des Botanischen Gartens und Museums und insbes. Englers Vorworte wurden mehrfach nahezu unverändert abgedruckt, zuerst meist in der vom Preußischen Kultusministerium herausgegebenen 150 Seiten umfassenden Monographie: Ministerium der geistlichen, Unterrichts- und Medizinalangelegenheiten (Hg.), Garten (1909). Diese richtete sich dem Inhalt nach zu urteilen an ein Fachpublikum wie die Direktoren oder Kustoden anderer botanischer Gärten oder naturkundlicher Museen.

die Texte die Modernität der Institution, den „Reichtum" der Pflanzensammlungen, korrespondierend mit der angestrebten „Vollständigkeit" der Sammlungen, aber auch bezogen auf die schiere Masse des Vorhandenen und das üppigere Pflanzenwachstum am neuen Standort. Damit dienten die Führer neben der Wissenspopularisierung gleichermaßen der Selbstdarstellung der Institution.[579] Gerade die Führer für das Freiland und die Gewächshäuser erlebten mehrere Auflagen und scheinen gefragt gewesen zu sein.

Die Preise für die Begleithefte durch den Garten, die Gewächshäuser und das Museum betrugen 50 Pfennig, für den Spezialführer durch die Nutzpflanzenabteilung der gemäßigten Zonen – „wegen seiner Wichtigkeit für das große Publikum"[580] – hingegen 30 Pfennig. Mit dem freien Eintritt versuchte die Gartenleitung ebenfalls dem Massenpublikum entgegenzukommen. Die meisten Museen im 19. und zu Anfang des 20. Jahrhunderts verstanden sich als öffentliche Räume und verzichteten auf Eintrittsgelder. Obwohl am Botanischen Garten und Museum die Zugänglichkeit einzelner Bereiche durch die Öffnungszeiten und andere Vorschriften wie gezeigt einer strikten Reglementierung unterlag, setzte die Leitung nicht auf die Einführung von Gebühren, um den Zulauf der Besucher einzudämmen. Die dortige Aneignung von Wissen war somit nicht maßgeblich von den finanziellen Voraussetzungen des Besuchers abhängig.[581]

Das breite Angebot an allgemein verständlichen erklärenden Texten zeugt vom Bemühen der Verantwortlichen „nicht allein die Bedürfnisse der Wissenschaft im Auge zu behalten, sondern, da eine sinnige Betrachtung der Pflanze sehr wohl geeignet ist, in weiten Kreisen anregend und veredelnd zu wirken, den Garten auch für den Laien zu einem Orte der Belehrung zu gestalten."[582] Damit kommt ein bürgerliches Bildungsideal zum Ausdruck, welches die Natur als „Erfahrungs- und Bildungswelt par excellence"[583] ansah, naturkundliches Wissen zum wesentlichen Bestandteil des Bildungskanons erklärte und Bildung als Weg zur Verbesserung des Individuums verstand. Wie die Museen sollte auch der Botanische Garten der allgemeinen Bildung dienen und den Besucher

---

579 So auch bei Kretschmann, Räume (2006), S. 230.

580 Peters, Führer (1908), S. 37.

581 Zum freien Eintritt vgl. Engler, Führer (1919), S. VII; Lack (Hg.), Erben (2010), S. 136. Vergleichend mit Bezug auf andere naturhistorische Museen Kretschmann, Räume (2006), S. 190.

582 Peters, Führer (1908), S. 36.

583 Kretschmann, Räume (2006), S. 17.

seine Umwelt und sich selbst erfahren lassen.[584] Nachvollziehbare Prinzipien der Ausstellungsgestaltung und informative Beschriftungen der Objekte – im Botanischen Garten oftmals ein Zugeständnis an die Forderungen des breiten Publikums – entwickelten sich dabei ab den 1880er-Jahren zu einem Standard in Museen für das Selbststudium und waren direkt mit der Öffnung dieser Institutionen für das Massenpublikum verknüpft.[585] In den Publikationen des Botanischen Gartens und Museums kam die Priorität didaktischer Absichten allerorten zur Sprache: Zu den biologisch-morphologischen Abteilungen hieß es einführend, sie mögen „nicht bloß ihren Zweck bei den für die Studierenden bestimmten Vorträgen erfüllen, sondern auch andere Besucher zum tieferen Studium anregen"[586]. Die pflanzengeographischen Abteilungen wurden als „Lehrmittel" bezeichnet, „das den Besucher in das Studium der Pflanzengeographie einführen kann"[587], und das Schaumuseum war wie erwähnt als „Lehrbuch"[588] konzipiert. Alle Bereiche sollten den aktuellen Wissensstand vermitteln und erfuhren je nach Bedarf Überarbeitungen.[589]

Das Verständnis der Freilandabteilungen als „Lehrmittel" und des Schaumuseums als „Lehrbuch" mag nicht besonders fortschrittlich wirken angesichts modernerer Ausstellungskonzepte und spektakulärer Inszenierungen in anderen Naturkundemuseen der Zeit.[590] Es erklärt sich jedoch durch den wissenschaftlichen Anspruch Englers und sein bevorzugtes Publikum von Fachgelehrten und Studenten. Den Botanischen Garten und das Botanische Museum nutzten Engler oder andere Dozenten der Botanik an Berliner und auswärtigen Universitäten mit ihren Studenten für Vorlesungen und Führungen. Des Weiteren besuchten die Einrichtung für Bildungszwecke auch wissenschaftliche und Fachvereine, daneben Schüler, Gärtner und Lehrer als Teilnehmer von Aus- und Weiterbildungsangeboten. Dazu kamen die Hörer öffentlicher Vorträge, die speziell auch auf die deutschen Kolonien und ihre Nutzpflanzen eingingen. Vorträge mit Führungen für das breite Publikum stellten ein neueres Format beziehungsweise

584 Zum Museum als Bildungsraum und zum Glauben an die Selbstperfektion des Menschen Kretschmann, Räume (2006), S. 69; zum Verständnis der bürgerlichen Volksbildungsbewegung von Bilden im Sinne von „Emporbilden" ebd., S. 232.
585 Vgl. Cornish, Science (2013), S. 147; Forgan, Architecture (1994), S. 149.
586 Engler, Führer (1905), S. 2.
587 Peters, Führer (1908), S. 36.
588 Engler, Vorwort, S. X, in: Krause, Führer (1915).
589 Vgl. Engler, Vorwort, in: Peters, Führer (1919) und ebd., S. 58.
590 Vgl. Köstering, Natur (2003); Kretschmann, Räume (2006).

Medium der Wissensvermittlung dar.[591] Führungen konnten eine Orientierung im Gelände oder im Schaumuseum leisten und wirkten hauptsächlich instruierend, indem sie die Interpretation von Objekten vorgaben. Sie boten jedoch auch das Potenzial, in eine offene, interaktive Kommunikation mit dem Publikum einzutreten.[592] Ob die Führungen am Botanischen Garten und Museum eher monologisch oder dialogisch ausgerichtet waren und inwieweit sie tatsächlich als innovatives Konzept der Wissensvermittlung eingesetzt wurden, lässt sich nicht bestimmen, da diesbezügliche Einschätzungen von Seiten der Institution oder Reaktionen des Publikums nicht überliefert sind.

Für die Popularisierung botanischen Wissens ließen sich insbesondere die Bereiche zu den Nutzpflanzen – gerade der tropischen – einsetzen. Dass diese Abteilungen in Dahlem im Vergleich zur Schöneberger Anlage deutlich größer ausfielen, war ein Zugeständnis an das große Interesse der Besucher für Nutzpflanzen aus den Kolonien.[593] Hier fanden sich auf den Schildern ausführlichere Erklärungen und in den Begleitheften umfängliche Beschreibungen, die mit Allgemeinverständlichkeit, der Tendenz zur Vereinfachung und dem Adressatenbezug alle Eigenschaften des Populären aufwiesen.[594] Durch alltagspraktische Kenntnisse und Erfahrungen mit Nutzpflanzen ergaben sich vielfältige Anknüpfungspunkte für die Besucher, deren Begeisterung für tropische Pflanzen und Kolonialprodukte diesen Abteilungen einen regen Zulauf bescherte. Die Inszenierungen tropischer Landschaften in den Gewächshäusern kamen den durch populäre Ausstellungsformate wie Welt- und Gewerbeausstellungen oder private Palmenhäuser und Wintergärten geformten Erwartungen und Sehgewohnheiten des breiten Publikums entgegen und befriedigten dessen Schau- und Sensationslust. Die spektakuläre Architektur der Gewächshäuser und deren überwältigende, üppige Bepflanzung erlaubten ferner ein atmosphärisches Erlebnis, das mehrere Sinne zugleich ansprach. Im Botanischen Garten ließen

591 Engler, Bericht BGBM (1913), S. 5. Dort heißt es, Vorträge und Führungen zu den deutschen Kolonien und ihren Nutzpflanzen seien erstmals von Januar bis März 1912 durchgeführt worden. Dafür wurde „ein mäßiges Eintrittsgelde" verlangt. Urban, Geschichte (1916), S. 169. Zu Vorlesungen und Führungen für Studenten im Botanischen Garten vgl. Lack (Hg.), Erben (2010), S. 126 f. Engler erwähnt ferner „volkstümliche Kurse im Garten und Museum". Engler, Bericht BGBM (1911), S. 6.

592 Vgl. Kretschmann, Räume (2006), S. 233–250; Köstering, Natur (2003), S. 263–269.

593 Vgl. Engler, Erläuterungen (1904), S. 4; Peters, Führer (1908), S. 37.

594 Vgl. Kretschmann, Räume (2006), S. 8. Außerdem wurden insbesondere die ebenfalls äußerst beliebten pflanzengeographischen Abteilungen zur Popularisierung dieser neuen wissenschaftlichen Perspektive genutzt.

sich Naturtreue, Anschaulichkeit und attraktive Präsentationen, um die sich die naturhistorischen Museen der Zeit so bemühten, dank der Lebendsammlungen eindrucksvoll erreichen.[595] Die bei den auf die Kolonien bezogenen Abteilungen ansetzenden Popularisierungsbemühungen dehnte Engler auf weitere Bereiche des Gartens und Museums aus, um „dem Publikum und den Studierenden mehr als bisher Auskunft über die aufgestellten Objekte zu geben", und er knüpfte dabei an seine in Breslau gemachten Erfahrungen an, die gezeigt hätten, „daß das Publikum für dergleichen empfänglich und dankbar ist."[596] Das Muster für die Öffnung botanischer Gärten als „Bildungsstätten für das Volk"[597] stellte nach Englers Angaben Kew dar.

Obwohl Engler mit all den genannten Schritten auf das Massenpublikum zuging, distanzierte er sich weiterhin von Vergnügungseinrichtungen. So boten Garten und Museum dem Publikum kaum Annehmlichkeiten: Zwar gab es im Garten Ruhebereiche und überdachte Sitzplätze als Wetterschutz, aber beispielsweise keine Gastronomie wie im Zoologischen Garten.[598] Englers ambivalentes Verhältnis zum Massenpublikum, das er als Nutzer seiner Einrichtung akzeptierte, solange es sich bilden wollte, dem er aber keinen Raum zur Verfügung stellte für die in seinen Augen zweckentfremdende Benutzung des Gartens als Erholungsort, ist daher als „spröde gegenüber dem Publikum"[599] interpretiert worden. Dieser Eindruck mag zunächst zutreffend erscheinen, doch müssen die genannten Maßnahmen als Englers Reaktion auf ein tiefer liegendes, strukturelles Problem verstanden werden. Dieses teilten der Botanische Garten und das Botanische Museum mit anderen Museen. Carsten Kretschmann hat es als „Grundspannung"[600] der Museen zu der Zeit bezeichnet.

Kretschmann bezieht sich damit auf den Widerspruch zwischen wissenschaftlichem Anspruch und öffentlicher Wirkungsabsicht der Museen, zwischen Forschung und Massenpräsentation im Sinne von Popularisierung. Auch andere Museumsdirektoren kämpften mit diesem Dilemma. Parallelen zum

595 Für die Naturkundemuseen Köstering, Natur (2003), insbes. S. 197 u. S. 221; Kretschmann, Räume (2006). Zur Wahrnehmung der Lebendsammlungen als ein mehrere Sinne tangierendes Erlebnis vgl. Kap. IV.3.

596 Botanischer Garten und Botanisches Museum, Engler an Kultusministerium, von Gossler, 7. Januar 1890, GStA PK I. HA Rep. 76, Va, Sekt. 2, Tit. X, Nr. 89 B, Bd. 1, Bl. 112–118, hier Bl. 118.

597 Engler, Bericht (1910), S. 9. Vgl. dazu auch Cornish, Science (2013), S. 142 ff.

598 Koerner, Bauten (1910), S. 7.

599 Lack (Hg.), Erben (2010), S. 136.

600 Kretschmann, Räume (2006), S. 255; außerdem S. 188 u. S. 263.

Botanischen Garten und Museum lassen sich in der Entwicklung des Berliner Museums für Naturkunde entdecken, begründet auch in der vergleichbaren Stellung als preußisches Universitätsmuseum in Berlin.[601] Dass aus der beschriebenen Grundspannung Kretschmann zufolge das „eigentlich kreative Potential der Museen resultierte"[602], belegen die geschilderten Neuerungen im Botanischen Garten und Museum in Dahlem, die durch Englers Auseinandersetzung mit den verschiedenen Ansprüchen an seine Institution entstanden.

Fragt man zuletzt danach, was überhaupt „die Massen ins Museum trieb"[603], so müssen – wie Kretschmann überzeugend darlegt – als Gründe für die Attraktivität naturkundlicher Museen in erster Linie die spektakulären Museumsbauten, die schiere Fülle von ausgestellten Objekten und die Masse der Besucher selbst gelten. Für einen Großteil der Besucher „rückte das Erlebnis an die Stelle des Wissens"[604] und ein Konsumieren von Attraktionen, das sich als einheitsstiftend erfahren ließ. All das bot auch der Botanische Garten: Zu seiner Anziehungskraft trugen wesentlich die beeindruckenden Gewächshausbauten bei, die exotische Pflanzen aufnahmen und ein atmosphärisches Erleben von lebendigen Inszenierungen tropischer Landschaften erlaubten. Die Gewächshäuser erwiesen sich ebenso wie der Kolonialgarten und das Kolonialhaus als Publikumsmagneten, ablesbar an den hohen Besuchszahlen. Hier ließ sich die Popularisierung botanischen Wissens vorantreiben, sodass diesen Bereichen hinsichtlich der Nutzung eine zweifache Bedeutung zukam. Hinweise auf das Rezeptionsverhalten der Besucher durch deren Äußerungen liegen nicht vor, es finden sich gleichwohl Hinweise dazu aus Sicht der Museumsdirektion.[605]

Resümierend lassen sich für die Neuanlage des Botanischen Gartens und Museums der Stellenwert der auf die Kolonien bezogenen Funktionen im Gesamtprofil der Einrichtung und die verschiedenen mit diesen Tätigkeitsbereichen verbundenen Interessen noch einmal aufschlüsseln anhand einer Erklärung Englers zu den Aufgaben der Einrichtung. Nach der Fertigstellung der Anlagen in Dahlem führte

---

601 Die Berliner akademischen Institutionen wollten sich beispielsweise durch besondere wissenschaftliche Genauigkeit auch von den von bürgerlichen Vereinen begründeten naturkundlichen Museen in Bremen und Frankfurt abgrenzen. Vgl. Kretschmann, Räume (2006), S. 74 f.

602 Ebd., S. 255.

603 Ebd., S. 129.

604 Ebd., S. 130.

605 Auch Köstering, Natur (2003), S. 245 und Kretschmann, Räume (2006), S. 132 thematisieren das Problem einer fehlenden Besucherforschung im 19. Jahrhundert. Zur Herausbildung der Besucherforschung vgl. Klein/Bachmeyer, Museum (1981), S. 57–68.

Engler in dem zu diesem Anlass 1909 vom Kultusministerium herausgegebenen bebilderten Band aus, dass der neue Botanische Garten in erster Linie wie zuvor reiches Material für Wissenschaft und Lehre sammeln solle.[606] Das wissenschaftliche Interesse zu der Zeit konzentrierte sich dabei besonders auf das Pflanzenmaterial aus überseeischen Gebieten, das für die von Engler und seinen Mitarbeitern betriebene taxonomisch-systematische und pflanzengeographische Forschung grundlegend war. Bei der angewandten Botanik als zweiter, erst seit kürzerer Zeit hinzugekommener Aufgabe der Einrichtung standen gleichfalls tropische Gewächse, speziell Nutzpflanzen, im Fokus. Die wirtschaftlichen Interessen dienende Arbeit übernahm hauptsächlich die Botanische Zentralstelle. Sie profitierte in Dahlem von den großzügigeren Anlagen im Freiland und modernen Gewächshausbauten für die Anzucht, Untersuchung und Präsentation tropischer Nutzpflanzen. Die angewandte Botanik sollte nach Englers Auffassung in der Aufgabenhierarchie stets zweitrangig bleiben, oberste Priorität hatte für ihn eine führende Position seiner Institution auf wissenschaftlichem Gebiet. Als dritte Aufgabe des Gartens schließlich sah Engler es an, ein breiteres Publikum anzusprechen. Für diesen Zweck ließen sich neben den pflanzengeographischen Anlagen besonders die Abteilungen des Gartens und der Gewächshäuser einsetzen, die mittels eindrucksvoller Präsentationen kolonialer Nutzpflanzen und tropischer Landschaftsbilder auch den Erwartungen des Massenpublikums entgegenkamen. Sie unterstützten Englers didaktische, auf ein größeres Publikum zielende Absichten und genügten dabei zugleich seinem wissenschaftlichen Anspruch, indem beispielsweise die Bepflanzung der Schaugewächshäuser weitgehend auf pflanzengeographischen Prinzipien beruhte.

Die auf die Kolonien bezogenen Tätigkeitsfelder waren somit für alle zentralen Aufgaben des Gartens von wesentlicher Bedeutung. Das erklärt ihre prominente Stellung in allen Bereichen der Neuanlage einschließlich des Botanischen Museums, für welches Engler die genannten Aufgabenbereiche in der gleichen Reihenfolge formulierte. Tropische Pflanzen und die Flora der deutschen Kolonialgebiete standen hier ebenso im Mittelpunkt. Im neuen Museumsbau kamen der wissenschaftlichen Forschung und Lehre wie auch der Wissenspräsentation die verbesserten Bedingungen zugute, insbesondere die erheblich größeren Räumlichkeiten. Unterschiede zwischen dem Garten und Museum lassen sich für das Zielpublikum und die intendierte Nutzung feststellen. Das Museum blieb weiterhin eher ein Ort

606 Engler, Aufgaben (1909). Der Text knüpft an ältere Überlegungen Englers an und präzisiert diese hinsichtlich der Gewichtung der Aufgaben. Vgl. Engler, Gutachten Verlegung, 23. November 1891, GStA PK I. HA Rep. 76, Va, Sekt. 2, Tit. XIX, Nr. 49, Bd. 1, Bl. 118–148, abgedr. in Notizblatt, Bd. 2, Nr. 10 (Sept. 1897), S. 295–314.

der akademischen Forschung und Lehre, der Garten erreichte jedoch ein breites Publikum. Die Berliner botanischen Einrichtungen dienten im Kontext der Kolonialexpansion ebenso wie ethnologische und zoologische Museen und Sammlungen der Wissenschaft und Wirtschaft sowie der Wissenspopularisierung. Am Beispiel der Neuanlage des Botanischen Gartens und Museums lässt sich das komplexe Zusammenspiel der zugewiesenen praktischen kolonialen Aufgaben mit den wissenschaftlichen Interessen und die Berücksichtigung der Ansprüche des Publikums sehr gut aufzeigen.

Die Neuanlage in Dahlem knüpfte nicht nur an internationale Standards an, sie setzte in vielen Bereichen neue Maßstäbe. Preußische und nationale Ansprüche auf eine Spitzenposition der Wissenschaft führten zur intensiven Auseinandersetzung mit der internationalen Konkurrenz und in Hinblick auf die kolonialen Aufgaben der Institution bestimmte die Orientierung an Institutionen anderer Kolonialmächte die Gestaltung der Gewächshäuser und anderer Bereiche. Diese Wissenstransfers und die Möglichkeit, an einem neuen Standort sämtliche Anlagen buchstäblich aus dem Ackerboden stampfen zu können, führten zu einer hohen Stringenz in der Konzeption.[607] Mit der Vergrößerung der Fläche, des Aufgabenspektrums und der Zielgruppe ging überdies eine Aufstockung des Personals einher. Neben sechs Kuratoren arbeiteten allein mehr als 20 Gärtner und Gärtnergehilfen, dazu Handwerker, Heizer, Präparatoren, Pförtner, Museumsdiener, Bürohilfsarbeiter und viele mehr im Garten und Museum.[608]

Deutlich geworden ist, dass die auf die Kolonien bezogenen Aufgaben in der wissenschaftlichen Forschung, der angewandten Botanik und der Wissensvermittlung nur einen unter mehreren neuen Arbeitsbereichen darstellte, allerdings aus den erläuterten Gründen einen sehr präsenten und populären. Dies muss noch einmal betont werden, bevor in den folgenden Kapiteln die Tätigkeit der Botanischen Zentralstelle für die deutschen Kolonien genauer betrachtet wird, denn es soll nicht der Eindruck entstehen, die Entwicklung der Gesamtinstitution sei allein aus den kolonialen Verflechtungen heraus zu erklären. Gleichwohl waren diese im Untersuchungszeitraum prägend und blieben es darüber hinaus.

---

607 So Lack, Kew (2007), S. 185. Zur Bewertung aus heutiger Sicht s.a. Lack, Opera (1990), S. 271.

608 Vgl. GStA PK I. HA Rep. 76, Va, Sekt. 2, Tit. X, Nr. 90, Bd. 15 u. Bd. 16.

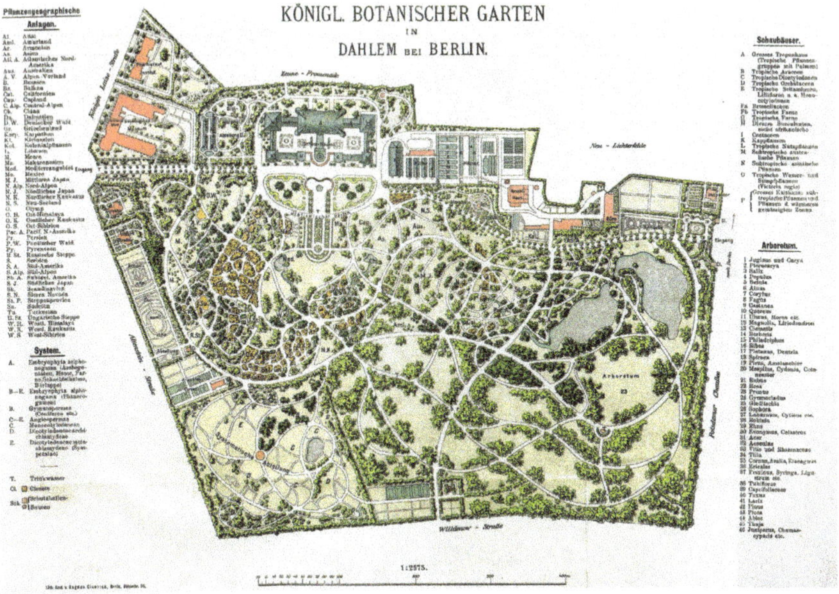

Abb. 3 Lageplan des Botanischen Gartens in Dahlem 1909, darauf verzeichnet als Kol. die Abteilung der Kolonialpflanzen (oben rechts)

Abb. 4 Großes Tropenhaus, Innenansicht, ca. 1902

Abb. 5 Großes Tropenhaus, Innenansicht, ca. 1910

Abb. 6 Blick in die Kolonialabteilung des Botanischen Museums, Bereich Ostafrika (vgl. Gürke, Nutzpflanzen- und Kolonialabteilung (1909), S. 139)

IV. Die Aufgaben der Botanischen Zentralstelle

Die Untersuchung der Aufgabenbereiche der Botanischen Zentralstelle orientiert sich an der Unterteilung in drei große Tätigkeitsfelder, welche die Quellentexte vornehmen. Ausgangspunkt ist dabei die Zusammenstellung des Kustos der Botanischen Zentralstelle, Georg Volkens, der in einer Bestandsaufnahme aus dem Jahr 1907 sämtliche Aktivitäten erfasste und derart geordnet aufführte, wie es auch dem Aufbau der Jahresberichte entsprach. Als erste Aufgabe gab Volkens an, „unsere Kolonien mit ökonomischen Gewächsen zu versorgen".[1] Dieser Auftrag umfasste die Beschaffung von geeigneten Arten und deren Versand als Lebendpflanzen oder Saatgut, hauptsächlich an die staatlichen Versuchsgärten in den deutschen Kolonien sowie daneben an Verwaltungs- oder Militärstationen, Plantagenunternehmen, Missionen und Privatpersonen. Der Transfer von Nutzpflanzen in die deutschen Kolonien sollte zuvorderst den Aufbau einer exportorientierten Plantagenwirtschaft unterstützen. Als zweiten Tätigkeitsbereich nannte Volkens „die aus den Kolonien eingehenden Pflanzen wissenschaftlich zu bestimmen und Auskunft über ihren Nutzwert zu geben."[2] Das dem Botanischen Garten und Museum in ungeheuren Mengen zuströmende Pflanzenmaterial wurde dafür mittels Vergleich mit den vorhandenen pflanzlichen Originalen der Sammlungen taxonomisch bearbeitet und die Forschungsergebnisse in Zeitschriften und Monographien publiziert. Die erteilten Auskünfte betrafen zumeist Nutzpflanzen, welche Sammler, Kaufleute, Kolonialbeamte, Plantagenbesitzer und andere aus den Kolonien einsandten. Unter den dritten Zweck der Botanischen Zentralstelle, „belehrend [zu] wirken"[3], subsummierte Volkens so verschiedene Funktionen wie die Ausbildung von Gärtnern für den Kolonialdienst, die Beratung von Behörden, Privatunternehmen oder Missionen, die Ausrüstung von Forschungsreisenden mit Sammelgeräten, die Vermittlung von botanischem Fachwissen und praktischen Fertigkeiten an Kolonialbeamte und andere in die Kolonien Reisende sowie die Wissenspopularisierung in Form von

---

1 Volkens, Zentralstelle (1907), S. 4. Die Aufstellung stimmt im Großen und Ganzen mit den schon 1890 von Engler ausgearbeiteten und in Kapitel III.1 dargelegten Aufgabenbereichen überein.

2 Ebd., S. 9.

3 Ebd., S. 11.

Ausstellungen im Botanischen Garten und Museum oder außerhalb der Institution, die sich an ein breites Publikum richteten.

Der zeitgenössischen Aufteilung folgend, kann das damalige Verständnis vom Inhalt der einzelnen Tätigkeitsfelder sowie deren Zielsetzung und Gewichtung nachvollzogen werden, um dann die statisch erscheinende Aufgabenhierarchie zu hinterfragen. Wichtige Quellen hierfür sind die Jahresberichte der Botanischen Zentralstelle sowie weitere veröffentlichte Darstellungen über ihre Arbeit. Es ließe sich vermuten, dass insbesondere die Tätigkeitsberichte eine beschönigende Beschreibung der Leistungen der Botanischen Zentralstelle lieferten. Doch enthielten diese Schriften – abhängig vom Adressaten und der Form der etwaigen Veröffentlichung – durchaus kritische Einschätzungen und thematisierten Defizite.[4] Durch ergänzende Quellen und Forschungsliteratur lassen sich zusätzlich Themenfelder erschließen, welche die Veröffentlichungen der Botanischen Zentralstelle kaum reflektierten, beispielsweise die kurz- und langfristigen Auswirkungen der Eingriffe in die Landschaft, Landwirtschaft und Sozialstruktur der Kolonien.

Beschrieben wird hier in einer institutionengeschichtlich ausgerichteten Annäherung das gesamte Aufgabenspektrum der Botanischen Zentralstelle. Im Mittelpunkt stehen wie schon zuvor Fragen nach der Institutionalisierungspraxis bei der Einbindung der Botanik in die Erforschung der deutschen Kolonien und der Ausbeutung ihrer pflanzlichen Ressourcen. Konkretisiert wird dies am Austausch von Pflanzenmaterial sowie botanischen und praktischen Kenntnissen, am Aufbau von Versuchsgärten und Forschungsstationen in den Kolonien, an der Zentralisierung dorther stammender Sammlungen und deren Nutzung für wissenschaftliche und wirtschaftliche Zwecke sowie schließlich an der Vermittlung auf die Kolonien bezogenen Wissens an verschiedene Publikumskreise. Besondere Aufmerksamkeit kommt dabei wie bisher den Interessen der beteiligten Akteure und zu beobachtenden transnationalen – insbesondere interimperialen – Transfers von Pflanzenmaterial und Wissen zu, außerdem treten hier

4 Englers jährliche Mitteilungen an das Preußische Kultusministerium, welche anschließend auch das Auswärtige Amt bzw. das Reichskolonialamt erhielten, waren sehr ausführlich und erschienen meist unverändert in den dem Reichstag vorgelegten Denkschriften über die Verwendung des Afrikafonds. Weitere Publikationswege waren der Abdruck im Kolonialblatt oder Sonderdrucke; in der Tages- und Kolonialpresse wurden die Berichte auszugsweise zitiert. Die in den Chroniken der Friedrich-Wilhelms-Universität enthaltenen Berichte über den Botanischen Garten und das Botanische Museum beziehen sich nur knapp auf die Botanische Zentralstelle.

deutlich die dichten globalen Netzwerke in Erscheinung, in denen die Botanische Zentralstelle agierte.

Die Untersuchung der äußerst vielschichtigen Tätigkeitsfelder der Botanischen Zentralstelle ist mit mehreren Aspekten verknüpft, die während der letzten Jahre insbesondere im Rahmen der Wissens- und Wissenschaftsgeschichte nähere Betrachtung fanden: etwa der Mobilität und Materialität von Objekten, dem Sammeln als wissenschaftlicher Praxis und der Geschichte von Sammlungen, der Wissensproduktion im Museum und im Labor sowie der Wissenschafts- beziehungsweise Wissenspopularisierung nebst ihrer Medien. Außerdem rücken die deutschen Kolonien als Raum nun stärker in den Blick, da sich die Aufgaben der Botanischen Zentralstelle auf deren landwirtschaftliche Entwicklung und wissenschaftliche Erforschung wie auch die Präsentation ihrer Pflanzenwelt im Berliner Botanischen Garten und Museum bezogen. Dabei gab es einen direkten, konstanten Austausch mit den überseeischen Besitzungen: Verschiedene Wissensbestände, Pflanzenmaterialien sowie Akteure wie Wissenschaftler und Sammler bewegten sich zwischen den Kolonialgebieten, der Metropole und den Institutionen der anderen europäischen Kolonialmächte, gelenkt und überwacht durch die Botanische Zentralstelle. Die *new imperial studies, postcolonial studies* und transimperiale Ansätze haben zahlreiche Anregungen geliefert zu der Untersuchung der Verflechtungen zwischen Kolonien und Metropole, der Bedeutung von Wissen als wesentlichem Bestandteil von Machtstrukturen sowie zu indigenem Wissen und Wissenstransfers zwischen den Kolonialmächten. Allein schon angesichts der Bandbreite der Unternehmungen der Botanischen Zentralstelle lässt sich hier nicht allen diesen Fragestellungen ausführlich nachgehen. Einzelne davon finden jedoch beispielhaft an ausgewählten Problemen Betrachtung, auch um das Potenzial für zukünftige Studien aufzuzeigen. Den Einstieg vermittelt die Objektbiographie eines Herbarbelegs zusammen mit der Biographie des Sammlers, einem an der Botanischen Zentralstelle ausgebildeter Gärtner. So entsteht ein erster Eindruck von den Tätigkeitsbereichen der Botanischen Zentralstelle und es werden grundlegende Aspekte wie der Aufbau und die Funktion der botanischen Sammlungen erläutert.

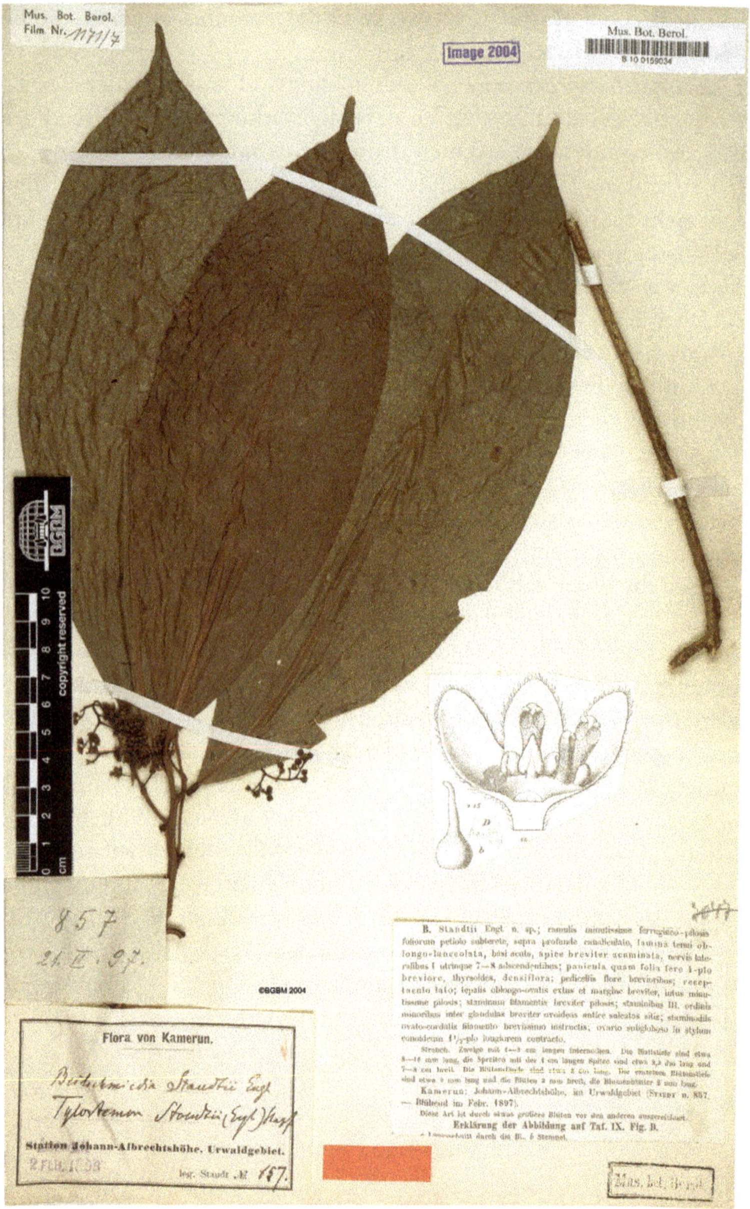

Abb. 7 Herbarbeleg *Beilschmiedia staudtii*

Abb. 8 Herbarbeleg *Beilschmiedia zenkeri*

Kellerfund: Herbarbeleg *Beilschmiedia staudtii*

Dieser Herbarbeleg ist zunächst ein eher zufälliger Fund auf der Suche nach Spuren, welche die an der Botanischen Zentralstelle für den Kolonialdienst ausgebildeten Gärtner in den botanischen Sammlungen hinterlassen haben. Wenn der Namen eines der ersten in die deutschen Kolonien ausgesandten Gärtner, Alois Staudt, eingegeben wird, erscheinen in der Datenbank des Botanischen Gartens und Museums 144 Treffer.[5] Die Ergebnisse zeigen bis auf wenige Ausnahmen von diesem in Kamerun gesammelte Herbarpflanzen in Form eines Datenblattes an, welches Angaben zur Klassifizierung der Pflanze sowie zum Sammler, zum Ort und Datum der Aufsammlung und zum Bearbeiter knapp festhält und zusätzlich ein hochauflösendes Foto des Herbarbogens bereitstellt. Die Trefferliste enthält zudem zahlreiche Belege, die Staudt gemeinsam mit Georg Zenker sammelte. Als Leiter der Forschungsstaition Jaunde/Yaoundé und später als Plantagenbesitzer sandte Zenker über einen Zeitraum von mehr als 20 Jahren unzählige Objekte aus Kamerun nach Berlin, sowohl an den Botanischen Garten und das Botanische Museum als auch an das Museum für Völkerkunde und das Museum für Naturkunde.[6] Nach ihm sind mehrere Tier- und Pflanzenarten benannt, darunter *Beilschmiedia zenkeri*. Einen Beleg dieser Art – gesammelt zusammen mit Staudt – gibt die Trefferliste gleich unter *Beilschmiedia staudtii* an.

Die Objektbiographie der Herbarpflanze *Beilschmiedia staudtii* wird im Folgenden verknüpft mit der Sammlerbiographie Staudts und um Informationen ergänzt, die sich aus dem Beleg von *Beilschmiedia zenkeri* und kontextualisierenden Quellen gewinnen lassen. Dies ermöglicht es, das ausgewählte Objekt als „Erkenntnisding“[7] der Botanik genauer zu beschreiben und nachzuverfolgen, wie es in die Wissensproduktion eingebunden und mit verschiedenen Aufgabenbereichen der Botanischen Zentralstelle verknüpft war. Damit lassen sich Aspekte der Wissenschaftsgeschichte wie auch der Sammlungsgeschichte und der Praxis des botanischen Sammelns in den deutschen Kolonien erhellen.[8] Die

---

5 http://search.biocase.org/bgbm/search/units/advancedSearch/

6 Georg Zenker wird auch in einer Studie zum Berliner Museum für Naturkunde erwähnt: Köstering, Natur (2003), S. 201 f. Obwohl das Museum für Naturkunde und das Ethnologische Museum neben Sammlungen von Zenker auch umfangreiche Aktenbestände zu seiner Sammeltätigkeit besitzen – ebenso wie das Bundesarchiv – fehlen bislang umfassende Untersuchungen zu seiner Person und Sammelpraxis. Vgl. zu Zenker auch Kap. IV.2.

7 Vgl. Rheinberger, Epistemologica (2005).

8 Der Begriff Sammlung wird hier für eine größere Menge zusammengetragener und geordneter Gegenstände verwendet gegenüber dem Begriff des Sammelns, der

vorliegende Untersuchung argumentiert, dass der Aufbau umfassender Sammlungen ein vorrangiges Interesse der Direktion des Botanischen Gartens und Museums war und diese Bestrebungen auf vielfältige Weise mit der Botanischen Zentralstelle im Zusammenhang standen. Es erscheint daher sinnvoll, im Rahmen der Objektbiographie genauer auf die Bedeutung und Funktion der Herbarsammlungen für die wissenschaftliche Praxis einzugehen. Gleichzeitig bietet sich dieser Ansatz an, um die an der Botanischen Zentralstelle ausgebildeten Gärtner als Akteursgruppe näher zu betrachten. Die Ausbildung und die Biographien der für den Kolonialdienst ausgewählten Gärtner sind bislang noch nicht untersucht worden.[9] Beispielhaft zeigt die – wenn auch lückenhaft rekonstruierbare – Biographie Staudts den Beitrag eines Gärtners zu den Sammlungen und anderen Aufgaben der Botanischen Zentralstelle. In den folgenden Kapiteln zu den einzelnen Tätigkeitsbereichen wird diese Fragestellung noch vertieft anhand zusätzlicher Funde zur Rolle der Gärtner und durch die eingehende Analyse der Gärtnerausbildung. So werden die an der Botanischen Zentralstelle ausgebildeten Gärtner als bedeutsame Akteure sichtbar. Skizzen ihrer Biographien, soweit sie zu ermitteln waren, stellt zudem der Anhang bereit.

Der Weg von der digitalen Aufnahme zum realen Herbarbeleg führt in den Keller des erst 1987 neu errichteten Herbar- und Bibliotheksflügels des Botanischen Museums. Abgesichert durch feuerfeste Türen und eine hochkomplexe Löschanlage wird in dem für Außenstehende labyrinthartigen Flursystem, von dem unzählige Räume abgehen, das aktuell 3,8 Millionen Belege umfassende Herbarium aufbewahrt. Die strengen Brandschutzvorkehrungen entsprechen den heutigen Standards für Museumssammlungen und sind eine Reaktion auf die unter Botanikern als „Dahlemer Katastrophe“ bezeichnete Zerstörung der Sammlungen und der Bibliothek des Botanischen Museums durch die Bombardierung im März 1943. Von den zu der Zeit auf 4,5 Millionen geschätzten Herbarbelegen konnten nur 500.000 gerettet werden.[10] Dazu zählten insbesondere Typusbelege, das heißt Herbarpflanzen, die der Definition und Benennung einer

---

den Prozess des Zusammenbringens betont. Vgl. zur Definition Heesen, Theorien (2012), S. 21 f. In Bezug auf naturkundliche Objekte ist der Begriff Aufsammlung gebräuchlich.

9 Vgl. Kap. IV.3.

10 Vgl. Lack (Hg.), Erben (2010), S. 92; Timler/Zepernick, Garten (1978), S. 68. Zur Geschichte des seit 1818 bestehenden Herbariums vgl. Urban, Geschichte (1909). Für Auskünfte zum Herbarium danke ich Dr. Robert Vogt.

neuen Art zu Grunde liegen, wie die Belege von *Beilschmiedia staudtii* und *Beilschmiedia zenkeri*. Während des Zweiten Weltkriegs waren eine größere Anzahl von Typusbelegen aussortiert und sicher untergebracht worden, dadurch blieben sie erhalten.[11]

Beilschmiedia staudtii gehört zur großen Familie der Lorbeergewächse, deren über 2.000 Arten meist in den Tropen als Bäume oder Sträucher vorkommen. Belege aus dieser Familie füllen mehrere Regalreihen eines Raumes des Herbariums, allein sechs Fächer sind der Gattung *Beilschmiedia* zugeordnet. Die Fächer enthalten blaue Mappen, die die Belege einer Art zusammenhalten. In der Mappe von *Beilschmiedia staudtii* liegen beispielsweise zwei Herbarbogen. Früher lagen die blauen Mappen zusammengeschnürt in herausnehmbaren Holzfächern von mit Glastüren verschließbaren Holzschränken, heute liegen sie alphabetisch in Pappschüben eingeordnet, die in die Metallregalreihen gestellt sind.[12] Die getrockneten und gepressten Blätter, Blüten und Zweige von *Beilschmiedia staudtii* sind auf einen sogenannten Spannbogen aus starkem Papier mit den Maßen 43,5 x 27,5 cm mit Hilfe von gummierten Papierstreifen aufgeklebt. Es handelt sich noch um den Originalbogen vom Ende des 19. Jahrhunderts. Das Trocknen und Pressen diente der Konservierung des Pflanzenmaterials, noch weit bis ins 20. Jahrhundert hinein war es üblich, die Herbarpflanzen außerdem durch das Zusetzen von Gift vor Insektenfraß zu schützen.[13] Die fragile Materialität der Herbarpflanzen setzt spezielle Kenntnisse voraus, wie sie bearbeitet werden müssen, um als Belege für das wissenschaftliche Archiv dauerhaft haltbar zu sein. Das Katalogisieren und wohl auch das Präparieren der aus den deutschen Kolonien stammenden Herbarpflanzen übernahmen daher Gärtner, die an der Botanischen Zentralstelle für den Kolonialdienst ausgebildet wurden.[14]

Die meisten Informationen zum Beleg sind direkt auf dem Herbarbogen vermerkt:[15] Als Objekt der Sammlung kennzeichnet den Beleg ein am Botanischen Museum gedrucktes Etikett; dort findet sich der Pflanzenname, der die Klassifikation der Herbarpflanze angibt und sie als naturkundliches Objekt gemäß der botanischen Epistemologie in einer Systematik verortet. Der erste Bestandteil

11 Vgl. Hiepko, Sammlungen (1990), S. 311.

12 Lindau, Herbarium (1909), S. 124. Einige der Holzschränke sind noch erhalten und werden beispielsweise zur Aufbewahrung von großformatigen Palmenbelegen verwendet.

13 Lindau, Herbarium (1909), S. 124.

14 Urban, Geschichte Museums (1916), S. 5 u. S. 169.

15 Vgl. Abb. 7.

der auf Linné zurückgehenden binären Nomenklatur bezeichnet die Gattung, der zweite die Art – und verweist in diesem Fall auf den Sammler Alois Staudt. Auf dem Etikett ist der als Epitheton bezeichnete zweite Namensbestandteil großgeschrieben, heute ist die Kleinschreibung üblich. Die Abkürzung Engl. dahinter gibt Adolf Engler als Autor der Erstbeschreibung an.[16] Der Fundort, die Regierungsstation Johann-Albrechtshöhe in der damaligen deutschen Kolonie Kamerun, ist noch näher beschrieben mit dem Zusatz „Urwaldgebiet". In der Tat lag die Station an einem nur mit Leitern zu erklimmenden steilen Abhang über einem Kratersee, dessen Ufer Urwald bedeckte. Zusätzliche Informationen zum Standort wie die Lage auf 300 Metern Höhe über dem Meeresspiegel und ein vulkanischer Boden ergaben sich aus dem Wissen zur Gegend, in dem sich die Station befand.[17] Die zahlreichen Regierungsstationen in den deutschen Kolonialgebieten dienten in erster Linie militärischen und administrativen Zwecken. An ihnen wurden jedoch auch Daten und Objekte gesammelt für Botanik, Zoologie, Ethnologie, Kartographie, Geologie, Medizin und Meteorologie. Dazu kamen häufig von einem Wissenschaftler geleitete Forschungsstationen, an denen ebenfalls Daten erfasst und Objekte zusammengetragen wurden. Zum Teil existierten die Forschungsstationen nur für einen begrenzten Zeitraum. Nach der Aufnahme aller verfügbarer Daten und einer intensiven Sammeltätigkeit in der Umgebung wurden sie aufgegeben und an einem neuen Standort die Arbeit fortgesetzt.[18]

Die Regierungs- und Forschungsstationen in den deutschen Kolonien sind ein entscheidender Ausgangspunkt, um die Akkumulation von Daten, die Wissensproduktion und den Aufbau kolonialer Archive im Kaiserreich nachzuvollziehen, doch liegt bislang keine umfassende Untersuchung dazu vor.[19] Für die Objekt- und Sammlerbiographie ist die Zielsetzung der Stationen wichtig als Hintergrund, vor dem Staudts Sammeltätigkeit gesehen werden muss, denn er war als Assistent an der Station Johann-Albrechtshöhe angestellt.[20] Sein Sam-

---

16 Vgl. Stuessy u.a., Systematics (2014); McNeill u.a. (Hgg.), Code (2006) mit Verweis auf frühere Festlegungen.

17 Vgl. Schnee, Kolonial-Lexikon (1920), Bd. 1, S. 554 und Bd. 2, S. 131.

18 Zur Funktion der Stationen als „Inseln von Herrschaft" vgl. Pesek, Herrschaft (2005), S. 190 u. S. 244–259.

19 Als Quellen kommen u.a. die Denkschriften des Afrikafonds in Frage mit Berichten zu den Forschungsstationen. Die Tätigkeitsberichte einzelner Stationen vermitteln ebenfalls einen Einblick in die dort betriebene Forschung.

20 Bericht Botanische Zentralstelle 1896/97, in: Jahresbericht Schutzgebiete (1898), S. 147–150, hier S. 147.

meln fand im Kontext einer staatlich finanzierten Beschaffung von Daten und Objekten statt, die der zentralisierten wissenschaftlichen Auswertung und Archivierung in Berlin zugeführt wurden, um praktisch verwertbares Wissen für die Kolonialverwaltung zu erhalten. Kapitel IV.2 geht näher auf die Sammlungspolitik und die Schaffung kolonialer Archive als administrative Institutionen sowie Orte der Konstruktion von Wissen und Macht ein, indem es die Sammlungen des Botanischen Gartens und Museums als ein solches Archiv beschreibt.

Der Herbarbeleg von *Beilschmiedia staudtii* gelangte am 2. Februar 1898 in die Sammlungen des Botanischen Gartens und Museums Berlin, wie das auf das Etikett gestempelte Zugangsdatum angibt. Zu diesem Zeitpunkt wurde der Beleg Bestandteil des Herbariums – eines Archivs und Wissensspeichers, aus dem sich je nach Fragestellung unterschiedliches Wissen generieren ließ und lässt. Die Funktion des nach wie vor als „unersetzliche(s) Arbeitsinstrument“[21]geltenden Herbariums beschrieb dessen früherer Leiter, Adelbert von Chamisso, folgendermaßen: „Dem Botaniker ist ein Herbarium notwendig. Das Herbarium ist sein lebendiges Gedächtnis, darin liegt ihm zu jeder Zeit die Natur zur Ansicht, zur Vergleichung, zur Untersuchung vor.“[22] Im Vordergrund der wissenschaftlichen Untersuchung der Pflanzenbelege steht dabei bis heute die Erforschung der Pflanzensystematik und -geographie sowie der Stammesgeschichte (Phylogenie). Neue Techniken wie molekulargenetische Untersuchungen können selbst an historischen Belegen angewendet werden, die damit weiterhin für die Wissensproduktion bedeutsam sind. [23]

Ein roter Aufkleber kennzeichnet den Beleg als Typusexemplar, auf dem die Erstbeschreibung beruht. In dem auf dem Herbarbogen aufgeklebten Ausschnitt aus einer Publikation, der Beschreibung von *Beilschmiedia staudtii* durch Engler,[24] ist der Bezug festgehalten durch die Angabe der Nr. 857. Diese Nummer, auf dem Herbarbogen auf einem kleinen aufgeklebten Zettel vermerkt, hatte Staudt selbst vergeben, eine übliche Praxis für Sammler, um die Objekte ihrer Sammlungen meist mit fortlaufenden Nummern zu kennzeichnen. Vermutlich stammt der Zettel aus den die Sammlung begleitenden Dokumenten wie Briefen

21 http://www.bgbm.org/de/herbarium

22 Chamisso, Übersicht (1827), S. 95. Adelbert von Chamisso war ab 1819 am Botanischen Garten tätig und übernahm 1833 die Leitung des Herbariums. Vgl. Timler/Zepernick, Garten (1978), S. 30 f.

23 http://www.bgbm.org/de/herbarium

24 Engler, Lauraceae (1899). Die zu den *Beiträgen zur Flora Afrikas* gehörende Beschreibung Englers nennt noch eine weitere von Staudt gesammelte neue *Beilschmiedia* Art.

oder Feldnotizen. Die Begleitschreiben sind allerdings ebenso wie die Mehrzahl der Zugangsbücher im Zweiten Weltkrieg zerstört worden. Der Zettel gibt überdies das genaue Datum der Aufsammlung an, den 21. Februar 1897. Englers Beschreibung vermerkt ebenfalls, dass der Beleg durch Staudt im Februar 1897 blühend eingesammelt worden war.[25] Da der zweite in der blauen Mappe aufbewahrte Beleg auch die Nr. 857 und das selbe Datum trägt, genauso wie die gleichfalls von Staudt gesammelten und in München, Hamburg und Kew vorhandenen Belege von *Beilschmiedia staudtii*, existieren insgesamt fünf von Staudt am gleichen Tag gesammelte und mit derselben Nummer versehene Belege. Die Belege in Hamburg und München gelten als Isotypen, das heißt als Duplikate der Typen in Berlin, die der Beschreibung zu Grunde lagen.[26] Neben der Stellung als typisches Exemplar einer Art kann eine Herbarpflanze eine zweite epistemische Funktion erfüllen, nämlich als Beweis für das Vorkommen der Pflanze in einer bestimmten Region stehen.[27]

Das aus Afrika stammende Pflanzenmaterial bearbeiten Engler und weitere Wissenschaftler am Botanischen Garten und Museum insbesondere unter den Fragestellungen der Systematik, der Pflanzengeographie und der Stammesgeschichte. Sie veröffentlichten ihre Ergebnisse in mehreren wissenschaftlichen Publikationen: Die Mehrzahl der deskriptiven Ergebnisse erschien als *Beiträge zur Flora von Afrika* in der von Engler herausgegebenen internationalen Fachzeitschrift *Botanische Jahrbücher für Systematik, Pflanzengeschichte und Pflanzengeographie.*[28] Mit pro Jahr durchschnittlich zwei Heften bot sich hier ein ideales Forum, um neue Arten wie *Beilschmiedia staudtii* schnell bekannt zu machen. Das Herbarmaterial stellte überdies eine unverzichtbare Basis für Englers systematische und pflanzengeographische Standardwerke zur Flora Afrikas dar, von denen er einige schon in den 1890er-Jahren verfasste. Dafür hatte er Herbarbelege, Reiseberichte und botanische Literatur ausgewertet. Engler reiste 1902 erstmals ins außereuropäische Ausland, unter anderem auch in die deutschen Kolonialgebiete in Afrika. Seine eigenen Beobachtungen der afrikanischen Vegetation konnten somit erst in spätere Arbeiten einfließen.[29]

---

25 Englers Text ist wie bis vor wenigen Jahren noch üblich auf Latein verfasst, ergänzt mit deutschen Angaben.

26 http://plants.jstor.org/search?genus=Beilschmiedia&species=staudtii

27 Rheinberger, Epistemologica (2005), S. 70.

28 Vgl. Diels, Gedächtnis (1931), S. 21 u. Stafleu, Engler (1981).

29 Diels, Gedächtnis (1931), S. 24 ff.; Lack, Engler (2000), S. 38 f.

Marianne Klemun hat die Bedeutung der botanischen Sammlungen, darunter des Herbariums, für die wissenschaftliche Praxis prägnant zusammengefasst.[30] Wie auch das obige Zitat von Chamisso schon andeutete, haben Herbarium und Lebendsammlung die Funktion, durch das Einsammeln von Pflanzen aus verschiedenen Gebieten ihre Merkmale in der Zusammenschau vergleichbar zu machen. Möglichst vollständige Sammlungen sollen ein genaues vergleichendes Arbeiten ermöglichen. Idealerweise können botanische Gärten und Museen die Pflanzen in allen für die Artbestimmung wesentlichen vier Repräsentationsformen an einem Ort verfügbar machen, das heißt als Lebendexemplar, Abbildung, Herbarbeleg und Beschreibung. Zusätzlich bedarf das auf Vergleich basierende wissenschaftliche Begründungsverfahren der gegenseitigen Beglaubigung sowie der Untersuchung von Belegen anderer Sammlungen. Deshalb zirkulieren Repräsentationsformen von jeher zwischen den botanischen Instituten weltweit und es werden Dubletten in anderen Einrichtungen hinterlegt, wie etwa die Isotypen von *Beilschmiedia staudtii* in Hamburg und München.[31] Seit der traumatischen Erfahrung des Verlustes der Dahlemer Sammlungen im Zweiten Weltkrieg spielt heute der Sicherheitsaspekt eine große Rolle bei der Weitergabe von Dubletten. Während der Kolonialzeit bestimmte eher das Motiv, vollständige Sammlungen aufzubauen, den weltweiten Austausch von Pflanzenmaterial. Eine Besonderheit des Belegs von *Beilschmiedia staudtii* ist die zusätzlich auf den Herbarbogen geklebte Abbildung der Blüte aus den Botanischen Jahrbüchern.[32] Der Bogen umfasst damit drei Repräsentationsformen – Herbarpflanze, Abbildung und Beschreibung – was die Arbeit mit dem Beleg erleichtert. Neben dem Herbarium und der Lebendsammlung ist für die botanische Forschung ansonsten eine umfassende Institutsbibliothek unverzichtbar, um Abbildungen und Beschreibungen zum Vergleich griffbereit zu haben.[33]

Durch das Herauslösen aus dem „angestammten Naturzusammenhang“[34] und das Hineinsetzen in einen anderen Kontext erleben die Gegenstände vor-

30 Klemun, Gärten (2000), S. 332 ff.

31 Vgl. zu Zusammenschau und Repräsentationsformen auch Latour, Things (2006).

32 Der zweite Beleg weist sogar eine Handzeichnung der Blüte auf, vermutlich von Engler.

33 Zeitgenössische Beschreibungen der Sammlungen des Botanischen Gartens und Museums betrachteten Herbarium und Bibliothek oft zusammen, vgl. Lindau, Herbarium (1909). Einen Überblick über die Geschichte der Bibliothek des Botanischen Gartens und Museums bietet die Homepage der Institution.

34 Rheinberger, Epistemologica (2005), S. 65.

wiegend der deskriptiven systematisierenden Wissenschaften einen Bedeutungswandel: Sie werden durch die Umstellung zu Erkenntnisdingen und in diesem Fall die Herbarpflanze zu einem epistemischen Objekt, auf das sich die wissens- und erkenntnistheoretische Aufmerksamkeit der Botanik richtet.[35] Die Herbarpflanze bleibt dabei als Studienobjekt reaktivierbar, wie Hans-Jörg Rheinberger es nennt.[36] Neue Untersuchungen können beispielsweise ihre taxonomische Einordnung aufheben oder aktuelle Forschungsmethoden wie molekulargenetische Analysen zusätzliche Informationen beisteuern. Die Prozesse des Erkenntnisgewinns sind oftmals auf dem Herbarbogen dokumentiert und dadurch nachvollziehbar. Verzeichnet sind verschiedene Informationen zum Beleg, wie die wissenschaftliche Beschreibung, zusätzliche Erkenntnisse und neue Zuordnungen oder Bestätigungen der Klassifizierung. In welcher Form Bestimmungen sowie deren Verifizierung oder Abänderung hinzugefügt werden, regeln bis heute internationale Gepflogenheiten und Hausregeln, das heißt in dem Fall genaue Anweisungen der Direktion des Botanischen Gartens und Museums, die von Zeit zu Zeit präzisiert werden. Erlaubt war zu Beginn des 20. Jahrhunderts nur das Ergänzen von Angaben auf Etiketten oder „besonderen kleinen Zetteln“[37], die auf den Herbarbogen geklebt werden. Das Entfernen von Zetteln oder Informationen hingegen durfte „in keinem Falle“[38] erfolgen. Diese Bestimmungen gelten auch aktuell.

Die Herbarbogen dokumentieren ein Wissen in Bewegung und halten dessen Produzenten in Autorenkürzeln fest. Auf dem Etikett von *Beilschmiedia staudtii* ist beispielsweise eine weitere Zuordnung festgehalten – als *Tylostemon staudttii* durch Otto Stapf. Für die Ordnung des Herbariums wird jedoch an der Benennung Englers festgehalten und die Herbarpflanze weiterhin unter *Beilschmiedia* abgelegt, da das international verbindliche Register *The Plant List* Stapfs Namen als Synonym von *Beilschmiedia staudtii* bewertet.[39] Von Objekten musealer Sammlungen, die ihrer ursprünglichen Verwendung dauerhaft entzogen sind, unterscheiden sich die Belege, weil ihre endgültige Bedeutung noch nicht festgelegt ist.[40] Sie sind „epistemische Dinge, deren Werden noch im Gange

35 Ebd.

36 Ebd., S. 70.

37 Engler/Urban, Bestimmungen (1909), hier S. 152.

38 Ebd.

39 http://www.theplantlist.org/

40 Vgl. Hennig, Wissensdinge (2012), S. 24. Vgl. hierzu auch das die Überlegungen von Krystof Pomian, der eine Museumssammlung als Zusammenstellung natürlicher oder

ist“[41], und wie viele andere Objekte der universitären Forschungs- und Lehrsammlungen des Botanischen Museums in die aktuelle Wissenschaftspraxis eingebunden. Gleichzeitig hat der Herbarbeleg eine kultur- und wissenschaftsgeschichtliche Bedeutung und schon auf Grund seines Alters einen musealen Wert. Jochen Hennig spricht diesbezüglich von einem nicht eindeutigen Status der Objekte in Universitätssammlungen.[42]

Neben dem in Bewegung bleibenden Wissen und Status verweisen die ebenfalls auf dem Herbarbogen angebrachten Scannercodes und Digitalisierungsnummern auf eine zusätzliche Form der Mobilität. In digitaler Form und online auffindbar über die Datenbank des Botanischen Gartens und Museums ist das Objekt weltweit für Wissenschaftler aller Disziplinen zugänglich. Zusätzlich ist der Herbarbeleg abrufbar in der nach Selbstbeschreibung weltweit größten Herbarium-Datenbank *Global Plants*, die Digitalisate von Herbarpflanzen aus über 300 Herbarien umfasst. Diese sind untereinander sowie mit Textquellen verlinkt und bieten somit eine einfach zugängliche Arbeitsgrundlage für die internationale Forschung.[43] Daneben werden am Berliner Botanischen Museum bis zu 30.000 Herbarpflanzen oder Pflanzenteile jährlich aus den Sammlungen entnommen und für Lehre, Forschung und Ausleihen bereitgestellt.[44]

Auch der Platz des Belegs im Herbarium kann nicht als statisch verstanden werden. So folgte die Ordnung des Generalherbars in Dahlem anfangs taxonomisch systematischen Gesichtspunkten auf der Grundlage von Englers in den *Natürlichen Pflanzenfamilien* beschriebenem System, heute hingegen sind die Pflanzenfamilien alphabetisch geordnet.[45] Während der Kolonialzeit erschien der Direktion des Botanischen Gartens und Museums überdies die Abtrennung von Spezialherbaren zur Flora der deutschen Kolonialgebiete sinnvoll, um Forschern, Kolonialbeamten und Sammlern einen schnelleren Überblick und den Botanikern eine zügigere Bestimmung zu ermöglichen.[46] Es gibt Hinweise auf

---

künstlicher Gegenstände versteht, die zeitweise oder endgültig aus dem Kreislauf ökonomischer Tätigkeiten herausgenommen werden. Pomian, Ursprung (1988).

41 Hennig, Wissensdinge (2012), S. 24.

42 Ebd., S. 25. Zu den Spezifika von Universitätssammlungen vgl. die einleitenden Beiträge im Katalog Georg-August-Universität Göttingen (Hg.), Dinge des Wissens (2012); zu Universitätssammlungen als Orte der Wissensproduktion und des Kulturerbes insbes. Allemeyer/Collet/Füssel, ”Academic Museum“ (2010).

43 So das Selbstverständnis der Plattform: https://plants.jstor.org/

44 https://www.bgbm.org/de/biologische-sammlungen

45 Lindau, Herbarium (1909), S. 123.

46 Engler, Bericht (1910), S. 123.

solche auch als Bestimmungsherbarien bezeichnete Zusammenstellungen für das tropische Afrika, Neu-Guinea und Kiautschou.[47] Die Angabe „Flora von Kamerun" auf dem Etikett mit dem Pflanzennamen bezieht sich jedoch nicht wie angenommen werden könnte auf ein Spezialherbar. Vielmehr wurden für umfangreichere Sammlungen spezielle Etiketten am Botanischen Museum hergestellt.[48] Dadurch, dass wie im Fall von *Beilschmiedia staudtii* neben der Region, aus der die Pflanze stammte, auch der genaue Fundort und der Name des Sammlers vorgedruckt waren, entfiel das mehrfache handschriftliche Festhalten dieser Angaben. Um die Arten eines Gebietes leichter auffinden zu können, wurde Anfang des 20. Jahrhunderts außerdem damit begonnen, zusätzlich kleine rechteckige Aufkleber auf den blauen Mappen anzubringen, deren unterschiedliche Farben sich auf geographische und pflanzengeographische Gebiete bezogen. Hellbraune Aufkleber etwa standen für Afrika.[49] Sie haben sich nicht auf der Mappe erhalten, doch das System wird bis heute fortgeführt und es klebt nun ein brauner Punkt dort.

Festzuhalten ist, dass die Sammlungen selbst je nach erkenntnisleitender Perspektive eine neue Ordnung oder Ausdifferenzierung der etablierten Ordnungsprinzipien erfahren können. Als Manifestation von Wissensordnungen und deren Wandel besitzen die Sammlungen selbst epistemische Relevanz.[50] Dass Spezialherbare zu den deutschen Kolonialgebieten aus dem Generalherbar erstellt wurden, belegt die herausgehobene Bedeutung dieser Regionen als Forschungs- und Vermittlungsschwerpunkt der Einrichtung in der Zeit der deutschen Kolonialexpansion. Allerdings stellten die Kolonien nicht den einzigen Arbeits- und Forschungsbereich am Botanischen Garten und Museum dar und die Sammlungen aus den deutschen Kolonien machten nur einen Teil der umfangreichen Bestände aus. Besonders eng verwoben waren das Zusammenbringen der kolonialen Sammlungen, ihre wissenschaftliche Bearbeitung sowie ihre Funktion für die Schulung von Sammlern und die universitäre Lehre mit der Tätigkeit der Botanischen Zentralstelle. Die folgenden Kapitel thematisieren ausführlicher, wie die Sammeltätigkeit der Berliner botanischen Einrichtungen von der Angliederung der Botanischen Zentralstelle profitierte sowie von

47 Lindau, Herbarium (1909), S. 123, Urban, Geschichte (1916), S. 165; Bericht BGBM 1914/15, in: Notizblatt, Bd. 6, Nr. 58 (Jul. 1915), S. 237–259, hier S. 242.

48 Die ansonsten verwendeten Blanko-Etiketten trugen nur den Namen der Institution.

49 Vgl. Lindau, Herbarium (1909), S. 125.

50 Vgl. Klemun, Gärten (2017), S. 236; Hassler/Meyer (Hgg.), Kategorien (2014); Hennig, Wissensdinge (2012), S. 25.

sammlungspolitischen Vorgaben und kolonialen Infrastrukturen. Des Weiteren widmen sie sich der Frage, inwiefern die Botanische Zentralstelle wiederum auf die Ressourcen der Gesamteinrichtung in Form von Sammlungen, wissenschaftlichem Personal und etablierten Netzwerken für den Austausch von Pflanzenmaterial und Wissen zurückgriff.

Diese wissenschafts- und wissensgeschichtlich orientierte Objektbiographie hat einen enormen Bedeutungswandel nachvollzogen: von der im afrikanischen Urwald gesammelten Pflanze zum Typusbeleg einer neu beschriebenen Art. Dessen veröffentlichte Beschreibung stärkte als Ausweis der botanischen Erforschung der deutschen Kolonialgebiete das Ansehen des Berliner Botanischen Gartens und Museums als wissenschaftliche Einrichtung. Der Beleg vermehrte ferner die kolonialen Sammlungen der Institution, die ebenso wie die wissenschaftlichen Veröffentlichungen ein Gradmesser für deren Renommee gerade gegenüber ausländischen botanischen Gärten wie vor allem Kew waren. Heute definiert sich der Wert und die Bedeutung des Herbarbelegs durch seine Funktion als Referenzobjekt für aktuelle Forschungen und als historische Herbarpflanze, die untrennbar mit der Kolonialgeschichte der Institution verbunden ist. Die Biographie des Sammlers Alois Staudt hilft aufzudecken, welche Beziehungen den Beleg mit der Botanischen Zentralstelle verknüpfen neben der erwähnten Katalogisierung des aus den Kolonien stammenden Pflanzenmaterials durch an der Botanischen Zentralstelle lernende Gärtner.

Aus den Jahresberichten der Botanischen Zentralstelle geht hervor, dass Alois Staudt mit zu den ersten dort geschulten Gärtnern gehörte, ab Januar 1893 erschien sein Name auf deren Gehaltsliste. Er gehörte zu den insgesamt etwa 50 jungen Männern, die dort in der Zeit von 1891–1914 eine Ausbildung als Gärtner für den Kolonialdienst absolvierten.[51] Während seiner Lehrzeit erwarb er wie alle Gärtner praktische gärtnerische und handwerkliche Kenntnisse durch die Arbeit im Vermehrungshaus, in welchem die Pflanzen für den Versand in die Kolonien aufgezogen wurden. Theoretisches Wissen vermittelte anfangs die direkte Anleitung durch Museumsbeamte, später geschah dies in Form von Vorträgen und Vorlesungen, welche die angehenden Gärtner besuchen mussten. Auch das Sammeln, Konservieren und Verpacken von Pflanzen wurde dort unterrichtet.[52] Derart ausgebildet, konnten sich die Gärtner für den

51 Zusammenstellung Ausgaben Botanische Zentralstelle 1892/93, GStA PK I. HA Rep. 76, Va, Sekt. 2, Tit. X, Nr. 89 B, Bd. 1, Bl. 258. Außerdem Zusammenstellung Ausgaben Botanische Zentralstelle 1893/94, GStA PK I. HA Rep. 76, Va, Sekt. 2, Tit. X, Nr. 89 B, Bd. 1, Bl. 286.

52 Vgl. Kap. IV.3.

Kolonialdienst bewerben, sie durften allerdings nicht frei entscheiden, wo in den Kolonien sie ihren Dienst antraten, sondern mussten sich nach dem Bedarf der Stationen und botanischen Einrichtungen richten. Staudt wurde zunächst von 1893–1895 dem eingangs erwähnten Georg Zenker an der Station Jaunde/Yaoundé in Kamerun als Assistent zugewiesen.[53] Staudt und Zenker sandten 680 gemeinsam gesammelte Nummern aus Jaunde/Yaoundé nach Berlin.[54] Nach beinahe zwei Jahren mit Zenker in Jaunde/Yaoundé wechselte Staudt zuerst 1895 als Stationsvorsteher an die Kameruner Station Lolodorf. Von 1895–1897 leitete er dann die Station Johann-Albrechtshöhe, woher auch der vorgestellte Beleg stammt.[55] Die Jahresberichte der Botanischen Zentralstelle hoben Staudts Einsendungen aus Lolodorf und Johann-Albrechtshöhe hervor und bezeichneten sie als „musterhafte"[56] Sammlungen. Insgesamt gingen 966 Nummern von den beiden Stationen ein, die letzten nach Staudts Tod im Mai 1897 als Teil seines Nachlasses.[57] Als Todesursache wird ein Fieber angegeben.[58] Vermutlich ist Staudt nicht einmal Mitte 30 geworden, da er den Aufnahmebedingungen für Gärtner in den Kolonien zufolge bei Dienstantritt höchstens 30 Jahre alt gewesen sein durfte.[59] Seine Sammeltätigkeit brachte ihm wissenschaftliche Anerkennung ein und durch mehrere nach ihm benannte Pflanzen wurde er in der Botanik verewigt. Darüber hinaus bedeutete der Aufstieg vom Gärtnerlehrling in Berlin zum Stationsleiter in Kamerun eine beachtliche Karriere und verschaffte ihm nicht nur die Möglichkeit, ein fernes Land zu bereisen und zu erforschen, sondern erweiterte seinen Handlungsspielraum, in dem er auf sich gestellt und eigenverantwortlich die Stationen führte. All diese Anreize wogen

---

53 Urban, Geschichte (1916), S. 181. Die Jahresberichte erwähnen seine Ausreise erst später: Bericht Botanische Zentralstelle 1894/95, GStA PK I. HA Rep. 76, Va, Sekt. 2, Tit. X, Nr. 89 B, Bd. 2, Bl. 4–7, hier Bl. 6.

54 Die gemeinsam gesammelten Belege weisen zum Teil spezielle Etiketten auf mit dem Vordruck Zenker und Staudt als Sammler und Jaunde-Station als Fundort, bspw. http://ww2.bgbm.org/herbarium/images/B/10/00/86/18/B_10_0086187.jpg

55 Urban, Geschichte (1916), S. 181.

56 Bericht Botanische Zentralstelle 1895/96, GStA PK I. HA Rep. 76, Va, Sekt. 2, Tit. X, Nr. 89 B, Bd. 2, Bl. 89–94, hier Bl. 92.

57 Bericht Botanische Zentralstelle 1897/98, GStA PK I. HA Rep. 76, Va, Sekt. 2, Tit. X, Nr. 89 B, Bd. 2, Bl. 195–203, hier Bl. 200; Vegter, Collectors (1986), S. 945.

58 Urban, Geschichte (1916), S. 194.

59 Vgl. dazu die Kopie der Aufnahmebedingungen aus dem Jahr 1907, abgedr. in Lack (Hg)., Erben (2010), S. 128; zudem Urban, Geschichte (1916), S. 169.

offenbar stärker als die Risiken, namentlich in Form von Tropenkrankheiten, an denen mehrere Gärtner und Sammler starben. [60]

Für den Botanischen Garten und das Botanische Museum zahlte sich die Schulung Staudts an der Botanischen Zentralstelle und die ihm zur Verfügung gestellte Ausrüstung fürs Sammeln aus,[61] denn Staudt sandte sowohl umfangreiche und für die wissenschaftliche Forschung in Berlin gut dokumentierte Belege ein, als auch Dubletten, die an britische, belgische, portugiesische und weitere große botanische Gärten wie in St. Petersburg gingen.[62] Diese dokumentierten Transfers von Pflanzenmaterial machen einen Teil der Netzwerke erkennbar, in denen zu der Zeit insbesondere zwischen den europäischen Kolonialmächten Objekte aus den Kolonialgebieten getauscht wurden. Es gab neben Staudt noch etwa eine Hand voll weiterer Gärtner, die zuverlässig mehrfach lebende und getrocknete Pflanzen und anderes gesammeltes Pflanzenmaterial versandten und deren Einsendungen in gutem Zustand in Berlin ankamen.[63] Die Botanische Zentralstelle konnte sich damit für die Sammeltätigkeit in den deutschen Kolonien auf ein Netzwerk von Ehemaligen stützen. Ihre Vorkenntnisse ermöglichten den Gärtnern, gezielt zu sammeln, um Lücken in den Sammlungen des Botanischen Gartens und Museums zu schließen und Dubletten für den Tausch mit botanischen Gärten, Museen und Universitätssammlungen weltweit zu beschaffen. Als Gegenleistung durften der Botanische Garten und das Botanische Museum wiederum mit Zusendungen ihrer Tauschpartner rechnen. Dieser Austausch war unverzichtbar für den angestrebten Aufbau vollständiger Sammlungen als Arbeitsgrundlage für die wissenschaftliche Forschung und die Aufgaben der Botanischen Zentralstelle, die sich auf angewandte Forschungen zu Nutzpflanzen und deren Transfers bezogen.

Im Fall der Gärtner erschienen somit auch die Ausgaben gerechtfertigt für Pflanzenpressen, Papier, Gläser und Etiketten, welche die Botanische Zentral-

---

60 Mehrere Todesfälle unter den Gärtnern hatten zeitweise offenbar eine abschreckende Wirkung auf neue Bewerber. Vgl. Bericht Botanische Zentralstelle 1899/1900, GStA PK I. HA Rep. 76, Va, Sekt. 2, Tit. X, Nr. 89 B, Bd. 2, Bl. 216–225, hier Bl. 225. Urban, Geschichte (1916), S. 193–195 verzeichnet über 30 für den Botanischen Garten und das Botanische Museum wichtige Sammler, die in den Kolonien an Krankheiten, durch Unfälle o.a. starben.

61 Dass Staudt ausgerüstet wurde, erwähnt der Bericht Botanische Zentralstelle 1896/97, in: Jahresbericht Schutzgebiete (1898), S. 147–150, hier S. 150.

62 Vgl. Vegter, Collectors (1986), S. 945.

63 Vgl. die Jahresberichte der Botanischen Zentralstelle und die biographischen Skizzen im Anhang.

stelle für das Sammeln und Konservieren von Pflanzen ausgab. Die Gärtner nahmen die Ausrüstung meist direkt bei der Ausreise in die Kolonien mit. Ein von der Botanischen Zentralstelle ausgegebenes Etikett befindet sich auf dem Herbarbogen von *Beilschmiedia zenkeri*.[64] Es fällt auf, dass sehr detaillierte Angaben zum Fundort, zum Aussehen der Pflanzen und ihren einheimischen Namen abgefragt wurden. So sollte eine sorgfältige Dokumentation noch in den Kolonien sichergestellt werden, die für die wissenschaftliche Bearbeitung unverzichtbar war. Generell fehlte es den botanischen Einrichtungen in Berlin zwar nicht an Sammlern und sie sorgten auch für die Ausrüstung von Kolonialbeamten, Forschungsreisenden und Privatleuten, die in den Kolonien sammeln wollten. Doch oftmals kamen Zusendungen aus den Kolonien beschädigt, verschimmelt, unvollständig oder ohne Dokumentation an und waren damit für die Forschung nutzlos, wie die Jahresberichte wiederholt beklagten. Die ausführliche Schulung der Gärtner hingegen garantierte einen fachgerechten Umgang mit dem fragilen Pflanzenmaterial. Staudt übernahm für die Botanische Zentralstelle noch weitere Aufgaben, wie die Begleitung von Wardschen Kästen mit lebenden Pflanzen nach Kamerun, genauer gesagt an den Botanischen Garten in Victoria und an die Station Johann-Albrechtshöhe.[65] Außerdem verfasste er Berichte für die Botanische Zentralstelle.[66] Wie Kapitel IV.1 zeigt, nutzte die Botanische Zentralstelle häufig und bevorzugt die von ihr ausgebildeten Gärtner für diese Zwecke, da sie sich auf deren Sachkenntnisse und Loyalität verlassen zu können meinte.

Die Objektbiographie des Herbarbelegs von *Beilschmiedia staudtii* und die Biographie des Sammlers Staudt haben exemplarisch den Weg eines Objektes in die Forschungssammlungen des Botanischen Gartens und Museums nachgezeichnet. Der Erwerbskontext und der Bedeutungswandel des Objektes als Wissensding der Botanik und Belegstück eines kolonialen Archives berührt eine Vielzahl von Themenfeldern, die die nächsten Kapitel weiter verfolgen. Dazu zählt die Erfassung des breiten Aufgabenspektrum der Botanischen Zentralstelle, von deren Tätigkeitsbereichen bereits die nachstehenden hier Erwähnung fanden: der Transfer von Pflanzen, das Sammeln in den Kolonien, die Bearbeitung

---

64 Vgl. Abb. 8; Urban, Geschichte (1916), S. 168.

65 Bericht Botanische Zentralstelle 1895/96, GStA PK I. HA Rep. 76, Va, Sekt. 2, Tit. X, Nr. 89 B, Bd. 2, Bl. 89–94, hier Bl. 90 f.

66 Bericht Botanische Zentralstelle 1896/97, in: Jahresbericht Schutzgebiete (1898), S. 147–150, hier S. 147. Hier wird nur der Eingang von Staudts Nachrichten erwähnt. Deren Inhalt ist nicht überliefert, doch die Botanische Zentralstelle forderte Berichte der Versuchseinrichtungen in den Kolonien zum Gedeihen der versandten Pflanzen an.

des Pflanzenmaterials aus den Kolonien, wissenschaftliche und angewandte Forschung sowie die Wissensvermittlung durch Publikationen und die Ausbildung von Gärtnern. Aber auch übergeordnete Themen wie Sammelpolitik und -praxis sowie Netzwerke und Akteursgruppen erfahren im Folgenden eine genauere Betrachtung.

IV.1 Versand und Anbauversuche

Als wichtigster Aufgabenbereich der Botanischen Zentralstelle galt die Belieferung der deutschen Kolonien mit tropischen Nutzpflanzen. Der Bedarf an geeigneten Arten für Anbauversuche in den Kolonialgebieten hatte zu ihrer Gründung geführt und im diesbezüglichen Vertrag zwischen Auswärtigem Amt und Preußischem Kultusministerium wurde die Auslieferung von Lebendpflanzen und Saatgut als erste Aufgabe genannt. Den Transfer von Pflanzenmaterial thematisierten die Jahresberichte dementsprechend stets zuerst und listeten die Empfänger der verschickten oder vermittelten Lieferungen auf, oft nebst Angaben zu den versandten Arten und dem Umfang der Sendungen. Ebenso informierten sie über die Bezugsquellen für Lebendpflanzen und Samen sowie teilweise über die Umstände des Transports und sie diskutierten wiederholt Erfolge wie Misserfolge. Die Berichte erschienen unter anderen in den Denkschriften über die Verwendung des Afrikafonds und vereinzelt im Kolonialblatt oder im hauseigenen *Notizblatt*. In Letzterem besprachen weitere Veröffentlichungen zudem ausführlich Neueinführungen und äußerten sich zur wirtschaftlichen Verwertbarkeit tropischer Nutzpflanzen. Heute erlauben die als Rechenschaftsberichte für die Geldgeber und Informationsquelle für andere botanische Institutionen und landwirtschaftliche Unternehmen weltweit gedachten Tätigkeitsdarstellungen einen detaillierten Einblick in die Organisation des Pflanzentransfers.

Dieses Tätigkeitsfeld war bis zum Beginn des Ersten Weltkriegs gekennzeichnet durch den Aufbau und die Ausdehnung weltweiter Netzwerke, in denen Pflanzenmaterial zirkulierte. Darüber hinaus fand Wissen über Transportbedingungen, Saatgutselektion und die Kultur von Neueinführungen Verbreitung. Knotenpunkte der globalen Netzwerke bildeten neben der Botanischen Zentralstelle die Versuchsgärten in den deutschen Kolonien, die auch die hauptsächlichen Empfänger der Pflanzenlieferungen darstellten. Zusätzlich gingen Sendungen an die Kolonialverwaltungen in den einzelnen Kolonien oder an deutsche Plantagenunternehmen sowie an Missionen und Privatleute. Die Beschaffung von Stecklingen oder Saat erfolgte bevorzugt durch Austauschbeziehungen mit botanischen Gärten in den britischen, niederländischen und französischen Kolonien, daneben über kommerzielle Samenhandlungen. Angestrebt wurden außerdem Transfers von Pflanzenmaterial zwischen den deutschen Kolonien, die zumeist ebenfalls über Berlin liefen.

Während sich die Botanische Zentralstelle in ihrem Selbstverständnis als Vermittlungsstelle für Pflanzenmaterial und Wissensbestände an den Royal Botanic Gardens Kew orientierte, gab für Versuchsgärten und botanische Forschungsinstitute in den deutschen Kolonien der niederländische Botanische Garten Buitenzorg/Bogor auf Java das Muster ab. Die tropischen Forschungseinrichtungen entstanden nach und nach, um den Anbau wirtschaftlich nutzbarer Pflanzen zu studieren und die Plantagenwirtschaft voranzubringen, vor allem mittels der Verteilung von an den Versuchseinrichtungen vermehrten Pflanzen und Saatgut an Privatpersonen oder Unternehmen vor Ort sowie durch wissenschaftliche Untersuchungen von Pflanzenmaterial und die Beratung von Unternehmen und Behörden. Die Botanische Zentralstelle versah die botanischen Gärten und Forschungsstationen in den Kolonien mit Pflanzen, Informationen und gärtnerisch geschultem Personal. Sie organisierte überdies den Austausch untereinander und mit den botanischen Gärten anderer Kolonialmächte. Angestrebt wurde letzten Endes die weitgehende Unabhängigkeit der tropischen Versuchseinrichtungen von der Botanischen Zentralstelle, insbesondere durch die selbständige Weiterverbreitung erfolgreich etablierter Arten. Mit dem Erreichen dieses Zieles konnte der Pflanzenversand in die Kolonien schließlich reduziert werden.

Dieses Kapitel gibt einen Einblick in die vielfältigen mit den Pflanzentransfers verbundenen Tätigkeitsbereiche und verfolgt dabei weiter die Fragestellung nach den Interessen der beteiligten Akteure. Nachgezeichnet wird ein Prozess der Ausweitung globaler Netzwerke für den Austausch von Pflanzen und Kenntnissen und nach dem Charakter der Beziehungen in diesen Netzwerken gefragt. Die wenigen Veröffentlichungen, die bisher den Transfer von Nutzpflanzen in die deutschen Kolonien skizziert haben, konzentrierten sich hauptsächlich auf den Versand von Pflanzenmaterial durch die Botanische Zentralstelle an die staatlichen Versuchsstationen in den deutschen Kolonien, ohne genauer das gesamte Geflecht von Austauschbeziehungen zu erfassen.[67] Zu diesem gehörten in den Kolonialgebieten tätige deutsche Missions- und Plantagengesellschaften, Forscher und Sammler wie auch Diplomaten und andere botanisch interessierte Deutsche weltweit, außerdem botanische Gärten und landwirtschaftliche Institute anderer Kolonialmächte und kommerzielle Saatgut- und Pflanzenhändler. Es rücken somit bislang kaum betrachtete Akteure in den Blick und die Transfers von Pflanzenmaterialien, Kenntnissen und Praktiken werden als eine weltweite

67 Vgl. Kreye, Garten (2009); Timler/Zepernick, Botany (1987).

Zirkulation beschrieben, bei der neben den Verflechtungen zwischen Kolonien und Metropole transnationale und interimperiale Austauschprozesse eine bedeutende Stellung einnahmen. Im Anschluss an David Wade Chambers und Richard Gillespie ist hinsichtlich der Pflanzen- und Wissenstransfers von polyzentrischen Material- und Kommunikationsnetzwerken zu sprechen, wie sie für die modernen Wissenschaften typisch sind; neben den Universitäten und Museen in Europa etablierten sich als Zentren der Wissensproduktion auch Einrichtungen wie das Kaiserliche Biologisch-Landwirtschaftliche Forschungsinstitut Amani in der Kolonie Deutsch-Ostafrika.[68]

Chronologisch zeichnet das Kapitel nach, wie sich der Versand von Nutzpflanzen in die Kolonien durch die Botanische Zentralstelle institutionalisierte und professionalisierte. Es beleuchtet schließlich die sich wandelnde Bedeutung dieses Aufgabengebiets und widmet sich den direkten Auswirkungen und langfristigen Folgen der botanischen beziehungsweise landwirtschaftlichen Unternehmungen in den deutschen Kolonien. Der Aufbau eines Plantagensystems – das heißt von Großbetrieben, hinter denen europäisches Kapital und Leitung standen und die durch einheimische Arbeitskräfte großflächige Monokulturen bewirtschaften ließen – führte zu massiven Eingriffen in lokale Wirtschafts- und Sozialverhältnisse sowie Eigentumsrechte und zum Wandel von Landschaften und Ökosystemen.[69] Pflanzliche Rohstoffe wie Kautschuk, Baumwolle, Sisal, Tee, Kaffee, Kakao, Hölzer, Arzneipflanzen und Gewürze sollten in großem Stil angebaut und nach Europa gebracht werden, um die wachsende Nachfrage zu decken.[70] Wissenschaft und Technik fanden Einsatz für eine systematische „Entwicklung" der Kolonien, die als „Inwertsetzung" verstanden wurde, zum Wohle von Europas Handel und Industrie wie auch zur „Hebung" des moralischen und materiellen Lebensstandards der lokalen Bevölkerung, wie es zeitgenössisch hieß. Der weit fortwirkende Entwicklungsdiskurs, dessen Wurzeln im 19. Jahrhundert liegen, ist von Joseph Hodge als Ideologie und Doktrin beschrieben wurden, bei der es tatsächlich weniger um die „Modernisierung" der Kolonien und ihrer Bewohner ging, sondern um die Konstruktion einer

68 Vgl. Chambers/Gillespie, Locality (2000), S. 4 u. Fischer-Tiné, Pidgin-Knowledge (2013), S. 17.

69 Vgl. Tetzlaff, Entwicklung (1970), S. 117; Sunseri, Famine (1997); Eckert, Grundbesitz (1999); zusammenfassend Conrad, Kolonialgeschichte (2008), S. 55.

70 Vgl. Goss, Floracrats (2011), S. 33–58; Murphy, Environment (2009), S. 3; Brockway, Science (2002), S. 32 ff. u. S. 102–165; Hobhouse, Seeds (2006), S. 3–52; Headrick, Tentacles (1988), insbes. S. 231–247.

vermeintlich positiven Alternative zu Unterentwicklung und Unordnung, die der Kapitalismus mit sich brachte. Auch Helen Tilley betont für die britischen Kolonien in Afrika, dass sie von Beginn an unter einer ökonomischen Perspektive als „Entwicklungsländer" konzipiert wurden, die hauptsächlich als Rohstoffproduzenten fungieren sollten. Der Bezug auf die von den zeitgenössischen Akteuren geäußerten Vorstellungen von „Entwicklung" und „Inwertsetzung" erfolgt daher in der vorliegenden Arbeit mit kritischer Distanz.[71]

Pflanzentransfers

Der Antrag des Gouverneurs der deutschen Kolonie Kamerun, dortige Anbauversuche durch die Übermittlung tropischer Nutzpflanzen zu unterstützen, bildete nicht nur den Ausgangspunkt der Verhandlungen, welche die Gründung der Botanischen Zentralstelle zum Ergebnis hatten. Auch in der folgenden Diskussion über deren Zielsetzung stand die Versendung von Nutzpflanzen in Form von Saatgut oder Stecklingen zur Steigerung der landwirtschaftlichen Produktivität der deutschen Kolonien als Hauptzweck im Mittelpunkt. Von Seiten des Gouverneurs von Soden und des Auswärtigen Amtes, welches das Vorhaben für Kamerun unterstützte, kamen als Erwartungen an die Botanische Zentralstelle schon von Beginn an dazu, weitere damit verbundene Funktionen zu übernehmen: etwa die Zusammenarbeit mit überseeischen botanischen Gärten anderer Kolonialmächte und deutschen Konsulaten für den Bezug von Pflanzenmaterial sowie die Auswahl erfolgversprechender Arten, überdies die Beratung zu Kulturbedingungen und nicht zuletzt die Sorge für Verpackung und Transport.[72]

Eine Erweiterung erfuhr das Tätigkeitsfeld des Pflanzentransfers zudem durch die als Experten angefragten Botaniker, die sich im Vorfeld der Gründung der Botanischen Zentralstelle zu Anbauversuchen mit tropischen Nutzpflanzen äußern sollten. Der Vorgabe entsprechend, bisher gemachte Erfahrungen bei Beschaffung, Vermehrung und Versand tropischer Nutzpflanzen für landwirtschaftliche Projekte in den Kolonien zu berücksichtigen, verwiesen die Fachleute auf die Royal Botanic Gardens Kew als nachahmenswertes Vorbild. Sie empfahlen, dass die einzurichtende Vermittlungsstelle für Pflanzenmaterial zusätzlich Pflanzen selbst aufziehen und ausliefern sowie den Aufbau von Versuchsgärten

71 Vgl. Hodge, Triumph (2007), S. 7; Tilley, Africa (2009), insbes. S. 17 f.

72 Gouvernement Kamerun, von Soden an Auswärtiges Amt, von Bismarck, 30. August 1888, GStA PK I. HA Rep. 76, Va, Sekt. 2, Tit. X, Nr. 89 B, Bd. 1, Bl. 4; Auswärtiges Amt an Kultusministerium und Ministerium für Landwirtschaft, Domänen und Forsten, 6. Dezember 1888, GStA PK I. HA Rep. 76, Va, Sekt. 2, Tit. X, Nr. 89 B, Bd. 1, Bl. 2–3.

in den deutschen Kolonien anleiten sollte. Diese botanischen Versuchseinrichtungen wären dann bevorzugt mit Nutzpflanzen zu versorgen, damit sie wie Kews Satellitengärten im *British Empire* Kulturversuche unternahmen, selbstgezogene Exemplare an europäische Siedler und Plantagen abgaben und über ihre Erkenntnisse und Praktiken nach Berlin berichteten. Für die Botanische Zentralstelle war damit eine Schlüsselposition für das Zusammentragen und die Weitergabe des für landwirtschaftliche Projekte in den Tropen erforderlichen Pflanzenmaterials und Wissens vorgesehen.[73]

Im Vertrag 1891 zwischen dem Auswärtigen Amt und dem Preußischen Kultusministerium über die Gründung der Botanischen Zentralstelle zeigte sich die Priorisierung der Versorgung der Kolonien mit Pflanzen und Samen an der Spitzenposition dieses Auftrags in der Aufgabenbeschreibung.[74] Dass das Auswärtige Amt zunächst ausschließlich für die hierfür anfallenden Kosten aufkam, unterstrich ebenfalls, welche hervorragende Bedeutung es diesem Tätigkeitsfeld beimaß. Namentlich trug es die Kosten für die Neuanlage eines Gewächshauses und eines Beetes zur Anzucht für die Kolonien vorgesehener Nutzpflanzen und überwies jährlich eine Pauschale für die Entlohnung eines Gärtners und Gartenarbeiters, die Beschaffung von Saatgut sowie die Verpackung und den Transport des Pflanzenmaterials. In den Konflikten zwischen Auswärtigem Amt und Preußischem Kultusministerium in den ersten Jahren des Bestehens der Botanischen Zentralstelle über deren finanzielle Ausstattung trat das große Interesse des Auswärtigen Amtes am Pflanzentransfer in die deutschen Kolonien deutlich hervor. Gleichzeitig brachten das Kultusministerium und die Leitung des Botanischen Gartens zum Ausdruck, dass sie ihren diesbezüglichen Verpflichtungen nur nachzukommen bereit wären, wenn alle dafür anfallenden Kosten durch Reichsmittel beglichen würden und nicht vom Botanischen Garten und Museum als einer preußischen Einrichtung übernommen werden müssten, da der Pflanzentransfer bis dahin weder im Zuständigkeits- noch Interessenbereich des Botanischen Garten und Museums gelegen hätte.[75]

73 Botanischer Garten Marburg, Goebel an Kultusministerium, von Gossler, 26. Dezember 1888, GStA PK I. HA Rep. 76, Va, Sekt. 2, Tit. X, Nr. 89 B, Bd. 1, Bl. 30–35; Botanischer Garten Breslau, Engler an Kultusministerium, von Gossler, 27. Dezember 1888, GStA PK I. HA Rep. 76, Va, Sekt. 2, Tit. X, Nr. 89 B, Bd. 1, Bl. 26–29.

74 Zum Vertrag vgl. ausführlich Kap. III.1.

75 Vgl. zur Gründung der Botanischen Zentralstelle und den Interessenkonflikten ausführlicher Kap. III.1.

Der Versand von Pflanzen und Saatgut ist damit als die vorrangige der Botanischen Zentralstelle zugewiesene Aufgabe zu verstehen, mit der das Auswärtige Amt die landwirtschaftliche Produktivität der deutschen Kolonien anzukurbeln hoffte. Zahlreiche Äußerungen belegen, dass das wissenschaftliche Personal des Botanischen Gartens und Museums die Versendung von Pflanzen und auch die angewandte Forschung als eher lästig empfand.[76] Der finanzielle Zuschuss aus Reichsmitteln für die Botanische Zentralstelle bezog sich jedoch hierauf, sodass die Nennung dieser Tätigkeitsbereiche an erster Stelle in den Jahresberichten gewiss ratsam erschien. Gleichzeitig konnte der Verweis auf hierbei Geleistetes argumentativ für die Rechtfertigung von Forderungen nach Budgeterhöhungen für die Botanische Zentralstelle eingesetzt werden. Auch der Kustos der Botanischen Zentralstelle, Georg Volkens, gab in seiner Darstellung aus dem Jahr 1907 den Versand von kommerziell nutzbaren Gewächsen in die Kolonien als „erste Aufgabe“[77] der Botanischen Zentralstelle an.

Die zunächst als „Probesendung“ organisierte Lieferung von tropischen Nutzpflanzen aus dem Berliner Botanischen Garten begann bereits im Juli 1889, also noch vor der offiziellen Gründung der Botanischen Zentralstelle. Unter Aufsicht eines gelernten Gärtners und botanischen Sammlers traten in zehn Wardsche Kästen verpackte Lebendpflanzen die Reise nach Hamburg und von dort mit einem Schiff der Woermann-Linie nach Kamerun an. Die versandten 66 Arten in 261 Exemplaren bildeten dann den Grundstock des Nutzpflanzenmaterials des dortigen Botanischen Gartens in Victoria.[78] Bereits an der Probesendung lassen sich die wesentlichen Charakteristika des Pflanzentransfers in die deutschen Kolonien ausmachen: Bevorzugt erfolgte der Versand von lebenden, am Botanischen Garten aufgezogenen Pflanzen in Wardschen Kästen an staatliche botanische Versuchseinrichtungen in den deutschen Kolonien, begleitet – wenn möglich – durch eine Fachkraft. Wie sich der Pflanzentransfer quantitativ und qualitativ entwickelte, welche Empfänger Pflanzenmaterial von der Botanischen Zentralstelle erhielten und welche Herausforderungen der Transport mit sich brachte, soll nun als erster Aspekt des größeren Tätigkeitsfeldes betrachtet werden. Eng verbunden mit dem Pflanzenversand in die Kolonien war die

76 Vgl. dazu Kap. IV.2.

77 Vgl. Volkens, Zentralstelle (1907), S. 4.

78 Zur Probesendung vgl. Volkens, Zentralstelle (1907), S. 5; Germania, Nr. 173, 1. Aug. 1889, in: GStA PK I. HA Rep. 76, Va, Sekt. 2, Tit. X, Nr. 89 B, Bd. 1, Bl. 86 sowie zahlreiche Details zum Transport und zu den versandten Pflanzen in den Korrespondenzen: BArch R 1001/8596, Bl. 65–128.

aufwendig organisierte Beschaffung von Pflanzen- und Saatgut weltweit, die in der bisherigen Forschung nicht betrachtet wurde, hier aber als Bestandteil des Pflanzentransfers Aufmerksamkeit erfährt.

Nach ihrer Gründung im Jahr 1891 versandte die Botanische Zentralstelle bis zum Beginn des Ersten Weltkriegs kontinuierlich lebende Pflanzen sowie Saatgut in die deutschen Kolonien. Das Gouvernement in Kamerun und der Botanische Garten in Victoria blieben dabei weiterhin unter den wichtigsten Adressaten. Insbesondere Letzterer, mit den Pflanzen der Probesendung aus Berlin erst begründet, erhielt in der Folge regelmäßig umfangreiche Lieferungen. Später zur Versuchsanstalt für Landeskultur ausgebaut, fungierte die Einrichtung als ältere von zwei landwirtschaftlichen Forschungsinstituten in den deutschen Kolonien neben mehreren kleineren Versuchsgärten und -stationen.[79] Der Kreis der Empfänger von tropischen Nutzpflanzen und Saatgut verschiedener Arten erweiterte sich jedoch schnell. Bereits Ende des Jahres 1892 kamen die Kolonialverwaltungen in Daressalam und Tanga in der Kolonie Deutsch-Ostafrika dazu sowie diejenige in Togo, außerdem mit der Neuguinea-Kompanie und der Astrolabe-Kompanie zwei im Pazifik agierende Kolonialgesellschaften.[80] Insgesamt wurden im Berichtsjahr 1891/92 weitere 500 Lebendpflanzen von 50 Arten in sieben Wardschen Kästen nach Kamerun und Deutsch-Ostafrika verschickt. Die Sendungen bestanden neben tropischen Nutzpflanzen für Anbauversuche – unter anderem Gummibaum (*Ficus elastica*) und Heilpflanzen – aus Palmensamen und größeren Mengen Saat von europäischem Gemüse. Das Gemüse sollte der Versorgung der ortsansässigen Europäer und der Besatzungen von Schiffen der Kaiserlichen Marine dienen, welche die deutschen Niederlassungen anliefen.[81] Der Bericht für 1893/94 listete schon insgesamt 16 Empfänger auf,

79 Die botanischen Einrichtungen in den Kolonien werden im folgenden Unterkapitel genauer beschrieben.

80 Die Neuguinea-Kompanie hatte 1885 die Hoheitsrechte für einen Teil Neuguineas übernommen, trat die Verwaltung jedoch 1898/99 an das Deutsche Reich ab. Sie blieb das wirtschaftlich dominante Unternehmen in Deutsch-Neuguinea. Die 1891 gegründete Astrolabe-Kompanie, welche die Anlage neuer Plantagen betreiben sollte, hatte sich 1896 der Neuguinea-Kompanie angeschlossen. Vgl. dazu Gründer, Geschichte (2000), S. 93 f. u. S. 178.

81 Vgl. Bericht Botanische Zentralstelle 1891/92, GStA PK I. HA Rep. 76, Va, Sekt. 2, Tit. X, Nr. 89 B, Bd. 1, Bl. 212–230, hier Bl. 216–218; Bericht Botanische Zentralstelle 1892/3, GStA PK I. HA Rep. 76, Va, Sekt. 2, Tit. X, Nr. 89 B, Bd. 1, S. 259–263, hier Bl. 260 f. Auch für den Versand von Saatgut europäischer Nutzpflanzen gab es Vorbilder. Vgl. dazu Klemun, Plants (2012), S. 44.

darunter Forschungs- und Militärstationen in den Kolonien Deutsch-Ostafrika und Togo, die hauptsächlich Gemüsesamen erhielten. Wardsche Kästen mit lebenden Pflanzen gingen in jenem Jahr nur jeweils zwei an den Botanischen Garten Victoria und an ein privates Plantagenunternehmen, die Usambara-Kaffeebau-Gesellschaft, in der Kolonie Deutsch-Ostafrika.[82]

Es fällt auf, dass in den ersten Jahren zwar viele Pflanzentransfers stattfanden, die nach den Kolonien Kamerun, Deutsch-Ostafrika, Togo und Deutsch-Neuguinea seit 1896/97 ebenso Deutsch-Südwestafrika erreichten. Indes handelte es sich zum großen Teil um Sendungen von Saatgut europäischer Gemüsesorten, allein bis zum Frühjahr 1894 wurden über 350 Kilogramm davon verschickt. Der Transport von lebenden tropischen Pflanzen in Wardschen Kästen fiel zurück auf durchschnittlich vier Kästen pro Jahr und beschränkte sich fast in der gesamten ersten Dekade nach der Gründung der Botanischen Zentralstelle auf Lieferungen an Versuchseinrichtungen wie den Botanischen Garten in Victoria und die landwirtschaftliche Versuchsstation Kwai in der Kolonie Deutsch-Ostafrika sowie an wenige private Plantagenunternehmen. Gleichwohl betonten die Berichte der Botanischen Zentralstelle wiederholt, dass der Versand von lebenden Pflanzen als Hauptaufgabe angesehen wurde, da Samen während der langen Seereise oft verdarben oder ihre Keimkraft verloren. Angesichts des seltenen direkten Schiffverkehrs zwischen den britischen oder niederländischen Kolonien mit den deutschen Gebieten hielt es die Botanische Zentralstelle für den „einzigen Weg“[83], Saatgut selbst zu beschaffen, daraus Sämlinge zu ziehen und diese sowie Ableger der schon kräftigeren Pflanzen in die Kolonien zu senden.

Die kostspielige Versendung von Stecklingen in Wardschen Kästen konnte allerdings zum einen angesichts des begrenzten Budgets von jährlich 3.000 Mark zunächst nicht in größerem Umfang betrieben werden. Zum anderen schränkten die beengten räumlichen Verhältnisse im Schöneberger Garten die Vermehrung von Pflanzen für den Versand ein, da nur ein Warmhaus dafür zur

82 Vgl. Bericht Botanische Zentralstelle 1893/94, GStA PK I. HA Rep. 76, Va, Sekt. 2, Tit. X, Nr. 89 B, Bd. 1, Bl. 295–297, hier Bl. 295 f.

83 Bericht Botanische Zentralstelle 1891/92, GStA PK I. HA Rep. 76, Va, Sekt. 2, Tit. X, Nr. 89 B, Bd. 1, Bl. 212–230, hier Bl. 224. Dazu kam, dass Samen meist eine zweite Seereise nicht unbeschadet überstanden hätten, wenn sie bspw. aus den tropischen Gärten der anderen Kolonialmächte kommend erst nach Berlin und von dort in die deutschen Kolonien verschickt worden wären. Vgl. Botanischer Garten und Botanisches Museum, Urban an Kultusministerium, 25. Dezember 1888, GStA PK I. HA Rep. 76, Va, Sekt. 2, Tit. X, Nr. 89 B, Bd. 1, Bl. 56–62.

Verfügung stand.[84] Dort betrieb die Botanische Zentralstelle die Anzucht von Stecklingen, wofür ihr der Botanische Garten einen „nicht unbedeutenden"[85] Stock tropischer Nutzgewächse überlassenen hatte. Um die Lücken zu schließen, die sich durch die Lieferungen von Pflanzen und Saat ergaben oder hinsichtlich der vertretenen Arten ohnehin bestanden, erwarb die Botanische Zentralstelle Pflanzen und Samen durch Kauf und Tausch.[86] Zu den Samenhandlungen, über die sie Pflanzenmaterial bezog, zählten von Beginn an die Firma J.P. William & Brothers – Tropical Seed Merchants in Henaratgoda auf Ceylon/Sri Lanka, die ebenfalls die britischen Kolonien belieferte.[87] Deutsche Samenhandlungen – darauf wies auch die Tagespresse hin, die sich auf Adolf Englers Berichte zur Botanischen Zentralstelle bezog – konnten zu Beginn der 1890er-Jahre kaum Saat von tropischen Nutzpflanzen liefern. Mit steigender Nachfrage, so der Artikel weiter, würde sich dies hoffentlich ändern, damit die Botanische Zentralstelle und die Verwaltungen in den Kolonien die Möglichkeit bekämen, bei deutschen Händlern zu bestellen.[88] Es etablierten sich allerdings zumeist ausländische Samenhandlungen als Zulieferer, daneben die Berliner Samenhandlung Joseph Klar und die Hamburger Firma Schenkel.[89]

---

84 So dargelegt in Bericht Botanische Zentralstelle 1899/1900, GStA PK I. HA Rep. 76, Va, Sekt. 2, Tit. X, Nr. 89 B, Bd. 2 Bl. 216–225, hier Bl. 217 und Bericht Botanische Zentralstelle 1891/92, GStA PK I. HA Rep. 76, Va, Sekt. 2, Tit. X, Nr. 89 B, Bd.1, Bl. 212–230, hier Bl. 224; außerdem Volkens, Zentralstelle (1907), S. 5.

85 Volkens, Zentralstelle (1907), S. 5. Der beachtliche Bestand des Vermehrungshauses ist ersichtlich in Bericht Botanische Zentralstelle 1891/92, Anlage A, GStA PK I. HA Rep. 76, Va, Sekt. 2, Tit. X, Nr. 89 B, Bd. 1, Bl. 212–230, hier Bl. 214. Schon im Vorjahr umfasste die Vermehrungsabteilung fast 2.400 Pflanzen. Vgl. Bericht Botanische Zentralstelle 1890/91, GStA PK I. HA Rep. 76, Va, Sekt. 2, Tit. X, Nr. 89 B, Bd. 1, Bl. 188–198, hier Bl. 197.

86 Vgl. Volkens, Zentralstelle (1907), S. 5 u. Bericht Botanische Zentralstelle 1900/01, GStA PK I. HA Rep. 76, Va, Sekt. 2, Tit. X, Nr. 89 B, Bd. 2, Bl. 249–250, hier Bl. 249.

87 Vgl. Bericht Botanische Zentralstelle 1891/92, GStA PK I. HA Rep. 76, Va, Sekt. 2, Tit. X, Nr. 89 B, Bd. 1, Bl. 212–230, hier Bl. 225. Die Verbindungen von William & Brothers zu den britischen Kolonien hob Engler hervor, standen sie doch für das Renommee der Händler. Die Botanische Zentralstelle bezog von dieser Firma anfangs jährlich, später sporadisch Pflanzen und Samen, wie die Jahresberichte bis 1912/13 belegen.

88 Vossische Zeitung, 17. August 1892, in: GStA PK I. HA Rep. 76, Va, Sekt. 2, Tit. X, Nr. 89 B, Bd. 1, Bl. 204.

89 Vgl. die Jahresberichte der Botanischen Zentralstelle. Die Botanische Zentralstelle kaufte beinahe jährlich Saat bei der Samenhandlung Joseph Klar. Diese warb im *Tropenpflanzer* damit, von tropischen Nutzpflanzen und Gemüsesorten, welche die

Als weitaus wichtiger erwiesen sich für die Botanische Zentralstelle ohnehin die „Zuwendungen, die ihr durch Beziehungen mit den überseeischen botanischen Gärten fast aller Kolonialmächte zuteilwurden."[90] Zu nennen sind hier für die ersten Jahre sortiert nach der Häufigkeit der „Zuwendungen" die Gärten Buitenzorg/Bogor, Saigon, Kalkutta/Kolkata, Singapur, Madras und Sidney. Große Erwartungen knüpfte man überdies an Eingänge aus den eigenen Kolonien und plante, ausführliche gedruckte Anweisungen an die Versuchsstationen zu schicken, um von ihnen seltene Pflanzen zu erhalten.[91] Von dem eintreffenden Saatgut behielt die Botanische Zentralstelle einiges zurück, um daraus Pflanzen zu ziehen sowie deren Akklimatisation zu erproben und Verluste auszugleichen, weil meist ein Teil der in den Kolonien eintreffenden Saat nicht aufging.[92] Da die Zusendungen aus den britischen, niederländischen und den eigenen Kolonien an die Botanische Zentralstelle eher schleppend anliefen und Engler bezüglich der Beschaffung von tropischen Pflanzen „erhebliche Schwierigkeiten"[93] sah, Samen von europäischem Gemüse dagegen günstiger und einfacher zu besorgen waren, ist es nicht verwunderlich, dass sie anfangs einen großen Teil der Transfers in die Kolonien ausmachten.[94] Doch es gelang zunehmend, den Pflanzenversand vielseitiger und umfangreicher zu gestalten, unter anderem weil Externe die Finanzierung einzelner Lieferungen übernahmen. Die Samenhandlung Klar sponserte beispielsweise eine 100 Kilogramm schwere Sendung von Gemüse- und Genussmittelsamen nach Ostafrika und das Auswärtige Amt kam für den Transport von acht Kilogramm Kartoffeln und 70 Kilogramm Samen von Futterpflanzen an das

---

Botanische Zentralstelle für den Anbau in den Tropen empfahl und nur in kleinen Mengen ausgab, umfangreiche Sendungen in die afrikanischen Kolonien bereitstellen zu können. Vgl. Flitner, Sammler (1995), S. 27. Auch von der Firma Albert Schenkel bezog die Botanische Zentralstelle regelmäßig Saat. Eine Firma mit dem Namen Exotische Sämereien Albert Schenkel GmbH existierte noch bis 2004 bei Hamburg.

90 Volkens, Zentralstelle (1907), S. 5.

91 Bericht Botanische Zentralstelle 1890/91, GStA PK I. HA Rep. 76, Va, Sekt. 2, Tit. X, Nr. 89 B, Bd. 1, Bl. 188–198, hier Bl. 190.

92 Bericht Botanische Zentralstelle 1905/06, in: Denkschrift Schutzgebiete (1907), S. 425–428, hier S. 426.

93 Bericht Botanische Zentralstelle 1891/92, GStA PK I. HA Rep. 76, Va, Sekt. 2, Tit. X, Nr. 89 B, Bd. 1, Bl. 212–230, hier Bl. 224.

94 Zumal die Botanische Zentralstelle angab, allein für 4–6 Stationen jährlich Gemüsesaat aus den eigenen Beständen liefern zu können. Vgl. Bericht Botanische Zentralstelle 1890/91, GStA PK I. HA Rep. 76, Va, Sekt. 2, Tit. X, Nr. 89 B, Bd. 1, Bl. 188–198, hier Bl. 189.

Gouvernement in Togo auf. Daneben erwähnen die Berichte bezüglich des versandten Pflanzenmaterials namentlich Gewürze wie Zimt und Pfeffer, ferner Jute und Baumwolle, Obst, kautschukliefernde Pflanzen, Palmen, Nadelhölzer und Nutzhölzer wie Mahagoni und Teakbaum, außerdem Futtergräser sowie Schattenpflanzen für Kaffee- und Kakaoplantagen.[95]

Die Pflanzentransfers kennzeichnete zu Beginn deutlich ein experimenteller Charakter. Es wurden viele Arten in kleinen Mengen verschickt, um breite Kulturversuche vornehmen zu können und damit zeitnah für das Klima und die Bodenverhältnisse der einzelnen Gebiete geeignete Pflanzen zu ermitteln.[96] Die Entscheidung, welche Arten zum Versand kamen, oblag der Botanischen Zentralstelle. Sie traf eine Vorauswahl, basierend auf botanischem Vorwissen zu den Anbaumöglichkeiten einzelner Pflanzen und unter Berücksichtigung der verschiedenen lokalen Bedingungen, erworben zum Teil durch eigene Beobachtungen am Botanischen Garten oder aber durch die Analyse der veröffentlichten Erfahrungsberichte der Versuchsgärten in den britischen, niederländischen, französischen und portugiesischen Kolonien.[97] Außerdem forderte sie Bodenproben aus den Kolonien an, um diese genauer zu untersuchen.[98]

Während es die Botanische Zentralstelle bezüglich der Belieferung der Versuchsgärten zu ihrem Anspruch erklärte, unter Berücksichtigung der Wünsche der Stationsleiter „möglichst vielseitiges Pflanzenmaterial nach eigener Auswahl“[99] bereitzustellen, schränkte sie die Belieferung von Plantagenunternehmen und Privaten insoweit ein, als sie nur ausdrücklich erbetene Arten lieferte. Schreiben, welche einen Einblick in die Bestellungen von Versuchsgärten, Gouvernements, Plantagenbesitzern oder Privatleuten erlauben würden, sind bis auf

---

95 Bericht Botanische Zentralstelle 1891/92, GStA PK I. HA Rep. 76, Va, Sekt. 2, Tit. X, Nr. 89 B, Bd. 1, Bl. 212–230, hier Bl. 216; Bericht Botanische Zentralstelle 1892/3, GStA PK I. HA Rep. 76, Va, Sekt. 2, Tit. X, Nr. 89 B, Bd. 1, Bl. 259–263, hier Bl. 260 und die Berichte der Botanischen Zentralstelle bis zum Jahr 1896.

96 Vgl. Volkens, Zentralstelle (1907), S. 5.

97 Zur Beobachtung und Auswertung der landwirtschaftlichen Experimente und Strategien der anderen europäischen Kolonialmächte vgl. ausführlicher Kap. IV.3.

98 Vgl. Entwurf Botanische Zentralstelle, Botanischer Garten und Botanisches Museum, Engler an Kultusministerium, von Gossler, 7. Januar 1890, GStA PK I. HA Rep. 76, Va, Sekt. 2, Tit. X, Nr. 89 B, Bd. 1, Bl. 112–118, hier Bl. 114. Für die Auswahl von Pflanzen für Kamerun verlangte Engler Schilderungen der Beschaffenheit des dortigen Kulturbodens und die Einsendung von Proben jeder Bodenart, mindestens je 50 Kilogramm umfassend. Ebd.

99 Volkens, Zentralstelle (1907), S. 7.

wenige Anfragen von Beamten der Kolonialverwaltung nicht überliefert, sodass sich nicht genauer klären lässt, in welchem Maße die Botanische Zentralstelle die Nachfrage aus den Kolonien bedienen konnte. Wie erwähnt, begrenzten zum einen das kleine Budget der Einrichtung den teuren Versand von Stecklingen, zum anderen findet sich der Hinweis, dass der Raummangel für die Anzucht von Pflanzen auf dem Schöneberger Areal es nicht gestattete, allen Wünschen von Privatpersonen oder Plantagengesellschaften nachzukommen, da die Versorgung der staatlichen Versuchseinrichtungen und Verwaltungen in den Kolonien Vorrang hatte.[100]

Um die Auswahl zu verbessern, bedurfte die Botanische Zentralstelle der Rückmeldungen aus den Versuchseinrichtungen in den Kolonien. Engler hatte dementsprechend von Anfang an darauf bestanden, dass diese über die Kultur des erhaltenen Pflanzenmaterials direkt an ihn berichteten.[101] Die regelmäßig angeforderten Informationen trafen wohl überwiegend zur Zufriedenheit ein und bildeten die Grundlage für eine gezieltere Auswahl von Arten, die gute Erträge versprachen.[102] Sie flossen zudem in Englers „Generalbericht"[103] über die Anbauversuche an das Auswärtige Amt beziehungsweise später an das Reichskolonialamt ein. Solche Mitteilungen stammten von den Leitern der Versuchsgärten oder den dort angestelltem Gärtnern, von denen viele ihre Ausbildung an der Botanischen Zentralstelle absolviert hatten und nun zum stetigen Informationsaustausch beitrugen. Der Leiter der Versuchsstation Kwai erhielt über das Gouvernement in Deutsch-Ostafrika sogar die Aufforderung zur monatlichen

100 Vgl. Nachwort zum Bericht Botanische Zentralstelle 1901/02, GStA PK I. HA Rep. 76, Va, Sekt. 2, Tit. X, Nr. 89 B, Bd. 2, Bl. 283–284, hier Bl. 284, abgedr. in Notizblatt, Bd. 3, Nr. 30 (März 1903), S. 222–224.

101 Botanischer Garten und Botanisches Museum, Engler an Kultusministerium, von Gossler, 7. Januar 1890, GStA PK I. HA Rep. 76, Va, Sekt. 2, Tit. X, Nr. 89 B, Bd. 1, Bl. 112–118, hier Bl. 114.

102 Schon der Bericht für 1891/92 erwähnt aus Victoria und Bismarckburg eingetroffene Nachrichten: Bericht Botanische Zentralstelle 1891/92, GStA PK I. HA Rep. 76, Va, Sekt. 2, Tit. X, Nr. 89 B, Bd. 1, Bl. 212–230, hier Bl. 223; weitere Hinweise darauf in Bericht Botanische Zentralstelle 1892/93, GStA PK I. HA Rep. 76, Va, Sekt. 2, Tit. X, Nr. 89 B, Bd. 1, Bl. 259–263, hier Bl. 262. Zahlreiche Jahresberichte wiesen zwar auf die als zu gering bewertete Zusendung von Pflanzenmaterial aus den Versuchsstationen hin, äußerten sich aber nicht negativ über Qualität und Quantität der eingesandten Reporte.

103 Botanischer Garten und Botanisches Museum, Engler an Reichskolonialamt, 27. November 1907, BArch R 1001/8601, Bl. 96.

Berichterstattung – sehr zur Freude der Botanischen Zentralstelle, die sich dadurch in die vorteilhafte Lage versetzt sah, „sich laufend über das Schicksal ihres hinaus gesandten Pflanzenmaterials informiert zu wissen“ und somit „besser beurteilen zu können, was sich für den gegebenen Platz überhaupt eignet und was ihm mit Aussicht auf Erfolg im Weiteren zugeführt werden kann.“[104] Dadurch ließ sich der Pflanzentransfer zunehmend kontrollieren und systematisieren. Die Steuerung durch die Botanische Zentralstelle beinhaltete zudem, dass zusammen mit Pflanzen und Saatgut Anweisungen verschickt wurden, um einen sachgerechten Anbau sicherzustellen.[105]

Neben der Lenkung und Kontrolle des Pflanzentransfers durch die Botanische Zentralstelle ist somit begleitend ein wechselseitiger Wissensaustausch mit den Versuchsstationen in den Kolonien feststellbar. Die Botanische Zentralstelle erwies sich dabei wie geplant als Umschlagplatz von Informationen, hier vorrangig in Hinblick auf die Kultur neu eingeführter Pflanzen. Sie sammelte nicht nur Reporte aus den Kolonien, sondern machte sie durch die Veröffentlichung unter anderem in hauseigenen Periodika wie dem *Notizblatt* zugänglich, durch Schriftentausch mit botanischen Gärten anderer Kolonialmächte auch über botanische Einrichtungen und kolonialwirtschaftlich interessierte Kreise im Deutschen Reich hinaus. In amtlichen Publikationen wie dem *Kolonialblatt* oder in den *Denkschriften über die Entwicklung der deutschen Schutzgebiete in Afrika und der Südsee* erschienen ebenfalls Meldungen aus den Versuchs- und Gouvernementsgärten, umfassend oder in Auszügen als Teil der Jahresberichte der Botanischen Zentralstelle.

Darauf konnte auch die Tagespresse zurückgreifen, die schon 1892 erste Erfolge des Pflanzentransfers durch die Botanische Zentralstelle meldete. So zitierte sie die Angaben des Gärtners des Botanischen Gartens in Victoria, dass Gurken, Bohnen, Rettiche, Karotten, Endiviensalat, Kopfsalat und Kohlarten gut gediehen, nur nicht Zwiebeln. Auch tropische Gewächse wie Pfeffer, Kaffee, Gummibaum, Kautschuklianen, Kolanussbaum, Sandelholz, Brechnuss, Tamarinde, Kakao und Ingwer entwickelten sich zufriedenstellend, Chinarindenbäume dafür nicht.[106] Dabei fehlte nicht der Hinweis darauf, dass „ganz andere Summen“[107] aufgebracht werden müssten, damit Anbauversuche im größeren

104 Bericht Botanische Zentralstelle 1896/97, in: Jahresbericht Schutzgebiete (1898), S. 147–150, hier S. 147.

105 Ebd., S. 148.

106 Vossische Zeitung, 17. August 1892, in: GStA PK I. HA Rep. 76, Va, Sekt. 2, Tit. X, Nr. 89 B, Bd. 1, Bl. 204.

107 Ebd.

Maßstabe durchgeführt werden könnten, um die Plantagenwirtschaft in den Kolonien voranzubringen. Zwar sei schon „ein erfreulicher Schritt vorwärts gemacht worden, um unserem Kolonialbesitze zu immer größerem Wert zu verhelfen"[108], stellte ein weiterer Artikel fest. „Doch bleibt natürlich noch viel zu tun und wir dürfen noch nicht annähernd unsere Einrichtungen mit denjenigen der Engländer vergleichen, die eben schon gar lange den Wert eigener tropischer Kulturgebiete erkannt haben und deshalb auch mit großen Geldmitteln eine immer weiter schreitende praktische Ausnutzung dieser Gebiete anzustreben vermögen."[109]

Die Zeitung verwies explizit auf die britischen Unternehmungen als Maßstab und griff Englers Beschwerden auf, die er zu der Zeit wiederholt in der Auseinandersetzung mit dem Auswärtigen Amt über die Erhöhung des Budgets der Botanischen Zentralstelle vorbrachte.[110] In der Tat kam der Versand von Pflanzenmaterial nicht einmal annähernd an die Zahlen der Royal Botanic Gardens Kew heran, die jährlich allein durchschnittlich 39 Wardsche Kästen mit lebenden Pflanzen verschickten und zudem tausende Kilogramm Saatgut.[111] Zwar konnte die Botanische Zentralstelle als Zwischenbilanz acht Jahre nach dem ersten Pflanzentransport durchaus auf Erfolge am Botanischen Garten in Victoria verweisen, da von ihr ausgewählte und versandte Arten wie Ceylon-Zimt, Muskatbaum, Kampfer, Pfeffer, verschiedene Palmen, Tee, Mahagoni und Eisenholz dort bereits als dauerhaft eingeführt galten. Sobald diese Pflanzen reife Samen produzierten, ließen sie sich an private Plantagenunternehmen in Kamerun weitergeben, ebenso wie schon aus Berlin stammende Schatten- und Stützbäume für Kaffee-, Kakao- und Vanilleplantagen und tropisches Obst.[112] Dennoch stand außer Frage, dass nur mit einem beträchtlichen finanziellen Mehraufwand bedeutsame landwirtschaftliche Interventionen möglich waren.

Nach der Budgeterhöhung zum 1. April 1898 konnte die Botanische Zentralstelle sogleich eine erhebliche Ausweitung des Pflanzentransfers vermelden. Nicht nur vergrößerte sich das Spektrum der Samensendungen, sondern erstmals überstieg die Zahl der versandten lebenden Pflanzen die der Vorjahre.

---

108 Vossische Zeitung, 1. Oktober 1892, in: GStA PK I. HA Rep. 76, Va, Sekt. 2, Tit. X, Nr. 89 B, Bd. 1, Bl. 270.

109 Ebd.

110 Zum jahrelangen Tauziehen um die Budgeterhöhung vgl. Kap. III.1.

111 Vgl. McCracken, Gardens (1997), S. 85.

112 Bericht Botanische Zentralstelle 1896/97, in: Jahresbericht Schutzgebiete (1898), S. 147–150, hier S. 147.

Den diesbezüglich absoluten Höhepunkt verzeichnete der Bericht für das Rechnungsjahr 1899/1900 mit 44 Wardschen Kästen, die 630 Pflanzenarten in 4.289 Exemplaren enthielten. Einmalig wurde hier offenbar angesichts der beeindruckenden Menge der ungefähre Wert dieser Pflanzensendungen beziffert – auf etwa 21.445 Mark. Damit, so hieß es, sei der Etat der Botanischen Zentralstelle jedoch nahezu erschöpft.[113] Gleichzeitig kam erstmals ein Austausch von Pflanzenmaterial zwischen den deutschen Kolonialgebieten zu Stande, indem eine umfangreiche Samensendung von der ostafrikanischen Station Kwai über die Botanische Zentralstelle an westafrikanische Versuchseinrichtungen weitergeleitet wurde. Pflanzen und Saatgut ließen sich somit wie erhofft auch aus den eigenen Kolonien beziehen und weiter verbreiten, wobei Berlin als Zwischenstation von Transfers zwischen den deutschen Kolonien diente.[114] Für die Steigerung des Versands von Stecklingen erwies sich überdies der Umzug des Botanischen Gartens und Museums nach Dahlem als förderlich. Die dortigen Platzverhältnisse erlaubten es, ab 1903 weitaus mehr für die Kolonien vorgesehene Pflanzen zu vermehren, die zudem in den neuen Kulturhäusern mit modernen technischen Einrichtungen wie beheizbaren Beeten besser gediehen als zuvor.[115]

Dadurch, dass nun größere Mengen Pflanzenmaterial zum Versand in die Kolonien zur Verfügung standen, ließ sich auch das Netzwerk der Empfänger ausbauen. Es blieb dabei, dass die etablierten staatlichen Versuchsgärten und -stationen vorrangig bedacht wurden und stetig lebende Pflanzen sowie Saatgut erhielten. Doch auch Militär-, Forschungs- und Verwaltungsstationen empfingen Pflanzenmaterial, allerdings oft nur einmalig Samen von tropischen und subtropischen Nutzpflanzen, Gemüse- und Getreidearten oder Futter- und Ziergewächsen, die eher zur eigenen Verwendung und nicht für großflächige Experimente gedacht waren.[116] Zahlreiche botanische Gärten in den britischen,

113 Bericht Botanische Zentralstelle 1897/98, GStA PK I. HA Rep. 76, Va, Sekt. 2, Tit. X, Nr. 89 B, Bd. 2, Bl. 195–203, hier Bl. 196–197; Bericht Botanische Zentralstelle 1899/1900, GStA PK I. HA Rep. 76, Va, Sekt. 2, Tit. X, Nr. 89 B, Bd. 2, Bl. 216–225, hier Bl. 216–217.

114 Bericht Botanische Zentralstelle 1897/98, GStA PK I. HA Rep. 76, Va, Sekt. 2, Tit. X, Nr. 89 B, Bd. 2, Bl. 195–203, hier Bl. 199; Bericht Botanische Zentralstelle 1903/04, GStA PK I. HA Rep. 76, Va, Sekt. 2, Tit. X, Nr. 89 B, Bd. 2, Bl. 327–331, hier Bl. 328.

115 Bericht Botanische Zentralstelle 1902/03, GStA PK I. HA Rep. 76, Va, Sekt. 2, Tit. X, Nr. 89 B, Bd. 2, Bl. 295–309, hier Bl. 296.

116 Bericht Botanische Zentralstelle 1897/98, GStA PK I. HA Rep. 76, Va, Sekt. 2, Tit. X, Nr. 89 B, Bd. 2, Bl. 195–203, hier Bl. 197. Zu diesen Stationen vgl. die Objektbiographie zu Beginn von Kap. IV.

niederländischen und französischen Kolonien bedachte die Botanische Zentralstelle ebenfalls mit Sendungen von Samen tropischer Pflanzen aus den deutschen Kolonien, um die Tauschbeziehungen mit diesen Institutionen aufrecht zu erhalten.[117] Mehrfach klagte Engler allerdings darüber, dass hierfür noch zu wenig Pflanzenmaterial eintraf, wie etwa in dieser Äußerung: „Das geringe Interesse, welches in unseren Kolonien für das Einsammeln von Samen dort vorkommender Nutzgewächse oder anderer interessanter Pflanzen vorhanden ist, macht sich der Zentralstelle dadurch unangenehm fühlbar, dass sie nicht im Stande ist, einen dauernden Austausch mit anderen überseeischen Versuchsgärten zu unterhalten."[118] Obwohl sie bislang noch wertvolle Saat aus verschiedenen tropischen Gärten insbesondere in den britischen und niederländischen Kolonien erhalte, verdanke sie das nur einer „Liberalität, die beim Fehlen entsprechender Gegendienste doch schließlich wohl einmal versagen dürfte. Bisher hat die Direktion des Botanischen Gartens und Museums einzelnen dieser Anstalten auf andere Weise Gegendienste zu erweisen gesucht."[119] Kurz darauf hieß es, die Beziehungen zu den Tropengärten anderer Kolonialmächte schwächten sich immer mehr ab, da die Gegenleistungen aus den deutschen Kolonien zu gering waren.[120] Erst nachdem die Beschwerden offenbar Wirkung zeigten und mehr Pflanzenmaterial aus den deutschen Kolonialgebieten bei der Botanischen Zentralstelle einging, das auch an die ausländischen Gärten weitergegeben wurde, belebte sich der Austausch nachweislich wieder.[121]

Ab 1900 verteilte die Botanische Zentralstelle zudem regelmäßig Saatgut an Missionsstationen, vorwiegend in den deutschen Kolonien im Pazifik und in Ostafrika. Die Missionen betrieben oft eigene Plantagen, für die sie Nutzpflanzen

---

117 Dies lässt sich nachvollziehen an den Berichten vom Rechnungsjahr 1897/98 bis 1912/13. Die meisten Transfers an ausländische botanische Gärten fanden im Zeitraum 1902–1905 statt. Auch botanische Gärten im Deutschen Reich – namentlich in Karlsruhe, München, Göttingen, Hamburg, Breslau und Dresden – konnten mit Stecklingen versorgt werden, wie die Berichte für 1896/97, 1897/98 und 1902/03 angeben, „damit auch dort das Interesse für diese Pflanzen und damit auch für koloniale Bestrebungen gefördert wird". Bericht Botanische Zentralstelle 1897/98, GStA PK I. HA Rep. 76, Va, Sekt. 2, Tit. X, Nr. 89 B, Bd. 2, Bl. 195–203, hier Bl. 202.

118 Bericht Botanische Zentralstelle 1903/04, GStA PK I. HA Rep. 76, Va, Sekt. 2, Tit. X, Nr. 89 B, Bd. 2, Bl. 327–331, hier Bl. 328.

119 Ebd., Bl. 329.

120 Bericht Botanische Zentralstelle 1904/05 in: Denkschrift Schutzgebiete (1906), S. 3030–3032, hier S. 3030.

121 Vgl. die Berichte der Botanischen Zentralstelle ab 1905/06.

brauchten. Durch die Einbindung der Missionsstationen ließ sich das Netz der Orte, an denen der Anbau verschiedener Arten getestet wurde, verdichten und es konnten zusätzliche Informationen über die Kultur einzelner Arten bei verschiedenen Boden- und Klimaverhältnissen erlangt werden. Einige botanisch interessierte Missionare sammelten überdies Pflanzenmaterial für die Botanische Zentralstelle.[122]

Von den gestiegenen Möglichkeiten des Versands von Pflanzen und Samen profitierten dazu besonders Plantagengesellschaften. Allein im Berichtsjahr 1899/1900 gingen 15 Wardsche Kästen an sechs Unternehmen. Dafür verpflichteten sich die Gesellschaften, „alle aus diesen Sendungen erwachsenden Kosten zu übernehmen“ und später die Wardschen Kästen „gefüllt mit wichtigen Pflanzen ihrer Gebiete“[123] an Berlin zurückzusenden. Der Bericht offerierte, ebenso Privatpersonen mit lebenden Pflanzen zu beliefern, sofern sie dieselben obigen Verpflichtungen eingingen. Saatgut hingegen gab die Botanische Zentralstelle kostenlos ab, wie an gleicher Stelle angemerkt wurde. Der Text – veröffentlicht unter anderem im *Kolonialblatt* und damit vielen Interessierten zugänglich – ist auch als Werbung für diese „Dienstleistung“ der Botanischen Zentralstelle zu verstehen, die sich wiederum Vorteile versprach durch eine Erweiterung ihres Netzwerkes von Einsendern pflanzlicher Objekte, botanischer Beobachtungen und landwirtschaftlicher Erfahrungen. Zu den Privatleuten, die Saatgut und lebende Pflanzen von der Botanischen Zentralstelle bekamen, gehörte beispielsweise Georg Zenker, der als Leiter der Station Jaunde/Yaoundé und später als Besitzer von Kaffee-, Kakao- und Kautschukplantagen in Kamerun zu einem der wichtigsten Sammler für den Botanischen Garten in Berlin wurde und mehrfach auch Saatgut an die Botanischen Zentralstelle schickte.[124] Darüber hinaus empfingen in Venezuela und Nicaragua zwei nicht näher benannte Privatleute je einen Wardschen Kasten tropischer Nutzpflanzen, um dafür neue, in den deutschen Kolonien noch nicht vertretene ökonomisch wichtige Gewächse einzusenden.[125] Insgesamt war die Zahl der in den Pflanzentransfer der Botanischen Zentralstelle eingebundenen Privatpersonen allerdings gering.

122 Vgl. hierzu ausführlicher die Objekt- und Sammlerbiographie zu Beginn von Kap. V.

123 Beide Zitate: Bericht Botanische Zentralstelle 1899/1900, GStA PK I. HA Rep. 76, Va, Sekt. 2, Tit. X, Nr. 89 B, Bd. 2, Bl. 216–225, hier Bl. 218.

124 Zu Georg Zenker, auch in der vorstehenden Objektbiographie erwähnt, vgl. ausführlicher Kap. IV.2.

125 Bericht Botanische Zentralstelle 1904/05 in: Denkschrift Schutzgebiete (1906), S. 3030–3032, hier S. 3030.

Auffallend ist, wie stark das traditionell die botanischen Netzwerke bestimmende Prinzip der Gegenseitigkeit auch als Charakteristikum der kolonialen Pflanzentransfers der Botanischen Zentralstelle hervortritt. Dies betraf sowohl den interimperialen Austausch als auch den Versand von Pflanzenmaterial zwischen Berlin und Akteuren in den deutschen Kolonien.[126] Im Gegenzug für Lieferungen von der Botanischen Zentralstelle übermittelten zum einen die staatlichen botanischen Versuchseinrichtungen und sonstigen Stationen in den deutschen Kolonien Pflanzenmaterial nach Berlin zur wissenschaftlichen Überprüfung, für die Sammlungen und zur weiteren Verteilung in andere Kolonien oder an Tauschpartner weltweit, ergänzt noch zusätzlich durch Nachrichten über den testweisen Anbau der erhaltenen Arten. Die Kolonialbehörden waren dazu laut des Vertrages über die Gründung der Botanischen Zentralstelle auch angehalten, kamen diesem Auftrag jedoch nach Ansicht Englers nur ungenügend nach, was er wie dargestellt unmissverständlich monierte. Zuverlässiger zeigten sich die an der Botanischen Zentralstelle ausgebildeten Gärtner. Sie adressierten von den Forschungstationen und botanischen Einrichtungen, denen sie zugewiesen worden waren, umfangreiche Sendungen nach Berlin. Aus dem Botanischen Garten in Victoria trafen nahezu jährlich vom Leiter oder den dortigen Gärtnern zusammengestellte Pakete ein.[127] Zum anderen wurden Unternehmen und Privatpersonen beliefert, wenn sie sich ebenfalls zum Sammeln für die Botanische Zentralstelle bereit erklärten. In dem sich bis zum Beginn des Ersten Weltkriegs immer dichtmaschiger und ausgedehnter entwickelnden Netz zirkulierten Pflanzen, Samen und Informationen. Eine besondere Bedeutung hatte

---

126 Diese Reziprozität betont u.a. Müller-Wille, Botanik (1999), S. 316.

127 Die Berichte der Botanischen Zentralstelle erwähnen erst ab 1905 regelmäßige Eingänge (Saatgut) von den Bezirksämtern oder anderen Verwaltungsbehörden in den deutschen Kolonien. Eine Ausnahme stellte der Kolonialbeamte Hermann Kersting dar, der ab 1897 als Leiter der Station Misahöhe in Togo, dann als Verwalter des Bezirks Sokode tätig war. Er sandte immer wieder Samen nach Berlin. Im Kolonialdienst beschäftigte Forscher wie Franz Stuhlmann und Richard Büttner nannten die Berichte ebenfalls als Einsender. Von den Gärtnern ist hinsichtlich der Zusendungen von Pflanzen und Saatgut hervorzuheben Hans Deistel, 1897–1907 Leiter des Gouvernementsgartens in Buea, der in Kamerun und auf Java sammelte. Selbst bei privaten Pflanzungsgesellschaften beschäftigte Gärtner blieben der Botanischen Zentralstelle verbunden, wie der Gärtner Scholz, der seit 1897/98 bei der Kaffeeplantage Friedrich Hoffmann in Useguha in tätig war und von dort Pflanzen einsandte. Die Pflanzung erhielt wiederum Lebendexemplare und Saat von der Botanischen Zentralstelle. Zur Biographie vgl. die Übersicht im Anhang.

der Tauschverkehr mit den botanischen Gärten anderer Kolonialmächte. Konkurrenzdenken fand dabei keine Erwähnung, vielmehr gab es vielfältige Kooperationen, solange der Grundsatz der Reziprozität beachtet wurde. Der Austausch von Pflanzenmaterial verlief meistens – aber nicht immer – über Berlin.

Es erwies sich nämlich unter anderem wegen des langen Transportweges als schwierig, die deutschen Kolonialgebiete im Pazifik von Berlin aus mit lebenden Pflanzen zu beliefern. Obwohl seit 1892 Samensendungen an die Neuguinea-Kompanie erfolgten, brachte erst das sogenannte Tropen- oder Buitenzorgstipendium des Deutschen Reiches eine entscheidende Wende. Es richtete sich vorrangig an deutsche Botaniker und unterstützte die Erforschung der tropischen Flora durch die Finanzierung einer Hospitation am Botanischen Garten Buitenzorg/Bogor auf Java, der als internationales Forschungsinstitut zu der Zeit einen herausragenden Ruf hatte.[128]

Schon mit dem Aufenthalt des Kustos der Botanischen Zentralstelle, Georg Volkens, auf Java von 1901–1902, der sich dort weniger wissenschaftlichen Studien, sondern „ganz in erster Linie der Erwerbung von Saat hochwertiger Tropenprodukte“[129] widmete, etablierte sich die Einrichtung mit Hilfe der deutschen Stipendiaten vor Ort als unverzichtbare Bezugsquelle wertvollen Pflanzenmaterials. Allein Volkens brachte 300 Samensendungen auf den Weg, die Mehrzahl davon direkt an die Versuchsstationen in den afrikanischen Kolonien und weitere nach Deutsch-Neuguinea.[130] Engler stellte zufrieden fest, dass „die Zentralstelle von jetzt ab in einem der Hauptplantagengebiete der Erde fast ständig einen Mittelsmann hat, der sie sowohl wie unsere Südsee-Schutzgebiete mit allem Gewünschten und von dort Beziehbarem in bester Weise zu versorgen

---

128 Vgl. Art. „Buitenzorg“, in: Schnee, Kolonial-Lexikon (1920), Bd. 1, S. 250 f. Bereits in den Jahren 1899–1900 reiste Karl Giesenhagen als erster Stipendiat nach Java und schickte von dort Pflanzen an die Botanische Zentralstelle. Vgl. Bericht Botanische Zentralstelle 1899/1900, GStA PK I. HA Rep. 76, Va, Sekt. 2, Tit. X, Nr. 89 B, Bd. 2, Bl. 216–225, hier Bl. 219. Zum Buitenzorg-Stipendium finden sich umfangreiche Aktenbestände, die nicht nur Englers Initiative für die Einrichtung des Stipendiums belegen, sondern auch seine Absicht, nach 1906 ebenso Stipendiaten an das Forschungsinstitut Amani in der Kolonie Deutsch-Ostafrika zu schicken. BArch, R 1001/8604, insbes. Bl. 3 und Bl. 138; außerdem R 1001/8605; ferner BArch R 86/2560.

129 Volkens, Zentralstelle (1907), S. 6.

130 Detaillierte Angaben dazu finden sich im Bericht Botanische Zentralstelle 1901/02, GStA PK I. HA Rep. 76, Va, Sekt. 2, Tit. X, Nr. 89 B, Bd. 2, Bl. 264–274, hier Bl. 266.

mag."[131] Bis zu diesem Zeitpunkt war bei der Beschaffung von Saatgut durch Ankauf von überseeischen Firmen oder im Tausch mit den botanischen Gärten der anderen Kolonialmächte eine vorherige fachkundige Prüfung auf Keimfähigkeit und eine genaue Bestimmung des Pflanzenmaterials nicht möglich gewesen, worauf sich offenbar viele Fehlschläge bei Anbauversuchen zurückzuführen ließen.[132] Nun jedoch bot sich die Chance, in Buitenzorg/Bogor „an Ort und Stelle, frisch vom Baum Saatgut gerade solcher Varietäten von Nutzpflanzen aller Art zu erwerben, die in langer Kultur sich als erstklassig herausgestellt hatten."[133] Von Seiten der Botanischen Zentralstelle wurde dies als entscheidende Voraussetzung gewertet, ihre Tätigkeiten im Bereich des Pflanzentransfers auszuweiten und zu optimieren.[134] Auffällig ist einmal mehr das Bemühen, kontrollierend in die Transfers einzugreifen und Fachleute an den entscheidenden Stellen einzusetzen, seien es selbst ausgebildete Gärtner in den Versuchsstationen in den Kolonien oder in Buitenzorg/Bogor forschende deutsche Botaniker, an die Sammelaufträge erteilt wurden.[135]

Förderlich auf den Bezug und Versand von Pflanzen wirkte sich auch die Zusammenarbeit mit dem Kolonialwirtschaftlichen Komitee als „Schnittstelle zwischen Wissenschaft und Wirtschaft"[136] aus. Das KWK, 1896 auf Initiative des Unternehmers Karl Supf als Zusammenschluss kolonialwirtschaftlich Interessierter gegründet und 1902 als „wirtschaftlicher Ausschuss" der Deutschen Kolonialgesellschaft angegliedert, finanzierte unter anderem wirtschaftliche und wissenschaftliche Expeditionen in die deutschen und andere Kolonialgebiete sowie Pflanzen- und Saatguttransfers. Seit 1900 enthielten die Jahresberichte der Botanischen Zentralstelle Hinweise dahingehend, wie sich die Kooperation

131 Nachwort zum Bericht Botanische Zentralstelle 1901/02, GStA PK I. HA Rep. 76, Va, Sekt. 2, Tit. X, Nr. 89 B, Bd. 2, Bl. 283–284, hier Bl. 284, abgedr. in Notizblatt, Bd. 3, Nr. 30 (März 1903), S. 222–224.

132 Ebd.

133 Bericht Zentralstelle 1901/02, GStA PK I. HA Rep. 76, Va, Sekt. 2, Tit. X, Nr. 89 B, Bd. 2, Bl. 264–274, hier Bl. 266, abgedr. in Notizblatt, Bd. 3, Nr. 30 (März 1903), S. 215–222.

134 Nachwort zum Bericht Botanische Zentralstelle 1901/02, GStA PK I. HA Rep. 76, Va, Sekt. 2, Tit. X, Nr. 89 B, Bd. 2, Bl. 283–284, hier Bl. 284, abgedr. in Notizblatt, Bd. 3, Nr. 30 (März 1903), S. 222–224.

135 Vgl. Volkens, Zentralstelle (1907), S. 6.

136 Kreye, Garten (2009), S. 131. Zum KWK in diesem Zusammenhang Timler/Zepernick, Botany (1987), S. 150; Urban, Geschichte (1916), S. 171 f; ferner Laak, Infrastruktur (2004), S. 122 f.; Pierard, Case Studie (1968).

im Bereich des Pflanzentransfers konkretisierte. So hob der Bericht aus diesem Jahr hervor, dass ein großer Teil des eingegangenen Saatguts dem KWK zu verdanken sei, da es die von ihm auf eine Expedition in britische, niederländische und deutsche Kolonialgebiete nach Ceylon/Sri Lanka, Indien, Java, Sumatra und Deutsch-Neuguinea ausgesandten Forscher Franz Stuhlmann und Rudolf Schlechter angewiesen hatte, Saatgut zu sammeln, das dann in die deutschen Kolonien weitergeleitet worden war.[137] Die Expedition erwies sich unter anderem als bedeutsam für die Einführung neuer Kautschukpflanzen. Schon zuvor hatte der Leiter des Versuchsgartens in Victoria, Paul Preuss, von einer durch das KWK finanzierten Expedition nach Zentral- und Südamerika massenweise Samen und Pflanzen an die Botanische Zentralstelle oder direkt nach Kamerun gesandt. Von den von dieser Expedition stammenden und durch die Botanische Zentralstelle in die deutschen Kolonien weiterverbreiteten Pflanzen ist der Perubalsambaum hervorzuheben.[138] In den folgenden Jahren bis 1913/14 festigte sich die regelmäßige Zuweisung von Samen – und seltener von lebenden Pflanzen – durch das KWK. Im Gegenzug vermittelte die Botanische Zentralstelle dem KWK Stecklinge und Saat.[139]

Eine letzte wesentliche Zäsur in der Ausweitung des Pflanzentransfers stellte die Gründung des Biologisch-Landwirtschaftlichen Instituts Amani in der Kolonie Deutsch-Ostafrika dar. Das Forschungsinstitut Amani war 1902 in den Usambara-Bergen eingerichtet worden, um zunächst hauptsächlich durch botanische Forschungen und landwirtschaftliche Experimente Anbau, Ernte, Krankheiten und Schädlinge der Kaffeepflanzen zu studieren und dadurch die deutschen Pflanzungen vor Ort zu unterstützen. Das Tätigkeitsfeld des Instituts umfasste darüber hinaus die Förderung weiterer Plantagenkulturen wie Kautschuk, Sisal und Baumwolle. Vom Rechnungsjahr 1901/02 an erreichten Amani bis 1913/14 kontinuierlich umfangreiche Sendungen aus Berlin mit zahlreichen verschiedenen Arten, um deren Kultur zu erproben. Ebenso zuverlässig

---

137 Die Sammlungen von Botanikern, Gärtnern und Forschern, die unterstützt vom KWK in die Tropen reisten, sollten der Botanischen Zentralstelle für Kulturversuche und zum späteren Versand in die Kolonien übergeben werden, Herbarbelege dem Botanischen Museum. Vgl. Bericht Botanische Zentralstelle 1899/1900, GStA PK I. HA Rep. 76, Va, Sekt. 2, Tit. X, Nr. 89 B, Bd. 2, Bl. 216–225, hier Bl. 221; Preuss, Kultur (1902), S. 198.

138 Vgl. Preuss, Expedition (1901), insbes. S. 433–445. Eine Übersicht über Expeditionen, die das KWK finanzierte und von denen die Berliner botanischen Einrichtungen profitierten, findet sich bei Urban, Geschichte (1916), S. 172.

139 Vgl. die Tätigkeitsberichte der Botanischen Zentralstelle dieser Jahre.

und regelmäßig gingen nach einer kurzen Zeit Saatgutpakete aus Amani bei der Botanischen Zentralstelle ein zur Weiterverteilung an andere Versuchseinrichtungen in den deutschen Kolonien und an botanische Gärten sowie landwirtschaftliche Institutionen weltweit.[140]

Das heißt: Bis zur Wende zum 20. Jahrhundert hatten mehrere Faktoren dazu beigetragen, den Transfer von lebenden Pflanzen und Saatgut in die Kolonien beträchtlich zu steigern. Dazu gehörte die Erhöhung des Budgets der Botanischen Zentralstelle, die vergrößerten und verbesserten räumlichen Verhältnisse für die Vermehrung von Pflanzen in den neuen Kulturhäusern des Botanischen Gartens in Dahlem, die Zunahme von Einsendungen von Pflanzen und Saatgut aus den deutschen Kolonien und aus Buitenzorg/Bogor zur Weitergabe und Neueinführung in anderen Kolonien sowie die Unterstützung des KWK. Es hatte sich ein reger Austausch in globalen Netzwerken verstetigt und gleichzeitig die Auswahl von Pflanzenmaterial für den Versand professionalisiert dank der Möglichkeiten, dieses zuvor oder in den tropischen Forschungseinrichtungen zu prüfen und aufgrund der Rückmeldungen von Beobachtungen und Erfahrungen aus den Kolonien zu selektieren. Gerade in den Anfangsjahren konnte die Botanische Zentralstelle auf etablierte Kontakte des Botanischen Gartens und Museums zu Einrichtungen weltweit zurückgreifen, um Lebendpflanzen und Saatgut zu erhalten, und sie profitierte von einem Grundstock bereits in Berlin vorhandener Arten. Die Beziehungen für die Beschaffung von Pflanzenmaterial weiteten sich darüber hinaus noch merklich aus: Privatleute und Konsulate in Mexiko, Chile, Hanoi, Manila, Colombo, Kairo, Bangkok, Baku, San Salvador, Australien, Borneo, Paraguay und St. Barbara kamen dazu, außerdem Samenhandlungen in Paris, London, New York, Yokohama und auf Jamaika, ferner Institutionen wie das Agricultural Department in Washington D.C., das Board of Commissioners of Agriculture & Forestry in Honolulu auf Hawaii, das Museo Nacional San José in Costa Rica, die L'Horticole Coloniale in Brüssel oder das Department of Agriculture Madras. Neuzugänge unter den Einsendern waren ebenso die Botanischen Gärten Peradeniya und Lal Bagh in den britischen Kolonialgebieten Ceylon/Sri Lanka und Indien, außerdem der Jardin d'Acclimatation in Paris.[141] Diese Auflistung verdeutlicht auch noch einmal die herausragende

---

140 Vgl. Bald/Bald, Forschungsinstitut (1972); Conte, Science (2002) sowie die Jahresberichte der Botanischen Zentralstelle ab 1901/02, für Einsendungen aus Amani insbes. ab 1906/07.

141 Vgl. die Berichte der Botanischen Zentralstelle 1899/1900 bis 1913/14.

Rolle transimperialer Beziehungen. Dementsprechend positiv fiel eine erste Bilanz aus, die Engler 1903 zog:

> „Tausende von lebenden tropischen Nutzgewächsen und Sämereien aller Art gingen hinaus, um nicht nur den Behörden, sondern auch Privaten das notwendigste Material zu liefern für Versuchszwecke. Für viele dieser Nutzpflanzen ist eine dauernde Einführung geglückt, so dass nunmehr nichts weiter nötig ist, als durch entsprechende Vermehrung und Inkulturnahme Gewinn daraus zu ziehen.“[142]

Aus seiner Sicht hatte die Botanische Zentralstelle den an sie gestellten Auftrag bisher zur Zufriedenheit erfüllt, das Weitere lag nun in der Hand der Versuchseinrichtungen und Unternehmen in den Kolonien. Einen entscheidenden Nachteil sah Engler aber darin, dass es zu diesem Zeitpunkt nur in den Kolonien Kamerun und Deutsch-Ostafrika einen staatlichen botanischen Garten beziehungsweise Versuchsgarten gab. „Stationsgärten können“, so führte er aus, „einen solchen nicht ersetzen, sie entstehen durch das persönliche Interesse eines Chefs und vergehen gewöhnlich wieder, sobald derselbe einen Nachfolger erhalten hat. Ganz anders wirken Versuchsgärten unter einem wissenschaftlich gebildeten Leiter.“[143] Engler verlangte nicht nur weitere Neugründungen von Versuchseinrichtungen, sondern bestand in Hinblick auf deren Leitung auf Kontinuität und Professionalität, um die sachgerechte und nachhaltige Verwendung von Pflanzenmaterial, die wissenschaftlich überwachte Ausführung landwirtschaftlicher Experimente und den Erhalt wechselseitiger Beziehungen zu gewährleisten sowie auf längere Sicht eine gewisse Selbständigkeit dieser Institutionen herbeizuführen. Obwohl er ausdrücklich für alle Kolonien Versuchseinrichtungen forderte, wurde nur der Botanische Garten in Simpsonhafen/Rabaul in der Kolonie Deutsch-Neuguinea 1906 verwirklicht, den die Botanische Zentralstelle mit Pflanzensendungen bedachte und den ein an ihr ausgebildeter Gärtner leitete.[144]

Ein zusätzliches Problem stellten die Pflanzentransporte selbst dar, die lange Zeit heikel und störanfällig blieben. Da von vornherein klar war, dass Saatgut auf den weiten, unter Umständen mehrfachen Seereisen zum Teil verderben oder

---

142 Nachwort zum Bericht Botanische Zentralstelle 1901/2, GStA PK I. HA Rep. 76, Va, Sekt. 2, Tit. X, Nr. 89 B, Bd. 2, Bl. 283–284, abgedr. in Notizblatt, Bd. 3, Nr. 30 (März 1903), S. 222–224, hier S. 222.

143 Ebd., S. 223–224.

144 Vgl. die Berichte ab 1904/05, dort auch Angaben zum Leiter des Gartens, Karl Rudolph, der nach seiner Ausbildung an der Botanischen Zentralstelle zunächst ab 1904/05 in Victoria im Gouvernementsgarten tätig war und anschließend 1906/07 nach Simpsonhafen/Rabaul ging.

bei der Ankunft in den deutschen Kolonien nicht mehr keimfähig sein würde, favorisierten bereits die im Vorfeld der Gründung der Botanischen Zentralstelle angefragten Gutachter dem Vorbild Kew folgend den Versand von lebenden Pflanzen in Wardschen Kästen. Die Jahresberichte betonten ebenfalls die Priorität des Versands lebender Pflanzen.[145] Um die Transporte zu kontrollieren, zu professionalisieren und damit ihren Erfolg zu sichern, wurde nicht nur eine „sorgfältige"[146] Verpackung der Pflanzen erprobt, gelehrt und überwacht, sondern auch der Begleitung der Kästen viel Aufmerksamkeit geschenkt.[147] Die Probesendung 1889 war nur bis Hamburg durch einen tropenerfahrenen Gärtner und Botaniker begleitet worden und Engler hielt es anfangs für ausreichend, dass „gärtnerisch gebildete Persönlichkeiten in Hamburg oder anderen deutschen Häfen die von Berlin aus eingesendeten Sämlinge in Empfang nehmen und auf den [...] Schiffen zweckmäßig unterbringen"[148]. Demgegenüber hieß es schon im ersten Bericht der Botanischen Zentralstelle 1892, die Kästen würden bei der gesamten „Überfahrt von Personen, die in die Kolonien gehen, in Obhut genommen."[149] Häufig waren dies Gärtner, die an der Botanischen Zentralstelle ihre Ausbildung absolviert hatten, und Wardsche Kästen zu den Versuchsstationen oder privaten Unternehmen in den deutschen Kolonien mitnahmen, bei denen sie eine Stelle antraten, oder die Sendungen wurden ausreisenden Kolonialbeamten anvertraut.[150] Doch offenbar wurden anfangs nicht wie geplant alle Kästen begleitet, denn erst im Bericht 1900/01 heißt es:

> „Um die Sendungen vor den Gefahren der Reise zu schützen, wurden sie ausnahmslos neu eingestellten oder von Urlaub zurückkehrenden Beamten anvertraut, nachdem diesen hierorts Instruktionen über die Pflege der Pflanzen unterwegs erteilt worden waren. Dem ist es zu verdanken, dass im Gegensatz zu früheren Erfahrungen sämtliche

---

145 Vgl. zu den Wardschen Kästen Kap. II; außerdem u.a. Bericht Botanische Zentralstelle 1891/92, GStA PK I. HA Rep. 76, Va, Sekt. 2, Tit. X, Nr. 89 B, Bd. 1, Bl. 212–230, hier Bl. 224.

146 Ebd., Bl. 225.

147 Vgl. zur Gärtnerausbildung, Kap. IV.3.

148 Entwurf Botanische Zentralstelle, Botanischer Garten und Botanisches Museum, Engler an Kultusministerium, von Gossler, 7. Januar 1890, GStA PK I. HA Rep. 76, Va, Sekt. 2, Tit. X, Nr. 89 B, Bd. 1, Bl. 112–118, hier Bl. 114.

149 Bericht Botanische Zentralstelle 1891/92, GStA PK I. HA Rep. 76, Va, Sekt. 2, Tit. X, Nr. 89 B, Bd. 1, Bl. 212–230, hier Bl. 225.

150 Vossische Zeitung, 17. August 1892, in: GStA PK I. HA Rep. 76, Va, Sekt. 2, Tit. X, Nr. 89 B, Bd. 1, Bl. 204.

> Wardschen Kästen laut eingegangener Berichte an ihrem Bestimmungsort unversehrt eintrafen."[151]

Bemerkenswert ist hieran dreierlei. Erstens bewertete die Botanische Zentralstelle die lückenlose Begleitung der Pflanzentransporte als Garant für deren Erfolg, wenn zweitens die ausreisenden Beamten zuvor Instruktionen zur Pflege der Pflanzen erhalten hatten. Solche Unterweisungen fanden an dieser Stelle erstmals Erwähnung – möglicherweise handelte es sich um eine neue Maßnahme, mit der die Überführung von Pflanzen verbessert werden sollte. Drittens verfügte die Botanische Zentralstelle durch Rückmeldungen aus den Kolonien über Informationen, welche Transporte ohne Verluste verlaufen waren, und konnte daraus Rückschlüsse ziehen, ob Verpackung, Transportweg, Betreuung und andere Umstände optimal gewesen waren. Nicht jedem sollten die fragilen, teuren, mit großem Aufwand und noch größeren Hoffnungen verbundenen Sendungen mitgegeben werden, wie Volkens betonte, der dafür neben ausreisenden Gärtnern und Förstern ausdrücklich nur Leute für geeignet hielt, „von denen zu erwarten ist, dass sie die ihnen erteilten Instruktionen über die Pflege unterwegs befolgen können und wollen."[152] Trotz aller Bemühungen blieb der Ausgang der Transfers von Pflanzen, der von vielen Faktoren abhing, weiter unsicher. Das *Notizblatt* bemerkte dazu 1904:

> „Es liegt in der Natur der Sache, dass bei dem weiten und bisweilen unter ungünstigen Witterungsverhältnissen stattfindenden Transport nicht immer alle abgesendeten Pflanzen wohlbehalten am Bestimmungsort eintreffen und dass von den abgesendeten Samen auch ein Teil seine Keimfähigkeit verliert. Es müssen daher viele Pflanzen und Samen mehrmals beschafft und ausgesendet werden, bis die Arten in den Kolonien eingebürgert sind."[153]

Ähnliches traf auch auf die Eingänge aus den Kolonien zu:

> „Leider kamen aber sehr viele Samen nicht keimfähig und manch lebend abgesendete Pflanzen tot an, so dass noch viele Sendungen aus unseren Kolonien werden gemacht werden müssen."[154]

---

151 Bericht Botanische Zentralstelle 1900/01, GStA PK I. HA Rep. 76, Va, Sekt. 2, Tit. X, Nr. 89 B, Bd. 2, Bl. 249–250, hier Bl. 249.

152 Volkens, Zentralstelle (1907), S. 5. Der Seitenhieb kann gegen die Mannschaften und Kapitäne von Schiffen gerichtet gewesen sein, die den Pflanzensendungen oftmals weder Interesse noch Verständnis entgegenbrachten, oder sich auf schlechte Erfahrungen mit ebenso wenig verantwortungsvollen Beamten beziehen.

153 Übersicht Botanische Zentralstelle, in: Notizblatt, Bd. 4, Nr. 33 (Jan. 1904), S. 99–107, hier S. 101.

154 Ebd., hier S. 102.

Das kostete Zeit, Geld und Arbeitskraft. Obwohl die Botanische Zentralstelle die Transporte zu optimieren versuchte und so viele wie möglich von geschulten Personen begleiten ließ, blieben mit ihnen Unwägbarkeiten verbunden. Positiv wirkte sich hingegen aus, dass die Botanische Zentralstelle für die Transfers auf koloniale Infrastrukturen zurückgreifen konnte, wie den regelmäßigen Schiffsverkehr mit den deutschen Kolonien sowie zwischen Kolonien und Metropole hin und her reisende Gärtner, Förster, Beamte und Privatpersonen. Dazu kamen eine größere Zahl an Forschungsstationen gerade in den afrikanischen Kolonialgebieten, unter deren Leitern sich einige botanisch interessierte Kolonialbeamte fanden, die Anbauversuche unternahmen und in der Umgebung der Stationen Pflanzenmaterial sammelten.[155] Zudem ist davon auszugehen, dass bezüglich des Pflanzenversands die Erfahrungen anderer Kolonialmächte ausgewertet wurden und zahlreiche Wissenstransfers erfolgten, wie im Folgenden noch am Beispiel des Transfers von Kautschuk- und Sisalpflanzen dargelegt wird. Die Quellen geben hierzu jedoch keine eingehende Auskunft.

Während sich die Auswahl von Nutzpflanzen für die Kolonien zunächst an der generellen Eignung verschiedener Gewächse sowie den Wünschen der Stationsleiter orientiert hatte und das Augenmerk auf dem probeweisen Versand eines möglichst breiten Spektrums lag, folgten die Pflanzentransfers nach der Wende zum 20. Jahrhundert dem neuen Grundsatz, „weniger auf ein Vielerlei bedacht zu sein, als vielmehr den Gärtnern, Pflanzungen und Stationen draussen von ökonomischen Gewächsen, für die sich ein Bedürfnis herausgestellt hatte, gleich auf einmal größere Mengen zur Verfügung zu stellen“[156]. In den Fokus rückten dabei für die folgenden Jahre in erster Linie Pflanzen, die zur Gewinnung von Kautschuk in Frage kamen. So hieß es im Berichtsjahr 1900/01: „Bei der Auswahl der Gewächse wurde der Zeitströmung insofern Rechnung getragen, als insbesondere kautschukliefernde Arten überführt wurden“[157], darunter *Ficus elastica, Castilloa* und *Hevea*.

Die Botanische Zentralstelle reagierte damit auf die rasant wachsende Nachfrage, die sich besonders seit der Durchsetzung des luftgefüllten Gummireifens Ende der 1880er-Jahre bemerkbar gemachte hatte und verstärkt durch den

155 Vgl. dazu auch die Objektbiographie zu Beginn von Kap. IV und die Ausführungen in Kap. IV.2.

156 Bericht Botanische Zentralstelle 1902/03, GStA PK I. HA Rep. 76, Va, Sekt. 2, Tit. X, Nr. 89 B, Bd. 2, Bl. 295–309, hier Bl. 298.

157 Bericht Botanische Zentralstelle 1900/01, GStA PK I. HA Rep. 76, Va, Sekt. 2, Tit. X, Nr. 89 B, Bd. 2, Bl. 249–250, hier Bl. 249.

Bedarf der expandierende Automobilindustrie nach 1905 zu einem regelrechten Boom führte. Kautschuk fand daneben vielfältige Verwendung in der Industrie, unter anderem für Antriebsriemen, aber beispielsweise auch für wasserfeste Kleidung.[158] Als „most frenzied rubber boom of all“[159] gilt insgesamt die Phase zwischen 1900 und 1913; die Weltmarktpreise schnellten in die Höhe von 60 Pence pro Kilogramm 1901 auf über 300 Pence im Jahr 1910, dem absoluten Höhepunkt. „Rubber was like gold“[160] und dem „mad rush for rubber“[161] fielen Pflanzen wie lokale Bevölkerung in den Anbaugebieten zum Opfer. Auf die Gewaltexzesse gegen die einheimische Bevölkerung im Amazonasgebiet und in Belgisch-Kongo reagierten Presse und öffentliche Meinung in Europa mit Empörung und Ablehnung, widersprachen sie doch dem Idealbild der „Zivilisierungsmission“ und einer friedlichen Ausnutzung der Kolonien durch Handel.[162] Aber nicht diese Skandale führten zum Einbruch des Handels mit wildem Kautschuk, sondern der zunehmende Strom von Plantagenkautschuk auf den Weltmarkt, der aus den britischen Kolonialgebieten Malaysia und Ceylon/Sri Lanka stammte und einen Preisverfall mit sich brachte, wodurch das Ausschlachten von wilden Kautschukvorkommen unrentabel wurde.[163] Die Verlagerung von der Ausbeutung wildwachsender Kautschukbäume vorwiegend im Amazonasgebiet und in Afrika auf die Nutzung von Plantagenkautschuk aus dem südlichen Asien lässt sich zurückführen auf die Tätigkeit der Royal Botanic Gardens Kew.

In Kew hatte es schon um die Mitte des 19. Jahrhunderts Absprachen zwischen der Direktion und Vertretern der Industrie gegeben, um den Kautschukanbau in den britischen Besitzungen in Asien zu fördern. Nach mehreren missglückten Versuchen gelangten 1876 schließlich 70.000 aus Brasilien hinausgeschmuggelte *Hevea* Samen nach Kew und etwa 2.000 daraus gezogene junge Pflanzen wurden in Wardschen Kästen zum Botanischen Garten Peradeniya in Ceylon/Sri Lanka gesandt. Zudem gingen Stecklinge von dort oder direkt von Kew aus in die botanischen Gärten in Singapur, Borneo, Burma/Myanmar, Indien und nach Buitenzorg/Bogor. Jeder einzelne der Millionen Bäume, die später auf den Plantagen in den britischen, niederländischen und französischen Kolonien Kautschuk produzierten, ließ sich auf diese mit dem Saatgut aus Brasilien in Kew aufgezogenen

158 Vgl. Brockway, Science (2002), S. 141–165; Headrick, Tentacles (1988), S. 243–248.
159 Brockway, Science (2002), S.149.
160 Ebd., S. 152.
161 Headrick, Tentacles (1988), S. 244.
162 Vgl. Brockway, Science (2002), S. 148–156.
163 Vgl. Headrick, Tentacles (1988), S. 245.

und nach Ceylon/Sri Lanka und Singapur verschickten Pflanzen zurückführen. Dass junge Kautschukbäume auch an Buitenzorg/Bogor abgegeben wurden, führt Lucile Brockway nicht nur als Beispiel für die wissenschaftliche Zusammenarbeit zwischen britischen und niederländischen Botanikern an, sondern auch als Beleg für einen gewissen Handlungsspielraum botanischer Einrichtungen, die solche Transfers trotz rivalisierender nationaler kommerzieller und industrieller Interessen vornahmen. Außerdem betont Brockway Kews Verantwortlichkeit für die Kultivierung von *Hevea* Kautschukbäumen: Kew beschaffte die Pflanzen und leistete die grundlegende botanische Arbeit. Die Gärten in den Kolonien übernahmen die weiteren Anbauversuche, belehrten Pflanzungsbesitzer, veröffentlichten ihre Forschungsergebnisse in Zeitschriften und sorgten so für die Weitergabe von Wissen.[164]

Von den in den botanischen Gärten in den britischen und niederländischen Kolonien unternommenen Versuchen mit kautschukliefernden Pflanzen – insbesondere hinsichtlich verschiedener Verfahren der Saatgutselektion sowie effektiver Methoden der Gewinnung der Milchsäfte und deren Verarbeitung – profitierte auch die Botanische Zentralstelle, die einige Jahre später – nach eigenen Angaben die „Zeitströmung“ wahrnehmend und ihr folgend – den Versand von Kautschukpflanzen in die deutschen Kolonien erhöhte. Allerdings blieben ihr dabei mehrfache Rückschläge mit ungeeigneten Arten nicht erspart. Die hervorragenden Eigenschaften des Kautschukbaumes *Hevea brasiliensis* und dessen Überlegenheit gegenüber den Gattungen *Ficus, Cerea* und *Castillo*a wurde auch in den britischen und niederländischen Versuchseinrichtungen lange nicht erkannt; Buitenzorg/Bogor wechselte beispielsweise erst nach unzähligen Experimenten in den Jahren von 1877 bis 1910 endgültig zu *Hevea*. Dass die Pflanzen erst nach etwa sechs Jahren Erträge einbrachten, verlangsamte zusätzlich die Erprobung und Einführung.[165]

Die Botanische Zentralstelle hatte von Beginn an verschiedene *Ficus, Landolphia, Castilloa* oder *Manihot* Arten und *Hevea brasiliensis* Pflanzen nach Victoria gesandt.[166] Die Verstärkung ihrer Bemühungen ab 1900, eine großflächige Kautschukkultur in den deutschen Kolonien aufzubauen, schlug sich nicht nur darin nieder, dass die genannten Arten fortan die Versendung von Pflanzen und

164 Vgl. Brockway, Science (2002), S. 141–165.

165 Vgl. Brockway, Science (2002), S. 144; S. 158–160, Headrick, Tentacles (1988), S. 244 ff.

166 Vgl. dazu Berichte, Schreiben u. Zeitungsartikel in GStA PK I. HA Rep. 76, Va, Sekt. 2, Tit. X, Nr. 89 B, Bd. 1, insbes. Bl. 61, 121, 193, 204, 262 und GStA PK I. HA Rep. 76, Va, Sekt. 2, Tit. X, Nr. 89 B, Bd. 2, insbes. Bl. 91.

Saat dominierten. Sie ließ sich auch daran ablesen, dass neben den Versuchsgärten Victoria, Kwai und Amani zahlreiche kleinere Stationen, viele private Pflanzungsunternehmen und die Behörden besonders in den Kolonien Kamerun, Deutsch-Ostafrika, Togo und Deutsch-Neuguinea damit versorgt wurden. Ab 1903/04 richtete die Botanische Zentralstelle ihr „Hauptaugenmerk auf die Vermehrung einer neuen Kautschukpflanze, *Ficus schlechteri*"[167] – ein Kautschukbaum aus dem Pazifikraum, von dem ihr Rudolf Schlechter Samen überlassen hatte.[168]

Schlechter, ein Schüler Englers, hatte im Anschluss einer im Auftrag des KWK unternommenen Expedition zur Erforschung von Guttapercha und Kautschuk in der Kolonie Deutsch-Neuguinea auch im zu Frankreich gehörenden Neu-Kaledonien für den Botanischen Garten Berlin gesammelt und schickte umfangreiche Sendungen von Pflanzenmaterial ein.[169] *Ficus schlechteri* ließ sich leicht weiterzüchten sowie vermehren und bei der Botanischen Zentralstelle war man daher überzeugt, die neu entdeckte Pflanze würde zum „dauernden Bestand der afrikanischen Kolonien"[170] und mit ihr könne „der Kautschukvorsprung anderer Nationen wenigstens teilweise wieder aufgeholt werden."[171] Bis 1905 hatten alle Versuchsgärten und mehrere Plantagengesellschaften diese Art erhalten, doch die Pflanzen entwickelten sich nur langsam und lieferten keinen guten Kautschuk. Zumindest für Kamerun empfahl die Botanische Zentralstelle daraufhin für Neupflanzungen die Umstellung auf *Hevea brasiliensis*, wovon der Garten in Victoria 1906/07 bereits über 11.000 Samen verteilt hatte. Mit anderen Sorten wurde weiterhin experimentiert.[172]

Noch im Berichtsjahr 1907/08 vermeldete die Botanische Zentralstelle meist an erster Stelle den Versand großer Mengen Kautschukpflanzen und -saat; von

---

167 Bericht Botanische Zentralstelle 1903/04, GStA PK I. HA Rep. 76, Va, Sekt. 2, Tit. X, Nr. 89 B, Bd. 2, Bl. 327–331, hier Bl. 327.

168 Vgl. Bericht Botanische Zentralstelle 1903/04, GStA PK I. HA Rep. 76, Va, Sekt. 2, Tit. X, Nr. 89 B, Bd. 2, Bl. 327–331, hier Bl. 327; Bericht Botanische Zentralstelle 1904/05 in: Denkschrift Schutzgebiete (1906), S. 3030–3032, hier S. 3030.

169 Loesener, Schlechters (1926), S. 917 f.

170 Bericht Botanische Zentralstelle 1903/04, GStA PK I. HA Rep. 76, Va, Sekt. 2, Tit. X, Nr. 89 B, Bd. 2, Bl. 327–331, hier Bl. 327.

171 Bericht Botanische Zentralstelle 1904/05 in: Denkschrift Schutzgebiete (1906), S. 3030–3032, hier S. 3030.

172 Bericht Botanische Zentralstelle 1906/07, in: Jahresbericht Schutzgebiete (1908), S. 31–43, hier S. 34–35.

„hunderttausenden Samen“[173] war in einzelnen Jahren die Rede. Volkens nannte in seiner Darstellung der Botanischen Zentralstelle in Bezug auf die wichtigsten in die Kolonien gesandten Nutzpflanzen ebenfalls zuerst Kautschukbäume und hob damit deren Bedeutung hervor.[174] Als Bezugsquellen für Saatgut wurden unter anderen Samenhandlungen in London und Paris angegeben sowie der Botanische Garten Buitenzorg/Bogor, der wiederum 1904/05 über Berlin Saat eines afrikanischen Kautschukbaums (*Kickxia elastica*) aus Victoria erhielt. *Kickxia* Samen gingen auch an botanische Gärten in britischen und französischen Kolonialgebieten, namentlich nach Georgetown (Guyana) und Saigon.[175] Parallel zu den Pflanzentransfers und den Anbauversuchen in den Kolonien betrieb die Botanische Zentralstelle intensive Forschungen, um neue kautschukliefernde Pflanzen zu finden, und untersuchte im Auftrag der Kolonialabteilung des Auswärtigen Amtes gemeinsam mit dem Pharmazeutischen Institut der Berliner Universität Gewinnung und Aufarbeitung von Kautschuk und Guttapercha.[176] Durch die Publikation dieser Unternehmungen und ihrer Ergebnisse im *Notizblatt* erreichten Informationen darüber botanische Einrichtungen weltweit.[177]

Die Botanische Zentralstelle nahm damit eine Rolle ein, die mit der von Kew bei der Etablierung von Kautschuk als Plantagenprodukt in den britischen Kolonien Malaysia und Ceylon/Sri Lanka vergleichbar ist, indem sie Pflanzen, Saatgut und Wissen an Versuchsstationen und Plantagengesellschaften in den deutschen Kolonien weitergab. Des Weiteren zeigen sich hier deutlich die Zusammenarbeit der botanischen Einrichtungen der europäischen Kolonialmächte beim Erproben des Kautschukanbaus und die Einbindung der Botanischen Zentralstelle in die Zirkulation von Pflanzenmaterial und botanisch wie landwirtschaftlich relevanten Kenntnissen, die ungeachtet nationaler Konkurrenz im Bereich der Wirtschaft erfolgte.

---

173 Bericht Botanische Zentralstelle 1905/06, in: Denkschrift Schutzgebiete (1907), S. 425–428, hier S. 425.

174 Volkens, Zentralstelle (1907), S. 7. Ausführlich dazu auch Bericht Botanische Zentralstelle 1903/04, GStA PK I. HA Rep. 76, Va, Sekt. 2, Tit. X, Nr. 89 B, Bd. 2, Bl. 327–331, insbes. Bl. 328.

175 Vgl. die Berichte für die Jahre 1896/97, 1900/00, 1900/01 und 1904/05.

176 Vgl. Bericht Botanische Zentralstelle 1906/07, in: Jahresbericht Schutzgebiete (1908), S. 31–43, S. 42 zur Rundfrage an alle Bezirksämter und Gouvernements mit der Aufforderung zur Einsendung von Proben von Milchsaftgewächsen und zu den Forschungen Notizblatt, Bd. 5, Nr. 42 (März 1908).

177 Vgl. Kap. IV.3 zum Schriftentausch.

Zuletzt seien noch einige weitere Schwerpunkte des Pflanzentransfers ab 1900 herausgegriffen.[178] Viele Versuche widmete die Botanische Zentralstelle – wie bereits anklang – dem aus dem malaysischen Raum stammenden Guttaperchabaum, aus dessen Milchsaft ein kautschukähnliches Produkt gewonnen wurde, das zu dieser Zeit als beste Isolierung für unterirdische und submarine Kabel galt. Der Transport von Guttaperchapflanzen erwies sich allerdings als schwierig: Sämtliche Stecklinge, die der deutsche Konsul Eschke 1897/98 aus Singapur an die Botanische Zentralstelle schickte, kamen „halbtot"[179] in Berlin an und konnten nicht gerettet werden. Erfolgreicher war die Beschaffung von Saatgut aus Buitenzorg/Bogor und von Stecklingen bei einer privaten belgischen Gesellschaft. Von letzteren ging ein Teil direkt nach Victoria, den anderen Teil vermehrte die Botanische Zentralstelle erfolgreich in Dahlem, um die Jungpflanzen später ebenfalls nach Victoria zu senden sowie als Grundstock für eine Guttapercha-Versuchspflanzung in Kamerun. Obwohl sich nach eigenen Angaben die jahrelangen Erfahrungen und die besseren Bedingungen in den neuen Kulturhäusern in Dahlem positiv auf die Anzucht auswirkten, überlebten weiterhin nur wenige Pflanzen den Transport in die Kolonien Kamerun, Deutsch-Ostafrika und Togo.[180] Dazu kam, dass die Bäume etwa 15 Jahre alt sein mussten, bevor sich das Fällen für die Gewinnung des Milchsaftes lohnte. Für private Unternehmen war der Anbau daher nicht attraktiv, sondern hätte höchstens auf staatlich geförderten Plantagen betrieben werden können. Obwohl zumindest Victoria schließlich ein gutes Gedeihen von Guttaperchapflanzen vermelden konnte,[181] kam es zu keiner nennenswerten Ausdehnung des Anbaus. Hierbei darf wie auch in Bezug auf die Kulturversuche mit anderen Arten nicht vergessen werden, dass diese nur in dem kurzen Zeitraum bis zum Ersten Weltkrieg betrieben wurden.

Eine große Rolle spielten zudem für die chemische Industrie und medizinische Zwecke wichtige Pflanzen wie Kampfer- und Seifenbäume. Gerberakazien und Eukalyptus dienten gleichzeitig Aufforstungsprojekten in den Kolonien Togo, Deutsch-Ostafrika und Kamerun, wofür ebenso Zedern und Teakbäume

178 Als Basis hierfür Volkens, Zentralstelle (1907), S. 7, ergänzt durch die Jahresberichte der Botanischen Zentralstelle ab 1900.

179 Bericht Botanische Zentralstelle 1897/98, GStA PK I. HA Rep. 76, Va, Sekt. 2, Tit. X, Nr. 89 B, Bd. 2, Bl. 195–203, hier Bl. 198.

180 Vgl. die Berichte der Botanischen Zentralstelle für die Jahre 1899/00 bis 1903/04.

181 Bericht Botanische Zentralstelle 1906/07, in: Jahresbericht Schutzgebiete (1908), S. 31–43, hier S. 34.

Verwendung fanden.[182] Zu den versandten Nutzhölzern gehörte auch Mahagoni. Die Botanische Zentralstelle lieferte darüber hinaus verschiedene Schattenbäume für Plantagen. Bäume, von denen sich Chinarinde, Perubalsam und Tolubalsam gewinnen ließen, zählten mit Koka zu den am meisten ausgegebenen Heilpflanzen. Bei Genussmitteln wie Kaffee, Kakao und Tee sowie bei Gewürzen konzentrierte sich die Botanische Zentralstelle nach 1900 auf die Einführung qualitativ hochwertigerer Sorten. So verteilte sie in einem Jahr „sechs der besten Java-Sorten“[183] von Kaffee, in einem anderen „eine als ausgezeichnet geltende Sorte Kakao“[184], dazu immer wieder eine große Auswahl an Tee und auch „edle Vanillesorten“[185]. Weil die massenweisen Transfers von Pflanzen zurückgingen und immer seltener neue Nutzpflanzen entdeckt wurden, rückte zunehmend die Verbesserung bekannter Arten in den Vordergrund. Dies lässt sich vergleichbar auch für die angewandte Botanik in den britischen und niederländischen Kolonien beobachten.[186]

Neben der schon genannten Vanille verschickte die Botanische Zentralstelle eine große Zahl weiterer Gewürze wie Zimt, Kardamon, Muskatnuss, Nelken und Ingwer. Ebenso breit war das Spektrum der versandten Obstsorten, darunter Ananas, Guave und Zitrusfrüchte. Als Erfolge hob die Botanische Zentralstelle überdies den Transfer verschiedener Futterpflanzen hervor: Die Einbürgerung von Floridaklee erleichterte beispielsweise die Viehhaltung am Kamerunberg, für die zuvor gepresstes Heu aus der Schweiz beschafft werden musste.[187] Tagasaste – auch Baumluzerne genannt und eigentlich ein endemisches Gewächs der Kanarischen Inseln – gelangte in mehrere deutsche Kolonien. Die Botanische Zentralstelle schrieb der auch auf trockenen Böden gut gedeihenden Pflanze besondere Bedeutung als Pferdefutter in Deutsch-Südwestafrika zu.[188] Den Pflanzenversand beeinflusste in den letzten Jahren schließlich die Zielsetzung,

182 Vgl. die Berichte der Botanischen Zentralstelle aus den Jahren 1902/03 bis 1908/09.

183 Bericht Botanische Zentralstelle 1901/02, GStA PK I. HA Rep. 76, Va, Sekt. 2, Tit. X, Nr. 89 B, Bd. 2, Bl. 264–274, hier Bl. 267.

184 Bericht Botanische Zentralstelle 1906/07, in: Jahresbericht Schutzgebiete (1908), S. 31–43, hier S. 32.

185 Bericht Botanische Zentralstelle 1900/01, GStA PK I. HA Rep. 76, Va, Sekt. 2, Tit. X, Nr. 89 B, Bd. 2, Bl. 249–250, hier Bl. 249.

186 Vgl. Headrick, Tentacles (1988), S. 215.

187 Vgl. Volkens, Zentralstelle (1907), S. 9 und Bericht Botanische Zentralstelle 1904/05 in: Denkschrift Schutzgebiete (1906), S. 3030–3032.

188 Vgl. Bericht Botanische Zentralstelle 1900/01, GStA PK I. HA Rep. 76, Va, Sekt. 2, Tit. X, Nr. 89 B, Bd. 2, Bl. 249–250, hier Bl. 249.

neue Kulturversuche anzuregen und die Wünsche der Industrie im Deutschen Reich zu berücksichtigen, die neben Kautschuk unter anderem nach Gerbstoffen verlangte und den vermehrten Anbau von Kampfer forderte, um das diesbezügliche Monopol Japans zu brechen.[189]

In die deutschen Kolonien in Afrika sandte die Botanische Zentralstelle zudem Faserpflanzen wie Jute und Ramie, auch Chinagras genannt. Bei der Einführung von Baumwolle und Sisal-Agave traten jedoch andere Akteure in den Vordergrund. So gab die Botanische Zentralstelle bezogen auf Baumwolle an: „Die Förderung ihrer Kultur liegt in anderen Händen."[190] Gemeint war damit das KWK, das seit 1900 verstärkt die Ausweitung des Baumwollanbaus in Togo und Deutsch-Ostafrika betrieb.[191] Sisal-Agaven hatte die Botanische Zentralstelle zwar in der Kolonie Deutsch-Südwestafrika zu etablieren versucht, doch die Pflanze blieb dort, wie es hieß, „lange unbeachtet"; erst „die Erfolge, die Ostafrika damit erzielte, haben einen Umschwung gebracht und nun zeigte sich der Vorteil, sofort an eine ausgedehnte Vermehrung gehen zu können."[192]

Der hier als Wendepunkt angesprochene Aufbau einer äußerst ertragreichen und weit verbreiteten Sisal-Plantagenwirtschaft in Deutsch-Ostafrika hatte seinen Ausgangspunkt in einem schon zu dieser Zeit als spektakulär wahrgenommenen Pflanzentransfer. Dessen Protagonist war der studierte Landwirt Richard Hindorf, angestellt von der Deutsch-Ostafrikanischen Gesellschaft, die sich dem

189 Vgl. Bericht Botanische Zentralstelle 1905/06, in: Denkschrift Schutzgebiete (1907), S. 425–428, hier S. 425.

190 Bericht Botanische Zentralstelle 1906/07, in: Jahresbericht Schutzgebiete (1908), S. 31–43, hier S. 35. In den vorhergehenden Berichten wird trotzdem hin und wieder der Transfer von Baumwollsaat erwähnt; die Botanische Zentralstelle beschränkte sich schließlich darauf, einer Station im Bezirk Bamum in Kamerun ägyptische und amerikanische Saat zuzusenden. Vgl. ebd. Im Jahr 1912 wurde in Kamerun zudem die Station Kuti für Versuche mit Baumwolle gegründet, vgl. Deutsches Kolonialblatt 25 (1914), Nr. 11, S. 493.

191 Vgl. Supf, Kolonial-Baumwolle (1908). Zimmermann, Alabama (2012) widmet sich eingehend einer 1901 vom KWK geförderten Unternehmung, die vier Amerikaner afrikanischer Abstammung nach Togo brachte, um dort die Grundlagen für den erfolgreichen Anbau von Baumwolle zu legen. Dabei weist er zahlreiche Wissens-, Technik- und Ideologietransfers zwischen dem Deutschen Reich, Afrika und dem Süden der Vereinigten Staaten nach. Zu den kolonialen und globalen Verflechtungen des Baumwollanbaus vgl. außerdem Beckert, King Cotton (2014).

192 Bericht Botanische Zentralstelle 1906/07, in: Jahresbericht Schutzgebiete (1908), S. 31–43, hier S. 35.

Handel und landwirtschaftlichen Projekten in der Kolonie widmete.[193] Offenbar veranlasste ihn die Lektüre eines Artikels über den Sisalanbau auf den Bahamas im *Kew Bulletin,* die ursprünglich aus Mexiko stammende Sisal-Agave, deren Fasern besonders in der Industrie als Bindegarne für Maschinen und darüber hinaus für Taue Verwendung fanden, als geeignete Nutzpflanze für Deutsch-Ostafrika in Betracht zu ziehen. Von den bei einem Händler in Florida georderten 1.000 Bulbillen (Brutknospen) überlebten 1893 nur 62 den Schiffstransport über Hamburg in die Kolonie. Sie schufen dort jedoch die Grundlage einer Sisalindustrie, die das heutige Tansania zum Hauptexporteur aufsteigen ließ. Während Lucile Brockway in der Studie zu Kew diese Zusammenhänge aus der Perspektive der Kew Gardens schildert, die eher unbeabsichtigt die entscheidenden Informationen für diese Unternehmung lieferten,[194] hebt Christoph Conte in seiner umweltgeschichtlichen Untersuchung der betroffenen Region die landschaftliche und wirtschaftliche Transformation hervor, welche die Umwandlung von wertvollem Ackerland der afrikanischen Bevölkerung in großflächige Plantagen mit sich brachte.[195]

Die Botanische Zentralstelle reflektierte die Entwicklung in Deutsch-Ostafrika wie oben zitiert vorwiegend unter dem Blickwinkel, dass es sich hierbei aus deutscher Perspektive um einen großen Anbauerfolg handelte und eine Verbreitung von Sisal-Agaven in den afrikanischen Kolonien zu forcieren sei. Dafür wurden zum einen 20.000 in Sokodé/Togo aufgezogene Pflänzlinge im Umfeld dieses Ortes verteilt. Zum anderen erhielten Einrichtungen und Privatleute in Deutsch-Südwestafrika Pflanzen oder Bulbillen von der Botanische Zentralstelle und dem KWK, zu dessen Mitbegründern Hindorf gehört hatte.[196] Die Deutsch-Ostafrikanische Gesellschaft wiederum sandte Sisal-Agaven an die Botanische

193 Hindorf war Mitbegründer des KWKs, der deutschen Kolonialschule in Witzenhausen und später des Forschungsinstitutes Amani. Er gehörte dem Kolonialrat von 1896 bis zu dessen Auflösung 1906 an. Zur Biographie vgl. Zabel, Hindorf (1972), S. 182 f. Zu Hindorfs Unternehmungen in Deutsch-Ostafrika Sabea, Pioneers (2014).

194 Brockway, Science (2002), S. 167–183, insbes. S. 178 f. Im *Kew Bulletin* wurde die Sisalproduktion in Deutsch-Ostafrika in der Folge mehrfach thematisiert, vgl. ebd.

195 Vgl. Conte, Sanctuary (2004), S. 46.

196 Vgl. Bericht Botanische Zentralstelle 1906/07, in: Jahresbericht Schutzgebiete (1908), S. 31–43, hier S. 35. Überdies wurde eine neue Agavenart nach Togo und Deutsch-Ostafrika eingeführt, der man bessere Eigenschaften als Sisal zusprach: Bericht Botanische Zentralstelle 1907/08, in: Jahresbericht Schutzgebiete (1909) unpag., Anlage A.V.

Zentralstelle, wohl für Studienzwecke.[197] In die Erforschung des Sisalanbaus war außerdem das Institut Amani eingebunden, sodass sich hier unterschiedlichste Austauschprozesse zwischen den deutschen Akteuren erkennen lassen, die wie es scheint kooperativ dasselbe Ziel verfolgten und sich auf diesem Feld nicht als Konkurrenz betrachteten.

Insgesamt orientierten sich die Pflanzentransfers der Botanischen Zentralstelle hauptsächlich am Weltmarkt und waren auf den Aufbau eines rentablen Plantagensystems und den Export pflanzlicher Produkte aus den Kolonien ausgerichtet. Ihrem Auftrag entsprechend, die Landwirtschaft in den Kolonien zu fördern, sandte die Botanische Zentralstelle tropische Nutzpflanzen vorwiegend an die dortigen Versuchsgärten und Stationen, wo ihre Akklimatisation, Vermehrung und Kultivierung erprobt und Pflanzen, Saatgut und Kenntnisse an Privatpersonen und Unternehmen weitergegeben wurde, um den Anbau in großem Umfang zu betreiben. Pflanzungsgesellschaften und Missionen sowie kleinere landwirtschaftliche Unternehmungen erhielten ebenfalls Lieferungen. Die Botanische Zentralstelle spezialisierte sich dabei auf Neueinführungen und die Beschaffung hochwertiger Sorten populärer Gewächse oder anderer über den normalen Handel nicht beziehbarer Pflanzen.[198] Obwohl Volkens in seiner Bestandsaufnahme als ein weiteres Ziel des Nutzpflanzentransfers angab, ertragreichere Arten für den Ackerbau der einheimischen Bevölkerung zur Verfügung zu stellen, fielen solche Unternehmungen im Vergleich marginal aus. Erst ab 1902/03 finden sich konkrete Hinweise auf den Versand von javanischem Reis nach Togo,[199] ferner von aus Venezuela und Brasilien stammenden schwarzen Bohnen sowie Sojabohnen aus Japan an die Verwaltungen der Kolonien in Ost- und Westafrika und im Pazifik.[200] Die Initiative dafür ging wohl von den Kolonialbehörden vor Ort aus.[201] Die Reaktionen der einheimischen Bevölkerung auf die deutschen Eingriffe sowie die sozialen, wirtschaftlichen und ökologischen Auswirkungen des Pflanzentransfers und der Arbeit der Versuchseinrichtungen

197 Bericht Botanische Zentralstelle 1906/07, in: Jahresbericht Schutzgebiete (1908), S. 31–43, hier S. 40.

198 Volkens, Zentralstelle (1907), S. 8.

199 Bericht Botanische Zentralstelle 1902/03, GStA PK I. HA Rep. 76, Va, Sekt. 2, Tit. X, Nr. 89 B, Bd. 2, Bl. 295–309, hier Bl. 298, ebenso erwähnt in den Berichten 1906/07 und 1907/08.

200 Bericht Zentralstelle 1905/06, in: Denkschrift Schutzgebiete (1907), S. 425–428, hier S. 246.

201 Volkens, Zentralstelle (1907), S. 6 und Bericht Zentralstelle 1906/07, in: Jahresbericht Schutzgebiete (1908), S. 31–43, hier S. 32.

in den Kolonien finden im Folgenden in Zusammenhang mit der Untersuchung der tropischen Forschungsinstitute noch gesondert Betrachtung.

Im Berichtsjahr 1908/09 stellte die Botanische Zentralstelle schließlich fest, dass hinsichtlich der Versorgung mit Lebendpflanzen der Bedarf der Versuchsgärten in den deutschen Kolonien „im Großen und Ganzen"[202] als gedeckt gelten konnte. In den letzten Jahren vor dem Beginn des Ersten Weltkrieges versandte sie daher kaum noch Pflanzen in Wardschen Kästen und auch immer weniger Saatgut. Andere Aufgaben rückten in den Vordergrund, wie die Erteilung von Auskünften und der Austausch von Informationen. Für Kew ist ebenfalls beobachtet worden, dass die Einrichtung sich bereits ab 1900 aus der Versorgung der Gärten in den Kolonien mit Nutzpflanzen zurückzog, auch weil diese sich zunehmend untereinander austauschten.[203] Den für Berlin festzustellenden Wandel der Prioritäten vom Pflanzentransfer zum Wissensaustausch konstatiert Daniel Headrick ebenso für die botanischen Einrichtungen anderer europäischer Kolonialmächte.[204] Dessen ungeachtet änderte sich die Struktur der Jahresberichte der Botanischen Zentralstelle nicht, denn die Angaben zum Pflanzentransfer standen weiterhin an erster Stelle.

Schon der Bericht aus dem Jahr 1906/07 liest sich in Bezug auf die Pflanzentransfers als Resümee nach 15 Jahren des Bestehens der Botanischen Zentralstelle und die Bilanz fiel sehr positiv aus.[205] Zwischen 1889 und 1907 waren nach eigenen Angaben 252 Wardsche Kästen mit etwa 16.700 Lebendpflanzen hauptsächlich an botanische Versuchseinrichtungen in den deutschen Kolonien gesandt worden. Bis 1913 stieg die Zahl der verschickten Kästen auf insgesamt ca. 270 an. Dazu kamen Tausende Sendungen mit Saatgut.[206] Der Bericht enthielt auch eine Zusammenfassung der Beobachtungen aus fast allen Versuchsgärten und -stationen, in der überwiegend von erfolgreich überführten Gewächsen die Rede war, die nun zum Großteil Früchte trügen und gute Ernten in zufriedenstellender Qualität ergäben. Es wurden Beobachtungen zu Bodenbeschaffenheit,

---

202 Bericht Botanische Zentralstelle 1908/09, in: Denkschrift Schutzgebiete (1911), S. 378–382, hier S. 378. Hier heißt es, nur die Kolonialgebiete im Pazifik befänden sich im Rückstand wegen der durch den langen Transportweg bedingten Schwierigkeiten beim Transfer von Lebendpflanzen.

203 McCracken, Gardens (1997), S. 86.

204 Headrick, Tentacles (1988), S. 226.

205 Vgl. Bericht Botanische Zentralstelle 1906/07, in: Jahresbericht Schutzgebiete (1908), S. 31–43.

206 Vgl. Volkens, Zentralstelle (1907), S. 5. Die in den Jahresberichten der Botanischen Zentralstelle angeführten Zahlen und die Angaben von Volkens stimmen überein.

Höhenlagen, Klima und unterschiedlichen Methoden der Gewinnung verschiedener Pflanzenprodukte geschildert, gedacht auch als Anleitung für weitere Experimente an den Gärten und Stationen. Viel Lob erhielt der Botanische Garten in Victoria, dessen erfolgreiche Anbaumethoden den anderen Einrichtungen ein Vorbild sein sollten. Trotz allem verhehlte die Aufstellung nicht die zahlreichen Fehlschläge, sei es durch den Anbau wenig ertragreicher Sorten, die Auswahl von ungeeigneten Standorten oder Verwechslungen von Pflanzen und Saatgut. Probleme verursachten zudem Schädlingsbefall, fehlende Maschinen – um beispielsweise Tee auf den Markt zu bringen – oder ungünstige Weltmarktpreise, die unter anderem gegen die Erweiterung des erfolgreichen Anbaus von Kokapflanzen sprachen.[207]

Gemessen an ihrem Auftrag und ihren selbstgesteckten Zielen zeigte sich die Botanische Zentralstelle zufrieden mit den Resultaten des Pflanzenversands: Die Neueinführung vieler Kulturpflanzen in die Kolonien schien geglückt, es erfolgte ein Austausch von Pflanzen und Saatgut zwischen den Kolonien, es waren Aufforstungsprojekte durchgeführt worden und die botanischen Versuchseinrichtungen arbeiteten immer unabhängiger von Pflanzentransfers aus Berlin. Damit hatte die Botanische Zentralstelle den von ihr erwarteten Beitrag erbracht für den Aufbau deutscher landwirtschaftlicher Unternehmen in den Kolonien, insbesondere in den tropischen Regionen in Kamerun, Togo, Deutsch-Ostafrika sowie in den pazifischen Kolonien. Das deutsche Pachtgebiet in China, in der gemäßigten Klimazone gelegen, spielte hingegen für den Versand tropischer Nutzpflanzen keine Rolle.[208] Der Beginn des Ersten Weltkriegs bedeutete das Ende des Austauschs zwischen Berlin und den Einrichtungen in den Kolonien.[209]

Der positiven Selbsteinschätzungen der Botanischen Zentralstelle und ihrer vielfältigen Aktivitäten zum Trotz erfüllten sich die Erwartungen aus Kreisen der Wirtschaft und Politik auf hohe ökonomische Gewinne aus den Kolonien nicht. In Kamerun, der größten Plantagenkolonie in Westafrika, konnten europäische Unternehmen zwar auf Steigerungen beim Export von Kakao verweisen, doch Anbauversuche mit Kaffee, Tee und Tabak schlugen letztlich fehl. Der Großteil

207 Vgl. Bericht Botanische Zentralstelle 1906/07, in: Jahresbericht Schutzgebiete (1908), S. 31–43.

208 Nur im Berichtsjahr 1910/11 wird das Pachtgebiet Kiautschou als Empfänger von Saatgut erwähnt. Zum Klima der deutschen Kolonialgebiete und der landwirtschaftlichen Produktion vgl. auch Kap. II.

209 Vgl. Bericht BGBM 1914/15, in: Notizblatt, Bd. 6, Nr. 58 (Jul. 1915), S. 237–259, hier S. 240.

der Exporte von Produkten wie Kautschuk und Palmkernen stammte aus der einheimischen Wirtschaft, ähnlich wie in der Kolonie Deutsch-Ostafrika, deren Baumwoll-, Kaffee- und Kautschukexporte gleichermaßen von europäischen Plantagen und einheimischen Produzenten stammten. Allein beim Anbau der neu eingeführten Sisal-Agave nahmen deutsche Unternehmen eine führende Stellung ein. In Togo dominierte die einheimische Sammelwirtschaft die Ausfuhr von Palmprodukten, Kautschuk, Kakao, Kaffee und Baumwolle, die deutsche Baumwoll- und Kautschukproduktion blieben marginal. Die anderen Kolonialgebiete spielten wirtschaftlich kaum eine Rolle. Auf Grund hoher Zuschüsse waren die Kolonien für das Deutsche Reich damit ein Verlustgeschäft.[210]

Das heißt: Letztlich war trotz teilweiser Produktionssteigerungen von deutschen Plantagen und Pflanzern der Handel mit herkömmlichen Produkten einheimischer Erzeuger ein entscheidender Wirtschaftsfaktor. Dabei kamen häufig bereits vor der kolonialen Inbesitznahme vorhandene Exportbeziehungen und Marktstrukturen zum Tragen. Trotz der zu beobachtenden Kontinuitäten brachten die Ansätze zur Umwandlung der lokalen Produktion in eine weltmarktorientierte Plantagenwirtschaft mit großflächigen Monokulturen tiefgreifende Veränderungen der Wirtschaftsweise und Sozialstruktur mit sich und bedeuteten oftmals gewaltvolle Eingriffe in Besitzverhältnisse sowie Zwangsmaßnahmen zur Rekrutierung einheimischer Arbeitskräfte.[211] Das folgende Kapitel thematisiert den Anteil der Botanischen Zentralstelle an diesem Transformationsprozess und an repressiven Methoden gegenüber der kolonisierten Bevölkerung. Es wird außerdem danach gefragt, ob und gegebenenfalls wie die beteiligten Botaniker sich dazu äußerten.

Forschungsinstitute

Die Botanische Zentralstelle, deren Pflanzentransfers hauptsächlich an botanische Versuchsgärten gingen, die für die jeweilige Kolonie geeignete Arten testen und deutschen Pflanzern zur Verfügung stellen sollten, war mit dieser

---

210 Vgl. Denzel, Bilanz (2017); Gründer, Geschichte (2000), S. 111–211; Conrad, Kolonialgeschichte (2008), S. 28–55; Speitkamp, Kolonialgeschichte (2005), S. 79–90; Zimmermann, Alabama (2012); Schinzinger, Kolonien (1984); Tetzlaff, Entwicklung (1970).

211 Vgl. Conrad, Kolonialgeschichte (2008), S. 54 ff.; Speitkamp, Kolonialgeschichte (2005), S. 73 ff.; Eckert, Grundbesitz (1999); Sunseri, Famine (1997); Markmiller, Erziehung (1995); außerdem Gründer, Geschichte (2000), S. 127–165; Conte, Science (2002), S. 256 u. S. 258.

Tätigkeit zumindest mittelbar in die Erweiterung der Plantagenwirtschaft eingebunden. Der Aufbau europäischer Plantagen wurde je nach Kolonie von Seiten der Kolonialadministration gefördert oder durch vor Ort aktive Kolonialgesellschaften und Plantagenbesitzer gefordert. In der Diskussion über die deutschen Interessen am meisten entsprechende Form der kolonialen Wirtschaftspolitik erschien neben den Großbetrieben der Handel mit Produkten aus einheimischer Wirtschaft als zweites Modell erfolgversprechend. Mit den Pflanzentransfers zu Gunsten von deutschen Pflanzern positionierte sich die Botanische Zentralstelle eindeutig im Sinne des ersten Weges. Sie sprach sich jedoch gegen großflächige Monokulturen aus, sondern riet vielmehr dazu „saatgebende ökonomische Gewächse in denkbarster Mannigfaltigkeit heranzuziehen."[212] Ebenfalls zu Wort meldeten sich Botaniker wie der Kustos der Botanischen Zentralstelle, Georg Volkens, und der Leiter des Botanischen Gartens in Kamerun, Paul Preuss, in der kolonialen „Arbeiterfrage", die um das Problem kreiste, welche effektiven Mittel für die Rekrutierung der einheimischen Bevölkerung als Arbeitskräfte für die Plantagenwirtschaft nach der formellen Abschaffung der Sklaverei zur Verfügung standen. Die involvierten Wissenschaftler reflektierten damit durchaus die mit den deutschen botanischen und landwirtschaftlichen Unternehmungen verbundenen Auswirkungen und Probleme.

Das Kapitel betrachtet in einer ersten Annäherung die mit der als Modernisierung und „Inwertsetzung" verstandenen Umwandlung der Landwirtschaft verbundenen Folgen für Umwelt und Bevölkerung der Kolonien. Dem Ansatz der Untersuchung entsprechend bleibt der Fokus weiterhin auf der Botanischen Zentralstelle und es werden an Hand der wichtigsten Versuchsgärten, mit denen sie in engem Austausch stand, die Tätigkeit dieser Einrichtungen beleuchtet wie auch die damit verbundenen Interventionen in Öko- und Wirtschaftssysteme, Landschaften, Besitzverhältnisse sowie Sozialstrukturen.

Die Belieferung von Versuchsgärten und -stationen in den deutschen Kolonien mit Nutzpflanzen sowie die Auswertung und Kontrolle der dortigen Anbauversuche stellte wie gezeigt von Beginn an die wichtigste Aufgabe der Botanischen Zentralstelle dar. Neben dem 1891 mit Pflanzen aus Berlin begründeten Botanischen Garten Victoria in Kamerun, der nach der Erweiterung um ein botanisches und chemisches Laboratorium ab 1905 in Kaiserliche Versuchsanstalt

212 Volkens, Zentralstelle (1907), S. 6. Zur Debatte über geeignete Wirtschaftsformern vgl. Conrad, Kolonialgeschichte (2008), S. 55 ff.; Speitkamp, Kolonialgeschichte (2005), S. 79–84; Verhandlungen (1903), S. 507–518.

für Landeskultur umbenannt wurde, etablierte sich das 1902 in der Kolonie Deutsch-Ostafrika eingerichtete Kaiserliche Biologisch-Landwirtschaftliche Institut Amani als Konstante in den Netzwerken von Bezugsquellen und Empfängern von Pflanzenmaterial, in deren Mittelpunkt die Botanische Zentralstelle stand. Ab 1906 existierte zudem in Simpsonhafen/Rabaul in der Kolonie Deutsch-Neuguinea ein botanischer Garten, den der an der Botanischen Zentralstelle ausgebildete Gärtner Karl Rudolph leitete. Zahlreiche weitere Absolventen der Gärtnerausbildung arbeiteten im Botanischen Garten in Victoria und in Amani, sodass die Botanische Zentralstelle durch diese Ehemaligen in den botanischen Versuchs- und Forschungseinrichtungen über zumeist zuverlässige Einsender von Pflanzenmaterial und Berichten zu Anbauversuchen verfügte.[213]

Obwohl Adolf Engler wie auch Georg Volkens auf weitere botanische Gärten drangen – mindestens einen pro Kolonie – und auch eine Resolution des Kolonialkongresses 1905 diese Forderung aufnahm, standen außer den genannten Institutionen nur Gouvernementsgärten und Versuchstationen hauptsächlich in den afrikanische Kolonialgebieten zur Verfügung.[214] Engler bemängelte diesen Zustand, denn den Gouvernementsgärten und Stationen stand selten ein Wissenschaftler vor und die Stationen hatten zum Teil einen nur temporären Charakter, sodass sich dort keine langfristigen Anbauversuche durchführen ließen. Von den Gouvernementsgärten und Versuchsstationen, die in die Pflanzentransfers der Botanischen Zentralstelle eingebunden waren, sind zu nennen (mit Angabe der Jahre, für die ein Austausch belegt ist):

Togo: Stationen Atakpame (1897/98, 1902/03), Bismarckburg (1893/94), Misahöhe/Missahoe (1893/94, 1900/01–1907/08), Sansane-Mangu/Sansanné-Mango, Sokode-Basari (1898/99–1907/08), Kete-Kratschi/Kete-Krachi (1894/95,

213 Zu den Forschungseinrichtungen in Victoria und Amani vgl. Timler/Zepernick, Botany (1987), S. 153 ff.; zu Amani ausführlicher Bald/Bald, Forschungsinstitut (1972); Conte, Sanctuary (2004), insbes. S. 56–62; Conte, Science (2002); Cittadino, Nature (1990), außerdem den Ausstellungskatalog Geissler u.a. (Hgg.), Amani (2020) sowie allgemeiner zu Forschungsstationen Geissler/Kelly, Field Station (2016). Zur Gärtnerausbildung an der Botanischen Zentralstelle vgl. Kap. IV.3.

214 Zu den Forderungen von Engler und Volkens vgl. Nachwort zum Bericht Botanische Zentralstelle 1901/02, GStA PK I. HA Rep. 76, Va, Sekt. 2, Tit. X, Nr. 89 B, Bd. 2, Bl. 283–284, abgedr. in Notizblatt, Bd. 3, Nr. 30 (März 1903), S. 222–224 sowie zur Resolution Verhandlungen (1906), S. 79 u. S. 1024. Auch britische und niederländische landwirtschaftliche Forschungsprojekte maßen den Kenntnissen der spezifischen Gegebenheiten vor Ort einen großen Stellenwert bei. Vgl. Hodge, Triumph (2007), S. 3.

1897/98, 1899/00) sowie der Gouvernementsgarten Lome (1899/00, 1900/01)

Deutsch-Ostafrika: Gouvernementsgarten Daresssalam (1891/92–1912/13 nahezu jährlich Sendungen an das Gouvernement, darunter für den Garten und das Forstamt), Stationen Kwai (1896/97–1900/01), Marangu (1892/93, 1894/95), Moschi/Moshi (1897/98, 1901/02, 1902/03, 1911/12)

Kamerun: Gouvernementsgarten Buea (1897/98–1907/08), Stationen Jaunde/ Yaoundé (1893/94, 1894/95, 1907/08), Johann-Albrechtshöhe (1895/96, 1897/98), Dume und Lomie (1907/08–1909/10) sowie eine Baumwollversuchsstation nahe Bamum (1907/08)

Deutsch-Südwestafrika: Windhuk/Windhoek (ab 1896/97 nahezu jährlich Sendungen an das Gouvernement, darunter für den Garten und das Forstamt)[215]

Diese Versuchseinrichtungen unterstanden den örtlichen Verwaltungen, die vom Auswärtigen Amt 1891 zur Zusammenarbeit mit der Botanischen Zentralstelle aufgefordert worden waren.[216] Es fällt auf, dass die Botanische Zentralstelle bevorzugt Pflanzen und Saatgut an Stationen und Versuchsgärten sandte, an denen bei ihr ausgebildete Gärtner tätig waren – wie Hans Deistel in Buea 1898–1907 und Christian Hedde in Daressalam ab 1897/88 – oder an denen nach Einschätzung der Berliner Botaniker zuverlässige und interessierte Kolonialbeamte wirkten, wie Georg Zenker in Jaunde/Yaoundé 1889–1895 und Hermann Kersting in Misahöhe/Missahoe und Sokode-Basari zwischen 1900 und 1907/08. Ein Leitungswechsel bedeutete dabei oftmals das Ende der Anbauversuche,

---

215 Eine Übersicht über botanische Versuchsgärten in den Kolonien findet sich bei Timler/Zepernick, Botany (1987), S. 155 f., eine ausführliche Aufzählung der von der Botanischen Zentralstelle belieferten Institutionen in Engler, Bericht BGBM (1907), S. 7. Der Jahresbericht der Botanischen Zentralstelle aus dem Rechungsjahr 1900/01 enthält auf S. 249 weitere Angaben. Zu den genannten Jahren vgl. ebenfalls die Berichte der Botanischen Zentralstelle. Zu Berichten von den Stationen vgl. u.a. Notizblatt, Bd. 1, Nr. 1 (Januar 1895), S. 14–16; Notizblatt, Bd. 1, Nr. 8 (Juni 1897), S. 254–262. Aufschlussreich ist außerdem der Beitrag über das landwirtschaftliche Versuchswesen in Deutsches Kolonialblatt 25 (1914), Nr. 11, S. 493–495 mit einer Auflistung und Charakterisierung der Versuchseinrichtungen sowie die Angaben im Koloniallexikon zur Landwirtschaft der Kolonien und zu Versuchsstationen.

216 Anweisung Auswärtiges Amt, Kolonialabteilung an die kaiserlichen Gouvernements u. Kommissariate in den Kolonien, 4. April 1891, GStA PK I. HA Rep. 76, Va, Sekt. 2, Tit. X, Nr. 89 B, Bd. 1, Bl. 187. Einige Versuchsstationen wurden durch den Afrikafonds finanziert. Zu den Forschungsstationen vgl. auch die Objektbiographie am Anfang des Kapitels IV.

weswegen Engler verlangte, zumindest vorgebildete Gärtner dauerhaft an den wichtigsten Versuchsstationen zu beschäftigen.[217]

An die Forschungsinstitute Victoria und Amani erfolgten von deren Gründung bis zum Beginn des Ersten Weltkriegs nahezu ohne Unterbrechung jährlich umfangreiche Transfers von Lebendpflanzen und Saatgut.[218] Beide Institute unterstanden einem wissenschaftlichen Leiter, in Victoria waren das die Botaniker Paul Preuss (1891–1906), August Weberbauer (1906–1907) und Ernst Fickendey (ab 1908). Der Botanische Garten und die Versuchsplantagen in Victoria lagen am Südhang des Kamerungebirges an der Küste. Das heiße, feuchte Klima bot ideale Voraussetzungen für Versuche mit tropischen Nutzpflanzen. Schon im Jahr 1893 konnte über erste Erfolge beim Anbau von Kaffee und Kakao berichtet werden, der zu dieser Zeit auf fünf Hektar betrieben wurde.[219] Im Mittelpunkt des testweisen Anbaus tropischer Nutzpflanzen und deren Vermehrung standen neben Kakao und Kaffee auch Gewürze wie Vanille und Muskat sowie verschiedene Obstsorten, dazu kamen Versuche mit kautschukliefernden Pflanzen. Ebenso wurden Ölpalmen und Nutzhölzer wie Mahagoni und Teak kultiviert, um Saatgut und Pflanzen abzugeben. Für die Experimente mit den neu eingeführten Arten stand später eine ausgedehnte Plantage zur Verfügung. Als Herkunftsort der meisten in Victoria angebauten Pflanzen wurde die Botanische Zentralstelle genannt, die der Kameruner Institution angeschlossenen Laboratorien ermöglichten wissenschaftliche Untersuchungen und Nutzwertprüfungen vor Ort.[220] Aus Sicht der Botanischen Zentralstelle bildeten die „Persönlichkeit" des Leiters Preuss und die durch ihn gewährleistete „verständige und sorgfältige Überwachung"[221] der nach Kamerun gesandten Pflanzen ebenso wie die dortige

---

217 Vgl. Deistel, Stationsanlagen (1900); Hedde, Auszug (1900); zu Englers Forderung Notizblatt, Bd. 1, Nr. 8 (Juni 1897), S. 255.

218 Vgl. die Jahresberichte der Botanischen Zentralstelle.

219 Bericht Botanische Zentralstelle 1892/93, GStA PK I. HA Rep. 76, Va, Sekt. 2, Tit. X, Nr. 89 B, Bd. 1, Bl. 259–263, hier Bl. 262. Zum Klima und zur Landwirtschaft in den Kolonien auch Kap. II.

220 Zu Victoria vgl. Timler/Zepernick, Botany (1987), S. 153 f.; Deutsches Kolonialblatt 25 (1914), Nr. 11, S. 492; Art. „Victoria", in: Schnee, Kolonial-Lexikon (1920), Bd. 3, S. 619 f. Zur Herkunft der Pflanzen in Victoria vgl. Bericht Botanische Zentralstelle 1901/02, GStA PK I. HA Rep. 76, Va, Sekt. 2, Tit. X, Nr. 89 B, Bd. 2, Bl. 264–274, hier Bl. 268. Eine detaillierte Auflistung der in Victoria kultivierten, aus Berlin stammenden Nutzpflanzen enthält ein Bericht des Leiters Preuss, Kultur (1902).

221 Beide Zitate: Volkens, Kulturerfolge (1898), S. 160; vgl. außerdem Engler, Victoria (1900).

Beschäftigung von an der Botanischen Zentralstelle ausgebildeten und mit den kultivierten Arten vertrauten Gärtnern eine wesentliche Voraussetzung für die vorgenommene Intensivierung der Pflanzentransfers. Eine besondere Bedeutung hatte Victoria als Schulungsort für durch das Gouvernement angeworbene Landwirte und Gärtner, denen bei ihrer Ankunft in der Kolonie Kenntnisse zu gewinnversprechenden Arten und neuen Anbaumethoden vermittelt wurden.[222]

Einer der in Berlin ausgebildeten Gärtner – der schon zuvor erwähnte Hans Deistel, der nach seiner Tätigkeit in Buea Garteninspektor in Victoria wurde – hob in einem durchweg positiven, reich bebilderten Bericht über die Versuchsanstalt für Landeskultur in der Wochenschrift *Kolonie und Heimat* insbesondere den Einfluss der erfolgreichen Kakao- und Kautschukkultur auf die Plantagenwirtschaft in Kamerun hervor und verwies auf die massenhafte Verteilung von Pflanzen und Saatgut per Dampfer an verschiedene Gebiete in der Kolonie und weltweit. Die in Victoria durchgeführten chemischen Untersuchungen bezogen sich seiner Auskunft nach vorwiegend auf Rinden, Harze, Öle, Fette und Faserpflanzen, außerdem fanden Analysen von Bodenproben und Experimente mit Düngern statt.[223] Im *Notizblatt* des Botanischen Gartens und Museums und in der *Denkschrift über die Entwicklung der deutschen Schutzgebiete in Afrika und der Südsee* erschienen ebenfalls ausführliche Tätigkeitsberichte aus Victoria und Amani, die eingehend Erfolge und Misserfolge beim Anbau insbesondere neu eingeführter Arten besprachen.

In Victoria waren durchschnittlich acht Deutsche beschäftigt und eine Vielzahl von Afrikanern. Der Direktion unterstanden zwei bis drei wissenschaftliche Beamte und für den technischen Bereich ein Garteninspektor mit zwei Assistenten. Der Garteninspektor und seine Assistenten übernahmen auch die Schulung junger afrikanischer Männer an der 1910 eröffneten landwirtschaftlichen Schule. In einem dreijährigen Kursus sollten je 20 Schüler zu Plantagenaufsehern ausgebildet werden. Zudem arbeiteten gleichzeitig bis zu drei Gärtner in Victoria, von denen viele ihre Ausbildung an der Botanischen Zentralstelle absolviert hatten. Die Zahl der afrikanischen Arbeiter wurde 1906 mit 65 angegeben. In zeitgenössischen Berichten und in der Forschungsliteratur finden sich selten Hinweise auf diese Gruppe. Deistels Bericht enthielt Photographien, auf denen einige der afrikanischen Beschäftigten beim Transport von gefüllten Kästen für den Pflanzenversand unter der Aufsicht eines Deutschen zu sehen waren. Des Weiteren

222 Volkens, Entwicklung (1910), S. 63.

223 Vgl. Deistel, Versuchsanstalt (1911); Volkens, Kulturerfolge (1898); Deutsches Kolonialblatt 25 (1914), Nr. 11, S. 492.

gehörten die Pflege der Versuchspflanzungen und die Verarbeitung der geernteten Produkte zu ihren Aufgaben.[224] Auf die Situation afrikanischer Arbeiter und Schüler an deutschen botanischen Forschungseinrichtungen wird in der vorliegenden Arbeit im Zusammenhang mit der Beschreibung von Amani eingegangen, da diesbezüglich mehr Informationen vorliegen. Das abschließende Kapitel diskutiert überdies eine Photographie, die afrikanische Arbeiter auf einer Versuchsplantage zeigt.

Das Kaiserliche Biologisch-Landwirtschaftliche Institut Amani in der Kolonie Deutsch-Ostafrika umfasste eine etwa 300 Hektar große Fläche auf knapp 1.000 Metern Höhe im immergrünen Regenwald des östlichen Usambara-Gebirges.[225] Die vorbereitenden Aufgaben hatte der 1895/96 an der Botanischen Zentralstelle ausgebildete Gärtner Otto Warnecke übernommen, der zuvor in Lome in Togo tätig gewesen war. Ein zweiter in Berlin ausgebildeter Gärtner, R. Rathke, unterstützte ihn.[226] Als Vorbild für die Forschungseinrichtung galt der niederländische botanische Garten Buitenzorg/Bogor auf Java – eine weitläufige Anlage für botanische und landwirtschaftliche Untersuchungen, die von Wissenschaftlern verschiedener Nationen, darunter vielen Deutschen, genutzt wurde.[227] Dass der zunächst stellvertretende Direktor in Amani, der Botaniker Albrecht Zimmermann, durch seine langjährige Tätigkeit an der Kaffeeforschungsstation in Buitenzorg/Bogor mit wissenschaftlichen und praxisbezogenen Untersuchungen vertraut war, betonte auch der Kustos der Botanischen Zentralstelle bei seiner Rede über die botanischen Versuchstationen in den deutschen Kolonien auf dem Kolonialkongress 1902. Den Posten des Direktors in Amani hatte ab 1903 der Zoologe Franz Stuhlmann inne, denn das Institut sollte über die Botanik hinaus verschiedene naturwissenschaftliche Untersuchungen

224 Vgl. Deistel, Versuchsanstalt (1911); Deutsches Kolonialblatt 25 (1914), Nr. 11, S. 492; Jahresbericht der Versuchsanstalt für Landeskultur Victoria 1905/06, in: Denkschrift Schutzgebiete (1907), S. 220–228. Goss, Floracrats (2011), S. 72 stellt in seiner Studie zu Buitenzorg/Bogor ebenfalls das Fehlen schriftlicher Quellen zu einheimischen Arbeitskräften fest. Er musste deren Arbeitsfelder hauptsächlich anhand von Photographien ermitteln.

225 Davon wurden in den ersten zwei Jahren 50 Hektar unter Kultur genommen und bis 1914 etwa 100 Hektar. Vgl. Bald/Bald, Forschungsinstitut (1972), S. 63.

226 Vgl. Timler/Zepernick, Botany (1987), S. 154 f.; Bericht Botanische Zentralstelle 1901/02, GStA PK I. HA Rep. 76, Va, Sekt. 2, Tit. X, Nr. 89 B, Bd. 2, Bl. 264–274, hier Bl. 268. Rathkes Vorname konnte nicht ermittelt werden.

227 Zu Buitenzorg/Bogor vgl. ausführlich Goss, Floracrats (2011), außerdem Wagner, Model (2019).

vornehmen. Stuhlmann kannte Buitenzorg/Bogor von einer ausgedehnten Reise, die ihn auch in mehrere tropische botanische Gärten im *British Empire* geführt hatte, darunter die in Ceylon/Sri Lanka, Bombay, Kalkutta/Kolkata und Peradeniya. Er verschaffte sich dort nicht nur einen Einblick in die Arbeitspraxis und Forschungsergebnisse dieser Institutionen, sondern sammelte auch Saatgut für Amani. Nachdem Stuhlmann 1908 wegen gesundheitlicher Einschränkungen Afrika verlassen musste, übernahm Zimmermann ab 1911 die Leitung des Instituts.[228] Außerdem zählten zwei Botaniker, zwei Chemiker, ein Zoologe, ein Obergärtner sowie drei bis vier Gärtner zum deutschen Personal in Amani.[229] Wie auch für Victoria lassen sich die Namen der in Amani beschäftigten Deutschen an Hand des Kolonialhandbuches ermitteln. So war der erwähnte Otto Warnecke noch 1908 als Obergärtner in Amani tätig ebenso wie der gleichfalls an der Botanischen Zentralstelle ausgebildete Gärtner Brönnle mit zwei weiteren Kollegen. Im Kolonialhandbuch aus dem Jahr 1913 wurde Letzterer dann als Obergärtner genannt, unter dessen Führung vier Gärtner arbeiteten.[230]

Anders als im Fall des Botanischen Gartens Victoria in Kamerun ging die Initiative für Anbauversuche mit tropischen Nutzpflanzen in der Kolonie Deutsch-Ostafrika nicht vom Gouvernement aus. Vielmehr betrieben vor dem Hintergrund einer wirtschaftlichen Krise insbesondere der deutschen Kaffeepflanzungen in der Kolonie einige Rohstofffirmen im Deutschen Reich und deutsche Plantagenbesitzer in Ostafrika unter der Führung des KWK die Gründung einer landwirtschaftlichen Versuchseinrichtung, die sich zunächst ganz auf die Kaffeekultur konzentrieren sollte. Das KWK strebte eine private Trägerschaft an, doch das Gouvernement in Daressalam sowie wissenschaftliche Kreise lehnten dies ab, um eine unabhängige Forschung zu gewährleisten, die nicht allein den Interessen von Wirtschaft und Siedlern verpflichtet war.[231]

Gleichwohl sollten sich laut Gründungsvertrag die Forschungen am schließlich von der öffentlichen Hand getragenen Institut Amani anfangs ganz „nach den praktischen Bedürfnissen“[232] der Kolonie richten. Das Gouvernement

---

228 Vgl. Bald/Bald, Forschungsinstitut Amani (1972), S. 40 ff.; Ruppenthal, Kolonialismus (2007), S. 28; Cittadino, Nature (1990), S. 135 ff.; Volkens, Garten (1903), S. 193.

229 Vgl. Art. „Amani“, in: Schnee, Kolonial-Lexikon (1920), Bd. 1, S. 38; Engler, Institut (1903); Deutsches Kolonialblatt 25 (1914), Nr. 11, S. 492.

230 Vgl. Fitzner (Hg.), Kolonialhandbuch (1908), S. 214; Fitzner (Hg.), Kolonialhandbuch (1913), S. 42. Brönnles Vorname wird in den Quellen nicht genannt.

231 Vgl. Bald/Bald, Forschungsinstitut (1972), S. 28–48. Zur Landwirtschaft in der Kolonie Deutsch-Ostafrika auch Tetzlaff, Entwicklung (1970).

verstand darunter die Durchführung von Versuchen zur Steigerung der Rentabilität der vorhandenen Kulturen – insbesondere Kaffee – und außerdem die Einführung neuer Kulturen und Pflanzungsmethoden sowie die Beratung von Plantagenunternehmen, Siedlern und Behörden. Der Praxisbezug der Forschung in Amani hatte damit oberste Priorität. Deutlicher als beim Botanischen Garten Victoria, der sich über einen langen Zeitraum von einer kleinen Anlage mit experimentellem Charakter zu einer größeren Einrichtung für angewandte Forschung in Form der Versuchsanstalt für Landeskultur entwickelte, ist bei Amani von Beginn an eine umfassende Planung und Zielsetzung zu erkennen, die als sichtbare staatlich-interventionistische Führung und Lenkung der Privatwirtschaft zu verstehen ist.[233] Hinter der Förderung des landwirtschaftlichen Versuchswesen stand ein starker Fortschrittsglaube und die Überzeugung, durch wissenschaftliche Forschung das angenommene enorme ökonomische Potential der tropischen Regionen freisetzen und ausbeuten zu können. Wissenschaften und Technik sollten als „tools of empire“[234] die systematische Entwicklung der Kolonien vorantreiben, die wirtschaftliche Produktivität steigern und vorhandene Probleme lösen. Als Staatssekretär des Reichskolonialamtes äußerte sich Friedrich von Lindequist dazu folgendermaßen:

> „Ich halte die Ausgestaltung des landwirtschaftlichen Dienstes in unseren Kolonien und eine planmäßige und exakte Versuchsarbeit auf allen Gebieten der Landwirtschaft für die unerlässliche Bedingung der Produktion unserer Kolonien, deren wirtschaftliches Gedeihen ja im wesentlichen Grade auf der Landwirtschaft beruht. Ich bin ferner der Überzeugung, dass das Versuchswesen in unseren Kolonien […] (von) großer Wichtigkeit ist.“[235]

Erst der Emanzipationskampf der in Amani beschäftigten Wissenschaftler brachte eine Erweiterung des Wirkungskreises der landwirtschaftlichen Versuchseinrichtung mit sich, sodass neben die angewandte Forschung zunehmend das naturwissenschaftliche Studium der Flora und Fauna Ostafrikas trat. Im Jahr 1912 sprach der Botaniker Walter Busse sogar von „rein wissenschaftlichen Untersuchungen“[236] in Amani. Die Abgrenzung von „reiner“ gegenüber „angewandter“ Wissenschaft beschäftigte – wie auch die folgenden Kapitel

---

232 Verfügung des Gouverneurs von Götzen vom 4. Juni 1902, zit. nach Engler, Institut (1903), S. 63.

233 Vgl. Bald/Bald, Forschungsinstitut (1972), S. 7 ff.

234 Headrick, Tools (2009). Vgl. außerdem Tilley, Africa (2009), S. 16–27; Hodge, Triumph (2007), S. 7; Conte, Science (2002), S. 247.

235 Zit. nach Bald/Bald, Forschungsinstitut (1972), S. 49.

236 Ebd., S. 54–59, hier S. 54.

zeigen – nicht nur die deutschen Botaniker. Wie Helen Tilley in ihrer Studie zu britischen Wissenschaftlern im kolonialen Kontext festgestellt hat, waren auch diese Akteure „preoccupied“[237] mit solchen Grenzziehungen. Die Neukonzeption von Amani als Institut, das sich verstärkt der Grundlagenforschung in mehreren Disziplinen zuwandte, wird von Gerhild und Detlev Bald auf den Einfluss der von Bernhard Dernburg als Staatssekretär des Reichskolonialamtes betriebenen Reformpolitik zurückgeführt, welche die Wissenschaften als wesentliche Stützen einer „modernen“, wirtschaftlich effizienten Kolonialpolitik förderte. Auch der nach dem Maji-Maji-Krieg als Gouverneur in der Kolonie Deutsch-Ostafrika eingesetzte Alfred von Rechenberg unterstützte diesen Ansatz.[238]

Die Kolonialverwaltung investierte zwei Millionen Mark in den Aufbau des Instituts mit Wohn- und Nebengebäuden sowie Laboren und Bibliothek. Neben einem Versuchsgarten und Pflanzungen zur Einführung und Anzucht tropischer Nutzgewächse für die ostafrikanischen Plantagenkulturen verfügte die Einrichtung über botanische, chemische, zoologische, mineralogische und geologische Labore. Ein umfassendes Bewässerungssystem, ein Gasleitungsnetz und Straßenbeleuchtung ergänzten die moderne Ausstattung der Forschungseinrichtung.[239] Die Botanische Zentralstelle lieferte den Großteil der in Amani und auf den zugehörigen Plantagen im Sigital kultivierten Pflanzen. Aus dem Versuchsgarten in Victoria stammten ebenfalls einige Arten. Anbauversuche mit Kaffee, Kautschuk und Baumwolle dominierten die Testreihen in Amani, dazu kamen Faserpflanzen. Diese Pflanzen waren für Handel und Wirtschaft von besonderem Interesse. Durch die Erprobung verschiedener Agaven und die Empfehlung von Sisal für die Plantagen in Ostafrika war Amani an der Verbreitung der Sisalkultur beteiligt und unterstützte die Ausdehnung des Kaffeeanbaus durch die Erkundung geeigneter Standorte. In enger Zusammenarbeit mit dem KWK und dem Gouvernement trug Amani mittels der Prüfung von Saatgut sowie der Erprobung von Pflanzungs- und Verarbeitungsmethoden und der Erschließung neuer Anbaugebiete zur dauerhaften Etablierung der Baumwollproduktion bei und machte sich in wirtschaftlichen und wissenschaftlichen

237 Tilley, Africa (2009), S. 6; in Bezug auf Amani dazu Bald/Bald, Forschungsinstitut (1972), S. 11.

238 Vgl. Bald/Bald, Forschungsinstitut (1972), S. 54–59, hier S. 54; Ruppenthal, Kolonialismus (2007), S. 53–61; Gründer, Geschichte (2000), S. 163–169. Zur „Ära Dernburg“ vgl. auch die Ausführungen im Kap. II.

239 Vgl. Bald/Bald, Forschungsinstitut (1972), S. 61–66; Conte, Science (2002), S. 258; Engler, Institut (1903), S. 64.

Kreisen einen Namen mit Versuchen zur Gewinnung von Kautschuk. Im Jahr 1907 betrug die Gesamtzahl der in Amani kultivierten Arten 650, darunter viele neu eingeführte.[240]

Neben der Untersuchung von tropischen Nutzpflanzen erfolgten Bodenanalysen und Forschungen zu Pflanzenkrankheiten und -schädlingen sowie Düngungsversuche. Eine Schule unterwies afrikanische Männer im Schreiben, Rechnen und in der Landwirtschaft, um sie als Arbeiter für die Versuchsfelder auszubilden und gleichzeitig Einfluss auf deren private Anpflanzungen zu nehmen. Mit Kursen für deutsche Pflanzer und der Beratung des Gouvernements beteiligte sich das Institut an der Wissensverbreitung zur tropischen Landwirtschaft, ebenso wie mit der Herausgabe der Zeitschrift *Der Pflanzer*. In dem ursprünglich der *Usambara Post* beigelegten Mitteilungsblatt, das ab 1907 vom Institut selbst herausgegeben wurde, erschienen Berichte über die in Amani betriebenen Forschungen, Ergebnisse der Nutzwertprüfungen eingesandter oder angebauter Pflanzen, Listen mit abzugebenden Lebendpflanzen und Saatgut nebst Preisangaben sowie Darstellungen zur Landwirtschaft beispielsweise in Gebieten des *British Empires*. Die Zeitschrift fand insbesondere in Fachkreisen Interesse und wurde von fast 150 Institutionen im Tauschverkehr bezogen.[241]

Das Institut ähnelte seinem Vorbild Buitenzorg/Bogor in den wesentlichen Aspekten, wie der Ausstattung mit modernen Laboren und Bibliothek, der Anlage von Versuchsfeldern für verschiedene Kulturen, der Weitergabe von Pflanzen und Saatgut und der Schulung der lokalen Bevölkerung. Ein auffälliger Unterschied bestand darin, dass Buitenzorg/Bogor Pflanzen und Saatgut kostenlos abgab. Volkens bewertete dies als positiven Faktor für die Förderung der Diversität der Pflanzungen und als Anreiz für die Abkehr von Monokulturen, die durch die Beanspruchung der Böden und die Abhängigkeit von schwankenden Weltmarktpreisen große Risiken bargen.[242] Es mag eine Frage der finanziellen Ausstattung Amanis gewesen sein, dass eine kostenlose Abgabe von Pflanzen nicht möglich war. Sowohl Volkens als auch Engler kannten den Botanischen Garten Buitenzorg/Bogor aus eigener Anschauung. Engler verband

---

240 Vgl. Bald/Bald, Forschungsinstitut (1972), S. 70–73; Conte, Science (2002), S. 258; Timler/Zepernick, Botany (1987), S. 154 f.

241 Vgl. Timler/Zepernick, Botany (1987), S. 154 f.; Bald/Bald, Forschungsinstitut (1972); Deutsches Kolonialblatt 25 (1914), Nr. 11, S. 492; Engler, Institut (1903), S. 63.

242 Vgl. Volkens, Garten (1903). Zu Buitenzorg/Bogor ausführlich Goss, Floracrats (2011).

zudem ein enger schriftlicher Austausch mit dem Leiter dieser Institution, Melchior Treub.[243]

Für die erfolgreiche Umsetzung der aus den Versuchsreihen in Amani gewonnenen Erkenntnisse in die Praxis bedurfte es des Austausches mit den Pflanzern. Die propagierten neuen Kultivationsmethoden trafen dabei allerdings oftmals auf Ablehnung und die zum Teil unerfahrenen Pflanzer begegneten den Wissenschaftlern mit Ablehnung, da sie sich offenbar bevormundet fühlten.[244] Obwohl Adolf Engler beispielsweise von Brandrodungen für Kaffeeplantagen abgeraten hatte, wurden Tausende Hektar Waldes vernichtet mit dem Ergebnis, dass die Böden innerhalb kurzer Zeit ihre Fruchtbarkeit verloren und die jungen Kaffeepflanzen durch Windbruch, Pilzbefall und Schädlinge eingingen.[245] Um das spannungsvolle Verhältnis der Wissenschaftler zu den Pflanzern zu verbessern, gab es Anstrengungen, die Barrieren zwischen Wissenschaft und Praxis abzubauen, unter anderem durch die Herausgabe von Flugblättern, die anders als die wissenschaftlichen Abhandlungen im *Pflanzer* übersichtliche und einfache Regeln für die Tropenkulturen bereitstellten.[246]

Als Aufgabe der Botanischen Zentralstelle in Bezug auf die Versuchseinrichtungen in den Kolonien gab ihr Kustos Georg Volkens an, dass bei ihr „alle Fäden zusammenlaufen“[247] und sie auch den ständigen Kontakt zum Auswärtigen Amt übernähme. Durch den Austausch von Pflanzenmaterial und aus Anbauversuchen gewonnenen Kenntnissen war die Botanische Zentralstelle eng in die wissenschaftliche Arbeit der Versuchseinrichtungen eingebunden und sie bestimmte die Auswahl des Pflanzenmaterials, das von Berlin aus in die Kolonien ging.[248] Sie wirkte damit kontrollierend und steuernd auf die Versuchseinrichtungen ein und sorgte für die Verbreitung der dort erzielten Forschungsergebnisse im *Notizblatt,* das an zahlreiche Institute weltweit ging.[249] Volkens gab an, dass aus Sicht der in Amani tätigen Wissenschaftler die Berliner Institution zudem als Auskunftsstelle dienen sollte, um den Experten in den Kolonien Zugang zu den wissenschaftlichen Sammlungen in Europa zu ermöglichen und ein Bindeglied

243 Vgl. Goss, Floracrats (2011), S. 69 f.; zum Aufenthalt von Volkens bei Treub auch die Ausführungen oben zum Buitenzorg-Stipendium.

244 Vgl. Bald/Bald, Forschungsinstitut (1972), S. 76–86.

245 Vgl. Conte, Science (2002), S. 258.

246 Vgl. Bald/Bald, Forschungsinstitut (1972), S. 78.

247 Volkens, Garten (1903), S. 192.

248 Vgl. Volkens, Zentralstelle (1907), S. 7.

249 Vgl. auch Cittadino, Nature (1990), S. 137.

zu bilden zwischen den Versuchseinrichtungen und den Konsumenten der in Afrika erzeugten und nach Europa exportierten Produkte.[250]

Trotz einer solchen Lenkungsfunktion strebten Volkens zufolge sowohl die Botanische Zentralstelle als auch die Versuchseinrichtungen in den Kolonien eine weitestmögliche Unabhängigkeit der tropischen Institute an. Dazu zählte, dass die Lieferungen von Pflanzenmaterial aus Berlin in die Kolonien reduziert wurden, sobald in den Versuchseinrichtungen ausreichend Pflanzen und Saatgut für die Vermehrung und Abgabe an Pflanzer vorhanden war. Um die Bestimmung neuer Arten vor Ort durchführen zu können, erhielten Victoria und Amani Herbarien, die aus in Berlin zusammengestellten Dubletten bestanden. Zuvor hatten beide Einrichtungen Pflanzen zur Bestimmung an die Botanische Zentralstelle eingesandt und von ihr dazu Informationen erhalten.[251]

Die von Georg Volkens auf dem Kolonialkongress 1910 präsentierte Einschätzung der Arbeit der botanischen Gärten und Forschungsinstitute unter dem Titel *Die Entwicklung des auf wissenschaftlicher Grundlage ruhenden landwirtschaftlichen Versuchswesens in den Kolonien*[252] fiel insgesamt eher düster aus. Zwar bescheinigte er dem Botanischen Garten in Victoria insbesondere unter der Leitung von Paul Preuss Erfolge bei Anbau und Vermehrung einer großen Auswahl tropischer Nutzpflanzen und hob die positiven Auswirkungen der Forschungen in Amani für einzelne Kulturen und Unternehmen hervor. Er beklagte allerdings die seiner Ansicht nach zu geringe personelle und finanzielle Ausstattung der Einrichtungen, deretwegen kaum ein intensives Studium einzelner erfolgversprechender Kulturen möglich war, und stellte hierzu fest:

> „Wir sind zurzeit in unseren Schutzgebieten meist über das Stadium eines unsicheren Tastens hinaus. Wir wissen, dass der Anbau von Sisalhanf, von Kautschukbäumen, von Kakao, Kokos- und Ölpalmen, wahrscheinlich auch von Baumwolle, für diese oder jene Kolonie sich lohnt und darum auch für die Zukunft sichergestellt ist."[253]

Volkens sprach sich deshalb dafür aus, gezielt spezielle Versuchsstationen und Laboratorien für diese Kulturen einzurichten und ihre Wachstumsbedingungen, Erntemethoden und Schädlinge intensiv zu erforschen, um Victoria und Amani zu entlasten.[254] Seine eingehende Schilderung von Defiziten und Problemen

---

250 Vgl. Volkens, Zentralstelle (1907), S. 16.

251 Bericht Botanische Zentralstelle 1901/02, GStA PK I. HA Rep. 76, Va, Sekt. 2, Tit. X, Nr. 89 B, Bd. 2, Bl. 264–274, hier Bl. 272; Engler, Bericht BGBM (1910), S. 9.

252 Volkens, Entwicklung (1910).

253 Volkens, Entwicklung (1910), S. 70.

254 Ebd.

kann zumindest partiell auch als Bestandteil einer Rhetorik interpretiert werden, die um weitere und höhere finanzielle Zuschüsse für das landwirtschaftliche Versuchswesen in den deutschen Kolonien warb.

In den Augen britischer Kolonialpolitiker und Wissenschaftler stellte Amani als erste größere Forschungseinrichtung auf dem afrikanischen Kontinent durchaus ein nachahmenswertes Beispiel dar und wirkte als „internationales Aushängeschild".[255] Innerwissenschaftliche Neuerungen in der Botanik und in landwirtschaftlichen Untersuchungen führten zu einem Aufschwung von Methoden, die Experimente und Forschungen im Labor als moderne Wege des Erkenntnisgewinns gegenüber der als veraltet empfundenen Arbeitspraxis des taxonomischen Beschreibens und Ordnens propagierten. Diese Entwicklung lässt sich für das Deutsche Reich ebenso wie für Großbritannien und die Niederlande beobachten. Botanik, Agrarwissenschaften und andere Disziplinen nutzten die Kolonien als „vast outdoor laboratories"[256] für Forschungen, die überwiegend den wissenschaftlichen und wirtschaftlichen Interessen der Kolonialmächte folgten. Die Kolonialexpansion schuf vielfach überhaupt erst die Voraussetzung für diese neuen inhaltlichen und methodischen Arbeitsweisen.

Jüngere Studien insbesondere zur Bedeutung wissenschaftlicher Forschung in den britischen Kolonien in Afrika haben die koloniale Wissensproduktion und *Africa as a living laboratory*[257] eingehender untersucht sowie die Einbindung der Wissenschaften durch Regierung und Kolonialverwaltung zur Lösung (land-)wirtschaftlicher, machtpolitischer, infrastruktureller und gesellschaftlicher Probleme beleuchtet, einschließlich der langfristigen Folgen der kolonialen Interventionen. Dirk van Laak beschäftigt sich überdies mit der Frage, inwieweit die Kolonien auch für den deutschen Kolonialismus als „Labor" verstanden werden können und Eugene Cittadino betrachtet *Nature as the Laboratory* für die Pflanzenökologie im Deutschen Kaiserreich. Wenzel Geissler und Ann Kelly sowie Christoph Conte erkunden in einer ersten Annäherung den Charakter von Amani, das als Versuchsstation einen Kompromiss zwischen Labor und Feld

---

255 Laak, Kolonien (2004), S. 273. Vgl. dazu auch Tilley, Africa (2009), S. 127 u. Hodge, Triumph (2007), S. 44–58.

256 Cittadino, Nature (1990), S. 134. Dazu außerdem Schröder, Disziplinen (2013), S. 147; Goss, Floracrats (2011), S. 5; Hodge, Triumph (2007), S. 57 f.; Nyhart, Nature (2009), S. 30.

257 Tilley, Africa (2009); zudem Hodge, Triumph (2007); Drayton, Government (2000); Grove, Imperialism (1995).

darstellte, und die unmittelbaren wie auch späteren Auswirkungen der Präsenz und Tätigkeit europäischer Wissenschaftler an diesem Ort.[258]

Umfassende Untersuchungen zu Amani, Victoria sowie weiteren botanischen und landwirtschaftlichen Versuchseinrichtungen in den Kolonien stehen bislang noch aus. Sie ließen sich etwa anhand der veröffentlichten Berichte der Institutionen und den Aktenbeständen im Bundesarchiv vornehmen. Die vorliegende Arbeit kann in Anlehnung an die aktuelle Forschung hier nur einzelne Aspekte umreißen und knapp auf die Funktion von Amani und Victoria als Stätten der Wissensproduktion, die Konsequenzen der deutschen Interventionen an diesen Orten sowie die Haltung der involvierten Botaniker zu den Eingriffen in Natur, Wirtschaft und Sozialstruktur der Kolonialgebiete eingehen.

Die Forschungsinstitute in den Kolonien waren insbesondere für die angewandte Botanik unverzichtbar – so die Auffassung von Georg Volkens, dem Kustos der Botanischen Zentralstelle. Er vertrat die Überzeugung, dass tropische Nutzpflanzen samt ihrer Anbaubedingungen und Schädlinge nur unter authentischen Bedingungen studiert werden konnten. Die Einrichtungen in den Kolonien sollten Antworten auf Fragen liefern, die in den Kulturhäusern der botanischen Gärten im Deutschen Reich nicht zu finden waren.[259] Mit den Testreihen auf Versuchsfeldern und Untersuchungen in den Laboren etablierten sich Amani und Victoria vergleichbar mit dem Botanischen Garten Buitenzorg/Bogor neben den imperialen „centres of calculation“[260] in den Metropolen als eigenständige Stätten der Wissensproduktion außerhalb Europas. Der Austausch von Wissen zwischen Kolonien und Mutterland erfolgte in beide Richtungen: Dabei waren die Institutionen in den Kolonien mehr als Orte der Daten- und Materialsammlungen, sondern beeinflussten mit dem dort generierten Wissen die Forschung in Europa. Für sie blieben die Anbindung an Wissenschaftlernetzwerke und Publikationsorgane in Europa insbesondere hinsichtlich der Verbreitung und Implementierung von Wissensbeständen wichtig.[261]

---

258 Vgl. Laak, Kolonien (2004); dazu auch Conrad, Kolonialgeschichte (2008), S. 90 ff.; Conrad, Marginalisierung (2002), S. 155 ff.; Geissler/Kelly, Home (2016); Conte, Science (2002).

259 Vgl. Volkens, Zentralstelle (1907), S. 15; Kreye, Garten (2009), S. 131.

260 Latour, Science (1987), S. 215–245.

261 Vgl. Fischer-Tiné, Pidgin-Knowledge (2013), insbes. S. 21, S. 27, S. 58. Pyenson, Empire (1989), S. 177 betont das identische „repertoire of scientific practices“, das in den „exact sciences“ in den Metropolen und den Forschungseinrichtungen in den Kolonien zu beobachten ist.

Solche Wechselwirkungen sehen Joseph Hodge auch für die Botanik im *British Empire* und Eugene Cittadino für die botanische Forschung im Deutschen Reich und seinen Kolonien gegeben. Wie für die Botanische Zentralstelle und Amani geschildert, verbreiteten sich durch den Tauschverkehr von Fachzeitschriften und Hospitationen an ausländischen Instituten neue Erkenntnisse und Erfahrungsberichte in einem polyzentrischen Netzwerk von Experten und Institutionen auch zwischen den Kolonialreichen.[262] Da viele Informationen über das Mutterland liefen, blieben Einrichtungen wie die Botanische Zentralstelle für die Distribution von Wissen wichtig. In den traditionsreichen, sich erweiternden und verdichtenden Netzwerken des wissenschaftlichen Austauschs sorgten anerkannte Autoritäten für die Weitergabe von in den Kolonien gewonnener Expertise, die zum Teil von Amateuren und Fachfremden wie den Kolonialbeamten an den Versuchsstationen stammte.[263] Die an den Forschungsinstituten und Versuchsstationen in den Kolonialgebieten tätigen Wissenschaftler und Beamten verdankten ihren Expertenstatus unter anderem der Nähe zum Untersuchungsgegenstand, denn die Einrichtungen galten als Bestandteile der natürlichen Umgebung, die sie einerseits repräsentierten, andererseits mit gewisser Distanz beobachteten und beschrieben: „The station's grip on truth derives from ist proximity to reality."[264] Selbst kleine Versuchsfelder an Regierungsstationen und mehr noch die ausgedehnten Anlangen in Amani und Victoria fungierten als „enclave of the modern"[265], als Orte der europäischen Wissenschaft, an denen als rationell und fortschrittlich verstandene landwirtschaftliche Methoden entwickelt werden sollten. Am Beispiel von Amani und anderen Versuchseinrichtungen lässt sich eindrücklich die Vorstellung nachvollziehen, Stätten wissenschaftlicher Forschung in die vorgefundene Landschaft zu implementieren – „big science parachuted into the middle of the African bush"[266] – im Bestreben, die Versuchsstationen, ihr Umfeld und letztlich die Kolonien als Ganzes in Laboratorien im Sinne von Experimentierräumen umzuwandeln und dabei alle störenden Faktoren auszuräumen.[267]

---

262 Vgl. Hodge, Triumph (2007); Cittadino, Nature (1990); Fischer-Tiné, Pidgin-Knowledge (2013); Chambers/Gillespie, Locality (2000).

263 Vgl. Lindner, Begegnungen (2011), S. 249; Fischer-Tiné, Pidgin-Knowledge (2013), S. 21.

264 Geissler/Kelly, Home (2016), S. 799; Kohler, Landscapes (2002), S. 220; außerdem Benson, Field Stations (2009).

265 Geissler/Kelly, Home (2016), S. 800.

266 Ebd.

267 Zur Begriffsdefinition vgl. Laak, Kolonien (2004), S. 258.

Die Anlage des Forschungsinstituts Amani erfolgte nicht in der vorgeblichen „Wildnis“ des ostafrikanischen Urwalds. Vielmehr existierte in den bewaldeten Bergen, die für die Einrichtung vorgesehen waren, eine afrikanische Siedlung, deren Anwohner die Flächen im Flach- und Hochland bereits landwirtschaftlich nutzten. Da das Gebiet für Anbauexperimente in verschiedenen Höhenlagen vielversprechend erschien, wurden die Bewohner in benachbarte Gebiete umgesiedelt und somit Laborbedingungen geschaffen, um das Gelände nach eigenen Vorstellungen zu gestalten. Dieses Vorgehen erwies sich allerdings als ungünstig, da es Probleme gab, Afrikaner für die Arbeit auf den Versuchsfeldern des Instituts anzuwerben. Schließlich wurde der Zuzug von afrikanischen Arbeitskräften auf das Institutsgelände gefördert und 1914 lebten wieder 350 Afrikaner in Amani.[268] Für die Gewinnung von Ackerland führte die Kolonialverwaltung zudem umfangreiche Rodungen durch und ersetzte Waldflächen durch Versuchsplantagen.[269]

An anderen Standorten wurden ebenfalls ohne Rücksicht auf die lokale Bevölkerung und traditionelle Formen der Landnutzung weitreichende Veränderungen vorgenommen: In Victoria mussten Kakaobäume, die auf einem als günstig betrachteten Gebiet wuchsen und durch die afrikanische Bevölkerung angepflanzt worden waren, neuen aus Mexiko und Guatemala eingeführten Varietäten weichen, die der Botanische Garten testete. Für die Versuchsstation Kwai in der Kolonie Deutsch-Ostafrika wurden 800 Hektar fruchtbares Land beschlagnahmt, das zuvor als Weideland die Existenzgrundlage der lokalen Bevölkerung gebildet hatte. Später kam es zur Vertreibung der dort heimischen Wambugu und zur Beschlagnahmung von Viehherden. Diese Gewaltmaßnahmen führten zu einer starken Ablehnung der deutschen Präsenz in Kwai.[270]

Bei der Einrichtung der botanischen und landwirtschaftlichen Versuchseinrichtungen kam es demzufolge ebenso zu Enteignungen und Vertreibungen der einheimischen Bevölkerung wie beim Aufbau europäischer Plantagen.[271] Die deutschen Wissenschaftler vor Ort erwähnten diese Ereignisse am Rande und allein unter der Perspektive der Weiterentwicklung der Versuchseinrichtungen. Christoph Conte kommt zu dem Schluss, dass die lokale Bevölkerung in den Jahresberichten der Stationen als dekoratives Element in der Landschaft

268 Vgl. Bald/Bald, Forschungsinstitut (1972), S. 5 u. S. 67.
269 Vgl. Bericht des Biologisch-Landwirtschaftlichen Instituts Amani, in: Denkschrift Schutzgebiete (1906), S. 2799–2800, hier S. 2799.
270 Vgl. Preuss, Kultur (1902), S. 198–199; Conte, Science (2002), S. 253 ff.
271 Vgl. u.a. Eckert, Grundbesitz (1999).

und häufiger noch als Hindernis auftaucht.[272] Die kolonisierte Landschaft und Bevölkerung wurden als ökologisch beziehungsweise „rassisch“ anders wahrgenommen. Imaginationen der fruchtbaren Tropen, deren pflanzlicher Reichtum nur auf die Inbesitznahme und Ausnutzung wartete, bildeten zusammen mit einer rassistischen Ideologie und der Behauptung einer zivilisatorischen Überlegenheit Europas sowie einer daraus abgeleiteten „Zivilisierungsmission“ die Legitimation für die Aneignung überseeischer Gebiete und die Beherrschung anderer Gesellschaften.[273] Diese Denkmuster des kolonialen Diskurses lassen sich auch in den Äußerungen der an den Versuchsstationen in den Kolonien oder an der Botanischen Zentralstelle beschäftigten Botaniker wiederfinden.[274]

Die Kolonien wurden zudem als Experimentierfeld betrachtet, das weniger reguliert war und freiere Forschungsbedingungen bot. Sie erschienen als Raum, den es mit einer höheren Verfügungsgewalt über Land, natürliche Ressourcen und lokale Bevölkerung zu gestalten galt. Dabei fühlten sich viele Forscher nicht an in Europa geltende Gesetze und Konventionen gebunden. Der von Harald Fischer-Tiné in Bezug auf die medizinische Forschung in den Kolonien festgestellte und als zentral bewertete Zusammenhang zwischen den Repressionsmöglichkeiten des Kolonialregimes und der erfolgreichen Produktion von Wissen kann ebenso auf die Botanik übertragen werden. Enteignungen, Vertreibungen, Gewalt und Rücksichtslosigkeit gegenüber gewachsenen Strukturen begleiteten die Anlage und Arbeit der Versuchseinrichtungen. Asymmetrische Machtverhältnisse ermöglichten ein solches Vorgehen.[275]

Die Forschung attestiert einer Vielzahl der in den Kolonien tätigen Experten ein vergleichsweise geringes Wissen über die Verhältnisse in den kolonialisierten Gebieten, sei es Landschaft, Bodenverhältnisse, Krankheiten, Schädlinge oder anderes betreffend.[276] Trotzdem herrschte oftmals eine Hybris der Kolonisierenden in Hinblick auf die westlichen, als rationell und modern verstandenen landwirtschaftlichen Methoden vor, die mit einer Abwertung lokaler Praktiken

---

272 Vgl. Conte, Science (2002), S. 252.

273 Vgl. Hodge, Triumph (2007), S. 55; Tilley, Africa (2009), S. 121 f.; Arnold, Tropics (2006); Geissler/Kelly, Home (2016); S. 798; Barth/Osterhammel, Zivilisierungsmissionen (2005).

274 Vgl. u.a. Preuss, Kultur (1902); Preuss, Expedition (1901).

275 Vgl. Fischer-Tiné, Pidgin-Knowledge (2013), S. 22 f.; Laak, Kolonien (2004), S. 263; Tilley, Africa (2009), S. 13.

276 Vgl. Conte, Science (2002), S. 249; Tilley, Africa (2009), S. 118.

und indigenen Wissens einherging.[277] Von rassistischen Vorannahmen geprägt, galten die landwirtschaftlichen Verfahren der afrikanischen Bevölkerung den europäischen Experten häufig als zurückgeblieben, verschwenderisch und zerstörerisch oder es wurde davon ausgegangen, dass ohnehin keine Kultivierung des Bodens erfolgte, sondern nur genutzt wurde, was die Natur hergab.[278] Volkens hingegen schätzte die einheimische Land- und Viehwirtschaft in Kamerun beispielsweise als „auf einer hohen Stufe“[279] stehend ein, sah aber noch reichlich Potential für Verbesserungen. Obwohl auch die landwirtschaftlichen Praktiken der lokalen Bevölkerung in der Umgebung der Einrichtungen Amani und Kwai als weit entwickelt beschrieben wurden, unterblieb eine ausführlichere Auseinandersetzung mit den dort angewendeten, lange erprobten traditionellen Methoden. Gleichwohl flossen Elemente davon in die deutschen Anbauversuche ein, allerdings ohne als Übernahme gekennzeichnet oder kommentiert zu werden. Eine systematische Auswertung einheimischen landwirtschaftlichen Wissens unternahmen die Versuchseinrichtungen in den deutschen Kolonien offenbar nicht.[280]

Dieser Befund bedarf weiterer Untersuchungen. Wie in den Kapiteln zur Sammelpraxis und wissenschaftlichen Bearbeitung der Sammlungen durch die Botanische Zentralstelle und das Botanische Museum dargelegt, lässt sich für diese Arbeitsbereiche das Zusammentragen von Informationen wie einheimischen Pflanzennamen sowie einheimischen Verwendungen von Nutzpflanzen feststellen. Zudem veröffentlichten Kolonialbeamte an den Forschungsstationen Berichte mit Beobachtungen zur einheimischen Landwirtschaft.[281] Wenzel Geissler und Ann Kelly betonen in ihren Arbeiten zum Charakter der Forschungsstationen außerdem die reziproken Abhängigkeiten und verschiedenartigen Formen von Austausch zwischen europäischen Forschern und lokaler Bevölkerung im Stationsalltag.[282] Helen Tilley liefert ebenfalls Belege für die Erforschung der lokalen Landwirtschaft in den britischen und französischen Kolonialgebieten zu Beginn des 20. Jahrhunderts. Die vor dem Ersten Weltkrieg

277 Vgl. Conte, Science (2002), S. 252; Murphy, Environment (2009), S. 11 ff.; Adas, Machines (1989); McCracken, Experts (1982). Beinart/Brown/Gilfoyle, Experts (2009) kritisieren diese pauschalisierenden Urteile.

278 Vgl. Conte, Science (2002), S. 248–252; Tilley, Africa (2009), S. 27, S. 121 f.

279 Volkens, Entwicklung (1910), S. 64.

280 Vgl. Conte, Science (2002), S. 252 ff.

281 Vgl. Kap. IV.2.

282 Vgl. Geissler/Kelly, Home (2016), S. 803.

durch die Kolonialmächte entwickelten Strategien landwirtschaftlicher Entwicklung inkorporierten jedoch Tilley zufolge lokales Wissen nicht systematisch.[283]

Im kolonialen Kontext wurde der einheimischen Bevölkerung nicht nur eine marginale Rolle für die Produktion und Reproduktion von Wissen zugewiesen, sondern auch hinsichtlich der Anwendung der Forschungsergebnisse.[284] Die Anbauversuche und angewandten Forschungen an den Versuchstationen und Forschungsinstituten in den deutschen Kolonien zielten in erster Linie auf die Plantagenwirtschaft, selbst wenn die „Hebung der Eingeborenenkulturen"[285] offiziell zur Aufgabenstellung der Einrichtungen gehörte. Sowohl in Äußerungen von Adolf Engler als Direktor des Botanischen Gartens und Museums wie auch von Georg Volkens als Kustos der Botanischen Zentralstelle zu Anbauversuchen in den deutschen Kolonien stand deren Nutzen für das Plantagensystem im Vordergrund, gleiches galt für offizielle Beschreibungen der tropischen Forschungs- und Versuchseinrichtungen beispielsweise im *Kolonialblatt*.[286] Engler gab überdies Empfehlungen zu besonders aussichtsreichen Plantagenkulturen.[287] Gleichwohl mahnte Volkens schon früh vor den Risiken von Monokulturen, welche die Böden auslaugten und eine enorme Abhängigkeit von Weltmarktschwankungen mit sich brachten. Dem Beispiel von Buitenzorg/Bogor folgend, sah er die Aufgabe der Versuchseinrichtungen in den Kolonien darin, möglichst viele verschiedene Arten an die Pflanzer abzugeben und die Diversifizierung zu fördern. Wissenschaftliche Vorarbeiten unter anderem in Form von Testreihen in den Versuchsgärten und die dortige Qualitätskontrolle des Saatguts sollten Fehlschläge vermeiden helfen und schnelle wirtschaftliche Erfolge herbeiführen. Doch nicht immer hielten sich die Pflanzer an die Empfehlungen der Wissenschaftler und Monokulturen breiteten sich aus.[288]

Botaniker agierten hier als wichtige Akteure imperialer Entwicklungsprozesse, in denen Wissenschaft und Technik eine zentrale Rolle zukam. In der Ausrichtung der Botanik auf den tropischen Nutzpflanzensektor spiegelten sich

---

283 Vgl. Tilley, Africa (2009), S. 128; Murphy, Environment (2009), S. 15.

284 Vgl. Tilley, Africa (2009), S. 121.

285 Vgl. Engler, Institut (1903), S. 64; Volkens, Entwicklung (1910), S. 70.

286 Vgl. u.a. Volkens, Zentralstelle (1907), S. 6; Deutsches Kolonialblatt 25 (1914), Nr. 11, S. 491–495.

287 Vgl. Engler, Empfehlung (1896) sowie Englers Ergänzungen in Deistel, Stationsanlagen (1900).

288 Vgl. Volkens, Garten (1903), S. 182–186; Volkens, Zentralstelle (1907), S. 6; dazu auch Kreye, Garten (2009), S. 133; Bald/Bald, Forschungsinstitut (1972), S. 12 u. S. 47.

Erwartungen und Hoffnungen wieder, welche sich mit der Integration neuer Pflanzen für ein langfristiges Wirtschaftswachstum verbanden.[289] Gerade dem Forschungsinstitut Amani wird ein „beträchtlicher Anteil"[290] an der landwirtschaftlichen Erschließung der Kolonie Deutsch-Ostafrika bescheinigt und an der Stärkung der exportabhängigen Tropenwirtschaft sowie ihrer regionalen und strukturellen Neuorganisation. Zahlreiche neue Studien hinterfragen Vorstellungen von „Entwicklung" und „Inwertsetzung" – von Joseph Hodge als Doktrin bezeichnet – auf ihren ideologischen Gehalt und die damit verbundene politische Agenda. Sie verweisen darauf, dass diese Prozesse gerade im landwirtschaftlichen Bereich in erster Linie auf die Ausbeutung der Kolonialgebiete abzielten.[291] Eugene Cittadino bezeichnet schon die Akkumulation von Wissen für landwirtschaftliche Anwendungen in den deutschen Kolonien und im Mutterland sowie für wissenschaftliche systematische, pflanzengeographische und biologische Forschung als „a subtle but no less one-sided form of exploitation"[292], die nur deutsche Interessen und nicht die der lokalen Bevölkerung im Blick hatte.

Denn die bäuerliche lokale Produktion erhielt nur wenig Aufmerksamkeit: Wie oben angegeben, fanden Pflanzentransfers von ausgewählten Sorten von Reis, Mais, Bohnen und Gemüse als Nahrungsmittel für die einheimische Bevölkerung, die weniger ertragreiche Sorten ersetzen sollten, erst ab 1902 und nur sporadisch statt. Die Intention, neben europäischen Wirtschaftsunternehmen auch afrikanische Bauern zu Profiteuren der landwirtschaftlichen Experimente an den Versuchseinrichtungen in den Kolonien werden zu lassen, ging möglicherweise auf die Reformpolitik Bernhard Dernburgs zurück, der eine „wohlwollende und humane"[293] Politik gegenüber der afrikanischen Bevölkerung anstrebte, ohne dass dieser Bezug beispielsweise in den Jahresberichten der Botanischen Zentralstelle explizit hergestellt wurde. Es gibt Beispiele dafür, dass afrikanische Bauern neu eingeführte Arten freiwillig auf ihren Ackerflächen

289 Vgl. Beinart/Brown/Gilfoyle, Experts (2009), S. 418; Headrick, Tools (2009), insbes. S. 210; Kreye, Garten (2009), S. 133.

290 Bald/Bald, Forschungsinstitut (1972), S. 101.

291 Vgl. Hodge, Triumph (2007), S. 3–23; Tilley, Africa (2009), S. 17 f.; Murphy, Environment (2009), S. 11; Koponen, Development (1995); Tetzlaff, Entwicklung (1970).

292 Cittadino, Nature (1990), S. 134. Vgl. zudem Fischer-Tiné, Pidgin-Knowledge (2013), insbes. S. 9-27.

293 So Dernburgs eigene Charakterisierung seiner Politik, zit. nach Utermark, Untertan (2012), S. 156; vgl. auch Bald/Bald, Forschungsinstitut (1972), S. 55.

anbauten, wie Kartoffeln und Kohl im Umfeld der Station Kwai.[294] Gerade der Anbau von *Cash Crops* und die dafür vorgenommene Einführung neuer Sorten von Kaffee, Kakao, Baumwolle und anderem fanden jedoch oftmals unter Zwang statt. Die Eingriffe in einheimische Wirtschaftsweisen, Besitzverhältnisse und Sozialstrukturen, die im Sinne der „Zivilisierungsmission" als materielle und zugleich moralische „Verbesserung" verstanden wurden, stießen vor Ort verbreitet auf Ablehnung und Widerstand.[295] Daher ist es wichtig, wie von Lars Kreye vorgeschlagen, bei der Beurteilung von Pflanzentransfers zu unterscheiden zwischen erzwungenen Einführungen neuer Arten oder deren freiwilliger Integration in die lokale Landwirtschaft. Die Transformation der Landwirtschaft in den Kolonien zu einer weltmarktorientierten Exportproduktion ging häufig mit Zwangsmaßnahmen wie Landenteignungen für Versuchseinrichtungen und Plantagen oder dem dekretierten Anbau von *Cash Crops* durch die einheimische Bevölkerung einher. Pflanzentransfers und Anbauversuche verlangen deshalb eine differenziertere und kritischere Einordnung und Bewertung, die diesen Zusammenhängen Rechnung trägt. Gleichwohl dürfen lokale Wirtschafts- und Sozialstrukturen nicht als statisch verstanden werden und die deutschen Interventionen sind vor dem Hintergrund einer längeren Geschichte des Wandels von Landschaft und Gesellschaft in den Kolonialgebieten zu untersuchen.[296]

Die Rekrutierung afrikanischer Arbeitskräfte für Anbau, Ernte und Verarbeitung der Pflanzen auf Plantagen und Versuchsstationen sowie in Forschungsinstituten erfolgte ebenfalls häufig durch die Anwendung von Zwang und Gewalt. Klimatische Aspekte und die Überzeugung, dass Deutsche in den Kolonien keine schwere körperliche Arbeit leisten sollten, um ihr Prestige als Kolonisierende zu wahren, führten zu einem hohen Bedarf an einheimischen Arbeitskräften. Nach der formellen Abschaffung der Sklaverei war der Zugriff auf afrikanische Arbeiter erschwert und in der Debatte über die koloniale „Arbeiterfrage" wurden mögliche Strategien wie die Einführung einer Arbeitspflicht oder regelmäßiger Abgaben und die „Erziehung zur Arbeit" diskutiert.[297]

294 Vgl. Conte, Science (2002), S. 254.

295 Vgl. Murphy, Environment (2009), S. 22; Hodge, Triumph (2007), S. 7; Gründer, Geschichte (2000), S. 158 f.; außerdem mit Fallbeispielen Zimmermann, Alabama (2012); Conte, Science (2002), S. 255 f.; Sunseri, Famine (1997).

296 Vgl. Kreye, Garten (2009), S. 133. Dazu auch Tilley, Africa (2009), S. 124; Conte, Science (2002).

297 Zur kolonialen Arbeiterfrage vgl. Conrad, Kolonialgeschichte (2008), S. 57 f.; Conrad, „Eingeborenenpolitik" (2004); Markmiller, Erziehung (1995) und die Ausführungen in Kap. V.

Auch die Versuchsstationen und Forschungseinrichtungen stellten fest, dass auf Grund der lokalen Subsistenzwirtschaft kein breiter einheimischer Arbeitsmarkt existierte und sie mit anderen europäischen Unternehmen um die Arbeitskräfte konkurrierten. Wie für Amani bereits angedeutet, erkannte die Verwaltung erst nach der Vertreibung der ansässigen Bevölkerung die Schwierigkeiten bei der Anwerbung oder Verpflichtung von Arbeitern, denn der Arbeitskräftebedarf der sich ausbreitenden Sisalplantagenkultur und des Eisenbahnbaus verschärft das Problem in der Region noch. Neben der Wiederansiedlung von Afrikanern auf dem Institutsgelände in Amani entwickelte die Direktion Anreize – bestehend aus Schule, Krankenhaus und Sparkasse – um die Beschäftigten dauerhaft zu binden.[298] Im Umfeld der Station Kwai versuchte die afrikanische Bevölkerung, sich mittels Abwanderung Repressionen und gewaltvollen Übergriffen zu entziehen.[299]

In seiner Darstellung der Arbeit der Botanischen Zentralstelle thematisierte Georg Volkens die „überaus wichtige Arbeiterfrage",[300] die seiner Ansicht nach jedoch nicht in Berlin gelöst werden konnte, sondern nur mit Hilfe der Forschungseinrichtungen in den Kolonien. Den Stationen wurde damit auch in dieser Hinsicht ein Laborcharakter zugesprochen. Hinzuweisen ist hier auf Parallelen zu den zeitgleichen Bestrebungen bürgerlicher Kulturmission in der Metropole, sogenannte Arbeitsscheue in „Arbeiterkolonien" an eine regelmäßige, abhängige entlohnte Beschäftigung heranzuführen.[301] Volkens verwies darauf, dass der Botanische Garten Buitenzorg/Bogor insbesondere dem Mangel an geschulten, mit den lokalen Besonderheiten vertrauten Vorarbeitern, Aufsehern und Pflanzungsassistenten dadurch begegnete, dass Söhne aus Verbindungen von europäischen Männern und einheimischen Frauen eine dreijährige Ausbildung im Garten erhielten und für sie eine Landbauschule geplant war.[302] Die Schulung der sogenannten Mischbevölkerung galt zudem als Maßnahme, um ihr einen Platz in der kolonialen Ordnung zuzuweisen. Ihre Existenz wurde als Gefährdung der Herrschaftsstruktur gewertet und das Aufrechterhalten eines „rassischen" Antagonismus sowie einer Ungleichheiten fixierenden Rechtsordnung und der Distanz zwischen Europäern und Einheimischen als konstitutiv für die Stabilität des kolonialen Systems verstanden.

298 Vgl. Bald/Bald, Forschungsinstitut (1972), S. 67 ff.
299 Vgl. Conte, Science (2002), S. 256.
300 Volkens, Zentralstelle (1907), S. 15.
301 Vgl. Conrad, „Eingeborenenpolitik" (2004); Laak, Kolonien (2004), S. 269.
302 Volkens, Garten (1903), S. 187.

Nicht nur in den niederländischen, sondern auch in den deutschen Kolonien kamen in der „Mischehendebatte“ Ängste vor dem Aufstieg einer gleichberechtigten „Mischlingsrasse“ und dem Verlust der politischen Kontrolle zum Ausdruck. Ob sogenannte Mischlinge überhaupt eine Ausbildung erhalten sollten, war dabei umstritten.[303] In Kamerun und Ostafrika gab es zudem kaum eine „Mischbevölkerung“. Die in Amani und Victoria eingerichteten Schulen für die afrikanische Bevölkerung verfolgten wie die 1903 eröffnete Mustereinrichtung in Buitenzorg/Bogor das Ziel, Einheimische durch landwirtschaftlichen Unterricht zu Plantagenaufsehern und Pflanzungsassistenten auszubilden und dabei gleichzeitig für die Implementierung als modern und rationell verstandener Anbau- und Erntemethoden zu sorgen.[304] Die Einrichtung der landwirtschaftlichen Schule in Buitenzorg/Bogor hatte vor dem Hintergrund der seit Ende des 19. Jahrhunderts in den Niederlanden erstarkenden sogenannten *ethical policy initiative* stattgefunden, die den Schutz der lokalen Bevölkerung in den Kolonien und die „Verbesserung“ ihrer Lebensumstände durch die „Entwicklung“ der Landwirtschaft zum Ziel hatte. Für die Schulen in Amani und Victoria kann parallel dazu der Einfluss von Dernburgs Reformprogramm angenommen werden.[305]

Doch nicht nur der Mangel an Arbeitskräften, sondern auch die Leistung der vorhandenen Arbeiter führte zu Klagen. Paul Preuss, Leiter des Botanischen Gartens in Victoria, erwähnte in seinem Bericht über die dortigen Kulturerfolge mit tropischen Nutzpflanzen, die von der Botanischen Zentralstelle stammten, dass Ceylon-Zimt gut gedeihe, doch:

> „Leider haben sich die Neger bei dem Schälen und noch mehr beim Schaben der Zimtrinde als so langsame Arbeiter erwiesen, dass mit ihnen an den erfolgreichen Betrieb einer Zimtplantage nicht zu denken ist. Es ist daher jetzt der Versuch gemacht worden, die Rinde in ungeschabtem Zustande nach Europa zu verschiffen, damit sie dort eventuell zur Destillation von Zimtöl benutzt werden kann.“[306]

---

303 Vgl. dazu Stoler, Grain (2009); Becker, „Bastardheime“ (2004); Beinart/Brown/Gilfoyle, Experts (2009), S. 419; Cooper/Stoler, Tensions (1997), S. 7. Zur „Mischehendebatte“ im Deutschen Reich und den deutschen Kolonien außerdem Kundrus, Moderne Imperialisten (2003); Wildenthal, Women (2001).

304 Vgl. Bald/Bald, Forschungsinstitut (1972), S. 67 f.; Deistel, Versuchsanstalt (1911). Ähnlich war auch das Baumwollprogramm des KWK in Togo ausgerichtet: In Nuatjä gründete das KWK eine Baumwollschule, um lokale junge Männer als Multiplikatoren der „Baumwoll-Volkskultur“ auszubilden. Vgl. Zimmermann, Alabama (2012).

305 Vgl. Goss, Floracrats (2011), insbes. S. 77 f. u. S. 88 f.

306 Preuss, Kultur (1902), S. 200.

In der Beschreibung seiner durch das Kolonialwirtschaftliche Komitee finanzierten Expedition nach Zentral- und Südamerika antwortete Preuss auf die Frage, wie die Aussichten der Kolonie Kamerun in Vergleich zu jenen Kolonialgebieten seien, mit einer ausführlichen Betrachtung der kolonialen „Arbeiterfrage", in der zahlreiche rassistische Vorurteile auftauchten, die den zeitgenössischen Diskurs durchzogen:

> „Der zweite Gegenstand des Vergleichs, bei welchem Kamerun gegenüber diesen Ländern im Nachteile ist, sind die Arbeiter [...]. Der freie Neger ist trotz seiner Körperkräfte und seine Widerstandsfähigkeit gegen Hitze und klimatische Einflüsse der schlechteste Plantagenarbeiter, den ich kennengelernt habe. Er ist überhaupt, ob wild oder civilisiert, ein abgesagter Feind jeglicher Arbeit. An dieser Thatsache wird nichts geändert durch den Umstand, daß der Neger, wenn er will, eine ganz enorme Arbeit leisten kann und auch leistet [...] Dann aber kommt es auf die Befähigung der Arbeitgeber und Aufseher an, diese Leute zur Arbeit zu erziehen."[307]

Die Äußerungen zur kolonialen „Arbeiterfrage" von Volkens und Preuss – das heißt von Botanikern, die mit der Situation in den Kolonien vertraut waren und einflussreiche Positionen innehatten – belegen, dass die wirtschaftlichen und sozialen Auswirkungen des Aufbaus einer ausgedehnten Plantagenwirtschaft durchaus wahrgenommen wurden. Beide Wissenschaftler befürworteten die „Erziehung zur Arbeit", durch welche die afrikanischen Arbeitskräfte für Plantagen wie auch Versuchsstationen und Forschungseinrichtungen verfügbar gemacht werden sollten.

Welche Folgen die Anlage von Botanischen Gärten und Versuchseinrichtungen, die dort unternommenen Anbauversuche und die Förderung der Plantagenkultur auf Landschaft und Ökosysteme hatten, fand hingegen kaum Erwähnung. Zwar warnte Volkens vor den ungünstigen Auswirkungen weitläufiger Monokulturen für die Fruchtbarkeit der Böden und Engler sprach sich gegen Rodungen von Regenwald für Kaffeeplantagen aus.[308] Lars Kreye attestiert Engler daher ein „gewisses Umweltbewusstsein".[309] Es gibt weitere Hinweise darauf, dass Engler die Zerstörung der Natur in den Kolonien kritisierte und mit einem paternalistischen Impetus dafür plädierte, gerade Wälder vor der Ausbreitung der einheimischen Landwirtschaft zu schützen.[310] Die Einführung

307 Preuss, Expedition (1901), S. 405–406; vgl. außerdem Markmiller, Erziehung (1995), insbes. S. 74–158; Conrad, "Eingeborenenpolitik" (2004).

308 Vgl. Volkens, Garten (1903); Conte, Science (2002), S. 258.

309 Kreye, Garten (2009), S. 132.

310 Vgl. Güttler, Kosmoskop (2014), S. 356–358; außerdem Preuss in Tropenpflanzer 3 (1899), S. 15-20.

neuer tropischer Nutzpflanzen und ihr testweiser Anbau in den Versuchsgärten und Forschungseinrichtungen zeitigte ebenfalls weitreichende Konsequenzen: Im Umfeld von Amani konnten sich mindestens 48 neue Arten ansiedeln, von denen einige heute als „agressive invaders“[311] bezeichnet werden. Aus der Perspektive der Botanischen Zentralstelle und der Leiter der Versuchsstationen hingegen wurden in den Berichten der Institutionen erfolgreiche Neueinführungen allein als Erfolge gefeiert und die Konsequenzen für die Umwelt nicht thematisiert.[312]

Die Einschätzung von Lars Kreye, dass am Berliner Botanischen Garten und Museum die Einsicht vorherrschte, nur durch einen sensiblen Umgang mit der Natur langfristig die Kolonisationsbemühungen zu sichern, muss auf einer breiteren Quellenbasis überprüft werden. Die für die vorliegende Arbeit ausgewerteten Berichte des Botanischen Gartens und Museums, der Botanischen Zentralstelle und der Versuchseinrichtungen haben keine Hinweise darauf erbracht, dass die botanischen Einrichtungen in den Kolonien als frühe Zentren eines modernen Umweltbewusstseins gelten können, wie Kreye nahelegt und Richard Grove es für die tropischen Gärten des britischen und französischen Kolonialreichs konstatiert.[313] Ebenso ist offenbar kein nennenswerter Austausch zwischen den tropischen Gärten und der Botanischen Zentralstelle zu Fragen des Umweltschutzes erfolgt. Neuere umweltgeschichtliche Studien zu den Auswirkungen der europäischen Kolonialexpansion können Anregungen liefern für die eingehende Untersuchung dieser Thematik in Bezug auf die deutschen Kolonien. Besonders vielversprechend erscheinen dabei Ansätze, die umwelt- und sozialgeschichtliche Aspekte sowie eine globale Perspektive verbinden.[314]

Zusammenfassend ist festzuhalten: Die Forschungseinrichtungen und Versuchsstationen in den deutschen Kolonien hatten hauptsächlich die Förderung des europäischen Plantagensystems zum Ziel. Die Einbindung der Botanik sollte die Entwicklung der Kolonien vorantreiben und die wirtschaftliche Produktivität steigern. Gerade in den Aufgaben des Pflanzenversands und des Aufbaus botanischer Gärten und Versuchsstationen in den Kolonien zeigt sich der starke

---

311 Conte, Science (2002), S. 258.

312 Vgl. auch Kreye, Garten (2009), S. 132.

313 Vgl. Ebd.; Grove, Imperialism (1995); Drayton, Government (2000).

314 Vgl. insbes. Boomgaard/Hart (Hgg.), Globalization (2010); außerdem Bennett, Plantations (2016); Murphy, Environment (2009); Conte, Science (2002); Radkau, Natur (2000), insbes. S. 183–225; Beinart, History (2000); Drayton, Government (2000); Grove, Imperialism (1995).

Praxisbezug der Tätigkeit der Botanischen Zentralstelle. Gleichzeitig boten die Kolonialgebiete Botanikern die Möglichkeit, vor Ort Experimente und Forschungen unter authentischen Bedingungen durchzuführen. Der koloniale Kontext beeinflusste die Ausgestaltung der Disziplin und stärkte eine experimentelle Arbeitsweise. Für die Schaffung von Laborbedingungen kamen Zwang und Gewalt gegenüber der lokalen Bevölkerung zur Anwendung, die oftmals enteignet und vertrieben wurde.

Insbesondere die Forschungseinrichtungen in Victoria und Amani wirkten als eigenständige Orte der Wissensproduktion und wurden dabei von der Botanischen Zentralstelle unterstützt. Sie bildeten wichtige Knotenpunkte in polyzentrischen globalen Netzwerken, in denen Pflanzenmaterial und Wissen zirkulierte. Der wechselseitige Austausch zwischen Metropole und Kolonien sowie interimperiale Transfers dominierten diese Beziehungsgeflechte. Obwohl es nachweislich eine wirtschaftliche Konkurrenz zwischen den Kolonialmächten gab, beispielsweise bei der Kautschukgewinnung, thematisierten deutsche Botaniker dies eher am Rande unter dem Aspekt, dass mit verstärkten Anbauversuchen der Vorsprung der anderen aufgeholt werden müsse. Bezüglich der Weitergabe von Pflanzenmaterial und Wissen gab es in vielen Bereichen Kooperationen zwischen den Botanikern verschiedener Kolonialmächte, die nicht durch Konkurrenz beeinträchtigt wurde. Entscheidend scheint vielmehr, dass sich alle an das Prinzip der Reziprozität beim Austausch von Pflanzenmaterial und Wissen hielten.

Neben kolonialen Infrastrukturen wie temporären Versuchsstationen war die Einbindung von Amateuren, darunter Kolonialbeamte und Missionare, zentral für die Anbauversuche in den Kolonien. Darüber hinaus sollten die tropischen Forschungseinrichtungen nicht nur botanische und landwirtschaftliche Untersuchungen betreiben, sondern ebenso Expertise zu wirtschaftlichen und sozialen Problemen zur Verfügung stellen. Sie prägten direkt und indirekt Landschaft und Ökosysteme sowie lokale Wirtschafts- und Sozialstrukturen. Diese Eingriffe beschleunigten Prozesse sozialer, wirtschaftlicher und ökologischer Transformation und wirkten auch nach dem Ende der deutschen Kolonialherrschaft fort.[315]

IV.2 Sammlung und Forschung

Die hier zu behandelnden Sachverhalte sind weitaus komplexer und vielgestaltiger, als es die Beschreibung des zweiten Tätigkeitsfeldes der Botanischen

---

315 Vgl. Conte, Science (2002), S. 247.

Zentralstelle durch deren Kustos, Georg Volkens, in einer Bestandsaufnahme aus dem Jahr 1907 erahnen lässt. Seine knappen Erläuterungen der zugeordneten Aufgaben, namentlich die wissenschaftliche Bestimmung des aus den deutschen Kolonien eintreffenden Pflanzenmaterials und die Weitergabe von Informationen über den Nutzwert eingesandter Pflanzen, geben keinen Hinweis darauf, dass die wissenschaftliche Bearbeitung des Pflanzenmaterials überhaupt erst nach hitzigen Diskussionen offiziell der Botanischen Zentralstelle zugerechnet wurde.[316] Unerwähnt bleiben ebenso die Umstände und Abläufe des Zusammentragens des pflanzlichen Materials in den Kolonien, das in Berlin für die Forschung zentralisiert wurde. Die Darstellung von Volkens geht jedoch darauf ein, welche enormen Anforderungen die Flut von Zusendungen an das gesamte wissenschaftliche Personal des Botanischen Gartens und Museums stellte. Die Wissenschaftler verglichen die eintreffenden Pflanzen, Hölzer und Früchte mit den in den Sammlungen bereits vorhandenen Beständen, bestimmten und beschrieben die Objekte und integrierten sie in die westlichen Wissenssysteme sowie die darauf basierende Ordnung der Sammlungen. Schließlich veröffentlichten sie ihre Forschungsergebnisse zur Systematik, Pflanzengeographie und angewandten Botanik in Periodika und Monographien.[317] Einige Proben von Nutzpflanzen, die beispielsweise Fasern, Holz und Kautschuk lieferten oder für medizinische Zwecke in Betracht kamen, durchliefen weitergehende Untersuchungen, um die chemischen Eigenschaften und den wirtschaftlichen Wert zu ermitteln. Das Bestreben der Botaniker, ihr Wissensgebiet zu standardisieren und ihm eine universelle Geltung zu verschaffen sowie die Flora der Kolonien zu klassifizieren und zu beherrschen, kam in diesem Tätigkeitsbereich der Botanischen Zentralstelle deutlich zum Tragen.[318] Die Sammlungen aus den Kolonien bildeten dabei eine unverzichtbare Grundlage der taxonomischen Arbeit.[319]

Das Kapitel bezieht die Sammelpolitik des Botanischen Museums und die Sammelpraxis in den Kolonien als Voraussetzung der wissenschaftlichen Arbeit mit ein.[320] Bei näherer Betrachtung erweist sich das Sammeln und Forschen im

---

316 Vgl. Volkens, Zentralstelle (1907), S. 9 und die Ausführungen zu den Interessenkonflikten in Kap. III.1.

317 Vgl. Volkens, Zentralstelle (1907), S. 9 f.

318 Vgl. Goss, Floracrats (2011).

319 Vgl. Bonneuil, Manufacture (2002); außerdem Gascoigne, Ordering (1996).

320 Vgl. Heesen, Sammeln (2001), S. 13. Zum Sammeln außerdem Delbourgo, World (2017); Gáldy/Heudecker (Hgg.), Nature (2014); Habermas/Przyrembel (Hgg.), Käfern (2013); Collet, Sammlungen (2012); Sommer, Sammeln (2002); Latour, Science (1987), insbes. S. 215–245. Zu ökonomischen Aspekten Güttler/Heumann (Hgg.),

kolonialen Kontext als Spannungsfeld politischer, wirtschaftlicher und wissenschaftlicher Ansprüche, flankiert von nationalem und internationalem Konkurrenzstreben aber auch Allianzen. Die Debatten, die das Zusammenbringen von naturkundlichen und ethnologischen Sammlungen in den Kolonien und ihre wissenschaftliche Auswertung in Berlin begleiteten, werden daher eingehend beleuchtet und es wird am Beispiel der Berliner botanischen Einrichtungen gezeigt, wie umkämpft diese Tätigkeitsfelder waren. Politische und wirtschaftliche Erwägungen des Auswärtigen Amtes, die Sammlungen aus den Kolonien in Berlin für die wissenschaftliche Bearbeitung zusammenzuführen, trafen auf die Erwerbsstrategien und wissenschaftlichen Ambitionen der Leitung des Botanischen Museums. Dabei prallten unterschiedliche Auffassungen über den Zusammenhang von Grundlagenforschung und angewandter Botanik aufeinander und die Prioritätensetzung differierte. In der Arbeitspraxis der Botanischen Zentralstelle und des Botanischen Museums zeigte sich ein starkes Ineinandergreifen dieser beiden Forschungsausrichtungen. Die zunächst vornehmlich praxisbezogenen Zielen verpflichtete Botanische Zentralstelle war für die Erfüllung ihrer Aufgaben im hier untersuchten Tätigkeitsbereich der wissenschaftlichen Forschung und Nutzwertbestimmung stärker als bei ihren anderen Arbeitsbereichen auf die materiellen und personellen Kapazitäten der Gesamtinstitution angewiesen. Dafür wiederum wurden die wissenschaftlichen Publikationen, welche die Resultate der Forschungstätigkeit zur Flora der Kolonien festhielten, nicht nur der Botanischen Zentralstelle zugerechnet, sondern mehrten gleichermaßen das Renommee des Botanischen Museums. Dieses profitierte neben den jährlichen staatlichen Zuschüssen für die Botanische Zentralstelle überdies von zusätzlichen Mitteln für Veröffentlichungen zur Pflanzenwelt der Kolonialgebiete und einem enormen Anwachsen der Sammlungen. Demzufolge lässt sich vielfach nicht klar zwischen Anliegen der Botanischen Zentralstelle und der Gesamtinstitution unterscheiden, obwohl das Auswärtige Amt, das Preußische Kultusministerium und die botanischen Einrichtungen um die eindeutige Zuweisung von Zuständigkeiten und Finanzierungen rangen.

Die Interessen der Akteure und die Institutionalisierung des Sammelns, Forschens und Publizierens zur kolonialen Pflanzenwelt an der Botanischen Zentralstelle und dem Botanischen Museum stehen im Vordergrund der Betrachtung. Die hier vorgenommene Ordnung der Arbeitsschritte stellt das Sammeln der wissenschaftlichen Bearbeitung voran, gefolgt schließlich von den

---

Sammlungsökonomien (2016) und als wissenschaftshistorischer Überblick zu botanischen Gärten Klemun, Gärten (2017).

Publikationen als Dokumentation der Forschungsergebnisse. Diese Tätigkeiten waren eingebettet in koloniale Infrastrukturen und basierten ebenso wie der im vorigen Kapitel betrachtete Pflanzentransfer auf globalen Netzwerken, in denen Material und Wissen ausgetauscht wurden. In den Kolonien unterstützen zudem einheimische Informanten, Sammler oder Präparatoren das Zusammentragen von pflanzlichen Objekten und Informationen durch die Kolonialmacht. Bei der Eingliederung der Sammlungsobjekte in die westliche Wissensordnung erfolgte jedoch oftmals eine Abwertung des lokalen Wissens und Hinweise auf die Abhängigkeiten von der Sammlungspraxis vor Ort verschwanden. Das Kapitel geht diesen vielfältigen Verbindungen und Verflechtungen nach. Die folgenden Ausführungen streben dabei weder für das Gebiet der Sammlungen, noch für das der wissenschaftlichen und angewandten Forschung oder der Publikationen des Berliner Botanischen Gartens und Museums in der Kolonialzeit eine vollständige Darstellung an. Dies ist auf Grund der Überlieferungssituation wie auch der Fülle der Objektzugänge und der an ihnen vorgenommenen Untersuchungen ein kaum durchführbares Vorhaben und überdies nicht das Erkenntnisinteresse der vorliegenden Studie, deren Fokus auf der Institutionalisierungspraxis der auf die Kolonien bezogenen Arbeitsfelder liegt.

Sammlungspolitik

Der Vertrag zwischen der Kolonialabteilung des Auswärtigem Amtes und dem Preußischen Kultusministerium über die Gründung der Botanischen Zentralstelle 1891 sah neben dem Pflanzenversand in die Kolonien zunächst nur die Bestimmung des Nutzwertes der von dort stammenden Pflanzen vor. Er legte fest, dass die Kolonialbehörden unentgeltlich Pflanzenmaterial einsenden sollten, die Botanische Zentralstelle allerdings die Kosten für Verpackung und Transport übernehmen musste.[321] Zugleich erhielten das Botanische Museum wie auch das Berliner Museum für Naturkunde und das Museum für Völkerkunde bereits laut Bundesratsbeschluss vom 21. Februar 1889 sämtliche ethnographische beziehungsweise naturwissenschaftliche Sammlungen aus den deutschen Kolonien, die von auf Reichskosten ausgerüsteten Expeditionen stammten, gegen Erstattung der Verpackungs- und Transportkosten sowie zusätzlich der Anschaffungskosten. Dubletten sollten von den drei Museen ausgesondert und an andere deutsche Museen weitergegeben werden.[322] Als

321 Vgl. zum Vertrag Volkens, Zentralstelle (1907), S. 3.

322 Anweisung, betreffend die Behandlung der aus den Deutschen Schutzgebieten eingehenden wissenschaftlichen Sammlungen, Berlin, 3. August 1889, abgedr. in

Dublette gilt in der Naturwissenschaft ein Objekt, das in einigen Kriterien wie Gattung, Art, Geschlecht und Herkunft mit mindestens einem weiteren Objekt übereinstimmt.[323] In der Botanik und speziell in der Herbarpraxis bezeichnet der Begriff Dublette einen Teil einer von einem Sammler zur gleichen Zeit gemachten Aufsammlung einer einzelnen Art.[324] Dabei kann es sich insbesondere bei Gehölzen um Teile desselben Individuums eines Baums oder Strauchs handeln oder bei krautigen Pflanzen auch um mehrere dicht zusammen wachsende Individuen. Dubletten können allerdings auch erst nach dem Sammeln und Montieren generiert werden. Seit Linné ist es üblich, von einem reichlichen Herbarbeleg Teile abzunehmen und als Dublette zu verteilen. Allein schon durch den Vertrag über die Gründung der Botanischen Zentralstelle und den Bundesratsbeschluss gelangten massenweise Sammlungsgegenstände an das Botanische Museum, ergänzt noch um Zusendungen von privat Sammelnden.

Der Bundesratsbeschluss ist ein wichtiger Ansatzpunkt um die sammlungspolitischen Vorgaben für die Botanische Zentralstelle und das Botanische Museum zu untersuchen. Die Konflikte, die zwischen den genannten Berliner Museen sowie dem Preußischen Kultusministerium auf der einen Seite und der Kolonialabteilung des Auswärtigen Amtes auf der anderen Seite über die Auslegung und Anwendung des Beschlusses entbrannten, liefern wichtige Erkenntnisse darüber, wie das Sammeln in den Kolonien für den staatlich forcierten Aufbau kolonialer Archive an den Berliner Museen und die dortige zentrale wissenschaftliche Auswertung des gesammelten Materials organisiert wurden.[325]

Auf den ersten Blick erschließt sich möglicherweise nicht sofort, inwiefern der Bundesratsbeschluss und die dadurch dem Botanischen Museum zufallenden Sammlungen einschließlich ihrer wissenschaftlichen Bearbeitung mit der Botanischen Zentralstelle und ihrem ursprünglich auf die Nutzwertbestimmung von Pflanzen aus den Kolonien eingeschränkten Tätigkeitsfeld zusammenhingen.

Centralblatt für die gesamte Unterrichtsverwaltung in Preußen 32 (1890), H. 10/11, S. 644–645, in: GStA PK I. HA Rep. 76, Va, Sekt. 1, Tit. X, Nr. 24, Bd. 1, Bl. 126–128.

323 Vgl. dazu Hoffmann, Museumsobjekt (2012), S. 163; außerdem Heumann, Verkaufsakte (2015).

324 Internationaler Code der botanischen Nomenklatur, S. 8, https://www.iapt-taxon.org/Tokyo-d/DEUCODE2.pdf; für Informationen hierzu danke ich außerdem Dr. Matthias Schultz, Oberkustos am Herbarium Hamburgense.

325 In den Studien zum Berliner Museum für Naturkunde und dem Völkerkundemuseum ist der Bundesratsbeschluss bislang nur am Rande betrachtet worden. Vgl. Köstering, Natur (2003), S. 198 f.; Kretschmann, Räume (2006), S. 180 f.; Hoffmann, Museumsobjekt (2012), S. 157 ff.

Die zeitgenössischen Akteure vertraten ebenfalls unterschiedliche Auffassungen darüber, ob eine Verbindung zwischen diesen Arbeitsbereichen bestand. Wie in Kapitel III.1 im Kontext der Frage nach den Zuständigkeiten und der Finanzierung der Botanischen Zentralstelle bereits erläutert, stellten die Sammlungen des Botanischen Museums und die Bestimmung der aus den Kolonien eintreffenden Pflanzen aus Sicht des Direktors der Institution, Adolf Engler, die Arbeitsgrundlage auch für die Aufgaben der Botanischen Zentralstelle dar. Die Kolonialabteilung des Auswärtigen Amtes weigerte sich jedoch lange, dies anzuerkennen und die botanischen Sammlungen mit mehr Finanzmitteln zu berücksichtigen. Die Diskussionen darüber, wer für die je nach Sichtweise wissenschaftlichen Interessen einer preußischen Einrichtung oder wirtschaftlichen Interessen des Deutschen Reiches aufkommen sollte, zogen sich über Jahre hin. Erst mit der Erhöhung des jährlichen Zuschusses vom Auswärtigen Amt für die Botanische Zentralstelle 1898 wurden ihr merklich mehr Mittel zugesprochen, um die wissenschaftlichen Sammlungen zu erhalten und zu vergrößern, ergänzt durch zusätzliches Geld des Preußischen Kultusministeriums für einen Präparator und wissenschaftliches Personal. Damit kam ein beiderseitiges Interesse an der wissenschaftlichen Auswertung der kolonialen Sammlungen zum Ausdruck, die nun allen Beteiligten als wesentliche Voraussetzung für die Arbeit der Botanischen Zentralstelle galten.

Den durch den Bundesratsbeschluss begünstigten drei Berliner Museen fiel zudem die Aufgabe zu, Ausrüstungen bereitzustellen für in die Kolonien reisende Beamte, Forscher und andere Interessierte, die sammeln wollten. Die Auseinandersetzungen über diese Verpflichtung der Museen liefern weitere grundlegende Erkenntnisse darüber, wie die Berliner Museen ihre Position gegenüber dem Auswärtigen Amt und das Zusammenspiel der teils gemeinsamen teils differierenden Interessen an kolonialen Sammlungen interpretierten. Das Kapitel bezieht die Debatte ebenfalls in die Untersuchung mit ein, weil schließlich die Botanische Zentralstelle das Austeilen von Sammelausrüstungen übernahm.

Während die Objektgeschichte zu Beginn des Kapitels IV die Thematik Sammeln und Sammlungen sowie die wissenschaftliche Forschungsarbeit am Beispiel eines ausgewählten Objektes aus dem Botanischen Museum beschreibt, ist der Schwerpunkt im Folgenden der größere politische Rahmen des Sammelns in den Kolonien. Ausgehend von den überlieferten Diskussionen über die Bestimmungen des genannten Bundesratsbeschlusses werden die Absichten der involvierten Akteure in Bezug auf das Zusammentragen von Objekten aus den

Kolonien untersucht.[326] Da das Berliner Botanische Museum, das Museum für Naturkunde und das Museum für Völkerkunde häufig gemeinsam ihre Interessen gegenüber dem Auswärtigen Amt und dem Preußischen Kultusministerium vertraten, ergeben sich weitergehende Erkenntnisse über die untersuchten botanischen Institutionen hinaus.

Zuletzt sei auf die notwendige kritische Auseinandersetzung mit dem Begriff des Sammelns hingewiesen. Das Kapitel zeigt, dass tatsächlich Begrifflichkeiten wie „zusammenraffen" oder „Sammelwut" die Gier nach Objekten und deren selbstverständliche Aneignung am Treffendsten beschreiben. Ungleiche Machtverhältnisse und die Einbindung von Kolonialbehörden und Militär prägten den Erwerbskontext, der sich zumeist schwer im Detail rekonstruieren lässt, ebenso wie der Anteil der lokalen Bevölkerung am Zustandekommen der Sammlungen, sei es als Informanten, Übersetzer oder Präparatoren.[327] Diese Fragen werden hier exemplarisch beleuchtet, um Zugänge zu einem weiter zu beforschenden Feld auszuloten.

Die bedeutenden wissenschaftlichen Sammlungen des Berliner Botanischen Gartens und Museums waren schon in der Debatte über die Gründung der Botanischen Zentralstelle ein wichtiges Argument für den Standort Berlin. Die Institution empfahl sich durch reichlich vorhandenes Vergleichsmaterial aus Afrika und von den pazifischen Inseln für den Pflanzentransfer und die wissenschaftliche Bearbeitung der Aufsammlungen aus den Kolonialgebieten. Schon seit Beginn des 19. Jahrhunderts hatten die Berliner botanischen Einrichtungen gezielt durch Kontakte zu anderen botanischen Gärten und zu deutschen Forschungsreisenden Pflanzenmaterial unter anderem aus Brasilien, Guayana, Nordafrika, Mexiko und Westindien erworben.[328] Seit Mitte des 19. Jahrhunderts bis 1889 traf „recht erhebliches"[329] Material aus dem tropischen Afrika und von einigen Inseln im Pazifik ein, wie der als Unterdirektor tätige Ignatz Urban in seiner Geschichte der Sammlungen schrieb. Die Objekte stammten zumeist

326 Vgl. dazu folgende Aktenbestände: GStA PK I. HA Rep. 76, Va, Sekt. 1, Tit. X, Nr. 24, Bd. 1–3.

327 Vgl. Hund, Rezension (2015); Förster, Provenienzen (2016); Lange, Situationen (2013); Laukötter, Gefühle (2013).

328 Zepernick, Zentralstelle (2002), S. 108; Timler/Zepernick, Garten (1978), S. 28–36. Zur Geschichte der Sammlungen auch Hiepko, Sammlungen (1990), insbes. S. 298–301 sowie Urban, Geschichte (1909). Speziell zu den Sammlungen aus den deutschen Kolonien Urban, Geschichte (1916), S. 157–209.

329 Urban, Geschichte (1916), S. 164.

von interdisziplinären Forschungsexpeditionen, finanziert hauptsächlich durch die 1873 gegründete Afrikanische Gesellschaft und ferner durch das Deutsche Reich.[330] Gleichwohl galten die deutschen Kolonialgebiete in Afrika, im Pazifik und in China bei ihrer Inbesitznahme ab 1884 noch als „nur ganz mangelhaft erforscht".[331] Rückblickend urteilte Urban, dass es daher „eine sehr lohnende Aufgabe" für den Botanischen Garten und das Botanische Museum gewesen sei, sich an der Erforschung der deutschen Kolonien zu beteiligen, „und dabei nicht nur den Bestand der Sammlungen zu vermehren, sondern auch die Pflanzengeographie erheblich zu fördern."[332]

Die Sammlungserweiterung, verbunden mit der Stärkung der Forschung im Bereich Systematik und Pflanzengeographie, erklärte allerdings erst Adolf Engler als neuer Direktor der Einrichtung ab Oktober 1889 zu seinen Zielen. Unter der Leitung seines Vorgängers Eichler bis 1887 und während des Interims hatte sich das Botanische Museum nicht offensiv für die botanische Erforschung des deutschen Kolonialbesitzes positioniert. Eichlers Interesse hatte vornehmlich der Flora Brasiliens gegolten und aus der Sicht Urbans hatte er es nicht verstanden, die Gelehrtengesellschaften in Berlin und ausreisende Forscher zum Sammeln für das Botanische Museum zu animieren. Die Zuwendungen von Expeditionen der Afrikanischen Gesellschaft verdankte das Botanische Museum vielmehr der Fürsprache und dem Einsatz der Afrikaforscher Paul Ascherson und Georg Schweinfurth.[333] Als Engler bei seiner Antrittsrede vor der Preußischen Akademie der Wissenschaften 1890 die Vergrößerung der Sammlungen sowie den Ausbau der systematischen und pflanzengeographischen Forschung als seine Vision von den Aufgaben des Botanischen Gartens und Museums vorstellte, lag der Bundesratsbeschluss vom 21. Februar 1889 bereits vor, der den drei genannten Berliner Museen die Sammlungen aus den Kolonien zusprach. In seiner Rede verwies Engler auf die Bedeutung der Sammlungen des Botanischen Museums als materielle Grundlage der wissenschaftlichen Untersuchungen und betonte die Notwendigkeit der „Vervollständigung" der Sammlungen gerade

330 Ebd., S. 162 ff.

331 Ebd., S. 160. Die Auswahl der Reiseziele Südamerika und Afrika für deutsche Forscher ergaben sich aus der Verteilung der Interessensphären in der Botanik, die zugleich die imperialen Einflussbereiche widerspiegelten: Indien und Australien erforschten überwiegend Briten, die südostasiatischen Regionen Niederländer, Nord- und Mittelasien Russen. China und Japan blieben für Ausländer lange schwer zugänglich. Vgl. Zepernick, Beiträge (1990).

332 Urban, Geschichte (1916), S. 160.

333 Ebd., S. 160 ff.

im Hinblick auf die noch „völlig unerforschten“ deutschen Kolonialgebiete.[334] Kolonialbesitz, Sammlungsvergrößerung und die am Botanischen Garten und Museum unter Engler schwerpunktmäßig betriebene systematische und pflanzengeographische Forschung insbesondere zu den neuen überseeischen Besitzungen waren demnach aus Sicht der Leitungsebene der Einrichtung aufs Engste miteinander verbunden, wie die Äußerungen von Engler und Urban zeigen.

Durch den erwähnten Bundesratsbeschluss fielen letztlich sämtliche botanische Sammlungen von auf Reichskosten ausgerüsteten Expeditionen aus den deutschen Kolonien dem Botanischen Museum zu und der Beschluss wurde im Dezember 1891 auf die von Kolonialbeamten angelegten Sammlungen ausgedehnt, sodass diese im Regelfall ebenfalls nach Berlin gingen.[335] Urban kennzeichnete in seiner Sammlungsgeschichte es dennoch als spezifischen Verdienst der zum 1. April 1891 am Botanischen Garten und Museum eingerichteten Botanischen Zentralstelle für die deutschen Kolonien, „besonders erfolgreich“ darauf hingewirkt zu haben, für die wissenschaftliche Erforschung der Flora der deutschen Kolonialgebiete „immer neue Materialien aus den noch wenig bekannten oder noch gar nicht besuchten Gegenden herbeizuschaffen.“[336] Folgt man seinen weiteren Ausführungen dazu, scheint Urban ihre hauptsächliche Bedeutung in diesem Zusammenhang darin gesehen zu haben, dass die botanischen Einrichtungen von den der Botanischen Zentralstelle gewährten staatlichen Zuschüssen für die Sammlungen und von zusätzlichem wissenschaftlichen Personal profitierten. Durch die der Botanischen Zentralstelle zugeordneten Aufgaben der Gärtnerausbildung für den Kolonialdienst und der Bereitstellung von Sammelausrüstungen für in die Kolonien Reisende, denen Anleitungen mitgegeben wurden, ließen sich zudem potentielle Sammler und Einfluss auf deren Tätigkeit in den Kolonien gewinnen.

Urbans retrospektive Darstellung vermittelt den Eindruck, der Botanische Garten und das Botanische Museum hätten es geschickt verstanden, aus der Verbindung mit der staatlich bezuschussten Botanischen Zentralstelle großen Nutzen für die Gesamtinstitution zu ziehen. Das ist vom Ergebnis her betrachtet

---

334 Engler, Antrittsrede (1890), S. 778.

335 Die auf den 10. Dezember 1891 datierte Ausdehnung dieser Vorschrift ist veröffentlicht in: Deutsches Kolonialblatt 2 (1891), Nr. 24, S. 535. Angaben zu den Hintergründen finden sich in GStA PK I. HA Rep. 76, Va, Sekt. 1, Tit. X, Nr. 24, Bd. 3, S. 106–107. Andrew Zimmermann verweist darauf, dass die Regelungen des Bundesratsbeschlusses auf die Initiative der Berliner Museen zurückgingen. Zimmermann, Anthropology (2001), S. 297.

336 Urban, Geschichte (1916), S. 160.

auch durchaus zutreffend. Urbans Schilderung unterschlägt jedoch die Interessenkonflikte und Schwierigkeiten, die den Prozess der Institutionalisierung des Zusammentragens und der Auswertung von Sammlungen aus den Kolonien begleiteten. Die Auseinandersetzungen zwischen der Kolonialabteilung des Auswärtigen Amtes, dem Preußischen Kultusministerium und den Berliner Museen gewähren einen Einblick in die unterschiedlichen Erwartungen und Ansprüche aber auch Bedenken der Akteure hinsichtlich ihrer Rolle beim Sammeln und Forschen im kolonialen Kontext.

Einen wesentlichen Ausgangspunkt für die sich ab 1893 zeigenden Spannungen zwischen der Kolonialabteilung des Auswärtigen Amtes und den Berliner botanischen Einrichtungen stellte Englers Überzeugung dar, dass das Zusammenbringen und die wissenschaftliche Untersuchung der Sammlungen aus den Kolonien die Basis für die Aufgaben der Botanischen Zentralstelle bildeten. Weil an deren Leistungen des Pflanzentransfers und der Nutzwertbestimmung aus den Kolonien eingesandter Pflanzen ein staatliches Interesse von Seiten des Auswärtigen Amtes bestand und es dafür einen Zuschuss zahlte, erwartete Engler eine stärkere finanzielle Unterstützung durch diese Behörde auch für die grundlegenden Arbeiten. Engler forderte namentlich die Übernahme der Mehrkosten für die Montierung von Pflanzen und die Herstellung von Alkoholpräparaten sowie für neue Schränke zur geordneten Aufbewahrung der Sammlungen, außerdem für die Ausgaben, welche das Botanische Museum durch die Ausstattung von in die Kolonien Reisenden mit Ausrüstungen zum Sammeln hatte.[337]

Das Preußische Kultusministerium vertrat ebenfalls die Auffassung, die Botanische Zentralstelle müsse in einem stärkeren Maße durch das Deutsche Reich finanziert werden, da die Kolonien Reichsinteresse seien, wofür nicht das Budget einer preußischen wissenschaftlichen Institution beansprucht werden dürfe.[338] Dabei hinterfragte es nicht Englers Versuch, ausgerechnet die Kosten für die Beschaffung und Bearbeitung von Materialien aus den Kolonien der Botanischen Zentralstelle zuzuordnen und über das Auswärtige Amt abzurechnen. Denn streng genommen regelte der Bundesratsbeschluss die Modalitäten für die Verteilung dieser Sammlungen an das Berliner Botanische Museum, das

337 Botanischer Garten und Botanisches Museum, Engler, an Kultusministerium, Bosse, 4. Januar 1893, GStA PK I. HA Rep. 76, Va, Sekt. 2, Tit. X, Nr. 89 B, Bd. 1, Bl. 240–242.

338 Kultusministerium, Bosse an Auswärtiges Amt, Kolonialabteilung, von Caprivi und an Botanischer Garten und Botanisches Museum, Engler, 27. Januar 1893, GStA PK I. HA Rep. 76, Va, Sekt. 2, Tit. X, Nr. 89 B, Bd. 1, Bl. 246–247. Vgl. ausführlicher dazu Kap. III.1.

Museum für Naturkunde und das Museum für Völkerkunde. Der Passus im Vertrag zur Gründung der Botanischen Zentralstelle, dass die Kolonialbehörden ihr unentgeltlich Materialien zukommen lassen sollten gegen Übernahme der Kosten für Verpackung und Transport, doppelte sich mit dem Bundesratsbeschluss und dessen Erweiterung, wonach alle Materialien von reichsfinanzierten Expeditionen und von Kolonialbeamten an die Berliner Museen gingen. Allerdings sollten laut Bundesratsbeschluss die Berliner Museen nicht nur die Verpackungs- und Transportkosten, sondern zusätzlich die Anschaffungskosten für die Sammlungen tragen.[339]

Es mag ein cleverer Schachzug Englers gewesen sein, die aus den deutschen Kolonien an sein Haus gelangenden Sammlungen gleichzeitig als unter den Bundesratsbeschluss fallende Einsendungen sowie als Zugänge für die Botanische Zentralstelle anzugeben, um zumindest die Anschaffungskosten zu umgehen, über die er sich schon länger geärgert hatte. Das Auswärtige Amt ließ sich darauf jedoch nicht ein und erklärte, die Beschaffung und Bearbeitung der Materialzugänge aus den Kolonien fielen allein unter die Bestimmungen des Bundesratsbeschlusses und hätten nichts mit den Vereinbarungen zur Botanischen Zentralstelle zu tun. Es drohte unverhohlen, das Botanische Museum könne seine bevorzugte Stellung bei der Zuteilung kolonialer Sammlungen verlieren, wenn es nicht bereit sei, die damit verbundenen Kosten zu schultern.[340] Das Auswärtige Amt verbarg nicht seinen wachsenden Unmut über das schon länger zu beobachtende Tauziehen um die Verteilung der Kosten für das Herbeischaffen der kolonialen Sammlungen.

Das Kultusministerium, das als Träger der drei vom Bundesratsbeschluss bedachten Berliner Museen Ausgaben aus seinem eigenen Budget vermeiden wollte, ruderte im Fall von Englers Forderungen schnell zurück. Es ließ wissen, es ergebe sich natürlich von selbst, dass die aus den Kolonien eingehenden Sammlungen auch für die Botanische Zentralstelle den Bestimmungen des Bundesratsbeschlusses unterlägen und dass für solche Eingänge die Ausgaben unter Abwägung der Vor- und Nachteile zu betrachten seien, die der Gesamtinstitution durch die Botanische Zentralstelle erwüchsen. Zuletzt beteuerte das Kultusministerium, es freue sich, wenn das Botanische Museum auch weiterhin „den

339 Vgl. zum Vertrag Volkens, Zentralstelle (1907), S. 3 und zur Erweiterung des Bundesratsbeschlusses vom 10. Dezember 1891 Deutsches Kolonialblatt 2 (1891), Nr. 24, S. 535.

340 Auswärtiges Amt, Kolonialabteilung, von Caprivi an Kultusministerium, Bosse, 10. Februar 1893, GStA PK I. HA Rep. 76, Va, Sekt. 2, Tit. X, Nr. 89 B, Bd. 1, Bl. 249–251.

Zwecken der deutschen Kolonien nutzbar zu sein vermag".[341] Offenbar überwogen aus wissenschaftspolitischer Sicht die Vorteile, die sich aus dem Bundesratsbeschluss für die Berliner Museen ergaben, verschaffte er den preußischen Institutionen doch eine Vorrangstellung bei der Zuteilung und Erforschung von Materialien aus den Kolonialgebieten und damit wichtige Voraussetzungen für die von den Museen angestrebte Vollständigkeit ihrer Sammlungen sowie eine Spitzenposition bei der Erforschung Afrikas und der Regionen im Pazifik. In den sich noch über Jahre hinziehenden Streitigkeiten bezüglich der Finanzierung der zentralen Archivierung und Auswertung der in den deutschen Kolonien gesammelten Objekte an den Berliner Museen zog sich das Kultusministerium zumeist auf die Position des Mittlers zurück und beschränkte sich weitgehend darauf, die Klagen der Museumsdirektoren an das Auswärtige Amt weiterzugeben.

Und Klagen erreichten das Auswärtige Amt unablässig, nicht nur von Adolf Engler als Leiter des Botanischen Gartens und Museums, sondern auch von Karl August Möbius, dem Leiter des Museums für Naturkunde und dessen zoologischer Sammlung, sowie von Adolf Bastian, dem Direktor des Museums für Völkerkunde. Diese drei Direktoren bildeten laut Bestimmungen des Bundesratsbeschlusses die Kommission für die wissenschaftlichen Sendungen aus den deutschen Schutzgebieten unter dem Vorsitz von Möbius.[342] Die Kommission erstellte und verteilte gedruckte Verzeichnisse der aus den Kolonien eingetroffenen Sammlungen und der ausgesonderten Dubletten, die andere deutsche Museen anfordern konnten.[343] In der Diskussion über die Handhabung des

341 Kultusministerium, Bosse an Auswärtiges Amt, Kolonialabteilung, von Caprivi, 18. März 1893, GStA PK I. HA Rep. 76, Va, Sekt. 2, Tit. X, Nr. 89 B, Bd. 1, Bl. 252–253.

342 Vgl. dazu auch Zoologisches Museum, Möbius an Kultusministerium, 30. September 1905, GStA PK I. HA Rep. 76, Va, Sekt. 2, Tit. X, Nr. 89 B, Bd. 3, Bl. 253. Möbius schrieb, nach der Bildung der Kommission hätte zunächst Bastian den Vorsitz innegehabt. Weil dieser oft auf Reisen war, wurde der Vorsitz am 2. Juli 1890 Möbius übertragen. Im September 1905 schlug Möbius dann Felix von Luschan, den Direktor der Afrika- und Ozeanienabteilung des Völkerkundemuseums, als seinen Nachfolger vor. Hoffmann, Museumsobjekt (2012), S. 157 gibt von Luschan als Bastians Vertreter in der Kommission an. Die hier ausgewerteten Dokumente der Kommission sind jedoch stets von Bastian unterschrieben.

343 Vgl. zu den Bestimmungen des Beschlusses: Anweisung, betreffend die Behandlung der aus den Deutschen Schutzgebieten eingehenden wissenschaftlichen Sammlungen, Berlin, 3. August 1889, abgedr. in Centralblatt für die gesamte Unterrichtsverwaltung in Preußen 32 (1890), H. 10/11, S. 644–645, in: GStA PK I. HA Rep. 76, Va, Sekt. 1, Tit. X, Nr. 24, Bd. 1, Bl. 126–128. Zwischen 1889 und 1903 erschienen

Bundesratsbeschlusses vertrat die Kommission oft geschlossen ihre Position gegenüber dem Preußischen Kultusministerium, dem die Museen unterstanden, und dem Auswärtigen Amt. Durch ihre enge Zusammenarbeit und ihr gemeinschaftliches Auftreten konnten die Museumsdirektoren größeren Druck in den Verhandlungen mit den beiden Ministerien aufbauen, die sich hauptsächlich um die Transport- und Anschaffungskosten für koloniale Sammlungen drehten.

Schon der erste Bericht des Kommissionsvorsitzenden Möbius zeigte, welche Auswirkungen der Bundesratsbeschluss in der Praxis hatte. Die Kommission beantragte im August 1890 beim Kultusministerium, die Regelungen dahingehend zu ändern, dass nur die Verpackungs- und Transportkosten von den Museen getragen werden sollten, nicht aber die Anschaffungskosten. Denn dahinter verbargen sich für die Museen unkalkulierbare Ausgaben für Gläser, Konservierungsmittel und andere Ausrüstungsgegenstände, die Forschungsreisende und Wissenschaftler an den Forschungsstationen in den Kolonien erhielten.[344] Adolf Engler weigerte sich außerdem, für einzelne Zusendungen aus den Kolonien zu bezahlen, wenn sie für das Botanische Museum wertlos waren, weil die Objekte wissenschaftlich nicht bearbeitet werden konnten oder sich vergleichbares Material bereits in den Sammlungen befand.[345] Die Museen fürchteten finanzielle Nachteile und hatten Bedenken, Mittel für das Sammeln bereitzustellen, wenn sie die Qualität der zu erwartenden Sammlungen nicht vorab einschätzen und kontrollieren konnten.

Das Kultusministerium reagierte auf den Bericht von Möbius abwartend und wollte wohl erst sehen, wie sich die Verteilung der Sammlungen und der Kosten im weiteren Verlauf entwickelte. Immerhin galt es, ein komplexes System zu etablieren, welches – so der offensichtliche Nutzen aus Sicht des Kultusministeriums – den Berliner Museen enorme Vorteile beim Aufbau ihrer Sammlungen verschaffte. Da die Museen die Kosten für die Zugänge aus den Kolonien überwiegend aus ihren Institutsbudgets zahlten,[346] musste das Kultusministerium selten zusätzliche Gelder bereitstellen. Es erfuhr von den Nachteilen des

---

in unregelmäßigen Abständen sechs solcher Verzeichnisse. Vgl. Urban, Geschichte (1916), S. 178; dazu auch Hoffmann, Museumsobjekt (2012), S. 157 ff.

344 Kommission für die wissenschaftlichen Sendungen aus den deutschen Schutzgebieten, Möbius an Kultusministerium, von Gossler, 12. August 1890, GStA PK I. HA Rep. 76, Va Sekt. 1, Tit. X, Nr. 24, Bd. 1, Bl. 176–180.

345 Botanischer Garten und Botanisches Museum, Engler an Kultusministerium, von Gossler, 9. November 1889, GStA PK I. HA Rep. 76, Va, Sekt. 1, Tit. X, Nr. 24, Bd. 1, Bl. 88–89.

346 GStA PK I. HA Rep. 76, Va, Sekt. 1, Tit. X, Nr. 24, Bd. 1, insbes. Bl. 196, 198, 226–227.

Beschlusses vorwiegend aus den Berichten der Museumsdirektoren. Auf den Vorschlag der Kommission antwortete es zögerlich dahingehend, es würde einen konkreten Anlass abwarten, um mit dem Auswärtigen Amt über die Kostenverteilung zu verhandeln.[347]

Nach einem mehrmonatigen Kleinkrieg über die Finanzierung von Sammelausrüstungen, bei dem sich das Auswärtige Amt, das Kultusministerium und die Museen die aufgelaufenen Rechnungen zuzuweisen versuchten, wagte Möbius als Kommissionsvorsitzender einen grundsätzlichen Vorstoß in der Sache. Er hinterfragte die Rechtmäßigkeit des bisherigen Verfahrens, da es im Bundesratsbeschluss hieße, die Museen erhielten Sammlungen von „ausgerüsteten Expeditionen". Er forderte, die Sammelausrüstung daher künftig aus dem Afrikafonds des Auswärtigen Amtes zu bezahlen, der für wissenschaftliche Ziele bestand und unter anderem für Expeditionen und Forschungseinrichtungen in den Kolonien Verwendung fand. Wenn das Auswärtige Amt die Kosten für die Ausstattung übernähme, wollten die Institutsdirektoren sich um die Bereitstellung geeigneter Sammelgeräte kümmern. Die Forschungsreisenden sollten allerdings verpflichtet werden, den Museumsdirektoren zuvor zu belegen, dass sie über ausreichende Kenntnisse zum Sammeln verfügten, oder aber einen Kurs absolvieren, der sie mit dem Präparieren von Naturalien vertraut machte. „Nur hierdurch wird es erreicht werden können, daß wirklich brauchbare Stücke gesammelt und gut präpariert eingesandt werden, und daß der Werth der eingehenden Sammlungen im richtigen Verhältnis zu den entstandenen Transportkosten steht"[348], so Möbius.

---

347 Kultusministerium an Kommission für die wissenschaftlichen Sendungen aus den deutschen Schutzgebieten, Möbius, 24. März 1891, GStA PK I. HA Rep. 76, Va, Sekt. 1, Tit. X, Nr. 24, Bd. 1, Bl. 179. Erhielt das Kultusministerium vom Auswärtigen Amt Zahlungsaufforderungen für Ausrüstungsgegenstände für Forschungsstationen oder andere nicht einzelnen Museen zuzuweisende Sammelgerätschaften, weigerte es sich häufig, dafür aufzukommen. Bisweilen einigten sich Auswärtiges Amt und Kultusministerium dann, die Kosten zu teilen.

348 Kommission für die wissenschaftlichen Sendungen aus den deutschen Schutzgebieten, Möbius an Kultusministerium, Bosse, 10. Januar 1893, GStA PK I. HA Rep. 76, Va, Sekt. 1, Tit. X, Nr. 24, Bd. 2, Bl. 38–41, hier Bl. 40. Im Bundesratsbeschluss ist die Rede von „ethnographischen und naturwissenschaftlichen Sammlungen, welche von den auf Reichskosten nach den Deutschen Schutzgebieten ausgerüsteten Expeditionen eingehen". Anweisung, betreffend die Behandlung der aus den Deutschen Schutzgebieten eingehenden wissenschaftlichen Sammlungen, Berlin, 3. August 1889, abgedr. in Centralblatt für die gesamte Unterrichtsverwaltung in Preußen 32

Das Auswärtige Amt erteilte dem Anliegen der Kommission eine klare Absage. Etwas spitz formulierte es, dass mit den im Beschluss angeführten von den Museen zu tragenden „Anschaffungskosten" besonders diejenigen für Sammelgeräte und Konservierungsmittel gemeint seien. Das ergebe sich schon daraus, „daß andernfalls nicht ersichtlich sein würde, welche Kosten gemeint sein sollten"[349]. Die bisherige Handhabung widerspreche damit nicht den Formulierungen im Bundesratsbeschluss, da die Sammelgeräte nur einen Teil der Ausrüstung ausmachten und nur für die Beschaffung von Sammlungsobjekten mitgegeben würden. Aus rechtlicher Sicht schien damit das Ansinnen der Museumsdirektoren gescheitert, sich der Bezahlung von Sammelausrüstungen als Anschaffungskosten für koloniale Sammlungen zu entledigen. Engler und Möbius teilten dem Kultusministerium mit, dass sie sich vorbehielten, nur für Ausrüstungsgegenstände aufzukommen, die nach vorheriger Absprache mit ihnen angeschafft wurden.[350] Auf diese Weise ließ sich in ihren Augen wohl wenigstens teilweise die Kontrolle über die Ausgaben für ihre Institute zurückgewinnen.

Aus der Korrespondenz geht zudem hervor, wann und wie die Schulung von in die Kolonien reisenden Sammlern den Museen als Aufgabe zufiel. Das Auswärtige Amt griff den Vorschlag von Möbius auf, dass die Museen auf eine ausreichende Ausbildung der Sammelnden achten sollten. Die Museen bürdeten sich diese Aufgabe demnach selbst auf, wohl in der Hoffnung, durch den persönlichen Kontakt zu den Sammlern sowie die direkte Weitergabe von genauen Anweisungen und Anleitungen die Qualität der Sammlungen zu steigern und damit auch die Ausgaben für die Ausrüstungen gut zu investieren.[351] Im Bericht

(1890), H. 10/11, S. 644–645, in: GStA PK I. HA Rep. 76, Va, Sekt. 1, Tit. X, Nr. 24, Bd. 1, Bl. 126–128.

349 Auswärtiges Amt, Kolonialabteilung, Kayser an Kultusministerium, Bosse, 21. Februar 1893, GStA PK I. HA Rep. 76, Va, Sekt. 1, Tit. X, Nr. 24, Bd. 2, Bl. 74–75, hier Bl. 74.

350 Kommission für die wissenschaftlichen Sendungen aus den deutschen Schutzgebieten, Möbius an Kultusministerium, Bosse, 25. Juli 1893, GStA PK I. HA Rep. 76, Va, Sekt. 1, Tit. X, Nr. 24, Bd. 2, Bl. 100. Die Haltung wird noch einmal bekräftigt in: Kommission für die wissenschaftlichen Sendungen aus den deutschen Schutzgebieten, Möbius an Kultusministerium, Bosse, 31. Juli 1895, GStA PK I. HA Rep. 76, Va, Sekt. 1, Tit. X, Nr. 24, Bd. 2, Bl. 208–210.

351 Kommission für die wissenschaftlichen Sendungen aus den deutschen Schutzgebieten, Möbius an Kultusministerium, Bosse, 10. Januar 1893, GStA PK I. HA Rep. 76, Va, Sekt. 1, Tit. X, Nr. 24, Bd. 2, Bl. 38–41 und Auswärtiges Amt, Kolonialabteilung, Kayser an Kultusministerium, Bosse, 21. Februar 1893, GStA PK I. HA Rep. 76, Va, Sekt. 1, Tit. X, Nr. 24, Bd. 2, Bl. 74–75.

der Botanischen Zentralstelle für das Rechnungsjahr 1895/96 erschienen erstmals Angaben zur Anzahl der mit Sammelgeräten ausgerüsteten Reisenden einschließlich deren Namen. Die Ausstattung und Instruktion von Sammlern galt damit seit diesem Zeitpunkt offiziell als Aufgabe der Botanischen Zentralstelle.[352]

Es ist sicherlich kein Zufall, dass zum selben Zeitpunkt wie das Schreiben der Kommission zu den Anschaffungskosten auch Englers Plan das Kultusministerium erreichte, die Mehrbelastungen, die dem Botanischen Museum aus den kolonialen Sammlungen erwuchsen – darunter ausdrücklich für die Bereitstellung von Sammelausrüstung – der Botanischen Zentralstelle zuzurechnen, um eine Kostenübernahme aus Reichsmitteln zu erreichen.[353] Auf den ersten Blick wirkt es fast wie ein Trick von Engler, dem Auswärtigen Amt auf anderem Weg die Bezahlung der Sammelausrüstung abzutrotzen. Im Kern ging es Engler allerdings darum, dass sich seiner Auffassung nach beim Erwerb und bei der Bearbeitung der kolonialen Sammlungen nicht zwischen den wissenschaftlichen Interessen der preußischen Museen als Forschungsinstitute und den wirtschaftlichen und politischen Interessen der Reichs- und Kolonialbehörden trennen ließ. Schon im ersten Jahresbericht 1891/92 bezeichnete Engler „reichhaltige Pflanzensammlungen"[354] als Grundlage für die Arbeit der Botanischen Zentralstelle. Und auch Georg Volkens, der Kustos der Botanischen Zentralstelle, betonte in seiner späteren Darstellung zu den Aufgaben der Botanischen Zentralstelle, dass die bereits vorhandenen und sich stetig erweiternden Sammlungen des Botanischen Museums mit ihrer Vielzahl von vorhandenen Pflanzenoriginalen die Voraussetzung für die Tätigkeiten der Botanischen Zentralstelle böten, zu denen offiziell neben der Nutzwertbestimmung zu dem Zeitpunkt die wissenschaftliche Bestimmung der Pflanzen aus den Kolonien zählte.[355] Eben weil sich bei den aus den Kolonien eintreffenden Sammlungen keine klare zweckgeleitete Trennung

---

352 Vgl. Bericht Botanische Zentralstelle 1895/96, GStA PK I. HA Rep. 76, Va, Sekt. 2, Tit. X, Nr. 89 B, Bd. 2, Bl. 89–94 sowie Volkens, Zentralstelle (1907), S. 12. Zu den Schulungen für Sammler vgl. Kap. IV.3. In den überlieferten Zusammenstellungen der Ausgaben der Botanischen Zentralstelle bis 1898 wurden für Sammelausrüstungen keine Kosten ausgewiesen. Vgl. GStA PK I. HA Rep. 76, Va, Sekt. 2, Tit. X, Nr. 89 B, Bd. 1–3. Die Ausrüstungen wurden vermutlich weiterhin aus dem Etat des Botanischen Museums bezahlt.

353 Botanischer Garten und Botanisches Museum, Engler, an Kultusministerium, Bosse, 4. Januar 1893, GStA PK I. HA Rep. 76, Va, Sekt. 2, Tit. X, Nr. 89 B, Bd. 1, Bl. 240–242.

354 Bericht Botanische Zentralstelle 1891/92, GStA PK I. HA Rep. 76, Va, Sekt. 2, Tit. X, Nr. 89 B, Bd. 1, Bl. 212–230, hier Bl. 227.

355 Volkens, Zentralstelle (1907), S. 9. Vgl. dazu ausführlicher die unten folgenden Ausführungen zur wissenschaftliche Bearbeitung.

vornehmen ließ, wurden sie auch mehrfach aufgeführt: In den Jahresberichten der Botanischen Zentralstelle tauchten die über den Bundesratsbeschluss an das Botanische Museum gelangten Sammlungen ebenso auf wie in den Verzeichnissen der Kommission und bis zum Beginn des Ersten Weltkriegs waren die Zusendungen aus den Kolonien in den jährlichen Berichten der Gesamtinstitution gleichzeitig als Zugänge für die Botanischen Zentralstelle wie für das Botanische Museum vermerkt.

Trotzdem versuchten das Auswärtige Amt einerseits und die Museen andererseits, gerade hinsichtlich der Frage der Kostenverteilung zwischen „rein wissenschaftlichen" Zwecken und wirtschaftlichen oder machtpolitischen Interessen zu unterscheiden.[356] Im Hinblick auf die Botanik ist indessen mehrfach überzeugend dargelegt worden, dass sich Wissenschaft, Wirtschaft und Kolonialismus nicht trennen ließen.[357] Der entscheidende Punkt in Englers Verständnis von der Einbindung seiner Institution in das koloniale Unternehmen und damit der wesentliche Ansatzpunkt seiner Argumentation war ohnehin keineswegs eine Kritik an der Inanspruchnahme seiner Einrichtung für kolonialpolitische und wirtschaftliche Interessen. Er erwartete jedoch, dass der Staat sich stärker an den Kosten beteiligte, wie es im Fall des Zuschusses des Auswärtigen Amtes für die Botanische Zentralstelle geschah, der seiner Ansicht nach aufgestockt und auch für Sammelausrüstung genutzt werden sollte.[358]

Dass neben dem Botanischen Museum auch das Museum für Naturkunde und das Museum für Völkerkunde gerade wegen ihrer Bedeutung für das koloniale Projekt ein finanzielles Entgegenkommen des Auswärtigen Amtes verlangten, belegt ein weiteres Schreiben der Kommission.[359] Es zeigt überdies, dass die Direktoren der drei Museen die Indienstnahme ihrer Einrichtungen für koloniale

---

356 Bspw. Auswärtiges Amt, Kolonialabteilung, Kayser an Kultusministerium, Bosse, 23. Dezember 1892, GStA PK I. HA Rep. 76, Va, Sekt. 1, Tit. X, Nr. 24, Bd. 2, Bl. 43.

357 Vgl. Brockway, Science (2002), S. 84 u. 188; Schiebinger, Plants (2004), S. 5.

358 Interessant wäre es zu prüfen, ob auch das Museum für Naturkunde und das Museum für Völkerkunde über separate Kostenerstattungen verhandelten oder ob die vereinbarte Mischfinanzierung der Botanischen Zentralstelle dem Botanischen Garten und Museum eine bessere Argumentationsgrundlage lieferte für weitergehende Forderungen nach einer stärkeren finanziellen Beteiligung des Auswärtigen Amtes für die Beschaffung und Bearbeitung von Materialien aus den Kolonien. Die Akten zum Bundesratsbeschluss enthalten hierzu keine Hinweise.

359 Kommission für die wissenschaftlichen Sendungen aus den deutschen Schutzgebieten, Möbius, Bastian, Engler an Kultusministerium, Bosse, 29. Januar 1895, GStA PK I. HA Rep. 76, Va, Sekt. 1, Tit. X, Nr. 24, Bd. 2, Bl. 191–196.

Interessen nicht grundsätzlich ablehnten, sondern vielmehr bereitwillig ihren Nutzen für den Staat demonstrieren wollten – nur sollten ihre kolonialen Aufgaben nicht zu Lasten der eigenen Budgets gehen. So heißt es in dem Schreiben, die Museen hätten sich zur wissenschaftlichen Bearbeitung der Sammlungen aus den deutschen Kolonien umso lieber bereit erklärt, „weil dadurch zugleich im Dienste staatlich gemeinsamer Interessen der Verwaltung gesicherte Unterlagen geboten sein würden, um in volkswirtschaftlicher und sozialer Hinsicht zweckdienliche Maßnahmen anzuordnen."[360] Die drei Museumsdirektoren präzisierten ihr Verständnis von der Rolle ihrer Institutionen im kolonialen Projekt dahingehend, dass es bei den dort betriebenen Forschungen um einen Einblick in die „Eigenthümlichkeiten [...] der Flora und Fauna" ginge für eine „volkswirtschaftlich gedeihliche Ausnutzung" sowie um die Kenntnis „der ethnischen Charakterzüge" und der „religiös-sozialen Institutionen" sowie des „einheimischen Gedankenleben[s]" für eine „zweckdienlich rationelle Behandlung" der lokalen Bevölkerung und „zur Vorbeugung von Mißgriffen."[361] Oder wie zusammenfassend von den Museumsdirektoren formuliert: „glauben wir vermerken zu dürfen, dass eine methodische wissenschaftliche Erforschung der Kolonialgebiete nicht etwa bloß zur Bereicherung der Museen und zur Förderung der Ethnologie und verschiedenen Naturwissenschaften dienen, sondern auch die sichersten Grundlagen für eine möglichst zweckmäßige Verwertung der Naturprodukte und der menschlichen Arbeitskräfte unserer Kolonien liefern wird."[362] Beschworen wurde hier von Seiten der Museen eine Allianz von Wissenschaft und Staat zum beiderseitigen Nutzen. Die dieser Kooperation zu Grunde liegenden machtpolitischen und wirtschaftlichen Interessen sowie die wissenschaftlichen und sammlungspolitischen Interessen der Berliner Museen wurden klar benannt.

Ebenso unmissverständlich war der Antrag der Kommission, den drei betroffenen Museen angesichts ihres Beitrags zur Inbesitznahme, Beherrschung und Ausbeutung der Kolonialgebiete jährlich 3.000 Mark aus dem der Kolonialabteilung unterstellten Afrikafonds für die Beschaffung von Sammelausrüstung und für die Transportkosten im Zusammenhang mit den kolonialen Sammlungen zur Verfügung zu stellen. Allein die Aufwendungen für die Ausrüstung von Afrikareisenden hatten sich laut Auskunft der Museumsdirektoren in den vorangegangenen Jahren auf 3.000 Mark für die zoologischen Sammlungen

360 Ebd., Bl. 191.
361 Ebd.
362 Ebd., Bl. 196.

belaufen, dazu kamen 1.100 Mark aus dem Budget des Botanischen Museums und 8.988 Mark vom Museum für Völkerkunde. Trotzdem, so hieß es, beschwerten sich viele Reisende weiterhin über fehlende Geräte für das Präparieren von Pflanzen und Tieren.[363] Ferner wurde auf den Zeitaufwand verwiesen, den die Museen mit der Bestimmung der Sammlungen hatten, wofür sie ebenfalls keine Entschädigung erhielten.

Der wissenschaftlichen Vorhaben vorbehaltene Afrikafonds schien die naheliegende Quelle zu sein, aus der die Museen zusätzliche Mittel im Zusammenhang mit ihren Aufgaben und Verpflichtungen beim Zusammentragen und Auswerten der kolonialen Sammlungen erwarten durften.[364] Im Bericht über die Verwendung des Afrikafonds hatte es erst kurz zuvor geheißen: „Immer mehr erweist es sich, wie wohl angelegt im Interesse einer allmählichen wirtschaftlichen Nutzbarmachung und Erschließung unserer Schutzgebiete die auf Grundlage wissenschaftlicher Bestrebungen verwendeten Mittel dieses Fonds sind."[365] Die Argumentation der Museumsdirektoren berief sich dazu passend auf den wissenschaftlichen Beitrag ihrer Institutionen zur wirtschaftlichen Ausnutzung und Machtdurchsetzung in den Kolonialgebieten, verbunden mit der Forderung nach Anerkennung und finanzieller Unterstützung aus den hierfür zur Verfügung stehenden Geldmitteln. Es fällt auf, dass die Kommission nur am Rande einräumte, dass die Regelungen des Bundesratsbeschlusses auch eine „Bereicherung"[366] ihrer Sammlungen sowie eine Förderung der Wissenschaften mit sich brachten. Dies entspricht dem Gesamteindruck, der sich aus der überlieferten Korrespondenz ergibt: Die privilegierte Stellung der Berliner Museen bei der Zuteilung von Sammlungen aus den Kolonien wurde als geradezu selbstverständlich betrachtet und ebenso wenig thematisiert wie das daraus resultierende enorme Anwachsen der Museumssammlungen, deren wissenschaftliche Bearbeitung den Einrichtungen eine internationale Spitzenposition bei der Erforschung der Kolonialgebiete in Afrika und im Pazifik ermöglichte.[367]

---

363 Ebd., insbes. Bl. 192.

364 Zum Afrikafonds vgl. Schnee, Kolonial-Lexikon, Bd. 1, S. 21f.; außerdem die Ausführungen in Kap. III.1.

365 Denkschrift betreffend die Verwendung des Afrikafonds, Reichstag, 9. Legislaturperiode, III. Session1894/95 No. 88, Berlin, 20. Dezember 1894, in: GStA PK I. HA Rep. 76, Va, Sekt. 1, Tit. X, Nr. 24, Bd. 2, Bl. 199–207.

366 Kommission für die wissenschaftlichen Sendungen aus den deutschen Schutzgebieten, Möbius, Bastian, Engler an Kultusministerium, Bosse, 29. Januar 1895, GStA PK I. HA Rep. 76, Va, Sekt. 1, Tit. X, Nr. 24, Bd. 2, Bl. 191–196, hier Bl. 196.

Deutlich wird, welche komplexe Interessenlage die Einbindung der Wissenschaften und der Museen als koloniale Archive und Forschungseinrichtungen in das koloniale Projekt kennzeichnete: Die wissenschaftliche Forschung, in diesem Fall an den drei vom Bundesratsbeschluss begünstigten Berliner Museen, sollte den Zielen der Kolonialmacht dienen. Das Auswärtige Amt erhoffte sich durch die Nutzung der Ergebnisse der wissenschaftlichen Auswertung von Materialien und Informationen aus den Kolonialgebieten Vorteile hinsichtlich der ökonomischen Ausnutzung der deutschen Besitzungen in Übersee und für die politische Kontrolle vor Ort. Wissenschaftliche Forschung und strategische Interessen waren demnach untrennbar miteinander verbunden. Die Wissensproduktion beeinflusste die Kolonialexpansion und Kolonialherrschaft.[368] Dabei sind die Wissenschaften und Einrichtungen wie Universitäten und Museen aber nicht einseitig als „tools of empire“[369] zu sehen. Wissenschaftliche Institutionen und Wissenschaftler verfolgten eigene Anliegen, darunter wie am Beispiel der Berliner Museen gezeigt die Erweiterung ihrer Sammlungen für ein größeres wissenschaftliches Renommee und als Basis für Forschungen zu Gebieten, die erstmals im Zuge der kolonialen Inbesitznahme zugänglich wurden. Die Berliner Museen hatten dabei den Auftrag, die Materialien und Kenntnisse über die Kolonien zu ordnen, den neuen Kolonialbesitz „accessible“ zu machen[370] und Wissen bereitzustellen, das sich für Profite und Machtgewinn einsetzen ließ. Die Ausstellungen im Schaumuseum gerieten überdies zu Präsentationen der kolonialen Aneignung und Ordnung und untermauerten entsprechende Vorstellungen.[371] Das Berliner Botanische Museum, das Museum für Naturkunde und das Museum für Völkerkunde unterstützten bereitwillig die kolonialen Ambitionen

---

367 Für den Botanischen Garten und das Botanische Museum vgl. dazu das Unterkapitel zur wissenschaftlichen Bearbeitung. Zum Zusammenhang zwischen den enormen kolonialen Sammlungsbeständen und der wissenschaftlichen Forschung im Berliner Völkerkundemuseum vgl. Penny, Objects (2002) sowie Laukötter, Gefühle (2013).

368 Vgl. Stuchtey, Introduction (2005), insbes. S. 2–7 u. S. 33 f.; MacLeod, Introduction (2000), insbes. S. 10 ff.; Vlahakis u.a., Imperialism (2006); Cohn, Colonialism (1996); Schiebinger, Plants (2004), S. 5.

369 Das Zitat bezieht sich auf Headrick, Tools of Empire (2009). Vgl. auch Petitjean u.a. (Hgg.), Science (2009), S. IX.

370 Vgl. Sörlin, World (2005), S. 51.

371 Vgl. dazu ausführlicher Kap. IV.3. Außerdem Classen/Howes, Museum (2006); Penny, Objects (2002); Barringer/Flynn (Hgg.), Colonialism (1998); MacKenzie, Museums (2010); Kazeem/Martinz-Turek/Sternfeld (Hgg.), Unbehagen (2009).

des Kaiserreichs, wie die Stellungnahmen der Direktoren zeigen. Ihre einzigen Vorbchalte betrafen ihre finanziellen Aufwendungen.[372]

Das Auswärtige Amt schätzte die Kooperation der Museen und erklärte sich grundsätzlich bereit, dem Antrag der Kommission zu folgen und für die Bereitstellung von Sammelausrüstungen und für Transportkosten 3.000 Mark aus dem Afrikafonds zur Verfügung zu stellen. Es begründete dies mit der Bedeutung der Kommission und der Wichtigkeit der Ordnungs- und Forschungsarbeiten des Berliner Botanischen Museums, des Museums für Naturkunde und des Museums für Völkerkunde für koloniale Ziele. Die Erwartungen an die Museen waren eindeutig, wie es auch das oben zitierte Vorwort zum Bericht des Afrikafonds widerspiegelt. Das Auswärtige Amt äußerte allerdings Bedenken, ob angesichts des Bundesratsbeschlusses nicht Zahlungen aus Reichsmitteln für die wissenschaftlichen Institute eines einzigen Länderstaates, in dem Fall Preußen, unzulässig seien.[373] Die Akten enthalten keine Hinweise darauf, dass in der Folge Entschädigungen für die Bereitstellung von Sammelausrüstungen an die drei Berliner Museen gegangen wären. Vielmehr blieb wohl die Festlegung der in der Kommission vertretenen Direktoren bindend, nur zuvor abgesprochene Kosten für die Ausstattung von Sammlern zu übernehmen.[374]

Allerdings konnte die Kommission das Auswärtige Amt dazu bewegen, mit den Betreibern der wichtigsten Dampferlinien eine Herabsetzung der Frachtkosten für wissenschaftliche Sendungen auszuhandeln.[375] Die Reeder zeigten sich entgegenkommend: Die Deutsche Ost-Afrika Linie bot für kleinere

372 Brockway spricht in Bezug auf Kew ebenfalls von einem „whole hearted support to Britains mission as imperial and industrial power“, Brockway, Science (2002), S. 192.

373 Auswärtiges Amt, Kolonialabteilung, Kayser an Kultusministerium, Bosse, 2. April 1895, GStA PK I. HA Rep. 76, Va Sekt. 1, Tit. X, Nr. 24, Bd. 2, Bl. 189.

374 Kommission für die wissenschaftlichen Sendungen aus den deutschen Schutzgebieten, Möbius an Kultusministerium, Bosse, 31. Juli 1895, GStA PK I. HA Rep. 76, Va, Sekt. 1, Tit. X, Nr. 24, Bd. 2, Bl. 208–210. Die Aufstellung der Ausgaben in den Denkschriften betreffend die Verwendung des Afrikafonds enthielten keine Positionen für Sammelausrüstungen. Vgl. bspw. Denkschrift Afrikafonds (1901); Denkschrift Afrikafonds (1904); Denkschrift Afrikafonds (1906); Denkschrift Afrikafonds (1909).

375 Kommission für die wissenschaftlichen Sendungen aus den deutschen Schutzgebieten, Möbius, Bastian, Engler an Kultusministerium, weitergeleitet an Auswärtiges Amt, Kolonialabteilung, Hohenlohe-Schillingfürst, 7. Oktober 1895, GStA PK I. HA Rep. 76, Va, Sekt. 1, Tit. X, Nr. 24, Bd. 2, Bl. 214–216. Die Bitte der Kommission hatte außerdem der Direktor des Berliner Zoologischen Gartens, Ludwig Heck, unterschrieben.

wissenschaftliche Sendungen 50 Prozent Ermäßigung an, der Norddeutsche Lloyd 20 Prozent und die Woermann-Linie 25 Prozent.[376] Diese Absprache vervollständigte die Einbindung des Sammelns in koloniale Infrastrukturen: Vereinbarungen mit kommerziellen Akteuren wie den Reedereien über einen kostengünstigen Transport der Objekte ergänzten die gesetzlichen Regelungen zur Verteilung der kolonialen Sammlungen, die außerdem Kolonialbeamte und Forschungsreisende als Sammler in den Dienst des Staates stellten sowie die drei Berliner Einrichtungen zu zentralen Archiven der kolonialen Materialien und Zentren der Generierung von Wissen über die Kolonien erklärten.

Das bestimmende Konzept, das die koloniale Sammelpolitik leitete und im Bundesratsbeschluss zum Ausdruck kam, war die Zentralisierung der Sammlungen und ihrer Erforschung am Berliner Botanischen Museum, dem Museum für Naturkunde und dem Museum für Völkerkunde. Diese Zentralisierung war im Interesse aller Beteiligten. Die Museen hatten dabei mehrere Funktionen: Zuerst galt es, die enormen Mengen an eingesandten Objekten und Materialien überhaupt unterzubringen. Um eine zuverlässige Übersicht und Kontrolle über die Eingänge zu erhalten, sollten alle Sendungen aus den Kolonien an das Museum für Völkerkunde adressiert und dort temporär gelagert werden, bevor die zoologischen und die botanischen Objekte an die entsprechenden Museen weitergingen.[377] Neben den Räumlichkeiten stellten die Museen das wissenschaftliche Personal und ihre Sammlungen mit Vergleichsmaterial zur Verfügung, um die Neuzugänge zu ordnen, zu bestimmen, zu präparieren und Dubletten auszusortieren. An ihren geordneten Sammlungen und Präsentationen im Museum schulten sie Forschungsreisende und Sammler beziehungsweise boten sie die Möglichkeit zum Selbststudium für Fachleute und andere Interessierte. Die Museen verwiesen gern auf diesen Beitrag ihrerseits, wenn sie ihre privilegierte Position bei der Zuteilung von Sammlungen bedroht sahen.[378]

---

376 Vereinbarung zwischen dem Staatssekretär des Inneren, i.A. Rothe und Staatssekretär des Reichspostamtes, i.A. Fritsch, an Staatssekretär des Auswärtigen Amtes, von Marschall, 18. Januar 1896, GStA PK I. HA Rep. 76, Va, Sekt. 1, Tit. X, Nr. 24, Bd. 2, Bl. 232–240; weitergeleitet an Kultusministerium, Bosse, 8. Februar 1896, GStA PK I. HA Rep. 76, Va, Sekt. 1, Tit. X, Nr. 24, Bd. 2, Bl. 231.

377 Auswärtiges Amt, Kolonialabteilung, Kayser an Kultusministerium, von Gossler, 7. November 1890, Rundschreiben an alle Reichsbehörden, GStA PK I. HA Rep. 76, Va, Sekt. 1, Tit. X, Nr. 24, Bd. 1, Bl. 166–167. Dazu auch Danckelmann an Kolonialabteilung, 5. Oktober 1890, GStA PK I. HA Rep. 76, Va, Sekt. 1, Tit. X, Nr. 24, Bd. 1, Bl. 158.

Die drei Berliner Museen etablierten sich damit als koloniale Archive sowie Orte der Produktion und Vermittlung von Wissen zu den Kolonien, als Depots von Materialien und als Wissensspeicher. In der Forschungsdiskussion wird unter einem „kolonialen Archiv" nicht nur eine Institution verstanden, die Aufzeichnungen über die Kolonien sammelte und verwahrte, um sie der Kolonialverwaltung oder Wissenschaftlern zur Verfügung zu stellen. Angelehnt an die vielfältige Bedeutung des Archivbegriffs bei Foucault, dessen Texte im Zentrum der Debatte stehen, zählen auch Bibliotheken und Museen dazu.[379] Im Fokus der Forschung steht der Zusammenhang von Kolonialstaat und Wissensproduktion, von Macht und Wissen, basierend auf Derridas Überzeugung, politische Macht beruhe immer auf der Kontrolle über die Archive.[380] Eliassen streicht als ihre grundlegende Funktion heraus, dass Archive „were originally, and still are, primarily tools for governing."[381] Das Zusammenführen von Wissen – oder dem, was als Wissen galt – an einem Ort meist in den Metropolen und somit in den europäischen Zentren der Macht ist ein wesentliches Merkmal der Archive als Institutionen seit der Frühen Neuzeit.[382] Die kolonialen Archive wirkten als „loci of power and knowledge construction" und „site of colonial dominance".[383] Die Akkumulation und das Ordnen von Wissen sowie die Generierung von Wissen aus dem Archiv ist als Prozess und „powerful technology of rule"[384] zu verstehen. Ann Stoler, die intensiv den Aufbau kolonialer Archive erforscht hat,

378 Vgl. dazu den Briefwechsel zwischen dem Auswärtigen Amt, dem Kultusministerium und den Direktoren des Berliner Botanischen Museums, des Museums für Naturkunde und des Völkerkundemuseums in GStA PK I. HA Rep. 76, Va, Sekt. 1, Tit. X, Nr. 24, Bd. 3, Bl. 218–247.

379 Einen Forschungsüberblick zur akademischen Debatte über koloniale Archive geben Masemann, Power (2008); Stoler, Archives (2002). Der zentrale Text ist Foucault, Archéologie (1969). Zu den „Archives of Michel Foucault" vgl. Eliassen, Archives (2010). Grundlegend auch Derrida, Archive (1995); Richards, Archive (1993); außerdem Roque/Wagner (Hgg.), Knowledge (2012). Nyhart, Nature (2009), S. 239 u. MacKenzie, Museums (2010), S. 8 verweisen ebenfalls auf den Archivcharakter des Museums.

380 Vgl. Derrida, Archive (1995), diskutiert bei Stoler, Archives (2002), S. 96.

381 Eliassen, Archives (2010), S. 30.

382 Vgl. Delsalle, Histoire (1998), S. 136, zit. bei Masemann, Power (2008). Barringer betont dies ebenso für die Museen und sieht darin eine symbolische Stärkung des Status der politischen Zentren in Europa als Kolonialmetropolen. Barringer, Museum (1998), S. 11. Zum Prinzip des Zentralismus als Form der Ausübung und als Ausdruck von Herrschaft vgl. auch Sommer, Sammeln (2002), S. 88.

383 Ballantyne, Archives (2004), S. 23 sowie S. 25.

plädiert daher dafür, diese Prozesse nachzuvollziehen und die Archive „along the archival grain“ zu lesen.[385] Dirk van Laak betont ebenfalls die Bedeutung kolonialer Archive insbesondere ab dem späten 19. Jahrhundert, als wissenschaftlichen Informationen eine überragende Bedeutung bei der Festigung von Imperien zugeschrieben wurde.[386] Dass naturkundliche Sammlungen gerade in den „Zentralmuseen“ mit anderen staatlichen Archiven vergleichbar sind, hebt Lynn Nyhart hervor. Anstelle von Akten bilden naturkundliche Objekte die Basis der Wissensproduktion.[387]

Wie begründeten nun die Protagonisten der untersuchten Debatte über den Umgang mit den naturkundlichen und ethnologischen Sammlungen aus den deutschen Kolonien ihren Anspruch auf die Zentralisierung der Objekte und deren wissenschaftlicher Bearbeitung am Berliner Botanischen Museum, dem Museum für Naturkunde und dem Museum für Völkerkunde? Mit den Festlegungen des genannten Bundesratsbeschluss, dass die ethnographischen und naturwissenschaftlichen Sammlungen von auf Reichskosten ausgerüsteten Expeditionen aus den deutschen Kolonien an die drei genannten Berliner Museen gehen sollten sowie durch die Erweiterung der Bestimmung auf die Sammlungen von Kolonialbeamten galt für staatlich finanzierte Sammlungen das Prinzip der Zentralisierung. Das Auswärtige Amt setzte sich darüber hinaus dafür ein, dass auch für Objekte, die nicht direkt den Bestimmungen des Bundesratsbeschlusses unterlagen, weil sie beispielsweise aus Expeditionen unter Beteiligung privater Geldgeber stammten, eine „Überweisung an die Berliner Museen“[388] die Regel sein sollte.

Das vorrangige Interesse des Auswärtigen Amtes blieb über die Jahre, „diese Sammlungen für die praktischen Bedürfnisse der Kolonialverwaltung am zweckmäßigsten nutzbar zu machen.“[389] Rückblickend auf die damit verbundenen Erwartungen an die Berliner Museen, das entsprechende Wissen aus der Untersuchung der Sammlungen dem Auswärtigen Amt zur Verfügung zu stellen, konstatierte das Ministerium 1903, „ hinsichtlich der eingehenden wissenschaftlichen Sammlungen auf deren Prüfung und Begutachtung nach der

384 Stoler, Archives (2002), S. 100.

385 So schon Stoler, Archives (2002), S. 100 u. Stoler, Grain (2009).

386 Vgl. Laak, Kolonien (2004), S. 272. Laak bezieht sich auf Richards, Archive (1993).

387 Nyhart, Nature (2009), S. 241 f.

388 Auswärtiges Amt, Kolonialabteilung an Kultusministerium, 12. Juli 1899, GStA PK I. HA Rep. 76, Va, Sekt. 1, Tit. X, Nr. 24, Bd. 3 Bl. 106–107.

389 Auswärtiges Amt, Kolonialabteilung an Kultusministerium, 27. Mai 1903, GStA PK I. HA Rep. 76, Va, Sekt. 1, Tit. X, Nr. 24, Bd. 3, Bl. 180–187, hier Bl. 180.

praktisch-wirtschaftlichen Seite hin besonderen Wert legen zu müssen".[390] Das Erinnern und Festhalten an diesem Ziel barg eine Kritik an den begünstigten Berliner Museen, die nach Ansicht des Auswärtigen Amtes zum Teil rein wissenschaftliche Fragen an die Sammlungen stellten. Offen wurde Enttäuschung über die Bearbeitung der geologisch-mineralogischen Materialien geäußert und in Erwägung gezogen, solche Objekte in Zukunft nicht mehr dem Museum für Naturkunde, sondern der dem Minister für Handel und Gewerbe unterstellten Geologischen Landesanstalt zu überlassen, von der eher „praktische Vorschläge" zu erwarten seien.[391] Das Auswärtige Amt ging sogar so weit, eine Änderung des Bundesratsbeschlusses in Erwägung zu ziehen, um praxisorientierten Einrichtungen gegenüber wissenschaftlichen Institutionen den Vorzug bei der Zuweisung von Materialien aus den Kolonien zu geben: „Nach Lage der Dinge müssen die praktischen Bedürfnisse der Kolonialverwaltung in erster Linie Berücksichtigung finden und [es] ist anzunehmen, daß der Bundesrat sich diesen Erwägungen nicht verschließen wird."[392] Der Druck auf die Museen, für die Kolonialverwaltung nützliches Wissen bereitzustellen, verstärkte sich demnach noch.

Dem Auswärtigen Amt schienen allein die botanischen Sammlungen diesen Anforderungen entsprechend ausgewertet zu werden „durch die glückliche und erfolgreiche Anpassung des Königlichen Botanischen Museums und des Königlichen Botanischen Gartens an die praktischen Ziele und Aufgaben der Kolonialverwaltung".[393] Diese Einschätzung ist als Würdigung der Arbeit der Botanischen Zentralstelle zu verstehen, die eben für diese Ziele von Seiten des Auswärtigen Amtes und des Preußischen Kultusministeriums seit ihrer Gründung Zuschüsse erhielt, die 1898 noch einmal deutlich erhöht worden waren. Die zusätzlichen Mittel dienten zum großen Teil der Bearbeitung der Sammlungen aus den Kolonien. Engler hatte damit seine Forderungen nach einer Anerkennung der wissenschaftlichen Untersuchung der Objekte als Grundlage für die Aufgaben der Botanischen Zentralstelle durchsetzen können. Weitere Forschungen müssten zeigen, inwiefern die Botanische Zentralstelle beziehungsweise das Botanische Museum dadurch eine Sonderstellung einnahmen oder aber auch das Museum für Naturkunde und das Museum für Völkerkunde von besonderen

---

390 Ebd.
391 Ebd.
392 Ebd., Bl. 187.
393 Ebd., Bl. 181.

Vereinbarungen und Zuschüssen für die Auswertung der Materialien aus den Kolonien profitierten.

Wie für Engler bereits ausgeführt und für die anderen beiden Museen auf Grund der Kritik des Auswärtigen Amtes anzunehmen, dominierten auf Seite der Museen wissenschaftliche Ziele das Interesse an Objekten aus den Kolonien. Die Museen strebten möglichst vollständige Sammlungen mit Vergleichsmaterial an, um zahlreiche neue Arten zu beschreiben und umfassende Abhandlungen zur Natur und Kultur der deutschen Kolonialgebiete zu verfassen. Dies sollte ihr Ansehen im Vergleich mit den konkurrierenden britischen Museen steigern.[394] Nachdem der Kolonialrat im Juli 1904 den Antrag des Leipziger Geographen und Verlegers Hans Meyer angenommen hatte, zukünftig eine Kommission aus Museumsdirektoren verschiedener deutscher Bundesstaaten über die Verteilung der Sammlungen entscheiden zu lassen, argumentierten die Direktoren der drei Museen in einer vom Auswärtigen Amt eingeforderten Stellungnahme gegen die „Verzettelung wertvoller Unikate"[395]. Die Direktoren plädierten dafür, eine „Zersplitterung" der Materialien aus den Kolonien zu vermeiden und zogen wissenschaftliche und institutionelle Begründungen heran, um den bisherigen Modus der Sichtung und Verteilung beizubehalten. So hieß es, nur die Berliner Museen würden überhaupt „reichstes Vergleichsmaterial"[396] für die richtige wissenschaftliche Bestimmung der Materialien besitzen, dazu genügend wissenschaftliches Personal für das Präparieren und Ordnen. Wenn die eintreffenden

394 Vgl. dazu auch die am Ende von Kap. III.1 beleuchtete Diskussion um ein Kolonialmuseum und ein dort angeführtes gemeinsames Schreiben der Museumsdirektoren: Botanischer Garten und Botanisches Museum, Engler an Kultusministerium, Bosse, 3. August 1896, GStA PK I. HA Rep. 76, Va, Sekt. 2, Tit. X, Nr. 89 B, Bd. 2, Bl. 46–49.

395 Auswärtiges Amt, Kolonialabteilung an Kultusministerium, 7. November 1904, GStA PK I. HA Rep. 76, Va, Sekt. 1, Tit. X, Nr. 24, Bd. 3, Bl. 218–219, hier Bl. 219. In dem Schreiben heißt es, es hätte kaum Beschwerden von außerpreußischen Einrichtungen gegen die Festlegungen des Bundesratsbeschlusses gegeben. In den Akten finden sich nur vereinzelt solche Proteste.

396 Möbius an Kultusministerium, 30. Dezember 1904, GStA PK I. HA Rep. 76, Va, Sekt. 1, Tit. X, Nr. 24, Bd. 3, Bl. 229–230, hier Bl. 229. Wichtig ist die dem Schreiben beigelegte Stellungnahme von Engler, dessen Argumentation das Kultusministerium in einer Erwiderung an das Auswärtige Amt aufnahm, wobei es sich hinter die Museen stellte. Botanischer Garten und Botanisches Museum, Engler an Museum für Naturkunde, Möbius, 19. Dezember 1904, GStA PK I. HA Rep. 76, Va, Sekt. 1, Tit. X, Nr. 24, Bd. 3, Bl. 240–241. Kultusministerium an Auswärtiges Amt, 24. Januar 1905, GStA PK I. HA Rep. 76, Va, Sekt. 1, Tit. X, Nr. 24, Bd. 3, Bl. 246–247.

Sammlungen an verschiedene Museen verteilt würden, sei damit zu rechnen, dass neue Arten mehrere verschiedene Benennungen erhielten.

Die Berliner Museen konnten sich auf ihre hervorragende wissenschaftliche Position berufen, die sie nicht zuletzt ihren kolonialen Sammlungen verdankten. Die Zentralisierung kam ihrer vergleichenden Arbeitspraxis entgegen, die auf einer großen Anzahl an Vergleichsmaterialien basierte. Die Museen drohten mit dem Szenario eines Verlustes an wissenschaftlicher Genauigkeit, sollte ihnen der Status als Zentren der Wissensgenerierung über die Kolonien entzogen und die Materialien deutschlandweit verteilt werden. Die Botschaft lautete, dass sowohl die Museen als auch das Auswärtige Amt Nachteile fürchten mussten, sollten die geltenden Vereinbarungen und das Bündnis mit den Berliner Museen angetastet werden. Im Übrigen sprach sich die Preußische Akademie der Wissenschaften ebenso für eine Zentralisierung der kolonialen Sammlungen an den drei Berliner Museen aus, vorgeblich hauptsächlich auf Grund wissenschaftlicher Überlegungen und der Notwendigkeit, eine zentrale Stelle für die wissenschaftliche Auswertung der Materialien aus den Kolonien zu haben. Es ging aber gleichzeitig darum, den Verbleib eigener finanzieller Mittel zu kontrollieren und sicherzustellen, dass Objekte von Expeditionen, welche die Akademie unterstützt hatte, tatsächlich in die Berliner Museen gelangten.[397]

Eine Modifizierung des Verteilungsmodus erfolgte erst im Jahr 1911: Ein Runderlass des Staatssekretärs des Reichskolonialamtes legte fest, dass bezugnehmend auf eine Versammlung von Vertretern der deutschen öffentlichen Museen im Vorjahr die vorherigen Bestimmungen aufgehoben seien. Die neue, letztlich nur marginal modifizierte Regelung sah vor, dass „botanische Sammlungsgegenstände von auf Reichskosten nach den Kolonien entsandten Expeditionen an die Botanische Zentralstelle, die als Reichsinstitution dem Königlich Preußischen Botanischen Museum in Dahlem bei Berlin angegliedert ist, zu überweisen sind."[398] Das Botanische Museum erhielt damit durch die als Reichsinstitution deklarierte Botanische Zentralstelle weiterhin sämtliche auf Staatskosten zusammengebrachten botanischen Sammlungen. Zum Zoologischen Museum hieß es, dass es ebenfalls weiterhin alle Zusendungen aufnehmen und Dubletten abgeben solle. Allein für die Aufteilung der ethnologischen Objekte

---

397 Akademie der Wissenschaften an Kultusministerium, 6. April 1903, GStA PK I. HA Rep. 76, Va, Sekt. 1, Tit. X, Nr. 24, Bd. 3, Bl. 175–178.

398 Runderlass, Reichskolonialamt, von Lindequist, 25. Aug. 1911, GStA PK I. HA Rep. 76, Va, Sekt. 1, Tit. X, Nr. 24, Bd. 3, Bl. 297.

war die Einberufung einer besonderen Kommission vorgesehen, um über die auf Expeditionen und Kriegszügen in Besitz genommenen Objekte zu entscheiden.

Zusammenfassend ist festzuhalten: In den Konflikten zwischen der Kolonialabteilung des Auswärtigen Amtes und dem Botanischen Museum, dem Museum für Naturkunde und dem Museum für Völkerkunde über das Sammeln in den Kolonien und die Forschung an den von dort stammenden Objekten treten die Positionen und Motive der beteiligten Institutionen deutlich hervor. Es zeigt sich, dass die Einbindung der Berliner botanischen Einrichtungen und der beiden anderen Museen in das koloniale Projekt durchaus nicht ohne Schwierigkeiten verlief. Dem von der Kolonialabteilung geäußerten Anspruch, die Wissenschaften sollten politischen und wirtschaftlichen Zwecken dienendes Wissen generieren und bereitstellen, stand ein souveränes Selbstverständnis der Museumsdirektoren entgegen, die an die zugewiesene Rolle anknüpfend eigene Ziele verfolgten wie den Aufbau großer kolonialer Sammlungen und die Bündelung deren wissenschaftlicher Erforschung an den Berliner Einrichtungen.

Insbesondere Fragen nach Zuständigkeiten und Finanzierungsverpflichtungen dominierten die Aushandlung der unterschiedlichen Interessen zwischen dem Auswärtigen Amt und den Museen. Die Museen wehrten sich gegen die ihnen zugewiesenen Kosten für die Bereitstellung von Sammelausrüstungen und den Transport der Objekte ins Deutsche Reich, übernahmen aber freiwillig die Schulung von Sammlern, auch um eine größere Kontrolle über die Qualität der Sammlungen und die für deren Beschaffung anfallenden Kosten zu erhalten. Die Museumsdirektoren zeigten sich in ihrer Argumentation als Unterstützer der Kolonialexpansion und sahen sich als aktive Partner, die bereitwillig Grundlagen für die Erschließung, Ausbeutung und Beherrschung der überseeischen Gebiete liefern wollten. Dafür erwarteten sie ein Entgegenkommen des Auswärtigen Amtes bei der Reduzierung der Kosten für die Sammlungen aus den Kolonien. Die Institutionalisierung der Verteilung von naturkundlichen und ethnologischen Sammlungen aus den deutschen Kolonien und der Aufbau kolonialer Archive an den drei Berliner Museen als Zentralisierung der Wissensproduktion und -speicherung lassen sich hier ebenso nachvollziehen wie die Einbindung des Sammelns und Forschens in koloniale Infrastrukturen.

Wesentlich für die Untersuchung zur Botanischen Zentralstelle ist aus dieser institutionenübergreifenden Betrachtung, dass die durch den Bundesratsbeschluss an das Botanische Museum gelangenden Sammlungen ebenfalls als Zugänge für die Botanische Zentralstelle angeführt wurden und die durch Beamte des Museums vorgenommene wissenschaftliche Bearbeitung der Materialien als Aufgabe der Botanischen Zentralstelle verstanden wurde, wofür diese ab 1898 auch zusätzliche Gelder in Form eines erhöhten Zuschusses von

Auswärtigem Amt und Preußischem Kultusministerium erhielt. Zudem gaben die Jahresberichte ab 1895/96 die Ausstattung von in die Kolonien Reisenden mit Sammelausrüstung als Aufgabe der Botanischen Zentralstelle an. In der Neufassung der Bestimmungen über die Verteilung der aus den Kolonialgebieten stammenden botanischen Sammlungen fungierte nicht mehr das Botanische Museum, sondern die Botanische Zentrastelle als Empfänger. Ihr Status als vom Reich mitfinanzierte, staatlichen Interessen verpflichtete Einrichtung und zu diesem Zeitpunkt bereits etabliertes Zentrum der botanischen Erforschung der deutschen Kolonien verschaffte ihr die Legitimation für ein Vorrecht auf die von dort stammenden Sammlungen.

Sammelpraxis

Nachdem die politischen Rahmenbedingungen und die Verteilung der kolonialen Sammlungen an das Berliner Botanische Museum, das Museum für Naturkunde und das Museum für Völkerkunde beleuchtet worden sind, erfährt in den folgenden Ausführungen die konkrete Sammelpraxis in den Kolonien Aufmerksamkeit. Der Fokus verengt sich dabei auf die Botanik und die Objekte, die an die Botanische Zentralstelle und das Botanische Museum in Berlin gelangten. Das Kapitel betrachtet genauer, welche Personen oder Personengruppen in den deutschen Kolonien für die Berliner botanischen Einrichtungen sammelten und fragt nach ihren Zielen sowie den Abhängigkeiten ihrer Sammeltätigkeit von lokalen Informanten, Sammlern oder Übersetzern. Überdies gab es eine enge Anbindung an Berlin, denn die dortigen botanischen Einrichtungen versuchten mit Sammelanleitungen und schriftlichen oder mündlichen Aufträgen die Qualität wie Quantität der Aufsammlungen zu steigern und somit Einfluss auf die Sammelpraxis in den Kolonialgebieten zu nehmen. Die Ausgabe von Sammelausrüstungen erwies sich allerdings nicht als Garantie für bessere und reichhaltigere Sammlungen und daher machten die Verantwortlichen des Botanischen Museum und der Botanischen Zentralstelle kein Hehl aus ihrem Unmut, diesem ungeliebten Auftrag nachkommen zu müssen.

Es ist schwierig, eine eindeutige Gewichtung vorzunehmen, ob nun Kolonialbeamte oder privat Sammelnde, reisende Botaniker oder Teilnehmer wissenschaftlicher Expeditionen den bedeutendsten Beitrag zu den in der Kolonialzeit „explosionsartig“[399] anwachsenden Sammlungen des Botanischen Museums

399 Hiepko, Sammlungen (1990), S. 301. Allein die Herbarexemplare werden für die Zeit vor dem 2. Weltkrieg auf etwa 4 Mio. geschätzt. Ebd., S. 304. Urban, Geschichte (1909),

leisteten. Uneinheitliche und unvollständige Angaben zu den Einsendungen aus den Kolonien machen sichere Aussagen diesbezüglich unmöglich. Offensichtlich ist jedoch, dass hauptsächlich Männer als Sammler in Erscheinung treten. In seiner Geschichte der Sammlungen des Botanischen Museums hob der Unterdirektor Ignatz Urban die Beteiligung von sieben Frauen am Zusammentragen von Belegen der Flora ihres Wohnsitzes in den Kolonien besonders hervor – demgegenüber führte er insgesamt über 200 männliche Sammler an.[400] Eingesandt wurden unterschiedliche Objekte: Herbarbelege, Früchte, Samen, Holzproben, lebende Pflanzen oder aus pflanzlichen Materialien hergestellte Produkte und Gegenstände, dazu Beschreibungen, Zeichnungen und Photographien. Überwiegend dienten die Einsendungen der wissenschaftlichen Forschung und fanden ihren Platz im Depot, einige auch in der Kolonialabteilung des Schaumuseums und im Bereich zur Pflanzengeographie.

Die Einlieferer botanischer Sammlungsgegenstände – ob reisende Fachleute oder Amateure, Kolonisten, Kolonialbeamte oder Militärangehörige sowie deren Ehefrauen – sie alle profitierten von kolonialen Infrastrukturen und Machtverhältnissen. Die militärische, administrative und technische Durchdringung erlaubte den Zugang zu bis dahin nicht beforschten Gebieten und Schiffs- sowie Eisenbahnverbindungen ermöglichten einen schnellen Transport der Materialien ins Deutsche Reich.[401] Die Botanische Zentralstelle und das Botanische Museum bedienten sich dieser Infrastrukturen. Sie erweiterten ihre Netzwerke,

---

S. 29 spricht für die Museumsabteilung (Hölzer, Alkoholpräparate, pflanzliche Rohprodukte u.ä.) von einem Wachstum um das Vierfache in den Jahren 1890–1910.

400 Urban, Geschichte (1916), S. 170, außerdem S. 179–195. Bei den Sammlerinnen handelt es sich oft um Ehefrauen von Kolonialbeamten und Militärangehörigen wie Magdalene von Prince, Ehefrau des in der Kolonie Deutsch-Ostafrika stationierten Hauptmanns Tom von Prince, Antonie Brandeis, Ehefrau des Kaiserlichen Kommissars Eugen Brandeis, die auf den Marshallinseln Objekte für das Botanische Museum und Ethnographica sammelte, und F. Achenbach, Ehefrau eines Oberleutnants in Kamerun. Dazu kamen Ehefrauen von Wissenschaftlern, wie Marie DuBois-Reymond, Ehefrau des Medizinprofessors an der Tongji Medizinischen Hochschule in Shanghai, die 236 Nummern aus Kiautschou einsandte, und Marie-Pauline Thorbecke, die ihren Mann, den Geographen Franz Thorbecke auf eine Forschungsexpedition nach Kamerun begleitete, sowie Auguste Kummer, Ehefrau eines in Deutsch-Ostafrika praktizierenden Arztes. Vgl. Urban, Geschichte (1916), S. 179–195 u. S. 440, außerdem die Jahresberichte der Botanischen Zentralstelle insbes. 1900/1901–1904/05 u. 1912/13.

401 Vgl. Förster, Provenienzen (2016), S. 155; Zepernick, Zentralstelle (2002), S. 107 f.

indem sie potentielle Sammler rekrutierten und an sich banden. Sie nutzten dafür die Ausbildung von Gärtnern für den Kolonialdienst, die Ausstattung von Reisenden mit Sammelausrüstungen und Verträge mit etablierten und erfolgreichen Sammlern. Auf diese Weise ließ sich zusätzlich zu den gesetzlichen Regelungen der Zufluss von Objekten absichern. Mit den führenden botanischen Einrichtungen in Europa, insbesondere mit Kew und seinen Satellitengärten in den britischen Kolonien, außerdem mit dem niederländischen Garten Buitenzorg/Bogor auf Java und verschiedenen Institutionen in Amerika sowie botanischen Gärten und Museen im Deutschen Reich tauschte das Berliner Botanische Museum Dubletten und vergrößerte so zusätzlich seine Sammlungen zu Gebieten in Übersee.[402] Eingerahmt von einer chronologischen Betrachtung nimmt das Kapitel die Biographie eines bedeutenden Sammlers als Ansatz für die exemplarische Untersuchung der angesprochenen Aspekte der Sammelpraxis in den deutschen Kolonien.

Die Jahresberichte der Botanischen Zentralstelle wiesen für die ersten Jahre ihres Bestehens als Einsender von pflanzlichen Objekten hauptsächlich Kolonialbeamte, Teilnehmer von Reichsexpeditionen, Leiter von Forschungsstationen und botanischen Versuchsgärten sowie an der Botanischen Zentralstelle ausgebildete Gärtner für den Kolonialdienst aus. Dass deren Sammlungen an das Berliner Botanische Museum gelangten, regelte wie oben erläutert der Bundesratsbeschluss vom 21. Februar 1889. Die Zusendungen sind meist sowohl in den Berichten der Botanischen Zentralstelle und in den von der Kommission für die wissenschaftlichen Sendungen aus den deutschen Schutzgebieten erstellten Verzeichnissen vermerkt, darüber hinaus im *Notizblatt.* Dort wurden sie entweder als Zugänge für das Botanische Museum angeführt oder als Forschungsmaterial vorgestellt und die Ergebnisse der wissenschaftlichen Untersuchungen besprochen. Als Einlieferer mit zumeist mehreren hundert Nummern eingesandter Herbarbelege sind für die frühen Jahre zu nennen: der Stabsarzt Ludwig Wolf und der spätere Hauptmann Erich Kling, die im Auftrag der Reichsregierung im Inland von Togo eine Expedition zur Gründung einer Forschungsstation unternahmen; der Botaniker Richard Büttner, Leiter der Forschungsstation Bismarckburg in Togo; Ernst Baumann, Stationsleiter auf Misahöhe; in Kamerun

402 Das Botanische Museum erhielt natürlich auch zahlreiche und umfassende Sammlungen aus anderen Regionen, doch die Bearbeitung der Zusendungen aus den Kolonien stand im Vordergrund. Vgl. Urban, Geschichte (1909), S. 27–29; Urban, Geschichte (1916); Hiepko, Sammlungen (1990).

der Botaniker Johannes Braun, Mitglied der Kundschen Expedition; Paul Preuss, Vorsteher der Barombi-Station und seit 1892 Leiter des Versuchsgartens in Victoria; der Leiter der Jaunde-Station Georg Zenker und sein als Gärtner an der Botanischen Zentralstelle ausgebildeter Assistent Alois Staudt;[403] in der Kolonie Deutsch-Ostafrika der Zoologe Franz Stuhlmann; der Gärtner Carl Holst; Georg Volkens während einer Kilimandscharo-Expedition; außerdem Johannes Buchwald und Lothar von Trotha als Kommandeur der „Schutztruppe"; ferner Leutnant Hugo von Francois in der Kolonie Deutsch-Südwestafrika.[404]

Damit gelangten in den ersten Jahren insbesondere Materialien aus den deutschen Kolonialgebieten in Afrika nach Berlin, die von Forschungseinrichtungen oder Militärangehörigen stammten. Zum Umfang der Sammlungen hieß es in den Berichten der Botanischen Zentralstelle oft ungenau „mehrere hundert Nummern". Für die Zeit von Juli 1889 bis September 1892 lassen sich aus den Unterlagen jedoch beispielsweise als Zugänge etwa 2.500 Nummern für das Herbarium ermitteln, dazu 326 Früchte und Hölzer sowie 240 Alkoholpräparate.[405] Engler bezeichnete die Anzahl der eingegangenen Materialien im Vergleich zu den für Kew üblichen Mengen als „äußerst gering"[406]. Die Konkurrenz mit Kew spielte demnach von Beginn an eine Rolle bei der Erweiterung der Sammlungen aus den deutschen Kolonien. In den darauffolgenden Jahren ist eine Steigerung der Eingänge erkennbar: Das dritte Verzeichnis der Kommission für die wissenschaftlichen Sendungen aus den deutschen Schutzgebieten gab für den Zeitraum August 1893 bis August 1896 um die 6.150 Nummern Herbarpflanzen aus den Kolonien an. Die tatsächliche Zahl der Neuzugänge muss sogar noch größer gewesen sein, denn in den Jahresberichten der Botanischen Zentralstelle sind darüber hinaus noch vier weitere zumeist private Einsender angegeben, allerdings ohne Informationen zum Umfang der von ihnen angelegten Sammlungen.[407] Zudem bezieht sich der Begriff „Nummer" auf die Anzahl der verschiedenen gesammelten Pflanzen. Von einer Nummer können mehrere

403 Zu der später in Johann-Albrechts-Höhe umgetauften Barombi-Station und zur Biographie von Alois Staudt vgl. die Kapitel IV. vorangestellte Objektbiographie.

404 Vgl. die Jahresberichte der Botanischen Zentralstelle bis 1898.

405 Bericht Botanische Zentralstelle 1891/92, GStA PK I. HA Rep. 76, Va, Sekt. 2, Tit. X, Nr. 89 B, Bd. 1, Bl. 212–230, hier Bl. 219 f.; Kommission (Hg.), Verzeichnis (1892).

406 Bericht Botanische Zentralstelle 1891/92, GStA PK I. HA Rep. 76, Va, Sekt. 2, Tit. X, Nr. 89 B, Bd. 1, Bl. 212–230, hier Bl. 227.

407 Kommission (Hg.), Verzeichnis (1896) sowie die Berichte der Botanischen Zentralstelle für die Jahre 1893/94 bis 1895/96.

Exemplare vorliegen, wie in der Objektbiographie des Herbarbelegs beispielhaft dargelegt.

Von den zum Teil erst später in Besitz genommenen Regionen im Pazifik überwiesen zunächst vorwiegend die Teilnehmer von verschiedenen Expeditionen oder Reisende wie Otto Warburg botanische Objekte, außerdem der Kustos der Botanischen Zentralstelle, Georg Volkens, der im Juli 1899 auf Kosten des Südsee-Studien-Syndikats als Reichskommissar die Beamten begleitete, die auf den kurz zuvor durch Kauf von Spanien erworbenen Karolinen-, Marianen- und Palau-Inseln den Flaggenwechsel vornehmen sollten.[408] Das 1897 besetzte Kiautschou-Gebiet in China wurde Urban zufolge nach der Unterstellung unter das Reichsmarineamt ausschließlich von Deutschen beforscht. Hier sammelten bis zum Ersten Weltkrieg zwei Marine-Apotheker, drei Lehrer, ein Gouvernementsgärtner und ein Oberförster, außerdem Marie DuBois-Reymond, die Ehefrau eines in Shanghai tätigen Medizinprofessors.[409]

Welche Bedingungen das Sammeln in den Kolonien prägten, wie es in koloniale Infrastrukturen eingebunden war, welche Abhängigkeiten von lokalen Gegebenheiten sowie Verbindungen nach Berlin die Sammelpraxis vor Ort bedingten, lässt sich am eindrücklichsten am Beispiel eines konkreten Sammlers nachvollziehen. Ausgehend von der Sammlerbiographie des in Kamerun tätigen Georg Zenker sollen exemplarisch diese Fragen erkundet werden und darüber hinausgehende wesentliche Aspekte der Sammelpraxis in den deutschen Kolonien Betrachtung finden. Dass Zenker wie ein Großteil der Einlieferer von Objekten an das Botanische Museum und die Botanische Zentralstelle in Afrika sammelte, das im Fokus der Sammlungserweiterung und Forschung der Institution stand, und er dabei sowohl als Kolonialbeamter auf einer Forschungsstation wie auch als Privatmann wirkte, macht seine Biographie zum idealen Ausgangspunkt der Untersuchung. So bieten die Einblicke in Zenkers Sammelpraxis und Netzwerke vielfältige Anschlussmöglichkeiten für Studien zu weiteren Sammlern, die in vergleichbaren Kontexten agierten. Zudem erstreckte sich Zenkers Sammeltätigkeit über einen außergewöhnlich langen Zeitraum von mehr als 20 Jahren und er lieferte nicht nur botanische, sondern auch zoologische und ethnologische Objekte in großen Mengen nach Berlin. Im Zuge der Beschäftigung mit kolonialen Sammlungen ist Zenker heute von besonderem Interesse als einer der wichtigsten Sammler in Westafrika zur Zeit der deutschen Kolonialexpansion sowohl für aktuelle Forschungen am Berliner Botanischen Museum wie auch

408 Vgl. Urban, Geschichte (1916), S. 188–191; Volkens, Nachruf (1917), S. 8–9.
409 Vgl. Urban, Geschichte (1916), S. 177 f. u. S. 192.

am Museum für Naturkunde und am Ethnologischen Museum.[410] In diesen drei Häusern haben sich verschiedene Spuren seiner Sammeltätigkeit erhalten wie Objekte, Zeichnungen und Korrespondenzen. Das Zusammenführen aller dieser Spuren ermöglicht es, Zenker als Sammlerpersönlichkeit näher zu kommen und seine Sammelpraxis umfassender zu analysieren.

Georg Zenker stammte aus Leipzig. Er wurde dort 1855 als Sohn eines Orientalisten und einer Schriftstellerin, die auch als Übersetzerin tätig war, geboren. Nachdem er das Gymnasium frühzeitig verlassen hatte, begann er eine Lehre als Gärtner am Botanischen Garten Leipzig.[411] Auf die Anstellung als Obergärtner in Neapel folgte 1886 die Teilnahme an einer italienischen Erkundungsreise in den Kongo. Zenker blieb in Afrika und war zunächst in Gabun als Leiter einer Farm des Hamburger Reeders Adolph Woermann tätig,[412] danach als Sammler von Heilpflanzen und als Leiter einer Versuchsplantage für ein pharmazeutisches Unternehmen – ebenfalls aus Hamburg – in der deutschen Kolonie Kamerun. Im Jahr 1889, mit 34 Jahren, wechselte er in den Kolonialdienst als Präparator für geologische, zoologische und botanische Zwecke und begleitete eine vom

---

410 Georg Zenker ist bisher nur am Rande und als Sammler zoologischer Objekte betrachtet worden, vgl. Köstering, Natur (2003), S. 201; Lange, Echt (2006). Für eine Ausstellung zur deutschen Kolonialgeschichte im Deutschen Historischen Museum Berlin wurden erstmals Objekte von Zenker aus den drei genannten Museen ausgewählt und zusammen ausgestellt. Vgl. Kaiser, Herbarbeleg (2016); Hartmann/Kaiser, Zeichnung (2016). Derzeit bemüht sich eine Forschergruppe um die Erschließung der Sammlungen und Dokumente in den Berliner Museen unter Einbeziehung von Materialen, die sich bei den Nachfahren Zenkers in Kamerun, Belgien und Deutschland befinden: http://www.forschungsperspektive-sammlungen.de/#projekte

411 Mildbraed, Zenker (1923), S. 319. Der ausführliche Nachruf des am Berliner Botanischen Garten angestellten Botanikers Johannes Mildbraed, der Zenker in Kamerun besucht hatte, ist durch die zahlreichen Angaben zu den botanischen, zoologischen und ethnologischen Sammlungen Zenkers eine zentrale Quelle, die Briefe Zenkers und seine veröffentlichten Berichte aus Jaunde ergänzen. Zepernick, Beiträge (1990), S. 335 gibt Zenker als Gärtnerlehrling in Berlin an. In einem von ihm selbst verfassten Lebenslauf schreibt Zenker, er habe ab 1870 eine Gärtnerlehre am Botanischen Garten Leipzig absolviert. GStA PK I. HA Rep. 81, Nr. 931 (unpag.). Für den Hinweis danke ich Tristan Oestermann.

412 Zu Woermann vgl. Kap. III.1. Woermann gehörte auch zu den Reedern, die vergünstigte Konditionen für den Transport wissenschaftlicher Sammlungen aus den Kolonien anboten. Er war ein wichtiger Akteur in den Netzwerken der Botanischen Zentralstelle und seine Dampfer wesentlicher Bestandteil der für den Transfer von Pflanzen, Sammlungen und Personal unverzichtbaren Infrastrukturen.

Auswärtigen Amt initiierte Expedition ins Inland von Kamerun. Schließlich blieb er zusammen mit etwa 20 Afrikanern aus der Expeditionstruppe in der erst kurz zuvor gegründeten Station Jaunde/Yaoundé zurück und übernahm deren Leitung. Jaunde/Yaoundé zählte zu den ältesten deutschen Stationen im Inland und lag am Schnittpunkt wichtiger Handelsstraßen in einer relativ dicht besiedelten Region. Zenker legte dort Pflanzungen an und baute Häuser, später wurde Jaunde/Yaoundé Sitz des Bezirksamtes.[413]

Georg Zenker befand sich damit nur wenige Jahre nach dem Beginn der deutschen Inbesitznahme Kameruns ab 1884 vor Ort. Da Westafrika auf Grund des Klimas und Tropenkrankheiten wie Malaria nicht als Siedlungsgebiet vorgesehen war, stand die Wahrung deutscher Handelsinteressen zunächst im Vordergrund der deutschen Herrschaftspraxis. Diesem Zweck diente ausdrücklich auch die Jaundestation: wissenschaftliche Beobachtungen und Sammlungen sollten Erkenntnisse darüber liefern, wie das Gebiet landwirtschaftlich und für den Handel genutzt werden konnte. Ziel war es, das Zwischenhandelsmonopol der lokalen Bevölkerung der Duala zu durchbrechen, die im Mündungsdelta mehrerer Flüsse an der Bucht von Bonny mit Produkten verschiedener Gesellschaften im Landesinneren handelten.[414] Zenker lebte lange Zeit als einziger Europäer isoliert von den Stützpunkten der deutschen Kolonialherrschaft an der Küste. Deutsche Expeditionen erreichten die Station in den ersten drei Jahren nur zwei Mal und erst ab Ende 1892 war die Verbindung zur Küste weitgehend offen.[415] Zenkers Herrschaftspraxis in Jaunde/Yaoundé gründete sich auf Kompromissbereitschaft, um das Fortbestehen der Station zu sichern.[416] Er baute ein Netzwerk mit einheimischen Partnern auf, darunter mehrere lokale Autoritäten, zu denen

413 Vgl. Schnee, Koloniallexikon (1920), Bd. 2, S. 128. Jaunde ist eine Fehlaussprache und falsche Transkription des Wortes „Ewondo", das die einheimische Bevölkerung bezeichnet. Zenker hatte die Bezeichnung Jaunde von seinen Vorgängern übernommen. Vgl. Nyada, Kommunikationssituationen (2009), S. 225. Zur Expedition von Richard Kund und Hans Tappenbeck vgl. BArch R 1001/3266–3268.

414 Kund, Denkschrift zu den Zielen der wissenschaftlichen Station in Kamerun, Juni 1887, BArch R 1001/3266, Bl. 68–84. Der Gouverneur von Kamerun, von Soden, unterstützte die von Kund formulierten Ziele: von Soden an Auswärtiges Amt, 27. Oktober 1887, BArch R 1001/3266, Bl. 85. Vgl. außerdem Gründer, Geschichte (2000), S. 138.

415 Vgl. Mildbraed, Zenker (1923), S. 320; Schnee, Koloniallexikon (1920), Bd. 2, S. 128; Günder, Geschichte (2000), S. 138.

416 Vgl. Jung, Colonisation (2012). Von Gewaltausübungen wie der Prügelstrafe distanzierte sich Zenker. Ebd.

er persönliche Verbindungen geknüpft hatte, indem er mit Frauen aus deren Familien zusammenlebte. Embolo, die Tochter von Tschungi Mballa Ngono, und Ngoso, die Nichte von Zenkers wichtigem Partner Essono Ela, stammten aus einflussreichen Familien und brachten ihm die in der Region gesprochene Ewondo-Sprache sowie die Trommelsprache bei. Sie berichteten Zenker auch über die Stimmung unter den Einheimischen und waren damit für Zenker wichtige Informantinnen über die Verhältnisse vor Ort. In der Kommunikation mit der einheimischen Bevölkerung übernahmen die afrikanischen Partnerinnen meist eine Vermittler- und Dolmetscherrolle.[417] Es ist davon auszugehen, dass sie Zenker auch für seine Sammeltätigkeit wichtige Informationen wie einheimische Namen von Pflanzen und Tieren lieferten.

Zenkers erste Berichte aus Jaunde/Yaoundé kennzeichnen zumeist folgende Themenbereiche, die das Leben auf der Station bestimmten: die zeitaufwändige Beschäftigung mit Bauarbeiten an Gebäuden sowie an der Befestigung und an Wegen; die Versorgungsfrage, inwieweit selbst angebautes Gemüse und Obst vom Garten der Station und Pflanzungen den Bedarf der Station decken konnten oder welche Lebensmittel von der einheimischen Bevölkerung im Tausch gegen Knöpfe erworben werden mussten; ferner Krankheiten auf der Station und in der Umgebung, Unruhen in der Region und schließlich das Anlegen von zoologischen, botanischen und ethnologischen Sammlungen.[418] Die botanische Sammeltätigkeit muss Zenker gleich zu Beginn seines Aufenthaltes in Jaunde begonnen haben, denn bereits 1890 berichtet er davon, ein Herbarium angelegt zu haben, dass er bei Gelegenheit zur Küste bringen wollte.[419] Der Leiter der Kamerun-Nordexpedition, Hans Ramsay, besichtigte bei seinem Aufenthalt in Jaunde/Yaoundé im April 1892 auch Zenkers umfangreiche Sammlungen – wohl botanische wie auch zoologische und ethnologische. Er gab an, dass Zenkers Sammlungen „Zimmer und Koffer ganz ausfüllen“[420], obwohl er viele Objekte verloren hatte, da ihm die Mittel zum Konservieren ausgegangen waren und die Präparate verdarben. In Zenkers Schilderungen nahmen Beobachtungen zur Landwirtschaft der lokalen Bevölkerung einen wichtigen Platz

---

417 Vgl. Mildbraed, Zenker (1923), S. 320; Nyada, Germans (2014), S. 61 ff.; Nyada, Kommunikationssituationen (2009), S. 225; Ngoa, Histoire (2009) S. 37.

418 Vgl. u.a. Zenker, Jaunde-Station (1891), außerdem die Berichte des Leiters der Forschungsstation Bismarckburg in Togo, bspw. Büttner, Bericht (1891).

419 Vgl. Bericht Zenker 1890, BArch R1001/4351, Bl. 50–56.

420 Bericht Ramsey, Mai 1892, BArch R 175, FA 1/80, Bl. 216–229, hier Bl. 221–225. Dazu auch BArch R 175, FA 1/134, Bl. 18–34.

ein. Einheimisches Wissen zur Beschaffenheit der Böden, der Fruchtfolge und zu Aussaat- beziehungsweise Erntezeiten notierte Zenker ebenso genau wie Informationen zu kultivierten Arten sowie Werkzeugen und Praktiken der Verarbeitung pflanzlicher Produkte. Er beschrieb überdies das Alltagsleben und die Bräuche der lokalen Bevölkerung und dokumentierte ihre Lebensweise durch Photographien, wie er anmerkte. Eine ausführliche ethnologische Studie von Zenker erschien 1895 in den *Mitteilungen aus den deutschen Schutzgebieten*.[421]

Das Sammeln von Daten und Objekten stand in den Berichten nicht immer im Vordergrund, obwohl dies die ausdrücklichen Aufgaben der Forschungsstationen darstellte.[422] So schrieb auch der Leiter der Station Bismarckburg in Togo, er müsse sich zunächst um die Station und die Essensbeschaffung kümmern und hoffe, bald mehr Zeit für seine wissenschaftlichen Sammlungen zu haben.[423] Adolf Engler klagte angesichts der wenigen eintreffenden Sammlungen, die Wissenschaftler wären in den Kolonien „mit so vielen anderen Geschäften überhäuft, daß sie sich dem botanischen Sammeln nur ausnahmsweise widmen konnten".[424]

Georg Zenkers erste botanische Sammlung traf 1893 im Berliner Botanischen Garten ein. Sie fand auf Grund der vielen für die europäische Wissenschaft neuen Arten aus dem zuvor nicht erforschten Gebiet besondere Anerkennung von den Botanikern des Hauses. Dass Zenker die gesammelten Objekte zudem mit genauen Angaben versah und farbige Skizzen zu den Pflanzen beilegte,

421 Vgl. Zenker, Yaunde (1895); außerdem Zenker, Jaunde-Station (1891), Zenker an Bezirksamt, 5. Dezember 1895, BArch R 175, FA 1/134, Bl. 51 und weitere ausführliche Berichte Zenkers aus dem Jahr 1890 in BArch R 1001/4351, Bl. 50–61; außerdem Zenker an Gouvernement, 1. Februar 1890, BArch R 175, FA 1/79.

422 Vgl. zu den Forschungs- und Regierungsstationen die Kap. IV einleitende Objektbiographie. Die Denkschriften über die Verwendung des Afrikafonds erwähnen, dass Zenker in Jaunde Wetterbeobachtungen fortführte und sich in topografischen Aufnahmen hatte schulen lassen. Denkschrift betreffend die Verwendung des Afrikafonds, Reichstag, 8. Legislaturperiode, II. Session 1892/93 No. 93, Berlin, 24. Januar 1893, in: GStA PK I. HA Rep. 76, Va, Sekt. 1, Tit. X, Nr. 24, Bd. 2, Bl. 68–73, hier Bl. 68; Denkschrift betreffend die Verwendung des Afrikafonds, Reichstag, 9. Legislaturperiode, III. Session1894/95 No. 88, Berlin, 20. Dezember 1894, in: GStA PK I. HA Rep. 76, Va, Sekt. 1, Tit. X, Nr. 24, Bd. 2, Bl. 199–207, hier Bl. 201.

423 Vgl. Büttner, Station (1890), S. 315–316.

424 Bericht Botanische Zentralstelle 1891/92, GStA PK I. HA Rep. 76, Va, Sekt. 2, Tit. X, Nr. 89 B, Bd. 1, Bl. 212–230, hier Bl. 227.

wurde ebenfalls gewürdigt.[425] Im August 1893 verpflichtete er sich auf weitere drei Jahre für den Kolonialdienst und bekam einen Assistenten in Jaunde/Yaoundé – den am Berliner Botanischen Garten und Museum ausgebildeten Alois Staudt.[426] Zenker sandte zwischen August 1893 und Oktober 1895 insgesamt 786 verschiedene Pflanzen aus Jaunde/Yaoundé nach Berlin und mit Staudt zusammen weitere 633 Nummern von Juni 1894 bis Mai 1895.[427] Die Sammlungen von Zenker und Staudt, ob nun gemeinsam oder einzeln zusammengebracht, wurden in den Berichten der Botanischen Zentralstelle sehr gelobt, von „prächtigen", „musterhaften" oder „wertvollen" Sammlungen war die Rede.[428] „Wertvoll" bezog sich dabei nicht nur darauf, dass unter den Einsendungen viele Neuheiten waren, sondern auch darauf, dass zu den Belegen durch Zeichnungen der Pflanzen und Angaben zum Standort wichtige Informationen mitgeliefert wurden. Da Zenker in Jaunde/Yaoundé keine botanische Fachliteratur zur Verfügung stand, konnte er die meisten Pflanzen nicht selbst bestimmen. Um die Bestimmung des getrockneten Materials in Berlin zu erleichtern, hielt er insbesondere die ihm nicht oder wenig bekannten Pflanzen in Aquarellskizzen fest.[429] Außerdem beherrschten Zenker und Staudt durch ihre Ausbildung die Handhabung des fragilen Materials. Das war nicht selbstverständlich: Viele andere Sammler schickten beschädigte oder unvollständige Belege ein, oft ohne Informationen zum Fundort. Solche Einsendungen waren für die wissenschaftliche Arbeit unbrauchbar. Für die Botanik lässt sich – analog zu Glenn Pennys Beobachtungen für die Ethnologie – feststellen, dass der Qualität und Menge an Informationen über ein Objekt, die ein Sammler mitlieferte, eine große Bedeutung für den Wert desselben zukam.[430]

Immer wieder beschwerte sich Engler über Sammler, die nicht botanisch geschult waren: Sie schickten zu kleine und dürftige Fragmente von Pflanzen ein, dazu fehlten häufig Blüten und Früchte. Die Bestimmung erwies sich daher oft als schwierig oder unmöglich. Früchte, Samen, Zweigstücke und Holzproben, zu denen die Stammpflanze fehlte, mussten als wertlos gelten. Samen, die ohne Pflanze oder zumindest deren Namen ankamen, konnten oftmals erst nach

425 Vgl. die Jahresberichte der Botanischen Zentralstelle für die Jahre 1893/94 bis 1896/97.

426 Zu Alois Staudt vgl. ausführlicher die Kap. IV vorangestellte Objektbiographie.

427 Vgl. Kommission (Hg.), Verzeichnis (1896), S. 135–136.

428 Vgl. die Jahresberichte der Botanischen Zentralstelle für die Jahre 1895/96 und 1896/97.

429 Vgl. Bericht Zenker 1890, BArch R 1001/4351, Bl. 50–56.

430 Vgl. dazu Klemun, Gärten (2000); Penny, Objects (2002), S. 84 f.

vielen Jahren, wenn die Pflanze endlich blühte, bestimmt werden. Erst dann ließ sich auch etwas über ihren Nutzwert sagen. Engler räumte ein, dass an sammelnde Expeditionsteilnehmer angesichts der Umstände unterwegs keine speziellen Anforderungen gestellt werden könnten, aber an die in der Umgebung von Forschungs- und Regierungsstationen Sammelnden hatte er höhere Erwartungen.[431] Wiederholt rief er dazu auf, „reichlich und vollständig"[432] zu sammeln; selbst in der Tagespresse erschien seine „dringende Bitte, möglichst reichlich und vollständig zu sammeln und sich nicht mit abgerissenen Zweigstücken zu begnügen".[433]

Besonders gute Sammlungen bekamen in den Berichten der Botanischen Zentralstelle viel Lob, sicher auch als Ansporn für andere Sammler gedacht. Hervorgehoben wurden beispielsweise die von Carl Holst eingesandten „umfangreichen" Sammlungen aus Deutsch-Ostafrika nebst seinen „ausführlichen Berichte[n] über die dortige Vegetation".[434] Anerkennung fanden ebenso die von Lothar von Trotha in Deutsch-Ostafrika zusammengetragenen Herbarpflanzen und Museumsobjekte. „Gut etikettierte Sammlungen" wie seine seien „für die naturwissenschaftliche und wirtschaftliche Aufschließung der Einzelländer wichtiger als weitschweifige Ausführungen"[435], gab das *Notizblatt* bekannt. Für das dezentrale Sammeln in den Kolonien war die Beteiligung botanischer Laien unverzichtbar, um möglichst viel Vergleichsmaterial für die Auswertung in Berlin zusammenzubringen.[436] Als weit verbreitete Anreize für sammelnde Laien können ein aufgeklärtes Selbstverständnis gelten und der Antrieb, zur wissenschaftlichen Forschung beizutragen sowie sich selbst mit der Benennung von neuen Pflanzenarten in die Wissenschaft einzuschreiben oder öffentliches Ansehen durch die Erwähnung in Presse und Fachpublikationen zu gewinnen und damit eine Statusaufwertung zu erfahren. Nicht vergessen werden dürfen zudem ökonomische Anreize, denn mit dem Verkauf naturkundlicher

---

431 Vgl. Bericht Botanische Zentralstelle 1891/92, GStA PK I. HA Rep. 76, Va, Sekt. 2, Tit. X, Nr. 89 B, Bd. 1, Bl. 212–230, hier Bl. 226–228.

432 Engler, Centralstelle (1892), S. 14.

433 Vossische Zeitung, 17. August 1892, in: GStA PK I. HA Rep. 76, Va, Sekt. 2, Tit. X, Nr. 89 B, Bd. 1, Bl. 204.

434 Bericht Botanische Zentralstelle 1893/94, GStA PK I. HA Rep. 76, Va, Sekt. 2, Tit. X, Nr. 89 B, Bd. 1, Bl. 295–297, hier Bl. 297.

435 Notizblatt, Bd. 2, Nr. 9 (August 1897), S. 287–288.

436 Kreye, Garten (2009); Müller-Wille, Botanik (1999), S. 138, S. 157 u. S. 187; Allen, Amateurs (2009).

und ethnologischer Objekte an Museen und Sammlungen ließen sich finanzielle Gewinne erzielen.[437]

Um den ungeschulten Sammlern Leitlinien beizugeben, erarbeitete das Botanische Museum ausführliche Anweisungen.[438] Schon 1890 gab es einen ersten Entwurf, der allerdings noch nicht zum Druck gelangte.[439] Engler nahm in seinem ersten Jahresbericht der Botanischen Zentralstelle Bezug darauf und erklärte, es „wäre empfehlenswert, wenn eine von der botanischen Zentralstelle auszuarbeitende Instruction an die Beamten der Stationen, an Gärtner, Pflanzer, Reisende und alle Personen, die sich für den Gegenstand interessieren, verteilt würde“[440]. Die Anweisungen sollten sich damit an einen großen Kreis potentieller Sammler richten. Wann genau der von Engler Ende 1892 angekündigte Druck der Anleitung schließlich erfolgte, lässt sich nicht ermitteln, ebenso wenig der Inhalt.[441] Die veröffentlichte, möglicherweise spätere Fassung stammt von Georg Volkens und ist mit dem Hinweis versehen, dass ein Abdruck dieses Leitfadens Sammlern zugeschickt wurde und den von der Botanischen Zentralstelle ausgegebenen Sammelausrüstungen beilag. Wie die Formulierungen am Anfang des Textes zeigen, richteten sich die Ausführungen insbesondere an Kolonialbeamte an den Forschungs- und Regierungsstationen. So hieß es: „Was soll man

---

437 Vgl. Allen, Amateurs (2009), S. 22; Dietz, Aufklärung (2009); Meyer, Boundaries (2008); Fischer-Tiné, Pidgin-Knowledge (2013); speziell zur Botanik. Goss, Floracrats (2011), S. 7. Cornish, Science (2013), S. 152 verweist als Motiv für Schenkungen auf den Antrieb, kulturelles Kapital im Sinne Bourdieus anzuhäufen. Bourdieu, Outline (1993).

438 Bereits auf frühen Expeditionen war es üblich, den Sammlern Instruktionen mitzugeben, was sie wie zusammentragen sollten. Vgl. die Beiträge in Hipfinger/Löffler/Niederkorn (Hgg.), Ordnung (2012); Collet, Sammlungen (2012), S. 44; außerdem Drayton, Knowledge (1998), S. 233.

439 Botanischer Garten und Botanisches Museum, Urban an Museum für Völkerkunde, 23. Januar 1890, GStA PK I. HA Rep. 76, Va, Sekt. 1, Tit. X, Nr. 24, Bd. 1, Bl. 116. Die vom am Botanischen Museum tätigen Botaniker Karl Schumann erstellten Anweisungen erhielten das Kultusministerium und das Auswärtige Amt, wohl zur Prüfung.

440 Bericht Botanische Zentralstelle 1891/92, GStA PK I. HA Rep. 76, Va, Sekt. 2, Tit. X, Nr. 89 B, Bd. 1, Bl. 212–230, hier Bl. 228.

441 GStA PK I. HA Rep. 76, Va, Sekt. 2, Tit. X, Nr. 89 B, Bd. 1, Bl. 234. In einem Schreiben der Direktoren des Botanischen Museums, des Museums für Naturkunde und des Museums für Völkerkunde aus dem Jahr 1905 findet sich der Hinweis darauf, dass alle drei Museen Anleitungen zum Sammeln druckten. GStA PK I. HA Rep. 76, Va, Sekt. 1, Tit. X Nr. 24, Bd. 3, Bl. 246–247. Im Archiv des BGBM sind keine Anweisungen überliefert.

sammeln? Unkräuter, die sich um Stationsgebäude herum ansiedeln, die bei den Hütten und auf den Feldern der Eingeborenen stehen, haben geringen Wert, großen dagegen alle Pflanzen des unberührten Waldes, der Steppe, des Sumpfes, der Bach- und Flussufer, der höheren Gebirge usw."[442]

Die Instruktionen erläuterten weiter knapp, was, wie viel und wie gesammelt werden sollte. Sie enthielten außerdem Informationen zum fachgerechten Präparieren und Verpacken von getrockneten Pflanzen und Alkoholpräparaten. Hervorgehoben wurden die Aufforderungen, die Pflanzen vollständig mit Blüten und Früchten zu sammeln und unbedingt zahlreiche Informationen zum Standort und den Wachstumsverhältnissen anzugeben, wie schon von Engler in seinen Berichten angemahnt. Glenn Penny sieht für die Ethnologie einen Zusammenhang zwischen immer präziseren Sammelanleitungen und dem gestiegenen Interesse nach mehr Informationen zu den gesammelten Objekten. Damit einher ging eine Neubewertung, welchen Ansprüchen die Sammlungen genügen sollten.[443] Dies trifft offenbar auch für die Botanik zu.

Ein Hilfsmittel, um die Vielzahl von relevanten Informationen möglichst vollständig abzufragen, stellten die von der Botanischen Zentralstelle ausgegebenen Etiketten dar. Einzutragen waren der Name der Station, aus deren Umgebung die Pflanze stammte, der wissenschaftliche und der einheimische Pflanzenname, Name, Beschaffenheit und Lage des Standorts, Angaben zu Wuchs, Größe, Blütenfarbe, außerdem die durch den Sammelnden vergebene Nummer für das Objekt, der Name des Sammelnden und das Datum der Aufsammlung.[444] Die Vordrucke machten den Prozess der Informationsgewinnung effizienter und

442 Urban, Geschichte (1916), S. 242–244, hier S. 242. Es folgten weitere ausführliche Anleitungen zum Sammeln von speziellen Pflanzen wie Kakteen und Palmen sowie zum Einsenden von Belegen zu Pflanzenkrankheiten.

443 Vgl. Penny, Objects (2002), S. 84 f.

444 Ein Abdruck dieser Etiketten findet sich bei Urban, Geschichte (1916), S. 168. Vgl. dazu auch die Kap. IV vorangestellte Objektgeschichte. Die frühesten über die Datenbank zugänglichen Herbarbelege, die mit dem von der Botanischen Zentralstelle ausgegeben Etikett versehen sind, stammen von der Forschungsstation Misahöhe in Togo und tragen als Datum der Aufsammlung Juli 1893: http://ww2.bgbm.org/herbarium/images/B/20/00/12/28/b_20_0012282.jpg.
Herbarbelege von Zenker aus der Zeit 1890/92 weisen ein anderes Etikett auf. Sie tragen als Kopfzeile die Aufschrift „Forschungsstation Jaunde", geben als speziellen Bereich die Botanik an und fragen hauptsächlich die Nummer des Objekts und den einheimischen Namen ab: http://ww2.bgbm.org/herbarium/images/B/10/00/01/46/B_10_0001466.jpg.

sparten den Sammelnden Zeit, indem die aufgedruckten Kategorien nicht handschriftlich vermerkt werden mussten. Zuvor hatten sich insbesondere geschulte Sammler kleiner Zettel bedient, auf denen sie – allerdings weniger übersichtlich – einige Angaben aufführten.[445] Eingeschärft wurde den Sammelnden, beim Verpacken und Verschicken darauf zu achten, nur wirklich trockene Materialien einzusenden, da eine einzige schimmelnde Pflanze oder Frucht den kompletten Inhalt einer Kiste zerstören konnte.[446]

Es gibt vereinzelte Hinweise darauf, dass die Botanische Zentralstelle Anweisungen direkt an Sammelnde in Afrika und an die botanischen Stationen in den Kolonien schickte.[447] Diese gingen wohl zumeist über die grundlegenden und allgemeinen Regeln hinaus. Vielmehr handelte es sich um gezielte Aufträge, neue Arten ausfindig zu machen, um Lücken in den Sammlungen zu schließen und das System des Pflanzenreichs zu vervollständigen, wie das Beispiel des Briefwechsels des in Deutsch-Ostafrika sammelnden Missionars Adolf Stolz mit dem am Botanischen Garten und Museum tätigen Hermann Harms nahelegt. Der wissenschaftliche Austausch mit den Botanikern in Berlin half, die Aufmerksamkeit der Sammelnden vor Ort auf die für die Wissenschaft interessanten Objekte und Informationen zu lenken.[448] Der spätere Direktor Ludwig Diels wertete rückblickend die Anleitung von Sammelnden als einen wichtigen Teil der von seinem Vorgänger Adolf Engler verfolgten organisatorischen Tätigkeit, um die Erforschung der Flora Afrikas voranzutreiben.[449]

Im Fall von Georg Zenker findet sich keine Dokumentation der Kommunikation mit dem Botanischen Museum, obwohl diese mit großer Sicherheit stattgefunden hat. Es liegt nahe, für Zenker auch im Bereich der Botanik eine Professionalisierung anzunehmen – geleitet durch den Austausch mit Berliner Botanikern und die Lektüre von Fachliteratur – wie sie für das Feld der Ethnologie zu beobachten ist. Zenker stand in engem Briefkontakt mit dem Direktor des Museums für Völkerkunde, der immer wieder genauere Informationen

445 So beispielsweise auf einem von Paul Preuss gesammelten Herbarbeleg aus dem Jahr 1889 http://ww2.bgbm.org/herbarium/images/B/10/01/53/52/B_10_0153528.jpg. Die Angaben zu den verschiedenen Etiketten beruhen auf einer ersten stichprobenartigen Durchsicht.

446 Urban, Geschichte (1916), S. 244.

447 Engler, Bericht BGBM (1902), S. 10.

448 Vgl. Collet, Sammlungen (2012), S. 44 sowie die Objektgeschichte im Kapitel V.

449 Diels, Gedächtnis (1931), S. 21.

einforderte oder Zenkers mitgeteilte Beobachtungen kommentierte sowie mit ihm über Fachtexte diskutierte.[450]

Zum Teil erfolgte die Instruktion von Sammlern auch persönlich, verbunden mit der Ausgabe von Sammelausrüstungen. Der Auftrag, Sammelgeräte zur Verfügung zu stellen, stand wie oben geschildert im Zusammenhang mit dem Bundesratsbeschluss, der den Berliner Museen die Sammlungen von aus Reichsmitteln finanzierten Expeditionen und von Kolonialbeamten zuwies. Für Expeditionsteilnehmer, Leiter von Forschungsstationen oder botanischen Einrichtungen, Gärtner und andere Interessierte stellte das Botanische Museum Pflanzenpressen, Papier, Etiketten, Samenkapseln, Spiritus, Gläser und Kisten mit Zinkeinsatz für den Versand von pflanzlichen Materialien zur Verfügung.[451] Ab dem Rechnungsjahr 1895/96 verzeichneten die Berichte der Botanischen Zentralstelle die Anzahl der mit Sammelgeräten ausgerüsteten Reisenden, anfangs auch deren Namen.[452] Georg Zenker tauchte mehrfach als Empfänger von Sammelausrüstungen auf,[453] ebenso der Leiter des Botanischen Gartens in Victoria in Kamerun, Paul Preuss.[454] Häufig erschienen die Sammler, die Ausrüstungen erhalten hatten, in den Berichten der Botanischen Zentralstelle ebenso als Einlieferer von Herbarbelegen und Museumsobjekten, sodass sich die Ausgabe von Gerätschaften zum Sammeln zumindest teilweise auszahlte. Der Direktor des Botanischen Gartens und Museums, Adolf Engler, und der Kustos der Botanischen Zentralstelle, Georg Volkens, nahmen für ihre Reisen in die Kolonialgebiete ebenfalls Sammelausrüstungen mit.[455] Insgesamt gehörten die

450 Vgl. Hartmann/Kaiser, Zeichnung (2016). Im Ethnologischen Museum Berlin haben sich Briefe von Zenker an dortige Wissenschaftler erhalten und im Berliner Museum für Naturkunde findet sich ebenfalls umfangreiche Korrespondenz von Zenker und Paul Matschie, dem Leiter der Säugtierabteilung des Berliner Zoologischen Museums. Es ist davon auszugehen, dass Zenkers Briefe an das Botanische Museum wie große Teile des Archivs und der Sammlung des BGBM im Zweiten Weltkrieg zerstört wurden.

451 Vgl. Urban, Geschichte (1916), S. 169 f.; zu den Ausrüstungsgegenständen außerdem Bericht Botanische Zentralstelle 1905/06, in: Denkschrift Schutzgebiete (1907), S. 425–428, hier S. 428; Engler, Bericht BGBM (1913), S. 8.

452 Vgl. Bericht Botanische Zentralstelle 1895/96, GStA PK I. HA Rep. 76, Va, Sekt. 2, Tit. X, Nr. 89 B, Bd. 2, Bl. 89–94 sowie Volkens, Zentralstelle (1907), S. 12. Zu den Schulungen für Sammler vgl. Kap. IV.3.

453 Vgl. die Berichte der Botanischen Zentralstelle für die Jahre 1896/97, 1900/01, 1901/02, 1905/06, 1906/07.

454 Vgl. die Berichte der Botanischen Zentralstelle für die Jahre 1895/96, 1896/97.

455 Vgl. Bericht Botanische Zentralstelle 1901/02.

von der Botanischen Zentralstelle ausgestatteten und instruierten Sammler laut Urban überwiegend zu folgenden Berufsgruppen: Botaniker, Forstbeamte, Verwaltungsbeamte, Offiziere der „Schutztruppe", Ärzte, Tierärzte, Landwirte, Missionare und andere Geistliche, Juristen, Lehrer und Apotheker.[456]

Dass die von den ausgerüsteten Sammlern zusammengebrachten Objekte auch tatsächlich an das Botanische Museum gingen, regelte zum einen der bereits betrachtete Bundesratsbeschluss, der Kolonialbeamte und Teilnehmer vom Deutschen Reich finanzierter Expeditionen verpflichtete, ihre Sammlungen dort abzugeben. Zum anderen schloss das Botanische Museum mit privaten Sammlern Verträge ab, die dem Museum für die Bestimmung der Pflanzen und den Vertrieb von Dubletten ein gutes Exemplar sicherten. Die Dubletten wurden an botanische Institutionen weltweit verteilt, mit denen das Botanische Museum einen regen Tauschverkehr unterhielt, oder zu Gunsten der Sammler veräußert. Einen solchen Vertrag hatte das Botanische Museum auch mit Georg Zenker geschlossen, nachdem er Ende des Jahres 1895 aus dem Kolonialdienst ausgeschieden war.[457] Zenker blieb der Einrichtung dadurch als Sammler erhalten. Er führte unterdessen in Kamerun eine Plantage für Kaffee, Kakao und Kautschuk, genannt Bipindihof, in der Nähe von Kribi an der Straße nach Jaunde/Yaoundé. Die Plantage, so hieß es im Nachruf, sollte ihm und seiner Familie eine wirtschaftliche Grundlage bieten, sein Hauptanliegen blieb jedoch offenbar die wissenschaftliche Sammeltätigkeit.[458] Susanne Köstering hat die Verbindung zwischen Zenker und dem Museum für Naturkunde als „Handelsbeziehung"[459] bezeichnet. Gleiches lässt sich für seine Kontakte zum Botanischen Museum und dem Museum für Völkerkunde in Berlin sagen. Bis 1913 schickte Zenker insgesamt fast 5.000 Nummern an das Botanische Museum.[460] Für die Botanische Zentralstelle war er ein unverzichtbarer Teil ihrer Netzwerke, da er als Kolonialbeamter ebenso wie als Privatmann zuverlässig und kontinuierlich neben gut präparierten Herbarbelegen umfassende Informationen zu den Fundorten und zum Erscheinungsbild der Pflanzen einsandte, die er dazu in Zeichnungen festhielt, außerdem verschickte er Samen tropischer Gewächse.[461]

456 Urban, Geschichte (1916), S. 170. Die Reihenfolge richtet sich danach, wie häufig Personen aus den einzelnen Berufsgruppen ausgerüstet wurden.

457 Zu weiteren solcher Verträge vgl. Urban, Geschichte (1916), S. 179.

458 Mildbraed, Zenker (1923), S. 321.

459 Köstering, Natur (2003), S. 201.

460 Vgl. Mildbraed, Zenker (1923), S. 322.

461 Neben der vertraglich zugesicherten Entlohnung aus dem Dublettenverkauf erhielt Zenker von der Botanischen Zentralstelle 1893 und 1894/95 Saatgut für

Im Ganzen beurteilte die Leitungsebene der botanischen Einrichtungen die Anleitung und Ausrüstung von Sammlern indes einhellig als eine wenig nutzbringende Bürde. Von Zenker und wenigen anderen abgesehen, erfüllte ein großer Teil der Sammler die Erwartungen der Institution nicht. Volkens schrieb dazu:

> „Verhältnismäßig wenig Freude hat die Zentralstelle an ihrer Obliegenheit, Reisende, Beamte und Offiziere auszurüsten. Viele fühlen sich da berufen, aber wenige sind auserwählt. Die Schwierigkeit des Sammelns in einem feuchten Klima, Mangel an Vorkenntnissen, erlahmender Eifer bei Überhäufung mit anderen Arbeiten verschulden es, daß nur hier und da einmal das Sammelgerät genutzt wird und das eingehende Material die aufgewendeten Kosten lohnt."[462]

Engler äußerte seinen Unmut ebenfalls deutlich. Seiner Ansicht nach rechnete sich dieser Aufgabenbereich der Botanischen Zentralstelle durch den hohen Zeitaufwand und die Kosten für die Ausrüstung nicht. Bezüglich der Schulungen der ausreisenden Sammler stellt er fest, „dass bei 50% der selben die aufgewendete Mühe umsonst war."[463] Zwischen November 1901 und Dezember 1904 seien zudem allein 30 Ausrüstungen ausgegeben worden. „Von diesen Ausrüstungen sieht man häufig nichts wieder und mehrere der ausgerüsteten Personen kamen dann in der Kolonie nicht zum Sammeln."[464] Seine Angaben zur Anzahl der ausgeteilten Sammelausrüstungen scheinen nicht übertrieben. Zu Beginn wurden im Laufe eines Jahres durchschnittlich sechs Sammler ausgestattet, nach 1900 zumeist mehr als 10, im Jahr 1911 sogar mehr als 30 Personen.[465] Engler führte hinsichtlich der Berufsgruppe beziehungsweise Funktion der mit Ausrüstungen versorgten Sammler an erster Stelle die Leiter von Regierungs- und Forschungsstationen an, gefolgt von Missionaren. Er bestätigte damit Urbans Angaben, der außerdem Militärangehörigen eine wichtige Position einräumte.

---

die Jaunde-Station und 1899/00 für Bipindi sowie 1906/07 Kautschukpflanzen in Wardschen Kästen. Vgl. die Jahresberichte der Botanischen Zentralstelle für die Rechnungsjahre 1893/94 bis 1896/97, 1899/00, 1901/02, 1906/07 und 1908/09 bis 1913/14.

462 Volkens, Zentralstelle (1907), S. 12. Ähnlich auch Urban, Geschichte (1916), S. 170.

463 Botanischer Garten und Botanisches Museum, Engler an Museum für Naturkunde, Möbius, 19. Dezember 1904, GStA PK I. HA Rep. 76, Va, Sekt. 1, Tit. X, Nr. 24, Bd. 3, Bl. 240–241, hier Bl. 240.

464 Ebd.

465 Vgl. die Jahresberichte der Botanischen Zentralstelle bspw. für 1895/96, 1899/00 und 1911/12.

Dies verdeutlicht erneut, in welch großem Maße sich das Sammeln auf koloniale Infrastrukturen wie Kolonialbehörden, Militär und Missionen stützte.[466]

Die in den deutschen Kolonialgebieten aufgesammelten Pflanzen ließen sich, sofern sie mehrfach vorhanden waren, als Dubletten im Tauschverkehr mit botanischen Einrichtungen weltweit einsetzen, um auf diesem Wege an Herbarbelege aus anderen Regionen als Vergleichsmaterial zu gelangen. Der reziproke Tausch von Lebendpflanzen, Saatgut und Herbarbelegen galt seit Jahrhunderten als etabliertes Prinzip an botanischen Gärten, um die angestrebte Vollständigkeit und Verfügbarkeit verschiedener Repräsentationsformen einer Pflanze an vielen Institutionen zu erreichen.[467] Engler verwies auf die Bedeutung des Tauschverkehrs gleich im ersten Jahresbericht der Botanischen Zentralstelle und bemängelte, dass die Forderung, nicht nur möglichst verschiedene Arten der einzelnen Gebiete zusammenzubringen, sondern ebenso von jeder Art eine große Anzahl aufzunehmen, von den Sammlern kaum befolgt würde. Dabei brauche Berlin Dubletten zum Tausch insbesondere mit Kew, um von den dort vorhandenen „Pflanzenschätzen aus dem tropischen Afrika" zu profitieren. Weiter hieß es, Kew gäbe „bereitwillig" Dubletten an Berlin ab in der Hoffnung auf Pflanzen aus den deutschen Kolonien.[468]

Kew war mit Abstand der wichtigste Tauschpartner für das Berliner Botanische Museum, nicht nur weil dort Pflanzen aus vielen Regionen des *British Empire* vorlagen. Die schiere Masse des in den Tropen zusammengebrachten Materials, das Kew mit Hilfe seiner ausgedehnten Netzwerke erhielt, machte es möglich, davon allein schon 59.022 Nummern an Berlin abzugeben. Von den seit 1898 zum amerikanischen Kolonialbesitz gehörenden Philippinen lieferte das Bureau of Science in Manila fast 15.500 Nummern an Berlin, das Muséum d'Histoire Naturelle in Paris gab 10.329 Nummern ab, der Botanische Garten New York 6.729 Nummern, das U.S. National Museum und das U.S. Department of Agriculture in Washington 5.700 Nummern, das Botanische Museum Melbourne 4.000 Nummern, ebenso viele der Botanische Garten Buitenzorg/Bogor. Aus Britisch-Indien erreichten durch Tauschverkehr 8.328 Nummern aus dem

---

466 Botanischer Garten und Botanisches Museum, Engler an Museum für Naturkunde, Möbius, 19. Dezember 1904, GStA PK I. HA Rep. 76, Va, Sekt. 1, Tit. X, Nr. 24, Bd. 3, Bl. 240–241, hier S. 240; Urban, Geschichte (1916), S. 170. Vgl. dazu auch Lange, Situationen (2013).

467 Vgl. Müller-Wille, Botanik (1999), S. 315 f.; Klemun, Gärten (2000), S. 330–335.

468 Bericht Botanische Zentralstelle 1891/92, GStA PK I. HA Rep. 76, Va, Sekt. 2, Tit. X, Nr. 89 B, Bd. 1, Bl. 212–230, hier Bl. 227.

Botanischen Garten Sidpur bei Calcutta/Kolkata und 2.110 Nummern aus dem Botanischen Garten Singapur die Berliner Einrichtung. Damit sind nur die wichtigsten Tauschpartner für Pflanzen aus den Kolonien Frankreichs, Großbritanniens und Amerikas sowie aus Nordamerika selbst genannt, um einen Eindruck von den botanischen Netzwerken und den hunderttausenden weltweit zirkulierenden Herbarbelegen zu vermitteln. Es fällt auf, dass hier dieselben Institutionen von großer Bedeutung waren, die auch beim Tausch von Lebendpflanzen und Saatgut eine führende Position innehatten, insbesondere Kew, Buitenzorg/Bogor, Calcutta/Kolkata, Singapur und die amerikanischen botanischen und landwirtschaftlichen Einrichtungen. Aufsammlungen aus den deutschen Kolonialgebieten bekam Berlin außerdem vom Botanischen Museum Hamburg, dem Botanischen Museum Zürich und aus Uppsala, zum Teil durch Vereinbarungen, dem Berliner Museum als Gegenleistung für die wissenschaftliche Bearbeitung die Dubletten aus den übergebenen Sammlungen zu überlassen. St. Petersburg war mit 20.996 an Berlin überwiesenen Nummern ebenfalls ein bedeutender Tauschpartner, allerdings für Pflanzen aus anderen Regionen.[469]

Bis zur Wende zum 20. Jahrhundert klagte Engler wiederholt über die zu wenigen aus den deutschen Kolonien eingesandten Herbarbelege und Museumsobjekte. Seiner Ansicht nach stand „die überwiegende Mehrzahl der Stationen“ den Bemühungen “teilnahmslos“ gegenüber, durch möglichst zahlreiche Einsendungen die Erforschung der Flora der Kolonialgebiete voranzutreiben.[470] Die Sammelanleitungen verwiesen mit der Aufforderung, mindesten sechs Belege einer Pflanze zu sammeln, überdies auf die Bedeutung von Dubletten.[471] Urban maß den Sammlungen aus den deutschen Kolonien rückblickend eine besondere Rolle für den Tauschverkehr zu, erwähnt „reiches Material“ und „eine sehr fruchtbringende Sammeltätigkeit.“[472] Er betonte aber, dass nur die Dubletten aus Sammlungen, die durch preußische Stiftungen oder die erwähnten Verträge mit privaten Sammlern dem Botanischen Museum als Eigentum zufielen, für den Tauschverkehr genutzt werden konnten. Die Sammlungen auf Reichskosten ausgesandter Forschungsreisender und Kolonialbeamter mussten hingegen dem

469 Vgl. Urban, Geschichte (1916), S. 174 u. S. 199–210. Hier findet sich zum Tauschverkehr eine Zusammenstellung von Institutionen u. privaten Sammlern mit der Anzahl der an Berlin abgegebenen Nummern.

470 Bericht Botanische Zentralstelle 1897/98, GStA PK I. HA Rep. 76, Va, Sekt. 2, Tit. X, Nr. 89 B, Bd. 2, Bl. 195–203, hier Bl. 199; Bericht Botanische Zentralstelle 1899/1900, GStA PK I. HA Rep. 76, Va, Sekt. 2, Tit. X, Nr. 89 B, Bd. 2, Bl. 216–225, hier Bl. 216.

471 Urban, Geschichte (1916), S. 242.

472 Ebd., S. 197.

bereits betrachteten Bundesratsbeschluss zufolge an deutsche Institute verteilt werden.[473] Urban ärgerte es, dass diese Unterscheidung von außerpreußischen Einrichtungen nicht beachtet worden sei, wenn sie sich über die Bevorzugung der Berliner Institutionen beschwerten und argwöhnten, ihnen würden Dubletten vorenthalten.[474]

Engler behauptete in diesem Zusammenhang, dass zum einen ohnehin durch die Bestimmungen des Bundesratsbeschluss nur in bescheidenem Umfang Material an das Botanische Museum gelangte und zum anderen kaum Dubletten darunter waren: „Jene neuen Arten sind aber nur zum allerkleinsten Theil auf Materialien gegründet, welche von Beamten der deutschen Kolonien gesammelt und an die Botanische Zentralstelle eingesandt worden waren."[475] Und: „Nur wenige Stationsbeamte wie Dr. Preuss, Staudt, Warnecke, Zimmermann haben einzelne Pflanzen in größerer Zahl gesammelt, sodass solche an andere Museen verteilt werden konnten."[476] Angesichts der in den Jahresberichten der Botanischen Zentralstelle und den Verzeichnissen der Kommission für die wissenschaftlichen Sendungen aus den Schutzgebieten angegebenen tausenden eingegangenen Nummern verwundert Englers Aussage, zumal Urban schrieb, es habe weitere Sammlungen gegeben, aus denen Belege für andere deutsche Institutionen in Frage gekommen seien. Es scheint, dass Engler den tatsächlichen Umfang der Zusendungen und der darin enthaltenen Dubletten eher herunterspielen wollte, um Begehrlichkeiten abzuwehren.[477] An die botanischen Institutionen folgender deutscher Städte gab Berlin letztlich Dubletten von Pflanzen aus den deutschen Kolonialgebieten ab: München, Göttingen, Hamburg, Stuttgart,

473 Vgl. ebd., S. 178 f., hier auch der Verteilungsschlüssel u. im Beschluss selbst.

474 Ebd. Zu solchen Beschwerden vgl. die wenigen überlieferten Beispiele in GStA PK I. HA Rep. 76, Va, Sekt. 1, Tit. X, Nr. 24, Bd. 3, insbes. Bl. 102–104.

475 Botanischer Garten und Botanisches Museum, Engler an Kultusministerium, 16. Juni 1899, GStA PK I. HA Rep. 76, Va, Sekt. 1, Tit. X, Nr. 24, Bd. 3, Bl. 102–104, hier Bl. 103.

476 Botanischer Garten und Botanisches Museum, Engler an Museum für Naturkunde, Möbius, 19. Dezember 1904, GStA PK I. HA Rep. 76, Va, Sekt. 1, Tit. X, Nr. 24, Bd. 3, Bl. 240–241, hier Bl. 240.

477 Urban, Geschichte (1916), S. 179 u. S. 197. Zu den Konflikten um „Kolonialdubletten" vgl. für das Berliner Völkerkundemuseum Hoffmann, Museumsobjekt (2012), S. 158–160.

Bremen, Lübeck, Straßburg, Erlangen, Braunschweig, Jena, Dresden, Breslau, Görlitz, Aachen, Greifswald, Hildesheim und Marburg.[478]

Nationale und internationale Interessenten konnten zudem Herbarbelege aus den Sammlungen von Georg Zenker, Carl Holst und Rudolf Schlechter erwerben, mit denen das Museum dementsprechende Verträge geschlossen hatte.[479] Zumeist mehrere Tausend von Zenker gesammelte Nummern gingen an folgende Institutionen: Botanische Sammlung München, Naturhistorisches Museum Wien, Botanisches Museum Lausanne, Field Museum of Natural History in Chicago, Botanisches Institut St. Petersburg, Universität Göttingen, die botanischen Einrichtungen in Genf, Genua, Leiden, Hamburg, Jena, außerdem Royal Botanic Gardens Kew, Natural History Museum London, Universität Warschau, Universität Buenos Aires, dazu mehrere hundert an die Universität Coimbra in Portugal.[480] Schon 1904 stellte Engler zufrieden fest, dass es nirgendwo im Deutschen Reich ein so umfangreiches Vergleichsmaterial insbesondere zur Flora außereuropäischer Gebieten gebe wie am Berliner Botanischen Museum. Aus diesem Grund, so Engler weiter, schickten auch die Museen von Portugal und Italien die aus ihren Kolonien stammenden Pflanzen zur Bestimmung ein, wofür dem Botanischen Museum Berlin einige Exemplare zufielen.[481] Der Tauschverkehr und die Optionen, Dubletten zu verkaufen oder Herbarbelege für die Bestimmung von Sammlungen überlassen zu bekommen, trugen somit wesentlich zum Wachstum der Berliner Sammlungen bei und kurbelten die Zirkulation von Herbarbelegen aus den europäischen Kolonialgebieten und denen von Amerika an. Großes Interesse an den Materialien aus den deutschen Kolonien zeigten Kew, das British Museum, Zürich, Buitenzorg/Bogor, Paris, Calcutta/Kolkata, Manila und Singapur, die wiederum tausende von Belegen an Berlin abgaben. Nicht immer wurde koloniales Material gegen koloniales Material getauscht, aber hauptsächlich.[482]

---

478 Urban, Geschichte (1916), S. 179; Botanischer Garten und Botanisches Museum, Engler an Museum für Naturkunde, Möbius, 19. Dezember 1904, GStA PK I. HA Rep. 76, Va, Sekt. 1, Tit. X, Nr. 24, Bd. 3, Bl. 245.

479 Urban, Geschichte (1916), S. 179.

480 Vgl. Vegter, Collectors (1988), S. 1206.

481 Botanischer Garten und Botanisches Museum, Engler an Museum für Naturkunde, Möbius, 19. Dezember 1904, GStA PK I. HA Rep. 76, Va, Sekt. 1, Tit. X, Nr. 24, Bd. 3, Bl. 240–241, hier Bl. 241.

482 Urban, Geschichte (1916), S. 179 u. S. 199. Die Aufzeichnungen über die Verteilung von Dubletten verbrannten 1943 in Folge von Bombentreffern. Vgl. Hiepko, Sammlungen (1990), S. 312.

Selbst wenn Engler wiederholt Unzufriedenheit über die in seinen Augen zu geringen Mengen aus den Kolonien eingesandter Objekte äußerte, belegen die Abrechnungen über die Transportkosten der durch den Bundesratsbeschluss an die Berliner Museen gelangenden Sammlungen, dass es sich jährlich um tonnenweise zoologische, ethnologische und botanische Gegenstände handelte.[483] Es ist daher durchaus angemessen, für solches Sammeln ebenso die Begriffe „Zusammenraffen“ oder gar „Ausplündern“ zu benutzen: Die Kolonialmächte nutzen ihre Besitzungen zum Anlegen von Materialsammlungen für die Objekt, Daten- und Wissensakkumulation in den imperialen „centres of calculation“ wie unter anderen den europäischen Metropolen Berlin, London, Paris.[484] Da das generierte Wissen überwiegend den wissenschaftlichen, politischen und wirtschaftlichen Interessen der kolonisierenden Staaten diente, spricht Eugen Cittadino zu Recht von einer Form von Ausbeutung.[485] Im Fall des Botanischen Museums in Berlin bedeutete dies konkret, dass fortlaufend bis Anfang des 20. Jahrhunderts pro Jahr zwischen 2.000 und 3.000 Nummern Herbarpflanzen eintrafen, dazu Museumsobjekte wie Holz- oder Kautschukproben, Alkoholpräparate, Früchte oder aus pflanzlichen Rohstoffen hergestellte Produkte, außerdem – wie in Kapitel IV.1 untersucht – Lebendpflanzen und Saatgut.[486] Bis heute sind an zahlreichen Berliner Museen, darunter dem Botanischen Museum ebenso wie dem Museum für Naturkunde und dem Ethnologischen Museum, keine genauen Zahlen bekannt zu den Unmengen an Objekten aus den deutschen Kolonien. Am Botanischen Museum fehlen wie zum Teil am Ethnologischen Museum viele Unterlagen, in welchen die Eingänge erfasst wurden. Kriegsverluste, kriegsbedingte Auslagerungen von Objekten und fehlende Angaben dazu in den Karteien machen es heute unmöglich, diese Informationen vollständig zu rekonstruieren.[487] Dadurch, dass große Teile der Sammlungen des Botanischen Museums und viele Dokumente durch Bombentreffer im Zweiten Weltkrieg zerstört wurden, erhält man beispielsweise bei der Suche nach Zenker als Sammler in der über das Internet zugänglichen Datenbank des Hauses nur

483 Vgl. GStA PK I. HA Rep. 76 Va Sekt 1, Tit X, Nr. 24, Bd. 1–3.

484 Fischer-Tiné, Pidgin-Knowledge (2013), S. 12 und S. 17. Zu den „centres of calculation“ ausführlich Latour, Science (1987), S. 232–241; für die Botanik daran anknüpfend Gascoigne, Ordering (1996).

485 Vgl. Cittadino, Nature (1990), S. 134.

486 Ergänzend zu den Angaben für die Jahre 1889–1896 sind das bspw. für die Rechnungsjahre 1897/98 und 1899/1900 um die 3.000 Nummern. Vgl. die Jahresberichte.

487 Für Hinweise hierzu danke ich Dr. Robert Vogt, Botanisches Museum Berlin und Jonathan Fine, Ethnologisches Museum Berlin.

424 Treffer, zumeist hochauflösend digitalisierte Herbarbelege. Allerdings sind bislang nicht sämtliche Sammlungsobjekte in die Datenbank eingegeben, darunter die unzähligen Holzproben und Alkoholpräparate, deren Etiketten Zenker als Sammler angeben und die durch Nachforschungen in den Sammlungen ausfindig gemacht werden konnten. Im Archiv des Botanischen Museums gibt es zudem noch die Kopie einer Liste, die alle von Zenker nach Berlin gesandten 4.999 Nummern verzeichnet.[488]

In der Auseinandersetzung der Museen mit ihrer Kolonialvergangenheit spielen aktuell weniger die genauere Erfassung der Massen von in der Kolonialzeit angehäuften Objekten als vielmehr die Fragen nach Erwerbskontexten und Eigentum eine wichtige Rolle. Die Museen sind daher gefordert, sich mit dem Zusammenhang zwischen dem Erwerb ihrer Sammlungen und kolonialen Machtverhältnissen auseinandersetzen.[489] Die über die Museen hinaus zunehmend auch in einer breiteren Öffentlichkeit geführte Diskussion kreist dabei vornehmlich um menschliche Überreste und gewaltsam zusammengetragene Objekte in den ethnologischen und naturkundlichen Sammlungen.[490] Die Problematik ist jedoch viel grundsätzlicher zu verstehen, wie Britta Lange es treffend formuliert: „Wenn Wissen Macht ist und diese Macht als Verflechtung von epistemischer und struktureller Gewalt verstanden werden kann, so müssen die Wissenschaften des Abendlandes, wie sie sich seit der Aufklärung etablierten, als Machtapparat verstanden werden.“[491] Dies manifestierte sich unter anderem in der musealen Sammelpolitik und Gier nach Objekten, einschließlich der Sammelpraxis vor Ort mit zum Teil ausbeuterischen und zerstörerischen Zügen sowie in der Abwertung lokalen Wissens.

Zu den von Zenker nach Berlin gesandten Materialien sind nur wenige Beschreibungen der Erwerbsumstände zoologischer und ethnologischer Objekte überliefert. Die Schilderungen lassen auf ein hohes Maß an Aushandlungen schließen in den Kontakten mit lokalen Autoritäten und mit der einheimischen

---

488 Die Liste befindet sich im BGBM Archiv (ohne Sign.). Zu den erhaltenen Herbarbelegen von Zenker, bei dem es sich häufig um Typusmaterial handelt, vgl. Hiepko, Sammlungen (1990), S. 312. Eine große Anzahl von Zenkers Herbarbelegen gelangte als Dubletten an das Hamburger Botanische Museum und ist dort noch erhalten. Für Hinweise hierzu danke ich Dr. Matthias Schultz.

489 Vgl. Hartmann, Sammlungen (2016). Dazu ausführlicher Förster u.a. (Hgg.), Provenienzforschung (2018); Förster, Provenienzen (2016); Lange, Situationen (2013).

490 Vgl. Förster, Provenienzen (2016); Stoecker, Schnalke, Winkelmann (Hgg.), Sammeln (2013); Berner/Hoffmann/Lange (Hgg.), Sammlungen (2011).

491 Lange, Situationen (2013), S. 45.

Bevölkerung.[492] Über Zenkers einheimische Informanten, Mitarbeiter beim Sammeln und Präparieren oder Dolmetscher ist wenig bekannt. Nicht vergessen werden dürfen die drei afrikanischen Frauen, mit denen Zenker zusammenlebte und die ihm einen Zugang zu Sprachkenntnissen – und möglicherweise auch zu weiteren Wissensbeständen – vermittelten. Rassistische Wahrnehmungsmuster der Zeitgenossen und deren Fortschreibung in der Wissenschaftsgeschichtsschreibung bedingten, dass lokale Männer und Frauen lange Zeit keine Beachtung als Akteure der Wissensproduktion erfuhren. Dabei spielten sie eine zentrale Rolle, denn sie verschafften den Kolonisierenden Informationen über die in Besitz genommenen Gebiete, die einheimische Bevölkerung und ihre Lebensweise sowie zu pflanzlichen und anderen Ressourcen. Erst in den letzten Jahren ist diese als *intermediaries* oder *cultural broker* bezeichnete Gruppe von Personen stärker in den Blick der Forschung gerückt. Sie werden jetzt als „vielleicht wichtigste Akteure im Transfer von Wissen"[493] zwischen Kolonien und Metropole verstanden.

Am Botanischen Museum Berlin mit der Botanischen Zentralstelle herrschte ein großes Interesse an lokalem Wissen, insbesondere an einheimischen Bezeichnungen für Pflanzen und an Möglichkeiten der Verwertung von Nutzpflanzen aller Art, sei es als Nahrungs- und Genussmittel oder als Viehfutter sowie für medizinische und technische Zwecke. Einheimische Namen aufzunehmen und als Synonyme anzugeben hatte bis in das 18. Jahrhundert zur üblichen wissenschaftlichen Praxis gehört. Im spanischen Peru hatte es im 17. Jahrhundert für Mediziner sogar als äußerst wichtig gegolten, die einheimischen Sprachen zu studieren, um Hinweise auf die Heilkräfte in Pflanzen zu erkennen, die sich möglicherweise im Namen verbargen. Erst die Durchsetzung der binären Nomenklatur mit lateinischen, latinisierten oder griechischen Namensbestandteilen durch Carl von Linné brachte eine Abwertung und Vernachlässigung einheimischer Namen mit sich.[494] Die von der Botanischen Zentralstelle ausgegeben Etiketten sahen ein Feld für das Vermerken des einheimischen Namens vor.[495] Diesem Wissen wurde somit eine Bedeutung beigemessen und es sollte

492 Vgl. Kaiser, Herbarbeleg (2016); Hartmann/Kaiser, Zeichnung (2016).

493 Habermas, Intermediaries (2013), S. 39. Dazu auch Habermas/Przyrembel, Einleitung (2013), S. 14 f. u. weitere Beiträge in diesem Band; Matthies, Schatten (2018); Malzner/Peiter (Hgg.), Träger (2018); Moyd, Intermediaries (2014); Lawrence/Osborne u.a. (Hgg.), Intermediaries (2006).

494 Vgl. Schiebinger, Plants (2004), S. 197–200. So auch Goss, Floracrats (2011), S. 4.

495 Das Etikett findet sich abgedruckt in Urban, Geschichte (1916), S. 168. Auch auf einer früheren Version eines Etikettenvordrucks für die Jaunde-Station ist ein Feld für den

systematisch gesammelt werden. Zum einen mag die Hoffnung auf die Entdeckung von Anklängen an Eigenschaften und Verwendungsmöglichkeiten einer Pflanze eine Rolle für das Interesse an einheimischen Namen gespielt haben. Zum anderen ermöglichte der Abgleich einheimischer Namen die Zuordnung von Materialien oder das Auffinden bestimmter Pflanzen. So zitierte das *Notizblatt* aus einem Bericht des Afrikaforschers Franz Stuhlmann:

> „Bei dem Ort Mbaffu (Mpaffu) wurde gelagert. Der Name des Ortes erinnert mich an einen Baum, den ich in Uganda sah, und der unter demselben Namen am Tanganyikasee bekannt ist. Nachfragen ergaben, dass tatsächlich hier in der Nähe der Mpaffubaum vorkommt."[496]

Dieser Baum lieferte ein Harz, das als Handelsartikel geprüft werden sollte. In vielen Publikationen entsteht der Eindruck, einheimische Namen wurden primär aus wissenschaftlichem Erkenntnisinteresse erfragt und festgehalten, um möglichst vollständige Informationen zu besitzen.[497] In der Folge der wissenschaftlichen Bearbeitung der Pflanzen und ihrer Einordnung in die binäre lateinische Nomenklatur verschwanden die einheimischen Namen, wie im folgenden Unterkapitel zur wissenschaftlichen Bearbeitung noch genauer erläutert wird. Ihnen wurde zumeist kein bleibender Wert für die Wissenschaft beigemessen. Dazu kommt, dass nicht alle Sammler die lokalen Bezeichnungen vermerkten. Auf Zenkers Herbarbelegen tauchen vereinzelt einheimische Synonyme auf, ebenso auf von Zenker angefertigte Zeichnungen von Fischen.[498]

Noch wesentlicher begehrter als das Wissen um lokale Bezeichnungen von Pflanzen waren die Kenntnisse der einheimischen Bevölkerung betreffend Anbau und Ernte sowie zur Verwendung von Pflanzenteilen wie Wurzeln, Früchten, Samen und Rinde. So verstand Ludwig Diels, seit 1914 Zweiter Direktor unter Engler, die Kolonialabteilung des Botanischen Museums unter anderem als Lehrmittel für in die Kolonien Reisende, „damit sie lernen, darauf zu achten, was für Pflanzen der Eingeborene benutzt und wozu er sie verwendet."[499] Der Leiter der Forschungsstation Bismarckburg in Togo, der Botaniker Richard Büttner, reflektierte in seinen Berichten die Anbaumethoden der lokalen Bevölkerung und verglich sie mit seinen eigenen Versuchen. Einigen

---

einheimischen Namen vorgesehen: http://ww2.bgbm.org/herbarium/images/B/10/00/01/46/B_10_0001466.jpg.

496 Notizblatt, Bd. 2, Nr. 17 (März 1899), S. 271.

497 Vgl. u.a. Dinter, Veldkost (1912).

498 Vgl. Hartmann/Kaiser, Zeichnung (2016).

499 Diels, Museum (1914), S. 285.

einheimischen Methoden bescheinigt er, durchaus nachahmenswert zu sein.[500] Über Informationen, die der Sammler Carl Holst an die Botanische Zentralstelle sandte, hieß es: „Von besonderem Werthe ist es, dass er seine Aufmerksamkeit auch auf den von den Eingeborenen betriebenen Ackerbau richtet. Eine dieser Skizzen über den Landbau der Eingeborenen von Usambara ist von Dr. Warburg bearbeitet und in der Kolonialzeitung veröffentlicht worden."[501] Publiziert wurden ebenfalls die ausführlichen Angaben des Sammlers Brosig, die er von Einheimischen zu den Namen und zur Verwendung verschiedener ostafrikanischer Hölzer zusammengetragen hatte und die den Verantwortlichen am Botanischen Garten ausdrücklich „der Veröffentlichung wert"[502] schienen. Aber nicht nur Publikationen, die sich verstärkt Themen der angewandten Botanik widmeten, sondern auch wissenschaftliche Monographien thematisierten lokales Wissen über Benennung und Nutzung von Pflanzen.[503]

Obwohl die Ausführungen teilweise eine gewisse Distanz ausdrückten, wenn es beispielsweise um für Europäer ungewohnt schmeckende Nahrungsmittel oder die Verwendung von Pflanzen für fremd erscheinende Bräuche ging, ist den Berichten von den meisten Botanikern überwiegend keine pauschal ablehnende Haltung gegenüber einheimischen Wissen anzumerken. Vielmehr belegen sie oftmals eine große wissenschaftliche Neugierde und Offenheit, diese Wissensbestände zu erkunden. Da das leitende Motiv dabei die Ausnutzung der lokalen Kenntnisse zum Nutzen der Kolonialmacht darstellte, ist es aber irreführend, in der Erforschung lokalen Wissens eine generelle Wertschätzung oder Anerkennung dieser Wissensbestände zu sehen. Zudem waren die Ausführungen einiger Botaniker nicht frei von Überheblichkeit und abwertenden Bemerkungen „primitivem" Wissen gegenüber.[504] Dominante koloniale Diskurse, die eine Überlegenheit westlichen Wissens postulierten und daraus rechtfertigend eine „Zivilisierungsmission" des Westens ableiteten, prägten das zeitgenössische Verständnis und den Umgang mit einheimischem Wissen, schlugen sich aber individuell unterschiedlich in Texten von Botanikern und Sammlern nieder. Im breitenwirksamen Blatt *Kolonie und Heimat* erklärte ein deutscher Arzt beispielsweise, dass die afrikanische Bevölkerung selbstverständlich die „geistige

500 Vgl. Büttner, Bericht (1891), S. 468.

501 Bericht Botanische Zentralstelle 1893/94, GStA PK I. HA Rep. 76, Va, Sekt. 2, Tit. X, Nr. 89 B, Bd. 1, Bl. 295–297, hier Bl. 297.

502 Notizblatt, Bd. 2, Nr. 15 (Nov. 1898), S. 188.

503 Beispielsweise Warburg, Palmen (1895).

504 Vgl. Fischer-Tiné, Pidgin-Knowledge (2013), S. 9.

Überlegenheit" der Europäer anerkenne und deshalb verwundert sei über das große Interesse der Kolonisierenden an einheimischen Heilpflanzen. Es sei aber äußerst wichtig, solche Pflanzen zu untersuchen und zu verstehen. Der Beitrag endete mit der Aufforderung, derartige Beobachtungen zu sammeln und weiterzugeben.[505] Letztlich jedoch ging das Postulat einer vermeintlichen Überlegenheit Europas mit dem Anspruch auf wissenschaftliche Autorität einher und blockierte die Aufnahme lokaler Wissensbestände in die wissenschaftlichen Disziplinen und ihre Institutionen.[506] Eine eurozentrische Denkart, die insbesondere in den Naturwissenschaften den universellen Anspruch rationalen Denkens und einer auf Linnés Klassifizierungssystem beruhenden Ordnung der Natur vertrat sowie beobachten, messen, erfassen zu gültigen Methoden des Erkenntnisgewinns erklärte, führte zu einer epistemischen Kolonisierung, die lokale Wissenssysteme als irrational oder magisch unterdrückte.

In der Forschungsliteratur entsteht der Eindruck, dass Heilpflanzen und deren Nutzung durch die lokale Bevölkerung eine besondere Aufmerksamkeit von Seiten europäischer Mediziner und Botaniker erfuhren.[507] Die Analyse der Arbeit der Botanischen Zentralstelle und kolonialwirtschaftlicher Initiativen zeigt jedoch ebenfalls eine intensive Beschäftigung mit Nutzpflanzen wie Kautschuk oder Baumwolle und indigenem Wissen zu diesen Pflanzen und ihrer Verwertung. Gleichwohl hatte die Auseinandersetzung mit einheimischen Medikamenten und Heilwissen eine andere Dringlichkeit: Die hohen Sterblichkeitsraten von Europäern in den Kolonien widerlegten einen universalen Geltungsanspruch der westlichen Medizin und die langen Transportwege machten Arzneimittel aus Europa zu teuer oder unbrauchbar.[508] Ein Beispiel für die transimperiale Erforschung einer Heilpflanze ist die Pflanzengattung *Strophanthus*, die zur Familie der Hundsgiftgewächse gehört und als Sträucher, Bäume oder Lianen vorwiegend in Afrika vorkommt. Ihre Wirkung als kardiologisches Medikament wurde seit den späten 1880er-Jahren zunächst in Großbritannien, dann ab Beginn des 20. Jahrhunderts wegweisend im Deutschen Reich – insbesondere in Berlin – erforscht und der Handel mit *Strophanthus* von da an durch Importe aus

505 Kolonie und Heimat 1 (1907/08), Nr. 23, S. 7.

506 Vgl. Goss, Floracrats (2011), S. 4 u. S. 32.

507 Vgl. Habermas, Intermediaries (2013), S. 42. Dies ist auch dem Umstand geschuldet, dass zum Bereich der Integration von einheimischem Wissen bei medizinischen und pharmazeutischen Forschungen viele Studien vorliegen. Vgl. Fischer-Tiné, Pidgin-Knowledge (2013) mit einer ausführlichen Bibliographie, für die deutschen Kolonien zudem Eckart, Medizin(1997).

508 Vgl. Fischer-Tiné, Pidgin-Knowledge (2013), S. 30–35.

den deutschen Kolonien dominiert. Afrikanische Heilkundige nutzen *Strophanthus* schon länger für die Behandlung von Herzkrankheiten, Muskelschmerzen und offenen Wunden. Außerdem ließ sich aus den Samen ein Pfeilgift herstellen. Vergiftete Pfeile waren es auch, die David Livingstone und seinen Begleiter, den Mediziner John Kirk, auf die Wirkung von *Strophanthus* aufmerksam gemacht hatten.[509] Die Botanische Zentralstelle erhielt zahlreiche Zusendungen von *Strophanthus*-Proben und zeigte *Strophanthus* in der Kolonialabteilung des Botanischen Museums. Museumsmitarbeiter erforschten in Kooperation mit dem benachbarten Pharmazeutischen Institut in Dahlem die Eigenschaften und Wirkungen der Gattung.[510] Daneben wurden zahlreiche weitere „Drogen" – wie es zeitgenössisch hieß – gesammelt und erforscht, ein Hauptmann schickte sogar eine „Apotheke eines Medizinmannes"[511] aus Ostafrika ein.

Den Zugang zu einheimischen Wissensbeständen vermittelten häufig lokale Frauen, die sich mit dem Anbau und der Verwendung von Heilpflanzen, Küchenkräutern oder anderen Nutzpflanzen auskannten.[512] Ihre Kenntnisse verschafften den Einheimischen eine gewisse Machtposition und auf Seiten der Kolonisierenden herrschte Argwohn, dass ihnen wichtiges Wissen vorenthalten wurde. Das Koloniallexikon gab zum botanischen Sammeln an, es sei schwierig, die Stammpflanzen zu von der lokalen Bevölkerung genutzten Bestandteilen zu finden, denn „die Eingeborenen halten die Abstammung geheim"[513]. Premierlieutnant Brosig berichtete in seinem Begleitschreiben zu einer Sendung von Nutzhölzern aus Ostafrika davon, dass er diese zwar „auf Grund von Angaben gut bewanderter Eingeborener"[514] zusammengetragen habe, doch es „hüten sich die Neger wohl, in Voraussicht auf die sie erwartende harte Arbeit, den Europäer gerade mit den härtesten Hölzern bekannt zu machen."[515] Solche und ähnliche

509 Vgl. Osseo-Asare, Roots (2014); Osseo-Asare, Bioprospecting (2008).

510 Vgl. u.a. Engler, Bericht BGBM (1902), S. 13 und die Berichte der Botanischen Zentralstelle aus den Jahren 1901/02, 1902/03 und 1905/06; zur Ausstellung Krause, Führer (1916), S. 70 u. S. 82; zur Forschung die Veröffentlichungen von Thoms, Gilg und Schedel in Thoms, Arbeiten (1905). Zur Weitergabe von eingesandten Arzneipflanzen an des Pharmazeutische Institut auch Bericht Botanische Zentralstelle 1906/07, in: Jahresbericht Schutzgebiete (1908), S. 31–43, hier S. 40 und Bericht Botanische Zentralstelle 1908/09, in: Denkschrift Schutzgebiete (1911), S. 378–382, hier S. 381.

511 Bericht Botanische Zentralstelle 1902/03, GStA PK I. HA Rep. 76, Va, Sekt. 2, Tit. X, Nr. 89 B, Bd. 2, Bl. 295–309, hier Bl. 302.

512 Vgl. Cook, Economies (2005), S. 114.

513 Schnee, Kolonial-Lexikon (1920), Bd. 3, S. 210.

514 Notizblatt, Bd. 2, Nr. 15 (Nov. 1898), S. 187.

515 Ebd.

vorurteilsbehaftete Erzählungen sind aus vielen europäischen Kolonialgebieten bekannt. Die Geheimhaltung von bestimmten Kenntnissen durch die lokale Bevölkerung gilt in der Forschung einerseits als „guarding of secrets from colonial aggressors"[516] und damit eine Strategie des Widerstandes gegen die Kolonisierenden, die durch Überredung, Bestechung, Tricks oder Gewalt versuchten, an Informationen zu kommen.[517] Andererseits scheint der „secretive native"[518] eine wirkmächtige ikonische Figur in wissenschaftlichen Abhandlungen seit dem 16. Jahrhundert zu sein mit Parallelen zu den Diskursen über sogenannte Kräuterfrauen, denen an ihrem Wissen interessierte Botaniker und Mediziner ebenfalls Geheimniskrämerei unterstellten.[519]

Beim Zusammentragen von pflanzlichen Materialien kam es demnach zur vielfältigen Auseinandersetzung mit lokalem Wissen. Kenntnisse der Einheimischen über Eigenschaften und Verwendungsmöglichkeiten von Pflanzen stellten oftmals den ersten Schritt für die Bewertung neuer Arten dar, für die weitere Formen der Nutzung erprobt wurden. Die Wissensproduktion zu Pflanzen aus den Kolonialgebieten ist damit als dynamischer, wenn auch asymmetrischer Prozess zu verstehen.[520] Zutreffend ist hierfür die Bezeichnung ko-produziertes Wissen, die zudem von der Vorstellung eines einseitigen Wissenstransfers von Europa in die Kolonien Abstand nimmt und auf vielfältige vorhandene Wissenssysteme verweist, die sich miteinander verflochten. Kapil Raj geht insbesondere bei den „open air sciences", die wesentlich für die koloniale Ordnung waren und zu denen Botanik, Landwirtschaft, Forstwirtschaft, Zoologie und Anthropologie zählten, von ko-produziertem Wissen aus.[521] Einheimische Kenntnisse wurden insbesondere dann aufgenommen, wenn die europäischen Wissensressourcen nicht ausreichten. Bei der Arbeit der Botanischen Zentralstelle lässt sich ein besonderes Interesse an Informationen zu Vorkommen, Anbau und Verwertung einheimischer Nutzpflanzen beobachten. Ziel war die schnelle Entwicklung rationeller Anbaumethoden und die effektive Ausnutzung der einheimischen oder aus anderen Kolonialgebieten eingeführten Nutzpflanzen. Insgesamt blieb

516 Schiebinger, Plants (2004), S. 90–93, hier S. 90.

517 Vgl. ebd., S. 90–93.

518 Stefanie Gänger, Inalienable truths, Vortrag Dresden Januar 2014: „Materialität und kultureller Transfer. Epistemische Verflechtungen in der Erzeugung globalen Wissens", Internationale Tagung, Technische Universität Dresden und Sächsische Landesbibliothek, Staats- und Universitätsbibliothek Dresden.

519 Vgl. Schiebinger, Plants (2004), S. 93–100.

520 Vgl. Cornish, Science (2013), S. 146 f.

521 Vgl. Raj, Modern Science (2007), S. 14.

die Übernahme lokalen Wissens eher selektiv, radikal andersartiges Wissen traf meist auf Ablehnung. Zudem bestimmten koloniale Machtverhältnisse die Aneignung und Bewertung von indigenem Wissen.[522]

An den heute in deutschen Sammlungen lagernden Objekten lassen sich Wissenstransfers und die Wege der Materialien aus ihren Herkunftsgebieten zumeist nicht ablesen, da die Spuren von lokalen Mitarbeitern und deren Wissen verloren gingen oder negiert wurden.[523] Dies trifft auch auf die von Zenker eingelieferten Gegenstände zu; in Briefen und Zeichnungen, die seine Einsendungen begleiteten, finden sich jedoch Spuren der Aushandlung von Wissen.[524] Weitere Quellen können Photographien, Feldbücher oder Expeditionsberichte von Sammlern sein, die bislang noch nicht eingehend unter solchen Aspekten untersucht worden sind. Mit diesem Verweis auf die Bedeutung von verschiedenen Formen der Dokumentation sowie Zitaten aus dem Nachruf auf Zenker soll die für den Bereich Sammelpraxis vorgenommene exemplarische Betrachtung dieses Sammlers enden. Der zeitgenössische Bericht eines Augenzeugen beschrieb Zenkers Anwesen auf der Plantage Bipindihof in Kamerun folgendermaßen:

> „Sein ganz und gar mit eingeborenen Mitteln hergestelltes geräumiges Wohnhaus war ein vollkommenes Museum, voll von ethnographischen Merkwürdigkeiten, Photographien, Öl- und Aquarellskizzen, Herbarien, Tierfellen und Schädeln, Waffen, Fetischen, Vogelbälgen und dergl.“[525]

Weiter ist die Rede von

> „einer erstaunlichen Regsamkeit und Vielseitigkeit. Im Arbeitszimmer auf der Staffelei ein ziemlich großes Madonnenbild in Öl für eine Mission, daneben eine Menge Skizzen und Zeichnungen, auf dem Hof in einem vorn offenen, schmalen Schuppen auf großen Tischen und Gestellen Stapel von Papier, Pressen und Pakete mit fertigen Pflanzen, dazu eine Fülle zoologischer Objekte, darunter der riesige Balg und abenteuerlich anzuschauende nackte Kadaver eines Riesenstorches, der sich nach dem Lokundje verflogen hatte und vor kurzem von einem seiner Söhne geschossen war. Und der alte Zenker, frisch wie ein Junger trotz seiner langen Tropenjahre, nur über abnehmende Sehschärfe klagend.“[526]

---

522 Vgl. Fischer-Tiné, Pidgin-Knowledge (2013), S. 59; Cook, Economies (2005), S. 101; Schiebinger, Plants (2004), S. 88.

523 Vgl. Hartmann, Sammlungen (2016).

524 Vgl. Hartmann/Kaiser, Zeichnung (2016).

525 Mildbraed, Zenker (1923), S. 321.

526 Ebd.

Diese Schilderungen betonen die Vielfältigkeit von Zenkers botanischen, zoologischen und ethnographischen Sammlungen und die Vielseitigkeit der Dokumentation mittels Zeichnungen sowie Photographien. Wie viele Beamte und Forscher seiner Zeit sammelte er disziplinenübergreifend, denn selbst wenn sich an den Universitäten in Europa die Disziplinen zunehmend voneinander abgrenzten, trat diese Trennung vor Ort in den Kolonien, im Feld, in den Hintergrund.[527] Und von Paketen ist dort die Rede, höchstwahrscheinlich gepackt mit Objekten für die Berliner Museen, die er regelmäßig belieferte.

Insgesamt gesehen vergrößerte sich nach 1900 die Menge der Zusendungen von Pflanzenmaterial aus den Kolonien an die Botanische Zentralstelle und das Botanische Museum langsam und belief sich bis zum Berichtsjahr 1906/07 durchschnittlich pro Jahr auf etwa 4.000 Nummern Herbarpflanzen und zahlreiche Museumsobjekte, insbesondere Holz- und Kautschukproben, Früchte sowie verschiedene Heil- und Faserpflanzen.[528] Als regelmäßiger Einsender kam ab dem Berichtsjahr 1903/04 das im Jahr 1902 gegründete Biologisch-Landwirtschaftliche Institut Amani in der Kolonie Deutsch-Ostafrika hinzu. Wie zuvor hatten außerdem die an der Botanischen Zentralstelle ausgebildeten Gärtner eine große Bedeutung für den Ausbau der Sammlungen in Berlin. Zahlreiche Forstbeamte und Wissenschaftler anderer Disziplinen beteiligten sich am Sammeln für das Botanische Museum, wie der Forstbeamte und Gouvernementsbotaniker Kurt Dinter, der ab 1904/05 fortlaufend jährlich mehrere hundert Nummern Herbarpflanzen und Museumsobjekte aus der Kolonie Deutsch-Südwestafrika nach Berlin schickte sowie der im Reichsdienst als Geograph und Meteorologe beim Gouvernement in Deutsch-Ostafrika angestellte Carl Uhlig, der am Kilimandscharo sammelte. Der Leipziger Verleger, Geograph und Forschungsreisende Hans Meyer bedachte das Botanische Museum mit etwa 500 Nummern Herbarpflanzen.

Unter den Sammlern finden sich zudem mehrere hochrangige Kolonialbeamte und Militärangehörige, darunter Lothar von Trotha und Hermann Kersting. Anlässlich der ersten Einsendung von Trothas, der zu der Zeit Kommandeur der „Schutztruppe" in der Kolonie Deutsch-Ostafrika war, schrieb Engler:

> „Das Museum schmeichelt sich mit der Hoffnung, dass Herr Oberst von Trotha nicht der einzige Offizier bleiben wird, der als Expeditionsführer im Innern sich verpflichtet

527 Vgl. Schröder, Disziplinen (2013).

528 Vgl. die entsprechenden Jahresberichte.

> fühlte, auch der so wichtigen botanischen Erforschung unserer Schutzgebiete seine Aufmerksamkeit zu schenken."[529]

Von Trotha übernahm 1904 das Kommando über ein umfassendes Expeditionskorps, das den Widerstand der einheimischen Herero in Deutsch-Südwestafrika niederschlagen sollte. Er verstand die Kämpfe als „Rassenkrieg" und erließ eine später als Vernichtungs- oder Schießbefehl bezeichnete Proklamation an die Herero, in welcher die Absicht, die Volksgruppe auszulöschen, klar zum Ausdruck kam. Die Bundesregierung folgte im Jahr 2015 der Forschung und erkannte den Kolonialkrieg gegen die Herero, Nama, Damara und San offiziell als Völkermord an.[530] Während des Krieges legte von Trotha offenbar erneut botanische Sammlungen an, denn die Jahresberichte vermerken für diese Zeit den Eingang von 180 Herbarpflanzen und über 25 Museumsgegenständen.[531] Durch eine besonders gewaltsame Herrschaftspraxis fiel ebenfalls Hermann Kersting auf, der 1897 in den Kolonialdienst eintrat und in Togo als Leiter der Station Misahöhe sowie Bezirksleiter über Jahre einen engen Austausch mit der Botanischen Zentralstelle pflegte.[532] Bei der Beschäftigung mit Erwerbskontexten sollten solche weiter reichenden Zusammenhänge in Zukunft Beachtung finden, indem die Museen und Sammlungen die Biographien von Sammlern rekonstruieren und kritisch hinterfragen.

Neben namentlich genannten Beamten und Militärs traten in den Berichten der Botanischen Zentralstelle zunehmend die Gouvernements in den deutschen Kolonialgebieten als Zulieferer von Sammlungsgegenständen in Erscheinung. Dies mag Ausdruck einer gewachsenen Anerkennung der Tätigkeit der Botanischen Zentralstelle gewesen sein und ein Zeichen dafür, dass die in der Zwischenzeit organisierten administrativen und militärischen Aufgaben mehr Zeit für die wissenschaftliche Forschung ließen. In welchem Maße die in der „Ära Dernburg" ab 1907 verfolgte systematische wissenschaftliche Erschließung der Kolonien verantwortlich für die vermehrten Einsendungen von wissenschaftlichen

---

529 Notizblatt, Bd. 2, Nr. 9 (August 1897), S. 287. Vgl. dazu auch den Bericht der Botanischen Zentralstelle 1896/97 und die Angaben bei Urban, Geschichte (1916), S. 186.

530 Zimmerer, Völkermord (2016); Zimmerer/Zeller (Hgg.), Völkermord (2003).

531 Vgl. die Jahresberichte für 1904/05 u. 1905/06 sowie Urban, Geschichte (1916), S. 184. Zur Biographie von Trothas Kamissek, Stämme (2014).

532 Vgl. die Jahresberichte 1901/02, 1902/03, 1905/06, 1906/07, 1908/09, 1909/10, außerdem Sebald, Togo (1988), S. 218; Urban, Geschichte (1916), S. 180. Bei Urban und JSTOR Global Plants wird er als Otto Kersting geführt, die biographischen Daten stimmen ansonsten überein.

Sammlungsgegenständen durch die Behörden in den Kolonien ist, lässt sich nicht sagen, da die Jahresberichte und ähnliche Quellen darauf keinen Bezug nehmen.[533] Engler hatte nun jedenfalls keinen Anlass mehr, wie in den Anfangsjahren über das Desinteresse der Beamten in den Kolonien zu klagen. Über das Reichskolonialamt erreichten das Botanische Museum Zusendungen und auch die aus dem Botanischen Garten Victoria in Kamerun hervorgegangene Versuchsanstalt für Landeskultur gehörte zu den regelmäßigen Einsendern. Mehr als 300 Objekte erhielt das Botanische Museum aus der Reihe der auf der Kolonialausstellung in Berlin-Friedenau ausgestellten Exponate.[534] Ferner schickten kolonialwirtschaftliche Interessenverbände wie das Kolonialwirtschaftliche Komitee Baumwoll- und Kautschukproben nach Berlin, ebenso Gesellschaften wie die Neuguinea-Kompanie.[535] Das KWK unterstützte zudem Expeditionen, von denen die Botanische Zentralstelle durch Einsendungen aus den Kolonien und anderen Gebieten profitierte.[536]

Der Botanische Garten und das Botanische Museum sandten keine eigenen Expeditionen aus.[537] Die Institution war daher angewiesen auf die Aufsammlungen vom Deutschen Reich ausgerüsteter interdisziplinärer Expeditionen, die per Bundesratsbeschluss an Berlin fielen, oder auf die von der Kommission für die landeskundliche Erforschung der deutschen Schutzgebiete und großen Gesellschaften wie der Geografischen Gesellschaft und der Neuguinea-Kompanie

---

533 Zur „Ära Dernburg" vgl. Ruppenthal, Kolonialismus (2007), S. 53–61.

534 Vgl. den Bericht der Botanischen Zentralstelle für das Rechnungsjahr 1907/08.

535 Die Baumwollproben stammten aus Togo und wurden an das Botanische Museum zu der Zeit gesandt, als das KWK dort das Projekt einer „Baumwollvolkskultur" betrieb. Vgl. die Jahresberichte für 1901/02 u. 1902/03 sowie Zimmermann, Alabama (2012).

536 Bericht Botanische Zentralstelle 1899/1900, GStA PK I. HA Rep. 76, Va, Sekt. 2, Tit. X, Nr. 89 B, Bd. 2, Bl. 216–225, hier Bl. 221; Busse, Bericht (1906). Der Regierungsrat Dr. Walter Busse war mehrfach im Auftrag des KWK in den Kolonien Togo, Kamerun und Deutsch-Ostafrika unterwegs. Er sandte mehrere tausend Pflanzenbelege ein. Vgl. die Jahresberichte insbes. 1901/02 bis 1905/06 und Urban, Geschichte (1916), S. 180, 182, 186–187. Eine Übersicht über insgesamt 12 für das Botanische Museum ertragreiche vom KWK entsandte Expeditionen gibt Urban, Geschichte (1916), S. 171 f.; außerdem Timler/Zepernick, Botany (1987), S. 150 f.

537 Engler, Museum (1910), S. 402; Urban, Geschichte (1909), S. 26. Zum Reisen mit dem Zweck des Erkenntnisgewinns und des Sammelns von Materialien vgl. Klemun, Erkenntnisinstrument (2014); zum sich ändernden Charakter der Studienreisen im 20. Jahrhundert außerdem Cittadino, Nature (1990), S. 139; zu Expeditionen im deutschen Kolonialreich u.a. Pesek, Herrschaft (2005).

unterstützen Forschungsreisen.[538] Engler beschwerte sich 1904, dass seine Einrichtung noch nichts von Reichsexpeditionen wie der Valdivia- und der antarktischen Expedition erhalten habe.[539] Im Berichtsjahr 1907/08 trafen dann 1.423 Nummern Herbarpflanzen und 20 Museumsgegenstände aus Ostafrika ein, gesammelt von einem Mitarbeiter des Botanischen Museums, Johannes Mildbraed, der an einer zum Teil vom Reichskolonialamt finanzierten Expedition des Herzogs Adolf Friedrich zu Mecklenburg teilgenommen hatte.[540] Im darauffolgenden Jahr kamen dazu 5.000 Nummern, gesammelt vom Botaniker Carl Ledermann in Kamerun während einer auf Kosten des Reichskolonialamtes und des Preußischen Kultusministeriums unternommenen botanisch-zoologischen Expedition.[541] Zum Teil brachten auf Expeditionen demnach Beamte des Museums oder andere Botaniker die Sammlungen zusammen, aber auch Fachfremde beteiligten sich am botanischen Sammeln. Die Berliner Paläontologen Werner Jaensch, Edwin Hennig sowie Hans und Ina Reck gruben während der Expedition am Tendaguru-Berg im Süden der Kolonie Deutsch-Ostafrika nicht nur die gegenwärtig im Museum für Naturkunde präsentierten Dinosaurierknochen aus, sondern sammelten auch Pflanzen, die an das Berliner Botanische Museum gelangten.[542] Die Jahresberichte gaben nur selten genaue Zahlen zu den Aufsammlungen von Expeditionen an, wenn sie überhaupt genannt wurden. Urban schätzte indes die „planmäßig durchgeführten Forschungs- und Sammelreisen"

538 Eine Aufzählung der Geldgeber für Sammel- und Forschungsreisen, die dem Botanischen Garten und dem Botanischen Museum Pflanzenmaterial einbrachten, enthält Urban, Geschichte (1916), S. 170 f. Urban erwähnte hier, dass auch eigene Gelder aus dem Verkauf von Dubletten in solche Unternehmungen einflossen. Weder in der Literatur, noch in den Jahresberichten finden sich allerdings genauere Angaben dazu. Vgl. außerdem die Aufstellung von interdisziplinären Expeditionen in Zepernick/Timler, Beiträge (1990); Timler/Zepernick, Botany (1987), S. 150–151.

539 Botanischer Garten und Botanisches Museum, Engler an Museum für Naturkunde, Möbius, 19. Dezember 1904, GStA PK I. HA Rep. 76, Va, Sekt. 1, Tit. X, Nr. 24, Bd. 3, Bl. 240–241, hier Bl. 240.

540 Vgl. Engler, Bericht BGBM (1908), S. 10 und S. 13 sowie Urban, Geschichte (1916), S. 170 ff.

541 Vgl. Bericht Botanische Zentralstelle 1908/09, in: Denkschrift Schutzgebiete (1911), S. 378–382, hier S. 380 sowie Urban, Geschichte (1916), S. 182.

542 Vgl. Engler, Bericht BGBM (1912), S. 10 u. S. 15, Notizblatt, Bd. 10, Nr. 97 (Juli 1929), S. 638.

als „bei weitem ergebnisreicher als die Tätigkeit der Mehrzahl der ansässigen Sammler"[543] ein.

Das Zusammenbringen der pflanzlichen Materialien als Grundlage für die an Berliner Botanischem Museum und Botanischer Zentralstelle betriebene wissenschaftliche und angewandte Forschung erfolgte wie in diesem Überblick dargelegt somit auf verschiedenen Wegen. Unverzichtbar waren die zahlreichen Sammler in den Kolonien: Privatleute, Kolonialbeamte, Forschungsreisende, Mitarbeiter des Botanischen Gartens und Museums als Expeditionsteilnehmer oder auf Studienreisen, Missionare, Gouverneure, Militärangehörige, Lehrer, Apotheker, Ärzte, Gärtner, Plantagenbesitzer – und einige Frauen. Sie schickten Herbarpflanzen, Holzproben, Früchte und vieles mehr nach Berlin. Koloniale Infrastrukturen und Machtverhältnisse, rechtliche Regelungen wie der Bundesratsbeschluss zur Verteilung der kolonialen Sammlungen oder Verträge mit privaten Sammlern sowie etablierte Netzwerke des Dublettentauschs zwischen botanischen Institutionen weltweit ermöglichten und regulierten den Zufluss von Objekten, der erst durch den Beginn des Ersten Weltkrieges für einige Jahre unterbrochen wurde.[544]

Bearbeitung

Was geschah nun mit den Unmengen an Herbarpflanzen und anderen Materialien, die aus den deutschen Kolonien am Botanischen Museum eintrafen? Der Kustos der Botanischen Zentralstelle, Georg Volkens, äußerte sich folgendermaßen über die unerwarteten Herausforderungen, mit denen sich die botanischen Einrichtungen angesichts der Flut von Eingängen konfrontiert sahen:

> „Man ahnte indessen damals noch nicht, welche Fülle unbekannter Pflanzenformen unsere Kolonien noch bargen, man war erstaunt und fast erschreckt zugleich, möchte ich sagen, als nun Ende der 80er und besonders in den 90er Jahren des vergangenen Jahrhunderts mit der fortschreitenden Erschließung der Schutzgebiete die Eingänge

543 Urban, Geschichte (1916), S. 170. Für Urbans Einschätzung sprechen schon allein die Zahlen: Sammler wie Zenker oder Kolonialbeamte an Forschungsstationen sowie der Gouvernementsbotaniker Dinter sandten zwar oftmals mehrere hundert Nummern pro Jahr ein, die Aufsammlung aus einer Expedition hingegen, die in einem Jahr an der Botanischen Zentralstelle eintrafen, konnte mehrere tausend Nummern betragen, bspw. 5.000 Nummern bzw. 2.000 Nummern, eingesandt von Carl Ledermann in den Rechnungsjahren 1908/09 und 1912/13. Vgl. die Jahresberichte.

544 Vgl. Bericht BGBM 1914/15, in: Notizblatt, Bd. 6, Nr. 58 (Juli 1915), S. 237–259, hier S. 240.

> sich häuften, als in rascher Folge aus Ost-, West- und Südafrika, aus Neu-Guinea und den benachbarten Inseln Sammlungen mit Tausenden von Nummern einliefen, unter denen die neu zu beschreibenden Arten mindestens nach ebenso vielen Hunderten zählten. Man stand vor einer Aufgabe, die nur durch einmütiges Zusammengehen aller am Botanischen Museum und Garten tätigen wissenschaftlichen Kräfte zu bewältigen war, und sie genügten nicht, neue mussten herangezogen und auch fern von Berlin weilende Spezialisten gewonnen werden, um das herbeiströmende Material zu bearbeiten. [...] Noch ist kein Ende der Eingänge an getrockneten Pflanzen abzusehen."[545]

Die wissenschaftliche Bearbeitung der umfangreichen Sammlungen aus den Kolonien übernahmen demnach die Beamten des Botanischen Gartens und Museums, unterstützt von freiwillig mitarbeitenden in Berlin ansässigen Botanikern sowie weiteren, die zumeist an preußischen Universitäten tätig waren.[546] Die Arbeitsschritte des Bestimmens, Beschreibens, Benennens und Einordnens in die Sammlungen konnten viel Zeit in Anspruch nehmen: Engler veranschlagte für das Bestimmen einer Pflanze 15 Minuten bis einen halben Tag.[547] Rückblickend hieß es, die Zahl der neu beschriebenen Arten und Gattungen „übertraf alle vorher gehegten Erwartungen".[548] Dazu kamen ordnende Tätigkeiten wie Inventarisieren und Katalogisieren und weiterführende Untersuchungen insbesondere hinsichtlich der Nutzwertbestimmung, zum Teil in Kooperation mit anderen Einrichtungen, beispielsweise dem benachbarten Pharmazeutischen Institut.[549]

Volkens' Beschreibung des Arbeitsaufwandes ist dabei nicht als wichtigtuerische Übertreibung zu verstehen, sondern erscheint glaubwürdig, denn auch in den Jahresberichten der Botanischen Zentralstelle oder der Gesamtinstitution hieß es von Beginn der 1890er-Jahre an, die wissenschaftlichen Untersuchungen der aus den Kolonien stammenden Herbarpflanzen, Früchte und Hölzer „nimmt einen großen Teil der Arbeitszeit der Beamten des Gartens und Museums in

545 Volkens, Zentralstelle (1907), S. 9 f.

546 Botanischer Garten und Botanisches Museum, Engler an Museum für Naturkunde, Möbius, 19. Dezember 1904, GStA PK I. HA Rep. 76, Va, Sekt. 1, Tit. X, Nr. 24, Bd. 3, Bl. 240–241, hier Bl. 240. In den Tätigkeitsberichten wurden bei den Angaben zum Botanischen Museum die Bearbeiter der Sammlungen oftmals namentlich genannt.

547 Engler, Gutachten Verlegung, 23. November 1891, GStA PK I. HA Rep. 76, Va, Sekt. 2, Tit. XIX, Nr. 49, Bd. 1, Bl. 118–148, abgedr. in Notizblatt, Bd. 2, Nr. 10 (Sept. 1897), S. 295–314, hier S. 301.

548 Urban, Geschichte (1916), S. 174.

549 Zum Katalogisieren in naturkundlichen Sammlungen vgl. Frahnert, Katalogisieren (2016).

Anspruch"[550] oder – wie die Formulierung über Jahre dann lautete – die Mitarbeiter wären „wie bisher fast ausschließlich" damit beschäftigt.[551] Die Erforschung der Flora der Kolonialgebiete hatte absolute Priorität. So entschuldigte sich Engler beim Kultusministerium dafür, dass er kaum Zeit für andere Aufgabe fände „bei den vielen dringlichen Arbeiten, die die Blütenpflanzen aus unseren Kolonie erheischten."[552] Englers Mitteilungen gaben bis 1912/13 an, die Bestimmungsarbeiten am Botanischen Museum hätten sich hauptsächlich auf die Kolonien und ihre Nachbargebiete bezogen.[553] Seine ursprüngliche Planung hatte nur die Untersuchung des Nutzwertes eingesandter Pflanzen durch die Direktion zum Aufgabenbereich der Botanischen Zentralstelle gezählt.[554] Womöglich glaubte Engler zunächst, die Tätigkeitsfelder der Botanischen Zentralstelle, die sich der angewandten Botanik widmen sollte, ließen sich klar trennen von der „reinen" Forschung am Botanischen Museum. Wie zu Beginn dieses Kapitels ausgeführt, erwies es sich in der Praxis jedoch als unmöglich, eine solche Trennung vorzunehmen, und Engler strebte die Anerkennung der wissenschaftlichen Bearbeitung der Sammlungen als Grundlage für die Arbeit der Botanischen Zentralstelle an, um dadurch zusätzliche Gelder und Personal zu erhalten. Die 1898 erreichte Aufstockung der Zuschüsse von Seiten des Auswärtigen Amtes und des Preußischen Kultusministeriums für die Botanische Zentralstelle kam dann tatsächlich größtenteils den Sammlungen zu Gute und finanzierte die Anstellung eines Kustos.[555]

In den Jahresberichten der Botanischen Zentralstelle nahmen die Ausführungen zur wissenschaftlichen Bearbeitung der Sammlungen aus den Kolonien von Anfang an einen wichtigen Platz ein und die zahlreichen aufgelisteten Publikationen der Beamten des Museums zu den eingesandten Pflanzen führten eindrucksvoll die Wissensproduktion in den Bereichen Systematik, Pflanzengeographie und angewandte Botanik vor. Nicht allein die schiere Masse der

---

550 Bericht Botanische Zentralstelle 1891/92, GStA PK I. HA Rep. 76, Va, Sekt. 2, Tit. X, Nr. 89 B, Bd. 1, Bl. 212–230, hier Bl. 226.

551 Bericht Botanische Zentralstelle 1893/94, GStA PK I. HA Rep. 76, Va, Sekt. 2, Tit. X, Nr. 89 B, Bd. 1, Bl. 295–297, hier Bl. 297.

552 Botanischer Garten und Botanisches Museum, Engler an Kultusministerium, 19. Mai 1911, GStA PK I. HA Rep. 76, Va, Sekt. 2, Tit. X, Nr. 90, Bd. 2, Bl. 28–29, hier Bl. 28.

553 Vgl. Engler, Bericht BGBM (1913), S. 9 und die Vorjahre.

554 Entwurf Botanische Zentralstelle, Botanischer Garten und Botanisches Museum, Engler an Kultusministerium, Gossler, 7. Januar 1890, GStA PK I. HA Rep. 76, Va, Sekt. 2, Tit. X, Nr. 89 B, Bd. 1, Bl. 112–118, hier Bl. 112.

555 Volkens, Zentralstelle (1907), S. 4.

kolonialen Sammlungen, sondern mehr noch ihre sorgfältige, ergebnisreiche Erforschung sollte das Prestige des Botanischen Museums weltweit heben. So erklärte Ludwig Diels, seit 1914 Zweiter Direktor unter Engler, in Bezug auf das Herbarium in Kew, dessen „Überlegenheit [sei] wesentlich eine quantitative“[556] und dass „durch die wissenschaftliche Durcharbeitung unser Berliner Herbar qualitativ sich wohl mit jedem anderen messen kann.“[557] Die Konkurrenz zu den Royal Botanic Gardens Kew wirkte offenbar als ein Antrieb für die mit Hochdruck betriebene Forschung und blieb bis zuletzt Bestandteil einer offiziellen nationalistischen Rhetorik, wenngleich die Berliner Institution – wie für den Dublettentausch beschrieben – auf wissenschaftlicher und institutioneller Ebene von einer engen Kooperation mit Kew profitierte.

Das Kapitel geht bei der Untersuchung der wissenschaftlichen Bearbeitung der in den Kolonien zusammengebrachten Sammlungen folgenden Fragen nach: Wie war das Beschreiben, Bestimmen, Einordnen, Präparieren und Katalogisieren der Pflanzen organisiert? Zu welchen Pflanzen wurden Nutzwertanalysen durchgeführt und welche Netzwerke und Wege des Wissenstransfers kamen hierbei zum Tragen? Welche Ziele verfolgte die Forschung insgesamt und welche Publikationen erschienen zur Pflanzenwelt der Kolonien? Wie war die Forschungstätigkeit am Botanischen Museum und der Botanischen Zentralstelle im kolonialen Projekt verankert?

Keinesfalls begannen die Schwierigkeiten, bei der wissenschaftlichen Bearbeitung mit der großen Zahl der Einsendungen Schritt zu halten, erst mit den Sammlungen aus den deutschen Kolonialgebieten, wie es die eingangs zitierte Schilderung von Volkens nahelegen würde. Schon vor der Gründung der botanischen Zentralstelle hatte sich am Botanischen Museum in Berlin durch die Sammeltätigkeit von deutschen Forschungsreisenden beträchtliches Material insbesondere aus dem tropischen Afrika angehäuft. Dieses hatte jedoch keine „planmäßige Bearbeitung“[558] erfahren, da unter Adolf Englers Vorgänger August Eichler die Flora Brasiliens im Fokus gestanden hatte, keine jüngeren Beamten für die systematische Botanik ausgebildet worden waren und pflanzengeographische Fragen nicht zu Eichlers Interessen gehört hatten. Nur ein Kustos, Karl Schumann, hatte wohl über die Voraussetzungen verfügte, die tropischen Pflanzen zu bearbeiten,

556 Ebd.
557 Diels, Museum (1914), S. 287.
558 Urban, Geschichte (1916), S. 164. Zu Eichlers Haltung außerdem Urban, Geschichte (1909), S. 19.

hatte dafür aber kaum Zeit gehabt. Daher waren Teile der zusammengetragenen Sammlungen als Dubletten ins Ausland gegangen und unter anderem bei dem in Kew ansässigen Projekt der Erarbeitung der Flora des tropischen Afrikas verwertet worden.[559] Engler schätzte kurz nach der Übernahme des Direktorpostens des Botanischen Gartens und Museums im Oktober 1889 die Situation kritisch ein, gerade im Hinblick auf die neuen Anforderungen, die auf die Institution mit der Gründung der Botanischen Zentralstelle zukamen:

> „Die wissenschaftliche Bearbeitung der in überseeischen Gebieten gesammelten Pflanzen wurde bisher nur soweit gefördert, als die Kräfte der einzelnen Beamten es gestatteten; ob eine wissenschaftliche Arbeit ein oder ein paar Jahre später fertig wurde, war nicht von großem Belang. Sobald aber an ein Institut die Forderung herantritt, das dasselbe als Auskunftsstation diene, ist eine schleunige Erledigung der Geschäfte nötig; es ist einerseits notwendig, dass die Beamten zahlreicher werden als bisher, andererseits dass sie sich in Ihren Kenntnissen und Fähigkeiten möglichst ergänzen."[560]

Damit die Botanische Zentralstelle wie vorgesehen Auskünfte über den Nutzwert von Pflanzen aus den Kolonien erteilen konnte, musste nach Ansicht von Engler das eintreffende Material zügiger untersucht werden. Diese Aufgabe sollten die Beamten des Botanischen Museums übernehmen und auch zusätzliche Kräfte eingestellt werden, die sich auf Grund entsprechender Vorkenntnisse für die Durcharbeitung der kolonialen Sammlungen eigneten. Während zuvor nur drei Herbarkustoden die Direktion unterstützten, gelang es Engler und Urban die Zahl der wissenschaftlichen Mitarbeiter im Laufe der Zeit auf 19 zu erhöhen.[561] Urban berichtete rückblickend, dass nicht nur die Zahl der Kustoden- und Assistentenstellen vergrößert werden konnte, sondern diese auch mit „jüngeren arbeitsfreudigeren Beamten"[562] besetzt wurden – und „so waren alle

---

559 Vgl. Urban, Geschichte (1916), S. 160. Gemeint ist die von 1868–1937 herausgegebene *Flora of Tropical Africa*.

560 Entwurf Botanische Zentralstelle, Botanischer Garten und Botanisches Museum, Engler an Kultusministerium, von Gossler, 7. Januar 1890, GStA PK I. HA Rep. 76, Va, Sekt. 2, Tit. X, Nr. 89 B, Bd. 1, Bl. 112–118, hier Bl. 116.

561 Vgl. Hiepko, Sammlungen (1990), S. 301 u. S. 304. So stieg die Zahl der Kustoden bis 1897 auf fünf, bis 1901 auf sieben, außerdem waren mehrere Hilfskustoden, Assistenten und Hilfsarbeiter am Botanischen Garten und Museum beschäftigt. Vgl. I. HA Rep. 76, Va, Sekt. 2, Tit. X, Nr. 89 A, Bd. 1–4. Namen wissenschaftlicher Mitarbeiter und Kurzbiographien finden sich bei Timler/Zepernick, Grundlagen (1979). Zu Englers anhaltenden Forderungen nach mehr Personal vgl. außerdem Schreiben aus dem Jahr 1907: BArch R 1001/8601 Bl. 94 u. Bl. 154.

562 Urban, Geschichte (1916), S. 197.

Bedingungen zu einem planmäßigen, rastlosen Aufarbeiten der eingelaufenen Sammlungen gegeben"[563], lautete das optimistische Urteil des Hauschronisten. Englers Briefe sowie Schilderungen seiner Mitarbeiter zeigen ihn als Organisator, der die wissenschaftliche Bearbeitung des vorhandenen und neu eintreffenden Materials nicht nur unverzüglich und planvoll anging, sondern selbst mit zupackte. So schrieb Engler an das Preußische Kultusministerium:

> „Nach Übernahm des Direktorats [...] habe ich es für meine Pflicht gehalten, dafür Sorge zu tragen, daß die reichen, seit Jahrzehnten im botanischen Museum angehäuften, zum Teil noch unbearbeiteten Pflanzensammlungen aus Afrika, sowie die seit Eintritt der kolonialen Bewegung von Reichsbeamten und im vorübergehenden Dienste des Reiches stehenden Botanikern eingesandten Herbarien wissenschaftlich bearbeitet werden. Eigene Erwägungen und Besprechungen mit den tüchtigeren der mir unterstellten Beamten haben mich dazu veranlaßt, mit der Bearbeitung in der Weise [...] vorzugehen, daß ich zunächst das gesamte Material nach Familien ordnen ließ, und nunmehr in der Lage bin, die einzelnen Familien den mit denselben vertrauten Botanikern zur Bearbeitung zu übergeben. Nur so ist es möglich, die sehr langwierigen Arbeiten etwas zu vereinfachen und auch nicht in Berlin wohnende Botaniker zur Bearbeitung heranzuziehen. Letzteres ist um so notwendiger, als die zu bewältigende Arbeit mehrere Botaniker ein Jahrzehnt ausschließlich beschäftigen könnte und die Beamten des botanischen Museums durch die laufenden Geschäfte so in Anspruch genommen werden, daß ihnen für derartige wissenschaftliche Arbeiten nur wenig Zeit bleibt."[564]

Die wissenschaftliche Bearbeitung der kolonialen Sammlungen erfuhr damit eine Professionalisierung und Spezialisierung, indem ein Botaniker als Experte jeweils eine bestimmte Pflanzenfamilie bearbeitete. Das gesamte Material wurde sowohl systematisch wie auch pflanzengeographisch durchgearbeitet und die Ergebnisse in einer Vielzahl von Abhandlungen veröffentlicht.[565] Wie in seiner Antrittsrede vor der Preußischen Akademie der Wissenschaften 1890 als Ziele

---

563 Ebd. Vgl. dazu auch die wiederholten Anträge Englers auf Aufstockung des wissenschaftlichen Personals und mehr jüngere Botaniker in GStA PK I. HA Rep. 76, Va, Sekt. 2, Tit. X, Nr. 90, Bd. 1, insbes. Bl. 263 und GStA PK I. HA Rep. 76, Va, Sekt. 2, Tit. X, Nr. 90, Bd. 16, Bl. 38–41. Dazu auch Diels, Gedächtnis (1931), S. 19, der betonte, dass Engler zudem Botaniker auswählte, die neue Forschungsperspektiven wie etwa die Pflanzenanatomie vertraten.

564 Botanischer Garten und Botanisches Museum, Engler an Kultusministerium, von Gossler, 7. Januar 1890, GStA PK I. HA Rep. 76, Va, Sekt. 2, Tit. X, Nr. 89 B, Bd. 1, Bl. 144–147, hier Bl. 144. Zu den Namen der Bearbeiter der einzelnen Sammlungen vgl. die Angaben zum Botanischen Museum in den Tätigkeitsberichten der Institution.

565 Diels, Gedächtnis (1931), S. 21.

für seine Institution dargelegt, nutzte Engler die aus den deutschen Kolonialgebieten eintreffenden Sammlungen seinen persönlichen Arbeitsschwerpunkten folgend als Grundlage für den Ausbau der Forschung zur Systematik und Pflanzengeographie am Berliner Botanischen Museum. Er wollte seine Einrichtung als internationales Zentrum dieser wissenschaftlichen Perspektiven sowie der auf die Kolonien bezogenen Botanik etablieren und konnte seine diesbezüglichen Planungen erfolgreich umsetzen, begünstigt durch die privilegierte Position des Botanischen Museums bei der Verteilung des Pflanzenmaterials aus den deutschen Kolonien und die darauf beruhende führende internationale Stellung bei der Erforschung der Flora des tropischen Afrika.[566]

Engler beteiligte sich persönlich an der Bestimmungsarbeit und das „übte auf seine Mitarbeiter anspornende Wirkung aus", wie Ludwig Diels, sein Schüler und Assistent am Botanischen Garten und Museum sowie sein Nachfolger als Direktor der Institution, rückblickend festhielt.[567] Die systematische und pflanzengeographische Durcharbeitung der kolonialen Sammlungen scheint zunächst Priorität gehabt zu haben. Nutzwertuntersuchungen und Auskünfte zu eingeschicktem Material, im Gründungsvertrag der Botanischen Zentralstelle als deren originäre Aufgabe genannt, erwähnten die Jahresberichte anfangs nur sporadisch. Für das Rechnungsjahr 1892/93 war einzig eine Auskunft zur Kultur von Klee und Luzerne in Togo angegeben sowie ein Gutachten über Sansevieria-Fasern, eingesandt vom Bezirksamtmann in Tanga.[568] Es ist natürlich denkbar, dass zu Beginn nur wenige Anfragen und Proben für die Nutzwertbestimmung eintrafen.

Der gesamte Prozess der Bearbeitung und Untersuchung des aus den Kolonien eintreffenden Materials gestaltete sich äußerst komplex und arbeitsaufwendig. Die wissenschafts- und wissensgeschichtlich ausgerichtete Objektbiografie zu Beginn des Kapitels IV verfolgt den Weg einer Pflanze aus Afrika in die Sammlungen des Botanischen Museums Berlin. Die Herbarpflanze wird als

566 Engler, Antrittsrede (1890), S. 775–778. Vgl. dazu auch Kap. III.1. Zu Englers wissenschaftlichen Zielen auch Botanischer Garten und Botanisches Museum, Engler an Kultusministerium, 10. Dezember 1913, GStA PK I. HA Rep. 76, Va, Sekt. 2, Tit. X, Nr. 90, Bd. 16, Bl. 84–86. Zur Einschätzung der Forschungen am Botanischen Museum unter Engler vgl. Stafleu, Engler (1981).

567 Diels, Gedächtnis (1931), S. 21, vgl. außerdem Botanischer Garten und Botanisches Museum, Engler an Kultusministerium, 23. Juli 1909, GStA PK I. HA Rep. 76, Va, Sekt. 2, Tit. X, Nr. 90, Bd. 15, Bl. 263–267.

568 Vgl. bspw. Bericht Botanische Zentralstelle 1892/93, GStA PK I. HA Rep. 76, Va, Sekt. 2, Tit. X, Nr. 89 B, Bd. 1, Bl. 259–263, hier Bl. 262.

epistemisches Objekt beschrieben und die Bedeutung der botanischen Sammlungen für die wissenschaftliche Praxis erläutert. Knapp soll davon noch einmal in Erinnerung gerufen werden, dass das Zusammenbringen von Pflanzen aus verschiedenen Gebieten dazu dient, ihre Merkmale vergleichend zu erkennen. Ideale Voraussetzungen für die Artbestimmung boten botanische Gärten und Museen, die Pflanzen in allen wesentlichen vier Repräsentationsformen an einem Ort verfügbar machen konnten, nämlich als Lebendexemplar, Abbildung, Herbarbeleg und Beschreibung. Da nicht alle botanischen Einrichtungen über derart vollständige Sammlungen verfügten und das auf Vergleich basierende wissenschaftliche Begründungsverfahren der gegenseitigen Beglaubigung bedurfte, zirkulierten zudem insbesondere Herbarpflanzen, Abbildungen und Beschreibungen zwischen den botanischen Instituten weltweit.[569] Hier geht es nun weniger um die wissenschaftliche Arbeitspraxis als solche, sondern der genaue Ablauf der wissenschaftlichen Bearbeitung steht im Fokus und damit die Institutionalisierung der systematischen, pflanzengeographischen und biologischen Forschung sowie der angewandten Botanik in Bezug auf die Aufsammlungen aus den deutschen Kolonien.

Nach ihrer Ankunft in Berlin wurden die Pflanzen zunächst inventarisiert und durchgezählt. Die sogenannten Kolonialpflanzen trugen die Gärtner, die an der Botanischen Zentralstelle ausgebildet wurden, in Listen ein und füllten Inventarscheine aus.[570] Es erfolgte somit gleich eine Trennung zwischen dem Material aus den deutschen Kolonien und Eingängen aus anderen Gebieten. Dies ermöglichte es – wie von Engler beabsichtigt – die Bearbeitung der kolonialen Sammlungen vorzuziehen. In den Mittelpunkt der wissenschaftlichen Untersuchungen am Botanischen Museum und auch von Englers persönlicher wissenschaftlicher Tätigkeit rückte die Beschäftigung mit der Flora von Afrika. Zwei Gründe können dafür geltend gemacht werden: Zum einen das Interesse aus Kreisen der Politik, Wirtschaft und Kolonialbewegung an der wirtschaftlichen Nutzung der Pflanzenwelt der flächenmäßig größten deutschen Kolonien in Afrika. Diese von außen an die Institution herangetragene Aufgabe fiel offiziell in den Aufgabenbereich der Botanische Zentralstelle in Form der Nutzwertbestimmung. Zum anderen schätzte Engler die bisher nur bruchstückhafte Erforschung der Flora Afrikas als eine „gewaltige Lücke des Wissens“[571] ein. Hier bot sich ein aussichtsreiches Feld für seine persönliche wissenschaftliche Profilierung

569 Vgl. Klemun, Gärten (2000), S. 332–335.
570 Vgl. Urban, Geschichte (1916), S. 5.
571 Vgl. Diels, Gedächtnis (1931), S. 21.

und die des Botanischen Museums im Bereich der Systematik und Pflanzengeographie. Obwohl die Konzentration auf die afrikanische Pflanzenwelt selbst von Mitarbeitern als einseitig eingeschätzt wurde, gab der Erfolg Engler recht, denn Berlin rückte in diesem Bereich an eine führende Stelle neben Kew, zumal dort die Arbeiten an der Flora des tropischen Afrika nur schleppend vorankamen.[572]

Am Botanischen Museum hingegen wurde die Aufgabenverteilung so organisiert, dass die wissenschaftliche Bearbeitung zügig voranschreiten konnte, wie die Berichte und retrospektiven Schilderungen nicht müde werden zu betonen. Stets ist von einem planmäßigen, schnellen, ununterbrochenen Arbeiten die Rede.[573] Die ansehnlichen Listen der jährlich auf Grundlage des kolonialen Materials erarbeiteten Publikationen sprechen für den Arbeitseifer am Haus. Aus dem Generalherbar abgetrennte Spezialherbarien mit Pflanzen aus den deutschen Kolonialgebieten ließen eine raschere Bestimmung zu und boten den Forschern, aber auch sich daran schulenden Kolonialbeamten und Sammlern einen schnelleren Überblick.[574] Zuerst erfolgte die Vereinigung der Pflanzen aus dem tropischen Afrika zu einem afrikanischen Herbar, das familienweise von Adolf Engler und mehreren Kustoden bearbeitet wurde, darunter Carl Dammer, Robert Gürke, Ferdinand Pax, Karl Schumann und schließlich Paul Hennings, der auch am Aufbau der Botanischen Zentralstelle beteiligt war. Es gab zudem als Bestimmungs- oder Typenherbar bezeichnete Zusammenstellungen für Neu-Guinea und Kiautschou. Zuletzt wurden Spezialherbarien begonnen mit den für wirtschaftliche Zwecke wichtigen Pflanzen aus den Kolonien.[575] Farbige rechteckige Aufkleber auf den Herbarmappen, die sich auf geographische beziehungsweise pflanzengeographische Gebiete bezogen, erleichterten ebenfalls die Arbeitsabläufe.[576] Deutlich wird hier die besondere Rolle der Kolonialgebiete als Forschungsschwerpunkt und das Bemühen, die kolonialen Sammlungen durch separate Ordnungskriterien möglichst effizient zu nutzen: zum einen für

---

572 Vgl. Mildbraed, Engler (1931), S. 101. Zu Kews Pubikationen vgl. McCracken, Gardens (1997), S. 81 ff. Sir William Hooker hatte als Direktor von Kew schon ab Mitte des 19. Jahrhunderts begonnen, umfassende und praktisch orientierte Florenwerke zu den britischen Kolonien herauszugeben sowie Neuzugänge aus den Kolonialgebieten in botanischen Periodika zu beschreiben. Vgl. Desmond, History (2007), S. 202 ff.

573 Vgl. u.a. Urban, Geschichte (1916), S. 197; Diels, Gedächtnis (1931), S. 21.

574 Vgl. Engler, Bericht (1910), S. 123.

575 Vgl. Lindau, Herbarium (1909), S. 123; Urban, Geschichte (1916), S. 165; Bericht BGBM 1914/15, in: Notizblatt, Bd. , Nr. 58 (Jul. 1915), S. 237–259, hier S. 242.

576 Vgl. Lindau, Herbarium (1909), S. 125.

systematische und pflanzengeographische Untersuchungen, zum anderen für Fragen der angewandten Botanik. Zentren der botanischen Forschung in den deutschen Kolonien wie Victoria, Amani und Daressalam erhielten Herbarien bestehend aus Dubletten, in Berlin erstellt unter Hinzuziehung eines umfangreichen Vergleichsmaterials und Fachliteratur.[577] Dies spricht für die Unterstützung der Selbständigkeit der Forschungseinrichtungen in den Kolonien, nicht zuletzt um die Arbeitsbelastung der Berliner Institution zu mindern.

Doch nicht nur die Herbarpflanzen, Holzproben und andere pflanzliche Objekte, sondern ebenso die von den Einsendern beigefügten Informationen erfuhren eine schnelle Durcharbeitung. Die in den Sammelanleitungen immer wieder angeforderte Vollständigkeit und Verlässlichkeit der Aufschreibungen kam nun zum Tragen, wenn die Anweisungen denn befolgt worden waren.[578] Die Notizen der Sammler wurden gesichtet und sortiert, damit sie bei zusammenfassenden Arbeiten schnell und übersichtlich zur Verfügung standen.[579] Dabei kam es zu einer Selektion und Gewichtung der Angaben: Wissen über einheimische Pflanzennamen und die lokale Verwendung von Nutzpflanzen fand zwar den Weg in verschiedene Publikationen, Hinweise auf einheimische Mitarbeiter und Kontexte der Aufsammlungen hingegen nicht. Auf Grund der Zerstörung des Archivs des Botanischen Museums im Zweiten Weltkrieg fehlen heute Korrespondenzen und andere Unterlagen der Sammelnden, die für eine Rekonstruktion dieser Zusammenhänge nötig wären.

Die Benennung einer Pflanze schließlich hatte schon Carl von Linné, der die binäre Nomenklatur mit lateinischen, latinisierten oder griechischen Namensbestandteilen durchgesetzt hatte, als mehr als nur die Zuweisung eines zweiteiligen Namens und die Einordung in das System verstanden. Vielmehr war sie Ausdruck des auf Vergleich basierenden Begründungsverfahrens, das möglichst viele Herbarpflanzen und andere Repräsentationsformen wie Beschreibungen oder Abbildungen nutzte.[580] Marianne Klemun fasst die wissenschaftliche Arbeitspraxis an botanischen Gärten und Museen wie folgt zusammen:

> „Die Pflanze wird transferiert in den Garten, transformiert in die Illustration, transportiert in den getrockneten Zustand als Herbarbogen und transponiert in den knappen international akzeptierten Linnéischen Code der Beschreibung. Das sind vier

577 Bericht Botanische Zentralstelle 1901/02, GStA PK I. HA Rep. 76, Va, Sekt. 2, Tit. X, Nr. 89 B, Bd. 2, Bl. 264–274, hier Bl. 272; Engler, Bericht BGBM (1910), S. 9.

578 Vgl. Klemun, Erkenntnisinstrument (2014), S. 34 f.

579 Vgl. Diels, Gedächtnis (1931), S. 21.

580 Vgl. Klemun, Gärten (2000), S. 335. Vgl. auch Schiebinger, Plants (2004), S. 197–200.

Repräsentationsformen, die nur in ihrer Gleichzeitigkeit und gegenseitigen Bezugnahme als Legitimation eines auf Vergleich ausgelegten wissenschaftlichen Konzeptes Sinn machen."[581]

Bei der Benennung galten und gelten strenge Regeln: Der erste Bestandteil der binären Nomenklatur bezeichnet die Gattung, der zweite die Art. Der Gattungsname ist immer ein Substantiv oder die latinisierte Form des Namens eines Botanikers, Naturforschers oder einer anderen Persönlichkeit. Das Art-Epitheton ist häufig ein Adjektiv oder verweist ebenfalls auf eine Person. Der Name des Autors der Erstbeschreibung wird zusätzlich als Kürzel angegeben.

Londa Schiebinger untersucht die Praxis der Benennung von Pflanzen während der Zeit der Kolonialexpansion und die Durchsetzung von Linnés Klassifizierung unter dem Schlagwort des „linguistic imperialism"[582]. Sie charakterisiert diesen als „a politic of naming that accompanied and promoted European global expansion and colonisation"[583] und beschreibt die vorher unübliche Art der Namensvergabe, Pflanzen nach berühmten Europäern zu benennen, als Unterstützung der Konsolidierung westlicher Hegemonie und Ausdruck eines Geschichtsverständnisses, das die Taten großer europäischer Männer feierte. Linné vertrat die Auffassung, dass nur anerkannte Botaniker Benennungen vornehmen sollten. Bis in den Untersuchungszeitraum zu Beginn des 20. Jahrhunderts hatten in der Benennungspraxis der europäischen Botanik Frauen oder die einheimische Bevölkerung keinen Anteil an der Vergabe von Pflanzennamen und wurden auch nur selten in ihnen repräsentiert. Nach Adolf Engler hingegen wurden mehrere Pflanzengattungen benannt, die vorgestellten Sammler Alois Staudt und Georg Zenker sind ebenfalls in Artnamen verewigt, wie auch zahlreiche Wissenschaftler des Botanischen Museums als Autoren der Erstbeschreibung. Schon Linné sah das Sich-Einschreiben in den Pflanzennamen und damit Unsterblichkeit sowie ewigen Ruhm in der Wissenschaft als Motivation für den Forscher.[584] Museen belohnten Sammler für ihre Einsendungen durch die Berücksichtigung bei der Benennung und auch Leiter von Forschungsstationen, Expeditionsteilnehmer sowie leitende Repräsentanten des Preußischen Kultusministeriums wie Friedrich Althoff und Gustav von Gossler hinterließen ihre Spuren in der botanischen Nomenklatur.[585] Die Prioritätsregel, die der

---

581 Klemun, Gärten (2000), S. 335. Vgl. dazu außerdem Müller-Wille, Botanik (1999).

582 Schiebinger, Plants (2004), S. 195–204.

583 Ebd., S. 195.

584 Vgl. ebd., S. 198-203.

585 Vgl Norddeutsche Allgemeine Zeitung, 24. November 1889:, in: GStA PK I. HA Rep. 76, Va, Sekt. 1, Tit. X, Nr. 24, Bd. 1, Bl. 85.

zuerst veröffentlichten Bezeichnung den Vorrang vor anderen, später für dasselbe Taxon vergebenen Namen einräumt, trieb zu schneller Arbeit an, auch im Hinblick auf die persönliche, institutionelle und nationale Konkurrenz mit Botanikern weltweit und insbesondere in Kew.

Die Benennungspraxis spiegelt somit koloniale Machtverhältnisse wieder. Hierarchien zwischen Wissenschaftlern einerseits und der einheimischen Bevölkerung, Frauen sowie Laien andererseits schlugen sich darin nieder, dass nur einige wenige Experten mit akademischer Ausbildung als Akteure der Wissensproduktion und des Transfers von Wissen galten.[586] Machtdifferenzen beeinflussten die Wissensproduktion: Indigene Bezeichnungen wurden überprägt und dem Personal der Kolonialmacht gehuldigt. Einheimische Wissensbestände erfuhren eine Abwertung und fanden nur selektiv Aufnahme in die westliche Wissensordnung. Schiebinger zufolge verstärkte sich diese Entwicklung ab dem Beginn des 19. Jahrhunderts. Sie macht dafür einen zunehmenden Rassismus und das Bedürfnis nach Abgrenzung verantwortlich.[587] Andrew Goss erklärt die Exklusion lokalen Wissens mit der starken Wirkung europäischer Modelle für die modernen wissenschaftlichen Disziplinen und ihre Institutionen, die sich so zudem ihrer Überlegenheit und Autorität versicherten.[588] Gerade in Bezug auf die kolonialen Sammlungen gaben die Berichte der Botanischen Zentralstelle stolz an, dass diese Objekte umso wertvoller seien, da sie „wissenschaftlich richtig bestimmt und nicht nur wie vielfach in den anderen Museen nur mit den einheimischen Namen versehen sind."[589] Wissenschaftliche Genauigkeit und Autorität sah die Berliner Institution demzufolge als ihr Aushängeschild.

Eine Vielzahl von Publikationen legte Zeugnis ab von der regen Forschungstätigkeit am Botanischen Museum wie auch an der Botanischen Zentralstelle und der Vermittlung der Ergebnisse an verschiedene Zielgruppen.[590] Dies war der letzte Schritt der wissenschaftlichen Bearbeitung, nachdem die Einsendungen aus den Kolonien von Unterbeamten geordnet und präpariert, von Assistenten und Kustoden etikettiert, bestimmt und zusammen mit früheren Zugängen

586 Vgl. Habermas/Przyrembel (Hgg.), Einleitung (2013), S. 15.
587 Vgl. Schiebinger, Plants (2004), S. 78.
588 Vgl. Goss, Floracrats (2011), S. 4–5.
589 Bericht Botanische Zentralstelle 1894/95, GStA PK I. HA Rep. 76, Va, Sekt. 2, Tit. X, Nr. 89 B, Bd. 2, Bl. 4–7, hier Bl. 7.
590 Eine breite Auswahl von Publikationen versammeln Timler/Zepernick, Botany (1987), S. 161–167. Vgl. zusätzlich die nach anderen Kriterien geordnete Auflistung bei Urban, Geschichte (1916), S. 174–178.

ausgewertet worden waren.[591] Die Beschreibungen neuer Arten erschienen zunächst als *Beiträge zur Flora von Afrika* in der von Engler herausgegebenen internationalen Fachzeitschrift *Botanische Jahrbücher für Systematik, Pflanzengeschichte und Pflanzengeographie.*[592] Engler hatte bereits im ersten Berichtsjahr der Botanischen Zentralstelle angegeben, dass er die hauptsächlich von Mitarbeitern des Botanischen Museums verfassten und in zwangloser Reihenfolge publizierten Abhandlungen als ersten wichtigen Ansatz verstand, um zeitnah neue Arten und Formen zu beschreiben sowie wichtige Standorte schon bekannter Pflanzen anzugeben. Ein zusätzliches Honorar sollte die Bearbeiter zu schnellen Ergebnissen anspornen. Da die *Botanischen Jahrbücher* durchschnittlich zwei Mal im Jahr erschienen, bot sich hiermit die Gelegenheit, zügig Erstbeschreibungen zu veröffentlichen. Die Beiträge sah Engler überdies als Basis für ein später zu erarbeitendes umfassendes Florenwerk zur Pflanzenwelt Afrikas. Für diese beiden großen Projekte warb Engler um staatliche Zuschüsse. Gerade die Darstellung der gesamten Flora Afrikas sollte Englers Planungen zufolge in einer „verständlichen Form“[593] verfasst werden und sich nicht nur an Botaniker, sondern auch an Kolonialbeamte, Gärtner, Plantagenbesitzer und Siedler in den Kolonien richten. Er verknüpfte in seiner Argumentation die wissenschaftliche Forschung mit der angewandten Botanik, indem er die Beschreibung neuer Arten als notwendige Vorarbeit für Darstellungen mit Praxisbezug schilderte. Es ist denkbar, dass sich dahinter die pragmatische Einschätzung verbarg, auf diesem Weg eine finanzielle Unterstützung durch das Auswärtige Amt erhalten zu können, wie Engler dem Kultusministerium vorschlug.[594] Und in der Tat gewährte das Auswärtige Amt einen Zuschuss von 1.250 Mark jährlich aus dem Afrikafonds für

591 Vgl. Bericht Botanische Zentralstelle 1896/97, in: Jahresbericht Schutzgebiete (1898), S. 147–150, hier S. 149 u. Bericht Botanische Zentralstelle 1901/02, GStA PK I. HA Rep. 76, Va, Sekt. 2, Tit. X, Nr. 89 B, Bd. 2, Bl. 264–274, hier Bl. 272 sowie Bericht Botanische Zentralstelle 1903/04, GStA PK I. HA Rep. 76, Va, Sekt. 2, Tit. X, Nr. 89 B, Bd. 2, Bl. 327–331, hier Bl. 329–330.

592 Vgl. Diels, Gedächtnis (1931), S. 21 u. Stafleu, Engler (1981).

593 Bericht Botanische Zentralstelle 1891/92, GStA PK I. HA Rep. 76, Va, Sekt. 2, Tit. X, Nr. 89 B, Bd. 1, Bl. 212–230, hier Bl. 228. Dazu auch Botanischer Garten und Botanisches Museum, Engler an Kultusministerium, von Gossler, 21. Januar 1891, GStA PK I. HA Rep. 76, Va, Sekt. 2, Tit. X, Nr. 89 B, Bd. 1, Bl. 144–147.

594 Botanischer Garten und Botanisches Museum, Engler an Kultusministerium, von Gossler, 21. Januar 1891, GStA PK I. HA Rep. 76, Va, Sekt. 2, Tit. X, Nr. 89 B, Bd. 1, Bl. 144–147, hier Bl. 147.

die *Beiträge zur Flora von Afrika.*[595] Hierin zeigt sich erneut, wie politische und wirtschaftliche Interesse an der Erforschung der Pflanzenwelt in Afrika sich mit wissenschaftlichen Zielen verbinden konnten. Zwischen 1892 und 1913 erschienen 42 Beiträge zur Flora Afrikas mit insgesamt über 6.900 Seiten.[596]

Neben den Beschreibungen neuer Arten in den *Botanischen Jahrbüchern,* die „ein rein wissenschaftliches Interesse"[597] hatten, enthielt das 1895 begründete hauseigene *Notizblatt* solche Forschungsergebnisse, die „auch praktische Fragen berühren und der wirtschaftlichen Erschließung unserer Kolonien dienen."[598] Vorgestellt wurden hier vorwiegend Nutzpflanzen der deutschen Kolonien, es gab Berichte der Botanischen Zentralstelle und der botanischen Versuchsstationen in den Kolonien mit Angaben zu Versand und Kultur tropischer Nutzgewächse, ferner Gutachten zum Nutzwert eingesandter Pflanzen. Zu den Autoren zählten wie in den *Botanischen Jahrbüchern* Adolf Engler und die Kustoden Carl Dammer, Robert Gürke, Karl Schumann, Paul Hennings und Ernst Gilg sowie der Assistent Gustav Lindau. Gastbeiträge im *Notizblatt* stammten von an der Botanischen Zentralstelle ausgebildeten Gärtnern oder Botanikern an den Versuchsgärten und -stationen in den Kolonien, einzelne Berichte außerdem von Georg Volkens.

Engler trennte nicht nur bei den Aufgaben der Botanischen Zentralstelle zwischen solchen „auf rein wissenschaftlichem Gebiet" und anderen aus der „die Praxis angehende[n] Richtung"[599], sondern nahm diese Zweiteilung ebenso bei Publikationen wie den *Botanischen Jahrbüchern* einerseits und dem *Notizblatt* andererseits vor. Während die *Botanischen Jahrbücher* auf ein Fachpublikum und den wissenschaftlichen Austausch abzielten, sollte das *Notizblatt* die Kommunikation zwischen Botanischer Zentralstelle und den Kolonien verbessern und das Interesse breiter Kreise für die auf die Kolonien bezogenen Aktivitäten am Botanischen Garten und Museum mit der Botanischen Zentralstelle gewinnen. Wenn es darum ging, neue Finanzierungsmöglichkeiten für wissenschaftliche

---

595 Vgl. Urban, Geschichte (1916), S. 165. Urban schrieb, der Zuschuss wurde vorläufig für ein Jahr bewilligt. Die Denkschriften betreffend die Verwendung des Afrikafonds geben allerdings bis zum Jahr 1902 jährlich die Summe von 1.250 Mark für die Publikation botanischer Forschungsergebnisse an.

596 Vgl. Hiepko, Sammlungen (1990), S. 302.

597 Bericht Botanische Zentralstelle 1896/97, in: Jahresbericht Schutzgebiete (1898), S. 147–150, hier S. 149.

598 Ebd. Zum Notizblatt vgl. auch Kap. IV.3.

599 Nachwort zum Bericht Botanische Zentralstelle 1901/02, GStA PK I. HA Rep. 76, Va, Sekt. 2, Tit. X, Nr. 89 B, Bd. 2, Bl. 283–284, hier Bl. 283.

Publikationen zu erschließen, stellte Engler die Grenzen zwischen „reiner" und angewandter Forschung hingegen als fließend dar. Der Verweis auf den praktischen Nutzen wissenschaftlicher Veröffentlichungen ebenso wie der Bezug auf die ausländische Konkurrenz schien immer wieder eine wirkungsvolle Strategie zu sein, um staatliche Zuschüsse einzuwerben. Nachdem die Mittel für die von der Preußischen Akademie der Wissenschaften unterstützen Monographien zu afrikanischen Pflanzenfamilien und Gattungen ausgeschöpft waren, sprach Engler von sowohl wissenschaftlich wie auch zur genauen Kenntnis der afrikanischen Nutzpflanzen wichtigen Monographien, um ihre Finanzierung durch das Auswärtige Amt zu erwirken.[600] Die mit Abbildungen ausgestatteten Publikationen sollten gerade im Hinblick auf vergleichbare Veröffentlichungen zu den britischen Kolonien und dem Kongo fortgesetzt werden. Das Preußische Kultusministerium betonte bei der Weitergabe von Englers Gesuch, aus dem Afrikafonds neben den 1.250 Mark jährlich zu den *Botanischen Jahrbüchern* zusätzlich 1.750 Mark pro Jahr für die Monographien zu erhalten, dass diese Beschreibungen afrikanischer Pflanzen „vom Standpunkt der Kolonialverwaltung von besonderem Interesse"[601] seien. Zwischen 1898 und 1904 erschienen insgesamt acht Bände, die Engler zusammen mit vorgenannten Mitarbeitern und Ludwig Diels bearbeitete.

Von den weiteren Werken zur Pflanzenwelt der deutschen Kolonien sind zu nennen Englers Abhandlung *Über die Hochgebirgsflora des tropischen Afrika* aus dem Jahr 1892 und *Die Pflanzenwelt Ost-Afrikas und der Nachbargebiete*, erschienen 1895. Wie beide Titel verdeutlichen, machte die Forschung nicht an politischen Grenzen Halt und betrachtete nicht nur die Flora der einzelnen deutschen Kolonien, sondern bezog die benachbarten Gebiete mit ein, wie auch häufig in den Jahresberichten der Botanischen Zentralstelle bei den Bestimmungsarbeiten angegeben. Zum Zeitpunkt der Veröffentlichung waren weder Engler noch seine Mitarbeiter in Afrika gewesen, erst 1902 und 1905 hielt Engler sich dort

---

600 Bericht Botanische Zentralstelle 1899/00, in: Denkschrift Schutzgebiete (1901), S. 1028–1031, hier S. 1030.

601 Kultusministerium an Auswärtiges Amt, 27. Januar 1900, GStA PK I. HA Rep. 76, Va, Sekt. 2, Tit. X, Nr. 89 B, Bd. 2, Bl. 210. Die Denkschrift betreffend die Verwendung des Afrikafonds gibt für das Jahr 1903 einen Zuschuss von 4.750 Mark zur Publikation botanischer Forschungsergebnisse an, 1905 sogar 10.000 Mark, 1908 dann 8.642 Mark. Genauere Angaben zum Titel der bezuschussten Publikationen fehlen allerdings. Vgl. Denkschrift Afrikafonds (1904), S. 455; Denkschrift Afrikafonds (1906), S. 3037.

für wenige Tage auf.[602] Lack schildert die Arbeitspraxis von Engler und seinen Mitarbeitern folgendermaßen:

> „Die außerordentlich mannigfaltige Pflanzenwelt der ostafrikanischen Kolonie kannten sie nur als kümmerliche, in Gewächshäusern kultivierte Exemplare, häufig fragmentarische Herbarbelege, durch flaue Schwarzweißfotografien, wenig präzise Feldskizzen sowie durch Beschreibungen in Briefen, Berichten und gedruckten Werken.“[603]

Deutlich wird noch einmal die Bedeutung der kolonialen Sammlungen und der Informationen von Sammelnden und Reisenden für die systematische und pflanzengeographische Forschung zu den deutschen Kolonialgebieten in Berlin. Die Sammlungen dienten nicht nur als koloniale Archive, sondern auch als Archive der Natur. Die Flora der einzelnen Kolonialgebiete wurde mittels der vorhandenen Objekte und Schilderungen beschrieben.[604] Neben den Werken zur Flora Afrikas erschienen zwei Arbeiten von Karl Schumann über die Pflanzenwelt der pazifischen Kolonien, Hennings, Engler und Volkens erstellten außerdem Florenverzeichnisse und Beschreibungen von neuen Arten der Marshallinseln und der Karolinen, Gilg und Loesener zu den Einsendungen aus Kiautschou.[605] Bereits im Jahr 1903 stellte Engler zufrieden fest, dass sich nun jeder über die Vegetationsverhältnisse in Ostafrika und den Kolonien im Pazifik informieren könne und durch die Bearbeitung des Materials aus Togo, Kamerun und Südwestafrika die Grundlage für Florenwerke dieser Gebiete gelegt sei.[606]

Schließlich startete Engler das ehrgeizige Projekt einer Gesamtdarstellung der Vegetation Afrikas unter dem Titel *Die Pflanzenwelt Afrikas insbesondere seiner tropischen Gebiete*. Das Reichskolonialamt förderte die Arbeit an den 1908–1925 erscheinenden Bänden.[607] Wieder stützte sich Engler vorwiegend auf eigene Arbeiten an Herbarbelegen und eingehende Literaturstudien. Neben fachlicher Anerkennung erhielt das Werk nach der Veröffentlichung auch Kritik, eben weil die eigene Anschauung des Autors fehlte. Die Engler-Forschung folgt der Bewertung von dessen Mitarbeiter Ludwig Diels, dass *Die Pflanzenwelt Afrikas* nicht

---

602 Vgl. Lack, Handbücher (2002), S. 113.

603 Ebd.; dazu auch Diels, Gedächtnis (1931), S. 24–26; Lack, Engler (2000), S. 38 f.

604 Zu Museumssammlungen als Archiven der Natur vgl. Collet, Sammlungen (2012), S. 46.

605 Vgl. Urban, Geschichte (1916), S. 176–178; Volkens, Zentralstelle (1907), S. 10.

606 Botanischer Garten und Botanisches Museum, Engler an Kultusministerium, von Studt, 3. Februar 1903, GStA PK I. HA Rep. 76, Va, Sekt. 2, Tit. X, Nr. 89 B, Bd. 2, Bl. 279–284, hier Bl. 283.

607 Vgl. Karsten, Besprechung (1922), S. 209.

allein aus wissenschaftlicher Perspektive zu beurteilen sei, da sie sich an weite Kreise richtete und Gärtner, Plantagenbesitzer und Forstbeamte in den Kolonien zum Studieren und Informationssammeln anregen sollte sowie die koloniale Landwirtschaft zu fördern versuchte. Retrospektiv bedauerte Diels in seinem Nachruf auf Adolf Engler, dass der praxisorientierte Zweck durch die Abtretung der deutschen Kolonien nach dem Ersten Weltkrieg nicht mehr zum Tragen kommen konnte, und bezeichnete Englers Pflanzenwelt Afrikas als „Denkmal deutscher Kolonialkultur“[608]. Nicht nur für dieses Großprojekt, sondern ebenfalls für 12 weitere *Beiträge zur Flora von Afrika* mit insgesamt 1.700 Seiten wurde unter Engler die Bearbeitung der Aufsammlungen aus den deutschen Kolonien bis Ende der 1920er-Jahre fortgesetzt.[609] Die Zahl der Einsendungen bis zum Beginn des Ersten Weltkriegs war demnach so hoch, dass ihre wissenschaftliche Auswertung noch die folgenden knapp 15 Jahre in Anspruch nahm. Zahlreiche Objekte gelangten außerdem in die Museumsabteilung.[610]

Den Äußerungen von Engler und seinen Mitarbeitern nach zu urteilen, verstanden sie ihre systematischen und pflanzengeographischen Forschungen nicht nur als Produktion eines „rein“ wissenschaftlichen Wissens, sondern wollten mit der Verbreitung der Kenntnisse über die Flora der Kolonialgebiete auch zu praxisbezogenen Problemlösungen der kolonialen Landwirtschaft und damit der wirtschaftlichen Ausnutzung der deutschen Kolonien beitragen. Inwieweit es sich hierbei vor allem um rhetorische Schachzüge handelte, um zusätzliche Gelder für die Forschung zu akquirieren, oder ob primär eine politische Überzeugung vorlag, die Kolonialexpansion mit Erkenntnissen aus der Wissenschaft unterstützen zu wollen, lässt sich nicht mit Sicherheit sagen. Auszugehen ist von einer Vermischung beider Motive. Die von Lars Kreye formulierte Aufteilung, dass anwendungsbezogenes Wissen über tropische Nutzpflanzen in den Kolonien selbst generiert werden sollte, während in Berlin das systematische Wissen über die tropische Flora entstand, ist eine schwerpunktmäßige Vereinfachung, die auf ein angestrebtes Ideal hinweist.[611] Die vorgeblich klare Unterscheidung entsprach jedoch weder der Realität der damaligen Arbeitspraxis, noch dem Selbstverständnis der Botaniker in Berlin. Engler beklagte häufig, dass zu viel Zeit auf praxisbezogene Fragestellungen verwendet werden musste und die

608 Diels, Gedächtnis (1931), S. 25–26.
609 Vgl. Hiepko, Sammlungen (1990), S. 302.
610 Vgl. Urban, Geschichte (1916), S. 178. Zur Kolonialabteilung des Museums vgl. Kap. IV.3.
611 Vgl. Kreye, Garten (2009), S. 133.

wissenschaftliche Forschung, die er als Priorität seiner Einrichtung ansah, zu kurz kam.[612]

Es mag ein Zufall sein, dass für Kew die praxisbezogene Forschung an erster Stelle der Aufgaben genannt wurde, doch es ist insofern bezeichnend, als in Beschreibungen der Direktion des Berliner Botanischen Gartens und Museums stets die pflanzengeographischen und systematischen Forschungen Priorität hatten. Darin kann ein unterschiedliches Selbstverständnis der Institutionen gesehen werden.[613] Die Feststellung, dass Grundlagenforschung und angewandte Wissenschaft nicht voneinander zu trennen waren,[614] ist zutreffend, dennoch beschäftigte die Grenzziehung die Wissenschaftler in auffälligem Maße und spricht für eine intensive Auseinandersetzung mit ihrer Rolle innerhalb des kolonialen Projektes.[615] Bestätigen lässt sich Eugene Cittadinos Befund, das Adolf Engler in erster Linie stets Pflanzensystematiker blieb und die Angliederung der Botanischen Zentralstelle an sein Haus in erster Linie nutzte, um diese Forschungsrichtung auszubauen. Aufgaben, die in den Bereich der angewandten Botanik fielen, überließ er Georg Volkens als Leiter der Botanischen Zentralstelle.[616] Deren praxisorientierte Aufgaben banden neben Volkens viele weitere Wissenschaftler des Botanischen Museums, unter anderem für die nun genauer betrachtete Ermittlung des Nutzwertes eingesandter Pflanzen.

Obwohl die Bestimmung des wirtschaftlichen Wertes aus den Kolonien stammender Pflanzen sowohl in Englers Entwurf für die Tätigkeitsfelder der Botanischen Zentralstelle wie auch im Gründungsvertrag als ihre zweite originäre Aufgabe neben dem Pflanzentransfer genannt wurde, finden sich in den frühen Tätigkeitsberichten nur wenige Anhaltspunkte zu der in diesem Bereich geleisteten Arbeit.[617] Der Versand von Nutzpflanzen in die Kolonien, die wissenschaftliche Bearbeitung der kolonialen Sammlungen und die ausführlichen Auflistungen der darauf basierenden Publikationen nahm eine deutliche Vorrangstellung ein. Zudem fassten die Berichte die Angaben zu Nutzwertuntersuchungen häufig unter dem Punkt „Auskünfte, Gutachten, Untersuchungen"

612 Vgl. auch Kapitel III.3 zur Neuanlage.

613 Vgl. Thiselton Dyer, Enterprise (1879), S. 273.

614 Vgl. Chambers/Gillespie, Locality (2000), S. 239; Brockway, Science (2002), S. 84.

615 Vgl. Tilley, Africa (2009), S. 6.

616 Vgl. Cittadino, Nature (1990), S. 137–139.

617 Vgl. Entwurf Botanische Zentralstelle, Botanischer Garten und Botanisches Museum, Engler an Kultusministerium, von Gossler, 7. Januar 1890, GStA PK I. HA Rep. 76, Va, Sekt. 2, Tit. X, Nr. 89 B, Bd. 1, Bl. 112–118, hier Bl. 112 u. Bl. 116.

zusammen, sodass sich nicht eindeutig erkennen lässt, zu welchen Pflanzen allgemeinere Gutachten erstellt wurden und von welchen der Botanischen Zentralstelle Proben vorlagen.

Insgesamt belegen die Jahresberichte ab 1896/97 die deutliche Zunahme der Tätigkeit im Bereich der Wissensverbreitung durch die Erstellung von Gutachten und die Erteilung von Auskünften, wie das Kapitel IV.3 ausführlich darlegt. Gleichzeitig erwähnten die Berichte ab diesem Zeitpunkt fortlaufend die Untersuchung eingesandter Materialien. Zwar hieß es schon zuvor, „technisch wichtige" pflanzliche Objekte würden als erstes untersucht.[618] Es fehlten jedoch weitere konkrete Informationen dazu. Während in den ersten Jahren nur eine einzige Auswertung einer Probe aufgeführt wurde, mehrten sich die Mitteilungen speziell zu Nutzwertuntersuchungen ab 1896/97.[619] Genannt wurden unter anderen Untersuchungen von Rinden, Hölzern, Harz- und Gummiproben, Arzneipflanzen, Gewürzen und Fasern, beispielsweise von Baumwollproben aus Kamerun, Kapokbäumen aus Togo, Rotanproben aus Udjidji/Ujiji und Pandanusblättern aus Samoa, ferner von ostafrikanischen Pflanzenseiden, Sorghum-Varietäten aus Kamerun sowie Milchsaftproben aus Togo.[620] Da nicht alle notwendigen Analysen am Botanischen Museum selbst vorgenommen werden konnten, kooperierte die Botanische Zentralstelle mit verschiedenen Einrichtungen:

> „Von diesen Eingängen wurden die Milchsäfte, Kautschukproben und eine Anzahl Drogen der kolonial-chemischen Abteilung des Pharmazeutischen Instituts, die Gerbstoffmaterialien der Deutschen Gerberschule in Freiburg i. S., die Hölzer der Firma E. Müller in Duisburg, die Fasern der Firma Steidtmann & Nagel in Hamburg, das Holz von Aeschynomene elaphroxylon dem Verein der Korkindustriellen zur näheren Untersuchung auf ihren technischen Wert hin übergeben und teilweise bereits soweit geprüft, dass den Einsendern ein ausführliches Gutachten darüber unterbreitet werden konnte."[621]

---

618 Bericht Botanische Zentralstelle 1894/95, GStA PK I. HA Rep. 76, Va, Sekt. 2, Tit. X, Nr. 89 B, Bd. 2, Bl. 4–7, hier Bl. 7.

619 Vgl. Bericht Botanische Zentralstelle 1892/93, GStA PK I. HA Rep. 76, Va, Sekt. 2, Tit. X, Nr. 89 B, Bd. 1, Bl. 259–263, hier Bl. 263.

620 Vgl. den Bericht für das Rechnungsjahr 1913/14, außerdem die Berichte aus den Jahren 1897/98, 1902/03 und 1904/05 bis 1912/13.

621 Bericht Botanische Zentralstelle 1906/07, in: Jahresbericht Schutzgebiete (1908), S. 31–43, hier S. 41. Die Gerberschule lag in Freiberg in Sachsen. Vgl. außerdem Volkens, Zentralstelle (1907), S. 11.

Als „besonders nützlich"[622] bezeichneten die Berichte die Zusammenarbeit mit der Kolonialchemischen Abteilung des benachbarten Pharmazeutischen Instituts, die Handelswert und chemische Zusammensetzung von Pflanzen aus den Kolonien prüfte. Das Pharmazeutische Institut war Ende Oktober 1902 eröffnet worden. Die Leitung übernahm ab 1906 Hermann Thoms, der zahlreiche Gutachten für die Botanische Zentralstelle erstellte, unter anderem zu Wurzelrinden, Samen, Arzneipflanzen, Milchsäften, Ölen und Harzen. Eine besondere Bedeutung kam einer großen Rundfrage der Botanischen Zentralstelle und des Pharmazeutischen Instituts zu, die alle Gouvernements und Bezirksämter in den deutschen Kolonien aufforderte, Proben von Milchsäften aus Bäumen und Sträuchern einzusenden, um solche zu finden, die auf Kautschuk und Guttapercha ausgebeutet werden konnten. Für dieses umfassende Projekt beantragte Thoms 5.000 Mark zusätzliche Mittel.[623]

In den Jahresberichten der Botanischen Zentralstelle nahmen die Angaben zu Nutzwertuntersuchungen, Gutachten und Auskünften ab dem Rechnungsjahr 1906/07 einen nochmal deutlich größeren Raum ein. Ab 1907/08 zählten die Berichte außerdem fortlaufend das Versenden von Bestimmungslisten mit den Namen aus den Kolonien eingesandter Pflanzen an Sammler und Institutionen wie Amani mit zu den Aufgaben der Botanischen Zentralstelle. Der Tätigkeitsbereich der Nutzwertanalysen erfuhr zusammen mit den allgemeineren Auskünften bis zum Beginn des Ersten Weltkriegs eine merkbare Erweiterung und einen zunehmenden Bedeutungsanstieg. Der Beginn dieser Entwicklung ist auch für diesen Tätigkeitsbereich schon zu beobachten, bevor unter Bernhard Dernburg als Staatssekretär im neuen Reichskolonialamt ab 1907 eine explizit wissenschaftliche Kolonialpolitik verfolgt wurde, die eine „Nutzbarmachung" des Bodens und der Flora der Kolonien anstrebte.[624]

Zusammenfassend ist festzustellen: Die umfangreichen Sammlungen von Pflanzen aus den deutschen Kolonien und benachbarten Gebieten boten Adolf Engler und den Kustoden am Botanischen Museum die Grundlage für systematische und pflanzengeographische Forschungen insbesondere zur Flora Afrikas,

---

622 Bericht Botanische Zentralstelle 1908/09, in: Denkschrift Schutzgebiete (1911), S. 378–382, hier S. 381.

623 Vgl. Frömming, Institut (2002), insbes. S. 17–18; Bericht Botanische Zentralstelle 1908/09, in: Denkschrift Schutzgebiete (1911), S. 378–382, hier S. 381. Zur Organisation und den Resultaten der Rundfrage Notizblatt, Bd. 5, Nr. 42 (März 1908).

624 Vgl. Ruppenthal, Kolonialismus (2007), S. 53–61; Conrad, Kolonialgeschichte (2008), S. 36–37; Speitkamp, Kolonialgeschichte (2005), S. 140–141.

durch die das Botanische Museum auf einen internationalen Spitzenplatz neben Kew aufrückte.[625] Obwohl die wissenschaftliche Bearbeitung der eingesandten Pflanzen anfangs nicht offiziell zur Kernaufgabe der Botanischen Zentralstelle gehörte und von den Mitarbeitern des Botanischen Gartens und Museums übernommen wurde, führte Engler die Arbeiten und Ergebnisse dieses Aufgabenbereichs von Beginn an in den Jahresberichten auf. Die zum Tätigkeitsbereich der Botanischen Zentralstelle zählenden Nutzwertuntersuchungen eingesandter Pflanzen erschienen hingegen erst fünf Jahre nach ihrer Gründung in den Berichten, nahmen dann aber an Anzahl deutlich zu.

Für die wissenschaftliche Bearbeitung des in Berlin eingehenden Pflanzenmaterials war der Austausch von Vergleichsexemplaren in transimperialen Netzwerken unverzichtbar. Obwohl hinsichtlich des Wettstreits um die Entdeckung neuer Arten und der Erstbenennung beispielsweise die Konkurrenz zu Kew offen zu Tage trat, schickte Kew wie auch andere schon bei den Pflanzentransfers hervorgetretenen Institutionen bedeutende Mengen von Herbarbelegen als Vergleichsmaterial nach Berlin im Gegenzug für Zusendungen von Pflanzen aus den deutschen Kolonialgebieten. Das Prinzip der Reziprozität erwies sich einmal mehr als entscheidend für solche Kooperationen. Zusätzlich unterstützten koloniale Infrastrukturen die Arbeit der botanischen Einrichtungen, dazu zählten sammelnde Kolonialbeamte, Militärangehörige, Missionare, Expeditionsteilnehmer und deren Ehefrauen, ferner auch die Absprachen mit Reedereien, die den Transport von wissenschaftlichen Objekten zu vergünstigten Konditionen übernahmen.

Die Unterscheidung zwischen „reiner" Wissenschaft und angewandter Forschung, die in der Diskussion über die Finanzierung der Beschaffung von kolonialen Sammlungen von den Berliner Museen immer wieder betont wurde, verschwamm in der Arbeitspraxis und in der Rhetorik von Engler und einigen seiner Mitarbeiter. Gerade wenn es darum ging, zusätzliche Gelder vom Auswärtigen Amt zu erhalten als Zuschuss für Publikationen oder die Arbeit an den Sammlungen, verwies Engler auf den praxisbezogenen Aspekt der wissenschaftlichen Arbeiten. „Reine" Wissenschaft, anwendungsorientierte Forschung, Kolonialexpansion und wirtschaftliche Ausbeutung der Kolonien waren untrennbar miteinander verbunden. Das auf Basis der Aufsammlungen in den Kolonien am Botanischen Museum produzierte Wissen sollte dem Selbstverständnis der Direktion zufolge der Kolonialverwaltung dienen. Durch die Allianz von wissenschaftlichen und staatlichen Interessen sowie der Angliederung der Botanischen

625 Vgl. Stafleu, Engler (1981), S. 22.

Zentralstelle profitierte das Botanische Museum von einem enormen Anwachsen der Sammlungen ebenso wie von der Aufstockung des wissenschaftlichen Personals. Zusätzliche staatliche Finanzierungen erlaubten einen schnelle Auswertung des Pflanzenmaterials aus den Kolonien sowie die zeitnahe Veröffentlichung der Forschungsergebnisse und mehrten das wissenschaftliche Ansehen der Institution.

Das Botanische Museum fungierte als Materialsammlung und koloniales Archiv mit dem Auftrag, die Flora der Kolonien zu erfassen, zu beherrschen und nutzbar zu machen. Die Aneignung von Pflanzenmaterial und die wissenschaftliche Durchdringung bildeten somit die Grundlage für die territoriale sowie wirtschaftliche Inbesitznahme und Kontrolle. In die Wissensproduktion am Botanischen Museum flossen lokale Wissensbestände aus den Kolonien ein, insbesondere hinsichtlich einheimischer Pflanzennamen und Verwendungen. Das leitende Motiv bei der stark selektiven Ausnutzung der lokalen Kenntnisse stellte deren Nutzen für die Kolonialmacht dar. Bei der Integration in die westliche Nomenklatur und Wissensordnung gingen allerdings viele Informationen zur Herkunft dieses Wissens verloren ebenso wie Hinweise auf einheimische Informanten und Mitarbeiter. Insbesondere die Benennungspraxis war Ausdruck kolonialer Machtverhältnisse: Indigene Bezeichnungen wurden überprägt, stattdessen ist das Personal der Kolonialmacht in den Pflanzennamen verewigt. Die universelle Gültigkeit beanspruchende Benennungspraxis und damit zusammenhängend die Durchsetzung einer in Europa geprägten Vorstellung von der Ordnung der Natur ist als eine fortwirkende epistemische Kolonisierung zu verstehen. In aktuellen Debatten über Ansätze, die Naturkundemuseen zu dekolonisieren, wird dies kontrovers diskutiert und gefordert, dass Botanik, Zoologie, Ethnologie und andere Disziplinen ihre inhärenten kolonialen Verflechtungen offenlegen. Dazu gehört, neben dominanten westlichen Kategorien des Wissens rassistische Wahrnehmungsmuster der Zeitgenossen und deren Fortschreibung in der Wissenschaftsgeschichtsschreibung zu thematisieren, denn diese bedingten, dass lokale Männer und Frauen lange Zeit keine Beachtung als Akteure der Wissensproduktion erfuhren und indigene Wissenssysteme als irrational oder magisch abgewertet wurden.

IV.3 Ausbildung und Popularisierung

Eine merkliche Ausdifferenzierung und einen Bedeutungszuwachs erfuhr mit den Jahren das dritte Aufgabengebiet der Botanischen Zentralstelle, welches ihr Kustos Georg Volkens mit „belehrend [zu] wirken“[626] umriss. Adolf Engler hatte in seinen ersten Planungen hauptsächlich daran gedacht, die Sammlungen und spezielle Ausstellungsbereiche des Botanischen Gartens und Museums als Anlaufstelle zu gestalten für alle Informationssuchenden, die in die Kolonien zu reisen beabsichtigten, sowie für ein größeres Publikum. Sowohl am Schöneberger Standort als auch in Dahlem richtete Engler Bereiche zur Flora der deutschen Kolonien im Garten und Museum ein, die viel genutzt wurden, insbesondere im Rahmen der Ausbildung von Gärtnern für den Kolonialdienst und der Instruktion von Forschungsreisenden. Während Engler der Popularisierung von botanischem Wissen große Aufmerksamkeit schenkte, dominierte allerdings zunehmend die Beratung von Behörden, der Privatwirtschaft und öffentlichen Einrichtungen wie Forschungsinstituten und Museen die Tätigkeit der Botanischen Zentralstelle.[627] Insgesamt fällt der heterogene Adressatenkreis der Wissensvermittlung auf, dessen Bedürfnissen entsprechend die Botanische Zentralstelle unterschiedliche Informationen weitergab und verschiedene Medien dafür nutzte. Kolonialbehörden und Pflanzungsunternehmen verlangten häufig umfassende Handreichungen zu den Anbaubedingungen tropischer Nutzpflanzen oder Gutachten über den Handelswert pflanzlicher Produkte. Dahingegen konzentrierte sich der Unterricht der für ein Dienstverhältnis in den Kolonien vorgesehenen Gärtner auf die Weitergabe eines vielfältigen Fach- und Praxiswissens und für das breite Publikum intendiert war besonders das Erlebnis inszenierter Landschaften und lebender tropischer Nutzpflanzen in den Gewächshäusern und im Garten.

Gezeigt wird im Folgenden, wie die Vermittlung von Wissen zur Flora der Kolonien am Botanischen Garten und Museum institutionalisiert wurde, welche Anforderungen von außen und welche eigenen Interessen die Inhalte des weitergegebenen Wissens bestimmten sowie welche Funktionen die Wissenspräsentation und -vermittlung erfüllen sollte. Dabei geraten die Netzwerke in den Blick, derer sich die Botanische Zentralstelle für die Akkumulation und den Austausch von Wissen bediente, und die sie gezielt erweiterte durch von ihr ausgebildete und in den deutschen Kolonien tätige Gärtner. Erkennbar ist überdies der systematische Wissenstransfer hinsichtlich der Landwirtschaft in Übersee durch die Orientierung an erfolgreichen Institutionen anderer Kolonialmächte. Angelehnt an die Begriffsdefinition bei Carsten Kretschmann ist hier für die Gärtnerausbildung und Auskunftstätigkeit von Wissensvermittlung und nicht

626 Volkens, Zentralstelle (1907), S. 11.

627 Ebd., S. 11–13.

von Wissenschaftsvermittlung die Rede, denn es handelte sich nicht nur um den Transfer fachspezifischer Kenntnisse, sondern ebenso von praktischen gärtnerischen und für das Sammeln von Pflanzenmaterial in den Kolonien nötigen Fertigkeiten. Wissenspopularisierung fand statt durch die Bereitstellung von vereinfachten, allgemeinverständlichen auf das Massenpublikum bezogenen Wissensinhalten im Botanischen Garten und Museum oder durch Ausstellungen außerhalb der Institution. Dabei verbanden sich ebenfalls verschiedene Wissensformen wie wissenschaftliches, technisches, landwirtschaftliches und ökonomisches Wissen sowie Alltagswissen.[628]

Gärtnerausbildung

Die Ausbildung von Gärtnern für den Kolonial- oder Tropendienst, wie es in den zeitgenössischen Berichten hieß, lässt sich ab dem Rechnungsjahr 1892/93 nachweisen. Der dazugehörige Tätigkeitsbericht erwähnt erstmals die Aussendung eines Gärtners, nur mit dem Nachnamen Scholz angegeben, der sich zuvor im Vermehrungshaus um die Pflanzen gekümmert hatte, die für die Kolonien vorgesehen waren, und dann als Gärtner an den Kameruner Botanischen Garten in Victoria ging.[629] Neben dieser Einrichtung, deren Anfänge im Jahr 1889 lagen, entstanden in den deutschen Kolonien nach und nach weitere Versuchsgärten und -stationen für botanische und andere Forschungen, an denen von der Botanischen Zentralstelle unterwiesene Gärtner Beschäftigung fanden. Die Ausbildungszeit von Scholz betrug etwa ein halbes Jahr, währenddessen er ein Gehalt von der Botanischen Zentralstelle bezog.[630] Über seinen weiteren Verbleib geben die Jahresberichte und Ausgabenaufstellungen der Botanischen Zentralstelle ebenfalls Auskunft: Nach etwa eineinhalb Jahren in Victoria kehrte Scholz aus gesundheitlichen Gründen an den Berliner Botanischen Garten zurück, arbeitete wie zuvor im Vermehrungshaus und bildete Anwärter für den Kolonialdienst aus, bevor er schließlich für eine private Plantage in der Kolonie Deutsch-Ostafrika engagiert wurde. Von dort sandte er als Pflanzungsleiter

628 Vgl. Kretschmann, Einleitung, in: ders. (Hg.), Wissenspopularisierung (2006) S. 13 f.

629 Bericht Botanische Zentralstelle 1892/93, GStA PK I. HA Rep. 76, Va, Sekt. 2, Tit. X, Nr. 89 B, Bd. 1, Bl. 259–263, hier Bl. 263. Zum Botanischen Garten Victoria vgl. auch Kap. IV.1.

630 Zusammenstellung Ausgaben Botanische Zentralstelle 1892/93, GStA PK I. HA Rep. 76, Va, Sekt. 2, Tit. X, Nr. 89 B, Bd. 1, Bl. 257. Für Scholz werden Lohnzahlungen von Juli bis Dezember 1892 angegeben.

Früchte für die Sammlungen des Botanischen Museums ein, dann verliert sich seine Spur.[631]

Das Vorbild für die Gärtnerausbildung lieferten die Royal Botanic Gardens Kew. Diese vermittelten junge Männer, die mindestens ein Jahr an praktischen und theoretischen Unterweisungen in Kew teilgenommen hatten, an die botanischen Gärten und Versuchsstationen im *British Empire*. Die überseeischen Einrichtungen erhielten dadurch verlässliches Fachpersonal und Kew konnte, auf die Loyalität seiner Ehemaligen bauend, diese in das weltweite Netzwerk einbinden, in dem sich Informationen, Pflanzenmaterial und Personal bewegten.[632]

Auf der Grundlage der Jahresberichte kann die Gärtnerausbildung seit der Gründung der Botanischen Zentralstelle bis zum Ende des Kernuntersuchungszeitraums im Jahr 1914 nahezu lückenlos nachvollzogen werden.[633] Dabei soll neben einer quantitativen Erfassung der ausgebildeten und ausgesandten Gärtner hauptsächlich eine qualitative Analyse der Ausbildung erfolgen mit Blick auf die Inhalte des vermittelten Wissens. Des Weiteren wird aufgezeigt, wie die Ausbildung für Gärtnerstellen in den Tropen an der Botanischen Zentralstelle etabliert wurde unter schrittweiser Erweiterung des Unterwiesenenkreises. Es erfolgt eine Beschreibung der Aufgaben der Gärtner und ihrer vielfältigen Funktionen, wobei mögliche Anreize für die jungen Männer ebenso betrachtet werden wie insbesondere gesundheitliche Risiken einer Anstellung in den Tropen, die schon die obige biographische Skizze andeutete.

Vom Berliner Botanischen Garten aus gingen bis 1914 mehr als 50 durch die Botanische Zentralstelle ausgebildete Gärtner in die deutschen Kolonien. Die Mehrzahl davon trat in den Dienst der Kolonialbehörden und arbeitete in den Gouvernementsgärten oder an Versuchstationen. Wenige wurden wie Scholz anschließend von privaten Plantagengesellschaften angestellt und noch seltener

631 Bericht Botanische Zentralstelle 1894/95, GStA PK I. HA Rep. 76, Va, Sekt. 2, Tit. X, Nr. 89 B, Bd. 2, Bl. 4–7, hier Bl. 5–6; Zusammenstellung Ausgaben Botanische Zentralstelle 1894/95, GStA PK I. HA Rep. 76, Va, Sekt. 2, Tit. X, Nr. 89 B, Bd. 2, Bl. 15; Zusammenstellung Ausgaben Botanische Zentralstelle 1896/97, GStA PK I. HA Rep. 76, Va, Sekt. 2, Tit. X, Nr. 89 B, Bd. 2, Bl. 118–119; Bericht Botanische Zentralstelle 1897/98, GStA PK I. HA Rep. 76, Va, Sekt. 2, Tit. X, Nr. 89 B, Bd. 2, Bl. 195–203, hier Bl. 202; Bericht Botanische Zentralstelle 1900/01, GStA PK I. HA Rep. 76, Va, Sekt. 2, Tit. X, Nr. 89 B, Bd. 2, Bl. 249–250, hier Bl. 250.

632 Vgl. McCracken, Gardens (1997), S. 78–80; Desmond, History (2007), S. 206.

633 Bislang wurde davon ausgegangen, dass die Gärtnerausbildung erst am Standort Dahlem einsetzte, vgl. Lack (Hg.), Erben (2010), S. 28.

begannen die Gärtner ihre Tätigkeit bei Privatunternehmen direkt nach Ausbildungsende. Die zuvor am Berliner Botanischen Garten und Museum absolvierte Ausbildung dauerte im Schnitt ein Jahr lang. Voraussetzung für die Aufnahme war, dass die Bewerber eine körperliche Tauglichkeitsprüfung durch einen Amtsarzt bestanden hatten und ihr Alter zwischen 24 und 30 Jahren lag.[634] Die Inhalte der Ausbildung bestimmte offensichtlich allein die Botanische Zentralstelle, die Löhne übernahm das Auswärtige Amt.[635] Der Vertrag über die Einrichtung der Botanischen Zentralstelle hatte ursprünglich nur vorgesehen, dass das Auswärtige Amt die Kosten für einen Gärtner und einen Gartenarbeiter übernahm. Deren Schulung durch die Botanische Zentralstelle und eine Aussendung in die deutschen Kolonien war nicht festgehalten worden, in der Korrespondenz wurde sie ebenfalls nicht diskutiert.[636]

In den ersten Jahren bestand die Ausbildung der zunächst nur für den Dienst in den afrikanischen Kolonien vorgesehenen Gärtner zum einen aus praktischen gärtnerischen und handwerklichen Tätigkeiten im Vermehrungshaus der Botanischen Zentralstelle. Zum anderen wurden sie für den Erwerb des grundlegenden theoretischen Wissens einem Museumsbeamten zugewiesen, der sie mit der einschlägigen Literatur vertraut machte und ihnen zusätzlich praktische Kenntnisse für das Sammeln und Konservieren von Pflanzen vermittelte. Im Zuge der zunehmenden Spezialisierung und Arbeitsteilung bei der wissenschaftlichen Bearbeitung des aus den Kolonien eintreffenden Pflanzenmaterials erschien allerdings eine andere Form der Wissensvermittlung an die Auszubildenden

634 Vgl. Volkens, Zentralstelle (1907), S. 12; Urban, Geschichte (1916), S. 169 f. Die Überprüfung der Angaben an Hand der Jahresberichte der Botanischen Zentralstelle sowie derjenigen des Botanischen Gartens und Museums bestätigte die bei Volkens u. Urban genannte Anzahl der ausgebildeten Gärtner. Ihre Kurzbiographien – soweit die Namen aus den Berichten ermittelt werden konnten – enthält der Anhang. Eine Kopie der Aufnahmebedingungen aus dem Jahr 1907 ist abgedruckt in Lack (Hg.), Erben (2010), S. 128; weitere Hinweise dazu bei Urban, Geschichte (1916), S. 169. Es ist davon auszugehen, dass die Aufnahmebedingungen von Beginn an galten.

635 Das belegen die Aufstellungen über die Ausgaben der Botanischen Zentralstelle in: GStA PK I. HA Rep. 76, Va, Sekt. 2, Tit. X, Nr. 89 B, Bd. 1–2 und I. HA Rep. 76, Va, Nr. 10021 sowie BArch R 1001/8596–8603.

636 Zum Vertrag vgl. Volkens, Zentralstelle (1907), S. 3 f. Für den ersten zum Juni 1891 angestellten Gärtner, nur mit dem Nachnamen Böckner angegeben, finden sich keine Hinweise auf eine Aussendung. Vgl. dazu Botanischer Garten und Botanisches Museum, Engler an Kultusministerium, von Zedlitz-Trützschler, 23. Mai 1891, GStA PK I. HA Rep. 76, Va, Sekt. 2, Tit. X, Nr. 89 B, Bd. 1, Bl. 170.

sinnvoll, sodass auf Veranlassung der Direktion des Botanischen Gartens und Museums ab Mai 1896 wöchentlich Vorträge zu den Themen „Kolonialbotanik, Kultur und Verwertung tropischer Nutzpflanzen"[637] stattfanden. Die überwiegend von Engler, Volkens und Kustoden des Botanischen Museums gehaltenen Vorträge behandelten zum Teil allgemeinere Themen wie die „Kultur- und Handelspflanzen Indiens", meist aber genauer einzelne Gruppen von Nutzpflanzen wie Kautschuk- oder Guttapercha liefernde Pflanzen, tropische Getreidearten, Faserpflanzen sowie Kaffee und Kakao. Die Aussaat, Pflege und Vermehrung von Pflanzen wurde ebenso besprochen wie deren Sammeln und Versand, begleitet von Demonstrationen lebender Pflanzen und von Pflanzenprodukten.

Die kostenlosen Veranstaltungen richteten sich zwar in erster Linie an die Gärtner, die Teilnahme stand aber allen Interessierten offen und wurde besonders Studenten, Mitgliedern der Deutschen Kolonialgesellschaft und Missionaren empfohlen, die sich im *Notizblatt* über das Programm informieren konnten.[638] Dazu kam als weiterer Bestandteil der theoretischen Ausbildung der Besuch spezieller Vorlesungen von Volkens zu tropischen Nutzpflanzen, die seit 1896 zunächst am Botanischen Museum stattfanden und nachweislich ab dem Rechnungsjahr 1905/06 an der seit 1903 in unmittelbarer Nachbarschaft zum Botanischen Garten angesiedelten Königlichen Gärtnerlehranstalt in Dahlem abgehalten wurden. Sie richteten sich ebenso an die dort lernenden und an einer Stelle in den Tropen interessierten Gärtner.[639] Zusätzlich gab es durch Volkens

637 Notizblatt, Bd. 1, Nr. 4 (Jun. 1896), S. 157–159, hier S. 157. Kreye, Garten (2009), S. 130 spricht zutreffend von einer „Rationalisierung" der Gärtnerausbildung.

638 Vgl. Notizblatt, Bd. 1, Nr. 4 (Jun. 1896), S. 157–159. Die Vorträge lassen sich über einen Zeitraum von drei Jahren nachweisen, vgl. Bericht Botanische Zentralstelle 1896/97, in: Jahresbericht Schutzgebiete (1898), S. 147–150, hier S. 150; Bericht Botanische Zentralstelle 1897/98, GStA PK I. HA Rep. 76, Va, Sekt. 2, Tit. X, Nr. 89 B, Bd. 2, Bl. 195–203, hier Bl. 202.

639 Die ursprünglich für Studenten gedachten Vorlesungen wurden 1896 von der Friedrich-Wilhelms-Universität an das Botanische Museum verlegt und den Gärtnern die Teilnahme erlaubt; später fanden sie an der Königlichen Gärtnerlehranstalt statt, offenbar bis 1914. Vgl. Bericht Botanische Zentralstelle 1896/97, in: Jahresbericht Schutzgebiete (1898), S. 147–150, hier S. 150; Bericht Botanische Zentralstelle 1897/98, GStA PK I. HA Rep. 76, Va, Sekt. 2, Tit. X, Nr. 89 B, Bd. 2, Bl. 195–203, hier Bl. 202; Bericht Botanische Zentralstelle 1905/06, in: Denkschrift Schutzgebiete (1907), S. 425–428, hier S. 428. Zur Gärtnerlehranstalt Brüsch, Genealogie (2010). Als Bestandteil der Vorlesungen waren der Besuch der Gewächshäuser des Botanischen Gartens und die Vorführung von Objekten aus den Sammlungen des Botanischen Museums vorgesehen. Vgl. dazu Volkens, Kolonialpflanzen (1913).

und einen zweiten Kustos angeleitete, auf die Praxis des Sammelns und Ordnens konzentrierte Übungen am Botanischen Museum, die das Etikettieren und Konservieren von Herbarpflanzen und insbesondere das Katalogisieren der aus den Kolonien eingehenden Sammlungen einschlossen.[640]

Die Gärtnerausbildung spezialisierte sich demnach und erfolgte institutionenübergreifend. Sie verfolgte schon von Beginn an nicht nur das Ziel, geschultes Personal für die Arbeit an den botanischen Gärten und Versuchsstationen in den deutschen Kolonien bereitzustellen. Ebenso stand der Erwerb theoretischer botanischer Kenntnisse und praktischer Fertigkeiten für das Sammeln, Präparieren, Konservieren und Versenden von Pflanzen im Fokus der Ausbildung. Aus der Sicht des Botanischen Gartens und Museums stellte dieses Wissen eine wichtige Voraussetzung für die Gärtner dar, „um sich nach Dienstantritt in den Kolonien auch der floristischen Erforschung des Landes widmen zu können"[641] und damit den Interessen der Berliner botanischen Einrichtungen zu nutzen.

Viele Gärtner, die an der Botanischen Zentralstelle gelernt hatten, erwiesen sich als professionelle Mitarbeiter an den überseeischen botanischen Gärten und Versuchsstationen, wie sich aus den zahlreichen Beispielen für einen schnellen Aufstieg zu Obergärtnern oder Leitern der botanischen Institutionen in den Kolonien schließen lässt und aus dem Fehlen von Beschwerden in den ansonsten nicht an Kritik sparenden Jahresberichten. Zum Teil übernahmen Gärtner sogar den Aufbau botanischer Einrichtungen in Übersee.[642] Sie stellten für die Botanische Zentralstelle darüber hinaus wichtige Informationsquellen dar, da mehrere von ihnen zuverlässig und sachlich fundiert aus ihren Instituten über das Gedeihen der dort gezogenen Pflanzen berichteten. Ebenso verlässlich sandten sie lebende Pflanzen und anderes gesammeltes Pflanzenmaterial nach Berlin, das reichlich und in gutem Zustand ankam und auf Grund der Vorkenntnisse

640 Vgl. Urban, Geschichte (1916), S. 5 u. S. 169.

641 Bericht Botanische Zentralstelle 1897/98, GStA PK I. HA Rep. 76, Va, Sekt. 2, Tit. X, Nr. 89 B, Bd. 2, Bl. 195–203, hier Bl. 202.

642 Der nur mit Nachnamen angegebene Gärtner Wüst wurde 1904/05 nach Simpsonhafen/Rabaul in die Kolonie Deutsch-Neuguinea geschickt, um dort einen Versuchsgarten zu gründenden. Ihm folgte zwei Jahre später der an der Botanischen Zentralstelle ausgebildete Gärtner Karl Rudolph, der zunächst in Victoria tätig war und später die Leitung des Gartens in Simpsonhafen/Rabaul übernahm. Bericht Botanische Zentralstelle 1904/05 in: Denkschrift Schutzgebiete (1906), S. 3030–3032, hier S. 3032; Bericht Botanische Zentralstelle 1906/07, in: Jahresbericht Schutzgebiete (1908), S. 31–43, hier S. 43; Bericht Botanische Zentralstelle 1908/09, in: Denkschrift Schutzgebiete (1911), S. 378–382, hier S. 380 und Gartenwelt 15 (1911), H. 43, S. 602.

der Gärtner dazu beitrug, die Lücken in den Sammlungen des Botanischen Gartens und Museums zu schließen. Im Fall der Gärtner lohnte sich somit für die Botanische Zentralstelle auch der finanzielle Aufwand, sie mit Utensilien für das Sammeln auszurüsten – im Gegensatz zu anderen von der Botanischen Zentralstelle ausgestatteten Reisenden oder Kolonialbeamten, deren Einsendungen oft enttäuschten.[643] Nicht zuletzt begleiteten die ausreisenden Gärtner Sendungen von lebenden Pflanzen in die deutschen Kolonien und sorgten für deren unversehrte Ankunft am Bestimmungsort. Die Botanische Zentralstelle verfügte somit über geschultes, loyales Personal, auf das sie bei der Wahrnehmung ihrer vielfältigen Aufgaben zurückgreifen konnte. Wie Kew übte sie Einfluss aus durch persönliche, informelle Verbindungen an Stelle von Verordnungen oder Vorschriften, für welche ihr die Autorität fehlte.[644]

Zunächst wurden an der Botanischen Zentralstelle ausgebildete Gärtner hauptsächlich vom Gouvernement in Kamerun für den Botanischen Garten in Victoria und dortige Versuchsstationen engagiert. Es folgten die Gouvernements der Kolonien Deutsch-Ostafrika und Togo, ab 1899/1900 Deutsch-Südwestafrika und 1904/05 Deutsch-Neuguinea; insgesamt ging jedoch die größte Zahl von Gärtnern nach Kamerun. Meist lernten etwa vier Gärtner gleichzeitig an der Botanischen Zentralstelle, in einigen Jahren sogar sechs. Die Zahl der Absolventen, die die Botanische Zentralstelle jährlich verließen, lag zwischen eins und fünf.

Bemerkenswert an den Biographien der Gärtner ist ihre hohe Mobilität, nicht nur innerhalb einer Kolonie, in welcher sie häufig an verschiedenen Orten und Einrichtungen tätig waren, sondern auch zwischen den verschiedenen deutschen Kolonialgebieten.[645] In einer Region gewonnenes Wissen konnte auf

---

643 Zur Berichterstattung aus den Kolonien vgl. Kap. IV.1; zur Ausstattung mit Sammelausrüstung u. dem Einsenden von Pflanzenmaterial vgl. Kap. IV.2. Belegt ist die Ausrüstung von Gärtnern u.a. in Bericht Botanische Zentralstelle 1900/01, GStA PK I. HA Rep. 76, Va, Sekt. 2, Tit. X, Nr. 89 B, Bd. 2, Bl. 249–250, hier Bl. 250; Bericht Botanische Zentralstelle 1904/05 in: Denkschrift Schutzgebiete (1906), S. 3030–3032, hier S. 3032.

644 Zu Kew vgl. Headrick, Tentacles (1988), S. 214; zur Stellung der Botanischen Zentralstelle auch Kap. III.1.

645 Vgl. die Jahresberichte der Botanischen Zentralstelle und die Biographien der Gärtner im Anhang. Für den Dienst in den Tropen wurden bevorzugt unverheiratete Gärtner eingestellt, die flexibler eingesetzt werden konnten als ihre verheirateten Kollegen. Wo sie ihren Dienst antraten, durften die Gärtner nicht frei entscheiden, sondern sie mussten dorthin gehen, wo es Bedarf gab. Vgl. die Aufnahmebedingungen, abgedr. in Lack (Hg.), Erben (2010), S. 128.

diesem Weg transferiert werden, ein Vorgehen, für das sich auch Kews Direktor schon Ende der 1870er-Jahre ausgesprochen hatte und das als Modell gewirkt haben mag. Festmachen lässt sich ein solcher Wissenstransfer beispielsweise an der Biographie des Gärtners Rudolph, der zunächst am Kameruner Garten in Victoria Erfahrungen sammelte, bevor er mit der Leitung des Gartens in Simpsonhafen/Rabaul in Deutsch-Neuguinea betraut wurde.[646] Inwiefern sich, wie Walter Lack vermutet, sogenannte Gärtnernetzwerke neben den Botanikernetzwerken herausbildeten, lässt sich nicht im Detail feststellen. Viele der an der Botanischen Zentralstelle ausgebildeten Gärtner hielten von den Kolonien aus Kontakt nach Berlin, sei es durch die Zusendung von Pflanzenmaterial oder von Berichten. Für den unabhängig von Berlin stattfindenden Austausch von Lebendpflanzen und Saatgut zwischen den Kolonien konnten Gärtner ebenfalls eine Rolle spielen, wenn sie Verbindungen zu Mitabsolventen oder zu botanischen Einrichtungen, an denen sie zuvor gearbeitet hatten, weiter pflegten.[647]

Die Lehrzeit an der Botanischen Zentralstelle garantierte den Gärtnern eine bevorzugte Berücksichtigung für Stellen in den deutschen Kolonien,[648] verbunden mit der Aussicht auf gute Karrieremöglichkeiten. Als erfolgreiche Sammler konnten sie auf lobende Erwähnungen in Jahresberichten und wissenschaftlichen Publikationen hoffen sowie darauf, in der Benennung zuvor nicht beschriebener Pflanzen verewigt zu werden.[649] Die Möglichkeit, die Welt zu bereisen, Fernweh und Abenteuerlust mögen weitere Anreize für die jungen Männer gewesen sein, sich für Gärtnerstellen in den deutschen Kolonien zu bewerben. Allerdings gingen sie nicht unbeträchtliche Risiken ein: Einige der in den deutschen Kolonien beschäftigten Gärtner erkrankten schwer, mehrere starben. Engler vermutete, dass solche Todesfälle neue Interessenten für die Gärtnerausbildung abschreckten, denn um 1900 machte sich ein deutlicher Einbruch bei

---

646 Vgl. die Biographie im Anhang.

647 Vgl. Lack (Hg.), Erben (2010), S. 128. Lack verweist auf einen entscheidenden Unterschied zwischen Gärtner- und Botanikernetzwerken: Die fest angestellten Wissenschaftler verließen Berlin nur selten, bei den Gärtnern hingegen war dies der Normalfall. Ebd. Die Botanikernetzwerke schlossen demnach Berlin meist ein, für den Austausch innerhalb der Gärtnernetzwerke musste dies nicht der Fall sein.

648 Vgl. die Aufnahmebedingungen, abgedr. in Lack (Hg.) Erben (2010), S. 128. Die Bevorzugung kam beispielsweise gegenüber den an der Königlichen Gärtnerlehranstalt und anderswo ausgebildeten Gärtnern zum Tragen.

649 Vgl. dazu die Kap. IV einleitende Objekt- und Sammlerbiographie zum Gärtner Staudt.

den Bewerberzahlen bemerkbar.[650] Es ist nicht klar, ob Kompromisse bei der Auswahl der verbleibenden Anwärter oder andere Gründe dazu führten, dass die Botanische Zentralstelle ab 1904 wieder mehr Gärtner ausbildete.[651] Um deren körperliche Belastungen durch die klimatischen Verhältnisse in den Kolonien einzuschränken, sahen die Dienstvorschriften vor, die Verpflichtung für den Tropendienst auf eineinhalb bis drei Jahre zu begrenzen, woran sich ein längerer Aufenthalt in Deutschland anschließen sollte.[652] Trotz derartiger gesundheitlicher Bedenken stand nicht zur Debatte, jungen afrikanischen Männern aus den deutschen Kolonien eine Gärtnerausbildung an der Botanischen Zentralstelle anzubieten. Kew hatte in den 1890er-Jahren begonnen, auch Afrikaner auszubilden, stellte den Versuch aber nach kurzer Zeit ein. Ausschlaggebend war die Überzeugung, dass afrikanische Auszubildende nicht britischen gleichgestellt werden dürften.[653] Hierin kam die Angst zum Ausdruck, dass derartige Trainingsprogramme die rassistisch begründeten Hierarchien innerhalb des *British Empire* gefährdeten.[654]

Über die Gärtner hinaus versuchte die Botanische Zentralstelle den Kreis derer zu erweitern, an die sie Kenntnisse zur Pflanzenwelt der Kolonien weitergab. Ab 1908/09 wurde in den Jahresberichten zusammen mit der Gärtnerausbildung die Unterweisung von Förstern im Botanischen Garten und Museum genannt. Diese konnten ebenfalls an den von Volkens gehaltenen Vorlesungen

650 Vgl. Bericht Botanische Zentralstelle 1899/1900, GStA PK I. HA Rep. 76, Va, Sekt. 2, Tit. X, Nr. 89 B, Bd. 2, Bl. 216–225, hier Bl. 225. Im darauffolgenden Jahr sank die Bewerberzahl erneut, stieg dann aber langsam wieder an, sodass ab 1905 durchschnittlich vier Gärtner gleichzeitig ausgebildet wurden. Vgl. die entsprechenden Jahresberichte.

651 Engler klagte, „dass jetzt nur selten intelligente, zum Dienst in den Kolonien geeignete Gärtner und Botaniker ihre Neigung zum Tropendienst bekunden." Er regte daher an, „Stipendien zur Ausbildung tropendiensttauglicher Gärtner und Botaniker zur Verfügung zu stellen". Bericht Botanische Zentralstelle 1899/1900, GStA PK I. HA Rep. 76, Va, Sekt. 2, Tit. X, Nr. 89 B, Bd. 2, Bl. 216–225, hier Bl. 225. Es finden sich jedoch keine Hinweise auf die Bewilligung von Stipendien für Gärtner.

652 Vgl. die Aufnahmebedingungen, abgedr. in Lack (Hg.), Erben (2010), S. 128.

653 Vgl. McCracken, Gardens (1997), S. 79 f. Weiter verbreitet war hingegen die Ausbildung von einheimischen Männern an den britischen, niederländischen und einigen deutschen botanischen Gärten in den Kolonien. Vgl. Kap. IV.1.

654 Solche Befürchtungen kennzeichneten generell auch den Diskurs über die Schulung der einheimischen Bevölkerung in den niederländischen Kolonien. Vgl. dazu Stoler, Grain (2009), S. 117.

über koloniale Nutzpflanzen teilnehmen.[655] Die Ausbildung von Forstbeamten für die Kolonien war nicht offiziell an der Botanischen Zentralstelle angesiedelt, gleichwohl wurde ihnen eine vorbereitende Schulung am Botanischen Garten und Museum empfohlen.[656] In den folgenden Jahren nutzen neben Förstern auch eine größere Zahl Landwirte die dortigen Sammlungen, um sich über die Flora der Kolonialgebiete zu unterrichten, ebenso Interessenten, die das Reichskolonialamt ab 1910 an die Botanische Zentralstelle schickte, deren Profession allerdings nicht angegeben wurde.[657] Bei der Ausrüstung von in die Kolonien Reisenden mit Sammelmaterialien erfolgten ebenfalls Instruktionen, die zur Wissensvermittlung durch die Botanische Zentralstelle zählten.[658]

Für die Botanische Zentralstelle war die Weitergabe von botanischem Wissen und sammelpraktischen Kenntnissen an Gärtner, Förster, Kolonialbeamte und andere in den Kolonien Tätige in zweierlei Hinsicht bedeutsam: Erstens ließen sich so zumindest rudimentär geschulte Sammelnde rekrutieren und damit die Netzwerke von Sammlern und Korrespondenzpartnern erweitern, die eine Verbindung zu den Berliner botanischen Einrichtungen hatten und ihre Sammlungen auch dorthin überwiesen. Zweitens kam die Ausweitung der auf den Dienst in den Kolonien ausgerichteten Ausbildung Englers Bestrebungen entgegen, diesen Unterricht exklusiv an die Botanische Zentralstelle zu binden und damit weitere koloniale Aufgaben an seinem Haus zu bündeln.[659] Zwar verblieb die Beamtenausbildung für den Kolonialdienst beim Seminar für Orientalische Sprachen mit Otto Warburg als Dozent für Tropische Landwirtschaft und auch

655 Für 1908/09 ist von drei Förstern die Rede, 1909 von fünf niederen und einem höheren Forstbeamten. Bericht Botanische Zentralstelle 1908/09, in: Denkschrift Schutzgebiete (1911), S. 378–382, hier S. 382; Engler, Bericht BGBM (1910), S. 7.

656 Vgl. Schnee, Kolonial-Lexikon (1920), Bd. 1, S. 650 ff. Die Forstwirtschaft stellte den Jahresberichten zufolge keinen Schwerpunkt der Botanischen Zentralstelle dar, selbst wenn sie Saatgut für Aufforstungsprojekte in den afrikanischen Kolonien versandte und ebenso Nutzhölzer. Zu Letzteren erschienen auch wissenschaftliche Abhandlungen von Mitarbeitern des Botanischen Gartens und Botanischen Museums im *Notizblatt*.

657 Vgl. hierzu die Angaben zur Botanischen Zentralstelle in den Jahresberichten des Botanischen Gartens und Museums für die Jahre 1910–1914. Es ist anzunehmen, dass das Reichskolonialamt Kolonialbeamte vor der Ausreise an die Botanische Zentralstelle schickte.

658 Die Ausrüstung von Reisenden wird in Kap. IV.2 diskutiert.

659 Vgl. Kap. III.1.

am Hamburger Kolonialinstitut gab es Kurse zu kolonialen Nutzpflanzen.[660] Die Etablierung der Gärtner- und Försterausbildung spielte aber eine wichtige Rolle für die Außenwahrnehmung und als Argument für die Forderungen Englers, die botanischen Sammlungen aus den deutschen Kolonien und deren Bearbeitung am Botanischen Garten und Museum zu zentralisieren. Zugleich half bei den Anstrengungen, seine Institution angesichts der Bandbreite kolonialer Aktivitäten finanziell und personell entsprechend auszustatten, die Anerkennung, welche durch die Zuweisung von Beratungssuchenden von Seiten des Reichskolonialamts zum Ausdruck kam. Verständlich wird dies vor dem Hintergrund von Englers früher und zutreffender Einschätzung, dass die Anzucht von Nutzpflanzen für die deutschen Kolonien und deren Transfer nur wenige Jahre die bestimmenden Aufgaben der Botanischen Zentralstelle sein würden. Daher war es für den Botanischen Garten und das Botanische Museum von Bedeutung, andere Aufgabenfelder zu verstärken, um die Legitimation als Zentrum der auf die Kolonien bezogenen Botanik im Deutschen Reich nicht zu verlieren. Hierfür bot sich insbesondere das Gebiet der Wissensvermittlung an, wie die beiden folgenden Bereiche ebenfalls zeigen.

Wissensverbreitung

Ein weiterer wichtiger Bestandteil der Wissensweitergabe war die Erstellung von Gutachten und die Erteilung von Auskünften. Die beratende Tätigkeit der Botanischen Zentralstelle gliederte sich dabei in zwei Bereiche. Erstens gehörte dazu die Aufklärung über Nutzpflanzen und die Vegetationsverhältnisse in den deutschen Kolonien im Zusammenhang mit dem von dort eingesandtem Pflanzenmaterial und dessen wissenschaftlicher Bearbeitung. Da Engler und Volkens die Nutzwertanalyse zum Aufgabengebiet der Forschung zählten und die Jahresberichte solche Anfragen gesondert aufführten, werden sie hier auch in diesem Kontext in Kapitel IV.2 behandelt. Zweitens, und darum wird es im Folgenden

660 Zum Seminar für Orientalische Sprachen und Otto Warburg vgl. Kap. V. Zur Tropenbotanik als Bestandteil des Lehrplans des Hamburger Kolonialinstituts Ruppenthal, Kolonialismus (2007), S. 135 u. S. 245. Dazu auch Schnee, Kolonial-Lexikon (1920), Bd. 1, S. 650 ff., der für angehende Forstbeamte diese drei Institutionen als Ausbildungsorte nennt. Die am Botanischen Museum und an der Friedrich-Wilhelms-Universität betriebene botanische Lehre wird hier nicht genauer untersucht, da sie nicht Aufgabe der Botanischen Zentralstelle war. Berücksichtigung finden jedoch Überschneidungen, wie die für Studenten und Gärtner gleichermaßen angebotenen Vorlesungen.

gehen, hatte die Botanische Zentralstelle „Aufgaben zu lösen, die alle Zweige der tropischen Landwirtschaft und der Ausnutzung der vegetabilen Schätze unserer Schutzgebiete berühren“[661]. Konkret bedeutete das die Bereitstellung von umfassenden Informationen zur Einführung von Nutzpflanzen in die deutschen Kolonien, zu ihrer Kultur sowie zum kommerziellen Wert und zur Bedeutung kolonialer pflanzlicher Produkte. Entsprechende Anfragen erreichten die Botanische Zentralstelle von Seiten der Kolonialbehörden, der botanischen Gärten und Versuchsstationen in den Kolonien, der Kolonial-, Missions- oder Pflanzungsgesellschaften sowie weiterer Institutionen und Privatpersonen. Die Beantwortung bedingte die Beschaffung umfassender Kenntnisse in Zusammenarbeit mit zahlreichen Einrichtungen, sodass sich die Beratungstätigkeit der Botanischen Zentralstelle zu einem komplexen Aufgabenbereich entwickelte, den der Austausch von Wissen in einem weit verzweigten Netz von Akteuren kennzeichnete.

Für die Wissensbeschaffung bediente sich die Botanische Zentralstelle nach Auskunft von Volkens in erster Linie einer „umfassenden Verwertung der Erfahrungen, die in den Kolonien anderer Mächte gemacht und in zahlreichen Büchern und Zeitschriften niedergelegt sind.“[662] Die Auswertung wissenschaftlicher und praktischer Unternehmungen anderer Kolonialmächte stand schon am Beginn der Diskussion über die Gründung der Botanischen Zentralstelle, sodass der Wissenstransfer einerseits als staatliche Vorgabe gelten muss.[663] Andererseits waren die Rezeption der Forschungstätigkeit von Fachkollegen und der Austausch von Informationen innerhalb einer internationalen *scientific community* gängiger Bestandteil der wissenschaftlichen Arbeitspraxis nicht nur der Botaniker der Zeit.[664] Hinzu trat mit den Interessen des Auswärtigen Amtes und der Kolonialbehörden jetzt jedoch zusätzlich der Anspruch an eine praktische Verwertbarkeit der gewonnenen Erkenntnisse. Die *Denkschrift betreffend*

661 Volkens, Zentralstelle (1907), S. 11.

662 Ebd.

663 Das Auswärtige Amt hatte schon 1888 in einem Schreiben an die Direktoren preußischer botanischer Gärten, welche es zur Abgabe von Gutachten zur Förderung der Landwirtschaft in den Kolonien aufforderte, auf die Berücksichtigung der Erfahrungen anderer Kolonialmächte bestanden. Vgl. Kap. III.1.

664 Vgl. zur Botanik Spary, Networks (2008); Müller-Wille, Botanik (1999); Flitner, Sammler (1995), S. 29; allgemeiner Fox, Science (2016). Zu den internationalen Gelehrtennetzwerken, in die der Botanische Garten und das Botanische Museum eingebunden waren, und Englers Verständnis der *scientific community* vgl. auch das Kap. V.

die Verwendung des Afrikafonds für das Jahr 1892/93 beschrieb die Botanische Zentralstelle dementsprechend als eine Einrichtung, welche die „Ergebnisse der Forschungstätigkeit sichtet und für die wissenschaftliche und praktische Verwertung der Forschungstätigkeit Sorge trägt.“[665] Wenngleich die Jahresberichte und weitere Veröffentlichungen der Botanischen Zentralstelle auf diesen Arbeitsbereich nicht konkreter eingehen, stellte der Wissenstransfer durch die umfängliche Auswertung der publizierten Forschungsergebnisse und praktischen Versuche anderer Kolonialmächte von Anfang an eine selbstverständliche und wesentliche Basis für die Generierung von Wissen dar.[666]

Als maßgebliche Vorbilder im Bereich der tropischen Landwirtschaft galten die britischen Royal Botanic Gardens Kew und der niederländische Botanische Garten Buitenzorg/Bogor auf Java. Diese wirkten gerade auch in ihrer Funktion als Auskunftsstellen für die Kolonialbehörden, die Leiter von Versuchsgärten und die Betreiber von Plantagen beispielgebend.[667] Neueste Nachrichten über die Aktivitäten dieser und weiterer Institutionen sowie über Forschungen und koloniallandwirtschaftliche Unternehmungen ließen sich vor allem aus den Mitteilungsblättern der botanischen Institute und Versuchsgärten entnehmen, außerdem aus Fachzeitschriften und Monographien. Dabei erhielt Berlin etliche Veröffentlichungen durch Schriftentausch: Für das Berichtsjahr 1899 heißt es, die hauseigene Zeitschrift *Notizblatt* würde im Tausch von „Zeitschriften etc.“[668]

665 Denkschrift betreffend die Verwendung des Afrikafonds, Reichstag, 8. Legislaturperiode, II. Session1892/93 No. 93, Berlin, 24. Januar 1893, in: GStA PK I. HA Rep. 76, Va, Sekt. 1, Tit. X, Nr. 24, Bd. 2, S. 68–73. Da der Afrikafonds für wissenschaftliche Unternehmungen insbes. zur Erschließung Zentralafrikas gedacht war, verwundert es nicht, dass in der Denkschrift bei der Beschreibung der Aufgaben der Botanischen Zentralstelle Aspekte wie Wissenstransfers, die Lehrabteilung und wissenschaftliche Publikationen in den Vordergrund gestellt wurden, obwohl zu der Zeit das Hauptaugenmerk der Botanischen Zentralstelle dem Pflanzentransfer in die Kolonien galt. Zur Diskussion darüber, ob sich Zuschüsse aus dem Afrikafonds daher überhaupt rechtfertigen ließen vgl. Kap. III.1.

666 Am deutlichsten wird das bei Volkens, Zentralstelle (1907), S. 11.

667 Vgl. ebd., S. 14–15. Vgl. hierzu Kap. IV.1.

668 Engler, Bericht BGBM (1900), S. 14. Schon zuvor hieß es, die Botanische Zentralstelle verfüge über eine „ansehnliche und sich stets vermehrende Bücherei“ bestehend aus relevanten Jahresberichten und Fachzeitschriften. Um diese weiter auszubauen, habe sie sich allein in einem Jahr an 12 Versuchsgärten in den Tropen mit der Bitte um Schriftentausch gewandt und von fünf der angefragten Einrichtungen Publikationen erhalten. Bericht Botanische Zentralstelle 1896/97, in: Jahresbericht Schutzgebiete (1898), S. 147–150, hier S. 149.

an 79 botanische Gärten, Institutionen und Private versandt, und der Bericht für das Rechnungsjahr 1901/02 gab an, man erhalte im Austausch die Publikationen „fast aller botanischen und Versuchsgärten der Welt" und gewinne „dadurch Einblick in landwirtschaftliche Bestrebungen in Übersee".[669] Der Schriftentausch weitete sich in den folgenden Jahren beträchtlich aus; so wurde die Zahl der involvierten Institutionen und Privaten für 1905 mit 98 angegeben und für 1914 auf 135 beziffert.[670] Die steigenden Zahlen verweisen einerseits auf eine Vielzahl in Berlin vorliegender auswertbarer Publikationen, andererseits gab es offenbar ebenso im Ausland ein großes Interesse am *Notizblatt* und den Aktivitäten der Botaniker in Berlin und in den deutschen Kolonien. Da Deutsch bis zum Ersten Weltkrieg neben Englisch und Französisch zu den etablierten Wissenschaftssprachen gehörte, behinderten auch keine Sprachbarrieren den Wissensfluss in alle Richtungen.[671]

Für speziellere landwirtschaftliche Fragestellungen nutzte die Botanische Zentralstelle weitere Informationsquellen. Um Bewertungen der Eigenschaften, der Qualität oder des Handelswertes eines aus den Kolonien eingesandten Produktes pflanzlichen Ursprungs zu erhalten, tauschte sich die Botanische Zentralstelle mit Fachinstituten und Firmen aus. Volkens gab dazu an, die Botanische Zentralstelle habe sich „mit heimischen staatlichen Instituten, mit kaufmännischen Firmen, mit Industriellen, die auf den Bezug tropischer Produkte angewiesen sind, in dauernder Verbindung zu halten, um von diesen belehrt zu werden."[672] Konkret nannte er „die staatliche Stelle für Materialprüfung, die Versuchsanstalt für Lederindustrie in Freiberg, die landwirtschaftliche Hochschule in Berlin, die Vereine der Papierfabrikanten, Firmen wie Traun und Steidtmann & Nagel in Hamburg, Merck in Darmstadt, Gehe in Dresden, Pfaff in Berlin"[673] und besonders die kolonial-chemische Abteilung des benachbarten

669 Bericht Botanische Zentralstelle 1901/02, GStA PK I. HA Rep. 76, Va, Sekt. 2, Tit. X, Nr. 89 B, Bd. 2, Bl. 264–274, hier Bl. 268. Laut McCracken, Gardens (1997), S. 80–83 waren Jahresberichte Standard in Kew und in den botanischen Gärten der britischen Kolonien.

670 Engler, Bericht BGBM (1906), S. 17; Bericht BGBM, in: Notizblatt, Bd. 6, Nr. 57 (Jul. 1914), S. 213–232, hier S. 229.

671 Zum Deutschen als internationaler Wissenschaftssprache vor dem 1. Weltkrieg vgl. Reinbothe, Deutsch (2006).

672 Volkens, Zentralstelle (1907), S. 11.

673 Ebd. Die Firma Traun handelte mit Gummiwaren, die Firma Steidtmann & Nagel u.a. mit Palmenfasern, Reiswurzeln und Kokosfasern. Merck und Gehe waren – und sind bis heute – pharmazeutisch-chemische Unternehmen.

Pharmazeutischen Institutes in Dahlem. Mit der Weitergabe von Kolonialprodukten zur Begutachtung an „in der Praxis stehende Fachmänner"[674] folgte die Botanische Zentralstelle laut Volkens ebenfalls dem Beispiel Kews und Buitenzorgs/Bogors. Sie nutzte damit die Expertise und Untersuchungsmöglichkeiten ausgewiesener Fachleute in Bereichen, die über das am Botanischen Garten und Museum verfügbare botanische Wissen hinausgingen.

Die Beziehungen insbesondere zur Wirtschaft und die gewährte Unterstützung beruhten auf Gegenseitigkeit. So bemühte sich die Botanische Zentralstelle, beim Versand von Pflanzen und Saatgut die Wünsche einzelner Zweige der Industrie zu berücksichtigen. Als Beleg ihres direkten Einsatzes für die Interessen der deutschen Wirtschaft führte sie beispielsweise an, Samen geeigneter Pflanzen besorgt zu haben, nachdem die Lederindustrie auf den Mangel an hochwertigen Gerbstoffen aufmerksam gemacht hatte und deren verstärkten Anbau in den deutschen Kolonien forderte, auch um eine größere Unabhängigkeit von Ausland zu erreichen. Befürchtungen der chemischen Industrie, Japan könne ein Monopol auf Kampfer erlangen, beantwortete die Botanische Zentralstelle durch die Versendung von lebenden Jungpflanzen des Kampferbaumes an alle in Gebirgen gelegenen Versuchsstationen in den deutschen Kolonien.[675] Damit seien nur zwei Beispiele aus einer Vielzahl in den Jahresberichten erwähnter Kooperationen angeführt, aufwändigere Fälle der Zusammenarbeit zwischen Botanischer Zentralstelle und Wirtschaft finden im Folgenden genauere Betrachtung.

Doch zuvor seien noch zwei weitere Formen der Wissensbeschaffung betrachtet: Reisen und Rundfragen. Zum einen reisten vom Kolonialwirtschaftlichen Komitee ausgesandte Botaniker und Gärtner in intensiv bewirtschaftete Tropengebiete, um Kulturmethoden und die Verarbeitung von Rohprodukten für den Weltmarkt zu studieren und dann ihre Erkenntnisse nebst ihren Sammlungen ökonomisch verwertbarer Pflanzen der Botanischen Zentralstelle zukommen zu lassen.[676] Zum anderen unternahmen am Botanischen Garten und

---

674 Volkens, Zentralstelle (1907), S. 14.

675 Vgl. Bericht Botanische Zentralstelle 1905/06, in: Denkschrift Schutzgebiete (1907), S. 425.

676 Bericht Botanische Zentralstelle 1899/1900, GStA PK I. HA Rep. 76, Va, Sekt. 2, Tit. X, Nr. 89 B, Bd. 2, Bl. 216–225, hier Bl. 221. Ein Beispiel hierfür ist die vom Kolonialwirtschaftlichen Komitee finanzierte Expedition des Leiters des Versuchsgartens in Victoria, Paul Preuss, nach Zentral- und Südamerika. Preuss sandte von dort große Mengen an Samen und Pflanzen an die Botanische Zentralstelle oder direkt nach Kamerun und veröffentlichte einen umfänglichen Bericht zur Reise mit seinen Einschätzungen. Vgl. Preuss, Expedition (1901).

Museum angestellte Wissenschaftler selbst Reisen. Als die zwei prominentesten Reisenden sind hier zu nennen erstens Georg Volkens, der sich unter anderem 1901–1902 in Buitenzorg/Bogor aufhielt und dort persönlich einen Einblick in die Arbeit des Musterinstituts gewinnen konnte.[677] Zweitens unternahm Adolf Engler ebenfalls Sammel- und Studienreisen und erteilte im Anschluss an seine Exkursionen durch Südafrika, Ceylon/Sri Lanka sowie Britisch- und Niederländisch Indien auf Basis der von ihm gemachten Beobachtungen Ratschläge an die Gouverneure der Kolonien Deutsch-Ostafrika und Deutsch-Südwestafrika.[678]

Durch Rundfragen an die Gouvernements und Bezirksämter in den deutschen Kolonien wurden ebenfalls unterschiedliche Informationen eingeholt. Eine Umfrage bezog sich beispielsweise auf die Verbreitung von eingeführten Bambusarten. Oftmals ging mit den Rundfragen zusätzlich die Aufforderung zur Einsendung von Proben einher, wie von Milchsaftgewächsen, deren Untersuchung die kolonial-chemische Abteilung des Pharmazeutischen Instituts übernahm im Hinblick auf deren Ausbeutung auf Kautschuk oder Guttapercha.[679] Aufschlussreich hinsichtlich der engen Verzahnung von Nachfragen aus Wirtschaftskreisen und der Wissensbeschaffung durch die Botanische Zentralstelle ist auch eine Umfrage, die auf Ersuchen der Papierindustrie und mit Unterstützung des Reichskolonialamtes an die Gouvernements erging. Diese forderte dazu auf, angesichts der steigenden Preise für Harze in den deutschen Kolonien nach harzreichen Bäumen zu suchen und Proben einzuschicken, um sie durch die kolonial-chemische Abteilung des Pharmazeutischen Instituts untersuchen zu lassen.[680] Da die Kolonialbehörden laut dem Vertrag zur Gründung der Botanischen Zentralstelle zu deren Unterstützung und zum Sammeln verpflichtet waren, ermöglichten Rundfragen an die Gouvernements und Bezirksämter ein systematisches, effektives und breites Zusammentragen von Daten und Materialien zur vergleichenden Analyse.[681] Ebenso wie bei den Pflanzentransfers und beim Sammeln von Pflanzenmaterial profitierte die Botanische Zentralstelle demnach auch für die Generierung von Wissen von kolonialen Infrastrukturen. Gleichzeitig trug sie zu deren Ausbau bei etwa mit Auskünften zu Hölzern für

---

677 Vgl. Volkens, Nachruf (1917), S. 10 f.

678 Vgl. Bericht Botanische Zentralstelle 1905/06, in: Denkschrift Schutzgebiete (1907), S. 426.

679 Bericht Botanische Zentralstelle 1906/07, in: Jahresbericht Schutzgebiete (1908), S. 31–43, hier S. 43.

680 Bericht Botanische Zentralstelle 1907/08, in: Jahresbericht Schutzgebiete (1909), unpag., Anlage A.V.

681 Zum Vertrag vgl. Volkens, Zentralstelle (1907), S. 3.

Eisenbahnschwellen oder der Untersuchung von pflanzlichen Milchsäften zur Gewinnung von geeignetem Kautschuk und Guttapercha für die Isolierung von Telefonkabeln und besonders submarinen Kabeln.[682]

Das auf unterschiedliche Weise zusammengetragene Wissen gab die Botanische Zentralstelle auf Anfrage weiter, wobei oftmals – wie in den geschilderten Beispielen – die Bitte um Informationen erst die Wissensbeschaffung zu konkreten Themen auslöste. Bereits die Tätigkeitsberichte aus den ersten Jahren der Botanischen Zentralstelle erwähnen vereinzelte Auskünfte an ratsuchende Kolonialbehörden.[683] Die professionelle Beratung von Behörden, Organisationen und Individuen war dabei keine grundsätzlich neue oder nur auf koloniale Fragen bezogene Besonderheit für die Berliner botanischen Einrichtungen, sondern von jeher Aufgabe vieler Museen und Sammlungen.[684] Bemerkenswert ist jedoch die enorme Zunahme der Beratungstätigkeit der Botanischen Zentralstelle, die sich ab der Wende vom 19. zum 20. Jahrhundert nachvollziehen lässt. Schon der Jahresbericht für 1896/97 benennt die Erteilung von Auskünften als „bedeutende" Aufgabe, 1900/01 hieß es weiter, dass „Anfragen aus kolonialen Kreisen"[685] zunähmen und der Bericht für 1906/07 führte aus:

> „Mit den wesentlichsten Teil der Tätigkeit der Zentralstelle stellte im verflossenen Jahr die Abgabe gutachterlicher Äußerungen über die verschiedensten Zweige der tropischen Landwirtschaft und über koloniale Produkte dar. In immer steigenderem Maße

682 Vgl. Bericht Botanische Zentralstelle 1904/05 in: Denkschrift Schutzgebiete (1906), S. 3030–3032; zu Anbauversuchen mit Kautschuk- und Guttaperchapflanzen und deren Untersuchung die Berichte der Botanischen Zentralstelle von 1899/00–1906/07; außerdem Kolonialwirtschaftliches Komitee, Jahresbericht 1902, in GStA PK I. HA Rep. 76, Vc, Sekt. 1, Tit. 11, Teil 1, Nr. 41, Bd. 1, unpag. Zu Umfragen als Methode der Naturwissenschaften zur Erfassung von Daten vgl. Benson, Stations (2009); zur Rolle von Amateuren Allen, Amateurs (2009), S. 30–33.

683 Bericht Botanische Zentralstelle 1891/92, GStA PK I. HA Rep. 76, Va, Sekt. 2, Tit. X, Nr. 89 B, Bd. 1, Bl. 212–230, hier Bl. 229; Bericht Botanische Zentralstelle 1892/93, GStA PK I. HA Rep. 76, Va, Sekt. 2, Tit. X, Nr. 89 B, Bd. 1, Bl. 259–263, hier Bl. 262.

684 Vgl. dazu u.a. Nyhart, Nature (2009), S. 241. Die Botanische Zentralstelle war zudem keineswegs die einzige Auskunftsstelle zu botanischen auf die Kolonien bezogenen Fragen, es gab beispielsweise am Hamburger Botanischen Museum das Institut für Warenkunde. Die vom Auswärtigen Amt und später Reichskolonialamt mitfinanzierte Botanische Zentralstelle stellte den ersten Anlaufpunkt für Fragen der Kolonialbehörden dar.

685 Vgl. Bericht Botanische Zentralstelle 1896/97, in: Jahresbericht Schutzgebiete (1898), S. 147–150, hier S. 150; Bericht Botanische Zentralstelle 1900/01, GStA PK I. HA Rep. 76, Va, Sekt. 2, Tit. X, Nr. 89 B, Bd. 2, Bl. 249–250, hier Bl. 250.

> wenden sich Gesellschaften und industrielle Firmen teils direkt, teils durch Vermittlung des Kolonialamtes an die Zentralstelle, sei es um Auskunft über die Kultur irgend welcher Nutzgewächse zu erlangen, sei es um anzufragen, ob dieses oder jenes Produkt, das bisher aus dem Ausland bezogen wurde, nicht auch aus unseren Schutzgebieten für den heimischen Markt zu gewinnen sei. [...] Auch aus den Kolonien selbst häuften sich die Gesuche um Berichterstattung über die Namen eingeschickter Nutzpflanzen, über die Verwendungsmöglichkeit vegetabilischer Erzeugnisse, über ihren kommerziellen Wert und ihre Bedeutsamkeit für den Handel."[686]

Deutlich wird an dieser Aussage die Verschiebung des Arbeitsschwerpunkts der Botanischen Zentralstelle vom Transfer von Nutzpflanzen und Saatgut zur Abgabe von Gutachten und der Erteilung von Auskünften.[687] Zudem wird die Erweiterung des Kreises der Fragesteller offensichtlich. Neben dem Reichskolonialamt und den Versuchsstationen sowie den Gouvernements beriet die Botanische Zentralstelle immer mehr auch private Unternehmen, namentlich Plantagengesellschaften und Eisenbahngesellschaften in den Kolonien, Firmen in Deutschland und außerdem Vereine und Institutionen, so – um nur eine Auswahl zu nennen – das Kolonialwirtschaftliche Komitee, die Kaiserliche Technische Prüfanstalt, das Kaiserliche Patentamt, das Materialprüfungsamt, die Deutsche Bank, ferner deutsche Konsulate in Übersee, die deutsche Kautschuk-Aktiengesellschaft, das Museum für Völkerkunde in Berlin und Privatleute.[688] Ab 1905 wandten sich merkbar mehr Plantagenbesitzer mit Fragen an die Botanische Zentralstelle, nachdem diese in einer Zeitschrift ihre Beratertätigkeit speziell für diese Gruppe offeriert hatte, auch mit der Absicht, unter den Plantagenbesitzern mehr Unterstützer für ihre Aufgaben zu gewinnen.[689] Volkens schätzte 1907, dass die Botanische Zentralstelle etwa einen ausführlichen Bericht pro Woche versandte, wobei die Zahl wohl sogar noch anstieg.[690] Das Ausmaß

---

686 Bericht Botanische Zentralstelle 1906/07, in: Jahresbericht Schutzgebiete (1908), S. 31–43, hier S. 42.

687 Die Verschiebung der Priorität vom Pflanzentransfer hin zur Beschaffung und Weitergabe von Informationen ist auch für die botanischen Einrichtungen anderer Kolonialmächte zu beobachten. Headrick, Tentacles (1988), S. 226.

688 Vgl. Bericht Botanische Zentralstelle 1908/09, in: Denkschrift Schutzgebiete (1911), S. 378–382, hier S. 381; Bericht Botanische Zentralstelle 1907/08, in: Jahresbericht Schutzgebiete (1909), unpag., Anlage A.V.

689 Bericht Botanische Zentralstelle 1905/06, in: Denkschrift Schutzgebiete (1907), S. 425–428, hier S. 428.

690 Vgl. Volkens, Zentralstelle (1907), S. 11. Der Jahresbericht 1908/09 listet schon 73 Anfragen auf. Engler sprach 1910 von einer weiter steigenden Zahl der Ratsuchenden.

der Auskunftstätigkeit lässt auch die Auflistung der Korrespondenz eines Jahres erahnen, die 135 von der Kolonialabteilung des Auswärtigen Amtes eingegangene Schriftstücke anführt, 123 Schreiben der Botanischen Zentralstelle an die Kolonialabteilung, 435 in die Kolonien verschickte Schreiben und 340 Drucksachen sowie 250 aus den Kolonien empfangene Briefe.[691] Zusätzlich zu den Antwortschreiben erschienen die Ergebnisse besonders aufwändiger, durch Anfragen veranlasster Spezialstudien im *Notizblatt*, um sie breiter bekannt zu machen, ebenso wie die Rückläufe und Erträge der Rundfragen.[692]

Um einen Einblick in die inhaltliche Bandbreite der Beratung zu geben, reicht schon ein Auszug aus den Mitteilungen eines Jahres. Demnach gab die Botanische Zentralstelle 1900/01 Auskünfte „über geeignete Schattenbäume für Kaffe- und Kakaopflanzungen in Guatemala und Samoa, [...] über die Kräuselkrankheit des Tabaks, über die Verwertbarkeit der Pandanus- und Canangablüten zu Parfümeriezwecken, über Möglichkeit und Aussichten des Plantagenbetriebs auf den Karolinen, über rationelle Kopraverwertung, über die Schädlinge der Kokospalme, über die Herkunft ostafrikanischer Pfeilgifte, über die Möglichkeit der Kavakultur in Deutschland, über die Verwertbarkeit der Blüten des Kosobaums, über Kautschukkultur am Kilimandscharo, über den Anbau der Mandel in Ostafrika, über die Stammpflanzen der Drogen der Massais."[693]

Das Engagement der Botanischen Zentralstelle ging häufig über das Verfassen von Antwortschreiben, das Veröffentlichen von Informationen oder das Weitergeben eingesandter Proben an Spezialisten hinaus. Sie reagierte nicht nur auf Anfragen oder Aufforderung von Seiten des Auswärtigen Amtes beziehungsweise des Reichskolonialamtes, sondern ergriff selbst die Initiative zur Lösung kolonialwirtschaftlicher Probleme. Beispielsweise bemühte sie sich angesichts der Debatte über die Ausnutzung der Holzbestände der Kolonien Kamerun, Togo und Deutsch-Ostafrika um die Verbreitung der wissenschaftlichen Namen von holzliefernden Bäumen als Grundlage für deren Beurteilung, erarbeitete

Bericht Botanische Zentralstelle 1908/09, in: Denkschrift Schutzgebiete (1911), S. 378–382, hier S. 381; Engler, Bericht (1910), S. 12.

691 Bericht Botanische Zentralstelle 1905/06, in: Denkschrift Schutzgebiete (1907), S. 425–428, hier S. 428.

692 Bericht Botanische Zentralstelle 1899/1900, GStA PK I. HA Rep. 76, Va, Sekt. 2, Tit. X, Nr. 89 B, Bd. 2, Bl. 216–225, hier Bl. 216; Notizblatt, Bd. 4, Nr. 39 (Febr. 1907), S. 285–286; ausführlich zur Organisation und den Resultaten der bereits genannten Rundfrage zu Milchsäften Notizblatt, Bd. 5, Nr. 42 (März 1908).

693 Bericht Botanische Zentralstelle 1900/01, GStA PK I. HA Rep. 76, Va, Sekt. 2, Tit. X, Nr. 89 B, Bd. 2, Bl. 249–250, hier Bl. 250.

eine beispielhafte Publikation dazu für Togo und stellte im Kolonialsaal des Museums eine Sammlung von dortigen Hölzern aus, nutzte diese zu Lehrzwecken für Förster und Forstlehrlinge und gab bei einer Importfirma Gutachten zum Wert der Hölzer in Auftrag.[694]

Es überrascht nicht, dass die umfangreiche und zeitintensive Beratungstätigkeit der Botanischen Zentralstelle, die wie schon bei anderen Aufgabenbereichen eine Vielzahl von Beamten des Botanischen Gartens und Museums einband, mit den wissenschaftlichen Ansprüchen und Zielen der Institution kollidierte. Engler sprach das bei der Eröffnung der Neuanlage in Dahlem an und plädierte für eine bessere Ausbildung aller, die sich mit der Pflanzenwelt der Tropen befassen wollten, damit sie in Übersee selbständiger agieren konnten. Als eine ideale Vorbereitung sah er hierfür neben der Teilnahme an Vorlesungen am Botanischen Museum das Selbststudium im Schaumuseum.[695] Letztlich sollte nicht nur der Transfer von Pflanzen in die Kolonien, sondern auch die Weitergabe von Wissen etwa in Form der Gärtnerausbildung oder des Schaumuseums dazu beitragen, die botanische Sammelpraxis und die landwirtschaftliche Forschung in den Kolonien unabhängig vom Mutterland zu machen. Damit beabsichtigte die Botanische Zentralstelle keinesfalls, sich überflüssig zu machen und schließlich selbst abzuschaffen. Plausibler ist, dass dieser Ansatz die Position des Botanischen Gartens und Museums als Ort der Forschung und Lehre sowie als Auskunftsstelle zu stärken beabsichtigte.

Wissenspopularisierung

Äußerst aktiv betätigte sich die Botanische Zentralstelle auch im Bereich der Popularisierung von Wissen. Die Vielzahl der hierzu betriebenen Maßnahmen verdient eine detaillierte Betrachtung, die als nächstes vorgenommen wird. Schon in seiner ersten Ausarbeitung zu den Aufgaben der Botanischen Zentralstelle hatte Engler erörtert, „wie der Botanische Garten und das Botanische Museum die Kenntnis tropischer Nutzpflanzen und ihrer Produkte in weiteren Kreisen verbreiten können“[696]. Diesen von ihm als dritten Aufgabenbereich angeführten Punkt verstand er als „indirekte Förderung der Kolonialwirtschaft“[697], im

694 Bericht Botanische Zentralstelle 1907/08, in: Jahresbericht Schutzgebiete (1909), unpag., Anlage A.V.

695 Vgl. Engler, Bericht (1910), S. 12.

696 Entwurf Botanische Zentralstelle, Botanischer Garten und Botanisches Museum, Engler an Kultusministerium, von Gossler, 7. Januar 1890, GStA PK I. HA Rep. 76, Va, Sekt. 2, Tit. X, Nr. 89 B, Bd. 1, Bl. 112–118, hier Bl. 116.

697 Ebd., Bl. 112.

Gegensatz zu den zuerst genannten Aufträgen, namentlich die Belieferung der Versuchsstationen in den deutschen Kolonien mit Saatgut und Pflanzen und die Ermittlung des Nutzwertes von dort eingesandter Pflanzen.[698] Im späteren Vertrag über die Gründung der Botanischen Zentralstelle gingen das Auswärtige Amt und das Preußische Kultusministerium auf diesen von Engler eingebrachten Aufgabenbereich allerdings nicht ein. Es liegt daher nahe, die Popularisierung von Wissen zu tropischen Nutzpflanzen in erster Linie als Englers Agenda zu sehen, zumal er sich auch persönlich um die Einrichtung entsprechender Abteilungen im Garten und Museum kümmerte. Das Auswärtige Amt erkannte erst ab 1898 nach heftigen Auseinandersetzungen die sogenannten kolonialbotanischen Ausstellungsbereiche des Museums als Teil der Botanischen Zentralstelle an, womit es auch umfangreichere Mittel dafür zur Verfügung stellte.[699]

Inhaltlich ging es Engler um die Vermittlung von Wissen zu Nutzpflanzen der Tropen und Subtropen, insbesondere zu deren Existenzbedingungen und Produkten. Den in die Kolonien gehenden Verwaltungsbeamten, Farmern und Plantagenunternehmen wollte er praxisrelevantes Wissen zur Verfügung stellen, damit sie für den Anbau in den deutschen Kolonien nur Pflanzen auswählten, die sich für die dortigen Bedingungen eigneten und einen guten Ertrag versprachen.[700] Dafür strebte Engler dem naturkundlichen Sammlungsideal der Zeit entsprechend eine größtmögliche Vollständigkeit der entsprechenden Sammlungen an:

> „Einmal soll der Botanische Garten durch eine möglichst vollständige Sammlung von tropischen Nutzpflanzen, wie andererseits das Botanische Museum durch eine

---

698 Ebd.

699 Vgl. dazu die Ausführung zum Vertrag und nachfolgenden Interessenkonflikten in Kap. III.1 und Botanischer Garten und Botanisches Museum, Engler an Kultusministerium, 27. Mai 1914, GStA PK I. HA Rep. 76, Va, Sekt. 2, Tit. X, Nr. 90, Bd. 16, Bl. 91; Englers Vorwort in: Krause, Führer (1916), S. XIII.

700 Entwurf Botanische Zentralstelle, Botanischer Garten und Botanisches Museum, Engler an Kultusministerium, von Gossler, 7. Januar 1890, GStA PK I. HA Rep. 76, Va, Sekt. 2, Tit. X, Nr. 89 B, Bd. 1, Bl. 112–118, hier Bl. 116. Engler betonte wiederholt, es wäre für die „Förderung des Plantagenbaus“ gut, wenn für den Dienst in den Kolonien vorgesehene Beamte die Sammlungen des Botanischen Museums besuchten. Bspw. Bericht Botanische Zentralstelle 1891/92, GStA PK I. HA Rep. 76, Va, Sekt. 2, Tit. X, Nr. 89 B, Bd. 1, Bl. 212–230, hier Bl. 228. Dies muss auch vor dem Hintergrund gesehen werden, die Zentralisierung der Beamtenausbildung durchzusetzen.

> reichhaltige Sammlung von Pflanzenprodukten, jedem, der in die Kolonien hinausgehen will, Gelegenheit geben, sich mit diesen Dingen vertraut zu machen."[701]

Zu den Adressaten gehörten namentlich auch Forschungsreisende, die für den Kolonialdienst auszubildenden Gärtner sowie Missionare. Die Zielgruppe der Abteilungen zur Pflanzenwelt der deutschen Kolonien im Botanischen Garten und Museum umfasste außerdem Studenten, Lehrer und Fachgelehrte aus dem In- und Ausland.[702] Daneben sollte das breite Publikum mit tropischen Nutzpflanzen, deren Wachstumsbedingungen und ihren Produkten „vertraut werden"[703], so Engler. Auf das Museum bezogen hieß es später explizit, es wende sich ebenfalls an „die kühnen jungen Damen, die über See gehen", und neben den Ausreisenden gleichfalls an die Rückkehrer, „die drüben etwas gelernt haben", um ihnen die Gelegenheit zu bieten, „hier im Museum zu vergleichen, was ihnen bekannt ist, und [zu] prüfen, wie es sich verhält zu dem, was anderswo herstammt."[704]

Die Wissensverbreitung in den auf die Kolonien bezogenen Bereichen im Botanischen Garten und Museum bezweckte den Angaben der Direktion nach somit primär, einen Überblick über tropischen Nutzpflanzen und die Bedingungen für ihren Anbau zu bieten. Eingegangen wurde auf zahlreiche Pflanzenprodukte und deren wirtschaftliche Bedeutung. Das zur Verfügung gestellte Wissen zielte auf die Praxis ab, namentlich die Förderung einer fachlich fundierten, erfolgreichen Plantagenwirtschaft in den deutschen Kolonien. Die Wissenspräsentation richtete sich überdies an potentielle Sammler von Objekten sowie von Informationen für Ausstellungen und Forschungen. In die Kolonien Reisende sollten ihre Kenntnisse der tropischen Flora erweitern, um neue Pflanzen und Kenntnisse für Wissenschaft und Wirtschaft auszumachen.[705] Lücken in der Sammlung und im präsentierten Wissen sollten demnach durchaus auffallen

---

701 Engler, Gutachten Verlegung, 23. November 1891, GStA PK I. HA Rep. 76, Va, Sekt. 2, Tit. XIX, Nr. 49, Bd. 1, Bl. 118–148, hier Bl. 148, abgedr. in Notizblatt, Bd. 2, Nr. 10 (Sept. 1897), S. 295–314, hier S. 301.

702 Bericht Botanische Zentralstelle 1905/06, in: Denkschrift Schutzgebiete (1907), S. 425–428, hier S. 428.

703 Entwurf Botanische Zentralstelle, Botanischer Garten und Botanisches Museum, Engler an Kultusministerium, von Gossler, 7. Januar 1890, GStA PK I. HA Rep. 76, Va, Sekt. 2, Tit. X, Nr. 89 B, Bd. 1, Bl. 112–118, hier Bl. 116.

704 Alle Zitate Diels, Museum (1914), S. 285.

705 Ebd. Engler nutzte auch die Jahresberichte der Botanischen Zentralstelle und weitere Veröffentlichungen, um dazu aufzurufen, „reichlich und vollständig" zu sammeln. Bspw. Engler, Centralstelle (1892), S. 14.

und Museumsbesucher und Sammler in eine dynamische Wissensproduktion eingebunden werden.[706] Neben diesen ausdrücklich genannten Zielen schufen Objektauswahl, Schaupraktiken und Schaukontexte wie auch verschiedene Methoden und Medien der Popularisierung weitere Wahrnehmungszusammenhänge, welche auf die Wissensrezeption durch die Besucher einwirkten, wie nachkommend ausgeführt wird.

Welche große Bedeutung Engler diesem Aufgabenbereich der Botanischen Zentralstelle zumaß, zeigt sich schon daran, dass er noch im Jahr ihrer Gründung dafür Umgestaltungen im Botanischen Garten und Museum in Schöneberg vorzunehmen begann. Sein grundsätzliches Anliegen war, „die tropischen und subtropischen Nutzpflanzen mehr in den Vordergrund treten zu lassen."[707] Das konnte erreicht werden, indem die entsprechenden vorhandenen Pflanzen zusammengeführt wurden, die zuvor verstreut im Garten und in den Gewächshäusern wuchsen.

Die als „Lehrabteilung"[708] der Botanischen Zentralstelle titulierte Anlage im Schöneberger Garten bestand aus einem kleinen dreieckigen Beet vor dem Orchideenhaus, auf dem im Sommer subtropische Nutzpflanzen ausgepflanzt wurden, etwa Mais, Reis, Sojabohnen, Melonen sowie außerdem auch Zuckerhirse, Pfeffer, Tabak und Rizinus. Obwohl diese Pflanzen prinzipiell im Freien gediehen, lieferten sie laut Gartenführer nicht unbedingt einen Ernteertrag. Ein Kasten mit Glasbedeckung schützte die empfindlicheren Arten, darunter Erdnuss, Pistazie, Maniok, Ingwer, Koka, Baumwolle und Jute.[709] Das größere Gewächshaus für tropische Nutzpflanzen versammelte wie es hieß „die

706 Vgl. Cornish, Science (2013), S. 146. Cornish verfolgt in ihrer Untersuchung der Museen in Kew überzeugend, wie diese als „spaces of knowledge exchange and as dynamic sites of knowledge production" (ebd.) wirkten. Das Berliner botanische Museum übernahm diese Funktion ebenfalls.

707 Engler, Centralstelle (1892), S. 10.

708 Bericht Botanische Zentralstelle 1890/91, GStA PK I. HA Rep. 76, Va, Sekt. 2, Tit. X, Nr. 89 B, Bd. 1, Bl. 188–198, hier Bl. 189.

709 Vgl. Bericht Botanische Zentralstelle 1890/91, GStA PK I. HA Rep. 76, Va, Sekt. 2, Tit. X, Nr. 89 B, Bd. 1, Bl. 188–198, hier Bl. 189. Der Bericht enthält eine Liste der Pflanzen der „Lehrabteilung" (Bl. 191–193). Außerdem Bericht Botanische Zentralstelle 1891/92, GStA PK I. HA Rep. 76, Va, Sekt. 2, Tit. X, Nr. 89 B, Bd. 1, Bl. 212–230, hier Bl. 229; Engler, Centralstelle (1892), S. 10–11; Engler, Rundgang (1892). Vgl. auch Abb. 9.

Mehrzahl der wichtigsten tropischen Kulturpflanzen“[710]. Das Begleitheft nannte Nahrungs- und Genussmittel, unter anderem Brotfruchtbaum, Betelnusspalme, Kakao- und Kaffeebaum, dazu Gewürzpflanzen wie Zimt, Vanille und Pfeffer, als Arzneipflanzen Chinarindenbäume, von ölliefernden Pflanzen Ölpalmen, ferner kautschukliefernde Gewächse, Farbstofflieferanten und Nutzhölzer wie Sandelholz und Mahagoni.[711]

Damit verfügte die Botanische Zentralstelle schon kurz nach ihrer Gründung über eine umfangreiche und vielfältige Auswahl tropischer und subtropischer Nutzpflanzen, an denen sich unterschiedliche Verwendungen und technische Nutzungen erklären ließen. Die zugehörigen Informationen befanden sich auf Holz- oder Eisenschildern neben den Pflanzen. Sie gaben den wissenschaftlichen lateinischen Namen an und wenn vorhanden die „volkstümliche“, d.h. gebräuchliche deutsche Bezeichnung, dazu die Herkunft und Informationen zu Anbau und Verwendung.[712] Die knappen Texte im Gartenführer gingen darüber nicht hinaus und stellten keinen Bezug zu den deutschen Kolonien und der Botanischen Zentralstelle her.[713]

Generell entsteht der Eindruck, dass es sich bei den Anlagen im Schöneberger Garten um zügig, pragmatisch und eher behelfsmäßig eingerichtete Bereiche handelte. Zu den im Garten und in den Gewächshäusern bereits vorhandenen und nun zusammengefassten Pflanzen kamen im Laufe der Zeit als Ergänzung angekaufte oder aus gekauften Samen gezogene Pflanzen.[714] Ein für die Kultur tropischer Pflanzen geeignetes Gewächshaus, das durch breite Gänge ein

---

710 Bericht Botanische Zentralstelle 1891/92, GStA PK I. HA Rep. 76, Va, Sekt. 2, Tit. X, Nr. 89 B, Bd. 1, Bl. 212–230, hier Bl. 229.

711 Vgl. Engler, Rundgang (1892), S. 68 f.

712 Bericht Botanische Zentralstelle 1890/91, GStA PK I. HA Rep. 76, Va, Sekt. 2, Tit. X, Nr. 89 B, Bd. 1, Bl. 188–198, hier Bl. 189; Bericht Botanische Zentralstelle 1891/92, GStA PK I. HA Rep. 76, Va, Sekt. 2, Tit. X, Nr. 89 B, Bd. 1, Bl. 212–230, hier Bl. 229; Engler, Rundgang (1892), S. 68–69; zu deutschen Bezeichnungen in den Nutzpflanzenabteilungen auch o.V., Namen (o.J.), S. 2; zu volkstümlichen Pflanzennamen Seidensticker, Pflanzennamen (1999), S. 25.

713 Allein in dem Verweis auf das nicht zu besichtigende „Kolonialhaus“, in welchem die für die Versendung in die Kolonien vorgesehenen Pflanzen aufgezogen wurden, finden die deutschen Kolonialgebiete explizit Erwähnung. Vgl. Engler, Rundgang (1892), S. 39 und S. 68 f.

714 Engler, Centralstelle (1892), S. 10 f. Als problematisch an dieser Art des Erwerbs wurde hier angeführt, dass die über Handelsgärtnereien im In- und Ausland bezogenen tropischen Kulturpflanzen teuer, falsch bestimmt und zum Teil schwer zu erhalten waren.

größeres Publikum erlaubt hätte, wurde nicht realisiert. Dabei waren die vorhandenen Gewächshäuser so veraltet und überfüllt, dass, wie Engler ausführte, „eine einigermaßen kräftige Entwicklung der zahlreichen tropischen Nutzpflanzen nicht zu erzielen ist“[715]. Viele Pflanzen entwickelten unter diesen Bedingungen keine Blüten und konnten nicht sicher bestimmt werden, außerdem mangelte es der Gewächshauspräsentation an Übersichtlichkeit.[716]

Dessen ungeachtet erfreute sich die Gewächshaussammlung tropischer Nutzpflanzen eines „sehr starken“[717] Besuchs, wenngleich konkrete Angaben zu Besuchszahlen fehlen. Angesichts der eingeschränkten Nutzung ist nicht von derselben Größenordnung wie für die Dahlemer Schaugewächshäuser auszugehen, denn die Anlagen in Schöneberg waren weder durchgängig geöffnet, noch für ein Massenpublikum ausgelegt.[718] Starken Zulauf verzeichneten Vorträge zu auf die Kolonien bezogenen botanischen Themen, die im Garten oder in einem Labor stattfanden.[719] Für die Vorträge hatte die Institutsleitung ebenfalls eine praktikable Lösung gefunden, um sie bestmöglich für die Zwecke der Botanischen Zentralstelle einzusetzen: Sie stellten zum einen Pflichtveranstaltungen im Rahmen der Gärtner- und Volontärausbildung dar, zum anderen standen sie dem breiten Publikum offen mit dem Ziel, „weitere Kreise für die Entwicklung unserer Kolonien zu interessieren“.[720]

---

715 Engler, Centralstelle (1892), S. 10.

716 Bericht Botanische Zentralstelle 1891/92, GStA PK I. HA Rep. 76, Va, Sekt. 2, Tit. X, Nr. 89 B, Bd. 1, Bl. 212–230, hier Bl. 229. Dass diese Mängel über die Jahresberichte der Botanischen Zentralstelle und weitere Veröffentlichungen Englers den Weg in die Öffentlichkeit fanden, konnte dazu beitragen, den Druck auf die zuständigen Stellen zu erhöhen, um Verbesserungen zu erwirken.

717 Bericht Botanische Zentralstelle 1899/1900, GStA PK I. HA Rep. 76, Va, Sekt. 2, Tit. X, Nr. 89 B, Bd. 2, Bl. 216–225, hier Bl. 225. Wie auch schon im Bericht aus dem Rechnungsjahr 1897/98 wird das Ziel der Ausstellung damit angegeben, „die Aufmerksamkeit des Publikums auf koloniale Produkte […] zu lenken“. Ebd. Im Kolonialblatt wurde für die Besichtigung der nach Verwendungszweck angeordneten Präsentation geworben. Deutsches Kolonialblatt 8 (1897), Nr. 15, S. 417.

718 Vgl. Engler, Rundgang (1892), S. VII; Engler, Führer (1916), S. 51. Zu den Besuchszahlen für den Dahlemer Garten und die Gewächshäuser insgesamt vgl. Kap. III.3.

719 Bericht Botanische Zentralstelle 1897/98, GStA PK I. HA Rep. 76, Va, Sekt. 2, Tit. X, Nr. 89 B, Bd. 2, Bl. 195–203, hier Bl. 201. Hier heißt es, der Raum hätte auf Grund des großen Andrangs oft kaum ausgereicht.

720 Bericht Botanische Zentralstelle 1897/98, GStA PK I. HA Rep. 76, Va, Sekt. 2, Tit. X, Nr. 89 B, Bd. 2, Bl. 195–203, hier Bl. 201–202. Zu den inhaltlichen Schwerpunkten der Vorträge vgl. die Ausführungen zur Gärtnerausbildung. Zu Vorträgen als Methode der Popularisierung am Botanischen Garten und Museum vgl. Kap. III.3.

Die Wissensvermittlung in den Bereichen des Gartens und der Schauhäuser zu tropischen Nutzpflanzen zeigte damit schon am alten Standort der Institution in Schöneberg popularisierende Tendenzen in Form von ausführlicheren, an ein größeres Publikum gerichteten Erklärungen bei den Pflanzen sowie Begleitheften und Vorträgen. Anders als dann für den Standort Dahlem zu beobachten, fehlten hier allerdings noch attraktive Inszenierungen. Primär ging es um eine praxisbezogene Unterweisung aller in die Kolonien Reisenden, daneben konnten Fachleute, Studenten und Auszubildende ihre Kenntnisse an Hand der wachsenden Lebendsammlungen tropischer Nutzpflanzen vertiefen und beim breiten Publikum das Interesse für die wirtschaftliche Entwicklung der deutschen Kolonialgebiete geweckt beziehungsweise bedient werden.

Desgleichen trifft auf zwei neue Abteilungen im Botanischen Museum Schöneberg zu, eingerichtet „um die Kolonialbotanik zu fördern“[721]. Nur zeigten diese keine Lebendsammlungen, sondern getrocknete oder in Alkohol konservierte Pflanzen, Samen, Früchte, Hölzer, Rinden, Fasern und andere pflanzliche Rohprodukte. In einem der Säle der Museumsabteilung fanden sich geordnet nach Herkunftsland und Verwendung Kulturpflanzen und ihre Produkte, unter anderem verschiedene Obst- und Getreidesorten, Genussmittel liefernde Pflanzen und Gespinstpflanzen. Im Korridor standen Schränke, die pflanzengeographische Typen vereinten und zudem verdeutlichten, welche Produkte von wildwachsenden Nutzpflanzen gewonnen wurden.[722]

Im Schöneberger Botanischen Museum gab es noch keine Trennung zwischen wissenschaftlicher Sammlung und öffentlicher Schausammlung. Als hervorragendes Merkmal der Kolonialabteilung des Museums und deren besonderer Wert wurde die richtige wissenschaftliche Bestimmung aller dort präsentierten Objekte hervorgehoben. Die Voraussetzung dafür bildete die intensivierte wissenschaftliche Bearbeitung des aus den Kolonien eingesandten Pflanzenmaterials. Die korrekten Angaben in der Kolonialabteilung führte die Institutsleitung nicht ohne Stolz als Beleg für den hohen wissenschaftlichen Rang des Botanischen Museums an.[723] Durch Zusendungen aus den deutschen Kolonialgebieten ließ sich die Präsentation ständig erweitern, wobei das Hauptaugenmerk auf

721 Engler, Centralstelle (1892), S. 14.

722 Vgl. Pistor, Museum (1890), S. 19 f.; Bericht Botanische Zentralstelle 1891/92, GStA PK I. HA Rep. 76, Va, Sekt. 2, Tit. X, Nr. 89 B, Bd. 1, Bl. 212–230, hier Bl. 229–230.

723 Bericht Botanische Zentralstelle 1894/95, GStA PK I. HA Rep. 76, Va, Sekt. 2, Tit. X, Nr. 89 B, Bd. 2, Bl. 4–7, hier Bl. 7. Zum Botanischen Museum in Schöneberg und Englers Plänen für die Trennung von Schauraum und Depot vgl. Kap. III.3.

„technisch wichtigen und lehrreichen Objekten“[724] lag. Ausführliche Objekttexte sollten dazu dienen, den aktuellen Wissensstand „für ein größeres Publikum lehrreich auszuführen“[725], und aufgestellte Bildtafeln zur weiteren Verständlichkeit beitragen.

Ob die Schau die gewünschte Wirkung gerade beim breiteren Publikum hatte, ist indes zweifelhaft. Der auf Grund des Platzmangels dicht zusammengedrängten Zusammenstellung fehlte es – wie von Seiten der Botanischen Zentralstelle zugegeben – an Übersichtlichkeit.[726] Zudem sah angesichts der eingeschränkten Öffnungszeiten, die dem Publikum nur an zwei Nachmittagen in der Woche Zutritt zur Museumsabteilung gewährten,[727] nur eine begrenzte Zahl von Besuchern die Exponate. Eine größere Rolle spielte die Kolonialabteilung wohl für die Unterweisung von Beamten und Sammlern, die von der Botanischen Zentralstelle mit Sammelausrüstungen ausgestattet wurden, sowie für Fachleute und Studenten der Botanik und Pharmazie.[728] Während allgemein Besuchszahlen für die Museumsabteilung des Schöneberger Botanischen Museums fehlen, heißt es für eine täglich geöffnete einmonatige Sonderausstellung über Kakaovaritäten, die Gewinnung von Perubalsam und die Verarbeitung von Vanille, sie hätte sich eines „regen Besuchs“[729] erfreut. Vorgeführt wurden bekannte Kolonialprodukte, die jedoch von einer Studienreise nach Zentral- und Südamerika und nicht aus den deutschen Kolonien stammten. Neben den bereits genannten Zwecken sollte dem Publikum hier zusätzlich ein Eindruck vom Nutzen von

724 Bericht Botanische Zentralstelle 1894/95, GStA PK I. HA Rep. 76, Va, Sekt. 2, Tit. X, Nr. 89 B, Bd. 2, Bl. 4–7, hier Bl. 7. Dass die Kolonialabteilung sich im Laufe der Jahre erheblich ausdehnte, führte auch ein Schreiben des Kultusministeriums an die Kolonialabteilung des Auswärtigen Amtes an, in dem um eine größere finanzielle Unterstützung der Botanischen Zentralstelle für den Ausstellungsbereich gebeten wurde. Kultusministerium, Bosse an Auswärtiges Amt, Kolonialabteilung, Hohenlohe-Schillingfürst, 23. August 1897, GStA PK I. HA Rep. 76, Va, Sekt. 2, Tit. X, Nr. 89 B, Bd. 2, Bl. 147–152, hier Bl. 150.

725 Bericht Botanische Zentralstelle 1891/92, GStA PK I. HA Rep. 76, Va, Sekt. 2, Tit. X, Nr. 89 B, Bd. 1, Bl. 212–230, hier Bl. 230. Dazu auch Pistor, Museum (1890), S. 19 f.

726 Bericht Botanische Zentralstelle 1891/92, GStA PK I. HA Rep. 76, Va, Sekt. 2, Tit. X, Nr. 89 B, Bd. 1, Bl. 212–230, hier Bl. 230.

727 Vgl. Pistor, Museum (1890), S. 20.

728 Vgl. hierzu bspw. Engler, Bericht BGBM (1901), S. 9 und Engler, Bericht BGBM (1902), S. 9.

729 Bericht Botanische Zentralstelle 1899/1900, GStA PK I. HA Rep. 76, Va, Sekt. 2, Tit. X, Nr. 89 B, Bd. 2, Bl. 216–225, hier Bl. 221.

Forschungsexpeditionen „für Wissenschaft und Praxis“[730] gegeben werden. Die Objekte hatte Paul Preuss, der Leiters des Versuchsgartens in Victoria zusammengetragen, finanziert durch das Kolonialwirtschaftliche Komitee, sodass sich mit der Exposition gleichzeitig auf die Projekte des KWK hinweisen sowie für die Anerkennung und Unterstützung dieses kolonialwirtschaftlichen Interessenverbandes werben ließ.[731]

Die auf die deutschen Kolonien bezogenen Bereiche der Neuanlage des Botanischen Gartens und Museums in Dahlem konzentrierten sich inhaltlich zwar ebenfalls auf tropische und subtropische Nutzpflanzen und ihre Produkte, doch anders als am Schöneberger Standort handelte es sich nun nicht mehr um eher notdürftig improvisierte Einrichtungen. Vielmehr traten die entsprechenden Abteilungen stärker hervor und beeindruckten Fachleute wie Massenpublikum durch Größe und Fülle, prächtig entwickelte Pflanzen und eindrucksvolle Inszenierungen. Damit verdeutlichten sie nicht nur den gestiegenen Stellenwert der auf die Kolonien ausgerichteten Tätigkeiten am Berliner Botanischen Garten und Museum, sondern sie spielten auch eine wesentliche Rolle bei Englers Bestrebungen, die Institution zu einem Ort des Lernens für ein größeres Publikum zu machen.[732] Zusätzlich zu den bereits für die alte Anlage in Schöneberg erörterten Vermittlungsabsichten formulierte die Direktion weitere Ziele, um vielfältige Assoziationen bei den Besuchern wachzurufen und ihre Imagination und Gefühle anzusprechen.

Der sogenannte Kolonialgarten – zentral am Hauptweg gelegen – bestand aus einem großzügigen Freilandstück, auf dem im Sommer die schon in Schöneberg kultivierten Arten wuchsen. Zusätzlich gab es ein mit modernster Technik ausgestattetes Schaugewächshaus, als Kolonialhaus bezeichnet, in dem das Publikum koloniale Nutzpflanzen aus der Nähe bestaunen konnte, die es oft bereits in Form von Genussmitteln kannte, etwa Zuckerrohr, Kaffee, Kakao und Tee, außerdem technisch genutzte Pflanzen, insbesondere Baumwolle und Jute, sowie für die Kautschuk- und Guttaperchagewinnung geeignete Arten.[733] Diese Pflanzen waren ihrer Verwendung entsprechend zusammengestellt.[734] Wenngleich

730 Ebd.

731 Vgl. Preuss, Expedition (1901), S. 408.

732 Vgl. hierzu auch Kap. III.3.

733 Zum Kolonialgarten und Kolonialhaus vgl. Übersicht Zentralstelle, in: Notizblatt, Bd. 4, Nr. 33 (Jan. 1904), S. 99–107, hier S. 106–107; Peters, Führer (1910), S. 51; Engler, Führer (1916), S. 50.

734 Bericht Botanische Zentralstelle 1907/08, in: Jahresbericht Schutzgebiete (1909), unpag., Anlage A.V.

viele der präsentierten Arten schon im Schöneberger Garten vorhanden gewesen waren, machte es doch einen Unterschied, dass die Pflanzen dank der optimierten Bedingungen im Gewächshaus besser gediehen, viele nun erstmals blühten oder Früchte trugen und damit Fachgelehrten wie Laien neue Eindrücke boten. Die vergrößerte Ausstellungsfläche erlaubte die Zurschaustellung einer breiteren Auswahl an Pflanzen und bot zudem mehr Raum für die Besucher. Gleich nach Eröffnung des neuen Gartens strömten an den Sonntagen über 5.000 von ihnen in diesen Bereich, ferner besichtigten auch zahlreiche Vereine diese Anlagen.[735] Im Begleitheft für den Garten hieß es dazu:

> „Daß diese, praktischen Zwecken in erster Linie dienenden Abteilungen bei dem Publikum großen Beifall finden, zeigt sich an allen Besuchstagen des Gartens, ist auch bei dem großen, jetzt allgemein in Deutschland herrschenden kolonialen Interesse selbstverständlich."[736]

Die Aussage belegt noch einmal den vorrangig auf die Praxis orientierten Zweck der Anlagen, die dem wahrnehmbar gestiegenen Interesse des breiten Publikums an den deutschen Kolonien entgegenkamen und von den Besuchern offenbar sehr positiv aufgenommen wurden. Wenn Engler zusammenfassend angab, dass sich am neuen Standort Dahlem „in umfassenderer Weise als bisher die Möglichkeit bot, das Interesse eines größeren Publikums kolonialen Dingen zuzuwenden"[737], lässt sich das sowohl auf die Ausweitung der Präsentation wie auf die Erweiterung der Zugangsmöglichkeiten für das Massenpublikum und den Anstieg der Besuchszahlen beziehen.

Englers Feststellung trifft ebenso auf den großen Schauhauskomplex zu: Obwohl die Schaugewächshäuser anders als der Kolonialgarten und das Kolonialhaus nicht auf die Nutzpflanzen der deutschen Kolonien fokussiert waren,[738] diskutieren die Begleithefte die dortige Präsentation tropischer Pflanzen dennoch mit Bezug auf die überseeischen Kolonialgebiete. So hieß es zur 155 Quadratmeter großen Abteilung einkeimblättriger tropischer Nutzpflanzen, sie biete eine Übersicht über „einen großen Teil der wichtigsten Repräsentanten der kolonialen Plantagenpflanzen", wie Bananen, sowie „der in allen Kolonialberichten genannten wichtigsten Gewächse: Ölpalme, [...] Kokospalme, [...] bis zu

---

735 Ebd. Neben den in Kap. III.3 genannten Vereinen fanden die auf die Kolonien bezogenen Bereiche im Botanischen Garten sicher insbesondere die Aufmerksamkeit kolonialer Interessenverbände.

736 Peters, Führer (1908), S. 37 f.

737 Übersicht Zentralstelle, in: Notizblatt, Bd. 4, Nr. 33 (Jan. 1904), S. 99–107, hier S. 106.

738 Vgl. Graebner/Peters, Freiland-Anlagen (1909), S. 72.

den Sansiverien und agavenartigen Gewächsen."[739] Ein weiteres, fast 400 Quadratmeter umfassendes Haus für zweikeimblättrige tropische Nutzpflanzen enthielt neben Gewürz-, Nahrungs-, Genuss- und Heilmittel liefernden Pflanzen ebenfalls schwerpunktmäßig Plantagenprodukte, die, so der Führer, „heute eine große Rolle auch im Kolonialbetriebe des deutschen Reiches spielen."[740] Kautschuk, Kaffee und Kakao, so die Beschreibung weiter, „sind es in erster Linie, welche den Finanzen Kameruns und Samoas rasch hochhelfen können, in geringerem Grade in Ostafrika Gewinn versprechen."[741]

Solche Bemerkungen, die explizit das Potenzial einzelner Pflanzen in Zusammenhang mit der wirtschaftlichen Ausnutzung der deutschen Kolonien thematisieren, stellen allerdings in den Führern durch den Botanischen Garten und die Gewächshäuser eine Ausnahme dar. Mehrheitlich finden sich knappe Aufzählungen der ausgestellten Pflanzen unter Angabe der deutschen Bezeichnung und teilweise der lateinischen Namen sowie mit Informationen zu ihrer Verwendung, wenn es sich um eher weniger bekannte Pflanzen handelte. Ausführliche Schilder an den Pflanzen vermittelten dieses Wissen ebenfalls, denn die Sammlung war ausdrücklich zum Selbststudium für den in die Tropen gehenden „Land- und Plantagenwirt"[742] gedacht.

Den Mittel- und Höhepunkt der Schaugewächshausanlage bildete das „Große Tropenhaus", dessen Nutzfläche 1.728 Quadratmeter betrug. Das Begleitheft sprach schon allein auf Grund der eindrucksvollen Architektur zu Recht von einer „imposanten Halle"[743]. Zu dieser hieß es weiter: „Sie soll uns die Möglichkeit gewähren, dem deutschen Volke, das sich nunmehr auch als Kolonialbesitzer zu fühlen beginnt, Begriffe von tropischen Vegetationsbildern zu geben."[744] Im Gegensatz zu den zuvor beschriebenen Anlagen ging es im Tropenhaus nicht um eine Zusammenstellung für die Kolonialwirtschaft nützlicher Pflanzen, sondern um die Erzeugung von Bildern, Imaginationen und Emotionen. Leitend bei der Ausgestaltung des Tropenhauses war die Ambition, ein „der Natur treu nachgeahmte[s] Gebilde"[745] zu schaffen, das „die charakteristischen Pflanzenformen

739 Ledien, Führer (1910), S. 12.
740 Ebd., S. 15.
741 Ebd. Volkens zählt diese beiden Schauhäuser mit zu den für die Wissensvermittlung durch die Botanische Zentralstelle geschaffenen Einrichtungen. Volkens, Zentralstelle (1907), S. 12 f.
742 Ledien, Führer (1910), S. 15.
743 Ebd., S. 16.
744 Ebd.
745 Koerner, Bauten (1910), S. 12.

einer Tropenlandschaft“[746] enthält. „Naturtreue“ bedeutete dabei wissenschaftliche Korrektheit, nämlich „die Darstellung auf wissenschaftlicher Grundlage konzipierter exotischer Landschafts-Charakterbilder“[747]. Gleichzeitig handelte es sich um eine künstlerische Inszenierung, von „malerischen“ Pflanzengruppierungen und genau überlegten Sichtachsen ist in diesem Zusammenhang die Rede.[748] Zeitgenössischen Beschreibungen zufolge entsprach das Ergebnis eher einer klischeehaften Konstruktion eines Dschungels, angepasst an den Geschmack des breiten Publikums.[749] Dessen Erwartungen und Vorannahmen prägten Reisebeschreibungen und andere Kolonialliteratur, Bildpostkarten, öffentliche Palmenhäuser, Kolonialausstellungen und Kolonialwarenläden mit exotisierenden Produktwerbungen und weitere Elemente der Ausstellungs-, Unterhaltungs- und Massenkultur.[750]

Die Bepflanzung umfasste „bis zur Glasdecke hoch aufragende Palmen mit glattem Schaft und kleiner Blätterkrone, am Felsen hängende Araceen [Aronstabgewächse KK], am Boden kriechende Selaginellen [Moosfarne KK], aus der Tiefe zum Lichte emporrankende Schlinggewächse aller Art mit herabhängenden Luftwurzeln unten Nahrung suchend, im Wasser schwimmende Nymphäen

---

746 Ebd.

747 Ledien, Inhalt (1909). Es darf nicht vergessen werden, dass auch die Schaugewächshäuser für die wissenschaftliche Forschung bedeutsam waren. Hier sollten noch wenig bekannte hochwüchsige Pflanzen, die zuvor in den niedrigen, kleinen Gewächshäusern der Schöneberger Anlage als Topfkultur nur schlecht gediehen, zur vollen Entwicklung mit Blüten und Früchten gebracht und genauer bestimmt werden. Vgl. Ledien, Führer (1910), S. 16 f.; Ledien, Inhalt (1909), S. 98. Zum Anspruch der Naturtreue bei der wissenschaftlichen Repräsentation vgl. für die Botanik Cornish, Science (2013), S. 149; allgemeiner Daston/Galison, Objectivity (2007).

748 Vgl. Ledien, Führer (1910), S. 17 zu den wissenschaftlichen und künstlerischen Zwecken.

749 Zu Tropenimaginationen vgl. Stepan, Nature (2001); Driver/Martin (Hgg.), Visions (2005); speziell auf deutsche Imaginationen bezogen Flitner, Tropenwald (2000) und zum Zusammenspiel der Imagination des Tropenwaldes und des deutschen Waldes darin insbes. Badenberg, Ansichten (2000).

750 Vgl. zahlreiche Beiträge dazu in den Sammelbänden Heyden (Hg.), Kolonialismus (2007); Heyden/Zeller (Hgg.), Kolonialmetropole (2002); außerdem Axster, Spektakel (2012); Ciarlo, Rasse (2003). Nyhart betont ebenfalls, dass sich Narrative, visuelle Konzepte und ästhetische Grundgedanken von Printmedien, Zoos und Museen gegenseitig beeinflussten. Nyhart, Nature (2009), insbes. S. 81 ff. Das Botanische Museum und der Botanische Garten waren in diese Zirkulation von Bildern eingebunden.

[Seerosen KK], an der Baumrinde haftende Schmarotzer."[751] Damit ließ sich eine spektakuläre Umsetzung des „kollektiven Phantasiebildes"[752] des Ur- oder Tropenwaldes erreichen: Üppiges, fruchtbares Wachstum, erstaunliche Formen von Blüten und Blättern, eine schwüle, betörende Wildnis begegneten dem Besucher. Durch das Auspflanzen der Gewächse in den Boden, einen künstlichen Felsenbau und den nicht durch Bauteile beeinflussten Gesamteindruck konnte das Publikum sich der Illusion hingeben, inmitten eines Tropenwaldes zu wandeln und sich noch wahrhaftiger – wie im Begleitheft deklariert – als „Kolonialbesitzer" fühlen sowie an den vermeintlich authentischen Eindrücken „exotischer" Sinnesfreuden teilhaben.[753]

Zum sinnlichen Erlebnis, welches das Große Tropenhaus aber auch die anderen Schaugewächshäuser und teilweise die Freilandbereiche mittels ihrer Lebendsammlungen ermöglichten, gehörte die Wahrnehmung des Geruchs der Pflanzen und Blüten. Dieser vermischte sich in den Gewächshäusern mit dem feuchter Erde. Anzunehmen ist, dass das Tropfen von Wasser auf den Blättern vernommen werden konnte und die besondere Akustik des durch den Moosteppich gedämpften Schalls. Gewiss berührte der eine oder andere Besucher die Pflanzen, kostete womöglich gar verbotenerweise eine Frucht. Die Besuchsbestimmungen wandten sich zwar gegen das Abpflücken oder Ausreißen von Pflanzen und das Einsammeln von Samen oder Früchten, aber nicht gegen das Berühren der Pflanzen, erlaubten den Besuchern damit das Begreifen im Wortsinn.[754] Hier bot sich dem Massenpublikum die Gelegenheit zum individuellen,

751 Koerner, Bauten (1910), S. 12.

752 So Fuhrmann, Urwald (2013), S. 56. Dazu auch Flitner (Hg.), Tropenwald (2000). Wie Fuhrmann betonen weitere Beiträge im von Flitner herausgegebenen Sammelband, der die „Vielfalt der symbolischen Bedeutungen und diskursiven Funktionen des Tropenwaldes" (S. 15) erkundet, die Rolle des Tropenwaldes als Gegenwelt oder als Antithese zum deutschen Wald, als Chaos und sexualisierte Ur- oder Unterwelt. Vgl. u.a. Wirz, Wald (2000), S. 37. Wirz geht auch auf die positive antike und christliche Palmensymbolik ein.

753 Zur Bauweise vgl. genauer Kap. III.3. Dort auch mehr zu Gewächshäusern als Symbole der Moderne, als Verkörperungen von Innovationen in Industrie und Ingenieurskunst sowie als Machtsymbol. Die in Gewächshäusern und Palmenhäusern inszenierten „exotischen" Welten wirkten unter anderem auf die Alltagskultur zurück, bspw. beeinflussten sie die Einrichtung von Wohnräumen oder öffentlichen Gebäuden. Siehe dazu Scherpe, Orient (2004).

754 Vgl. die in den Begleitheften für den Botanischen Garten und die Gewächshäuser enthaltenen Besuchsbestimmungen, die sich diesbezüglich im Untersuchungszeitraum nicht wesentlich änderten. Engler, Rundgang (1892), S. VII–VIII und

sinnlichen Kontakt mit den ausgestellten tropischen Pflanzen, als Erlebnis, welches nicht nur eine physische und emotionale Verbindung herstellte, sondern gerade durch das Berühren „a means of transferring power“[755] beinhaltete, in diesem Fall die Teilhabe an und Ausübung von Macht als „Kolonialbesitzer“, als Herrscher über ferne Welten, Menschen, Landschaften.

Die Wissenspräsentation des Botanischen Museums hingegen war nicht als sinnliches Erlebnis konzipiert, sondern sie kennzeichnete – wie üblich zu der Zeit – „the dominance of sight in the modern museum“[756]. Das Schausammlungskonzept schuf durch die Auswahl und Anordnung der Objekte, ergänzt durch verschiedene Formen bildlicher Darstellungen und erläuternder Texte, ebenfalls vielfältige Kontexte, Bezüge und Eindrücke, die sich auf verschiedenen Ebenen interpretieren lassen. Wenngleich sich insgesamt drei Bereiche des Schaumuseums der tropischen Pflanzenwelt widmeten, soll es im Folgenden um die Kolonialabteilung gehen. Diese beschränkte sich auf die deutschen Kolonien und komplettierte die Ausstellungsbereiche, die der Botanischen Zentralstelle als Instrumente der Wissensvermittlung zur Verfügung standen.[757] Engler hatte diesen Teil der Schausammlung selbst eingerichtet.[758]

Die Kolonialabteilung erstreckte sich über die auf der Hofseite liegenden Hälfte des Schausaals im ersten Stockwerk des Museums und sollte in den Worten des Direktors „eine Vorstellung von der Eigenartigkeit der ursprünglichen Pflanzenwelt jeder unserer Kolonien und ihrer pflanzlichen Erzeugnisse geben.“[759] Sie thematisierte nicht allein die für die Plantagenwirtschaft

---

Besuchsbestimmungen 1924, abgedr. in Lack (Hg.), Erben (2010), S. 137. Engler erwähnt, dass hin und wieder trotzdem Pflanzen beschädigt wurden, vgl. Englers Vorwort, in: ders., Führer (1916), S. VII.

755 Classen, Museum (2007), S. 903. Classen erkundet die reichen sinnlichen Wahrnehmungsmöglichkeiten, welche frühe Museen erlaubten und führt aus, dass gerade das Anfassen als ergänzende und unerlässliche Informationsquelle für das „Erfassen“ eines Objektes galt, bevor in den Museen ab Mitte des 19. Jhdts. zunehmend „the rule of sensory restraint“ (ebd., S. 895) das Verhalten der Museumsbesucher regulierte.

756 Classen/Howes, Museum (2006), S. 199. Der Vorrang des Sehens schlägt sich auch in der Forschungsliteratur nieder, nur wenige Arbeiten widmen sich den anderen Sinnen im Zusammenhang mit dem Museum. Erkennbar wird das schon an den Begriffen wie Schausammlung oder Schaumuseum, welche die Forschung zu Museen bestimmen.

757 Vgl. u.a. Volkens, Zentralstelle (1907), S. 13.

758 Vgl. Englers Vorwort in: Krause, Führer (1916), S. XIII.

759 Ebd., S. XII.

bedeutsamen Nutzpflanzen, sondern bestand ebenso aus pflanzlichen Originalen der von der einheimischen Bevölkerung der Kolonien genutzten Arten sowie Beispielen wildwachsender Pflanzen. Letztere spielten zwar insgesamt in der Zusammensetzung der Vegetation der Kolonialgebiete eine große Rolle, wurden aber auch in der pflanzengeographischen Abteilung gezeigt und kamen in der Kolonialabteilung eher der Vollständigkeit halber vor. Damit sollte der Bereich seine Funktion erfüllen können, „den Reisenden, die sich in die Kolonien begeben, ein ausgezeichnetes Unterrichtsmittel zu sein und ihnen Gelegenheit [zu] bieten, sich schon vorher mit der Vegetation der Länder, die sie besuchen wollen, vertraut zu machen."[760] Die Kolonialabteilung war damit wie das Botanische Museum generell als ein Ort der Lehre und des Lernens gedacht.[761]

Die Kolonialabteilung gliederte sich in Unterbereiche, die den einzelnen deutschen Kolonien zugeordnet waren. Sie umfasste 86 neu angefertigte, schlichte Schränke, bestehend aus einem gläsernen Schauteil und einem Depotteil darunter.[762] Der Glasschrank beinhaltete meist Herbarbelege und Pflanzenpräparate wie getrocknete Samen, Früchte, Zweige, Hölzer, Rinden – zum Teil auf Papptafeln montiert – außerdem in mit Alkohol gefüllten Gläsern konservierte Knollen, Früchte, Samen und ähnliche Pflanzenteile. Ausgestellt wurden ebenso ethnographische Artefakte wie von der einheimischen Bevölkerung der Kolonien aus pflanzlichen Materialien hergestellter Schmuck, geflochtene Matten und Netze oder Kleidung sowie aus Hölzern geschnitzte Gebrauchsgegenstände, beispielsweise Hocker, Löffel und Kämme. In den Schubladen des Depotteils lagen in Kästen Früchte und Samen, die herausgenommen werden konnten.[763] Während die Charakterpflanzen systematisch nach Familien geordnet waren, orientierte sich die Zusammenstellung der Nutzpflanzen an ihrer Verwendung. Die Schränke bildeten durch ihre Aufstellung Kojen, die als Arbeitsbereiche gedacht

760 Krause, Führer (1916), S. 52.

761 Zur Gesamtkonzeption des Botanischen Museums in Dahlem vgl. Kap. III.3.

762 Zur Kolonialabteilung des Botanischen Museums vgl. insbes. Krause, Führer (1916), S. 52–87; zu den Schränken Koerner, Bauten (1910), S. 33–34, dort auch Abbildungen der Museumssäle und Schränke. Eine Aufnahme aus der Kolonialabteilung findet sich bei Gürke, Nutzpflanzen- und Kolonialabteilung (1909), S. 139, s.a. Abb. 6.

763 Dass die Trennung zwischen Schausammlung und wissenschaftlicher Sammlung nicht konsequent umgesetzt wurde, ist keine Besonderheit. Auch in anderen Museen nutzten Wissenschaftler und Studenten die Schausammlung für Forschungszwecke. Vgl. Nyhart, Nature (2009), S. 217.

waren und zu denen Arbeitstische gehörten für die Ablage aus den Fächern entnommener Objekte.[764]

Der Umfang der Ausstellungsfläche zu den einzelnen Kolonien variierte erheblich, abhängig vom Grad ihrer wissenschaftlichen Erforschung und von den in Berlin vorhandenen Objekten. So dominierte der Bereich zur Kolonie Deutsch-Ostafrika mit 30 Schränken die Präsentation, die Objekte aus Samoa und Deutsch-Südwestafrika fanden hingegen in jeweils sechs Schränken Platz. Auffällig ist, dass die Schränke zu den pazifischen Kolonien Deutsch-Samoa und Deutsch-Neuguinea überproportional viele ethnographische Objekte enthielten, darunter Ketten, Kränze und ein kompletter Tanzschmuck.[765] Das mag darauf zurückzuführen sein, dass dort hauptsächlich derartige Objekte gesammelt und dann nach Berlin gesandt wurden. Es kann aber ebenso darauf hinweisen, dass hier wie auch in Völkerkundemuseen der Zeit die einheimische Bevölkerung der pazifischen Kolonien abweichend von derjenigen aus den afrikanischen Kolonien präsentiert wurde, was in stereotypen Darstellungen von „edlen Wilden" gegenüber „kriegerischen Barbaren" ihren Ausdruck fand. Im Gegenzug wurde wiederum die Sammelpraxis beeinflusst von der zeitgenössischen Südseefaszination ebenso wie von negativen Stereotypen, die durch die Inszenierungen der Massen- und Unterhaltungskultur im Kaiserreich – namentlich „Völkerschauen", koloniale Produktwerbung und Museumspräsentationen – geprägt waren.[766]

Dass Ethnographica zur Schausammlung eines botanischen Museums gehörten, stellte keine Ausnahme dar, sondern kennzeichnete zum Beispiel ebenso die Präsentation in Kew. In ihrer Untersuchung der Museen der Royal Botanic Gardens Kew hat sich Caroline Cornish intensiver mit der Frage auseinandergesetzt, welche Funktion ethnographische Objekte in den dortigen Ausstellungen zu Pflanzenprodukten aus den Kolonialgebieten erfüllten. Ihre Ergebnisse lassen sich auch auf die Kolonialabteilung des Berliner Botanischen Museums beziehen: Zum einen zeigten die Artefakte Beispiele für die Verwendung von Pflanzenrohstoffen. Ihre Zurschaustellung verwies auf indigenes Wissen über die

764 Die Kompartimente erlaubten nicht nur ein ungestörtes Arbeiten, sondern verhinderten, dass der Besucher seinen Blick durch den Saal über alle Objekte gleichzeitig schweifen lassen konnte. Diese Aufstellung sollte einen aufmerksamen Betrachter hervorbringen und war eine Absage an Ausstellungsgestaltungen, die hauptsächlich mit Masse und Vollständigkeit den Besucher beeindruckten, wie Nyhart und Köstering für das ähnlich eingerichtete Berliner Museum für Naturkunde herausstellen. Vgl. Nyhart, Nature (2009), S. 227; Köstering, Natur (2003), S. 184–189.

765 Vgl. Krause, Führer (1916), S. 55–60.

766 Vgl. Ricci, Wilder (2015), außerdem Bitterli, Wilden (2004).

Verwendung von Pflanzen, insbesondere wenn es sich um solche handelte, die bislang nicht auf dem europäischen Markt bekannt oder verbreitet waren. Das Erkenntnisinteresse der Ethnologie und der angewandten Botanik überschnitten sich in diesen Objekten und die Auswertung indigenen Wissens bildete den ersten Schritt für die Bewertung neuer Arten. Der Museumspräsentation der Objekte kam dabei im Rahmen des Ansatzes einer dynamischen Wissensproduktion die Funktion zu, Ideen für zukünftige Nutzungsmöglichkeiten im Betrachter hervorzubringen.[767] Zum anderen konnten sich die Aussagen gleichen, die ethnographische Objekte im Völkerkunde- und im botanischen Museum vermittelten, indem sie die Bevölkerung der Kolonialgebiete als vermeintlich primitiv und der „Zivilisierungsmission" der Kolonialmächte bedürftig darstellten. Die Museen nahmen in diesem Zusammenhang zugleich die Rolle von Archiven vergangener oder verschwindender kultureller Praktiken und Wissensbestände ein.[768]

Ergänzend zu pflanzlichen Originalen kamen verschiedene Medien zum Einsatz: Karten verorteten die deutschen Kolonialgebiete geographisch und farbige Zeichnungen gaben auffallende Pflanzen wieder, deren Besonderheiten sich unter Umständen an den meist bräunlichen getrockneten oder in Alkohol konservierten Präparaten nicht mehr nachvollziehen ließen. Die Pflanzen und Samen wurden dabei idealtypisch abgebildet und konnten auch als Ersatz für originale Pflanzenbelege dienen.[769] Eine überragende Rolle spielten jedoch Photographien – hauptsächlich mit Vegetationsansichten – angebracht über den Schränken oder auf Holzstellwänden. Sie sollten einen allgemeineren Eindruck von der für die jeweilige Kolonie charakteristischen Flora vermitteln und die ausgestellten Pflanzen in ihrem biogeographischen Kontext zeigen. Ein in der Abteilung zu Kamerun vorhandener Bilderständer enthielt außerdem im Kameruner Botanischen Garten in Victoria aufgenommene Photographien und wies damit auf die Tätigkeit der Botanischen Zentralstelle und der botanischen Versuchsstationen in den Kolonien hin.[770]

767 Vgl. Cornish, Science (2013), S. 146 f.

768 Ebd., S. 376 sowie Nesbitt/Cornish, Seeds (2016).

769 Vgl. Cornish, Science (2013), S. 154.

770 Vgl. Krause, Führer (1916), S. 52–87. Eines der Museen in Kew präsentierte seit 1878 ebenfalls Aufnahmen der botanischen Gärten in den britischen Kolonien, „acting as an illustration of Kew's imperial mission at the centre of a network of satellite gardens". Cornish, Science (2013), S. 159.

Schon die Museumsabteilung im Schöneberger Museum hatte in Rahmen montierte Photographien enthalten. Trotzdem scheinen dort Zeichnungen eine größere Rolle gespielt zu haben, der Medienwechsel und damit der Wandel der wissenschaftlichen Repräsentation manifestierte sich erst nach dem Umzug nach Dahlem deutlich.[771] Mit Hilfe von photographischen Aufnahmen, die als neues Medium Modernität und Objektivität suggerierten, ließ sich eine Brücke schlagen zwischen Wissenschaft und Massenunterhaltung. Ein weiterer Grund für die starke Präsenz von Photographien in der Kolonialabteilung ist in der Bedeutung der Kamera als Instrument der kolonialen Erfassung zu sehen.[772]

Das Bildarchiv des Botanischen Museums bewahrt einige Aufnahmen aus dem Botanischen Garten Victoria und ostafrikanische Vegetationsansichten mit dem Stempel des renommierten Fotostudios von Carl Vincenti in Daressalam auf. Vincenti fotografierte für wissenschaftliche sowie populäre und kommerzielle Zwecke die Landschaft und Bevölkerung der Kolonie Deutsch-Ostafrika, ebenso die koloniale Gesellschaft, insbesondere Verwaltungsbeamte und Militärangehörige, daneben koloniale Infrastrukturen wie Häfen, Eisenbahnanlagen, Plantagen und die Gouverneursvilla. Seine Arbeiten kennzeichnen diese Vielzahl von Motiven und das Wechselspiel verschiedener Interessen, denn viele seiner Aufnahmen vertrieb er auch als Postkarten. Obwohl das Begleitheft zur Kolonialabteilung Aufnahmen von Vincenti erwähnt,[773] kann nicht mit Sicherheit gesagt werden, ob es sich bei den noch im Bildarchiv des Botanischen Museums vorhandenen Photographien um dieselben handelt, die dort zu sehen waren.[774] Zum heutigen Bestand der Sammlungen des Botanischen Museums

771 Vgl. Engler, Bericht BGBM (1900), S. 8. Cornish beschreibt die Ausstellungen der Museen in Kew als ein Nebeneinander von wissenschaftlichen Repräsentationsformen (Zeichnungen, Photographien) und der Wissensregime, für die sie standen (Naturtreue/mechanische Objektivität). Vgl. Cornish, Science (2013), S. 149 und ausführlicher zur visuellen Repräsentation ebd., S. 154–159. Daston und Galison betonen, dass jede neue Repräsentationsform die vorherige eher ergänzte und nicht ablöste. Daston/Galison, Objectivity (2007), S. 318.

772 Vgl. Cornish, Science (2013), S. 158 und die Ausführungen dazu in Kap. V.

773 Krause, Führer (1916), S. 55.

774 Eine beispielhafte Untersuchung einer Aufnahme aus dem Bildarchiv des Botanischen Museums nimmt die einleitende Objektgeschichte des Kapitels V vor. Auf die unterschiedlichen Visualisierungstechniken und ihre Bedeutung für die wissenschaftliche Praxis der Botanik kann im Rahmen der Arbeit nicht ausführlicher eingegangen werden. Vgl. zur Photographie Lack, Hilfe (1989); als Einstieg zu Zeichnungen und Modellen mit weiterführender Literatur und dem Fokus auf Glasmodellen Daston, Flowers (2004).

gehören außerdem noch kolonialzeitliche Dioramen, beispielsweise das Kleindiorama einer Kakao-Plantage in Kamerun und das Modell der Versuchsplantage Victoria in Kamerun. Da bislang weder die Entstehungszeit der Modelle noch deren Verwendung geklärt ist und die ausgewerteten Quellen hierzu keine neuen Erkenntnisse lieferten, soll an dieser Stelle nicht darüber spekuliert werden, ob sie in der Kolonialabteilung aufgestellt waren.[775]

Nachweisbar ist hingegen, dass in der Kolonialabteilung vier Stereoskope standen, durch die sich Bildserien zu Anbau, Ernte und Verarbeitung von Kulturpflanzen wie Baumwolle, Zuckerrohr, Kaffee und Kakao betrachten ließen.[776] Serielle Zusammenstellungen von Photographien zu Herstellungs- und Verarbeitungsprozessen kannte das Publikum bereits von Gewerbeausstellungen.[777] Stereoskopische Bilder vermittelten dazu einen dreidimensionalen Eindruck und fanden zu der Zeit bereits massenhafte kommerzielle Verbreitung zu Unterhaltungszwecken, beispielsweise in Form der Kaiserpanoramen. Es kamen demnach in der für ein breites Publikum vorgesehenen Kolonialabteilung aus den Kontexten von Unterhaltung und Kommerz vertraute Medien und Darstellungsformen zum Einsatz, um botanische Wissensinhalte weiterzugeben. Den besondere Reiz der Stereoskopie, der neben der Photographie, laut Jonathan Crary, „most significant form of visual imagery in the nineteenth century"[778] machte der Effekt einer „apparent tangibility" und „ocular possession" aus.[779] Wie schon für die anderen Ausstellungsbereiche angeführt, wirkten auch hier Assoziationen von Nähe und Teilhabe an Besitz und Macht auf die visuelle Aneignung der Präsentation durch die Besucher ein. Dazu gehörte ebenso, dass – wie Constance Classen und David Howes für die kolonialen Sammlungen ethnologischer Museen feststellen – „the visual display of the artifacts in their glass cases further allowed visitors to dominate the collection through their gaze."[780]

775 Vgl. Kreye, Garten (2009), S. 137 ff. Er diskutiert diese Dioramen kritisch. Zum Modell der Versuchsanstalt für Landesskultur in Victoria vgl. Lack, Modell (1997).

776 Krause, Führer (1916), S. 53.

777 Vgl. Cornish, Science (2013) und Heesen, Theorien (2012), S. 73–89. Die Darstellungsmittel richteten sich nach dem Publikum ebenso wie nach dem Gegenstand der verschiedenen Ausstellungsbereiche des Botanischen Museums. In der biologischen Abteilung fanden sich beispielsweise Schautafeln mit mikroskopischen Zeichnungen und bildlichen Darstellungen von Experimenten zu chemischen Vorgängen in den Pflanzen. Vgl. Krause, Führer (1915) und Englers Vorwort in: Krause, Führer (1916), S. X.

778 Crary, Techniques (1991), S. 116.

779 Ebd., S. 124 u. 127.

Gleiches konnten die Besucher der Kolonialabteilung des Botanischen Museums in Dahlem erfahren.

Überhaupt lassen sich Konzeption und Aussagepotenzial der Kolonialabteilung nicht trennen vom kolonialen Blick. In der Gestaltung der kolonialen Schausammlung schlugen sich explizit oder implizit koloniale Machtverhältnisse, ökonomische, wissenschaftliche und politische Interessen, dominante Diskurse anderer Wissenschaften wie der Ethnologie sowie die Bilderwelten und Ausstellungskonventionen der Massenkultur nieder. Dieser Ausstellungsbereich stellte damit eine Manifestation der kolonialen Ordnung dar: Schon der Erwerbskontext war eng mit kolonialen Herrschaftsbeziehungen verwoben, das Sammeln eine Form der Eroberung.[781] Der Transport der Objekte von der Peripherie in die Metropole etablierte Letztere symbolisch als "heart of empire"[782], ein Prozess, der sich auch an Berlin als deutscher Kolonialmetropole zeigte, deren Museen einen Großteil aller wissenschaftlichen Sammlungsgegenstände aus den Kolonien aufnahmen.[783] In den Museen wurden die Objekte dann nach westlichen Taxonomien geordnet und ausgestellt und dabei Wissen und Autorität über die überseeischen Gebiete demonstriert.[784] Die Kolonialabteilung sollte dabei wie auch viele ethnologische Schausammlungen ein "model of an ideal empire"[785] vorführen, weswegen das Botanische Museum zusammen mit dem Botanischen Garten zu Recht als "central showcase for the plant treasures of the colonies"[786] bezeichnet worden ist. Die speziellen Bereiche in Garten und Museum bildeten ein Kolonialreich ab, dessen Pflanzenwelt so reich wie vielfältig

780 Classen/Howes, Museum (2006), S. 211.

781 Vgl. ebd., S. 209. Untersuchungen, die sich dem Einfluss kolonialer Machtverhältnisse auf die Sammelpraxis und die Präsentation der gesammelten Objekte in den Museen der europäischen Kolonialmetropolen widmen, beziehen sich vorwiegend auf ethnologische Sammlungen und ethnologische Museen, bspw. Laukötter, „Kultur" (2007); Penny, Objects (2002). Mit einem breiteren Fokus Barringer/Flynn (Hgg.), Colonialism (1998); zu Museumsgründungen in Kolonialgebieten MacKenzie, Museums (2010). Allgemeiner und zu den Implikationen der *postcolonial studies* für die Ausstellungstheorie Kazeem/Martinz-Turek/Sternfeld (Hgg.), Unbehagen (2009); darin insbes. Kravagna, Konserven (2009).

782 So in diesem Zusammenhang bei Barringer, Museum (1998), S. 11.

783 Vgl. hierzu ebenfalls Kap. IV.2.

784 Vgl. Classen/Howes, Museum (2006), S. 209–211; Bennet, Birth (1995).

785 Classen/Howes, Museum (2006), S. 210 mit dem Hinweis auf Welt- und Kolonialausstellungen, in deren Kontext das Modellhafte noch deutlicher in Erscheinung trat.

786 Cittadino, Nature (1990), S. 137.

war und die Grundlage für eine prosperierende Landwirtschaft bilden sollte. Die botanischen Kolonialabteilungen funktionierten damit ebenso wie die Bereiche zu den deutschen Kolonien in Naturkunde- und Völkerkundemuseen als "tool of empire"[787] und "offered a public justification for expansion and the accommodation of nature and peoples to its purpose"[788]. Mit ihren kolonialen Sammlungen und Präsentationen wirkten diese Museen als Symbole imperialer Eroberungen und transportierten die Idee von den eigenen Kolonien als grenzenlose Quelle von „Rohstoffen", wozu Pflanzen und Tiere ebenso wie Menschen gezählt wurden.[789] Probleme oder Rückschläge thematisierte die Exposition der Kolonialabteilung im Botanischen Museum nicht, sie ließen sich höchstens in Form von ausgestellten Pflanzenschädlingen erahnen. Diese wurden allerdings nur als solche gezeigt, ohne ihre negativen Auswirkungen an tatsächlichen konkreten Fällen zu diskutieren. Die erwünschte Anmutung der Kolonialabteilung des Botanischen Museums auf den Besucher fasste das Begleitheft für eine Unterabteilung folgendermaßen zusammen:

> „Der Beschauer wird von dieser Zusammenstellung der Pflanzenprodukte Kameruns den Eindruck empfangen, daß dies Gebiet nicht nur viele wertvolle einheimische Pflanzenprodukte liefert, sondern auch in Folge der Tätigkeit der deutschen Kolonisten zu einem Land geworden ist, welches in der Produktion allgemein geschätzter Handelsprodukte anderen reichen tropischen Kolonien gleichkommt."[790]

Mit der Zurschaustellung eines hier eindrücklich durch volle Schränke präsentierten Reichtums ließ sich für ein Kolonialreich werben, das in Hinblick auf Landwirtschaft und Handel den britischen und niederländischen Kolonien ebenbürtig erschien, ungeachtet der tatsächlichen Entwicklung und Handelsbilanz.[791]

Insgesamt gab sich die Präsentation nüchtern und sachlich, entsprechend der Auffassung vom Botanischen Museum als „Lehrbuch" und „Unterrichtsmittel".[792] Die Kolonialabteilung enthielt zwar eindrucksvolle Einzelobjekte, die

---

787 MacKenzie, Museums (2010), S. 7 mit Bezug auf Headrick, Tools (2009).

788 MacKenzie, Museums (2010), S. 7. Zum Aufbau einer Kolonial-Schausammlung im Berliner Museum für Naturkunde und der Kolonialpräsentation im Frankfurter Naturkundemuseum vgl. Köstering, Natur (2003), S. 200 ff.

789 Vgl. Cornish, Science (2013), S. 146 u. S. 310. Vgl. auch Drayton, Government (2000), S. 196.

790 Krause, Führer (1916), S. 79.

791 Zum Eindruck der Überfülle trug bei, dass sich viele Objekte wiederholten, da zahlreiche Arten in mehreren Kolonien vorkamen und daher mehrfach gezeigt wurden.

792 Engler, Vorwort, in: Krause, Führer (1915), S. X; Krause, Führer (1916), S. 52.

aber kaum in Szene gesetzt wurden. Die Kontextualisierung der Objekte lässt sich teilweise an Hand des Begleitheftes erschließen, welches detaillierte fachliche Informationen vermittelte, deutsche und lateinische Namen angab, ausführlich die Verwendung einzelner Pflanzen vorstellte sowie auf Besonderheiten hinwies. Indigenes Wissen tauchte in den Erläuterungen zum Gebrauch einzelner Arten auf, einheimische Namen wurden jedoch nicht angegeben. Wissenschaftliche Informationen hatten im Begleitheft Priorität und gleiches kann wohl ebenso für die Aufschriften an den Schränken und die Objektbeschriftungen in den Vitrinen gelten.[793] Großen Wert legte die Leitung des Museums weiterhin auf die wissenschaftlich richtige Benennung aller gezeigten Objekte, um einerseits die Qualität der Ausstellung zu unterstreichen und andererseits Sammler anzuhalten, zur korrekten Bestimmung der Pflanzen nur vollständige, gut dokumentierte Belege von Stammpflanzen und ihren Produkten einzuschicken.[794]

Desweiteren mag die Betonung der wissenschaftlichen Genauigkeit als Seitenhieb gegen die Royal Botanic Gardens in Kew gemeint gewesen sein, deren umfangreichen Sammlungen pflanzlicher ökonomischer Produkte im 1847 gegründeten Museum of Economic Botany – wie Engler zugab – „allseitig bewundert wurden."[795] Um der Überlegenheit Kews etwas entgegensetzen zu können, argumentierte man von Seiten des Berliner Botanischen Gartens und Museums gern, dass diese Superiorität Kews nur hinsichtlich der Quantität der Sammlungen gelten könne. Demgegenüber seien der „innere Wert"[796] der Berliner Bestände, deren wissenschaftliche Durcharbeitung und damit die Qualität der Sammlungen denen von Kew und jeder anderen Einrichtung gleichwertig. Im Gegensatz zu den vier bis 1910 eröffneten kolonialen Schaumuseen in Kew nahm sich die Kolonialabteilung des Botanischen Museums sehr überschaubar aus, wollte aber durch einen hohen wissenschaftlichen Anspruch im

793 Überschriftartige Tafeln an den Schauschränken sind auf Abb. 6 zu erkennen, ein Hinweis auf Objektbeschriftungen in den Schränken findet sich bei Koerner, Bauten (1910), S. 34. Inhaltlich gingen die Objektbeschriftungen wohl nicht über die der Freilandbereiche und Gewächshäuser sowie die Angaben im Begleitheft hinaus. Das Anführen von kommerziellen Aspekten wie Einfuhrzahlen – im Kew Museum üblich – wird nicht erwähnt. Vgl. Cornish, Science (2013), S. 151.

794 Gürke, Nutzpflanzen- und Kolonialabteilung (1909), S. 133.

795 Engler, Vorwort, in: Krause, Führer (1916), S. VI. Zum Museum of Economic Botany vgl. McCracken, Gardens (1997), S. 76; Desmond, History Kew (2007), S. 184–194 und zuletzt eingehend Cornish, Science (2013).

796 Diels, Museum (1914), S. 287.

internationalen Vergleich punkten und grenzte sich von kommerzielleren und populäreren Ansätzen ab.[797]

Weitergehende Kontextualisierungen neben den Texten in der und zur Ausstellung konnten Vorträge und Führungen vornehmen, über deren Inhalt und Ablauf allerdings wenig überliefert ist. Nachweislich seit 1912 fanden in Garten und Museum Führungen und Vorträge mit besonderer Berücksichtigung der Kolonien und ihrer Nutzpflanzen statt.[798] Im Herbst 1913 und Frühjahr 1914 gab es zusammen 16 solcher Veranstaltungen mit jeweils durchschnittlich mehr als 60 Teilnehmern.[799] Die gute Resonanz auf solche Angebote und die Bedeutung des Botanischen Museums für die Unterweisung und Ausrüstung von in den Kolonien tätigen Beamten, Forschern und Sammlern schufen zusammen mit dem großen Erfolg der sich als Attraktion für die Massen erweisenden auf die Kolonien bezogenen Bereiche im Freiland und den Tropeninszenierungen in den Schauhäusern eine Rechtfertigung für den Anspruch der Leitung des Botanischen Gartens und Museums, die kolonialen Sammlungen und sämtliche mit der botanischen Erforschung der Kolonien im Zusammenhang stehende Aktivitäten wie die wissenschaftlichen Bearbeitung der Einsendungen, die Ausbildung von Gärtnern und Beamten für den Kolonialdienst und die Popularisierung von Wissen an der Berliner Institution zu zentralisieren.

Auch die Teilnehmer der Kolonialkongresse konnten sich von der Bedeutung der Berliner botanischen Einrichtungen für diese Aufgaben ein Bild machen, und wichtiger noch von deren Unterstützung der Landwirtschaft in den Kolonien durch Pflanzentransfers und den Aufbau von Versuchsstationen. Während des Bestehens des deutschen Kolonialreiches fanden in den Jahren 1902, 1905 und 1910 die „Deutschen Kolonialkongresse" in Berlin statt. Initiiert durch der Deutschen Kolonialgesellschaft nahe stehende Kreise verfolgten die Kongresse zwei Ziele: erstens die Zusammenführung der zahlreichen mit den deutschen Kolonial- und Überseebestrebungen verbundenen Vereine, Gesellschaften und Institutionen sowie zweitens vor allem die „Nutzbarmachung der Wissenschaft für die kolonialen und überseeischen Interessen".[800] Die Kolonialkongresse sind

797 Eine Übersicht über die Museen in Kew gibt Cornish, Science (2013), S. 406. Zur Wissenschaftlichkeit als postuliertes generelles Merkmal des deutschen Kolonialismus vgl. Lindner, Begegnungen (2011), S. 8.

798 Engler, Bericht BGBM (1913), S. 5. Vgl. auch BArch R 1001/8601, Bl. 204; BArch R 1001/8602, Bl. 4; BArch R 1001/8603, Bl. 4 zur Fortsetzung der Vorträge über den 1. Weltkrieg hinaus.

799 Bericht BGBM (1914), in: Notizblatt, Bd. 6, Nr. 57 (Jul. 1914), S. 213–232, hier S. 231.

800 Schnee, Kolonial-Lexikon (1920), S. 309. Vgl. auch Verhandlungen (1903), S. V.

zu verstehen als eine Mischform von öffentlicher Großkundgebung und wissenschaftlicher Fachtagung, die sowohl ein großes Publikum ansprechen als auch einen wissenschaftlichen Austausch ermöglichen sollten. Unter dem Dach des Reichstages wurde im Rahmen einer kolonialpolitischen Agenda fachdisziplinäres Wissen als Herrschaftswissen zusammengetragen.[801]

Bei allen drei Kongressen traten das Botanische Museum beziehungsweise die Botanische Zentralstelle als Mitveranstalter auf. Georg Volkens hielt als Kustos der Botanischen Zentralstelle Vorträge zum landwirtschaftlichen Versuchswesen in den deutschen Kolonien, zu Vorbildern hierfür wie den Botanischen Garten Buitenzorg/Bogor auf Java und zu kautschukliefernden Pflanzen. Im Rahmen des Kongresses 1902 gab es eine Besichtigung des Botanischen Gartens und Museums in Schöneberg sowie des neuangelegten Gartens in Dahlem, 1905 dann auch der dortigen Gewächshäuser und Kulturhäuser der Botanischen Zentralstelle, durch die Volkens führte. In einem Saal des Botanischen Museums wurde eine Ausstellung von kolonialen Produkten gezeigt, ergänzt durch Photographien mit Vegetationsansichten, die bei den Besuchern den Berichten zufolge besonderen Anklang fanden und auch als Postkarten erhältlich waren.[802] Unter der nach eigener Aussage „beträchtlichen" Anzahl von Teilnehmern der Exkursion 1905 befand sich auch der Präsident des Kongresses und Präsident der Deutschen Kolonialgesellschaft Herzog Johann Albrecht zu Mecklenburg.[803]

Damit hatte Engler sein Ziel erreicht, welches er mit der Präsenz seiner Institution auf den Kolonialkongressen verband, denn er hielt insbesondere die Ortstermine „für eine günstige Gelegenheit, die Bedeutung des Botanischen Gartens und Museums für die deutschen Kolonien in weiteren und namentlich auch massgebenden Kreisen ins Licht zu setzen."[804] Maßgebend meinte hier, dass sich unter den Teilnehmern und Ehrengästen der Kongresse viele Prominente aus der Politik befanden wie Minister, Staatssekretäre, der Oberbürgermeister von Berlin, dazu Abgesandte von Industriellenverbänden, hochrangige Militärangehörige, Vertreter der Missionsgesellschaften und wohlhabende, zum Teil adlige Förderer der Kolonialbewegung. Sie alle kamen als Unterstützer der Tätigkeiten

801 Vgl. Besser, Organisation (2004), S. 271 f.

802 Vgl. Verhandlungen (1903), insbes. S. 4–5, S. 11, S.16–18, S. 182–193; Verhandlungen (1906), insbes. S. XVIII, S. XXV u. S. 44–59; Verhandlungen (1910), insbes. S. XVII, S. XVII u. S. 60–75. Engler gehörte bei allen drei Kongressen dem Ausstellungsausschuss an.

803 Vgl. Gürke, Ausstellung (1906), hier S. XXXIII.

804 Botanischer Garten und Botanisches Museum, Engler an Kultusministerium, 25. Januar 1904, GStA PK I. HA Rep. 76, Va, Sekt. 2, Tit. X, Nr. 89 B, Bd. 2, Bl. 316.

des Botanischen Gartens und Museums mit der Botanischen Zentralstelle in Frage, sei es durch finanzielle Zuweisungen, Fürsprachen oder Schenkungen für die Sammlungen.

Neben den Kolonialkongressen nutzte die Leitung des Botanischen Gartens und Museums weitere Veranstaltungen, um die Institution als wichtigen Akteur auf dem Gebiet der Erforschung der Kolonien zu präsentieren. Dabei handelte es sich hauptsächlich um temporäre Ausstellungen mit nationaler oder internationaler Reichweite und verschiedenen thematischen Schwerpunkten. Die unterschiedlichen Oberthemen und weitere Vorgaben der Veranstalter beeinflussten dabei die Objektauswahl und die Kontextualisierung der Exponate. Erläutert sei dies am Beispiel der Kolonialausstellung im Rahmen der Gewerbeausstellung 1896 in Treptow.[805] Der Botanische Garten und das Botanische Museum beteiligten sich daran auf Aufforderung des Auswärtigen Amtes mit einer Zusammenstellung von Nutz- und Charakterpflanzen der deutschen Kolonien nebst wichtigen Pflanzenprodukten. Die Ausstellung war in der Wissenschaftlichen Halle der Kolonialausstellung untergebracht, in der die Erforschung der überseeischen Gebiete im Vordergrund stand.[806] Neben der nach den einzelnen Kolonien geordneten Schau des Botanischen Gartens und Museums befanden sich zwei weitere botanische Präsentationen auf der Treptower Kolonialausstellung.

---

805 Zur Gewerbeausstellung in Treptow vgl. Geppert, Cities (2010), S. 16–61; zum Forschungsstand und publizierten Quellen diesbezügl. ebd., S. 290; zur Kolonialausstellung ebd., insbes. S. 44–49; außerdem Bezirksamt Treptow (Hg.), Weltausstellung (1996); Badenberg, Kairo (2004). Engler gehörte dem Vorstand der Kolonialausstellung an, vgl. Arbeitsausschuss der Deutschen Kolonial-Ausstellung (Hg.), Deutschland (1987), S. 10. Eine Einordnung des im Folgenden vielfach zitierten „Amtlichen Berichtes" des Arbeitsausschuss unternimmt Richter, Kolonialausstellung (1995). Der Bericht enthält zahlreiche Aufnahmen aus den Ausstellungshallen und vom Ausstellungsgelände, ebenso Lindenberg, Pracht-Album (1896).

806 Zur Ausstellung des Botanischen Gartens und Museums in Treptow vgl. Bericht Botanische Zentralstelle 1895/96, GStA PK I. HA Rep. 76, Va, Sekt. 2, Tit. X, Nr. 89 B, Bd. 2, Bl. 89–94, hier Bl. 94 und Gürke, Botanik (1897), S. 308–345; Aufnahmen der Ausstellungsteile mit botanischen Objekten finden sich in Arbeitsausschuss der Deutschen Kolonial-Ausstellung (Hg.), Deutschland (1987), S. 53 (Ausstellung des Botanischen Museums Hamburg) und S. 62 (Ausstellung mit Objekten des Botanischen Museums Berlin). Eine Besprechung der einzelnen vom Botanischen Museum bestückten Schränke enthält Arbeitsausschuss der Deutschen Kolonial-Ausstellung (Hg.), Katalog (1896), S. 108–111. Angegeben sind hier auch die Öffnungszeiten des Botanischen Museums mit dem Hinweis auf die dortige Erteilung von Auskünften zu Kolonialpflanzen.

Zum einen war dies die Ausstellung des Hamburger Botanischen Museums und Instituts für Warenkunde in der Kolonialhalle, die tropische und subtropische Nutzpflanzen entsprechend ihrer Verwendung sortiert zeigte und neben Rohmaterialien auch verschiedene Verarbeitungsstufen veranschaulichte. Zum anderen gab es im Tropenhaus eine Sammlung der bedeutendsten Exportprodukte aus den deutschen Kolonien und zahlreicher von der dort einheimischen Bevölkerung oder auf Plantagen kultivierter Nutzpflanzen.[807] Das Tropenhaus umgaben zudem Rabatten und es existierte ein Gewächshaus mit einer Auswahl für die deutschen Kolonien geeigneter Nutzpflanzen aus dem Bestand des Berliner Botanischen Gartens, gedacht als Ergänzung zu den Objekten in der Wissenschaftlichen Halle.[808]

Der Bericht des am Botanischen Garten und Museum angestellten Kustos Max Gürke, der mit Engler die Schau zusammengestellt hatte, betont als deren Ziel, die Botanik hervorzuheben als eine der „wichtigsten" Wissenschaften, die zur „Nutzbarmachung" der überseeischen Gebiete beitrug durch die Erforschung der Pflanzenwelt, insbesondere der Nutzpflanzen, und der Auswahl der für die europäischen Plantagenkultur in den Kolonien geeigneten Arten.[809] Die gesamte Entwicklung der Kolonien und die Förderung des Exports stehe, so Gürke, in Zusammenhang mit der Botanik. Neben praktischen und wirtschaftlichen Aspekten stellten Ausstellung und Bericht aber auch die wissenschaftliche Erforschung der Flora der deutschen Kolonien dar und hoben den Botanischen Garten und das Botanische Museum als Mittelpunkt der entsprechenden Aktivitäten hervor.

Die Kolonialausstellung bot nicht nur Gelegenheit, diese Inhalte einem großen Publikum zu vermitteln, sondern auch botanisches Wissen weiterzugeben durch ausführliche Beschreibungen bei den Objekten und den Pflanzen im Freiland. Anders als die rein wissenschaftlich orientierten Etiketten im Botanischen Garten und Museum führten die Beschriftungen hier zusätzlich beispielsweise

807 Vgl. Arbeitsausschuss der Deutschen Kolonial-Ausstellung (Hg.), Deutschland (1987), insbes. S. 52–59; Warburg, Kolonien (1896). Die Präsentation im Tropenhaus hatte Otto Warburg im Auftrag der Kolonialabteilung des Auswärtigen Amtes übernommen. Angestrebt worden war Gürke zu Folge zwar eine einheitliche Ausstellung zur Botanik, dies scheiterte jedoch wie es hieß an der praktischen Umsetzung. Gürke, Botanik (1897), S. 308. Denkbar ist ebenso, dass sich sowohl der Berliner als auch der Hamburger Botanische Garten auf der Kolonialausstellung präsentieren wollten und deshalb keine gemeinsame Exposition zustande kam.

808 Gürke, Botanik (1897), S. 309.

809 Ebd., S. 308–309.

auf pflanzliche Produkte bezogene Ausfuhrzahlen an.[810] Der Botanische Garten und das Botanische Museum konnten die Ausstellung in Treptow außerdem zur Besucherwerbung nutzen, selbst wenn die Massen weniger der wissenschaftliche Ausstellungsteil anzog als vielmehr die Zurschaustellung von Afrikanern aus den deutschen Kolonialgebieten in ebenfalls zur Kolonialausstellung gehörenden „Eingeborenen-Dörfern".[811] Als vorteilhaft erwies sich ferner, dass die Objekte der Treptower Schau als erweiterte und aktualisierte koloniale Schausammlung anschließend im Botanischen Museum Verwendung fanden und darüber hinaus die Sammlung kolonialer Exportprodukte aus dem Treptower Tropenhaus dem Botanischen Museum zugesprochen wurde.[812]

Mit ihrer Präsentation in Treptow stellten sich der Botanische Garten und das Botanische Museum in den Dienst der Kolonialabteilung des Auswärtigen Amtes, welche die Kolonialausstellung für politische und propagandistische Zwecke nutzte. Mittels der Kolonialausstellung sollten die öffentliche Meinung, die als Desinteresse an den Kolonien wahrgenommen wurde, beeinflusst und politische Gegner überzeugt sowie imperiale Anstrengungen und Ansprüche des Deutschen Reiches demonstriert werden.[813] Die Exposition war Element einer Inszenierung, welche Innovationen in Technik und Industrie und die wissenschaftlich begleitete „Inwertsetzung" der Kolonien mit einer vorgeblichen, in Form der „Eingeborenen-Dörfer" konstruierten Rückständigkeit der afrikanischen Gesellschaften kontrastierte.[814] Diese Assoziationen schwangen natürlich ebenso im Botanischen Garten und Museum in Schöneberg und mehr noch in Dahlem mit, im Kontext der Kolonialausstellung in Treptow traten sie allerdings noch offensichtlicher hervor. Der Botanische Garten und das Botanische Museum beteiligten sich weiterhin an verschiedenen Ausstellungsformaten wie der

810 Die Kolonialausstellung besuchten mehr als 2 Mio. Menschen. Vgl. Geppert, Cities (2010), S. 46.

811 Dazu Geppert, Cities (2010), S. 47. Außerdem Heyden, Kolonial- und Transvaalausstellung (2002), S. 135; Thode-Arora, Völkerschauen (2002); Honold, Ausstellung (2004); Blümel, „Alt-Berlin" (2005).

812 Bericht Botanische Zentralstelle 1895/96, GStA PK I. HA Rep. 76, Va, Sekt. 2, Tit. X, Nr. 89 B, Bd. 2, Bl. 89–94, hier Bl. 94; Bericht Botanische Zentralstelle 1907/08, in: Jahresbericht Schutzgebiete (1909), unpag., Anlage A.V. Von Ausstellungen stammende Objekte trugen wesentlich zum Anwachsen der Sammlungen des Botanischen Museums bei. Vgl. Urban, Geschichte (1916), S. 29.

813 Vgl. Geppert, Cities (2010), S. 45.

814 Vgl. dazu Geppert, Cities (2010), S. 46 und Heyden, Kolonial- und Transvaalausstellung (2002), S. 135.

Großen Deutschen Gartenbauausstellung in Dresden 1900, der Weltausstellung 1904 in St. Louis/USA und der Deutschen Armee-, Marine- und Kolonialausstellung 1907 in Berlin-Friedenau. Die auf die Kolonien bezogenen Aufgaben der Institution standen dabei im Vordergrund oder machten zumindest einen wesentlichen Teil der Schau aus.[815]

Durch die seit 1895 herausgegebene hauseigene Publikation *Notizblatt* sollten Neuigkeiten aus dem Botanischen Garten und Museum zusätzlich breitere beziehungswiese andere Publikumskreise erreichen. Das Anliegen der Direktion war es, in Form einer „jedem Interessenten durch Kauf leicht zugänglichen Schrift" über wichtige Neuzugänge für den Botanischen Garten und das Botanische Museum zu berichten, außerdem von „bemerkenswerten Leistungen" der Institution und insbesondere über deren Beziehungen zu den Kolonien.[816] Das *Notizblatt* erschien unregelmäßig zwei- bis fünfmal im Jahr mit einem durchschnittlichen Umfang von 30 Seiten. Es konnte nur über den Buchhandel bezogen werden und sprach mit einem Preis zwischen 80 Pfennig und 1,50 Mark sowie den überwiegend sehr speziellen, wissenschaftlich ausgerichteten Beiträgen wohl hauptsächlich ein Fachpublikum an.[817] Eine wesentliche Rolle spielte

---

815 Eine allerdings lückenhafte Auflistung findet sich bei Timler/Zepernick, Garten (1978), S. 60. In Dresden stellten der Berliner Botanische Garten und das Botanische Museum koloniale Pflanzenprodukte aus, in St. Louis pflanzliche Objekte aus den Kolonien, die von besonderem wissenschaftlichen Interesse waren, und auf der Kolonialausstellung in Berlin-Friedenau wurde ein 30 Meter langes Warmhaus sowie Beete im Freien mit Pflanzen aus den Kolonien bestückt. Mitarbeiter der Botanischen Zentralstelle präparierten Einsendungen der Gouvernements von Deutsch-Ostafrika und Togo für die letztgenannte Ausstellung, nach deren Ende fielen davon wertwolle Objekte dem Botanischen Museum zu. Vgl. Engler, Bericht BGBM (1901), S. 9; Bericht Botanische Zentralstelle 1906/7, in: Jahresbericht Schutzgebiete (1908), S. 43. Vgl. auch Debusmann/Riesz (Hgg.), Kolonialausstellungen (1995).

816 Alle Zitate Engler, Vorwort, in: Notizblatt, Bd. 1, Nr. 1 (Jan. 1895), S. 1. Der vollständige Titel lautete *Notizblatt des Königl botanischen Gartens und Museums zu Berlin*, von 1900–1920 ergänzt durch den Zusatz *sowie der botanischen Centralstelle für die deutschen Kolonien*. Lack gibt als Vorbild für das *Notizblatt* das 1887 für Kew begründete Mitteilungsblatt *Bulletin of Miscellaneous Information*, später *Kew Bulletin* an. Vgl. Lack, Kew (2007), S. 185.

817 Das *Notizblatt* war zwar ausdrücklich für ein breiteres Publikum konzipiert im Gegensatz zu den vom Botanischen Garten und Botanischen Museum herausgegebenen Fachzeitschriften. Gürke, Botanik (1897), S. 311. Es ist jedoch zweifelhaft, ob es diesen Leserkreis tatsächlich erreichte. Angela Schwarz konstatiert in ihrer Untersuchung von in der zweiten Hälfte des 19. Jahrhunderts in Großbritannien und Deutschland veröffentlichter populär-naturwissenschaftlicher Literatur ein

es für den Schriftentausch mit anderen botanischen Einrichtungen und Privatpersonen weltweit, sodass die Veröffentlichungen in erster Linie als Informationen für diese Adressaten gelten können. Hierbei erschien der Direktion das *Notizblatt* ein geeignetes Medium, um zeitnah auch die Ergebnisse der wissenschaftlichen Bearbeitung und weiterführende Untersuchungen neuer oder noch wenig bekannter Arten zu publizieren sowie vorwiegend den eigenen Mitarbeitern ein Forum zu geben.

Die Artikel besprachen insgesamt so vielfältige Themen wie die Flora einzelner Kolonialgebiete, Verlauf und Erträge wissenschaftlicher Expeditionen, die Entwicklung der botanischen Versuchsstationen in den Kolonien, die Sendungen des Botanischen Gartens dorthin und Zusendungen daher. Abdruck fanden ferner sporadisch die Jahresberichte des Botanischen Gartens und Museums sowie der Botanischen Zentralstelle, Gutachten zur Kultur verschiedener Pflanzen in den Kolonien, Anleitungen zum Sammeln bestimmter Pflanzenfamilien wie Kakteen oder Palmen sowie Abhandlungen über Pflanzenschädlinge. Solche Fragestellungen mochten ebenfalls primär Sammler, Plantagenbesitzer und die Kolonialverwaltung interessieren, über die Abonnenten und andere Käufer des Hefts ist jedoch wenig bekannt. Es kann gleichwohl davon ausgegangen werden, dass ein großer Leserkreis die auf die Kolonien bezogenen Tätigkeiten wahrnahm. So publizierten einige zur Berliner botanischen Einrichtung gehörende Wissenschaftler zu diesen Fragen auch in anderen Fachzeitschriften wie der *Gartenflora* oder in populärwissenschaftlicher ausgerichteten Periodika, beispielsweise dem *Tropenpflanzer*, dazu auch in der *Deutschen Kolonialzeitung* oder der Illustrierten *Kolonie und Heimat*. Eine weitere Plattform für die Darstellung der Arbeit der Botanischen Zentralstelle bot die Veröffentlichung der jährlichen Tätigkeitsberichte in den *Denkschriften über die Entwicklung der deutschen Schutzgebiete*, im *Deutschen Kolonialblatt* – dem Amtsblatt für die „Schutzgebiete" – und in den Chroniken der Friedrich-Wilhelms-Universität. Aus diesen Druckerzeugnissen zitierte auch die lokale und überregionale Tagespresse Informationen zur Botanischen Zentralstelle.

Die mit der Bekanntgabe zusammenhängenden Absichten umfassten neben der Verbreitung wissenschaftlicher Informationen und praktischer Anleitungen das Ziel, die Berliner botanischen Institutionen als Knotenpunkt der auf

hohes inhaltliches Niveau, wissenschaftliche Genauigkeit und Aktualität der Texte. Schwarz, Bilden (2003). Obwohl das *Notizblatt* all diese Merkmale aufwies, erscheint es schon allein angesichts der Themenwahl fraglich, wie viele Leser es außerhalb der Fachwelt fand.

die Kolonien ausgerichteten Botanik im deutschen Kolonialreich herauszustellen, insbesondere auch gegenüber Kew. So hieß es 1914 von Seiten des Botanischen Museums: „Denn noch immer kommt es vor, dass Deutsche im Ausland wohl etwas von Kew wissen und Kew ihre Sammlungen zuwenden, aber keine Ahnung haben, dass auch Deutschland solch Institute besitzt."[818] Damit sollten Zusendungen für die Sammlungen und finanzielle Unterstützung gesichert, bisherige Ausgaben durch den Verweis auf Erfolge gerechtfertigt und die politische und wirtschaftliche Bedeutung der Berliner Einrichtung unterstrichen werden. Indem Defizite benannt wurden, welche die Berichte hauptsächlich auf die ungenügende Finanzierung der Botanischen Zentralstelle zurückzuführten, ließ sich zudem Druck ausüben, um höhere Zuwendungen zu erhalten.

Charakteristisch für die Gesamtheit der betriebenen Maßnahmen ist das Zusammenfallen der Popularisierung wissenschaftlicher Inhalte und auf die praktische Anwendung zielenden Wissens mit politischen sowie propagandistischen Ambitionen, welche das Aufgabenspektrum der Institution selbst und die Kolonialpolitik des Deutschen Reiches bekannt machen, aufwerten und fördern helfen sollten. Die Vielfalt der Themen und eingesetzten Medien bescherte diesen Anstrengungen die Aufmerksamkeit einer breiten und heterogenen Öffentlichkeit. Die Berliner botanischen Institutionen traten als Zentrum der auf die Kolonien bezogenen Wissensvermittlung und -popularisierung hervor und konnten sich national und international Anerkennung verschaffen. In den Tätigkeitsbereichen Ausbildung, Auskünfte und Ausstellungen orientierte sich die Berliner Einrichtung an Kew, um diese Konkurrenz insbesondere durch eine stärker auf wissenschaftliche Genauigkeit setzende Präsentation im Garten und den Gewächshäusern zu überflügeln. Gleichzeitig waren interimperiale Wissenstransfers speziell bei der Erteilung von Auskünften und Gutachten unverzichtbar. Dafür werteten die Wissenschaftler in Berlin systematisch die Mitteilungsblätter und Jahresberichte der botanischen Gärten anderer Kolonalmächte aus. Zusätzlich erfolgte die Einbeziehung von Experten aus der Wirtschaft auf nationaler Ebene. Dieser direkte, auf Gegenseitigkeit beruhende Austausch führte zu einer zielgerichteten Bereitstellung von botanischem Wissen und Pflanzenmaterial von Seiten der Botanischen Zentralstelle für wirtschaftliche Vorhaben. Sie zeigte sich hier einmal mehr ihrem Auftrag gemäß als zuverlässige Zulieferinstitution für Wirtschaft und Politik.

818 Diels, Museum (1914), S. 287.

Darüber hinaus trugen die Präsentationen im Garten und Museum zur Verbreitung und Verfestigung wirkmächtiger Diskurse bei, welche die Kolonien als an Pflanzenschätzen reiche Gebiete inszenierten, die der „Entwicklung" und „Inwertsetzung" durch die Kolonialmacht bedurften. Koloniale Machtverhältnisse schlugen sich in der Aneignung der Objekte wieder, die nach westlichen Taxonomien und aus der Perspektive wirtschaftlicher und politischer Interessen geordnet wurden. Indigenes Wissen fand nur im Hinblick auf die bisherige Verwendung von Nutzpflanzen Erwähnung, die als noch verbesserungswürdig galt.

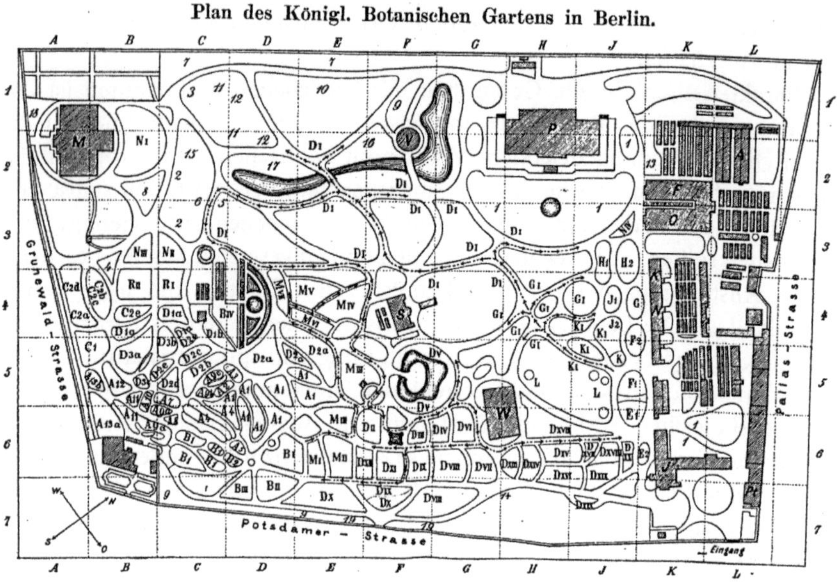

Abb. 9 Plan des Botanischen Gartens in Schöneberg. Als Abteilungen zu Pflanzen aus den Kolonien sind verzeichnet: das dreieckige Beet NIV (J3), der Glaskasten zwischen Farnhaus F und Orchideenhaus O (K2/3) und das Haus für tropische Nutzpflanzen N (K4).

V. Zooming out: Netzwerke und Kontinuitäten Dachbodenfund 2 – Photographie Plantage Kyimbila

Im Dachgeschoss des Botanischen Museums beherbergt ein kleiner Raum die hauseigene Sammlung von Photographien. In den Schubladen einiger Schränke sowie in mehreren Archivboxen im Format von etwa A3 finden sich neben Aufnahmen vom Botanischen Garten und Museum in Schöneberg und Dahlem auch Vegetationsansichten aus den deutschen Kolonialgebieten sowie einzelne Photographien, die den Botanischen Garten Victoria in Kamerun und die Gärten anderer Kolonialmächte in den Tropen wie Buitenzorg/Bogor auf Java und Peradeniya in Ceylon/Sri Lanka zeigen. Außerdem gibt es zahlreiche Aufnahmen von tropischen Nutzpflanzen und deren Verarbeitung in Form von Druckseiten aus Publikationen, als Postkarten oder als gerahmte Photographien. In einem der Kartons liegt ein eher unscheinbares, kleinformatiges, loses Photo, welches das Interesse durch eine längere Beschreibung auf der Rückseite weckt. Sie gibt als erstes Aufnahmeort und -jahr an, Plantage Kyimbila, 1912, sowie den Namen einer mehrfach auf dem Abzug zu erkennenden, als Busch wachsenden Pflanze, *Landolphia stolzii* Busse. Zehn afrikanische Arbeiter mit Hacken, im Halbkreis stehend, bearbeiten den Boden um die Büsche herum. Wie die Aufschrift weiter erläutert, säubern sie ihn von Unkraut und entfernen Gras, damit sich die Ranken von *Desmodium hirtum* besser ausbreiten können. Erste Recherchen ergeben, dass es sich bei *Landolphia stolzii* um eine kautschukliefernde Pflanze handelt. *Desmodium hirtum* Guill. et Perr. ist eine als niederliegender Halbstrauch wachsende Pflanze, die als Bodendecker Unkraut niederhält und als Gründünger diente.[1]

1 Vgl. Abb. 10. Zur Bildquellenanalyse nach Panofsky und Wohlfeil vgl. Lengwiler, Praxisbuch (2011), S. 140; Jäger, Überlegungen (2017).

Abb. 10 Arbeiter auf der Plantage Kyimbila, 1912

Die Nachforschungen zu Herkunft und Erwerbskontext der Photographie kommen erst voran, als bei der Suche nach Informationen über die Plantage Kyimbila ein weiteres Exemplar des Photos auftaucht. Die Digital Library der University of Southern California USCDL enthält das International Mission Photography Archive. Dort ist die Aufnahme unter dem Titel „Plantation workers, Kyimbila, Tanzania, ca.1898–1914" abrufbar.[2] Sie scheint zudem als Teil eines Albums digitalisiert worden zu sein, denn Photoecken halten das Bild auf einer rechteckigen Pappseite, auf der „Nyassa" und eine Nummer zu lesen ist sowie die Bildunterschrift „Kyimbila. Arbeiter säubern die Kautschuk-Plantage". Die Website nennt als Photographen Adolf Stolz, einen Kaufmann der Herrnhuter Brüdergemeine, der sich in der damaligen Kolonie Deutsch-Ostafrika zunächst ab 1898 in Ipyana nördlich vom Nyassa-See aufhielt und anschließend bis 1914 im nahegelegenen Kyimbila. Er war verantwortlich für Plantagen in Kyimbila und

2 http://digitallibrary.usc.edu/cdm/ref/collection/p15799coll123/id/29501

Rutenganio, erläutern die Informationen zum Digitalisat. Wie Recherchen im Unitätsarchiv in Herrnhut zeigen, liegt das Photo dort ebenfalls in einer Archivbox. Sie enthält Aufnahmen aus Ostafrika, festgeklebt auf rotbraunen Pappkarten mit den Maßen 16 x 24 cm, die zumeist mit kurzen Bildbeschreibungen oder zumindest Informationen zu abgebildeten Orten und Personen beschriftet sind. Die von Glasplattennegativen angefertigten Abzüge haben überwiegend die Maße 15,5 x 12 cm und fanden für Werbezwecke der Mission Verwendung. Negative, Abzüge und Dias gehörten ursprünglich der Missionsschule in Niesky und kamen um 1930 an die Lichtbildstelle der Herrnhuter Mission. Die Photographien sind in einer internen Datenbank erfasst und Adolf Stolz ist darin vielen Aufnahmen als Photograph zugeordnet.[3]

Der Name Adolf Stolz taucht auch häufig in den Jahresberichten der Botanischen Zentralstelle auf. Sie geben Stolz über Jahre als Einsender von Herbarpflanzen, Saatgut und Museumsgegenständen an, außerdem erhielt er von der Botanischen Zentralstelle Ausrüstungen zum Sammeln sowie Bestimmungen der von ihm eingesandten Pflanzen.[4] Ein ausführlicher Nachruf im *Notizblatt* würdigt die umfassende Sammeltätigkeit von Stolz und seine intensive Zusammenarbeit mit der Botanischen Zentralstelle.[5] Durch die Photographie in Verbindung mit der Biographie von Adolf Stolz, der als Missionar, Sammler und Plantagenleiter in Ostafrika wirkte, gerät ein Teil der Netzwerke der Botanischen Zentralstelle in den Blick, der eine genauere Betrachtung lohnt: die evangelischen und katholischen Missionare in den deutschen Kolonialgebieten. In den vorherigen Ausführungen zum Pflanzentransfer und Sammeln erschienen Missionsstationen bereits am Rande als Empfänger von Nutzpflanzen und einzelne Missionare als Sammler. Im Folgenden werden die Objektbiographie der

---

3 Die Photographie hat die Nummer 3269, wie auf dem Pappuntergrund verzeichnet. Nyassa, Kasten I, Bild Nr. 3269, Unitätsarchiv Herrnhut. Zum Bildarchiv in Herrnhut vgl. Jones/Albert/Volk, Afrikabestände (2000); Kröger, Bilder (2008). Für zusätzliche Informationen zur Geschichte der Photosammlung und zu Adolf Stolz danke ich Dr. Rüdiger Kröger, ehem. Leiter des Unitätsarchiv. Zur Tätigkeit der Herrnhuter Brüdergemeine in Ostafrika vgl. als zeitgenössische Darstellung Hamilton, Missions (1912); zur Geschichte der Gemeine Mettele, Weltbürgertum (2009).

4 Vgl. Engler, Bericht BGBM (1902), S. 14 u. die Jahresberichte der Botanischen Zentralstelle 1902/03 sowie von 1911/12 bis 1915.

5 Vgl. Notizblatt, Bd. 7, Nr. 66 (Okt. 1918), S. 281–285; Harms, Nachschrift (1918). Weitere Angaben zu den Aufsammlungen von Stolz außerdem in Polhill/Polhill, Collectors (2015), S. 439 f.

Photographie und ihre Aufbewahrung in verschiedenen Sammlungen sowie die Biographie von Adolf Stolz weiter erkundet, um diesen Teil der Netzwerke der Botanischen Zentralstelle exemplarisch zu erhellen.

Damit wird ein abschließender Überblick zu den lokalen, nationalen und internationalen Netzwerken eingeleitet, in denen die Botanische Zentralstelle operierte. Der Fokus des Zooming out erweitert sich dann über den eigentlichen Untersuchungszeitraum der Studie hinaus. Beschrieben werden die nach der Auflösung der Botanischen Zentralstelle fortwirkenden inhaltlichen, strukturellen und personellen Kontinuitäten bei der botanischen Erforschung der nach dem Ersten Weltkrieg abgetretenen ehemaligen Kolonialgebiete und die fortwährende Popularisierung dieser Tätigkeiten des Botanischen Gartens und Museums bis zum Zweiten Weltkrieg.

Da sich je ein Abzug der Photographie in zwei sehr unterschiedlichen Sammlungen befindet, ist gewissermaßen eine doppelte Objektbiographie erforderlich. Schon die verschiedenen Beschriftungen der Photographie weisen darauf hin, dass ihr im Kontext der jeweiligen Sammlung unterschiedliche Informationsgehalte und Funktionen zugesprochen wurden. Die Aufschrift auf der Rückseite der im Bildarchiv des Botanischen Museum verwahrten Aufnahme lenkt das Augenmerk auf die abgelichteten Pflanzen, *Landolphia stolzii* und *Desmodium hirtum*. Die weiterführenden Erklärungen rücken *Desmodium hirtum* in den Vordergrund, dessen Bedeutung beim Niederhalten von Unkraut hervorgehoben wird. Nur am Rande finden die afrikanischen Arbeiter Erwähnung, wichtig ist hier allein ihre Aufgabe, Unkraut und Gras zu entfernen, damit sich die Triebe von *Desmodium hirtum* besser ausbreiten können.

Die Vermutung, dass im Kontext der Sammlung des Botanischen Museums das Hauptinteresse *Desmodium hirtum* galt, bestätigen zwei im Jahr 1913 verfasste Artikel zu dieser Leguminosen-Art (Hülsenfrüchtler), die sich insbesondere zur Verminderung des Unkrautwuchses und als Gründüngung eignet.[6] Die Artikel im *Notizblatt* und *Tropenpflanzer* stammen von Hermann Harms, der seit 1896 am Botanischen Museum tätig war. Gleich eingangs gab Harms an, dass seine Ausführungen auf Briefen von Adolf Stolz beruhten, die er ausführlich zitierte. Die Briefe hatte Harms unter anderem als Begleitschreiben zu zwei *Desmodium*-Arten erhalten, die Stolz im Herbst 1912 mit der Bitte um Mitteilung des botanischen Namens einsandte. Die Pflanzen wurden am Botanischen Museum als *Desmodium hirtum* Guill. et Perr. und *Desmodium barbartum*

6 Vgl. Harms, Niederhaltung (1913); Harms, Desmodium hirtum (1913).

Benth. bestimmt.[7] Wie Harms in der Ergänzung zum Nachruf auf Stolz angibt, hatte er bereits zuvor brieflichen Kontakt zu Stolz aufgenommen und sich mit ihm über in Ostafrika vorkommende Pflanzenfamilien und die Sammeltätigkeit des Missionars ausgetauscht sowie ihm Aufträge zum Beobachten und Sammeln erteilt. Da Stolz wusste, dass Harms sich für Leguminosen interessierte, hatte er ihm wiederholt verschiedene Arten zugeschickt und deren botanische Namen erfragt, wie auch im Fall der beiden *Desmodium*-Arten. Stolz hatte sie seit 1911 beobachtet, um Erkenntnisse über ihren Nutzen für die Unkrautbekämpfung und Gründüngung auf den von ihm geleiteten Plantagen zu gewinnen. Ihre Eigenschaft, Pflanzenteppiche auszubilden sowie die Entstehung eines stickstoffreichen humosen Bodens aus alten, abgeworfenen Blättern unter den neuen Trieben trugen zur Unkrautvermeidung und Bodenverbesserung bei. In dem mehrere Monate nach der Veröffentlichung im *Notizblatt* erschienen Artikel im *Tropenpflanzer* erwähnte Harms weitere Briefe von Stolz zu diesem Thema und dessen Empfehlung von *Desmodium hirtum* für die Gründüngung von Tropenkulturen.[8]

Während im *Notizblatt* zusätzlich andere Gründüngungspflanzen und thematisch verwandte Veröffentlichungen des Botanikers Paul Preuss sowie Versuche mit geeigneten Arten im Biologisch-Landwirtschaftlichen Institut Amani besprochen wurden, ist der Artikel im *Tropenpflanzer* praktischen Aspekten wie der Vermehrung von *Desmodium hirtum* durch Stecklinge und den Kostenersparnissen für die Unkrautbeseitigung gewidmet. Der Artikel im *Tropenpflanzer* enthielt zudem drei Photographien, die *Desmodium hirtum* auf der Plantage Kyimbila zeigen und von Adolf Stolz stammten. Da sowohl die Motive als auch die Bildunterschriften große Ähnlichkeiten mit der Aufnahme im Bildarchiv des Botanischen Museums und der Aufschrift auf ihrer Rückseite aufweisen, liegt es nahe, davon auszugehen, dass die Photographien zusammengehörten. Während über den Verbleib der drei publizierten Photos nichts bekannt ist, gelangte das vierte Bild in die Sammlungen des Botanischen Museums. Die auf der Rückseite angegebene Datierung auf das Jahr 1912 passt zu den bekannten Eckdaten des brieflichen Austauschs zwischen Stolz und Harms, der 1912 begann,[9] und liegt vor dem Erscheinungsdatum beider Artikel im Januar beziehungsweise August

7 Vgl. Harms, Niederhaltung (1913), S. 310.

8 Vgl. Harms, Niederhaltung (1913), S. 308–311; Harms, Desmodium hirtum (1913), S. 432; Harms, Nachschrift (1918), S. 285.

9 Vgl. Harms, Nachschrift (1918), S. 285.

1913. Herkunft und Erwerbskontext der Photographie lassen sich damit mit relativ großer Sicherheit rekonstruieren.

Der heutige Aufbewahrungszusammenhang im Botanischen Museum hat offenbar jedoch eher die kautschukliefernde *Landolphia stolzii* im Fokus, denn in dem Karton, in dem die Photographie verwahrt wird, lagern außerdem Zeichnungen und Photographien von Guttapercha- und Kopalbäumen sowie zum Kautschukzapfen und von Plantagen für verschiedene Produkte. Da einige Aufnahmen gerahmt sind, könnten die Photographien Teil der Schausammlung in der Kolonial- oder Nutzpflanzenabteilung des Botanischen Museums gewesen sein. Der in Berlin ansässige Botaniker und Kolonialexperte Walter Busse hatte die von Stolz unter der Nummer 94 gesammelte und nach Berlin geschickte Pflanze beschrieben und nach Stolz benannt.[10] *Landolphia stolzii* Busse gilt heute nicht mehr als Neuentdeckung von Stolz, sondern wird als Synonym zu *Landolphia owariensis* P. Beauv. geführt, beschrieben bereits Anfang des 19. Jahrhunderts. Stolz betrieb den Anbau der Pflanze auf den von ihm geleiteten Plantagen. Heute wird der aus ihr gewonnene Kautschuk als von minderer Qualität bewertet.[11] In der Veröffentlichung der Forschungsergebnisse vom Berliner Pharmazeutischen Institut und der Botanischen Zentralstelle zur Kautschuk- und Guttaperchagewinnung wurden den Proben von *Landolphia owariensis* hingegen eine gute Qualität und ein „beträchtlicher"[12] Handelswert bescheinigt.

Harms und Stolz tauschten sich bis 1915 weiter brieflich über ostafrikanische Klee-Arten und andere Leguminosen als Gründüngung und Futterpflanzen aus, auch ein Artikel von Stolz war dazu geplant. Jedoch kämpfte Stolz, der 1914 mit seiner Familie für einen Urlaub ins Deutsche Reich aufgebrochen war und unterwegs vom Kriegsbeginn überrascht wurde, mit gesundheitlichen Problemen und verstarb im Dezember 1917 im Tropengenesungsheim des missionsärztlichen Instituts in Tübingen.[13] Der Nachruf im *Notizblatt* würdigte ihn hauptsächlich für seine etwa 2.760 Nummern zählenden Sammlungen und seine

---

10 Vgl. Notizblatt, Bd. 7, Nr. 66 (Okt. 1918), S. 283. Hier auch Angaben zur Beschreibung von *Landolphilia stolzii* Busse in Botanische Jahrbücher 32 (1902), S. 168 f. u. Hinweise auf Artikel zu dieser Art sowie auf Abbildungen im *Tropenpflanzer*.

11 https://plants.jstor.org/compilation/landolphia.owariensis

12 Notizblatt, Bd. 5, Nr. 42 (März 1908), S. 58–59.

13 Vgl. den Nachruf in Notizblatt, Bd. 7, Nr. 66 (Okt. 1918), S. 282; Harms, Nachschrift (1918), S. 286.

Beobachtungen zur afrikanischen Flora.[14] Die Aufsammlungen stammten primär aus der Umgebung der Station Kyimbila im Nordwesten des Nyassa-Sees am Fuß des erloschenen Rungwe-Vulkans und von weiter ausgedehnten Reisen in der Region. Sie bildeten aus botanischer Sicht eine wertvolle Ergänzung zu denen aus dem unter britischer Kontrolle stehenden Gebiet südlich des Nyassa-Sees.[15] Besonders bekannt ist die umfangreiche Orchideensammlung von Stolz, die er ab 1899 an das Botanische Museum in Berlin schickte und deren Beschreibungen der Orchideenspezialist Rudolf Schlechter übernahm.

Engler und Harms lobten die gut präparierten Herbarbelege, die Stolz sorgfältig mit Informationen zum Standort und zu Besonderheiten des Erscheinungsbildes sowie zu einheimischen Namen und Verwendungen versah. Wie der in Kapitel IV.2 betrachtete Sammler Georg Zenker hatte auch Adolf Stolz einen Vertrag unterzeichnet, der dem Berliner Botanischen Museum das Hauptexemplar seiner Sammlungen zusicherte. Eine Orchideengattung und etwa 60 Pflanzenarten sind nach Stolz benannt und auch die Berliner Botaniker Hermann Harms, Rudolf Schlechter und Walter Busse sind als Autoren der Erstbeschreibung in den Namen von Stolz gesammelter Pflanzen verewigt.[16] Im Nachruf wurde Stolz als Autodidakt auf dem Gebiet der Naturwissenschaften bezeichnet, der sich gleichwohl im Laufe der Zeit „bedeutende Fachkenntnisse"[17] angeeignet habe.

Es ist allerdings davon auszugehen, dass Stolz eine gewisse naturwissenschaftliche Vorbildung besaß. Das Sammeln von Naturalien gehörte zur Ausbildung und zum Auftrag von Missionaren, wie die schon 1774 vom Vorsteher der Brüderunität in Barby herausgegebenen Anweisungen zum Sammeln und Verschicken naturkundlicher Objekte zeigen.[18] Stolz lernte außerdem an der Missionsschule der Brüdergemeine in Niesky bei Görlitz das Photographieren. Wie viele Missionare, die über eine Berufsausbildung als Handwerker, Gärtner, Pharmazeuten und ähnliches verfügten, hatte Stolz eine Kaufmannslehre abgeschlossen. Als Vorbereitung für seine Aussendung als Missionskaufmann

---

14 Zur Sammeltätigkeit von Adolf Stolz vgl. Harms, die Nachschrift (1918), S. 286; Timler/Zepernick, Botany (1987), S. 156. Engler gibt die Zahl der von Stolz gesammelten Nummern mit 2.760 an. Vgl. Engler, Bericht (1919), S. 14.

15 Vgl. Harms, Nachschrift (1918), S. 286–288, dort auch eine Karte des Gebiets, in dem Stolz sammelte.

16 Vgl. ebd.; Engler, Bericht (1919), S. 15; Bericht BGBM 1913/14, in: Notizblatt, Bd. 6, Nr. 57 (Jul. 1914), S. 213–232, hier S. 222; Polhill/Polhill, Plant Collectors (2015), S. 440.

17 Notizblatt, Bd. 7, Nr. 66 (Okt. 1918), S. 283.

18 Vgl. Bossart, Anweisungen (1774).

der Brüdergemeine nach Ostafrika hielt er sich zudem in England auf, um seine Englischkenntnisse zu verbessern.[19] Zusätzliche Kenntnisse afrikanischer beziehungsweise je nach Einsatzgebiet der Missionare anderer lokaler Sprachen galten als Voraussetzung, um – wie von den Missionsgesellschaften beabsichtigt – den christlichen Glauben orientiert an den einheimischen Lebensumständen und kulturellen Praktiken zu vermitteln.[20] Das Beobachten der lokalen Bevölkerung über einen langen Zeitraum, das Erforschen ihrer Sprache und Kultur sowie das Sammeln naturkundlicher und ethnologischer Objekte machte Missionare für Museen, Wissenschaften und Kolonialpolitik zu begehrten Partnern, deren Wissen und Sammlungen geschätzt wurden. Die ausführlichen Informationen von Stolz zu einheimischen Pflanzennamen und Verwendungen stützten sich auf eigene Beobachtungen und Kenntnisse der lokalen Sprachen, wie weitere Dokumente zu seiner Sammel- und Missionstätigkeit im Unitätsarchiv nahelegen.[21] In den Kolonialgebieten bildeten Missionare und Missionsstationen einen Bestandteil der kolonialen Infrastrukturen und flankierten die militärisch-administrative Beherrschung und Durchdringung sowie ökonomische Ausnutzung der Kolonien beziehungsweise sie bereiteten diese vor. Teilweise sprachen sich Missionare indes auch gegen einzelne Aspekte der kolonialen Herrschaftspraxis aus.[22] Die Botanische Zentralstelle suchte aktiv Kontakt zur evangelischen und katholischen Mission, um Sammler zu gewinnen.[23]

Obwohl etwa 2.760 Nummern von Stolz an das Berliner Botanische Museum gelangten, ergibt die Suche in der Sammlungs-Datenbank heute nur 34 Treffer, darunter viele Typusexemplare von Pflanzen, die nach Stolz benannt wurden. Ein Großteil seiner Aufsammlungen ist im Zweiten Weltkrieg zerstört worden. Im Nachruf hieß es, Stolz habe bei seiner Rückkehr nach Deutschland 1914 zwei

---

19 Vgl. Notizblatt, Bd. 7, Nr. 66 (Okt. 1918), S. 281; Bechler, Ausbildung (1919). Im Anhang der Schrift finden sich Photographien, die Schüler in Niesky beim Gartenbau und im Photolabor zeigen. Solche praktischen Ansätze ergänzten den auf Bibelkunde, Kirchen- und Weltgeschichte sowie Englisch und Deutsch konzentrierten Unterricht. Zur Ausbildung außerdem Hartung, Weg (2005), S. 63.

20 Vgl. Hartung, Weg (2005), S. 63–67; Heyden, Missionar (2013), S. 52.

21 Personalakte Stolz, Sign. MD (F) 831, Unitätsarchiv Herrnhut; allgemeiner dazu Habermas, Intermediaries (2013), S. 29–32; Heyden, Missionar (2013), insbes. S. 51–54. Zur Bevölkerung am Nordende des Nyassa-Sees vgl. Hartung, Weg (2005), S. 31–40.

22 Vgl. Zimmermann, Missionarslinguistik (2016), insbes. S. 179–184; Heyden, Missionar (2013).

23 Vgl. Urban, Geschichte (1916), S. 170.

große Kisten mitgebracht, die Pflanzensammlungen enthielten. Weitere 17 Kisten mit Dubletten, die mit einem anderen Schiff transportiert wurden, beschlagnahmten britische Behörden nach Kriegsbeginn bei Gibraltar, sodass heute zahlreiche Herbarbelege von Stolz in Kew liegen. Ebenfalls über Dubletten von Stolz verfügen die botanischen Sammlungen in Budapest, Hamburg, Groningen, Meise, New York, Paris, Stockholm, Warschau und Wien.[24]

Wie der von der Herrnhuter Brüdergemeine verfasste und dem Botanischen Museum für die Veröffentlichung zugesandte Nachruf hervorhob, war Stolz aus ihrer Sicht in erster Linie nicht Sammler, sondern seiner Ausbildung und Aufgabe nach Kaufmann sowie Pflanzer und dabei natürlich Missionar. Im Jahr 1871 als Sohn eines Herrnhuter Missionars in Südafrika geboren, hatte er ab 1881 in den Lehranstalten der Brüdergemeine im Deutschen Reich seine Ausbildung absolviert und 1897 den Auftrag erhalten, in der 1891 von der Gemeine zum Missionsgebiet erklärten Region am Nordende des Nyassa-Sees die Möglichkeiten des Anlegens von Plantagen zu erforschen und auszuprobieren, wie „Kulturarbeit" und „Missionsarbeit" am besten miteinander verbunden werden konnten. Die Plantagen waren einerseits als Einnahmequellen für die Brüdergemeine gedacht, andererseits – wie es zeitgenössisch hieß – „zur Hebung und Erziehung der eingeborenen Negerbevölkerung".[25] Hierin kam das Selbstverständnis der protestantischen Missionsgesellschaften – und ähnlich der katholischen Missionsorden – zum Ausdruck, neben der Verbreitung des christlichen Glaubens auch für die „Kulturmission" verantwortlich zu sein. Darunter fiel die Vermittlung bürgerlicher Konzepte von Sittlichkeit, europäische Kleider- und Geschlechterordnungen eingeschlossen, sowie die „Erziehung zur Arbeit".[26]

Eine solche „Erziehung zur Arbeit", von Horst Gründer als „Fundamentalsatz der deutschen Kolonialideologie und Kolonialpädagogik"[27] bezeichnet, war Gegenstand einer Diskussion, die sich durch alle kolonial engagierten Gruppen

24 Vgl. Notizblatt, Bd. 7, Nr. 66 (Okt. 1918), S. 283; Timler/Zepernick, Botany (1987), S. 156; Polhill/Polhill, Collectors (2015), S. 439 f.; Vegter, Collectors (1986), S. 962. In der Personalakte von Adolf Stolz finden sich mehrere Schreiben, die auf seine Pflanzensammlungen, Besuche beim Botanischen Museum in Berlin und den Austausch mit dortigen Botanikern eingehen. Personalakte Stolz, Sign. MD (F) 831, Unitätsarchiv Herrnhut.

25 Vgl. Notizblatt, Bd. 7, Nr. 66 (Okt. 1918), S. 281 u. S. 284, hier S. 281.

26 Vgl. Habermas, Heidenkindern (2016), S. 50; Hamilton, Missions (1912), S. 155–165, dort auch ausführlich zur Mission in Ostafrika; ebenso dazu Hartung, Weg (2005).

27 Gründer, Stellenwert (2004), S. 34; Vgl. außerdem Conrad, Globalisierung (2006), S. 74–117; Conrad, „Eingeborenenpolitik" (2004); Markmiller, Erziehung (1995).

zog. Sie hatte in Alexander Merensky von der Berliner Missionsgesellschaft einen prominenten Vertreter, der sich unter anderem in Schriften unter dem Titel „Wie erzieht man am besten den Neger zur Plantagenarbeit“[28] äußerte. Vor dem Hintergrund einer christlich-biblischen Arbeitsethik setzten viele Missionare Arbeit mit europäischer Zivilisation gleich und betonten ihre Bedeutung für die Persönlichkeitsbildung, verurteilten allerdings auch aus ihrer Sicht ausbeuterische Methoden.[29] Vertreter von Kolonialpolitik und Wirtschaft beschäftigte die Debatte insbesondere in Hinblick auf die koloniale „Arbeiterfrage“ und sie suchten nach Maßnahmen, um nach der formellen Abschaffung des Sklavenhandels weiterhin Zugriff auf einheimische Arbeitskräfte für die Plantagenwirtschaft zu behalten. Trotz Divergenzen kam es in der sogenannten Erziehungspolitik zur Zusammenarbeit von Kolonialregierung und Unternehmen mit den Missionen, welche die meisten Schulen unterhielten.[30] Den gesamten Diskurs prägten rassistische Theorien, wobei biologisch-anthropologische Modelle in einem latenten Spannungsverhältnis zu biblisch-theologischen Begründungen standen. Die einzelnen christlichen Glaubensrichtungen vertraten ebenfalls disparate rassistische Zuschreibungen, die zudem einem historischen Wandel unterlagen, wie Richard Hölzl konstatiert. Gemeinsam war den dominanten Denkmustern in der Zeit der deutschen Kolonialexpansion die Konstruktion von rassischen Differenzen und Hierarchien als Teil einer wissenschaftlich-administrativen Ordnung, welche die Aneignung von Räumen vorbereiteten und unterstützen sowie die Herrschaft über die lokale Bevölkerung rechtfertigten sollte.[31]

Im Archiv der Herrnhuter Brüdergemeine ist im Vergleich zum Archiv des Botanischen Museums dementsprechend ein Perspektivwechsel auszumachen von den im Mittelpunkt des botanischen Interesses stehenden Pflanzen auf die Plantagenwirtschaft und die Rolle der einheimischen Bevölkerung sowie auf die Bedeutung der Mission. Dies schlägt sich schon im Titel nieder, unter dem die Aufnahme abgelegt ist, und der mit der Bildunterschrift auf der Pappe korrespondiert, auf der das Photo aufgeklebt ist: „Kyimbila. Arbeiter säubern die Kautschukplantage“. Damit wird die Plantage namentlich vorgestellt, die

28 Merensky, Neger (1886); vgl. außerdem Heyden, Missionar (2013), S. 54.

29 Vgl. Gründer, Stellenwert (2004), S. 34; Conrad, Kolonialgeschichte (2008), S. 58.

30 Vgl. Conrad, Kolonialgeschichte (2008), S. 57 f.; Conrad, „Eingeborenenpolitik” (2004); Markmiller, Erziehung (1995). Zur kolonialen „ Arbeiterfrage“ auch Kap. IV.1.

31 Vgl. Hölzl, Rassismus (2012) mit Hinweisen auf Forschungsliteratur zum Thema Mission und Rassismus. Außerdem Gründer, Stellenwert (2004); Geulen, Geschichte (2007).

Beschäftigung der afrikanischen Arbeiter erklärt und die angebauten Pflanzen benannt. Bei den Plantagen, die Stolz leitete, handelte es sich dem Nachruf zufolge um ausgedehnte und erfolgreich bewirtschaftete Unternehmen. Insbesondere die Pflanzungen um die von Stolz 1901 aufgebaute Station Kyimbila, die als Handelsstützpunkt diente, waren in Missionskreisen und darüber hinaus bekannt. Stolz baute dort neben Kautschuk hauptsächlich Kaffee und Obstsorten wie Guaven, Pfirsiche und Mandarinen an.[32]

Welche Funktion hatte die Photographie nun im Kontext der Missionsarbeit und im Archiv der Herrnhuter Brüdergemeine? Photographien konnten den regelmäßigen, von der Missionsleitung eingeforderten Rechenschaftsberichten der Missionare beigelegt werden, um die schriftlichen Darlegungen zu ergänzen und zu illustrieren. Diese Berichte stellten überwiegend die Erfolge der Mission dar und erschienen zusammen mit Holzstichen und ab Ende des 19. Jahrhunderts mit Photographien in Missionsblättern sowie Zeitschriften, die sich an ein breiteres Publikum richteten. Mit der Dokumentation der eigenen Tätigkeit wurde für die Anliegen der Mission geworben und an die Spendenbereitschaft der Heimatgemeinden appelliert.[33] Photographien brachten dem deutschen Publikum „das Ferne" nah, zeigten exotische Landschaften und verbreiteten ein konstruiertes Bild des Fremden, das durch die Herstellung von Exotik und Differenz die Phantasie und das Interesse der Leser wecken sollte.[34] Ob Veröffentlichungen der Aufnahme aus Kyimbila in diesem Zusammenhang erfolgten, konnte nicht ermittelt werden. Es existiert allerdings ein Manuskript zu einem Dia-Vortrag, das auf die Photographie eingeht.[35] In der Personalakte von Adolf Stolz finden sich mehrere Briefe, gemäß denen Stolz den Vortrag Ende 1915 verfasste und ihn zumindest ein Mal im Jahr 1916 in Dresden hielt, bevor seine Erkrankung weitere Präsentationen verhinderte.[36] Stolz bezeichnete im Vortrag die Plantage Kyimbila als wichtige Einkommensquelle für die Missionsarbeit in

32 Vgl. Notizblatt, Bd. 7, Nr. 66 (Okt. 1918), S. 283 f.; Hamilton, Missions (1912), S. 162 f. Hier auch Auszüge aus Tageszeitungen und anderen Berichten über Stolz und die Plantage Kyimbila.

33 Vgl. Kröger, Bilder (2008); Hartung, Weg (2005), S. 67; Hölzl, Rassismus (2012).

34 Vgl. den Titel des Aufsatzes „Missionsfotografie – das Ferne wird nah" und die weiteren Ausführungen dort: Kittel, Missionsfotografie (1996); außerdem Hölzl, Rassismus (2012); Unseld, Einleitung (1996), S. 9.

35 Kolorierte Lichtbildreihe Nr. 35, In die Heimat der Konde und Nyaka am Nordende des Nyassa im früheren Deutschostafrika, Unitätsarchiv Herrnhut.

36 Stolz an Bruder Hennig, 6. Dezember 1915 u. Stolz an Hettasch, 27. Juni 1916, Personalakte Stolz, Sign. MD (F) 831, Unitätsarchiv Herrnhut.

Ostafrika und als Möglichkeit des Lohnerwerbs für viele afrikanische Arbeiter, die er als Missionar täglich beobachten konnte, um – wie er schrieb – gegenseitiges Verstehen und Vertrauen aufzubauen. Erhalten ist die Photographie für Vortragszwecke auch in Form eines kolorierten Dias. Damit liegt die Aufnahme aus Kyimbila dreifach vor. Hierdurch wird die Eigenschaft des Mediums Photographie offensichtlich, als Reproduktion in unterschiedlichen Formaten herstellbar zu sein, darunter die zeitgenössisch populären Varianten des Dias und der Stereophotographie, die vielfach für die Belehrung und Unterhaltung des Massenpublikums eingesetzt wurden.[37]

Im Rahmen des Diavortrags illustrierte die Photographie gemäß Manuskript zusammen mit der Schilderung der Lebensweise der lokalen Bevölkerung die dem Selbstverständnis nach erfolgreiche Tätigkeit der Herrnhuter Missionare im Nyassa-Gebiet. Die Plantagen der Mission boten afrikanischen Männern eine Erwerbsarbeit und gleichzeitig diente die beaufsichtigte Bewirtschaftung der Pflanzungen der „Erziehung zur Arbeit", so die Botschaft. Unreflektiert blieben die Folgen des Eingriffs in die traditionelle lokale geschlechterspezifische Arbeitsteilung, um nach europäischem Vorbild die Frauen aus der Feldarbeit zu verbannen und ein patriarchalisches, monogames Modell der Lebensführung durchzusetzen.[38] Die Beweiskraft des Photos als vermeintlich realistisches und objektives Medium sollte das Erfolgsnarrativ der Mission belegen und vergegenständlichen. Es erinnert an die in Missionskreisen populären „Voher-Nachher" Aufnahmen, die Heidentum und Christentum – gleichgesetzt mit Zivilisation – kontrastierten. Selbst wenn die „Vorher"- Bilder fehlen, werden sie bis heute oftmals mitgedacht.[39] Die Aufnahme, deren Komposition den von einigen Missionen genauestens formulierten Vorgaben entspricht, indem sie eine kleine Gruppe Einheimischer bei der täglichen Beschäftigung zeigt, vermittelte somit missionstypische Deutungsmuster.

Aus heutiger Sicht kommen bei der Interpretation der Inszenierung der afrikanischen Arbeiter weitere Aspekte zum Tragen.[40] Die Missionsaufnahmen wurden wie die Kolonialphotographie generell als Machtinstrument benutzt.

37 Vgl. Unseld, Einleitung (1996), S. 10 f.; Short, Lantern (2012).

38 Vgl. Hamilton, Missions (1912), S. 37 f.; Sunseri, Famine (1997); Conrad, Kolonialgeschichte (2008), S. 59.

39 Vgl. Krüger, Zirkulation (2013), S. 3; Harris, Making (1998), S. 22 f; Krüger, Schrift (2011), S. 134 f.

40 Vgl. Kittel, Missionsfotografie (1996), S. 141 f. u. S. 148; Unseld, Einleitung (1996), S. 9.

Sie waren ein wichtiger Teil der Bemächtigung und Deutungsmacht, außerdem intendiert als Ausdruck und Fixierung einer sozialen Distanz zwischen Kolonisierenden und Kolonisierten. Das Medium der Photographie galt im Zuge der Inbesitznahme und Erfassung der Kolonialgebiete sowie der Wissensproduktion als Bestandteil eines „ideal conquest“[41], insbesondere bezüglich der Konstruktion von Landschaften und Bevölkerungsgruppen. Aufnahmen der lokalen Bevölkerung verwendete die Mission unter anderem für völkerkundliche Schulungen zukünftiger Missionare. Im Kontext der Herstellung von ethnischer Differenz wurden sie zur Unterscheidung und Identifizierung von Teilen der Bevölkerung genutzt, sei es für die Zwecke der Mission und Völkerkunde oder für ein breites Publikum. Solche ethnographischen Zuordnungen umfassten zudem Klassifikationen entlang moralischer und biologischer Hierarchien.[42]

Das Abbilden, Ansehen und Katalogisieren der kolonialen „Anderen“ diente der Wissensgenerierung sowie Selbstvergewisserung und bestätigte oftmals Bilder, die bereits vorher im Kopf der Betrachter existiert hatten. Insbesondere der Körper der „Anderen“, „schwarz“ und spärlich bekleidet, geriet zum definierenden Unterscheidungsmerkmal.[43] Dies lässt sich ebenfalls für die Aufnahme der Arbeiter in Kyimbila feststellen. Die weiteren im *Tropenpflanzer* veröffentlichten Photographien von der Plantage Kyimbila sowie andere Aufnahmen im Bildarchiv des Botanischen Museums erwecken den Eindruck, dass einzelne Einheimische zum Größenvergleich neben abgelichteten Bäumen und Sträuchern positioniert wurden, um die Wuchshöhe der Pflanzen erkennbar zu machen.[44] Wenngleich Kolonialphotographie als Arbeitsinstrument sowie für Forschungs-, Dokumentations- und Propagandazwecke benutzt wurde, sollte die Beziehung zwischen Photographie und Kolonialismus nicht allein als

---

41 Vgl. die Einleitung in Landau/Kaspin, Images (2002); Hayes/Silvester/Hartmann, Photography (1998), S. 5; Harris, Making (1998); Silvester/Hayes/Hartmann, Conquest (1998), S. 10.

42 Vgl. Kittel, Missionsfotografie (1996), S. 140; Silvester/Hayes/Hartmann, Conquest (1998), S. 12 u. S. 17; Morris-Reich, Race (2016); Hölzl, Rassismus (2012), S. 16.

43 Zur Konstruktion des “Anderen” vgl. Ashcroft/Griffiths/Tiffin, Post-Colonial Studies (2007), S. 154–158; Said, Orientalism (1978); zur Repräsentation des “Anderen“ Morris-Reich, Race (2016); Harris, Making (1998), S. 21; Krüger, Schrift (2011), S. 126; Zeller, Blicke (2010).

44 Vgl. Harms, Desmodium hirtum (1913), S. 433. Schon auf den Palmenzeichnungen des von Alexander von Humboldt beauftragten Moritz Rugendas erschienen Einheimische, um die Höhe der Gewächse zu verdeutlichen. Vgl. Staatsbibliothek zu Berlin Preußischer Kulturbesitz (Hg.), Weltreise (2015).

instrumental oder funktionell verstanden werden. Die Zirkulation der Bilder, ihre Ein- und Neuordnung in Archive und gewandelte Fragestellungen ermöglichten eine Umdeutung und Neuinterpretation und erlauben es weiterhin.[45] Das Photo der Arbeiter in Kyimbila gewährt zusammen mit weiteren Aufnahmen im Unitätsarchiv Herrnhut beispielsweise Rückschlüsse auf eine vielfältige Einbindung lokaler Mitarbeiter in die Sammeltätigkeit und die Anbauversuche von Stolz. So finden sich Aufnahmen, die afrikanische Männer zeigen, die Stolz durch das Pressen von Pflanzen oder den Transport von großen, mit Pflanzensammlungen gefüllten Kisten an die Küste halfen; zahlreiche Photos dokumentieren die Arbeit von afrikanischen Männern und Frauen auf den Plantagen. Während der Nachruf nur am Rand erwähnt, dass Stolz afrikanische Mitarbeiter für das Auffinden, Sammeln und Präparieren von Pflanzen beschäftigte, führen die Photographien die vielfältige Einbindung der lokalen Bevölkerung in die botanischen Unternehmungen des Missionars vor Augen.[46]

Wie eng die Plantage Kyimbila in ökonomischer Hinsicht mit den Pflanzensammlungen von Adolf Stolz verbunden war, belegen einige seiner Schreiben, denen zufolge seine Aufsammlungen weniger aus einer wissenschaftlichen Motivation heraus entstanden, sondern kommerzielle Zwecke für die Mission verfolgten. So berichtet Stolz von Gesprächen mit Ludwig Diels und Ernst Gilg vom Botanischen Garten und Museum Berlin über den Wert seiner Sammlungen und erklärt basierend auf deren Auskünfte, die „Pflanzen werden noch ganz hübschen Reingewinn für die Plantage Kyimbila abwerfen."[47] Der Erlös aus dem Verkauf von Pflanzenbelegen sollte demnach direkt der Plantage Kyimbila zu Gute kommen.

Die Objektgeschichte der Photographie von der Plantage Kyimbila und die Biographie des Missionars, Sammlers und Pflanzers Adolf Stolz beleuchten exemplarisch die Mission als Teil der weltweiten Netzwerke der Botanischen Zentralstelle. Neben Stolz tritt in den Jahresberichten noch ein weiterer Missionar in

---

45 Vgl. Hayes/Silvester/Hartmann, Photography (1998), S. 5; Krüger, Schrift (2011), S. 142 f.; Krüger, Zirkulation (2013).

46 Nyassa, Kasten I, u.a. Bild Nr. 3237, 3212, 3240, Unitätsarchiv Herrnhut. Zu Missionsgärten weltweit und den zu beobachtenden Verflechtungen mit einheimischen Wissensbeständen und kolonialen Strukturen vgl. Bravo, Gardens (2005); außerdem Nzalayaimisi, Agriculture (2012).

47 Stolz an Bruder Hennig, 6. Dezember 1915 u. Stolz an Hettasch, 27. Juni 1916, Personalakte Stolz, Sign. MD (F) 831, Unitätsarchiv Herrnhut. Zum finanziellen Interesse der Mission an naturkundlichen Sammlungen und zu Adolf Stolz vgl. auch Kröger, Naturkunde (2005).

Erscheinung, der mehrfach Pflanzen aus dem Pazifikraum nach Berlin sandte, sowie verschiedene Missionsstationen in den Kolonien Deutsch-Ostafrika und Deutsch-Neuguinea als Empfänger von Saatgut und Lebendpflanzen.[48] Durch den Austausch mit Wissenschaftlern am Botanischen Museum Berlin beteiligte sich Stolz zudem an der Wissensproduktion über die Pflanzenwelt der Kolonien und gab lokale Pflanzennamen sowie Informationen über den Anbau und die Verwendung von Pflanzen durch die afrikanische Bevölkerung weiter. Er ist damit ein Beispiel für Missionare und darüber hinaus auch Frauen in Diensten der Mission, die als globale Akteure des Wissenstransfers in der historischen Forschung in den letzten Jahren vermehrt Beachtung gefunden haben.[49]

Für die Botanische Zentralstelle war allerdings der weltweite Austausch mit botanischen Instituten weitaus bedeutender. Wie in den vorangegangenen Kapiteln ausführlich dargelegt, waren auf internationaler Ebene die Royal Botanic Gardens Kew bei London und das Botanische Landesinstitut „'s Land Plantentuin" in Buitenzorg/Bogor auf Java die wichtigsten Partner der Botanischen Zentralstelle hinsichtlich des Transfers von Pflanzenmaterial und Wissen. Das sogenannte Tropen- oder Buitenzorgstipendium des Deutschen Reiches ermöglichte es deutschen Botanikern an der als Vorbild für botanische Forschungseinrichtungen in den Tropen geltenden Institution zu hospitieren. Stipendiaten wie der Kustos der Botanischen Zentralstelle, Georg Volkens, nutzten die Gelegenheit, um dort Saatgut zusammenzutragen. Buitenzorg fungierte als wesentliche Bezugsquelle für Lebendpflanzen und Samen, vermittelt durch die Präsenz deutscher Botaniker vor Ort. Kew, das hinsichtlich des Aufbaus und der Organisation der Botanischen Zentralstelle eine Vorbildfunktion hatte, trat beim Tauschverkehr mit Dubletten als mit Abstand bedeutendster Tauschpartner für das Berliner Botanische Museum hervor.

Eine große Rolle spielten in den globalen Netzwerken der Botanischen Zentralstelle außerdem die Gärten anderer Kolonialmächte in den Tropen wie Saigon, Calcutta/Kolkata, Singapur, Madras, Peradeniya und Sidney. Dazu kamen die eigenen botanischen Einrichtungen in den deutschen Kolonien, insbesondere die Forschungsinstitute Victoria in Kamerun und Amani in Deutsch-Ostafrika, ferner Forschungsstationen wie Buea in Kamerun, außerdem Misahöhe/Missahoe und Sokode in Togo sowie Kwai in Deutsch-Ostafrika. Die Kolonialbehörden in Daressalam nebst der dortigen Abteilung Landeskultur und

48 Vgl. die Jahresberichte der Botanischen Zentralstelle 1900/01 bis 1913/14.

49 Vgl. Habermas/Hölzl, Mission (2014); Habermas, Intermediaries (2013) mit weiteren Angaben; außerdem Nzalayaimisi, Agriculture (2012); Bravo, Gardens (2005).

Landvermessung beteiligten sich ebenso wie die Kolonialverwaltung in Lome in besonderem Maße am Pflanzentransfer, weitere Bezirksämter und Gouvernements eher sporadisch. Institutionen, mit denen Berlin Pflanzen, Saatgut und Herbarbelege tauschte, waren zusätzlich das Agricultural Department Washington D.C., der Botanische Garten New York, das Bureau of Science Manila, das Board of Commissioners of Agriculture & Forestry Honolulu, das Museo Nacional San José in Costa Rica, das Muséum d'Histoire Naturelle und der Jardin d'Acclimatation in Paris, L'Horticole Coloniale Brüssel und das Department of Agriculture Madras. Die Pflanzen- und Saatguttransfers beruhten auf dem Prinzip der Gegenseitigkeit, zudem verband ein breiter Schriftentausch botanische Einrichtungen weltweit mit Berlin. Privatleute und Konsulate ergänzten das Netzwerk der Botanischen Zentralstelle und lieferten Pflanzenmaterial aus Mexiko, Chile, Hanoi, Manila, Colombo, Kairo, Bangkok, Baku, San Salvador, Australien, Borneo, Paraguay und St. Barbara. Schließlich kaufte die Botanische Zentralstelle bei Samenhandlungen in Berlin, Hamburg, Erfurt, Paris, London, New York, Neapel, Yokohama und Jamaika. Damit sind nur einige zentrale Akteure in den botanischen Netzwerken benannt, wobei die unregelmäßigen, oft einmaligen Verbindungen mit Privaten und Konsulaten nur in der Gesamtheit Gewicht hatten neben den regelmäßigen, über Jahrzehnte oder noch länger bestehenden Beziehungen zu botanischen Einrichtungen.

Wie bedeutsam die internationalen Verbindungen zu botanischen Institutionen nach Einschätzung der Berliner Botaniker waren, verdeutlicht ein Auszug aus der Rede von Adolf Engler anlässlich der Neueröffnung des Botanischen Gartens und Museums am Standort Dahlem am 24. Mai 1910. Er wertete die Anwesenheit zahlreicher in- und ausländischer Fachkollegen bei den Eröffnungsfeierlichkeiten als Beweis dafür, „dass Sie diese Anstalt bis zu einem gewissen Grade als ein Gemeingut unserer Wissenschaft ansehen, wie dies auch bei den Schwesterinstituten in den übrigen Kapitalen der Fall ist, mit denen unsere Anstalten zum Teil seit einem Jahrhundert in Verbindung stehen."[50] Er führte dazu weiter aus: „Wir Vertreter der speziellen Botanik wissen alle, wie sehr wir bei umfassenden Arbeiten auf gegenseitige Unterstützung angewiesen sind [...] unser gegenseitiger Verkehr hat allmählich dazu geführt, dass wir uns in ähnlicher Weise nahe stehen, wie die in aller Welt zerstreuten Mitglieder eines geistlichen Ordens."[51] Engler sah die Berliner botanischen Einrichtungen somit als eine Institution, die in der Tradition des wissenschaftlichen Austausches

50 Engler, Bericht (1910), S. 5 f.

51 Ebd., S. 6.

Kollegen aus dem In- und Ausland offen stehen sollte, ähnlich dem Botanischen Garten Buitenzorg/Bogor auf Java, der von deutschen Botanikern schon 1892 anlässlich seines 75-jährigen Bestehens als Stätte „for the benefit of the united scientific community"[52] gelobt wurde. Dieses explizite Selbstverständnis der deutschen Botaniker als Teil einer internationalen wissenschaftlichen Gemeinschaft oder Bruderschaft, die gemeinsame Interessen verfolgte, lässt es zu, von einem kooperativen Projekt der europäischen Kolonialmächte im Bereich Botanik und Landwirtschaft zu sprechen, wie es die Forschung auch für weitere koloniale wissenschaftliche und politische Bereiche postuliert.[53] Bei den geschilderten Pflanzen- und Wissenstransfers sind internationale und insbesondere interimperiale Kooperationen offenkundig, doch ebenso gab es nationale Ansprüche auf bestimmte Gebiete, in denen gesammelt wurde und Anzeichen für Spannungen zwischen Botanikern verschiedener wie auch gleicher Nationalität auf institutioneller oder persönlicher Ebene. In der offiziellen Rhetorik spielte zudem der Verweis auf die ausländische Konkurrenz stets eine Rolle, oftmals um von staatlicher Seite eine größere finanzielle Unterstützung zu erhalten. Diese Konkurrenz beeinträchtigte jedoch nicht die Kooperationen innerhalb der weltweiten botanischen Netzwerke.

Die Tätigkeiten des Botanischen Gartens und Museums mitsamt der Botanischen Zentralstelle waren nicht nur in globale Netzwerke eingebunden, sondern auch in Beziehungsgeflechte auf nationaler und lokaler Ebene. Im Deutschen Reich widmeten sich weitere Institutionen der Flora der Kolonialgebiete und der dortigen Landwirtschaft. An den Universitäten Breslau und Göttingen lehrten Botaniker, die über Erfahrungen in den Kolonien verfügten, ebenso an der Forstakademie in Hannoversch-Münden. Die städtischen Sammlungen in Hamburg gelangten durch die Aktivitäten der dort ansässigen Handelshäuser bereits vor dem Beginn der deutschen Kolonialexpansion an Pflanzenmaterial aus Afrika und dem Pazifikraum, das öffentliche und private Museen ausstellten. Ende der 1880er-Jahre wurden die wichtigsten Bestände zusammengeführt und das Botanische Museum und Botanische Laboratorium für Warenkunde

---

52 Schreiben deutscher Botaniker an Melchior Treub, 1892, zit. nach Cittadino, Nature (1990), S. 135.

53 Vgl. zum Paradigma einer internationalen *scientific community* und kooperativen Phänomenen im wissenschaftlichen Bereich Stuchtey, Introduction (2005), S. 16 f. mit weiteren Angaben; außerdem Fox, Science (2016); Coghe, Learning (2015); Tilley, Africa (2009), S. 9; McCracken, Fraternity (2005); zu Kooperationen der Kolonialmächte in politischen Bereichen Lindner, Begegnungen (2011).

gegründet. Überdies leitete Franz Stuhlmann, der zuvor am Biologisch-Landwirtschaftlichen Institut Amani tätig gewesen war, das 1908 eingerichtete Kolonialinstitut in Hamburg. Der Fokus der Hamburger Einrichtungen lag auf der Untersuchung des Handelswertes von pflanzlichen Produkten aus den Kolonien und dem Handel mit Kolonialprodukten. Die Deutsche Kolonialschule in Witzenhausen hingegen, gegründet 1898, vermittelte theoretische und praktische Kenntnisse zur kolonialen Landwirtschaft. An der 1909 eröffneten Kolonialakademie des Landwirtschaftlichen Instituts der Universität Halle hielten Professoren wie Ferdinand Wohltmann ebenfalls Vorlesungen zur kolonialen Landwirtschaft. Wohltmann, der mehrere deutsche Kolonien bereist hatte, gehörte auch dem Aufsichtsrat der Deutschen Kolonialschule Witzenhausen an und war Ausschussmitglied des Kolonialwirtschaftlichen Komitees. Er stellte wie weitere Agrarwissenschaftler und Botaniker durch seine Tätigkeit in mehreren kolonialwissenschaftlichen und kolonialwirtschaftlichen Einrichtungen sowie Vereinen auf personeller Ebene ein Bindeglied zwischen diesen Institutionen dar.[54]

In den Jahresberichten der Botanischen Zentralstelle und den Publikationen des Botanischen Museums sowie in der überlieferten Korrespondenz spielten die angeführten botanischen Einrichtungen im Deutschen Reich kaum eine Rolle. Erwähnt wurde die Weitergabe von tropischen Nutzpflanzen an folgende, nach Häufigkeit der Nennung sortierte botanische Institutionen: Hamburg, Breslau, Karlsruhe, München, Göttingen, Dresden, Aachen und Gießen.[55] Dabei handelte es sich teilweise um singuläre Ereignisse. Am Dublettentausch beteiligten sich Bremen, Hamburg und München. Das Botanische Institut der Technischen Hochschule Stuttgart sowie die botanischen Einrichtungen in Lübeck, Straßburg, Erlangen und Braunschweig erhielten ebenfalls Dubletten aus den kolonialen Sammlungen, die durch den Bundesratsbeschluss nach Berlin gelangt waren.[56] Für die Zirkulation von Pflanzenmaterial und Wissen waren somit die globalen Verbindungen weitaus bedeutsamer als der Austausch auf Reichsebene. Es ist denkbar, dass deutsche Institutionen eher als Konkurrenz

54 Zur Zusammenstellung vgl. Timler/Zepernick, Botany (1987); zur Kolonialschule in Witzenhausen Linne, Witzenhausen (2017); Baum, Meer (1997); zum Hamburger Kolonialinstitut Ruppenthal, Kolonialismus (2007); zum Botanischen Museum Hamburg Kranz, Museum (2016).

55 Vgl. die Jahresberichte der Botanischen Zentralstelle für 1896/97, 1902/03, 1907/08.

56 Vgl. Urban, Geschichte (1916), S. 199–210; Engler an Kommission für die wissenschaftlichen Sendungen aus den deutschen Schutzgebieten, Möbius, 19. Dezember 1904, GStA PK I. HA Rep. 76 Va Sekt. 1, Tit. X, Nr. 24, Bd. 3, Bl. 245.

bei der Erforschung der Flora der Kolonialgebiete und bei der Aufnahme von kolonialen Sammlungen angesehen wurden und die Kontakte zu ihnen auf das Nötigste beschränkt blieben, um die Sonderstellung der Berliner Einrichtung nicht zu gefährden.

Kooperationen und Konkurrenz kennzeichneten auch das Beziehungsgeflecht des Botanischen Gartens und Museums mitsamt der Botanischen Zentralstelle in der Reichshauptstadt Berlin. Wie in Kapitel IV.2 dargelegt, hatte das Botanische Museum zusammen mit den Berliner Museen für Naturkunde und für Völkerkunde bei der Verteilung der wissenschaftlichen Sammlungen eine privilegierte Position inne. Die Direktoren der drei Museen, die eine Kommission bildeten und über die Aufteilung der Objekte entschieden, arbeiteten eng zusammen und stimmten sich ab, insbesondere wenn es darum ging, ihren Status zu verteidigen. Die Botanische Zentralstelle betrieb außerdem gemeinsame Forschungen mit dem benachbarten Pharmazeutischen Institut, dessen kolonialchemische Abteilung die Untersuchung von Pflanzen übernahm.

Nicht ohne Spannungen war trotz der Zusammenarbeit in einzelnen Bereichen das Verhältnis des Botanischen Museums und der Botanischen Zentralstelle zu Otto Warburg, der am Seminar für Orientalische Sprachen als Privatdozent ab dem Wintersemester 1892 Vorlesungen über tropische Nutzpflanzen abhielt und dort ab 1897 eine Professur für tropische Landwirtschaft innehatte.[57] Warburg war im Fach Botanik promoviert worden und hatte ab 1885 eine vierjährige Studienreise nach Süd- und Ostasien unternommen, deren Ausbeute in Form von tausenden Pflanzen er ab 1889 am Berliner Botanischen Museum bearbeitete. Sein Herbar und die Typusbelege der von ihm beschriebenen Pflanzen verblieben dort. Warburg gehörte dem geschäftsführenden Ausschuss des Kolonialwirtschaftlichen Komitees an und gab ab 1897 mit Ferdinand Wohltmann die Zeitschrift des KWK, *Der Tropenpflanzer*, heraus. Er setzte sich überdies dafür ein, dass die Pflanzensammlungen von Expeditionen, die das KWK finanzierte, an das Berliner Botanische Museum gingen. Warburg war wohl sogar als Kustos für die Botanische Zentralstelle im Gespräch, die Stelle erhielt jedoch Georg Volkens.[58] Warburg blieb dem Botanischen Museum trotzdem verbunden. Er

57 Zu Otto Warburg vgl. Leimkugel, Zionismus (2005); Cittadino, Nature (1990), S. 138.

58 Vgl. Urban, Geschichte (1916), S. 171. Warburg wird hier als ehemaliger freiwilliger Mitarbeiter des Botanischen Museums bezeichnet. Zur Diskussion über die Besetzung der Kustodenstelle an der Botanischen Zentralstelle und der Nennung von Warburg in diesem Zusammenhang vgl. GStA PK I. HA Rep. 76, Va, Sekt. 2, Tit. X, Nr. 89 B, Bd. 2, Bl. 31.

sandte von Reisen weiterhin Pflanzen ein und beteiligte sich an der wissenschaftlichen Bearbeitung der kolonialen Sammlungen.[59]

Gleichzeitig lieferte er sich einen heftigen Streit mit Adolf Engler über eine Sammlung von pflanzlichen Rohprodukten und verarbeiteten Materialien, die zunächst auf der Gewerbeausstellung in Treptow 1896 gezeigt worden war und nach Ansicht des Auswärtigen Amtes, des Präsidenten der Deutschen Kolonialgesellschaft und Otto Warburgs dem Seminar für Orientalische Sprachen zugesprochen werden sollte. Das Seminar wurde 1887 eröffnet, um Kandidaten für den Dolmetscherdienst und andere Interessierte unter anderem in den Fremdsprachen Chinesisch, Japanisch, Arabisch, Persisch, Türkisch und Swahili zu unterweisen sowie Kenntnisse zu den entsprechenden Regionen zu vermitteln. Das Auswärtige Amt und das Preußische Kultusministerium teilten sich die Kosten für die lose mit der Friedrich-Wilhelms-Universität assoziierte Einrichtung und das Auswärtige Amt nutzte das Seminar für die Ausbildung seiner Beamten. Unter der Leitung des Professors für Orientalische Sprachen, Eduard Sachau, wurde ein praxisorientierter Unterricht angestrebt, und es war Sachau, der sich an der Seite von Warburg für die Erweiterung der botanischen Lehrsammlung durch die in Treptow präsentierten Objekte einsetzte.[60] Engler protestierte auf das Heftigste gegen diese Pläne und befürchtete, das Seminar für Orientalische Sprachen könne sich zu einer Konkurrenzinstitution entwickeln. Da Engler beabsichtigte, die tropenbotanische Ausbildung der künftigen Kolonialbeamten an seine Institution zu binden, übte er Druck auf das Kultusministerium aus, um die Aufstellung der Sammlung aus Treptow am Seminar für Orientalische Sprachen zu verhindern. Nach fast zweijährigen Auseinandersetzungen konnte Engler einen Sieg verbuchen: Die Sammlung musste an den Botanischen Garten und das Botanische Museum abgegeben werden und das Kultusministerium sowie das Auswärtige Amt stimmten einer Verbindung des botanischen Unterrichts für den Kolonialdienst mit der Botanischen Zentralstelle zu. Die Vorlesungsverzeichnisse des Seminars für Orientalische Sprachen wiesen dementsprechend ab 1898 unter den Angaben zu Warburgs tropenbotanischen Lehrveranstaltungen auf die Botanische Zentralstelle hin.[61]

59 Vgl. bspw. die Berichte der Botanischen Zentralstelle für die Rechnungsjahre 1893/94, 1894/94, 1905/06.

60 Zum Seminar für Orientalische Sprachen vgl. Burchardt, School (2005); Ruppenthal, Kolonialismus (2007), S. 37–43; Besser, Organisation (2004), S. 272 ff.; Stoecker, Seminar (2002); Morgenroth, Seminar (1990); Sachau, Denkschrift (1912).

61 Zur Diskussion über den Verbleib der Sammlung vgl. GStA PK I. HA Rep. 76, Va, Sekt. 2, Tit. X, Nr. 89 B, Bd. 2, Bl. 42–172; außerdem Friedrich-Wilhelms-Universität,

Warburg geriet überdies in der Folge mit seinem mehrfach geäußerten Vorschlag, ein kolonialwirtschaftliches Institut beziehungsweise eine Zentrale für tropische Landwirtschaft als Reichsinstitut zu gründen, in offenen Gegensatz zu Georg Volkens, dem Kustos der Botanischen Zentralstelle. Dieser nutzte in seiner Bestandsaufnahme zur Tätigkeit der Botanischen Zentralstelle mehrere Seiten für eine Erwiderung auf den Vorstoß von Warburg, dem er vorwarf, die tatsächlichen Anforderungen für die Unterstützung der tropischen Landwirtschaft zu verkennen.[62] Die Meinungsverschiedenheiten zwischen Volkens und Warburg hatten sich bereits auf dem Kolonialkongress 1902 abgezeichnet, auf welchem Volkens den Botanischen Garten Buitenzorg/Bogor als Vorbild für in allen deutschen Kolonien zu gründende Versuchsgärten beschrieb. Volkens warb für eine größtmögliche Selbständigkeit der tropischen Gärten in den deutschen Kolonien und sah die wichtige Funktion der Botanischen Zentralstelle darin, den Austausch mit diesen botanischen Einrichtungen sowie mit dem Auswärtigen Amt zu übernehmen.[63]

Im Anschluss an Volkens' Vortrag berichtete Warburg über die von ihm im Auftrag des KWK unternommene Reise, um die kolonialwirtschaftlichen Institute in den USA, Großbritannien, Frankreich, den Niederlanden und Belgien zu studieren. Hintergrund seines Auftrags war die Einschätzung des KWK und seine persönliche Überzeugung, dass die wissenschaftliche Erforschung der Kolonien an den preußischen Instituten zwar zur Zufriedenheit verlief, die angewandten Wissenschaften hingegen mehr Aufmerksamkeit und eigenständiger Einrichtungen bedurften. Den Beamten an wissenschaftlichen Instituten, so Warburg, fehlten disziplinenübergreifende Informationen und Kenntnisse, Erfahrungen in den Kolonien sowie der „nötige praktische Blick".[64] Das KWK stoße – so klagte Warburg – immer wieder auf Schwierigkeiten, sämtliche grundlegenden Informationen zu erhalten, beispielsweise um Versuchsfarmen für Baumwolle einzurichten. Speziell zur Ernte und Verarbeitung von Kautschuk, zur Plantagenkultur von Ölpalmen, zur Schädlingsbekämpfung und Ähnlichem fehlten seiner Meinung nach wichtige Vorarbeiten. Daher plädierte er für die Gründung eines selbständigen kolonialwirtschaftlichen Instituts, zunächst als Privatinitiative

---

Seminar für Orientalische Sprachen (Hg.), Verzeichnis (1887–1936) und ausführlicher zu Englers Plänen für die Beamtenausbildung an der Botanischen Zentralstelle Kap. III.1.

62 Vgl. Volkens, Zentralstelle (1907), S. 13–18.

63 Vgl. Volkens, Garten (1903), insbes. S. 192 f.

64 Warburg, Institute (1903), hier S. 194.

vom KWK finanziert und kontrolliert, um diese praxisorientierten Probleme zu bearbeiten und die Regierung in kolonialwirtschaftlichen Fragen zu beraten. Obwohl Warburg behauptete, die Arbeit dieses Instituts würde nicht mit den Tätigkeitsfeldern wissenschaftlicher Einrichtungen kollidieren, griff er mit diesen Vorschlägen in die Tätigkeitsbereiche des Botanischen Museums und der Botanischen Zentralstelle ein, die er mit keinem Worte erwähnte. Mit seinen weiteren Überlegungen, eigene Sammlungen an dem in Dahlem neu zu errichtenden Institut unterzubringen und möglicherweise durch die Verbindung mit dem Berliner Kolonialmuseum die Einrichtung für kolonialpropagandistische Zwecke zu nutzen, beanspruchte er ebenfalls Aufgaben der Botanischen Zentralstelle für die neu zu gründende Institution.[65]

Volkens war deswegen äußerst aufgebracht, zumal Warburg die Botanische Zentralstelle auch bei einem weiteren öffentlichen Vortrag zu dem Thema ignoriert hatte. Volkens begegnete dem empfundenen Affront mit folgenden Worten:

> „Es ist bezeichnend, dass der Vortragende, der sonst alle möglichen in der Welt bestehenden Organisationen zur Förderung tropischer Landwirtschaft aufzählt und bespricht, die Botanische Zentralstelle am Botanischen Garten mit keinem Wort erwähnt; sie ist für ihn, der im Übrigen den Berliner Garten und das Museum sehr eifrig benutzt, überhaupt nicht vorhanden. Ich will den Gründen für diese auffällige Ignorierung nicht nachgehen […].“[66]

Vehement widersprach er im Folgenden zudem Warburgs Einschätzung, Frankreich stelle mit der Zentralisierung aller kolonialwirtschaftlichen Belange in Paris ein nachahmenswertes Modell dar. Vielmehr blieb er bei seinem Grundsatz, „dass die tropische Landwirtschaft nur da einschneidend gefördert werden kann, wo sie betrieben wird, nicht im Mutterlande, sondern in den Kolonien selbst.“[67] Dafür seien Großbritannien und die Niederlande die erfolgreichen Vorbilder. Die Botanische Zentralstelle als Anlaufpunkt für die Gouvernements und Pflanzer sowie als Auskunftstelle für das Kolonialamt müsse ihrer Tätigkeit weiter nachgehen wie bisher, ihr wissenschaftliches Personal jedoch noch aufgestockt werden. Auf Warburgs Einschätzung, wissenschaftliche Institutionen könnten sich nicht in dem Maße wie notwendig mit praktischen Fragen befassen, ging Volkens nicht explizit ein. Obwohl am Botanischen Garten und Museum die mit der Botanischen Zentralstelle übernommenen praxisorientierten Aufgaben intern von der Direktion und einigen Wissenschaftlern durchaus

65 Vgl. Warburg, Institute (1903); Besser, Organisation (2004), S. 272 ff.

66 Volkens, Zentralstelle (1907), S. 13.

67 Ebd., S. 14.

als zeitraubende Behinderung der wissenschaftlichen Arbeit wahrgenommen wurden, war man nicht bereit, die angewandte auf die Kolonien ausgerichtete Botanik anderen Institutionen zu überlassen. Volkens erteilte dementsprechend Warburgs fortentwickelter Initiative, ein Reichsinstitut als Zentrale für tropische Landwirtschaft angegliedert an die Biologische Anstalt für Land- und Forstwirtschaft zu gründen, eine entschiedene Absage. Die Biologische Anstalt für Land- und Forstwirtschaft arbeitete eng mit dem KWK zusammen und unterstützte beispielsweise dessen Bemühungen im Bereich der Schädlingsbekämpfung. Zusätzlich richtete die Deutsche Landwirtschaftsgesellschaft 1909 eine Kolonialabteilung ein für Experimente mit Saatgut und Düngung.[68]

In Berlin beschäftigten sich somit eine Vielzahl von Akteuren mit Fragen der auf die Kolonien bezogenen Botanik und Landwirtschaft. Dabei gab es personelle Überschneidungen, wie in der Person von Otto Warburg, der anfangs das Botanische Museum unterstützt hatte und später am Seminar für Orientalische Sprachen sowie für das KWK wirkte, das ebenfalls seinen Sitz in Berlin hatte und mit dem Botanischen Museum ebenso wie mit der Biologischen Anstalt für Land- und Forstwirtschaft kooperierte. Die Überlagerung von Aufgaben- und Interessengebieten führte vielfach zu Kooperation, aber auch zu unverhohlener Konkurrenz. Es existierten unterschiedliche Vorstellungen von geeigneten Vorbildern für die deutschen botanischen Unternehmungen und die Arbeit der Botanischen Zentralstelle war nicht unumstritten. So erscheint die Hauptstadt Berlin schon allein auf Grund der Vielzahl von Aktivitäten und Akteuren als Zentrum der auf die Kolonien bezogenen Botanik und tropischen Landwirtschaft im Deutschen Reich.

Inhaltliche, strukturelle und personelle Kontinuitäten sorgten dafür, dass die botanische Erforschung der nach dem Ersten Weltkrieg abgetretenen ehemaligen Kolonien und die Popularisierung der auf diese Gebiete ausgerichteten Tätigkeiten des Botanischen Gartens und Museums noch bis in die 1940er-Jahre fortgesetzt wurden. Nach der Niederlage des Deutschen Reichs im Ersten Weltkrieg regelte der Versailler Vertrag 1919 die Abtretung der deutschen Kolonien als Mandatsgebiete des Völkerbundes. Es blieben von deutscher Seite jedoch wissenschaftliche, wirtschaftliche und politische Interessen am ehemaligen Kolonialbesitz bestehen. Am Botanischen Garten und Museum wurden die bis

68 Vgl. Timler/Zepernick, Botany (1987), S. 150. Die Auseinandersetzungen über ein Reichsinstitut für tropische Landwirtschaft finden sich auch in den Korrespondenzen, wobei Engler in Briefen an das Auswärtige Amt Volkens' Position unterstütze: BArch R 1001/8601, insbes. Bl. 51-64.

1914 eingegangenen kolonialen Sammlungen weiter bearbeitet und es erschienen bis 1929 darauf basierend 12 neue *Beiträge zur Flora von Afrika* mit insgesamt 1.700 Seiten, herausgegeben von Adolf Engler.[69] Noch während des Krieges und vermehrt ab Beginn der 1920er-Jahre setzten überdies deutsche Botaniker ihre Sammel- und Forschungstätigkeit in den vormaligen deutschen Kolonien fort, insbesondere in Kamerun, Ostafrika und Südwestafrika. Der Botaniker und Professor an der Universität Göttingen, Albert Peter, legte beispielsweise zwischen 1913 und 1919 umfangreiche Sammlungen in den Kolonien Deutsch-Südwestafrika und Deutsch-Ostafrika an, ergänzt durch Aufsammlungen aus Ostafrika aus den Jahren 1925 bis 1926. Sein etwa 47.000 Belege umfassendes Herbarium erwarb 1936 der Berliner Botanische Garten. Trotz partieller Zerstörungen im Zweiten Weltkrieg besitzen Berlin, Kew und Göttingen heute den größten Teil dieser Sammlungen. Die von Peter in Teilen publizierte *Flora von Deutsch-Ostafrika* blieb allerdings unvollendet.[70]

Johannes Mildbraed, der seit 1903 am Berliner Botanischen Garten tätig war und zwischen 1907 und 1914 bereits an drei Afrika-Expeditionen teilgenommen hatte, reiste von 1928 bis 1929 erneut zu Forschungszwecken nach Kamerun. Walter Domke, der seit 1934 als Assistent am Botanischen Museum arbeitete und ab 1939 die Botanische Zentralstelle leitete, studierte von 1938 bis 1939 Plantagenkulturen, ebenfalls in Kamerun, und brachte von dort eine umfangreiche Sammlung kultivierter und wild wachsender Pflanzen mit. In Südwestafrika führte Kurt Dinter, ehemals Gouvernementsbotaniker, seine Forschungen nach dem Ersten Weltkrieg fort. Er hinterließ sein Herbar dem Museum in Kapstadt. Hans-Joachim Schlieben sammelte als gelernter Gärtner in den Jahren 1930–1935 für das Berliner Botanische Museum in Ostafrika, teilweise in botanisch noch nicht erforschten Gegenden. Er brachte etwa 7.000 Nummern mit nach Berlin und aus seiner insgesamt circa 50.000 Exemplare umfassenden Sammlung wurden Dubletten an Brüssel, Kew, Madrid, Paris und Pretoria abgegeben, die im Gegensatz zu den im Zweiten Weltkrieg zerstörten Berliner Belegen erhalten geblieben sind. Aus Neuirland – beziehungsweise zuvor Neumecklenburg – sandte der Missionar Peekel von 1908 bis 1938 Herbarpflanzen ein.[71]

69 Vgl. Hiepko, Sammlungen (1990), S. 302. Es handelt sich um die Bände 51–62.

70 Vgl. Timler/Zepernick, Botany (1987), S. 160; Codd/Gunn, Notes (1985), S. 647 f.

71 Vgl. Timler/Zepernick, Botany (1987), S. 159–161; zu einzelnen Biographien Timler/Zepernick, Grundlagen (1979); außerdem Leistner, Schlieben (1976); Notizblatt, Bd. 11, Nr. 106 (Jul. 1932); Mildbraed, Arten (1942).

Die Resultate der Forschungstätigkeit zur Pflanzenwelt der ehemaligen Kolonialgebiete dokumentierten neben Veröffentlichungen in der Reihe *Beiträge zur Flora von Afrika* die Beschreibungen neuer Arten im *Notizblatt*. Am Botanischen Museum wurde zudem an einer Flora von Südwestafrika gearbeitet, die nach dem Zweiten Weltkrieg bei den Münchner Botanischen Staatssammlungen fortgeführt wurde. Selbst während des Zweiten Weltkriegs liefen Forschungs- und Publikationsprojekte weiter und es erschienen mehrbändige *Beiträge zur Kolonialforschung* und *Kolonialwissenschaftliche Forschungen*, angesiedelt bei der Kolonialwissenschaftlichen Abteilung des Reichsforschungsrats. Es gab damit nicht nur an den wissenschaftlichen Einrichtungen, sondern ebenso staatlicherseits ein Interesse an der Weiterführung der Erforschung der ehemaligen Kolonien. Botaniker des Berliner Museums beteiligten sich am mehrbändigen Werk *Afrika. Handbuch der praktischen Kolonialwissenschaften;* die durch Bombentreffer im Krieg beschädigten Teile des Manuskripts konnten erst fast 20 Jahre später gedruckt werden.[72] In Nachrufen auf Botaniker und Sammler gaben die Direktion und Wissenschaftler des Botanischen Museums in Nebensätzen zu erkennen, dass sie die Abtretung der deutschen Kolonialgebiete aus wissenschaftlicher Sicht bedauerten, da die Studien- und Sammeltätigkeit dort nur noch begrenzt weitergeführt werden konnte, und sie verteidigten die deutschen Beiträge zur Kenntnis der Flora Afrikas.[73]

Im Organ des KWK, dem *Tropenpflanzer*, enthielten ebenfalls einzelne Artikel neben Informationen zu tropischen Pflanzen und zur kolonialen Landwirtschaft politische Kommentare. So wurden die Eingriffe in die lokale Landwirtschaft während der deutschen Kolonialzeit als fortschrittsbringende Leistungen bewertet und optimistische Zukunftsvisionen geäußert, die von einer Rückgabe der Kolonialgebiete ausgingen. Die Autoren hoben die vorgeblich gute Behandlung der afrikanischen Bevölkerung hervor und widersprachen damit der sogenannten Kolonialschuldlüge. Damit war die als Begründung für die Abtretung der Kolonien angegebene Feststellung gemeint, das Deutsche Reich habe durch Misswirtschaft und Misshandlung der Kolonisierten den Anspruch auf Kolonien verwirkt.[74] Werbeanzeigen und Buchbesprechungen im *Tropenpflanzer* empfahlen Werke, die auf die wirtschaftliche Bedeutung der Kolonialgebiete

72 Vgl. Timler/Zepernick, Botany (1987), S. 159–161.

73 Vgl. Diels, Gedächtnis (1931), S. 26; Notizblatt, Bd. 7, Nr. 66 (Okt. 1918), S. 281–285.

74 Vgl. Tropenpflanzer 40 (1937), Nr. 1, S. 2, S. 31 u. S. 41; Tropenpflanzer 40 (1937), Nr. 2, S. 89; Linne, Deutschland (2008), S. 19; Krause, Schuldlüge (2007); Speitkamp, Kolonialgeschichte (2005), S. 156.

für das Deutsche Reich hinwiesen, obwohl die Bilanzen ernüchternd waren. Der Handel mit Kautschuk und Kakao aus Kamerun und mit Baumwolle aus Deutsch-Ostafrika und Togo hatte bis 1914 zwar deutlich zugenommen, die Importe aus den Kolonien konnten allerdings nicht mehr als 0,5% der Gesamtimporte abdecken.[75]

Die Botanische Zentralstelle war 1920 gegen den Willen der Direktion des Botanischen Gartens und Museums durch die Regierung aufgelöst worden. Da Deutsche ab 1924 im britisch verwalteten Teil von Kamerun ihre Besitzungen zurückkaufen konnten und ab 1925 ebenso in der früheren Kolonie Deutsch-Ostafrika, erschien es jedoch sinnvoll, Forschungen zur dortigen Landwirtschaft weiterzuführen und wie zuvor eine zentrale Einrichtung dafür im Deutschen Reich zu besitzen. Auch die von Stolz begründete Plantage existierte als Morava Kaffe GmbH und ab 1936 als Kaffee-Pflanzung Kyimbila weiter, so wie andere Unternehmungen der Herrnhuter Missionare in Ostafrika, darunter die Mährische Plantagengesellschaft AG und die Moravian Plantations LTD. Mit Ausnahme der KPD forderten überdies die politischen Parteien in den 1920er-Jahren eine Rückgabe der Kolonien und auch das Programm der NSDAP enthielt die Forderung nach Restitution. In Erwartung der Wiedererlangung der Kolonien schlossen sich mehrere in Afrika tätige Firmen 1936 zur sogenannten Reichsgruppe Deutscher Kolonialwirtschaftlicher Unternehmungen zusammen. Der Vereinigung stand Kurt Weigelt vor, Direktor der Deutschen Bank und gleichzeitig Leiter der Abteilung Wirtschaft des Kolonialpolitischen Amtes der NSDAP. In Weigelts Plänen spiegelten sich dementsprechend sowohl staatliche als auch wirtschaftliche Interessen wider. Die Reichsgruppe Deutscher Kolonialwirtschaftlicher Unternehmungen, deren Ambitionen auf Afrika als „wirtschaftlichen Ergänzungsraum des Deutschen Reichs“ fokussiert waren, initiierte die Wiedereröffnung der Botanischen Zentralstelle im Jahr 1939 und finanzierte sie zunächst.[76] Ein Erlass des Ministers für Wissenschaft, Erziehung und Volksbildung markierte 1941 die offizielle Reaktivierung der von Walter Domke geführten Einrichtung, die nun den Namen Botanische Zentralstelle für

---

75 Vgl. Tropenpflanzer 45 (1942), Nr. 9, S. 287; Gründer, Geschichte (2000), S. 136, S. 144, S. 180, S. 238; Denzel, Bilanz (2017).

76 Vgl. Linne, Afrika (2006). Weigelt war überdies Beiratsmitglied des Hamburger Kolonialinstituts und Aufsichtsratsmitglied der Deutschen Kolonialschule Witzenhausen. Vgl. außerdem Timler/Zepernick, Botany (1987), S. 158; Speitkamp, Kolonialgeschichte (2005), S. 160–172; Linne, Deutschland (2008); S. 31 u. S. 56; Notizblatt, Bd. 15, Nr. 4 (Nov. 1941), S. 559. Zur Wiedereröffnung auch R 1001/8603 Bl. 4 ff. als Zusammenfassung.

die Kolonien führte (das Adjektiv deutsch vor Kolonien fiel weg). Die Botanische Zentralstelle untersuchte wie zuvor koloniale Nutzpflanzen und erarbeitete Publikationen. Sie erstellte außerdem Gutachten und erteilte Auskünfte an Wirtschaftsunternehmen und Vereinigungen sowie Behörden und Ministerien. Teil ihrer Tätigkeit war die Organisation von Vorträgen und Führungen unter Nutzung der unveränderten kolonialen Abteilungen im Botanischen Garten und Museum, die unter anderen Gruppen des Reichskolonialbundes sowie Studenten und Lehrer des Berliner Lehrstuhls für Überseegeschichte und Kolonialpolitik besuchten. An der Kolonialpolizeischule in Oranienburg nahmen circa 500 Schüler an Kursen der Botanischen Zentralstelle zur Vegetation Afrikas teil, bei denen Nutz- und Giftpflanzen im Mittelpunkt standen. Weitere Kurse fanden am Tropenmedizinischen Institut der Militärärztlichen Akademie Berlin und am Heeres-Veterinär-Untersuchungsamt in Berlin statt. Die Reichsgruppe Deutscher Kolonialwirtschaftlicher Unternehmungen beteiligte sich an der Finanzierung eines kleineren neuen Warmhauses im Botanischen Garten, in dem zahlreiche Ölpalmenselektionen angepflanzt wurden. Darüber hinaus lieferte das Botanische Museum für Kolonialausstellungen Nutzpflanzen und Pflanzenprodukte und anlässlich der 700-Jahr-Feier Berlins präsentierte es mit einem Stand seine Kolonialabteilung.[77]

Fortdauernde wissenschaftliche Interessen sowie die weiterhin bestehende Präsenz deutscher Botaniker und Landwirte in den vormaligen Kolonialgebieten sorgten somit für die Ergänzung der kolonialen Sammlungen und die Wiederbelebung der Botanischen Zentralstelle. Die Aktivitäten der Botanischen Zentralstelle und des Botanischen Museums unterstützen die politischen Forderungen nach einer Rückgabe der Kolonien und bedienten die anhaltende öffentliche Nachfrage nach kolonialer Exotik und eine Nostalgie für die koloniale Ära. Sie müssen im Kontext der kolonialrevisionistischen Bestrebungen der Kolonialbewegung und der Mehrheit der politischen Parteien im Deutschen Reich gesehen werden, die von der NSDAP bis in die 1940er-Jahre fortgeführt wurden.[78] Der Berliner Botanische Garten und das Botanische Museum übernahmen die Funktion eines Erinnerungsortes. Das beeindruckende Museumsgebäude mit den großen Sammlungsbeständen sowie die pflanzliche Vielfalt und

---

77 Vgl. Notizblatt, Bd. 15, Nr. 5 (Okt. 1942), S. 652–653, hier S. 653; Botanischer Garten und Museum zu Berlin-Dahlem (Hg.), Führer (1935), S. 41 u. S. 71; Notizblatt, Bd. 14, Nr. 122 (Juli 1938), S. 208; Zepernick, Zentralstelle (2002), S. 111.

78 Vgl. Conrad, Kolonialgeschichte (2008); S. 116–119, hier S. 117; Speitkamp, Kolonialgeschichte (2005), S. 160–172; Schilling, Germany (2014).

Fülle tropischer Nutzpflanzen in den Gewächshäusern hielten die Erinnerung an die ehemaligen Kolonien und ihre vermeintliche wirtschaftliche Bedeutung wach.[79]

Die deutschen botanischen und landwirtschaftlichen Unternehmungen veränderten zudem Landschaften und Gesellschaften der kolonisierten Gebiete dauerhaft. Die Enteignung von Land für botanische Versuchsstationen und Plantagen, die zwangsweise und häufig gewaltvolle Rekrutierung von jungen Männern, um auf deutschen Besitzungen zu arbeiten, und die Umwandlung der lokalen Wirtschaft hin zu einer weltmarktorientierten Plantagenwirtschaft mit großflächigen Monokulturen, für die neue Arten eingeführt wurden, bedeuteten einen massiven Eingriff in Ökosysteme, Besitz- und Siedlungsverhältnisse sowie in traditionelle Modelle von Arbeitsteilung und in soziale Hierarchien. In Ostafrika gingen zudem durch Raubbau große Teile des Regenwaldes verloren ebenso wie natürliche Kautschukvorkommen in Kamerun.[80]

Die botanischen Gärten und landwirtschaftlichen Versuchsstationen in den Kolonialgebieten blieben vereinzelt bestehen, verloren allerdings für die botanische, medizinische sowie land- und forstwirtschaftliche Forschung an Bedeutung. Das Biologisch-Landwirtschaftliche Institut Amani schloss 1920 und wurde von der britischen Verwaltung 1927 als East African Agricultural Research Station wiedereröffnet. Nach dem Zweiten Weltkrieg nutzten britische Wissenschaftler die Labore als Malaria-Forschungsinstitut. 1979 wurde es dem Tanzania National Institute for Medical Research unterstellt. Seit 1997 sind der auf die deutsche Kolonialzeit zurückgehende Botanische Garten und das Arboretum in Amani als Naturschutzgebiet ausgewiesen.[81] Der Limbe Botanical Garden – gegründet als Gouvernementsgarten Victoria in Kamerun – erstreckt sich heute nur noch über die Hälfte der ursprünglichen Fläche. Die Bibliothek und das Labor wurden in einen Hotelkomplex integriert. Der ebenfalls als Versuchsgarten des Gouvernements eingerichtete Botanische Garten in Daressalam

---

79 Vgl. Kaiser, Exploration (2015). Zum Konzept der Erinnerungsorte oder Lieux de Mémoire vgl. Nora (Hg.), Lieux (1984–1992); zu „Sites of Imperial Memory" Geppert/Müller, Sites (2015), insbes. Geppert/Müller, Memory (2015); zu deutschen kolonialen Erinnerungsorten Heyden/Zeller (Hgg.), Kolonialismus (2007), darin Kaiser/Hartmann, Berlin (2007).

80 Vgl. ausführlich Kap. IV.1.

81 Vgl. Geißler/Gerrets/Kelly/Mangesho (Hgg.), Amani (2020), S. 7; Geissler/Kelly, Home (2016); Geissler/Kelly, Field Station (2016); Tropical Biology Association, Amani (2007); Timler/Zepernick, Botany (1987), S. 160.

umfasst heute nur noch einen kleinen Teil seiner ursprünglichen Ausdehnung und ist als Parkanlage zugänglich. Die noch vielfach in Tansania erhaltenen Straßenbegrenzungen durch Alleebäume stellte zur Zeit der deutschen Kolonialherrschaft die dortige Baumschule bereit.[82]

Aus afrikanischer Sicht ist die Erinnerung an die landwirtschaftlichen Eingriffe während der deutschen Kolonialzeit ambivalent. Das Anlegen von botanischen Gärten und Versuchsstationen wird zwar positiv als Beginn landwirtschaftlicher Forschungen interpretiert und viele damals eingeführte Pflanzen stellen heute wichtige Exportprodukte dar. Der Plantagenbau zerstörte allerdings vielerorts die einheimische Produktion. In seiner Studie zu den Forschungseinrichtungen Kwai und Amani in Ostafrika bezeichnet es Christopher Conte als ironische Situation, dass zu Beginn des 21. Jahrhunderts lokale Farmer die von deutschen Botanikern etablierten Nutzpflanzen anbauen, deren Kultur 100 Jahre zuvor auf Widerstand gestoßen war.[83] Die Erinnerung an Gewalt und Ausbeutung unter deutscher Herrschaft ist präsent, scheint aber überschrieben durch die Erfahrung der anschließenden Kolonialherrschaft durch die Mandatsmächte.[84]

82 Vgl. Lack, Afrika (1997); Bald/Bald, Forschungsinstitut (1972), S. 38 f.
83 Vgl. Gründer, Geschichte (2000), S. 148 u. S. 165; Conte, Science (2002), S. 259.
84 Vgl. dazu Yigbe, Erfahrung (2016); Rwegera, König (2016); Lü, Platz (2016).

VI. Ausblick

Eine einschneidende Zäsur erlebten die auf die ehemaligen Kolonien bezogenen Aktivitäten am Berliner Botanischen Garten und Museum durch die Zerstörung von Gebäuden und Sammlungen im Zweiten Weltkrieg. Im März 1943 trafen Bomben das Museumsgebäude; der größte Teil des Herbariums und die botanische Spezialbibliothek verbrannten. Im selben Jahr zerbarsten sämtliche Glasscheiben des Gewächshauskomplexes durch den Luftdruck in der Nähe abgeworfener Sprengbomben und die tropischen Pflanzenbestände gingen ein. Neuerliche Bombentreffer im Januar 1944 führten zum Brand des Schaumuseums und die letzten erhaltenen Anzuchthäuser kamen wie die Freilandanlagen bei den Kämpfen im April und Mai 1945 zu Schaden. Die Vernichtung der Herbarbestände, die vor dem Krieg als zweitgrößte Sammlung nach denen in Kew galten, ging als „Dahlemer Katastrophe" in die Wissenschaftsgeschichte der Botanik ein. Nach 1945 liefen die Rekonstruktion der im amerikanischen Sektor liegenden Gebäude und der Wiederaufbau der Sammlungen nur schleppend an.[85]

Von den kolonialen Abteilungen im Garten und im Museum war kaum noch etwas übrig. Bei der Neukonzeption des Museums und des Gartens spielten die Kolonien und die Erinnerung an die koloniale Vergangenheit der Institution keine Rolle mehr. Das entsprach dem öffentlichen Bewusstsein der Nachkriegszeit. Im kollektiven Gedächtnis kam dem „Dritten Reich" eine weitaus größere Bedeutung zu und die Auseinandersetzung mit der Zeit des Nationalsozialismus dominierte die Erinnerungspolitik. Während es zum behaupteten antiimperialistischen staatlichen Selbstverständnis der DDR gehörte, sich von der Kolonialgeschichte zu distanzieren, und koloniale Relikte im Straßenbild nach dem Krieg entfernt wurden, kam es in der BRD erst in den 1960er-Jahren im Zuge der Studentenbewegungen zu Auseinandersetzungen um Straßennamen und Kolonialsymbole wie vor allem Denkmäler. Zeitgleich erschienen zuerst in der DDR imperialismuskritische Studien, denen seit dem Ende der 1960er-Jahre und in den 1970er-Jahren kritische Untersuchungen der Kolonialzeit durch die Geschichtswissenschaft in

85 Vgl. Timler/Zepernick, Garten (1978), S. 67–93; Lack (Hg.), Erben (2010), S. 92–95. Speziell zu den Sammlungen Hiepko, Sammlungen (1990); zu den Kriegsverlusten genauer Hiepko, Teile (1978).

der BRD folgten. Obwohl auch öffentliche Debatten nun überwiegend eine antikoloniale Einstellung kennzeichnete, kultivierten Zusammenschlüsse wie der Verein für das Deutschtum im Ausland eine positive Erinnerung an die Kolonialepoche und pflegten koloniale Traditionen. Ebenso blieben in der Populärkultur koloniale Wahrnehmungsmuster erhalten.[86]

Am Botanischen Garten und Museum gab es nach 1945 auf wissenschaftlicher Ebene weiterhin Verbindungen zu botanischen Sammlungen und Forschungen der Kolonialzeit. Expeditionen nach Togo galten im Selbstverständnis der Institution als Anknüpfung an „alte Traditionen".[87] Es erschienen zwei Florenwerke als Kooperationsprojekt zwischen dem Berliner Botanischen Garten und der Universität Bénin in Togo.[88] Dafür wurden in Berlin vorhandene koloniale Sammlungen aus Togo wie die des Gärtners Otto Warnecke benutzt.[89] Die Publikation einer zwischen 1939 und 1942 erarbeiteten Vegetationskarte von Afrika erschien 1963 im ersten Beiheft der am Botanischen Garten und Museum neu begründeten Reihe *Willdenowia* und wurde als „letztes Zeugnis der Dahlemer Afrikatradition vergangener Zeiten"[90] eingeführt. Die koloniale Ära der Institution geriet schlussendlich mehr und mehr in Vergessenheit. In Publikationen zur Geschichte des Botanischen Gartens und Museums tauchte die Kolonialzeit zwar auf, doch meist lag der Fokus dabei auf den enormen Sammlungserweiterungen in dieser Zeit und dem Umzug der Institution von Schöneberg nach Dahlem. Erst 1987 erschien ein kurzer Artikel zweier Wissenschaftler des Hauses zur Botanischen Zentralstelle und zu botanischen Forschungen in den deutschen Kolonien. Ebenso wie bei weiteren Publikationen aus dem Botanischen Garten und Museum standen hier fachwissenschaftliche Aspekte im Vordergrund. Zuletzt nahmen Artikel in Sammelbänden zu Erinnerungsorten der Kolonialgeschichte beziehungsweise zu Schauplätzen kolonialer Umweltgeschichte die vielfältigen Verflechtungen der Institution in den Blick.[91] Es fehlten bislang allerdings systematische Studien, welche den Zusammenhang zwischen

---

86 Vgl. Speitkamp, Kolonialgeschichte (2005), S. 173–176; Conrad, Kolonialgeschichte (2008), S. 119 ff.; Kloosterhuis, Imperialsten (1994).

87 Vgl. Lack (Hg.), Erben (2010), S. 94.

88 Vgl. Scholz/Scholz, Flore (1983); Brunel/Hiepko/Scholz, Flore (1984).

89 Pers. Mitteilung Hiepko Nov. 2017.

90 Domke, Bemerkungen(1963), S. 4.

91 Timler/Zepernick, Botany (1987); Zepernick, Zentralstelle (2002); Lack, Handbücher (2002); Lack (Hg.), Erben (2010) sowie Kaiser/Hartmann, Garten (2007); Kreye, Garten (2009); Kaiser, Exploration (2015).

botanischer Forschung und wirtschaftlichen sowie kolonial- und kulturpolitischen Zielen näher beleuchten. Während das historische Vorbild, die Royal Botanic Gardens Kew, ihre koloniale Prägung nicht verleugnen, sondern dieser Epoche einen festen, wenn auch zum Teil unkritischen Platz im Selbstverständnis der Institution einräumen, beginnt am Botanischen Garten und Museum erst langsam eine reflektierte Auseinandersetzung mit der eigenen Kolonialvergangenheit.

Dazu führten nicht zuletzt Entwicklungen in der historischen und kulturwissenschaftlichen Forschung und den Museen selbst. Zahlreiche Studien aus dem Feld der *postcolonial studies* zum Zusammenhang von Wissenschaft und Kolonialismus sowie weitere zur Bedeutung von Museen bei der Popularisierung der Naturwissenschaften und kolonialer Vorstellungen verwiesen auf die Notwendigkeit von Untersuchungen zu den Verbindungen zwischen der Kolonialexpansion und der Institutionen- und Sammlungsgeschichte naturkundlicher und ethnologischer Museen. Neuere Studien hinterfragen historische Sammlungs- und Ausstellungskonzepte, Einrichtungen wie das 1910 als Koloniaal Museum gegründete Tropenmuseum Amsterdam thematisieren ihre kolonialen und postkolonialen Verflechtungen.[92]

Zudem haben einzelne Museen und Sammlungen Forschungsprojekte zur Provenienz ihrer kolonialen Bestände durchgeführt. Das von der Deutschen Forschungsgemeinschaft geförderte und am Centrum für Anatomie sowie dem Medizinhistorischen Museum der Charité in Berlin angesiedelte Human Remains Projekt kompilierte angesichts aktueller und potenzieller Restitutionsforderungen Informationen über die Herkunft und den Erwerbskontext der Schädel- und Skelettsammlungen der Charité. Im Jahr 2011 gab die Charité zunächst zwanzig Schädel an eine Delegation aus Namibia zurück. Diese waren während der Zeit des Kolonialkriegs gegen die Herero und Nama in der Kolonie Deutsch-Südwestafrika für „Rasseforschungen“ nach Berlin gesandt worden. Weitere Rückgaben und zahlreiche Veröffentlichungen folgten sowie ein Leitfaden des Deutschen Museumsbundes e.V. mit Empfehlungen zum Umgang mit menschlichen Überresten in Museen und Sammlungen.[93]

92 Vgl. die Forschungsübersicht bei Stuchtey, Introduction (2005), S. 4–6; außerdem Dijk/Legêne, Netherlands East Indies (2011); Boast, Collaboration (2011).

93 Vgl. Förster/Stoecker (Hgg.), Haut (2016); Stoecker/Schnalke/Winkelmann (Hgg.), Sammeln (2013); Stoecker, Knochen (2013); http://www.museumsbund.de/wp-content/uploads/2017/04/2013-empfehlungen-zum-umgang-mit-menschl-ueberresten.pdf mit weiteren Literaturhinweisen. Für aktualisierte und erweiterte Fassungen s. die Website des DMB.

Die Debatte über die Erforschung der Provenienz kolonialer Sammlungen ist in den letzten Jahren unter Museumsfachleuten und Wissenschaftlern verschiedener Disziplinen auf zahlreichen Konferenzen und in Online-Foren fortgesetzt worden und hat eine Erweiterung der Perspektive erfahren über menschliche Überreste hinaus auf Gipsabformungen menschlicher Schädel, Tonaufnahmen und ethnographische Objekte, die als sensible Sammlungen gelten, bis hin zu naturkundlichen Objekten. Zentral ist dabei die Forderung nach der verstärkten Erforschung der Umstände, die das Zusammenbringen von Sammlungen begleiteten.[94] Für botanische Sammlungen stellen sich zudem die Fragen nach Biopiraterie und Bioprospektion. Unter Biopiraterie wird die kommerzielle Weiterentwicklung natürlich vorkommender biologischer Materialien durch ein technologisch weiter fortgeschrittenes Land ohne eine faire Entschädigung der Herkunftsregionen verstanden. Bioprospektion bezeichnet die Untersuchung von Biodiversität und lokalem Wissen für kommerziell wertvolle genetische und biochemische Ressourcen. Zwar gibt es für aktuelle Forschungen und Aufsammlungen internationale Richtlinien und Vereinbarungen wie das 2014 in Kraft getretene Nagoya-Protokoll, um die ungleiche Verteilung von daraus resultierenden Gewinnen zu verhindern. Da beispielsweise aus der Kolonialzeit stammende Herbariumsbestände heute noch für genetische Untersuchungen genutzt werden, müsste auch hierbei überlegt werden, wie die hierbei gewonnenen wissenschaftlichen Ergebnisse verantwortlich genutzt werden, insbesondere mit Blick auf aktuelle Verpflichtungen zum *Access and Benefit Sharing* mit den Herkunftsländern.[95]

Die Diskussion über die deutsche Kolonialvergangenheit und koloniale Sammlungen hat in jüngerer Zeit über den Kreis von Museumsfachleuten und Wissenschaftlern hinaus eine breitere Öffentlichkeit erreicht. Die Aktualität und Notwendigkeit der Auseinandersetzung mit dem kolonialen Erbe zeigten zuletzt die Debatten anlässlich der offiziellen Anerkennung des Kolonialkrieges

94 Vgl. Deutscher Museumsbund e.V. (Hg.), Leitfaden (2019); Förster u.a. (Hgg.), Provenienzforschung (2018); Heumann/Stoecker/Tamborini/Vennen, Dinosaurierfragmente (2018); Habermas, Benin-Bronzen (2017); Bayer/Kazeem-Kaminski/Sternfeld (Hgg.), Kuratieren (2017); Deutscher Museumsbund, Ethnological Museums (2016); Förster, Provenienzen (2016); Berner/Hoffmann/Lange (Hgg.), Sammlungen (2011); Kazeem/Martinz-Turek/Sternfeld, Unbehagen (2009) u. als Beitrag zur Sammelpraxis Jobelmann, Afrika (2017).

95 Vgl. Kreye, Garten (2009), S. 136 f.; Beinart, History (2000), S. 281; Flitner, Sammler (1995), S. 283 f.; Shiva, Biopiraterie (2002); Merson, Bio-Prospecting (2000).

der Deutschen in Südwestafrika gegen die Herero, Nama, Damara und San als Völkermord durch die Bundesregierung sowie die Reaktionen auf die ersten Konzepte zur Präsentation außereuropäischer Objekte aus den Sammlungen des Berliner Ethnologischen Museums im Humboldt Forum in der Stadtmitte. Zuvor brachten lokale postkoloniale Initiativen unter anderen in Hamburg, Freiburg und Berlin sowie Sammelbände zu kolonialen Erinnerungsorten in Deutschland die Spuren der deutschen Kolonialgeschichte ins öffentliche Bewusstsein.[96] Schließlich verhalf die Ausstellung *Deutscher Kolonialismus. Fragmente seiner Geschichte und Gegenwart* (Oktober 2016 bis Mai 2017) im Deutschen Historischen Museum Berlin dem Thema zu größerer Aufmerksamkeit. Dazu kommen Projekte zur Provenienzforschung und museale Präsentationen in regionalen Museen, welche die Geschichte ihrer Institutionen und Sammlungen zur Kolonialzeit erforschen und für Besucher offenlegen. Zuletzt befeuerten Entwicklungen im Nachbarland Frankreich, dessen Regierung und von ihr beauftragte Experten sich für die Restitution von Kulturgut aus kolonialen Kontexten einsetzen, die Diskussion in Deutschland, sodass auch hier Forderungen nach der Aufarbeitung kolonialer Provenienzen und einem neuen Umgang mit der Kolonialgeschichte unüberhörbar geworden sind.[97] Die Staatsministerin des Bundes für Kultur- und Medien sowie die KulturministerInnen der Länder und kommunalen Spitzenverbände verabschiedeten im März 2019 ein Eckpunktepapier zum Umgang mit Sammlungsgut aus kolonialen Kontexten, welches die historische Verantwortung und die Bedeutung der Aufarbeitung der deutschen Kolonialgeschichte betont und unter anderem mehr Transparenz in Hinblick auf koloniale Sammlungen sowie eine verstärkte Provenienzforschung fordert.[98]

Wünschenswert ist die Fortführung der mit der vorliegenden Arbeit begonnenen Untersuchung zur Einbindung des Botanischen Gartens und Museums mit der Botanischen Zentralstelle in das koloniale Projekt sowie zu den botanischen kolonialen Sammlungen. Insbesondere ein interdisziplinärer, institutionenübergreifender Ansatz, wie ihn der 2015 gegründete

96 Vgl. u.a. Bechhaus-Gerst, Germany (2017); Friedrichs/Jana, Akademie (2017); Heyden/Zeller (Hgg.), Kolonialismus (2007); Heyden/Zeller (Hgg.), Kolonialmetropole (2002). Zur breiteren öffentlichen Diskussion in Deutschland anlässlich des 100. Jahrestages des Kolonialkrieges in Südwestafrika und zur Erinnerungspolitik in den ehemaligen Kolonien vgl. Speitkamp, Kolonialgeschichte (2005), S. 176–187.

97 Vgl. Sarr/Savoy, Zurückgeben (2019).

98 https://www.kmk.org/fileadmin/pdf/PresseUndAktuelles/2019/2019-03-25_Erste-Eckpunkte-Sammlungsgut-koloniale-Kontexte_final.pdf

Verbund sammlungsbasierter Institutionen in Berlin unter dem Namen KOSMOS Berlin – Forschungsperspektive Sammlungen anstrebt, verspricht neue Erkenntnisse zur Rolle der Berliner Museen und Sammlungen bei der Aufnahme und wissenschaftlichen Bearbeitung von Objekten aus kolonialen Kontexten.[99]

99 http://www.forschungsperspektive-sammlungen.de/

VII. Schlussbemerkungen

Die vorliegende Arbeit hat den Zusammenhang von Wissenschaften und Kolonialismus beispielhaft für die Berliner botanischen Einrichtungen während der Kolonialexpansion des Deutschen Reiches betrachtet und dabei unter anderem die konkrete Institutionalisierungspraxis von Aufgabenfeldern beschrieben, die sich auf die Kolonialgebiete bezogen. Im Wesentlichen gehörte dazu das Zusammentragen von Objekten und Informationen aus den Kolonien am Botanischen Museum, das als koloniales Archiv der Wissensproduktion und Wissenspopularisierung diente. Zusätzlich bekam die dem Botanischen Garten und Museum angegliederte Botanische Zentralstelle als primäre Aufgabenbereiche den Transfer von Nutzpflanzen in die Kolonialgebiete und angewandte Forschungen zugewiesen. Die Interessen der Hauptakteure an diesen Tätigkeiten differierten erheblich und in den daraus resultierenden Konflikten traten die Motive des Auswärtigen Amtes, des Preußischen Kultusministeriums und der Direktion des Botanischen Gartens und Museums deutlich zu Tage. An dieser Stelle sollen die wichtigsten Befunde der Untersuchung zusammengefasst werden. Dabei werden Beobachtungen zur Einbindung der Museen der Reichshauptstadt Berlin in das koloniale Projekt erläutert, die über die botanischen Einrichtungen hinausweisen und sich im Verlauf der Forschungsarbeit als wesentlich herauskristallisiert haben. Überdies verortet die Analyse transnationaler wie auch transimperialer Prozesse des Austauschs von Pflanzenmaterial, Wissen und Praktiken die Berliner botanischen Einrichtungen in globalen Netzwerken und Entwicklungen. Auch werden die Resultate durch eine vergleichende Perspektive in einen breiteren Kontext gestellt.

Schon wenige Jahre nach der Inbesitznahme von Kolonialgebieten in Afrika und im Pazifik durch das Deutsche Reich erfolgte die systematische Einbindung der führenden Berliner Museen in die Erforschung der dortigen Flora und Fauna sowie der Kultur der lokalen Bevölkerung. Ein Bundesratsbeschluss vom Februar 1889 sprach dem Botanischen Museum, dem Museum für Naturkunde und dem Museum für Völkerkunde die Sammlungsobjekte aus Reichsexpeditionen zu und kurz darauf auch alle Objekte, die von Kolonialbeamten zusammengetragen wurden. Das Auswärtige Amt erhoffte sich aus der an den Berliner Museen zentralisierten Auswertung von Objekten und Daten praxisbezogene Informationen für die Kolonialverwaltung zur territorialen Durchdringung und Kontrolle der Kolonialgebiete sowie zur Ausnutzung ihrer Ressourcen, zu denen neben der

Pflanzen- und Tierwelt auch die Arbeitskraft der einheimischen Bevölkerung gezählt wurde.

Nahezu zeitgleich kam von Seiten des Gouverneurs in Kamerun der Antrag, dortige Anbauversuche mit tropischen Nutzgewächsen durch Zusendungen von Saatgut und Lebendpflanzen zu unterstützen. Das Auswärtige Amt befürwortete das Vorhaben und eine verstärkte angewandte Forschung in den Bereichen Botanik und Landwirtschaft. Da sich die Kolonien mit Ausnahme von Deutsch-Südwestafrika nicht als Siedlerkolonien eigneten und dort erst spät Bodenschätze entdeckt wurden, schien die Förderung der landwirtschaftlichen Produktion und des Handels mit pflanzlichen Rohstoffen der aussichtsreichste Weg, die Rentabilität der Kolonialgebiete zu steigern. Im Vordergrund stand angelehnt an hauptsächlich britische und niederländische Vorbilder der Aufbau einer exportorientierten Plantagenwirtschaft, unterstützt durch botanische Forschungseinrichtungen in Metropole und Kolonien. Wissen, Technik und Kapital aus Europa sollten dabei helfen, die wachsenden westlichen Bedürfnisse nach tropischen Produkten zu befriedigen und in den Kolonien Nahrungs- und Genussmittel sowie medizinisch und technisch wichtige Pflanzen in großem Umfang anzubauen, unter Ausnutzung der einheimischen Bevölkerung als billige Arbeitskräfte.

Auf Bestreben des Auswärtigen Amtes erfolgte daher zum 1. April 1891 die Gründung der Botanischen Zentralstelle für die deutschen Kolonien am Berliner Botanischen Garten und Museum. Ihr wurden als Aufgaben der Transfer von Saatgut und Lebendpflanzen in die Kolonialgebiete sowie die Untersuchung des Nutzwertes dort vorkommender Pflanzen zugeteilt. Ein Vertrag zwischen Auswärtigem Amt und Preußischem Kultusministerium, dem der Botanische Garten und das Botanische Museum unterstanden, hielt neben den Arbeitsfeldern der Botanischen Zentralstelle deren Kofinanzierung durch die beiden Ministerien fest. Für die Berliner botanischen Einrichtungen als Standort sprachen die bereits vorhandenen Sammlungen von Herbar- und Lebendpflanzen als Grundlage der vergleichenden Arbeitspraxis der Botanik. Außerdem verfügte der Berliner Garten über Gewächshausbauten für tropische Pflanzen und darin über einige Exemplare, die umgehend nach Kamerun geschickt werden konnten. Diese bildeten den Grundstock für den Botanischen Garten in Victoria, der als erste dauerhaft angelegte Forschungseinrichtung in den deutschen Kolonien gilt.

Überdies sah Adolf Engler, der Direktor des Botanischen Gartens und Museums, die Erweiterung der wissenschaftlichen Sammlungen als wesentliche Voraussetzung, um an seiner Institution die Forschungsbereiche der Systematik und Pflanzengeographie voranzubringen. Das wissenschaftliche Interesse galt hauptsächlich Afrika, das noch wenig von Europäern erforscht war. Obwohl anders als bislang häufig angegeben die Initiative für die Gründung der Botanischen Zentralstelle nicht von Engler ausging, erkannte er jedoch die Chancen, die sich aus der durch den Bundesratsbeschluss privilegierten Position bei der Verteilung der kolonialen Sammlungen ergaben. Mit der Angliederung der Botanischen Zentralstelle konnte der herausragende Status der Berliner botanischen Einrichtungen noch verstärkt sowie der Zufluss von Sammlungen aus den Kolonien abgesichert und intensiviert werden. Für Engler bot sich somit im Rahmen der Kolonialexpansion des Deutschen Reiches die Möglichkeit, seine Einrichtung auch im internationalen Vergleich als eines der wichtigsten Zentren für Systematik, Pflanzengeographie und auf die Kolonien bezogene Forschungen zu etablieren.

Adolf Engler prägte die Institution in seiner Amtszeit von 1889 bis 1921 maßgeblich und wirkte federführend bei der Institutionalisierung ihrer kolonialen Aufgaben mit, für die der genannte Bundesratsbeschluss sowie der Vertrag zwischen Auswärtigem Amt und Preußischem Kultusministerium die rechtlichen Rahmenbedingungen bildeten. Vor seinem Dienstantritt in Berlin hatte es vom Botanischen Museum keinen Vorstoß gegeben, sich bei der Erforschung der Kolonialgebiete einzubringen. Die schon seit dem Beginn des 19. Jahrhunderts aus Afrika und anderen tropischen Regionen eingetroffenen Sammlungen – die von deutschen Forschungsreisenden oder aus dem Tauschverkehr mit botanischen Einrichtungen weltweit stammten – waren größtenteils unbearbeitet geblieben. Engler organisierte die wissenschaftliche Durcharbeitung der vorhandenen Sammlungen, auf deren Basis die Neuzugänge aus den Kolonien zügig bestimmt werden konnten. Auch sorgte er in jahrelangen Auseinandersetzungen mit dem Auswärtigen Amt dafür, dass die wissenschaftliche Bearbeitung der Sammlungen offiziell dem Aufgabenbereich der Botanischen Zentralstelle zugerechnet und entsprechend bezuschusst wurde. Die von ihm durchgesetzte Erhöhung der Zuwendungen des Auswärtigen Amtes zur Botanischen Zentralstelle von 3.000 Mark auf 9.000 Mark ab 1898 und 10.000 Mark ab 1902 kam im Wesentlichen dem Erhalt und der Erweiterung der Sammlungen zu Gute.

Das Beschreiben und Benennen der Pflanzen aus den Kolonien übernahmen die Wissenschaftler des Botanischen Museums. Sie verwendeten die Pflanzenbelege überwiegend für Forschungen im Bereich der Systematik, Pflanzengeographie und angewandten Botanik. Zudem wurden die Sammlungen von Kolonialbeamten und Reichsexpeditionen sowohl als Einsendungen an das Botanische Museum gemäß dem Bundesratsbeschluss aufgelistet, wie auch als Zugänge für die Botanische Zentrastelle. Eine klare Trennung der Sammlungen und Aufgaben der Botanischen Zentralstelle einerseits und des Botanischen Gartens und Museums andererseits gab es in diesem und weiteren

Tätigkeitsbereichen nicht, vielmehr kennzeichnen inhaltliche, materielle, personelle und finanzielle Überschneidungen die Arbeit der Botanischen Zentralstelle an der Gesamtinstitution. Das brachte einerseits bedeutende Synergieeffekte mit sich, andererseits barg dieses Arrangement Konfliktpotential.

Am Botanischen Garten und Museum verlief die Institutionalisierung des Transfers von Pflanzen und Saatgut in die Kolonien sowie der wissenschaftlichen und praxisbezogenen Erforschung des von dort eintreffenden Pflanzenmaterials durch die Botanische Zentralstelle ebenso wenig reibungslos wie die Umsetzung der durch den Bundesratsbeschluss bestimmte Zentralisierung der naturkundlichen und ethnologischen Sammlungen aus den Kolonialgebieten an den Berliner Museen. In den sich überlagernden Debatten bezüglich der kolonialen Sammlungen und der Botanischen Zentralstelle vertraten die Direktoren des Botanischen Museums, des Museums für Naturkunde und des Museums für Völkerkunde oft gemeinsam ihre Interessen. Sie bildeten eine Kommission, die mit der Sichtung der Objekte aus den Kolonien und der Weitergabe von Dubletten an andere Museen im Deutschen Reich betraut war.

In erster Linie ging es in den Auseinandersetzungen der drei Museen mit dem Auswärtigen Amt um Zuständigkeiten und Finanzierungsverpflichtungen. Im Kern betraf das die Frage, wie die Museen – die dem Preußischen Kultusministerium unterstanden – für die Kolonialexpansion des Deutschen Reiches in Anspruch genommen werden konnten und wer die Kosten für die damit verbundenen Aufgaben tragen sollte. Der Bundesratsbeschluss regelte zwar die Zuweisung und zentrale wissenschaftliche Auswertung der naturkundlichen und ethnologischen Sammlungen. Doch das Berliner Botanische Museum, das Museum für Naturkunde und das Museum für Völkerkunde wehrten sich gegen die für sie dabei entstehenden Kosten. So sollten sie laut Auslegung des Beschlusses durch das Auswärtige Amt die Ausgaben für Gläser, Konservierungsmittel und andere Ausrüstungsgegenstände übernehmen, die Sammler und Wissenschaftler an den Forschungsstationen in den Kolonien erhielten. Die drei Museen waren nicht bereit, dafür die Budgets ihrer Institute zu belasten und verlangten die Übernahme der Anschaffungskosten aus Reichsmitteln.

Das Preußische Kultusministerium verhielt sich in diesem Konflikt abwartend und beobachtete, wie sich die Verteilung der Sammlungen und der Kosten entwickelte. Immerhin verschaffte der Bundesratsbeschluss den Berliner Museen enorme Vorteile beim Aufbau ihrer Sammlungen und darauf basierend eine internationale Spitzenposition bei der Erforschung der Kolonialgebiete in Afrika und im Pazifik. Die Regelungen des Bundesratsbeschlusses waren somit grundsätzlich im Interesse des Preußischen Kultusministeriums. Es äußerte jedoch deutlich seinen Unmut darüber, dass beispielsweise auf Grund der anfänglich zu geringen Zuschüsse vom Auswärtigen Amt für die Botanische Zentralstelle die botanischen Einrichtungen für die ständig entstehenden Mehrkosten aufkommen mussten. Diese ergaben sich aus den auf die Kolonien bezogenen Tätigkeitsfeldern, zu denen das Kultusministerium ebenso wie Adolf Engler unter anderem die Anschaffungskosten für die Sammlungen aus den Kolonien einschließlich ihrer Präparierung und Unterbringung zählte. Der finanzielle Beitrag des Auswärtigen Amtes zur Botanischen Zentralstelle reichte überdies anfangs nicht einmal aus, um die Vermehrungshäuser zu beheizen, in denen Pflanzen für den Transport in die Kolonien aufgezogen wurden. Das Preußische Kultusministerium protestierte daher dagegen, dass für die als Reichsangelegenheit betrachteten Kolonien und die darauf bezogene angewandte Forschung der Etat preußischer wissenschaftlicher Einrichtungen in Anspruch genommen wurde. Es unterstützte Englers Auffassung und die der Direktoren der Museen für Naturkunde und Völkerkunde, dass die Aufwendungen für die Erweiterung und wissenschaftliche Bearbeitung der Sammlungen aus den Kolonien und für andere kolonialpolitische oder -wirtschaftliche Aufgaben nicht zu Lasten dieser Einrichtungen gehen sollten. Untersuchungen zum Museum für Naturkunde und zum Museum für Völkerkunde müssen noch zeigen, ob der Botanische Garten und das Botanische Museum eine Sonderstellung einnahmen durch die vom Auswärtigen Amt und dem Preußischen Kultusministerium gemeinsam finanzierte Botanische Zentralstelle.

Es ist festzustellen, dass das Preußische Kultusministerium insgesamt eher zurückhaltend agierte und konkrete Anlässe abwartete, um mit dem Auswärtigen Amt über die Funktion der Museen im Rahmen der Kolonialpolitik zu verhandeln. Häufig nahm es die Rolle des Übermittlers von Mitteilungen der Museumsdirektoren an das Auswärtige Amt und umgekehrt ein, wobei es sich zumeist hinter die Museumsleitungen stellte. Die Institutionalisierung der wissenschaftlichen und praxisorientierten Aufgaben mit Kolonialbezug wurde durch zum Teil langwierige Aushandlungsprozesse zwischen den Ministerien und den Museumsdirektoren erreicht. Es gab vorab keine detaillierte Strategie der Ministerien, vielmehr lag die Ausgestaltung und Organisation dieser Tätigkeitsbereiche in den Händen der Museumsdirektoren.

Für den Botanischen Garten und das Botanische Museum wurde eine Lösung gefunden, indem das Auswärtige Amt die Zuschüsse für die Botanische Zentralstelle erhöhte und die wissenschaftliche Bearbeitung der Sammlungen aus den Kolonialgebieten als deren Zuständigkeit anerkannte. An diesen Kompromiss knüpfte sich die gemeinsame Anweisung des Auswärtigen Amtes und des Preußischen Kultusministeriums, die Kolonien zum Arbeitsschwerpunkt des Botanischen Gartens und Museums zu erheben. Ein weiteres damit verbundenes

Spannungsfeld blieb hingegen bestehen und betraf die Frage nach der Priorität von wissenschaftlicher beziehungsweise angewandter Forschung. In zahlreichen Darstellungen klagte Adolf Engler über die große Arbeitsbelastung sämtlicher Beamter seiner Einrichtung durch die vielfältigen Aufgaben der Botanischen Zentralstelle, die seiner Auskunft nach kaum mehr Zeit für Forschungen zu anderen Regionen und Fragestellungen ließen. Einige praxisbezogene Tätigkeiten empfanden Direktion und Mitarbeiter des Botanischen Gartens und Museums als besonders lästig, etwa die Beratung von Behörden oder die Bereitstellung von Sammelausrüstungen verbunden mit der Unterweisung von in die Kolonien reisenden potentiellen Sammlern. Dieser Konflikt zwischen wie es hieß „reiner" Forschung, die wissenschaftliche Anerkennung versprach, und angewandter Auftragsarbeit, für die es staatliche Zuschüsse gab, existierte nicht nur am Botanischen Garten und Museum, sondern beschäftigte beispielsweise auch die Wissenschaftler am Forschungsinstitut Amani in der Kolonie Deutsch-Ostafrika. Von mit der Musterinstitution für die Botanische Zentralstelle, den Royal Botanic Gardens Kew, vertrauten Botanikern, hatte es im Vorfeld Warnungen gegeben, dass es bei den Botanikern in Berlin zu Unzufriedenheit kommen könnte, wenn diese sich nicht ausschließlich ihrer wissenschaftlichen Karriere widmen konnten.

Für Adolf Engler ergab sich durch die Einrichtung einer Kustodenstelle für die Botanische Zentralstelle die angenehme Lage, weiter seine systematischen und pflanzengeographischen Studien betreiben zu können, während sich ab 1898 Georg Volkens um die praktischen und organisatorischen auf die Kolonien bezogenen Aufgaben kümmerte. Engler unterstrich gegenüber dem Auswärtigen Amt zudem den Nutzen der am Haus durchgeführten wissenschaftlichen Studien für praktische Fragen der kolonialen Landwirtschaft. So gelang es ihm, eine staatliche Finanzierung der unter seiner Leitung herausgegeben Abhandlungen zur Flora der Kolonialgebiete in botanischen Fachzeitschriften und Monographien zu erhalten. Deren Basis bildeten hauptsächlich die aus den Kolonien stammenden Sammlungen von Herbarbelegen, Holzproben und Früchten, denen somit eine zentrale Bedeutung für die Wissensproduktion zu den Kolonialgebieten zukam. Erst nach 1900 reiste Engler nach Afrika und lernte die Pflanzenwelt mehrerer britischer und deutscher Kolonien aus eigener Anschauung kennen.

Angewandte Forschung und praxisbezogene Tätigkeiten erhielten vielfältige finanzielle Unterstützung durch staatliche Stellen. Nach Ansicht des Auswärtigen Amtes hatte im Vergleich mit den anderen Berliner Museen allein am Botanischen Garten und Museum durch die Einrichtung der Botanischen Zentralstelle eine – wie es hieß – erfolgreiche Anpassung an die praktischen Ziele der

Kolonialverwaltung stattgefunden. Immer wieder betonte das Auswärtige Amt die Priorität praktischer und wirtschaftlicher Fragen und dachte darüber nach, „rein“ wissenschaftlichen Institutionen keine Sammlungen aus den Kolonien mehr zukommen zu lassen. Insbesondere die durch den Bundesratsbeschluss begünstigten Einrichtungen – das Botanische Museum, das Museum für Naturkunde und das Museum für Völkerkunde – standen unter dem Druck, praktisch verwertbares Wissen bereitzustellen. Die Direktoren der drei Museen erklärten sich denn auch geschlossen mit einer solchen Indienstnahme ihrer Einrichtungen einverstanden und betonten in den Auseinandersetzungen mit dem Auswärtigen Amt ihren Nutzen für die staatlichen kolonialen Ziele. Sie bekräftigten das Selbstverständnis ihrer Institutionen als Zulieferer wichtiger Forschungsergebnisse zu Flora, Fauna und Bevölkerung der Kolonialgebiete, um wissenschaftlich abgesicherte Erkenntnisse zu wirtschafts- und herrschaftspolitischen Fragen zur Verfügung zu stellen. Ein eindrückliches Bekenntnis der drei Berliner Museen zu ihren kolonialen Aufgaben datiert schon aus dem Jahr 1895. Mit dem Bundesratsbeschluss und der Gründung der Botanischen Zentralstelle waren demnach lange vor der „Ära Dernburg“ die Grundlagen für eine rationelle, wissenschaftliche Kolonialpolitik geschaffen worden, die jedoch nicht an allen Museen die gewünschte Umsetzung erfuhren. Dieser institutionelle und rechtliche Vorlauf für einen wissenschaftlichen Kolonialismus bedarf weiterer Untersuchungen.

Es lässt sich nicht eindeutig ermitteln, inwiefern die drei Museumsdirektoren die Kooperation von Wissenschaft und Staat aus politischer Überzeugung mittrugen oder ob es sich eher um eine rhetorische Strategie zur Absicherung ihrer privilegierten Stellung handelte. In den immer wieder aufflammenden Konflikten mit dem Auswärtigen Amt zeigte sich allerdings der vehemente Einsatz der drei Berliner Museen für den Erhalt ihres exklusiven Anspruchs auf die kolonialen Sammlungen. Sie beriefen sich dabei wiederum auf ihre großen Bestände an Vergleichsmaterial, das eine schnelle und exakte wissenschaftliche Bearbeitung der Neuzugänge versprach, die sie dem Auswärtigen Amt zusicherten, um die – wie es hieß – „Zersplitterung“ der Sammlungen zu verhindern. Überdies profitierten die Museen beim Zusammenbringen der Objekte von kolonialen Infrastrukturen. Die Kolonialexpansion des Deutschen Reiches ermöglichte den Zugang zu noch wenig erforschten Gebieten, Dampferverbindungen und Eisenbahnstrecken erleichterten den Transport von Objekten. Kolonialbehörden, Militär wie auch Missionen waren in die Sammeltätigkeit eingebunden, indem sie Materialien aus verschiedenen Gegenden unter Ausnutzung kolonialer Machtverhältnisse beschafften.

Ein wesentliches Desiderat ist weiterhin die Untersuchung der zahlreichen Forschungsstationen in den deutschen Kolonien sowie ihrer Bedeutung für das Zusammentragen von Objekten und Daten. In der vorliegenden Arbeit wurde eine dieser Einrichtungen – die Forschungsstation Jaunde/Yaoundé in Kamerun – exemplarisch vorgestellt und die Sammelpraxis des dort stationierten Kolonialbeamten Georg Zenker betrachtet, die sich auf lokale Informanten und Übersetzer stützte. Einheimische Männer und Frauen traten hierbei als Akteure der Wissensproduktion in Erscheinung, die in ihrer Funktion als *intermediaries* die Kolonisierenden mit Informationen versorgten: über Flora und Fauna der in Besitz genommenen Gebiete sowie zu einheimischen Pflanzen- und Tiernamen oder zu den Anbaubedingungen und Verwendungsmöglichkeiten tropischer Nutzpflanzen. Es sind weitere Untersuchungen zur Abhängigkeit des kolonialen Sammelns von lokalen Mitarbeitern wie Informanten, Übersetzern und Präparatoren wichtig, um Erwerbskontexte und die Aneignung von indigenem Wissen zu rekonstruieren. Gerade vor dem Hintergrund einer breiten Debatte an Museen, Universitäten und in der Öffentlichkeit zur Provenienz kolonialer Sammlungen und zu umstrittenen Fragen von Besitzverhältnissen und Erwerbsumständen ist es notwendig, die Forschungen dazu über menschliche Überreste und ethnologische Objekte hinaus auch auf naturkundliche Sammlungen auszudehnen und dafür die multidisziplinären Sammelpraktiken zu studieren, die sich an Georg Zenker und weiteren Sammlern in dieser Zeit beobachten lassen.

Vorhergehende Arbeiten zum Verhältnis von Wissenschaft und Kolonialismus haben vielfach das Ineinandergreifen von wissenschaftlichen, wirtschaftlichen und politischen Interessen nachgezeichnet. Die am Beispiel der botanischen Einrichtungen in Berlin vorgenommene Analyse des Institutionalisierungsprozesses von auf die Kolonien bezogenen Aufgabenbereichen bestätigte diese Zusammenhänge. Sie deckte jedoch auch unterschiedliche Erwartungen der beteiligten Institutionen und Interessenkonflikte auf, die in langwierigen Aushandlungsprozessen geklärt werden mussten. Der Direktor der Berliner botanischen Einrichtungen sah sein Haus ebenso wie seine Amtskollegen am Museum für Naturkunde und am Museum für Völkerkunde nicht als willfähriges Instrument politischer und wirtschaftlicher Ziele. Vielmehr verfolgte er eigene wissenschaftliche Anliegen und strebte eine herausragende nationale und internationale Stellung seiner Institution an, die sich unter anderen auf die umfangreichen Sammlungen aus den Kolonialgebieten und die erstmalige übergreifende Erforschung regionaler Floren insbesondere in Afrika gründete.

Mit der Ausformulierung und Ausgestaltung der Aufgabenbereiche der Botanischen Zentralstelle verband Adolf Engler ebenfalls eigene Absichten. Neben den ausdrücklich festgehaltenen Aufträgen des Pflanzentransfers in die Kolonien sowie der Nutzwertuntersuchung von kolonialem Pflanzenmaterial hatte es im Vertrag über die Gründung der Botanischen Zentralstelle nur vage geheißen, sie solle sich für die botanische Entwicklung der Kolonien einsetzen. Engler integrierte und stärkte zusätzlich die Bereiche der Forschung, der akademischen Wissensvermittlung und der Wissenspopularisierung, um das Renommee der botanischen Einrichtungen zu vergrößern und zusätzliche finanzielle Unterstützung zu erhalten. Damit wollte er die Stellung des Gartens und Museums, die er als Zentrum der auf die Kolonien ausgerichteten Botanik im Deutschen Reich etablierte, gegenüber tatsächlicher oder vermeintlicher Konkurrenz verteidigen. Im Folgenden werden die wichtigsten neuen Erkenntnisse zusammengefasst und gezeigt, wie sich Inhalte, Umfang und Bedeutung der Arbeitsbereiche der Botanischen Zentralstelle im Laufe der Zeit abhängig vom Grad der Erfüllung ihrer Aufträge und von Englers Zielen änderten.

In den ersten Jahren des Bestehens der Botanischen Zentralstelle bildeten die Transfers von Nutzpflanzen den Schwerpunkt ihrer Tätigkeit. Sie übernahm die Auswahl, Vermehrung und den Versand von Pflanzenmaterial in die Kolonien, bevorzugt als Lebendpflanzen in Wardschen Kästen, bedingt durch die Kostspieligkeit dieser Versandart aber auch in großem Umfang als Saatgut. Die Pflanzentransfers fanden dabei nicht wie bislang vorwiegend beschrieben nur zwischen Berlin und den Kolonien statt, sondern ebenfalls zwischen den einzelnen Kolonien. Als Bestandteil des Pflanzentransfers wurde in der vorliegenden Studie zudem die Beschaffung von Pflanzen- und Saatgut durch die Botanische Zentralstelle eingehender betrachtet. Das Pflanzenmaterial zirkulierte in globalen Netzwerken, die teilweise bereits existierten durch traditionelle Austauschbeziehungen des Botanischen Gartens und Museums mit Institutionen in Großbritannien, Frankreich, den Niederlanden sowie Satellitengärten in tropischen Regionen. In der Zeit der deutschen Kolonialexpansion erweiterten und verdichteten sich diese Netzwerke noch. Die wichtigsten und regelmäßigsten Tauschpartner wurden die botanischen Versuchseinrichtungen in den deutschen Kolonien, die zudem in erster Linie mit Pflanzensendungen der Botanischen Zentralstelle bedacht wurden. Dazu kamen als Empfänger Missionsgesellschaften, Plantagenunternehmen und Pflanzer in den überseeischen Besitzungen wie auch weltweit agierende diplomatische Vertreter.

Bestimmend für den weltweiten Austausch von Pflanzenmaterial zwischen den botanischen Institutionen war seit jeher das Prinzip der Gegenseitigkeit. Auf Reziprozität bestand die Botanische Zentralstelle ebenfalls gegenüber Missionen, Unternehmen und Privatleuten, die sie mit Pflanzen belieferte. Für die Auswahl geeigneter Arten führte sie Untersuchungen durch und analysierte die veröffentlichten Erfahrungsberichte der Versuchsgärten in den britischen, niederländischen, französischen und portugiesischen Kolonien. Sie verbreitete ebenso Informationen zu den in Berlin und an den botanischen Versuchseinrichtungen in den Kolonien durchgeführten Experimenten und Forschungen in Fachzeitschriften. Somit zirkulierte neben Pflanzenmaterial auch in den Metropolen und den tropischen Forschungseinrichtungen produziertes Fachwissen.

In den ersten zehn Jahren der Tätigkeit bis zum Beginn des 20. Jahrhunderts stieg die Zahl der versandten Lebendpflanzen und des verschickten Saatguts stetig an. Um 1908 hatte die Botanische Zentralstelle ihr selbst gestecktes Ziel erreicht, zahlreiche neue Arten in den deutschen Kolonien einzuführen und die dortigen botanischen Versuchseinrichtungen mit ausreichend Pflanzenmaterial für die Vermehrung und die Abgabe an Pflanzer zu versorgen. Das betraf insbesondere den Botanischen Garten in Victoria in Kamerun – später Kaiserliche Versuchsanstalt für Landeskultur – und das Biologisch-Landwirtschaftliche Institut Amani in der Kolonie Deutsch-Ostafrika, sodass diese Einrichtungen wie beabsichtigt von Pflanzensendungen aus Berlin unabhängig wurden. Die Transfers von Pflanzen und Saatgut sowie die Anbauversuche an den botanischen Versuchsstationen orientierten sich hauptsächlich am Weltmarkt und waren auf den Aufbau eines rentablen Plantagensystems und den Export pflanzlicher Produkte ausgerichtet. Zwar galt als Aufgabenbereich der Botanischen Zentralstelle und der botanischen Versuchseinrichtungen zusätzlich, ertragreichere Arten für den Ackerbau der einheimischen Bevölkerung zur Verfügung zu stellen, doch es gab de facto nur wenige Unternehmungen in diesem Bereich. Den Aufbau von botanischen Versuchsstationen und Plantagen begleiteten Enteignungen und Vertreibungen sowie massive Eingriffe in gewachsene wirtschaftliche und soziale Strukturen ebenso wie in Landschaften und in Ökosysteme. Die Kolonien und speziell die botanischen Forschungseinrichtungen fungierten als Laboratorien für landwirtschaftliche und kulturmissionarische Versuche. Botaniker traten dabei als wichtige Akteure imperialer Entwicklungsprozesse in Erscheinung und reflektierten ihre Rolle fernab der „reinen" Wissenschaft, wobei sich einige Wissenschaftler an tropischen Forschungsstationen wie Amani gegen eine allein praxisorientierte Ausrichtung der Forschungen wandten. Zeitgenössische Diskurse und Projekte wie die an der einheimischen Bevölkerung praktizierte „Erziehung zur Arbeit" oder die „Inwertsetzung" der Kolonien wurden hingegen nicht kritisiert.

Adolf Engler hatte gegenüber dem Auswärtigen Amt durchgesetzt und zusätzliche finanzielle Mittel dafür akquiriert, dass zum zweiten großen Aufgabenbereich der Botanischen Zentralstelle neben der Untersuchung von eingesandten Pflanzen auf deren Nutzwert ebenso die wissenschaftliche Bearbeitung der kolonialen Sammlungen gehörte. Die Forschungsergebnisse flossen in zahlreiche

Publikationen in den Bereichen Systematik, Pflanzengeographie und angewandte Botanik ein, die der systematischen Botanik der Reichshauptstadt einen internationalen Spitzenplatz verschafften und die sogenannte Berliner Afrika-Tradition begründeten. Das Botanische Museum rühmte sich seiner umfangreichen und wissenschaftlich durchgearbeiteten Sammlungen und sah sich hier gleichauf mit dem Vorbild und Konkurrenten, den Royal Botanic Gardens in Kew. Selbst die Abtretung der deutschen Kolonien nach dem Ersten Weltkrieg brachte keinen Einbruch der Wissensproduktion zur Flora Afrikas mit sich, da die vorhandenen Sammlungen weiter bearbeitet und durch neue Aufsammlungen ergänzt wurden. Die ursprünglich als zweitwichtigster Arbeitsbereich der Botanischen Zentralstelle vorgesehene Nutzwertbestimmung trat hinter die umfänglichen und auch aus heutiger Sicht bedeutenden Forschungen zur Systematik und Pflanzengeographie zurück, wenngleich es einige größere Vorhaben gab, darunter Untersuchungen zu Kautschuk und anderen Milchsäften sowie zu pharmakologisch wirksamen Pflanzen.

Beim Zusammentragen von pflanzlichen Materialien und für Anbauversuche in den Kolonien galt den Kenntnissen der einheimischen Bevölkerung über Anbaubedingungen, Eigenschaften und Verwendungsmöglichkeiten von Nutzpflanzen große Aufmerksamkeit und diese Informationen fanden zum Teil Eingang in wissenschaftliche Veröffentlichungen. Es kam zu einem dynamischen Prozess der Koproduktion von Wissen, bei dem sich verschiedene Wissenssysteme miteinander verflochten, die aber nicht als gleichberechtigt wahrgenommen wurden. Einheimische Kenntnisse wurden insbesondere dann aufgenommen, wenn die europäischen Wissensressourcen nicht ausreichten. Ziel war die schnelle Entwicklung rationeller Anbaumethoden und die effektive Ausnutzung der einheimischen oder aus anderen Kolonialgebieten eingeführten Nutzpflanzen. Insgesamt blieb die Übernahme lokalen Wissens eher selektiv, radikal andersartiges Wissen traf meist auf Ablehnung.

Zudem bestimmten koloniale Machtverhältnisse die Aneignung und Bewertung von indigenem Wissen. Bestimmend war eine eurozentrische Denkart, die insbesondere in den Naturwissenschaften den universellen Anspruch rationalen Denkens und einer auf Linnés Klassifizierungssystem beruhenden Ordnung der Natur vertrat. Dies führte zu einer epistemischen Kolonisierung, die lokale Wissenssysteme als irrational oder magisch unterdrückte. Indigene Pflanzennamen wurden überprägt und in lateinischen Bezeichnungen das Personal der Kolonialmacht verewigt. Hierarchien zwischen Wissenschaftlern einerseits und der einheimischen Bevölkerung, Frauen sowie Laien andererseits schlugen sich darin nieder, dass nur einige wenige Experten mit akademischer Ausbildung als Akteure der Wissensproduktion und des Transfers von Wissen galten. In der

Museumsdokumentation und in Publikationen finden sich selten konkrete Hinweise auf die Übernahme lokalen Wissens sowie einheimische Informanten und Mitarbeiter.

Die universelle Gültigkeit beanspruchende Benennungspraxis und damit zusammenhängend die Durchsetzung einer in Europa geprägten Vorstellung von der Ordnung der Natur ist in aktuellen Debatten als fortwirkende epistemische Kolonisierung kritisiert worden. Botanik, Zoologie, Ethnologie und andere Disziplinen sind gefordert, ihr koloniales Erbe offenzulegen, die Dominanz westlicher Kategorien des Wissens zu thematisieren sowie rassistischen Wahrnehmungsmuster der Zeitgenossen und deren Fortschreibung in der Wissenschaftsgeschichtsschreibung zu begegnen, um lokale Männer und Frauen als Akteure der Wissensproduktion erkennbar zu machen und der Einfluss indigener Wissenssysteme anzuerkennen. Näher beleuchtet werden muss zudem der Zusammenhang von epistemischer und struktureller Gewalt. Zudem ist festzustellen, dass der koloniale Kontext erkennbar die Methoden und Arbeitsschwerpunkte vieler Disziplinen entscheidend beeinflusste. Für den Berliner Botanischen Garten und das Botanische Museum ist eine Hinwendung zu pflanzengeographischen Fragen und zur Nutzpflanzenforschung erkennbar sowie zu experimentellen Forschungspraktiken in den Laboren des Museumsneubaus in Dahlem wie auch in den Kolonien, die als große Freiluft-Laboratorien wahrgenommen wurden.

Die Ausgestaltung und Erweiterung der Aufgabengebiete der Botanischen Zentralstelle durch Adolf Engler umfasste auch die Beratung von Behörden, Privatwirtschaft, Missionsgesellschaften und öffentlichen Einrichtungen wie Forschungsinstituten und Museen zu botanischen und landwirtschaftlichen Fragen. Vorwiegend ging es dabei um die wirtschaftlichen Aussichten verschiedener Arten, geeignete Nutzpflanzen für die einzelnen Kolonien sowie Pflanzenkrankheiten und Schädlinge. Für die Beantwortung der Anfragen wurden am Botanischen Museum und in Kooperation mit dem benachbarten Pharmazeutischen Institut eigene Forschungen betrieben sowie intensiv die wissenschaftlichen und praktischen botanischen Unternehmungen anderer Kolonialmächte ausgewertet. Diese Wissenstransfers basierten vorrangig auf dem Tausch von Fachzeitschriften und Mitteilungsblättern botanischer Institute, auf Expeditionen deutscher Botaniker in fremde Kolonien und Hospitationen an den europäischen und tropischen Gärten der Briten und Niederländer. Da das Auswärtige Amt ausdrücklich auf der Analyse der Erfahrungen anderer Kolonialmächte im Bereich der Landwirtschaft bestanden hatte, stellten die Wissenstransfers eine staatliche Vorgabe dar. Zugleich gehörte die Rezeption der Forschungstätigkeit von Fachkollegen sowie der Austausch von Informationen und Pflanzenmaterial innerhalb der internationalen *scientific community* zur gängigen Arbeitspraxis der Botanik.

Im Rahmen ihrer Beratungstätigkeit arbeitete die Botanische Zentralstelle außerdem mit privatwirtschaftlichen Unternehmen zusammen, die beispielsweise Heil- und Faserpflanzen verarbeiteten. Sie erhielt von ihnen Einschätzungen zu Qualität und Handelswert von Pflanzenprodukten und berücksichtigte im Gegenzug Wünsche der Industrie hinsichtlich des Transfers bestimmter Nutzpflanzen in die Kolonien. Für die Akkumulation und den Austausch von Wissen stützte sich die Botanische Zentralstelle auf ein breites Netzwerk von Experten im Deutschen Reich, deren Informationen die systematische Wissensgenerierung mittels Orientierung an erfolgreichen ausländischen Institutionen ergänzte. Die Erteilung von Auskünften entwickelte sich zur wichtigsten und umfangreichsten Aufgabe der Botanischen Zentralstelle, nachdem die Forschungseinrichtungen in den Kolonien über einen ausreichenden Bestand an Pflanzen zur Weitergabe an Private und Plantagengesellschaften verfügten und die Transfers aus Berlin reduziert wurden. Obwohl Georg Volkens als Kustos der Botanischen Zentralstelle sich mehrfach für die Unabhängigkeit der Forschungsinstitute in den Kolonialgebieten aussprach, konnte es nicht im Interesse der botanischen Einrichtungen sein, die an die Botanische Zentralstelle gekoppelten Zuschüsse des Auswärtigen Amtes und des Preußischen Kultusministeriums zu verlieren. Die Verlagerung des Arbeitsschwerpunkts vom Pflanzentransfer auf die Wissensvermittlung legitimierte den Fortbestand der Botanischen Zentralstelle und lässt sich auch an vergleichbaren Einrichtungen anderer Kolonialmächte beobachten, sodass sie zur Entwicklungslogik dieser Institutionen zu gehören scheint.

Zum Bereich der Wissensvermittlung gehörte ebenfalls die Ausbildung von Gärtnern für den Kolonialdienst. Die Mehrzahl dieser jungen Männer arbeitete anschließend an den Gouvernements- und Versuchsgärten in den Kolonien Kamerun, Deutsch-Ostafrika und Togo, wo sich die meisten botanischen Forschungseinrichtungen befanden. Für die Berliner Institution erfüllte die Gärtnerausbildung eine zweifache Funktion: Erstens stand mit den ausgebildeten Gärtnern Fachpersonal für die Aufgaben der Botanischen Zentralstelle zur Verfügung: Die Gärtner begleiteten die Transporte von Lebendpflanzen in Wardschen Kästen in die Kolonien und überwachten dabei die sachgemäße Handhabung der Behältnisse auf den Seereisen. Sie beobachteten als Angestellte an den tropischen Versuchseinrichtungen die Entwicklung der neu eingeführten Pflanzen und berichten darüber an die Botanische Zentralstelle. Viele Gärtner sammelten außerdem in der Umgebung ihres Arbeitsortes Pflanzenmaterial und sandten es nach Berlin. Sie bildeten somit einen bedeutsamen Teil der Netzwerke für den Tausch von Informationen und Pflanzenmaterial. Zweitens erweiterte die Institution durch die Ausbildung von Gärtnern an der Botanischen Zentralstelle ihre Lehrtätigkeit über den universitären Rahmen hinaus. Englers langfristiges Ziel war es, den auf die Kolonien bezogenen botanischen Unterricht an seinem Haus zu konzentrieren, einschließlich der Ausbildung von Kolonialbeamten. Diese Bemühungen gingen auf seine Einschätzung zurück, dass die Anzucht von Nutzpflanzen für die Kolonien und deren Transfer die Botanische Zentralstelle nur auf absehbare Zeit beschäftigen würden. Daher war für den Botanischen Garten und das Botanische Museum der Ausbau andere Aufgabenfelder von großer Bedeutung, um weiterhin als Zentrum der auf die Kolonien bezogenen Botanik im Deutschen Reich gelten zu können und entsprechend finanzielle Unterstützung zu erhalten.

Wieder einmal ging es dabei auch darum, das Vorrecht auf die kolonialen Sammlungen zu verteidigen, auf die andere Lehreinrichtungen ebenfalls Anspruch erhoben, wie beispielsweise das Seminar für Orientalische Sprachen in Berlin, an dem angehende Kolonialbeamte Sprach- und Landeskundeunterricht erhielten. Im Hinblick auf die Sammlungen aus den Kolonien konnte sich Engler gegen jegliche Konkurrenz durchsetzen und erreichte zudem die Einbindung der Botanischen Zentralstelle in die Beamtenausbildung: So sollten sich die am Seminar für Orientalische Sprachen Lernenden an den Sammlungen der botanischen Einrichtungen schulen, ebenso wie Landwirte und Interessierte anderer Professionen, die von offizieller Seite geschickt wurden. Für Forstbeamte galt eine vorbereitende Schulung am Botanischen Garten und Museum gleichermaßen als Empfehlung, dazu der Besuch der Vorlesungen, die im Rahmen der Gärtnerausbildung stattfanden.

Des Weiteren sah Engler die Popularisierung von Wissen als wesentlichen Bestandteil des Aufgabenspektrums der Botanischen Zentralstelle und richtete dafür im Botanischen Garten und Museum spezielle Abteilungen zur Pflanzenwelt der deutschen Kolonialgebiete ein. Sie wandten sich zuvorderst an alle in die Kolonien Reisenden und damit potentielle Sammler – wie Kolonialbeamte, Forscher, Pflanzer sowie ausdrücklich auch Frauen – und darüber hinaus an ein breites, interessiertes Publikum. Während am Schöneberger Standort die Bereiche zu Nutzpflanzen und ihren Produkten gerade im Museum noch einen provisorischen Charakter besessen hatten und die Gewächshäuser nur eingeschränkt zugänglich gewesen waren, beeindruckte die Neuanlage in Dahlem mit der spektakulären Inszenierung tropischer Landschaften in modernsten Gewächshausbauten. Im Botanischen Museum gab es eine umfängliche Kolonialabteilung, deren Präsentation nach den einzelnen Territorien geordnet war und für die Plantagenwirtschaft bedeutsame Nutzpflanzen wie auch von der einheimischen Bevölkerung verwendete Arten zeigte. Indigenem Wissen kam als erstem

Schritt für die Bewertung neuer Arten eine Bedeutung zu und es sollte Ideen für zukünftige Nutzungsmöglichkeiten initiieren. Die Zurschaustellung von Zeugnissen einer vermeintlich primitiven Landwirtschaft und Kultur spiegelte und illustrierte gleichzeitig koloniale Diskurse, die eine zivilisatorische und wirtschaftliche Entwicklung zur Mission des Westens erklärten. Koloniale Machtverhältnisse manifestierten sich zudem in der selbstverständlichen Aneignung der Objekte, ihrem Transport in die Metropole, ihrer Einpassung in westliche Ordnungssysteme sowie schließlich ihrem Ausstellen als Demonstration der wissenschaftlichen und politischen Beherrschung.

Neben der Wissensvermittlung an in die Kolonien Reisende und Fachleute war es die erklärte Absicht Englers, mit den Kolonialabteilungen im Garten und Museum bei einem großen Publikum Interesse für die deutschen Kolonien zu wecken. Nach Auskunft der Einrichtung strömte das Massenpublikum, das sich besonders für exotische Pflanzen begeisterte, an den Wochenenden zu Tausenden in den Garten und die Gewächshäuser. Hier bot sich die Gelegenheit, tropische Pflanzen mit allen Sinnen zu erleben und wie von der Institutsleitung gewünscht, ein Gefühl der Teilhabe an der Beherrschung der Kolonialgebiete zu bekommen. Der Botanische Garten mit seinen Schauhäusern wurde als Bestandteil der urbanen Unterhaltungskultur genutzt, wovon sich Engler durch Betonung des wissenschaftlichen Anspruchs seiner Institution allerdings abzugrenzen versuchte. Die lehrbuchhafte, übervolle Museumspräsentation wirkte hausinternen Kritikern zufolge ohnehin eher abschreckend. Auf ein breites und heterogenes Publikum zielten überdies die hauseigene Schrift *Notizblatt* und Vorträge sowie die Beteiligung des Botanischen Gartens und Museums an Kolonialkongressen und -ausstellungen. Mit diesen unterschiedlichen Medien wurden nicht nur wissenschaftliche und praxisbezogene Wissensinhalte weitergegeben, sondern auch die Bedeutung der Botanik und insbesondere der Berliner botanischen Einrichtungen für die Kolonialexpansion des Deutschen Reiches vorgeführt.

Gerade an der Neuanlage in Dahlem ließ sich die herausragende Rolle der auf die Kolonien bezogenen Arbeitsschwerpunkte deutlich ablesen. In der von Engler formulierten Reihenfolge gehörten zu den Kernaufgaben des Botanischen Gartens und Museums Wissenschaft und Lehre, angewandte Forschung sowie Wissenspopularisierung. Die taxonomisch-systematischen und pflanzengeographischen Forschungen in dem großen, mit modernen Arbeits- und Unterrichtsräumen ausgestatteten Museumsneubau fokussierten auf das Pflanzenmaterial aus den Kolonialgebieten. Tropische Nutzpflanzen standen ebenso im Mittelpunkt der angewandten Botanik, wobei die Vermehrung von Nutzpflanzen für die Kolonien wie auch die Erforschung ihrer Wachstumsbedingungen von den großzügigeren Anlagen im Freiland und den innovativen Gewächshausbauten profitierten. Für Englers didaktische, an ein breites Publikum gerichtete Absichten erwiesen sich die größeren und verbesserten Kolonialabteilungen im Garten und in den Gewächshäusern als Publikumsmagneten. Obwohl also die auf die Kolonien bezogenen Tätigkeiten die Arbeit der Gesamtinstitution dominierten, soll nicht der Eindruck entstehen, ihre Entwicklung könne nur aus ihren kolonialen Verflechtungen heraus begründet werden, selbst wenn diese für den untersuchten Zeitraum prägend waren. Darüber hinaus beeinflussten die Ausgestaltung der Institution internationale Trends wie die Museumsreform ebenso wie wissenschaftliche Neuausrichtungen, staatliche Interessen und städtebauliche Planungen.

Das zeigt unter anderen die Analyse der Debatte über die Verlegung der Institution von Schöneberg nach Dahlem. Bisher gaben Publikationen des Botanischen Gartens und Museums und andere Forschungsliteratur als wesentlichen Grund für den Umzug der Institution aus den beengten Verhältnissen in Schöneberg in den noch wenig bebauten Vorort Dahlem die auf die Kolonien bezogenen Aufgaben der Botanischen Zentralstelle und das dadurch bedingte größere Platzbedürfnis an. Die Auswertung von Fachgutachten und Schreiben der beteiligten Ministerien sowie der öffentlichen Diskussion in Tageszeitungen und im Preußischen Abgeordnetenhaus erbrachte hingegen, dass diese Begründung kaum eine Rolle spielte. Letztlich ist der Umzug der botanischen Einrichtungen vorrangig auf die Pläne des späteren Ministerialdirektors im Preußischen Kultusministerium, Friedrich Althoff, zurückzuführen, durch den Verkauf des Grundstücks des Botanischen Gartens in Schöneberg den Umzug der botanischen Institute und gleichzeitig die Reorganisation des Charité-Krankenhauses zu finanzieren. Die Neuanlage des Botanischen Gartens und Museums in Dahlem sollte zudem der Ausgangspunkt für den dortigen Aufbau eines Wissenschaftsstandortes nach britischem Vorbild werden.

Die internationale Ausrichtung der preußischen Wissenschaftspolitik in der Ära Althoff und die Orientierung an der europäischen und zum Teil ebenso an der amerikanischen Konkurrenz tritt in den Planungen für Dahlem als „deutschem Oxford“ und für die Neuanlage des Botanischen Gartens und Museums in vielen Bereichen deutlich hervor. Wie dargelegt, verliefen Wissenstransfers wie beispielsweise zum Gewächshausbau jedoch nicht immer ohne Hürden. Letztlich knüpfte die Neuanlage in Dahlem nicht nur an internationale Standards an, sie setzte sogar in vielen Bereichen neue Maßstäbe. Die neu eröffnete Institution verstand Engler allem Konkurrenzdenken und Wettbewerb zum Trotz als Einrichtung, die wie die Vorbilder Kew und Buitenzorg/Bogor Botanikern aller Nationen offen stehen sollte.

Der Vergleich mit den Royal Botanic Gardens Kew bei London bestimmte den Aufbau der Botanischen Zentralstelle als Vermittlungsstelle von Pflanzenmaterial und Wissen sowie die Konzeption ihrer Aufgaben bis ins Detail. Gleichwohl erfolgte keine vollständige und unkritische Übernahme aller Aspekte der Organisation und Tätigkeit Kews. Vielmehr wurde ein vorgeblich höheres Maß an Wissenschaftlichkeit angestrebt und als Merkmal der Überlegenheit der Berliner Einrichtung betont. Bezüglich des Umfangs der Pflanzentransfers konnte die Botanische Zentralstelle indes nicht an die Musterinstitution anknüpfen, was zum einen durch das kleinere Budget, zum anderen durch die weniger einflussreiche Stellung als preußische Universitätseinrichtung zu erklären ist im Gegensatz zu Kews Status als nationalem botanischen Garten.

Für den Aufbau der Forschungseinrichtungen in den deutschen Kolonien diente der niederländische Botanische Garten Buitenzorg/Bogor auf Java als Vorbild. Zahlreiche deutsche Botaniker – darunter Adolf Engler und Georg Volkens – kannten die Arbeit dieses renommierten tropischen Forschungsinstituts durch Hospitationen im Rahmen des Buitenzorg-Stipendiums, Forschungsreisen oder den persönlichen brieflichen Austausch mit dem Leiter Melchior Treub. Der Vergleich mit den botanischen Einrichtungen erfahrener Kolonialmächte fungierte als imperiale Strategie und war darüber hinaus ein erfolgversprechender Bestandteil einer nationalistischen Rhetorik, die mit Verweis auf die ausländische Konkurrenz der Einwerbung finanzieller Unterstützung für die Berliner Einrichtungen diente.

Doch Wissenstransfers kennzeichneten keinesfalls allein die auf die Kolonien bezogenen botanischen Forschungen und praktischen Tätigkeiten. Internationale und interimperiale Expertennetzwerke, in denen botanisches Wissen und Pflanzenmaterialien zirkulierten, gehörten zu einer breiteren, tradierten wissenschaftlichen Praxis. Den Austausch unter Botanikern bestimmte das Selbstverständnis als *scientific community* und sie setzten sich hinsichtlich der Freigiebigkeit bei der Weitergabe von Informationen und Materialien oftmals über nationale Zugehörigkeiten und imperiale Interessen hinweg.

Obwohl die Konkurrenz zu Einrichtungen wie Kew in Selbstdarstellungen des Botanischen Gartens und Museums deutlich wurde sowie in Schreiben und Veröffentlichungen, die um staatliche finanzielle Unterstützung in Hinblick auf diese Konkurrenz warben, ist es schwierig, in den ausgewerteten Quellen Hinweise auf etwaige negative Auswirkungen dieser Konkurrenz zu finden: Zwar gab es nationale claims auf Sammelgebiete in den Kolonien und einen Wettbewerb um Erstbeschreibungen neuer Arten. Trotzdem wurde beschriebenes Vergleichsmaterial dann getauscht. Der Austausch von Pflanzenmaterial erfolgte nach zeitgenössischen Ansichten allerdings überwiegend unter wissenschaftlichen

Vorzeichen sowie unter botanischen Einrichtungen und nicht zu vordergründig wirtschaftlichen Zwecken. Doch selbst bei Versuchen zum Anbau von Pflanzen, die Kautschuk lieferten, zeigte sich, dass hinsichtlich dieses auf dem Weltmarkt umkämpften Produktes die botanischen Einrichtungen der europäischen Kolonialmächte eng zusammenarbeiteten und großzügig Wissen und Pflanzenmaterial teilten. Dieser trotz nationaler Konkurrenz im Bereich der Wirtschaft vorgenommene Austausch führte letztlich dazu, dass die involvierten Kolonialmächte beruhend auf dem geteilten Erfahrungsschatz eher Anbauerfolge erzielen konnten. Entscheidend scheint gewesen zu sein, dass das Prinzip der Reziprozität gewahrt blieb. Während es angemessen scheint, die botanischen und landwirtschaftlichen Forschungen und Unternehmungen mit Bezug auf die Kolonien als ein kooperatives internationales Phänomen zu verstehen, geht aber die Auffassung von einem gemeinsamen Projekt der Kolonialmächte zu weit. Zwar kann von gemeinsamen Interessen gerade in Hinblick auf die „Inwertsetzung" der Kolonialgebiete gesprochen werden. Diese mündeten allerdings nicht in ein Vorgehen, das uneingeschränkt als gemeinschaftlich zu bezeichnen ist. Konkurrenz, nationalistisches Streben und die Abgrenzung eigener ökonomischer Interessen traten dafür dann insgesamt doch zu stark zu Tage. Zusätzliche Einblicke zu dieser Fragestellung könnte die Auswertung der Korrespondenzen zwischen Botanikern verschiedener Kolonialmächte liefern oder deren private Aufzeichnungen. Relevante derartige Quellen liegen am Berliner Botanischen Museum allerdings nicht vor.

Die auf die Kolonien bezogenen Projekte des Berliner Botanischen Gartens und Museums lassen sich nur unter Berücksichtigung ihrer Einbindung in globale Austauschprozesse und Netzwerke analysieren. Sämtliche Arbeitsbereiche der Botanischen Zentralstelle beruhten auf der weltweiten Zirkulation von Wissen, Pflanzenmaterial und Fachpersonal. Die internationalen Tauschpartner und Referenzinstitutionen spielten eine weitaus bedeutendere Rolle als nationale oder lokale Beziehungsgeflechte, wenngleich die Tätigkeit der Botanischen Zentralstelle von zuverlässigen Unterstützern wie dem in Berlin angesiedelten Kolonialwirtschaftlichen Komitee profitierte. Davon abgesehen prägte das Bestreben, die Berliner Institution gegen jegliche mögliche Konkurrenz zu behaupten und ihr bei der Zuteilung von Sammlungen und öffentlichen Geldern eine privilegierte Stellung als international anerkanntes Zentrum der auf die Kolonien ausgerichteten Botanik im Deutschen Reich zu verschaffen, die Beziehungen zu Museen, botanischen Gärten und Forschungseinrichtungen auf lokaler und nationaler Ebene.

Unverzichtbar sind weitere Studien zur Institutionalisierungspraxis kolonialer Tätigkeitsbereiche an anderen wissenschaftlichen Institutionen, insbesondere den ebenfalls durch den Bundesratsbeschluss mit kolonialen Sammlungen bedachten Museen in Berlin. Nur so lässt sich klären, ob der Berliner Botanische Garten und das Botanische Museum eine Sonderstellung bei der Bearbeitung der kolonialen Sammlungen innehatten aufgrund der Einrichtung der Botanischen Zentralstelle und deren Kofinanzierung durch Auswärtiges Amt und Preußisches Kultusministerium. Vor dem Hintergrund aktueller Debatten um Erwerbskontexte und Eigentumsverhältnisse müssen zudem die kolonialen Sammlungen im Sinne einer proaktiven Provenienzforschung ausgiebig erforscht werden. Ein wesentliches Desiderat stellen überdies eingehendere Untersuchungen zu den Folgen botanischer und landwirtschaftlicher Unternehmungen in den ehemaligen deutschen Kolonialgebieten dar. Es gilt überdies, weitaus umfassender als dies bisher geschehen ist, die Spuren zu analysieren, die das Zusammenspiel von Wissenschaften und Kolonialismus in den Disziplinen sowie in Institutionen und Sammlungen hinterlassen hat, ebenso wie die durch wissenschaftliche sowie zivilisationsmissionarische Diskurse begründeten Eingriffe in Umwelt, Wirtschaft und Sozialstruktur der kolonisierten Gebiete. Die kürzlich erfolgte Gründung eines Arbeitsbereichs zum Umgang mit Kulturgut aus kolonialen Kontexten am Deutschen Zentrum Kulturgutverluste und ein umfänglicher Leitfaden des Deutschen Museumsbundes hierzu, der unter Beobachtung der wissenschaftliche und öffentlichen Diskussion fortlaufend überarbeitet und ergänzt wird, zeigen die aktuelle kulturpolitische Bedeutung der Auseinandersetzung mit kolonialen Sammlungen öffentlicher Einrichtungen.

Anhang

Kurzbiographien der an der Botanischen Zentralstelle für den Kolonialdienst ausgebildeten Gärtner

Berndt, Karl: geb. 26. Mai 1885, als Gärtner am Botanischen Garten und Museum beschäftigt vom 28. Dezember 1907 bis 13. Februar 1908, nach der Ausbildung Ausreise nach Kamerun (vgl. Alphabetisches Verzeichnis der am Berliner Botanischen Garten Beschäftigten 7.11.1889–1993; Bericht Botanische Zentralstelle 1907/08)

Brönnle, ?: nach Abschluss der Ausbildung 1906/07 Antritt einer Stelle in Amani, Deutsch-Ostafrika; im Jahr 1913 dort Obergärtner (vgl. Bericht Botanische Zentralstelle 1906/07; Fitzner, Kolonialhandbuch (1908), S. 214; Fitzner, Kolonialhandbuch (1913), S. 42)

Deistel, Hans: 1898–1907 Leiter des Gouvernementsgarten in Buea, Kamerun; ausgesandt mit Hermann Lehmbach; schickte mehrfach Pflanzenmaterial nach Berlin; sammelte 1906/07 auf Java; ab 1911 Garteninspektor in Victoria; gest. 1916 im Lager für Kriegsgefangene Wakefield, England (vgl. Lanjouw/Stafleu, Collectors (1954), S. 156; Urban, Geschichte (1916), S. 181; Berichte Botanische Zentralstelle 1897/98, 1898/99, 1899/1900, 1903/4, 1906/07, 1908/09, 1910/1911; Fitzner, Kolonialhandbuch (1913), S. 62)

Frommhold, ?: nach Abschluss der Ausbildung 1906/07 Antritt einer Stelle beim Gouvernement in Kamerun (vgl. Bericht Botanische Zentralstelle 1906/07)

Geist, ?: nach Abschluss der Ausbildung 1898/99 nach Westafrika; Gärtner in Victoria in Kamerun (vgl. Bericht Botanische Zentralstelle 1898/99; Fitzner, Kolonialhandbuch (1902), S. 82)

Goetze, Walther: bereiste nach Abschluss der Ausbildung 1897/98 im Auftrag der Wentzel-Heckmann-Stiftung in der Zeit von 1898-1899 den südwestlichen Teil der Kolonie Deutsch-Ostafrika mit der Aufgabe, die botanischen und kulturellen Verhältnisse zu untersuchen; starb dort in Langenburg 1899 am Schwarzwasserfieber (vgl. Urban, Geschichte (1916), S. 186 u. S. 193; Bericht Botanische Zentralstelle 1897/98)

Greven, Johannes: ging nach Abschluss der Ausbildung 1902/03 als Ersatz für den Gärtner Ledermann nach Victoria in Kamerun, sandte 1904/05 Lebendpflanzen aus Victoria nach Berlin und 1906 Museumsobjekte; verstarb 1912 in Edea in Kamerun (vgl. Urban, Geschichte (1916), S. 182 u. S. 193; Berichte Botanische Zentralstelle 1902/03, 1904/05)

Gütschow, ?: ging nach Abschluss der Ausbildung 1908/09 nach Victoria in Kamerun an die Versuchsanstalt für Landeskultur (Bericht Botanische Zentralstelle 1908/09)

Hanke, Friedrich: ging 1902/03 nach Abschluss der Ausbildung nach Victoria in Kamerun; schickte 1908/09 Pflanzenmaterial aus Edea in Kamerun nach Berlin (vgl. Urban, Geschichte (1916), S. 182; Berichte Botanische Zentralstelle 1902/03, 1908/09)

Haupt, ?: ging nach Abschluss der Ausbildung 1894/95 als Gärtnergehilfe nach Victoria in Kamerun; begleitete auf der Reise dorthin einen Transport von Lebendpflanzen (Bericht Botanische Zentralstelle 1894/95)

Hedde, Christian: wurde nach Abschluss der Ausbildung 1897/98 vom Auswärtigen Amt für den Gouvernementsgarten in Daressalam engagiert; schrieb von dort Berichte zum Versuchsgarten, veröffentlicht in den Botanischen Jahrbüchern Nr. 28/29; sammelte bei Daressalam; ließ sich dann in Kwamkuso zwischen Wilhelmstal und Kwai nieder und baute Gemüse für den Handel an der Küste an (vgl. Lanjouw/Stafleu, Collectors (1957), S. 264; Urban, Geschichte (1916), S. 186; Bericht Botanische Zentralstelle 1897/98; Berichte über Land- und Forstwirtschaft in Deutsch-Ostafrika, Bd. 2, S. 41–44.)

Hoffmann, C.: nahm nach Abschluss der Ausbildung 1897/98 eine Stelle bei einer Plantagengesellschaft in der Kolonie Deutsch-Ostafrika an (vgl. Bericht Botanische Zentralstelle 1897/98)

Hofmockl, M.: trat nach der Ausbildung 1905/06 in den Dienst der Neuguinea-Kompanie ein (vgl. Bericht Botanische Zentralstelle 1905/06)

Knorr, F.: ging 1903/04 an das Biologisch-Landwirtschaftliche Institut nach Amani in der Kolonie Deutsch-Ostafrika (vgl. Bericht Botanische Zentralstelle 1903/04)

Kropp: ging nach der Ausbildung 1907/08 in die Kolonie Togo (vgl. Bericht Botanische Zentralstelle 1907/08)

Kutz, L.: wurde nach der Ausbildung 1901/02 Gouvernementsgärtner in Kamerun (vgl. Bericht Botanische Zentralstelle 1901/02)

Lehmbach, Hermann: ging nach Abschluss der Ausbildung 1894/95 an das Gouvernement in Kamerun; Gärtner in Buea in Kamerun nachweislich 1897–1898; erhielt Pflanzen von der Botanischen Zentralstelle zugesandt und findet sich als Einsender von Pflanzenmaterial; trat 1899 aus dem Kolonialdienst aus (vgl. Chaudhri/Vegter/Wal, Collectors (1972), S. 426; Urban, Geschichte (1916), S. 181; Berichte Botanische Zentralstelle 1894/95, 1896/97, 1897/98)

Ledermann, A.: trat nach Abschluss der Ausbildung 1900/01 in den Dienst des Kaiserlichen Gouvernements in Kamerun ein und erhielt eine Sammelausrüstung von der Botanischen Zentralstelle; war zunächst in Buea;

zwischenzeitlich 1902/03 wohl Pflanzungsleiter bei einer Privatgesellschaft in Kamerun. Er wird im Kolonialhandbuch 1904 als Gärtner in Victoria genannt. (vgl. Berichte Botanische Zentralstelle, 1900/01, 1902/03; Fitzner, Kolonialhandbuch (1904), S. 49)

Lotz, Ernst: 1912-1913 als Gartentechniker in Edea in Kamerun (vgl. Urban, Geschichte (1916), S. 183; Bericht Botanische Zentralstelle 1913/14)

Mattner, P.: trat nach der Ausbildung 1904/05 eine Stelle als Gärtner in Victoria in Kamerun an (vgl. Bericht Botanische Zentralstelle 1904/05)

Peuckert, M.: trat nach der Ausbildung 1905/06 in den Dienst der Neuguinea-Kompanie ein (vgl. Bericht Botanische Zentralstelle 1905/06)

Pret(z)sch, Arthur: war nach Abschluss der Ausbildung 1901/02 in Kamerun als Gouvernementsgärtner beschäftigt; sandte 1906 Sammlungen aus Victoria in Kamerun ein; schied später aus dem Gouvernemenstdienst aus (vgl. Vegter, Collectors (1983), S. 710; Urban, Geschichte (1916), S. 182; Bericht Botanische Zentralstelle 1901/02)

Rappe: trat 1906/07 eine Stelle beim Gouvernement in Kamerun an (vgl. Bericht Botanische Zentralstelle 1906/07)

Rathke, R.: wurde nach der Ausbildung 1901/02 an das Gouvernement in der Kolonie Deutsch-Ostafrika vermittelt und trat dort mit Otto Warnecke eine Stelle im neu gegründeten Forschungsinstitut Amani an (vgl. Bericht Botanische Zentralstelle 1901/02)

Reußner, Wilhelm: ging nach Abschluss der Ausbildung 1906/07 an das Gouvernement in Kamerun (vgl. Vegter, Collectors (1983), S. 752; Urban, Geschichte (1916), S. 183)

Rudatis, August Gottlieb Hans: geb. 1875, gest. 1934; ging nach dem Abschluss der Ausbildung 1898/99 nach Westafrika; Beamter der Firma Nordwest-Kamerun in Ossidinge (1900–1903), Besitzer der Farm Friedenau in Natal; mehrfach Einsendungen von Pflanzenmaterial aus verschiedenen Regionen Afrikas (vgl. Vegter, Collectors (1983), S. 795; Urban, Geschichte (1916), S. 181; Berichte Botanische Zentralstelle 1898/99, 1903/04, 1909, 1913/14)

Rudolph, Karl: arbeitete nach Abschluss der Ausbildung 1904/05 als Gärtner am Gouvernementsgarten Victoria in Kamerun, ging 1906/07 als Leiter des Versuchsgarten Simpsonhafen/Rabaul in die Kolonie Deutsch-Neuguinea; sandte Pflanzenmaterial an das Botanische Museum Berlin bis 1910 (vgl. Vegter, Collectors (1983), S. 795; Urban, Geschichte (1916), S. 190; Berichte Botanische Zentralstelle 1904/05, 1906/07, 1908/09)

Sander, C.: arbeitete im Anschluss an die Ausbildung ab 1897/98 bei einer Plantagengesellschaft (vgl. Bericht Botanische Zentralstelle 1897/98)

Simon, Gustav: ging nach Abschluss der Ausbildung 1907/08 nach Kamerun; dann wohl zwischenzeitlich wieder kurz in Berlin, erhielt dort 1908/09 eine Sammelausrüstung; schickte 1909 Sammlungen aus Buea und Victoria nach Berlin (vgl. Vegter, Collectors (1986), S. 896; Berichte Botanische Zentralstelle 1907/08, 1908/09; Alphabetisches Verzeichnis der am Berliner Botanischen Garten Beschäftigten: Anstellung von 1906 bis 15. April 1907, vermerkt auch 7. November 1908)

Schelske: ging nach Abschluss der Ausbildung 1907/08 nach Kamerun (vgl. Bericht Botanische Zentralstelle 1907/08)

Scholz, ?: Ausbildung an der Botanischen Zentralstelle bis Dezember 1892; ging danach an den botanischen Garten in Victoria in Kamerun; kam 1894/95 wegen einer Erkrankung zurück nach Berlin und wurde wieder im Vermehrungshaus der Botanischen Zentralstelle beschäftigt; bildete in der Zeit den Gärtner Otto Warnecke aus; ging 1897/98 nach Usegua in der Kolonie Deutsch-Ostafrika und arbeitete auf der Plantage des Baumeisters Hoffmann, diese Pflanzung erhielt auch Saatgut und Lebendpflanzen von der Botanischen Zentralstelle; sandte Holzproben aus Usegua ein; wird im Bericht 1900/01 als Pflanzungsleiter unter den Einsendern von Museumsobjekten genannt (vgl. Urban, Geschichte (1916), S. 186; Zusammenstellung Ausgaben Botanische Zentralstelle 1892/93, GStA PK I. HA Rep. 76, Va, Sekt. 2, Tit. X, Nr. 89 B, Bd. 1, Bl. 257; Berichte Botanische Zentralstelle 1892/93, 1994/95, 1897/98, 1900/01; Zusammenstellung Ausgaben Botanische Zentralstelle 1894/95, GStA PK I. HA Rep. 76, Va, Sekt. 2, Tit. X, Nr. 89 B, Bd. 2, Bl. 15; Zusammenstellung Ausgaben Botanische Zentralstelle 1896/97, GStA PK I. HA Rep. 76, Va, Sekt. 2, Tit. X, Nr. 89 B, Bd. 2, Bl. 118–119)

Schott: ging nach der Ausbildung 1898/99 nach Westafrika (vgl. Bericht Botanische Zentralstelle 1898/99)

Schulte: ging nach der Ausbildung 1898/99 nach Westafrika (vgl. Bericht Botanische Zentralstelle 1898/99)

Skirl: ging 1908/09 nach der Ausbildung an die Versuchsanstalt für Landeskultur in Victoria und war später Landwirt in Victoria (vgl. Bericht Botanische Zentralstelle 1808/09; Fitzner, Kolonialhandbuch (1913), S. 62)

Staudt, Alois: war nach seiner Ausbildung zuerst Assistent an der Station Jaunde/Yaundé in Kamerun (1893–95), anschließend Stationsvorsteher in Lolodorf 1895, schließlich Leiter der Station Johann-Albrechtshöhe (1895–1897). Er erhielt Ausrüstungen von der Botanischen Zentralstelle und sandte Herbarbelege und Berichte ein. (vgl. Vegter, Collectors (1986), S. 945; Urban, Geschichte (1916), S. 181 u. S. 194; Berichte Botanische Zentralstelle 1894/95, 1895/96, 1896/97, 1897/98; Zusammenstellung Ausgaben Botanische Zentralstelle 1892/93, GStA PK I. HA Rep. 76, Va, Sekt. 2, Tit. X, Nr. 89 B, Bd. 1,

Bl. 258; Zusammenstellung Ausgaben Botanische Zentralstelle 1893/94, GStA PK I. HA Rep. 76, Va, Sekt. 2, Tit. X, Nr. 89 B, Bd. 1, Bl. 286)

Warnecke, Otto: wurde 1895/96 vom Gärtner Scholz ausgebildet und wohl 1896/97 ausgesandt; erhielt eine Sammelrüstung von der Botanischen Zentralstelle und sandte ab 1899 aus der Kaiserlichen Station Lome in Togo Lebendpflanzen und Samen nach Berlin; ging 1901/02 mit dem Gärtner Rathke an das neugegründete Institut Amani in der Kolonie Deutsch-Ostafrika, war dort als Obergärtner tätig und sandte bis 1908 Pflanzen nach Berlin (vgl. Vegter, Collectors (1983), S. 1117; Timler/Zepernick, Botany (1987), S. 155; Urban, Geschichte (1916), S. 187; Berichte Botanische Zentralstelle 1895/96–1901/02)

Weichelt, ?: ging 1894/95 als Gärtnergehilfe nach Victoria in Kamerun als Ersatz für den erkrankten Gärtner Scholz (vgl. Bericht Botanische Zentralstelle 1894/95)

Wüst, H. erhielt nach der Ausbildung 1904/05 eine Stelle am neu gegründeten Garten Simpsonhafen/Rabaul (vgl. Bericht Botanische Zentralstelle 1904/05)

Zahn, Emil: arbeitete ab 1908/09 an der Versuchsanstalt für Landeskultur in Victoria (vgl. Bericht Botanische Zentralstelle 1908/09; Fitzner, Kolonialhandbuch (1913), S. 62; Alphabetisches Verzeichnis der am Berliner Botanischen Garten Beschäsftigten 1.5.1908–13.2.1909)

Quellen- und Literaturverzeichnis

Bundesarchiv Berlin-Lichterfelde (BArch)
Verwaltung des Schutzgebietes Kamerun

R 175-I/79	Expeditionen zur Erforschung des Schutzgebietes
R 175-I/80	Durchführung der Süd-Kamerun-Hinterland-Expedition (Hauptmann Freiherr von Gravenreuth bzw. Hauptmann Ramsay) und anderer kleinerer Unternehmungen unter der Leitung von Hauptmann Ramsay
R 175-I/134	Verwaltung des Bezirks Jaunde

Bestand Reichskolonialamt

R 1001/3266	Expedition von Premier Lieutenant Kund und Anlage einer wissenschaftlichen Station in Kamerun
R 1001/3268	Expedition von Premier Lieutenant Kund und Anlage einer wissenschaftlichen Station in Kamerun sowie die Expedition des Premier Lieutenant Morgen
R 1001/3270 – R 1001/3271	Wissenschaftliche Berichte von Mitgliedern der Kundschen Expedition
R 1001/4351	Die wissenschaftliche Station im Kamerungebiet
R 1001/8596 – R 1001/8603	Die Botanische Zentralstelle für die Kolonien am Kgl. Botanischen Garten und Museum in Dahlem
R 1001/8604 – R 1001/8605	Botanisches Tropenstipendium – Forschungen deutscher Botaniker im Botanischen Garten in Buitenzorg auf Java
R 86/2560	Buitenzorg-Stipendium

Geheimes Staatsarchiv Preußischer Kulturbesitz (GStA PK)

Bestand Preußisches Kultusministerium (Ministerium der geistlichen, Unterrichts- und Medizinalangelegenheiten)

I. HA Rep. 76, Va, Sekt. 1, Tit. X, Nr. 24, Bd. 1–3	Die aus deutschen Schutzgebieten hierher gelangenden naturwissenschaftlichen Sammlungen
I. HA Rep. 76, Vc, Sekt. 1, Tit. XI, Teil 1, Nr. 41, Bd. 1–2	Das Kolonialwirtschaftliche Komitee und dessen Unternehmungen
I. HA Rep. 76, Va, Sekt. 2, Tit. XIX, Nr. 49 B, Bd. 1–3	Die Verlegung des botanischen Gartens zu Berlin
I. HA Rep. 76, Va, Sekt. 2, Tit. X, Nr. 89 A, Bd. 1–16	Die höheren Beamten beim botanischen Garten und Museum
I. HA Rep. 76, Va, Sekt. 2, Tit. X, Nr. 89 B, Bd. 1–2 dazu als Bd. 3: I. HA Rep. 76, Va, Nr. 10021	Die botanische Zentralstelle zu Berlin für die Kolonien
I. HA Rep. 76, Va, Sekt. 2, Tit. X, Nr. 90, Bd. 15–17	Das Botanische Museum zu Berlin
I. HA Rep. 76, Va, Sekt. 2, Tit. XIX, Nr. 94, Bd. 1–2	Neuanlage des botanischen Gartens in Dahlem
I. HA Rep. 81, Nr. 931	Bestand der königl. preuß. Gesandschaft in Hamburg, betreffend Maßnahmen zur Förderung des Handels in Kamerun

Botanischer Garten und Botanisches Museum Berlin, Freie Universität Berlin (BGBM)

Archiv:

Dokumentation Samen- und Pflanzeneinsendungen: Samen-Eingangsbuch 1890–1894; Pflanzeneingang 1884–1885, 1892–1894, 1897–1898, 1898–1899, 1930, 1930–1973; Pflanzen von Braun und Preuss Kamerun, Richter Madagaskar, Schweinfurth Cairo, Hans Meyer 1890–1895; Auflistung der von Georg Zenker eingesandten Pflanzen

Botanische Sammlungen:

Herbarium, Alkoholpräparate, Holzproben

Photoarchiv:

Aufnahmen vom Botanischen Garten und Museum in Schöneberg und von der Neuanlage in Dahlem sowie von Plantagen und Versuchsgärten in den Kolonien

Verwaltung:

Alphabetisches Verzeichnis der am Berliner Botanischen Garten Beschäftigten 7.11.1889–1993

Mit Ausnahme von Pflanzenbelegen haben die hier angeführten Dokumente und Objekte aus den Sammlungen und Archiven des BGBM keine Signaturen.

Unitätsarchiv Herrnhut

Kolorierte Lichtbildreihe Nr. 35: In die Heimat der Konde und Nyaka am Nordende des Nyassa im früheren Deutschostafrika; Personalakte Adolf Stolz, Sign. MD (F) 831; Photosammlung

Jahresberichte der Botanischen Zentralstelle für die deutschen Kolonien (chronologisch)

Bericht Botanische Zentralstelle 1890/91, GStA PK I. HA Rep. 76, Va, Sekt. 2, Tit. X, Nr. 89 B, Bd. 1, Bl. 188–198.

Bericht Botanische Zentralstelle 1891/92, GStA PK I. HA Rep. 76, Va, Sekt. 2, Tit. X, Nr. 89 B, Bd. 1, Bl. 212–230.

Bericht Botanische Zentralstelle 1892/93, GStA PK I. HA Rep. 76, Va, Sekt. 2, Tit. X, Nr. 89 B, Bd. 1, Bl. 259–263.

Bericht Botanische Zentralstelle 1893/94, GStA PK I. HA Rep. 76, Va, Sekt. 2, Tit. X, Nr. 89 B, Bd. 1, Bl. 295–297.

Bericht Botanische Zentralstelle 1894/95, GStA PK I. HA Rep. 76, Va, Sekt. 2, Tit. X, Nr. 89 B, Bd. 2, Bl. 4–7.

Bericht Botanische Zentralstelle 1895/96, GStA PK I. HA Rep. 76, Va, Sekt. 2, Tit. X, Nr. 89 B, Bd. 2, Bl. 89–94.

Bericht Botanische Zentralstelle 1896/97, in: Jahresbericht über die Entwickelung der deutschen Schutzgebiete im Jahre 1896/97 (= Beilage zum Kolonialblatt), Berlin 1898, S. 147–150.

Bericht Botanische Zentralstelle 1897/98, GStA PK I. HA Rep. 76, Va, Sekt. 2, Tit. X, Nr. 89 B, Bd. 2, Bl. 195–203.

Bericht Botanische Zentralstelle 1899/1900, GStA PK I. HA Rep. 76, Va, Sekt. 2, Tit. X, Nr. 89 B, Bd. 2, Bl. 216–225. Bearb. u. abgedr. in: Denkschrift über die Entwicklung der deutschen Schutzgebiete in Afrika und der Südsee, SBRV, 2. Anlagenband, Berlin 1901, S. 1028–1031 (Aktenstück Nr. 152).

Bericht Botanische Zentralstelle 1900/01, GStA PK I. HA Rep. 76, Va, Sekt. 2, Tit. X, Nr. 89 B, Bd. 2, Bl. 249–250.

Bericht Botanische Zentralstelle 1901/02, GStA PK I. HA Rep. 76, Va, Sekt. 2, Tit. X, Nr. 89 B, Bd. 2, Bl. 264–274, abgedr. in Notizblatt, Bd. 3, Nr. 30 (März 1903), S. 215–222.

Nachwort zum Bericht Botanische Zentralstelle 1901/02, GStA PK I. HA Rep. 76, Va, Sekt. 2, Tit. X, Nr. 89 B, Bd. 2, Bl. 283–284, abgedr. in Notizblatt, Bd. 3, Nr. 30 (März 1903), S. 222–224.

Bericht Botanische Zentralstelle 1902/03, GStA PK I. HA Rep. 76, Va, Sekt. 2, Tit. X, Nr. 89 B, Bd. 2, Bl. 295–309.

Bericht Botanische Zentralstelle 1903/04, GStA PK I. HA Rep. 76, Va, Sekt. 2, Tit. X, Nr. 89 B, Bd. 2, Bl. 327–331.

Übersicht über die Tätigkeit der Botanischen Zentralstelle für die Kolonien am Botanischen Garten und Museum zu Berlin, in: Notizblatt, Bd. 4, Nr. 33 (Jan. 1904), S. 99–107.

Bericht Botanische Zentralstelle 1904/05, in: Denkschrift über die Entwicklung der deutschen Schutzgebiete in Afrika und der Südsee, SBRV, Bd. 222, Berlin 1906, S. 3030–3032 (Aktenstück Nr. 175).

Bericht Botanische Zentralstelle 1905/06, in: Denkschrift über die Entwicklung der deutschen Schutzgebiete in Afrika und der Südsee 1905/06, in: SBRV, Bd. 239, Berlin 1907, S. 425–428 (Aktenstück Nr. 41).

Bericht Botanische Zentralstelle 1906/07, in: Jahresbericht über die Entwickelung der deutschen Schutzgebiete im Jahre 1906/07 (= Beilage zum Kolonialblatt 1908), Berlin 1908, S. 31–43.

Bericht Botanische Zentralstelle 1907/08, in: Jahresbericht über die Entwickelung der deutschen Schutzgebiete im Jahre 1907/08 (= Beilage zum Kolonialblatt 1909), Berlin 1909, unpag., Anlage A.V.

Bericht Botanische Zentralstelle 1908/09, in: Denkschrift über die Entwicklung der deutschen Schutzgebiete in Afrika und der Südsee 1908/1909, in: SBRV, Bd. 271, Berlin 1911, S. 378–382 (Anlage A.IV zu Aktenstück Nr. 179).

Engler, Adolf, Bericht über den Botanischen Garten und das Botanische Museum zu Berlin im Rechnungsjahr 1910, in: Sonderabdruck aus der Chronik der Universität, Jg. XXIV, Berlin 1911.

Engler, Adolf, Bericht über den Botanischen Garten und das Botanische Museum zu Berlin im Rechnungsjahr 1911, in: Sonderabdruck aus der Chronik der Universität, Jg. XXV, Berlin 1912.

Engler, Adolf, Bericht über den Botanischen Garten und das Botanische Museum zu Berlin im Rechnungsjahr 1912, in: Sonderabdruck aus der Chronik der Universität, Jg. XXVI, Berlin 1913.

Bericht über den Botanischen Garten und das Botanische Museum zu Berlin-Dahlem vom 1. April 1913 bis 31. März 1914, in: Notizblatt, Bd. 6, Nr. 57 (Jul. 1914), S. 213–232, hier S. 216–218.

Bericht über den Botanischen Garten und das Botanische Museum zu Berlin im Rechnungsjahr vom 1. April 1914 bis 31. März 1915, in: Notizblatt, Bd. 6, Nr. 58 (Jul. 1915), S. 237–259, hier S. 239–240.

Primärliteratur

Arbeitsausschuss der Deutschen Kolonial-Ausstellung (Hg.), Deutschland und seine Kolonien im Jahre 1896. Amtlicher Bericht über die Erste Deutsche Kolonialausstellung, Berlin 1897.

Arbeitsausschuss der Deutschen Kolonial-Ausstellung (Hg.), Offizieller Katalog und Führer Deutsche Kolonial-Ausstellung 1896. Gruppe XXIII der Berliner Gewerbeausstellung 1896, Berlin 1896.

Adressbuch für Berlin und seine Vororte. Unter Benutzung amtlicher Quellen, Berlin 1902.

Anweisung, betreffend die Behandlung der aus den Deutschen Schutzgebieten eingehenden wissenschaftlichen Sammlungen, Berlin, 3. August 1889, in: Centralblatt für die gesamte Unterrichtsverwaltung in Preußen 32 (1890), H. 10/11, S. 644–645.

Bechler, Theodor, Die Ausbildung der Brüdermissionare einst und jetzt. Zum 50-jährigen Jubiläum der Missionsschule der Brüdergemeine in Niesky (= Hefte zur Missionskunde, Bd. 15), Herrnhut 1919.

Berichte über Land- und Forstwirtschaft in Deutsch-Ostafrika, hg. v. Kaiserlichen Gouvernement von Deutsch-Ostafrika, Dar-es-Salam (Biologisch-Landwirtschaftliches Institut in Amani), Bd. 2, Heidelberg 1904–1906.

Biram, Else, Die Industriestadt als Boden neuer Kunstentwicklung (= Schriften zur Soziologie der Kultur, Bd. 4), Jena 1919.

Bossart, Johann Jakob, Kurze Anweisungen, wie Naturalien zu sammeln und zu verschicken sind, Barby 1774.

Botanische Jahrbücher für Systematik, Pflanzengeschichte und Pflanzengeographie, 1 f. (1881 ff.)

Botanischer Garten und Museum zu Berlin-Dahlem (Hg.), Führer durch den Staatlichen Botanischen Garten zu Berlin-Dahlem, Berlin 1935.

Büttner, Richard, Bericht des Dr. Büttner über die Station Bismarckburg (Togo-Gebiet), in: Deutsches Kolonialblatt 2 (1891), S. 466–469 u. S. 492–494.

Chamier-Glisczinski, Hans von, In Kamerun. Reise- und Expeditionsskizzen eines ehemaligen Schutztruppenoffiziers, Berlin 1925.

Chamisso, Adelbert von, Übersicht der nutzbarsten und schädlichsten Gewächse, welche wild oder angebaut in Norddeutschland vorkommen. Nebst Ansichten von der Pflanzenkunde und dem Pflanzenreiche, Berlin 1827.

Deistel, Hans, Die Kameruner Versuchsanstalt für Landeskultur in Victoria, in: Kolonie und Heimat 5 (1911/12), Nr. 25, S. 2–3.

Deistel, Hans, Die Stationsanlagen von Buea, in: Notizblatt, Bd. 3, Nr. 21 (Jan. 1900), S. 3–9.

Denkschrift betreffend die Verwendung des Afrikafonds 1907 u. 1908, in: Jahresbericht über die Entwickelung der deutschen Schutzgebiete im Jahre 1907/08 (= Beilage zum Kolonialblatt), Berlin 1909, S. 90–92 (Anl. A.VIII).

Denkschrift betreffend die Verwendung des Afrikafonds 1904 u. 1905 in: SBRV Bd. 222, Berlin 1906, S. 3035–3037 (Aktenstück Nr. 175).

Denkschrift betreffend die Verwendung des Afrikafonds 1902 u. 1903, in: SBRV Bd. 205, Berlin 1904, S. 453–455 (Aktenstück Nr. 54).

Denkschrift betreffend die Verwendung des Afrikafonds 1899 u. 1900 in: SBRV Bd. 190, Berlin 1901, S. 1026–1032 (Aktenstück Nr. 152).

Der Tropenpflanzer. Zeitschrift für tropische Landwirtschaft. Organ des Kolonialwirtschaftlichen Komitees 1 ff. (1898 ff.)

Deutsches Kolonialblatt. Amtsblatt für die Schutzgebiete in Afrika und der Südsee 1 ff. (1890 ff.)

Diels, Ludwig, Zum Gedächtnis von Adolf Engler, in: Botanische Jahrbücher 64 (1931), S. 1–34.

Diels, Ludwig, Das Botanische Museum und seine Aufgaben, in: Gartenflora. Zeitschrift für Garten und Blumenkunde 63 (1914), S. 284–288.

Dinter, Kurt, Die vegetabilische Veldkost Deutsch-Südwest-Afrikas, Okahandja 1912.

Domke, Walter, Bemerkungen zu der von L. Diels, J. Mildbraed und G. K. Schulze-Menz 1939–1942 bearbeiteten Vegetationskarte von Afrika, in: Willdenowia, Beih. 1 (1963), S. 3–6.

Du Bois-Reymond, Emil, Über den deutschen Krieg. Rede gehalten am 3. August 1870 in der Aula der königlichen Friedrich-Wilhelms-Universität zu Berlin, Berlin 1870.

Eichler, August Wilhelm, Beschreibung des neuen Botanischen Museums, in: Jahrbuch des Königlichen Botanischen Gartens 1 (1881), S. 166–170.

Elsholtz, Johann Sigismund, Hortus Berolinensis – Der Berliner Lustgarten. Liber Primus/Erstes Buch, hgg. u. übers. v. Fischbacher, Thomas/Fink, Thomas, Weimar 2010.

Engler, Adolf, Kurzer Bericht über die in den letzten zehn Jahren von deutschen Botanikern unternommenen Forschungsexpeditionen nach Afrika und Papuasien, in: Botanische Jahrbücher 55 (1919), Beibl. 121, S. 5–23.

Engler, Adolf, Führer zu einem Rundgang durch die Gewächshäuser des Königl. Botanischen Gartens zu Dahlem bei Berlin, Dahlem-Steglitz b. Berlin 1916.

Engler, Adolf, Bericht über den Besuch des Neuen Kgl. Botanischen Gartens u. Museums in Dahlem bei Steglitz-Berlin von Seiten auswärtiger Botaniker am 24. und 25. Mai 1910, Neuruppin 1910.

Engler, Adolf, Das Botanische Museum, in: Lenz, Max (Hg.), Geschichte der königlichen Friedrich-Wilhelms-Universität zu Berlin, Bd. 3, Halle 1910, S. 397–408.

Engler, Adolf, Bericht über den Botanischen Garten und das Botanische Museum zu Berlin im Rechnungsjahr 1909, in: Sonderabdruck aus der Chronik der Universität, Jg. XXIII, Halle 1910.

Engler, Adolf, Die Aufgaben großer botanischer Gärten und Museen mit besonderer Berücksichtigung des Botanischen Gartens und Museums zu Dahlem, in: Ministerium der geistlichen, Unterrichts- und Medizinalangelegenheiten (Hg.), Der königliche Botanische Garten und das königliche Botanische Museum, Berlin 1909, S. 1–9.

Engler, Adolf/Urban, Ignatz, Bestimmungen für die Benutzung der Sammlungen des Königlichen Botanischen Museums in Dahlem-Steglitz bei Berlin, in: Ministerium der geistlichen, Unterrichts- und Medizinalangelegenheiten (Hg.), Der königliche botanische Garten und das königliche botanische Museum zu Dahlem, Berlin 1909, S. 152–153.

Engler, Adolf, Bericht über den Botanischen Garten und das Botanische Museum zu Berlin im Rechnungsjahr 1907, in: Sonderabdruck aus der Chronik der Universität, Jg. XXI, Halle 1908.

Engler, Adolf, Bericht über den Botanischen Garten und das Botanische Museum zu Berlin im Rechnungsjahr 1906, in: Sonderabdruck aus der Chronik der Universität, Jg. XX, Halle 1907.

Engler, Adolf, Bericht über den Botanischen Garten und das Botanische Museum zu Berlin im Rechnungsjahr 1905, in: Sonderabdruck aus der Chronik der Universität, Jg. XIX, Halle 1906.

Engler, Adolf, Führer durch die biologisch-morphologischen Abteilungen des Königl. botanischen Gartens zu Dahlem, Berlin 1905.

Engler, Adolf, Erläuterungen zu den Nutzpflanzen der gemäßigten Zonen im Königl. botanischen Garten zu Dahlem, Leipzig 1904.

Engler, Adolf, Das biologisch-landwirtschaftliche Institut zu Amani in Ost-Usambara, in: Notizblatt, Bd. 4, Nr. 31 (Jul. 1903), S. 63–66.

Engler, Adolf, Bericht über den Botanischen Garten und das Botanische Museum zu Berlin im Rechnungsjahr 1901, in: Sonderabdruck aus der Chronik der Universität, Jg. XV, Halle 1902.

Engler, Adolf, Bericht über den Botanischen Garten und das Botanische Museum zu Berlin im Rechnungsjahr 1900, in: Sonderabdruck aus der Chronik der Universität, Jg. XIV, Halle 1901.

Engler, Adolf, Victoria und Buea in Kamerun als zukünftige botanische Tropenstationen, in: Notizblatt, Bd. 3, Nr. 21 (Jan. 1900), S. 1–3.

Engler, Adolf, Bericht über den Botanischen Garten und das Botanische Museum zu Berlin im Rechnungsjahr 1899, in: Sonderabdruck aus der Chronik der Universität, Jg. XIII, Halle 1900.

Engler, Adolf, Lauraceae africanae, in: Botanische Jahrbücher 26 (1899), H. 3/4, S. 385–392.

Engler, Adolf, Empfehlung der Anlage von Chinchona-Plantagen im Kamerungebirge, in: Notizblatt, Bd. 1, Nr. 6 (Dez. 1896), S. 186–189.

Engler, Adolf, Rundgang durch den Königlich Botanischen Garten zu Berlin, Berlin 1892.

Engler, Adolf, Die botanische Centralstelle für die deutschen Colonien am königlichen botanischen Garten der Universität Berlin und die Entwicklung botanischer Versuchsstationen in den Colonien, in: Botanische Jahrbücher 15 (1892), Beibl. Nr. 35, H. 3, S. 10–14.

Engler, Adolf, Antrittsrede und Erwiderung von E. Du Bois-Reymond, in: Preussische Akademie der Wissenschaften (Hg.), Sitzungsberichte der Königlich Preussischen Akademie der Wissenschaften zu Berlin, Bd. 34, Berlin 1890, S. 775–780.

Fitzner, Rudolf (Hg.), Deutsches Kolonialhandbuch, Berlin 1. Aufl. 1896–13. Aufl. 1913.

Friedrich-Wilhelms-Universität, Seminar für Orientalische Sprachen (Hg.), Verzeichnis der Vorlesungen und Übungen, 1887–1936, Berlin 1887–1936.

Graebner, Paul/Peters, Karl, Die Freiland-Anlagen, in: Ministerium der geistlichen, Unterrichts- und Medizinalangelegenheiten (Hg.), Der königliche Botanische Garten und das königliche Botanische Museum zu Dahlem, Berlin 1909, S. 31–73.

Gürke, Max, Die Nutzpflanzen- und Kolonialabteilung, in: Ministerium der geistlichen, Unterrichts- und Medizinalangelegenheiten (Hg.), Der königliche Botanische Garten und das königliche Botanische Museum zu Dahlem, Berlin 1909, S. 131–146.

Gürke, Max, Die Ausstellung kolonialer Produkte im Botanischen Garten und Museum zu Dahlem, in: Verhandlungen des Deutschen Kolonialkongresses 1905, Berlin 1906, S. 32–36.

Gürke, Max, Botanik, in: Arbeitsausschuss der Deutschen Kolonial-Ausstellung (Hg.), Deutschland und seine Kolonien im Jahre 1896. Amtlicher Bericht über die Erste Deutsche Kolonialausstellung, Berlin 1897, S. 308–345.

Hamilton, J. Taylor, Twenty Years of Pioneer Missions in Nyasaland. A History of Moravian Missions in German East Africa, Bethlehem, Penns. 1912.

Harms, Hermann, Nachschrift zu vorstehendem Nachrufe auf A. Stolz, in: Notizblatt, Bd. 7, Nr. 66 (Okt. 1918), S. 285–288.

Harms, Hermann, Über einige zur Niederhaltung des Unkrauts und als Gründüngung in tropischen Kulturen geeignete Desmodium-Arten. Mit Verwertung brieflicher Mitteilungen von A. Stolz, in: Notizblatt, Bd. 5, Nr. 50 (Jan. 1913), S. 308–318.

Harms, Hermann, Über Desmodium hirtum, eine zur Niederhaltung des Unkrauts und als Gründüngung in tropischen Kulturen geeignete Leguminosen-Art. Nach brieflichen Mitteilungen von A. Stolz, in: Der Tropenpflanzer 17 (1913), H. 8, S. 430–437.

Hedde, Christian, Auszug aus dem Bericht des Gouvernementsgärtners Hedde für die Zeit vom 1. Juli 1898 bis zum 30. Juni 1899, in: Notizblatt, Bd. 3, Nr. 22 (Jun. 1900), S. 27–32.

Karsten, G., Besprechung zu: Die Pflanzenwelt Afrikas, insbesondere seiner tropischen Gebiete, in: Geographische Zeitschrift 28 (1922), H. 5/6, S. 209–211.

Koerner, Alfred, Die Bauten des Königlichen Botanischen Gartens in Dahlem, Berlin 1910.

Koerner, Alfred, Der neue Botanische Garten in Dahlem bei Berlin, in: Zeitschrift für Bauwesen 59 (1909), S. 202–222, 335–359, 478–495.

Krause, Kurt, Führer durch die pflanzengeographische und die koloniale Abteilung (= Führer durch das Schaumuseum des Königl. Botanischen Museums in Berlin-Dahlem, Bd. 2), Berlin 1916.

Krause, Kurt, Führer durch die biologische Abteilung, die große Halle des Erdgeschosses und die pflanzengeschichtliche oder palaeobotanische Abteilung (= Führer durch das Schaumuseum des Königl. Botanischen Museums in Berlin-Dahlem, Bd. 1), Berlin 1915.

Kommission für die Wissenschaftlichen Sendungen aus den Deutschen Schutzgebieten (Hg.), Drittes Verzeichnis der aus den deutschen Schutzgebieten eingegangenen wissenschaftlichen Sammlungen, Berlin 1896.

Kommission für die Wissenschaftlichen Sendungen aus den Deutschen Schutzgebieten, Zweites Verzeichnis der aus den deutschen Schutzgebieten eingegangenen wissenschaftlichen Sammlungen, Berlin 1892.

Kommission für die Wissenschaftlichen Sendungen aus den Deutschen Schutzgebieten (Hg.), Erstes Verzeichnis der aus den deutschen Schutzgebieten eingegangenen wissenschaftlichen Sammlungen, Berlin 1889.

Ledien, Franz, Führer zu einem Rundgang durch die Gewächshäuser des Königl. Botanischen Gartens, Dahlem-Steglitz b. Berlin 1910.

Ledien, Franz, Der Inhalt der Gewächshäuser, in: Ministerium der geistlichen, Unterrichts- und Medizinalangelegenheiten (Hg.), Der königliche Botanische Garten und das königliche Botanische Museum, Berlin 1909, S. 89–114.

Lindau, Gustav, Herbarium und Bibliothek, in: Ministerium der geistlichen, Unterrichts- und Medizinalangelegenheiten (Hg.), Der königliche Botanische Garten und das königliche Botanische Museum, Berlin 1909, S. 123–127.

Lindenberg, Paul, Pracht-Album photographischer Aufnahmen der Berliner Gewerbe-Ausstellung 1896 und der Sehenswürdigkeiten Berlins und des Treptower Parks, Alt-Berlin, Kolonial-Ausstellung, Kairo etc., Berlin 1896.

Loesener, Theodor, Ignatius Urban, in: Verhandlungen des Botanischen Vereins der Provinz Brandenburg 73 (1931), H. 1, S. 104–108.

Loesener, Theodor, Rudolf Schlechters Leben und Wirken, in: Notizblatt, Bd. 9, Nr. 89 (Nov. 1926), S. 912–958.

Luschan, Felix von, Anleitung für ethnographische Beobachtungen und Sammlungen in Afrika und Ozeanien, in: Zeitschrift für Ethnologie 36 (1904) (Sonderabdruck).

Malkowsky, Georg (Hg.), Die Pariser Weltausstellung in Wort und Bild, Berlin 1900.

Merensky, Alexander, Wie erzieht man am besten den Neger zur Plantagenarbeit?, Berlin 1886.

Mildbraed, Johannes, Neue und seltene Arten aus Ostafrika (Tanganyika-Territ. Mandat), leg. H.J. Schlieben, in: Notizblatt Bd. 15, Nr. 5 (Okt. 1942), S. 703–710.

Mildbraed, Johannes, Adolf Engler, in: Verhandlungen des Botanischen Vereins der Provinz Brandenburg 73 (1931), H. 1, S. 100–104.

Mildbraed, Johannes, Georg Zenker, in: Notizblatt, Bd. 8, Nr. 74 (Febr. 1923), S. 319–324.

Ministerium der geistlichen, Unterrichts- und Medizinalangelegenheiten (Hg.), Der königliche Botanische Garten und das königliche Botanische Museum zu Dahlem, Berlin 1909.

Notizblatt des Königl. botanischen Gartens und Museums zu Berlin (von 1900–1920 ergänzt durch den Zusatz: sowie der botanischen Centralstelle für die deutschen Kolonien) 1 ff. (1895 ff.)

o. V., Nachruf auf Adolf Stolz, in: Notizblatt, Bd. 7, Nr. 66 (Okt. 1918), S. 281–285.

o.V., Die wichtigsten deutschen Namen der im Botanischen Garten zu Dahlem im Freien kultivierten Pflanzen, Berlin o.J.

Peters, Karl, Führer zu einem Rundgang durch die Freiland-Anlagen des Botanischen Gartens der Universität Berlin zu Berlin-Dahlem, Berlin 1919.

Peters, Karl, Führer zu einem Rundgang durch die Freiland-Anlagen des Königl. Botanischen Gartens zu Dahlem bei Berlin, Berlin 1910.

Peters, Karl, Führer zu einem Rundgang durch die Freiland-Anlagen des Königl. Botanischen Gartens zu Dahlem bei Berlin, Berlin 1908.

Preuss, Paul, Expedition nach Central- und Südamerika 1899/1900, Berlin 1901.

Preuss, Paul, Die Kultur der von der botanischen Zentralstelle in Berlin stammenden Nutzpflanzen in dem botanischen Garten von Viktoria-Kamerun, in: Notizblatt, Bd. 3, Nr. 29 (Jun. 1902), S. 198–213.

Reuß, J., Freiherr v. Soden, Julius, Gouverneur von Kamerun und Deutsch-Ostafrika, Staatsminister des Auswärtigen, Kabinettschef, in: Weller, Karl (Hg.), Württembergischer Nekrolog für das Jahr 1920 u. 1921, Stuttgart 1928, S. 165–172.

Sachau, Eduard, Denkschrift über das Seminar für Orientalische Sprachen an der Königlichen Friedrich-Wilhelms-Universität zu Berlin, Berlin 1912.

Sachse, Arnold, Friedrich Althoff und sein Werk, Berlin 1928.

Schmitt, Eduard, Handbuch der Architektur. Gebäude für Sammlungen und Ausstellungen: Archive und Bibliotheken, Museen, Pflanzenhäuser, Aquarien (= Handbuch der Architektur, Teil 4 Entwerfen, Anlage und Einrichtung der Gebäude, Halbbd. 6: Gebäude für Erziehung, Wissenschaft und Kunst), Darmstadt 1893.

Schnee, Heinrich (Hg.), Deutsches Kolonial-Lexikon, Leipzig 1920.

Stenographische Berichte über die Verhandlungen der durch die Allerhöchste Verordnung vom 26. Oktober 1896 einberufenen Häuser des Landtages, Haus der Abgeordneten, Bd. 4 (236), Berlin 1897.

Stenographische Berichte über die Verhandlungen der durch die Allerhöchste Verordnung vom 26. Oktober 1896 einberufenen Häuser des Landtages, Haus der Abgeordneten, Bd. 3 (235), Berlin 1897.

Stenographische Berichte über die Verhandlungen der durch die Allerhöchste Verordnung vom 23. Dezember 1895 einberufenen Häuser des Landtages, Haus der Abgeordneten, Bd. 1 (222), Berlin 1896.

Stenographische Berichte über die Verhandlungen der durch die Allerhöchste Verordnung vom 28. Dezember 1891 einberufenen Häuser des Landtages, Haus der Abgeordneten, Bd. 2 (196), Berlin 1892.

Stenographische Berichte über die Verhandlungen der durch die Allerhöchste Verordnung vom 27. De- zember 1860 einberufenen Häuser des Landtages, Haus der Abgeordneten, Bd. 2 (36), Berlin 1861.

Supf, Karl, Deutsche Kolonial-Baumwolle. Berichte über die Entwicklung der Baumwollkultur 1900–1908, Berlin 1908.

Thiselton-Dyer, William Turner, The Botanical Enterprise of the Empire, in: Proceedings of the Royal Colonial Institute 11 (1879), S. 273–306.

Thoms, Hermann (Hg.), Arbeiten aus dem Pharmazeutischen Institut der Universität Berlin, Bd. 2 umfassend die Arbeiten aus dem Jahr 1904, Berlin 1905.

Urban, Ignatz, Geschichte des Königlichen Botanischen Museums zu Berlin-Dahlem (1815–1913). Nebst Aufzählung seiner Sammlungen, Dresden 1916.

Urban, Ignatz, Kurze Geschichte der Entwickelung der Sammlungen, in: Ministerium der geistlichen, Unterrichts- und Medizinalangelegenheiten (Hg.), Der königliche Botanische Garten und das königliche Botanische Museum, Berlin 1909, S. 11–30.

Urban, Ignatz, Vorgeschichte des neuen königl. Botanischen Gartens zu Dahlem-Steglitz bei Berlin, Halle 1901.

Urban, Ignatz, Der Königliche Botanische Garten und das Botanische Museum zu Berlin in den Jahren 1878–91, in: Botanische Jahrbücher 14 (1891), Beibl. 32, H. 4, S. 9–64.

Urban, Ignatz, Das botanische Museum, in: Pistor, Moritz (Hg.), Anstalten und Einrichtungen des öffentlichen Gesundheitswesens in Preußen. Festschrift zum 10. Internationalen Medizinischen Kongress, Berlin 1890, S. 13–21.

Urban, Ignatz, Führer durch den Königlich Botanischen Garten zu Berlin, Berlin 1887.

Verhandlungen des Deutschen Kolonialkongresses 1910, Berlin 1910.

Verhandlungen des Deutschen Kolonialkongresses 1905, Berlin 1906.

Verhandlungen des Deutschen Kolonialkongresses 1902, Berlin 1903.

Volkens, Georg, Nachruf, von ihm selbst verfasst, in: Verhandlungen des Botanischen Vereins der Provinz Brandenburg 59 (1917), S. 1–12.

Volkens, Georg, Kolonialpflanzen, in: Echtermeyer, Theodor (Hg.), Die Königliche Gärtnerlehranstalt Dahlem bei Berlin Steglitz, gegründet 1824. Denkschrift zur Erinnerung an d. 10j. Bestehen der Anstalt in Dahlem 1903-1913, Berlin 1913, S. 160–161.

Volkens, Georg, Die Entwicklung des auf wissenschaftlicher Grundlage ruhenden landwirtschaftlichen Versuchswesens in den Kolonien, in: Verhandlungen des Deutschen Kolonialkongresses 1910, Berlin 1910, S. 61–70.

Volkens, Georg, Die Botanische Zentralstelle für die Kolonien, ihre Zwecke und Ziele, in: Jahresbericht der Vereinigung für angewandte Botanik 5 (1907), S. 2–18.

Volkens, Georg, Der Botanische Garten in Buitenzorg und seine Bedeutung für den Plantagenbau auf Java und Sumatra, in: Verhandlungen des Deutschen Kolonialkongresses 1902, Berlin 1903, S. 182–193.

Volkens, Georg, Kulturerfolge des Versuchsgartens von Victoria in Kamerun mit den von der Botanischen Centralstelle in Berlin gelieferten Nutzpflanzen. Nach Berichten des Direktors Dr. Preuss, in: Notizblatt Bd. 2, Nr. 14 (Aug. 1898), S. 159–173.

Warburg, Otto, Über wissenschaftliche Institute für Kolonialwirtschaft, in: Verhandlungen des Deutschen Kolonialkongresses 1902, Berlin 1903, S. 193–205.

Warburg, Otto, Die aus den deutschen Kolonien exportierten Produkte und deren Verwendung in der Industrie. Nach amtlichen Statistiken und Denkschriften sowie nach Mittheilungen von Importeuren und Fabrikanten, Berlin 1896.

Warburg, Otto, Die Palmen Ostafrikas und ihre Verwertung, in: Adolf Engler (Hg.), Die Nutzpflanzen Ost-Afrikas (= Deutsch-Ost-Afrika, Wissenschaftliche Forschungsresultate über Land und Leute unseres ostafrikanischen Schutzgebietes und der angrenzenden Länder, Bd. 5), Berlin 1895.

Ward, Nathaniel Bagshaw, On the Growth of Plants in Closely Glazed Cases, London 1842.

Zenker, Georg August, Yaúnde, in: Mitteilungen aus den deutschen Schutzgebieten VIII (1895), S. 36–70.

Zenker, Georg August, Von der Jaunde-Station, in: Deutsches Kolonialblatt 2 (1891), S. 486–487.

Sekundärliteratur

Adas, Michael, Machines as the Measure of Men. Science, Technology and Ideologies of Western Dominance (= Cornell Studies in Comparative History), Ithaca, N.Y. [u.a.] 1989.

Alberti, Samuel J. M. M., Constructing Nature behind Glas, in: Museum and Society 6 (2008), H. 2, S. 73–97.

Alberti, Samuel J. M. M., Objects and the Museum, in: Isis 96 (2005), H. 4, S. 559–571.

Allemeyer, Marie Luisa/Collet, Dominik/Füssel, Marian, "The Academic Museum" – Göttingen's University Collection as a Space of Knowledge Production and Cultural Heritage (= Opuscula Musealia, Bd. 18), Krakau 2010, S. 15–21.

Allen, David E., Amateurs and Professionals, in: Bowler, Peter/Pickstone, John (Hgg.), The Modern Biological and Earth Sciences (= The Cambridge History of Science, Bd. 6), Cambridge 2009, S. 15–33.

Allen, David E., The Victorian Fern Craze. A History of Pteridomania, London 1969.

Angster, Julia, Erdbeeren und Piraten. Die Royal Navy und die Ordnung der Welt, 1770–1860, Göttingen 2012.

Appadurai, Arjun, Introduction. Commodities and the Politics of Value, in: ders. (Hg.), The Social Life of Things. Commodities in Cultural Perspective, Cambridge 1986, S. 3–63.

Ardener, Edwin, Kingdom on Mount Cameroon. Studies in the History of the Cameroon Coast 1500–1970 (= Cameroon Studies, Bd. 1), Providence, RI [u.a.] 1996.

Arnold, David, The Tropics and the Traveling Gaze. India, Landscape, and Science, 1800–1856 (= Culture, Place and Nature), Seattle 2006.

Ashcroft, Bill/Griffiths, Gareth/Tiffin, Helen (Hgg.), Post-Colonial Studies. The Key Concepts, New York 2. Aufl. 2007.

Ashcroft, Bill/Griffiths, Gareth/Tiffin, Helen (Hgg.), The Post-Colonial Studies Reader, London [u.a.] 2., durchges. Aufl. 2006.

Axster, Felix, Koloniales Spektakel in 9 x 14. Bildpostkarten im Deutschen Kaiserreich (= Post_koloniale Medienwissenschaft, Bd. 2), Bielefeld 2012.

Badenberg, Nana, Zwischen Kairo und Alt-Berlin, in: Honold, Alexander/Scherpe, Klaus R. (Hgg.), Mit Deutschland um die Welt. Eine Kulturgeschichte des Fremden in der Kolonialzeit, Stuttgart 2004, S. 190–199.

Badenberg, Nana, Ansichten des Tropenwaldes. Alexander von Humboldt und die Inszenierung exotischer Landschaft im 19. Jahrhundert, in: Flitner,

Michael (Hg.), Der deutsche Tropenwald. Bilder, Mythen, Politik. Frankfurt (M.) [u.a.] 2000, S. 148–173.

Bald, Detlef/Bald, Gerhild, Das Forschungsinstitut Amani. Wirtschaft und Wissenschaft in der deutschen Kolonialpolitik. Ostafrika 1900–1918, München 1972.

Ballantyne, Tony, Webs of Empire. Locating New Zealand's Colonial Past, Wellington, N.Z. 2012.

Ballantyne, Tony, Archives, Empires and Histories of Colonialism, in: Archifacts (2004), H. 1, S. 21–36.

Barringer, Tim/Flynn, Tom (Hgg.), Colonialism and the Object. Empire, Material Culture and the Museum (= Museum Meanings, Bd. 2), London [u.a.] 1998.

Barringer, Tim, The South Kensington Museum and the Colonial Project, in: ders./Flynn, Tom (Hgg.), Colonialism and the Object. Empire, Material Culture and the Museum (= Museum Meanings, Bd. 2), London [u.a.] 1998, S. 11–27.

Barth, Volker/Cvetkovski, Roland (Hgg.), Imperial Co-Operation and Transfer, 1870–1930. Empires and Encounters, London [u.a.] 2015.

Barth, Boris/Osterhammel, Jürgen (Hgg.), Zivilisierungsmissionen. Imperiale Weltverbesserung seit dem 18. Jahrhundert (= Historische Kulturwissenschaft, Bd. 6), Konstanz 2005.

Basalla, George, The Spread of Western Science, in: Science 156 (1967), S. 611–622.

Bauche, Manuela, Medizin und Herrschaft. Malariabekämpfung in Kamerun, Ostafrika und Ostfriesland (1890–1919) (= Globalgeschichte, Bd. 26), Frankfurt (M.) 2017.

Baum, Eckhard, Daheim und überm Meer. Von der Deutschen Kolonialschule zum Deutschen Institut für Tropische und Subtropische Landwirtschaft in Witzenhausen (= Der Tropenlandwirt, Beih. 57), Witzenhausen 1997.

Bavendamm, Dirk, Wagnis Westafrika. 150 Jahre C. Woermann: die Geschichte eines Hamburger Handelshauses, 1837–1987 (= Veröffentlichungen der Wirtschaftsgeschichtlichen Forschungsstelle e.V, Bd. 47), Hamburg 1987.

Bayer, Natalie/Kazeem-Kaminski, Belinda/Sternfeld, Nora (Hgg.), Kuratieren als antirassistische Praxis (= Curating. Ausstellungstheorie & Praxis, Bd. 2), Berlin 2017.

Beaven, Brad, Visions of Empire. Patriotism, Popular Culture and the City, 1870–1939, Manchester [u.a.] 2012.

Bechhaus-Gerst, Marianne, Decolonize Germany? (Post)Koloniale Spurensuche in der Heimat zwischen Lokalgeschichte, Politik, Wissenschaft und "Öffentlichkeit", in: Werkstatt Geschichte 75 (2017), S. 49–55.

Becker, Frank, Die „Bastardheime“ der Mission. Zum Status der Mischlinge in der kolonialen Gesellschaft Deutsch-Südwestafrikas, in: ders. (Hg.), Rassenmischehen, Mischlinge, Rassentrennung. Zur Politik der Rasse im deutschen Kolonialreich (= Beiträge zur Europäischen Überseegeschichte, Bd. 90), Stuttgart 2004, S. 184–219.

Beckert, Sven, King Cotton. Eine Globalgeschichte des Kapitalismus, München 2014.

Beinart, William/Brown, Karen/Gilfoyle, Daniel, Experts and Expertise in Colonial Africa Reconsidered. Science and the Interpenetration of Knowledge, in: African Affairs 108 (2009), S. 413–433.

Beinart, William, African History and Environmental History, in: African Affairs 99 (2000), S. 269–302.

Bendikat, Elfi, Organisierte Kolonialbewegung in der Bismarck-Ära, Brazzaville/Heidelberg 1984.

Bennett, Brett M., Plantations and Protected Areas. A Global History of Forest Management, Cambridge, Mass. 2016.

Bennett, Brett M., A Network Approach to the Origins of Forestry Education in India 1855–1885, in: ders./Hodge, Joseph Morgan (Hgg.), Science and Empire. Knowledge and Networks of Science across the British Empire, 1800–1970 (= Britain and the World), Basingstoke [u.a.] 2011, S. 68–88.

Bennett, Brett M./Hodge, Joseph Morgan (Hgg.), Science and Empire. Knowledge and Networks of Science across the British Empire, 1800–1970 (= Britain and the World), Basingstoke [u.a.] 2011.

Bennett, Tony, The Birth of the Museum. History, Theory, Politics, London [u.a.] 1995.

Benson, Keith R., Field Stations and Surveys, in: Bowler, Peter J./ Pickstone, John V. (Hgg.), The Modern Biological and Earth Sciences (= The Cambridge History of Science, Bd. 6), Cambridge 2009, S. 76–89.

Berghoff, Hartmut/Ziegler, Dieter, Pionier und Nachzügler. Kategorien für den deutsch-britischen Vergleich?, in: dies. (Hgg.), Pionier und Nachzügler? Vergleichende Studien zur Geschichte Großbritanniens und Deutschlands im Zeitalter der Industrialisierung. Festschrift für Sidney Pollard zum 70. Geburtstag, Bochum 1995, S. 15–28.

Berner, Margit/Hoffmann, Anette/Lange, Britta (Hgg.), Sensible Sammlungen. Aus dem anthropologischen Depot, Hamburg 2011.

Besser, Stephan, Die Organisation des kolonialen Wissens, in: Honold, Alexander/Scherpe, Klaus R. (Hgg.), Mit Deutschland um die Welt. Eine Kulturgeschichte des Fremden in der Kolonialzeit, Stuttgart 2004, S. 271–278.

Beyerchen, Alan, On the Stimulation of Excellence in Wilhelminian Science, in: Dukes, Jack R./Remak, Joachim (Hgg.), Another Germany. A Reconsideration of the Imperial Era (= Westview Special Studies in West European Politics and Society), Boulder 1988, S. 139–168.

Bezirksamt Treptow von Berlin (Hg.), Die verhinderte Weltausstellung. Beiträge zur Berliner Gewerbeausstellung 1896, Ausst.-Kat. Heimatmuseum Treptow, Berlin 1996.

Bitterli, Urs, Die Wilden und die Zivilisierten. Grundzüge einer Geistes- und Kulturgeschichte der europäisch-überseeischen Begegnung, München 3. Aufl. 2004.

Bleichmar, Daniela, Visible Empire. Botanical Expeditions and Visual Culture in the Hispanic Enlightenment, Chicago, London 2012.

Bleichmar, Daniela, Atlantic Competitions. Botany in the Eighteenth-Century Spanisch Empire, in: Delbourgo, James/Dew, Nicholas (Hgg.), Science and Empire in the Atlantic World, New York 2008, S. 225–252.

Blümel, Katharina, „Alt-Berlin" und „Kolonialausstellung". Historienspektakel und „Eingeborenenschau" auf der Berliner Gewerbeausstellung von 1896, Magisterarbeit Berlin 2005.

Boast, Robin, Neocolonial Collaboration. Museum as Contact Zone Revisited, in: Museum Anthropology 34 (2011), H. 1, S. 56–70.

Bonneuil, Christophe, The Manufacture of Species. Kew Gardens, the Empire and the Standardisation of Taxonomic Practices in Late Nineteenth-Century Botany, in: Bourguet, Marie-Noëlle/Licope, Christian/Sibum, H. Otto (Hgg.), Instruments, Travel and Science. Itineraries of Precision from the Seventeenth to the Twentieth Century, London 2002, S. 189–215.

Boomgaard, Peter, Introduction. From the Mundane to the Sublime. Science, Empire and the Enlightment (1760s–1820s), in: ders. (Hg.), Empire and Science in the Making. Dutch Colonial Scholarship in Comparative Global Perspective, 1760–1830 (= Palgrave Studies in the History of Science and Technology), New York [u.a.] 2013, S. 1–38.

Boomgaard, Peter/Hart, Marjolein't, Globalization, Environmental Change and Social History. An Introduction, in: dies. (Hgg.), Globalization, Environmental Change and Social History (= International Review of Environmental History, Bd. 18), Cambridge 2010, S. 1–26.

Born, Karl E., Preußen im Kaiserreich 1871–1918. Führungsmacht des Reiches und Aufgehen im Reich, in: Neugebauer, Wolfgang (Hg.), Handbuch der Preußischen Geschichte, Bd. 3: Vom Kaiserreich zum 20. Jahrhundert und Große Themen der Geschichte Preußens, Berlin 2001, S. 15–148.

Böttger, Jan Henning, “Bienvenue dans la Capital de l’Empire!“ Die Tagung des ‚Institut Colonial International‘ in Berlin (1897), in: Heyden, Ulrich van der/ Zeller, Joachim (Hgg.), „…Macht und Anteil an der Weltherrschaft“, Berlin und der deutsche Kolonialismus, Münster 2005, S. 109–116.

Bourdieu, Pierre, Outline of a Sociological Theory of Art Perception, in: Johnson, Randal, The Field of Cultural Production. Essays on Art and Literature. Pierre Bourdieu, Cambridge 1993, S. 215–237.

Brahm, Felix/Brockmeyer, Bettina, Editorial, in: Werkstatt Geschichte 77 (2018), S. 3–5.

Brahm, Felix, Imperialismus und Kolonialismus, in: Sommer, Marianne/Müller-Wille, Staffan/Reinhardt, Carsten (Hgg.), Handbuch Wissenschaftsgeschichte, Stuttgart 2017, S. 287–294.

Braun, Peter/Klinger, Kerrin/Wietschel, Hannes (Hgg.), Objektbiographie. Ein Arbeitsbuch (= Laborberichte, Bd. 1), Weimar 2015.

Bravo, Micheal T., Mission Gardens. Natural History and Global Expansion 1720–1820, in: Schiebinger, Londa L./Swan, Claudia (Hgg.), Colonial Botany. Science, Commerce and Politics in the Early Modern World, Philadelphia 2005, S. 49–65.

Brockway, Lucile H., Science and Colonial Expansion. The Role of the British Royal Botanic Gardens, New Haven [u.a.] 2. Aufl. 2002 (1. Aufl. 1979).

Brunel, J. F./Hiepko, Paul/Scholz, Hildemar (Hgg.), Flore Analytique du Togo. Phanérogames (= Englera, Bd. 4), Berlin 1984.

Brüsch, Björn, Genealogie einer Lehranstalt. Von der gartenmässigen Nutzung des Landes zur Gründung der Königlichen Gärtnerlehranstalt, München 2010.

Burchardt, Lothar, The School of Oriental Languages at the University of Berlin. Forging the Cadres of German Imperialism?, in: Stuchtey, Benedikt (Hg.), Science across the European Empires, 1800–1950 (= Studies of the German Historical Institute London), Oxford [u.a.] 2005, S. 63–105.

Chakrabarty, Dipesh, Provincializing Europe. Postcolonial Thought and Historical Difference, Princeton, N. J. 2008.

Chambers, David Wade/Gillespie, Richard, Locality in the History of Science. Colonial Science, Technoscience and Indigenous Knowledge, in: Osiris 15 (2000), S. 221–240.

Chaudhri, M. N./Vegter, Hettie I./Wal, C. M. de, Collectors I–L, in: Stafleu, Frans (Hg.), Index Herbariorum. A Guide to the Location and Contents of the World’s Public Herbaria, Part 2 (3) (= Regnum Vegetabile, Bd. 86), Utrecht 1972.

Ciarlo, David M., Rasse konsumieren. Von der exotischen zur kolonialen Imagination in der Bildreklame des Wilhelminischen Kaiserreichs, in: Kundrus,

Birthe (Hg.), Phantasiereiche. Zur Kulturgeschichte des deutschen Kolonialismus, Frankfurt (M.), S. 135–179.

Cittadino, Eugene, Nature as the Laboratory. Darwinian Plant Ecology in the German Empire 1880–1900, Cambridge 1990.

Classen, Constance, Museum Manners. The Sensory Life of the Early Museum, in: Journal of Social History 40 (2007), H. 4, S. 895–914.

Classen, Constance/Howes, David, The Museum as Sensescape. Western Sensibilities and Indigenous Artefacts, in: Edwards, Elizabeth/Gosden, Chris/Phillips, Ruth B. (Hgg.), Sensible Objects. Colonialism, Museums and Material Culture (= Wenner-Gren Center International Symposium Series), Oxford/New York 2006, S. 199–222.

Codd, L. E./Gunn, Mary, Additional Biographical Notes on Plant Collectors in Southern African, in: Bothalia 15 (1985), S. 631–654.

Coghe, Samuël, Inter-imperial Learning and African Health Care in Portuguese Angola in the Interwar Period, in: Social History of Medicine 28 (2015), H. 1, S. 134–154.

Cohn, Bernard S., Colonialism and its Forms of Knowledge. The British in India (= Princeton Studies in Culture/Power/History), Princeton 1996.

Collet, Dominik, Universitäre Sammlungen als „contact zone". Gesellige und gelehrte Sammlungspraktiken im Akademischen Museum der Universität Göttingen (1773–1840), in: Forclaz, Bertrand u.a. (Hgg.), Sammelpraxis. Collectionner comme pratique, in: Traverse 19 (2012), H. 3, S. 41–52.

Colquhoun, Kate, The Busiest Man in England. The Life of Joseph Paxton, Gardener, Architect & Victorian Visionary, Boston 2006.

Colquhoun, Kate, A Thing in Disguise. The Visionary Life of Joseph Paxton, London 2003.

Conrad, Sebastian, Globalgeschichte. Eine Einführung (= Beck'sche Reihe), München 2013.

Conrad, Sebastian/Heé, Nadine/Schaper, Ulrike, Ordering the Colonial World around the 20th Century. Global and Comparative Perspectives (= Comparativ 19 (2009), H. 1.

Conrad, Sebastian, Deutsche Kolonialgeschichte, München 2008.

Conrad, Sebastian/Eckert, Andreas/Freitag, Ulrike (Hgg.), Globalgeschichte. Theorien, Ansätze, Themen, Frankfurt (M.)/New York 2007.

Conrad, Sebastian, Globalisierung und Nation im Deutschen Kaiserreich, München 2006.

Conrad, Sebastian/Osterhammel, Jürgen (Hgg.), Das Kaiserreich transnational. Deutschland in der Welt 1871–1914, Göttingen 2004.

Conrad, Sebastian/Osterhammel, Jürgen, Einleitung, in: dies. (Hgg.), Das Kaiserreich transnational. Deutschland in der Welt 1871–1914, Göttingen 2004, S. 7–27.

Conrad, Sebastian, „Eingeborenenpolitik" in Kolonie und Metropole. „Erziehung zur Arbeit" in Ostafrika und Ostwestfalen, in: ders./Osterhammel, Jürgen (Hgg.), Das Kaiserreich transnational. Deutschland in der Welt 1871–1914, Göttingen 2004, S. 107–128.

Conrad, Sebastian/Randeria, Shalini (Hgg.), Jenseits des Eurozentrismus. Postkoloniale Perspektiven in den Geschichtswissenschaften, Frankfurt (M.)/New York 2002.

Conrad, Sebastian/Randeria, Shalini, Einleitung. Geteilte Geschichten – Europa in einer postkolonialen Welt, in dies. (Hgg.), Jenseits des Eurozentrismus. Postkoloniale Perspektiven in den Geschichtswissenschaften, Frankfurt (M.)/New York 2002, S. 9–49.

Conrad, Sebastian, Doppelte Marginalisierung. Plädoyer für eine transnationale Perspektive auf die deutsche Geschichte, in: Geschichte und Gesellschaft 28 (2002), S. 145–169.

Conte, Christoph A., Highland Sanctuary. Environmental History in Tanzania's Usambara Mountains, Athens 2004.

Conte, Christoph A., Imperial Science, Tropical Ecology and Indigenous History. Tropical Research Stations in Northeastern German East Africa 1896 to the Present, in: Blue, Gregory u.a. (Hgg.), Colonialism and the Modern World. Selected studies (= Sources and Studies in World History), Armonk, N.Y./London 2002, S. 246–261.

Cook, Harold J., Global Economies and Local Knowledge in the East Indies. Jacobus Bontius Learns the Facts of Nature, in: Schiebinger, Londa L./Swan, Claudia (Hgg.), Colonial Botany. Science, Commerce and Politics in the Early Modern World, Philadelphia 2005, S. 100–118.

Cooper, Annabel (Hg.), The Lives of Colonial Objects, Dunedin 2015.

Cooper, Frederick/Stoler, Ann Laura, Tensions of Empire. Colonial Cultures in a Bourgeois World, Berkeley 1997.

Cooper, Frederick, Colonialism in Question. Theory, Knowledge, History, Berkeley 2005.

Cornish, Caroline, Curating Science in an Age of Empire. Kew's Museum of Economic Botany. PhD. Royal Holloway, University of London 2013.

Online verfügbar: https://pure.royalholloway.ac.uk/portal/en/publications/curating-science-in-an-age-of-empire-kews-museum-of-economic-botany%2817ca5247-cfcb-4926-bdeb-09b6ec585358%29.html.

Crary, Jonathan, Techniques of the Observer. On Vision and Modernity in the Nineteenth Century, Cambridge, Mass. 1990.

Crosby, Alfred W., The Columbian Exchange. Biological and Cultural Consequences of 1492, Westport 2003 (1. Aufl. 1972).

Darby, Flanders Margaret, Unnatural History. Ward's Glass Cases, in: Victorian Literature and Culture 35 (2007), H. 2, S. 635–647.

Daston, Lorraine/Galison, Peter, Objectivity, New York 2007.

Daston, Lorraine, The Glass Flowers, in: dies. (Hg.), Things that Talk. Object Lessons from Art and Science, New York/Cambridge, Mass. 2004, S. 223–254.

Daston, Lorraine, Biographies of Scientific Objects, Chicago 2000.

Daum, Andreas W., Wissenschaftspopularisierung im 19. Jahrhundert. Bürgerliche Kultur, naturwissenschaftliche Bildung und die deutsche Öffentlichkeit, 1848–1914, München 1998.

Debusmann, Robert/Riesz, János (Hgg.), Kolonialausstellungen. Begegnungen mit Afrika?, Frankfurt (M.) 1995.

Delbourgo, James, Collecting the World. Hans Sloane and the Origins of the British Museum, London 2017.

Delbourgo, James/Dew, Nicholas (Hgg.), Science and Empire in the Atlantic World, New York 2008.

Delbourgo, James/Dew, Nicholas, Introduction. The Far Side of the Ocean, in: dies. (Hgg.), Science and Empire in the Atlantic World, New York 2008, S. 1–28.

Delsalle, Paul, Une Histoire de l'Archivistique, Sainte-Foy (Québec) 1998.

Demhardt, Imre J., Deutsche Kolonialgesellschaft 1888–1918. Ein Beitrag zur Organisationsgeschichte der deutschen Kolonialbewegung, Wiesbaden 2002.

Denzel, Markus, Die wirtschaftliche Bilanz des deutschen Kolonialreichs, in: Gründer, Horst/Hiery, Hermann (Hgg.), Die Deutschen und ihre Kolonien. Ein Überblick, Berlin 2017, S. 144–160.

Derrida, Jaques, Archive Fever. A Freudian Impression, Chicago 1995.

Desmond, Ray, The History of the Royal Botanic Gardens Kew, London 2. überarb. Aufl. 2007.

Deutscher Museumsbund e.V. (Hg.), Leitfaden. Umgang mit Sammlungsgut aus kolonialen Kontexten, 2. Fassung 2019. Online verfügbar: https://www.museumsbund.de/publikationen/leitfaden-zum-umgang-mit-sammlungs-gut-aus-kolonialen-kontexten/

Deutscher Museumsbund e.V. (Hg.), Positioning Ethnological Museums in the 21st Century (= Museumskunde 81, H. 1), Berlin 2016.

Deutscher Museumsbund e.V. (Hg.), Empfehlungen zum Umgang mit menschlichen Überresten in Museen und Sammlungen, 2013. Online verfügbar: http://www.museumsbund.de/wp-content/uploads/2017/04/2013-empfehlungen-zum-umgang-mit-menschl-ueberresten.pdf

Deutsches Historisches Museum (Hg.), Deutscher Kolonialismus. Fragmente seiner Geschichte und Gegenwart, Ausst.-Kat. Deutsches Historisches Museum Berlin, Darmstadt 2016.

Dietz, Aufklärung als Praxis. Naturgeschichte im 18. Jahrhundert, in: Zeitschrift für Historische Forschung 36 (2009), H. 2, S. 235–257.

Dijk, Janneke van/Legêne, Susan (Hgg.), The Netherlands East Indies at the Tropenmuseum. A colonial History (= Collections at the Tropenmuseum, Bd. 1), Amsterdam 2011.

Drayton, Richard Harry, Nature's Government. Science, Imperial Britain and the "Improvement" of the World, New Haven 2000.

Drayton, Richard, Knowledge and Empire, in: Marshall, Peter J. (Hg.), The Oxford History of the British Empire, Bd. 2, Oxford 1998, S. 231–252.

Drayton, Richard, Science and the European Empires, in: Journal of Imperial and Commonwealth History 23 (1995), H. 3, S. 503–510.

Drayton, Richard, Imperial Science and Scientific Empire. Kew Gardens and the Uses of Nature, 1772–1903, Diss. Yale 1993.

Driver, Felix/Martins, Luciana (Hgg.), Tropical Visions in an Age of Empire, Chicago 2005.

Driver, Felix/Gilbert, David, Imperial Cities. Landscape, Display and Identity (= Studies in Imperialism), Manchester/New York 1999.

Duara, Prasenjit/Murthy, Viren/Sartori, Andrew (Hgg.), A Companion to Global Historical Thought, Chichester [u.a.] 2014.

Düring, Marten u.a. (Hgg.), Handbuch Historische Netzwerkforschung. Grundlagen und Anwendungen. Berlin 2016.

Easterby-Smith, Sarah, Recalcitrant Seeds: Material Culture and the Global History of Science, in: Past & Present 242 (2019), Beih. 14, S. 215–242.

Eckart, Wolfgang U., Medizin und Kolonialimperialismus. Deutschland 1884–1945, Paderborn [u.a.] 1997.

Eckert, Andreas, Grundbesitz, Landkonflikte und kolonialer Wandel. Douala 1880 bis 1960 (= Beiträge zur Kolonial- und Überseegeschichte, Bd. 70), Stuttgart 1999.

Edwards, Elizabeth/Gosden, Chris/Phillips, Ruth B. (Hgg.), Sensible Objects. Colonialism, Museums and Material Culture (= Wenner-Gren Center International Symposium Series), Oxford/New York 2006, S. 199–222.

Eliassen, Knut, The Archives of Michel Foucault, in: Røssaak, Eivind (Hg.), The Archive in Motion. New Conceptions of the Archive in Contemporary Thought and New Media Practices (= Nota bene: Studies from the National Library of Norway, Bd. 2), Oslo 2010, S. 29–52.

Engel, Michael, Louis Lewin, in: Historische Kommission bei der Bayerischen Akademie der Wissenschaften (Hg.), Neue Deutsche Biographie, Bd. 14, Berlin 1985, S. 415–416.

Engel, Michael, Geschichte Dahlems, Berlin 1984.

Epple, Angelika/Kaltmeier, Olaf/Lindner, Ulrike (Hgg.), Entangled Histories. Reflecting on Concepts of Coloniality and Postcoloniality, in: Comparativ 21 (2011), H. 1.

Essner, Cornelia, Deutsche Afrikareisende im neunzehnten Jahrhundert. Zur Sozialgeschichte des Reisens (= Beiträge zur Kolonial- und Überseegeschichte, Bd. 32), Stuttgart 1985.

Fara, Patricia, Sex, Botany & Empire. The Story of Carl Linnaeus and Joseph Banks (= Revolutions in Science), New York 2004.

Figueroa, Marcelo Fabián, Packing Techniques and Political Obedience as Scientific Issues. 18th Century Medicinal Balsams, Gums and Resins from the Indies to Madrid, in: Journal of the History of Science and Technology 5 (2012), S. 49–67.

Fischer-Tiné, Harald, Pidgin-Knowledge. Wissen und Kolonialismus (= Perspektiven der Wissensgeschichte), Zürich/Berlin 2013.

Flitner, Michael (Hg.), Der deutsche Tropenwald. Bilder, Mythen, Politik, Frankfurt (M.) [u.a.] 2000.

Flitner, Michael, Sammler, Räuber und Gelehrte. Die politischen Interessen an pflanzengenetischen Ressourcen, 1895–1995, Frankfurt, New York 1995.

Forgan, Sophie, The Architecture of Display. Museums, Universities and Objects in Nineteenth-Century Britain, in: History of Science. An annual Review of Literature, Research and Teaching 32 (1994), H. 2, S. 139–162.

Förster, Larissa u.a. (Hgg.), Provenienzforschung zu ethnographischen Sammlungen der Kolonialzeit. Positionen in der aktuellen Debatte, Berlin 2018.

Förster, Larissa, Problematische Provenienzen. Museale und universitäre Sammlungen aus postkolonialer Perspektive, in: Deutsches Historisches Museum (Hg.), Deutscher Kolonialismus. Fragmente seiner Geschichte und Gegenwart, Ausst.-Kat. Deutsches Historisches Museum Berlin, Darmstadt 2016, S. 154–161.

Förster, Larissa/Stoecker, Holger (Hgg.), Haut, Haar und Knochen. Koloniale Spuren in naturkundlichen Sammlungen der Universität Jena (= Laborberichte, Bd. 9), Weimar 2016.

Förster, Larissa (Hg.), Transforming Knowledge Orders: Museums, Collections and Exhibitions (= Morphomata, Bd. 16), Paderborn 2014.

Foucault, Michel, Geschichte der Gouvernementalität I. Sicherheit, Territorium, Bevölkerung, Frankfurt (M.) 2004a.

Foucault, Michel, Geschichte der Gouvernementalität II. Die Geburt der Biopolitik, Frankfurt (M.) 2004b.

Foucault, Michel, Die Ordnung der Dinge. Eine Archäologie der Humanwissenschaften (= Suhrkamp-Taschenbuch Wissenschaft, Bd. 96), Frankfurt (M.) 2003.

Foucault, Michel, L'Archéologie de savoir, Paris 1969.

Forum: Human Remains in Museums and Collections. A Critical Engagement with the „Recommendations" of the German Museums Association (2013), in: H-Soz-Kult, 03.02.2017 https://www.hsozkult.de/debate/id/diskussionen-3902.

Fox, Robert, Science without Frontiers. Cosmopolitanism and National Interests in the World of Learning 1870–1940, Corvallis 2016.

Frahnert, Sylke, Katalogisieren. Ein Praxisbericht, in: Güttler, Nils/Heumann, Ina (Hgg.), Sammlungsökonomien, Berlin 2016, S. 95–108.

Friedrichs, Jan-Henrik/Jana, Katja, „Dass die Akademie Themen aufgreift und dann den Aktivismus links liegen lässt…". Gespräch mit Manuela Bauche von Kolonialismus im Kasten? und Christian Kopp von Berlin Kolonial, in: Werkstatt Geschichte 75 (2017), S. 71–81.

Frömming, Karl-Heinz, 100 Jahre Pharmazeutisches Institut in Berlin-Dahlem, 1902–2002, Berlin 2002.

Fuhrmann, Wolfgang, Der Urwald, in: Zimmerer, Jürgen (Hg.), Kein Platz an der Sonne. Erinnerungsorte der deutschen Kolonialgeschichte, Frankfurt (M.) 2013, S. 56–67.

Gáldy, Andrea/Heudecker, Sylvia (Hgg.), Collecting Nature, Newcastle upon Tyne 2014.

Gascoigne, John, The Ordering of Nature and the Ordering of Empire. A Commentary, in: Miller, David Philip/Reill, Peter Hanns (Hgg.), Visions of Empire. Voyages, Botany and Representations of Nature, Cambridge 1996, S. 107–116.

Gascoigne, John, Joseph Banks and the English Enlightenment. Useful Knowledge and Polite Culture, Cambridge/New York 1994.

Geissler, P. Wenzel/Gerrets, Rene/Kelly, Ann H./Mangesho, Peter (Hgg.), Amani – Auf den Spuren einer kolonialen Forschungsstation in Tansania, Bielefeld 2020.

Geissler, P. Wenzel/Kelly, Ann H., A Home for Science: The Life and Times of Tropical and Polar Field Stations, in: Social Studies of Science 46 (2016), H. 6, S. 797–808.

Geissler, P. Wenzel; Kelly, Ann H., Field Station as Stage. Re-enacting Scientific Work and Life in Amani, Tanzania, in: Social Studies of Science 46 (2016), H. 6, S. 912–937.

Georg-August-Universität Göttingen (Hg.), Dinge des Wissens. Die Sammlungen, Museen und Gärten der Universität Göttingen, Göttingen 2012.

Geppert, Alexander C. T., Fleeting Cities. Imperial Expositions in Fin-de-Siècle Europe, Basingstoke [u.a.] 2010.

Geppert, Dominik/Müller, Frank Lorenz, Beyond National Memory. Nora´s Lieux de Mémoire across an Imperial World, in: dies. (Hgg.), Sites of Imperial Memory. Commemorating Colonial Rule in the Nineteenth and Twentieth Centuries (= Studies in Imperialism), Manchester 2015, S. 1–18.

Gerritsen, Anne/Riello, Giorgio, Introduction. Writing Material Culture History, in: dies. (Hgg.), Writing Material Culture History (= Writing History), London 2015, S. 1–13.

Geulen, Christian, Geschichte des Rassismus (= Beck'sche Reihe), München 2007.

Gissibl, Bernhard, The Nature of German Imperialism. Conservation and the Politics of Wildlife in Colonial East Africa, New York 2016.

Gole, Tadese W./Teketay, Demel/Kelbessa, Ensermu, Kaffee ist Äthiopiens Geschenk an die Welt, in: Lack, Hans Walter/Grotz, Kathrin/Gole, Tadese W. (Hgg.), Kaffee. Ein globaler Erfolg, Ausst.-Kat. Botanisches Museum Berlin-Dahlem, Berlin 2013, S. 12–15.

Goss, Andrew, The Floracrats. State-Sponsored Science and the Failure of the Enlightenment in Indonesia, Madison, Wis. [u.a.] 2011.

Gouaffo, Albert, Wissens- und Kulturtransfer im kolonialen Kontext. Das Beispiel Kamerun-Deutschland (1884–1919) (= Saarbrücker Beiträge zur vergleichenden Literatur- und Kulturwissenschaft, Bd. 39), Würzburg 2007.

Gräbel, Carsten, Die Erforschung der Kolonien. Expeditionen und koloniale Wissenskultur deutscher Geographen, 1884–1919 (= Histoire, Bd. 75), Bielefeld 2015.

Grotz, Kathrin, Coffea arabica – Über Amsterdam in die ganze Welt?, in: Lack, Hans Walter/Grotz, Kathrin/Gole, Tadese W. (Hgg.), Kaffee. Ein globaler Erfolg, Ausst.-Kat. Botanisches Museum Berlin-Dahlem, Berlin 2013, S. 46–51.

Grove, Richard, Green Imperialism. Colonial Expansion, Tropical Island Edens and the Origins of Environmentalism, 1600–1860 (= Studies in Environment and History), Cambridge 1995.

Gründer, Horst, Zum Stellenwert des Rassismus im Spektrum der deutschen Kolonialideologie, in: Becker, Frank (Hg.), Rassenmischehen, Mischlinge, Rassentrennung. Zur Politik der Rasse im deutschen Kolonialreich (= Beiträge zur Europäischen Überseegeschichte, Bd. 90), Stuttgart 2004, S. 27–41.

Gründer, Horst, Geschichte der Deutschen Kolonien, Paderborn 4., verb. u. erg. Aufl. 2000.

Grüntzig, Johannes/Mehlhorn, Heinz, Expeditionen ins Reich der Seuchen. Medizinische Himmelsfahrtskommandos der deutschen Kaiser- und Kolonialzeit, Heidelberg 2006.

Güttler, Nils/Heumann, Ina (Hgg.), Sammlungsökonomien, Berlin 2016.

Güttler, Nils, Das Kosmoskop. Karten und ihre Benutzer in der Pflanzengeographie des 19. Jahrhunderts, Göttingen 2014.

Habermas, Rebekka, Benin Bronzen im Kaiserreich – oder warum koloniale Objekte so viel Ärger machen, in: Historische Anthropologie 25 (2017), H. 3, S. 327–352.

Habermas, Rebekka, „Willst Du den Heidenkindern helfen?" Mission in den deutschen Kolonien, in: Deutsches Historisches Museum (Hg.), Deutscher Kolonialismus. Fragmente seiner Geschichte und Gegenwart, Ausst.-Kat. Deutsches Historisches Museum Berlin, Darmstadt 2016, S. 50–57.

Habermas, Rebekka/Hölzl, Richard (Hgg.), Mission global. Eine Verflechtungsgeschichte seit dem 19. Jahrhundert, Köln 2014.

Habermas, Rebekka/Przyrembel, Alexandra (Hgg.), Von Käfern, Märkten und Menschen. Kolonialismus und Wissen in der Moderne, Göttingen 2013.

Habermas, Rebekka/Przyrembel, Alexandra, Einleitung, in: dies (Hgg.), Von Käfern, Märkten und Menschen. Kolonialismus und Wissen in der Moderne, Göttingen 2013, S. 9–24.

Habermas, Rebekka, Intermediaries, Kaufleute, Missionare, Forscher und Diakonissen. Akteure und Akteurinnen im Wissenstransfer, in: dies./Przyrembel, Alexandra (Hgg.), Von Käfern, Märkten und Menschen. Kolonialismus und Wissen in der Moderne, Göttingen 2013, S. 27–48.

Hahn, Hans Peter/Weiss, Hadas (Hgg.), Mobility, Meaning and the Transformations of Things. Shifting Contexts of Material Culture through Time and Space, Oxford 2013.

Harris, Brent, Photography in Colonial Discourse. The Making of "the other" in Southern Africa, c. 1850–1950, in: Hartmann, Wolfram/Silvester, Jeremy/Hayes, Patricia (Hgg.), The Colonising Camera. Photographs in the Making of Namibian History, Cape Town [u.a.] 1998, S. 20–24.

Hartmann, Heike, Koloniale Sammlungen, kolonialer Blick, in: Deutsches Historisches Museum (Hg.), Deutscher Kolonialismus. Fragmente seiner

Geschichte und Gegenwart, Ausst.-Kat. Deutsches Historisches Museum Berlin, Darmstadt 2016, S. 219.

Hartmann, Heike/Kaiser, Katja, Kolorierte Zeichnung eines Fisches mit einheimischen Namen „Invöng", in: Deutsches Historisches Museum (Hg.), Deutscher Kolonialismus. Fragmente seiner Geschichte und Gegenwart, Ausst.-Kat. Deutsches Historisches Museum Berlin, Darmstadt 2016, S. 227.

Hartmann, Wolfram/Silvester, Jeremy/Hayes, Patricia (Hgg.), The Colonising Camera. Photographs in the Making of Namibian History, Cape Town [u.a.] 1998.

Hartung, Constance, Der „Weg der Väter" – ostafrikanische Religionen im Spiegel früher Missionsberichte (= Marburger religionsgeschichtliche Beiträge, Bd. 4), Münster [u.a.] 2005.

Hassler, Uta/Meyer, Torsten (Hgg.), Kategorien des Wissens. Die Sammlung als Epistemisches Objekt, Zürich 2014.

Hayes, Patrica/Silvester, Jeremy/Hartmann, Wolfram, Photography, History, Memory, in: Hartmann, Wolfram/Silvester, Jeremy/Hayes, Patricia (Hgg.), The Colonising Camera. Photographs in the Making of Namibian History, Cape Town [u.a.] 1998, S. 2–9.

Headrick, Daniel R., The Tools of Empire. Technology and European Imperialism in the Nineteenth Century, Oxford 2009.

Headrick, Daniel R.., The Tentacles of Progress. Technology Transfer in the Age of Imperialism, 1850–1940, New York 1988.

Heé, Nadine, Postkoloniale Ansätze, in: Sommer, Marianne/Müller-Wille, Staffan/Reinhardt, Carsten (Hgg.), Handbuch Wissenschaftsgeschichte, Stuttgart 2017, S. 80–92.

Heesen, Anke te, Theorien des Museums zur Einführung (Zur Einführung, Bd. 398), Hamburg 2012.

Heesen, Anke te/Spary, E. C., Sammeln als Wissen. Das Sammeln und seine wissenschaftsgeschichtliche Bedeutung, Göttingen 2001.

Hennig, Jochen, Wissensdinge – Wissensanordnungen – Wissensorte. Zum Ausstellen von Universitätssammlungen, in: Georg-August-Universität Göttingen (Hg.), Dinge des Wissens. Die Sammlungen, Museen und Gärten der Universität Göttingen, Göttingen 2012, S. 20–29.

Hermannstädter, Anita/Heumann, Ina/Pannhorst, Kerstin (Hgg.), Wissensdinge. Geschichten aus dem Naturkundemuseum, Berlin 2015.

Heumann, Ina/Stoecker, Holger/Tamborini, Marco/Vennen, Mareike, Dinosaurierfragmente. Zur Geschichte der Tendaguru-Expedition und ihrer Objekte 1906–2018, Göttingen 2018.

Heumann, Ina, Verkaufsakte, in: dies./Hermannstädter, Anita/Pannhorst, Kerstin (Hgg.), Wissensdinge. Geschichten aus dem Naturkundemuseum, Berlin 2015, S. 64–67.

Heyden, Ulrich van der, Der Missionar Alexander Merensky als Wissenschaftler, in: Habermas, Rebekka/Przyrembel, Alexandra (Hgg.), Von Käfern, Märkten und Menschen. Kolonialismus und Wissen in der Moderne, Göttingen 2013, S. 49–60.

Heyden, Ulrich van der/Feldtkeller, Andreas (Hgg.), Missionsgeschichte als Geschichte der Globalisierung von Wissen. Transkulturelle Wissensaneignung und -vermittlung durch christliche Missionare in Afrika und Asien im 17., 18. und 19. Jahrhundert (= Missionsgeschichtliches Archiv, Bd. 19), Stuttgart 2012.

Heyden, Ulrich van der (Hg.), Kolonialismus hierzulande. Eine Spurensuche in Deutschland, Erfurt 2007.

Heyden, Ulrich van der/Zeller, Joachim (Hgg.), Kolonialmetropole Berlin. Eine Spurensuche, Berlin 2002.

Heyden, Ulrich van der, Die Kolonial- und die Transvaal-Ausstellung 1896/97, in: ders./Zeller, Joachim (Hgg.), Kolonialmetropole Berlin. Eine Spurensuche, Berlin 2002, S. 135–142.

Hielscher, Kej/Hücking, Renate, Pflanzenjäger. In fernen Welten auf der Suche nach dem Paradies, München [u.a.] 2. Aufl. 2003.

Hiepko, Paul, Die Sammlungen des Botanischen Museums Berlin-Dahlem, in: Schnarrenberger, Claus/Scholz, Hildemar/Hiepko, Paul (Hgg.), Geschichte der Botanik in Berlin (= Wissenschaft und Stadt, Bd. 15), Berlin 1990, S. 297–318.

Hiepko, Paul, Die erhaltenen Teile der Sammlungen des Botanischen Museums Berlin-Dahlem (B) aus der Zeit vor 1943, in: Willdenowia 8 (1978), S. 389–400.

Hildebrandt, Klaus, Das vergangene Reich. Deutsche Außenpolitik von Bismarck bis Hitler, Stuttgart 1995.

Hiller von Gaertringen, Hans Georg/Hiller von Gaertringen, Katrin, Eine Geschichte der Berliner Museen in 227 Häusern, Berlin 2014.

Hipfinger, Anita/Löffler, Josef/Niederkorn, Jan Paul (Hgg.), Ordnung durch Tinte und Feder? Genese und Wirkung von Instruktionen im zeitlichen Längsschnitt vom Mittelalter bis zum 20. Jahrhundert (= Veröffentlichungen des Instituts für Österreichische Geschichtsforschung, Bd. 60), Wien [u.a.] 2012.

Hobhouse, Henry, Seeds of Change. Six Plants that Transformed Mankind, Berkely 6. Aufl. 2006 (1. Aufl. 1985).

Hodge, Joseph M., Science and Empire. A Historical Overwiew, in: Bennett, Brett M./Hodge, Joseph Morgan (Hgg.), Science and Empire. Knowledge and

Networks of Science across the British Empire, 1800–1970 (= Britain and the World), Basingstoke [u.a.] 2011, S. 3–29.

Hodge, Joseph M., Triumph of the Expert. Agrarian Doctrines of Development and the Legacies of British Colonialism (= Ohio University Press Series in Ecology and History), Athens 2007.

Hoffmann, Beatrix, Das Museumsobjekt als Tausch- und Handelsgegenstand. Zum Bedeutungswandel musealer Objekte im Kontext der Veräußerungen aus dem Sammlungsbestand des Museums für Völkerkunde Berlin (= Kulturwissenschaft, Bd. 33), Berlin [u.a.] 2012.

Holway, Tatiana M., The Flower of Empire. An Amazonian Water Lily, the Quest to Make it Bloom and the World it Created, New York 2013.

Hölzl, Richard, Rassismus, Ethnogenese und Kultur. Afrikaner im Blickwinkel der deutschen katholischen Mission im 19. und frühen 20. Jahrhundert, in: Werkstatt Geschichte 59 (2012), S. 7–34.

Honold, Alexander, Ausstellung des Fremden – Menschen- und Völkerschau um 1900. Zwischen Anpassung und Verfremdung: Der Exot und sein Publikum, in: Conrad, Sebastian/Osterhammel, Jürgen (Hgg.), Das Kaiserreich transnational. Deutschland in der Welt 1871–1914, Göttingen 2004, S. 170–190.

Honold, Alexander/Scherpe, Klaus R. (Hgg.), Mit Deutschland um die Welt. Eine Kulturgeschichte des Fremden in der Kolonialzeit, Stuttgart 2004.

Howe, Stephen (Hg.), The New Imperial Histories Reader (= Routledge Readers in History), London/New York 2010.

Hücking, Renate, Die „Frau Naturforscherin", in: Hielscher, Kej/Hücking, Renate, Pflanzenjäger. In fernen Welten auf der Suche nach dem Paradies, München [u.a.] 2. Aufl. 2003, S. 131–160.

Hücking, Renate/Launer, Ekkehard, Aus Menschen Neger machen. Wie sich das Handelshaus Woermann an Afrika entwickelt hat, Hamburg 1986.

Hund, Wulf D., Rezension von: Stoecker, Holger/Schnalke, Thomas/Winkelmann, Andreas (Hgg.), Sammeln, Erforschen, Zurückgeben? Menschliche Gebeine aus der Kolonialzeit in akademischen und musealen Sammlungen (= Studien zur Kolonialgeschichte, Bd. 5), Berlin 2013, in: Archiv für Sozialgeschichte 55 (2015). Online verfügbar: http://library.fes.de/pdf-files/afs/81622.pdf.

Jäger, Jens, Überlegungen zu einer historiografischen Bildanalyse, in: Historische Zeitschrift 304 (2017), H. 3, S. 655–682.

Jardine, Nicholas/Secord, James A./Spary, Emma C. (Hgg.), Cultures of Natural History, Cambridge/New York 1996.

Jay, Martin/Ramaswamy, Sumathi, Empires of Vision. A Reader (= Objects/Histories), Durham 2014.

Jobelmann, Hans, Aus Afrika. Tagebücher, Briefe, Zeichnungen und Photographien 1907–1909, hgg. v. Templin, Brigitte/Böhme, Gottfried (= Lübecker Beiträge zur Ethnologie), Lübeck 2017.

Johnson, Nuala Christina, Nature Displaced, Nature Displayed: Order and Beauty in Botanical Gardens, London/New York 2011.

Jones, Adam/Albert, Petra/Volk, Anette, Afrikabestände im Universitätsarchiv der Herrnhuter Brüdergemeine (= University of Leipzig Papers on Africa; Mission Archives Series, Bd. 14), Leipzig 2000.

Jung, Uwe, „…Quatre sales enfants métisses…" – Colonisation par adaptation? Le cas de Yaoundé, CamPuce, Yaounde 2012.

Online verfügbar: http://eprints.campuce.org/8/1/Jung_Colonisation_par_adaptation.pdf.

Kaelble, Hartmut, Der historische Vergleich. Eine Einführung zum 19. und 20. Jahrhundert, Frankfurt (M.) 1999.

Kaerger, Rudi, Die Zentralstelle für Arbeiter-Wohlfahrtseinrichtungen (Zentralstelle für Volkswohlfahrt). Das Selbstverständnis einer halbamtlichen Institution des Kaiserreichs im Spiegel ihrer Konferenzen und Debatten zur Arbeiterjugendfrage (1890 bis 1920), Frankfurt (M.) 1996.

Kaiser, Katja, Wardscher Kasten zum Transport lebender Pflanzen per Schiff, in: Deutsches Historisches Museum (Hg.), Deutscher Kolonialismus. Fragmente seiner Geschichte und Gegenwart, Ausst.-Kat. Deutsches Historisches Museum Berlin, Darmstadt 2016, S. 202.

Kaiser, Katja, Herbarbeleg *Nymphaea zenkeri* Gilg, in: Deutsches Historisches Museum (Hg.), Deutscher Kolonialismus. Fragmente seiner Geschichte und Gegenwart, Ausst.-Kat. Deutsches Historisches Museum Berlin, Darmstadt 2016, S. 226.

Kaiser, Katja, Exploration and Exploitation. German Colonial Botany at the Botanic Garden and Botanical Museum Berlin, in: Geppert, Dominik/Müller, Frank Lorenz (Hgg.), Sites of Imperial Memory. Commemorating Colonial Rule in the Nineteenth and Twentieth Centuries (= Studies in Imperialism), Manchester 2015, S. 225–242.

Kaiser, Katja/Hartmann, Heike, Berlin: Botanischer Garten und Botanisches Museum, in: Heyden, Ulrich van der (Hg.), Kolonialismus hierzulande. Eine Spurensuche in Deutschland, Erfurt 2007, S. 145–149.

Kamissek, Christoph/Kreienbaum, Jonas, An Imperial Cloud? Conceptualising Interimperial Connections and Transimperial Knowledge, in: Journal of Modern European History 14 (2016), H. 2, S. 164–182.

Kamissek, Christoph, „Ich kenn genug Stämme in Afrika", in: Geschichte und Gesellschaft 40 (2014), H. 1, S. 67–93.

Kazeem, Belinda/Martinz-Turek, Charlotte/Sternfeld, Nora (Hgg.), Das Unbehagen im Museum. Postkoloniale Museologien (= Schnittpunkt Ausstellungstheorie & Praxis, Bd. 3), Wien 2009.

Keogh, Luke, The Wardian Case. How a Simple Box Moved the Plant Kingdom, in: Arnoldia 74 (2017), H. 4, S. 2–13.

Kirschberger, Ulrike, Deutsche Naturwissenschaftler im britischen Empire. Die Erforschung der außereuropäischen Welt im Spannungsfeld zwischen deutschem und britischem Imperialismus, in: Historische Zeitschrift 271 (2000), S. 621–660.

Kittel, Andrea, Missionsfotografie – das Ferne wird nah, in: Landeskirchliches Museum Ludwigsburg (Hg.), Der ferne Nächste. Bilder der Mission – Mission der Bilder 1860–1920 (= Kataloge und Schriften des Landeskirchlichen Museums, Bd. 4), Ludwigsburg 1996, S. 139–150.

Klein, Hans-Joachim/Bachmayer, Monika, Museum und Öffentlichkeit. Fakten und Daten, Motive und Barrieren (= Berliner Schriften zur Museumskunde, Bd. 2), Berlin 1981.

Klemun, Marianne, Gärten und Sammlungen, in: Sommer, Marianne/Müller-Wille, Staffan/Reinhardt, Carsten (Hgg.), Handbuch Wissenschaftsgeschichte, Stuttgart 2017, S. 235–244.

Klemun, Marianne, Erkenntnisinstrument Reisen. Reflexionen zu einem komplexen wissens- und wissenschaftshistorischen Phänomen der Frühen Neuzeit, in: Kästner, Ingrid u.a. (Hgg.), Erkunden, Sammeln, Notieren und Vermitteln – Wissenschaft im Gepäck von Handelsleuten, Diplomaten und Missionaren (= Europäische Wissenschaftsbeziehungen, Bd. 7), Aachen 2014, S. 21–36.

Klemun, Marianne, Wissenswandel und Botanische Gärten. Eine historische Reflexion, in: Standler, Karin (Hg.), Der Garten als Wissensraum. Eine Reise zu Gärten der botanischen Sammlungen in Europa, Wien 2013, S. 11–13.

Klemun, Marianne, Introduction. 'Moved' Natural Objects – 'Spaces in Between', in: Journal of the History of Science and Technology 5 (2012), S. 9–16.

Klemun, Marianne, Live Plants on the Way, in: Journal of History of Science and Technology 5 (2012), S. 30–48.

Klemun, Marianne, Botanische Gärten und Pflanzengeographie als Herrschaftsrepräsentationen, in: Berichte zur Wissenschaftsgeschichte 23 (2000), S. 330–346.

Kloosterhuis, Jürgen, „Friedliche Imperialsten". Deutsche Auslandsvereine und auswärtige Kulturpolitik 1906-1918 (= Europäische Hochschulschriften, R. 3, Bd. 558), Frankfurt/(M.) 1994.

Kocka, Jürgen, Comparison and Beyond, in: History and Theory 42 (2003), S. 39–44.

Kohler, Robert E., Landscapes and Labspaces. Exploring the Lab-Field Border in Biology, Chicago 2002.

Kohlmaier, Georg/Sartory, Barna von, Das Glashaus. Ein Bautypus des 19. Jahrhunderts (= Studien zur Kunst des neunzehnten Jahrhunderts, Bd. 43), München 1981.

Kohlstedt, Sally Gregory, International Exchange and National Style. A View of Natural History Museums in the United States, 1850–1900, in: Reingold, Nathan/Rothenberg, Marc (Hgg.), Scientific Colonialism. A Cross-Cultural Comparison, Washington, D.C. 1987, S. 167–190.

König, Marieanne von (Hg.), Herrenhausen. Die Königlichen Gärten in Hannover, Göttingen 2006.

Koponen, Juhani, Development for Exploitation. German Colonial Policies in Mainland Tanzania, 1884–1914 (= Studien zur afrikanischen Geschichte, Bd. 10), Münster [u.a.] 2. korr. Aufl. 1995.

Koppelkamm, Stefan, Künstliche Paradiese. Gewächshäuser und Wintergärten des 19. Jahrhunderts, Berlin 1988.

Kopytoff, Igor, The Cultural Biography of Things. Commoditization as Prozess, in: Appadurai, Arjun (Hg.), The Social Life of Things. Commodities in Cultural Perspective, Cambridge 1986, S. 64–91.

Köstering, Susanne, Natur zum Anschauen. Das Naturkundemuseum des deutschen Kaiserreichs 1871–1914, Köln 2003.

Kranz, Gabriele, Hamburg's Botanical Museum and German Colonialism. Nature in the Hands of Science, Commerce and Political Power, in: Ramutsindela, Maano/Miescher, Gorgio/Boehi, Melanie (Hgg.), The Politics of Nature and Science in Southern Africa (= Basler Afrika Bibliographien), Basel 2016, S. 59–86.

Krause, Ingo Till, "Koloniale Schuldlüge"? Die Schulpolitik in den afrikanischen Kolonien Deutschlands und Britanniens im Vergleich (= Studien zur Geschichtsforschung der Neuzeit, Bd. 51), Hamburg 2007.

Kravagna, Christian, Konserven des Kolonialismus. Die Welt im Museum, in: Kazeem, Belinda/Martinz-Turek, Charlotte/Sternfeld, Nora (Hgg.), Das Unbehagen im Museum. Postkoloniale Museologien (= Schnittpunkt Ausstellungstheorie & Praxis, Bd. 3), Wien 2009, S. 131–142.

Kretschmann, Carsten, Räume öffnen sich. Naturhistorische Museen im Deutschland des 19. Jahrhunderts, Berlin 2006.

Kretschmann, Carsten (Hg.), Wissenspopularisierung. Konzepte der Wissensverbreitung im Wandel (= Wissenskultur und gesellschaftlicher Wandel, Bd. 4), Berlin 2003.

Kreye, Lars, Der Botanische Garten und das Botanische Museum in Berlin-Dahlem – Ein Schauplatz der kolonialen Umweltgeschichte?, in: Herrman, Bernd/Stobbe, Urte (Hgg.), Schauplätze und Themen der Umweltgeschichte. Umwelthistorische Miszellen aus dem Graduiertenkolleg. Werkstattbericht, Göttingen 2009, S. 127–143.

Kröger, Rüdiger, Bilder aus der Herrnhuter Mission. Fotografien des 19. Jahrhunderts aus den Sammlungen des Unitätsarchivs (= Schriften aus dem Unitätsarchiv, Bd. 3), Herrnhut 2008.

Kröger, Rüdiger, Naturkunde in der Mission. Leben und Wirken eines Missionars vor dem 1. Weltkrieg, Herrnhut 2005.

Krüger, Gesine, Zirkulation, Umdeutung, Aufladung. Zur kolonialen Fotografie, in: Newsletter NCCR Mediality. Medienwandel, Medienwechsel, Medienwissen. Historische Perspektiven 9 (2013), S. 3–11.

Krüger, Gesine, Schrift und Bild. Missionsfotografie im südlichen Afrika, in: Historische Anthropologie 19 (2011), H. 1, S. 123–143.

Kundrus, Birthe, Von der Peripherie ins Zentrum. Zur Bedeutung des Kolonialismus für das deutsche Kaiserreich, in: Müller, Sven Oliver/Torp, Cornelius (Hgg.), Das deutsche Kaiserreich in der Kontroverse, Göttingen 2009, S. 359–373.

Kundrus, Birthe, Moderne Imperialisten. Das Kaiserreich im Spiegel seiner Kolonien, Köln [u.a.] 2003.

Kuntz, Andreas, Das Museum als Volksbildungsstätte. Museumskonzeptionen in der deutschen Volksbildungsbewegung 1871–1918, Münster 1996.

Laak, Dirk van, Imperiale Infrastruktur. Deutsche Planungen für eine Erschließung Afrikas 1880 bis 1960, Paderborn [u.a.] 2004.

Laak, Dirk van, Kolonien als „Laboratorien der Moderne"?, in: Conrad, Sebastian/Osterhammel, Jürgen (Hgg.), Das Kaiserreich transnational. Deutschland in der Welt 1871–1914, Göttingen 2004, S. 257–279.

Lack, Hans Walter, Adolf Engler und seine Beziehungen zu Botanikern in Russland, in: Kästner, Ingrid/Schippan, Michael (Hgg.), Deutsch-russische Zusammenarbeit wissenschaftlicher und kultureller Institutionen vom 18. bis 20. Jahrhundert (= Europäische Wissenschaftsbeziehungen, Bd. 14), Aachen 2017, S. 127–150.

Lack, Hans Walter/Grotz, Kathrin/Gole, Tadese W. (Hgg.), Kaffee. Ein globaler Erfolg, Ausst.-Kat. Botanisches Museum Berlin-Dahlem, Berlin 2013.

Lack, Hans Walter (Hg.), Humboldts grüne Erben. Der Botanische Garten und das Botanische Museum in Dahlem 1910 bis 2010, Ausst.-Kat. Botanisches Museum Berlin-Dahlem, Berlin 2010.

Lack, Hans Walter/Grotz, Kathrin, Wardsche Kästen. Ein Dachbodenfund, in: Museumsjournal 24 (2010), H. 4, S. 48–51.

Lack, Hans Walter, Kew – ein Vorbild für Berlin-Dahlem?, in: Rohde, Michael (Hg.), Preußische Gärten in Europa. 300 Jahre Gartengeschichte, Leipzig 2007, S. 182–185.

Lack, Hans Walter, Botanische Handbücher für die deutschen Kolonien, in: Heyden, Ulrich van der/Zeller, Joachim (Hgg.), Kolonialmetropole Berlin. Eine Spurensuche, Berlin 2002, S. 112–115.

Lack, Hans Walter, Adolf Engler. Die Welt in einem Garten, München 2000.

Lack, Hans Walter, Damals in Afrika. Das Modell der Regierungsplantage Victoria im Botanischen Museum, in: Museumsjournal 11 (1997), H. 2, S. 80–81.

Lack, Hans Walter, Opera magna der Berliner Systematischen Botanik, in: Schnarrenberger, Claus/Scholz, Hildemar (Hgg.), Geschichte der Botanik in Berlin (= Wissenschaft und Stadt, Bd. 15), Berlin 1990, S. 265–296.

Lack, Hans Walter, „...eine große Hilfe für Botaniker...". Die Photosammlung des Botanischen Museums, in: Museumsjournal 3 (1989), H. 2, S. 34–35.

Landau, Paul Stuart/Kaspin, Deborah D., Images and Empires. Visuality in Colonial and Postcolonial Africa, Berkeley 2002.

Lange, Britta, Prekäre Situationen – Anthropologisches Sammeln im Kolonialismus, in: Stoecker, Holger/Schnalke, Thomas/Winkelmann, Andreas (Hgg.), Sammeln, Erforschen, Zurückgeben? Menschliche Gebeine aus der Kolonialzeit in akademischen und musealen Sammlungen (= Studien zur Kolonialgeschichte, Bd. 5), Berlin 2013, S. 45–68.

Lange, Britta, Echt – unecht – lebensecht. Menschenbilder im Umlauf, Berlin 2006.

Lange, Britta, Die Allianz von Naturwissenschaft, Kunst und Kommerz in Inszenierungen des Gorillas nach 1900, in: Zimmermann, Anja (Hg.), Sichtbarkeit und Medium. Austausch, Verknüpfung und Differenz naturwissenschaftlicher und ästhetischer Bildstrategien, Hamburg 2005, S. 183–210.

Lanjouw, Joseph/Stafleu, Frans A., Collectors A–D, in: Stafleu, Frans (Hg.), Index Herbariorum. A Guide to the Location and Contents of the World's Public Herbaria, Part 2 (1) (= Regnum Vegetabile, Bd. 2), Utrecht 1954.

Latour, Bruno, Drawing Things together. Die Macht der unveränderlichen mobilen Elemente, in: Belliger, Andréa/Krieger, David J. (Hgg.), ANThology. Ein einführendes Handbuch zur Akteur-Netzwerk-Theorie, Bielefeld 2006, S. 259–307.

Latour, Bruno, Science in Action. How to Follow Scientists and Engineers Through Society, Cambridge Mass. 1987.

Laukötter, Anja, Gefühle im Feld. Die „Sammelwut" der Anthropologen in Bezug auf Körperteile und das Konzept der „Rasse" um die Jahrhundertwende, in: Stoecker, Holger/Schnalke, Thomas/Winkelmann, Andreas (Hgg.), Sammeln, Erforschen, Zurückgeben? Menschliche Gebeine aus der Kolonialzeit in akademischen und musealen Sammlungen (= Studien zur Kolonialgeschichte, Bd. 5), Berlin 2013, S. 24–44.

Laukötter, Anja, Von der „Kultur" zur „Rasse" – vom Objekt zum Körper? Völkerkundemuseen und ihre Wissenschaften zu Beginn des 20. Jahrhunderts, Bielefeld 2007.

Leimkugel, Frank, Botanischer Zionismus. Otto Warburg (1859–1938) und die Anfänge institutionalisierter Naturwissenschaften in "Erez Israel" (= Englera, Bd. 26), Berlin 2005.

Leistner, O. A., Hans-Joachim Schlieben, Collector extraordinary, in: Bothalia 12 (1976), H. 1, S. 133–135.

Lengwiler, Martin, Praxisbuch Geschichte. Einführung in die historischen Methoden, Zürich 2011.

Lévêque, Isabelle/Pinon, Dominique/Griffon, Michel, Le Jardin d'Agronomie Tropicale. De l'Agriculture Coloniale au Développement Durable, Paris 2005.

Lindner, Ulrike, Transimperiale Orientierung und Wissenstransfers. Deutscher Kolonialismus im internationalen Kontext, in: Deutsches Historisches Museum (Hg.), Deutscher Kolonialismus. Fragmente seiner Geschichte und Gegenwart, Ausst.-Kat. Deutsches Historisches Museum Berlin, Darmstadt 2016, S. 16–29.

Lindner, Ulrike, Koloniale Begegnungen. Deutschland und Großbritannien als Imperialmächte in Afrika 1880–1914 (= Globalgeschichte, Bd. 10), Frankfurt (M.) 2011.

Linne, Karsten, Von Witzenhausen in die Welt. Ausbildung und Arbeit von Tropenlandwirten 1898 bis 1971, Göttingen 2017.

Linne, Karsten, Deutschland jenseits des Äquators? Die NS-Kolonialplanungen für Afrika (= Schlaglichter der Kolonialgeschichte, Bd. 9), Berlin 2008.

Linne, Karsten, Afrika als „wirtschaftlicher Ergänzungsraum". Kurt Weigelt und die kolonialwirtschaftlichen Planungen im „Dritten Reich", in: Jahrbuch für Wirtschaftsgeschichte 47 (2006), H. 2, S. 141–162.

Lipphardt, Veronika/Ludwig, David, Wissens- und Wissenschaftstransfers, in: Europäische Geschichte Online (EGO), hg. v. Institut für Europäische Geschichte (IEG), Mainz 2011. Online verfügbar: http://ieg-ego.eu/de/threads/theorien-und-methoden/wissens-und-wissenschaftstransfer.

Lischke, Ralph-Jürgen, Friedrich Althoff und sein Beitrag zur Entwicklung des Berliner Wissenschaftssystems an der Wende vom 19. zum 20. Jahrhundert (= Berliner Beiträge zur Geschichte der Naturwissenschaften und der Technik, Bd. 11), Berlin 1990.

Lü, Yixu, Ein Platz an der Sonne, in: Deutsches Historisches Museum (Hg.), Deutscher Kolonialismus. Fragmente seiner Geschichte und Gegenwart, Ausst.-Kat. Deutsches Historisches Museum Berlin, Darmstadt 2016, S. 110–117.

Lü, Yixu, Tsingtau, in: Zimmerer, Jürgen (Hg.), Kein Platz an der Sonne. Erinnerungsorte der deutschen Kolonialgeschichte, Frankfurt (M.) 2013, S. 208–230.

MacGregor, Arthur, Company Curiosities: Nature, Culture, and the East India Company, 1600–1874, London 2018.

MacGregor, Neil, Eine Geschichte der Welt in 100 Objekten, München 2014.

MacKenzie, John M., Museums and Empire. Natural History, Human Cultures and Colonial Identities (= Studies in Imperialism), Manchester/New York 2010.

MacLeod, Roy M. (Hg.), Nature and Empire. Science and the Colonial Enterprise (= Osiris, Bd. 15), Chicago 2000.

MacLeod, Roy M., Introduction, in: ders. (Hg.), Nature and Empire. Science and the Colonial Enterprise (= Osiris, Bd. 15), Chicago 2000, S. 1–16.

Magnalia, Annalisa/Mosseti, Umberto/Dröscher, Ariane, Seeds of Knowledge. Unveiling Hidden Information Through Letters and Gardens in Bologna, Turin, Uppsala, in: Journal of the History of Science and Technology 5 (2012), S. 17–29.

Malzner, Sonja/Peiter, Anne D. (Hgg.), Der Träger. Zu einer „tragenden" Figur der Kolonialgeschichte, Bielefeld 2018.

Markgraf, Friedrich, Engler, Adolf Gustav Heinrich, in: Historische Kommission bei der Bayerischen Akademie der Wissenschaften (Hg.), Neue Deutsche Biographie 4, Berlin 1959, S. 532.

Markmiller, Anton, „Die Erziehung des Negers zur Arbeit". Wie die koloniale Pädagogik afrikanische Gesellschaften in die Abhängigkeit führte, Berlin 1995.

Masemann, Bronwen, Power, Possession and Post-Modernism: Contemporary Readings of the Colonial Archive (= Faculty of Information Quarterly, Bd. 1, H. 1). Online verfügbar: https://tspace.library.utoronto.ca/bitstream/1807/78433/2/15464-37625-1-PB.pdf.

Matthies, Volker, Im Schatten der Entdecker. Indigene Begleiter europäischer Forschungsreisender, Berlin 2018.

McClellan, James Edward, Colonialism and Science. Saint Domingue in the Old Regime, Baltimore [u.a.] 1992.

McClelland, Charles, Berlin, the Mother of All Research Universities, 1860–1918, Lanham, Md. 2016.

McCracken, Donal P., Fraternity in the Age of Jingoism. The British Imperial Botanic and Forestry Network, in: Stuchtey, Benedikt (Hg.), Science across the European Empires, 1800–1950 (= Studies of the German Historical Institute London), Oxford [u.a.] 2005, S. 49–62.

McCracken, Donal P., Gardens of Empire. Botanical Institutions of the Victorian British Empire, London [u.a.] 1997.

McCracken, John, Experts and Expertise in Colonial Malawi, in: African Affairs 81 (1982), H. 332, S. 101–116.

Meder, Iris/Standler, Karin, Der Garten als Experiment und Wissensraum, in: Standler, Karin (Hg.), Der Garten als Wissensraum. Eine Reise zu Gärten der botanischen Sammlungen in Europa, Wien 2013, S. 7–8.

McNeill, J. u.a. (Hgg.), International Code of Botanical Nomenclature (Vienna Code), Adopted by the Seventeenth International Botanical Congress Vienna (= Regnum Vegetabile, Bd. 146), Ruggell 2006.

Melms, Carl P., Chronik von Dahlem, Berlin 1978.

Merson, John, Bio-Prospecting or Bio-Piracy. Intellectual Property Rights and Biodiversity in a Colonial and Postcolonial Context, in: Osiris 15 (2000), S. 282–296.

Mettele, Gisela, Weltbürgertum oder Gottesreich. Die Herrnhuter Brüdergemeine als globale Gemeinschaft 1727–1857, Göttingen 2009.

Meyer, Morgan, On the Boundaries and Partial Connections Between Amateurs and Professionals, in: Museum and Society 6 (2008), H. 1, S. 38–53.

Miller, David Philip/Reill, Peter H. (Hgg.), Visions of Empire. Voyages, Botany and Representations of Nature, Cambridge 1996.

Miller, David Philip, Introduction, in: ders./Reill, Peter H. (Hgg.), Visions of Empire. Voyages, Botany and Representations of Nature, Cambridge 1996.

Mitchell, Timothy, The Stage of Modernity, in: ders. (Hg.), Questions of Modernity (= Contradictions of Modernity, Bd. 11), Minneapolis [u.a.] 2000, S. 1–34.

Möhle, Heiko, Branntwein, Bibeln und Bananen. Der deutsche Kolonialismus in Afrika. Eine Spurensuche in Hamburg, Hamburg 1999.

Mommsen, Wolfgang, Kultur und Wissenschaft im kulturellen System des Wilhelminismus. Die Entzauberung der Welt durch Wissenschaft und ihre Verzauberung durch Kunst und Literatur, in: Hübinger, Gangolf/vom Bruch,

Rüdiger/Graf, Friedrich Wilhelm (Hgg.), Kultur und Kulturwissenschaften um 1900, Bd. 2: Idealismus und Positivismus, Stuttgart 1997, S. 24–40.

Morat, Daniel u.a., Weltstadtvergnügen. Berlin 1880–1930, Göttingen 2016.

Morgenroth, Wolfgang, Das Seminar für Orientalische Sprachen in der Wissenschaftstradition der Sektion Asienwissenschaften der Humboldt-Universität zu Berlin, in: Der Rektor (Hg.), Beiträge zur Geschichte der Humboldt-Universität zu Berlin, Bd. 25, Berlin 1990, S. 6–30.

Morris-Reich, Amos, Race and Photography. Racial Photography as Scientific Evidence, 1876–1980, Chicago 2016.

Moyd, Michelle R., Violent Intermediaries. African Soldiers, Conquest and Everyday Colonialism in German East Africa (= New African Histories), Athens/Ohio 2014.

Müller-Wille, Staffan, Botanik und weltweiter Handel. Zur Begründung eines natürlichen Systems der Pflanzen durch Carl von Linné (1707–78) (= Studien zur Theorie der Biologie, Bd. 3), Berlin 1999.

Murphy, Joseph, Environment and Imperialism: Why Colonialism Still Matters, in: SRI PAPERS 20 (2009), S. 1–27.

Naranch, Bradley/Eley, Geoff (Hgg.), German Colonialism in a Global Age (= Politics, History and Culture), Durham 2014.

Neill, Deborah, Networks in Tropical Medicine. Internationalism, Colonialism and the Rise of a Medical Specialty, 1890–1930, Stanford 2012.

Nesbitt, Mark/Cornish, Caroline, Seeds of Industry and Empire. Economic Botany Collections between Nature and Culture, in: Journal of Museum Ethnography 29 (2016), S. 53–70.

Neumann, Birgit (Hg.), Präsenz und Evidenz fremder Dinge im Europa des 18. Jahrhunderts (= Das achtzehnte Jahrhundert. Supplementa, Bd. 19), Göttingen 2015.

Ngoa, Ateba, Histoire de la traduction et de l'interprétation en pays beti. De la période coloniale á nos jours, in: Chia, Emmanuel/Che Suh, Joseph/Tene, Alexandre Ndeffo (Hgg.), Perspectives on Translation and Interpretation in Cameroon, Bamenda 2009, S. 35–45.

Nora, Pierre (Hg.), Le Lieux de Mémoire, 7 Bde., Paris 1984–1992.

Nyada, Germain, „The Germans cannot master our language!" or German Colonial Rulers and the Beti in the Cameroonian Hinterlands, in: Berman, Nina/Mühlhahn, Klaus/Nganang, Patrice (Hgg.), German Colonialism Revisited, Ann Arbor 2014, S. 50–70.

Nyada, Germain, Deutsch-kamerunische Kommunikationssituationen. Unterhaltungen mit den "Jaunde" im Regenwald (1890–1910), in: Denzel, Markus/

Gründer, Horst/Hiery, Hermann u.a. (Hgg.), Jahrbuch für Europäische Überseegeschichte, Wiesbaden 2009, S. 225–233.

Nyhart, Lynn K., Modern Nature. The Rise of the Biological Perspective in Germany, Chicago 2009.

Nzalayaimisi, Gabriel K., Missionary Colonial Agriculture in Tanzania up to 1900, in: Heyden, Ulrich van der/Andreas Feldtkeller (Hgg.), Missionsgeschichte als Geschichte der Globalisierung von Wissen. Transkulturelle Wissensaneignung und -vermittlung durch christliche Missionare in Afrika und Asien im 17., 18. und 19. Jahrhundert (= Missionsgeschichtliches Archiv, Bd. 19), Stuttgart 2012, S. 249–368.

Osborne, Michael A., Acclimatizing the World. A History of the Paradigmatic Colonial Science, in: MacLeod, Roy M. (Hg.), Nature and Empire. Science and the Colonial Enterprise (= Osiris, Bd. 15), Chicago 2000, S. 135–151.

Osborne, Michael A., Nature, the Exotic and the Science of French Colonialism (= Science, Technology and Society), Bloomington, Ind. 1994.

Osseo-Asare, Abena Dove, Bitter Roots. The Search for Healing Plants in Africa, Chicago/London 2014.

Osseo-Asare, Abena Dove, Bioprospecting and Resistance. Transforming Poisoned Arrows into Strophantin Pills in Colonial Gold Coast, 1885–1922, in: Social History of Medicine 21 (2008), H. 2, S. 269–290.

Osterhammel, Jürgen, The Transformation of the World. A Global History of the Nineteenth Century (= America in the World), Princeton 2014.

Osterhammel, Jürgen/Jansen, Jan C., Kolonialismus. Geschichte, Formen, Folgen (= Beck'sche Reihe), München 7., vollst. überarb. u. akt. Aufl. 2002.

Penny, H. Glenn, Objects of Culture. Ethnology and Ethnographic Museums in Imperial Germany, Chapel Hill 2002.

Pernau, Margrit, Transnationale Geschichte (= Grundkurs neue Geschichte), Göttingen [u.a.] 2011.

Pesek, Michael, Koloniale Herrschaft in Deutsch-Ostafrika. Expeditionen, Militär und Verwaltung seit 1880, Frankfurt (M.) [u.a.] 2005.

Petitjean, Patrick/Jami, Catherine/Moulin, Anne Marie (Hgg.), Science and Empires. Historical Studies about Scientific Development and European Expansion (= Boston Studies in the Philosophy and History of Science, Bd. 136), Dordrecht 1992.

Pierard, Richard V., The German Colonial Society, in: Smith, Woodruff/Gann, Lewis H. (Hgg.), Germans in the Tropics. Essays in German Colonial History, New York 1987, S. 19–37.

Pierard, Richard V., A Case Study in German Economic Imperialism: The Colonial Economic Committee, 1896–1914, in: Scandinavian Economic Review 16 (1968), H. 2, S. 155–167.

Pleßke, Nora, Konsumieren. Koloniale Güter im viktorianischen Zeitalter, in: Güttler, Nils/Heumann, Ina (Hgg.), Sammlungsökonomien, Berlin 2016, S. 155–186.

Polhill, Diana/Polhill, R. M., East African Plant Collectors, Kew 2015.

Pomian, Krzysztof, Der Ursprung des Museums. Vom Sammeln (= Kleine kulturwissenschaftliche Bibliothek, Bd. 9), Berlin 1988.

Prest, John M., The Garden of Eden. The Botanic Garden and the Re-Creation of Paradise, New Haven 1981.

Pyenson, Lewis, Empire of Reason. Exact Sciences in Indonesia, 1840–1940 (= Brill's Studies in Intellectual History, Bd. 13), Leiden/New York [u.a.] 1989.

Radkau, Joachim, Natur und Macht. Eine Weltgeschichte der Umwelt, München 2000.

Raj, Kapil, Beyond Postcolonialism … and Postpositivism: Circulation and the Global History of Science, in: Isis 104 (2013), H. 2, S. 337–347.

Raj, Kapil, Relocating Modern Science. Circulation and the Construction of Knowledge in South Asia and Europe, 1650–1900, Basingstoke [u.a.] 2007.

Randeria, Shalini, Geteilte Geschichte und verwobene Moderne, in: Rüsen, Jörn u.a. (Hgg.), Zukunftsentwürfe. Ideen für eine Kultur der Veränderung, Frankfurt (M.) 1999, S. 87–96.

Rebenich, Stefan/Franke, Gisa, Einleitung, in: dies. (Hgg.), Theodor Mommsen und Friedrich Althoff. Briefwechsel 1882–1903 (= Deutsche Geschichtsquellen des 19. und 20. Jahrhunderts, Bd. 67), München 2012, S. 1–56.

Reinbothe, Roswitha, Deutsch als internationale Wissenschaftssprache und der Boykott nach dem Ersten Weltkrieg (= Duisburger Arbeiten zur Sprach- und Kulturwissenschaft, Bd. 67), Frankfurt (M.) [u.a.] 2006.

Reingold, Nathan/Rothenberg, Marc (Hgg.), Scientific Colonialism. A Cross-Cultural Comparison, Washington, D.C. 1987.

Rheinberger, Hans-Jörg, Epistemologica: Präparate, in: Heesen, Anke te/Lutz, Petra (Hgg.), Dingwelten. Das Museum als Erkenntnisort (= Schriften des Deutschen Hygiene-Museums Dresden, Bd. 4), Köln 2005, S. 65–75.

Ricci, Glenn Arthur, Böser Wilder, friedlicher Wilder. Wie Museen das Bild anderer Kulturen prägen (= Schriftenreihe des Landesmuseums Natur und Mensch, Bd. 96), Oldenburg 2015.

Richards, Thomas, The Imperial Archive. Knowledge and the Fantasy of Empire, London/New York 1993.

Richter, Roland, Die erste deutsche Kolonial-Ausstellung 1896. Der „Amtliche Bericht“ in historischer Perspektive, in: Debusmann, Robert/Riesz, János (Hgg.), Kolonialausstellungen. Begegnungen mit Afrika?, Frankfurt (M.) 1995, S. 25–42.

Rischbieter, J. Laura, Mikro-Ökonomie der Globalisierung. Kaffee, Kaufleute und Konsumenten im Kaiserreich 1870–1914 (= Industrielle Welt, Bd. 80), Köln 2011.

Rodogno, Davide/Struck, Bernhard/Vogel, Jakob (Hgg.), Shaping the Transnational Sphere (= Studies in Contemporary European History, Bd. 14), New York [u.a.] 2014.

Rolf, Malte, Einführung: Imperiale Biographien. Lebenswege imperialer Akteure in Groß- und Kolonialreichen, in: Geschichte und Gesellschaft 40 (2014), H. 1, S. 5–21.

Roque, Ricardo/Wagner, Kim A. (Hgg.), Engaging Colonial Knowledge. Reading European Archives in World History (= Cambridge Imperial and Post-Colonial Studies Series), Basingstoke 2012.

Roth, Michael/Sonnabend, Martin (Hgg.), Maria Sibylla Merian und die Tradition des Blumenbildes von der Renaissance bis zur Romantik, München 2017.

Roy, Rohan Deb, Science, Medicine and New Imperial Histories, in: The British Journal for the History of Science 45 (2012), Sonderheft 3, S. 443–450.

Ruppenthal, Jens, Kolonialismus als „Wissenschaft und Technik“. Das Hamburgische Kolonialinstitut 1908 bis 1919 (= Historische Mitteilungen, Bd. 66), Stuttgart 2007.

Rwegera, Damien, Ein König im Dienst des Kaiserlichen Residenten und die versunkene „Bodelschwingh“, in: Deutsches Historisches Museum (Hg.), Deutscher Kolonialismus. Fragmente seiner Geschichte und Gegenwart, Ausst.-Kat. Deutsches Historisches Museum Berlin, Darmstadt 2016, S. 100–109.

Sabea, Hanan, Pioneers of Empire? The Making of Sisal Plantations in German East Africa, 1890–1917, in: Berman, Nina/Mühlhahn, Klaus/Nganang, Patrice (Hgg.), German Colonialism Revisited, Ann Arbor 2014, S. 114–129.

Said, Edward, Orientalism, New York 1978.

Sandner, Gerhard, In Search of Identity: German Nationalism and Geographie 1871–1910, in: Hooson, David (Hg.), Geography and National Identity, Oxford 1994, S. 71–91.

Sarr, Felwine/Savoy, Bénédicte, Zurückgeben. Über die Restitution afrikanischer Kulturgüter (= punctum, Bd. 013), Berlin 2019.

Scherpe, Klaus R., Der Orient im Interieur, in: ders./Honold, Alexander (Hgg.), Mit Deutschland um die Welt. Eine Kulturgeschichte des Fremden in der Kolonialzeit, Stuttgart 2004, S. 329–337.

Schiebinger, Londa L./Swan, Claudia (Hgg.), Colonial Botany. Science, Commerce and Politics in the Early Modern World, Philadelphia 2005.

Schiebinger, Londa L., Plants and Empire. Colonial Bioprospecting in the Atlantic World, Cambridge, Mass. 2004.

Schiefel, Werner, Bernhard Dernburg, 1865–1937. Kolonialpolitiker und Bankier im wilhelminischen Deutschland, Zürich 1974.

Schilling, Britta, Postcolonial Germany. Memories of Empire in a Decolonized Nation (= Oxford Historical Monographs), Oxford 2014.

Schinzinger, Francesca, Die Kolonien und das Deutsche Reich. Die wirtschaftliche Bedeutung der deutschen Besitzungen in Übersee, Stuttgart 1984.

Schmoll, Friedemann, Erinnerung an die Natur. Die Geschichte des Naturschutzes im deutschen Kaiserreich, Frankfurt (M.) 2004.

Scholz, Hildemar/Scholz, Ursula, Flore Descriptive des Cypéracées et Graminées du Togo (= Phanerogamarum monographiae, Bd. 15), Vaduz 1983.

Schröder, Iris, Disziplinen. Zum Wandel der Wissensordnungen im 19. Jahrhundert, in: Habermas, Rebekka/Przyrembel, Alexandra (Hgg.), Von Käfern, Märkten und Menschen. Kolonialismus und Wissen in der Moderne, Göttingen 2013, S. 147–161.

Schulte-Althoff, Franz-Josef, Studien zur politischen Wissenschaftsgeschichte der deutschen Geographie im Zeitalter des Imperialismus (= Bochumer geographische Arbeiten, Bd. 9), Paderborn 1971.

Schwarz, Angela, Bilden, überzeugen, unterhalten. Wissenschaftspopularisierung und Wissenskultur im 19. Jahrhundert, in: Kretschmann, Carsten (Hg.), Wissenspopularisierung. Konzepte der Wissensverbreitung im Wandel (= Wissenskultur und gesellschaftlicher Wandel, Bd. 4), Berlin 2003, S. 221–234.

Sebald, Peter, Togo 1884-1914 (= Studien über Asien, Afrika und Lateinamerika, Bd. 29), Berlin (Ost) 1988.

Seidensticker, Peter, Pflanzennamen. Überlieferung, Forschungsprobleme, Studien (= Zeitschrift für Dialektologie und Linguistik, Beih. 102), Stuttgart 1999.

Seidl, Ernst/Steinheimer, Frank/Weber, Cornelia (Hgg.), Materielle Kultur in universitären und außeruniversitären Sammlungen (= Junges Forum für Sammlungs- und Objektforschung, Bd. 1), Berlin 2017.

Seiler, Michael, Der Borsigsche Garten und die Gewächshäuser in Moabit, in: Schwarz, Karl (Hg.), Die Entwicklung der Industriestadt Berlin – das

Beispiel Moabit (= Berlin. Von der Residenzstadt zur Industriemetropole, Bd. 1), Berlin 1981, S. 486–493.

Seth, Suman, Putting Knowledge in its Place. Science, Colonialism and the Postcolonial, in: Postcolonial Studies 12 (2009), H. 4, S. 373–388.

Sheets-Pyenson, Susan, Cathedrals of Science. The Development of Colonial Natural History Museums During the Late Nineteenth Century, Kingston, Ont. 1988.

Shiva, Vandana, Biopiraterie. Kolonialismus des 21. Jahrhunderts. Eine Einführung, Münster 2002.

Short, John Phillip, Magic Lantern Empire. Colonialism and Society in Germany, Ithaca/New York 2012.

Silvester, Jeremy/Hayes, Patrica/Hartmann, Wolfram, "This Ideal Conquest". Photography and Colonialism in Namibian History, in: Hartmann, Wolfram/Silvester, Jeremy/Hayes, Patricia (Hgg.), The Colonising Camera. Photographs in the Making of Namibian History, Cape Town [u.a.] 1998, S. 10–20.

Simmons, John B. E., Developing Acceptable Information and Interpretation Systems, in: Botanische Jahrbücher 102 (1981), S. 81–95.

Sippel, Harald, Die Kolonialabteilung des Auswärtigen Amtes und das Reichskolonialamt, in: Heyden, Ulrich van der/Zeller, Joachim (Hgg.), Kolonialmetropole Berlin. Eine Spurensuche, Berlin 2002, S. 29–32.

Smith, Woodruff, Anthropology and German Colonialism in: Smith, Woodruff/Gann, Lewis H. (Hgg.), Germans in the Tropics. Essays in German Colonial History, New York 1987, S. 39–57.

Solman, David/Douglas, Graham/Straker, Jane, Loddiges of Hackney. The Largest Hothouse in the World, London 1995.

Sommer, Manfred, Sammeln. Ein philosophischer Versuch, Frankfurt (M). 2002.

Sommer, Marianne/Müller-Wille, Staffan/Reinhardt, Carsten (Hgg.), Handbuch Wissenschaftsgeschichte, Stuttgart 2017.

Sörlin, Sverker, Ordering the World for Europe. Science as Intelligence and Information as seen from the Northern Periphery, in: MacLeod, Roy M. (Hg.), Nature and Empire. Science and the Colonial Enterprise (= Osiris, Bd. 15), Chicago 2000, S. 51–69.

Spary, Emma C., Botanical Networks Revisited, in: Dauser, Regina u.a. (Hgg.), Wissen im Netz. Botanik und Pflanzentransfer in europäischen Korrespondenznetzen des 18. Jahrhunderts (= Colloquia Augustana, Bd. 24), Berlin 2008, S. 47–64.

Spary, Emma C., Utopia's Garden. French Natural History from Old Regime to Revolution, Chicago 2000.

Speitkamp, Winfried, Deutsche Kolonialgeschichte, Stuttgart 2005.

Splettstösser, Anne, Ein Kameruner Kulturerbe? 130 Jahre geteilte Agency: Das Netzwerk Tange/Schiffschnabel, in: Groth, Stefan/Bendix, Regina/Spiller, Achim (Hgg.), Kultur als Eigentum: Instrumente, Querschnitte und Fallstudien (= Göttinger Studien zu Cultural Property, Bd. 9), Göttingen 2015, S. 199–224.

Staatsbibliothek zu Berlin Preußischer Kulturbesitz (Hg.), Weltreise. Forster – Humboldt – Chamisso – Ottinger (= Ausst.-Kat. Staatsbibliothek zu Berlin Preußischer Kulturbesitz, Neue Folge 60), Berlin 2015.

Stadt Frankfurt am Main (Hg.), Grünes Gold. Abenteuer Pflanzenjagd, Ausst.-Kat. Palmengarten der Stadt Frankfurt am Main (= Palmengarten, Sonderheft 35), Frankfurt (M.) 2001.

Stafleu, Fans A., Engler und seine Zeit, in: Botanische Jahrbücher 102 (1981), S. 21–38.

Standler, Karin (Hg.), Der Garten als Wissensraum. Eine Reise zu Gärten der botanischen Sammlungen in Europa, Wien 2013.

Stepan, Nancy L., Picturing Tropical Nature (= Picturing History), London 2001.

Stichel, Wolfgang, Die Pfaueninsel. Ein Führer durch Geschichte und Natur, Berlin 1927.

Stiftung Preußische Schlösser und Gärten Berlin-Brandenburg (Hg.), Die Pfaueninsel, Potsdam 2., neubearb. Aufl. 2000.

Stoecker, Holger/Schnalke, Thomas/Winkelmann, Andreas (Hgg.), Sammeln, Erforschen, Zurückgeben? Menschliche Gebeine aus der Kolonialzeit in akademischen und musealen Sammlungen (= Studien zur Kolonialgeschichte, Bd. 5), Berlin 2013.

Stoecker, Holger, Knochen im Depot. Namibische Schädel in anthropologischen Sammlungen aus der Kolonialzeit, in: Zimmerer, Jürgen (Hg.), Kein Platz an der Sonne. Erinnerungsorte der deutschen Kolonialgeschichte, Frankfurt (M.) 2013, S. 443–458.

Stoecker, Holger, Das Seminar für orientalische Sprachen, in: Heyden, Ulrich van der/Zeller, Joachim (Hgg.), Kolonialmetropole Berlin. Eine Spurensuche, Berlin 2002, S. 115–122.

Stoler, Ann Laura, Duress. Imperial Durabilities in Our Times, Durham 2016.

Stoler, Ann Laura, Along the Archival Grain. Epistemic Anxieties and Colonial Common Sense, Princeton, NJ. 2009.

Stoler, Ann Laura, Colonial Archives and the Arts of Governance, in: Archival Science 2 (2002), H. 1-2, S. 87–109.

Stråth, Bo/Wagner, Peter, European Modernity. A Global Approach (= Europe's Legacy in the Modern World), London 2017.

Stuchtey, Benedikt (Hg.), Science across the European Empires, 1800–1950 (= Studies of the German Historical Institute London), Oxford [u.a.] 2005.

Stuchtey, Benedikt, Introduction. Towards a Comparative History of Science and Tropical Medicine in Imperial Cultures since 1800, in: Stuchtey, Benedikt (Hg.), Science across the European Empires, 1800–1950 (= Studies of the German Historical Institute London), Oxford [u.a.] 2005, S. 1–45.

Stuessy, Tod F./Crawford, Daniel J./Soltis, Douglas E., Plant Systematics. The Origin, Interpretation and Ordering of Plant Biodiversity (= Regnum Vegetabile, Bd. 156), Königstein im Taunus 2014.

Sunseri, Thaddeus, Famine and Wild Pigs: Gender Struggles and the Outbreak of the Majimaji War in Uzaramo (Tanzania), in: The Journal of African History 38 (1997), H. 2, S. 235–259.

Tetzlaff, Rainer, Koloniale Entwicklung und Ausbeutung. Wirtschafts- und Sozialgeschichte Deutsch-Ostafrikas 1885–1914 (= Schriften zur Wirtschafts- und Sozialgeschichte, Bd. 17), Berlin 1970.

Thode-Arora, Hilke, Völkerschauen in Berlin, in: Heyden, Ulrich van der/Zeller, Joachim (Hgg.), Kolonialmetropole Berlin. Eine Spurensuche, Berlin 2002, S. 149–154.

Tilley, Helen, Africa as a Living Laboratory. Empire, Development and the Problem of Scientific Knowledge, 1870–1950, Chicago 2011.

Timler, Friedrich Karl/Zepernick, Bernhard, German Colonial Botany, in: Berichte der Deutschen Botanischen Gesellschaft 100 (1987), H. 1–4, S. 143–168.

Timler, Friedrich Karl/Zepernick, Bernhard, Grundlagen zur 300jährigen Geschichte des Berliner Botanischen Gartens (= Englera, Bd. 1), Berlin 1979.

Timler, Friedrich Karl/Zepernick, Bernhard, Der Berliner Botanische Garten. Seine 300jährige Geschichte vom Hof- und Küchengarten des Großen Kurfürsten zur wissenschaftlichen Forschungsstätte (= Berliner Forum, Bd. 7), Berlin 1978.

Tropical Biology Association, Amani Nature Reserve. An Introduction, Cambridge 2007.

Uhlig, Judith, Treptow (= Geschichte der Berliner Verwaltungsbezirke, Bd. 22), Berlin 1995.

Ullrich, Ruth-Maria, Glas-Eisenarchitektur. Pflanzenhäuser des 19. Jahrhunderts (= Grüne Reihe, Bd. 12), Worms 1989.

Unseld, Werner, Einleitung: Mission – Eine Welt- und Heimatgeschichte, in: Landeskirchliches Museum Ludwigsburg (Hg.), Der ferne Nächste. Bilder der Mission – Mission der Bilder 1860–1920 (= Kataloge und Schriften des Landeskirchlichen Museums, Bd. 4), Ludwigsburg 1996, S. 9–12.

Utermark, Sören, „Schwarzer Untertan versus schwarzer Bruder". Bernhard Dernburgs Reformen in den Kolonien Deutsch-Ostafrika, Deutsch-Südwestafrika, Togo und Kamerun, Diss. Kassel 2012.

Vaupel, Elisabeth, Gewürze. Acht kulturhistorische Porträts, München 2002.

Vegter, Hettie I., Collectors T–Z, in: Stafleu, Frans (Hg.), Index Herbariorum. A Guide to the Location and Contents of the World's Public Herbaria, Part 2 (7) (= Regnum Vegetabile, Bd. 117), Utrecht [u.a.] 1988.

Vegter, Hettie I., Collectors S, in: Stafleu, Frans (Hg.), Index Herbariorum. A Guide to the Location and Contents of the World's Public Herbaria, Part 2 (6) (= Regnum Vegetabile, Bd. 114), Utrecht 1986.

Vegter, Hettie I., Collectors N–R, in: Stafleu, Frans (Hg.), Index Herbariorum. A Guide to the Location and Contents of the World's Public Herbaria, Part 2 (5) (= Regnum Vegetabile, Bd. 109), Utrecht 1983.

Vlahakis, George u.a., Imperialism and Science. Social Impact and Interaction, Santa Barbara [u.a.] 2006.

Vogel, Christian/Bauche, Manuela, Mobile Objekte. Einleitung, in: Berichte zur Wissenschaftsgeschichte 39 (2016), H. 4, S. 299–310.

Volk, Anette, Afrikabestände im Unitätsarchiv der Herrnhuter Brüdergemeine. Das Bildarchiv, Ostafrika (= University of Leipzig Papers on Africa/Mission Archives Series, Bd. 15), Leipzig 2000.

Vom Brocke, Bernhard/Laitko, Hubert (Hgg.), Die Kaiser-Wilhelm-/Max-Planck-Gesellschaft und ihre Institute. Studien zu ihrer Geschichte: das Harnack-Prinzip, Berlin 1996.

Vom Brocke, Bernhard, Friedrich Althoff. Forschungsstand und Quellenlage. Bemühungen um eine Biographie, in: ders. (Hg.), Wissenschaftsgeschichte und Wissenschaftspolitik im Industriezeitalter. Das "System Althoff" in historischer Perspektive, Hildesheim 1991, S. 15–44.

Vom Brocke, Bernhard, Hochschul- und Wissenschaftspolitik in Preußen und im Deutschen Kaiserreich 1882–1907. Das "System Althoff", in: Baumgart, Peter (Hg.), Bildungspolitik in Preußen zur Zeit des Kaiserreichs (= Preußen in der Geschichte, Bd. 1), Stuttgart 1980, S. 9–118.

Vom Bruch, Rüdiger/Liess, Hans-Christoph, Bürgerlichkeit, Staat und Kultur im Kaiserreich, Stuttgart 2005.

Vom Bruch, Rüdiger/Kaderas, Brigitte (Hgg.), Wissenschaften und Wissenschaftspolitik. Bestandsaufnahmen zu Formationen, Brüchen und Kontinuitäten im Deutschland des 20. Jahrhunderts, Stuttgart 2002.

Wagner, Florian, From the Western to the Eastern Model of Cash Crop Production: Colonial Agronomy and the Global Influence of Dutch Java's Buitenzorg Laboratories, 1880s–1930s, in: Regan, Joe/Smith, Cathal (Hgg.), Agrarian Reform and Resistance in an Age of Globalisation. The Euro-American World and Beyond, 1780–1914, London 2019.

Walch, Sonja, Urwald, in: Kolboske, Birgit u.a. (Hgg.), Wissen Macht Geschlecht. Ein ABC der transnationalen Zeitgeschichte (= Max Planck Research Library for the History and Development of Knowledge, Proceedings, Bd. 9), Berlin 2016, S. 123–126.

Weischedel, Wilhelm, Idee und Wirklichkeit einer Universität (= Gedenkschrift der Freien Universität zur 150. Wiederkehr des Gründungsjahres der Friedrich-Wilhelms-Universität, Bd. 1), Berlin 1960.

Wessely, Christina, Künstliche Tiere. Zoologische Gärten und urbane Moderne (= Kaleidogramme, Bd. 31), Berlin 2008.

Wildenthal, Lora, German Woman for Empire, 1884–1945, Durham/London 2001.

Wirz, Albert, Innerer und äußerer Wald. Zur moralischen Ökologie der Kolonisierenden, in: Flitner, Michael (Hg.), Der deutsche Tropenwald. Bilder, Mythen, Politik. Frankfurt (M.) [u.a.] 2000, S. 23–48.

Wise, M. Norton/Wise, Elaine M., Staging an Empire, in: Daston, Lorraine (Hg.), Things that Talk. Object Lessons from Art and Science, New York 2004, S. 101–146.

Yanni, Carla, Nature's Museums. Victorian Science and the Architecture of Display. Baltimore/London 1999.

Yigbe, Dotse, Erfahrung und Erinnerung, in: Deutsches Historisches Museum (Hg.), Deutscher Kolonialismus. Fragmente seiner Geschichte und Gegenwart, Ausst.-Kat. Deutsches Historisches Museum Berlin, Darmstadt 2016, S. 128–137.

Zabel, Hans-Henning, Hindorf, Richard in: Neue Deutsche Biographie 9 (1972), S. 182 f.

Zeijlstra, Hein H., Melchior Treub. Pioneer of a New Era in the History of the Malay Archipelago, Amsterdam 1959.

Zeller, Joachim, Weiße Blicke – schwarze Körper. Afrikaner im Spiegel westlicher Alltagskultur. Bilder aus der Sammlung Peter Weiss, Erfurt 2010.

Zeller, Joachim, „Das Interesse an der Kolonialpolitik fördern und heben" – Das Deutsche Kolonialmuseum in Berlin, in: Heyden, Ulrich van der/Zeller,

Joachim (Hgg.), Kolonialmetropole Berlin. Eine Spurensuche, Berlin 2002, S. 142–149.

Zepernick, Bernhard, Die Botanische Zentralstelle für die deutschen Kolonien, in: Heyden, Ulrich van der/Zeller, Joachim (Hgg.), Kolonialmetropole Berlin. Eine Spurensuche, Berlin 2002, S. 107–111.

Zepernick, Bernhard/Timler, Friedrich Karl, Beiträge zur botanischen Erforschung außereuropäischer Länder, in: Schnarrenberger, Claus/Scholz, Hildemar/Hiepko, Paul (Hgg.), Geschichte der Botanik in Berlin (= Wissenschaft und Stadt, Bd. 15), Berlin 1990, S. 319–356.

Zimmerer, Jürgen, Der erste Völkermord des 20. Jahrhunderts. Über den schwierigen Umgang mit Deutschlands kolonialem Erbe, in: Deutsches Historisches Museum (Hg.), Deutscher Kolonialismus. Fragmente seiner Geschichte und Gegenwart, Ausst.-Kat. Deutsches Historisches Museum Berlin, Darmstadt 2016, S. 138–145.

Zimmerer, Jürgen (Hg.), Kein Platz an der Sonne. Erinnerungsorte der deutschen Kolonialgeschichte, Frankfurt (M.) 2013.

Zimmerer, Jürgen/Zeller, Joachim (Hgg.), Völkermord in Deutsch-Südwestafrika. Der Kolonialkrieg (1904–1908) in Namibia und seine Folgen, Berlin 2. Aufl. 2004.

Zimmerman, Andrew, Ruling Africa. Science as Sovereignity in the German Colonial Empire and its Aftermath, in: Naranch, Bradley/Eley, Geoff (Hgg.), German Colonialism in a Global Age (= Politics, History and Culture), Durham 2014, S. 93–108.

Zimmerman, Andrew, Alabama in Africa. Booker T. Washington, the German Empire and the Globalization of the New South (= America in the World), Princeton, N.J. 2012.

Zimmerman, Andrew, Anthropology and Antihumanism in Imperial Germany, Chicago 2001.

Zimmermann, Klaus, Missionarslinguistik in kolonialen Kontexten. Ein historischer Überblick, in: Stolz, Thomas/Warnke, Ingo/Schmidt-Brücken, Daniel (Hgg.), Sprache und Kolonialismus. Eine interdisziplinäre Einführung zu Sprache und Kommunikation in kolonialen Kontexten, Berlin 2016, S. 169–192.

Letzter Zugriff Internet: 6. September 2020

Abbildungsverzeichnis

Zivilisationen & Geschichte / Civilizations & History / Civilisations & Histoire

Herausgegeben von / edited by / dirigée par Ina Ulrike Paul und / and / et Uwe Puschner

Bd. / Vol. 1 Ljiljana Heise: KZ-Aufseherinnen vor Gericht. Greta Bösel – „another of those brutal types of women"? 2009.

Bd. / Vol. 2 Ivonne Meybohm: Erziehung zum Zionismus. Der Jüdische Wanderbund Blau-Weiß als Versuch einer praktischen Umsetzung des Programms der Jüdischen Renaissance. 2009.

Bd. / Vol. 3 Tamara Or: Vorkämpferinnen und Mütter des Zionismus. Die deutsch-zionistischen Frauenorganisationen (1897-1938). 2009.

Bd. / Vol. 4 Sonja Knopp: „Wir lebten mitten im Tod". Das „Sonderkommando" in Auschwitz in schriftlichen und mündlichen Häftlingserinnerungen. 2010.

Bd. / Vol. 5 Vera Kallenberg: Von „liederlichen Land-Läuffern" zum „asiatischen Volk". Die Repräsentation der ‚Zigeuner' in deutschsprachigen Lexika und Enzyklopädien zwischen 1700 und 1850. Eine wissensgeschichtliche Untersuchung. 2010.

Bd. / Vol. 6 Stefan Gerbing: Afrodeutscher Aktivismus. Interventionen von Kolonisierten am Wendepunkt der Dekolonisierung Deutschlands 1919. 2010.

Bd. / Vol. 7 Karena Kalmbach: Tschernobyl und Frankreich. Die Debatte um die Auswirkungen des Reaktorunfalls im Kontext der französischen Atompolitik und Elitenkultur. 2011.

Bd. / Vol. 8 Monika Brockhaus: „Ein Ereignis von weltgeschichtlicher Bedeutung". Die Balfour-Deklaration in der veröffentlichten Meinung. 2011.

Bd. / Vol. 9 Klaus Geus (Hrsg.): Utopien, Zukunftsvorstellungen, Gedankenexperimente. Literarische Konzepte von einer „anderen" Welt im abendländischen Denken von der Antike bis zur Gegenwart. 2011.

Bd. / Vol. 10 Gregor Hufenreuter: Philipp Stauff. Zur Geschichte des Deutschvölkischen Schriftstellerverbandes, des Germanen-Ordens und der Guido-von-List-Gesellschaft. Ideologe, Agitator und Organisator im völkischen Netzwerk des Wilhelminischen Kaiserreichs. 2011.

Bd. / Vol. 11 Ghazal Ahmadi: Iran als Spielball der Mächte? Die internationalen Verflechtungen des Iran unter Reza Schah und die anglo-sowjetische Invasion 1941. 2011.

Bd. / Vol. 12 Thomas Brünner: Public Diplomacy im Westen. Die Presseagentur *Panorama DDR* informiert das Ausland. 2011.

Bd. / Vol. 13 Jonas Kleindienst: Die Wilden Cliquen Berlins. „Wild und frei" trotz Krieg und Krise. Geschichte einer Jugendkultur. 2011.

Bd. / Vol. 14 Anne Katherine Kohlrausch: Literarische Selbstverortung als historische Handlung. *The Travels of Dean Mahomet*, 1794. 2011.

Bd. / Vol. 15 Reinhard Blänkner: „Absolutismus". Eine begriffsgeschichtliche Studie zur politischen Theorie und zur Geschichtswissenschaft in Deutschland, 1830-1870. 2011.

Bd. / Vol. 16 Jens Flemming, Klaus Saul, Peter-Christian Witt (Hrsg.), unter Mitarbeit von Simona Lavaud: Lebenswelten im Ausnahmezustand. Die Deutschen, der Alltag und der Krieg, 1914-1918. 2011.

Bd. / Vol. 17 Philipp Küsgens: Horizonte nationaler Musik. Musiziergesellschaften in Süddeutschland und der Deutschschweiz 1847-1891. 2012.

Bd. / Vol. 18 Anette Dietrich / Ljiljana Heise (Hrsg.): Männlichkeitskonstruktionen im Nationalsozialismus. Formen, Funktionen und Wirkungsmacht von Geschlechterkonstruktionen im Nationalsozialismus und ihre Reflexion in der pädagogischen Praxis. 2013.

Bd. / Vol. 19 David Hamann: Gunther Ipsen in Leipzig. Die wissenschaftliche Biographie eines „Deutschen Soziologen" 1919-1933. 2013.

Bd. / Vol. 20 Richard Faber / Uwe Puschner (Hrsg.): Intellektuelle und Antiintellektuelle im 20. Jahrhundert. 2013.

Bd. / Vol. 21 Nicola Kristin Karcher / Anders G. Kjøstvedt (eds.): Movements and Ideas of the Extreme Right in Europe. Positions and Continuities. 2013.

Bd. / Vol. 22 Klaus Geus / Elisabeth Irwin / Thomas Poiss (Hrsg.): Herodots Wege des Erzählens. Logos und Topos in den *Historien*. 2013.

Bd. / Vol. 23 Alina Soroceanu: Niceta von Remesiana. Seelsorge und Kirchenpolitik im spätantiken unteren Donauraum. 2013.

Bd. / Vol. 24 Horst Junginger / Andreas Åkerlund (eds.): Nordic Ideology between Religion and Scholarship. 2013.

Bd. / Vol. 25 Richard Faber (Hrsg.): Totale Erziehung in europäischer und amerikanischer Literatur. 2013.

Bd. / Vol. 26 Silke Segler-Meßner / Isabella von Treskow (éd.): Génocide, enfance et adolescence dans la littérature, le dessin et au cinéma. 2014.

Bd./Vol. 27 Michael Meyer : Symbolarme Republik? Das politische Zeremoniell der Weimarer Republik in den Staatsbesuchen zwischen 1920 und 1933. 2014.

Bd./Vol. 28 Enno Schwanke: Die Landesheil- und Pflegeanstalt Tiegenhof. Die nationalsozialistische *Euthanasie* in Polen während des Zweiten Weltkrieges. 2014.

Bd./Vol. 29 Christina Stange-Fayos: Publizistik und Politisierung der Frauenbewegung in der wilhelminischen Epoche. Die Zeitschrift *Die Frau* (1893–1914). Diskurs und Rhetorik. 2014.

Bd./Vol. 30 Susanne Wein: Antisemitismus im Reichstag Judenfeindliche Sprache in Politik und Gesellschaft der Weimarer Republik. 2014.

Bd./Vol. 31 Uwe Puschner / Christina Stange-Fayos / Katja Wimmer (Hrsg.): Laboratorium der Moderne. Ideenzirkulation im Wilhelminischen Reich / Laboratoire de la modernité. Circulation des idées à l'ère wilhelminienne. 2015.

Bd./Vol. 32 Simona Lavaud: Gleichberechtigung und Gleichwertigkeit? Jüdische Wohlfahrt in der Weimarer Republik zwischen privaten Initiativen und öffentlichem Engagement am Beispiel der Berliner Gemeinde. 2015.

Bd./Vol. 33 Annika Haß: Der Verleger Johann Friedrich Cotta (1764-1832) als Kulturvermittler zwischen Deutschland und Frankreich. Frankreichbezüge, Koeditionen und Übersetzungen. Mit einem Vorwort von Hans-Jürgen Lüsebrink. 2015.

Bd./Vol. 34 Joris Corin Heyder / Christine Seidel (eds.): Re-Inventing Traditions. On the Transmission of Artistic Patterns in Late Medieval Manuscript Illumination. 2015.

Bd./Vol. 35 Tetyana Pavlush: Kirche nach Auschwitz zwischen Theologie und Vergangenheitspolitik. Die Auseinandersetzung der evangelischen Kirchen beider deutscher Staaten mit der Judenvernichtung im „Dritten Reich" im politisch-gesellschaftlichen Kontext. 2015.

Bd./Vol. 36 Luiz Estevam de Oliveira Fernandes / Luísa Rauter Pereira / Sérgio da Mata (eds.): Contributions to Theory and Comparative History of Historiography. German and Brazilian Perspectives. 2015.

Bd./Vol. 37 Alexandra Ludewig: Zwischen Korallenriff und Stacheldraht. Interniert auf Rottnest Island, 1914-1915. 2015.

Bd./Vol. 38 Michel Lefèvre/Katharina Mucha-Tummuseit/Rainer Hünecke (Hrsg.): Rhetorik und Kulturen. 2016.

Bd./Vol. 39 Ursula Konnertz / Sibylle Mühleisen (Hrsg.): Bildung und Schlüsselqualifikationen. Zur Rolle der Schlüsselqualifikationen an den Universitäten. 2016.

Bd./Vol. 40 Ernst Baltrusch /Uwe Puschner (Hrsg.): Jüdische Lebenswelten. Von der Antike bis zur Gegenwart. 2016.

Bd./Vol. 41 Luitgard Sofie Löw: Gottessohn und Mutter Erde auf bronzezeitlichen Felsbildern. Herman Wirth und die völkische Symbolforschung. 2016.

Bd./Vol. 42 Johanna Heinen: Ein „jüdisches" Mäzenatentum für moderne französische Kunst? Das Fallbeispiel der Nationalgalerie im Berlin der wilhelminischen Ära (1882-1911). Eine kultur- und sozialhistorische Studie. 2016.

Bd./Vol. 43 Matthias Loeber: Völkische Bewegung zwischen Weser und Ems. Richard von Hoff und die Nordische Gesellschaft in Bremen und Nordwestdeutschland. 2016.

Bd./Vol. 44 Barbara von Hindenburg: Die Abgeordneten des Preußischen Landtags. Biographie – Herkunft – Geschlecht. 2017.

Bd./Vol. 45 Barbara von Hindenburg (Hrsg. und Bearb.): Biographisches Handbuch der Abgeordneten des Preußischen Landtags. Verfassunggebende Preußische Landesversammlung und Preußischer Landtag 1919-1933. 2017.

Bd./Vol. 46 Dirk Hainbuch: Das Reichsministerium für Wiederaufbau. Die Abwicklung des Ersten Weltkrieges: Reparationen, Kriegsschäden-Beseitigung, Opferentschädigung und der Wiederaufbau der deutschen Handelsflotte 1919 bis 1924. 2016.

Bd./Vol. 47 Alexandra Esche: Hitlers «völkische Vorkämpfer»: Die Entwicklung nationalsozialistischer Kultur- und Rassenpolitik in der Baum-Frick-Regierung 1930-1931. 2017.

Bd./Vol. 48 Mirjam Neusius: Herrschaftslegitimation und Kulturtransfer in der habsburgischen Lombardei. Die Zeitschrift «Biblioteca italiana» und die deutsche Kultur (1815–1830). 2017.

Bd./Vol. 49 Peter L. Münch-Heubner: Sanfter Paternalismus. Entstehung, Geschichte und Gegenwart des Sozial- und Interventionsstaates in Australien. 2017.

Bd./Vol. 50 Richard Faber / Uwe Puschner (Hrsg.): Luther – zeitgenössisch, historisch, kontrovers. 2017.

Bd./Vol. 51 Florian Krobb: Vorkoloniale Afrika-Penetrationen. Diskursive Vorstöße ins «Herz des großen Continents» in der deutschen Reiseliteratur (ca. 1850-1890). 2017.

Bd./Vol. 52 Winfried Mogge: Wilhelm Branco (1844-1928). 2018.

Bd./Vol. 53 Etienne Dubslaff: Oser plus de social-démocratie. La recréation et l'établissement du Parti social-démocrate en RDA (1989–1990). 2019.

Bd./Vol. 54 Markus Bierkoch: Völkische Werbung in den USA. Die Ortsgruppe New York des Alldeutschen Verbandes in den ersten beiden Jahrzehnten des 20. Jahrhunderts. 2019.

Bd./Vol. 55 Ina Ulrike Paul / Sylvia Schraut (Hrsg.): Rassismus in Geschichte und Gegenwart. Eine interdisziplinäre Analyse. 2019.

Bd./Vol. 56 Bérénice Zunino: Die Mobilmachung der Kinder im Ersten Weltkrieg. Kriegskultur und illustrierte Kriegskinderliteratur im Deutschen Kaiserreich (1911–1918). 2019.

Bd./Vol. 57 Stefan Noack / Christine de Gemeaux / Uwe Puschner (Hrsg.): Deutsch-Ostafrika. Dynamiken europäischer Kulturkontakte und Erfahrungshorizonte im kolonialen Raum. 2019.

Bd./Vol. 58 Lisa Sophie Gebhard / David Hamann (Hrsg.): Deutschsprachige Zionismen. Verfechter, Kritiker und Gegner, Organisationen und Medien (1890–1938). 2019.

Bd./Vol. 59 Catherine Mazellier-Lajarrige / Ina Ulrike Paul / Christina Stange-Fayos (Hrsg./éds.): Geschichte ordnen – L'Histoire mise en ordre. Interdisziplinäre Fallstudien zum Begriff „Generation" – Études de cas interdisciplinaires sur la notion de « génération ». 2019.

Bd./Vol. 60 Claudius Kiene: Karl Spiecker, die Weimarer Rechte und der Nationalsozialismus. Eine andere Geschichte der christlichen Demokratie. 2020.

Bd./Vol. 61 David Bordiehn/Christian Köhler/Stefan Noack/Susanne Wein (Hrsg.): Ausgrenzende politische Ideologien. Akteure, Organisationen und Programmatiken. Festschrift zu Ehren von Uwe Puschner. Unter Mitarbeit von Marit Bergner, Markus Börner, Etta Grotrian, Henning Holsten, Katja Kaiser, Sonja Knopp, Manuel Pauli, Katrin Riedel, Johannes Zechner, Eva Zimmermann sowie Tamara Or und Felix Wiedemann. 2020.

Bd./Vol. 62 Annette Grohmann-Nogarède: L'hebdomadaire *Die Zukunft* (1938-1940) et ses auteurs (1899-1979) : Penser l'Europe et le monde au XXe siècle. 2020.

Bd./Vol. 63 Isabell Scheele: Les relations transimpériales. L'exemple du Togo allemand et du Dahomey français à l'apogée de l'impérialisme européen. Mit einer ausführlich deutschen Zusammenfassung. 2021.

Bd./Vol. 64 Luise Dumas: Automobile et cinéma : un long-métrage. Une étude du motif de l'automobile à l'exemple du cinéma allemand. 2021.

Bd./Vol. 65 Jens Flemming: Arbeit am Geist der Zeit: Journalisten, Schriftsteller, Professoren. Zur geistigen Physiognomie Deutschlands zwischen Kaiserreich und Bundesrepublik. 2021.

Bd./Vol. 66 Katja Kaiser: Wirtschaft, Wissenschaft und Weltgeltung. Die Botanische Zentralstelle für die deutschen Kolonien am Botanischen Garten und Museum Berlin (1891–1920). 2021.

www.peterlang.com

www.ingramcontent.com/pod-product-compliance
Ingram Content Group UK Ltd.
Pitfield, Milton Keynes, MK11 3LW, UK
UKHW021820290926
8980IPUK00004B/181

9 783631 844014